Lehrbuch der Bergwerksmaschinen

(Kraft- und Arbeitsmaschinen)

Von

Dipl.-Ing. C. Hoffmann

Lehrer an der Bergschule Bochum

Fünfte erweiterte und verbesserte Auflage

Mit 645 Abbildungen

Springer-Verlag Berlin Heidelberg GmbH 1956

ISBN 978-3-642-52864-4 ISBN 978-3-642-52863-7 (eBook)
DOI 10.1007/978-3-642-52863-7

Ursprünglich erschienen bei Springer-Verlag OHG., Berlin/Göttingen/Heidelberg 1956.
Softcover reprint of the hardcover 5th edition 1956

Vorwort zur fünften Auflage.

Das von meinem Vater, Dr. Hugo Hoffmann, begründete, im Jahre 1926 erschienene Lehrbuch der Bergwerksmaschinen war das Ergebnis der Erfahrungen aus einer 25jährigen Lehrtätigkeit an der Bergschule Bochum. Nach dem Tode meines Vaters folgten in den Jahren 1930, 1941 und 1950 drei neue Auflagen des Werkes in meiner Bearbeitung. Bei diesen und bei der jetzt vorliegenden fünften Auflage bin ich stets bestrebt gewesen, die grundsätzlichen Leitgedanken der ersten Auflage beizubehalten und mit den Anforderungen der neuen Zeit zu verknüpfen. Auf Grund der eigenen, jetzt gleichfalls 25jährigen Lehrerfahrung an der Bochumer Bergschule glaube ich, auch diese Neuauflage in Form und Inhalt so gestaltet zu haben, daß sie wieder ihren Aufgaben gewachsen ist.

Das Buch soll das Fundament des Unterrichtes in der Maschinenlehre an Bergschulen sein, dessen Ziel eine feste Grundlagenausbildung ist, die den Grubenbeamten befähigt, die künftige Fortentwicklung an Verfahren und Maschinen aus eigener Kraft zu verstehen und zu nutzen. Dieser Zielsetzung des Unterrichts müssen sich andere Gesichtspunkte und Wünsche unterordnen, um den Umfang des Lehrbuches in erträglichen Grenzen zu halten. Nicht zu vergessen sei hierbei, daß die Bergschulen Betriebsbeamte für den Bergbau und keine Konstrukteure von Bergwerksmaschinen ausbilden, auch nicht in den speziellen Maschinenlehrgängen. Das Lehrbuch kann und muß sich deshalb unter Verzicht auf die vielseitigen Konstruktionseinzelheiten vorwiegend mit grundsätzlichen Fragen befassen, die sich in erster Linie auf Einsatz, Betriebsverhalten, Regelung, Wirtschaftlichkeit, Sicherheit und Überwachung der Maschinen beziehen. Das nachfolgende Inhaltsverzeichnis unterrichtet den Leser über die behandelten Fachgebiete und ihre Aufgliederung.

Es ist verständlich, daß der Erzeugung, Fortleitung und Anwendung der Druckluft ein besonders breiter Raum gewidmet ist. Die Elektrizität wird dagegen nur in wenigen Anwendungsbeispielen gestreift, woraus jedoch keine Vernachlässigung oder Zurücksetzung zu folgern ist, wie die vielen Hinweise auf den Ersatz der Druckluft durch Elektrizität erkennen lassen. Die Elektrizität wird im Bergbau aber bereits in einem solchen Umfang angewendet, daß ihre Behandlung den Rahmen eines Buches über Maschinenlehre sprengt und eine eigene Darstellung von berufenerer Seite verlangt.

Auf gute Abbildungen ist wieder größter Wert gelegt. Zahlreiche konstruktive Zeichnungen und schematische Darstellungen ergänzen das geschriebene Wort. Das Verhalten der Maschinen bei verschiedenen Betriebsbedingungen wird weitgehend durch Kennliniendiagramme verständlich gemacht.

Für die im Buche behandelten Berechnungen werden die Kenntnisse des Bergschulunterrichtes in Mathematik, Naturlehre und Mechanik vorausgesetzt, so daß die Ableitungen der Berechnungsformeln im allgemeinen kurz gehalten werden konnten. Auf Klarheit in den Maßeinheiten ist besonderer Wert gelegt. Viele Diagramme und Zahlentafeln sollen umständliche Rechnungen erleichtern und zum Verständnis verwickelter Vorgänge beitragen. Verschiedenen Abschnitten sind Berechnungsbeispiele angegliedert, die den Schüler mit der praktischen Anwendung der Formeln und Diagramme vertraut machen sollen.

Die technische Entwicklung seit dem Erscheinen der vierten Auflage zwang wieder zu einer weitgehenden, sich auf fast alle Abschnitte erstreckenden Neubearbeitung des Lehrbuches. Zusammenstellung und Aufbau der Stoffgebiete haben sich im Unterricht bewährt und wurden beibehalten.

Die Abschnitte über Dampferzeugung wurden vollständig umgearbeitet und auf den neuesten Stand gebracht. Mit den neu aufgenommenen Abschnitten über Blasversatzmaschinen und Lademaschinen wurde eine noch bestehende Lücke im Bereich der Untertagemaschinen geschlossen. Auch der Abschnitt Kältemaschinen wurde gänzlich umgestaltet, um der zunehmenden Bedeutung der Wetterkühlung in großen Teufen gerecht zu werden. Aus der Fülle der sonstigen Ergänzungen seien nur einige Stichworte genannt: Vorort- und Zwischenkompressoren, Einfluß des Druckverlustes im Leitungsnetz auf die Kompressorleistung, Druckluftnachkühlung, Schnell- und Anbauhobel, Drehschlagbohrmaschinen, Naßabbauhammer, Rückstoßdämpfer für Abbauhämmer, Hammerprüfung, Ventilatorregelung, Treibscheibenhaspel mit Schuhkettenscheibe.

Der Auswahl und Darstellungsweise der weit über hundert neuen Abbildungen wurde die gleiche Sorgfalt wie in den früheren Auflagen gewidmet. Der Westfälischen Berggewerkschaftskasse sei dafür gedankt, daß sie auch bei dieser Auflage wieder das Zeichenbüro der Bergschule Bochum für die umfangreichen Zeichenarbeiten zur Verfügung stellte. Herrn STEIN danke ich besonders für die mustergültige Ausführung der Zeichnungen.

Größten Dank schulde ich vor allem meinem Freunde und Kollegen, Herrn Dipl.-Ing. O. FRÖHLING, für seine rege Mitarbeit und Unterstützung, insbesondere aber für die Bearbeitung der Abschnitte über Dampferzeugeranlagen.

Bochum, im November 1955.

C. Hoffmann.

Vorwort zur ersten Auflage.

Im Bergbau hat das Maschinenwesen wegen seines Umfanges und seiner Vielseitigkeit erhöhte Bedeutung gewonnen. Unter Bergwerksmaschinen versteht man heute einen viel größeren Kreis von Maschinen als ehedem, nachdem zu den Fördermaschinen, Wasserhaltungen, Ventilatoren und Kompressoren, zu den Haspeln, Gesteinsbohrmaschinen und Seilbahnen im unterirdischen Betriebe Schrämmaschinen, Schüttelrutschen, Abbauhämmer, Drehbohrmaschinen sowie Lokomotiven mit elektrischem, Benzolmotor- und Druckluftantrieb getreten sind. In diesem Buche sind die Maschinen der Bergwerke in noch weiterem Rahmen behandelt, indem auch die Kraftanlagen der Bergwerke und die Verteilung der Kraft einbezogen sind. Das Buch führt durch dies weite Gebiet vom Standpunkt des Betriebes, indem an Hand zahlreicher Abbildungen Zweck und Wirkung, Wirtschaftlichkeit, Regelung, Überwachung und Prüfung der Maschinen behandelt werden. Wegen der außerordentlichen Vielseitigkeit des Bergwerksmaschinenbetriebes, die davon herrührt, daß Kolben- und Turbomaschinen sowie Dampf-, Druckluft- und elektrischer Antrieb nebeneinander bestehen, hatte der zu behandelnde Stoff sehr großen Umfang, was zu gedrängter Darstellung zwang.

Das Buch wird durch einen Abschnitt über Thermodynamik eingeleitet, in welchem auch die technisch so wichtigen Entropietafeln nebst ihrer Anwendung besprochen sind. Es folgen Abschnitte über Dampfkesselanlagen, Dampfmaschinen und Dampfturbinen, Kondensations- und Abdampfverwertungsanlagen. Weiter werden Schachtförderungen, Wasserhaltungen, Kolben- und Kreiselpumpen sowie Kolben- und Turbokompressoren dargestellt. Sehr ausführlich sind die im Schrifttum stiefmütterlich behandelten Druckluftantriebe besprochen, auf welchem Gebiet in den letzten Jahren viel Neues und Gutes geschaffen ist. Außer den Druckluftmotoren selbst gehören hierher Haspel, Schrämmaschinen, Schüttelrutschen, Bohr- und Abbauhämmer. Hochdruckkompressoren und Preßluftlokomotiven sind gemeinsam besprochen. In weiteren Abschnitten sind Kältemaschinen und Ventilatoren behandelt. Bei den Verbrennungsmaschinen sind sowohl die Großgasmaschinen wie die kleinen Verpuffungsmaschinen, insbesondere die Benzolgrubenlokomotiven, ferner Dieselmaschinen und andere Schwerölmaschinen dargestellt. In dem die elektrische Kraftübertragung im Bergbau behandelnden Abschnitte ist die Schaltung eines normalen Grubenkraftwerkes gezeigt, ferner sind Drehstrom- und Gleichstromförderantriebe, elektrische Grubenlokomotiven sowie der elektrische Antrieb der vor Ort arbeitenden Maschinen dargestellt. Den Schluß bildet ein größerer Abschnitt über Meßkunde, in welchem die im Betriebe so wichtigen Messungen von Wasser, Dampf, Gas und Druckluft, ferner die Prüfung der Rauchgase dargelegt werden und der mit früheren Abschnitten über das Indizieren der Maschinen und die Bemessung von Rohrleitungen für Wasser, Dampf und Luft im Zusammenhang steht.

Auf gute Abbildungen ist größter Wert gelegt. Es waren für das Buch, das dem Unterricht in der Maschinenlehre an der Bergschule zugrunde gelegt werden soll, von der Westfälischen Berggewerksschaftskasse die berggewerkschaftlichen Zeichenkräfte zur Verfügung gestellt worden. Für diese Unterstützung, durch die es ermöglicht wurde, das Buch mit einer Fülle von Diagrammen, schematischen Darstellungen und konstruktiven Zeichnungen auszustatten, zolle ich meinen größten Dank. Am Entwurf und der Ausführung der Zeichnungen waren in erster Linie die Herren Haibach und Schultz beteiligt, denen ich auch an dieser Stelle meinen herzlichsten Dank ausspreche.

Bochum, im Januar 1926.

Der Verfasser.

Inhaltsverzeichnis.

Verzeichnis der Zahlentafeln.

Bezeichnungen, Maßeinheiten, Maßbeziehungen.

l = Länge in m.
s = Weglänge, auch Kolbenhub in m.
d, D = Durchmesser in mm bzw. m.
f, F = Querschnitt in cm^2 bzw. m^2.
O = Oberfläche in m^2.

G = Gewicht in kg.
m = Masse in $\frac{kg \cdot s^2}{m}$; $m = \frac{G}{g}$.
V = Volumen, Rauminhalt in m^3.
Q = Durchflußmenge in m^3/s, als Wasser- und Wettermenge auch in m^3/min und als Luftverbrauch in m^3/h.
M = Molekulargewicht in kg/Mol.
γ = spezifisches Gewicht oder Wichte in kg/m^3, bei festen Körpern und Flüssigkeiten auch in kg/dm^3; $\gamma = \frac{G}{V} = \frac{1}{v}$.
v = spezifisches Volumen von Gasen und Dämpfen in m^3/kg; $v = \frac{V}{G} = \frac{1}{\gamma}$.

---

1 Nm^3 = 1 Normalkubikmeter (bezogen auf den Normalzustand 0° C und 760 mm QS) = $^1/_{22,4}$ Mol.

P = Kraft in kg.
M = Drehmoment einer Kraft in kgcm oder kgm.
t = Zeit in s.
v = Geschwindigkeit (allgemein) in m/s.
w = Geschwindigkeit von Gasen und Dämpfen in m/s.
b = Beschleunigung in m/s^2.
g = Fallbeschleunigung = 9,81 m/s^2; $\sqrt{2g} = 4{,}429$.
n = Drehzahl in min^{-1}.
z = Schlagzahl in min^{-1}.
A = Arbeit, Energie in mkg, PSh oder kWh.
N = Leistung in mkg/s, PS oder kW.
η = Wirkungsgrad.
μ = Reibungszahl und Fahrwiderstand.
ν = Sicherheit.

---

s = Sekunde.
min = Minute.
h = Stunde.
1 mkg = $^1/_{427}$ kcal = 9,81 Ws.
1 kcal = 427 mkg = 4185 Ws.
1 PS = 75 mkg/s = 0,176 kcal/s = 0,736 kW $\approx$ $^3/_4$ kW.
1 kW = 102 mkg/s = 0,24 kcal/s = 1,36 PS $\approx$ $^4/_3$ PS.
1 PSh = 270000 mkg = 632 kcal = 0,736 kWh.
1 kWh = 367000 mkg = 860 kcal = 1,36 PSh.

---

p = absoluter Gas- oder Dampfdruck in kg/cm^2 oder in ata.
P = absoluter Gas- oder Dampfdruck in kg/m^2 oder in mmWS (= $10000 \cdot p$).
h = Pumpendruck in mWS oder Depression in mmWS.

---

1 at = 1 metrische oder technische Atmosphäre.
1 Atm = 1 physikalische Atmosphäre.
1 at = 1 kg/cm^2 = 10000 kg/m^2 = 10 mWS (Wassersäule[1]) = 10000 mm WS
= 736 mm QS (Quecksilbersäule[2]).
1 Atm = 1,033 kg/cm^2 = 760 mm QS.
1 mm WS = 1 kg/m^2 = $\frac{1}{10000}$ kg/cm^2.
1 mm QS = 13,6 kg/m^2 = 13,6 mm WS = $\frac{1}{736}$ kg/cm^2.
1 ata = 1 at absolut.
1 atü = 1 at Überdruck = $1 + \frac{\text{Barometerstand in mm QS}}{736}$ ata.

---

t = Temperatur vom Eispunkt aus in ° C.
T = absolute Temperatur in ° K* (= t + 273).
c = spezifische Wärme in kcal/kg · grd.
c_p, c_v = spezifische Wärme von Gasen und überhitzten Dämpfen bei unverändertem Druck bzw. bei unverändertem Volumen in kcal/kg · grd.
C_p, C_v = spezifische Wärme von Gasen und überhitzten Dämpfen bei unverändertem Druck bzw. bei unverändertem Volumen in kcal/Mol · grd.
R = technische Gaskonstante in mkg/kg · grd.
H = Heizwert oder Verbrennungswärme in kcal/kg für feste und flüssige und in kcal/Nm^3 für gasförmige Brennstoffe.
Q = Wärmemenge in kcal.
i = Wärmeinhalt von Wasser, Dampf oder Gas in kcal/kg.
s = Entropie von Wasser, Dampf oder Gas in kcal/kg · grd.
f = Wasserdampfgehalt der Luft in g/m^3.
φ = Feuchtigkeitsgrad, relative Feuchtigkeit.

---

[1] Die Wassersäule ist bei 4° C zu messen oder auf 4° C umzurechnen.

[2] Die Quecksilbersäule ist bei 0° C zu messen oder auf 0° C umzurechnen; z. B. sind 760 mm QS von 0° C = 762 mm QS von 15° C.

* Einige Abbildungen enthalten noch ° abs.

I. Thermodynamik.

1. Die Zustandsformen: fest, flüssig und gas- oder dampfförmig. Es sind drei Formarten oder Aggregatzustände zu unterscheiden. *Fest* ist ein Körper, wenn er räumlich unverändert begrenzt ist, *flüssig*, wenn seine räumliche Form unter Beibehaltung des Volumens veränderlich ist, und *gas-* oder *dampfförmig*, wenn Form und Volumen veränderlich sind. Unter gewöhnlichen Druck- und Temperaturverhältnissen kommt ein Stoff im allgemeinen nur in einer dieser Formarten vor, z. B. sind Eisen, Blei, Paraffin und Schwefel fest, Wasser und Quecksilber flüssig, Luft, Wasserstoff und Kohlensäure (Kohlendioxyd) gas- bzw. dampfförmig. Diese gewöhnlichen Zustandsformen eines Stoffes ändern sich aber mit der Temperatur; so ist bei normalem Druck von 760 mm QS z. B. Wasser unter 0° C fest (Eis) und über 100° C dampfförmig oder Schwefel über 113° C flüssig und über 445° C dampfförmig. Abb. 1 veranschaulicht das Verhalten auch noch weiterer Stoffe. Wie die Abbildung erkennen läßt, liegen die Grenzen der Formartänderung, der Siedepunkt und der Schmelzpunkt, bei den einzelnen Stoffen in mehr oder weniger hohen und ausgedehnten Temperaturbereichen. Der Siedepunkt, bei dem Flüssigkeit in Dampf übergeht, ist stark vom Druck abhängig, so sind z. B. für Wasser die Siedepunkte 100° C bei 1,033 ata, 10° C bei 0,0125 ata und 310° C bei 100 ata, oder für Kohlensäure — 50° C bei 7 ata und 10° C bei 46 ata. Abb. 2 veranschaulicht diese Abhängigkeit der Siedetemperatur vom Druck. Die dargestellten Kurven sind *Grenzkurven*; sie bilden die Grenze zwischen Dampf und Flüssigkeit.

Abb. 1. Schmelz- und Siedepunkte bei 760 mm QS.

Ist eine Flüssigkeit bei dem ihrem Druck entsprechenden Siedepunkt verdampft worden, so hat der Dampf die gleiche Temperatur wie die siedende Flüssigkeit. Ein mit diesem Dampf gefüllter Raum kann nicht noch mehr Dampf aufnehmen; der Dampf ist *gesättigt*. Man nennt ihn *trocken*, wenn er keine Flüssigkeit mehr enthält. Durch Herabsetzen der Temperatur oder Erhöhen des Druckes wird trocken gesättigter Dampf wieder in Flüssigkeit verwandelt. Ist nur ein Teil des Dampfes verflüssigt worden und ist diese Flüssigkeit nebelförmig in feinsten Tröpfchen im Dampf verteilt, so heißt dieser Dampf *feucht* oder *Naßdampf*. Aus gesättigtem Dampf entsteht *überhitzter* Dampf, wenn die Dampftemperatur bei gleichem Druck durch Wärmezufuhr über den Siedepunkt erhöht wird. Auch überhitzter Dampf kann verflüssigt werden, jedoch ist hierfür eine stärkere Temperaturerniedrigung oder Druckerhöhung nötig als bei gesättigtem Dampf. Als *Gase* bezeichnet man Stoffe wie Luft, Wasserstoff, Kohlenoxyd, Grubengas (Methan) u. a., die bei gewöhnlichen Temperaturen auch durch hohen Druck nicht verflüssigt werden können; erst

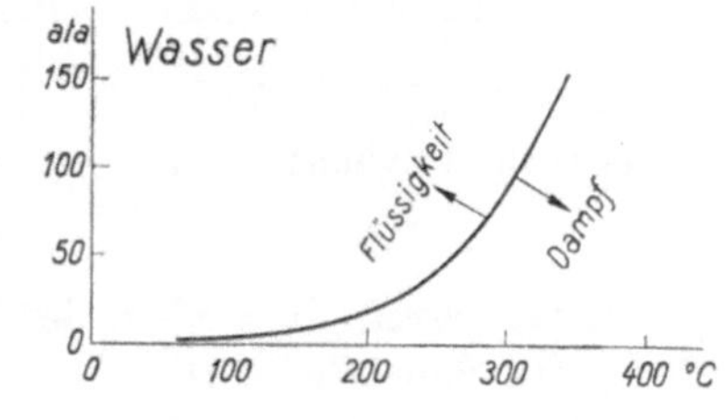

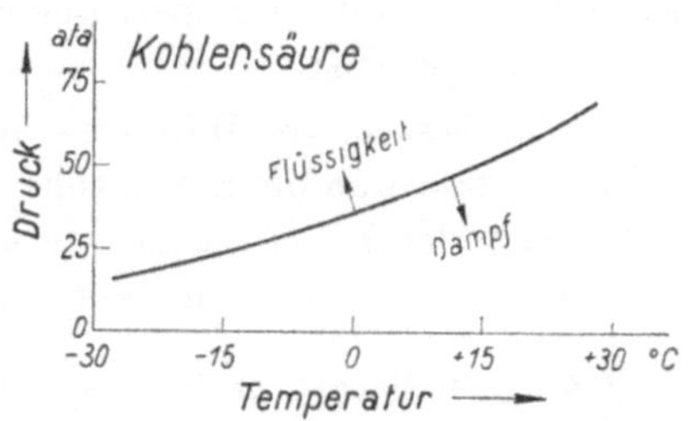

Abb. 2. Abhängigkeit der Siedetemperatur vom Druck.

bei gleichzeitiger starker Temperaturerniedrigung und hoher Verdichtung lassen sie sich in Flüssigkeit verwandeln (flüssige Luft, flüssiger Sauerstoff).

Überhitzter Dampf ist demnach als Zwischenstufe zwischen gesättigtem Dampf und Gas anzusehen; er folgt anderen Gesetzen wie der gesättigte Dampf und nähert sich in seinem Verhalten um so mehr den Gasen, je höher er überhitzt ist. So können Kohlensäure bei hohen Temperaturen und der in den Feuergasen enthaltene, aus dem Brennstoff stammende hoch überhitzte Wasserdampf (über 1000° C) als Gase betrachtet werden.

Als wichtigster Stoff kommt Wasser in allen drei Zustandsformen in der Technik zur Anwendung, wobei besonders die Übergänge von Bedeutung sind (Dampferzeugung im Kessel und anschließende Überhitzung, Übergang zum Naßdampf in der Kraftmaschine, Verflüssigung im Kondensator, Wasserabscheidung aus expandierender Druckluft usw.). Ähnlich wie Wasser werden auch Kohlensäure, Ammoniak und schweflige Säure in flüssigem und dampfförmigem Zustande verwendet (Kältemaschinen).

2. Die Zustandsgrößen der Gase und Dämpfe. Der Zustand der Gase und Dämpfe ist durch ihren Druck, ihre Temperatur und ihr spezifisches Volumen (oder spezifisches Gewicht) gekennzeichnet. Bei Gasen und *überhitzten* Dämpfen können zwei dieser Zustandsgrößen beliebig zugeordnet werden; damit ist die dritte festgelegt. Bei gesättigtem Dampf besteht diese Fr iheit nicht mehr; beim Naßdampf gehört zu jedem Druck eine bestimmte Temperatur, beim trokkenen Sattdampf außerdem ein bestimmtes spezifisches Volumen. Der rechnerische Zusammenhang ist bei den Gasen auf Grund der einfachen Gasgesetze bequem zu verfolgen. Bei den Dämpfen sind die Beziehungen verwickelt; es gibt aber für die wichtigsten Dämpfe, insbesondere für den Wasserdampf, Tafeln und Diagramme, denen man die zusammengehörigen Größen entnimmt.

Als Druck ist bei der Anwendung der Gasgesetze und Dampftafeln immer der absolute Druck[1] (nie der Überdruck) einzusetzen. Der Druck wird entweder in kg/cm² (ata) eingesetzt und mit p bezeichnet, oder er wird in kg/m² (mm WS) eingesetzt und mit P bezeichnet[2]. Handelt es sich um Druckverhältnisse, ist es gleich, ob man die Werte von p oder P vergleicht. In Beziehungen aber, die aus einer Zustandsänderung des Gases die vom Gase verrichtete oder aufgenommene Arbeit herleiten, ist mit dem Druck in kg/m² oder mm WS zu rechnen. Die Temperatur wird entweder nach der Celsius-Skala oder nach der absoluten Skala gemessen, deren Nullpunkt bei — 273° C liegt. Die Celsius-Temperatur wird mit t bezeichnet, die absolute Temperatur mit T, wobei $T = t + 273$. Das spezifische Volumen wird in m³/kg gemessen und mit v bezeichnet. Das spezifische Gewicht wird in kg/m³ angegeben und mit γ bezeichnet. $\gamma = \frac{1}{v}$ oder $\gamma v = 1$. Unter V versteht man das Volumen der betrachteten Gasmenge in m³, unter G ihr Gewicht in kg.

$$v = \frac{V}{G} \quad \text{und} \quad \gamma = \frac{G}{V}.$$

Nur die *spezifischen Werte* des Volumens oder des Gewichtes, also nur v oder γ, kennzeichnen den Zustand des Gases. Handelt es sich um das Verhältnis zweier Volumen oder zweier Gewichte, so kann man statt der spezifischen Werte v oder γ selbstverständlich auch die Werte von V bzw. G vergleichen.

3. Die Gesetze von Mariotte und Gay-Lussac. Diese Gesetze gelten für vollkommene Gase, für überhitzte Dämpfe nur in roher Annäherung. Sie beziehen sich auf Zustandsänderungen, bei denen eine der 3 Zustandsgrößen ungeändert bleibt. Der Anfangszustand ist mit dem Index 1, der geänderte Zustand mit dem Index 2 bezeichnet.

---

[1] Zeigt ein Manometer den Überdruck p' in kg/cm² bei einem Barometerstand b mm QS an, so ist der absolute Druck $p = p' + \frac{b}{736}$ ata. Aus dem mit einem Vakuummeter gemessenen Unterdruck p' in cm QS und dem Barometerstand b in mm QS errechnet sich der absolute Druck $p = b - 10\,p'$ mm QS oder $\frac{b - 10\,p'}{736}$ ata.

[2] Es ist nicht allgemein üblich, streng zwischen p und P zu unterscheiden. Aber in der „Hütte" z. B., ebenso in diesem Buche ist diese Unterscheidung durchgeführt.

Das Gesetz von MARIOTTE lautet: Bei *gleichbleibender Temperatur* ändert sich das *Volumen* eines Gases umgekehrt wie der *Druck* und der Druck umgekehrt wie das Volumen.

$$\frac{P_1}{P_2} = \frac{v_2}{v_1} \quad \text{oder} \quad P_1 v_1 = P_2 v_2 = \text{konst}, \quad \text{dabei } t \text{ gleichbleibend.}$$

Dieses Gesetz gilt bis zu Drücken von 200 at genau; bei höheren Drücken ergeben sich Abweichungen.

Zeichnet man, wie sich der Druck nach dem Mariotteschen Gesetz in Abhängigkeit vom Volumen ändert, so erhält man eine gleichseitige Hyperbel. In Abb. 3 ist die Mariottesche Linie für eine Änderung vom Anfangszustande $v_1 = 2$, $p_1 = 5$ nach dem Endzustande $v_2 = 10$, $p_2 = 1$ gezeichnet; zugleich ist angedeutet, wie man die Mariottesche Linie ohne Rechnung zeichnen kann.

Setzt man an Stelle des spezifischen Volumens v den Wert $1/\gamma$, so lautet das Gesetz:

$$\frac{P_1}{P_2} = \frac{1/\gamma_2}{1/\gamma_1} = \frac{\gamma_1}{\gamma_2} \quad \text{oder} \quad P_1\gamma_2 = P_2\gamma_1 = \text{konst}, \quad \text{dabei } t \text{ gleichbleibend.}$$

Bei *gleichbleibender Temperatur* ändert sich also das spezifische Gewicht eines Gases ebenso wie der Druck.

Eine Zustandsänderung nach MARIOTTE heißt auch *isothermische* Zustandsänderung, und die Mariottesche Linie *Isotherme*. Isothermische Zustandsänderungen sind in der Technik selten, weil die Voraussetzung, daß nämlich die Temperatur gleich gleibt, selten erfüllt ist. Denn, wenn Gas verdichtet wird, so empfängt es die Verdichtungs- oder Kompressionsarbeit als Wärme und wird heißer, und wenn Gas expandiert, so leistet es die Expansionsarbeit aus seiner Wärme und wird kälter. Trotzdem ist das Mariottesche Gesetz von größter Bedeutung, und die Isotherme spielt als Vergleichslinie eine wichtige Rolle.

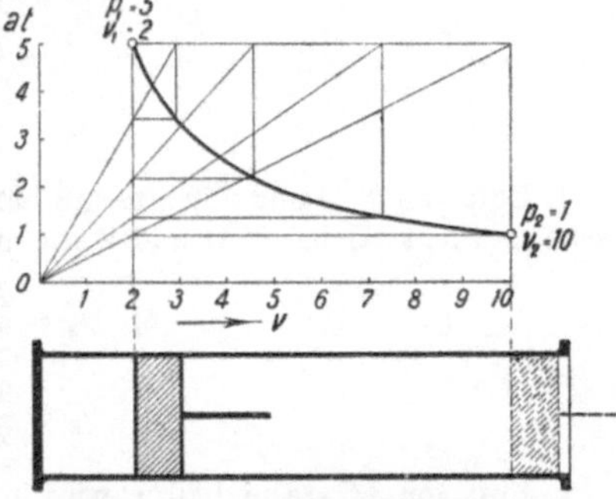

Abb. 3. Zustandsänderung nach MARIOTTE.

Bei den Dampfdiagrammen werden wir finden, daß die Expansionslinie des gesättigten Dampfes ungefähr mit der Mariotteschen Linie übereinstimmt. Das hat aber mit dem Mariotteschen Gesetze nichts zu tun, das nur für Gase und nicht für gesättigten Dampf gilt, für den auch die Voraussetzung fehlt, daß die Temperatur ungeändert bleibt.

Das Gesetz von GAY-LUSSAC lautet: Bei *gleichbleibendem Drucke* ändert sich das *Volumen* eines Gases ebenso wie seine absolute Temperatur; oder: Bei *gleichbleibendem Drucke* ändert sich das *spezifische Gewicht* eines Gases umgekehrt wie seine absolute Temperatur. Bei *gleichbleibendem Volumen* ändert sich der *Druck* eines Gases ebenso wie seine absolute Temperatur.

$$\frac{v_1}{v_2} = \frac{T_1}{T_2} \quad \text{oder} \quad v_1 T_2 = v_2 T_1 = \text{konst}, \quad \text{dabei } P \text{ gleichbleibend.}$$

$$\frac{\gamma_1}{\gamma_2} = \frac{T_2}{T_1} \quad \text{oder} \quad \gamma_1 T_1 = \gamma_2 T_2 = \text{konst}, \quad \text{dabei } P \text{ gleichbleibend.}$$

$$\frac{P_1}{P_2} = \frac{T_1}{T_2} \quad \text{oder} \quad P_1 T_2 = P_2 T_1 = \text{konst}, \quad \text{dabei } v \text{ gleichbleibend.}$$

Das Gay-Lussacsche Gesetz beruht auf der Tatsache, daß sich alle Gase bei Erwärmung um 1° um $\frac{1}{273}$ des Volumens ausdehnen, das sie bei 0° C haben. Ist das Volumen bei 0° C $= v_0$, so wird, wenn das Gas auf t° C erhitzt wird, das Volumen

$$v_t = v_0 + v_0 \frac{t}{273} = v_0\left(1 + \frac{t}{273}\right) = v_0 \frac{T}{273}.$$

Wird das Volumen v_1 von der Temperatur t_1 (T_1) auf die Temperatur t_2 (T_2) erwärmt, so wächst es auf

$$v_2 = v_1 \frac{T_2}{T_1}.$$

Kühlt man Gas auf $-$ 273° C ab, so wird sein Volumen nach dem Gay-Lussacschen Gesetze = Null. Das ist nicht möglich. Bei $-$ 273° C gilt das GAY-LUSSACsche Gesetz nicht mehr.

Anwendungsbeispiel für das Gay-Lussacsche Gesetz: Soll Gas von 0° C auf das 2-, 3-, 4-, 5fache Volumen bei gleichbleibendem Druck ausgedehnt werden, so muß es von 0° C auf 273, 546, 819, 1092° C erhitzt werden. Bei gleichbleibendem Volumen würden die Drücke bei diesen Temperaturen das 2-, 3-, 4-, 5fache betragen.

Das Mariottesche Gesetz hat bei jeder Temperatur, das Gay-Lussacsche Gesetz bei jedem Druck Gültigkeit, so daß bei *allgemeiner* Zustandsänderung beide Gesetze miteinander vereint angewendet werden können. Man erhält dann für ein Gas, das aus dem Zustande P_1, v_1, T_1 in den Zustand P_2, v_2, T_2 übergeführt wird, die Beziehung:

$$\frac{P_1}{P_2} = \frac{v_2}{v_1}\frac{T_1}{T_2} \quad \text{oder} \quad \frac{P_1 v_1}{T_1} = \frac{P_2 v_2}{T_2} = \text{konst}.$$

Diese Beziehung enthält in sich sowohl das Mariottesche Gesetz (nämlich, wenn man $T_1 = T_2$ setzt) als auch das Gay-Lussacsche Gesetz (nämlich, wenn man $v_1 = v_2$ oder $P_1 = P_2$ setzt). Kennt man vom zweiten Zustande zwei Größen, so ist die dritte Größe aus dieser Beziehung berechenbar. Zum selben Ergebnis kommt man, wenn man die Gesetze von Mariotte und Gay-Lussac nacheinander anwendet.

$$P_2 = P_1 \frac{v_1}{v_2}\frac{T_2}{T_1}, \quad v_2 = v_1 \frac{P_1}{P_2}\frac{T_2}{T_1}, \quad T_2 = T_1 \frac{P_2}{P_1}\frac{v_2}{v_1}.$$

Beispiele.

1. Luft von 0° C und 760 mm QS hat ein spezifisches Gewicht von 1,293 kg/m³. Wie groß wird das spezifische Gewicht a) bei 0° C und 2 ata und b) bei 25° C und 760 mm QS?

a) $$\gamma_2 = \frac{P_2}{P_1}\gamma_1 = \frac{20000}{760 \cdot 13{,}6} \cdot 1{,}293 = 2{,}5\ \text{kg/m}^3;$$

b) $$\gamma_2 = \frac{T_1}{T_2}\gamma_1 = \frac{273}{298} \cdot 1{,}293 = 1{,}185\ \text{kg/m}^3.$$

2. Luft von 3,5 ata und 20° C wird in einem geschlossenen Kessel auf 650° C erhitzt. Auf wieviel ata steigt der Druck?

$$p_2 = p_1 \frac{T_2}{T_1} = 3{,}5 \cdot \frac{923}{293} = 11\ \text{ata}.$$

3. In einem Zylinder werde ein Luftvolumen von 0,6 m³, 1 ata und 10° C auf 5 ata verdichtet, wobei die Temperatur auf 175° C steigt. Es ist das Endvolumen zu berechnen. In der Verhältnisgleichung $v_2 = v_1 \frac{p_1}{p_2}\frac{T_2}{T_1}$ kann v durch V ersetzt werden.

$$V_2 = V_1 \frac{p_1}{p_2}\frac{T_2}{T_1} = 0{,}6 \cdot \frac{1}{5} \cdot \frac{448}{283} = 0{,}19\ \text{m}^3.$$

4. Aus einem Kessel, der Gas von 1,5 ata, 80° C und 0,5 m³/kg spezifischem Volumen enthält, ströme das Gas bis zum Druckausgleich in einen Raum, in dem der Druck 1 ata ist. Dabei kühle sich das Gas auf 70° C ab. Dann wird das spezifische Volumen

$$v_2 = v_1 \frac{p_1}{p_2}\frac{T_2}{T_1} = 0{,}5 \cdot \frac{1{,}5}{1} \cdot \frac{343}{353} = 0{,}73\ \text{m}^3/\text{kg}.$$

5. Ein Druckluftnetz hat $V = 2200$ m³ Rauminhalt. Bei abgestelltem Kompressor und ohne Luftentnahme für Maschinen sinkt der Netzdruck bei gleichbleibender Temperatur infolge der Undichtheitsverluste in 20 Minuten von 5 atü auf 3,4 atü. Wie groß ist der Undichtheitsverlust in m³ Saugluft (Luft von 1 ata) je Stunde?

$$p_1 = 5\ \text{atü} = 6\ \text{ata}, \qquad p_2 = 3{,}4\ \text{atü} = 4{,}4\ \text{ata}.$$

$$\Delta V = V_1 - V_2 = \frac{p_1}{p} V - \frac{p_2}{p} V = \frac{V}{p}(p_1 - p_2) = \frac{2200}{1}(6 - 4{,}4) = 3520\ \text{m}^3 \text{ von 1 ata in 20 Minuten}.$$

Undichtsheitsverlust $\Delta Q = 3520 \cdot \frac{60}{20} = 10560$ m³/h von 1 ata.

6. Die Speicherflaschen einer Druckluftlokomotive haben ein Volumen von $V = 1{,}5$ m³. Wieviel m³ Luft von 1 ata, 20° C werden gespeichert, wenn der Druck bei der Füllung von 22 atü auf 165 atü steigt und die Temperatur von 25° C auf 10° C fällt?

$$p_1 = 23\ \text{ata}, \quad T_1 = 298^\circ\ \text{K}; \quad p_2 = 166\ \text{ata}, \quad T_2 = 283^\circ\ \text{K}.$$

$$\Delta V = V_2 - V_1 = V\frac{p_2}{p}\frac{T}{T_2} - V\frac{p_1}{p}\frac{T}{T_1} = V\frac{T}{p}\left(\frac{p_2}{T_2} - \frac{p_1}{T_1}\right) = 1{,}5 \cdot \frac{293}{1} \cdot \left(\frac{166}{283} - \frac{23}{298}\right) = 224\ \text{m}^3 \text{ von 1 ata, 20°C}.$$

4. Die allgemeine Zustandsgleichung der Gase. Die Gesetze von MARIOTTE und GAY-LUSSAC gelten unabhängig davon, welcher Art das Gas ist, setzen aber voraus, daß man einen Zustand des Gases kennt. Das ist bei der allgemeinen Zustandsgleichung, die im Grunde mit dem vereinigten Mariotte-Gay-Lussacschen Gesetz übereinstimmt, nicht nötig, dafür muß man die in ihr auftretende Konstante R kennen, die sogenannte Gaskonstante, die für jedes Gas oder jede Gasmischung einen bestimmten Wert hat.

Die allgemeine Zustandsgleichung lautet:

$$\frac{P v}{T} = R \quad \text{oder} \quad P v = R T\,^*.$$

Handelt es sich nicht um das spezifische Volumen v in m³/kg, sondern um das Volumen V in m³ vom Gewichte G kg, so heißt die Gleichung:

$$P V = R G T.$$

In der später (Ziffer 7) folgenden Zahlentafel 2 sind die Werte der Gaskonstanten für die technisch wichtigsten Gase zusammengestellt. Wie sich aus der Zustandsgleichung ergibt, ist R proportional dem spezifischen Volumen v des Gases, d. h. umgekehrt proportional dem spezifischen Gewicht γ oder dem Molekulargewichte M.

$$v = \frac{R T}{P};$$

$$\gamma = \frac{P}{R T}.$$

Je leichter das Gas, um so größer R. Es gilt:

$$R = \frac{37{,}85}{\gamma_0} \quad (\gamma_0 \text{ für } 0^\circ \text{ und } 760 \text{ mm QS gerechnet})$$

oder

$$R = \frac{848}{M} \quad (\text{Gesetz von Avogadro}).$$

Für feuchte Luft ist R größer als für trockene Luft. Nach der allgemeinen Zustandsgleichung wird die Gaskonstante eines Wasserdampf-Luftgemisches:

$$R_f = \frac{P_g V}{G_g T}.$$

Durch die Teildrücke und die Gaskonstanten von Luft und Dampf und die relative Feuchtigkeit φ** ausgedrückt, wird

$$R_f = \frac{R}{1 - \varphi \frac{P_d}{P_g}\left(1 - \frac{R}{R_d}\right)}.$$

Mit den Werten $R = 29{,}27$ für Luft und $R_d = 47$ für Wasserdampf wird

$$R_f = \frac{29{,}27}{1 - 0{,}377\, \varphi \frac{P_d}{P_g}}.$$

Der von der Temperatur abhängige Sättigungsdruck des Dampfes P_d ist den Dampftabellen (Zahlentafel 6, S. 17) zu entnehmen; P_g ist der Druck des Gemisches.

Abb. 4 zeigt die Abhängigkeit der Gaskonstanten feuchter Luft von der Temperatur und der relativen Feuchtigkeit für einen Druck von 760 mm QS oder 1,033 ata.

Beispiele.

1. Welches spezifische Volumen und welches spezifische Gewicht hat trockene Luft ($R = 29{,}27$) bei 730 mm QS Druck und 30° C? Da 730 mm QS = 730 · 13,6 = 9928 mm WS, ferner 30° C = 303° K sind, so ist

$$v = \frac{R T}{P} = \frac{29{,}27 \cdot 303}{9928} = 0{,}893 \text{ m}^3/\text{kg} \quad \text{und} \quad \gamma = \frac{1}{v} = \frac{1}{0{,}893} = 1{,}12 \text{ kg/m}^3.$$

---

* Der Druck P ist, wie noch einmal betont sei, in kg/m² oder mm WS einzusetzen. Maßeinheit der Gaskonstanten R s. Ziffer 7.

** Vgl. Ziffer 224.

2. Wie groß ist das spezifische Volumen einer Gasmischung, die bei 0° C und 760 mm QS 0,8 kg/m³ wiegt, wenn sie bei 736 mm QS Barometerstand unter 200 mm WS Überdruck steht und ihre Temperatur 80° C ist? Die Gaskonstante des Gemisches ist $R = \frac{37,85}{\gamma_0} = \frac{37,85}{0,8} = 47,3$. Da 736 mm QS = 10000 mm WS, so ist der absolute Druck $P = 10000 + 200 = 10200$ mm WS. $T = 353°$ K. Mithin $v = \frac{47,3 \cdot 353}{10200} = 1,64$ m³/kg.

3. Wie groß sind die Gaskonstante und das spezifische Gewicht für feuchte Luft von 1,033 ata, 17° C und 70% relativer Feuchtigkeit? Aus Zahlentafel 6 (S. 17) für Wasserdampf findet man $P_d = 0,02$ at = 200 mm WS für die Dampftemperatur 17° C. $P_g = 10330$ mm WS.

$$R_f = \frac{29,27}{1 - 0,377\,\varphi \frac{P_d}{P_g}} = \frac{29,27}{1 - 0,377 \cdot 0,7 \cdot \frac{200}{10330}} = 29,42;$$

$$\gamma = \frac{P_g}{R_f T} = \frac{10330}{29,42 \cdot 290} = 1,211 \text{ kg/m}^3.$$

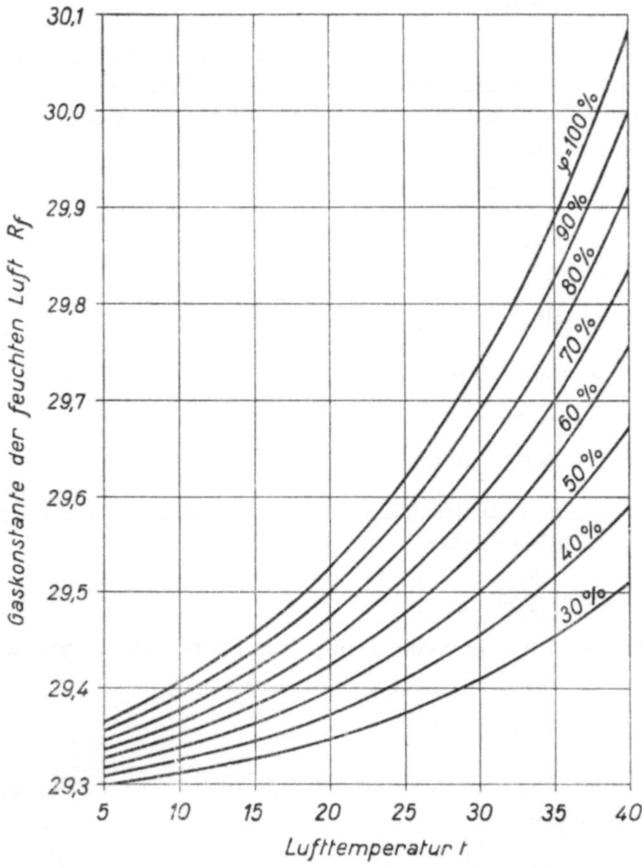

Abb. 4. Gaskonstante feuchter Luft für 1,033 ata Gesamtdruck.

5. Kritischer Zustand der Dämpfe.

Dämpfe können bei gleichem Druck durch Abkühlen oder bei gleicher Temperatur durch Verdichten verflüssigt werden (vgl. Ziffer 1). Das ist jedoch nur bis zu einer bestimmten Grenze möglich, die man deshalb „kritischen" Zustand nennt. Die Flüssigkeit dehnt sich um so mehr aus, je höher man sie erhitzt, während der zugehörige Dampf um so dichter wird, je größer der Druck wird. Im „kritischen" Zustand, d. h. bei der „kritischen" Temperatur und dem zugehörigen „kritischen" Druck werden das „kritische" spezifische Volumen der Flüssigkeit und des Dampfes gleich; die siedende Flüssigkeit und der zugehörige gesättigte Dampf gehen ineinander über.

In der nebenstehenden Zahlentafel 1 sind für eine Reihe technisch wichtiger Stoffe die Werte für die kritische Temperatur t_k, den kritischen Druck p_k und das kritische Volumen v_k zusammengestellt.

Abb. 5 veranschaulicht für Wasser, wie sich das spezifische Volumen der siedenden Flüssigkeit und dasjenige des gesättigten Dampfes ändern, wenn der Dampfdruck durch Erhitzung der Flüssigkeit bis zum kritischen Werte erhöht wird. Der linke Zweig der Kurven gilt für die Flüssigkeit, der rechte für den gesättigten Dampf. Im Scheitel der Kurve, der den kritischen Zustand bedeutet, treffen beide Zweige der Kurve zusammen. Wasser hat seinen kritischen Zustand bei 374° C und 225 at, wobei sowohl das flüssige Wasser wie der Wasserdampf ein Volumen von 3,06 l/kg haben.

Abb. 5 lehrt auch, wie flüssiger und dampf- oder gasförmiger Zustand ineinan-

Zahlentafel 1.

Die kritischen Werte von Temperatur, Druck und Volumen.

	t_k °C	p_k ata	v_k l/kg
Wasser H_2O	374	225	3,06
Kohlensäure CO_2 . . .	31	75	2,15
Ammoniak NH_3 . . .	133	116	4,2
Schweflige Säure SO_2 .	156	80	1,94
Sauerstoff O_2	— 119	52	2,32
Luft	— 140	39	3,15

der übergehen. Der linke Zweig der Kurven heißt „Flüssigkeitsgrenzkurve" oder „untere Grenzkurve", der rechte Zweig „Grenzkurve des gesättigten Dampfes" oder „obere Grenzkurve". Die untere Grenzkurve gilt für siedendes Wasser und scheidet noch nicht siedendes Wasser (links) von Naßdampf (rechts). Die obere Grenzkurve gilt für trocken gesättigten Dampf und trennt Naßdampf (links) von überhitztem Dampf (rechts). Innerhalb der Grenzkurven liegt das Naßdampfgebiet, in dem ein Dampf-Wasser-Gemisch vorhanden ist, dessen Dampfgehalt durch die gestrichelten Kurven x in Prozenten gekennzeichnet ist. Kühlt man gesättigten Dampf, so wird er verflüssigt. Um überhitzten Dampf zu verflüssigen, ist er erst auf die Temperatur des Sattdampfes herabzukühlen. Je höher der Druck, bei um so höherer Temperatur ist die Verflüssigung möglich. Oberhalb der kritischen Temperatur ist die Verflüssigung auch bei noch so hohem Drucke unmöglich.

Wasserdampf steht insofern einzig da, als er technisch meistens unterhalb seines kritischen Zustandes verwendet wird, und auch bei sehr niedrigen Drücken mit mäßig kühlem Wasser verflüssigt werden kann. Kohlensäuredampf aber kann nur unterhalb 31° C verflüssigt werden, würde also ein Kühlwasser von noch geringerer Temperatur erfordern. Mit Kühlwasser von 15° C kann man Kohlensäure bei einem Druck von über 51,6 ata, Ammoniak bei einem Druck von über 7,4 ata verflüssigen. Es wird also vielfach nötig sein, Kohlensäuredampf, Ammoniakdampf usw. erst zu verdichten, um diese Dämpfe mit dem verfügbaren Kühlmittel verflüssigen zu können. (Vgl. den Abschnitt: Kältemaschinen.)

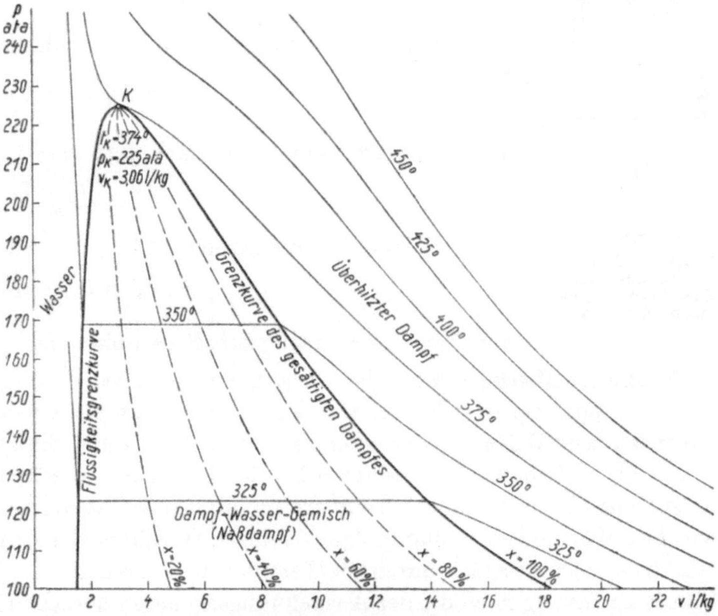

Abb. 5. Flüssigkeits- und Dampfgrenzkurven des Wassers bis zum kritischen Zustand.

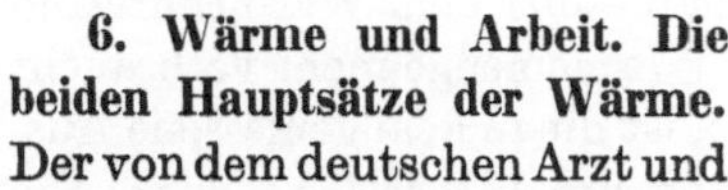

6. Wärme und Arbeit. Die beiden Hauptsätze der Wärme. Der von dem deutschen Arzt und Naturforscher ROBERT MAYER (1814—1878) aufgestellte 1. *Hauptsatz der Wärme* lautet: *Wärme und Arbeit sind gleichwertig.* Wärme und Arbeit sind verschiedene Energieformen, die man nach dem Grundsatz der Erhaltung der Energie eine in die andere umwandeln kann. Bei dieser Umwandlung erhält man für 1 kcal 427 mkg oder 1 mkg ist $\frac{1}{427}$ kcal gleichwertig. Als Wärmeeinheit kcal (Kilokalorie) gilt diejenige Wärmemenge, durch welche 1 kg Wasser bei atmosphärischem Druck von 14,5 auf 15,5° C erwärmt wird.

$$1 \text{ mkg} = \frac{1}{427} \text{ kcal} = \text{Wärmewert der Arbeitseinheit};$$

$$1 \text{ kcal} = 427 \text{ mkg} = \text{Arbeitswert der Wärmeeinheit}.$$

Mechanische Arbeit kann man restlos in Wärme verwandeln. Umgekehrt gilt das aber nicht, denn Wärme kann nur von einem heißeren zu einem kälteren Körper übergehen und dabei mechanische Arbeit liefern, und andererseits gilt, daß Wärme nur mit Arbeitsaufwand von einem kälteren auf einen heißeren Körper zu übertragen ist. Der 2. *Hauptsatz der Wärme* läßt die Grundbedingung für die Umwandlung von Wärme in Arbeit erkennen; er lautet: Mit einem Körpersystem von überall gleicher Temperatur kann keine Wärme in Arbeit umgesetzt werden. Die Wärme kann also nur bei Temperaturunterschied in Arbeit verwandelt werden. Vollkommene Umwandlung der Wärme in Arbeit wäre nur möglich, wenn dabei die Wärme bis auf — 273° C,

d. h. bis auf die absolute Nulltemperatur herab ausgenutzt würde, was technisch nicht durchführbar ist. Ist bei der Umwandlung T_1 die absolute Anfangstemperatur, T_2 die absolute Endtemperatur, so ist, wie in Ziffer 16 nachgewiesen werden wird, dabei der überhaupt günstigste, technisch nicht erreichbare Wirkungsgrad $= \frac{T_1 - T_2}{T_1}$.

Die Temperatur ist als Wärmespannung somit z. B. der Druckluftspannung oder der elektrischen Spannung vergleichbar. Druckluft strömt auch nur aus einem Raum höherer Spannung in einen Raum niedrigerer Spannung und kann nur Arbeit verrichten, wenn der Druck vor dem Motor größer als der Gegendruck am Auspuff ist.

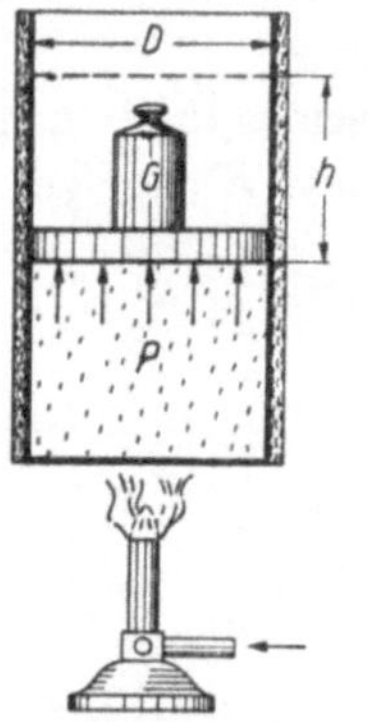

Abb. 6. Arbeit durch Wärmeausdehnung eines Gases bei gleichbleibendem Druck.

Abb. 6 zeigt ein Beispiel, wie die von einer Flamme zugeführte Wärme durch Ausdehnung der im Zylinder eingeschlossenen Luft bei gleichbleibendem Druck P in Hubarbeit umgewandelt wird.

$$A = G h = P D^2 \frac{\pi}{4} h.$$

Ist das Anfangsvolumen V_1, das Endvolumen V_2, so ist

$$D^2 \frac{\pi}{4} h = V_2 - V_1$$

die Volumenzunahme, die nach dem Gay-Lussacschen Gesetz

$$V_1 \frac{T_2 - T_1}{T_1}$$

wird. Folglich ist die Arbeit

$$A = P(V_2 - V_1) = P V_1 \frac{T_2 - T_1}{T_1}$$

von dem Temperaturverhältnis abhängig.

7. Die spezifische Wärme der Gase. Unter spezifischer Wärme eines Gases versteht man die Wärmemenge, die erforderlich ist, 1 kg Gas um 1° zu erwärmen. Man unterscheidet zwei Werte: die spezifische Wärme bei konstantem Volumen (c_v) und die spezifische Wärme bei konstantem Druck (c_p). Bleibt das Gasvolumen bei der Erhitzung ungeändert, so steigt zwar der Gasdruck entsprechend der absoluten Temperatur, aber das Gas verrichtet keine Arbeit, und die aufgewendete Wärme geht völlig in das Gas über. Wird das Gas dagegen bei gleichbleibendem Druck erhitzt, so dehnt es sich durch die Temperaturerhöhung aus, so daß außer dem Wärmeaufwand für die Erhitzung noch die der Ausdehnungsarbeit entsprechende Wärmemenge mehr verbraucht wird. c_p ist deshalb immer größer als c_v, und der Unterschied $c_p - c_v$ ist die in kcal gemessene Ausdehnungsarbeit von 1 kg Gas, das unter gleichbleibendem Druck um 1° erwärmt wird. Ein Zahlenbeispiel für Luft soll die Verhältnisse erläutern. 1 m³ Luft vom Anfangszustand $P_1 =$ 10330 kg/m² (760 mm QS), $T_1 = 273°$ K (0° C) mit $\gamma_1 = 1{,}293$ kg/m³ wird bei gleichem Druck ($P_2 = P_1$) auf die doppelte Temperatur $T_2 = 546°$ K (273° C) erhitzt. Sie dehnt sich auf das Volumen $V_2 = V_1 \frac{T_2}{T_1} = 2$ m³ aus und verrichtet dabei die Ausdehnungsarbeit $P(V_2 - V_1) =$ $10330 \cdot (2-1) = 10330$ mkg oder im Wärmemaß $10330 : 427 = 24{,}19$ kcal. Für 1 kg und 1° Temperaturerhöhung wird die Arbeit $\frac{24.19}{1{,}293 \cdot 273} = 0{,}0685$ kcal. Diese Wärmemenge entspricht dem Mehraufwand bei Erwärmung unter gleichbleibendem Druck. Für Luft von 1 ata, 0° C ist $c_v = 0{,}171$ kcal/kg · grd, so daß sich ergibt $c_p = c_v + 0{,}0685 = 0{,}171 + 0{,}0685$ $= 0{,}2395$ kcal /kg · grd (vgl. Zahlentafel 3).

Nach der allgemeinen Zustandsgleichung der Gase ist $P_2 v_2 - P_1 v_1 = R\,T_2 - R\,T_1$. v ist das spezifische Volumen, also das Volumen von 1 kg. Mit $P_2 = P_1 = P$ wird $P(v_2 - v_1) =$ $R(T_2 - T_1)$ die Ausdehnungsarbeit von 1 kg Gas bei der Temperaturänderung $T_2 - T_1$. Für 1° Erwärmung ist also R die Ausdehnungsarbeit in mkg je kg Gas. Die technische Gaskonstante R hat demnach die Maßeinheit mkg/kg · grd. Nach Umrechnung mit dem Wärmewert der Arbeit $\frac{1}{427}$ kcal/mkg gilt also auch

$$c_p - c_v = \frac{R}{427}.$$

Für Luft mit $R = 29{,}27$ mkg/kg · grd wird

$$c_p - c_v = \frac{29{,}27}{427} = 0{,}0685 \quad \text{kcal/kg·g d.}$$

Abb. 7 zeigt die Erhitzung von zwei gleichen Gasmengen, z. B. 1 kg, durch die Zufuhr gleicher Wärmemenge. Bleibt das Volumen gleich (links), so wird die Temperaturerhöhung $t_2 - t_1$ bedeutend größer als bei gleichbleibendem Druck (rechts). In letzterem Fall hat das Volumen vom Anfangszustand v_1 durch Temperaturdehnung zum Endzustand v_2 zugenommen. Ein Teil der zugeführten Wärme ist für die Ausdehnungsarbeit $P\,(v_2 - v_1)$ verbraucht worden, so daß mit dem Rest nur eine geringere Temperatursteigerung $t_2 - t_1$ erzielt werden kann als bei Erwärmung bei gleichbleibendem Volumen.

Um G kg Gas in einem geschlossenen Raum, also bei konstantem Volumen um die Temperaturdifferenz Δt zu erwärmen bzw. abzukühlen muß die Wärmemenge

$$Q = c_v G\,\Delta t \quad \text{kcal} \qquad (V = \text{konst})$$

zu- bzw. abgeführt werden. Handelt es sich um die Erwärmung bzw. Abkühlung in einem nicht geschlossenen Raum, z. B. beim Durchfluß durch den Zwischenkühler eines Kompressors oder um Wetterkühlung, so bleibt der Druck unverändert, und es gilt

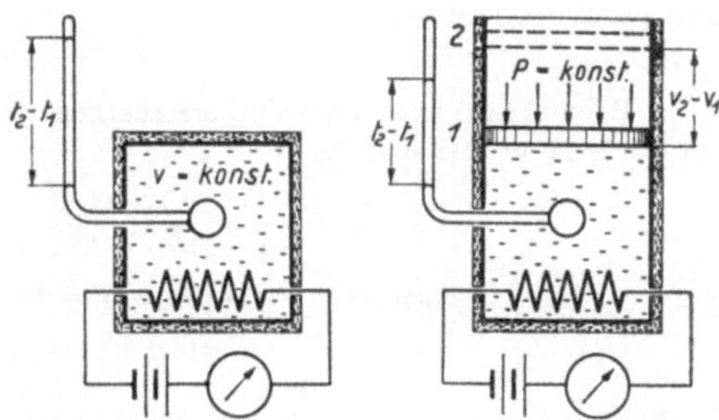

Abb. 7. Gaserhitzung mit gleicher Wärmezufuhr bei gleichbleibendem Volumen bzw. bei gleichbleibendem Druck.

$$Q = c_p G\,\Delta t \quad \text{kcal} \qquad (p = \text{konst}).$$

Bei der Kühlung feuchter Gase ist gegebenenfalls zusätzlich noch die für die Kondensation des Wasserdampfes und die Kühlung des Kondensats erforderliche Wärme abzuführen (vgl. Ziffer 11).

Zahlentafel 2. *Eigenschaften wichtiger Gase.*

Gas	Atomzahl	Molekulargewicht M kg/Mol	Spez. Gewicht bei 0°C und 760 mm QS γ_0 kg/m³	Gaskonstante R mkg/kg · grd	Spezifische Wärme in kcal/kg · grd für 20° C/1000° C c_p	c_v	$k = \frac{c_p}{c_v}$
Luft	(2)	(29)	1,293	29,27	0,241/0,277	0,172/0,208	1,40
Sauerstoff O_2	2	32	1,429	26,50	0,218/0,251	0,156/0,189	1,40
Stickstoff N_2	2	28	1,251	30,26	0,250/0,288	0,178/0,216	1,40
Wasserstoff H_2	2	2,016	0,090	420,6	3,408/3,930	2,420/2,94	1,41
Kohlenoxyd CO	2	28	1,250	30,29	0,250/0,288	0,180/0,218	1,40
Kohlensäure CO_2	3	44	1,964	19,27	0,202/0,297	0,156/0,252	1,30
Methan CH_4	5	16	0,716	52,90	0,531	0,406	1,31

Zahlentafel 3. ***Werte der spezifischen Wärme c_p für Luft[1] in kcal/kg · grd.***

kg/cm²	0°C	60°C	120°C	180°C	240°C
1	0,2395	0,2416	0,2438	0,2460	0,2482
25	0,2463	0,2485	0,2507	0,2529	0,2551
50	0,2534	0,2556	0,2578	0,2600	0,2622
100	0,2672	0,2694	0,2716	0,2738	0,2760
150	0,2797	0,2819	0,2841	0,2863	0,2885
200	0,2903	0,2925	0,2947	0,2969	0,2991
300	0,3002	0,3024	0,3046	0,3068	0,3090

In der Zahlentafel 2 sind für die technisch wichtigsten Gase die Werte von c_p und c_v in kcal/kg · grd angegeben. Da die spezifische Wärme mit der Temperatur zunimmt, sind zwei Werte angegeben, nämlich für 20° C und für 1000° C. Die spezifische Wärme nimmt auch noch mit dem Druck zu; die Zahlentafel 2 hat nur bis etwa 10 at Gültigkeit. Zahlentafel 3 enthält

[1] Nach OSTERTAG: Kolben- und Turbokompressoren, 3. Auflage. Berlin: Springer 1923.

die spezifischen Wärmen c_p für Luft bei verschiedenen Drücken und Temperaturen. Bei den in der Zahlentafel aufgeführten 2atomigen Gasen ist das Produkt aus dem Molekulargewicht M und der spezifischen Wärme konstant, nämlich $C_p = M\,c_p \approx 7$ kcal/Mol · grd und $C_v = M\,c_v \approx 5$ kcal/Mol · grd. Alle 2atomigen Gase stimmen demnach in ihrer auf das Mol bezogenen spezifischen Wärme überein. Bei allen 2atomigen Gasen ist auch das Verhältnis der spezifischen Wärme bei gleichbleibendem Druck zur spezifischen Wärme bei gleichbleibendem Volumen gleich:

$$\frac{C_p}{C_v} = \frac{M\,c_p}{M\,c_v} = \frac{c_p}{c_v} \approx \frac{7}{5} = 1{,}4\,.$$

Das in Zahlentafel 2 angegebene Verhältnis $k = \frac{c_p}{c_v}$ gilt für etwa 20° C und wird bei höheren Temperaturen etwas kleiner.

Beispiele.

1. Wieviel kcal bzw. kWh sind erforderlich, um 60 m³ Luft von 1,02 ata und 18° C bei konstantem Druck auf 25° C zu erwärmen?

$$G = \frac{P\,V}{R\,T} = \frac{10200 \cdot 60}{29{,}27 \cdot 291} = 71{,}8\ \text{kg}; \qquad \Delta t = 25 - 18 = 7°\,.$$

$$Q = c_p G\,\Delta t = 0{,}241 \cdot 71{,}8 \cdot 7 = 121\ \text{kcal} \qquad \text{bzw.} \qquad 121/860 = 0{,}141\ \text{kWh}\,.$$

2. 1000 m³ angesaugte Luft ($\gamma = 1{,}2$ kg/m³) sind bei der Verdichtung im Kompressor auf 110° C erhitzt worden. Wieviel Kühlwasser ist erforderlich, um sie auf 30° C abzukühlen, wenn die Kühlwassertemperatur sich um 8° erhöhen darf?

$$G_L = \gamma\,V = 1{,}2 \cdot 1000 = 1200\ \text{kg}; \qquad \Delta t_L = 110 - 30 = 80°\,.$$

$$Q_L = c_p G_L\,\Delta t_L = 0{,}241 \cdot 1200 \cdot 80 = 23100\ \text{kcal} = Q_W\,.$$

$$G_W = \frac{Q_W}{c\,\Delta t_W} = \frac{23\,100}{1 \cdot 8} = 2890\ \text{kg}\,.$$

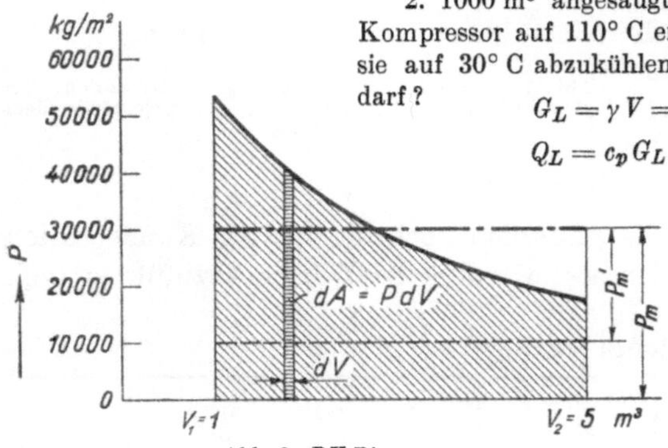

Abb. 8. PV-Diagramm.

3. In einem Behälter von 1 m³ Inhalt ist Stickstoff von 2 ata, 10° C eingeschlossen. Wie hoch steigen Temperatur und Druck, wenn eine Wärmemenge von 20 kcal zugeführt wird?

$$G = \frac{P_1 V_1}{R\,T_1} = \frac{20000 \cdot 1}{30{,}26 \cdot 283} = 2{,}335\ \text{kg};$$

$$c_v = 0{,}178\ \text{kcal/kg} \cdot \text{grd}\,.$$

$$\Delta t = \frac{Q}{c_v G} = \frac{20}{0{,}178 \cdot 2{,}335} = 48°; \qquad t_2 = t_1 + \Delta t = 58° \text{C} \quad (331° \text{K})\,.$$

$$p_2 = p_1 \frac{T_2}{T_1} = 2 \cdot \frac{331}{283} = 2{,}34\ \text{ata}\,.$$

4. Wie hoch ist die Explosionstemperatur schlagender Wetter mit 5,5% Methangehalt? Methan hat einen Heizwert von 9520 kcal/Nm³; 1 Nm³ des Luft-Methangemisches empfängt also bei der Verbrennung seines Methangehaltes 0,055 · 9520 = 524 kcal. Da die spezifische Wärme C_p der schlagenden Wetter bei der zu erwartenden mittleren Temperatur von 800° C etwa 7,3 kcal/Mol · grd = 7,3/22,4 = 0,326 kcal/Nm³ · grd anzunehmen ist, wird die bei der Explosion zu erwartende Temperatursteigerung $\Delta t = 524/0{,}326 = 1607°$.

8. Das PV-Diagramm (Arbeitsdiagramm). Damit Gas Arbeit verrichtet, muß es sich ausdehnen; damit Gas Arbeit aufnimmt, muß es auf kleineres Volumen zusammengedrückt werden. Verzeichnet man den Gasdruck P in Abhängigkeit vom Gasvolumen V, so erhält man das $P\,V$-Diagramm der Zustandsänderung. Abb. 8 zeigt ein Beispiel. Bei der elementaren Volumenzunahme $d\,V$ wird die elementare Arbeit $dA = P\,d\,V$ verrichtet. Die gesamte Arbeit A bei der Volumenzunahme von V_1 auf V_2 wird durch die unter der P-Linie bis herab zur Nullachse liegende Fläche dargestellt. Verwandelt man diese Fläche in ein gleich langes Rechteck, so stellt dessen Höhe den mittleren Druck P_m dar, und es ist die verrichtete *absolute Expansionsarbeit*

$$A = P_m\,(V_2 - V_1)\ \text{mkg}\,.$$

Wird das Gas umgekehrt von V_2 auf V_1 nach derselben P-Linie verdichtet, so hat die *absolute Kompressionsarbeit* denselben Wert.

Die absoluten Werte gelten, wenn der äußere Druck Null ist. Expandiert aber das Gas z. B. gegen den Druck der Atmosphäre, so ist die *nutzbare* Expansionsarbeit um die Gegendruckarbeit kleiner. Dafür ist die für die Kompression *aufzuwendende* Arbeit ebenfalls um die Gegendruckarbeit kleiner. In dem dargestellten Beispiele ist die absolute Expansionsarbeit sowohl wie die absolute Kompressionsarbeit = 30000 (5 — 1) = 120000 mkg. Bei einem Gegendruck von 1 at = 10000 kg/m² ist sowohl die nutzbare Expanisonsarbeit wie die aufzuwendende Kompressionsarbeit $A' = P_m (V_2 - V_1) = 20000 (5 - 1) = 80000$ mkg.

Von der betrachteten Kompressionsarbeit ist die Arbeit des Kompressors zu unterscheiden, der die Luft nicht nur zu verdichten, sondern auch in die Leitung fortzudrücken hat. Bei der Dampfmaschine oder beim Druckluftmotor wirkt nicht nur die Expansion des Dampfes oder der Druckluft, sondern es tritt die Volldruckarbeit hinzu, die das einströmende Treibmittel während der Füllung verrichtet. Vgl. Ziffer 10.

Das *PV*-Diagramm ist mit dem in Ziffer 70 besprochenen Indikatordiagramm verwandt, bei dem der Druckverlauf im Zylinder einer Kolbenmaschine über dem Kolbenwege aufgezeichnet ist. Das Indikatordiagramm dient dazu, die Arbeitsvorgänge im Zylinder zu verfolgen und den mittleren Druck zu bestimmen.

9. Isothermische, adiabatische und polytropische Zustandsänderungen von Gasen. Drosselung. Während in Ziffer 8 für die Expansion und die Kompression ein beliebiger Verlauf angenommen war, sollen hier Zustandsänderungen besonderer Art betrachtet werden, die bestimmten Gesetzen folgen.

Unter *isothermischer* Zustandsänderung versteht man eine Zustandsänderung, bei der die Temperatur gleich bleibt. In unseren Maschinen haben wir zwar im allgemeinen keine isothermischen Zustandsänderungen, aber die isothermische Zustandsänderung ist wichtig als Grundlage für Vergleiche und zur Beurteilung der Vorgänge in der Maschine. Bei isothermischer Expansion muß dem Gase, damit es seine Temperatur behält, ebensoviel Wärme zugeführt werden, wie der geleisteten absoluten Expansionsarbeit entspricht. Umgekehrt muß, um isothermische Kompression zu ermöglichen, ebensoviel Wärme durch Kühlung entzogen werden, wie der aufgewandten absoluten Kompressionsarbeit entspricht. Für die isothermische Zustandsänderung von Gasen gilt (vgl. Ziffer 3) das Mariottesche Gesetz: $P_1 v_1 = P_2 v_2 =$ konst. Die Linie der isothermischen Expansion und Kompression ist also eine gleichseitige Hyperbel.

Bei *adiabatischer* Zustandsänderung wird dem Gase von außen Wärme weder zugeführt noch entzogen. Die adiabatische Zustandsänderung ist von größter Bedeutung. Denn wir haben in den Kraftmaschinen und Kompressoren *angenähert* adiabatische Zustandsänderungen, weil sich die Vorgänge so schnell vollziehen, daß nur in geringem Maße Wärme zugeführt oder entzogen werden kann. Adiabatisch expandierendes Gas wird kälter; denn es verliert so viel Wärme, wie der geleisteten absoluten Expansionsarbeit entspricht. Umgekehrt wird adiabatisch komprimiertes Gas heißer, denn es empfängt so viel Wärme, wie der aufgewandten absoluten Kompressionsarbeit entspricht. Das Mariottesche Gesetz, das gleichbleibende Temperatur voraussetzt, ist also nicht anwendbar; sondern sowohl die adiabatische Expansionslinie wie die adiabatische Kompressionslinie verlaufen steiler als die Mariottesche Linie.

Für die adiabatische Expansion oder Kompression gelten folgende Beziehungen, in denen $k = \frac{c_p}{c_v}$ ist und für die zweiatomigen Gase den Wert 1,4 hat.

$$P_1 v_1^k = P_2 v_2^k \text{ (Poissonsches Gesetz)};$$

$$P_2 = P_1 \left(\frac{v_1}{v_2}\right)^k \quad \text{und} \quad v_2 = v_1 \left(\frac{P_1}{P_2}\right)^{\frac{1}{k}}.$$

$$\frac{T_1}{T_2} = \left(\frac{v_2}{v_1}\right)^{k-1} \quad \text{oder} \quad \frac{T_1}{T_2} = \left(\frac{P_1}{P_2}\right)^{\frac{k-1}{k}}; \qquad T_2 = T_1 \left(\frac{v_1}{v_2}\right)^{k-1} \quad \text{oder} \quad T_2 = T_1 \left(\frac{P_2}{P_1}\right)^{\frac{k-1}{k}}.$$

Für $k = 1{,}4$ ist $k - 1 = 0{,}4$ und $\frac{k-1}{k} = 0{,}286$ und $\frac{k}{k-1} = 3{,}5$ und $\frac{1}{k} = 0{,}714$.

Aus der Zahlentafel 4 kann man für adiabatische Expansion oder Entspannung bei gegebenem Druckabfall von P_1 auf P_2 und aus der Zahlentafel 5 für adiabatische Kompression oder Verdichtung bei gegebener Druckzunahme von P_1 auf P_2 die entsprechende Volumenänderung und Temperaturänderung entnehmen, wobei $k = 1{,}4$ gesetzt ist.

Aus der *is*-Tafel für Luft, Abb. 21, kann bequem entnommen werden, wie Druck und Temperatur bei adiabatischer Zustandsänderung zusammenhängen.

Zahlentafel 4. *Adiabatisches Entspannen: $k = 1,4$.*

$\frac{P_1}{P_2}$	$\frac{v_2}{v_1}$	$\frac{T_2}{T_1}$	$\frac{P_1}{P_2}$	$\frac{v_2}{v_1}$	$\frac{T_2}{T_1}$	$\frac{P_1}{P_2}$	$\frac{v_2}{v_1}$	$\frac{T_2}{T_1}$
1,2	1,139	0,950	5	3,156	0,632	16	7,246	0,453
1,5	1,336	0,890	6	3,598	0,600	20	8,498	0,425
2	1,641	0,820	8	4,415	0,552	24	9,680	0,404
3	2,193	0,731	10	5,188	0,518	30	11,35	0,378
4	2,692	0,672	12	5,900	0,493	40	13,94	0,349

Zahlentafel 5. *Adiabatisches Verdichten: $k = 1,4$.*

$\frac{P_2}{P_1}$	$\frac{v_2}{v_1}$	$\frac{T_2}{T_1}$	$\frac{P_2}{P_1}$	$\frac{v_2}{v_1}$	$\frac{T_2}{T_1}$	$\frac{P_2}{P_1}$	$\frac{v_2}{v_1}$	$\frac{T_2}{T_1}$
1,2	0,878	1,053	5	0,3170	1,583	16	0,1380	2,208
1,5	0,748	1,123	6	0,2780	1,668	20	0,1177	2,354
2	0,609	1,219	8	0,2265	1,811	24	0,1033	2,479
3	0,456	1,369	10	0,1927	1,931	30	0,0881	2,643
4	0,371	1,487	12	0,1695	2,034	40	0,0718	2,869

Beispiele.

1. 1 m³ Druckluft von 5 atü und 25° C soll adiabatisch auf 2 atü entspannt werden. Wie groß werden Endvolumen und Endtemperatur? $p_1 = 5 + 1 = 6$ ata; $p_2 = 2 + 1 = 3$ ata; $v_1 = 1\ \text{m}^3$; $T_1 = 25 + 273 = 298°$ K. Nach Zahlentafel 4 ist für $\frac{P_1}{P_2} = \frac{p_1}{p_2} = \frac{6}{3} = 2$ das Volumenverhältnis $\frac{v_2}{v_1} = 1,641$, oder das Endvolumen wird 1,641mal so groß wie das Anfangsvolumen: $v_2 = 1,641 \cdot v_1 = 1,641 \cdot 1 = 1,641\ \text{m}^3$. Für das Temperaturverhältnis findet man $\frac{T_2}{T_1} = 0,820$, oder die Endtemperatur beträgt das 0,82fache der Anfangstemperatur:

$$T_2 = 0,82\ T_1 = 0,82 \cdot 298 = 244°\,\text{K} \quad \text{oder} \quad t_2 = T_2 - 273 = -29°\,\text{C}.$$

2. Es sollen 0,6 m³ Luft von 736 mm QS ($p_1 = 1$ ata) und 27° C ($T_1 = 300°$ K) adiabatisch auf $p_2 = 30$ ata verdichtet werden. Es sind das Endvolumen und die Endtemperatur zu ermitteln. — Aus Zahlentafel 5 findet man für $\frac{P_2}{P_1} = \frac{p_2}{p_1} = \frac{30}{1} = 30$ das Endvolumen $v_2 = 0,0881 \cdot v_1 = 0,0881 \cdot 0,6 = 0,05286\ \text{m}^3$ und die Endtemperatur $T_2 = 2,643 \cdot T_1 = 2,643 \cdot 300 = 792,9°\,\text{K} \approx 520°$ C. (Nach dem Mariotteschen Gesetz wäre das isothermische Endvolumen nur $v_2' = \frac{0,6}{30} = 0,02\ \text{m}^3$ geworden, woraus man jedoch unter Berücksichtigung der Temperaturerhöhung und Temperaturausdehnung nach dem Gay-Lussacschen Gesetz wieder erhalten hätte $v_2 = v_2' \frac{T_2}{T_1} = 0,02 \frac{792,9}{300} = 0,05286\ \text{m}^3$.)

Eine Zustandsänderung besonderer Art ergibt sich beim *Drosseln* eines Gasstromes. Wird in einer Leitung eine Querschnittsverengung angebracht, so wird der Druck eines hindurchströmenden Gases oder Dampfes hinter der Verengung kleiner als vor ihr. Diese Druckminderung bezeichnet man als *Drosselung*; sie ist außer von der Art und dem Zustand des Gases in erster Linie von dem Verkleinerungsverhältnis des Querschnittes und der Geschwindigkeit abhängig. Es ist nun die Frage, wie sich neben dem Druck die beiden andern Zustandsgrößen spezifisches Volumen und Temperatur ändern. In der Drosselstelle selbst kann mit adiabatischer Entspannung und Temperaturabnahme gerechnet werden, wobei die umgesetzte Spannungsenergie nur in Strömenergie verwandelt wird, denn nach außen wird keine Energie abgegeben. Hinter der Drosselstelle tritt aber starke Wirbelung und damit Reibung innerhalb des Gases auf, welche die Strömenergie größtenteils verzehrt und in Wärme umsetzt. Diese Wärme bleibt im Gas und bringt die Temperatur in einiger Entfernung hinter der Drosselstelle wieder auf die ursprüngliche Höhe. Sieht man von den verwickelten Verhältnissen unmittelbar in der Drosselstelle ab, kann man also sagen, daß die Temperatur durch Drosseln unverändert bleibt. Damit gilt auch das Mariottesche Gesetz $P_1 : P_2 = v_2 : v_1$, d. h. das spezifische Volumen ändert sich im umgekehrten Verhältnis wie der Druck. Das ist wichtig für die Betrachtung von Rohrleitungen, in denen durch Ventile usw. oder Wandreibung ein Drosseldruckabfall auftritt, denn mit der Vergrößerung des Volumens wächst die Geschwindigkeit ebenfalls nach der Beziehung $P_1 : P_2 = w_2 : w_1$.

Das wesentliche Kennzeichen der Drosselung ist, daß Wärmeinhalt und Temperatur unverändert bleiben. Das gilt streng genommen aber nur für vollkommene, ideale Gase und gleiche Geschwindigkeiten vor und hinter der Drosselstelle. Bei mäßiger Drosselung folgen auch die wirklichen Gase der obigen Gesetzmäßigkeit genügend genau. Bei starker Drosselung zeigen die wirklichen Gase jedoch einen Temperaturabfall (Thomson-Joulesche Abkühlung), der vom Druckabfall abhängt und für Luft etwa $\Delta t = 0{,}27\,(p_1 - p_2)\,^\circ$ beträgt; z. B. wird durch Drosseln von $p_1 = 150$ ata auf $p_2 = 20$ ata die Lufttemperatur um $\Delta t = 0{,}27\,(150 - 20) \approx 35^\circ$ gesenkt, beispielsweise von $+ 25^\circ$ C auf $- 10^\circ$ C. Diese Drosselabkühlung tritt in den Druckminderventilen der Druckluftlokomotiven auf. Sie ist ferner die Grundlage des Luftverflüssigungsverfahrens von LINDE.

Bei *isothermischer* Expansion vom Anfangsdruck p_1 ata auf den Enddruck p_2 ata verrichtet 1 *Kubikmeter* Gas vom Druck p_1 die *absolute Expansionsarbeit*

$$A = 2{,}303 \cdot 10000 \cdot p_1 \lg\frac{p_1}{p_2}\ \text{mkg}.$$

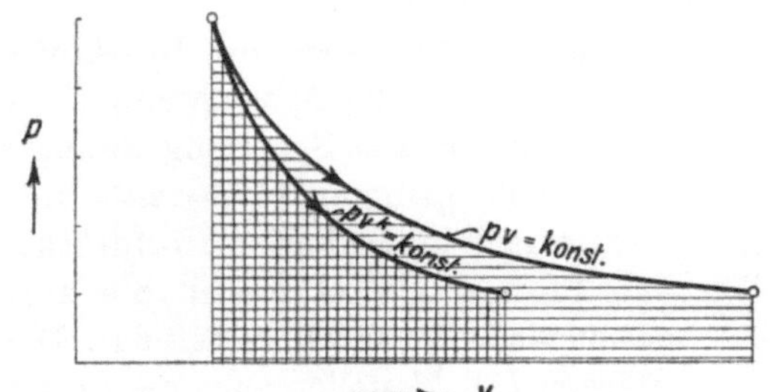

Abb. 9. Vergleich zwischen isothermischer un dadiabatischer Expansion.

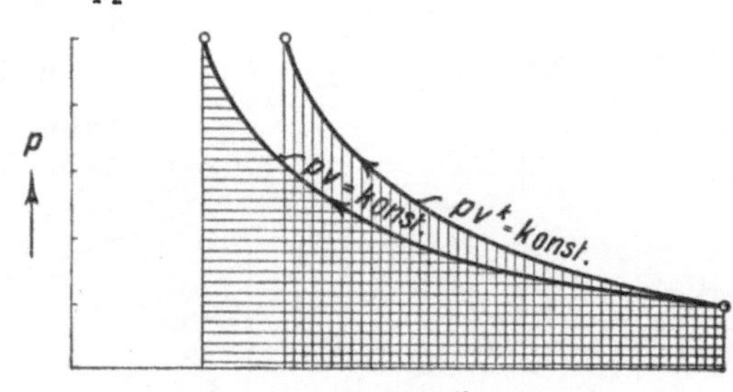

Abb. 10. Vergleich zwischen isothermischer und adiabatischer Kompression.

Um 1 *Kubikmeter* Gas vom Anfangsdruck p_1 ata *isothermisch* auf den Enddruck p_2 ata zu verdichten, beträgt die aufzuwendende *absolute Kompressionsarbeit*

$$A = 2{,}303 \cdot 10000 \cdot p_1 \lg\frac{p_2}{p_1}\ \text{mkg}.$$

Bei *adiabatischer* Zustandsänderung ist

die absolute Expansionsarbeit:

$$Q = c_v(t_1 - t_2)\ \text{kcal/kg}$$
$$A = 427 \cdot c_v(t_1 - t_2)\ \text{mkg/kg}$$

oder

$$A = 10000\,\frac{p_1}{k-1}\left[1 - \left(\frac{p_2}{p_1}\right)^{\frac{k-1}{k}}\right]\text{mkg/m}^3,$$

die absolute Kompressionsarbeit:

$$Q = c_v(t_2 - t_1)\ \text{kcal/kg}$$
$$A = 427 \cdot c_v(t_2 - t_1)\ \text{mkg/kg}$$

oder

$$A = 10000\,\frac{p_1}{k-1}\left[\left(\frac{p_2}{p_1}\right)^{\frac{k-1}{k}} - 1\right]\text{mkg/m}^3.$$

Die absolute Expansions- oder Kompressionsarbeit ist nicht zu verwechseln mit der in Ziffer 10 betrachteten Motor- bzw. Kompressorarbeit. Bei isothermischer Zustandsänderung sind zwar diese beiden zu unterscheidenden Arbeiten gleichgroß, die *adiabatische* Motor- oder Kompressorarbeit ist aber $k = 1{,}4$ mal so groß wie die absolute adiabatische Expansions- bzw. Kompressionsarbeit.

Abb. 9 vergleicht die isothermische und adiabatische Expansion, Abb. 10 die isothermische und adiabatische Kompression. Die schraffierten Flächen unter den Expansions- bzw. Kompressionslinien bis herab zur Nullinie stellen die absoluten Expansions- bzw. Kompressionsarbeiten dar.

Technisch hat man selten genau isothermische oder genau adiabatische Zustandsänderungen. Man kann aber die tatsächlich auftretenden vielgestaltigen Zustandsänderungen mit genügender Genauigkeit durch eine Gleichung pv^n = konst darstellen. Eine solche Zustandsänderung heißt *polytropische* Zustandsänderung und stellt den allgemeinen Fall dar. Die oben für adiabatische Zustandsänderungen angegebenen Beziehungen gelten auch für polytropische, indem man statt k den Exponenten n der Polytrope einsetzt. Wird der Exponent $n = 1$, so haben wir isothermische, wird $n = 1{,}4$, so haben wir adiabatische Zustandsänderung.

Abb. 11 zeigt die graphische Konstruktion der Polytrope nach dem Verfahren von BRAUER. Von O aus zieht man Strahlen unter den Winkeln α zur Volumenachse und β zur Druckachse und führt dann, vom Anfangszustand p_1, v_1 ausgehend, die durch Pfeile angedeutete Konstruktion durch, wobei die Parallelen unter 45° geneigt sein müssen. Für einen beliebigen Winkel α wird der zugehörige Winkel β bestimmt aus

$$\operatorname{tg}\beta = (1 + \operatorname{tg}\alpha)^n - 1\,.$$

Für $\operatorname{tg}\alpha = 0{,}25$ ergeben sich dann für verschiedene Exponenten n folgende Werte für $\operatorname{tg}\beta$:

$n =$	1,00	1,05	1,10	1,15	1,20	1,25	1,30	1,35	1,40
$\operatorname{tg}\beta =$	0,250	0,264	0,278	0,293	0,307	0,322	0,337	0,352	0,367

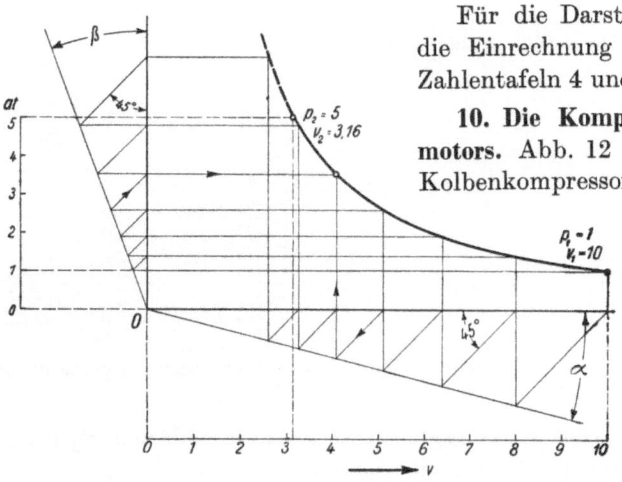

Für die Darstellung der Adiabate mit $k = 1{,}4$ führt die Einrechnung von Punkten unter Zuhilfenahme der Zahlentafeln 4 und 5 schneller zum Ziele.

Abb. 11. Polytropenkonstruktion ($n = 1{,}4$).

10. Die Kompressorarbeit. Die Arbeit des Druckluftmotors. Abb. 12 veranschaulicht die Arbeitsweise eines Kolbenkompressors, der Luft von 1 at Spannung ansaugt, sie auf 5 at Spannung *isothermisch* verdichtet und in die Leitung fortdrückt. Die Flächen $I + II$ stellen die aufzuwendende *Kompressorarbeit* dar. Die Flächen $I + II$ stellen auch die Arbeit eines Druckluftmotors dar, bei dem Druckluft von 5 at einströmt und *isothermisch* auf 1 at expandiert. Die Flächen $I + III$ dagegen bedeuten gemäß Ziffer 9 die *absolute* isothermische *Kompressions-* bzw. *Expansionsarbeit.* Da sich aus dem Mariotteschen Gesetz ergibt, daß die Flächen II und III bei isothermischer Zustandsänderung gleich sein müssen, so ist bei isothermischer Kompression die Kompressorarbeit gleich der absoluten Kompressionsarbeit, und bei isothermischer Expansion ist die Arbeit des Druckluftmotors, bei dem die Druckluft bis zum Gegendruck expandiert, gleich der absoluten Expansionsarbeit (vgl. Ziffer 9). Bei der adiabatischen Zustandsänderung, Abb. 13, gilt das nicht. Sondern die Kompressorarbeit $I + II$ sowohl wie die entsprechende Motorarbeit ist 1,4 mal größer als die entsprechende absolute Arbeit $I + III$. Demgemäß ergeben sich für die Arbeit des *Motors,* bei dem Druckluft oder Druckgas mit dem Drucke p_1 at einströmt und auf den Gegendruck p_2 at expandiert, sowie für die Arbeit des *Kompressors,* der Luft oder Gas von p_1 at ansaugt, auf p_2 at verdichtet und fortdrückt, die nachstehend aufgeführten Beziehungen. Bei adiabatischer Zustandsänderung ist die Motor- und Kompressorarbeit auch durch die Anfangs- und Endtemperatur t_1 bzw. t_2 gegeben. Die Formeln, die die Arbeit aus der *Druck*änderung herleiten, gelten für 1 *Kubikmeter vom Druck* p_1; die Formeln dagegen, die die Arbeit aus der *Wärmeinhalts-* oder *Temperatur*änderung herleiten, gelten für 1 *Kilogramm.* Letztere entsprechen den in Ziffer 9 für adiabatische Zustandsänderung angegebenen Formeln; in den Formeln für die adiabatische Motor- oder Kompressorarbeit erscheint aber c_p statt c_v, so daß die adiabatische Motor- bzw. Kompressorarbeit $k = 1{,}4$ mal so groß ist wie die absolute adiabatische Expansions- bzw. Kompressionsarbeit.

Ohne Rechnung erhält man die *adiabatische* Motor- oder Kompressorarbeit für 1 *Kilogramm* Luft aus der Luftentropietafel Abb. 21, der man die Werte in der in Ziffer 15 dargelegten Weise entnimmt.

Es gilt:

a) bei *isothermischer* Zustandsänderung:

Motorarbeit

$Q_{ad} = i_1 - i_2$ kcal/kg,

$A_{is} = 2{,}303 \cdot 10000\, p_1 \lg \frac{p_1}{p_2}$ mkg/m³,

Kompressorarbeit

$Q_{ad} = i_2 - i_1$ kcal/kg.

$A_{is} = 2{,}303 \cdot 10000\, p_1 \lg \frac{p_2}{p_1}$ mkg/m³.

b) bei *adiabatischer* Zustandsänderung:

Motorarbeit

$Q_{ad} = c_p\,(t_1 - t_2)$ kcal/kg

$A_{ad} = 427\, c_p\,(t_1 - t_2)$ mkg/kg

oder

$A_{ad} = 10000\,\frac{k}{k-1}\,p_1\left[1 - \left(\frac{p_2}{p_1}\right)^{\frac{k-1}{k}}\right]$ mkg/m³,

Kompressorarbeit

$Q_{ad} = c_p\,(t_2 - t_1)$ kcal/kg

$A_{ad} = 427\, c_p\,(t_2 - t_1)$ mkg/kg

oder

$A_{ad} = 10000\,\frac{k}{k-1}\,p_1\left[\left(\frac{p_2}{p_1}\right)^{\frac{k-1}{k}} - 1\right]$ mkg/m³.

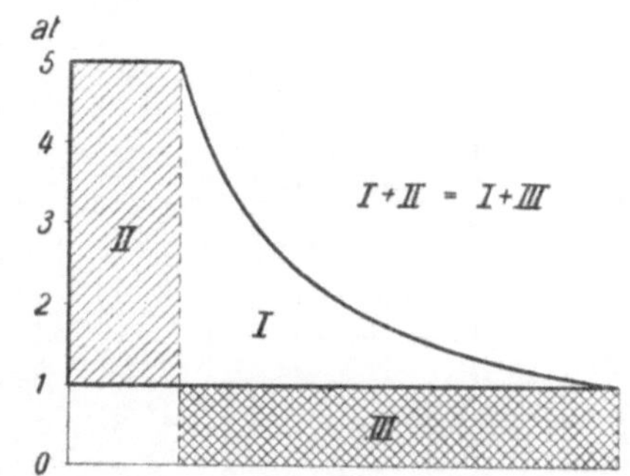

Abb. 12. Isothermische Kompressor- bzw. Motorarbeit.

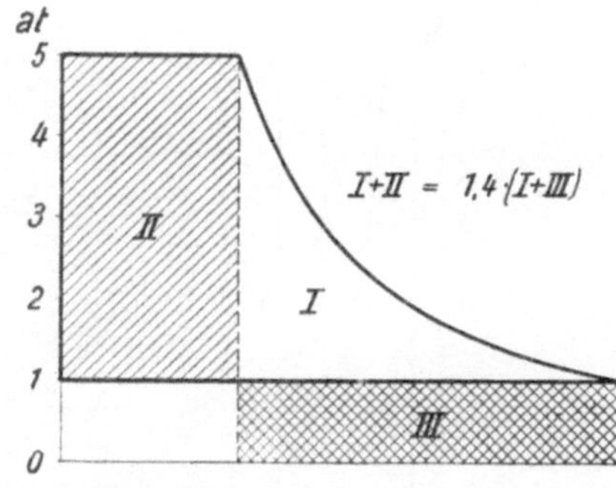

Abb. 13. Adiabatische Kompressor- bzw. Motorarbeit.

c) für *Luft* insbesondere gilt:

$Q_{ad} = 0{,}24\,(t_1 - t_2)$ kcal/kg

$A_{ad} = 102\,(t_1 - t_2)$ mkg/kg

oder

$A_{ad} = 10000 \cdot 3{,}5\,p_1\left[1 - \left(\frac{p_2}{p_1}\right)^{0{,}286}\right]$ mkg/m³,

$Q_{ad} = 0{,}24\,(t_2 - t_1)$ kcal/kg

$A_{ad} = 102\,(t_2 - t_1)$ mkg/kg

oder

$A_{ad} = 10000 \cdot 3{,}5\,p_1\left[\left(\frac{p_2}{p_1}\right)^{0{,}286} - 1\right]$ mkg/m³.

Es sei nochmals darauf hingewiesen, daß sich die vorstehenden, die Arbeit aus dem Druckverhältnis herleitenden Formeln auf das Volumen 1 m³ vom Anfangsdruck p_1 beziehen.

Für das auf den *Ansaugezustand*[1] von 1 ata = 1 kg/cm² bezogene Luftvolumen gilt dagegen:

$$A_{is} = 2{,}303 \cdot 10000 \cdot \lg \frac{p_1}{p_2} \text{ mkg/m}^3 \text{ von 1 ata}$$

$$A_{ad} = 10000 \cdot 3{,}5\left[1 - \left(\frac{p_2}{p_1}\right)^{0{,}286}\right] \text{ mkg/m}^3 \text{ von 1 ata}$$

$$A_{is} = 2{,}303 \cdot 10000 \cdot \lg \frac{p_2}{p_1} \text{ mkg/m}^3 \text{ von 1 ata}$$

$$A_{ad} = 10000 \cdot 3{,}5\left[\left(\frac{p_2}{p_1}\right)^{0{,}286} - 1\right] \text{ mkg/m}^3 \text{ von 1 ata.}$$

Zur Erläuterung der vorstehend gegebenen Beziehungen seien einige Beispiele gerechnet. Wie nach Ziffer 9 zu berechnen ist, wird Druckluft von 6 ata und 20° C bei adiabatischer Expansion auf 2 ata auf — 59° C, d. h. um 79° abgekühlt. 1 kg Druckluft verrichtet demnach die

[1] Vgl. Ziffer 201 und 230.

absolute adiabatische Expansionsarbeit $79 \cdot c_v = 79 \cdot 0{,}172 = 13{,}6$ kcal oder $13{,}6 \cdot 427 = 5810$ mkg. Die adiabatische Motorarbeit ist $79 \cdot c_p = 79 \cdot 0{,}24 = 19$ kcal bzw. 8110 mkg. — Ferner wird Luft von 1 ata und 10° C bei adiabatischer Kompression auf 4 ata auf 148° C, d. h. um 138° erhitzt. Dem entspricht eine absolute adiabatische Kompressionsarbeit von 23,7 kcal/kg und eine adiabatische Kompressorarbeit von 33,1 kcal/kg. Wegen der Anwendung der sich auf 1 m³ beziehenden Gleichungen sei auf die späteren, die Druckluft behandelnden Abschnitte verwiesen.

11. Vom Wasserdampfe[1]. Es ist zwischen Verdunsten und Verdampfen zu unterscheiden. *Verdunsten* ist eine Dampfbildung an der Oberfläche des Wassers, wobei der entstehende Dampf unmittelbar zu der über dem Wasser stehenden Luft tritt. Das Wasser verdunstet bei jeder Temperatur, bei höherer stärker als bei niedrigerer. *Verdampfen* ist eine Dampfbildung von innen heraus, wobei der entstehende Dampf durch das Wasser emporsteigen und deshalb denselben Druck haben muß, der auf dem Wasser lastet. Damit das Wasser verdampft, muß es erst sieden, d. h. auf die Temperatur erhitzt sein, die zu dem auf dem Wasser lastenden Druck gehört. Unter dem Druck von 1 ata (1 kg/cm²) siedet Wasser bei 99° C, unter dem Druck von 1 Atm (760 mm QS) bei 100° C, unter dem Druck von 2 ata bei 120° C, unter dem Druck von 5 ata bei 151° C

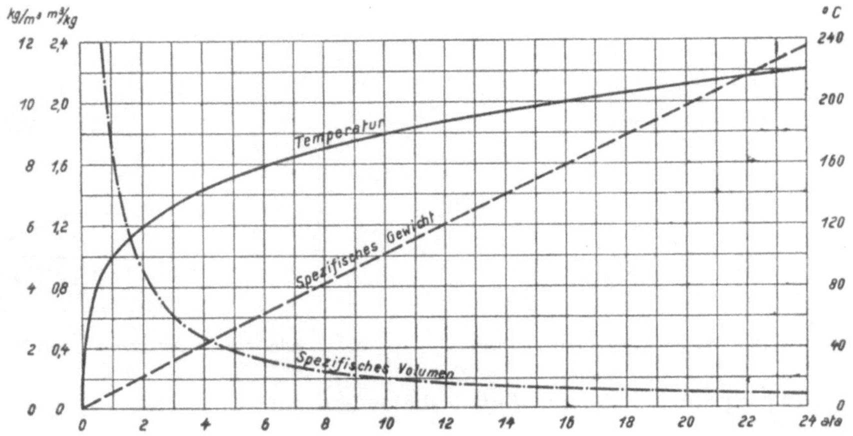

Abb. 14. Temperatur, spezifisches Gewicht und spezifisches Volumen des gesättigten Wasserdampfes in Abhängigkeit vom Dampfdruck.

usw. Siedendes Wasser „wallt" infolge der aufsteigenden Dampfbläschen. Es ist aber nicht gesagt, daß das wallende Wasser überall auf die Siedetemperatur erhitzt ist; im Dampfkessel hat das Wasser auch erhebliche Temperaturunterschiede.

Man unterscheidet *nassen* Dampf, *trocken gesättigten* Dampf und *überhitzten* Dampf. Beim nassen Dampf gehört zu jeder Temperatur ein bestimmter Druck, beim trockenen Sattdampf außerdem ein bestimmtes spezifisches Volumen oder spezifisches Gewicht. Die zusammengehörigen Werte sind der sogenannten *Tabelle der trocken gesättigten Wasserdämpfe* zu entnehmen (Zahlentafel 6). In Abb. 14 sind die Temperatur, das spezifische Gewicht und das spezifische Volumen des gesättigten Dampfes in Abhängigkeit vom Dampfdruck aufgetragen. Die Temperatur steigt erst schnell, dann immer langsamer. Das Dampfgewicht nimmt (bis etwa 100 ata) ungefähr so zu wie der Dampfdruck. Dampf von 10 ata wiegt etwa 5 kg/m³.

Der Tabelle des trocken gesättigten Wasserdampfes (Zahlentafel 6) ist auch der *Wärmeaufwand*[2] für die Erzeugung des Wasserdampfes zu entnehmen. Die Angaben gelten für 1 kg Dampf, der aus Wasser von 0° C erzeugt ist. Erst ist das Wasser auf die Siedetemperatur zu erhitzen, wofür die „Flüssigkeitswärme" aufzuwenden ist; dann ist das siedende Wasser unter gleichbleibendem Drucke zu verdampfen, wofür die „Verdampfungswärme" aufzuwenden ist. Bei der Verdampfung bleibt die Temperatur des Wassers unverändert; die zugeführte Wärme wird in Arbeit um-

[1] Vgl. die Ziffern 1, 2 und 5.

[2] Die Werte des Wärmeinhalts von gesättigtem und überhitztem Wasserdampf sind ferner sehr bequem den *is*-Tafeln für Wasserdampf, Abb. 19 und 20, zu entnehmen.

Zahlentafel 6. *Tabelle der trocken gesättigten Wasserdämpfe*[1].

Druck kg/cm²	Temperatur °C	Spez. Volumen m³/kg	Spez. Gewicht kg/m³	Flüssigkeitswärme kcal/kg	Verdampfungswärme kcal/kg	Gesamtwärme (Wärmeinhalt) kcal/kg
0,01	7	131,7	0,0076	7	593	600
0,02	17	68,3	0,0147	17	588	605
0,03	24	46,5	0,0215	24	584	608
0,04	29	35,5	0,0282	29	581	610
0,05	33	28,7	0,0348	33	579	612
0,06	36	24,2	0,0413	36	577	613
0,08	41	18,5	0,0542	41	574	615
0,10	45	15,0	0,0669	45	572	617
0,15	54	10,2	0,0979	54	567	621
0,20	60	7,80	0,128	60	563	623
0,3	69	5,33	0,188	69	558	627
0,5	81	3,30	0,303	81	551	632
0,8	93	2,13	0,470	93	543	636
1,0	99	1,73	0,579	99	540	639
1,033	100	1,67	0,597	100	540	640
1,2	104	1,46	0,687	104	537	641
1,4	109	1,26	0,793	109	534	643
2	120	0,902	1,109	120	526	646
3	133	0,617	1,62	133	517	650
4	143	0,471	2,12	143	510	653
5	151	0,382	2,62	152	504	656
6	158	0,321	3,11	159	499	658
7	164	0,278	3,60	166	494	660
8	170	0,245	4,08	171	490	661
9	175	0,219	4,56	176	486	662
10	179	0,198	5,05	181	482	663
11	183	0,181	5,53	186	478	664
12	187	0,166	6,01	190	475	665
13	191	0,154	6,49	194	472	666
15	197	0,134	7,45	201	466	667
18	206	0,1126	8,88	210	458	668
20	211	0,1016	9,85	216	453	669
24	221	0,0849	11,78	226	443	669
30	233	0,0680	14,70	240	430	670
40	249	0,0508	19,70	258	411	669
50	263	0,0402	24,85	274	393	667
60	274	0,0331	30,21	288	377	665
80	294	0,0240	41,60	313	346	659
100	310	0,0185	54,02	334	317	651
120	323	0,0146	68,5	354	288	642
140	335	0,0118	84,7	372	259	631
160	346	0,0096	104,0	391	227	618
180	355	0,0078	128,0	410	192	602
200	364	0,0062	161,2	431	151	582

gewandelt, hauptsächlich in innere Arbeit, um den molekularen Zusammenhang des Wassers zu lösen, zum geringen Teile in äußere Arbeit, um den Druck bei der Raumzunahme zu überwinden, die das Wasser bei der Verwandlung in Dampf erfährt. Je höher der Druck, um so größer wird die Flüssigkeitswärme, um so kleiner die Verdampfungswärme; im kritischen Punkte ist die Flüssigkeitswärme 501 kcal/kg und die Verdampfungswärme Null. Abb. 15 veranschaulicht den Zusammenhang. Flüssigkeitswärme + Verdampfungswärme = Gesamtwärme oder Wärmeinhalt des gesättigten Dampfes. Es ist von besonderer Wichtigkeit, daß der wertvolle hochgespannte Dampf nur wenig Wärme mehr, bei sehr hohen Drücken sogar weniger Wärme für die Erzeugung braucht als niedriggespannter. Z. B. braucht Dampf von 12 ata 665 kcal/kg und

[1] Nach MOLLIER: Neue Tabellen und Diagramme für Wasserdampf, 6. Aufl. Berlin: Springer 1929.

Dampf von 120 ata nur 642 kcal/kg (vgl. Zahlentafel 6). Meist wird der Dampf aus vorgewärmtem Speisewasser erzeugt; dann ist die tatsächliche Erzeugungswärme entsprechend geringer, bei 50° Speisewassertemperatur also um 50 kcal. Unter „Normaldampf" versteht man Dampf von 100° C und 1,033 kg/cm², der aus Wasser von 0° C erzeugt ist, und dessen Gesamtwärme = 640 kcal/kg ist.

Im Kessel erzeugter Dampf ist meist *naß*, d. h. es ist ihm Wasser in Form von Tröpfchen oder Nebel beigemischt. Nasser Dampf hat dieselbe Temperatur wie trocken gesättigter Dampf von demselben Druck, aber kleineres Volumen. Nasser Dampf ist eine Mischung von trocken gesättigtem Dampfe und Wasser. Man pflegt bei nassem Dampfe den Gewichtsanteil des Dampfes mit x zu bezeichnen. Wenn $x = 0{,}9$ ist, so enthält also der nasse Dampf 90% Dampf und 10% Wasser. Da das Volumen des Wassers praktisch vernachlässigbar ist, so hat 1 kg Naßdampf mit 90% Dampfgehalt praktisch dasselbe Volumen wie 0,9 kg trocken gesättigter Dampf. Im Kolbenmaschinenbetrieb hat nasser Dampf den Vorteil, daß er selbst schmiert; im Dampfturbinenbetrieb dagegen leiden die Schaufeln, wenn der Dampf zu naß ist.

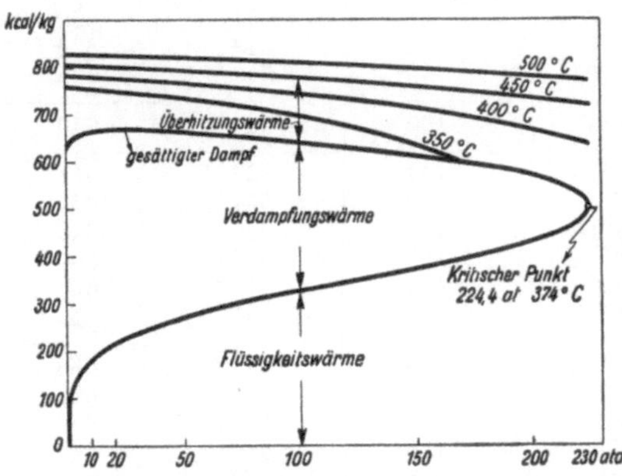

Abb. 15. Erzeugungswärme des Wasserdampfes in Abhängigkeit vom Druck.

In den letzten Jahrzehnten ist in überwiegendem Maße *überhitzter* Wasserdampf für den Dampfmaschinen- und insbesondere für den Dampfturbinenbetrieb angewandt worden. Überhitzter Dampf wird erzeugt, indem man den dem Kessel entnommenen nassen Dampf auf dem Wege zur Dampfmaschine oder -turbine durch einen Überhitzer führt, wo er weit über die Sattdampftemperatur hinaus auf 300 bis 550° C überhitzt wird und eine erhebliche Volumenzunahme erfährt, vgl. Zahlentafel 7. Im Zusammenhang mit dieser Volumenzunahme leistet überhitzter Dampf viel mehr als gesättigter, so daß er trotz des Wärmeaufwandes für die Überhitzung — 1 kg Dampf um 1° zu überhitzen, erfordert unter mittleren Verhältnissen 0,55 kcal — sparsamer ist. Man muß unterscheiden zwischen Dampfersparnis und Wärmeersparnis. Die Wärmeersparnis ist wegen des Wärmeaufwandes für die Überhitzung nur etwa halb so groß wie die Dampfersparnis. Bei kräftiger Überhitzung ist die Dampfersparnis etwa 20%, die Wärmeersparnis etwa 10%. Bei Dampfturbinen rechnet man, daß je 7° Überhitzung 1% Dampfersparnis oder $\frac{1}{2}$% Wärmeersparnis bedingen. Genaueres über den Wärmeaufwand für die Überhitzung und die Arbeitsfähigkeit des überhitzten Dampfes ist den mehrfach erwähnten *is*-Tafeln für Wasserdampf zu entnehmen.

In modernen Kesseln erzeugt man heute Hochdruckdampf von etwa 40 bis 80 at, der dann auf 450 bis 500° C überhitzt wird. Zahlreiche Großanlagen arbeiten auch mit Höchstdruckdampf von 125 at und mehr. In dieser Beziehung ist Abb. 15 bedeutsam, die zeigt, wie sich der Wärmeaufwand für die Dampferzeugung und die Überhitzung bei hohen und höchsten Drücken gestaltet.

Schließlich sei betrachtet, wie sich *Wasserdampf* bei *Zustandsänderungen* verhält. Die Gasgesetze sind selbstverständlich nicht anwendbar. Die Isotherme gesättigten Wasserdampfes verläuft im PV-Diagramm (vgl. Ziffer 8) parallel zur Abszisse. Wenn Wasserdampf *adiabatisch* expandiert, verläuft die Expansionslinie weniger steil als bei den Gasen, nämlich bei gesättigtem Wasserdampf nach der Gleichung $pv^{1,135} =$ konst und bei überhitztem Wasserdampf nach der Gleichung $pv^{1,3} =$ konst. Es ist aber zu bemerken, daß der im Dampfzylinder expandierende Dampf wegen des Wärmeaustausches zwischen Dampf und Zylinderwandung nicht adiabatisch expandiert; die wirklichen Expansionslinien liegen vielmehr über den adiabatischen Linien. Gesättigter Wasserdampf expandiert im Dampfzylinder etwa nach der Gleichung $pv =$ konst, d. h. nach der gleichseitigen Hyperbel. Bei überhitztem Wasserdampf schwankt der Verlauf der Expansionslinie stark; im Mittel kann man die Gleichung $pv^{1,2} =$ konst zugrunde legen. Auch ist zu beachten, daß der überhitzte Dampf während der Expansion häufig seine Überhitzung verliert. Vgl. die Ziffer 14. Auch in der Dampfturbine wird dem expandierenden Dampf Wärme zugeführt, insofern als die durch Reibung und Wirbelung verlorengehende Expansionsarbeit in Form von Wärme in den Dampf zurückkehrt. Bei gleicher Füllung leistet Sattdampf mehr als Heißdampf; bei gleichem Gewicht leistet aber Heißdampf mehr als Sattdampf. Für die Kompression im Dampfzylinder wird in der Regel die Hyperbel zugrunde gelegt; tatsächlich verläuft aber die Kompressionslinie etwas steiler. Aus dem PV-Diagramm oder dem Indikatordiagramm nicht erkennbar, aber den Entropietafeln (vgl. Ziffer 14) entnehmbar, ist, daß trocken gesättigter Dampf bei der Expansion feucht wird.

Zahlentafel 7. *Spezifisches Volumen v in m^3/kg von überhitztem Wasserdampf*[1].

p ata	150° C	200° C	250° C	300° C	350° C	400° C	450° C	550° C	v für Sattdampf
1	1,976	2,217	2,455	2,693	2 930	3,166	3,403	3,639	1,727
2	0,980	1,103	1,224	1,343	1,463	1,581	1,700	1,818	0,902
3	0,648	0,731	0,813	0,894	0,974	1,053	1,132	1,211	0,617
4	0,481	0,546	0,608	0,669	0,729	0,789	0,847	0,908	0,471
5	—	0,434	0,485	0,534	0,582	0,631	0,678	0,726	0,382
6	—	0,360	0,403	0,444	0,485	0,525	0,565	0,605	0,321
7	—	0,307	0,344	0,380	0,415	0,449	0,484	0,518	0,278
8	—	0,267	0,300	0,331	0,362	0,393	0,423	0,453	0,245
9	—	0,236	0,266	0,294	0,322	0,349	0,376	0,402	0,219
10	—	0,211	0,238	0,264	0,289	0,314	0,339	0,362	0,198
12	—	0,173	0,197	0,219	0,240	0,261	0,281	0,301	0,166
14	—	0,147	0,168	0,187	0,205	0,223	0,241	0,258	0,143
16	—	—	0,146	0,163	0,179	0,195	0,210	0,225	0,125
18	—	—	0,128	0,144	0,159	0,173	0,186	0,200	0,1126
20	—	—	0,115	0,129	0,142	0,155	0,168	0,180	0,1016
25	—	—	0,089	0,102	0,113	0,123	0,134	0,143	0,0816
30	—	—	0,0726	0,0836	0,0932	0,102	0,111	0,119	0,0680
35	—	—	0,0603	0,0706	0,0792	0,0870	0,0945	0,1018	0,0582
40	—	—	0,0509	0,0608	0,0686	0,0757	0,0824	0,0888	0,0508
50	—	—	—	0,0469	0,0538	0,0598	0,0653	0,0706	0,0402
60	—	—	—	0,0374	0,0439	0,0492	0,0540	0,0585	0,0331
70	—	—	—	0,0304	0,0367	0,0416	0,0458	0,0498	0,0280
80	—	—	—	0,0249	0,0313	0,0358	0,0397	0,0434	0,0240
90	—	—	—	—	0,0269	0,0314	0,0350	0,0382	0,0210
100	—	—	—	—	0,0234	0,0277	0,0311	0,0342	0,0185
120	—	—	—	—	0,0179	0,0222	0,0254	0,0281	0,0146
140	—	—	—	—	0,0137	0,0182	0,0212	0,0237	0,0118
160	—	—	—	—	0,0102	0,0151	0,0181	0,0204	0,0096
180	—	—	—	—	—	0,0126	0,0156	0,0178	0,0078
200	—	—	—	—	—	0,0104	0,0136	0,0157	0,0062
220	—	—	—	—	—	0,0086	0,0119	0,0140	0,0051

Um Dampf zu *verflüssigen* (oder zu verdichten, kondensieren, niederzuschlagen), muß man ihm Wärme entziehen. Die bei der Verflüssigung unter unverändertem Druck frei werdende Wärme ist ebenso groß wie die vorher für die Verwandlung des Wassers in Dampf aufgewendete Wärme. Soll z. B. nasser Wasserdampf von 1,2 ata Druck mit einem Dampfgehalt $x = 0{,}8$ in Wasser von 40° C verwandelt werden, so sind ihm laut Zahlentafel 6 für den Dampfanteil $0{,}8 \cdot (641 - 40) = 480{,}8$ kcal/kg und für den Wasseranteil $0{,}2 \cdot (104 - 40) = 12{,}8$ kcal/kg, insgesamt also $493{,}6 \approx 494$ kcal/kg durch Kühlung zu entziehen. Wegen seiner großen Verflüssigungswärme und seinen günstigen Temperaturverhältnissen eignet sich Wasserdampf vorzüglich zu Heizungen (Niederdruckdampfheizungen). Wenn man hochgespannten Dampf erst bis zu 1 oder 2 ata herab in Dampfmaschinen oder Dampfturbinen zur Energieerzeugung verwendet, dann mit dem Abdampf heizt, wird der Dampf in idealer Weise ausgenützt. Vgl. Ziffer 114.

12. Das Wärmediagramm und der Entropiebegriff. In ähnlicher Weise wie beim PV-Diagramm oder Arbeitsdiagramm (vgl. Ziffer 8) die von einem Gas verrichtete mechanische Arbeit als

[1] s. Fußn. 1 S. 17.

Fläche unter der Druckkurve dargestellt werden konnte, läßt sich die von einem Gas bei Zustandsänderungen aufgenommene oder abgegebene Wärmemenge als Fläche in einem Wärmediagramm darstellen. Für die mechanische Arbeit waren in Ziffer 8 die Beziehungen $dA = P\,dV$ bzw. $A = P_m (V_2 - V_1)$ gefunden worden. Wie hier als treibende Ursache der Gasdruck als Faktor im Produkt mit dem Volumen auftritt, läßt sich eine ähnliche Beziehung für die Wärme aufstellen, in der entsprechend dem Druck P die die Wärme treibende Wärmespannung, nämlich die Temperatur T, den einen Faktor bildet. Als den der Volumenänderung dV bzw. $V_2 - V_1$ entsprechenden Faktor wird eine Größe ds bzw. $s_2 - s_1$ eingeführt, womit man die folgende Gegenüberstellung gleichartiger Formeln erhält:

Für die mechanische Arbeit:	Für die Wärmemenge:
$dA = P\,dV,$	$dQ = T\,ds,$
$A = P_m (V_2 - V_1).$	$Q = T_m (s_2 - s_1).$

Die Größe s ist ebenso wie die Werte P, V und T eine Zustandsgröße. Sie wurde von dem deutschen Physiker CLAUSIUS als *Entropie* (Verwandlungsinhalt) bezeichnet.

Das Wärmediagramm (Abb. 16) erhält man, indem man als Ordinate die absolute Temperatur T* und als Abszisse die Entropie s aufträgt, weshalb das Wärmediagramm auch Ts-Diagramm heißt. Die Entropie ist so beschaffen, daß die zu- oder abgeführte Wärme im Wärmediagramm als Fläche erscheint, die sich unter der T-Linie bis herab zur Abszisse erstreckt. Verwandelt man diese Fläche gemäß Abb. 16 in ein gleichlanges Rechteck, so ist dessen Höhe die mittlere absolute Temperatur T_m. Nimmt bei der mittleren absoluten Temperatur T_m die Entropie von s_1 auf s_2 zu, so ist die zugeführte Wärmemenge $Q = T_m (s_2 - s_1)$ = mittlerer absoluter Temperatur mal Entropiezuwachs. Die elementare Wärmezufuhr dQ ist gleich der absoluten Temperatur T mal elementarem Entropiezuwachs ds. Also $dQ = T\,ds$ oder $ds = \frac{dQ}{T}$.

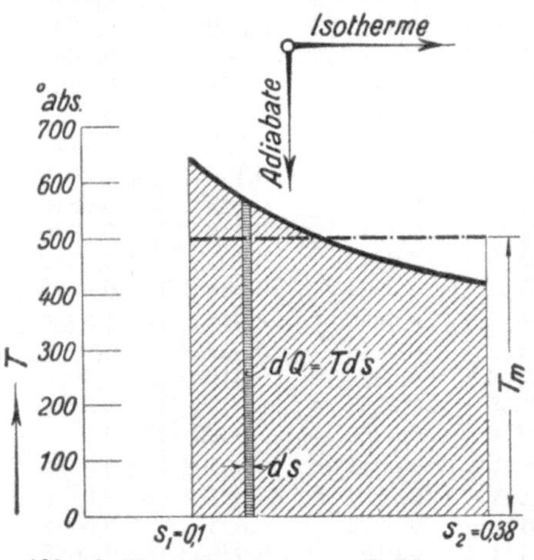

Abb. 16. Wärmediagramm oder Ts-Diagramm.

Aus dem Wärmediagramm ist ersichtlich, wieviel Wärme 1 kg Gas oder Dampf bei einer Zustandsänderung durch Heizung empfängt oder durch Kühlung verliert.

Wärmezufuhr (Heizung) bedingt Zunahme, Wärmeabfuhr (Kühlung) bedingt Abnahme der Entropie. Bei gleich großer Wärmezufuhr ist der Entropiezuwachs sehr verschieden, je nachdem wie groß T ist. Führt man einem kg Gas 1000 kcal bei $T = 500°$ K zu, so ist der Entropiezuwachs $= 1000 : 500 = 2$; bei $T = 2000°$ K ist der Entropiezuwachs nur $1000 : 2000 = 0{,}5$. *Drosseln* bedeutet Wärmezufuhr; die Entropie nimmt zu. Beim Drosseln wird Gas oder Dampf entspannt, ohne daß nach außen Arbeit abgegeben wird; die Expansionsarbeit wird vielmehr durch Reibung und Wirbel verzehrt und in Wärme verwandelt, die das entspannte Gas zurückempfängt.

Wird dem Gase bei einer Zustandsänderung Wärme weder zugeführt noch entzogen, d. h. verläuft die Zustandsänderung adiabatisch, so bleibt die Entropie unverändert, d. h. die T-Linie verläuft senkrecht. Bei einer isothermischen Zustandsänderung verläuft die T-Linie waagerecht (T = konst). Bei isothermischer Expansion ist immer Wärme zuzuführen, wobei die Entropie zunimmt; bei isothermischer Kompression ist ebensoviel Wärme abzuführen, wobei die Entropie abnimmt.

Man kann nun nach den Regeln der Thermodynamik für jeden Zustand eines Gases oder Dampfes den zugehörigen Entropiewert, der immer für 1 kg Gas oder Dampf gilt, berechnen. Da es sich dabei nicht um absolute Werte, sondern nur um die Zunahme oder die Abnahme des

* Die Diagramme enthalten z. T. noch die alte Maßeinheit ° abs. statt ° K.

Entropiewertes handelt, kann man den Nullpunkt willkürlich wählen. Für Wasserdampf wird die Entropie des Wassers bei 0° C = Null gesetzt, für Gase die Entropie des Gases bei 1 ata und bei 0° C. Hat das Gas also weniger als 1 ata Druck und liegt seine Temperatur unter 0° C, so ist seine Entropie negativ. Dem liegt aber keinerlei Bedeutung bei, weil es sich, wie gesagt, nur um die Unterschiede der Entropiewerte handelt.

Für den technischen Gebrauch sind *Entropietafeln* vorhanden, welchen man den jedem Zustande eines Gases oder Dampfes zugeordneten Entropiewert entnehmen kann. Auf diesem Wege kann man ein PV-Diagramm oder allgemein das Diagramm einer Kraftmaschine im Wärmediagramm „abbilden", d. h. für die in diesen Diagrammen dargestellten Zustandsänderungen das Wärmediagramm zeichnen.

Betrachten wir das als Beispiel vorgelegte Wärmediagramm Abb. 16 näher. Zunächst ist erkennbar, daß es sich weder um eine isothermische Zustandsänderung handelt — denn bei dieser ist ja T unverändert und die T-Linie verläuft waagerecht — noch um eine adiabatische Zustandsänderung — denn bei dieser wird ja Wärme weder zugeführt noch abgeführt, so daß sich auch die Entropie nicht ändert, und die T-Linie senkrecht verläuft. Wir haben also eine zwischen der adiabatischen und isothermischen, aber näher der isothermischen liegende, unter kräftiger Wärmezufuhr erfolgende Zustandsänderung. Da $T_m = 500°$ K (° abs.) ist, und die Entropie von 0,1 auf 0,38 zugenommen hat, so ist die dem Gas zugeführte Wärme

$$Q = T_m (s_2 - s_1) = 500 (0{,}38 - 0{,}1) = 140 \text{ kcal/kg.}$$

13. Entropietafeln. Durch Entropietafeln werden thermodynamische Rechnungen außerordentlich erleichtert. Man hat Entropietafeln für Luft und für Dampf. Sie gelten für 1 kg. Aus diesen Tafeln kann man, nach Drücken abgestuft, entnehmen, wie Temperatur, Druck und Entropie oder Wärmeinhalt, Druck und Entropie zusammenhängen. Die Tafeln für Luft sind entsprechend umgewertet auch für andere Gase anwendbar. Man unterscheidet *Ts-Tafeln*, bei denen auf der Senkrechten die absolute Temperatur aufgetragen ist und die grundsätzlich mit dem im vorigen Abschnitt besprochenen Wärmediagramm übereinstimmen, und *is-Tafeln*, bei denen auf der Senkrechten die für ungeänderte Entropie geltende Gas- bzw. Dampfwärme i in kcal/kg aufgetragen ist. Auf der Waagerechten ist wie bei den *Ts-Tafeln* auch bei den *is-Tafeln* die Entropie abgetragen. Adiabatische Zustandsänderungen verlaufen also bei Tafeln beider Arten auf einer Senkrechten.

Bei den Ts-Tafeln verlaufen isothermische Zustandsänderungen selbstverständlich auf einer Waagerechten. Damit man die zugeführten und abgeführten Wärmemengen nicht erst als Flächen zu verzeichnen und auszumessen braucht, ergänzt man die Ts-Tafeln zweckmäßig durch Linien gleichen Wärmeinhalts. Auch Linien gleichen spezifischen Volumens sind vorteilhaft, ferner bei Tafeln für Wasserdampf Linien gleichen Dampfgehalts (vgl. Abb. 18).

Die is-Tafeln sind für die Verwendung besonders bequem, weil man die Werte für Wärmeaufwand und ausgenutzte Wärme unmittelbar als Strecken abgreifen kann. Die Waagerechten sind Linien gleichen Wärmeinhaltes. Die is-Tafeln werden zweckmäßig ergänzt durch Linien gleicher Temperatur und im Gebiet des gesättigten Dampfes durch Linien gleichen Dampfgehaltes. Linien gleichen spezifischen Volumens sind ebenfalls erwünscht. Die Linien gleichen Wärmeinhaltes und die Linien gleicher Temperaturen sind von Bedeutung, um die Vorgänge beim Drosseln von Dampf oder Luft zu verfolgen, denn beim Drosseln bleibt die Drosselwärme im Dampfe oder in der Luft, so daß zwar die Spannung abfällt, der Wärmeinhalt aber ungeändert bleibt[1].

Die Geschwindigkeit eines mit adiabatischer Entspannung aus einer Düse ausströmenden Dampf- oder Gasstromes ist der Quadratwurzel aus dem adiabatischen Wärmegefälle proportional, wie es in Ziffer 18 ausführlich erläutert ist. Man hat deshalb die is-Tafeln mit einem der Wurzel aus dem Wärmegefälle verhältnisgleich geteilten Maßstab versehen, aus dem die Ausströmgeschwindigkeit durch einfaches Abstechen des Wärmegefälles mit dem Zirkel zu finden ist (vgl. Abb. 20 und 21).

---

[1] Vgl. Ziffer 9.

In diesem Buche sind 4 Entropietafeln wiedergegeben. Abb. 18 stellt eine kleine *Ts*-Tafel für Wasserdampf dar, die durch Linien gleichen Dampfgehaltes ergänzt ist. Abb. 19 ist eine *is*-Tafel für *Wasserdampf*, ergänzt durch Linien gleicher Temperatur und gleichen Dampfgehaltes. Abb. 20 ist ebenfalls eine *is*-Tafel für *Wasserdampf*, die sich bis zum kritischen Punkt erstreckt. Sie sind nach der *is*-Tafel von MOLLIER[1] gezeichnet (MOLLIER-Diagramm). Abb. 21 schließlich ist eine *is*-Tafel für *Luft*, die unter Zugrundelegung der Entropietafel für Luft von OSTERTAG[2] gezeichnet wurde. Für technische Rechnungen kommen fast nur die *is*-Tafeln in Betracht, während die *Ts*-Tafel mehr der Veranschaulichung der Wärmevorgänge und des Entropiebegriffes dient. Wo es sich um häufiger vorkommende oder um genauere Rechnungen handelt, sind die angegebenen Originaltafeln zu verwenden, die größer und feiner geteilt sind.

14. Die Anwendung der Entropietafeln für Wasserdampf. Abb. 17 veranschaulicht an einem Zahlenbeispiel die Anwendung des *Ts*-Diagramms für Wasserdampf. Es soll aus Wasser von 0° C überhitzter Dampf von 10 ata und 250° C erzeugt werden, und dieser Dampf soll, verlustlos arbeitend, auf 0,1 ata entspannt werden. Wieviel kcal/kg sind für die Erzeugung des Dampfes aufzuwenden, wieviel kcal/kg werden in Arbeit umgesetzt, wie groß ist der thermische Wirkungsgrad? Bei der Erhitzung des Wassers von 0° C auf die Siedetemperatur, nämlich 179° C, ist die mittlere absolute Temperatur etwa 362° K und die Flüssigkeitswärme laut Tabelle = 181 kcal/kg, so daß der Entropiezuwachs = 181 : 362 = 0,5 ist. (Die Rechnung ist nur angenähert, der genaue Wert für den Entropiezuwachs ist 0,51.) Beim Verdampfen ist die absolute Temperatur unverändert = 452° K (° abs.)*, die Verdampfungswärme ist 483 kcal/kg, mithin ist der Entropiezuwachs = 483/452 = 1,07. Bei der Überhitzung auf 250° C ist die mittlere absolute Temperatur = 488° K und die Überhitzungswärme ist 38 kcal/kg, so daß der Entropiezuwachs = 0,08 ist. Die ganze schraffierte Fläche unter der *T*-Linie bedeutet den gesamten Wärmeaufwand von 702 kcal/kg und die Teilflächen unter den einzelnen Stücken der *T*-Linie stellen die angegebenen Teilwärmen für die Erhitzung des Wassers, seine Verdampfung und die Überhitzung des Dampfes dar. Um die Wärmeausnutzung bei adiabatischer Entspannung des Dampfes auf 0,1 ata (45° C) zu bestimmen, zieht man die Waagerechte durch $t = 45°$ C. Dann stellt die Fläche über dieser Linie die ausgenutzte Wärme dar, nämlich 179 kcal/kg, und die Fläche darunter die mit dem abströmenden Dampfe verlorengehende Wärme, nämlich 523 kacl/kg. Der thermische Wirkungsgrad ist 179/702 = 25,5%. Die im abströmenden Dampf enthaltene Wärme ist nicht etwa gleich der Erzeugungswärme des Dampfes von 0,1 ata Spannung, die 617 kcal beträgt, sondern erheblich geringer. Das rührt daher, daß der Dampf bei der Expansion von 10 ata auf 0,1 ata nicht nur seine Überhitzung verloren, sondern sogar feucht geworden ist. Wie man den folgenden Dampfentropietafeln entnehmen kann, ist sein Dampfgehalt nur 84%.

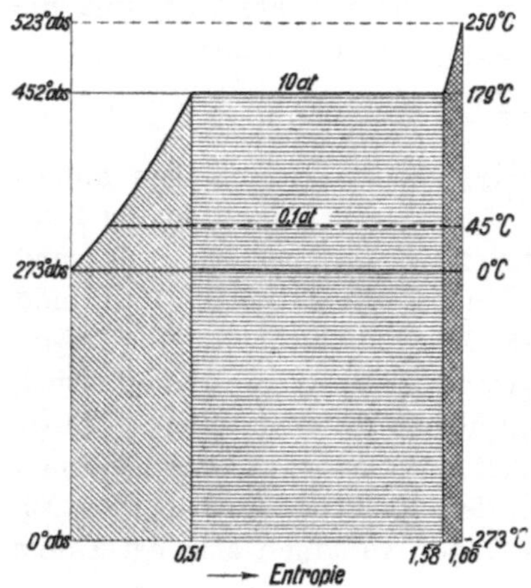

Abb. 17. *Ts*-Diagramm für die Erzeugung von Wasserdampf von 10 ata und 250°.

Die *Ts*-Tafel für Wasserdampf, Abb. 18, gilt für Dampfdrücke zwischen 0,04 ata und 25 ata. Für Wasser von 0° C ist die Entropie $s = 0$ gesetzt. Der untere von 0° C bis — 273° C reichende Teil der Tafel ist fortgelassen; dieser Teil muß aber berücksichtigt werden, wenn man ein Wärmediagramm zeichnet (vgl. Abb. 17). Da in dieser Tafel Linien gleichen Wärmeinhaltes fehlen, ist sie für Meßzwecke unvorteilhaft. Die Linie *AB* ist die sogenannte untere Grenzlinie; sie gilt für siedendes Wasser und trennt noch nicht siedendes Wasser von nassem Dampf. Die Linie *CD*, die sogenannte obere Grenzlinie, gilt für trockenen Dampf und trennt feuchten von überhitztem Dampf. Zwischen den Grenzlinien ist das Gebiet des nassen Dampfes. Halbiert man die Geraden zwischen den Grenzlinien, so bedeutet die entstehende Linie *EF* den Dampfgehalt $x = 0,5$.

[1] MOLLIER: Neue Tabellen und Diagramme für Wasserdampf, 6. Aufl. Berlin: Springer 1929.
[2] OSTERTAG: Die Entropietafel für Luft, 2. Aufl. Berlin: Springer 1917.
* Die Diagramme enthalten zum Teil noch die alte Maßeinheit ° abs. statt ° K.

Entsprechende Linien für andere Werte des Dampfgehaltes sind eingezeichnet. Die dick gezeichnete Linie *OP* gilt für das frühere, in Abb. 17 dargestellte Beispiel. Wenn sich Dampf von 10 ata und 250° C (Punkt *O*) verlustlos wirkend adiabatisch auf 0,1 ata (Punkt *P*) entspannt, wird er naß und sein Dampfgehalt ist 84%. Es gilt, wie die Tafel lehrt, allgemein, daß bei adiabatischer Expansion trockner Sattdampf feucht wird und daß überhitzter Dampf seine Überhitzung verliert und gegebenenfalls naß wird.

Bei der is-Tafel für Wasserdampf, die zuerst von Mollier angegeben ist und ihrer Zweckmäßigkeit wegen hauptsächlich angewendet wird, ist der Wärmeinhalt i und die Entropie s von 1 kg Wasser von 0° C = Null gesetzt. Das Mollier-Diagramm enthält aber diesen Nullpunkt und die „untere" Grenzlinie nicht, sondern beschränkt sich auf den technisch wichtigen oberen Teil des is-Diagramms. Die als „Grenzkurve" bezeichnete Kurve ist also die sogenannte „obere" Grenzlinie und scheidet feuchten von überhitztem Dampf. Betrachten wir an Hand der Abb. 19 das Mollier-Diagramm näher. Im höheren Überhitzungsgebiet verlaufen die Linien gleicher Temperatur ungefähr parallel zu den Linien gleichen Wärmeinhaltes. Der Wärmeaufwand für die Erzeugung überhitzten Dampfes ist also wenig abhängig vom Druck. Z. B. erfordert 1 kg Dampf von 2 ata und 300° C 734 kcal; 1 kg Dampf von

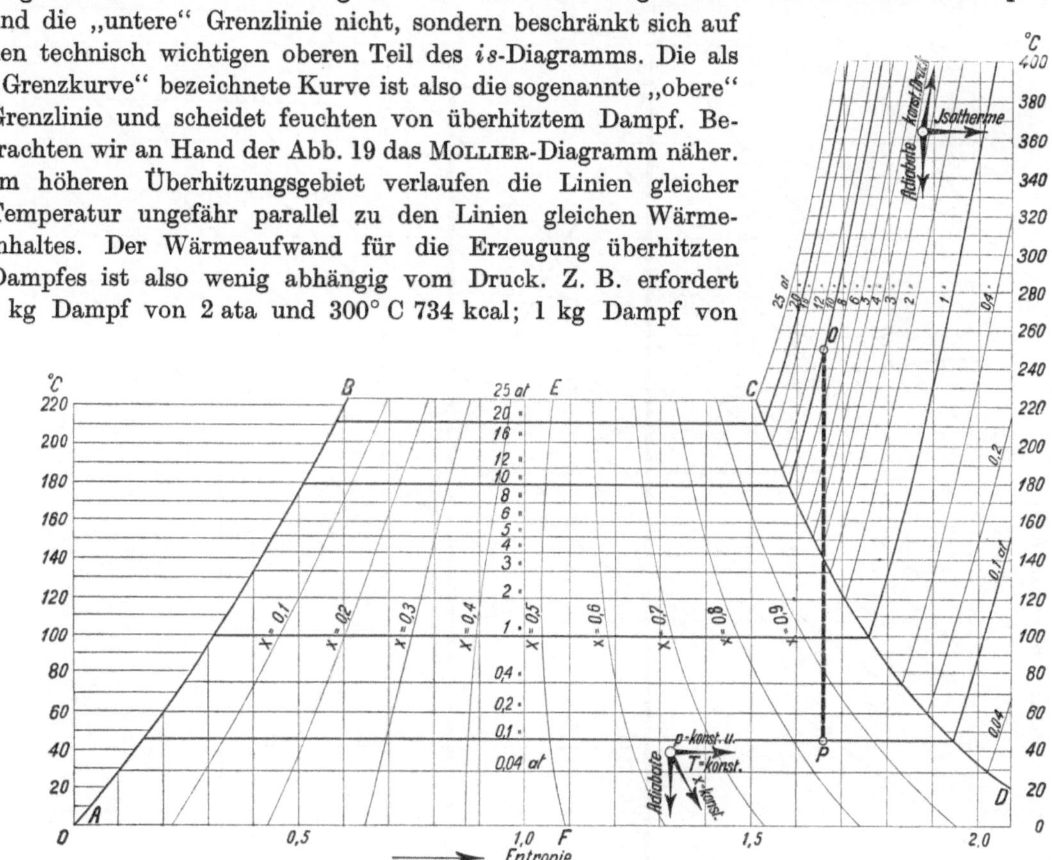

Abb. 18. Ts-Tafel für Wasserdampf.

12 ata und ebenfalls 300° C sogar nur 728 kcal. Im Sättigungsgebiet fehlen besondere Temperaturlinien, weil da die Linien gleichen Dampfdruckes zugleich Linien gleicher Temperatur sind. Die Bedeutung der Linien gleichen Wärmeinhaltes, um das Drosseln zu verfolgen, war schon oben gekennzeichnet. Beim Drosseln wird keine Arbeit nach außen abgegeben, sondern die Expansionsarbeit des Dampfes wird durch Wirbel und Stöße aufgezehrt und in Wärme zurückverwandelt, die in den Dampf zurückkehrt. Deswegen nimmt die Entropie beim Drosseln zu. Beim Drosseln wird nasser Dampf getrocknet, trockner Dampf überhitzt. *Obgleich der Wärmeinhalt unverändert bleibt, wird das ausnutzbare Wärmegefälle des Dampfes durch Drosseln immer herabgesetzt.* In welchem Maße ist sehr verschieden, aber im einzelnen Falle bequem der is-Tafel zu entnehmen. Grundsätzlich gilt, daß Drosseln um so mehr schadet, mit je höherem Druck der Dampf abströmt. Bei Auspuffbetrieb schadet also Drosseln mehr als bei Expansionsbetrieb.

Es sei die Anwendung der is-Tafel für Wasserdampf an Hand der in Abb. 19 eingezeichneten Beispiele erläutert. In *A* hat der auf 325° C überhitzte Dampf von 16 ata einen Wärmeinhalt von 740 kcal/kg. Im gesättigten Zustand ist der Wärmeinhalt bei gleichem Druck nur 668 kcal/kg

(Punkt O auf der Grenzkurve). Die Senkrechte AB stellt die verlustlose adiabatische Expansion von 16 ata, 325° C auf 1 ata dar. Im Endzustand ist der Wärmeinhalt 606 kcal/kg. Das Wärmegefälle beträgt $i_1 - i_2 = 740 - 606 = 134$ kcal/kg und ist als Länge der Strecke AB nach dem Maßstabverhältnis (in Abb. 19 entspricht 1 mm der Wärmemenge 2 kcal/kg) abgreifbar. Bei Auspuffbetrieb mit 1,2 ata Gegendruck ist das verlustlose adiabatische Gefälle gleich $AC = 126$ kcal/kg. Wird der Gegendruck durch Kondensation auf 0,05 ata herabgesetzt, so beträgt

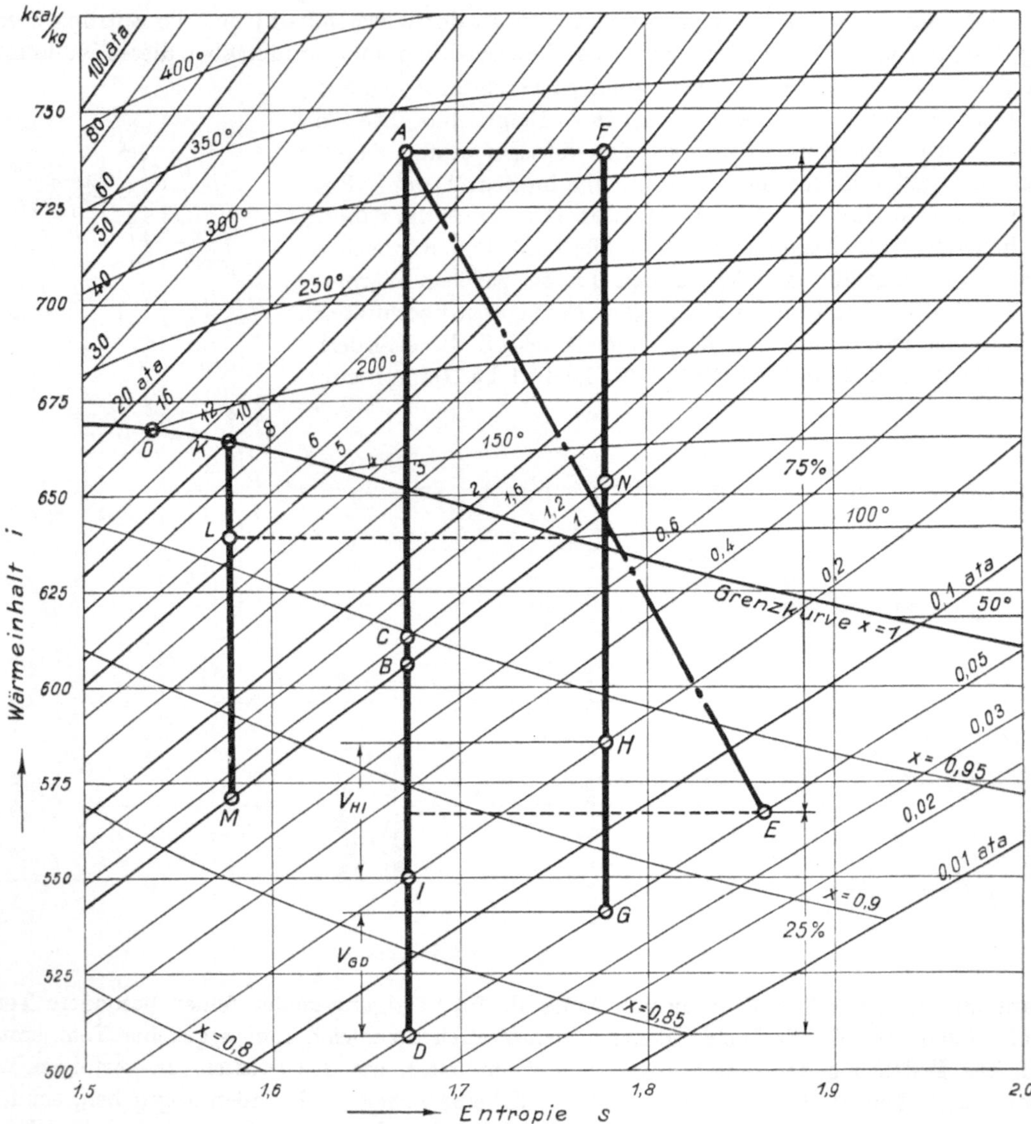

Abb. 19. is-Tafel für Wasserdampf mit eingezeichneten Anwendungsbeispielen. (1 kcal/kg ≙ 0,5 mm; 1 mm ≙ 2 kcal/kg.)

das Gesamtgefälle von A bis D 231 kcal/kg. Der durch die Strecke $BD = 97$ kcal/kg dargestellte Teil des Wärmegefälles (42% des Gesamtgefälles) wird im Vakuum ausgenutzt. Der Dampf ist bei der Expansion feucht geworden; in Punkt D ist sein Dampfgehalt nur noch $x = 0{,}825 = 82{,}5\%$. Praktisch darf man in Dampfturbinen aber nur etwa bis $x = 90\%$ gehen. Das theoretische Gefälle wäre also gar nicht ausnutzbar. Das praktisch ausgenutzte Gefälle ist bei gleichem Enddruck aber auch schon deshalb kleiner, weil etwa 25% des Wärmegefälles durch Reibung und Wirbel aufgezehrt werden und als Wärme im Dampf verbleiben. Wird die Strecke AD von D aus um $25\% = 58$ kcal/kg vermindert und eine Linie mit $i = 740 - (231 - 58) = 567$ kcal/kg bis zur Drucklinie 0,05 ata gezogen, so stellt der Schnittpunkt E den Zustand des aus der Turbine abströmenden Dampfes dar. Es sind also ausgenutzt worden 740—567 = 173 kcal/kg oder 173 : 231 = 75% des adiabatischen Wärmegefälles von A nach D. Weil ein Teil des Wärmegefälles im Dampf zurückgeblieben ist, ist der Dampf in E viel trockener ($x = 0{,}925$), als er bei

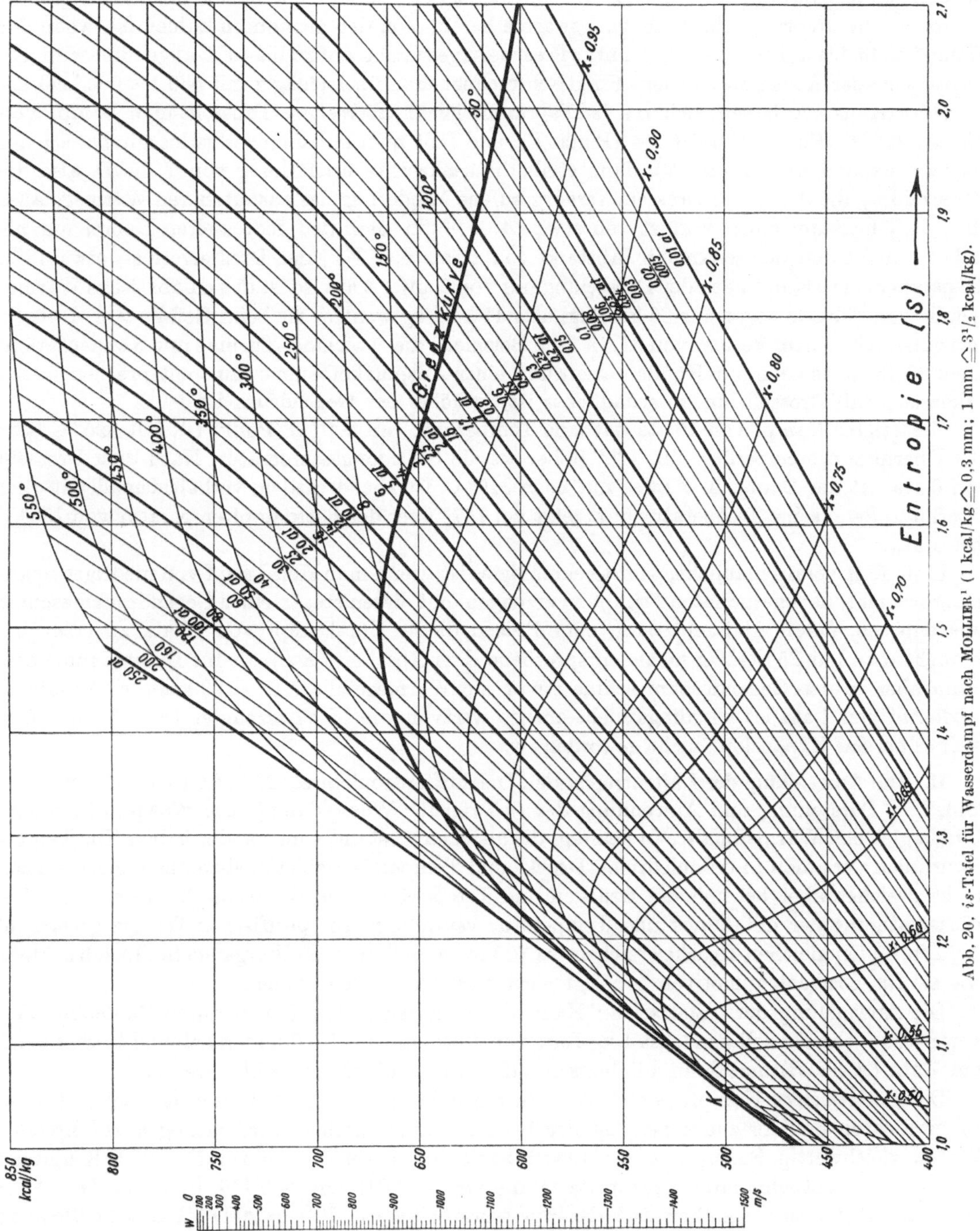

Abb. 20. is-Tafel für Wasserdampf nach MOLLIER[1] (1 kcal/kg ≙ 0,3 mm; 1 mm ≙ 3½ kcal/kg).

verlustloser Expansion (Punkt D) sein würde. Der Dampfverbrauch je PSh ist $\frac{632}{173} = 3{,}65$ kg. Dementsprechend beträgt der Verbrauch für die kWh $\frac{860}{173} = 4{,}97$ kg.

Die Tafel lehrt auch, wieviel Wärme vom Kühlwasser der Kondensation aufzunehmen ist, um Dampf zu verflüssigen. Wenn überhitzter Dampf von 16 ata, 325° C (Punkt A) verlustlos

[1] Nach MOLLIER: Neue Tabellen und Diagramme für Wasserdampf, 6. Aufl. Berlin: Springer 1929.

arbeitend auf 0,05 ata entspannt ist (*Punkt D*), so gibt er, wenn er zu Wasser von 0° C verflüssigt wird, 509 kcal/kg ab; bei der tatsächlichen mit Wirbelung und Reibung behafteten Expansion in der Turbine enthält aber der Dampf mehr Wärme, so daß er (Punkt *E*) 567 kcal/kg abgibt. Je weniger Expansionsarbeit der Dampf verrichtet hat, um so mehr reicht die Verflüssigungswärme an die ursprüngliche Erzeugungswärme heran. Von den genannten Zahlen ist, wenn der Dampf nicht bis auf 0° C, sondern nur, wie es meist geschieht, auf 30 bis 40° C abgekühlt wird, ein entsprechender Abzug zu machen. Praktisch rechnet man überschlägig mit 580 bis 600 kcal/kg.

Drosselvorgänge lassen sich im *is*-Diagramm leicht übersehen. Drosselt man Dampf von 16 ata, 325° C (Punkt *A*) auf 6 ata (Punkt *F*), und läßt man ihn dann verlustlos adiabatisch auf 0,05 ata expandieren (Punkt *G*), dann stellt die senkrechte Entfernung von *G* bis D, also die Strecke V_{GD} die durch das Drosseln hervorgerufene Minderung des ausnutzbaren Wärmegefälles dar; V_{GD} bedeutet einen Verlust von etwa 14%. Nutzt man den gedrosselten Dampf nur bis 0,2 ata aus, so ist der senkrechte Abstand von *H* bis $I = V_{HJ}$ der Drosselverlust, etwa 18%. Expandiert der Dampf nach der Drosselung nur von 6 auf 1,2 ata, so ist das adiabatische Wärmegefälle von *F* bis *N* sogar nur 86 kcal/kg, also 41 kcal/kg weniger als beim Gefälle von *A* bis *C*; das entspricht einem Verlust von 31,5%. Die Beispiele, die etwa einer Turbine mit Kondensation, einer Kolbenmaschine mit Kondensation und einer Auspuffkolbenmaschine entsprechen, lassen erkennen, daß Drosseln um so schädlicher ist, je höher der Gegendruck ist.

Gesättigter Dampf von 16 ata hat eine Temperatur von 200° C (Punkt *O*). Mit 325° C liegt die Überhitzungstemperatur um 125° höher als die Sättigungstemperatur. Nach dem Drosseln auf 6 ata hat der Dampf in *F* zwar nur noch 315° C, ist aber trotzdem verhältnismäßig stärker überhitzt, denn seine Temperatur liegt jetzt um 157° über der Sattdampftemperatur von 158° C bei 6 ata.

Linie *KM* veranschaulicht, wie zweckmäßig es ist, wenn man Heizdampf von niedriger Spannung braucht, hochgespannten Dampf zu erzeugen und diesen erst in einer Gegendruckmaschine auszunutzen, deren Abdampf dann zum Heizen dient. Um Dampf von 10 ata zu erzeugen, braucht man nur 25 kcal/kg mehr (entsprechend dem Abschnitt *KL*), als für Dampf von 1 ata, kann aber in der Gegendruckmaschine zuvor ein Wärmegefälle $KM = 93$ kcal/kg ausnutzen. Abdampf von 1 ata ist allerdings nicht ebenso wertvoll wie frisch erzeugter Dampf von 1 ata, weil er bei der Expansion feucht geworden ist.

15. Die Anwendung der Luftentropietafel. Die Luftentropietafel, Abb. 21 (nach Ostertag[1]), ähnelt in Darstellung und Anwendung der *is*-Tafel für Wasserdampf. Die Waagerechten sind Linien gleichen Wärmeinhaltes in kcal/kg, die gleichen Abstand voneinander haben. Die Temperaturlinien verlaufen in den niedrigen Druck- und Temperaturgebieten ebenfalls nahezu waagerecht, weichen aber bei höheren Drücken und Temperaturen stark ab, da die Tafel unter Berücksichtigung der mit Druck und Temperatur veränderlichen spezifischen Wärme gezeichnet ist. Die Linien gleichen Druckes reichen bis 300 at, so daß auch die Vorgänge in Hochdruckluft, wie sie für Grubenlokomotiven benötigt wird, verfolgt werden können.

Die Anwendung der Tafel sei an Hand der eingezeichneten Linien durch Zahlenbeispiele veranschaulicht. Es soll zunächst 1 kg Luft von 1 ata und 17° C (Punkt *A*) einmal isothermisch auf 7 ata (*A* bis *B*) und dann adiabatisch auf 7 ata (*A* bis *C*) verdichtet werden.

Die *isothermische* Kompressorarbeit, d. h. die Arbeit, um 1 kg Luft isothermisch auf 7 ata zu verdichten und fortzudrücken, ist der bei der isothermischen Verdichtung abzuführenden Wärme gleichwertig. Sie ergibt sich als Produkt der absoluten Temperatur $T = 290°$ K und der aus der Tafel entnehmbaren Entropieabnahme von $+ 0{,}015$ auf $- 0{,}118$, d. h. um $ds = 0{,}133$ (*A* bis *B*). Mithin ist die isothermische Kompressorarbeit $dQ = T ds = 290 \cdot 0{,}133 = 38{,}6$ kcal/kg oder $38{,}6 \cdot 427 = 16500$ mkg/kg.

Die *adiabatische* Kompressorarbeit, d. h. die Arbeit, um 1 kg Luft von 1 ata und 17° C auf 7 ata adiabatisch zu verdichten und fortzudrücken, ist aus der Tafel $= 56 - 4{,}2 = 51{,}8$ kcal/kg $= 51{,}8 \cdot 427 = 22100$ mkg/kg zu entnehmen (*A* bis *C*). Bei der adiabatischen Verdichtung steigt die Temperatur, wie ebenfalls der Tafel zu entnehmen ist, von 17° C auf 229° C.

[1] Vgl. S. 22.

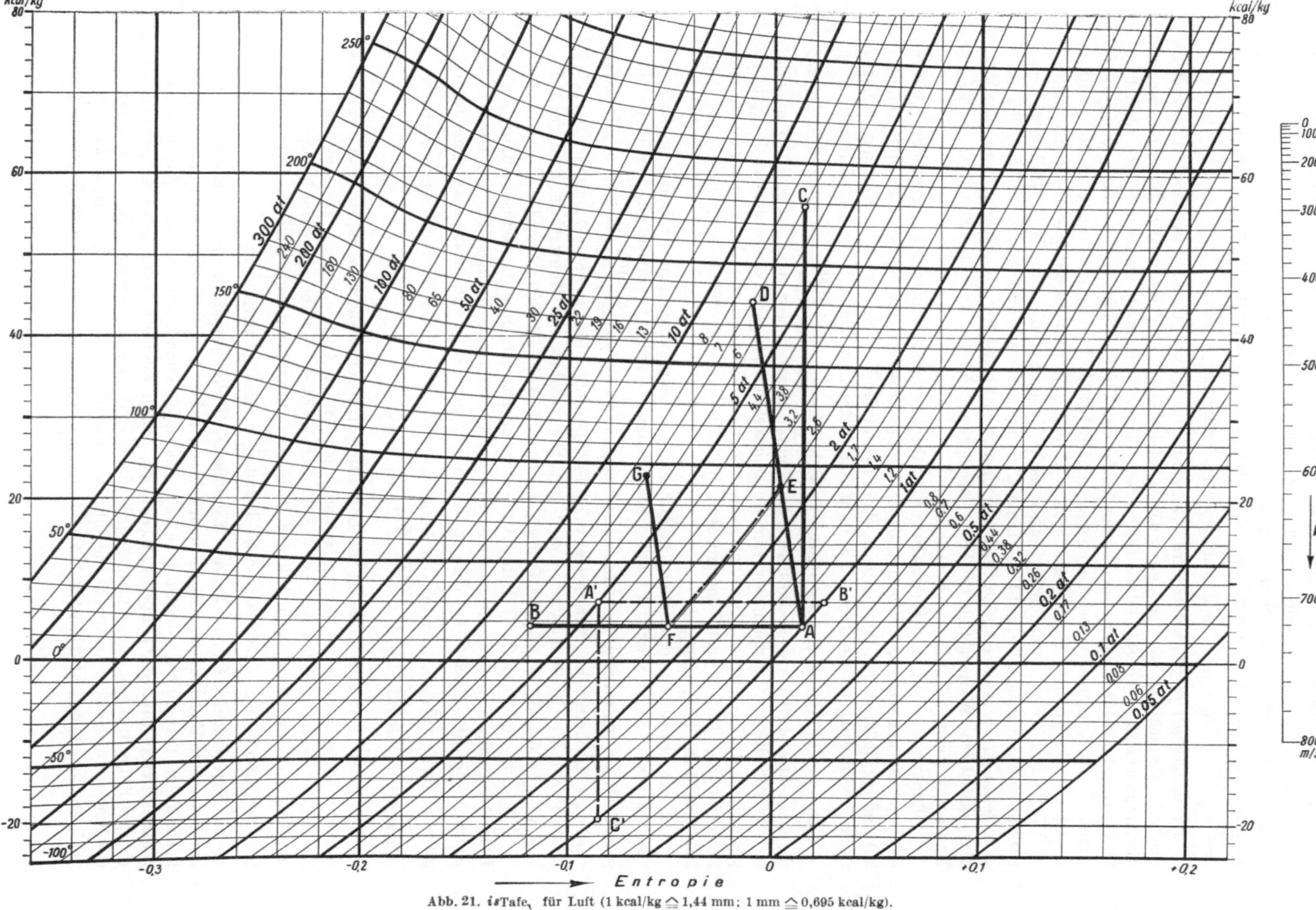

Abb. 21. *is*Tafel für Luft (1 kcal/kg ≙ 1,44 mm; 1 mm ≙ 0,695 kcal/kg).

Nimmt man bei gleichem Anfangszustand (Punkt A) *polytropische* Verdichtung auf 7 ata mit einem Polytropenexponent $n = 1{,}3$ an, so steigt die Temperatur nur auf 181° C (A bis D). Die Kompressorarbeit setzt sich zusammen aus der abzuführenden Wärme und der Zunahme des Wärmeinhalts. Aus der Tafel ergibt sich die polytropische Kompressorarbeit $= T_m ds + (i_2 - i_1)$ $= \frac{290 + 454}{2} \cdot 0{,}025 + 40 = 49{,}3$ kcal/kg $= 21050$ mkg/kg.

Bei *zweistufiger polytropischer* Verdichtung mit $n = 1{,}3$ vom Punkt A aus möge in der ersten Stufe die Verdichtung von 1 ata auf 2,65 ata erfolgen (A bis E). Dann finde Rückkühlung auf die Anfangstemperatur statt (E bis F). In der zweiten Stufe werde weiter auf 7 ata verdichtet (F bis G). Die Endtemperatur der ersten Stufe wird 90° C (Punkt E), die der zweiten 94° C (Punkt G). Die Kompressorarbeit der ersten Stufe beträgt 20,9 kcal/kg, die der zweiten 21,8 kcal/kg. Es ist also die gesamte Kompressorarbeit $= 20{,}9 + 21{,}8 = 42{,}7$ kcal/kg $= 18250$ mkg/kg.

Die Linie $A'B'$ veranschaulicht isothermische Expansion, die Linie $A'C'$ adiabatische Expansion von 5 ata und 30° C auf 1 ata. Linie $A'B'$ bedeutet ein Wärmegefälle $= T ds = 303 \cdot 0{,}11$ $= 33{,}3$ kcal/kg $= 14230$ mkg/kg. Die Endtemperatur ist gleich der Anfangstemperatur $= 30°$ C. Das adiabatische Wärmegefälle (A' bis C') beträgt nur 26,7 kcal/kg $= 11400$ mkg/kg, wobei die Endtemperatur in C' auf $- 81{,}5°$ C sinkt.

Will man die Arbeit für *1 Kubikmeter* Luft haben, so muß man die für 1 kg gefundenen Werte entsprechend umrechnen, indem man sie mit dem spezifischen Gewicht der Luft vom Anfangszustand multipliziert. Als Beispiel seien die isothermische Verdichtung (A bis B) und die adiabatische Verdichtung (A bis C) von 1 ata auf 7 ata betrachtet. Im Anfangszustand (Punkt $A : p$ $= 1$ ata; $t = 17°$ C) ist das spezifische Gewicht $\gamma = \frac{P}{RT} = \frac{1 \cdot 10000}{29{,}27 \cdot 290} = 1{,}178$ kg/m³. Die auf die Gewichtseinheit bezogene isothermische Kompressorarbeit war gefunden zu 16500 mkg/kg, woraus sich die auf 1 Kubikmeter vom Ansaugezustand bezogene Kompressorarbeit ergibt zu $\gamma \cdot 16500 = 1{,}178 \cdot 16500 = 19450$ mkg/m³. Für die adiabatische Kompressorarbeit von 22100 mkg/kg findet man entsprechend $\gamma \cdot 22100 = 1{,}178 \cdot 22100 = 26025$ mkg/m³ (vgl. Zahlentafel 23, Ziffer 203).

Die isothermische und adiabatische Motorarbeit beim Entspannen der Luft vom Anfangszustand 5 ata, 30° C (Punkt A') auf 1 ata (Punkt B' bzw. C') wird in gleicher Weise umgerechnet. Das spezifische Gewicht im Anfangszustand ist $\gamma = \frac{5 \cdot 10000}{29{,}27 \cdot 303} = 5{,}65$ kg/m³. Damit wird die isothermische Motorarbeit $= \gamma \cdot 14230 = 5{,}65 \cdot 14230 = 80500$ mkg/m³ Druckluft oder $80500 : 5 = 16100$ mkg/m³ von 1 ata. Die adiabatische Motorarbeit wird $\gamma \cdot 11400$ $= 5{,}65 \cdot 11400 = 64500$ mkg/m³ Druckluft oder $64500 : 5 = 12900$ mkg/m³ von 1 ata.

Wird Luft von 5 ata, 30° C (Punkt A') in einer erweiterten Düse (Lavaldüse) adiabatisch auf 1 ata (bis Punkt C') entspannt, so findet sich die Ausströmgeschwindigkeit $w \approx 475$ m/s durch Abtragen der Strecke $A'C'$ auf dem an der rechten Seite des is-Diagramms angebrachten Geschwindigkeitsmaßstab. Aus der Gleichung $A = \frac{1}{2} \cdot m w^2$ für die kinetische Energie errechnet sich $w = \sqrt{\frac{2A}{m}} = \sqrt{\frac{2Ag}{G}} = \sqrt{\frac{2 \cdot 11400 \cdot 9{.}81}{1}} = 473$ m/s.

Für andere 2-atomige Gase ist die Luftentropietafel ebenfalls verwendbar, und zwar ohne weiteres, soweit es sich um den Zusammenhang zwischen Änderungen des Druckes und Änderungen der Temperatur handelt. Die spezifischen Wärmen sind aber dem Molekulargewicht M der Gase umgekehrt proportional, so daß die für Luft gefundenen Änderungen des Wärmeinhalts für ein Gas mit dem Molekulargewicht M mit $\frac{29}{M}$ zu multiplizieren sind.

16. Kreisprozesse. Carnot-Prozeß. Thermischer Wirkungsgrad. Macht ein Körper nacheinander mehrere Zustandsänderungen derart durch, daß er zum Schluß wieder seinen ursprünglichen Zustand annimmt, so nennt man diese Reihenfolge von Zustandsänderungen einen *Kreisprozeß*. Hierbei kann der Körper, z. B. ein Gas, Arbeit verrichten oder Arbeit aufnehmen, was aber, weil der Anfangszustand unverändert wieder erreicht wird, nur möglich ist, wenn während des Kreisprozesses Wärme sowohl zugeführt als auch abgeführt wird. Der Unterschied zwischen der zugeführten und abgeführten Wärmemenge ist dann die im Wärmemaß gemessene erzielbare Arbeit. Hinsichtlich der Arbeitsgewinnung verlaufen die Kreisprozesse am günstigsten, bei denen alle Zustandsänderungen *umkehrbar* sind. Ein Vorgang ist umkehrbar wenn er beim Verlauf in umgekehrter Richtung wieder zum Anfangszustand führt. Die wichtigsten umkehrbaren Vorgänge in Kraftmaschinen sind die isothermische und adiabatische Verdichtung und Entspannung. Nicht umkehrbar sind andererseits alle Reibungsvorgänge (wozu auch die Drosselung gehört) und Wärmeübergang zwischen Körpern verschiedener Temperaturen. Man wird demnach diese Vorgänge durch geeignete Wahl der Strömungsquerschnitte bzw. durch Isolation möglichst zu vermeiden suchen.

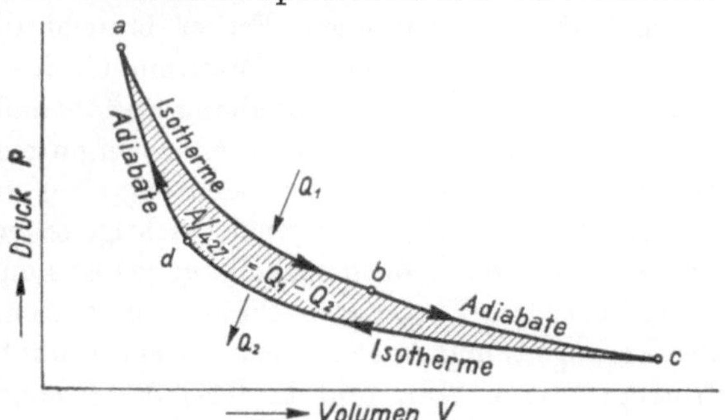

Abb. 22. Der CARNOTsche Kreisprozeß im PV-Diagramm.

Abb. 22 stellt im Druck-Volumen-Diagramm einen idealen Kreisprozeß dar, in dem alle Vorgänge umkehrbar sind. Man denke sich 1 kg eines Gases vom Anfangszustand a (Druck p_a, Volumen v_a und Temperatur T_a) und lasse es isothermisch auf den Zustand b expandieren. Um die Isotherme zu erzielen, d. h. während der Entspannung die Temperatur unverändert zu halten, muß eine Wärmemenge Q_1 von außen zugeführt werden (vgl. Ziffer 9). Vom Zustand b soll das Gas bis zum Zustand c ohne Zufuhr oder Abfuhr von Wärme, also adiabatisch entspannt werden. Bei der nun folgenden Verdichtung auf den Zustand d soll eine so große Wärmemenge Q_2 nach außen abgeführt werden, daß die Verdichtung isothermisch verläuft. Dann folge eine adiabatische Verdichtung, die das Gas auf den Anfangszustand a zurückführt und damit den Kreisprozeß abschließt. Dieser zwischen zwei Isothermen und zwei Adiabaten, also nur zwischen umkehrbaren Zustandsänderungen verlaufende Kreisprozeß heißt CARNOT-*Prozeß*. Im PV-Diagramm stellt die eingeschlossene Fläche die Arbeit dar. Weil das Gas zum Schluß wieder in unverändertem Zustand zurückerhalten wird, kann diese Arbeit nicht aus ihm selbst gewonnen worden sein. Das Gas ist lediglich Zwischenträger der Energie gewesen. Die Arbeit kann demnach nur aus der von außen zugeführten Wärmemenge Q_1 stammen; aber nicht alle zugeführte Wärme kann in Arbeit umgesetzt werden, weil eine bestimmte Wärmemenge Q_2 wieder nach außen abgeführt werden muß, um die isothermische Verdichtung von c nach d zu erreichen. Die bei dem Kreisprozeß durch Wärmeumwandlung gewinnbare Arbeit ist somit im günstigten Falle nur $A/427 = Q_1 - Q_2$ kcal.

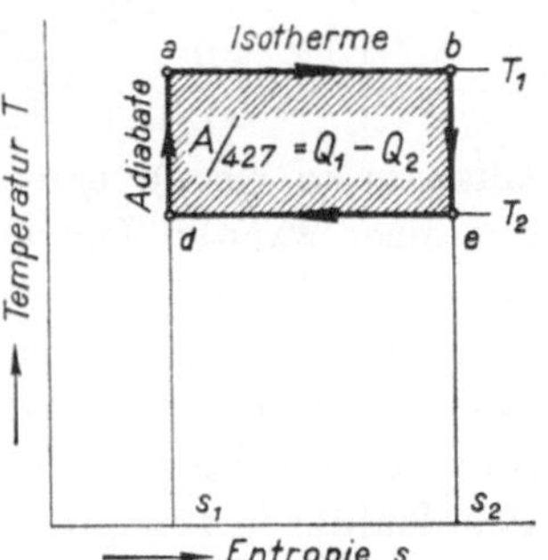

Abb. 23. Der CARNOTsche Kreisprozeß im Wärmediagramm.

Es war gesagt, daß im Ts-Diagramm die Isotherme waagerecht, die Adiabate senkrecht verläuft (vgl. Ziffer 12). Infolgedessen erscheint der *Kreisprozeß von* CARNOT, der aus Isothermen und Adiabaten besteht, im Wärmediagramm als Rechteck (Abb. 23). Erst expandiert das Gas isothermisch mit $T_1 =$ konst, wobei die Wärmemenge $Q_1 = T_1 (s_2 - s_1)$ zugeführt wird; dann expandiert das Gas adiabatisch, wobei die Temperatur von T_1 auf T_2 sinkt; dann folgt isothermische Kompression mit $T_2 =$ konst, wobei die Wärmemenge $Q_2 = T_2 (s_2 - s_1)$ abgeführt wird; schließlich wird das Gas adiabatisch verdichtet, wobei die Temperatur von T_2 auf T_1 steigt. Man erkennt ohne weiteres, daß innerhalb gegebener Temperaturgrenzen der Carnotsche Kreisprozeß der überhaupt günstigste ist und daß sein *thermischer Wirkungsgrad*[1], d. h. das Verhältnis der in Arbeit umgesetzten Wärmemenge $Q_1 - Q_2$ zur zugeführten Wärmemenge Q_1, also $\frac{Q_1 - Q_2}{Q_1} = \frac{T_1 - T_2}{T_1}$ ist. Weiter ergibt sich, daß der überhaupt erreichbare thermische Wirkungsgrad um so größer ist, je höher T_1 und je kleiner T_2 ist. Die Wärme voll auszunutzen, sie ganz in mechanische Arbeit zu verwandeln, ist praktisch unmöglich; denn dann müßte $T_2 = 0°$ K

[1] Der thermische Wirkungsgrad ist nicht mit dem thermodynamischen Wirkungsgrad zu verwechseln, der nur bei Dampfmaschinen und Dampfturbinen angewendet wird. Vgl. die Ziffern 93 und 102.

sein. *Wirtschaftlicher* Wirkungsgrad einer Kraftmaschine ist das Verhältnis der in *Nutzarbeit* umgewandelten zur verbrauchten Wärme oder das Produkt aus thermischem und mechanischem Wirkungsgrad.

Der Carnotsche Kreisprozeß ist ein Idealprozeß, der sich noch in keiner Maschine praktisch verwirklichen ließ. Die Gründe hierfür läßt uns das PV-Diagramm in Abb. 22 erkennen. Die Arbeitsfläche ist sehr schmal, d. h. trotz des hohen Druckes und großen Hubvolumens wird nur wenig Hubarbeit gewonnen. Ferner braucht die Wärmeabfuhr während der isothermischen Zustandsänderungen viel Zeit. Man müßte eine starke, langhubige, langsamlaufende Maschine haben, die aber so viel Eigenreibung besäße, daß die geringe Energie des Carnot-Prozesses restlos aufgezehrt würde und keine Nutzenergie mehr abgegeben werden könnte. Der Carnotsche Kreisprozeß hat deshalb nur Bedeutung als Vergleichsmaßstab.

Abb. 24 veranschaulicht einige wichtige *technische* Vorgänge im Druck-Volumen-Diagramm. Die Reihenfolge der Zustandsänderungen ist immer fortlaufend mit den Buchstaben *a, b, c, d, a* bezeichnet. Der Vorgang im *Dieselmotor* (Gleichdruckmotor) setzt sich unter Vernachlässigung des Ansaugens und Ausschiebens aus einer Adiabate (*a* bis *b*), einer Linie gleichen Druckes oder Isotrope (*b* bis *c*, Wärmezufuhr durch den Brennstoff), einer zweiten Adiabate (*c* bis *d*) und einer Linie gleichen Volumens oder Isovolume (*d* bis *a*) zusammen. Beim *Ottomotor* (Explosions- oder Verpuffungsmotor) ist der Vorgang ähnlich, nur tritt während der Brennstoffwärmezufuhr an die Stelle der Linie gleichen Druckes eine Linie gleichen Volumens oder Isovolume von *b* bis *c*; außerdem sind die Drücke insgesamt kleiner. Die Pfeile geben in beiden Diagrammen einen *Rechtsumlauf* an, der für *Kraftmaschinen* kennzeichnend ist.

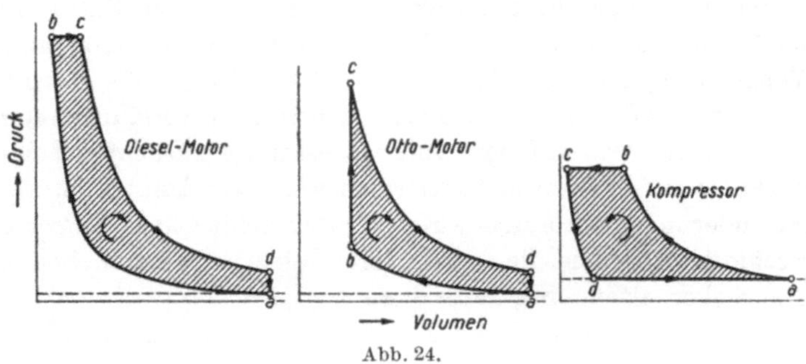

Abb. 24.

Das PV-Diagramm eines *Kompressors* besteht aus einer Adiabate (*a* bis *b*), einer Isotrope (*b* bis *c*, Ausschublinie), einer zweiten Adiabate (*c* bis *d*) und einer zweiten Isotrope (*d* bis *a*). Dieses Diagramm läßt am *Linksumlauf* eine *Arbeitsmaschine* erkennen.

Diese Vorgänge in den Maschinen unterscheiden sich von dem vorstehend besprochenen reinen Kreisprozeß dadurch, daß die Wärmezufuhr nicht von außen, sondern mittels innerer Wärmeentwicklung durch Brennstoffverbrennung in Öl- und Gasmaschinen oder durch Frischdampfzufuhr in Dampfmaschinen erfolgt. Der Druck wird auch nicht durch Wärmeabfuhr nach außen gesenkt, sondern durch Entweichen eines Teiles des Gases aus dem Zylinder, so daß nicht immer dieselbe Gasmenge an dem Vorgang beteiligt ist. Für die verrichtete Arbeit ist es jedoch belanglos, wie die Wärme zu- oder abgeführt wird.

17. Das Ausströmen von Gasen und Dämpfen aus Düsen und Leitkanälen. Kritisches Druckverhältnis. Wenn Wasser aus einem Raume, in welchem der Druck p_1 herrscht, durch eine Düse in einen Raum ausströmt, in welchem der Druck p_2 herrscht, so ist der Mündungsdruck immer gleich dem Gegendruck p_2, unabhängig davon, ob der Gegendruck p_2 klein oder groß im Verhältnis zum anfänglichen Druck p_1 ist. Wenn aber dehnungsfähige Gase und Dämpfe aus einer *konvergenten* (eingeschnürten) Düse ausströmen, ist der Mündungsdruck gleich dem Gegendruck nur, solange $\frac{p_2}{p_1}$ größer als das „kritische" Druckverhältnis ist. Für trocken gesättigten Wasserdampf ist das kritische Druckverhältnis $= 0{,}577$, für überhitzten Dampf $= 0{,}546$, und für Luft $= 0{,}528$. In einer konvergenten Düse kann Dampf oder Luft vom Drucke p_1 nur bis auf den „kritischen" Druck p_k entspannt werden, der bei gesättigtem Dampf $= 0{,}577\, p_1$, bei überhitztem Dampf $= 0{,}546\, p_1$, und bei Luft $= 0{,}528\, p_1$ ist. In Abb. 25 links ist ein Beispiel veranschaulicht. Gesättigter Dampf von $p_1 = 10$ ata strömt durch eine konvergente Düse gegen $p_2 = 2$ ata Druck aus. $\frac{p_2}{p_1} = \frac{2}{10} = 0{,}2$ ist kleiner als das kritische Druckverhältnis. Mithin ist der

Mündungsdruck gleich dem kritischen Drucke $p_k = 0{,}577 \cdot 10 = 5{,}77$ ata. Der Dampfstrahl strömt also mit erheblichem Überdruck aus und bildet nicht einen geschlossenen, für die Beaufschlagung des Laufrades einer Turbine geeigneten Strahl, sondern einen Strahl, der infolge der weiteren Expansion auseinanderstrebt. Um den Dampf in der Düse über den kritischen Druck hinaus weiter zu entspannen, muß man, wie es der Schwede DE LAVAL gezeigt hat, die zuerst eingeschnürte Düse wieder erweitern. Abb. 25 zeigt in der Mitte eine Lavalsche Düse. Um einen geschlossenen Strahl zu erhalten, ist die Erweiterung so zu bemessen, daß der Dampf in der Düse, in der er gewissermaßen geführt wird, bis auf den Gegendruck expandiert. Ist $\frac{p_2}{p_1}$ größer als 0,577 bzw. 0,546 bzw. 0,528, so ist die Düse nicht zu erweitern, sondern die konvergente Düse liefert einen geschlossenen Strahl, dessen Mündungsdruck gleich dem Gegendruck ist. (Vgl. Abb. 25 rechts: $\frac{p_2}{p_1} = \frac{1{,}5}{2} = 0{,}75 > 0{,}577$.)

18. Strömgeschwindigkeit und ausströmende Menge. Entsprechend wie man für Wasser die Ausflußgeschwindigkeit v aus der Gefällhöhe h nach der Formel $v = \sqrt{2gh}$ rechnet, errechnet man die Geschwindigkeit w ausströmender Gase und Dämpfe aus dem Wärmegefälle. Wie in der vorstehenden Ziffer dargelegt war, kann man jedes Druckgefälle durch Entspannen des Gases oder Dampfes in einer Düse ausnützen, große Druckgefälle durch die Lavalsche Düse, kleine durch konvergente Düsen. Setzt man adiabatische, d. h. reibungs- und wirbelungsfreie

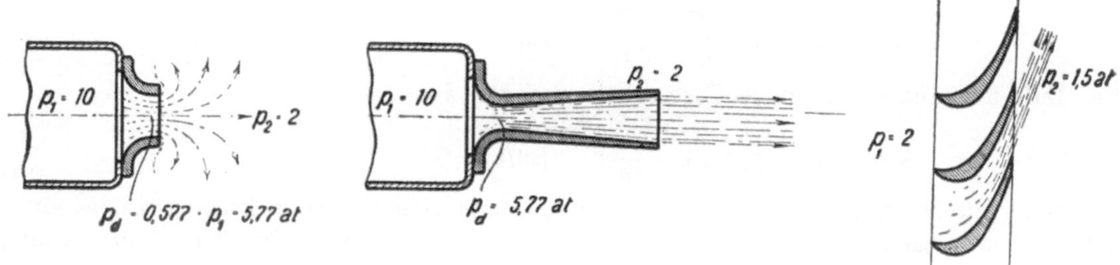

Abb. 25. Ausströmen von gesättigtem Dampf bei über- und unterkritischem Druckverhältnis.

Strömung voraus, so wird das gesamte Wärmegefälle, das bei der Entspannung in der Düse umgesetzt wird, in kinetische oder Strömenergie umgewandelt. Ist vor der Entspannung der Wärmeinhalt i_1 kcal/kg, nach der Entspannung der Wärmeinhalt i_2 kcal/kg, so sind $i_1 - i_2$ kcal/kg oder $427\,(i_1 - i_2)$ mkg/kg in die kinetische Energie $\frac{m\,w^2}{2}$ umgesetzt worden. Indem man die Masse m von 1 kg des strömenden Stoffes $= \frac{1}{g}$ setzt, erhält man die Ausströmgeschwindigkeit w aus der Beziehung

$$\frac{w^2}{2\,g} = 427\,(i_1 - i_2)\,,$$

woraus folgt

$$w = \sqrt{2\,g\,427\,(i_1 - i_2)} = \sqrt{2 \cdot 9{,}81 \cdot 427\,(i_1 - i_2)}\,,$$

$$w = 91{,}5\,\sqrt{i_1 - i_2}\ \text{m/s}.$$

Die Werte für i_1 und i_2 sind für Wasserdampf und Luft den is-Tafeln (Abb. 19, 20 oder 21) zu entnehmen, indem man von dem Punkte, der den Anfangszustand des Dampfes darstellt, senkrecht bis zur entsprechenden p-Linie geht. Den is-Tafeln ist auch ein Maßstab beigefügt, an dem man die zu einem gegebenen Wärmegefälle gehörige Ausströmgeschwindigkeit abstechen kann.

Einige Zahlenbeispiele mögen veranschaulichen, auf welche Werte der Ausströmgeschwindigkeit man kommt. Es werde Dampf von 12 ata und 300° C, d. h. von $i_1 = 728$ kcal/kg Wärmeinhalt adiabatisch in einer Lavalschen Düse auf 2 ata oder 1 ata oder 0,1 ata entspannt. Dann sinkt sein Wärmeinhalt auf $i_2 = 639$ bzw. 611 bzw. 533 kcal/kg. $i_1 - i_2$ wird also 89 bzw. 117 bzw. 195 kcal/kg, und es rechnet sich die Ausströmgeschwindigkeit $w = 863$ bzw. 990 bzw. 1277 m/s. — Wird Luft von 3,2 ata und 40° C mit einem Wärmeinhalt $i_1 = 9{,}65$ kcal/kg in einer Düse adiabatisch auf 2 ata entspannt, so ist der Wärmeinhalt am Ende $i_2 = 0{,}95$ kcal/kg. Für $i_1 - i_2 = 8{,}7$ kcal/kg wird die Luftgeschwindigkeit $w = 270$ m/s.

Bei kleinem Wärmegefälle $i_1 - i_2$ ist die Ablesegenauigkeit der is-Diagramme für die Berechnung der Strömgeschwindigkeit nicht mehr ausreichend. Man geht dann besser von folgender Formel (vgl. Ziffer 10) aus:

$$A_{ad} = 10000 \frac{k}{k-1} p_1 \left[1 - \left(\frac{p_2}{p_1}\right)^{\frac{k-1}{k}}\right] \text{mkg/m}^3.$$

Durch Multiplikation mit dem spezifischen Volumen v_1 des Anfangszustandes in mkg/m³ erhält man die auf 1 kg bezogene Formel

$$A_{ad} = 10000 \frac{k}{k-1} p_1 v_1 \left[1 - \left(\frac{p_2}{p_1}\right)^{\frac{k-1}{k}}\right] \text{mkg/kg},$$

woraus sich ergibt

$$w = \sqrt{2 g A_{ad}} = \sqrt{2 g\, 10000 \frac{k}{k-1} p_1 v_1 \left[1 - \left(\frac{p_2}{p_1}\right)^{\frac{k-1}{k}}\right]} \text{ m/s}.$$

Für gesättigten Dampf wird mit $k = 1{,}135$:

$$w = 1285 \sqrt{p_1 v_1 \left[1 - \left(\frac{p_2}{p_1}\right)^{0{,}119}\right]} \text{ m/s}$$

und für überhitzten Dampf mit $k = 1{,}3$:

$$w = 922 \sqrt{p_1 v_1 \left[1 - \left(\frac{p_2}{p_1}\right)^{0{,}231}\right]} \text{ m/s}.$$

Für Luft und andere 2atomige Gase erhält man mit $k = 1{,}4$:

$$w = 828 \sqrt{p_1 v_1 \left[1 - \left(\frac{p_2}{p_1}\right)^{0{,}286}\right]} \text{ m/s}.$$

Die „kritische" Geschwindigkeit w_k, mit der Dampf oder Gas beim kritischen Gegendruck durch den engsten Düsenquerschnitt strömt, ist, ebenso wie der kritische Druck selbst, solange $\frac{p_2}{p_1}$ kleiner als das kritische Druckverhältnis ist, unabhängig vom Gegendruck. Wenn Dampf von 10 ata durch eine Düse ausströmt, bleibt die Geschwindigkeit im engsten Querschnitt so lange ungeändert, bis der Gegendruck auf 5,77 ata gestiegen ist. Erst wenn der Gegendruck noch höher steigt, nimmt die Dampfgeschwindigkeit im engsten Querschnitt ab. Es ist die im engsten Querschnitt beim kritischen Druckverhältnis auftretende Geschwindigkeit

$w_k = 323 \sqrt{p_1 v_1}$ m/s, wenn der Wasserdampf gesättigt ist,

$w_k = 333 \sqrt{p_1 v_1}$ m/s, wenn der Dampf überhitzt ist und

$w_k = 339 \sqrt{p_1 v_1} = 3{,}39 \sqrt{R T_1}$ m/s, für Luft und 2atomige Gase.

Die im engsten Querschnitt beim kritischen Drucke auftretende *Geschwindigkeit stimmt überein mit der Schallgeschwindigkeit*[1], die zum Dampf- bzw. Gaszustand im engsten Querschnitt gehört. Bei gesättigtem Dampf ändert sich w_k nur wenig, wenn sich der Anfangsdruck ändert. Für gesättigten Dampf von 10 ata, für den $v_1 = 0{,}2$ m³/kg ist, ergibt sich $w_k = 323 \sqrt{10 \cdot 0{,}2} = 456$ m/s. Bei überhitztem Dampf steigt innerhalb der üblichen Temperaturgrenzen w_k bis 560 m/s.

Die wirklichen Ausströmgeschwindigkeiten sind wegen der Reibungs- und Wirbelungsverluste kleiner als die gerechneten. Bei der Lavalschen Düse ist im Mittel die wirkliche Geschwindigkeit nur 94% der gerechneten, was etwa 12% Energieverlust bedeutet.

Die auf den Ausströmzustand, d. h. auf den Druck p_2 bezogene, sekundlich ausströmende *Gasmenge* Q_2 ist nach bekanntem Gesetz gleich Ausströmquerschnitt mal Ausströmgeschwindigkeit. Bei adiabatischer Entspannung in der Düse wird die auf den *Anfangszustand*, d. h. auf den

[1] Luft von $t_1 = 55°$ C oder $T_1 = 328°$ K kühlt sich bei adiabatischer Expansion im kritischen Druckverhältnis $p_1 : p_2 = 1 : 0{,}528$ auf 0° C im engsten Düsenquerschnitt ab. Die kritische Geschwindigkeit wird $w_k = 3{,}39 \sqrt{29{,}27 \cdot 328} = 332$ m/s und entspricht damit der Schallgeschwindigkeit in Luft bei 0° C.

Druck p_1 *vor der Düse* bezogene ausströmende Menge nach dem Poissonschen Gesetz (vgl. Ziffer 9) $Q_1 = Q_2 \left(\frac{p_2}{p_1}\right)^{\frac{1}{k}}$. Ist F der Düsenquerschnitt in m², so wird

$$Q_1 = F \sqrt{2\, g\, 10000 \frac{k}{k-1} p_1 v_1 \left[\left(\frac{p_2}{p_1}\right)^{\frac{2}{k}} - \left(\frac{p_2}{p_1}\right)^{\frac{k+1}{k}}\right]} \text{ m}^3/\text{s}\,.$$

Nach der allgemeinen Zustandsgleichung der Gase[1] kann gesetzt werden $10000\, p_1 v_1 = P_1 v_1 = R\, T_1$, woraus man erhält:

$$Q_1 = F \sqrt{2\, g \frac{k}{k-1} R\, T_1 \left[\left(\frac{p_2}{p_1}\right)^{\frac{2}{k}} - \left(\frac{p_2}{p_1}\right)^{\frac{k+1}{k}}\right]} \text{ m}^3/\text{s}\,.$$

Für *Luft* mit $R = 29{,}27$ mkg/kg · grd und $k = 1{,}4$ ergibt sich die *stündliche*, auf Luft von 1 ata bezogene Ausströmmenge zu

$$Q = 161\,300\, p_1 F \sqrt{T_1} \sqrt{\left(\frac{p_2}{p_1}\right)^{1{,}429} - \left(\frac{p_2}{p_1}\right)^{1{,}714}} \text{ m}^3/\text{h von 1 ata}\,.$$

Wasserdampf mißt man nicht in Raumeinheiten, sondern in Gewichtseinheiten. Das ausströmende Dampfgewicht erhält man, indem man das Volumen durch das spezifische Volumen des Dampfes dividiert:

$$G = \frac{Q_1}{v_1} = F \sqrt{2\, g\, 10000 \frac{k}{k-1} \frac{p_1}{v_1} \left[\left(\frac{p_2}{p_1}\right)^{\frac{2}{k}} - \left(\frac{p_2}{p_1}\right)^{\frac{k+1}{k}}\right]} \text{ kg/s}\,.$$

Für *gesättigten* Dampf mit $k = 1{,}135$ wird:

$$G = 1285\, F \sqrt{\frac{p_1}{v_1}} \sqrt{\left(\frac{p_2}{p_1}\right)^{1{,}762} - \left(\frac{p_2}{p_1}\right)^{1{,}882}} \text{ kg/s}\,,$$

und für *überhitzten* Dampf mit $k = 1{,}3$:

$$G = 922\, F \sqrt{\frac{p_1}{v_1}} \sqrt{\left(\frac{p_2}{p_1}\right)^{1{,}538} - \left(\frac{p_2}{p_1}\right)^{1{,}769}} \text{ kg/s}\,.$$

Diese Mengenformeln gelten genau wie die Geschwindigkeitsformeln für eingeschnürte Düsen nur bis zum jeweiligen kritischen Druckverhältnis, für erweiterte Lavaldüsen (mit vollkommener Expansion auf den Gegendruck) dagegen für alle Druckverhältnisse.

Solange $\frac{p_2}{p_1}$ kleiner als das kritische Druckverhältnis ist, bleibt auch die Ausflußmenge ebenso wie die Geschwindigkeit unabhängig vom Gegendruck und ist allein durch den engsten Düsenquerschnitt und den Anfangszustand des Gases oder Dampfes bestimmt. Ist der Düsenquerschnitt F m², so ist die bei der kritischen Geschwindigkeit stündlich ausströmende, auf 1 ata umgerechnete *Luft*menge:

$$Q_{kr} = 41\,800\, p_1 F \sqrt{T_1} \text{ m}^3/\text{h von 1 ata}\,.$$

Das ausströmende *Dampf*gewicht wird entsprechend bei *gesättigtem* Dampf

$$G_{kr} = 199\, F \sqrt{\frac{p_1}{v_1}} \text{ kg/s}\,,$$

und bei *überhitztem* Dampf

$$G_{kr} = 209\, F \sqrt{\frac{p_1}{v_1}} \text{ kg/s}\,.$$

Mit zunehmendem Dampfdruck nimmt das ausströmende Dampfgewicht etwa im selben Verhältnis zu.

Die wirklichen Ausströmungen sind kleiner als die in den vorstehenden Formeln mit der theoretischen Geschwindigkeit errechneten Mengen. Man kann sie im Mittel bei einfachen eingeschnürten Düsen mit 96%, bei erweiterten Lavaldüsen mit 94% der gerechneten Menge ansetzen.

---

[1] Vgl. Ziffer 4.

Das Rechnen mit den angeführten Formeln ist ziemlich zeitraubend. Mit den in den Abb. 26 und 27 wiedergegebenen Diagrammen können die im Bergwerksbetriebe häufig gebrauchten Luftmengenrechnungen erheblich vereinfacht werden.

Die Diagramme sind für die *wirklichen* Ausströmmengen gerechnet, liefern also entsprechend kleinere Werte als die theoretischen Formeln.

Abb. 26 zeigt auf der senkrechten Achse die Düsendurchmesser (von 1 bis 10 mm) und als obersten Wert eine Düse von 1 cm² Austrittsquerschnitt. Für größere oder kleinere Düsendurchmesser erhält man die Ausströmmenge durch Multiplikation mit dem Quadrat des Durchmesserverhältnisses oder mit dem Querschnittsverhältnis. Auf der waagerechten Achse ist die stünd-

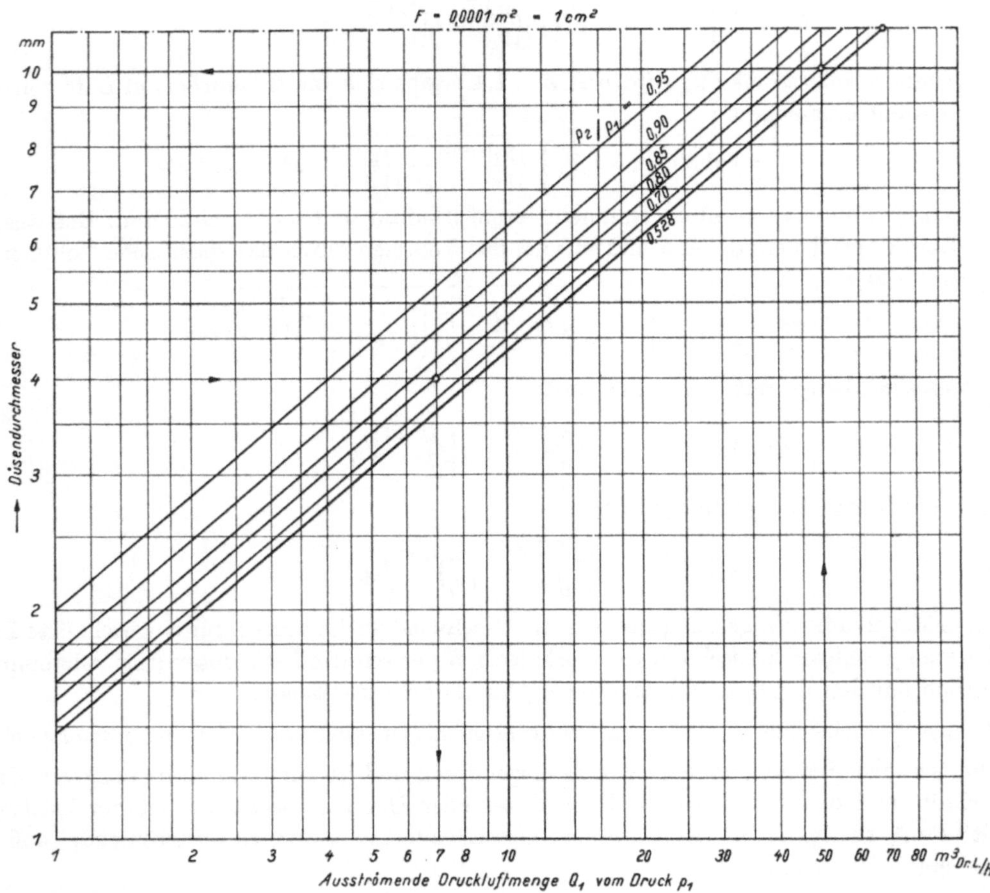

Abb. 26. Diagramm zur Bestimmung der aus einer Düse ausströmenden *Druck*luftmenge Q_1 in m³/h vom Druck p_1 in Abhängigkeit vom Düsendurchmesser und vom Druckverhältnis p_2/p_1 bzw. zur Ermittlung des für eine Druckluftmenge Q_1 erforderlichen Düsendurchmessers. (Auf 20° C Lufttemperatur bezogen.)

liche Ausströmmenge in m³ *Druckluft* vom Druck p_1 *vor* der Düse aufgetragen. Die Umrechnung auf Luft von 1 ata geschieht durch Multiplikation mit p_1. Der Gebrauch des Diagramms sei an einigen Beispielen erläutert. Nach dem eingezeichneten Beispiel soll die Durchflußmenge einer Düse von 4 mm Durchmesser bestimmt werden, wenn *vor* der Düse der Druck $p_1 = 5$ ata und *hinter* der Düse der Gegendruck $p_2 = 4$ ata ist. Für das Druckverhältnis $\frac{p_2}{p_1} = \frac{4}{5} = 0{,}8$ findet man $Q_1 = 7\,\text{m}^3/\text{h}$ Druckluft oder $Q = p_1 Q_1 = 5 \cdot 7 = 35\,\text{m}^3/\text{h}$ von 1 ata. Für Düsen von 20 mm bzw. 1 mm Durchmesser ergeben sich durch Umrechnen mit den quadratischen Durchmesserverhältnissen $\left(\frac{20}{4}\right)^2 = 25$ bzw. $\left(\frac{1}{4}\right)^2 = 0{,}0625$ die Ausströmmengen $35 \cdot 25 = 875\,\text{m}^3/\text{h}$ von 1 ata bzw. $35 \cdot 0{,}0625 = 2{,}19\,\text{m}^3/\text{h}$ von 1 ata. — Aus einer Düse von 2,5 cm² Querschnitt strömt Druckluft von 10 ata in die Atmosphäre aus. Mit $\frac{p_2}{p_1} = \frac{1}{10} < 0{,}528$ ist das kritische Druckverhältnis unterschritten, so daß nur die Menge ausströmt, die dem kritischen Druckverhältnis entspricht. Aus dem Diagramm findet man für 1 cm² Düsenquerschnitt die Menge $Q_1 = 68$ m³/h Druckluft oder $p_1 \cdot 68 = 680$ m³/h von 1 ata. Für den gegebenen Querschnitt von 2,5 cm² wird dann $Q = 2{,}5 \cdot 680 = 1700$ m³/h von 1 ata. Die gleiche Ausströmmenge ergibt sich auch bis zu einem Gegendruck von $p_2 = 5{,}28$ ata, bei dem gerade das kritische Druckverhältnis $\frac{p_2}{p_1} = \frac{5{,}28}{10} = 0{,}528$ erreicht wird.

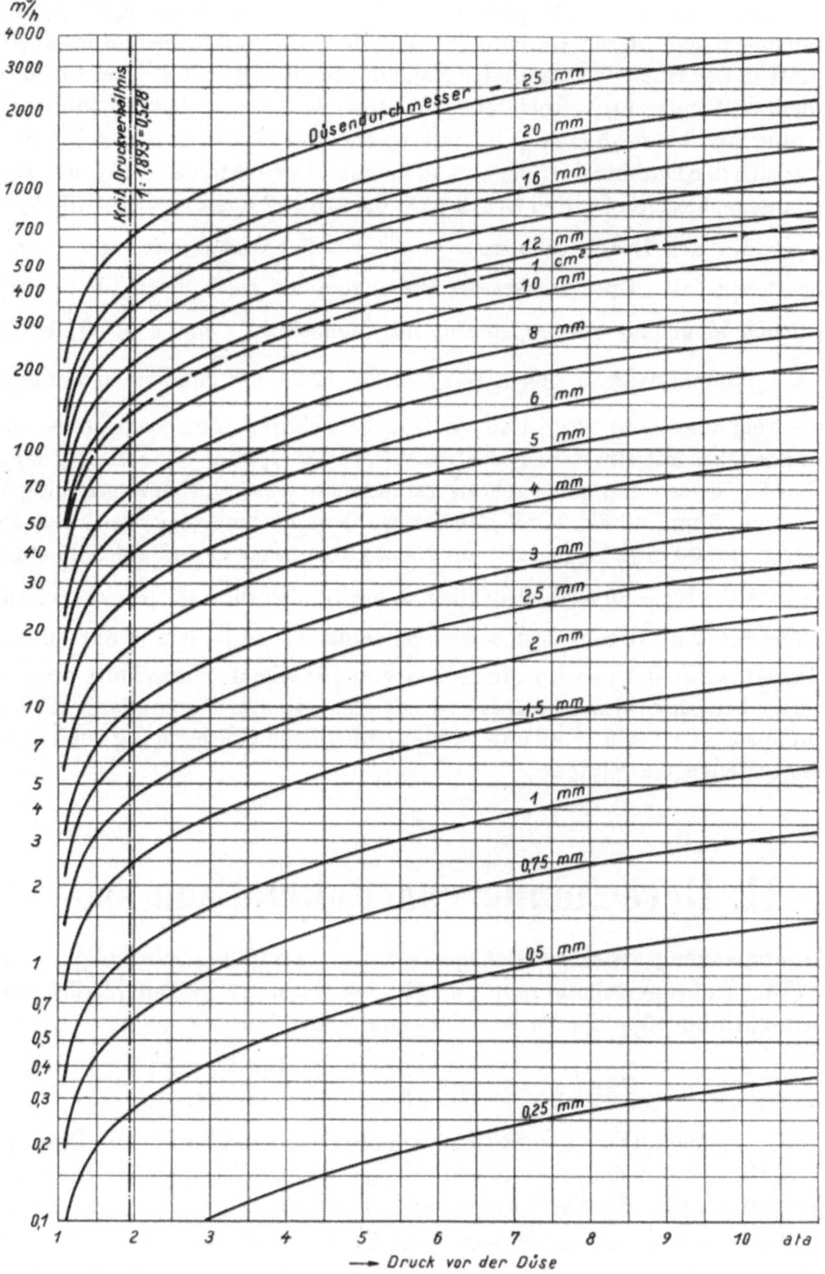

Abb. 27. Diagramm zur Bestimmung der beim *Gegendruck von 1 ata* aus einer Düse ausströmenden, auf 1 ata umgerechneten Luftmenge in m³/h in Abhängigkeit vom Düsendurchmesser und Druck p_1 vor der Düse.

Das Diagramm in Abb. 27 ist in der Anwendung etwas bequemer, weil es aus dem Druck vor der Düse und dem Düsendurchmesser unmittelbar die auf 1 ata umgerechnete Luftmenge auf der senkrechten Achse finden läßt, aber es gilt nur für den Gegendruck 1 ata, umfaßt also hauptsächlich die kleinen Druckverhältnisse, bei denen $\frac{p_2}{p_1} < 0{,}528$ (Gebiet rechts von der strichpunktierten Grenzlinie des kritischen Druckverhältnisses).

Die Diagramme gelten nur für glatte, gut abgerundete Düsen. Für scharfkantige Öffnungen, wie Blenden oder Stauränder, sind sie jedoch auch verwertbar, wenn man berücksichtigt, daß dann die Ausströmmengen angenähert nur zwei Drittel der Düsenmengen sind.

Das Diagramm Abb. 26 erweist sich ferner sehr nützlich, wenn in einem Duckluftnetz an einer Stelle hohen Druckes Leitungen für bestimmte Luftmengen von niedrigerem Druck abgezweigt werden sollen[1]. Druck und Menge lassen sich durch in die Abzweigleitungen eingebaute Düsen oder Blenden regeln, deren Durchmesser aus dem Diagramm bestimmt werden können. Hat z. B. die Luft in der Hauptleitung in der Nähe des Schachtes mit Rücksicht auf den Druckabfall bis zu den weit entfernten Revieren den hohen Druck von 6,5 atü, und soll an dieser Stelle eine Leitung für 375 m³/h von 1 ata mit einem Betriebsdruck von 4,25 atü abgezweigt werden, so findet sich der Durchmesser der einzubauenden Düse in folgender Weise: Die abzuzweigende *Druckluft*menge, bezogen auf den Druck $p_1 = 6{,}5$ atü $= 7{,}5$ ata ist $Q_1 = 375 : 7{,}5 = 50$ m³/h. Für diese Menge und das Druckverhältnis $\frac{p_2}{p_1} = \frac{5{,}25}{7{,}5} = 0{,}7$ findet man nach dem in Abb. 26 eingezeichneten Beispiel den Durchmesser der einzubauenden *Düse* gleich 10 mm. Soll an Stelle der Düse eine *Blende* eingebaut werden, so muß ihr Querschnitt $\frac{3}{2}$ mal so groß, ihr Durchmesser demnach $\sqrt{\frac{3}{2}} = 1{,}225$ mal so groß, gleich $10 \cdot 1{,}225 = 12{,}25$ mm genommen werden.

Sind die Abzweigmengen so groß, daß sie über den Umfang des Diagrammes hinausgehen, so rechnet man zunächst mit einem Bruchteil, z. B. $^1/_4$ oder $^1/_9$ oder $^1/_{16}$ oder $^1/_{25}$ der Menge, und multipliziert den für diesen Mengenbruchteil gefundenen Düsendurchmesser entsprechend mit 2 bzw. 3 bzw. 4 bzw. 5 und erhält damit den für die Gesamtmenge erforderlichen Düsendurchmesser. Es seien z. B. 800 m³/h Druckluft von 7,5 ata abzuzweigen und auf 5,25 ata zu bringen. Rechnet man mit $800 : 16 = 50$ m³/h Druckluft, so ergibt sich für das Druckverhältnis $\frac{p_2}{p_1} = 0{,}7$ ein Düsendurchmesser von 10 mm (vgl. vorhergehendes Zahlenbeispiel). Für 800 m³/h Druckluft, d. h. für die 16fache Menge wird eine Düse von 16fachem Querschnitt oder $\sqrt{16} = 4$fachem Durchmesser benötigt, also eine *Düse* von $4 \cdot 10 = 40$ mm Durchmesser. Für eine *Blende* muß der Durchmesser $40 \cdot 1{,}225 = 49$ mm werden. Mit dieser Umrechnung wird das Diagramm für jede beliebige Menge verwendbar.

II. Berechnung von Rohrleitungen.

19. Der Zusammenhang zwischen Rohrquerschnitt, Durchflußgeschwindigkeit und Durchflußmenge. Ist F der Rohrquerschnitt in m², v (oder bei Gasen w) die Durchflußgeschwindigkeit in m/s, Q die Durchflußmenge in m³/s vom Zustand in der Leitung, so ist

$$Q = F\,v, \qquad v = \frac{Q}{F}, \qquad F = \frac{Q}{v}.$$

Ändert sich der Querschnitt, so ändert sich auch die Geschwindigkeit. Für Flüssigkeiten gilt: $F_1 v_1 = F_2 v_2$. Für Gase, bei denen auch die Änderung des spezifischen Gewichtes γ zu berücksichtigen ist, gilt, indem man die Geschwindigkeit mit w bezeichnet: $F_1 w_1 \gamma_1 = F_2 w_2 \gamma_2$.

Die Durchflußgeschwindigkeit wählt man 1 bis 2 m/s bei Wasser, 10 bis 15 m/s bei Druckluft[2] von 4 bis 6 atü, 30 bis 40 m/s bei Sattdampf und 40 bis 60 m/s bei Heißdampf. Mit Rücksicht auf den Druckverlust[3] sind bei engen oder sehr langen Leitungen die kleineren Geschwindigkeiten zu nehmen.

---

[1] Näheres über Druck- und Mengenregelung in Druckluftnetzen s. C. Hoffmann, Bergbau 1942 S. 235—241.

[2] In Druckluftschläuchen geht man auf 15 bis 20 m/s und darüber, um mit leichten und dadurch billigen und beweglichen Schläuchen auszukommen; überdies sind Schlauchleitungen meist kurz und haben dadurch geringen Druckverlust.

[3] Vgl. Ziffer 20.

Beispiele.

1. Durch eine Wasserleitung von 50 mm Durchmesser fließen 130 l/min. Wie groß ist die Durchflußgeschwindigkeit?

$$Q = 0{,}00217\ \mathrm{m^3/s}; \qquad F = 0{,}00196\ \mathrm{m^2}.$$

$$v = \frac{Q}{F} = \frac{0{,}00217}{0{,}00196} = 1{,}11\ \mathrm{m/s}.$$

2. Durch eine Druckluftleitung von 100 mm Durchmesser strömen stündlich 2000 m³ mit 1 ata angesaugte, auf 5 atü verdichtete Luft. Wie groß ist die Luftgeschwindigkeit? Die Durchflußmenge muß als *Druck*luftmenge von 5 atü = 6 ata in m³/s gerechnet werden.

$$Q_{Dr.L.} = \frac{Q}{3600\,p}\ \mathrm{m^3/s}; \qquad p \text{ ist in ata einzusetzen!}$$

$$Q_{Dr.L.} = \frac{2000}{3600 \cdot 6} = 0{,}0926\ \mathrm{m^3/s}. \qquad F = 0{,}00785\ \mathrm{m^2}.$$

$$w = \frac{Q_{Dr.L.}}{F} = \frac{0{,}0926}{0{,}00785} = 11{,}8\ \mathrm{m/s} \quad \text{(vgl. Zahlentafel 10, S. 42).}$$

3. Für welche stündliche Luftmenge reicht eine Luftleitung von 250 mm Durchmesser, wenn der Druck 4 atü beträgt und eine Luftgeschwindigkeit von 15 m/s zugelassen werden kann? $Q_{Dr.L.} = \frac{Q}{3600\,p} = F w$; daraus wird

$$Q = 3600\,p\,F\,w = 3600 \cdot 5 \cdot 0{,}0491 \cdot 15 = 13\,250\ \mathrm{m^3/h} \text{ von 1 ata.}$$

4. Welchen Leitungsdurchmesser braucht man für eine Luftmenge von $Q = 1470\ \mathrm{m^3/h}$ bei einem Betriebsdruck von 4,2 atü und $w = 10$ m/s?

$$F = \frac{Q}{3600\,p\,w} = \frac{1470}{3600 \cdot 5{,}2 \cdot 10} = 0{,}00785\ \mathrm{m^2}; \qquad d = 100\ \mathrm{mm}.$$

5. Durch eine Heißdampfleitung strömen stündlich 100 t Dampf von 35 ata und 400° C. Welchen Durchmesser muß die Leitung bei einer Dampfgeschwindigkeit von 50 m/s erhalten? Sekundliches Dampfvolumen vom Zustand in der Leitung

$$Q = \frac{G\,v}{3600} = \frac{100\,000 \cdot 0{,}087}{3600} = 2{,}42\ \mathrm{m^3/s} \quad \text{(spezifisches Dampfvolumen } v \text{ aus Zahlentafel 7, S. 19).}$$

$$F = \frac{Q}{w} = \frac{2{,}42}{50} = 0{,}0484\ \mathrm{m^2}; \qquad d \approx 250\ \mathrm{mm}.$$

20. Allgemeines über den Druckverlust in Rohrleitungen durch Reibung. Es wird eine runde, gerade, glatte, waagerechte Leitung zugrunde gelegt. Zusätzliche Widerstände durch Rohrkrümmer, Ventile, Hähne, Schieber usw. werden berücksichtigt, indem man zur Leitungslänge entsprechende Zuschläge macht (vgl. Ziffer 21). *Wenn die Leitung steigt oder fällt, so ist die entsprechende Abnahme oder Zunahme des Druckes besonders zu rechnen.* Ebenso ist die sogenannte Geschwindigkeitshöhe gesondert zu rechnen, die zum Druckverlust durch Reibung hinzutritt. Bei langen Leitungen und mäßigen Geschwindigkeiten ist die Geschwindigkeitshöhe vollkommen zu vernachlässigen. Bei *kurzen* Leitungen und *hohen* Geschwindigkeiten ist sie unter Umständen ausschlaggebend.

Der *Druckverlust* nimmt im selben Verhältnis zu wie die *Leitungslänge* und die *Dichte* des strömenden Stoffes. Ferner wächst der Druckverlust angenähert mit dem *Quadrat der Geschwindigkeit*; man rechnet mit v^2 bzw. w^2 und berichtigt die Abweichung durch einen mit der Durchflußmenge veränderlichen Beiwert (vgl. Zahlentafeln 8 und 9). Von besonderer Bedeutung ist das Verhältnis des Umfanges U der Leitung zu ihrem Querschnitte F. Die Reibung findet nämlich an der Wandung der Rohrleitung statt, der treibende Druck wirkt aber auf den Querschnitt. Der Druckverlust ist proportional $\frac{U}{F}$ oder umgekehrt proportional dem *Durchmesser* D.

$$\left(\frac{U}{F} = \frac{D\,\pi}{D^2\,\frac{\pi}{4}} = \frac{D}{4}\right).$$

Je kleiner der Durchmesser, um so größer ist also bei derselben Geschwindigkeit der Druckabfall. *Grundsätzlich sind bei engen Leitungen erheblich niedrigere Geschwindigkeiten zu wählen als bei weiten Leitungen.*

Zahlentafel 8.

G kg/h	β
10	2,03
15	1,92
20	1,84
30	1,73
50	1,60
70	1,53
100	1,45
150	1,36
200	1,31
300	1,23
500	1,14
700	1,09
1000	1,03
1500	0,97
2000	0,93
3000	0,88
5000	0,81
7000	0,77
10000	0,73
15000	0,69
20000	0,66
30000	0,62
50000	0,58
70000	0,55
100000	0,52

Zahlentafel 9.

Q m^3/h von 1 ata ($\gamma = 1{,}2$ kg/m³)	β
10	1,98
15	1,87
20	1,79
30	1,68
50	1,56
70	1,49
100	1,41
150	1,32
200	1,27
300	1,20
500	1,11
700	1,06
1000	1,00
1500	0,94
2000	0,90
3000	0,85
5000	0,79
7000	0,75
10000	0,71
15000	0,67
20000	0,64
30000	0,60
50000	0,56
70000	0,53
100000	0,51

21. Druckverluste in Luft- und Dampfleitungen.

Im folgenden ist l die Länge der Leitung in m, w_m die Durchflußgeschwindigkeit in m/s, γ_m das spezifische Gewicht in kg/m³, G das Gewicht der *stündlichen* Durchflußmenge in kg, d der Leitungsdurchmesser in *Millimetern*, β ein Beiwert, der nach FRITZSCHE $= 2{,}86 : G^{0{,}148}$ ist, und im Mittel den Wert 1 hat. β kann der Zahlentafel 8 entnommen werden.

$$\text{Druckverlust } \Delta p = \frac{\beta \gamma_m l w_m^2}{10000\, d} \text{ at}.$$

γ_m ist gemäß dem zu erwartenden Druckabfall als Mittelwert zu schätzen. l ist die sogenannte „rechnerische Länge“ der Leitung, die sich aus der Summe der gesamten geraden Leitungslänge und den Längenzuschlägen für die zusätzlichen Widerstände von Krümmern, Ventilen, Schiebern usw. ergibt (vgl. Seite 43 und Zahlentafel 11).

Aus dem Druckverlust Δp in at, dem Anfangsdruck p_1 in ata, dem Enddruck p_2 in ata, dem mittleren Druck p_m in ata, dem mittleren spezifischen Gewicht γ_m in kg/m³ vom Zustand in der Leitung, dem Durchflußgewicht G in kg/h, der Durchflußmenge $Q_{Dr.L.}$ in m³/h vom Zustand in der Leitung, oder Q in m³/h von 1 ata, der mittleren Durchflußgeschwindigkeit w_m in m/s, dem Leitungsquerschnitt F in m² und dem Leitungsdurchmesser d in mm ergeben sich folgende Beziehungen:

$$\textit{Druckverlust: } \Delta p = p_1 - p_2 \text{ at};$$

$$\textit{Mittlerer Leitungsdruck: } p_m = \frac{1}{2}(p_1 + p_2) = p_1 - \frac{1}{2}\Delta p = p_2 + \frac{1}{2}\Delta p \text{ ata};$$

$$\textit{Durchflußmenge: } Q_{Dr.L.} = \frac{G}{\gamma_m} \text{ m}^3/\text{h};$$

$$\textit{Durchflußgeschwindigkeit: } w_m = \frac{Q_{Dr.L.}}{3600 F} = \frac{G}{3600\gamma_m F} = \frac{G}{3600\gamma_m \left(\frac{d}{1000}\right)^2 \frac{\pi}{4}} = 353{,}5 \frac{G}{\gamma_m d^2} \text{ m/s}.$$

Durch Einsetzen dieser Werte erhält man aus der Grundformel:

$$\textit{Druckverlust } \Delta p = \frac{12{,}5\, \beta\, l\, G^2}{\gamma_m d^5} \text{ at},$$

wenn das Durchflußgewicht, die Leitungslänge (einschl. Zuschläge) und der Leitungsdurchmesser bekannt sind. γ_m ist nach dem zu erwartenden Druckverlust zu schätzen und nach der Rechnung auf Richtigkeit zu prüfen; bei zu großer Abweichung ist die Rechnung mit einem verbesserten Wert zu korrigieren.

$$\textit{Zulässiges Durchflußgewicht } G = \sqrt{\frac{\Delta p \gamma_m d^5}{12{,}5\, \beta\, l}} \text{ kg/h},$$

wenn der zulässige Druckverlust, der Leitungsdurchmesser und die Länge der Leitung bekannt sind; der Beiwert β ändert sich nur wenig mit dem Durchflußgewicht und kann nach dem annähernd geschätzten Gewicht aus der Zahlentafel 8 bestimmt werden.

$$\textit{Erforderlicher Leitungsdurchmesser } d = \sqrt[5]{\frac{12{,}5\, \beta\, l\, G^2}{\Delta p \gamma_m}} \text{ mm},$$

wenn die Leitungslänge, das Durchflußgewicht und der zulässige Druckabfall gegeben sind.

Bei der Berechnung von *Luftleitungen* geht man nicht vom Durchflußgewicht G, sondern von der stündlichen, auf den Außenzustand bezogenen Durchflußmenge Q aus. Für diese Luft von rd. 1 ata kann man das spezifische Gewicht rd. $\gamma = 1{,}2\ \mathrm{kg/m^3}$ setzen, also $G = 1{,}2 \cdot Q$ rechnen, woraus sich für Luftleitungen der Beiwert $\beta = 2{,}783 : Q^{0{,}148}$ ergibt. Er kann der Zahlentafel 9 für Durchflußmengen Q von 10 bis 100000 m³/h entnommen werden.

Für *Luft* wird die *Durchflußgeschwindigkeit*

$$w_m = \frac{Q_{Dr.L.}}{3600 \cdot F} = \frac{Q}{3600 \cdot p_m F} = \frac{Q}{3600 \cdot p_m \left(\frac{d}{1000}\right)^2 \frac{\pi}{4}} = 353{,}5 \frac{Q}{p_m d^2}\ \mathrm{m/s}.$$

Aus der Grundformel $\Delta p = \frac{\beta \gamma_m l w_m^2}{10000 \cdot d}$ at wird gefunden:

$$\textit{Druckverlust}\ \Delta p = \frac{15 \cdot \beta l Q^2}{p_m d^5}\ \mathrm{at},$$

wenn die Länge und der Durchmesser der Leitung und die Durchflußmenge in m³/h bekannt sind. Der mittlere Druck $p_m = p_1 - \frac{1}{2} \Delta p$ ist zunächst mit dem zu schätzenden Druckverlust zu berechnen und nachträglich zu kontrollieren, da aber nur mit kleinem Druckabfall im Verhältnis zum Anfangsdruck gerechnet wird, sind auch bei ungenauer Schätzung keine nennenswerten Fehler zu erwarten.

Mit $\Delta p = p_1 - p_2$ und $p_m = \frac{1}{2}(p_1 + p_2)$ wird:

$$\textit{Zulässige Durchflußmenge}\ Q = \sqrt{\frac{(p_1^2 - p_2^2)\, d^5}{30 \cdot \beta\, l}}\ \mathrm{m^3/h},$$

wenn Anfangs- und Enddruck, Durchmesser und Länge der Leitung festliegen; der Beiwert β ändert sich nur wenig mit der Durchflußmenge und kann nach annähernder Schätzung der Menge Q aus der Zahlentafel 9 gefunden werden.

$$\textit{Erforderlicher Leitungsdurchmesser}\ d = \sqrt[5]{\frac{30 \cdot \beta\, l Q^2}{p_1^2 - p_2^2}}\ \mathrm{mm},$$

wenn die Durchflußmenge, der Anfangs- und der Enddruck und die Länge der Leitung bekannt sind.

Der Beiwert β läßt sich ausschalten, indem $\beta = 2{,}783 : Q^{0{,}148}$ in die Gleichung für die Durchflußmenge Q eingeführt wird, woraus sich ergibt:

$$\textit{Zulässige Durchflußmenge}\ Q = 0{,}0915 \cdot \left(\frac{p_1^2 - p_2^2}{l}\, d^5\right)^{0{,}54}\ \mathrm{m^3/h}$$

und daraus der *erforderliche Leitungsdurchmesser*

$$d = 2{,}43\, Q^{0{,}37} \left(\frac{l}{p_1^2 - p_2^2}\right)^{0{,}2}\ \mathrm{mm}.$$

Die vorstehenden Formeln ergeben für normalbetriebsrauhe Rohre eine praktisch ausreichende Genauigkeit und sind auch für *Schlauchleitungen* brauchbar, wie durch Versuche im Maschinenlaboratorium der Bergschule Bochum nachgewiesen wurde. Die reichlich umständlichen Rechnungen lassen sich mit der aus den Formeln ermittelten Zahlentafel 10 und dem Druckverlustdiagramm Abb. 28 umgehen, wie in den späteren Ausführungen und Beispielen gezeigt wird. Zu beachten ist jedoch, daß die Formeln und damit auch das auf ihnen aufgebaute Druckverlustdiagramm sowie die Zahlentafel nur für mäßigen Druckabfall gelten. Wenn man z. B. aus der Zahlentafel 10 entnimmt, daß in einer Leitung von 75 mm l. W. bei einem Durchgange von 7200 kg/h der Druckabfall für 100 m Leitungslänge = 2,95 at ist, so ist dieser Wert, weil die Formel nur für mäßigen Druckabfall gilt, nicht verwendbar; wohl kann man aber folgern, daß der Druckverlust für 10 m Leitungslänge etwa = 0,295 at ist. Ebenso ist zu verstehen, daß der Druckverlust im Diagramm Abb. 28 bis 100 at reicht. Überhaupt darf man nicht annehmen, daß man Strömungsverluste in Wasser- oder Dampf- oder Druckluftleitungen mit der Genauigkeit rechnen kann, mit der man elektrische Leitungen berechnet. Aber die Rechnung gibt den ersten Anhalt und schützt vor groben Fehlern.

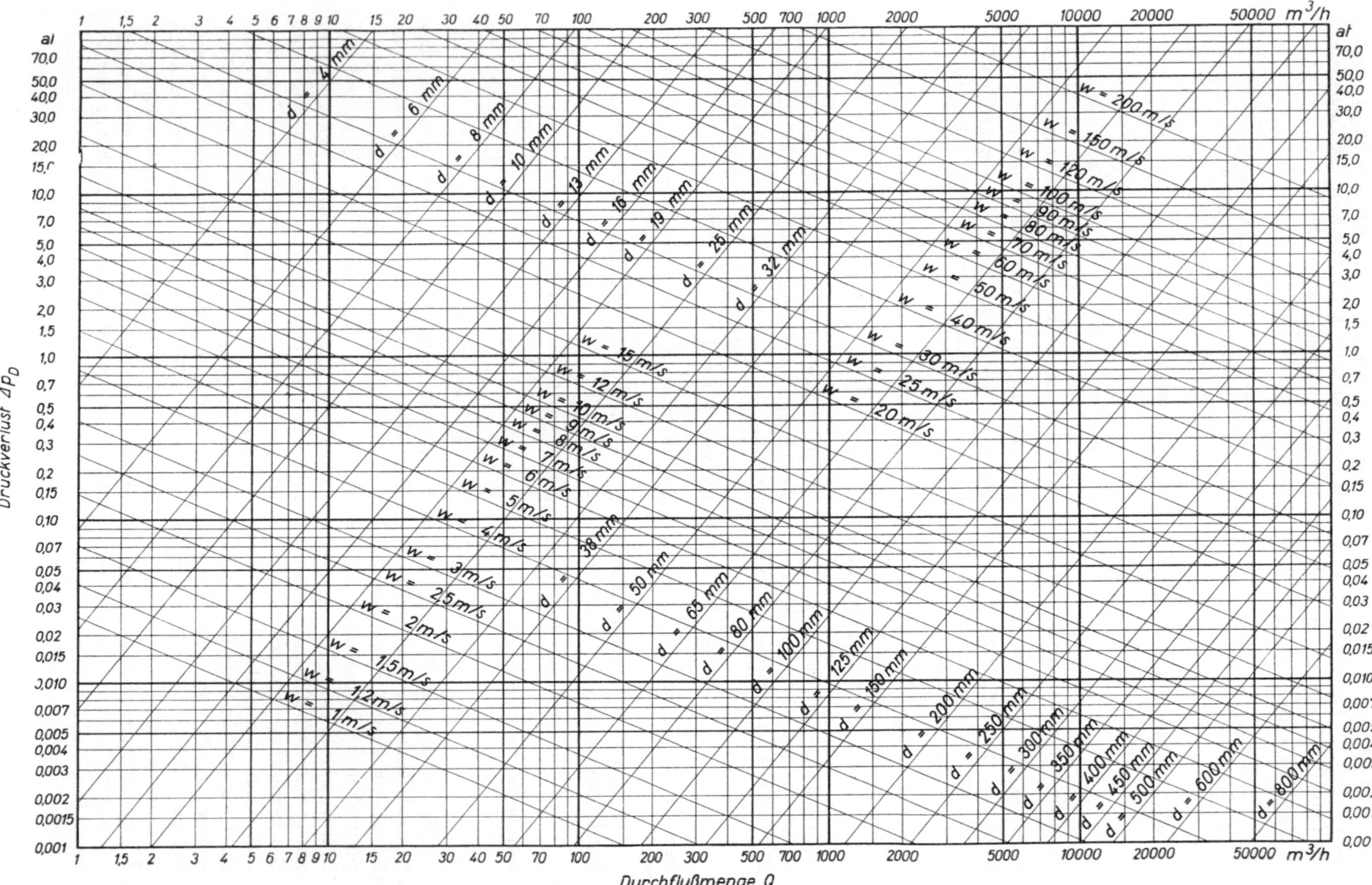

Abb. 28. Zusammenhang zwischen Druckverlust Δp in at, Strömungsgeschwindigkeit w in m/s, Rohrweite d in mm, *stündlicher Luft*menge in m³ von 1 ata bei 5 at mittlerem *Überdruck* = 6 ata und 7,2 kg/m³ spez. Gewicht. Die Zahlen für den Druckverlust gelten für normal betriebsrauhe Rohre und eine gerade Rohrlänge von 100 m.

Für glatt ausgemauerte Schächte oder glatte Eisenblechlutten von sehr großem Durchmesser d (in mm) rechnet der Bergmann den Druckverlust der durchströmenden Wetter

$$h = \frac{0{,}8 \cdot l\, w^2}{d}\ \text{mm WS},$$

dem für $\gamma = 1{,}2$ kg/m³ ein Wert $\beta = 0{,}67$ entspricht. — Für Lutten von üblichem Durchmesser setzt man besser den angenäherten Druckverlust $h = \frac{l\, w^2}{d}$ mm WS entsprechend einem Beiwert $\beta = 0{,}83$.

Die Druckverlustrechnungen werden durch die Zahlentafel 10 und das sich auf ein weiteres Gebiet erstreckende Diagramm Abb. 28 erleichtert. Zahlentafel und Diagramm gelten für 100 m Leitungslänge und sind unmittelbar anzuwenden für Druckluft vom mittleren Druck 5 atü oder 6 ata und etwa 15° C mit dem spezifischen Gewicht $\gamma_m = 7{,}2$ kg/m³. Bei den Diagrammen sind logarithmische Koordinaten verwendet; die dargestellten Zusammenhänge ergeben dann gerade Linien für die Leitungsdurchmesser d und die Durchflußgeschwindigkeiten w. Um die Anwendung der Diagramme zu erlernen, rechne man ein Zahlenbeispiel gemäß den Formeln und der Zahlentafel und verfolge es dann im Diagramm.

Weicht das spezifische Gewicht von dem für die Zahlentafel und das Diagramm gültigen Wert $\gamma_m = 7{,}2$ kg/m³ ab, so bleiben die Tafel und das Diagramm auch weiter verwendbar, wenn die aus ihnen gefundenen Werte entsprechend der Änderung des spezifischen Gewichts umgerechnet werden. Ist die Durchflußmenge dem *Gewicht* nach gegeben, so ändert sich das Durchflußvolumen und damit auch die Geschwindigkeit im umgekehrten Verhältnis wie das spezifische Gewicht, so daß man die zu einem anderen spezifischen Gewicht γ_m gehörige *Geschwindigkeit* erhält, indem man den Tafel- oder Diagrammwert w_D* mit $\frac{7{,}2}{\gamma_m}$ multipliziert. Der Druckverlust Δp ist dem spezifischen Gewicht und dem Quadrat der Geschwindigkeit proportional, ändert sich also im Verhältnis $\frac{\gamma_m}{7{,}2}\left(\frac{7{,}2}{\gamma_m}\right)^2 = \frac{7{,}2}{\gamma_m}$. Der zu γ_m gehörige Druckverlust wird also gleichfalls durch Multiplikation der Tafel- oder Diagrammwerte Δp_D* mit $\frac{7{,}2}{\gamma_m}$ erhalten. Beträgt z. B. bei einer 100 m langen Leitung von 300 mm Durchmesser die Durchflußmenge 25000 m³/h Luft von 1 ata oder 30000 kg/h mit einem spezifischen Gewicht $\gamma_m = 4{,}8$ kg/m³, so ist (vgl. Zahlentafel 10 oder Abb. 28) der Druckverlust $\Delta p = \Delta p_D \frac{7{,}2}{\gamma_m} = 0{,}039 \cdot \frac{7{,}2}{4{,}8} = 0{,}0585$ at und die Geschwindigkeit $w_m = w_D \frac{7{,}2}{\gamma_m} = 16{,}38 \cdot \frac{7{,}2}{4{,}8} = 24{,}6$ m/s.

Für die bei *Druckluft* gebräuchliche Angabe der Durchflußmenge als *Volumen* in m³/h von 1 ata gilt die gleiche Umrechnung. Die spezifischen Gewichte müssen jedoch erst aus den gegebenen Drücken und Temperaturen berechnet werden, weshalb es einfacher ist, sofort mit den absoluten Drücken und Temperaturen umzurechnen. Die Tafel und das Diagramm gelten für 5 atü = 6 ata und 285° K ($\gamma_m = 7{,}2$ kg/m³), woraus sich der Druckumrechnungsfaktor $\frac{6}{p_m}$ und der Temperaturumrechnungsfaktor $\frac{T_m}{285}$ ergeben (p_m in ata, T_m in ° K). Berücksichtigt man gleichzeitig noch die von 100 m abweichende Leitungslänge l in m, so errechnet sich der tatsächliche Druckverlust Δp aus dem Diagrammwert Δp_D nach der Formel

$$\Delta p = \Delta p_D \frac{6}{p_m} \frac{T_m}{285} \frac{l}{100}\ \text{at}.$$

Der Einfluß der Temperatur ist gering; zwischen − 10 und + 35° C kann man ihn meist vernachlässigen und ohne den Faktor $\frac{T_m}{285}$ rechnen. — Für die Geschwindigkeitsumrechnung gilt: $w_m = w_D \frac{6}{p_m} \frac{T_m}{285}$ m/s, wobei der Faktor $\frac{T_m}{285}$ auch meist fortfallen kann. Ist beispielsweise die stündliche Durchflußmenge 50000 m³ von 1 ata bei 6 atü = 7 ata mittlerem Betriebsdruck und 20° C, so ist in einer 1500 m langen Leitung von 400 mm Durchmesser mit $\Delta p_D = 0{,}034$ at und

* In den folgenden Formeln und Rechnungen sind die Diagramm- bzw. Tafelwerte mit dem Index D bezeichnet.

Zahlentafel 10[1]. *Zusammenhang zwischen Druckverlust Δp, Strömgeschwindigkeit w, Rohrweite d, stündlicher Durchflußmenge in kg oder in m³ von 1 ata für Druckluft von 5 at mittlerem Überdruck (6 ata mittlerem Druck) und 7,2 kg/m³ mittlerem spezifischem Gewicht. Der Druckverlust Δp gilt für eine gerade Rohrlänge von 100 m.*

Lichte Rohrweite d in mm		75		100		125		150		175		200		250		300		350		400	
Durchflußmenge G kg/h	Q m³/h	Δp at	w m/s	Δp at	w m/s	Δp at	w m/s	Δp at	w m/s	Δp at	w m/s	Δp at	w m/s	Δp at	w m/s	Δp at	w m/s	Δp at	w m/s	Δp at	w m/s
1200	1000	0,106	10,5	0,025	5,9	0,0082	3,77	0,0032	2,62												
2400	2000	0,383	21	0,091	11,8	0,029	7,54	0,012	5,24												
4800	4000	1,41	42	0,33	23,6	0,107	15,08	0,043	10,48	0,020	7,69	0,0102	5,88	0,0034	3,77						
7200	6000	2,95	63	0,70	35,4	0,227	22,62	0,091	15,72	0,042	11,54	0,022	8,82	0,0071	5,66						
9600	8000			1,18	47,2	0,39	30,2	0,150	20 5	0,072	15,38	0,036	11,76	0,012	7,54	0,0048	5,24				
12000	10000			1,8	59	0,59	38	0,235	26	0,108	19,22	0,055	14,70	0,018	9,43	0,0073	6,56				
18000	15000					1,22	56	0,49	39	0,231	28,9	0,118	22,08	0,038	14,15	0,015	9,83	0,0072	7,22		
24000	20000							0,85	52	0,382	38,4	0,200	29,40	0,066	18,86	0,027	13,12	0,0123	9,62		
30000	25000							1,28	66	0,585	48	0,30	37	0,098	23,6	0,039	16,38	0,0184	12,02	0,0095	9,22
36000	30000									0,82	58	0,42	44	0,138	28,3	0,056	19,66	0,0259	14,44	0,0133	11,06
48000	40000									1,45	77	0,72	59	0,237	38	0,096	26,2	0,0437	19,24	0,0225	14,76
60000	50000											1,1	74	0,36	47	0,146	32,8	0,0665	24,04	0,0343	18,44

[1] Über die Anwendbarkeit der Zahlentafel 10 und des Diagramms Abb. 28 für andere Verhältnisse vgl. das in Ziffer 21 Gesagte.

$w_D = 18$ m/s (nach Abb. 28) der Druckabfall

$$\Delta p = \Delta p_D \frac{6}{p_m} \frac{l}{100}$$

$$= 0{,}034 \cdot \frac{6}{7} \cdot \frac{1500}{100} \approx 0{,}44 \text{ at}$$

und die mittlere Geschwindigkeit

$$w_m = w_D \frac{6}{p_m}$$

$$= 18 \cdot \frac{6}{7} \approx 15{,}5 \text{ m/s}.$$

Mit Berücksichtigung der Temperatur hätten sich um 3% höhere Werte ergeben, was aber in Anbetracht der sonstigen Unsicherheiten der Druckverlustrechnung außer acht gelassen werden kann.

Die im Betriebe am häufigsten zu lösenden Aufgaben, nämlich die Ermittelung des erforderlichen Leitungsdurchmessers für eine bestimmte Durchflußmenge und einen als zulässig bekannten Druckabfall, sowie die Bestimmung der zulässigen Durchflußmenge bei gegebener Leitung und zulässigem Druckabfall erfordern vor Anwendung der Diagramme sinngemäß zunächst die Umrechnung des tatsächlichen Druckabfalles Δp auf den entsprechenden Diagrammwert Δp_D nach der Formel:

$$\Delta p_D = \Delta p \frac{p_m}{6} \frac{285}{T_m} \frac{100}{l} \text{ at}.$$

Die vorstehend hinsichtlich des Temperaturfaktors gemachte vereinfachende Einschränkung gilt hier in gleicher Weise. Ist z. B. die höchstzulässige Durchflußmenge einer 450 m langen Leitung von 100 mm Durchmesser zu bestimmen, wenn bei einer zu vernachlässigenden Temperatur von 20° C der Anfangsdruck $p_1 = 5{,}6$ ata beträgt, und ein Enddruck $p_2 = 5{,}2$ ata nicht unterschritten werden soll, so ist mit $\Delta p = p_1 - p_2 = 5{,}6 - 5{,}2 = 0{,}4$ at und $p_m = p_1 - \frac{1}{2}\Delta p = 5{,}6 - 0{,}2 = 5{,}4$ ata der Diagrammwert $\Delta p_D = 0{,}4 \cdot \frac{5{,}4}{6} \cdot \frac{100}{450} = 0{,}08$ at. Für

$d = 100$ mm und $\Delta p_D = 0{,}08$ at liest man aus Abb. 28 die zulässige Durchflußmenge $Q = 1850\,\text{m}^3/\text{h}$ ab.

Will man die für Luft bestimmten Diagramme für Dampf verwenden, so ist die in kg/h gegebene Dampfmenge G zunächst in das stündliche Durchflußvolumen Q_D umzurechnen, das der stündlichen Luftmenge des Diagramms gleichwertig ist. Entsprechend dem spezifischen Gewicht $\gamma = 1{,}2\,\text{kg/m}^3$ der Luft wird: $Q_D = \frac{G}{1{,}2}\,\text{m}^3/\text{h}$. Ist z. B. der Durchmesser einer 140 m langen Leitung zu bestimmen, durch die stündlich 18000 kg Dampf von 12 ata mittlerem Druck und 250° C mittlerer Temperatur ($v = 0{,}197\,\text{m}^3/\text{kg}$ nach Zahlentafel 7; $\gamma_m = \frac{1}{v} = \frac{1}{0{,}197} = 5{,}08\,\text{kg/m}^3$) mit höchstens 1 at Druckabfall strömen sollen, so ist zunächst zu berechnen: $Q_D = \frac{G}{1{,}2} = \frac{18\,000}{1{,}2} = 15000\,\text{m}^3/\text{h}$ und $\Delta p_D = \Delta p \frac{\gamma_m}{7{,}2} \frac{100}{l} = 1 \cdot \frac{5{,}08}{7{,}2} \cdot \frac{100}{140} = 0{,}505$ at. Für diese Werte ergibt sich aus Abb. 28 der erforderliche Durchmesser $d \approx 150$ mm. Hierzu gehört die Diagrammgeschwindigkeit $w_D = 39$ m/s, aus der sich die tatsächliche Geschwindigkeit $w_m = w_D \frac{7{,}2}{\gamma_m} = 39 \cdot \frac{7{,}2}{5{,}08} = 55$ m/s errechnet.

Die Widerstände in Ventilen, Krümmern usw. sind größer als in der geraden Leitung. Man berücksichtigt sie, indem man sie durch die Widerstände gleichwertiger Rohrlängen (vgl. Zahlentafel 11) ausdrückt, die zu der geometrischen Rohrleitungslänge zu addieren sind. Eine Rohrleitung von 300 mm Durchmesser und 250 m geometrischer Länge mit einem Schieber, vier Krümmern und einem Freiflußventil hat demnach eine rechnerische Widerstandslänge

$$l = 250 + 6 + 4 \cdot 5 + 11 = 287\,\text{m}.$$

Zahlentafel 11. *Widerstandslängen von Ventilen, Krümmern usw.*

Rohrweite in mm	25	50	80	100	150	200	300	400	500
	Widerstandslänge in m Rohrlänge								
Normales Durchflußventil	6	13	23	30	50	75	125	190	260
Eckventil	3	7	11	15	25	35	60	85	125
Freiflußventil	1,0	2,1	3,2	4,0	5,5	7,5	11	14	17
Schieber	—	—	1,2	1,5	2,5	3,5	6,0	8,5	12
T-Stück	1,5	3,5	6	8	13	18	30	45	60
Krümmer	0,3	0,6	1,0	1,3	2,0	2,8	5,0	7,5	10

Beispiele.

1. Durch eine Dampfleitung strömen 43 t/h Dampf mit einem mittleren Druck von 20 ata und einer mittleren Temperatur von 350° C. In der 100 m langen Leitung befindet sich ein normales Ventil und ein Krümmer. Der Druckabfall soll höchstens 1,1 at betragen. Welchen Durchmesser muß die Leitung haben? Mit der für Heißdampf zunächst angenommenen Geschwindigkeit von 50 m/s (vgl. Ziffer 19) und $Q_D = \frac{G}{1{,}2} = \frac{43\,000}{1{,}2} \approx 35800\,\text{m}^3/\text{h}$ kann der Durchmesser nach dem Diagramm Abb. 28 etwa auf 200 mm geschätzt werden. Für diesen Durchmesser hat ein normales Ventil die Widerstandslänge 75 m und ein Krümmer 2,8 m (Zahlentafel 11), womit sich die rechnerische Leitungslänge $l = 100 + 75 + 2{,}8 \approx 180$ m ergibt. Für Dampf von 20 ata, 350° C ist $v = 0{,}142\,\text{m}^3/\text{kg}$ (nach Zahlentafel 7) und $\gamma_m = \frac{1}{v} = 7{,}04\,\text{kg/m}^3$. Zu $G = 43000$ kg/h findet sich $\beta = 0{,}595$ durch Interpolation aus Zahlentafel 8. Der Durchmesser wird

$$d = \sqrt[5]{\frac{12{,}5 \cdot \beta\, l\, G^2}{\Delta p\, \gamma_m}} = \sqrt[5]{\frac{12{,}5 \cdot 0{,}595 \cdot 180 \cdot 43\,000^2}{1{,}1 \cdot 7{,}04}} = 200\,\text{mm},$$

Die Dampfgeschwindigkeit errechnet sich zu

$$w_m = 353{,}5 \cdot \frac{G}{\gamma_m d^2} = 353{,}5 \cdot \frac{43000}{7{,}04 \cdot 200^2} = 54\,\text{m/s}.$$

Das Druckverlustdiagramm Abb. 28 führt einfacher zum gleichen Ergebnis. Für

$$Q_D = \frac{G}{1{,}2} = \frac{43000}{1{,}2} \approx 35800\,\text{m}^3/\text{h}$$

und

$$\Delta p_D = \Delta p \frac{\gamma_m}{7{,}2} \frac{100}{l} = 1{,}1 \cdot \frac{7{,}04}{7{,}2} \cdot \frac{100}{180} = 0{,}598 \approx 0{,}6\,\text{at}$$

findet sich der zugehörige Durchmesser $d = 200$ mm. Mit $w_D = 53$ m/s wird die Geschwindigkeit

$$w_m = w_D \frac{7,2}{\gamma_m} = 53 \cdot \frac{7,2}{7,04} \approx 54 \text{ m/s}.$$

2. In einer Luftleitung von 250 mm Durchmesser und 2200 m Länge strömen $Q = 12000$ m³/h von 1 ata mit einem mittleren Druck von 5,6 ata. Wie groß ist der Druckverlust? $\beta = 0,71$ nach Zahlentafel 9.

$$\varDelta p = \frac{15 \cdot \beta\, l\, Q^2}{p_m\, d^5} = \frac{15 \cdot 0,71 \cdot 2200 \cdot 12000^2}{5,6 \cdot 250^5} = 0,616 \text{ at}.$$

Mit $\varDelta p_D = 0,026$ at aus Abb. 28 für $Q = 12000$ m³/h und $d = 250$ mm wird fast der gleiche Wert gefunden:

$$\varDelta p = \varDelta p_D \frac{6}{p_m} \frac{l}{100} = 0,026 \cdot \frac{6}{5,6} \cdot \frac{2200}{100} = 0,613 \text{ at}.$$

3. Eine Druckluftleitung hat 350 mm Durchmesser und 4,3 km Länge. Der Anfangsdruck ist 5,8 atü. Der Enddruck soll 5 atü nicht unterschreiten. Welche Durchflußmenge ist zulässig? Um den Beiwert β nicht schätzen zu müssen, wird nach der Formel

$$Q = 0,0915 \cdot \left(\frac{p_1^2 - p_2^2}{l}\, d^5\right)^{0,54} \text{ m}^3/\text{h von 1 ata}$$

gerechnet.

$$Q = 0,0915 \cdot \left(\frac{6,8^2 - 6^2}{4300} \cdot 350^5\right)^{0,54} = 25935 \approx 26000 \text{ m}^3/\text{h von 1 ata}.$$

Einfacher ist die Anwendung des Druckverlustdiagramms:

$$\varDelta p = p_1 - p_2 = 6,8 - 6 = 0,8 \text{ at}; \quad p_m = \frac{1}{2}(p_1 + p_2) = \frac{1}{2} \cdot (6,8 + 6) = 6,4 \text{ ata}.$$

Hiermit wird:

$$\varDelta p_D = \varDelta p \frac{p_m}{6} \frac{100}{l} = 0,8 \cdot \frac{6,4}{6} \cdot \frac{100}{4300} = 0,01985 \approx 0,02 \text{ at}.$$

Zu $\varDelta p_D = 0,02$ at und $d = 350$ mm findet man aus dem Diagramm die zugehörige Durchflußmenge $Q = 26000$ m³/h von 1 ata.

4. Welche Luftmenge darf bei einem mittleren Druck von 4 atü = 5 ata durch eine Leitung von 100 mm Durchmesser und 400 m Länge strömen, wenn ein Druckabfall von 0,1 at nicht überschritten werden soll? Zunächst ist der einem mittleren Druck von 5 atü und einer Leitungslänge von 100 m entsprechende Druckabfall $\varDelta p_D = \varDelta p \frac{p_m}{6} \frac{100}{l}$ zu berechnen: $\varDelta p_D = 0,1 \cdot \frac{5}{6} \cdot \frac{100}{400} = 0,0208$ at. Zu diesem Druckabfall und 100 mm Leitungsdurchmesser findet man aus Abb. 28 die zulässige Durchflußmenge $Q = 900$ m³/h.

5. Durch eine Leitung von 150 mm Durchmesser und 420 m Länge strömen stündlich 5000 m³ Luft von 1 ata mit 70° C und 5 atü mittlerem Druck. Mit Berücksichtigung der Temperatur ist der Druckabfall $\varDelta p = \varDelta p_D \frac{l}{100} \frac{T_m}{285} = 0,065 \cdot \frac{420}{100} \cdot \frac{343}{285} = 0,329$ at. Ohne Beachtung der hohen Lufttemperatur hätte sich ein um 17% niedrigerer Druckabfall von 0,273 at ergeben.

6. Von einer Hauptleitung mit 5,1 atü sollen durch eine 800 m lange Leitung 12000 m³/h abgezweigt werden. Am Ende der Abzweigleitung soll noch ein Druck von mindestens 4,2 atü vorhanden sein. Mit welchem Durchmesser ist die Abzweigleitung auszuführen? Anfangsdruck $p_1 = 5,1$ atü $= 6,1$ ata; Enddruck $p_2 = 4,2$ atü $= 5,2$ ata; mittlerer Druck $p_m = \frac{p_1 + p_2}{2} = 5,65$ ata; Druckabfall $\varDelta p = p_1 - p_2 = 0,9$ at. Hiermit ergibt sich der Diagrammwert $\varDelta p_D = \varDelta p \frac{p_m}{6} \frac{100}{l} = 0,9 \cdot \frac{5,65}{6} \cdot \frac{100}{800} = 0,106$ at, zu dem für $Q = 12000$ m³/h aus Abb. 28 ein Durchmesser $d \approx 185$ mm gefunden wird. Eine Leitung von 200 mm Durchmesser wird also den Anforderungen voll genügen.

7. Durch eine Leitung sollen $Q' = 25000$ m³/h strömen, die mit 5,2 atü eintreten. Nach $l' = 545$ m Leitungslänge werden $Q'' = 8000$ m³/h mittels T-Stückes abgezweigt. Es soll der Druck am Ende der $l'' = 525$ m langen Abzweigleitung bestimmt werden. Die Anlage der Leitung zeigt das Schema in Abb. 29.

Bei normalen Geschwindigkeiten kann ein mittlerer Druck von 6 ata geschätzt werden, so daß das Diagramm in Abb. 28 ohne Umrechnungen anwendbar ist. Mit $w' = 16$ m/s in der Hauptleitung ergibt sich nach Abb. 28 ein Durchmesser von $d' = 305$ mm für die Durchflußmenge $Q' = 25000$ m³/h; gewählt wird $d' = 300$ mm, wofür man einen Druckabfall $\varDelta p_D' = 0,04$ at auf 100 m Länge findet. Für den Abzweigstrom $Q'' = 8000$ m³/h wird die Geschwindigkeit nur 12 m/s genommen. Dazu gehört nach Abb. 28 ein Leitungsdurchmesser von 195 mm; gewählt wird $d'' = 200$ mm, so daß sich auf 100 m Länge ein Druckabfall $\varDelta p_D'' = 0,037$ at ergibt. — Zu den geraden Leitungslängen l' und l'' kommen noch die gleichwertigen Längen für Formstücke und Armaturen hinzu, z. B. l_{Sch} für einen Schieber. Die rechnerische Gesamtlänge der Hauptleitung wird

$$L' = l' + l_{Sch}' + 2\, l_K' + l_T' = 545 + 6 + 2 \cdot 5 + 30 = 591 \text{ m}$$

und die der Abzweigleitung

$$L'' = l'' + 2\,l_v'' + 3\,l_K'' = 525 + 2 \cdot 75 + 3 \cdot 2{,}8 \approx 683\,\text{m}.$$

Der Druckabfall ist in der Hauptleitung

$$\Delta p' = \Delta p_D' \frac{L'}{100} = 0{,}04 \cdot \frac{591}{100} = 0{,}236\ \text{at}$$

und in der Abzweigleitung $\Delta p'' = \Delta p_D'' \frac{L'}{100} = 0{,}037 \cdot \frac{683}{100} = 0{,}253$ at. Der Gesamtdruckabfall ist $\Delta p = \Delta p' + \Delta p'' = 0{,}236 + 0{,}253 = 0{,}489$ at, d. h. rd. 0,5 at, so daß sich ein Druck von 6,2 — 0,5 = 5,7 ata oder 4,7 atü am Ende der Abzweigleitung ergibt. Der mittlere Druck ist $6{,}2 - \frac{1}{2}\,\Delta p = 6{,}2 - 0{,}25 = 5{,}95$ ata; er war also mit 6 ata genügend genau geschätzt worden.

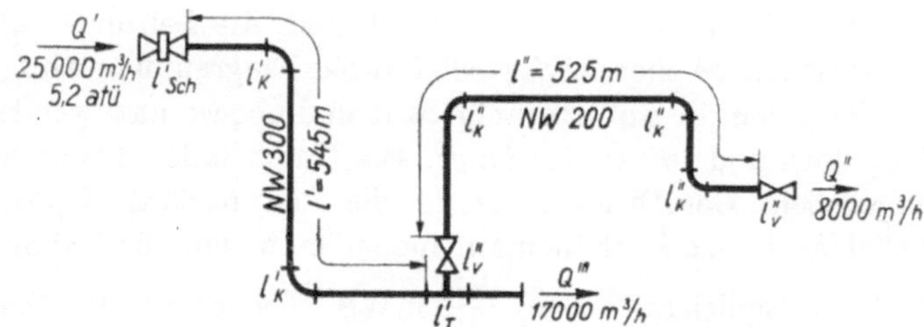

Abb. 29. Schema zur Leitungsberechnung in Beispiel 7.

8. Wie groß wird der Druckverlust in einer Schlauchleitung von 13 mm Durchmesser und 7 m Länge bei einem Durchfluß von 47 m³/h und 4,1 atü Anfangsdruck? Für 5 atü und 100 m Länge ergibt sich aus dem Diagramm ein Druckverlust $\Delta p_D = 2{,}4$ at, so daß ein Druckverlust von 0,2 at geschätzt werden kann. $p_m = 4{,}1 - 0{,}1 = 4$ atü $= 5$ ata. Hiermit wird

$$\Delta p = \Delta p_D \frac{6}{p_m} \frac{l}{100} = 2{,}4 \cdot \frac{6}{5} \cdot \frac{7}{100} = 0{,}202\ \text{at} \approx 0{,}2\ \text{at}.$$

Der Enddruck wird 4,1 — 0,2 = 3,9 atü und die Luftgeschwindigkeit im Schlauch $w_m = w_D \frac{6}{p_m} = 16{,}5 \cdot \frac{6}{5} = 19{,}8$ m/s.

9. Durch eine Schachtleitung von 500 mm Durchmesser und 1000 m Länge strömen 70000 m³/h von 1 ata. Über Tage beträgt der Druck 6 atü. Die mittlere Temperatur sei 45° C. Wie groß ist der Leitungsdruck am Füllort? Die senkrechte Luftsäule ergibt durch ihr Gewicht einen Druckgewinn Δp_1 und die Rohrreibung einen Druckverlust Δp_2, die beide von dem noch unbekannten mittleren Druck p_m abhängen. p_m wird zweckmäßig erst überschläglich geschätzt und nach erfolgter Rechnung kontrolliert. Notfalls wird nochmals mit verbessertem p_m gerechnet. Der Druckgewinn wird in diesem Beispiel größer als der Druckverlust sein, weshalb $p_m = 6{,}3$ atü $= 7{,}3$ ata geschätzt wird.

$$\Delta p_1 = h\,\gamma_m = h \frac{P_m}{R\,T_m} = 1000 \cdot \frac{73000}{29{,}27 \cdot 318} = 7850\ \text{kg/m}^2 = 0{,}785\ \text{at},$$

$$\Delta p_2 = \Delta p_D \frac{6}{p_m} \frac{T_m}{285} \frac{l}{100} = 0{,}0205 \cdot \frac{6}{7{,}3} \frac{318}{285} \frac{1000}{100} = 0{,}188\ \text{at}.$$

($\Delta p_D = 0{,}0205$ at aus Abb. 28 für $Q = 70000$ m³/h und $d = 500$ mm.)

Druck am Füllort $p_2 = p_1 + \Delta p_1 - \Delta p_2 = 7 + 0{,}785 - 0{,}188 = 7{,}597$ ata $\approx 7{,}6$ ata.

Kontrolle des mittleren Druckes: $p_m = \frac{1}{2} \cdot (p_1 + p_2) = \frac{1}{2} \cdot (7 + 7{,}6) = 7{,}3$ ata.

10. Ein Hochdruckkompressor saugt stündlich 3000 m³ an und drückt sie mit $p_I = 160$ ata in eine Leitung von 50 mm Durchmesser, die söhlig bis zum Schacht eine Länge von 200 m und im Schacht eine seigere Länge von 700 m hat. $t_m = t_D$ angenommen. Wie groß wird der Druck p_{III} am Ende der Schachtleitung?

a) Söhlige Leitung: $\Delta p_D = 6$ at nach Abb. 28; $p_{m_1} = 160$ ata angenommen.

$$\Delta p_1 = \Delta p_D \frac{6}{p_{m_1}} \frac{l_1}{100} = 6 \cdot \frac{6}{160} \cdot \frac{200}{100} = 0{,}45\ \text{at}.$$

Druck an der Hängebank: $p_{II} = p_I - \Delta p_1 = 160 - 0{,}45 = 159{,}55$ ata.

b) Schachtleitung: $\Delta p_D = 6$ at wie vorher; $p_{m_2} = 166$ ata angenommen.

$\gamma_{m_2} = 1{,}2 \cdot p_{m_2} = 1{,}2 \cdot 166 = 199{,}2$ kg/m³.

Druckgewinn $\Delta p_2' = \text{h} \cdot \gamma_{m_2} = 700 \cdot 199{,}2 = 139400$ kg/m² $= 13{,}94$ at.

Druckverlust $\Delta p_2'' = \Delta p_D \frac{6}{p_{m_2}} \frac{l_2}{100} = 6 \cdot \frac{6}{166} \cdot \frac{700}{100} = 1{,}52$ at.

Enddruck der Schachtleitung: $p_{III} = p_{II} + \Delta p_2' - \Delta p_2'' = 159{,}55 + 13{,}94 - 1{,}52 = 171{,}97 \approx 172$ ata.

(Kontrolle des angenommenen mittleren Druckes: $p_{m_2} = \frac{1}{2} \cdot (p_{II} + p_{III}) = 165{,}71 \approx 166$ ata.)

Vom Kompressor bis zum Ende der Schachtleitung hat der Druck um rd. 12 at zugenommen.

22. Druckverluste in Wasserleitungen. Es sei h der durch Reibung verursachte Druckverlust in m WS, D der lichte Rohrdurchmesser in m, l die Leitungslänge in m, v die Durchflußgeschwindigkeit[1] in m/s, Q die Durchflußmenge in m³/s, dann ist *ungefähr*:

$$h = 0{,}024 \cdot \frac{l\,v^2}{D \cdot 2g}\gamma = 0{,}00123 \cdot \frac{l\,v^2}{D}\,\text{m WS} \qquad (\gamma = 1\,\text{kg/dm}^3)$$

oder, da

$$v^2 = \left(\frac{Q}{D^2\frac{\pi}{4}}\right)^2: \qquad h = 0{,}002 \cdot \frac{l\,Q^2}{D^5}\,\text{m WS}, \qquad D = \sqrt[5]{\frac{0{,}002 \cdot l\,Q^2}{h}}\,\text{m}.$$

Der Druckverlust ist also *unabhängig* vom Wasserdruck. Es sind verschiedene Formeln und verschiedene Tabellen in Anwendung. Gebrauchte Leitungen weisen häufig größere Verluste auf, weil die Rohrwände verkrustet sind, die Leitungen also enger und rauher geworden sind. Praktisch ausreichende Werte liefert das Diagramm in Abb. 30, das in gleicher Art wie das Druckluftdiagramm in Abb. 28 aufgebaut und ebenso anzuwenden ist. Es gilt für reines Wasser ($\gamma = 1$ kg/dm³) und *100 m Rohrlänge*. Die Durchflußmenge ist in m³/min, der Druckverlust in m WS angegeben. Der Druckverlust ist der Leitungslänge l proportional. Den Druckverlust für eine beliebige Länge l erhält man, indem man den für 100 m Länge geltenden Diagrammwert mit $l/100$ multipliziert: $h = h_D \cdot \frac{l}{100}$ m WS. Ebenso ist der Diagrammwert mit γ zu multiplizieren, wenn z. B. Sole gefördert wird, deren spezifisches Gewicht größer als 1 ist. Die Anwendung wird durch die folgenden Beispiele erläutert.

Beispiele.

1. Durch eine 100 m lange Leitung von 300 mm Durchmesser fließt Wasser mit 1,5 m/s. Wie groß ist der Druckverlust h? $h = 0{,}00123 \cdot \frac{l\,v^2}{D} = 0{,}00123 \cdot \frac{100 \cdot 1{,}5^2}{0{,}3} = 0{,}92$ m WS. Diesen Druckverlust gibt auch das Diagramm Abb. 30 an, dem zugleich die Durchflußmenge $Q = 6{,}35$ m³/min zu entnehmen ist.

2. Durch eine 450 m lange Leitung von 150 mm Durchmesser fließen minutlich 1,8 m³ Wasser. Wie groß ist der Druckverlust h? $Q = 1{,}8 : 60 = 0{,}03$ m³/s. $h = 0{,}002 \cdot \frac{l\,Q^2}{D^5} = 0{,}002 \cdot \frac{450 \cdot 0{,}03^2}{0{,}15^5} = 10{,}67$ m WS. Nach Abb. 30 ist die Durchflußgeschwindigkeit unter den vorliegenden Verhältnissen $v = 1{,}7$ m/s und der Druckverlust für 100 m Leitungslänge $h_D = 2{,}35$ m WS*, also für 450 m Länge $h = h_D \frac{l}{100} = 2{,}35 \cdot \frac{450}{100} = 10{,}6$ m WS.

3. Welchen Durchmesser benötigt eine 600 m lange Leitung für eine Durchflußmenge von 6 m³/min, wenn der Druckverlust 12 m WS nicht überschreiten soll? $Q = 0{,}1$ m³/s.

$$D = \sqrt[5]{\frac{0{,}002 \cdot l\,Q^2}{h}} = \sqrt[5]{\frac{0{,}002 \cdot 600 \cdot 0{,}1^2}{12}} = 0{,}251\,\text{m}.$$

Ein Durchmesser von 250 mm genügt der Forderung. Die Geschwindigkeit beträgt $v = \frac{Q}{F} = \frac{0{,}1}{0{,}0491} = 2{,}04$ m/s. — Zur Anwendung des Diagramms ist zunächst der Druckverlust für 100 m Leitungslänge zu ermitteln. $h_D = h\frac{100}{l} = 12 \cdot \frac{100}{600} = 2$ m WS. Zu $Q = 6$ m³/min und $h_D = 2$ m WS findet sich aus dem Diagramm der zugehörige Durchmesser $d = 250$ mm und eine Geschwindigkeit von rd. 2 m/s.

4. Welcher Druckverlust ist zu erwarten, wenn Sole vom spezifischen Gewicht $\gamma = 1{,}06$ kg/dm³ mit der Geschwindigkeit 1,5 m/s durch eine 2,4 km lange Leitung von 125 mm Durchmesser strömt?

$$h = 0{,}024 \cdot \frac{l\,v^2}{D \cdot 2g}\gamma = 0{,}024\,\frac{2400 \cdot 1.5^2}{0{,}125 \cdot 2 \cdot 9{,}81} \cdot 1{,}06 = 56\,\text{m WS}.$$

Bei der Berechnung des Druckverlustes mit Hilfe des Diagramms ist der gefundene Wert mit γ zu multiplizieren, weil das Diagramm für reines Wasser (1 kg/dm³) gilt und der Druckverlust sich proportional mit dem spezifischen Gewicht ändert. $h_D = 2{,}2$ m WS.

$$h = h_D\,\frac{l}{100}\gamma = 2{,}2 \cdot \frac{2400}{100} \cdot 1{,}06 = 56\,\text{m WS}.$$

5. Eine Pumpe soll durch eine 100 m ansteigende Leitung von 6 km Länge und 250 mm Durchmesser 5 m³/min Sole vom spezifischen Gewicht $\gamma = 1{,}05$ kg/dm³ fördern. Welchen Druck muß sie am Druckstutzen haben? Gesamtdruck = Druck zum Heben + Druckverlust. $h_D = 1{,}4$ m WS nach Abb. 30.

$$h = 100 \cdot 1{,}05 + 1{,}4 \cdot \frac{6000}{100} \cdot 1{,}05 = 105 + 88{,}2 \approx 193\,\text{m WS}.$$

---

[1] Für Wasser wählt man $v = 1$ bis 2 m/s.

* Die Diagrammwerte sind wieder mit dem Index D gekennzeichnet.

23. Ringleitungen. Parallelleitungen. Leitungen mit verschiedenen Durchmessern. *Ringleitungen* legt man, um einem oder mehreren Betriebspunkten die Druckluft auf zwei verschiedenen Wegen zuführen zu können. Dadurch wird entweder Sicherheit gegen Ausfall einer der beiden Leitungen erreicht oder es wird eine Leitung von ungenügendem Querschnitt durch die Zusatzleitung entlastet. Im ersten Fall ist *jede* Leitung für die *volle* Verbrauchsmenge des angeschlossenen Betriebspunktes zu bemessen, also nach Ziffer 21 zu berechnen. Für den zweiten Fall liegen die Bedingungen verwickelter. Die Gesamtluftmenge wird in zwei Teilmengen zerlegt, die durch Leitungen von verschiedener Länge und verschiedenem Durchmesser strömen. Die Verhältnisse werden durch Abb. 31 veranschaulicht.

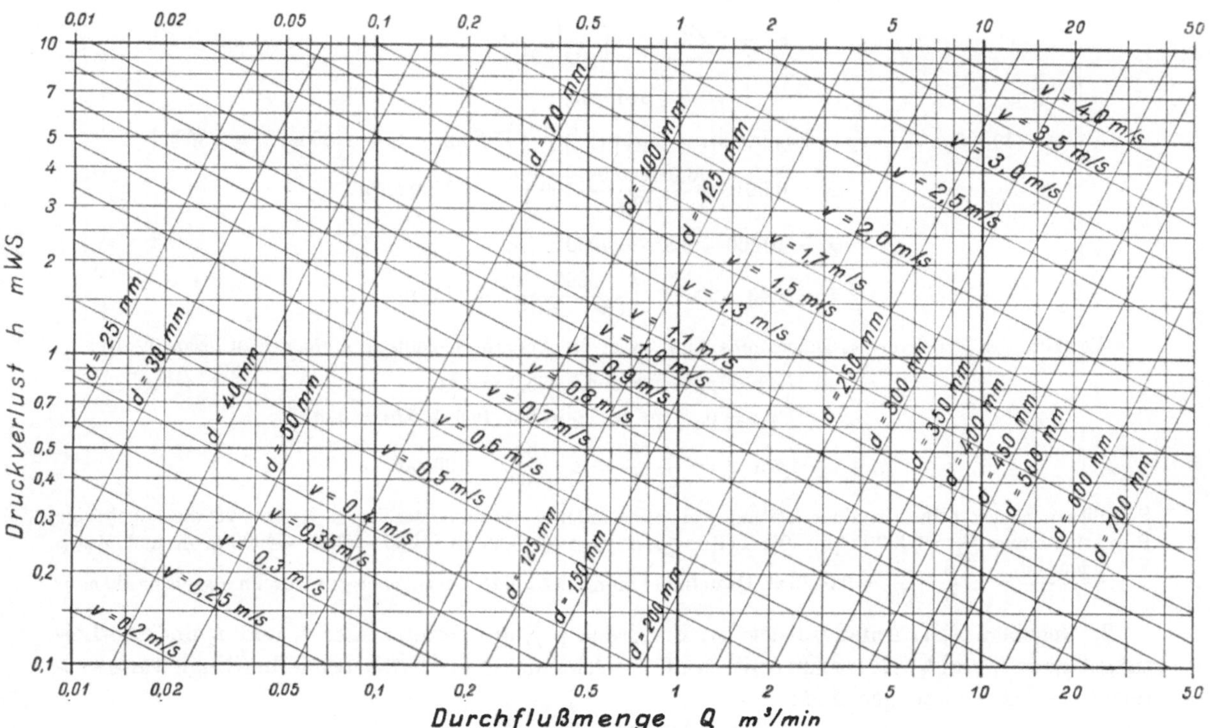

Abb. 30. Zusammenhang zwischen Durchflußmenge Q in m³/min, Wassergeschwindigkeit v in m/s, Rohrdurchmesser d in mm und dem Druckverlust h in m WS in einer geraden Leitung von 100 m Länge ($\gamma = 1$ kg/dm³).

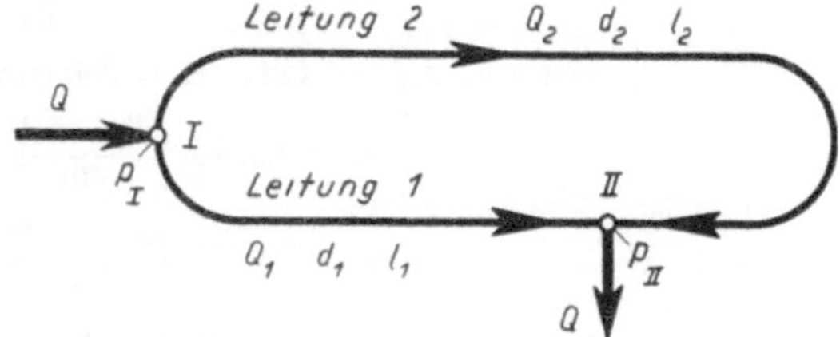

Abb. 31. Schema zur Ringleitungsberechnung.

Vom Punkt *I* der Hauptleitung mit dem Druck p_I wird die Luftmenge Q auf die Leitungen *1* und *2* verteilt, um im Vereinigungspunkt *II* mit dem um den Druckverlust verringerten Enddruck p_{II} wieder in voller Menge (abgesehen von Undichtheitsverlusten) entnommen zu werden. Die Teilmengen Q_1 und Q_2 sind von den Durchmessern und Längen d_1 und l_1 der Leitung *1* bzw. d_2 und l_2 der Leitung *2* abhängig und ergeben sich so, daß der *Druckabfall in beiden Leitungen* zwischen den Punkten *I* und *II gleich groß* ist, denn am Endpunkt *II* müssen beide Leitungen auf den gleichen Enddruck p_{II} kommen. Aus dieser Bedingung ergeben sich die Berechnungsgrundlagen nach den Formeln in Ziffer 21.

In den praktisch vorkommenden Fällen werden immer der Anfangsdruck p_I und die durch die örtlichen Verhältnisse bedingten Leitungslängen l_1 und l_2 bekannt sein. Es bestehen dann die folgenden drei Möglichkeiten:

1. Gegeben sind: Gesamtluftmenge Q, Anfangsdruck p_I, Enddruck p_{II}, der Durchmesser d_1 und die Leitungslängen l_1 und l_2. Zu bestimmen ist der *Durchmesser* d_2 der Leitung *2*. Dieser Fall kommt praktisch am häufigsten vor, wenn es sich darum handelt, eine bestehende Leitung

mit zu hohem Druckverlust durch eine Ringleitung so zu verbessern, daß an der Abnahmestelle *II* ein bestimmter Betriebsdruck p_{II} eingehalten werden kann. Die zulässige Durchflußmenge für Leitung *1* ist

$$Q_1 = 0{,}0915 \cdot \left(\frac{p_I^2 - p_{II}^2}{l_2}\, d_1^5\right)^{0{,}54} \text{ m}^3/\text{h}.$$

Auf Leitung *2* entfallen $Q_2 = Q - Q_1$ m³/h; hierfür ist ein Durchmesser erforderlich

$$d_2 = 2{,}43 \cdot Q_2^{0{,}37} \left(\frac{l_2}{p_I^2 - p_{II}^2}\right)^{0{,}2} \text{ mm}.$$

Beispiel:

$$Q = 10\,000 \text{ m}^3/\text{h};\quad p_I = 6{,}5 \text{ ata},\ p_{II} = 5{,}5 \text{ ata};\quad d_1 = 150 \text{ mm};\quad l_1 = 1100 \text{ m},\ l_2 = 2300 \text{ m}.$$

$$Q_1 = 0{,}0915 \cdot \left(\frac{6{,}5^2 - 5{,}5^2}{1100} \cdot 150^5\right)^{0{,}54} = 6000 \text{ m}^3/\text{h}.$$

$$Q_2 = 10\,000 - 6000 = 4000 \text{ m}^3/\text{h}.$$

$$d_2 = 2{,}43 \cdot 4000^{0{,}37} \cdot \left(\frac{2300}{6{,}5^2 - 5{,}5^2}\right)^{0{,}2} \approx 150 \text{ mm}.$$

Mit Hilfe des Druckverlust-Diagramms Abb. 28 ist die Aufgabe bedeutend einfacher zu lösen. Es ist:

$$\Delta p = p_I - p_{II} = 6{,}5 - 5{,}5 = 1 \text{ at};$$

$$p_m = 0{,}5 \cdot (p_I + p_{II}) = 0{,}5 \cdot (6{,}5 + 5{,}5) = 6 \text{ ata};$$

$$\Delta p_{1D} = \Delta p \frac{p_m}{6} \frac{100}{l_1} = 1 \cdot \frac{100}{1100} = 0{,}091 \text{ at}.$$

Für diesen Druckverlust in einer Leitung von $d_1 = 150$ mm Durchmesser ist nach Abb. 28 die zugehörige Durchflußmenge $Q_1 = 6000$ m³/h. Für Leitung *2* ist $Q_2 = Q - Q_1 = 10000 - 6000 = 4000$ m³/h und $\Delta p_{2D} = \Delta p \frac{p_m}{6} \frac{100}{l^2} = 1 \cdot \frac{6}{6} \cdot \frac{100}{2300} = 0{,}0435$ at. Dazu findet man aus Abb. 28 den zugehörigen Durchmesser $d_2 = 150$ mm.

2. Gegeben sind: Anfangsdruck p_I, Enddruck p_{II}, die Durchmesser d_1 und d_2 und die Leitungslängen l_1 und l_2. Es ist zu ermitteln, für welche maximale *Luftmenge* Q die Ringleitung ausreicht. — Die Teilmengen sind:

$$Q_1 = 0{,}0915 \cdot \left(\frac{p_I^2 - p_{II}^2}{l_1}\, d_1^5\right)^{0{,}54} \text{ m}^3/\text{h}$$

und

$$Q_2 = 0{,}0915 \cdot \left(\frac{p_I^2 - p_{II}^2}{l_2}\, d_2^5\right)^{0{,}54} \text{ m}^3/\text{h}.$$

Die zulässige Gesamtluftmenge ist $Q = Q_1 + Q_2$ m³/h.

Beispiel:

$$p_I = 7 \text{ ata},\ p_{II} = 6{,}4 \text{ ata};\ d_1 = 200 \text{ mm},\ d_2 = 150 \text{ mm};\ l_1 = 400 \text{ m},\ l_2 = 1200 \text{ m}.$$

$$Q_1 = 0{,}0915 \cdot \left(\frac{7^2 - 6{,}4^2}{400} \cdot 200^5\right)^{0{,}54} = 18\,100 \text{ m}^3/\text{h};$$

$$Q_2 = 0{,}0915 \cdot \left(\frac{7^2 - 6{,}4^2}{1200} \cdot 150^5\right)^{0{,}54} = 4600 \text{ m}^3/\text{h};$$

$$Q = 18\,100 + 4600 = 22\,700 \text{ m}^3/\text{h}.$$

Auch hier führt die Anwendung des Diagramms Abb. 28 bequemer zum Ziel.

$$\Delta p = p_I - p_{II} = 7 - 6{,}4 = 0{,}6 \text{ at};\quad p_m = 6{,}7 \text{ ata};$$

$$\Delta p_{1D} = \Delta p \frac{p_m}{6} \frac{100}{l_1} = 0{,}6 \cdot \frac{6{,}7}{6} \cdot \frac{100}{400} = 0{,}167 \text{ at}.$$

Für $d_1 = 200$ mm und $\Delta p_{1D} = 0{,}167$ at ist nach Abb. 28 $Q_1 = 18000$ m³/h. Für die Leitung *2* von 150 mm Durchmesser ergibt sich in gleicher Weise

$$\Delta p_{2D} = 0{,}6 \cdot \frac{6{,}7}{6} \cdot \frac{100}{1200} = 0{,}056 \text{ at} \quad \text{und} \quad Q_2 = 4600 \text{ m}^3/\text{h};$$

$$Q = 18000 + 4600 = 22600 \text{ m}^3/\text{h}.$$

Durch Leitung *2* strömen nur rund 20% der Gesamtmenge; der Nutzen der Ringleitung ist also im Verhältnis zum Aufwand gering.

3. Gegeben sind: Gesamtluftmenge Q, Anfangsdruck p_I, die Leitungsdurchmesser d_1 und d_2 und die Leitungslängen l_1 und l_2. Gesucht wird der *Enddruck* p_{II}. — Zunächst wird die Durchflußmenge der Leitung *1* berechnet.

$$Q_1 = \frac{Q}{1 + \left(\frac{l_1}{l_2}\right)^{0,54} \left(\frac{d_2}{d_1}\right)^{2,7}} \ \mathrm{m^3/h}.$$

Hiermit ergibt sich der Enddruck

$$p_{II} = \sqrt{p_I^2 - 83{,}6 \cdot Q_1^{1,825} \frac{l_1}{d_1^5}} \ \text{ata}.$$

Beispiel.

$Q = 30000\ \mathrm{m^3/h}$; $p_I = 7$ ata; $d_1 = 250$ mm, $d_2 = 200$ mm; $l_1 = 600$ m, $l_2 = 1800$ m.

$$Q_1 = \frac{30000}{1 + \left(\frac{600}{1800}\right)^{0,54} \cdot \left(\frac{200}{250}\right)^{2,7}} = 23150\ \mathrm{m^3/h};$$

$$p_{II} = \sqrt{7^2 - 83{,}6 \cdot 23150^{1,852} \cdot \frac{600}{250^5}} = 6{,}54 \text{ ata}.$$

Bei dieser Aufgabe ist die Lösung nicht so unmittelbar mit Hilfe der Abb. 28 zu finden wie bei den vorhergehenden Beispielen. Zunächst sind die Teilmengen Q_1 und Q_2 und der mittlere Druck p_m zu schätzen und dann die zugehörigen, mit Abb. 28 zu ermittelnden Druckverluste Δp_1 und Δp_2 zu vergleichen. Stimmen Δp_1 und Δp_2 überein, so waren die Werte Q_1, Q_2 und p_m richtig geschätzt, und es wird $p_{II} = p_I - \Delta p_1$. Bei Nichtübereinstimmung ist die Menge in der Leitung mit dem größeren Druckverlust kleiner und in der andern entsprechend größer zu wählen und die Kontrolle der Gleichheit von Δp_1 und Δp_2 von neuem durchzuführen. Meist führt schon der zweite Rechnungsgang zu einer ausreichenden Genauigkeit. Eine Fehlschätzung von p_m muß nur bei starker Abweichung berichtigt werden.

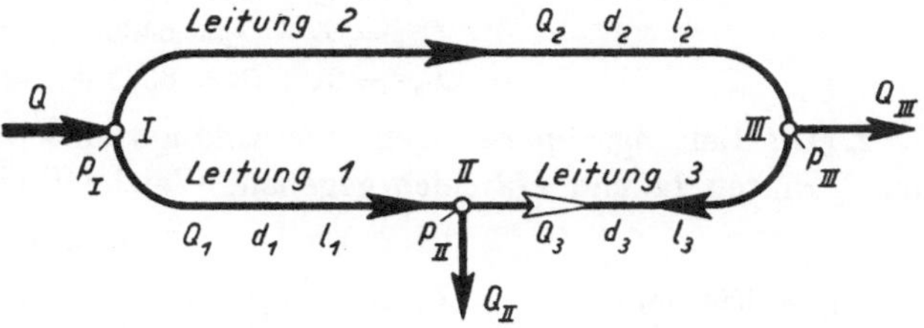

Abb. 32. Ringleitung mit zwei Entnahmestellen.

Für das vorliegende Zahlenbeispiel werden geschätzt:

$$Q_1 = 20000\ \mathrm{m^3/h},\ Q_2 = Q - Q_1 = 10000\ \mathrm{m^3/h};\ p_m = 6{,}75 \text{ ata}.$$

Hierfür wird:

$$\Delta p_1 = \Delta p_{1D} \frac{6}{p_m} \frac{l_1}{100} = 0{,}066 \cdot \frac{6}{6{,}75} \cdot \frac{600}{100} \approx 0{,}35 \text{ at};$$

$$\Delta p_2 = \Delta p_{2D} \frac{6}{p_m} \frac{l_2}{100} = 0{,}056 \cdot \frac{6}{6{,}75} \cdot \frac{1800}{100} \approx 0{,}9 \text{ at}.$$

$\Delta p_2 > \Delta p_1$; folglich ist Q_2 kleiner und Q_1 größer zu wählen.

Neue Schätzung: $Q_1 = 23000\ \mathrm{m^3/h}$; $Q_2 = 30000 - 23000 = 7000\ \mathrm{m^3/h}$; $p_m = 6{,}75$ ata bleibt.

$$\Delta p_1 = 0{,}086 \cdot \frac{6}{6{,}75} \cdot \frac{600}{100} = 0{,}459 \approx 0{,}46 \text{ at};$$

$$\Delta p_2 = 0{,}029 \cdot \frac{6}{6{,}75} \cdot \frac{1800}{100} = 0{,}463 \approx 0{,}46 \text{ at}.$$

Diese Übereinstimmung genügt, desgleichen die Genauigkeit von p_m. Der Enddruck wird

$$p_{II} = p_I - \Delta p_1 = 7 - 0{,}46 = 6{,}54 \approx 6{,}5 \text{ ata}.$$

Für den in Abb. 32 dargestellten Fall, daß aus der Ringleitung in zwei Punkten (*II* und *III*) die Luftmengen Q_{II} und Q_{III} mit den verschiedenen Drücken p_{II} bzw. p_{III} entnommen werden sollen, sei auf die verwickelte formelmäßige Berechnung ganz verzichtet und nur die Anwendung des Diagramms Abb. 28 erläutert.

1. Die Leitungsabmessungen und der Anfangsdruck seien gegeben. Welche *Luftmengen* können in den Punkten *II* und *III* entnommen werden, ohne die durch die Betriebsverhältnisse bedingten Drücke p_{II} und p_{III} zu unterschreiten?

Beispiel.

$p_I = 6{,}6$ ata, $p_{II} = 6$ ata, $p_{III} = 5{,}6$ ata;
$d_1 = 150$ mm, $d_2 = 150$ mm, $d_3 = 100$ mm;
$l_1 = 600$ m, $l_2 = 1000$ m, $l_3 = 300$ m.

Die Druckverluste und mittleren Drücke sind:

$$\Delta p_1 = 6{,}6 - 6 = 0{,}6 \text{ at}, \quad p_{1m} = 6{,}3 \text{ ata};$$
$$\Delta p_2 = 6{,}6 - 5{,}6 = 1 \text{ at}, \quad p_{2m} = 6{,}1 \text{ ata};$$
$$\Delta p_3 = 6 - 5{,}6 = 0{,}4 \text{ at}, \quad p_{3m} = 5{,}8 \text{ ata}$$

Die auf das Diagramm Abb. 28 bezogenen Druckverluste werden:

$$\Delta p_{1D} = \Delta p_1 \frac{p_{1m}}{6} \frac{100}{l_1} = 0{,}6 \cdot \frac{6{,}3}{6} \cdot \frac{100}{600} = 0{,}105 \text{ at};$$
$$\Delta p_{2D} = \Delta p_2 \frac{p_{2m}}{6} \frac{100}{l_2} = 1 \cdot \frac{6{,}1}{6} \cdot \frac{100}{1000} = 0{,}102 \text{ at};$$
$$\Delta p_{3D} = \Delta p_3 \frac{p_{3m}}{6} \frac{100}{l_3} = 0{,}4 \cdot \frac{5{,}8}{6} \cdot \frac{100}{300} = 0{,}129 \text{ at}.$$

Dazu gehören die Durchflußmengen:

$$Q_1 = 6400 \text{ m}^3/\text{h}, \quad Q_2 = 6300 \text{ m}^3/\text{h}, \quad Q_3 = 2400 \text{ m}^3/\text{h}.$$

Die Gesamtluftmenge Q und die in II und III zu entnehmenden Mengen sind:

$$Q = Q_1 + Q_2 = 6400 + 6300 = 12700 \text{ m}^3/\text{h};$$
$$Q_{II} = Q_1 - Q_3 = 6400 - 2400 = 4000 \text{ m}^3/\text{h};$$
$$Q_{III} = Q_2 + Q_3 = 6300 + 2400 = 8700 \text{ m}^3/\text{h}.$$

2. Die Leitungsabmessungen, der Anfangsdruck im Punkte I und die Entnahmemengen in den Punkten II und III seien gegeben. Welche *Enddrücke* ergeben sich in II und III?

Beispiel.

$Q_{II} = 3500$ m³/h, $Q_{III} = 3000$ m³/h; $p_I = 6{,}5$ ata;
$d_1 = 100$ mm, $d_2 = 150$ mm, $d_3 = 100$ mm;
$l_1 = 600$ m, $l_2 = 750$ m, $l_3 = 250$ m.

Es werden geschätzt:

$Q_1 = 2000$ m³/h, $Q_2 = 4500$ m³/h, $Q_3 = 1500$ m³/h (von III nach II strömend);
$p_{1m} = 6{,}2$ ata, $p_{2m} = 6{,}3$ ata, $p_{3m} = 6$ ata.

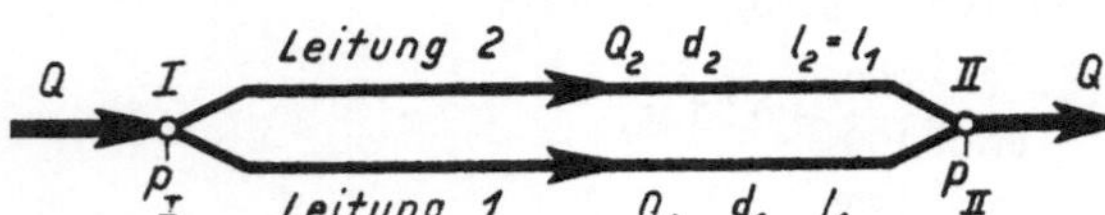

Abb. 33. Parallel- oder Doppelleitung.

Die Druckverluste in den Leitungen 1 und 2 werden:

$$\Delta p_1 = \Delta p_{1D} \frac{6}{p_{1m}} \frac{l_1}{100} = 0{,}092 \cdot \frac{6}{6{,}2} \cdot \frac{600}{100} = 0{,}534 \text{ at};$$
$$\Delta p_2 = \Delta p_{2D} \frac{6}{p_{2m}} \frac{l_2}{100} = 0{,}055 \cdot \frac{6}{6{,}3} \cdot \frac{750}{100} = 0{,}394 \text{ at}.$$

Daraus errechnen sich die gesuchten Enddrücke:

$$p_{II} = p_I - \Delta p_1 = 6{,}5 - 0{,}534 = 5{,}966 \text{ ata};$$
$$p_{III} = p_I - \Delta p_2 = 6{,}5 - 0{,}394 = 6{,}106 \text{ ata}.$$

Diese Werte sind richtig, wenn die Druckdifferenz $p_{III} - p_{II} = 0{,}14$ at mit dem Druckverlust in Leitung 3 übereinstimmt; dieser ist für die Menge $Q_3 = 1500$ m³/h und den Durchmesser $d_3 = 100$ mm nach Abb. 28.

$$\Delta p_3 = \Delta p_{3D} \frac{6}{p_{3m}} \frac{l_3}{100} = 0{,}055 \cdot \frac{6}{6} \cdot \frac{250}{100} = 0{,}135 \approx 0{,}14 \text{ at}.$$

Die Übereinstimmung genügt, so daß die Rechnung nicht noch einmal mit neu geschätzten Werten durchgeführt werden muß. Die Enddrücke sind also $p_{II} \approx 6$ ata und $p_{III} \approx 6{,}1$ ata.

Leitungen von ungenügendem Querschnitt versucht man häufig durch eine parallel gelegte zweite Leitung zu erweitern. Eine solche *Parallelleitung* (Abb. 33) stellt einen Sonderfall der Ringleitung dar, in der beide Leitungsteile gleiche Länge haben. Dadurch wird die Berechnung vereinfacht. Grundsätzlich gelten die gleichen Formeln, in denen $l_1 = l_2$ zu setzen ist, jedoch ist auch hier die Anwendung des Druckverlustdiagramms Abb. 28 bequemer. Wie bei der Ringleitung ist der Druckverlust in beiden Leitungen gleich groß.

Das Verhältnis der Durchflußmengen in den parallelen Leitungen ist von den Durchmessern abhängig, und zwar ergibt sich mit $l_1 = l_2$ die Beziehung

$$\frac{Q_1}{Q_2} = \left(\frac{d_1^5}{d_2^5}\right)^{0,54} = \left(\frac{d_1}{d_2}\right)^{2,7}.$$

Die Durchflußmengen ändern sich also stärker als die Querschnitte. Eine Leitung von 100 mm Durchmesser hat 25% des Querschnitts einer Leitung von 200 mm Durchmesser, sie liefert aber als Parallelleitung nur $\left(\frac{100}{200}\right)^{2,7} = 0,154 = 15,4\%$ der Durchflußmenge der Leitung vom doppelten Durchmesser, das sind rd. 13% der Gesamtmenge.

Beispiele.

1. Für welche *Luftmenge* reicht eine Parallelleitung von 1000 m Länge mit den Durchmessern $d_1 = 200$ mm und $d_2 = 100$ mm, wenn der Anfangsdruck $p_I = 6$ ata beträgt, und der Enddruck nicht unter $p_{II} = 5,4$ ata sinken soll?

$$\Delta p = \Delta p_1 = \Delta p_2 = p_I - p_{II} = 6 - 5,4 = 0,6 \text{ at};$$

$$p_m = 0,5 \cdot (p_I + p_{II}) = 0,5 \cdot (6 + 5,4) = 5,7 \text{ ata};$$

$$\Delta p_D = \Delta p \frac{p_m}{6} \frac{100}{l_1} = 0,6 \cdot \frac{5,7}{6} \cdot \frac{100}{1000} = 0,057 \text{ at}.$$

Für $\Delta p_D = 0,057$ at und $d_1 = 200$ mm ergibt sich aus dem Diagramm Abb. 28 die Menge $Q_1 \approx 10000$ m³/h und entsprechend für $d_2 = 100$ mm die Menge $Q_2 \approx 1500$ m³/h. Die Gesamtmenge ist $Q = Q_1 + Q_2 \approx 11500$ m³/h.

Der Nutzen der parallel geschalteten Zusatzleitung von 100 mm Durchmesser ist also sehr gering; sie führt nur 13% der Gesamtmenge.

2. Zu einer 700 m langen Leitung von 200 mm Durchmesser soll eine zweite Leitung parallel geschaltet werden, damit bei einem Gesamtdurchfluß von 14000 m³/h und 5,6 ata Anfangsdruck ein Enddruck von 5,2 ata nicht unterschritten wird. Welchen *Durchmesser* muß die Zusatzleitung erhalten?

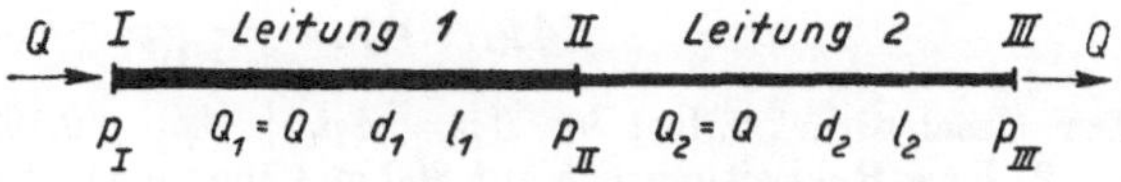

Abb. 34. Rohrleitung mit verschiedenen Durchmessern.

$$\Delta p = 5,6 - 5,2 = 0,4 \text{ at}; \qquad p_m = 0,5 \cdot (5,6 + 5,2) = 5,4 \text{ ata}; \qquad \Delta p_D = 0,4 \cdot \frac{5,4}{6} \cdot \frac{100}{700} = 0,0515 \text{ at}.$$

Aus Abb. 28 findet man $Q_1 = 9500$ m³/h für $\Delta p = 0,0515$ at und $d_1 = 200$ mm. Die Zusatzleitung führt $Q_2 = Q - Q_1 = 14000 - 9500 = 4500$ m³/h. Für diese Menge und den gleichen Druckabfall $\Delta p = 0,0515$ at ergibt sich aus Abb. 28 der erforderliche Durchmesser $d_2 \approx 150$ mm. — Vorteilhafter wäre eine völlig neue, *einfache* Leitung von 250 mm Durchmesser. Sie vermag bei gleichem Druckverlust 17000 m³/h zu führen, das sind 21% mehr als bei der Doppelleitung mit den Durchmessern 200 und 150 mm.

3. Eine Parallelleitung von zweimal 250 mm Durchmesser hat 1250 m Länge. Der Anfangsdruck beträgt 6,25 ata, die Gesamtluftmenge 30000 m³/*h*. Wie groß wird der *Enddruck*?

$$Q_1 = Q_2 = 0,5 \cdot Q = 0,5 \cdot 30000 = 15000 \text{ m}^3/\text{h}.$$

$$\Delta p_D = 0,04 \text{ at nach Abb. 28}; \qquad p_m = 6 \text{ ata geschätzt}.$$

$$\Delta p = \Delta p_D \frac{6}{p_m} \frac{l}{100} = 0,04 \cdot \frac{6}{6} \cdot \frac{1250}{100} = 0,5 \text{ at}.$$

Der Enddruck wird $p_{II} = p_I - \Delta p = 5,75$ ata. — Auch hier wäre eine *einfache* Leitung von 350 mm Durchmesser vorteilhafter. Sie hat fast den gleichen Querschnitt wie die Doppelleitung, kann aber bei gleichem Druckverlust 8000 m³/h mehr liefern, oder sie hat bei gleicher Durchflußmenge einen um 35% geringeren Druckverlust.

Die Beispiele lassen deutlich erkennen, daß Ring- und Parallelleitungen nur eine geringe Verbesserung der Luftleitung herbeizuführen vermögen, wenn sie lediglich zur Querschnittsvergrößerung dienen sollen. Der Nutzen steht nie im richtigen Verhältnis zum Aufwand. In der Praxis pflegt man im allgemeinen viel zu hohe Erwartungen in Ring- und Parallelleitungen zu setzen und wird regelmäßig enttäuscht, wenn man sich nicht durch die Berechnung davon überzeugt hat, was zu erreichen ist. In Ziffer 21 war bereits gesagt, daß bei der unregelmäßigen Beschaffenheit der Rohrwände keine große Genauigkeit der Rechnung zu erwarten ist, jedoch ist sie für die praktische Beurteilung durchaus hinreichend.

Zum Schluß sei noch die Berechnung einer Rohrleitung mit verschiedenen Durchmessern nach Abb. 34 erläutert. Die Durchflußmengen sind in beiden Leitungsteilen gleich. Der Gesamtdruckverlust ist gleich der Summe der Druckverluste in den Teilleitungen: $\Delta p = \Delta p_1 + \Delta p_2$.

Sind Durchflußmenge und Anfangsdruck gegeben, so kann der *Druckverlust* in Leitung *1* in bekannter Weise gefunden werden, desgleichen dann auch in Leitung *2*, deren Anfangsdruck gleich dem Enddruck von Leitung *1* ist. Soll dagegen für eine gegebene Leitung mit festgelegtem Anfangs- und Enddruck die zulässige *Durchflußmenge* ermittelt werden, so ist zunächst der Druckverlust der Leitung *1* nach der Formel

$$\Delta p_1 = \frac{p_I - p_{III}}{1 + \frac{l_2}{l_1}\left(\frac{d_1}{d_2}\right)^5}$$

zu berechnen. Diese Formel gilt bei kleinen Druckunterschieden, die die Vernachlässigung der wenig voneinander abweichenden spezifischen Gewichte der Druckluft in beiden Leitungsteilen erlauben. Aus p_I, Δp_1, l_1 und d_1 ist $Q_1 = Q$ zu bestimmen.

Beispiele.

1. Eine Rohrleitung setzt sich zusammen aus 500 m Länge von 200 mm Durchmesser und 200 m Länge von 150 mm Durchmesser. Die Durchflußmenge beträgt 8000 m³/h, der Anfangsdruck 6 ata. Wie groß ist der *Druckverlust*? Nach Abb. 28 ist $\Delta p_{1D} = 0{,}037$ at für $Q = 8000$ m³/h und $d_1 = 200$ mm; $p_{1m} = 5{,}9$ ata geschätzt. Damit wird:

$$\Delta p_1 = \Delta p_{1D} \frac{6}{p_{1m}} \frac{l_1}{100} = 0{,}037 \cdot \frac{6}{5{,}9} \cdot \frac{500}{100} = 0{,}188 \text{ at};$$

$$p_{II} = p_I - \Delta p_1 = 6 - 0{,}188 = 5{,}812 \text{ ata}.$$

Für Leitungsteil *2* wird:

$$\Delta p_{2D} = 0{,}15 \text{ at}; \qquad p_{2m} = 5{,}65 \text{ ata geschätzt};$$

$$\Delta p_2 = \Delta p_{2D} \frac{6}{p_{2m}} \frac{l_2}{100} = 0{,}15 \cdot \frac{6}{5{,}65} \cdot \frac{200}{100} = 0{,}319 \text{ at}.$$

Der Gesamtdruckverlust ist $\Delta p = \Delta p_1 + \Delta p_2 = 0{,}188 + 0{,}319 = 0{,}507 \approx 0{,}51$ at.

2. Eine Rohrleitung hat auf 800 m Länge einen Durchmesser von 250 mm und auf 400 m Länge einen Durchmesser von 200 mm. Der Anfangsdruck beträgt 6,2 ata. Der Enddruck darf nicht unter 5,6 ata sinken. Es ist die höchstmögliche *Durchflußmenge* zu ermitteln.

$$\Delta p_1 = \frac{p_I - p_{III}}{1 + \frac{l_2}{l_1}\left(\frac{d_1}{d_2}\right)^5} = \frac{6{,}2 - 5{,}6}{1 + \frac{400}{800} \cdot \left(\frac{250}{200}\right)^5} = 0{,}237 \text{ at};$$

$$p_{1m} = p_I - 0{,}5 \cdot \Delta p_1 = 6{,}2 - 0{,}5 \cdot 0{,}237 \approx 6{,}08 \text{ ata};$$

$$\Delta p_{1D} = \Delta p_1 \frac{p_{1m}}{6} \frac{100}{l_1} = 0{,}237 \cdot \frac{6{,}08}{6} \cdot \frac{100}{800} = 0{,}03 \text{ at}.$$

Für $\Delta p_{1D} = 0{,}03$ at und $d_1 = 250$ mm ergibt sich aus Abb. 28 die höchstmögliche Durchflußmenge $Q = Q_1 = 13000$ m³/h.

III. Die Brennstoffe und ihre Verbrennung.

24. Überblick. Entzündungstemperatur. Verbrennungstemperatur. Es gibt feste, flüssige und gasförmige Brennstoffe. Die Brennstoffe haben einen brennbaren und einen nicht brennbaren Anteil. Die Güte des Brennstoffes hängt wesentlich davon ab, wie groß der brennbare Anteil ist. Das Brennbare der festen und flüssigen Brennstoffe besteht aus Kohlenstoff, daneben aus Wasserstoff und in geringfügigem Maße aus Schwefel. In den Brenngasen sind Kohlenoxyd, Wasserstoff und Kohlenwasserstoffe enthalten. Im nicht brennbaren Anteile finden wir Wasser, Stickstoff, Sauerstoff; die festen Brennstoffe enthalten außerdem Asche. Die Asche schmilzt zu Schlacke, wenn die Verbrennungstemperatur hoch genug ist.

Bei der Verbrennung verbindet sich der brennbare Stoff mit dem Sauerstoff der zugeführten Verbrennungsluft unter Bildung von Flamme und Glut. Die Verbrennung fester Brennstoffe geht so vor sich, daß zunächst das im Brennstoff enthaltene Wasser verdampft, dann der Brennstoff entgast wird. Die entwickelten Kohlenwasserstoffe verbrennen mit Flamme; der restliche, keine flüchtigen Bestandteile enthaltende Brennstoff glüht nur und vergast.

Um die Verbrennung einzuleiten und zu erhalten, ist eine Mindesttemperatur erforderlich, die sogenannte *Entzündungstemperatur*, die für Wasserstoff etwa 350° C, für Kohlenwasserstoffe,

Kohlenstoff und Kohlenoxyd über 700° C beträgt. Die bei der Verbrennung entstehende Wärme erhitzt die Rauchgase, die aus dem verbrannten Brennstoffe und der Verbrennungsluft bestehen, auf die *Verbrennungstemperatur*; bei vollkommener Verbrennung von C zu CO_2 ohne Luftüberschuß wird die Temperatur um 2300° C gesteigert. In Wirklichkeit sind die Temperatursteigerungen erheblich niedriger, weil die Verbrennung nie vollkommen ist, weil mit Luftüberschuß gefeuert wird und weil ein Teil der bei der Verbrennung erzeugten Wärme unmittelbar an die umgebenden Heizflächen und das Mauerwerk abstrahlt. Für eine gute Steinkohle ergeben sich die in Zahlentafel 12 wiedergegebenen theoretischen Verbrennungstemperaturen bei verschiedenen Luftüberschußzahlen. Die Abstrahlungsverluste lassen sich annähernd dadurch berücksichtigen, daß bei Innenfeuerungen 25 bis 30% und bei Vorfeuerungen 15 bis 20% von den theoretischen Werten abgezogen werden.

Zahlentafel 12.

Luftüberschußzahl $= \dfrac{\text{wirkl. Luftmenge}}{\text{Mindestluftmenge}}$	Theor. Verbrennungstemperatur in °C bei 20° C Anfangstemperatur
1	2185
1,5	1620
2	1285
3	910

25. Feste Brennstoffe. Obenan stehen *Steinkohlen* sowohl nach der Verbreitung als nach der Güte. Steinkohlen enthalten wenig Wasser und wenig Asche und haben deshalb großen Heizwert. Je älter geologisch die Steinkohlen sind, um so niedriger ist ihr Gehalt an flüchtigen Bestandteilen und an Sauerstoff. Nach zunehmendem Alter bzw. nach abnehmendem Gasgehalt unterscheidet man im Ruhrgebiet folgende Kohlengattungen: Flammkohle, Gasflammkohle, Gaskohle, Fettkohle, Eßkohle, Magerkohle, Anthrazit. Magere Kohlen verbrennen mit kurzer Flamme, Gaskohlen mit längerer Flamme; dazwischen stehen die Fettkohlen. Gaskohlen neigen zu stärkerer Rauchentwicklung.

Koks wird als fester Brennstoff bei der Destillation der Steinkohle unter Luftab chluß gewonnen. Fettkohle liefert dabei den sehr harten und festen Zechen- oder Hüttenkoks, während Gaskohle hauptsächlich Gas und den sogenannten Gaskoks von geringer Festigkeit nur als Nebenprodukt ergibt.

Steinkohlenbriketts werden aus magerer Gruskohle unter Zusatz von Steinkohlenteerpech hergestellt.

Kohlenstaub, der für Feuerungen verwendet wird, fällt als Abfall an oder wird aus Kohle gemahlen. Hohe Mahlfeinheit verbessert die Brenneigenschaften, erhöht aber die Aufbereitungskosten. Für jede Kohle gibt es eine wirtschaftlichste Kornfeinheit, die die bei der Verbrennung erhaltenen Vorteile mit den Mahlkosten in Einklang bringt.

Die bei der Gewinnung, Aufbereitung und Verladung der Steinkohle anfallenden minderwertigen Brennstoffe, wie Mittelgut, Schlammkohle, Koksgrus, vertragen keine Transportkosten und werden deshalb unter den Kesseln der Zeche verfeuert.

Neben den Steinkohlen spielen in Deutschland die *Braunkohlen* eine wichtige Rolle. Die rohe Braunkohle enthält viel Wasser und ihre Heizkraft ist deshalb gering. Die rohe Braunkohle verträgt aus diesem Grunde keine Transportkosten und wird entweder in der Nähe ihres Gewinnortes verbraucht oder zu Briketts verarbeitet, die mäßige Feuchtigkeit und deshalb mehrfach höheren Heizwert besitzen als die rohe Braunkohle. Holz und Torf kommen als Brennstoff für die Zechen kaum in Frage.

Über Zusammensetzung, Heizwert usw. der festen Brennstoffe s. Zahlentafel 13, S. 60.

26. Flüssige Brennstoffe. Die flüssigen Brennstoffe dienen je nach ihren Eigenschaften zu Heizzwecken oder als Motorentreibstoff. Vor den festen Brennstoffen zeichnen sie sich durch große Reinheit und bequeme Handhabung aus (gute Ausnutzung beliebiger Bunkerformen und einfache Förderung durch Rohrleitungen). Sie bestehen fast nur aus Brennbarem (Kohlenstoff und Wasserstoff) und haben deshalb hohen Heizwert (rd. 10000 kcal/kg). Ausgangsstoffe für die Gewinnung flüssiger Brennstoffe sind Erdöl, Steinkohlenteer, Koksofengas und Braunkohlenteer. In neuerer Zeit hat auch die synthetische Herstellung immer größeren Umfang angenommen.

Das Erdöl ist ein Gemisch aus einer großen Zahl verschiedener Kohlenwasserstoffe, die sich durch ihre Siedepunkte unterscheiden und deshalb durch fraktionierte (temperaturgestufte) Destillation voneinander getrennt werden können (Leicht-, Mittel- und Schwerbenzin, Petroleum, Gas- oder Dieselöle, Schmieröle und als Rückstand Masut). Steinkohlenteer liefert bei der Destillation Leichtöl (Benzol), Mittelöl, Schweröl, Anthracenöl. In größerer Menge wird das äußerst wertvolle Benzol aus dem Koksofengas ausgewaschen. Aus Braunkohlenschwelteer werden durch Hydrierung Benzin und durch Destillation Vergaser- und Dieselkraftstoffe gewonnen. Der durch Brennen hergestellte Alkohol ist als Brennstoff allein von geringerer Bedeutung; er dient aber als wertvoller Zusatz zur Erhöhung der Klopffestigkeit der Vergasertreibstoffe.

Wichtige Kennwerte der flüssigen Brennstoffe sind ihr spezifisches Gewicht, ihr Siedepunkt und ihre Oktan- und Cetanzahl. Die Oktanzahl gibt die Klopffestigkeit eines Leichtöles (Vergasertreibstoffes) für Ottomotoren, die Cetanzahl die Zündwilligkeit eines Dieselkraftstoffes an. Je höher die Oktan- bzw. Cetanzahl ist, um so klopffester bzw. zündwilliger ist der Treibstoff. (Oktanzahl nicht unter 50, Cetanzahl nicht unter 45.) Je größer die Klopffestigkeit ist, um so höhere Verdichtung und damit höhere Wirtschaftlichkeit sind erreichbar. Über weitere Eigenschaften wie Zusammensetzung, Heizwert usw. s. Zahlentafel 13, S. 60.

27. Gasförmige Brennstoffe. Die gasförmigen Brennstoffe werden nach ihrer Herstellung unterschieden als Produkte der Entgasung (Verkokung) und der Vergasung (Generatorprozeß). Bei der Entgasung werden die flüchtigen Bestandteile von dem festen Brennstoff getrennt. Das entstehende Leuchtgas und Kokereigas besteht fast nur aus brennbaren Gasen, größtenteils aus Methan und anderen schweren Kohlenwasserstoffen, die seinen außerordentlich hohen Heizwert bedingen (5000 bis 5500 kcal/Nm^3). Gegenüber der Entgasung bezweckt die Vergasung (Generatorprozeß), den gesamten festen Brennstoff in gasförmigen Brennstoff überzuführen, indem man den Kohlenstoff mit Luftsauerstoff (Luftgas) oder mit dem Sauerstoff von Wasserdampf (Wassergas) in brennbares Kohlenoxyd umwandelt. Gleichzeitige Anwendung beider Prozesse liefert das Mischgas. Die brennbaren Bestandteile der Generatorgase sind hauptsächlich Kohlenoxyd und Wasserstoff. Der Heizwert ist um so geringer, je größer der Gehalt an Kohlensäure und Stickstoff ist.

Ein den Generatorgasen ähnliches Gas ist das Gichtgas der Hochöfen, welches im Hüttenwesen von überragender Wichtigkeit ist. Gichtgas hat nur geringen Heizwert; es ist ein „armes" Gas, weil es nur zu einem Drittel aus Brennbarem besteht. Dafür braucht es bei der Verbrennung wenig Luft, so daß das brennbare Gasluftgemisch annähernd ebensoviel Wärme entwickelt wie ein Gemisch aus einem Gas von hohem Heizwert mit der erforderlichen viel größeren Luftmenge.

Die gasförmigen Brennstoffe oder Brenngase werden sowohl in Feuerungen als auch in Gasmaschinen ausgenutzt.

Unter „Abhitze" versteht man verbrannte Gase, die aus einer Feuerung oder aus einem Ofen mit so hoher Temperatur abziehen, daß sie zweckmäßig noch in einer weiteren Feuerung ausgenutzt werden. Auch die heißen Abgase von Verbrennungsmaschinen nutzt man in Abhitzedampfkesseln aus.

Über Zusammensetzung, Heizwert usw. s. die Zahlentafel 14 (S. 60).

28. Der Heizwert der Brennstoffe. Der Heizwert (Verbrennungswärme) eines festen oder flüssigen Brennstoffes ist die Wärmemenge in kcal, die 1 kg Brennstoff bei vollkommener Verbrennung und Abkühlung der Verbrennungsgase bis auf die Anfangstemperatur abgibt. Bei Gasen wird der Heizwert nicht in kcal/kg, sondern in kcal/Nm^3 gemessen. Sind die Brennstoffe feucht oder enthalten sie Wasserstoff, so unterscheidet man einen oberen und einen unteren Heizwert. In den heißen Verbrennungsgasen ist nämlich sowohl das im Brennstoffe enthalten gewesene Wasser als auch das bei der Verbrennung des Wasserstoffes gebildete Wasser in Dampfform vorhanden. Die Verdampfungswärme wird aber nur frei, wenn man die Verbrennungsgase unter die Verflüssigungstemperatur des Wasserdampfes[1] abkühlt; nur dann kann man den „oberen", auf flüssiges Wasser bezogenen Heizwert ausnützen. Technisch lassen wir jedoch sowohl bei den Feuerungen wie bei den Verbrennungsmaschinen die verbrannten Gase so heiß abziehen, daß das Wasser dampfförmig bleibt, und nur der „untere" Heizwert ausgenutzt werden kann. Als Heizwert schlechtweg ist also technisch immer der untere gemeint, während wissenschaftlich nur der obere in Betracht kommt. Der Unterschied zwischen beiden ist bei Braunkohlen wegen des hohen Wassergehaltes besonders groß.

Man bestimmt den Heizwert eines Brennstoffes mit dem Kalorimeter, wobei man den oberen Wert erhält. Den Heizwert von Gasgemischen, deren Zusammensetzung man kennt oder ermitteln kann, kann man errechnen. Es ist aber bequemer, anstatt erst die Zusammensetzung des Gasgemisches zu bestimmen, seinen Heizwert unmittelbar durch das Kalorimeter festzustellen. Bei festen Brennstoffen oder bei Ölen kann man auf Grund der Elementaranalyse den unteren Heizwert angenähert nach der Formel rechnen:

$$H_u = 81\,\mathrm{C} + 285\cdot\left(\mathrm{H} - \frac{\mathrm{O}}{8}\right) + 25\,\mathrm{S} - 6\,\mathrm{W}\ \mathrm{kcal/kg}.$$

Hierin bedeuten C, H, O, S und W die in *Prozenten* gerechneten Gewichtsanteile des im Brennstoff enthaltenen Kohlenstoffs, Wasserstoffs, Sauerstoffs, Schwefels und Wassers. Den im Brennstoff nachgewiesenen Sauerstoff hält man an Wasserstoff gebunden, so daß 1 kg O $^1/_8$ kg H unwirksam macht und der verbrennbare Wasserstoffgehalt gleich $\mathrm{H} - \frac{\mathrm{O}}{8}$ ist.

Für Fettkohle z. B. mit 81% C, 4,5% H, 4% O, 1% S und 3% W ergibt sich demgemäß der untere Heizwert:

$$H_u = 81\cdot 81 + 285\cdot\left(4{,}5 - \frac{4}{8}\right) + 25\cdot 1 - 6\cdot 3 = 7708\ \mathrm{kcal/kg}.$$

In den Zahlentafeln 13 und 14 (S. 60) sind Angaben über den Heizwert von Brennstoffen enthalten.

Es war schon früher darauf hingewiesen, daß der Heizwert eines Brennstoffes in der Hauptsache davon abhängt, wie groß sein brennbarer Anteil ist. Abgesehen vom Asche- und Wassergehalt unterscheidet sich Kohle *gleicher Herkunft* nur sehr wenig in der Zusammensetzung, so daß der auf asche- und wasserfreie *Reinkohle* bezogene Heizwert fast unverändert bleibt. Deshalb genügt es vielfach, zur laufenden Kontrolle von Kohlenlieferungen nur den einfach zu messenden Aschegehalt und Wassergehalt festzustellen. Sind A und W die Prozentgehalte an Asche und Wasser, so ergibt sich aus dem einmalig vom Laboratorium ermittelten unteren Reinkohlenheizwert H_{uR}* jeweils der untere Heizwert H_u der mit Asche und Wasser gemischten Rohkohle aus der Beziehung

$$H_u = H_{uR}\cdot\frac{100 - \mathrm{A} - \mathrm{W}}{100} - 6\,\mathrm{W}\ \mathrm{kcal/kg}.$$

Für eine Gaskohle z. B. mit $H_{uR} = 8100$ kcal/kg, 6,5% Asche und 9% Wasser wird der untere Heizwert

$$H_u = H_{uR}\cdot\frac{100 - 6{,}5 - 9}{100} - 6\cdot 9 = 6790\ \mathrm{kcal/kg}.$$

29. Der Luftbedarf für die Verbrennung fester, flüssiger und gasförmiger Brennstoffe. Die Luftüberschußzahl. 1 kg C braucht bei der Verbrennung zu CO_2 2,67 kg O, 1 kg H braucht bei der Verbrennung zu H_2O 8 kg O, 1 kg S braucht bei der Verbrennung zu SO_2 1 kg O. In 1 kg Luft sind 0,232 kg O enthalten. Enthält der Brennstoff dem *Gewichte* nach C % Kohlenstoff, H % Wasserstoff, S% Schwefel und O% Sauerstoff, so braucht man unter Berücksichtigung des im Brennstoff enthaltenen Sauerstoffes, um 1 kg Brennstoff zu verbrennen, *theoretisch* die

[1] Die Verflüssigungstemperatur liegt meist erheblich unter 100° C; denn die Verflüssigung kann erst beginnen, wenn die dem Dampfgehalt der Rauchgase entsprechende Sättigungstemperatur unterschritten ist.

* Der *untere* Reinkohlenheizwert berücksichtigt das bei der Verbrennung des Wasserstoffes gebildete Wasser.

Luftmenge

$$L_0 = \frac{2{,}67\,\mathrm{C} + 8\,\mathrm{H} + \mathrm{S} - \mathrm{O}}{23{,}2}\,\mathrm{kg}$$

oder

$$L_0 = \frac{2{,}67\,\mathrm{C} + 8\,\mathrm{H} + \mathrm{S} - \mathrm{O}}{30}\,\mathrm{Nm}^3.$$

2 Mol H_2 verbrennen mit 1 Mol O_2 zu 2 Mol H_2O, d. h. 1 Nm³ H_2 braucht bei der Verbrennung 0,5 Nm³ O_2. Die gleiche Menge braucht 1 Nm³ CO bei der Verbrennung zu CO_2. 1 Mol CH_4 verbrennt mit 2 Mol O_2 zu 1 Mol CO_2 und 2 Mol H_2O, so daß 1 Nm³ CH_4 zur Verbrennung 2 Nm³ O_2 braucht. Setzt sich der Brennstoff dem *Volumen* nach zusammen aus H% Wasserstoff, CO% Kohlenoxyd und CH_4% Methan, so braucht man *theoretisch* zur vollkommenen Verbrennung von 1 Nm³ Brennstoff mindestens die Luftmenge

$$L_0 = \frac{0{,}5 \cdot (\mathrm{H} + \mathrm{CO}) + 2\,\mathrm{CH}_4}{21}\,\mathrm{Nm}^3.$$

Je heizkräftiger der Brennstoff, um so mehr Luft braucht er für die Verbrennung. Überschläglich kann man für je 1000 kcal Heizwert 1,1 Nm³ Mindestluftbedarf rechnen. Eine Steinkohle z. B. mit 81 % C, 4,5% H, 4% O und 1% S mit einem unteren Heizwert von 7708 kcal/kg braucht theoretisch die Luftmenge

$$L_0 = \frac{2{,}67 \cdot 81 + 8 \cdot 4{,}5 + 1 - 4}{30} = 8{,}31\ \mathrm{Nm}^3/\mathrm{kg}.$$

Auf Grund des Heizwertes ist der Luftbedarf auf rd. $7{,}7 \cdot 1{,}1 = 8{,}47$ Nm³/kg zu schätzen. — Für ein Mischgas von der Volumenzusammensetzung: 12% H, 28% CO und 3% CH_4 (brennbar), ferner 3% CO_2 und 54% N (nicht brennbar) ist der theoretische Luftbedarf

$$L_0 = \frac{0{,}5 \cdot (12 + 28) + 2 \cdot 3}{21} \approx 1{,}24\ \mathrm{Nm}^3/\mathrm{Nm}^3.$$

Mit dem theoretischen Luftbedarf kommt man in Wirklichkeit nicht aus; in den Abgasen wäre noch Unverbranntes, insbesondere CO. Deshalb muß man mit *Luftüberschuß* feuern. Das Verhältnis der wirklich gebrauchten Luftmenge L zur theoretischen Luftmenge L_0, also $\frac{L}{L_0}$ heißt Luftüberschußzahl und wird mit λ bezeichnet.

Die Luftüberschußzahl kann um so kleiner sein, je besser die Berührung des Brennstoffes mit der Luft ist. Bei Gasfeuerungen genügt $\lambda = 1{,}1$ bis 1,2, Kohlenstaub und Ölfeuerungen verlangen schon $\lambda = 1{,}2$ bis 1,4. Feste Brennstoffe erfordern noch größeren Luftüberschuß, der bei mechanischen Rostfeuerungen mit gleichmäßiger Beschickung $\lambda = 1{,}4$ bis 1,6 beträgt und bei Handfeuerungen auf $\lambda = 1{,}8$ bis 2 ansteigt. Für die oben betrachtete Steinkohle wird demnach der praktische Luftbedarf auf mechanischer Rostfeuerung $L = \lambda \cdot L_0 = 1{,}4 \cdot 8{,}31 = 11{,}6$ Nm³/kg bis $1{,}6 \cdot 8{,}31 = 13{,}3$ Nm³/kg. Selbstverständlich darf der Luftüberschuß auch nicht zu groß sein; je größer er ist, um so niedriger wird die Verbrennungstemperatur, um so schlechter wird die Wärme ausgenutzt. Man kann den Luftüberschuß aus dem CO_2-Gehalt der Rauchgase bestimmen, und es ist eine sehr wichtige Aufgabe, die Feuerung so zu überwachen, daß der Luftüberschuß möglichst klein wird, ohne das Unverbranntes mit den Rauchgasen abzieht. 1% CO-Gehalt in den Rauchgasen bedeutet etwa 5% Brennstoffverlust, einen größeren Verlust, als wenn der CO_2-Gehalt infolge größeren Luftüberschusses 4 bis 5% kleiner wird. Vgl. Abb. 36.

30. Der Heizwert von Gas-Luft-Gemischen. Wird ein gasförmiger Brennstoff mit so viel Luft gemischt, wie zur vollkommenen Verbrennung theoretisch erforderlich ist, so enthält das größere Volumen des Gemisches nur die gleiche Wärmemenge wie ursprünglich der reine Brennstoff, und der Heizwert des Gas-Luft-Gemisches wird entsprechend dem größeren Volumen kleiner. Je höher der Heizwert des reinen Gases ist, um so größer ist auch der Luftbedarf und damit die Herabsetzung des Gemischheizwertes. Deshalb sind die Unterschiede der Heizwerte von Gas-Luft-Gemischen viel geringer als die der reinen Gase. Aus 1 Nm³ Brennstoff vom Heizwert H_u werden $(1 + L_0)$ Nm³ Gemisch vom Heizwert

$$H_u' = \frac{H_u}{1 + L_0}\,\mathrm{kcal/Nm}^3.$$

Wird überdies noch mit Luftüberschuß gearbeitet, so wird das Volumen $1 + \lambda \cdot L_0$ und der Gemischheizwert

$$H_u'' = \frac{H_u}{1 + \lambda L_0} \text{ kcal/Nm}^3.$$

Für Koksofengas vom Heizwert 4620 kcal/Nm³ und dem theoretischen Luftbedarf 4,72 Nm³/Nm³ (vgl. Zahlentafel 13) wird der Gemischheizwert

$$H_u' = \frac{4620}{1 + 4.72} = 808 \text{ kcal/Nm}^3$$

und bei einer Luftüberschußzahl $\lambda = 1{,}2$

$$H_u'' = \frac{4620}{1 + 1{,}2 \cdot 4{,}72} = 694 \text{ kcal/Nm}^3.$$

Das hochwertigere Methan mit $H_u = 8550$ kcal/Nm³ ergibt mit $L_0 = 9{,}53$ Nm³/Nm³ den fast ebenso großen Gemischheizwert

$$H_u' = \frac{8550}{1 + 9{,}53} = 812 \text{ kcal/Nm}^3.$$

31. Die Zusammensetzung der Rauchgase. Die Zusammensetzung der Rauchgase ergibt sich aus ihrer Entstehung. Im *trockenen* Teil der Rauchgase, der für die chemische Analyse allein in Betracht kommt, finden sich die gebildete Kohlensäure, der Stickstoff der Verbrennungsluft (nebst dem im Brennstoff enthalten gewesenen Stickstoff) und der überschüssige Sauerstoff. Der Rest ist *Wasserdampf*, herrührend von dem im Brennstoff vorhanden gewesenen Wasser und dem durch die Verbrennung des Wasserstoffes gebildeten Wasser.

Für die Beurteilung der Verbrennung ist, wie gesagt, der CO_2-Gehalt der trockenen Rauchgase von besonderer Bedeutung. Am einfachsten ist die Verbrennung reinen Kohlenstoffes zu übersehen. Es verbinden sich 12 kg C mit 22,4 Nm³ O zu 22,4 Nm³ CO_2 oder 1 kg C mit 2 Nm³ O zu 2 Nm³ CO_2. Die gebildete Kohlensäure, die erheblich schwerer ist als Luft, ersetzt dem Raume nach den verbrannten Sauerstoff. Bei vollkommener Verbrennung mit der theoretischen Luftmenge L_0, d. h. für $\lambda = 1$ enthalten die Rauchgase des verbrannten Kohlenstoffes dem Raume nach 21% CO_2 und 79% N. Im folgenden ist der Raumanteil der Kohlensäure, in *Prozenten* gerechnet, mit k bezeichnet. Bei der Verbrennung von C ist also $k_{max} = 21$. Für $\lambda = 2$ wird k nur 10,5; außerdem findet sich überschüssig ein O-Gehalt von 10,5%. Für $\lambda = 3$ wird $k = 7$ und der O-Gehalt = 14%. Technisch ist die umgekehrte Rechnung wichtig: nämlich aus dem durch die Analyse festgestellten Werte von k, der den CO_2-Gehalt der Rauchgase in Raumprozenten bedeutet, die Luftüberschußzahl zu bestimmen. Man erhält für die Verbrennung reinen Kohlenstoffes $\lambda = \frac{21}{k}$. Das gilt aber nicht für die technisch angewendeten Brennstoffe, da diese sämtlich Wasserstoff enthalten, für dessen Verbrennung ebenfalls Luft zuzuführen ist. Ist der Wasserstoffgehalt = H, so ist unter Berücksichtigung des im Brennstoff vorhandenen O für den Anteil H — O/8 Verbrennungsluft erforderlich. Deren Stickstoff tritt zu den trockenen Rauchgasen, so daß k_{max} unter 21 sinkt, um so mehr, je größer H — O/8 ist. Die Luftüberschußzahl λ ist jetzt (angenähert) aus der Beziehung zu rechnen: $\lambda = \frac{k_{max}}{k}$.

Man kann k_{max} für jeden Brennstoff aus seiner Zusammensetzung berechnen, indem man die gebildete Kohlensäure mit dem gesamten Volumen der trocknen Rauchgase vergleicht. Unmittelbar ergibt sich k_{max} aus der Siegertschen Formel:

$$k_{max} = \frac{21}{1 + 2{,}4 \cdot \frac{H - O/8}{C}}.$$

Für Koks ist k_{max} etwa 20,5; für Steinkohlen und Braunkohlen ist k_{max} im Mittel 18,6; für Teeröl ist k_{max} etwa 17,6. Ferner sei schon hier bemerkt, daß für Koksofengas wegen seines hohen Wasserstoffgehaltes k_{max} nur 11 bis 12 ist. Bei Gichtgas dagegen, das schon einen beträchtlichen CO_2-Gehalt mitbringt, ist $k_{max} = 24$. Vgl. die Zahlentafeln 13 und 14 (S. 60).

Für die Beurteilung der Verbrennung ist auch der bequem feststellbare O-Gehalt der Rauchgase von Bedeutung. Bei vollkommener Verbrennung reinen Kohlenstoffes betragen nämlich CO_2-Gehalt und O-Gehalt zusammen immer 21%. Für Steinkohlen, Teeröl, Koksofengas usw.

kann man den O-Gehalt, der jeweilig dem CO_2-Gehalt zugeordnet ist, aus dem Diagramm von Bunte, Abb. 35, entnehmen. Ist der tatsächliche O-Gehalt kleiner, so ist auf unvollkommene Verbrennung zu schließen.

Um die Zusammensetzung der Rauchgase zu bestimmen, verwendet man z. B. den Orsat-Apparat[1], mit dem man den Gehalt an CO_2, O und CO feststellt. Zur laufenden Überwachung der Feuerung hat man selbsttätige, schreibende Rauchgasprüfer, die den CO_2-Gehalt oder außerdem den O-Gehalt bestimmen und verzeichnen.

32. Die Menge der Rauchgase. Der Schornsteinverlust. Sind C, H, W die Gewichtsanteile von Kohlenstoff, Wasserstoff und Wasser im Brennstoffe, wieder in Prozenten gerechnet, und ist k der in Prozenten gerechnete Raumgehalt der Kohlensäure in den Rauchgasen, so liefert 1 kg Brennstoff $\frac{1{,}87 \cdot C}{k}$ Nm^3 trockene Rauchgase und $\frac{9H + W}{80{,}4}$ Nm^3 oder $\frac{9H + W}{100}$ kg Wasserdampf.

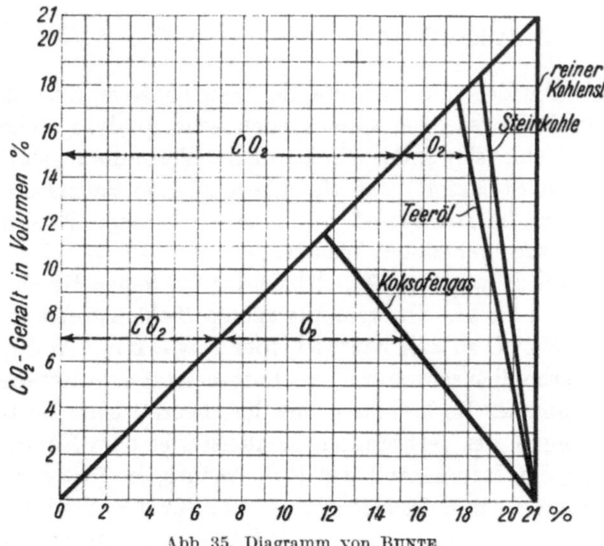

Abb. 35. Diagramm von Bunte.

Bei höheren Temperaturen ist das Volumen der Rauchgase im Verhältnisse der absoluten Temperaturen größer. Bei 273° C z. B., einer Temperatur, wie sie in dem Schornsteine vorkommt, ist das Volumen doppelt so groß als bei 0° C.

Bei der Berechnung des Schornsteinverlustes, d. h. des Wärmeverlustes durch die abziehenden Rauchgase, kann man die trockenen Rauchgase in Nm^3 rechnen und ihre spezifische Wärme $= 0{,}32$ kcal/Nm^3 setzen. Der Wasserdampf der Rauchgase wird aber in kg gerechnet, und seine spezifische Wärme ist 0,5 kcal/kg. Mithin ist der Wärmeverlust für 1 kg Brennstoff, wenn die Verbrennungsluft mit t_1 ° C eintritt, und die Rauchgase mit t_2 ° C abziehen,

$$\mathfrak{V} = (t_2 - t_1) \cdot \left(0{,}32 \cdot \frac{1{,}87 \cdot C}{k} + 0{,}5 \cdot \frac{9H + W}{100}\right) \text{kcal}\ ^*.$$

Kennt man die Zusammensetzung der Steinkohle nicht, so ist es üblich, den Wärmeverlust nach der Siegertschen Formel zu rechnen (und zwar nicht in kcal, sondern in Prozenten des Heizwertes).

$$\mathfrak{V} = 0{,}65 \frac{t_2 - t_1}{k} \% \text{ vom Heizwert } H_u.$$

Bei roher Braunkohle ist der Verlust größer, weil die Rauchgase mehr Wasserdampf enthalten: Man mache auf die nach der Siegertschen Formel gerechneten Werte 20% Zuschlag. Aus dem Diagramm Abb. 36 ist der Zusammenhang der drei Größen Schornsteinverlust $\mathfrak{V}$, Übertemperatur $t_2 - t_1$ und Kohlensäuregehalt k nach der Siegertschen Formel bequem abzugreifen. Man sieht, daß man auch unter günstigen Verhältnissen den Schornsteinverlust nur wenig unter 10% herunterdrücken kann.

Beispiele.

1. Eine Steinkohle enthält 81% C, 4,5% H und 3% W, ihr Heizwert ist 7708 kcal/kg. $t_2 = 220°$ C, $t_1 = 20°$ C. Der CO_2-Gehalt der Rauchgase ist 12%, also $k = 12$. Wie groß ist der Wärmeverlust durch die abziehenden Rauchgase?

$$\mathfrak{V} = (220 - 20) \cdot \left(0{,}32 \cdot \frac{1{,}87 \cdot 81}{12} + 0{,}5 \cdot \frac{9 \cdot 4{,}5 + 3}{100}\right) = 853 \text{ kcal/kg},$$

das sind $\frac{853}{7708} = 0{,}1107 \approx 11\%$ vom Heizwert.

[1] Vgl. wegen des Orsat den Abschnitt Meßkunde.

* In dieser Formel bedeuten wie früher C, H, W die Gewichtsanteile von Kohlenstoff, Wasserstoff und Wasser in Prozenten, während k der Raumanteil in Prozenten der Kohlensäure in den Rauchgasen ist.

Nach Abb. 36 und nach der Siegertschen Formel ergibt $\mathfrak{V} = 0{,}65 \cdot \frac{220 - 20}{12} = 10{,}83 \approx 11\%$.

2. Eine mitteldeutsche Braunkohle enthält 31% C, 3% H und 48% Wasser. Ihr Heizwert ist 2750 kcal/kg. $t_2 = 320°$ C, $t_1 = 20°$ C. Der CO_2-Gehalt der Rauchgase ist 10%, also $k = 10$. Wie groß ist der Schornsteinverlust?

$$\mathfrak{V} = (320 - 20) \cdot \left(0{,}32 \cdot \frac{1{,}87 \cdot 31}{10} + 0{,}5 \cdot \frac{9 \cdot 3 + 48}{100}\right) = 656 \text{ kcal/kg}.$$

das sind $\frac{656}{2750} = 0{,}239 \approx 24\%$ vom Heizwert.

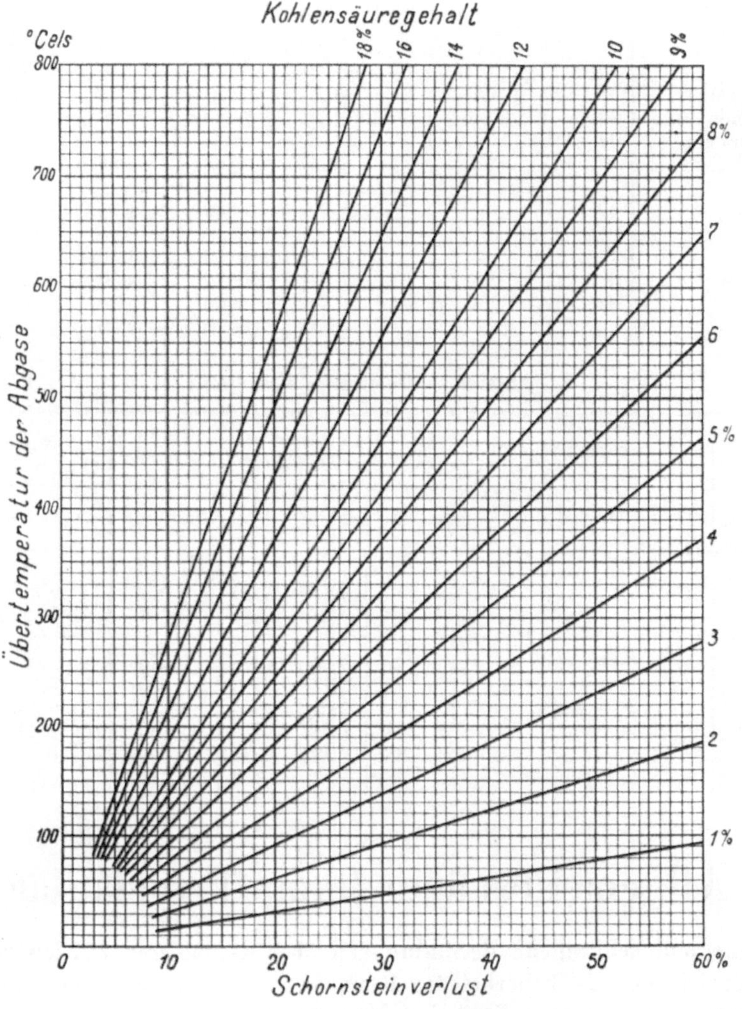

Abb. 36. Schornsteinverlust bei Steinkohle.

Für Steinkohlen würde man dem Diagramm Abb. 36 für $t_2 - t_1 = 300°$ und 10% Kohlensäuregehalt entnehmen: $\mathfrak{V} = 19{,}6\%$; mit dem für Braunkohlen etwa zutreffenden Zuschlag von 20% wird:

$$\mathfrak{V} = 1{,}2 \cdot 19{,}6 = 23{,}5\%$$

33. Zusammenstellung wichtiger Zahlen über feste, flüssige und gasförmige Brennstoffe. Zahlentafel 13 enthält für eine größere Zahl fester und flüssiger Brennstoffe Angaben über die mittlere Zusammensetzung, den Heizwert, den theoretischen Luftbedarf und den höchstmöglichen CO_2-Gehalt.

Zahlentafel 14 enthält entsprechende Angaben über eine Anzahl technisch wichtiger Gase und die unteren Heizwerte von Gasluftgemischen, in denen die Gase mit der zur Verbrennung erforderlichen Mindestluftmenge L_0 gemischt sind ($\lambda = 1$).

Zahlentafel 13. *Feste und flüssige Brennstoffe.*

Brennstoff	Gewichtsanteile in %						Unterer Heizwert	Theoretischer Luftbedarf für 1 kg Brennstoff		Höchstmöglicher CO_2-Gehalt der Rauchgase in %
	C	H	O + N*	S	Wasser	Asche	kcal/kg	kg	Nm^3	k_{max}
Holz, lufttrocken	41	6	37	—	15	1	3660	5,23	4,05	19,3
Rheinische Braunkohle	26	2	10	—	59	3	2000	3,29	2,55	19,4
Mitteldeutsche Braunkohle	31	3	11	1	48	6	2750	4,21	3,26	18,5
Mitteldeutsche Braunkohlenbriketts	51	5	18	1,5	15	9,5	4930	6,75	5,22	18,9
Gaskohle	75	5	8	1	3	8	7260	10,10	7,80	18,6
Westfälische Fettkohle	81	4,5	5,5	1	3	5	7710	10,71	8,28	18,8
Gaskoks, lufttrocken[1]	83	1	2	1	3	10	6980	9,89	7,65	20,5
Zechenkoks, lufttrocken[1]	86	0,4	1,6	1	3	8	7060	10,05	7,77	20,7
Anthrazit	86	3	3	1	2	5	7760	10,89	8,42	19,5
Benzin (rein)	85	15	—	—	—	—	10200	14,95	11,55	14,8
Benzol (rein)	92,3	7,7	—	—	—	—	9670	13,35	10,30	17,3
Gasöl	87	13	—	—	—	—	10150	14,40	11,10	15,5
Dieselöl	87	12,5	0,5	—	—	—	10070	14,30	11,05	15,6
Steinkohlenteeröl	89	6,5	3,5	0,5	0,5	—	9000	12,50	9,65	17,6
Alkohol	52	13	35	—	—	—	6390	9,05	7,00	14,9

Zahlentafel 14. *Gasförmige Brennstoffe.*

Gasart	Raumteile in %						Heizwert kcal/Nm^3		Spezifisches Gewicht	Theoretischer Luftbedarf	Gemischheizwert H'_u ($\lambda = 1$)
	H_2	CO	CH_4	C_mH_n	CO_2	N_2	oberer	unterer	kg/Nm^3	Nm^3/Nm^3	kcal/Nm^3
Kohlenoxyd CO	—	100	—	—	—	—	3020	—	1,250	2,38	894
Wasserstoff H_2	100	—	—	—	—	—	3050	2570	0,090	2,38	760
Methan CH_4	—	—	100	—	—	—	9520	8550	0,717	9,53	812
Leuchtgas	51	8	32	4	2	3	5510	4900	0,525	5,03	815
Koksofengas	50	8	29	4	2	7	5200	4620	0,530	4,72	808
Wassergas	49	42	0,5	—	5	3,5	2810	2570	0,713	2,21	800
Mischgas	12	28	3	—	3	54	1500	1410	1,130	1,24	630
Luftgas	6	23	3	—	5	63	1165	1105	1,190	0,98	560
Gichtgas	4	28	—	—	8	60	970	950	1,250	0,76	540

IV. Allgemeines über Dampfkesselanlagen.

34. Gesetzliche und behördliche Bestimmungen über Anlage und Betrieb von Landdampfkesseln. Mit Rücksicht auf die Sicherheit für Personal und Betrieb muß die Anlage von Dampfkesseln gemäß den „Allgemeinen polizeilichen Bestimmungen über die Anlage von Landdampfkesseln“ (ApB)[2] behördlich genehmigt werden. Grundlage der Bestimmungen, Vorschriften und Richtlinien, die sowohl vom Hersteller wie vom Besitzer von Kesselanlagen beachtet werden müssen, bilden Erfahrungen, die bei Schäden und Unfällen gesammelt wurden. Außer den Werkstoff- und Bauvorschriften müssen Ausführung und Betrieb der Kesselanlage den „Anerkannten Regeln der Wissenschaft und Technik“ entsprechen. In den der Bergbehörde unterstehenden Betrieben beschließt das *Oberbergamt* die Genehmigung einer Kesselanlage. Die Prüfung und die laufende Überwachung der Kesselanlage liegt in den Händen des für den Aufstellungsort zuständigen Technischen Überwachungsvereins (TÜV). Auch Änderungen an bereits bestehenden Dampfkesselanlagen bedürfen der Genehmigung.

---

* N wird mit 1% angesetzt.

[1] Koks saugt leicht Wasser auf, bis zu 25%, und sein Heizwert sinkt dann entsprechend.

[2] Konejung: Sicherheitstechnische Vorschriften für Landdampfkessel. München 1951.

Aus den Bestimmungen (ApB) ist folgendes hervorzuheben: Die Feuerzüge müssen, von Ausnahmefällen abgesehen, an ihrer höchsten Stelle mindestens 100 mm unter dem festgesetzten niedrigsten Wasserstand liegen. Jeder Dampfkessel oder jede zu einem Betrieb vereinigte Gruppe von Dampfkesseln muß mit mindestens zwei zuverlässigen Vorrichtungen zur Speisung versehen sein, die nicht von derselben Energiequelle abhängig sind. Jede der Speisevorrichtungen muß liefern können: das 1,6fache der höchsten Dauerleistung (Normal- bzw. Regelleistung = 80% der höchsten Dauerleistung) aller angeschlossenen Kessel, wenn die Kessel *keine* selbsttätige Speiseregelung besitzen und ihre Gesamtdampfleistung nicht mehr als 30 t/h beträgt; das 1,25fache der höchsten Dauerleistung, wenn die Kessel *mit* selbsttätiger Speiseregelung ausgerüstet sind *oder* ihre Gesamtdampfleistung mehr als 30 t/h beträgt. Sind mehr als zwei Speisevorrichtungen vorhanden, so müssen bei Ausfall der Speisevorrichtung mit der größten Leistung infolge eines Schadens an der Pumpe selbst oder an ihrem Antrieb die übrigen noch betriebsbereiten Speisevorrichtungen in gemeinsamer Wirkung mindestens das 1,6- bzw. 1,25fache der benötigten Speisewassermenge liefern können. Dies gilt auch bei laufenden Betriebsüberholungen, selbst wenn Teile der genehmigten Kesselanlage außer Betrieb sind. Die Speisevorrichtungen müssen imstande sein, die benötigte Wassermenge gegen das 1,1fache des festgesetzten höchsten Dampfdruckes der Kesselanlage zuzüglich des Druckverlustes aus Höhenunterschied und Widerstand der Leitung zwischen Speisepumpe und Kessel zu fördern. In der Speiseleitung muß möglichst nahe am Kessel ein Speiseventil (Rückschlagventil) angebracht sein, das beim Abstellen der Speisevorrichtung durch den Druck des Kesselwassers geschlossen wird. Weiterhin muß vermieden werden, daß sich der Kessel bei undichtem Rückschlagventil durch die Speiseleitung entleeren kann.

Für jeden Kessel sind ferner erforderlich: ein Dampfabsperrschieber, Ablaßvorrichtungen an den tiefsten Stellen zum Entleeren und Abschlämmen, zwei zuverlässige Wasserstandsvorrichtungen, von denen eine ein Wasserstandsglas sein muß, mindestens ein Sicherheitsventil, ein Manometer mit Höchstdruckmarke und Kontrollflansch, schließlich ein Fabrikschild mit Angabe des festgesetzten höchsten Dampfdrucks, Hersteller, Baujahr, Fabriknummer und mit TÜV-Stempel.

Der festgesetzte niedrigste Wasserstand ist an der Kesselwandung zu vermarken (N.W.) und am Wasserstandsglas durch einen Zeiger kenntlich zu machen.

Jeder neu zu errichtende Kessel unterliegt zunächst der Bauprüfung, die sich auf die Beschaffenheit des Kesselkörpers, den Baustoff und die planmäßige Ausführung erstreckt. Vor dem Einmauern ist er der Wasserdruckprobe zu unterziehen, die mit einem Prüfdruck vom 1,3- bis 1,5fachen, bei Kesseln mit *nahtlosen* Trommeln, Sammlern und Rohren mit dem 1,2fachen des höchstzulässigen Betriebsdruckes vorzunehmen ist. Die endgültige Abnahmeprüfung erfolgt unter Dampf mit dem Betriebsdruck. Die Kesselpapiere, d. h. die Genehmigungsurkunde mit den Bescheinigungen über Bauprüfung, Druckprobe und Abnahme des Kessels sind an der Betriebsstätte des Kessels aufzubewahren. Im Betrieb unterliegt der Kessel regelmäßigen technischen Untersuchungen (§ 31 der Kesselanweisung). Die regelmäßige *äußere* Untersuchung findet einmal jährlich an dem in Betrieb befindlichen Kessel statt, die regelmäßige *innere* Untersuchung alle 3 Jahre am stillgelegten und wasser- und rauchgasseitig gereinigten Kessel, die regelmäßige *Wasserdruckprobe* mindestens alle 9 Jahre, möglichst im Zusammenhang mit einer inneren Untersuchung. Eine Wasserdruckprobe ist auch nach einer wesentlichen Änderung oder Reparatur am Druckkörper vorzunehmen.

Eine Dampfkesselexplosion liegt vor (§ 43 der Kesselanweisung), wenn die Wandung eines Kessels durch den Dampfkesselbetrieb eine Trennung in solchem Umfang erleidet, daß durch Ausströmen von Wasser und Dampf ein plötzlicher Ausgleich der Drücke innerhalb und außerhalb des Kessels stattfindet. Der Kesselbesitzer hat jede Explosion der für ihn zuständigen Behörde und seinem Technischen Überwachungsverein unverzüglich anzuzeigen.

35. Zusammenhang einer Dampfkraftanlage. In Abb. 37 ist schematisch eine Dampfkraftanlage dargestellt. Die Kohle rutscht aus dem Bunker *Bu* zur Feuerung nieder und wird auf dem Rost verbrannt. Die Verbrennungsluft wird durch den Kamin angesaugt. Die Rauchgase be-

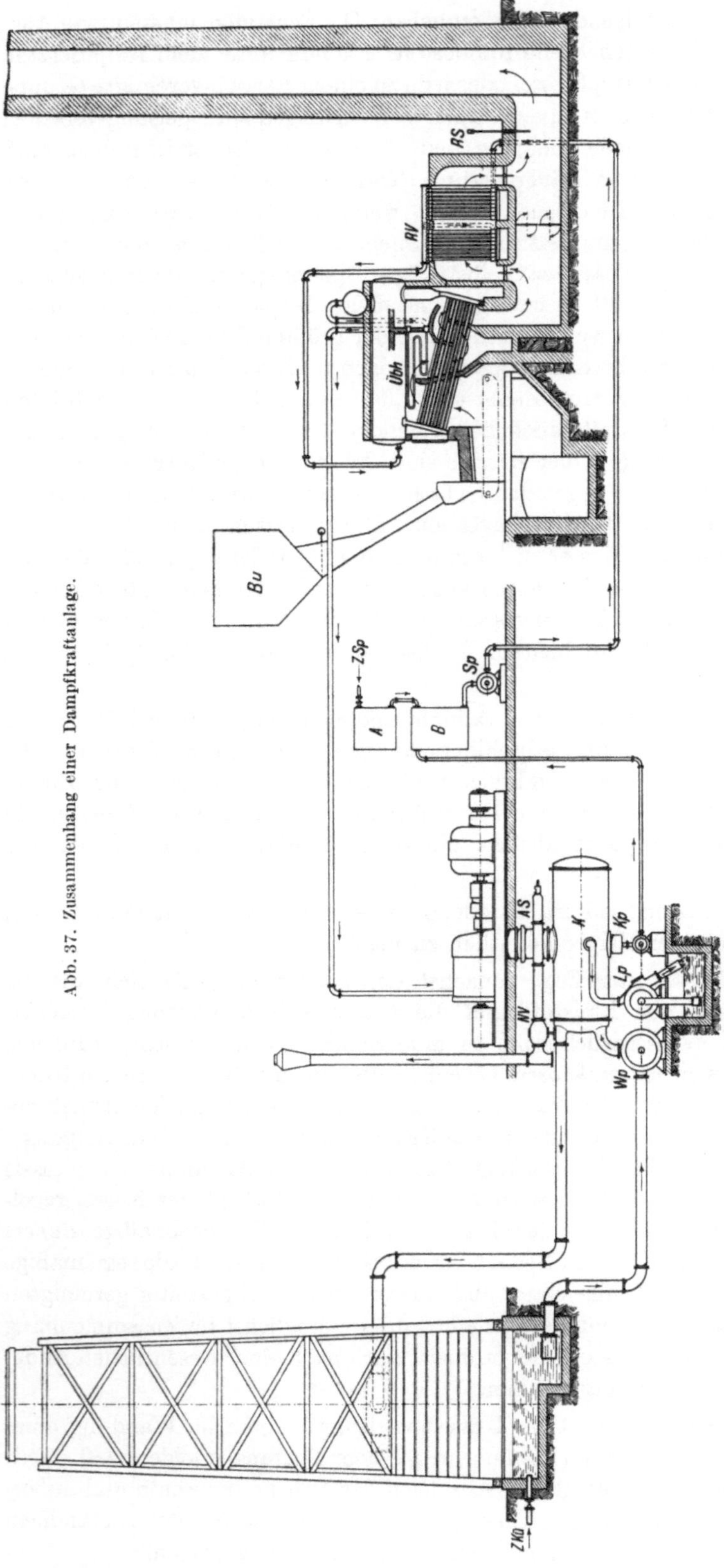

Abb. 37. Zusammenhang einer Dampfkraftanlage.

streichen die Heizflächen des Kessels und des Überhitzers und ziehen durch den Rauchgasspeisewasservorwärmer *RV* zum Schornstein.

Das Speisewasser wird bei *A* gereinigt und tritt in den Behälter *B*. Aus diesem entnimmt es die Speisepumpe *Sp* und drückt es durch den rauchgasbeheizten Speisewasservorwärmer, in dem es bis annähernd auf die Sattdampftemperatur gebracht wird, in den Kessel. Meist wird das Speisewasser schon vor der Speisepumpe auf mindestens 100° C vorgewärmt, um es zu entgasen. Der im Kessel erzeugte Sattdampf wird im Überhitzer *Übh* überhitzt und strömt zur Dampfturbine, wo seine Energie, allerdings nur zu einem Bruchteil, in Arbeit umgesetzt wird. Der auf sehr geringen Druck entspannte Dampf wird im Oberflächenkondensator *K* niedergeschlagen, und das Kondensat, welches das beste Speisewasser ist, wird durch die Kondensatpumpe *Kp* in den Speisewasserbehälter *B* zurückgepumpt, wo es seinen Kreislauf von neuem beginnt. Die durch Undichtheiten entstehenden Speisewasser- bzw. Dampfverluste sind zu ersetzen. Nur dieses Zusatzspeisewasser *ZSp*, dessen Menge 5 bis 10% der gesamten Speisewassermenge beträgt, ist in *A* aufzubereiten.

Um den Dampf im Kondensator niederzuschlagen, sind große Kühlwassermengen nötig. Wenn man diese nicht einem Flusse entnehmen kann, muß man das Kühlwasser im Kreislauf verwenden und es zu diesem Zwecke rückkühlen. Die Kühlwasserpumpe *Wp* drückt das Kühlwasser durch den Kondensator auf den Kühlturm, wo es über ein Gradierwerk rieselt und dadurch sowie durch Verdunstung rückgekühlt wird. Was an Kühlwasser durch Verdunsten und Versprühen oder durch Undichtheiten verloren geht, muß ersetzt werden. Die Zusatzkühlwassermenge *ZKü* ist im Sommer größer als im Winter und im Mittel etwa gleich der Speisewassermenge.

Abb. 38 zeigt das Schema einer Wasserrohrkesselanlage, die mit Mühlenfeuerung *c*, Überhitzer *e*, Rauchgasspeisewasservorwärmer *f*, Luftvorwärmer *g* zur Erhitzung der Verbrennungsluft, Elektrofilter *k* und Saugzug *h* ausgerüstet ist. Kohlenaufgabeband *b*, Saugzug *h* und Frischluftgebläse *i* sind mit regelbaren Antrieben versehen, um Brennstoffmenge, Verbrennungsluftmenge und Unterdruck am Kesselende aufeinander abstimmen und der wechselnden Dampfleistung anpassen zu können. Alle für den Betrieb notwendigen Meßwerte sind an der Überwachungstafel l abzulesen, von der aus auch die Regelung des Kessels durch Fernbetätigung erfolgt. Das aufbereitete Speisewasser muß vor Eintritt in den Kessel entgast, d. h. durch

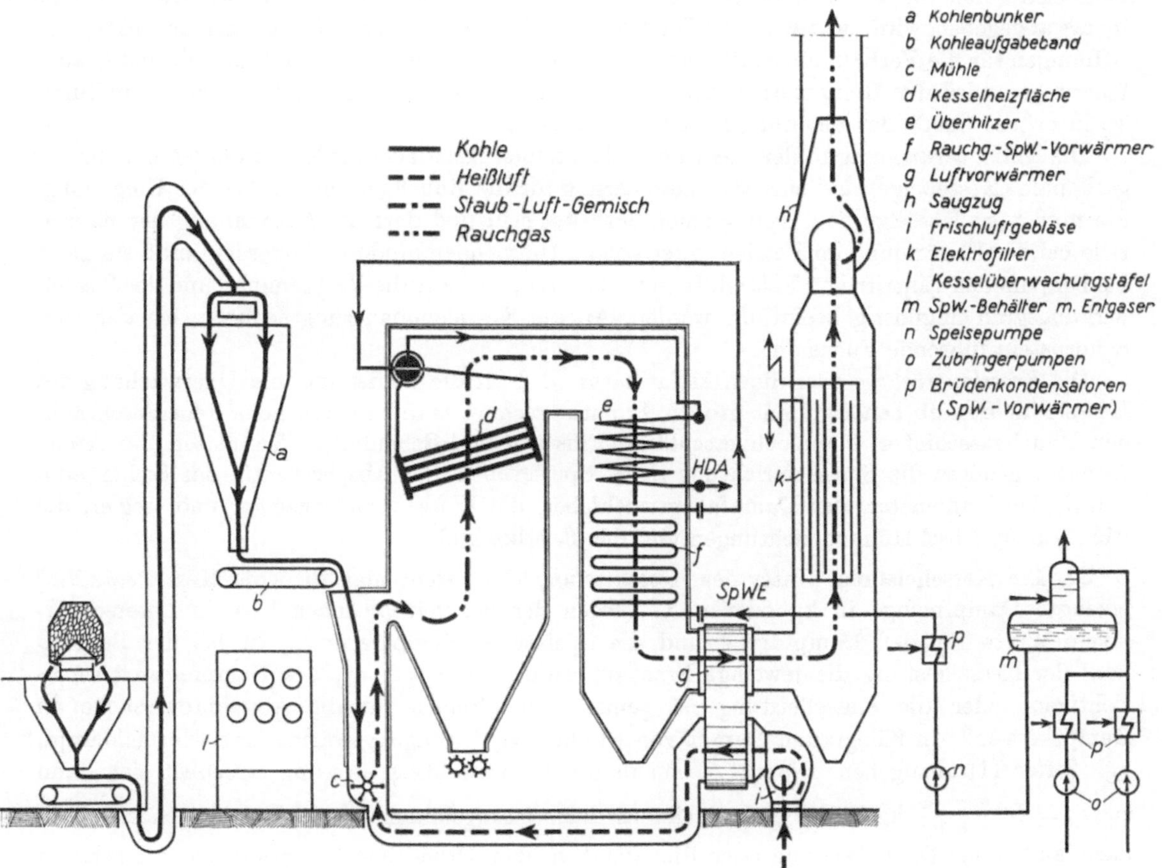

Abb. 38. Schematische Darstellung einer Kesselanlage.

Erwärmen auf 103 bis 105° C von Sauerstoff und Kohlensäure befreit werden. Das geschieht in dem Kaskadenvorwärmer *m*, der normalerweise mit dem Vorratsbehälter zu einer Einheit verbunden ist.

36. Die Hauptteile der Dampfkessel. Die Dampfkessel bestehen aus dem eigentlichen Kessel mit Überhitzer und Vorwärmern, der Feuerung, der Einmauerung und den Armaturen. Bewegliche Kessel, wie Lokomotiv-, Lokomobil- und Schiffskessel, haben keine Einmauerung, sondern dafür eine Isolierung.

An Kesseln mit Trommeln unterscheidet man den *Wasserraum* und den *Dampfraum*, die allerdings, weil der Wasserstand schwankt, nicht scharf abgegrenzt sind. Der Raum zwischen höchstem und niedrigstem Wasserstand heißt *Speiseraum*. Das Betriebsverhalten des Kessels wird durch die Größe des Wasserraumes wegen der großen im Wasser gespeicherten Wärmemenge erheblich beeinflußt. Für stark wechselnde Kesselbelastung ist ein großer Wasserraum vorteilhaft. Kleiner Wasserraum begünstigt ein schnelles Anheizen. Der Dampfraum, meist durch einen auf die Kesseltrommel aufgesetzten Dampfsammler vergrößert, dient der Abscheidung von Wasserteilchen, die der Dampf beim Austritt aus der Verdampfungsoberfläche mitgerissen hat. Diese Abscheidung, oft durch Prallbleche begünstigt, ist sehr wichtig, da bei unreinem Dampf Salzablagerungen in Überhitzer und Turbine auftreten, die zu Schäden an diesen Anlageteilen führen.

Kesselheizfläche F_k ist die auf der einen Seite von den Rauchgasen, auf der anderen Seite vom Wasser berührte Kesselfläche, die bei Landdampfkesseln auf der Feuerseite gemessen wird. Überhitzer- und Vorwärmer-Heizfläche gehören nicht zur Kesselheizfläche, sondern werden für sich gerechnet.

An *Feuerungen* gibt es Feuerungen für feste Brennstoffe, Gasfeuerungen, Ölfeuerungen und Kohlenstaubfeuerungen. Feuerungen für feste Brennstoffe haben einen Rost, dessen Fläche in m² angegeben wird, wobei unter *Rostfläche* F_r die gesamte vom Brennstoff bedeckte, mit Öffnungen für die Verbrennungsluft versehene Fläche zu verstehen ist. Bei Gas-, Öl- und Staubfeuerungen wird der Brennstoff durch Brenner dem *Feuerraum* zugeführt, dessen Rauminhalt V_f in m³ die Größe der Feuerung kennzeichnen kann.

Die *Einmauerung* umgibt den Kessel mit allen seinen Heizflächenteilen und bildet die Rauchgaskanäle (Kesselzüge) und eine Wärmeisolierung für die Rauchgase gegenüber der Umgebung. Sie muß vom Kesselgewicht vollkommen entlastet sein und darf die Ausdehnung der Kesselteile bei der Erwärmung im Betrieb unter keinen Umständen hindern. Außerdem muß sie dicht bleiben, um den Eintritt von Falschluft zu verhindern, da sonst die Verbrennung und der Kesselwirkungsgrad ungünstig beeinflußt werden. An die Kesseleinmauerung schließt sich der zum Schornstein führende Fuchs an.

Die *Kesselausrüstung* oder die Kesselarmatur wird für die Bedienung und Überwachung des Kessels im Betrieb benötigt. Zur groben Armatur rechnet man den Rost, das Feuergeschränk, den Rauchgasschieber, Mannlochverschlüsse, Einsteig- und Schauluken, Rußbläser. Zur feinen Armatur gehören die Speiseeinrichtung nebst Speiseventil und Absperrventil, das Sicherheitsventil, das Manometer, der Dampfabsperrschieber, die Wasserstandsanzeiger und -regler, die Ablaß- bzw. Abschlämmvorrichtungen und das Fabrikschild.

37. Die Kesselleistung. Unter der *Kesselleistung D* versteht man die vom Kessel *stündlich* erzeugte Dampfmenge in kg oder in t. Wegen der bei verschiedenen Kesseln unterschiedlichen Werte für den Dampfdruck und die Speisewassertemperatur t_{w1} ist bei der Beurteilung der Kesselleistung die jeweilige Erzeugungswärme $i = i_ü - i_{w1}$ des Dampfes zu berücksichtigen, oder die Kesselleistung ist gemäß den „Regeln für die Abnahmeversuche an Dampfkesseln“[1] in Kilogramm Dampf von 640 kcal/kg Erzeugungswärme (sog. Normaldampf, vgl. Ziffer 11) anzugeben. Die auf Normaldampf bezogene Kesselleistung errechnet sich dann zu $D_N = D \cdot \frac{i_ü - i_{w1}}{640}$ kg/h. Zur Kennzeichnung der Leistungsfähigkeit eines Kessels gehören demnach außer der Dampfleistung auch die Angaben über Druck und Temperatur des erzeugten Dampfes (Speisewassertemperatur normalerweise 100° C). Übliche Druck-, Temperatur- und Leistungsstufen gibt Zahlentafel 15 an[2].

Zahlentafel 15. *Druck-, Temperatur- und Leistungsstufen für Dampfkessel.*

Genehmigungsdruck . . . atü	10	16	20	25	32	42	67	84	132	168
Druck in der Kesseltrommel atü	9,5	15	19	24	30,5	40	64	80	125	160
Druck hinter Überhitzer . . atü	9,0	14,5	18	22,5	29	37	59	74	115	147
Temperatur hinter Überhitzer °C	300	350	375	400	450	450	500	500	500	525
Heißdampf-Wärmeinhalt kcal/kg	728	751	762	773	798	795	817	813	802	794
Höchste Dauerleistung . t/h	∼ 8 bis 50					20/80	32 bis 125		50/200	80/250

Die früher übliche Angabe der *Heizflächenbelastung* $= D/F_k$ kg/m²h, also die auf 1 m² der Heizfläche F_k bezogene stündlich erzeugte Dampfmenge D in kg, wird heute nicht mehr allgemein verwendet. Sie kann nur einen Mittelwert zwischen meist sehr weiten Grenzen darstellen,

[1] DIN 1942 (VDI-Dampfkesselregeln).
[2] Auszug aus DIN 2901.

weil die Heizfläche in ihren einzelnen Teilen auch bei einer bestimmten Kesselbauart sehr unterschiedlich an der Dampferzeugung beteiligt ist. Nach den VDI-Dampfkesselregeln errechnet man die *spezifische Wärmeleistung* des Kessels $q_k = D \cdot (i_s - i_{w2})/F_k$ kcal/m²h, des Überhitzers $q_ü = D \cdot (i_ü - i_s)/F$ kcal/m²h, des Speisewasservorwärmers $q_w = D \cdot (i_{w2} - i_{w1})/F_w$ kcal/m²h mit den Wärmeinhalten i_s des Sattdampfes, $i_ü$ des überhitzten Dampfes, i_{w1} des Speisewassers beim Eintritt in den Vorwärmer und i_{w2} beim Austritt aus dem Vorwärmer.

38. Die Rost- und Feuerraumbelastung. Die *Rostflächenbelastung*, kurz Rostbelastung genannt, ist ein Maß für die Beanspruchung des Rostes. Sie gibt die stündlich auf 1 m² Rostfläche verbrannte Brennstoffmenge an. Mit der Brennstoffmenge B in kg/h und der Rostfläche F_r in m² wird die Rostbelastung $b = B/F_r$ in kg/m²h. Bei Steinkohle mit einem Heizwert von rd. 7000 kcal/kg sind Rostbelastungen von 70 bis 150 kg/m²h üblich. Häufig wird die Leistungsfähigkeit einer Rostfeuerung als Rostwärmebelastung $q_r = B \cdot H_u/F_r$ in kcal/m²h ausgedrückt. Die Rostbelastung bzw. die Rostwärmebelastung ist abhängig von der Korngröße, dem Aschegehalt und den Brenneigenschaften des Brennstoffes, von der Zugstärke, der Temperatur der Verbrennungsluft und von der Art der Feuerung. Hohe Belastungen werden angestrebt, um den Platzbedarf der Feuerung klein halten zu können; sie verringern andererseits die Lebensdauer des Rostbelages.

Bei Gas-, Öl- und Kohlenstaubfeuerungen gibt die *Feuerraumbelastung* die Beanspruchung der Brennkammer $q_f = B \cdot H_u/V_f$ in kcal/m³h an. Bei normalen Kohlenstaubfeuerungen geht man auf 140000 bis 180000 kcal/m³h, bei Schmelzfeuerungen noch höher.

39. Die Verdampfungszahl. Die *Verdampfungszahl* gibt an, wieviel kg Dampf mit 1 kg Brennstoff erzeugt werden. In der Verdampfungszahl kommt sowohl die Güte des Kessels wie die Güte des Brennstoffes zum Ausdruck. Man unterscheidet zwischen der „Rohverdampfungszahl", die einfach als Verhältnis der verdampften Wassermenge D in kg/h zu der verbrauchten Brennstoffmenge B in kg/h ermittelt wird, und der „Normalverdampfungszahl", in der die auf die Erzeugungswärme des Normaldampfes umgerechnete Dampfmenge D_N zu der gleichzeitig verbrauchten Brennstoffmenge ins Verhältnis gesetzt ist. Die Rohverdampfungszahl läßt die Speisewassertemperatur und den Wärmeinhalt des Dampfes unberücksichtigt und ist deswegen für Vergleiche nur zu gebrauchen, wenn die verglichenen Kessel unter gleichen Bedingungen arbeiten.

Die Normalverdampfungszahl erhält man aus der Dampfmenge D, dem Speisewasserwärmeinhalt i_{w1} entsprechend der Temperatur t_{w1}, dem Dampfwärmeinhalt $i_ü$ und der Brennstoffmenge B aus der Beziehung: $z_N = \frac{D}{B}\,\frac{i_ü - i_{w1}}{640} = \frac{D_N}{B}$ in kg Normaldampf, kg Brennstoff. Erzeugt z. B. ein stündlich mit 3800 kg Steinkohle gefeuerter Kessel stündlich 30000 kg Dampf von 50 ata und 430° C mit einem Wärmeinhalt von $i_ü = 780$ kcal/kg aus Speisewasser von 100° C mit $i_{w1} = 100$ kcal/kg, so ist seine Normalverdampfungszahl $z_N = \frac{30000}{3800} \cdot \frac{780 - 100}{640}$ $= 8{,}4$ kg/kg (die Rohverdampfungszahl ist in diesem Falle $z = 30000/3800 = 7{,}9$ kg/kg). Wird der gleiche Dampf mit einem stündlichen Aufwand von 11000 kg Braunkohle gewonnen, so wird der minderwertigere Brennstoff durch die kleinere Verdampfungszahl $z_N = \frac{30000}{11000} \cdot \frac{780 - 100}{640}$ $= 2{,}9$ kg/kg gekennzeichnet. Ist die Umsetzung der Brennstoffwärme in Dampfwärme infolge schlechteren Wirkungsgrades ungünstiger, so wird mehr Brennstoff gebraucht und ebenfalls eine kleinere Verdampfungszahl erhalten.

40. Der Wirkungsgrad der Kesselanlage. Der Brennstoff wird im Kessel unvollkommen ausgenutzt. Der Anteil an *Unverbranntem* in den Herdrückständen und an *Flugkoks* kann, geeigneten Rost und richtige Feuerführung vorausgesetzt, mit 2 bis 8% der eingesetzten Brennstoffmenge angenommen werden, bei Verbrennung von Feinkohle auf einem Rost evtl. noch höher. Staubfeuerungen zeigen die günstigsten Werte. Die Größe des Verlustes an Unverbranntem wird hauptsächlich durch die Art des Brennstoffes, die Rost- und Feuerraumbelastung, die Unterwindpressung und die Rauchgasgeschwindigkeit im Feuerraum beeinflußt. Er steigt außerdem mit zunehmendem Aschegehalt des Brennstoffes. *Ruß* und *Rauch*bildung sowie *unverbrannte Gase* haben ihre Ursache in mangelnder Luftzufuhr, ungenügender Durchwirbelung der Flamme im Feuerraum oder zu niedriger Feuerraumtemperatur. Die Verluste dieser Art können vermindert, ja verhütet werden durch Zufuhr heißer Verbrennungsluft, und zwar als Zonenluft und Zweitluft, und durch gute Durchwirbelung während der Verbrennung. Bei jeder guten Feuerführung ist die Aufgabe zu lösen: genügend Luft dort, wo sie gebraucht wird! Ein weiterer Verlust entsteht durch *Wärmeableitung* und *Strahlung*. Er ist von der Kesselleistung und der Belastung der Kesselanlage abhängig; bei kleinen Kesseln und bei Teillasten ist er verhältnismäßig hoch. Am schwersten wiegt der *Schornsteinverlust*. Er kann klein gehalten werden durch hohen CO_2-Gehalt und niedrige Abgastemperaturen. Hoher CO_2-Gehalt setzt gute Durchwirbelung der Flamme voraus; niedrige Abgastemperaturen verringern den Auftrieb im Schornstein und zwingen zur Anwendung eines Saugzuges, dessen Energieverbrauch allerdings den durch niedrige Abgastemperaturen erzielbaren Wirkungsgradgewinn zum Teil herabsetzt. Unter etwa 130° C darf die Abgastemperatur jedoch nicht sinken, da sich sonst aus dem im Brennstoff enthaltenen Schwefel und Wasser SO_3 und H_2SO_4 bilden, die starke Korrosionen verursachen.

Vergleicht man die nutzbar gewonnene, d. h. zur Dampferzeugung verwendete Wärmemenge $D\,(i_ü - i_{w1})$ mit der durch den Brennstoff zugeführten Wärmemenge BH_u, so erhält man den *Wirkungsgrad* der Kesselanlage: $\eta = \frac{D\,(i_ü - i_{w1})}{B\,H_u}$. Der Wirkungsgrad gilt für die ganze Anlage, d. h. für den Kessel mit Überhitzer und Speisewasservorwärmer.

Zahlenbeispiel für die Errechnung der Leistungszahlen und des Kesselwirkungsgrades: Ein Wasserrohrkessel hat folgende Heizflächen: Kessel $F_k = 710\ \text{m}^2$, Überhitzer $F_ü = 590\ \text{m}^2$, Vorverdampfer $F_{w2} = 800\ \text{m}^2$, Rippenrohrvorwärmer $F_{w1} = 3120\ \text{m}^2$. Die Rostfläche ist $F_r = 54\ \text{m}^2$. Der Kessel erzeugt $D = 51120$ kg/h Dampf von 40 ata und 410° C aus Speisewasser von 102° C und verbraucht dazu $B = 6050$ kg/h Brennstoff mit $H_u = 6800$ kcal/kg Heizwert. Dann ist die Rostbelastung $b = 6050/54 = 112\ \text{kg/m}^2\text{h}$ oder $q_r = 6050 \cdot 6800/54 = 761600\ \text{kcal/m}^2\text{h}$. Die Erzeugungswärme des Heißdampfes ist $i = i_ü - i_{w1} = 772 - 102 = 670$ kcal/kg. Die Wärmebelastung der Kesselheizfläche ist $q_k = \frac{D\,(i_s - i_{ws})}{F_k} = \frac{51120 \cdot (669 - 258)}{710} = 29590\ \text{kcal/m}^2\text{h}$ (i_{ws} = der im Vorverdampfer erreichte Wärmeinhalt des Speisewassers bei Siedetemperatur), die Wärmebelastung des Überhitzers ist $q_ü = \frac{D\,(i_ü - i_s)}{F_ü} = \frac{51120 \cdot (772 - 669)}{590} = 8925\ \text{kcal/m}^2\text{h}$. Die Normalverdampfungszahl wird $z_N = 51120 \cdot 670/6050 \cdot 640 = 8{,}85$ kg Normaldampf je kg Brennstoff. Es ergibt sich der Wirkungsgrad der Kesselanlage $\eta = 51120 \cdot 670/6050 \cdot 6800 = 0{,}833$. Bei einem CO_2-Gehalt von 12% und einer Abgasübertemperatur von 185° C entfallen 10% der Verluste auf den Schornsteinverlust.

Der Kesselwirkungsgrad ist mit der Belastung des Kessels veränderlich, weshalb zwischen einem *Beharrungswirkungsgrad* bei völlig gleichbleibender Belastung und einem *Betriebswirkungsgrad* zu unterscheiden ist, der den Durchschnitt der betriebsmäßig schwankenden Wirkungsgrade darstellt. Der Betriebswirkungsgrad wird für eine längere Betriebsperiode, z. B. eine Woche, einen Monat oder ein Jahr bestimmt. Dampfmenge und Brennstoffmenge müssen während der gewählten Betriebszeit laufend aufgezeichnet werden; Dampferzeugungswärme und Heizwert sind Mittelwerte für diese Zeit. Der Betriebswirkungsgrad ist zwar kleiner, aber für den Betriebsmann weit wichtiger als der unter günstigsten Bedingungen im Probeversuch gewonnene Beharrungswirkungsgrad. Ursachen für einen schlechten Betriebswirkungsgrad können sein: schlechte Feuerführung, wechselnde Brennstoffbeschaffenheit, häufige und starke Belastungsschwankungen, längerer Betrieb bei Teillast oder Überlast, wasserseitige und rauchgasseitige Heizflächenverschmutzung, häufiges Stillsetzen und Anfahren der Kesselanlage.

Untersuchungen an Kesselanlagen sind nach den vom Verein deutscher Ingenieure aufgestellten „Regeln für die Abnahmeversuche an Dampfkesseln" DIN 1942 (VDI-Dampfkesselregeln) durchzuführen. Dies gilt vor allem für Abnahmeversuche, mit denen die Erfüllung der Garantien des Herstellers nachgewiesen werden soll. Solche Abnahmeversuche sollen über eine mindestens sechsstündige ununterbrochene Betriebszeit bei möglichst gleichbleibender Last durchgeführt werden. Auch schon vor dem Versuch soll der Kessel mehrere Stunden mit der beabsichtigten Versuchsbelastung gefahren werden, damit Beharrungszustand erreicht ist.

In Abb. 39 sind Ergebnisse eines *Abnahmeversuches* an einem Kessel für 67 atü Genehmigungsdruck und 500° C Dampftemperatur dargestellt. Der Kessel ist mit Zonenwanderrost ausgerüstet (vgl. Abb. 66) und hat bei Normalleistung einen Beharrungswirkungsgrad von rd. 87%. Es ist zu erkennen, daß sich im Bereich von 60 bis 100% der maximalen Dauerleistung der Wirkungsgrad nur ganz unbedeutend ändert, während er bei niedrigeren Belastungen ganz erheblich absinkt. Dies ist vor allem auf die Zunahme des Abgas- und des Strahlungs- und Restverlustes zurückzuführen. Auch ist bei Teillasten nicht die geforderte Heißdampftemperatur von 500° C zu erreichen, während im Bereich der Normallast der Heißdampfregler in Tätigkeit treten muß, um eine unzulässige Steigerung der Temperatur zu verhindern.

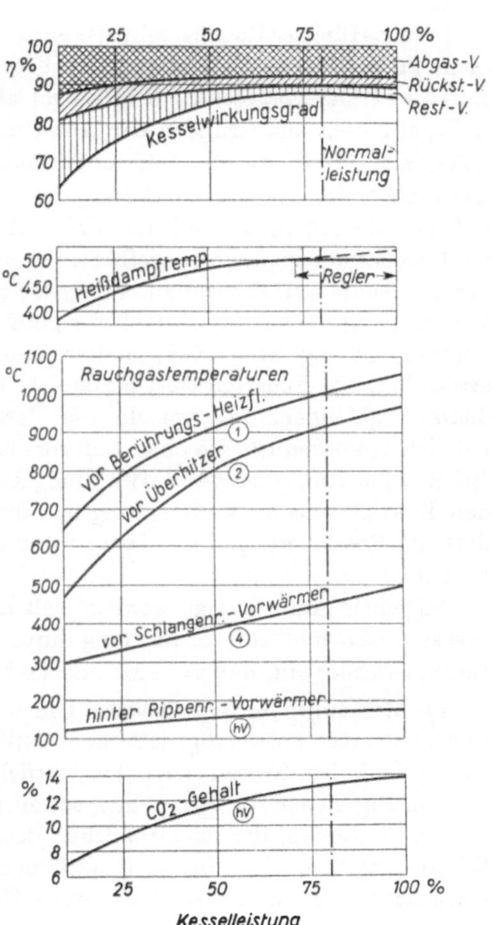

Abb. 39. Kesselwirkungsgrad in Abhängigkeit von der Belastung.

41. Die Bedeutung der Speisewasser- und Luftvorwärmung.

Die Vorwärmung des Speisewassers durch Rauchgase vor Eintritt in den eigentlichen Kessel wird aus zwei Gründen angewendet: erstens verlassen die Rauchgase die Kesselheizfläche, je nach der Kesselbauart, mit einer Temperatur von 300 bis 600° C, weil zur Wärmeübertragung an die Kesselheizfläche eine Differenz von mindestens 100° C zwischen Rauchgas- und Wassertemperatur vorhanden sein muß. Schon bei einem Dampfdruck von 15 atü ist die Siedetemperatur 200° C, so daß die Abgastemperatur 300° C oder mehr betragen müßte. Dadurch würde der Schornsteinverlust bei normalem CO_2-Gehalt unwirtschaftlich hohe Werte annehmen und der Kesselwirkungsgrad außerordentlich schlecht, ja er würde mit zunehmendem Kesseldruck wegen der ebenfalls zunehmenden Siedetemperatur immer schlechter werden. Man verlegt deshalb die Aufwärmung des Speisewassers bis nahe an die Siedetemperatur nach außerhalb des eigentlichen Kessels in den Rauchgasspeisewasservorwärmer. Bei einer Speisewassertemperatur von 100° C bei Eintritt in den Vorwärmer kann die Abgastemperatur auf etwa 200° C herabgedrückt werden, evtl. noch weiter, weil eine Vergrößerung der Vorwärmerheizfläche kostenmäßig viel weniger ins Gewicht fällt als bei der Kesselheizfläche. Die durch die Speisewassererwärmung von t_{w1} auf t_{w2} erreichbare Brennstoffersparnis ΔB in % errechnet sich aus der Beziehung: $\Delta B = \frac{i_{w2} - i_{w1}}{i_{ü} - i_{w1}} \cdot 100$ in % (i_{w1} und i_{w2} = Wärmeinhalte des Speisewassers bei t_{w1} am Eintritt bzw. t_{w2} am Austritt des Vorwärmers, $i_{ü}$ = Wärmeinhalt des Heißdampfes)[1]. Beispiel: Dampfzustand 15 atü, 300° C; $t_{w1} = 100°$ C, $t_{w2} = 183°$ C; daraus folgt: $i_{w1} = 100$ kcal/kg, $i_{w2} = 186$ kcal/kg, $i_{ü} = 724$ kcal/kg und somit $\Delta B = \frac{186 - 100}{724 - 100} \cdot 100 = 13{,}8\%$. Die Ersparnis macht sich bei der Erzeugung von Hochdruckdampf noch stärker bemerkbar, wenn das Speisewasser ebenfalls bis 15 bis 20° C unterhalb der Siedetemperatur erwärmt wird. Bei 80 ata, 500° C und $t_{w1} = 100°$ C und $t_{w2} = 275°$ C ist $i_{ü} = 812$ kcal/kg, $i_{w1} = 100$ kcal/kg und $i_{w2} = 289$ kcal/kg, folglich wird $\Delta B = \frac{289 - 100}{812 - 100} \cdot 100 = 26{,}5\%$.

Der zweite Vorteil der Rauchgasspeisewasservorwärmung liegt darin, daß die Kesselheiz-

[1] Siehe Dampftabelle S. 17 und *i-s*-Diagramm S. 24 und 25.

fläche fast ausschließlich zur Übertragung der Verdampfungswärme zur Verfügung steht. Für eine bestimmte Dampferzeugung reicht nunmehr eine kleinere Kesselheizfläche bei geringerem Brennstoffaufwand aus, oder bei gleichem Brennstoffaufwand kann eine größere Dampfleistung erzielt werden.

Als Vorteil der Speisewasservorwärmung kann außerdem noch erwähnt werden, daß dem Kessel ein Wasser zugeführt wird, das nicht wesentlich kälter als der Kesselinhalt ist. Große Temperaturunterschiede zwischen eingespeistem Wasser und Kesselinhalt verursachen Wärmespannungen am Kesselkörper, Wasserstandsschwankungen und damit häufig Betriebsschwierigkeiten.

Ist mit Hilfe der Rauchgas-Speisewasservorwärmung eine genügend niedrige Abgastemperatur nicht zu erreichen, so wird im Rauchgasstrom hinter dem Speisewasservorwärmer noch ein Luftvorwärmer vorgesehen. Dies ist vor allem bei Kesselanlagen mit höherem Druck der Fall, weil bei diesen aus Gründen der Abwärmeverwertung die Speisewassereintrittstemperatur oft höher als 100° C ist. Die Luftvorwärmung führt jedoch im Gegensatz zur Speisewasservorwärmung nicht zu einer Entlastung der Kesselheizfläche. Trotzdem wirkt sie sich sehr vorteilhaft aus. Sie vermindert in jedem Falle den Abgasverlust; die den Rauchgasen entzogene Wärme wird wieder der Feuerung zugeführt, die entsprechend weniger Wärme zur Erwärmung der Verbrennungsluft auf Feuerraumtemperatur aufzuwenden hat. Damit steht ein größerer Teil der Verbrennungswärme zur Dampferzeugung zur Verfügung, gleichzeitig wird der Verbrennungsvorgang günstig beeinflußt; höhere Feuerraumtemperaturen und höhere CO_2-Gehalte sind erreichbar, die Feuerungsleistung steigt. Ihre besondere Bedeutung hat die Luftvorwärmung dadurch gefunden, daß mit ihr die Verfeuerung minderwertiger, ballastreicher Brennstoffe möglich geworden ist, die ohne Luftvorwärmung nicht oder nur sehr schwer zu verfeuern sind. Bei Rostfeuerungen ist der Vorwärmung der Zonenluft jedoch eine Grenze gesetzt, weil die durch den Rost strömende Verbrennungsluft auch zur Kühlung der Roststäbe dienen muß. Daher darf bei Rostfeuerungen die Temperatur des Unterwindes nicht mehr als 120 bis 150° C betragen.

Allgemein kann gesagt werden, daß die Erzeugung von Hochdruckdampf erst durch die Speisewasser- und Luftvorwärmung durch Rauchgase wirtschaftlich geworden ist. Auch für den Luftvorwärmer gilt, daß seine Heizfläche billig ist, weil sie nicht druckfest zu sein braucht.

42. Messungen im Kesselbetrieb. Um eine Kesselanlage bedienen und überwachen zu können, sind Meßgeräte notwendig, mit deren Hilfe das Bedienungspersonal den Betriebszustand feststellen und den Kesselbetrieb hinsichtlich Belastung und Wirtschaftlichkeit einregeln kann. Gleichzeitig dienen die Messungen, soweit sie laufend in das Betriebsprotokoll eingetragen oder registriert werden, der nachträglichen Betriebskontrolle und als Abrechnungsgrundlage für das Wirtschaftsbüro. Von diesen Gesichtspunkten aus ist die Meßeinrichtung eines Kessels zu betrachten und auszulegen. Bei großen Kesselanlagen werden Fernmeß- und Fernbedienungsgeräte erforderlich, die oftmals mit Regeleinrichtungen vereinigt sind.

Eine laufende Registrierung mit Schreibgeräten kommt im allgemeinen nur für solche Meßwerte in Frage, die sich innerhalb verhältnismäßig kurzer Zeit ändern können und deren Änderung Rückschlüsse auf wichtige Betriebseinflüsse, Störungsursachen, Maßnahmen der Bedienung und die Arbeitsweise vorhandener Regeleinrichtungen zulassen. Aus diesem Grunde findet man Registriergeräte vor allem für die Messung von Speisewasser- und Dampfmenge, Speisewasser- und Dampfdruck und Heißdampftemperatur. Darüber hinaus werden häufig auch CO_2-Gehalt und Temperatur der Abgase im Fuchs registriert. Die Speisewasser- und Dampfmengen werden, von Ausnahmen bei Speisung mit Kolbenpumpen abgesehen, mit Hilfe von Stauflansch, Düse oder Venturirohr gemessen, die Drücke in der Kesseltrommel, der Speisewasser- und Dampfleitung mit üblichen Manometern, Unterdrücke im Feuerraum, im Rauchgasweg und im Fuchs mit U-Rohren mit Wasserfüllung. Zur Temperaturmessung benutzt man je nach der Höhe der zu messenden Temperatur Quecksilber- oder Widerstandsthermometer oder Thermoelemente. Die Beobachtung der Unterdruckwerte und der Temperaturen im Rauchgasweg ermöglicht zusammen mit den Temperaturen auf dem Speisewasser- und Dampfweg im Kessel selbst eine Beurteilung der rauchgas- oder wasserseitigen Verschmutzung der Heizflächen. Zur Bestimmung der Brennstoffmenge werden Gleiswaagen, Bandwaagen oder selbsttätig arbeitende Behälterwaagen verwendet. Bei regelbaren Zuteilern bieten die Drehzahl, Geschwindigkeit oder Schichthöhe eine einfache Möglichkeit zur Volumenmessung. Der CO_2-Gehalt wird mit handbedienten Orsat-Apparaten zur Stichprobenuntersuchung oder mit selbsttätig arbeitenden Rauchgasprüfern zur laufenden Registrierung bestimmt.

Bei mechanischen Feuerungen, Unterwindbetrieb und vor allem bei Staubfeuerungen sind noch zusätzliche Meßgeräte notwendig, um die Leistungsaufnahme der Antriebe, Temperatur und Pressung der Verbrennungsluft und das Arbeiten der Kohlenstaubmühlen beobachten zu können.

Die an den verschiedensten Stellen des Kessels aufgenommenen Meßwerte werden an einer gemeinsamen Überwachungstafel angezeigt und registriert. Diese steht auf dem Heizerstand oder auch außerhalb des eigentlichen Aufstellungsraumes des Kessels. Hier sind außerdem die Betätigungseinrichtungen zur Fernbedienung untergebracht. Fernbedienung ist nicht zu verwechseln mit selbsttätiger Regelung, bei der ein Teil oder auch alle Verstellvorgänge von Reglern übernommen werden, z. B. die Anpassung der Brennstoff-, Verbrennungsluft- und Speisewassermenge, des Unterdruckes am Kesselende an die Belastung. Wie auch für die Meßgeräte so gilt vor allem für die Regeleinrichtungen in verstärktem Maße, daß sie einer dauernden und sorgfältigen Wartung bedürfen. Die Zuverlässigkeit dieser Einrichtungen ist von entscheidender Bedeutung für die Sicherheit und Wirtschaftlichkeit des Kesselbetriebes.

Als wichtige Ergänzung der Überwachungsanlage sind noch Warn- und Alarmgeräte zu nennen. Optische und akustische Signale sollen die Bedienung rechtzeitig auf Unstimmigkeiten oder Gefahrenpunkte am Kessel aufmerksam machen. Beispielsweise soll die Bedienung im Aschenkeller gewarnt werden, wenn die Rußbläser am Kessel betätigt werden. Alarmsignale sollen z. B. bei Erreichen des niedrigsten oder höchsten Wasserstandes, bei Ausbleiben des Brennstoffes, bei niedrigem Speisewasserdruck, bei zu hoher Dampftemperatur oder beim Auslösen der Elektrofilter ansprechen. Unerläßlich ist die Alarmanlage an Kohlenstaubmühlen, um Überlastung und Ausfall der Mühlen infolge zu reichlicher Brennstoffaufgabe zu vermeiden, oder um Mühlenbrände infolge zu geringer Kohlenaufgabe oder zu hoher Lufttemperatur zu verhüten. Beides würde zu empfindlichen Störungen im Kesselbetrieb führen.

V. Die Feuerungen der Dampfkessel[1].

43. Wesen und Aufgabe der Feuerung. Vom betrieblichen und auch vom konstruktiven Standpunkt ist die Aufgliederung eines Dampferzeugers in Feuerung und Kessel nur schwer aufrechtzuerhalten. Die Feuerung ist keine Hilfseinrichtung der Kesselanlage, sondern muß mit dieser organisch verbunden sein. Sie ist für die Leistung und die Wirtschaftlichkeit von ebenso ausschlaggebender Bedeutung wie der Kessel selbst. Die Aufgabe der Feuerung ist, die Brennstoffwärme bei möglichst hoher Temperatur mit bestem Wirkungsgrad freizumachen. An der Heizfläche des Kessels soll diese Wärme auf den Kesselinhalt übertragen und zur Dampferzeugung nutzbar gemacht werden. So verschiedenartig diese Vorgänge auch sind, so wenig kann man sie praktisch voneinander trennen. Deshalb wird auch der Wirkungsgrad stets für die Gesamtanlage bestimmt. Aus den unterschiedlichen Aufgaben der zwei Hauptbestandteile einer Kesselanlage ergeben sich aber auch unterschiedliche Voraussetzungen und Beeinflussungsmöglichkeiten für den Betrieb, weshalb ihre getrennte Behandlung trotzdem angebracht ist.

Eine Feuerung muß

1. mit dem Kessel eine organische Einheit bilden;
2. geeignet sein, die in den betrieblichen Grenzen wechselnden Brennstoffsorten und Brennstoffmischungen mit bester Wirtschaftlichkeit zu verfeuern;

---

[1] Siehe Kesselbetrieb, Sammlung von Betriebserfahrungen; herausgegeben von der Vereinigung der Großkesselbesitzer (VGB), 3. Aufl., Vulkan-Verlag Essen (1953), mit umfangreichem Literaturnachweis. Münzinger, Dampfkraft, 3. Aufl. Berlin / Göttingen / Heidelberg: Springer 1949.

3. eine möglichst große Betriebsbeweglichkeit besitzen, also den Belastungsschwankungen rasch folgen können, was bei modernen Kesseln mit verhältnismäßig geringem Wasserinhalt von besonders großer Bedeutung ist;
4. sichere und schnelle Zündung des Brennstoffes gewährleisten;
5. hohe Leistungen ermöglichen (große Rost- bzw. Feuerraumbelastungen);
6. besten Ausbrand des Brennstoffes bei geringem Luftüberschuß sicherstellen;
7. betriebssicher und wenig reparaturanfällig sein;
8. leicht bedienbar sein.

Am schwierigsten ist die Bedingung 2 zu erfüllen, da auch bei gleichartigen Brennstoffen, z. B. Steinkohle, die Feuerungsleistung durch die Körnung, die Zusammensetzung und Menge der flüchtigen Bestandteile, den Aschegehalt und den Wassergehalt erheblich beeinflußt wird. Moderne Feuerungen ermöglichen jedoch eine hinreichende Anpassung an unterschiedliche Brennstoffqualitäten, gegebenenfalls durch kombinierte Feuerungen.

44. Die Feuerführung. Der Verbrennungsvorgang gliedert sich in vier Abschnitte: 1. die Trocknung, 2. die Entgasung des Brennstoffes, 3. die Vergasung des restlichen Kokses, 4. die Verbrennung der Entgasungs- und Vergasungsprodukte. Gute Verbrennung kann nur durch geeignete Luft- und Wärmezufuhr an den Brennstoff erreicht werden. Von großer Bedeutung ist die Feuerraumtemperatur, deren Höhe besonders stark durch den Luftüberschuß (s. Zahlentafel 12, S. 53), außerdem durch Wassergehalt und Aschegehalt des Brennstoffes, durch die Temperatur der Verbrennungsluft und durch die Abstrahlung an die Feuerraumwände beeinflußt wird. Die statthafte höchste Feuerraumtemperatur ist meist durch die Schmelz- bzw. Erweichungstemperatur der *Asche* bedingt; häufig hat sich die Feuerführung nach diesem Gesichtspunkt zu richten, damit nicht starke Verschlackung auftritt. Auf das Mauerwerk braucht heute im allgemeinen wenig Rücksicht genommen zu werden, da es durch Strahlungsheizfläche weitgehend geschützt ist. Jedoch entzieht die Strahlungsheizfläche der Flamme erhebliche Wärmemengen, so daß bei Teillasten mit einem Abreißen der Zündung gerechnet werden muß.

Die Verbrennung soll *rauchfrei* erfolgen. Ein Blick auf den Schornstein macht auf Mängel in der Feuerführung aufmerksam. Ein qualmender Schornstein deutet immer auf unvollkommene Verbrennung hin. Ruß ist reiner Kohlenstoff, der bei Aufspaltung von Kohlenwasserstoffen wegen Luftmangel nicht verbrennen kann. Die schwer entzündbaren Kohlenwasserstoffe ziehen unverbrannt als Qualm ab, wenn die Feuerraumtemperatur zu niedrig ist, meist infolge zu großen Luftüberschusses oder zu kalter Verbrennungsluft. Die Verluste durch Ruß und Qualm sind zahlenmäßig nicht zu bestimmen und werden im Restverlust der Wärmebilanz erfaßt. Bei durch Qualm und Rauch angezeigter unvollkommener Verbrennung muß jedoch immer mit CO und CH_4 in den Rauchgasen gerechnet werden. 1% CO im Rauchgas bedeutet rd. 5% Wirkungsgradverlust, 1% CH_4 sogar rd. 15%. Brennstoffe mit einem hohen Gehalt an flüchtigen Bestandteilen sind schwierig rauchfrei zu verbrennen. Bei diesen Brennstoffen kommt es auf richtige Bemessung der Verbrennungsluftmenge, deren richtige Verteilung in der Feuerung und gute Vermischung mit den Brenngasen, auf die Lufttemperatur und die Feuerraumtemperatur besonders an. Immerhin läßt sich eine rauchfreie Verbrennung auch gasreicher Brennstoffe, geeignete Feuerung vorausgesetzt, mit verhältnismäßig einfachen Mitteln erreichen, jedoch nicht ohne sorgfältige Beobachtung des Feuers

Flugkoks nennt man die im Rauchgasstrom mitgerissenen nicht ausgebrannten Brennstoffteilchen; er bedeutet also unmittelbaren Brennstoffverlust. Er entsteht durch zu starken Zug über dem Rost, zu hohe Unterwindpressung, zu niedrige Feuerraumtemperatur. Bei Feinkohle ist mit besonders hohem Anfall an Flugkoks zu rechnen, so daß unter Umständen Einrichtungen zur Rückführung des Flugkokses in den Feuerraum vorgesehen werden. *Flugasche* ist die vom Rauchgasstrom mitgeführte Asche. Sie lagert sich leicht an den Nachschaltheizflächen, also am Überhitzer und Speisewasser- und Luftvorwärmer ab, vermindert den Wärmeübergang und verursacht dadurch hohe Abgasverluste. Sie muß deshalb laufend entfernt werden. Starker Flugascheaustrag am Schornstein belästigt die Umgebung und ist durch Rauchgasentstaubung zu verhindern. Bei niedrigen Kaminen ist das besonders wichtig.

Jede Feuerung kann ihre Aufgabe, die Brennstoffwärme mit bestem Erfolg freizumachen, nur bei bester Feuerführung erfüllen. Ihre Leistung hängt weitgehend von der Bauart ab. So findet man für Kessel kleiner Leistung fast ausschließlich Rostfeuerungen, für Kessel mit 30 bis 70 t/h Dampfleistung sowohl Rost- als auch Staubfeuerungen. Rostfeuerungen finden aus Gründen des Platzbedarfs ihre Grenze bei etwa 100 t/h Kesselleistung. Bei noch größeren Dampfleistungen werden nur Staubfeuerungen verwendet, mit denen praktisch beliebig hohe Dampfleistungen zu erreichen sind.

45. Rostfeuerungen. Nach der Lage der Feuerung zum Kessel unterscheidet man *Innen*feuerungen, *Unter*feuerungen und *Vor*feuerungen. Rostfeuerungen müssen, um die Verbrennung durchführen und unterhalten zu können, Einrichtungen zur Brennstoffzufuhr, zum Tragen des Brennstoffes, zur Luftzufuhr und zum Entfernen der Asche haben. Kleine Feuerungen können von Hand bedient werden, große Feuerungen erfordern mechanische Betätigung des Kohletransportes und des Aschenaustrages.

Der einfachste, hauptsächlich für Innenfeuerungen angewendete Rost ist der *Planrost* (vgl. Abb. 67), der aus mehreren Reihen nebeneinander liegender Roststäbe besteht. Zwischen den Roststäben müssen Rostspalte von mehreren Millimetern frei bleiben, durch welche die Verbrennungsluft zutritt und die Asche niederfällt. Die Spalte müssen um so enger sein, je kleinstückiger der Brennstoff ist. Bei feinkörnigem Brennstoff verwendet man schlangenförmige Roststäbe, die sehr enge Spalte von 1 bis 2 mm ermöglichen und doch ausreichenden Querschnitt für den Luftdurchtritt frei lassen. Die Höhe des normalen Roststabes ist 100 mm, damit an der Oberfläche seiner Flanken ein Teil der aus dem Brennstoffbett aufgenommenen Wärme an die Verbrennungsluft abgegeben werden kann und somit der Rost gekühlt wird. Die genannten Gesichtspunkte haben für alle Roste Gültigkeit[1].

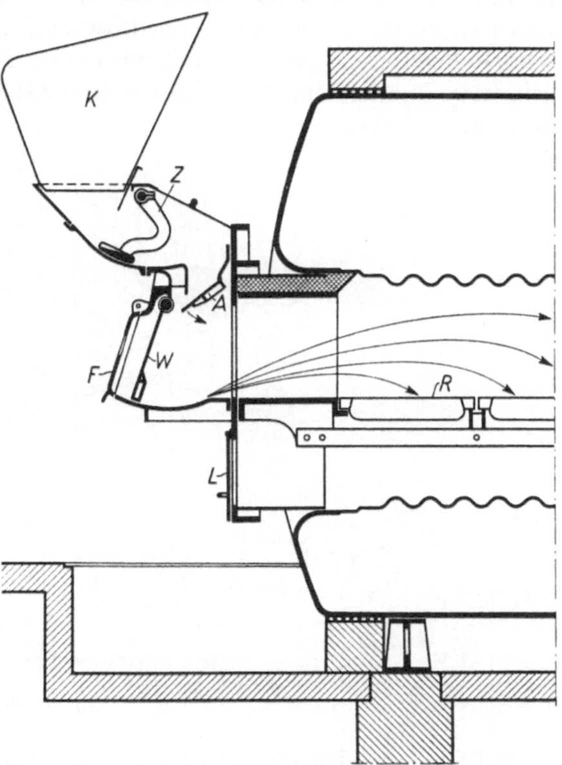

Abb. 40. Wurffeuerung.

Planroste kommen nur für kleine Anlagen, meist für Flammrohrkessel, in Frage. Seine Vorzüge sind: Eignung für alle körnigen Brennstoffe, geringer Anschaffungspreis, niedrige Betriebs- und Instandhaltungskosten. Sein wesentlichster Nachteil ist der schlechte Wirkungsgrad, der hauptsächlich durch die stoßweise Brennstoffaufgabe und das Abschlacken bei geöffneter Feuertür verursacht wird, wodurch unverbrannte Gase entweichen, ungleichmäßiger Abbrand und große Herdverluste auftreten. Diese Mängel können gemildert werden durch Unterwindanwendung, Zweitluftzugabe durch die am Rostende angeordnete Feuerbrücke und durch laufende selbsttätige Brennstoffaufgabe bei sog. *Wurffeuerungen* (Abb. 40). Der Brennstoff wird durch den Zuteiler *Z* dem Kohlentrichter *K* entnommen und durch die schwenkbare Anweisplatte *A* vor die Wurfschaufel *W* geführt. Die durch kräftige Federn betätigte Wurfschaufel befördert die Kohle in einstellbaren Zeitabständen auf den Rost *R*. Die Feuertür *F* bleibt geschlossen; die Verbrennungsluft wird durch die Luftklappe *L* zugemessen; gegebenenfalls ist bei *L* ein Unterwindgebläse angeschlossen. Wurffeuerungen sind gegen Korngrößenveränderung des Brennstoffes empfindlich.

Wie bei der Wurffeuerung ist auch bei der *Planstoker*-Feuerung die Kohlenzufuhr mechani-

[1] Roststäbe nach DIN 2911 genormt; Roststabguß nach DIN 1891.

siert. Die Kohle wird hier durch hin- und hergehende Stößel auf den Rost geschoben, dessen Fläche in Schwel-, Hauptverbrennungs- und Nachverbrennungsrost aufgeteilt ist. In Verbindung mit Unterwind ist auch mit diesen Feuerungen eine sehr gute Verbrennung zu erreichen, zumal das Abschlacken von Hand nur in Abständen von ein oder mehreren Stunden notwendig ist. Selbsttätiger Kohletransport und Aschenaustrag sind beim *Schüttelrost* (Abb. 41) erreicht, der damit ein vollmechanischer Planrost für Kesselleistungen von 2 bis 20 t/h ist. Die mit etwa 20 Grad geneigte Rostbahn *R* erfährt durch einen Elektromotor über ein Spezialgetriebe *G* in Zeitabständen von 2 Minuten eine längsgerichtete Schüttelbewegung von wenigen Millimetern Ausschlag. Dadurch wird frischer Brennstoff aus dem Fülltrichter *Tr* auf das Rostbett gezogen, die abbrennende Kohle weiterbefördert, das Brennstoffbett gelockert und ausgeglichen und schließlich Asche und Schlacke über das Rostende in den Schlackenfall abgeworfen. Die Rostleistung wird dadurch verändert, daß der Schüttelvorgang zwischen 4 und 10 Sekunden Dauer eingestellt werden kann. Der Rost ist durch ein in den Kesselwasserkreislauf eingeschaltetes Rohrsystem *K* gekühlt; dadurch werden in Verbindung mit Zonenunterwind hohe Rostbelastungen erzielt und trotzdem die Roststäbe geschont, außerdem wird das Anbacken von Schlacke verhütet.

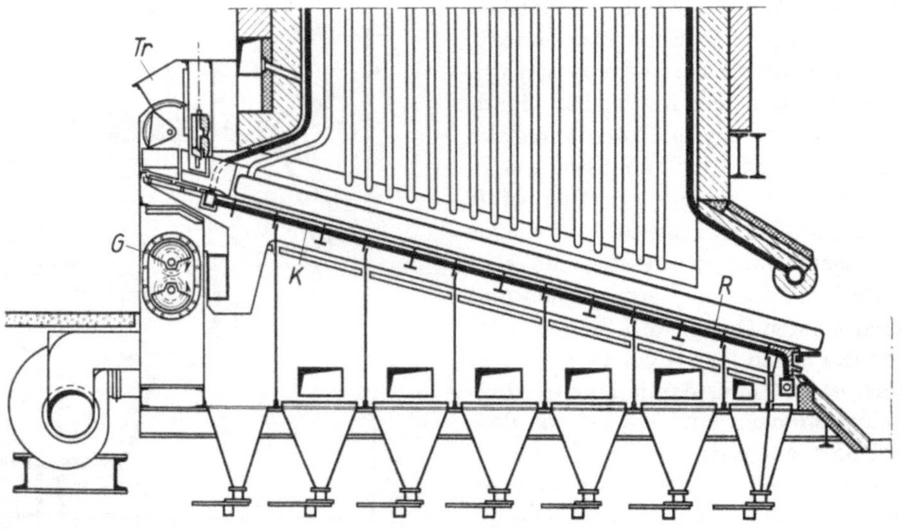

Abb. 41. Schüttelrost.

Bei feststehenden Planrosten ist die Mechanisierung des Kohle- *und* Aschetransportes aus Gründen der besseren Feuerführung erwünscht. Feuerungen für große Leistungen und ballastreiche Brennstoffe verbrauchen Kohlenmengen, die von Hand nicht mehr in den Feuerraum geschafft und auf die großen Rostflächen verteilt werden können. Für mullige Brennstoffe mit geringem Heizwert, wie z. B. Rohbraunkohle, verwendet man *Treppenroste* (Abb. 42), bei denen Rost*platten* waagerecht sich überdeckend treppenstufenartig aufgebaut sind, so daß der feinkörnige Brennstoff nicht durchfallen kann, während gleichzeitig für die in horizontaler Richtung einströmende Verbrennungsluft ausreichende Querschnitte vorhanden sind. Die Rostplatten werden durch regelbare Antriebe *RA* langsam hin und her bewegt, und zwar so, daß jede zweite Rostplattenreihe diese Bewegung ausführt. Dadurch wird der Brennstoff allmählich nach unten gefördert, gleichzeitig frische Kohle nachgezogen und der Abbrand in den Aschenfall geschoben. Der in Abb. 42 dargestellte Doppel-Vorschubtreppenrost hat zwei deutlich getrennte Rostteile. Auf dem oberen Rostteil wird die Kohle getrocknet und teilweise entgast. Die Schwelgase strömen waagerecht in den Feuerraum und mischen sich dort mit der vom unteren Rostteil senkrecht aufsteigenden Flamme. Dadurch ist es möglich, CO_2-Gehalte von 13 bis 14% und somit Wirkungsgrade über 80% zu erreichen.

Eine Sonderbauart des Treppenrostes ist der mechanisch betätigte *Rückschubrost*, der als Martin-Rost bekannt geworden ist. Die Schubrichtung der Roststäbe ist hier nach rückwärts gegen den Kohleneinlauf gerichtet, so daß die untere Schicht des etwa 200 bis 400 mm hohen Brennstoffbettes entgegengesetzt zu der oberen Schicht bewegt wird, die gleichzeitig nach unten rutscht. Dadurch wird eine sehr gute Verteilung der frischen unter die bereits brennende Kohle

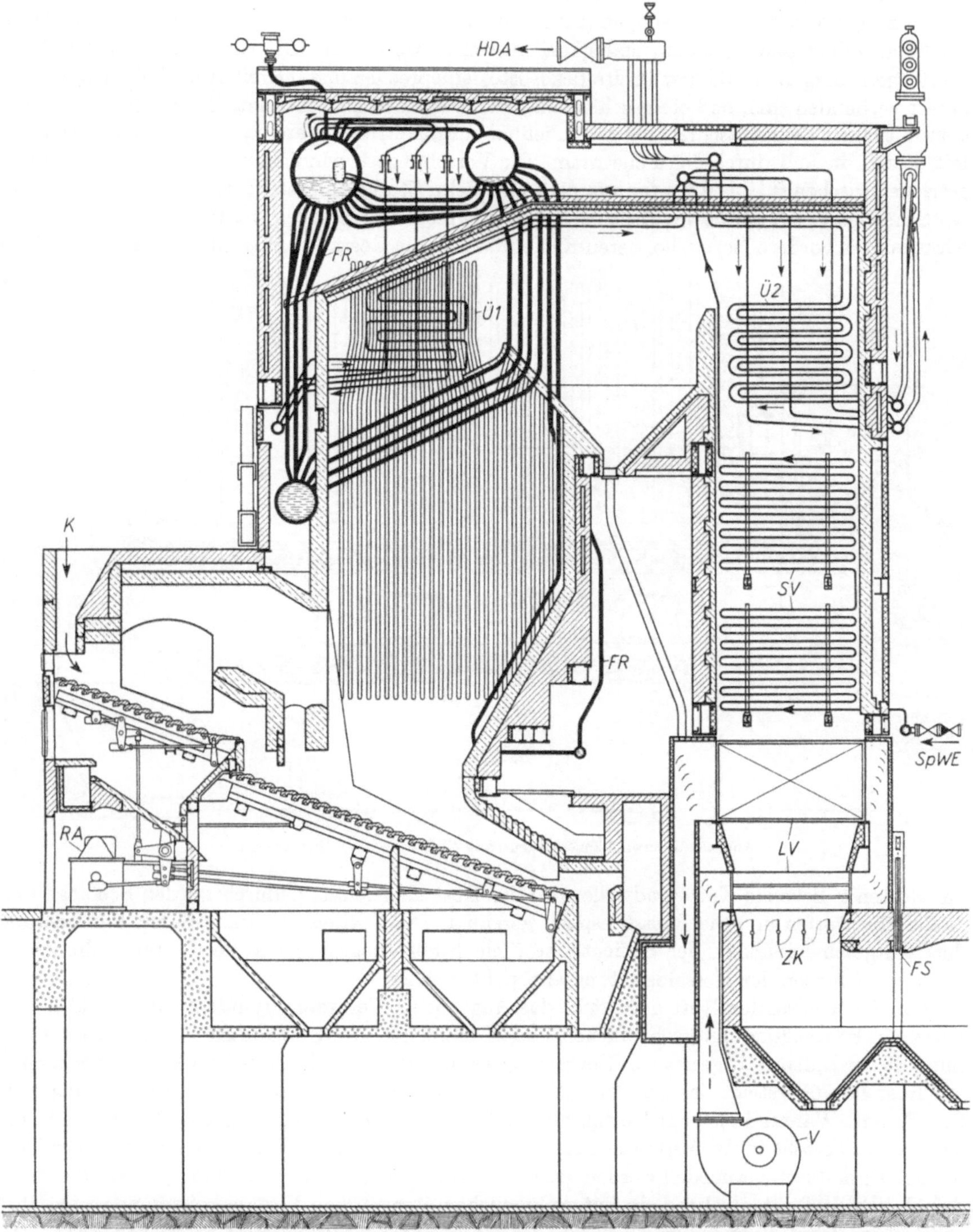

Abb. 42. Doppel-Vorschubtreppenrost mit Unterwind für Rohbraunkohle mit H_u = 1900 kcal/kg an einem Steilrohrkessel (Steinmüller-Gummersbach).

erzwungen, was die Zündung und Verbrennung in Verbindung mit Zonenunterwind günstig beeinflußt. Der Martin-Rost eignet sich besonders für backende, aschereiche Kohlen, Waschberge, Mittelprodukt, Kohlenschlamm oder Mischungen solcher Brennstoffe. Ungünstig ist der durch die Schmirgelwirkung der Asche und die besonders starke Wärmebeanspruchung hervorgerufene verhältnismäßig starke Verschleiß der aus hochwertigem Material (12 bis 18% Chrom) bestehenden und damit teuren Roststäbe.

Die am weitesten verbreitete vollmechanisch betätigte Feuerung ist der *Wanderrost* (Abb. 43), der bis zu den größten Abmessungen (für rd. 100 t/h Dampfleistung) gebaut wird und zu großer Vollkommenheit und Anpassungsfähigkeit entwickelt worden ist. Die Roststäbe sind auf Roststabträgern aufgereiht, die der Breite des Rostes entsprechen und die mit zwei Gallschen Ketten derart verbunden sind, daß ein geschlossenes endloses Rostband entsteht. Die Kohle rutscht aus dem mit einem Segmentschieber *a* verschließbaren Einlauftrichter auf das Rostband und wandert mit diesem in und durch den Feuerraum. Die Vorschubgeschwindigkeit kann mit einem Regelgetriebe zwischen 0,1 bis 0,8 m/min in acht oder zehn Stufen eingestellt werden, von denen eine ein Schnellgang ist, damit der Rost bei Störungen rasch leergefahren werden kann. Der Antrieb wirkt auf die vordere Rostwelle, deren Kettenräder in die Rostkette eingreifen. Über eine gleiche

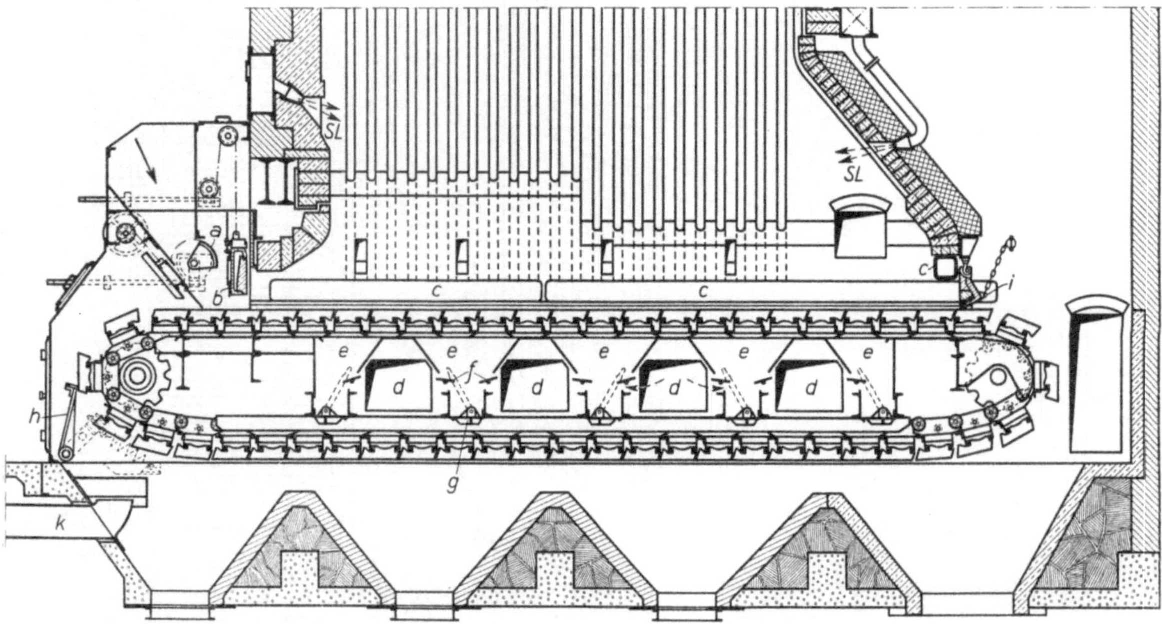

Abb. 43. Unterwind-Zonen-Wanderrost (Babcockwerke, Oberhausen).

am Rostende liegende Kettenradwelle wird der Rost umgelenkt; dadurch werden Schlacke und Asche abgeworfen und die Roststabspalte gereinigt. Die Rostleistung kann durch Veränderung der Rostgeschwindigkeit, der Schichthöhe (Schichthöhenregler *b*) und der Unterwindpressung in weiten Grenzen der Kesselbelastung angepaßt werden.

Bei einem normalen Rost entspricht das Angebot an Verbrennungsluft nicht dem über den einzelnen Rostpartien unterschiedlichen Bedarf (Abb. 44). Am Rostanfang während der Trocknung ist der Luftbedarf gering, im Entgasungsbereich ist er sehr hoch und im Vergasungsbereich am Rostende übersteigt das Luftangebot infolge der nunmehr geringeren Rostbedeckung weit den Bedarf. Während also am Rostanfang und am Rostende ein unnötiger Luftüberschuß vorhanden ist, besteht in der Mitte die Gefahr unvollkommener Verbrennung. Beides führt zu Verlusten, die dadurch vermieden werden, daß die Verbrennungsluft mit Pressung (Unterwind) und, dem Luftbedarf entsprechend, in unterschiedlichen Mengen den Verbrennungszonen zugeführt wird. Aus dieser Notwendigkeit wurde der *Unterwind-Zonenwanderrost* entwickelt (Abb. 43). Die meist auf 120° C vorgewärmte Unterwindluft wird mit 50 bis 100 mm WS Pressung durch Luftkanäle *d* dem Rost zugeführt und mit Hilfe der Drosselklappen *f* nach Bedarf auf die Zonen *e* verteilt. Je nach der Höhe der Brennstoffschicht und der Körnung der Kohle herrscht unter den vorderen und hinteren Zonen ein Druck von wenigen mm WS, in den mittleren Zonen bis etwa 40 mm WS. Man sieht vier bis sechs Zonen vor, manchmal auch mehr (Vielzonen-Wanderrost).

Je mehr Zonen, um so weitgehender kann die Luftmenge geregelt werden (Abb. 44 unten). Die Zonen sind durch Zonensättel gegeneinander abgedichtet. Zur guten Durchwirbelung der verbrennenden Gase wird oberhalb des Rostes heiße Sekundärluft *SL* mit 300 bis 600 mm WS Pressung in den Feuerraum eingeblasen.

Durch Kühlkästen *c* wird das Anbacken von Schlacke an den Seiten des Rostes verhindert. Die Kühlkästen sind mit dem Rohrsystem des Kessels verbunden. Der Feuerraum ist am Rostende durch den Pendelstauer *i* abgeschlossen. Der Rostdurchfall wird entweder durch Transportschnecken seitlich ausgetragen oder durch handbediente Klappen *g* entfernt. Aschenreste werden mit Hilfe einer Abklopfvorrichtung *h* beim Auflaufen auf die vordere Rostwelle beseitigt. Um die rücklaufende Rostkette zu kühlen, wird vielfach die Zonenluft unterhalb des Rostes bei *k* angesaugt.

Besonders wichtig ist es, die richtige Schichthöhe einzustellen. Sie ist von der Art des Brennstoffes, seiner Körnung und dem Aschegehalt und Wassergehalt abhängig und soll so gewählt werden, daß bei entsprechender Rostgeschwindigkeit und Unterwindpressung der vollständige Abbrand erst kurz vor dem Rostende erreicht ist. Die Lebensdauer des Rostbelages wird durch die starke Einstrahlung aus dem Feuerraum auf unbedeckte Roststellen und durch wärmestauende Anhäufungen in der Brennstoffschicht sehr ungünstig beeinflußt. Als Folge der ungleichen Erwärmung treten ungleichmäßiger Verschleiß der Roststäbe, Zwängungen oder gar Bruch auf. Der Ascherückstand schützt bei gleichmäßiger Bedeckung die Roststäbe, weshalb der Brennstoff mindestens 3 bis 5% Asche haben soll. Die üblichen Schichthöhen liegen zwischen 60 und 150 mm; je grobkörniger oder stückiger die Kohle und je höher die Unterwindpressung ist, um so größer muß die Schichthöhe sein.

Voraussetzung für eine einwandfreie Verbrennung ist gleichmäßige Verteilung des Brennstoffes auf dem Rost und gleichmäßiger Abbrand beim Durchlaufen des Feuerraumes. Aus Brennstoffnestern und -streifen ziehen unverbrannte Gase, aus unbedeckten Rostflächen dagegen überschüssige Luftmengen als Strähnen durch den Feuerraum, die auch durch Zweitluft mit sehr hoher Pressung nicht mehr genügend gemischt und verbrannt werden können. Solche Verluste durch teilweisen Luftmangel und teilweisen Luftüberschuß sind vor allem bei ungleichmäßiger Körnung des Brennstoffes oder bei Mischungen von Brennstoffen verschiedener Herkunft und Zusammensetzung zu befürchten. Oft besteht auch die Notwendigkeit, Mittelprodukt, Koksgrus, Feinkohle oder Schlamm gemeinsam zu verfeuern. Schüren durch seitliche Mauerwerksluken ist nur ein Notbehelf. Die Vorsorge hat schon beim Transport der Kohle zum Kesselhaus zu beginnen. Die verschiedenen Kohlesorten sollen bereits beim Bunkern so gut wie möglich gemischt werden. Um erneute Entmischung zu vermeiden, benutzt man Pendelschurren *a* (Abb. 45), die am Bunkerauslauf beweglich und über die ganze Breite des Rosttrichters schwenkbar sind. Lagert man die Brennstoffe in getrennten Bunkern, so mischt man mittels Zuteiler *b* an den Bunkerausläufen. Steht die für Pendelschurren notwendige Bauhöhe nicht zur Ver-

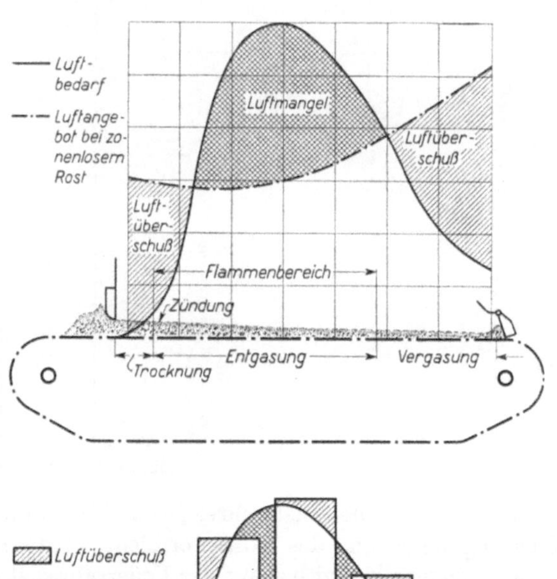

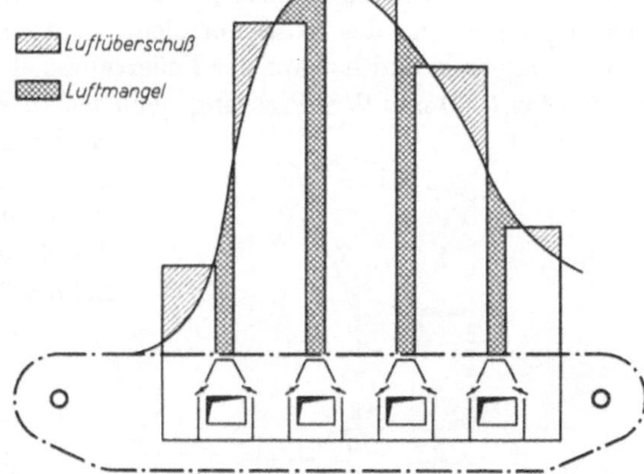

Abb. 44. Luftbedarf und Luftangebot beim Wanderrost ohne und mit Zonen.

fügung, werden Verteilerkästen *k* verwendet (Abb. 46), die auf den Rosttrichtern hin und her gefahren werden können.

Mittels drehbarer wassergekühlter Schürspiralen oder Roststauer kann das Brennstoffbett ausgeglichen oder aufgelockert werden. Ist der Brennstoff mit backender Feinkohle gemischt,

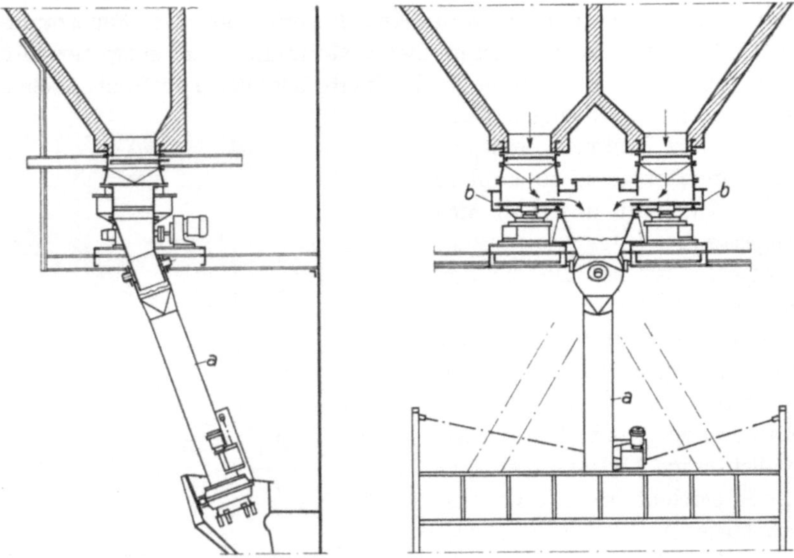

Abb. 45. Pendelschurre für Wanderrost.

kann mit Hilfe eines Blaswehres (Abb. 47) sowohl eine Wirkungsgradverbesserung wie auch eine Leistungssteigerung des Rostes erreicht werden[1]. Das keilförmige Blaswehr *BlW* ist am Rostanfang eingebaut und hat auf der Feuerraumseite einen Blasspalt von 2 mm, durch den die Luft mit 600 bis 1000 mm WS Pressung geblasen wird. Dadurch wird das Feinkorn aus der über das Blaswehr gleitenden Kohlenschicht in den Feuerraum geblasen und in der Schwebe verbrannt. Der Rost wird entlastet, das Backen und Verschlacken verhütet und die Entgasungszone stark durchwirbelt, wozu auch die Sekundärluft *SL* beiträgt.

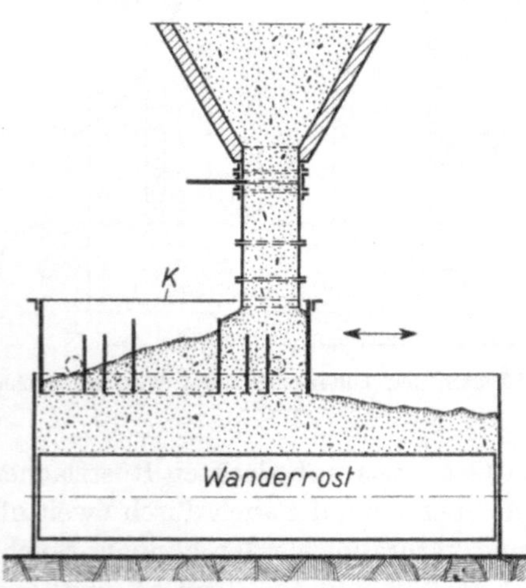

Abb. 46. Verteilerkasten für Brennstoff-Mischungen.

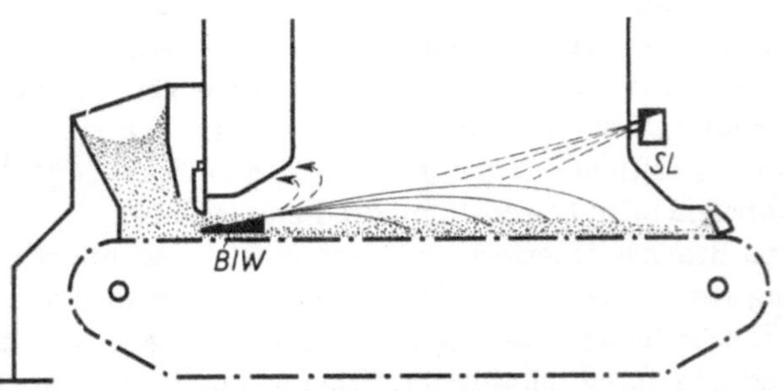

Abb. 47. Blaswehr an einem Wanderrost.

In besonderen Fällen (z. B. zur Leistungssteigerung oder um aus anderen Betrieben anfallenden Staub unterzubringen) kann die Rostfeuerung zusätzlich mit einer Staubfeuerung vereinigt werden, wobei das Grobkorn dem Rost, das Feinkorn der Staubfeuerung zugeführt wird.

46. Kohlenstaubfeuerungen. Trotz seiner vielen Vorzüge ist der Zonenwanderrost für backende, feinkörnige und aschereiche Kohlen nur im begrenzten Umfange geeignet. Meist ist bei Verwendung solcher Kohlen die Mischung mit mageren, grobkörnigen Brennstoffen hohen Heiz-

[1] Siehe Brennstoff-Wärme-Kraft „BWK“ Bd. 3 (1951) H. 12, S. 414.

wertes notwendig. Die *Staubfeuerung* ist gegen solche Einflüsse weitgehend unempfindlich. Sie bietet folgende Vorteile: höherer Wirkungsgrad und geringerer Wirkungsgradabfall mit zunehmendem Aschegehalt (Abb. 48), so daß Kohlen mit Aschegehalten von 40% und mehr noch vorteilhaft verbrannt werden können; Unabhängigkeit vom Gasgehalt des Brennstoffes, seiner Körnung und seiner Backeigenschaft; keine Leistungsbegrenzung nach oben; schnelle Betriebsbereitschaft; Möglichkeit hoher Luftvorwärmung bis 450° C; hohe Anpassungsfähigkeit an die Kesselbelastung (Elastizität); gute Eignung für automatische Regelung. Jedoch dürfen auch die Nachteile gegenüber der Rostfeuerung nicht übersehen werden: höhere Betriebskosten infolge erheblichen Leistungsbedarfes für das Mahlen des Brennstoffes und das Fördern der Luft mit hoher Pressung sowie infolge des Verschleißes in der Mahlanlage; Rauchgasentstaubung und damit höherer Zugbedarf; höhere Kapitalkosten und Reserveteilhaltung; Schwierigkeiten bei Teillastbetrieb unter 35% der Dauerleistung infolge der Gefahr, daß die Zündung abreißt (besonders bei sehr mageren Brennstoffen). Ein Rost kann bei Ausfall seines Antriebes notfalls noch von Hand in Gang gehalten werden. Bei Staubfeuerungen führen Störungen bei der Staubförderung zum Ausfall des ganzen Kessels, was deshalb durch Aufteilung der Staubförderung in mehrere Einzelaggregate verhütet werden muß.

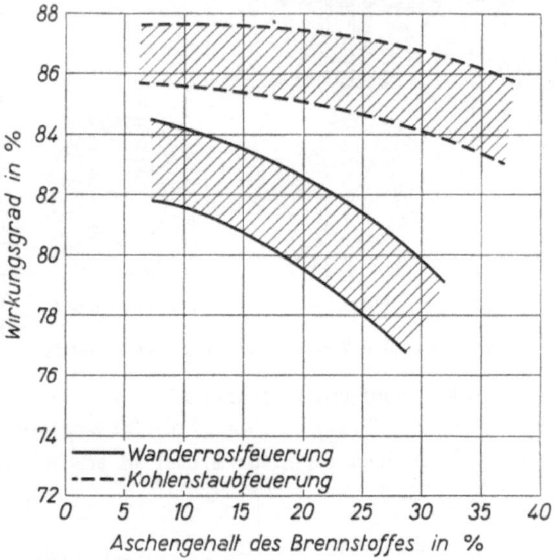

Abb. 48. Wirkungsgradbereiche von Wanderrost- und Kohlenstaubfeuerungen.

Der Kohlenstaub wird mit Luft durch Brenner in den Feuerraum eingeblasen. Er verbrennt in der Schwebe, nachdem er durch die aus dem Feuerraum strahlende Wärme gezündet wurde. Deshalb müssen magere, schwerer zündende Brennstoffe feiner ausgemahlen werden als gasreichere. Der Vorteil der außerordentlich großen Oberfläche der Staubkohle kann nur genutzt werden, wenn die Verbrennungsluft so schnell und so innig wie möglich mit dem Brennstoff bzw. den Brenngasen vermischt wird. Die sog. Trägerluft, mit der der Staub in den Feuerraum geblasen wird, macht etwa 10 bis 30% der gesamten Verbrennungsluftmenge aus, wobei die niedrigeren Werte für Magerkohle, die höheren für Gas- oder Gasflammkohle gelten. Die restliche Luft wird mit Temperaturen von 300 bis 450° C, die Staubdüsen umhüllend, an den Brennern direkt zugegeben oder als Sekundärluft mit 400 bis 600 mm WS Pressung in den Feuerraum geblasen. Dabei ist für weitgehende Vermischung und Durchwirbelung zu sorgen. Der Staub soll kurz außerhalb des Brenners gezündet haben. Unter diesen Voraussetzungen lassen sich CO_2-Gehalte von 15% und mehr erreichen. Die fast immer vorhandene Strahlungsheizfläche entzieht der Flamme im Augenblick ihrer Entstehung und während der Verbrennung bereits erhebliche Wärmemengen, weshalb insbesondere bei Teillast und mageren Brennstoffen Schwierigkeiten bei der Zündung entstehen können. Der Einfluß der Strahlungsheizflächen (Feuerraumkühlwände) auf die Zündung des Kohlenstaub-Luftgemisches kann bei Teillasten so stark sein, daß die Flamme abreißt. Wiedereinsetzen der Zündung nach nicht unterbrochener Staubzufuhr hat sehr unangenehme Verpuffungen zur Folge. Daher muß der Regelbereich von Staubfeuerungen nach unten begrenzt werden. Andererseits schützen die oft den ganzen Feuerraum umgebenden Strahlungsheizflächen das Mauerwerk, was bei den infolge des geringen Luftüberschusses und der hohen Luftvorwärmung auftretenden hohen Feuerraumtemperaturen von großer Bedeutung ist.

Man unterscheidet Feuerungen mit *Zentralmahlanlagen* und Zwischenbunkerung am Kessel und Feuerungen mit *Einblasemühlen*. Zentralmahlanlagen versorgen mehrere Kessel, während im anderen Falle jeder Kessel mehrere Einblasemühlen hat.

Bei Zentralmahlanlagen mit Zwischenbunkerung ist die Herkunft und Aufbereitung des Staubes im Zusammenhang mit dem Kessel- bzw. Feuerungsbetrieb unwichtig. Der Staub muß nur den Forderungen des Kesselbetriebes entsprechen, also feinkörnig genug sein, um in der Schwebe verbrannt werden zu können, und er muß nach Bedarf gleichmäßig der Feuerung zugeführt werden können. Dabei können Staubaufbereitung und Feuerung räumlich getrennt sein. Da Staub ein sehr leicht fließender Stoff ist, muß der Zuteilung in die Feuerung besondere Aufmerksamkeit gewidmet werden. Sie erfolgt durch Zellenräder, Schnecken oder Tellerzuteiler meist derart, daß der Staub in einer venturirohrartigen Düse dem Trägerluftstrom zugemischt wird. In allen Fällen wird die Brennstoffmenge durch Drehzahländerung an der Zuteilvorrichtung verändert und dadurch der Belastung angepaßt. Bei dem in Abb. 49 dargestellten Zuteiler entnimmt das obere Zellenrad durch die Öffnung der Abdeckplatte *a* den Kohlenstaub aus dem Bunker, fördert ihn durch die entgegengesetzt liegende Öffnung der Trennplatte *b* in das untere Zellenrad, das ihn durch die wiederum gegenüberliegende Öffnung der Bodenplatte *c* in die Staubleitung zum Brenner wirft. Es wird ein einwandfreier Bunkerabschluß erreicht und damit das unkontrollierte Durchfließen von Staub verhütet, das zu sehr unangenehmem Pulsieren der Flamme führen würde. Abb. 50 zeigt die Staubzuteilvorrichtung für den Babcock-Kessel der Abb. 74. Der regelbare Motor *M* treibt über ein Getriebe *G* die Staubschnecke *Schn* an, die eine ihrer Drehzahl proportionale Staubmenge aus dem Bunker abzieht und dem Zellenrad *ZR* zuführt. Das von der Schneckenwelle aus angetriebene Zellenrad wirft den Staub in eine darunter liegende Mischdüse und damit in den Trägerluftstrom. Der Staubbunker kann mit dem Bunkerschieber *BS* abgesperrt werden. Der Vorteil der Anlagen mit Zwischenbunkerung ist, daß die Trägerluft in beliebigen Grenzen und ganz nach den Bedürfnissen der Verbrennung eingestellt werden kann und daß Schwankungen im Mühlenbetrieb sich nicht unmittelbar auf die Feuerung auswirken.

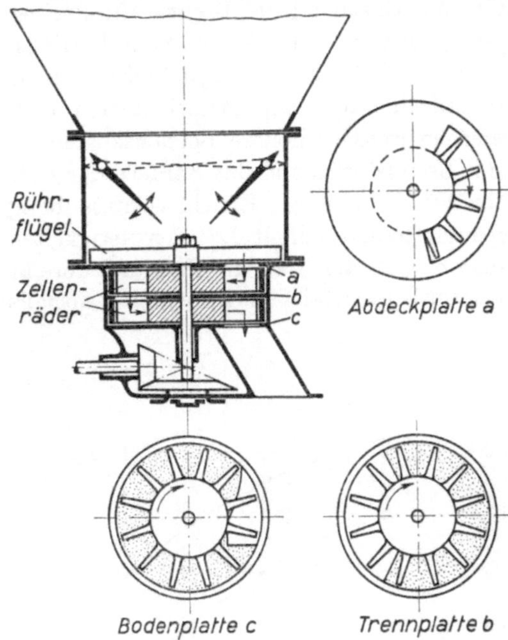

Abb. 49. Kohlenstaub-Zuteiler (Claudius Peters, Hamburg).

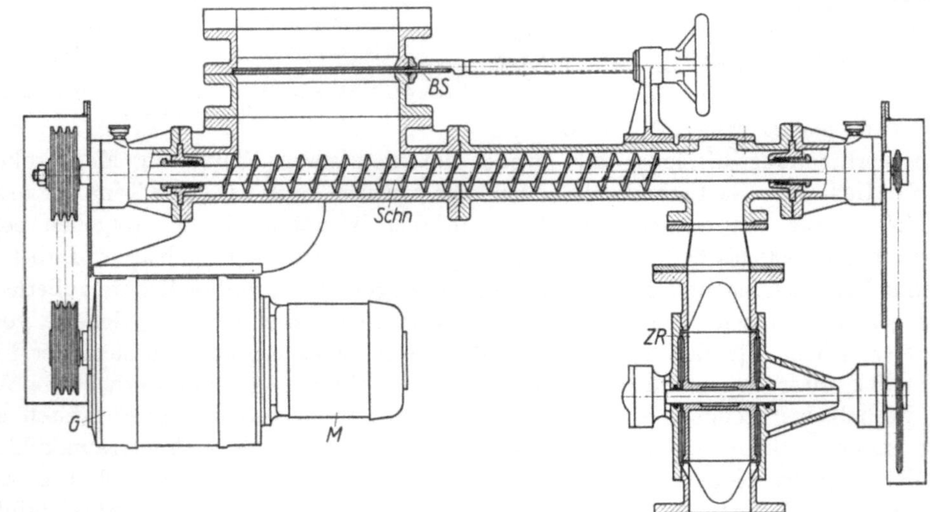

Abb. 50. Kohlenstaub-Zuteilschnecke mit Zellenradschleuse (zum Kessel Abb. 74 gehörend).

Alle Kohlenstaubfeuerungen brauchen *Brenner*, mit Ausnahme der Krämer-Mühlenfeuerung, bei der der Kohlenstaub mit geringer Geschwindigkeit durch ein Mühlenmaul mit großem Querschnitt in den Feuerraum eingeblasen wird. Man benutzt Flachbrenner oder Wirbelbrenner. Die *Flachbrenner* (Abb. 51) werden vor allem bei sogenannten U-Feuerungen verwendet, bei denen die Brenner, zur besseren Feuerungsregulierung vier bis acht nebeneinander, in die Feuerraumdecke eingebaut sind (vgl. Abb. 72). Der Staub wird senkrecht nach unten in den Feuerraum eingeblasen und brennt zunächst infolge der Strömungsenergie (60 m/s Geschwindigkeit) nach abwärts, bis der natürliche Auftrieb die Flamme nach oben lenkt. Die Flamme hat einen langen, U-förmig verlaufenden Weg zur Verfügung. Bei dem flachen, aus einem rechteckigen oder auch wellenförmig ausgebildeten Mundstück ausströmenden Kohlenstaubstrahl ist das Verhältnis der luftberührten Oberfläche zur Staubmasse sehr günstig. Bei Teillast besteht jedoch die Gefahr, daß die Flamme zu frühzeitig umkehrt, ohne vollkommen ausgebrannt zu sein, und somit der Feuerraum nicht ausgenutzt wird.

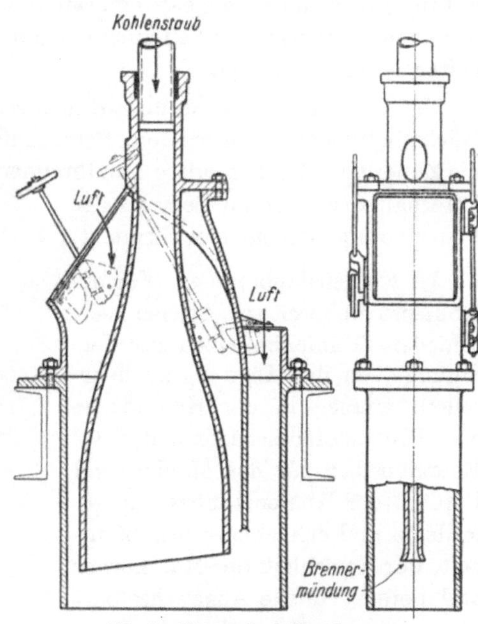

Abb. 51. Kohlenstaub-Flachbrenner.

Flachbrenner erfordern lange Flammenwege und somit große Brennkammern, um völligen Ausbrand des Kohlenstaubes zu gewährleisten. Werden jedoch Kohlenstaub und Luft während der Verbrennung noch kräftig durcheinander gewirbelt, so wird die Brenngeschwindigkeit gesteigert und damit Brennzeit und Brennweg verkürzt. Mit solchen Wirbelfeuerungen sind deshalb erhöhte Brennkammerbelastungen zu erreichen, d. h., in einem gegebenen Brennraum können größere Wärmemengen erzeugt werden. Dies ist für Kessel großer Leistungen und besonders für Strahlungskessel wichtig.

Wirbelnde Verbrennung erhält man entweder durch eigens für diesen Zweck gebaute *Wirbelbrenner* oder durch *Eckenbrenner*, die in den Ecken des Feuerraumes derart angeordnet sind, daß die Flammenströme sich treffen und innig mischen. Die Wirkungsweise eines Wirbelbrenners veranschaulicht Abb. 52. Das Staub-Luftgemisch wird einer Wirbeldüse *a* zugeführt, aus der es mit starkem, sich bis weit in den Feuerraum erstreckenden Drall ausströmt und hinter der es sich innig mit der durch die regelbaren Drosselklappen *b* einströmenden Luft mischt. Beim Anfahren wird durch die Zündöffnung *c* mittels einer Lunte gezündet. Die Wirbelbrenner werden entweder nebeneinander oder in zwei Reihen übereinander in die Feuerraumwände eingebaut. Der natürliche Auftrieb wirkt senkrecht zur Einblaserichtung und begünstigt zusätzlich die Durchmischung von Brenngasen und Luft. Auch der Einbau in gegenüberliegende Feuerraumwände ist üblich. Der Platzbedarf der Wirbelbrenner ist verhältnismäßig groß.

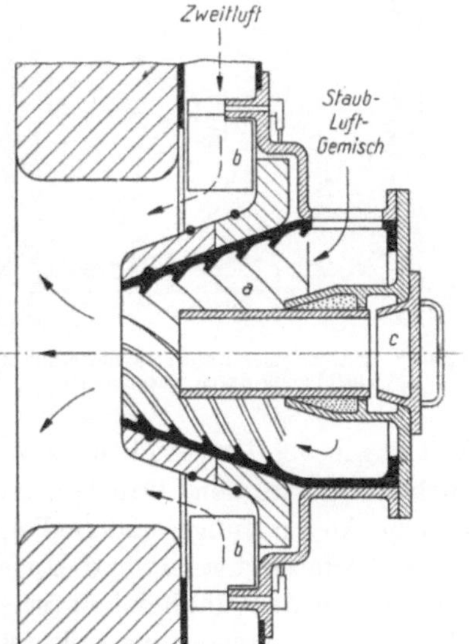

Abb. 52. Kohlenstaub-Wirbelbrenner.

Die zweite Art der Wirbelbildung durch besondere Brenneranordnung zeigt die Abb. 53, die eine Feuerung mit Eckenbrennern darstellt. Die Brenner sind im unteren Teil des Feuerraumes in den vier Ecken der Brennkammer so angeordnet, daß das Staub-Luftgemisch tangential gegen einen um die Brennkammerachse gedachten Kreis geblasen wird. Die Feuerströme mischen sich innig und ergeben eine in der Achse aufwärts wirbelnde Flamme, in der selbst gröbere

Staubkörner noch vor Erreichen der Berührungsheizfläche restlos ausbrennen. Durch Anordnung mehrerer Brenner übereinander können große Leistungen erzeugt werden, ohne daß der Platzbedarf der Brenner störend wirkt. Um auch bei Teillasten eine gute Ausnutzung des Feuerraumes zu erzielen, werden die Brenner schwenkbar ausgeführt, so daß bei niedriger Belastung die Blasrichtung nach unten geneigt eingestellt werden kann. Außerdem lassen sich einzelne Brenneröffnungen absperren, so daß auch bei geringer Brennstoffzufuhr noch hohe Einblasegeschwindigkeiten erhalten werden.

Die Temperatur des Staub-Luftgemisches soll bei Steinkohle nicht höher als 150° C sein, um Rückzündungen zu vermeiden. Beim Anfahren des kalten Kessels benutzt man Lockfeuer für die Zündung oder besondere Zündbrenner, die mit Gas oder Öl gefeuert werden und so lange unterhalten werden müssen, bis der Feuerraum ausreichend erwärmt ist.

47. Kohlenstaubmühlen. Für die Kohlenstaubbereitung stehen verschiedene Mühlenbauarten zur Verfügung. Um ihre Eignung zu beurteilen, müssen in der Hauptsache die Brennstoffbeschaffenheit, der Energiebedarf für das Mahlen und Fördern des Kohlenstaubes, die geforderte und erreichbare Staubfeinheit, der Verschleiß der Mahlkörper und deren schnelle Auswechselbarkeit sowie der Umstand, ob Zwischenbunkerung oder direkte Einblasung vorgesehen ist, berücksichtigt werden. Daneben stehen noch einige an alle Mühlen zu stellende Forderungen: geringe Anschaffungs- und Bedienungskosten, geringer Platzbedarf und Einfachheit im Aufbau, hohe Betriebssicherheit und Unempfindlichkeit gegen Fremdkörper, gute Regelbarkeit sowohl hinsichtlich der Mahlfeinheit wie auch der Durchsatzleistung. Feuchte und selbst sehr nasse Brennstoffe können ohne weiteres verarbeitet werden, da die Trocknung durch Heißluft oder zurückgesaugte Rauchgase direkt in der Mühle während des Vermahlens vor sich geht. Diese *Mahltrocknung* hat zu einer bedeutenden Verbilligung und Vereinfachung der Mahlanlagen geführt. Die Korngröße der den Mühlen aufgegebenen Kohle soll normalerweise nicht größer als etwa 30 mm sein, sonst muß vorgebrochen werden. Eisenteile sollen durch Magnetabscheider entfernt werden.

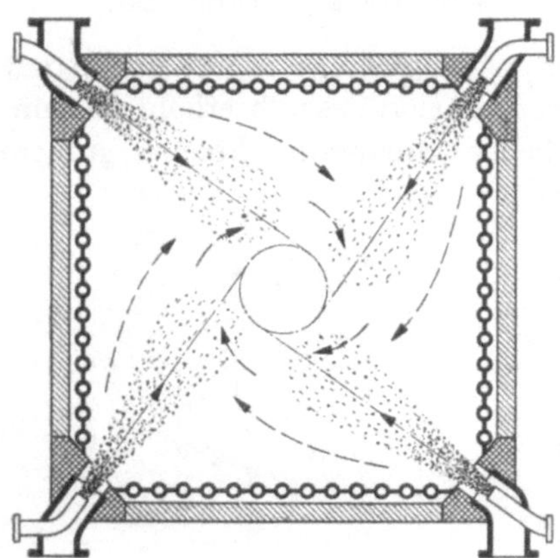

Abb. 53. Schema einer Kohlenstaubfeuerung mit Wirbelbildung durch Eckenbrenner.

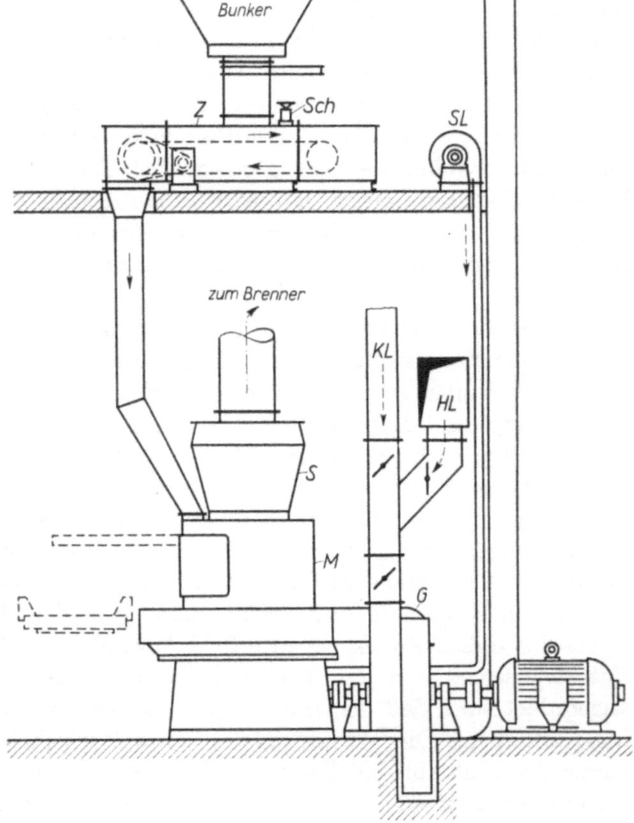

Abb. 54. Druckmühlenbetrieb. *Sch* Schichtregler, *Z* Zuteiler, *HL* Heißluft, *KL* Kaltluft, *SL* Sperrluftgebläse für Mühlenlager).

Der Staub wird durch Luftstrom ausgetragen und in einem Sichter von dem noch ungenügend ausgemahlenem Grieß getrennt. Für diese Windsichtung wird ein Gebläse benötigt, das entweder

Luft durch die Mühle *drückt* (Druckmühlenbetrieb, Abb. 54) oder das Staub-Luftgemisch aus der Mühle *absaugt* (Saugmühlenbetrieb, Abb. 55). Während bei Druckmühlenbetrieb, allein schon aus Sicherheitsgründen, größter Wert auf vollkommene Dichtheit des Mühlengehäuses *M*, des Sichters *S* und der anschließenden Staubleitungen zu legen ist, muß bei Saugmühlenbetrieb ein Verschleiß durch Staub am Gebläse *G* in Kauf genommen werden, der bei aggressiver Asche sehr beträchtlich sein kann. Je nach Mühlenbauart muß das Gebläse einen Druckunterschied von 200 bis 350 mm WS überwinden können.

Die *Rohrmühle* besteht in der Hauptsache aus einer innen gepanzerten Trommel, die teilweise mit Stahlkugeln gefüllt ist. Die Kohle wird bei der Drehbewegung der Trommel zertrümmert und zwischen den Kugeln zerrieben. Die Rohrmühlen können für sehr große Leistungen gebaut werden, die für andere Mühlen nicht erreichbar sind. Deshalb wird sie hauptsächlich bei Zentralmahlanlagen eingesetzt, selten für direkte Einblasung. Für nasse Brennstoffe ist sie

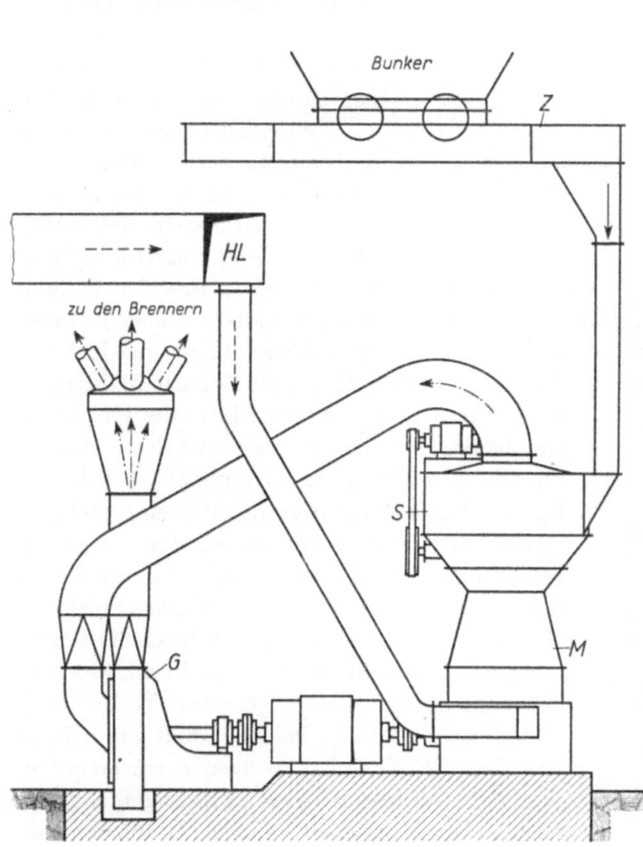

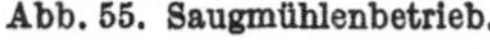
Abb. 55. Saugmühlenbetrieb.

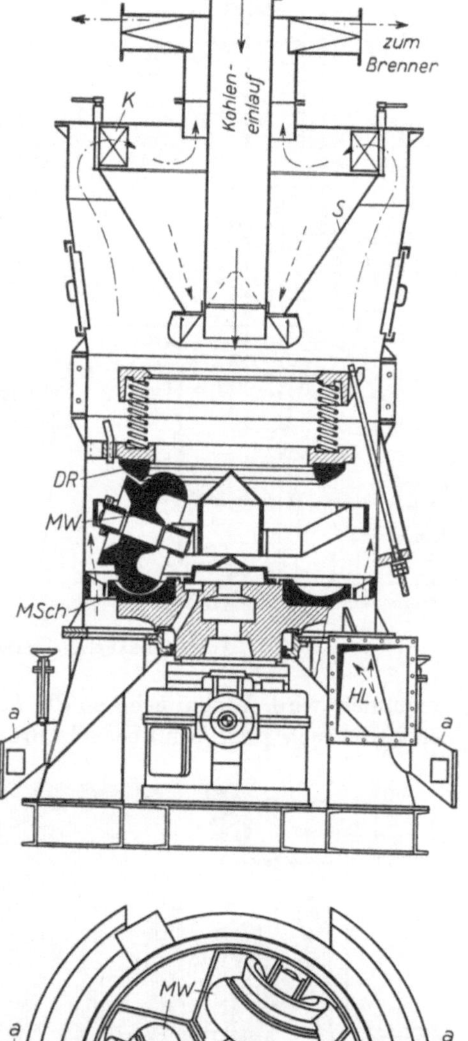

Abb. 56. Walzenringmühle (Vereinigte Kesselwerke, Düsseldorf).

ungeeignet und nur mit Vortrocknung des Mahlgutes zu verwenden, dagegen für extrem harte Kohle, wie Koksgrus oder Schwelkoks, mit Vorteil zu gebrauchen. Bei den *Schüsselmühlen* oder *Walzenringmühlen* (Abb. 56) wird die Zerkleinerung ausschließlich durch Zerreiben bewirkt. Die Kohle wird auf eine Mahlschüssel *MSch* aufgegeben, die je nach Mühlengröße mit 45 bis 90 U/min umläuft. Die Mahlwalzen *MW* werden mittels eines durch Federn abgestützten Druckringes *DR* gegen die Mahlschüssel gedrückt. Bei anderen Konstruktionen sind die Mahlwalzen durch auf den ganzen Umfang der Mahlbahn verteilte Kugeln ersetzt, so daß der Eindruck eines großen Kugellagers entsteht. Das Mahlgut wird am Umfang der Mahlschüssel durch die heiße Trägerluft *HL* aufgenommen und in den Sichter *S* geführt, in dem je nach Stellung der Sichterklappen *K* mehr oder weniger Grieß abgeschieden und der Mühle wieder zugeführt wird. Die Mahlfeinheit kann also durch die Luftpressung und damit durch die Strömungsgeschwindigkeit und durch die Sichterklappen eingestellt werden. Die Schüssel- oder Walzenmühlen sind gegen Fremdkörper empfindlich. Kleine Eisenteile können durch den Luftspalt fallen und am Stutzen *a* aus der Mühle entfernt werden. Da keine ausgesprochene Mahltrocknung vorliegt, darf der Wassergehalt der Kohle nicht zu hoch sein.

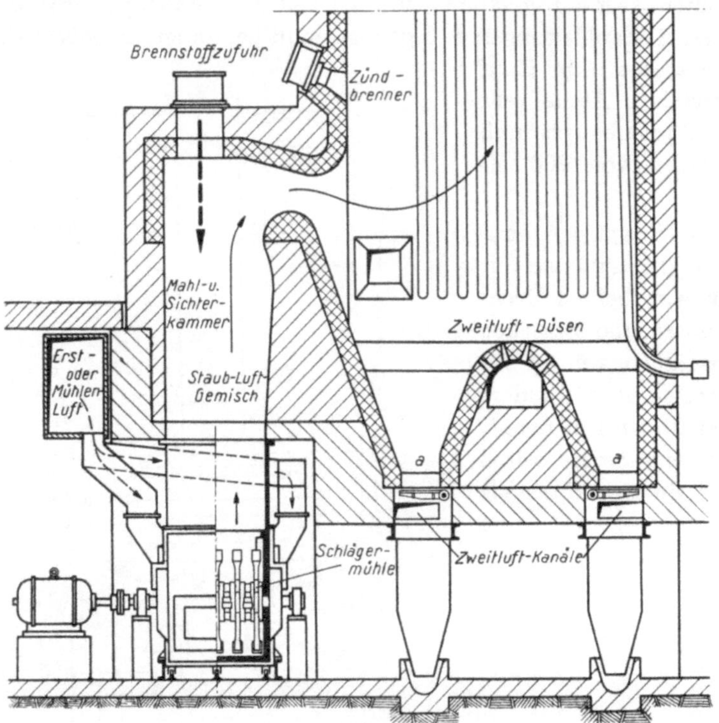

Abb. 57. Krämer-Mühlenfeuerung.

Zur dritten Gruppe, die wohl die weiteste Verbreitung gefunden hat, gehören die Schlagmühlen, bei denen die Kohle durch reine Schlagwirkung zertrümmert wird. Hierzu gehören die *Schlägermühlen* und die *Schlagradmühlen*. Ihre Anwendung erstreckt sich praktisch über alle Brennstoffarten einschließlich auch der ausgesprochen nassen Kohlensorten, wie Rohbraunkohle und Kohlenschlamm, da bei diesen Mühlen die Mahltrocknung weitgehend durchgeführt werden kann. Die baulich am einfachsten gestaltete Art ist die Krämer-*Mühle* (Abb. 57 und 58), bei der die Kohle durch den Sichterschacht in eine *Schlägermühle* fällt und dabei durch den entgegenkommenden Staub-Luftstrom schon von ihrem Staubanteil befreit wird. Dadurch wird die Mühle geschont und ebenso wie durch die Trocknung des Brennstoffes durch Heißluft während des Mahlens viel Energie gespart. Die Sichtung erfolgt sehr einfach dadurch, daß die Grieße aus dem Mühlenschacht wieder zurückfallen. Wenn die reine Schwerkraftwirkung nicht ausreicht, um hinreichend feinen Staub zu bekommen, kann, wie Abb. 58 zeigt, mit Prall- oder Leitblechen bei entsprechender Führung des Staub-Luftstromes eine weitergehende Abscheidung des Grobkorns erreicht werden. Trotzdem wird der in die Brennkammer ausgetragene Staub bei hohen Belastungen mehr, bei niedrigen Belastungen weniger Grobkorn enthalten. Können diese Unterschiede bei Brennerfeuerungen mit Rücksicht auf den vollständigen Ausbrand in der Schwebe nicht in Kauf genommen werden, muß zwischen Mühle und Brenner

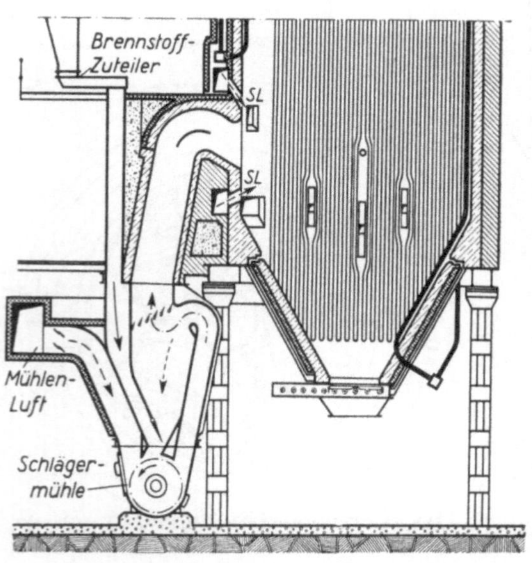

Abb. 58. Schlägermühlenfeuerung mit tangentialer Kohle- und Luftzuführung an der Mühle.

ein Sichter vorgesehen werden (Abb. 59). Die Schlägermühle belüftet sich selbst, d. h. die Ventilatorwirkung der mit 50 bis 65 m/s umlaufenden Schlägerarme reicht zur Förderung von Luft und Kohlenstaub aus. Diese Wirkung ist in besonderem Maße bei der *Schlagradmühle* (Abb. 60) vorhanden, bei der das Schlagrad *R* wie ein Ventilatorrad ausgebildet ist, dessen Schaufeln mit auswechselbaren Schlagplatten *Pl* besetzt sind. Schlagmühlen sollen einen Sumpf haben, damit Fremdkörper aus dem Schlagkreis ausgeschieden werden können.

Der Energiebedarf der Mahlanlage, und dazu gehören Mühle und gegebenenfalls Gebläse, hängt hauptsächlich von der Härte und Korngröße des zu vermahlenden Brennstoffes, von der geforderten Mahlfeinheit, von den Strömungswiderständen in Mühle und Sichter und vom Zustand der Mahlwerkzeuge ab. Der Einfluß der Kohlenmenge wird dadurch ausgeschaltet, daß man den Energiebedarf in kWh/t Durchsatz angibt. Er kann in weiten Grenzen (zwischen 12 und 35 kWh/t) schwanken. Rohrmühlen haben den größten Energiebedarf.

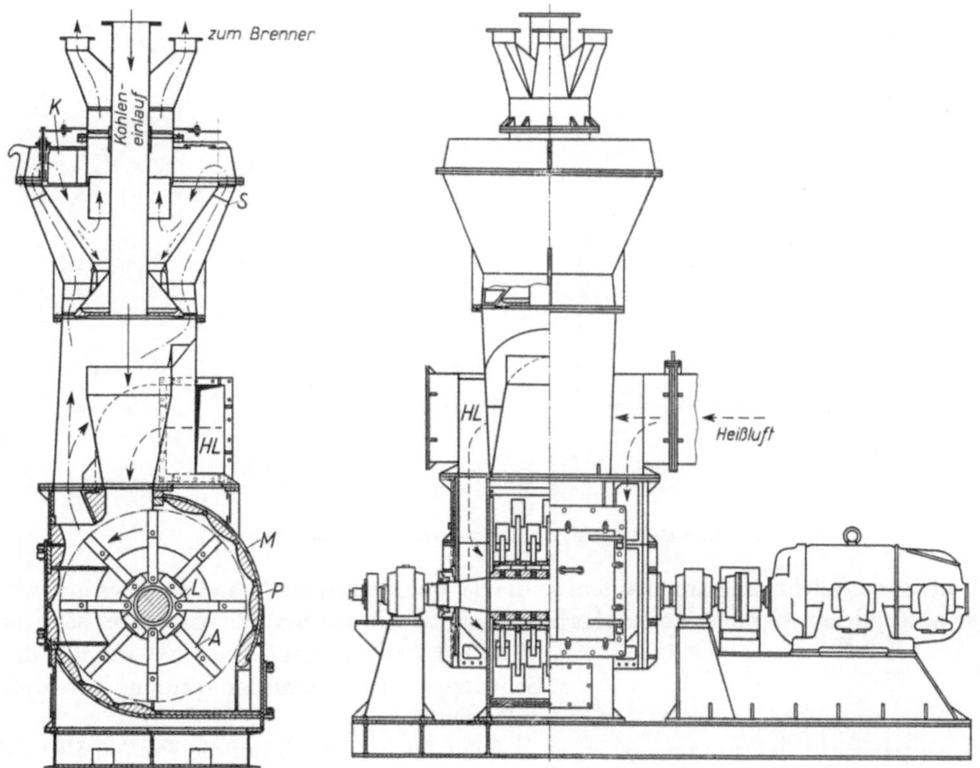

Abb. 59. Schlägermühle mit Sichter (Babcock-Werke).

Neben dem Energiebedarf müssen aber der Verschleiß, die Laufzeit und die Kosten der Verschleißteile sowie die Kosten für deren Auswechselung berücksichtigt werden. Der Verschleißfortschritt ist abhängig von der Brennstoffart, dem Aschegehalt, der Mahlfeinheit und dem Material der Mahlwerkzeuge. Um lange Laufzeiten zu erreichen, soll nicht feiner als notwendig ausgemahlen, ein großes Gewicht verschleißfesten Materials eingesetzt und der Materialabrieb durch richtige Belüftung und Kohleverteilung gleichmäßig auf die Arbeitsfläche verteilt werden, was z. B. durch tangentiale Zufuhr von Kohle und Luft gemäß Abb. 58 erreicht werden kann. Mit zunehmendem Verschleiß steigt die Mahlarbeit, wofür Abb. 61 ein Beispiel bietet.

Um einen Ausfall des Kessels bei Mühlenüberholungen zu vermeiden, sind bei direkter Einblasung stets mehrere Mühlen vorhanden; häufig findet man, daß jedem Brenner eine Mühle zugeordnet ist, jedoch kann eine Mühle auch mehrere Brenner versorgen,

Abb. 62 zeigt den Aufbau einer Mühlenanlage mit Zwischenbunkerung. Der von der Mühle *M* kommende gesichtete Staub wird im Staubabscheider *StA vor* dem Gebläse *G* aus der Trägerluft abgeschieden und durch die Schleuse *Sch* in den Staubbunker *StB* abgeworfen. Aus diesem wird er durch den Staubzuteiler *StZ* wieder der gleichen Trägerluft *hinter* dem Gebläse zugemischt und zu den Brennern geblasen. Trotz Saugmühlenbetriebes hat das Gebläse nur Luft zu fördern.

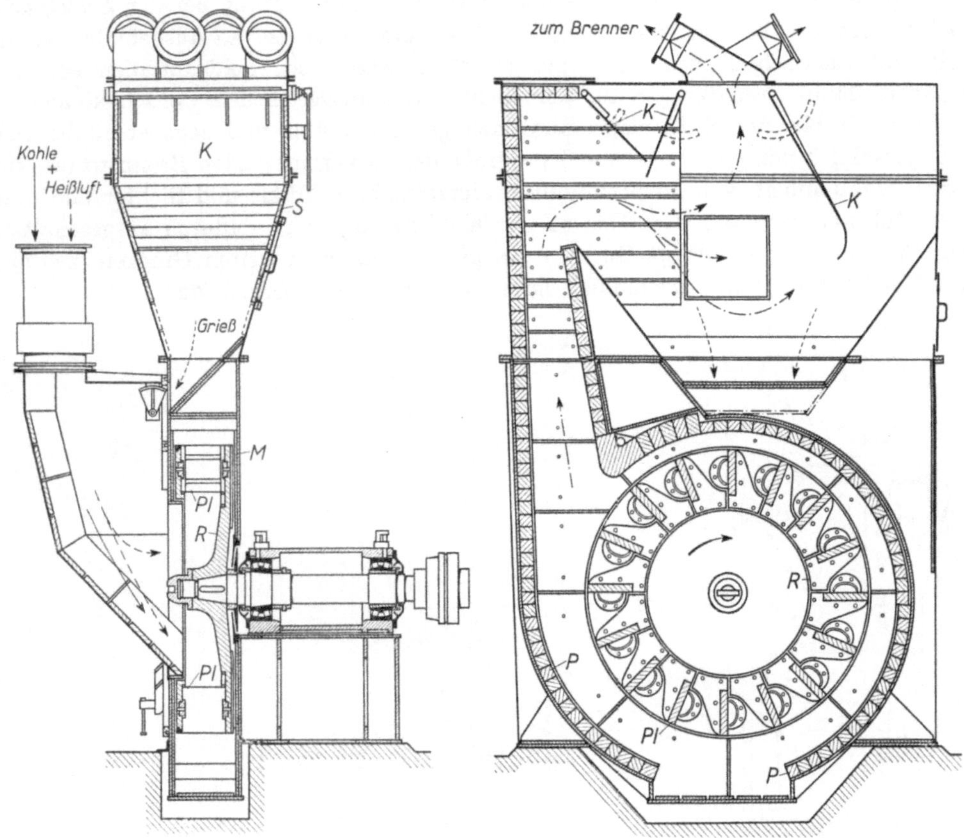

Abb. 60. Schlagradmühle (Kohlenscheidungs-Gesellschaft, Stuttgart).

Die Mühle kann gleichmäßig durchlaufen, da die Schwankungen des Kesselbetriebes im Zwischenbunker ausgeglichen werden. Aus Sicherheitsgründen soll der Staubbunker klein sein; er darf nicht mit heißem Staub beschickt werden, da sonst Schwitzwasser abgeschieden wird und Verstopfungen auftreten.

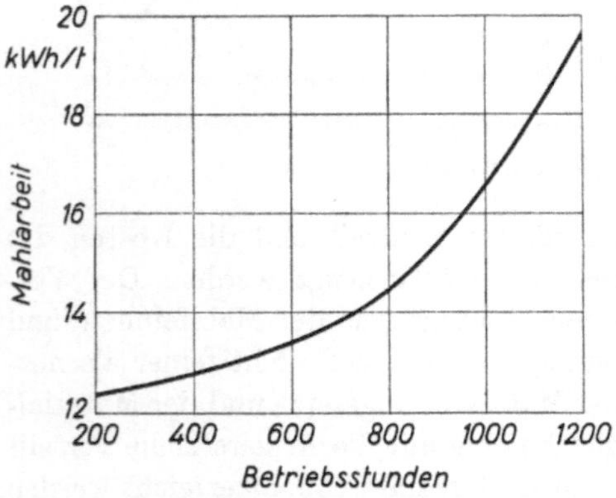

Schließlich sei noch auf die *Prallmühle* (Abb. 63) hingewiesen, die keinerlei bewegliche Teile hat. Die vorzerkleinerte Kohle wird durch einen kräftigen Luft- oder Dampfstrahl gegen eine Prallplatte geschleudert und so zerschlagen. Die Kornfeinheit ist gering, der Energiebedarf sehr hoch. Die überaus einfache Anlage eignet sich vor allem als Zusatzfeuerung.

Abb. 61. Spezifische Mahlarbeit in Abhängigkeit vom Verschleißfortschritt.

48. Gas- und Ölfeuerungen. *Gasfeuerungen* sind bequem regelbar, brennen rauchlos und sind wirtschaftlich. Für die Beheizung von Kesseln kommen nur industrielle Abgase: Gichtgas und Koksofengas in Frage. Man kommt bei Gasfeuerungen mit sehr geringem Luftüberschuß aus. Voraussetzung für einwandfreie Verbrennung des Gases ist, daß es am Brenner richtig mit Luft gemischt wird. Das Gas soll mit kurzer, nichtleuchtender Flamme verbrennen. Abb. 64 zeigt einen Gasbrenner, bei dem Gas und Luft durch getrennte Ringräume und Leitkanäle zugeführt und infolge der schräg nach innen weisenden Strömung innig gemischt werden. Die getrennte

Zufuhr von Gas und Luft gestattet ein Herunterregeln auf kleine Leistungen. Um ein Abreißen der Flamme zu verhüten, darf der Unterdruck in der Brennkammer nicht größer als 5 bis 6 mm WS sein. Auf die Gefahr von Gasexplosionen muß ganz besonders hingewiesen werden. Sinkt der Gas- oder Luftdruck unter das zulässige Maß, so daß ein Verlöschen der Flamme zu befürchten ist, so müssen Gassicherheitsventile die Gasleitung

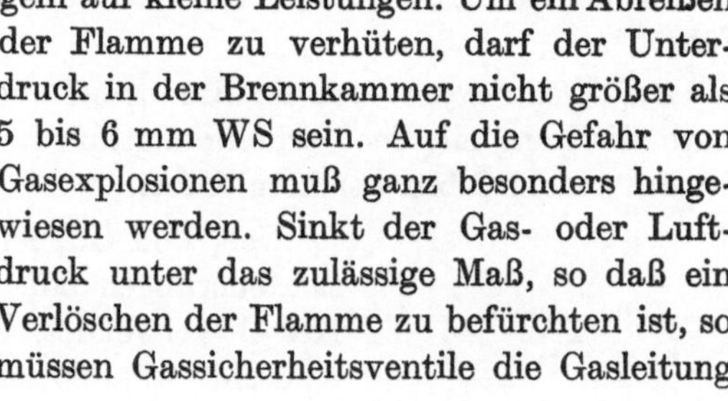

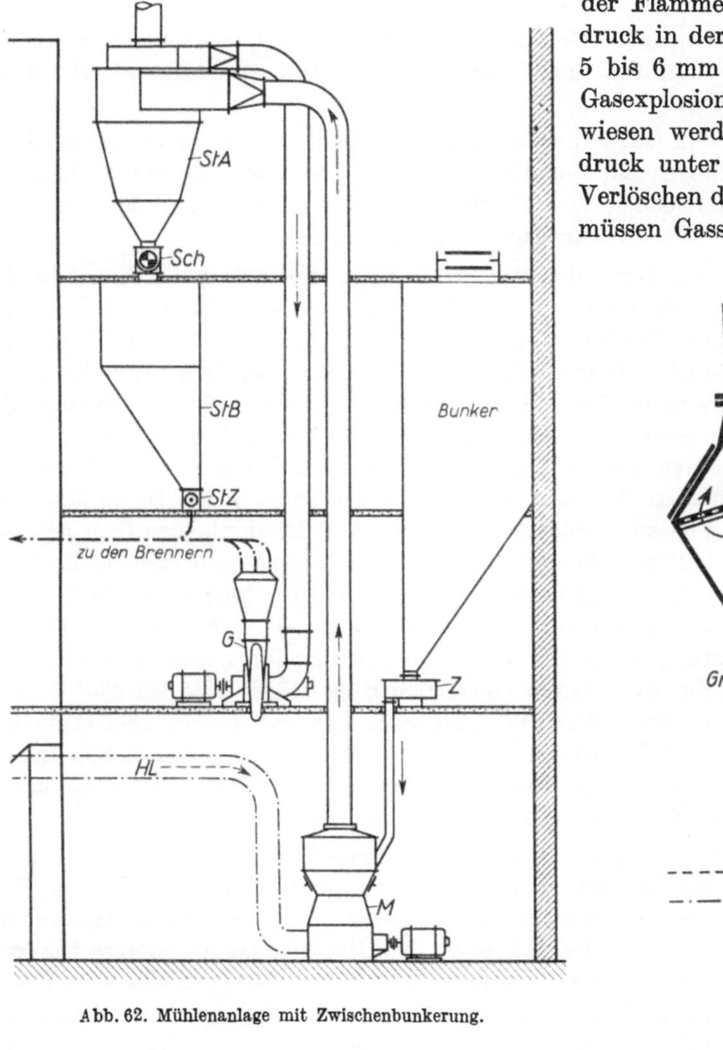

Abb. 62. Mühlenanlage mit Zwischenbunkerung.

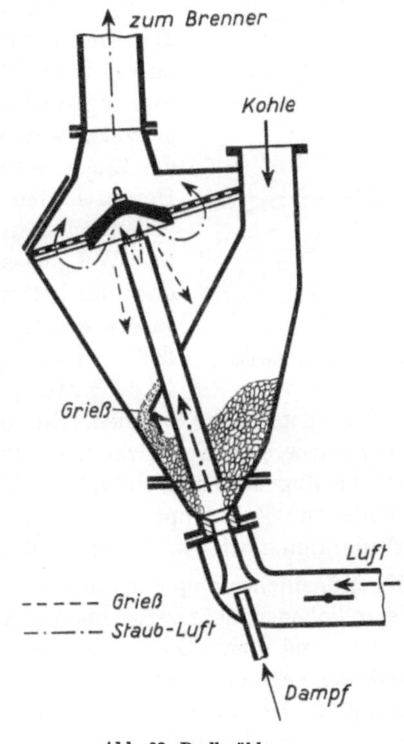

Abb. 63. Prallmühle.

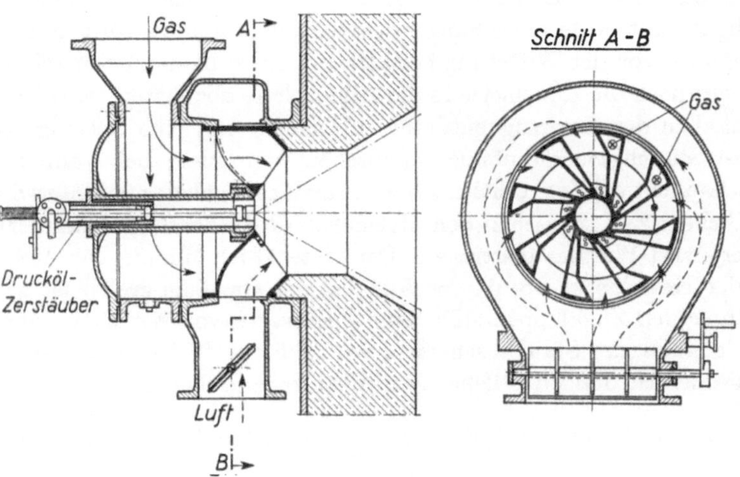

Abb. 64. Gasbrenner (Balcke, Bochum).

zuverlässig absperren. Sie müssen auch abgesperrt bleiben, wenn der Gasdruck wiederkommt. Die Feuerung muß dann unter Beachtung aller Vorsichtsmaßregeln neu gezündet werden.

Ein unkontrolliertes Eintreten des Gases in den Feuerraum könnte zu schweren Explosionen führen[1].

Bei *Ölfeuerungen* wird der Brennstoff mittels Druckluft oder Dampf fein zerstäubt, um eine gute Mischung mit der Verbrennungsluft zu gewährleisten. Der in Abb. 64 dargestellte Brenner ist mit einem Ölbrenner kombiniert.

Gas- und Ölfeuerungen werden an Kesselanlagen meist nur als Zusatzfeuerungen oder häufiger als Zündfeuerungen für staubgefeuerte Kessel verwendet. Bei Zündfeuerungen ist eine lange Flamme erwünscht. Abb. 65 zeigt einen Gaszündbrenner.

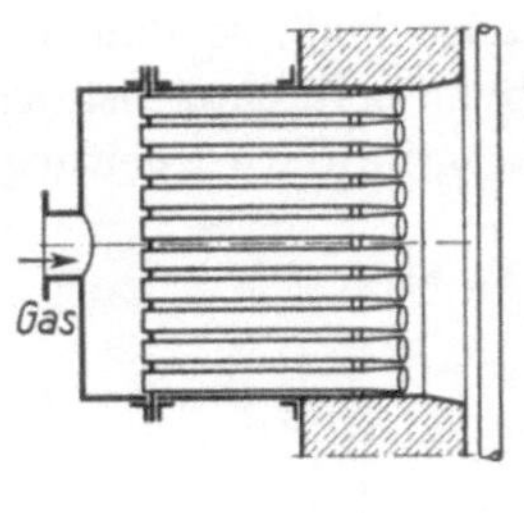

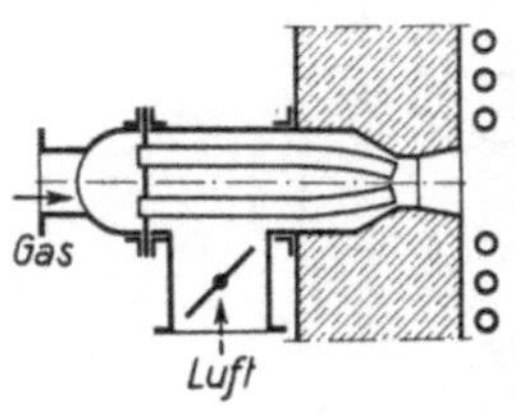

Abb. 65. Gaszündbrenner.

49. Der Schornstein. Der Schornstein, der mit dem Kessel durch den Fuchs verbunden ist, hat die Rauchgase abzuführen und den Zug zu erzeugen. Die Rauchgase sollen wegen ihres Gehaltes an Flugasche und schädlichen Gasen (SO_2) möglichst hoch über dem Erdboden ausgestoßen werden. Ein hoher Schornstein ist aber auch zur Erzeugung des Zuges notwendig, der außer zur Abförderung der Rauchgase zum Heranschaffen der Verbrennungsluft und Überwinden der Strömungswiderstände in den Rauchgaskanälen gebraucht wird. Dieser Zug, in mm WS gemessen, entsteht durch den Auftrieb der heißen Gase gegenüber der kalten Außenluft. Er ist um so stärker, je heißer die Rauchgase abziehen und je höher der Schornstein ist. Man kann bei 175 bis 200° C Rauchgastemperatur mit rd. 0,3 mm WS, bei 250 bis 300° C Rauchgastemperatur mit rd. 0,5 bis 0,55 mm WS nutzbarer Zugstärke je m Schornsteinhöhe rechnen. Ein Schornstein von 100 m Höhe würde also bei 200° C Abgastemperatur eine Zugstärke von etwa 30 mm WS erzeugen. Der vom Schornstein erzeugte natürliche Zug muß um einige mm WS höher sein als der vom Kessel bei Vollast benötigte. Mit Hilfe von Zugklappen wird der Zug am Kessel so eingestellt, daß über dem Rost bzw. im Feuerraum noch ein Unterdruck von 2 bis 4 mm WS herrscht.

50. Künstlicher Zug. Um minderwertigen, feinkörnigen Brennstoff, z. B. Koksgrus, Schlammkohle, in hoher Schicht verbrennen zu können, braucht man allein für den Rost 30 bis 50 mm WS Zugstärke und mehr. Das schafft der Schornstein mit natürlichem Zug nicht mehr. Man führt deshalb die Verbrennungsluft durch Unterwind mit einer dem Rostwiderstand entsprechenden Pressung zu. Bei niedrigen Abgastemperaturen, die man des guten Wirkungsgrades wegen anstreben muß, reicht auch der natürliche Auftrieb nicht mehr zur Überwindung aller Strömungswiderstände aus, oder man müßte den Schornstein ungewöhnlich hoch bauen. Man fördert deshalb die Rauchgase mit Hilfe eines Saugzugventilators. Dadurch wird man vom Schornstein, dessen Wirkung auch von der Witterung beeinflußt wird, vollkommen unabhängig. Der Schornstein hat dann nur noch die Rauchgase in die Atmosphäre abzuleiten, wozu ein niedriger Blechkamin ausreicht. Um den Saugzugventilator zu schonen und eine Belästigung der Umgebung zu verhüten, ist Rauchgasentstaubung vorzusehen, vor allem bei staubgefeuerten Kesseln. Abb. 66 veranschaulicht die Zugverhältnisse an einer Kesselanlage mit Unterwind-Zonenwanderrost und künstlichem Zug. Zwischen den Meßstellen B (in der Brennkammer) und hV (hinter dem Vorwärmer) wird Wärme übertragen. Der Unterdruck nimmt von Meßstelle B bis Meßstelle 3 unter der Kesseldecke ab, da der Auftrieb der Gassäule größer ist als der Strömungswiderstand. Hinter den Zugklappen steht eine Zugreserve von 4 mm WS zur Verfügung. Der zusätzliche Widerstand des Staubabscheiders von 28,5 mm WS erhöht den Gesamtwiderstand der Kesselanlage derart, daß künstlicher Zug nicht zu umgehen ist.

[1] Grundsätze für den Betrieb von Gasfeuerungen an Dampfkesseln, s. Konejung S. 199.

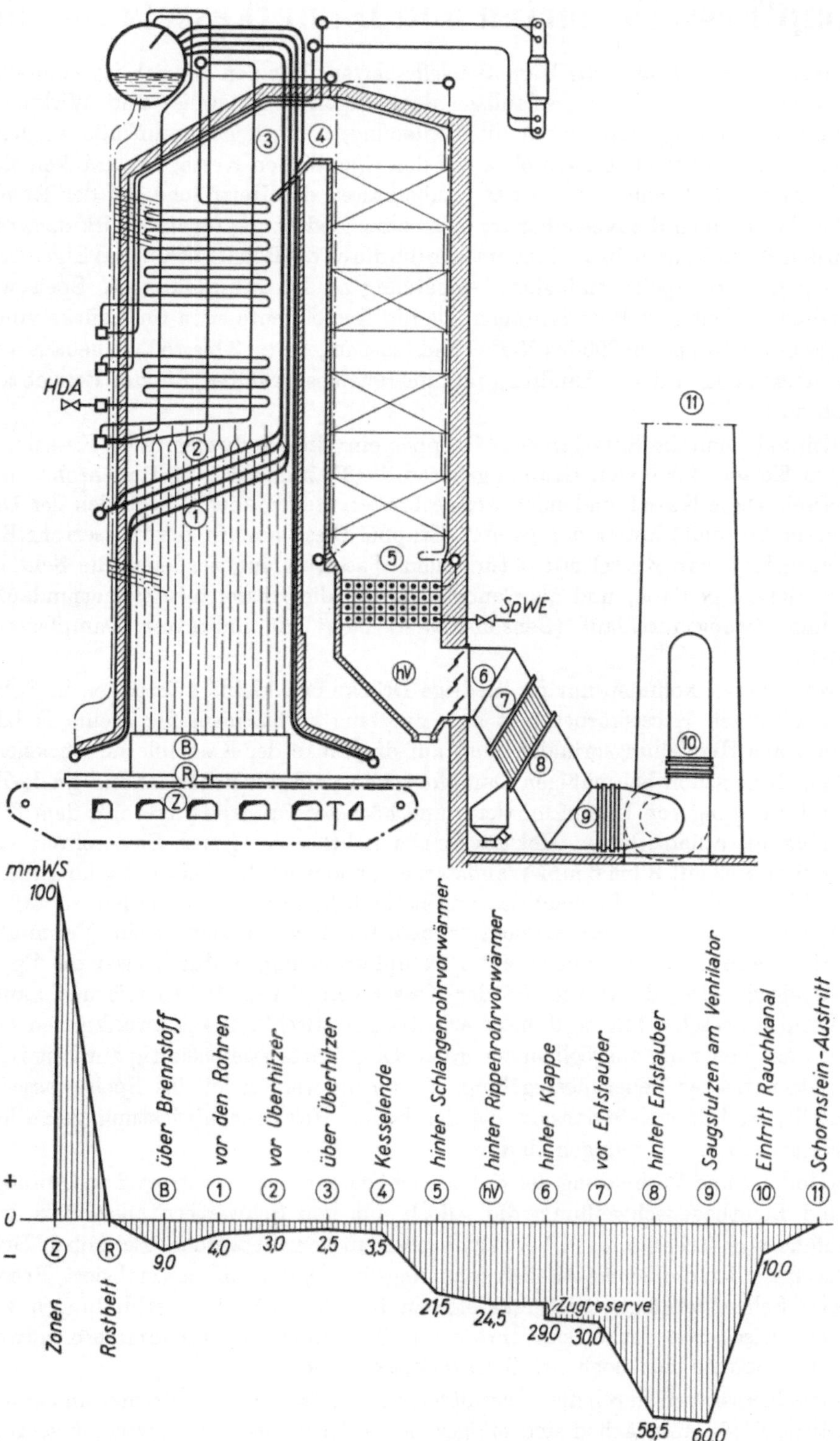

Abb. 66. Zugverhältnisse an einem Steilrohr-Strahlungskessel mit Zonenwanderrost und Saugzuganlage.

VI. Dampfkesselbauarten und Dampfkesselzubehör[1].

51. Allgemeiner Überblick über die Dampfkesselbauarten. Für den Betrieb ist zweifellos die Feuerung der wichtigste Teil der Kesselanlage, denn deren Arbeitsweise und Wirkungsgrad kann durch die Feuerführung, also durch die Bedienung, weitgehend beeinflußt werden. Ein Kessel wird von *Heizern* bedient. Im Hinblick auf den eigentlichen Kessel beschränken sich die Einflußmöglichkeiten im allgemeinen auf das Sauberhalten der Heizfläche auf der Rauchgas- und Wasserseite. Wenn auch die Kesselbauart nicht ohne Bedeutung für den Wirkungsgrad ist, so interessieren den Betriebsmann in der Hauptsache die durch die Bauart bedingten Eigenschaften und Anforderungen, z. B. Speicherfähigkeit, Anpassung an Lastschwankungen, Speisewasserqualität, Betriebssicherheit und Materialfragen. Da die Kessel heute etwa für Drücke von 5 bis 220 atü, Dampftemperaturen von 300 bis 550° C und Leistungen von 2 bis 450 t/h gebaut werden, ergeben sich Unterschiede in der Behandlung und im Betriebsverhalten, die der Betrieb keineswegs übersehen darf.

Grundsätzlich teilt man die Kessel in zwei Gruppen ein: die Großwasserraum-Kessel und die Kleinwasserraum-Kessel. Zur ersten Gruppe gehören die Flammrohr-, die Rauchrohr- und die Feuerbüchs-Kessel. Diese Kessel sind noch weitverbreitet, stehen aber hinsichtlich der Dampfleistung in weitem Abstande hinter der zweiten Gruppe. Diese umfaßt die Wasserrohr-Kessel; bei ihnen unterscheidet man Kessel mit natürlichem Wasserumlauf, zu denen die Schrägrohr- und die Steilrohrkessel gehören, und als Sonderbauarten die Kessel mit Zwangsumlauf (La-Mont-Kessel) und Zwangsdurchlauf (Benson-Kessel) oder mit indirekter Dampferzeugung (Schmidt-Kessel).

Großwasserraumkessel kommen nur für niedrige Drücke und kleine Leistungen in Betracht. In dem behälterförmigen Kesselkörper läßt sich nur eine verhältnismäßig kleine Heizfläche unterbringen und aus Herstellungsgründen muß auf die Dicke der Kesselbleche Rücksicht genommen werden. Denn schon bei mäßigen Dampfdrücken muß die Behälterwand große Kräfte aufnehmen. Die Erzeugung von Dampf mittlerer und höchster Drücke ist erst mit dem Wasserrohrkessel möglich geworden, dessen Heizfläche aus nahtlos gezogenen Siederohren von 32 bis 102 mm Durchmesser mit 3 bis 6 mm Wandstärke gebildet wird. Gleichzeitig konnten Heizflächengröße je Einheit und Heizflächenbelastung beträchtlich gesteigert werden, so daß große Leistungen bei geringstem Platzbedarf erreicht werden. Damit verbunden ist eine Verminderung des Wasserinhaltes je m^2 Heizfläche oder je t/h Dampferzeugung, wodurch zwar die Speicherwirkung beeinträchtigt wird, dafür aber ist der Kessel schneller betriebsbereit und kann Belastungsschwankungen rascher folgen, d. h. er arbeitet „elastisch“. Die Schwankungen müssen überwiegend von der Feuerung ausgeglichen werden. Dies führte zwangsläufig zur Entwicklung weitgehender automatischer Feuerungsregelung. Weiterhin werden an das Speisewasser hohe Ansprüche gestellt, weil Kesselsteinansatz bei der hohen Heizflächenbelastung gefährlich ist und weil die Kessel schwer zu reinigen sind.

Bei der Herstellung und Verbindung der Kesselteile bedient man sich in großem Umfange der Gasschmelz- und Lichtbogenschweißung, die jedoch nur von Schweißern ausgeführt werden dürfen, die laufend vom Technischen Überwachungsverein geprüft werden. Bei hohen Drücken und Temperaturen werden die Schweißstellen spannungsfrei geglüht und normalisiert. Besondere Sorgfalt ist beim Schweißen legierter Werkstoffe zu beobachten[2]. Walzverbindungen werden fast nur noch für Anschlüsse der Wasserrohre an die Trommeln und Teilkammern verwendet. Nietverbindungen kommen nur noch bei Behälterkesseln vor.

Der eigentliche Kessel wird durch den Überhitzer, den Speisewasservorwärmer und den Luftvorwärmer ergänzt. Diese Heizflächen sind billiger als die Kesselheizfläche, weshalb sie im Verhältnis zur Kesselheizfläche möglichst groß gemacht werden. Bei Hochdruckkesseln werden sie z. B. mehrfach größer ausgeführt.

---

[1] S. Fußnote S. 69.

[2] Siehe DIN 2471 Richtlinien für die Prüfung von Rohrschweißern u. a. m., VDI-Arbeitsblätter 3060/61.

52. Flammrohrkessel. Man kennt *Einflammrohr-* und *Zweiflammrohrkessel.* Ihre Abmessungen sind genormt[1]. Die Flammrohre, die zur Erhöhung der Festigkeit und Vergrößerung der Heizfläche gewellt sind und zwischen 700 und 1080 mm Durchmesser haben, nehmen meist einen Planrost als Innenfeuerung auf. Sie sind nicht symmetrisch zur Kesselachse eingebaut, um einen wenn auch sehr geringen Wasserumlauf herbeizuführen. Wie Abb. 67 zeigt, durchströmen die Rauchgase das Flammrohr als ersten Zug, wobei sie durch den Drallstein *Dr* gut durchwirbelt werden, beheizen den Überhitzer *Ü*, ziehen dann an der linken Kesselwand entlang (zweiter Zug) nach vorn und an der rechten Kesselseite entlang (dritter Zug) wieder nach hinten und in den Fuchs.

Die Vorteile der Flammrohrkessel sind: einfacher Aufbau und leichte Bedienung; geringe Anschaffungskosten; geringe Anforderungen an die Güte des Speisewassers; guter Ausgleich von Belastungsschwankungen durch großen Wasserinhalt. Dieser Puffereigenschaft verdankt er es, daß er noch heute eine gewisse Rolle spielt. Bei einer plötzlichen Änderung der Dampfentnahme steigt oder sinkt nämlich der Kesseldruck um so weniger, je größer der Wasserinhalt ist. Ein Zahlenbeispiel möge das erläutern: Ein Flammrohrkessel von 100 m² Heizfläche enthalte 20000 kg Wasser (200 kg je m² Heizfläche) und erzeuge stündlich 1900 kg Dampf von 10 kg/cm².

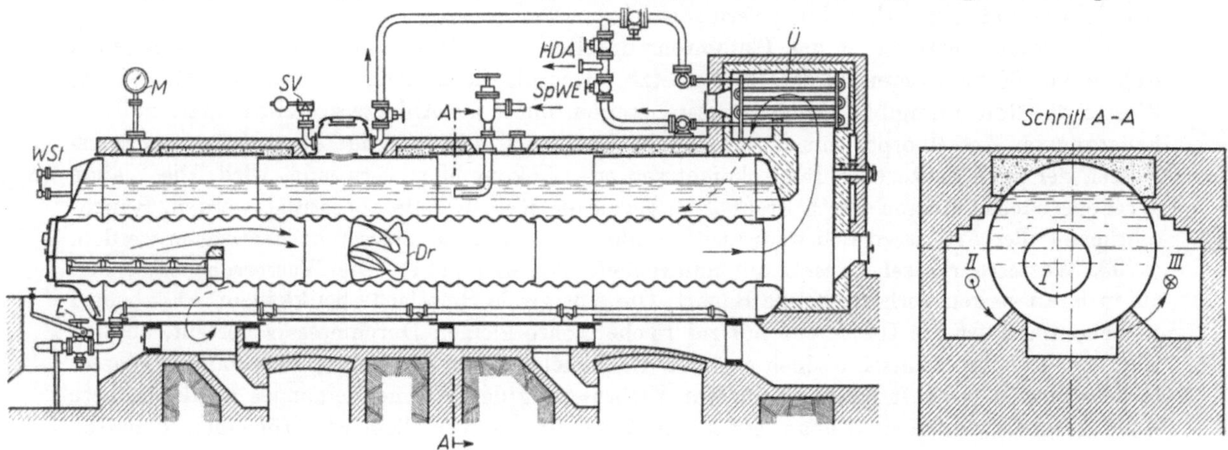

Abb. 67. Einflammrohrkessel mit Planrost-Innenfeuerung.

Das Speisewasser sei auf 33° C vorgewärmt, so daß zur Bildung von 1 kg Dampf 630 kcal aufzuwenden sind, stündlich also insgesamt $630 \cdot 1900 = 1200000$ kcal. Nun stocke die Dampfentnahme 6 Minuten, während gleichmäßig weitergefeuert und gespeist wird; dann gehen die überschüssigen 120000 kcal zum weitaus überwiegenden Teil in das Kesselwasser. Nach Ablauf der 6 Minuten muß demnach eine Wärmemenge $Q = 20000 \cdot 181 + 190 \cdot 33 + 120000 = 3750000$ kcal im Kesselwasser enthalten sein, dessen Flüssigkeitswärme $3750000 : 20190 = 185{,}7$ kcal/kg beträgt. Das entspricht einem Druck von 11 kg/cm² bei 183° C. Die Speicherung der ununterbrochen zugeführten Feuerungswärme hat also eine Druck- und Temperatursteigerung zur Folge. Umgekehrt liefert der Kessel, wenn vorübergehend mehr Dampf gebraucht als durch die Feuerung erzeugt wird, diesen Mehrbedarf aus der Wärme seines Wasserinhaltes, wobei Druck und Temperatur fallen. So können während einer Druckabsenkung von 11 auf 10 kg/cm² die vorher eingesparten 190 kg Dampf zusätzlich entnommen werden. Fällt infolge zu hoher Dampfentnahme der Kesseldruck von 10 auf 8 kg/cm², während gleichmäßig weitergefeuert und wiederum 190 kg Wasser von 33° C zugespeist wird, so vermindert sich die anfangs im Kesselwasser enthaltene Wärmemenge $Q_{10} = 20000 \cdot 181$ kcal auf $Q_8 = (20000 - D) \cdot 171{,}3 + 190 \cdot 33$ kcal; die Differenz dieser Wärmemengen steht zur Erzeugung von D kg Dampf mit einem mittleren Wärmeinhalt von 662 kcal/kg bei 9 kg/cm² zur Verfügung. Aus $Q_{10} - Q_8 = Q_D$ ergibt sich: $D = \frac{20000 \cdot (181{,}2 - 171{,}3) - 190 \cdot 33}{662 - 171{,}3} = 391$ kg zusätzlich nur aus dem Wasserinhalt ent-

[1] Nach DIN 2904.

wickelter Dampf. Man erkennt aus dem Beispiel, wie wichtig ein großer Wasserinhalt für den günstigen Ausgleich zwischen Dampferzeugung und Dampfverbrauch ist. Bei Wasserrohrkesseln erhält man wegen ihres kleineren Wasserinhaltes unter sonst gleichen Verhältnissen mehrfach größere Druckschwankungen, so daß man für stark wechselnde Dampfentnahme doch verhältnismäßig große Trommeln braucht oder einen Speicherkessel zuschaltet, und das begrenzt aus Materialgründen den Druck nach oben. Der üblichere Weg ist, die *Feuerung* „elastisch" zu gestalten, so daß Änderungen in der Dampfentnahme durch rasche Änderung der Feuerungsleistung, evtl. mit Hilfe eines Feuerungsreglers ausgeglichen werden. Die Aufgabe des Belastungsausgleiches wird also vom Kessel auf die Feuerung verlagert.

Den Vorteilen der Flammrohrkessel stehen aber auch empfindliche Nachteile gegenüber: geringe Dampfleistung je Einheit, bei Einflammrohrkesseln bis 1,6 t/h, bei Zweiflammrohrkesseln bis 4 t/h; niedriger Dampfdruck bis maximal 18 atü; großer Platzbedarf; sehr lange Anheizzeiten (10 bis 12 Stunden). Infolge des großen Wasserinhaltes ist der Kessel sehr träge und folgt Änderungen in der Beheizung nur sehr langsam. Durch Anbau einer Umwälzpumpe kann der Wärmeaustausch beschleunigt werden. Es sei auch auf die große im Wasser gespeicherte Energiemenge aufmerksam gemacht, die bei etwaigen Kesselexplosionen die völlige Zerstörung des Kessels und seiner Umgebung verursacht.

Beim *Rauchrohrkessel* ist das Flammrohr durch eine große Anzahl von nahtlos gezogenen Rohren mit 50 bis 70 mm Durchmesser ersetzt, durch die die Rauchgase strömen, während das Wasser die Rohre umgibt. Rauchrohrkessel werden meist als Abhitzerkessel benutzt. Soll die Feuerung im Kesselkörper mit untergebracht werden, so entsteht der *Feuerbüchs-Rauchrohr*-Kessel, der auch heute noch für Lokomotiven oder Lokomobilen verwendet wird. Die Wände der Feuerbüchse müssen durch Stehbolzen gegen die Kesselwände abgestützt werden. Rauchrohrkessel aller Art lassen sich wasserseitig schlecht reinigen; sie müssen ausgewaschen werden.

53. Wasserrohrkessel (Kessel mit natürlichem Wasserumlauf). Die Wasserrohrkessel sind die in Kraftwerken vorherrschende Bauart. Um eine große Heizfläche bei kleinem Platzbedarf zu bekommen, ist die Heizfläche auf zahlreiche Rohre kleinen Durchmessers verteilt, ähnlich wie beim Rauchrohrkessel. Jedoch strömen die Rauchgase *um* die Rohre, während das Wasser *in* den Rohren umläuft (Siederohre). Zur Verbesserung des Wärmeüberganges werden höhere Rauchgasgeschwindigkeiten angewendet, im Mittel 10 m/s; vor allem wird für einen lebhaften Wasserumlauf gesorgt, damit die an der Heizfläche sich bildenden Dampfblasen fortgetragen und stetig neues Wasser zugeführt wird. Dieser für Leistung und Betriebssicherheit wichtige Wasserumlauf wird dadurch erreicht, daß die Siederohre schräg oder steil angeordnet werden. Das spezifisch leichtere Dampf-Wasser-Gemisch strömt nach oben zur Trommel ab, während aus dieser dampffreies Kesselwasser durch unbeheizte Fallrohre nach den tiefsten Stellen der Siederohre fließt. Die Trommel, in der die Trennung von Wasser und Dampf vor sich geht, ist ein Kennzeichen der Kessel mit natürlichem Wasserumlauf. Sie ist unbeheizt. Von der früher üblichen Drei- oder Viertrommelbauart ist man heute abgekommen und verwendet nur noch eine oder zwei Obertrommeln, wobei die zweite Obertrommel entweder als Entmischungstrommel oder als Speichertrommel dient, also keine Fallrohre mit Wasser versorgt und mit der Haupttrommel nur durch Ausgleichsrohre in Verbindung steht. Die Größe der Obertrommel hängt von der gewünschten Speicherfähigkeit ab, außerdem wirkt sie sich auch auf die Reinheit des Dampfes aus. Unreiner Dampf deutet auf zu hohe Dampfraumbelastung (m^3/h Dampf je m^3 Dampfraum) oder auf zu hohe Belastung der Ausdampffläche (m^3/h Dampf je m^2 Wasserspiegel) oder auf zu hohe Kesselwasserdichte. Die früher üblichen Untertrommeln sind durch Verteilerkästen mit geringen lichten Querschnitten ersetzt.

Bei den *Schrägrohrkesseln* haben die 4 bis 7 m langen Siederohre eine Neigung von 16 bis 22 Grad. Sie werden mit den normalgeglühten Enden in die oberen und unteren Teilkammern eingewalzt, bei Kleinkesseln auch angeschweißt. Die Walzverbindung ist, sachgemäße Ausführung mit Maschinenwalzen vorausgesetzt, auch bei hohen Drücken vollkommen betriebssicher. Sie ist hier außerdem besonders zweckmäßig, weil sie im Schadensfalle ein einfaches Auswechseln eines Rohres aus dem Rohrbündel gestattet. Beim Auskreuzen der Walzstelle muß eine Beschädigung des Rohrloches sorgfältig vermieden werden. Es muß Platz für das Ausziehen des Rohres vorhanden sein. Die den Walzstellen gegenüberliegenden ovalen Handlöcher für das Durchstecken der Rohre oder der Rohrwalzen werden durch Handdeckel verschlossen, die ähnlich wie die Mannlochdeckel durch den Kesseldruck auf die innenliegenden Dichtflächen gepreßt werden. Die nahtlos hergestellten Teilkammern werden wellenförmig oder gerade ausgeführt. Abb. 68 zeigt den unteren Teil einer wellenförmigen Teilkammer in ihren Einzelheiten. Je nach der Kesselgröße ist eine mehr oder weniger große Zahl von Teilkammern nebeneinander angeordnet. Bei wellenförmigen Teilkammern sind die Rohrreihen gegeneinander versetzt, so daß der Rauchgasstrom stark durchwirbelt und dadurch eine gute Wärmeübertragung erzielt wird, allerdings nur dann, wenn rauchgasseitige Verschmutzung durch Flugasche vermieden wird. Fluchtende Rohrreihen bei geraden Teilkammern verschmutzen weniger leicht und werden dann angewendet, wenn der hinter dem Rohrbündel liegende Überhitzer Heißdampf mit hoher Temperatur liefern soll. Wegen der schwierigen Zugänglichkeit müssen rauchgasseitige Verschmutzungen des Rohrbündels so gut wie möglich verhütet werden. Außerdem verkürzen sie die „Reisezeit" des Kessels, d. h. die ununterbrochene Betriebszeit von einer Reinigung zur anderen. Dagegen lassen sich die geraden Siederohre sehr gut wasserseitig reinigen.

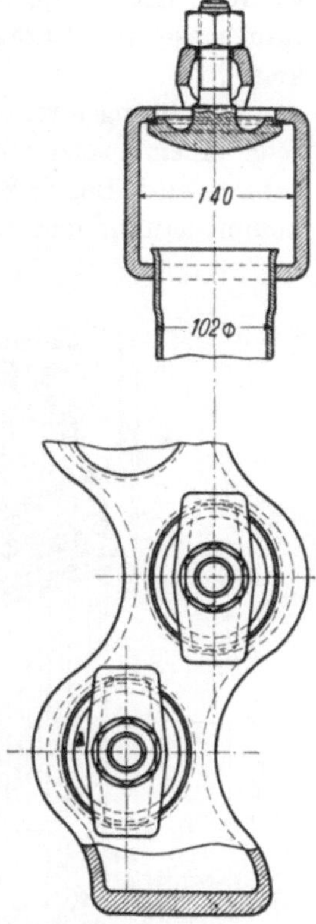

Abb. 68. Unterer Teil einer Teilkammer.

Mit der Obertrommel sind die oberen Teilkammern durch Steigrohre, die das Dampf-Wasser-Gemisch abführen, die unteren Teilkammern durch Fallrohre verbunden. Steig- und Fallrohre sind meist an den oberen Enden der Teilkammern angeschweißt, in der Obertrommel eingewalzt. Die unteren Teilkammern haben am unteren Ende Rohrstutzen, die zum Schlammsammler führen, aus dem eingedicktes Kesselwasser mit evtl. ausgeschiedenen Schwebestoffen abgestoßen wird. Mit Rücksicht auf die Wärmedehnung ist die untere Teilkammerreihe meist mit den Fallrohren an der Obertrommel aufgehängt, während die obere Teilkammerreihe im Kesselgerüst gelagert ist. Festpunkt des ganzen Kesselsystems ist die Obertrommel.

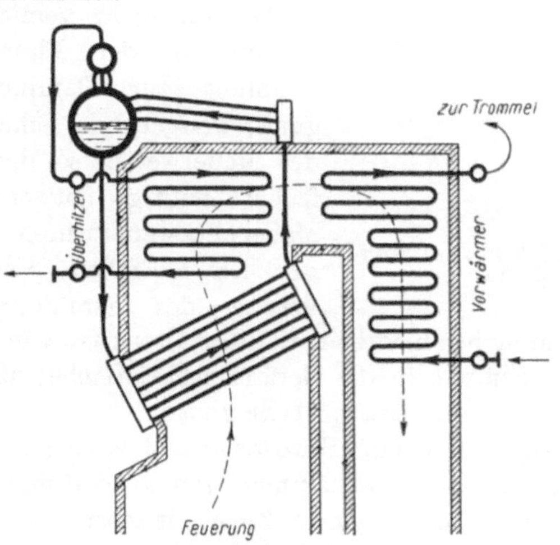

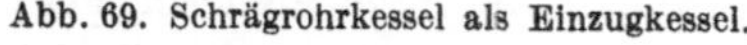
Abb. 69. Schrägrohrkessel als Einzugkessel.

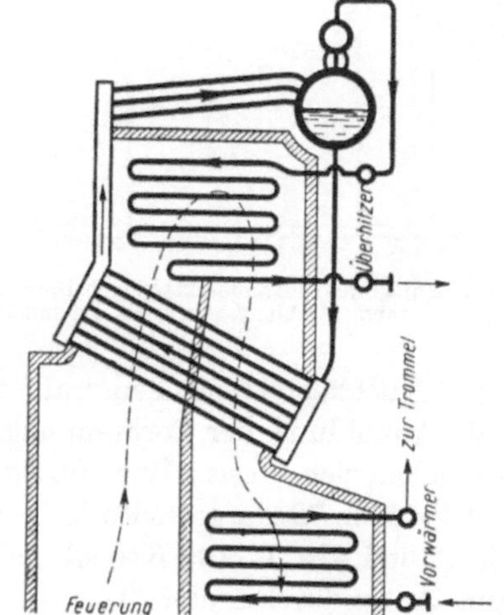

Abb. 70. Schrägrohrkessel als Zweizugkessel.

Die Abb. 69 und 70 zeigen schematische Beispiele des Aufbaues von Schrägrohrkesseln. Sie sollen vor allem den Wasserumlauf und die Rauchgasführung veranschaulichen. Das im Vorwärmer vorgewärmte Speisewasser wird zunächst der Obertrommel zugeführt. Es gelangt durch die Fallrohre in den unteren Teil des Schrägrohrbündels, wird auf Siedetemperatur erhitzt und steigt infolge Erwärmung aufwärts, um im oberen Teil reichlich Dampf zu entwickeln. Das

Dampf-Wasser-Gemisch strömt aus den oberen Teilkammern durch die Steig- bzw. Überströmrohre zur Entmischung in die Obertrommel, von der aus das *Wasser* seinen Kreislauf fortsetzt, während der *Dampf* zum Überhitzer geleitet wird. Je nach der Zahl der Züge, in denen die Rauchgase die Schrägrohre bestreichen, unterscheidet man Einzug-, Zweizug- und Dreizugkessel.

Ausführungsformen von Schrägrohrkesseln sind in den Abb. 71 und 72 dargestellt. Abb. 71 zeigt einen Zweizug-Teilkammerkessel, der in dieser Form für Leistungen von 10 bis 50 t/h gebaut wird. Bei *SpWE* tritt das Speisewasser in den gußeisernen Rippenrohrvorwärmer *RV*, kommt dann in den Schlangenrohrvorwärmer *SV* und von da in die Obertrommel. Der liegende Überhitzer ist zwischen erstem und zweiten Zug angeordnet. Die unterste Rohrreihe des Siederohrbündels ist nach unten in den Feuerraum abgebogen. Sie deckt die ganze Rückwand des hohen Feuerraumes als Strahlungsheizfläche ab. Auch die Seitenwände des Feuerraumes sind mit Strahlungsheizfläche versehen. Diese Strahlungsheizfläche mit den senkrechten Siederohren ist eigentlich eine Steilrohrheizfläche, so daß der Kessel gar kein echter Schrägrohrkessel mehr ist. Immerhin ist das Schrägrohrbündel ein wesentliches Merkmal dieser Bauart. Die Strahlungsheizfläche bringt aber so bedeutsame Vorteile, daß man auf sie fast nie mehr verzichtet: Ausnutzung der Flammenstrahlung zur Dampferzeugung; weitgehende Schonung des Mauerwerks, so daß die früher häufig notwendigen Mauerwerksreparaturen fast gänzlich fortfallen; Verminderung des Strahlungsverlustes; Möglichkeit hoher Feuerraumtemperaturen bei niedrigen CO_2-Gehalten; trotzdem genügende Abkühlung der Verbrennungsgase vor Eintritt in die Berührungsheizfläche; alles in allem ergeben sich bessere Wirkungsgrade und günstigere Betriebsbedingungen.

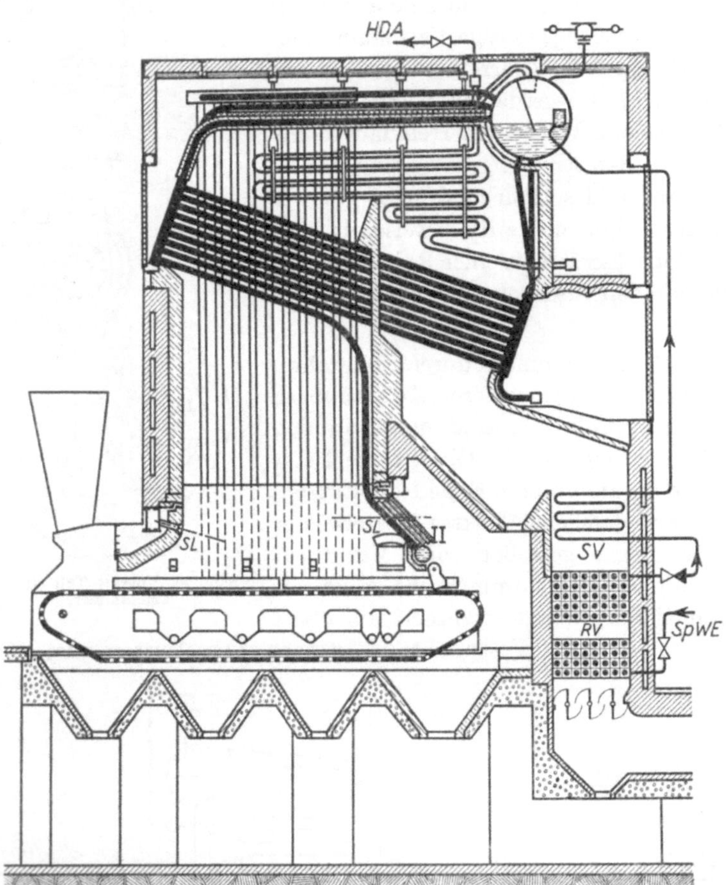

Abb. 71. Schrägrohr-Teilkammerkessel mit Unterwind-Zonenwanderrost und Feuerraum-Strahlungsheizfläche. (Steinmüller-Gummersbach.)

Der in Abb. 72 dargestellte Teilkammerkessel hat 620 m² Heizfläche und erzeugt Dampf von 36 at und 425° C. Die Kesselheizfläche besteht aus 30 Teilkammern mit je 14 Rohren von 102 mm Außendurchmesser. Die Rauchgase bestreichen in einem Zuge zunächst die untere Gruppe der Siederohre, heizen den Überhitzer und umspülen die obere Siederohrgruppe in zwei Zügen, da sich ihr Volumen durch Wärmeabgabe stark vermindert hat. An die Obertrommel von 1200 mm Durchmesser und 7700 mm Länge sind außer den Teilkammern auch die unten liegenden Verteilerkästen und die oben liegenden Sammelkästen der Strahlungsheizfläche und ein Granulierrost *e* angeschlossen. Der Kessel hat Staubfeuerung mit Mühlen *b* und Sichtern *c*. Der Staub wird durch vier Brenner *d* an der Kesseldecke eingeblasen; es ist also eine U-Feuerung. Die Verbrennungsluft wird im Luftvorwärmer *f* und in den Kühlkanälen in der Feuerraumwand

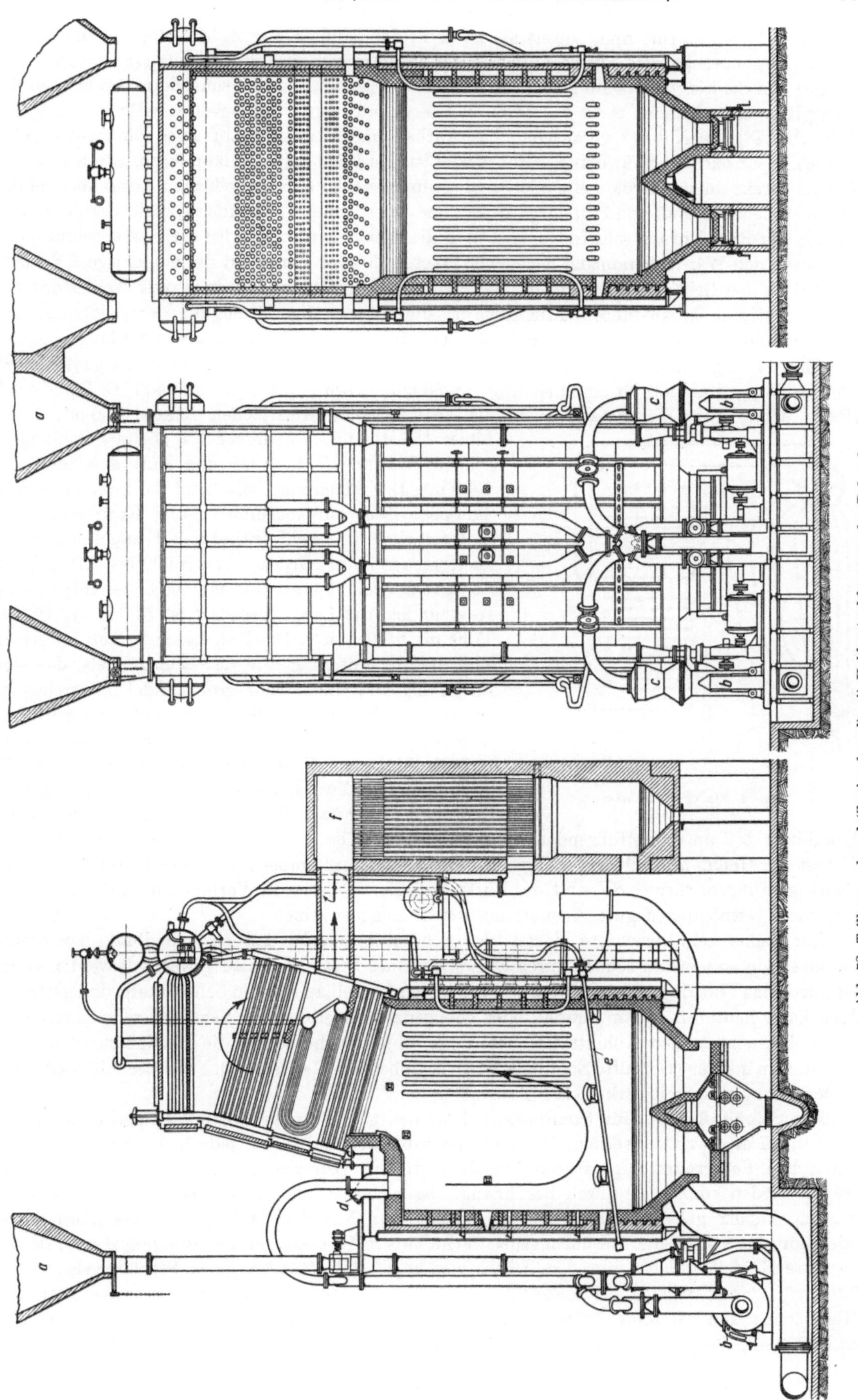

Abb. 72. Teilkammerkessel (Zweizugkessel) mit Kohlenstaubfeuerung der Babcockwerke.

auf 250° C vorgewärmt und, soweit sie nicht in den Mühlen zur Mahltrocknung und Staubförderung gebraucht wird, durch Düsen in der Vorderwand als Sekundärluft eingeblasen.

Bei den *Steilrohrkesseln* sind die Rohrbündel steil gestellt, um ein schnelleres Abströmen der Dampfblasen und damit einen rascheren Wasserumlauf als in Schrägrohrkesseln zu erreichen. Die schematische Abb. 73 veranschaulicht Aufbau und Wasserumlauf eines Einzug-Steilrohrkessels. Kennzeichnend für den Steilrohrkessel ist das Fehlen der Teilkammern. Die Siederohre führen direkt in die Trommeln oder sind gruppenweise in Sammelkästen zusammengefaßt, deren unbeheizte Fall- und Steigrohre mit der Obertrommel verbunden sind. Dadurch wird man in der Rohrführung sehr freizügig. Durch die gebogenen Rohre wird der Kessel schmiegsam und kann den Wärmedehnungen nachgeben. Wesentlichster Vorteil ist der eindeutigere Wasserumlauf als bei Schrägrohrkesseln, da alle Siederohre direkt zur Trommel oder wenigstens aus dem Feuerraum herausführen. Allerdings ist die wasserseitige Reinigung der Siederohre unbequem und ihre Kontrolle unmöglich. Daher wird sehr gutes Speisewasser verlangt.

Abb. 42 zeigt einen Steilrohrkessel mit drei Trommeln (rechte Obertrommel eigentlich nur Entmischungstrommel) für eine Leistung von 80 t/h Dampf von 100 atü und 450° C. Der Kessel, dessen Höhe über Heizerstand 16,5 m ist, hat folgende Heizflächen: Kessel 450 m², Überhitzer *Ü 1* 156 m², Überhitzer *Ü 2* 454 m², Schlangenrohrvorwärmer *SV* 1400 m² und Luftvorwärmer *LV* 1030 m². Der Feuerung, bestehend aus zwei Vorschub-Treppenrosten von zusammen 64 m² Rostfläche, wird Unterwind durch zwei Ventilatoren *V* zugeführt, deren Liefermenge in den Grenzen von je 690 bis 1020 m³/min bei 20° C, bei 194 bis 295 mm *WS* Gesamtpressung regelbar ist. Ihr Leistungsbedarf ist 57 bis 112 PS bei 1150 bis 1440 min^{-1}. Die Rauchgase treffen im ersten Zug auf die untere Hälfte des Rohrbündels, das sich nur wenig von einem Schrägrohrbündel unterscheidet. Im zweiten Zug führen die Rohre senkrecht zur Entmischungstrommel. Drei Seiten des Feuerraumes sind mit Strahlungsheizfläche versehen. Die Fallrohre *FR* sind unbeheizt. Zwischen erstem und zweitem Zug liegt der erste Überhitzer *Ü 1*, der ebenso wie der zweite Überhitzer *Ü 2* an dampfführenden Rohren aufgehängt ist. Zwischen den Überhitzern *Ü 1* und *Ü 2* ist ein Heißdampfkühler zur Regelung der Heißdampftemperatur eingeschaltet. Der große Schlangenrohrvorwärmer *SV* und der Luftvorwärmer *LV*, der die Verbrennungsluft auf 200° C vorwärmt, ermöglichen gute Ausnutzung der Rauchgaswärme.

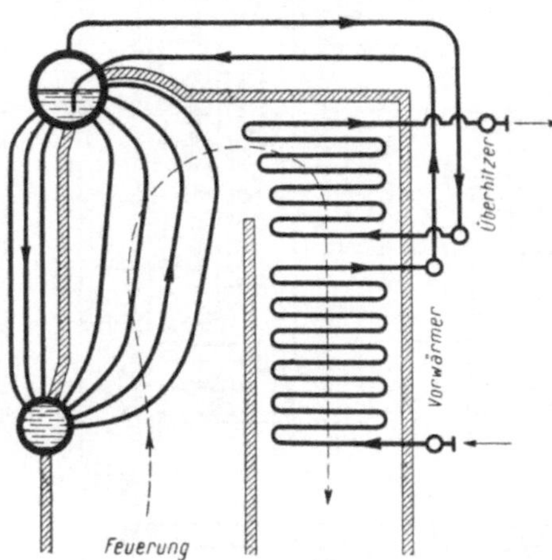

Abb. 73. Einzug-Steilrohrkessel.

Der früher sehr beachtete Vorteil des Schrägrohrkessels, daß ein schadhaft gewordenes gerades Teilkammerrohr schnell durch Einwalzen eines Ersatzrohres ausgewechselt werden kann, ist durch das Vordringen der Schweißtechnik in den Kesselbau stark in den Hintergrund getreten. Man kann heute an jedem geraden oder gebogenen Siederohr eine Schadensstelle durch Einschweißen eines neuen Rohrstückes beseitigen, ohne Nachteile für die Betriebssicherheit befürchten zu müssen (Geprüfte Schweißer! Druckprobe nach Reparatur!). Es ist deshalb heute eine Bevorzugung des Steilrohrkessels festzustellen.

Für Schrägrohr- wie für Steilrohrkessel können gleicherweise Rostfeuerungen oder Staubfeuerungen angewendet werden. Die Kohlenstaubfeuerung brachte jedoch die Erfahrung, daß bei hohen Feuerraumtemperaturen erheblich größere Wärmemengen durch Strahlung übertragen werden können als durch Berührung. Das bedeutet, daß die Kessel bei gleicher Dampfleistung kleiner gebaut werden können. So hat man Kessel entwickelt, die überhaupt keine oder nur eine sehr kleine Berührungsheizfläche haben. Es entstand der *Strahlungskessel*, dessen gesamte Kesselheizfläche vor dem Überhitzer liegt. Abb. 74 zeigt einen Strahlungskessel für 32/40 t/h Dampf von 22 atü und 380° C (32 t/h = Regellast, 40 t/h = max. Dauerlast). Die Heizflächen sind wie folgt verteilt: Kessel 515 m², Überhitzer 295 m², Speisewasservorwärmer *SpV* 870 m², Vorverdampfer *VV* 215 m², Dampfluftvorwärmer *DLV* 770 m², Rauchgasluftvorwärmer *RLV* 840 m². Die Feuerung ist eine Kohlenstaubfeuerung mit zwei Sichtermühlen *HSM*. Es sollen Schlamm mit $H_u = 3900$ kcal/kg (26% Asche, 25% Wasser), Mittelgut mit $H_u = 4870$ kcal/kg (25% Asche, 15% Wasser) und Staub mit $H_u = 5140$ kcal/kg (32% Asche,

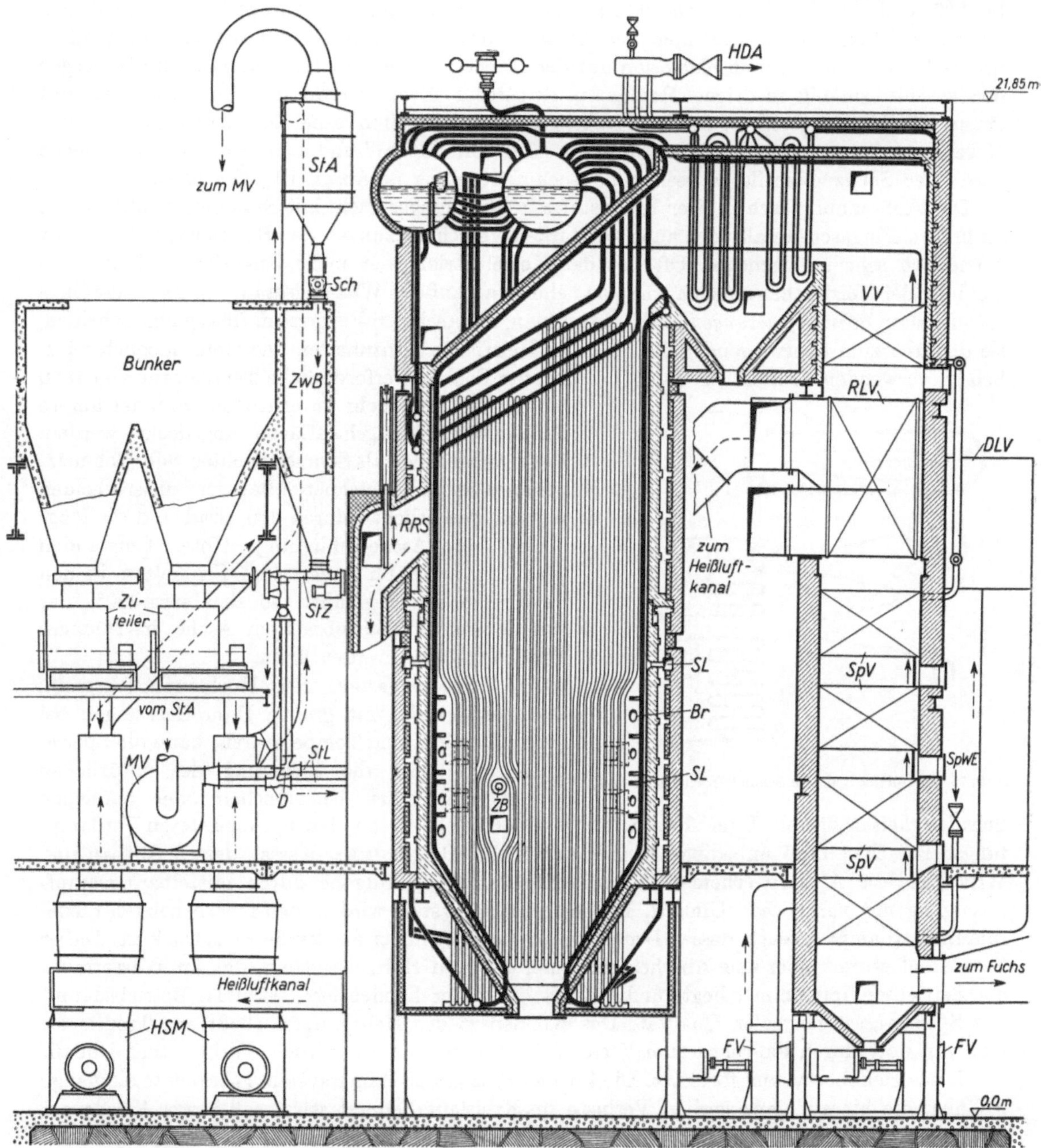

Abb. 74. Strahlungskessel mit Kohlenstaub-Eckenfeuerung der Babcockwerke (Zeche Graf Bismarck). *FV* Frischluftventilator 8,0 m³/s bei 20° C und 400 mm WS, $N = 58$ kW, $n = 1480$ min^{-1}; *MV* Mühlenventilator 4,0 m³/s bei 80° C, und 600 mm WS, $N = 50$ kW, $n = 1480$ min^{-1}; *HSM* Hochleistungssichtermühle 6,0 t/h Durchsatz bei $N = 165$ kW, $n = 735$ min^{-1} Schlagkreis-⌀ 1650 mm.

5% Wasser) entweder einzeln oder gemischt verfeuert werden. Wegen der hohen Wassergehalte der Brennstoffe ist Rauchgasrücksaugung *RRS* vorgesehen. Das von dem Mühlenventilator *MV* bei *RRS* angesaugte Rauchgas tritt, mit Luft gemischt, mit 320° C in die Mühlen *HSM*, aus denen der Staub zum Staubabscheider *StA* gefördert wird, von wo er über die Schleuse *Sch* in den Zwischenbunker *ZwB* gelangt. Von dort wird er von den regelbaren Staubzuteilern *StZ* (vgl. Abb. 50) entnommen, in die Mischdüsen D abgeworfen und durch die Staubleitungen StL zu den Eckenbrennern Br und in den Feuerraum geblasen (vgl. auch Abb. 62). Die Verbrennungsluft wird durch zwei Frischluftventilatoren FV gefördert, bis 180° C durch Dampf und schließlich bis 320° C durch Rauchgas vorgewärmt. Die Luftvorwärmung mit Anzapf- oder Gegendruckdampf erleichtert und beschleunigt das Anfahren des kalten Kessels und verhütet Taupunktsunterschreitung und damit Korrosion auf der Rauchgasseite. Ein Heißdampfkühler ist wegen der verhältnismäßig niedrigen Heißdampftemperatur nicht erforderlich. Der Kessel ist mit einem Saugzug ausgerüstet, der eine Rauchgasmenge von 30 m³/s bei 260° C und 200 mm WS Unterdruck fördern kann und der von einem Motor mit 140 kW und $n = 985\ \text{min}^{-1}$ angetrieben wird. Der Saugzugventilator besitzt Leitschaufelregelung (s. Abschnitt: Ventilatoren).

Die Verbrennung aschereicher Brennstoffe in Strahlungskesseln mit Staubfeuerungen führte zu hohem Flugascheanfall oder auch zu starken Verschmutzungen der Heizflächen. Beides ist betrieblich sehr unangenehm. Oft hat der Kesselbetrieb weit mehr Rücksicht auf die Vermeidung der Heizflächenverschlackung zu nehmen als auf den Wirkungsgrad. Bei den neuerdings entwickelten *Schmelzfeuerungen* beabsichtigt man, die Asche im Feuerraum flüssig abzuscheiden, sie dadurch zum überwiegenden Teil von der Heizfläche fernzuhalten und wenn möglich nützlich zu verwenden. Um die für das Schmelzen der Schlacke erforderliche Temperatur von 1400 bis 1500° C und mehr zu erreichen, muß der untere Teil der Strahlungsheizfläche abgedeckt werden. Die verschiedenen als Schmelztrichter- oder Schmelzkammer-Kessel bezeichneten Bauarten unterscheiden sich im wesentlichen durch den Grad und die Möglichkeit zur Ascheeinbindung. Unter Umständen wird sogar die Flugasche zum Schmelzen in den Feuerraum zurückgeführt, so daß etwa 90% der vom Brennstoff eingebrachten Asche in flüssiger Form abgezogen werden kann.

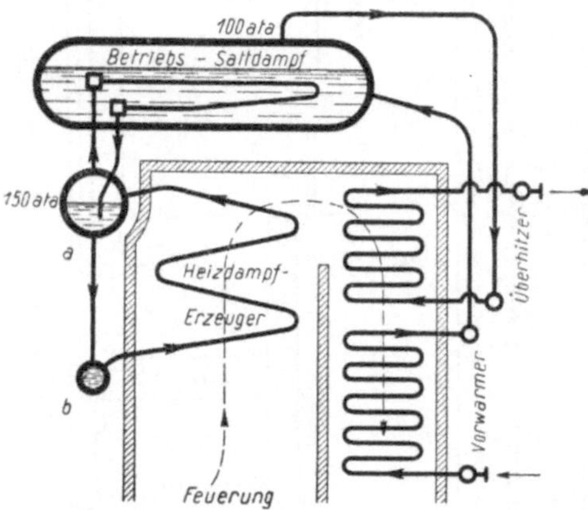

Abb. 75. Dampferzeugung im Schmidt-Hochdruckkessel.

54. Sonderbauarten. Bei Hochleistungskesseln, also bei Kesseln mit großen Dampfleistungen bei hohen Drücken und Temperaturen, kann die Speisewasserfrage oder die Sicherung des natürlichen Wasserumlaufes zu betrieblichen oder baulichen Schwierigkeiten führen. Eine Ausscheidung von Kesselstein an den hochbelasteten Verdampfungsheizflächen muß unbedingt vermieden werden. Der SCHMIDT-Kessel, dessen Aufbau und Wirkungsweise Abb. 75 schematisch darstellt, löst diese Aufgabe durch mittelbare Dampferzeugung mit *natürlichem* Umlauf. In einem Primärsystem wird in den feuerbeheizten Siederohren Sattdampf erzeugt, dessen Druck um 30 bis 50 at höher als der Betriebsdruck ist. Dieser Sattdampf strömt über eine Abscheidetrommel a in ein Heizrohrsystem, das im Wasserraum der Betriebsdampftrommel liegt, und erzeugt, indem er kondensiert, sekundär Betriebsdampf aus Speisewasser normaler Qualität. Das Kondensat des Heizdampfes fließt zur Trommel a und von dort durch Fallrohre zum Verteiler b, von wo es auf natürliche Weise seinen Umlauf durch das Heizrohrsystem fortsetzt. Die für das Heizdampf-Primärsystem gebrauchte einmalige Füllung, die bis auf ganz geringe Verluste im Kreislauf benutzt wird, soll bestes Kondensat sein, während das im Sekundärsystem für den Betriebsdampf benutzte Speisewasser chemisch aufbereitet sein kann. Der Betriebssattdampf ist auch bei verhältnismäßig hoher Kesselwasserdichte noch sehr sauber, da die Ausdampfung gleichmäßig verteilt aus einem praktisch ruhenden Wasserraum vor sich geht.

Der LA-MONT-Kessel nach Abb. 76 ist ein *Zwangsumlaufkessel*, bei dem der Wasserumlauf durch eine Umwälzpumpe erzwungen wird, so daß auf die Bedingungen für einen natürlichen Umlauf keinerlei Rücksicht genommen werden braucht. Die Umwälzpumpe holt das Wasser aus der Kesseltrommel und drückt es über einen Düsenkasten in die Siederohre von 32 mm Durchmesser, wo es zum Teil verdampft wird. Jedes Rohr erhält am Eintritt eine Drosselblende, um ihm die seiner Wärmeaufnahme entsprechende Wassermenge zuzuteilen und zu sichern.

Das Dampf-Wasser-Gemisch wird weiter zur Trommel gedrückt, in der es sich entmischt. Der erzwungene Wasserumlauf ermöglicht es, das Rohrsystem beliebig, auch mit fallender Strömungsrichtung, anzuordnen, so daß der Aufbau ganz den Raumverhältnissen angepaßt werden kann. Das Umwälzsystem eignet sich auch vorzüglich für den Einbau von Zusatz-Strahlungsheizflächen zur Leistungssteigerung älterer Kessel. Die Umwälzmenge soll das 8- bis 10fache der Dampferzeugung betragen. Der Zwangsumlauf muß unbedingt gesichert sein durch automatisches Zuschalten der Reservepumpe bei Ausfall der Betriebspumpe. Wegen der Unzugänglichkeit der Wasserseite an den Siederohren muß das Speisewasser härtefrei, kann aber chemisch aufbereitet sein.

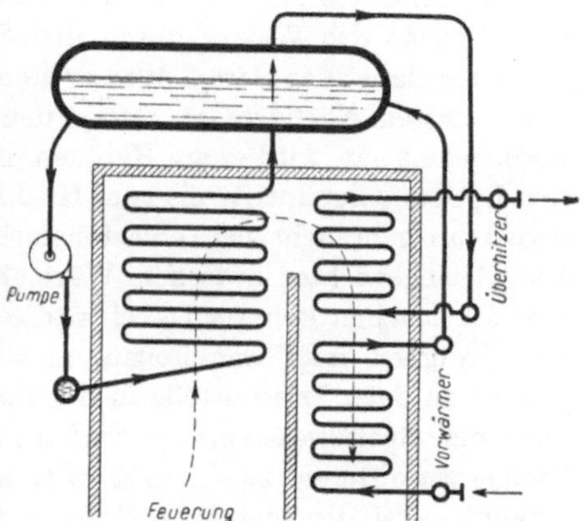

Abb. 76. Dampferzeugung im LA-MONT-Kessel.

Der BENSON-Kessel, Abb. 77—79, ist ein trommelloser *Zwangsdurchlauf*-Kessel. Er besteht aus einem Rohrsystem mit mehreren hintereinander geschalteten Rohrbündeln. Das Speisewasser wird von der Speisepumpe durch den Vorwärmer zur Strahlungsheizfläche gedrückt, in der es zu 80 bis 90% verdampft wird. Die restliche Verdampfung erfolgt im sog. Übergangsteil,

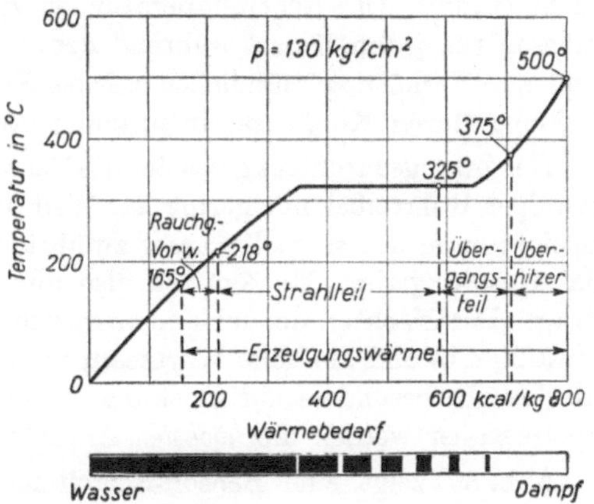

Abb. 78. Verlauf der Dampferzeugung im BENSON-Kessel.

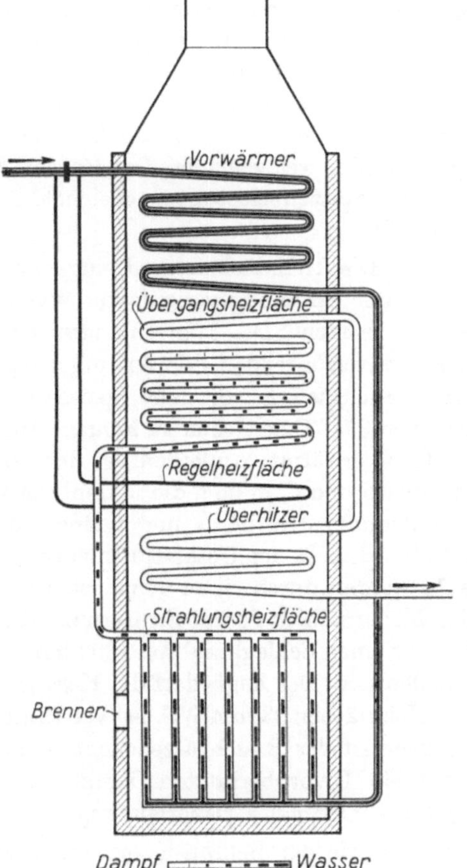

Abb. 77. Dampferzeugung im BENSON-Kessel.

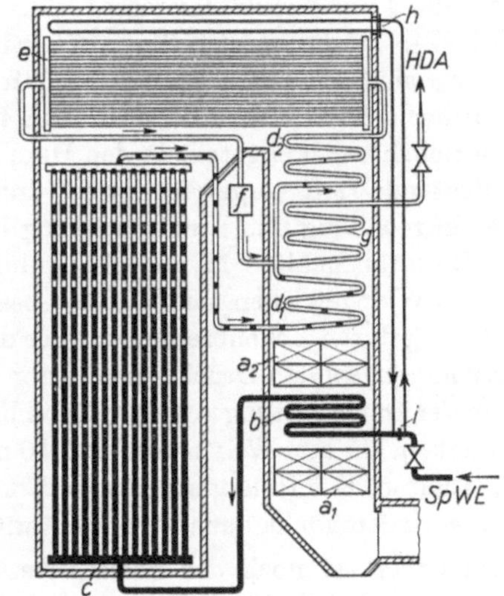

Abb. 79. Schema der Heizflächenanordnung bei einem BENSON-Kessel.

und schließlich strömt der Dampf durch den Überhitzer. Der Verlauf der Verdampfung ist in Abb. 78 dargestellt. Der Übergangsteil, in dem aus dem Dampf-Wasser-Gemisch schon mäßig überhitzter Dampf entsteht, liegt im Bereich von Rauchgastemperaturen unter 900° C, damit durch Abscheidung der vom Speisewasser mitgebrachten Salze keine Rohrschäden entstehen. Ein vereinfachtes Beispiel der Heizflächenanordnung gibt Abb. 79. Vom Speisewassereintritt *SpWE* fließt das Wasser durch den Schlangenrohrvorwärmer *b* nach dem Strahlungsteil *c*, von dort gelangt das Dampf-Wasser-Gemisch in den aus zwei Rohrbündeln d_1 und d_2 bestehenden Übergangsteil. Nachdem der Dampf den Strahlungsüberhitzer *e* und den Berührungsüberhitzer *g* durchströmt hat, wird er am Heißdampfaustritt *HDA* dem Netz zugeführt. Für den langen Weg vom Speisewassereintritt bis zum Heißdampfaustritt wird bei normaler Belastung eine Zeit von etwa 6 min gebraucht, bei Teillasten noch mehr. Diese Zeit müßte vergehen, bis sich eine Änderung des Gleichgewichtes zwischen Wärmebedarf (Speisewasser) und Wärmeangebot (Kohle) bemerkbar machen könnte. Dabei würde sich die Heißdampftemperatur beachtlich ändern. Um diese Trägheit mit ihren Folgen zu vermeiden, ist die „Regelheizfläche" *h* vorgesehen, eine parallel zu einer Drosselstelle in der Speisewasserleitung liegende kurze Rohrschlange, die von einer der Speisewassermenge verhältnisgleichen Wassermenge rasch durchflossen wird. Die Temperaturdifferenz zwischen Eintritt und Austritt an der Regelheizfläche — „Regeltemperatur" genannt — ist der wichtigste Meßwert für die Regelung des Benson-Kessels; die Änderung der Wasseraufwärmung in der Regelheizfläche zeigt an, daß das Verhältnis Speisewasser—Kohle nicht stimmt. Die Regeltemperatur ist von der Belastung des Kessels abhängig. Ihre Werte müssen für jeden Kessel während des Anfahrbetriebes festgestellt werden. Zur Feinregelung und zur Verhütung plötzlicher starker Zunahme der Heißdampftemperatur ist bei *f* Dampfkühlung durch Kondensateinspritzung vorgesehen.

Der Zwangsdurchlauf gestattet die Verwendung kleiner Rohrdurchmesser, so daß die Wirkung etwaiger Rohrreißer nur gering ist. Weil die engen Rohre nur wenig Wasser enthalten und die Speisepumpe nur so viel Wasser zuführt, wie gerade gebraucht wird, ist die Speicherwirkung des Kessels gering. Es kommen also nur schnell regelbare Staub- oder Mühlenfeuerungen in Frage. Der Nachteil der fehlenden Speicherwirkung wird durch die sehr kurze Anfahrzeit von etwa 20 min und die hohe Wärmeanpassungsfähigkeit wieder wettgemacht. Der Benson-Kessel ist deshalb besonders zur Deckung großer kurzfristiger Spitzenbelastungen geeignet. An das Speisewasser werden die *höchsten* Anforderungen gestellt.

Abb. 80 zeigt eine Benson-Strahlungskesselanlage. Die Heizflächenanordnung entspricht den schematischen Darstellungen der Abb. 80 und 82, der Strömungsverlauf von Wasser und Dampf durch das Rohrsystem ist durch Pfeile deutlich gemacht. Die Rohrschlangen des Übergangsteiles *4* und des Berührungsüberhitzers *3* sind an wasserführenden Rohren aufgehängt. Ein Paket (*5* + *7*) des großen Luftvorwärmers ist im Rauchgasweg vor dem Speisewasservorwärmer *9* eingeschaltet, um eine Heißlufttemperatur von 370° C erreichen zu können. Im Luftvorwärmer *6* bzw. *8* wird die Luft von 40° C auf 240° C erwärmt. Außerdem ist der Luftvorwärmer noch vertikal geteilt in den Hauptluftvorwärmer *5* und *6*, in dem die in den Feuerraum einzublasende Luft vorgewärmt wird, und in den Mühlenluftvorwärmer *7* und *8*, durch den die zur Mahltrocknung und Staubförderung benötigte Luft, rd. 20% der Gesamtluftmenge, geführt wird. Hauptluftgebläse *13* und Mühlenluftgebläse *14* werden durch einen gemeinsamen Motor von 160 kW angetrieben. Jeder Kessel besitzt zwei Schlägermühlen *18* mit Sichtern zur direkten Einblasung durch Eckenbrenner *21*. Vor den Mühlen, die einen Schlagkreis von 1300 mm Durchmesser haben, soll ein Druck von 225 mm WS vorhanden sein. Der Zugbedarf des Kessels ist bei maximaler Dauerleistung von 64 t/h und bei sauberen Heizflächen 93 mm WS, bei verschmutzten Heizflächen 117 mm WS; hierin sind 30 mm WS Zugverlust des Rauchgaszellenentstaubers *10* mit enthalten. Der Heißdampfkühler *23* kühlt den auf 465° C vorüberhitzten Dampf auf 430° C herunter und braucht dazu 3 t/h Einspritzkondensat bei maximaler Dauerleistung.

Schließlich sei noch der SULZER-Kessel genannt, der wie der Benson-Kessel mit Zwangsdurchlauf und geringstem Wasserinhalt arbeitet. Als wesentlichstes Kennzeichen gegenüber dem Benson-Kessel hat der Sulzer-Kessel eine Entsalzungsflasche, die so im Rohrsystem liegt, daß bei ihr das Wasser zu 95% verdampft ist. Hier soll sehr stark eingedicktes Kesselwasser vor der Restverdampfung abgeschlämmt werden.

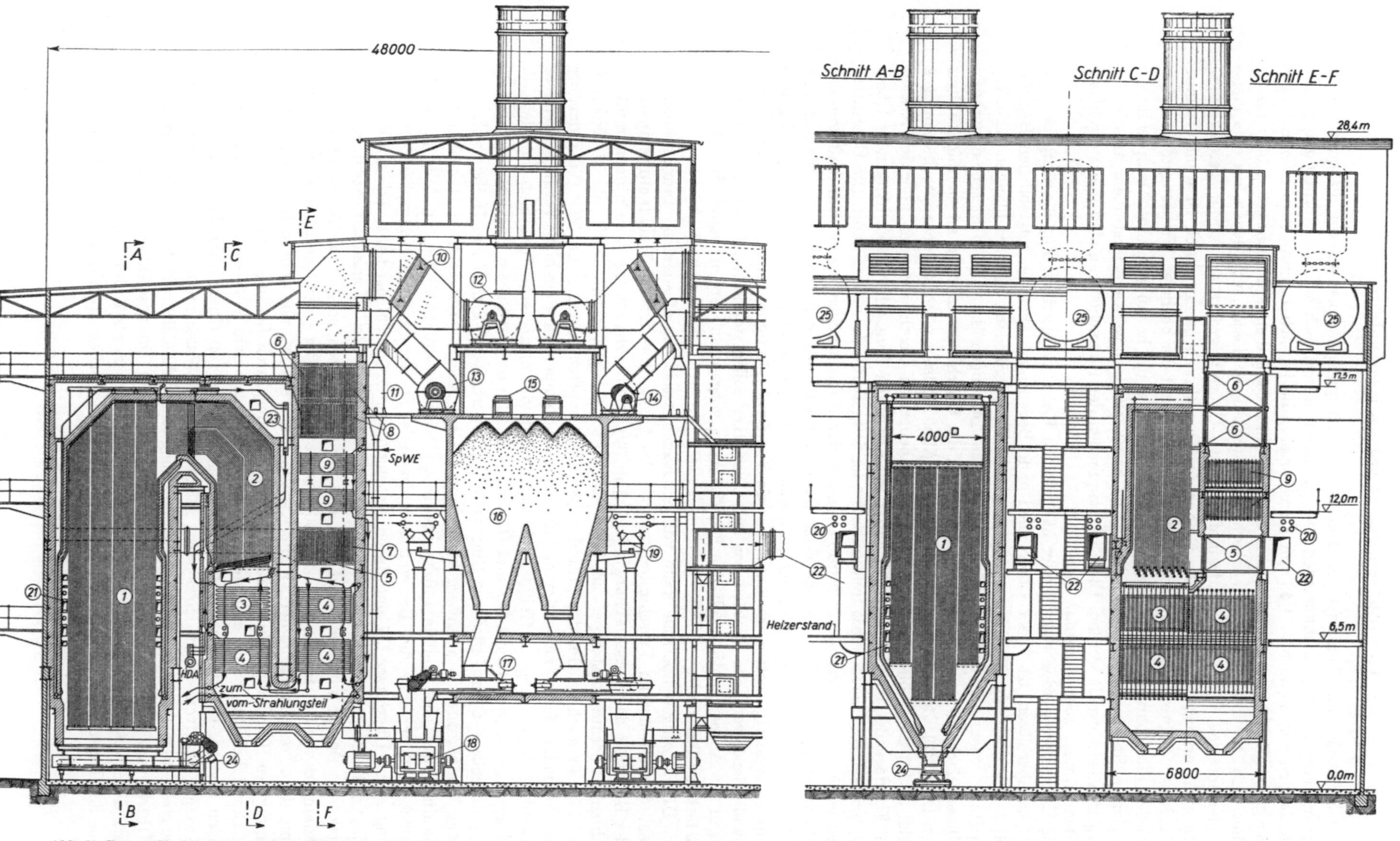

Abb. 80. Benson-Strahlungskesselanlage (Dürrwerke AG, Ratingen) für 50/64 t/h Dampf mit 121 atü und 525° C; Speisewassertemperatur 193° C; Steinkohle mit H_u = 6000 kcal/kg, 3–14% Wasser. *1* Strahlungsteil 490 m², *2* Strahlungsüberhitzer 300 m², *3* Berührungsüberhitzer 300 m², *4* Übergangsteil 800 m², *5* und *6* Hauptluftvorwärmer, *7* und *8* Mühlenluftvorwärmer zus. 3800 m², *9* Speisewasservorwärmer 425 m², *10* Rauchgaszellenentstauber, *11* Flugaschebunker, *12* Saugzug 40,55 m³/s bei 180° C und 172 mm WS, N = 125 kW, n = 940 min⁻¹, *13* Hauptluftgebläse 17,85 m³/s bei 40° C und 440 mm WS, N = 120 kW, n = 1440 min⁻¹, *14* Mühlenluftgebläse, 3,82 m³/s bei 40° C und 475 mm WS, N = 29 kW, n = 1440 min⁻¹, *15* Bekohlungsbänder, *16* Bunker, *17* Kohlezuteiler, N = 1,2 kW, *18* Einblase-Schlägermühle 4,5 t/h Durchsatz bei N = 95 kW, n = 940 min⁻¹, *19* Staubverteiler, *20* Staubleitungen, *21* Eckenbrenner mit Luftdüsen, *22* Heißluftkanäle, *23* Heißdampfkühler, *24* Naßentascher, *25* Speisewasservorratsbehälter mit Entgaser, *SpWE* Speisewassereintritt, *HDA* Heißdampfaustritt.

55. Überhitzer. Im Überhitzer soll Dampf von Sättigungstemperatur auf die gewünschte Heißdampftemperatur gebracht werden. Das geschieht in mehrfach haarnadelförmig gebogenen Rohrschlangen von 30/38 bis 34/42 mm Durchmesser, die je nach Dampfmenge in mehr oder weniger großer Zahl parallel geschaltet sind. Die Rohrschlangen sind an rechteckige oder runde Verteiler- bzw. Sammelkästen, sog. Überhitzerkästen angeschlossen, von denen aus eine möglichst gleichmäßige Verteilung des Dampfes auf die Überhitzerrohre angestrebt werden muß. Ist das nicht erreicht, so besteht die Gefahr des Durchbrennens der durch zu wenig Dampf beaufschlagten Rohre. Da der Überhitzer die Heizfläche mit der höchsten Wandungstemperatur ist, werden die Rohrschlangen oder wenigstens die Teile, die hochüberhitzten Dampf führen, aus legierten Stählen hergestellt. Die Kästen haben eingeschweißte Rohrstutzen, an die die Schlangen angeschweißt werden. Die Sattdampfenden der Rohrschlangen sind meist direkt an der Obertrommel angeschlossen.

Die Überhitzer werden liegend oder hängend im Kessel angeordnet. Für die Aufgabe, den Dampf zu überhitzen, ist dieser Unterschied ohne Bedeutung; aber die betrieblichen Begleitumstände sind doch sehr verschiedenartig. Die Abstützung der liegenden Rohrschlangen (Abb. 71) durch Halterungen und Distanzstege ist trotz hitzebeständigen Materials nicht sehr dauerhaft. Um diesen Nachteil zu vermeiden, befestigt man die Überhitzerschlangen an dampfgekühlten Rohren (Abb. 42). Beim hängenden Überhitzer (Abb. 74) ist nur noch wenig hitzebeständiges Material nötig; die Schlangen hängen an den unbeheizten Überhitzerkästen über der Kesseldecke. Ein liegender Überhitzer verschmutzt leichter durch Flugasche als ein hängender Überhitzer, der sich sozusagen selbst freischüttelt oder freigeschüttelt werden kann. Die Überhitzer müssen bewässert und entwässert werden können, damit die Rohrschlangen beim Anfahren des Kessels, während noch kein oder sehr wenig Dampf erzeugt wird, nicht verbrennen. Die Kühlung des Überhitzers ist eine der wichtigsten Maßnahmen beim Anfahren. Hier zeigt der liegende Überhitzer eindeutig Vorteile. Er läßt sich einfach und vollständig mit Wasser füllen und ebenso vollständig entleeren. Die Fülleitungen für Überhitzer sollen doppelte Absperrungen haben; zwischen den Absperrventilen soll eine Entwässerung vorgesehen werden, damit Undichtheiten sofort festzustellen sind.

Die Überhitzungstemperatur kann von der Rauchgasseite im allgemeinen kaum beeinflußt werden. Abgesehen vom Verschmutzungsgrad des Überhitzers ist die Heißdampftemperatur von der Belastung des Kessels abhängig (vgl. Abb. 39). Um überhaupt regeln zu können, muß die erreichbare Überhitzungstemperatur höher liegen als die gewünschte, d. h. ein Heißdampfregler ist immer auch ein Heißdampfkühler. Bei Heißdampftemperaturen um 500° C und darüber ist ganz besonders darauf zu achten, daß die Rohrwandtemperatur auch nicht vorübergehend zu hoch wird. Eine Kühlung am Heißdampfaustritt würde das nicht verhindern. Man teilt deshalb den Überhitzer in zwei Bündel *Ü 1* und *Ü 2* auf (Abb. 42 und 81); der im Überhitzer *Ü 1* mäßig auf t_{1A} überhitzte Dampf wird vor Eintritt in den Überhitzer *Ü 2* in einem Heißdampfkühler auf eine Temperatur t_{2E} heruntergekühlt, mit der am Austritt des zweiten Überhitzers *Ü 2* gerade die gewünschte Heißdampftemperatur t_{2A} erreicht wird (Abb. 82). In Abb. 81 ist ein Oberflächenkühler verwendet. Der vom Dampfsammler *DS* kommende Sattdampf strömt durch Leitung *a* zum Überhitzer *Ü 1* und durch Leitung *b* zum Mischschieber (Abb. 83), mit dem ein Teil des vorüberhitzten Dampfes zu einem Umweg durch den Oberflächenkühler gezwungen wird. Der gekühlte Dampf mischt sich mit dem Rest des ungekühlten, so daß die Temperatur t_{2E} des Mischdampfes um das Regelgefälle Δt niedriger ist als t_{1A}. Der Oberflächenkühler wird durch Leitung *d* aus der Obertrommel *Tr* mit Kesselwasser versorgt, aus dem sich je nach Beaufschlagung des Heißdampfkühlers Dampf entwickelt, der durch Leitung *e* zur Trommel geführt wird. Durch Leitung *f* muß eingedicktes Kesselwasser aus dem Wasserraum des Kühlers abgestoßen werden. Bei einer anderen Ausführung wird der von einem ähnlichen Mischschieber abgezweigte Teilstrom in ein Heizsystem geleitet, das im Wasserraum der Obertrommel liegt und so ebenfalls verlustlosen Wärmeaustausch ermöglicht. Schließlich wird auch in einen zwischen den Überhitzern *Ü 1* und *Ü 2* liegenden Überhitzerkasten ein ausziehbares Rohrbündel eingesetzt, durch das eine regelbare Teilmenge des Speisewassers als Kühlmittel fließt.

Bei der Einspritzkühlung wird dem Dampfstrom zwischen Überhitzer *Ü 1* und *Ü 2* fein versprühtes Kondensat eingespritzt. Das Regelgefälle wird durch die Menge des Einspritzkondensates verändert, das, wie Abb. 84 zeigt, zur innigen Mischung mit dem Dampf auf ein Paket Raschigringe gesprüht wird. Der Kühler ist sehr einfach, braucht aber zur Einspritzung reines Kondensat und, wenn dieses aus der Speiseleitung nicht zur Verfügung steht, eine besondere Druckpumpe.

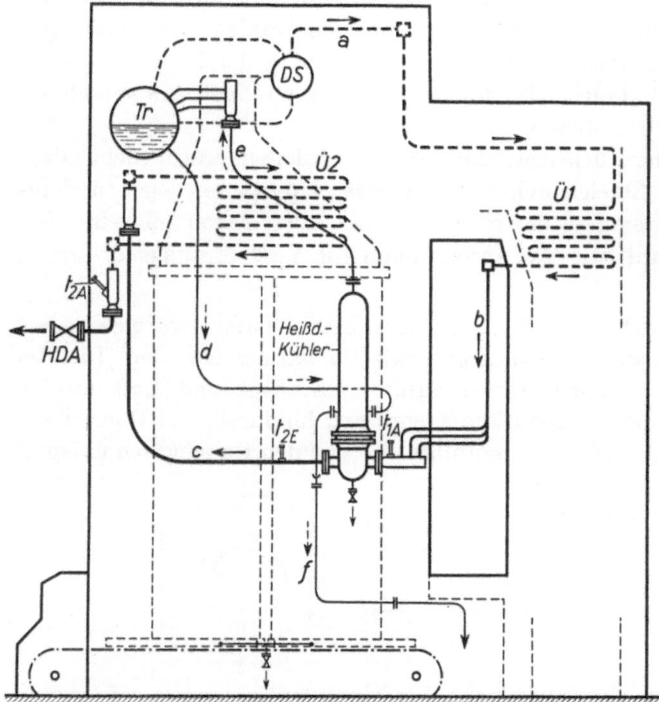

Abb. 81. Heißdampf-Temperaturregelung (Babcockwerke).

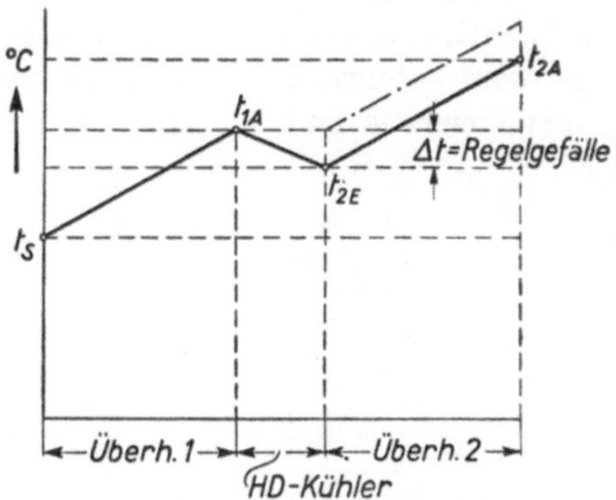

Abb. 82. Temperaturverlauf bei Heißdampf-Temperaturregelung.

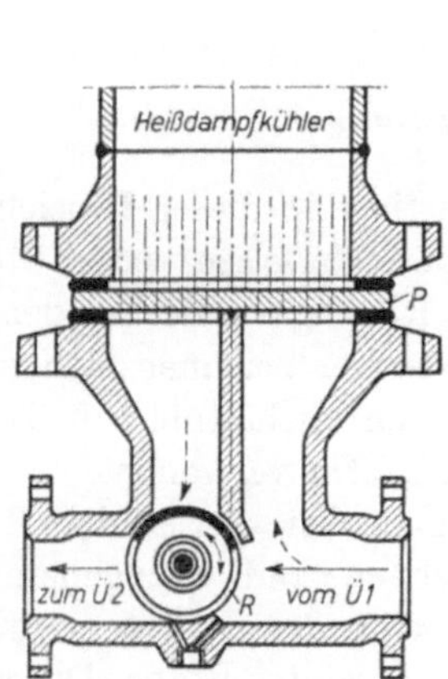

Abb. 83. Mischschieber am Heißdampfkühler.

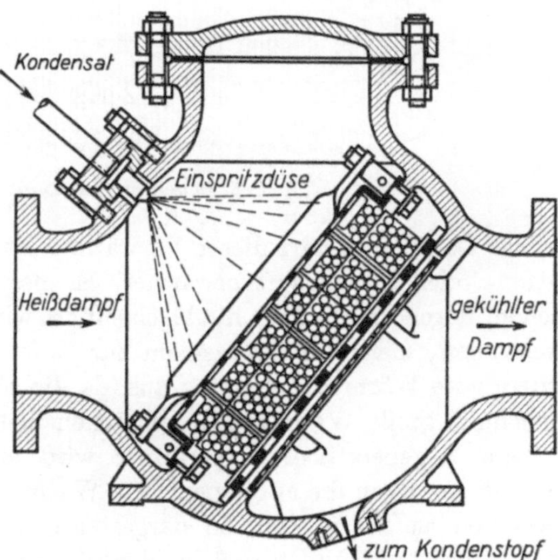

Abb. 84. Einspritz-Heißdampfkühler (Steinmüller-Gummersbach).

56. Speisewasservorwärmer. Über Zweck und Bedeutung der Speisewasservorwärmung siehe Ziffer 41. Bis zu einem Druck von 64 atü können die Vorwärmer aus gußeisernen Rippenrohren (Rippenrohrvorwärmer) hergestellt werden, bei höheren Drücken sind Rohrschlangen von nahtlosen Stahlrohren mit 32/38 mm Durchmesser zu verwenden (Schlangenrohrvorwärmer).

Rippenrohre (Abb. 85) werden meist an den Stellen mit den niedrigsten Rauchgas- und Speisewassertemperaturen eingebaut, da das Gußeisen widerstandsfähiger als Stahl gegen Korrosionen ist, die vor allem auf der Rauchgasseite durch Ausscheidung von SO_3 bei niedriger Rohrwandtemperatur entstehen können. Unter keinen Umständen darf in gußeisernen Rohren

Verdampfung auftreten. Darauf ist beim Anfahren und Abstellen des Kessels oder bei sehr niedrigen Belastungen ganz besonders sorgfältig zu achten. Deshalb muß auf alle Fälle die Speisewasseraustrittstemperatur am Rippenrohrvorwärmer gemessen werden und gegebenenfalls durch Fernanzeige am Heizerstand ablesbar sein. Die enge Teilung der Rippen kann zu rauchgasseitiger Verschmutzung führen. Sofern die Flugasche nicht an Schwitzwasserstellen festgebacken ist, läßt sie sich meist leicht abblasen.

Bei Schlangenrohrvorwärmern ist eine Rücksichtnahme auf die Siedetemperatur nicht nötig. Man kann die Vorwärmer also in den Bereich höherer Rauchgastemperaturen legen und die Speisewasservorwärmung bis zur Siedetemperatur treiben, so daß sogar schon teilweise Verdampfung in den Vorwärmerschlangen auftritt. Man spricht dann von Verdampfungsvorwärmer oder Vorverdampfer.

57. Luftvorwärmer. (Vgl. auch Ziffer 41.) Die gebräuchlichsten Luftvorwärmer lassen sich nach ihrer Wirkungsweise in *Rekuperativ-* und *Regenerativ-*Vorwärmer einteilen. Die Rekuperativ-Vorwärmer arbeiten wie die Speisewasservorwärmer; Rauchgas und Luft werden getrennt geführt, der Wärmeaustausch erfolgt durch die Trennwand hindurch. Bei Röhrenluftvorwärmern strömt die Luft durch Stahl- oder Gußeisenrohre, die von den Rauchgasen umspült

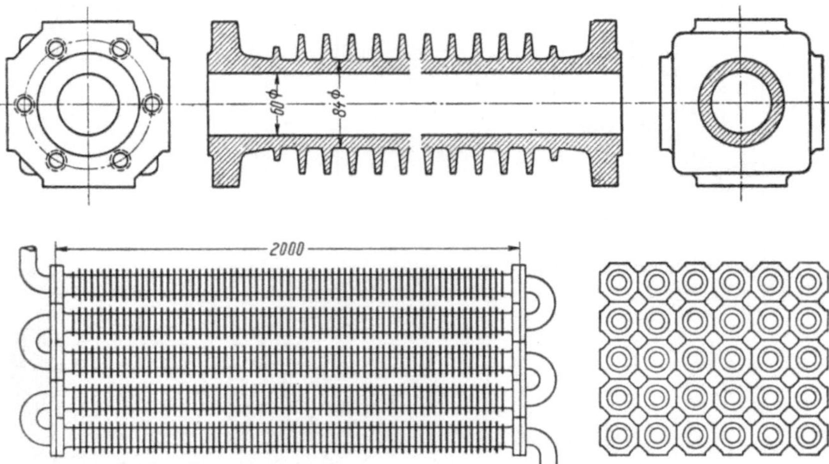

Abb. 85. Einzelrohr und Rohrstrang eines Rippenrohrvorwärmers.

werden. Der Platzbedarf dieser Vorwärmer ist sehr groß. Günstiger in dieser Hinsicht ist der Platten- oder Taschenluftvorwärmer. Er besteht aus schmalen Gußeisen- oder Stahlblechtaschen, durch die die Luft hindurchgeführt wird, während das Rauchgas zwischen den Taschen durchströmt, meist im Kreuzstrom zur Luft. Taschenluftvorwärmer zeichnen sich durch besonders gute Wärmeübertragung aus, da die schmalen Taschen im Verhältnis zum Luftstromquerschnitt große Wärmeaustauschflächen bieten. Sie werden häufig verwendet.

Beim Regenerativ-Luftvorwärmer wird ein Heizkörper zunächst durch die Rauchgase erwärmt, um dann die aufgespeicherte Wärme an vorüberstreichende Luft abzugeben. Am verbreitetsten ist der in Abb. 86 dargestellte Ljungström-Luftvorwärmer. In einem Stahlblechgehäuse dreht sich mit $n = 2$ bis $4\,\text{min}^{-1}$ ein mit Heizblechen besetzter Rotor. Die wärmeabgebenden Rauchgase und die zu erwärmende Luft werden im Gegenstrom derart durch den Rotor geführt, daß die Heizbleche auf der einen Vorwärmerhälfte erwärmt werden und auf der Gegenseite ihre aufgespeicherte Wärme auf die Luft übertragen. Durch fortgesetztes Drehen werden die abgekühlten Bleche in den heißen Rauchgasstrom und die aufgewärmten Bleche in den Luftstrom gebracht. Die Heizfläche besteht aus etwa 0,7 mm starken unterschiedlich gewellten Stahlblechen (Abb. 87a und b), die in Paketform in den 12 Sektoren des Rotors untergebracht werden. Durch Rußbläser können die Heizflächen bequem gereinigt werden. Der Ljungström-Vorwärmer wird überall dort bevorzugt, wo wenig Raum zur Verfügung steht.

Wird hohe Luftvorwärmung gebraucht, wie z. B. bei Staubfeuerungen, so liegt der Luftvorwärmer oder ein Teil von ihm im Rauchgasstrom noch vor dem Rippenrohrvorwärmer.

Als obere Grenze der Heißlufttemperatur kann 400° C angenommen werden; bei Rostfeuerungen darf die Temperatur der Unterwindluft nicht höher als 150° C sein, sonst wird der Rost nicht genügend gekühlt. An Luftvorwärmern treten am häufigsten Korrosionen auf, weil am Lufteintritt die Wandungstemperaturen, besonders im Winter, oft so niedrig werden, daß der Taupunkt unterschritten wird. Um dies zu vermeiden, wird dem Frischluftgebläse so viel an Heißluft zurückgeführt, daß die in den Luftvorwärmer eintretende Luft etwa 80° C warm ist. Man arbeitet, wie man sagt, mit Heißluftrückführung. Man kann aber auch die Luft durch Wärmeaustauscher aufwärmen, die man in den Druckstutzen des Gebläses einbaut und mit Dampf oder Abwärme, z. B. mit dem Abschlämmwasser des Kessels beheizt. Ausgesprochene Dampfluftvorwärmer, meist kombiniert mit rauchgasbeheizten Luftvorwärmern sieht man vor, um auch bei Schwachlast oder beim Anfahren ausreichend vorgewärmte Luft zur Verfügung zu haben oder um Abwärme vorteilhaft unterzubringen. Korrosionen am Rauchgasluftvorwärmer werden dabei mit Sicherheit vermieden.

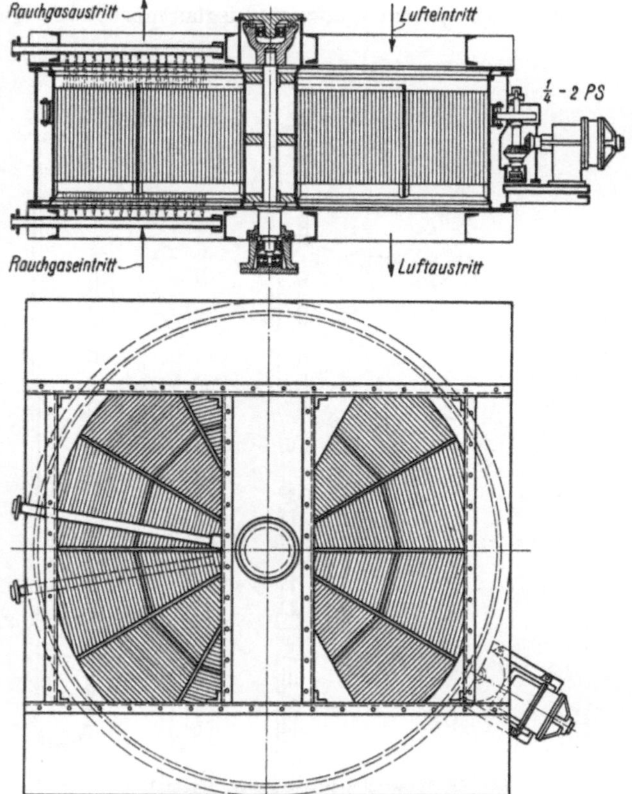

Abb. 86. Ljungström-Luftvorwärmer.

58. Die Kesselausrüstung. Bereits in Ziffer 34 wurde darauf hingewiesen, daß eine Anzahl Einrichtungen für die Kesselanlage gesetzlich vorgeschrieben ist, damit eine möglichst große Sicherheit für den Betrieb gewährleistet ist. Die Frage der Speisewasserversorgung spielt dabei eine besonders große Rolle. Selbsttätige Speiseregelung bringt Vorteile hinsichtlich der vorgeschriebenen Liefermenge der Speisepumpen (1,25fache der höchsten Dauerleistung gegenüber dem 1,6fachen ohne Speiseregelung) und erleichtert dem Kesselwärter die Bedienung. Die Regelung der Speisewassermenge erfolgt in Abhängigkeit vom Wasserstand in der Kesseltrommel. Bei dem rein mechanisch arbeitenden Hannemann-*Speiseregler* wird die den Schwankungen des Wasserstandes folgende Bewegung eines Schwimmers derart auf das Speiseventil übertragen, daß dieses bei sinkendem Wasserstand weiter geöffnet, bei steigendem Wasserstand gedrosselt wird. Trotz zuverlässig arbeitender Speiseregler muß der Heizer den Wasserstand eindeutig feststellen können. Dazu dienen üblicherweise zwei Wasserstandsgläser, die im Gesichtskreis des Kesselwärters liegen und gut beleuchtet sein müssen. Da die Trommeln, mit denen die Wasserstände direkt verbunden sind, meist erheblich höher als der Heizerstand angeordnet sind, bedient man sich vorteilhaft der *Fernwasserstandsanzeiger*, die dem Heizer das Ablesen an beliebiger Stelle ermöglichen. Als Beispiel einer behördlich zugelassenen Vorrichtung dieser Art ist in Abb. 88 Aufbau und Wirkungsweise des Igema-Fernwasserstandsanzeigers dargestellt. Die Anzeige wird nur durch das Kesselwasser übertragen, welches in einem U-Rohr auf eine wasserunlösliche Anzeigeflüssigkeit wirkt. Ein Schenkel des U-Rohres steht direkt mit dem Wasser-

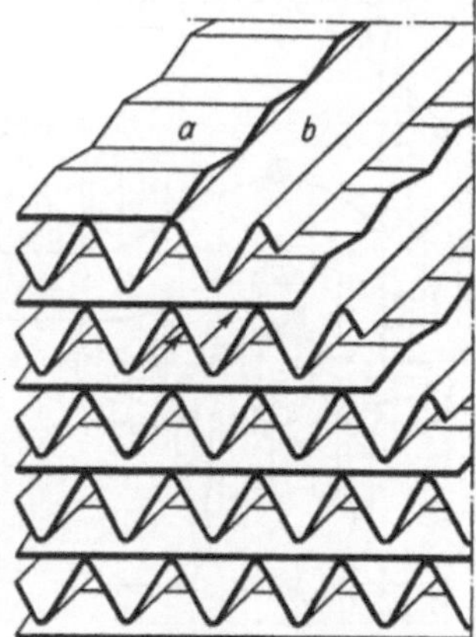

Abb. 87. Heizbleche des Ljungström-Vorwärmers.

raum in Verbindung, während sich der andere mit Kondensat füllt. Sinkt der Wasserstand im Kessel, so verschiebt sich die Anzeigeflüssigkeit so lange, bis der Gleichgewichtszustand wiederhergestellt ist. Der Höhenunterschied im Kessel kann also an der Anzeigeflüssigkeit abgelesen werden. — Bei jedem Wasserstandsglas müssen die Hähne und Ventile so eingerichtet sein, daß man sie während des Betriebes durchstoßen kann. Die Wasserstandsvorrichtungen müssen in jeder Schicht ausgeblasen werden, um sicher zu sein, daß sie sich nicht zugesetzt haben.

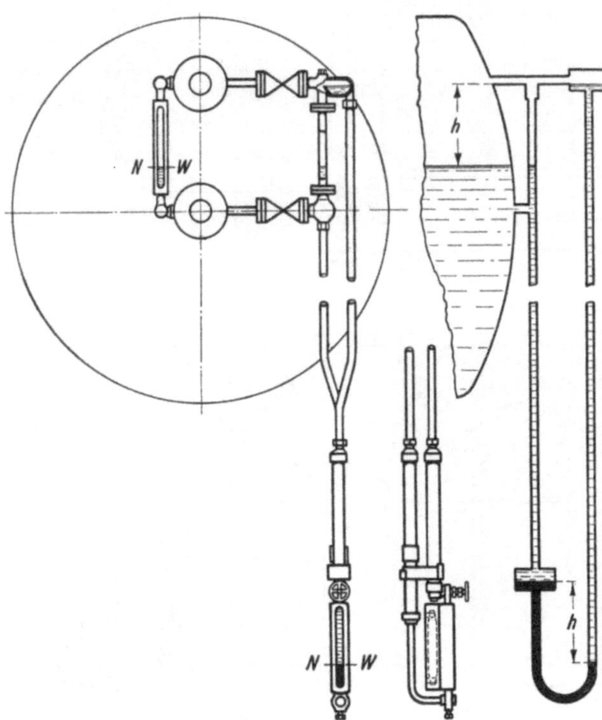

Abb. 88. Wasserstandsfernanzeiger (Igema).

Bei Erreichen des höchsten zulässigen Kesseldruckes soll das *Sicherheitsventil* zu blasen beginnen. Der Querschnitt des oder der Sicherheitsventile richtet sich nach der höchsten Dauerleistung und dem höchsten Betriebsdruck und muß den gesetzlichen Vorschriften entsprechen (§ 9 der ApB). In Abb. 89 ist ein Einfach-Vollhub-Sicherheitsventil dargestellt, dessen Kegel beim Abblasen einen Hub von einem Drittel des lichten Durchmessers ausführt, wodurch sofort ein großer Querschnitt freigegeben wird und die Dichtflächen geschont werden. An Landdampfkesseln sind gewichtsbelastete Sicherheitsventile üblich. Das Belastungsgewicht wirkt mit der Hebelübersetzung L/l von oben auf den Ventilkegel, während von unten der Dampf drückt. Die vom Kesseldruck auf den Ventilkegel ausgeübte Kraft darf nicht größer als 600 kg sein. Die Sicherheitsventile werden bei der Abnahmeprüfung durch den Beamten des Technischen Überwachungsvereins eingestellt. Die Belastungsgewichte dürfen dann nicht mehr verändert oder verschoben werden. Ein undichtes Sicherheitsventil wird durch Vergrößern des Belastungsgewichtes nicht wieder dicht; es muß bei Stillstand des Kessels neu eingeschliffen werden. Zur Schonung des Ventilsitzes gegen die Einwirkung hoher Temperaturen und Verminderung des Verschleißes beim Abblasen ist es empfehlenswert, das Sicherheitsventil mit einer Wasserschleife an die Kesseltrommel anzuschließen. Auch das Anschlußrohr des *Manometers* soll so gebogen sein, daß sich ein Wassersack bildet. — Während die vorgenannten Einrichtungen aus Sicherheitsgründen notwendig sind, werden Rauchgasschieber, Zugklappen, Rußbläser, Schau- und Stokerluken zusätzlich für die ordnungsmäßige Durchführung des Kesselbetriebes gebraucht. Meß- und Regeleinrichtungen vervollständigen die Kesselausrüstung.

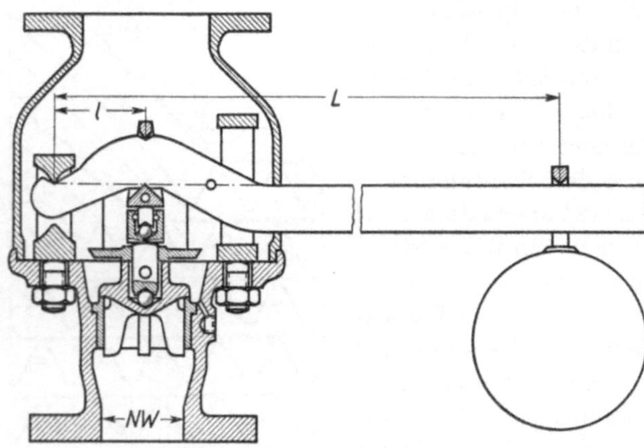

Abb. 89. Einfach-Vollhub-Sicherheitsventil.

59. Die Asche im Kesselbetrieb[1]. Für den Betrieb ergeben sich im Hinblick auf die *Asche* zwei Hauptaufgaben: erstens die Asche von den Heizflächen fernzuhalten, zweitens die anfallende

[1] BWK 1951, H. 6 S. 202.

Asche laufend fortzuschaffen. Auf beide Fragen kann hier nur ganz kurz hingewiesen werden, obwohl sie von großer betrieblicher Bedeutung sind, die in dem Maße wächst, wie die Verfeuerung aschereicher Brennstoffe zunimmt. Von Verschlackung spricht man, wenn sich im Bereich hoher Rauchgastemperaturen durch flüssige oder erweichte Ascheteilchen Ansinterungen an den Strahlungs- und ersten Berührungsheizflächen bilden. Eine Verschmutzung durch Ablagerung von Flugasche findet man nur an den nachgeschalteten Heizflächen. Die Folgen sind die gleichen: Wirkungsgradeinbuße durch schlechten Wärmeübergang und hohe Zugverluste, Verkürzung der „Reisezeiten" des Kessels und damit hohe Betriebskosten. Die Ursachen der Verschlackung sind im wesentlichen bei der Asche selbst (Schmelzverhalten, Zusammensetzung) und bei der Feuerführung zu suchen. Auch Überbelastung des Kessels von oft nur kurzer Dauer können starke Verschlackung zur Folge haben. Flugascheablagerungen entstehen durch unzweckmäßige Rauchgasführung (tote Ecken) oder zu enge Rohrteilung. Treten Heizflächenverschmutzungen in einem Umfange auf, der den Kesselbetrieb empfindlich beeinträchtigt, so muß sorgfältig nach den Ursachen gesucht werden. Grundsätzlich muß angestrebt werden, die Verschmutzung schon bei ihrer Entstehung zu beseitigen, da sie sonst zunehmend schneller anwächst. Das kann durch fest eingebaute Rußbläser, bei denen ein Dampfstrahl die Anwehungen abblasen soll, oder durch Luftlanzen geschehen, die eine Reinigung der Heizflächen von Hand ermöglichen. Das Rußblasen muß in regelmäßigem Turnus geschehen. An großen Anlagen sind die Rußbläser oft elektrisch angetrieben; sie werden automatisch in Tätigkeit gesetzt. Zur Reinigung der Nachschaltheizfläche wird neuerdings das Kugelregenverfahren benutzt, bei dem Guß- oder Stahlkugeln von 4 bis 5 mm Durchmesser von der Kesseldecke aus auf die Heizfläche gestreut werden und beim Niederfallen die Rohre abklopfen. Die Kugeln werden aus dem Aschentrichter pneumatisch wieder zur Kesseldecke gefördert. Die Bedeutung der Heizflächenreinigung wird durch folgende Zahlen beleuchtet: an einem Kessel stieg nach 48 Stunden ohne Rußblasen die Abgastemperatur von 220 auf 265° C; während einer Betriebszeit von drei Wochen nahm der Zugbedarf um 26 mm WS zu, wobei allein in der letzten Woche der Zuwachs 20 mm WS betrug. Trotz aller Bemühungen wird nach kürzerer oder längerer Betriebszeit eine Reinigung am stillgelegten Kessel notwendig werden, die entweder mechanisch durch Kratzen und Bürsten oder mit Spezialverfahren durch Dämpfen und Waschen der Heizflächen durchgeführt werden kann.

Die vom Brennstoff eingebrachte Asche wird, von den Heizflächenverschmutzungen abgesehen, entweder am Rost bzw. im Feuerraum oder auf dem Weg durch den Kessel in Abscheidetrichtern abgeschieden, der Rest durch den Schornstein ausgetragen. Bei ballastreichen Brennstoffen fallen erhebliche Aschemengen an, die nach Möglichkeit in der Feuerung abgeschieden werden sollen. Aber selbst bei Rostfeuerungen ist das nicht immer zu erreichen. Bei hohen Belastungen und bei Verfeuerung feinkörniger Kohle muß stets mit erheblichem Flugascheanfall gerechnet werden. Bei normalen Staubfeuerungen geht die Asche größtenteils als Flugasche durch den Kessel.

Um eine Belästigung der Umgebung durch Flugaschefall zu vermeiden, muß das Rauchgas entstaubt werden. Dazu dienen Entstaubungsanlagen verschiedener Systeme, die sich durch Größe bzw. Platzbedarf, Staubabscheidegrad, Zugverlust und Kosten unterscheiden. In Beruhigungskammern soll der Staub durch Verminderung der Strömungsgeschwindigkeit absinken. Sie benötigen sehr viel Platz, scheiden im wesentlichen nur grobes Korn ab, haben aber sehr geringe Zugverluste von 2 bis 4 mm WS. Mit Fliehkraftabscheidern, sog. Zyklonen oder Multiklonen, erreicht man eine bessere Rauchgasreinigung, jedoch ist ihr Zugverlust je nach Bauart und Belastung 30 bis 80 mm WS. Elektrofilter scheiden den Staub durch elektrostatische Aufladung mit Gleichstrom von 40000 bis 60000 V ab. Sie erfassen auch die feinen Staubfraktionen sehr gut, benötigen aber verhältnismäßig viel Platz, da die Rauchgasgeschwindigkeit 2 bis 3 m/s nicht überschreiten soll. Deshalb ist für gleichmäßige Beaufschlagung des Filterquerschnittes zu sorgen, z. B. durch Einbau von Leitschaufeln oder Siebblechen in den Rauchgaskanal vor Eintritt in das elektrische Feld. Der Zugverlust von Elektrofiltern beträgt 5 bis 8 mm WS, ihr Energiebedarf liegt bei 0,06 bis 0,15 kWh/1000 m³ Rauchgas.

Schlacke und Asche beseitigt man mit Hilfe von hydraulischen oder pneumatischen Entaschungsanlagen. Bei der Naßentaschung (Abb. 90) fällt die Asche oder Schlacke aus dem Feuerraum in den Trog *c*, der zum Ablöschen der Asche mit Wasser so weit gefüllt ist, daß der Trichter *d* eintaucht. Mit Hilfe eines mechanisch angetriebenen Stegkettenbandes *b* wird die Asche in Loren oder auf ein Förderband geworfen. Mit dem Zahnstangenschieber *e* kann der Naßentascher gegen den Feuerraum abgesperrt werden. Asche und vorgebrochene Schlacke kann auch in offenen Rinnen mit viel Wasser einer Aschenpumpe zugeführt werden, die das Asche-Wasser-Gemisch einem Klärbehälter zupumpt. Der Energiebedarf solcher Spülentaschungen hängt von der je Tonne Asche angewendeten Spülwassermenge und vom Gegendruck in der Ascheleitung, also von Länge, Durchmesser und Förderhöhe ab; er liegt im Mittel bei 6 kWh/t Asche. Bei den in Abb. 91 dargestellten Entaschungsapparaten wird die Flugasche oder die mit Stachelwalzen *c* vorgebrochene Schlacke mit Druckwasser gefördert, das der Düse *d* durch die Leitung *e* zugeführt wird. Der Energiebedarf der Druckwasserentaschung steigt mit zunehmender Leitungslänge und Fördergeschwindigkeit erheblich an und kann mehrfach höher als bei der Spülentaschung sein. Die geförderte Asche wird in Klärteichen oder Filterbecken wieder vom Wasser getrennt; ihre Beseitigung ist manchmal nicht einfach.

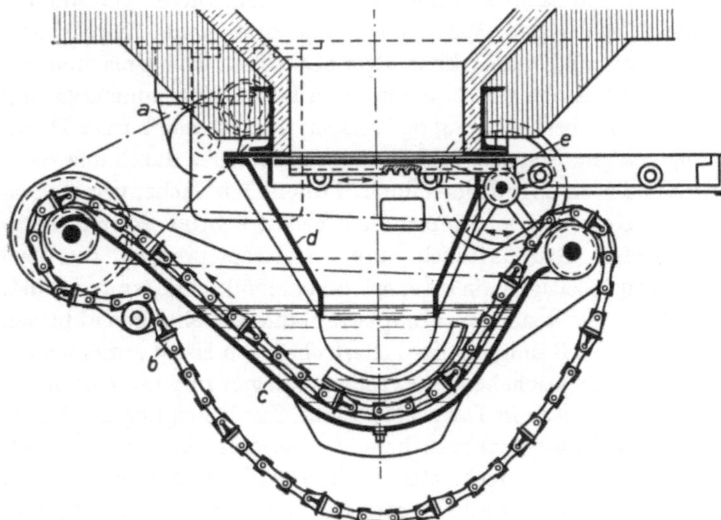

Abb. 90. Naßentascher.

Bei der hydraulischen Ascheförderung können Schwierigkeiten durch Zusammenbacken und Zementieren der Asche auftreten. Am unangenehmsten sind Verstopfungen der Druckleitungen,

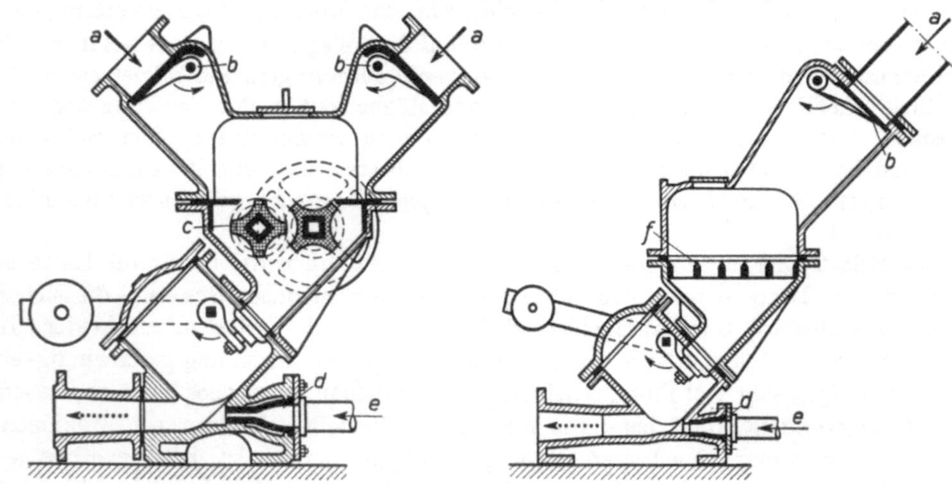

Abb. 91. Entaschungsapparate für Druckwasserentaschung.

weshalb die Leitungen nach dem Entaschen sorgfältig durchgespült werden müssen und zweckmäßig eine Reserveleitung vorzusehen ist. Ist die Asche für hydraulische Förderung ungeeignet, muß pneumatische Förderung angewendet werden, bei der man auch Saugluft- und Druckluftentaschung unterscheidet.

Mit Schmelzkammerkesseln erreicht man, daß der größte Teil der Asche, etwa 85%, während der Verbrennung flüssig ausfällt und in diesem Zustand abgezogen werden kann. Die Schlacke wird mit Wasser granuliert, so daß man einen kiesartigen Baustoff gewinnt, der ohne Schwierigkeiten verladen und gelagert werden kann. Bei Teillastbetrieb mit Schmelzfeuerungen muß unter ungünstigen Umständen mit dem „Einfrieren" der Schlacke gerechnet werden.

60. Kesselgebläse[1]. *Frischluftgebläse* fördern Verbrennungsluft, vielfach über einen Luftvorwärmer, in die Feuerung. Sie werden normalerweise als Radialgebläse ausgeführt, da sie oft hohe Pressungen von mehreren 100 mm WS erzeugen müssen. Die Fördermenge richtet sich nach der Feuerungsleistung und dem gewünschten Luftüberschuß bzw. CO_2-Gehalt im Rauchgas. Man rechnet mit 8 bis 12000 m^3 Luft je Tonne Kohle. *Saugzuggebläse* dienen zur Förderung der Rauchgase. Sie werden als Radial- wie auch als Axialgebläse gebaut. Sowohl Saugzuggebläse wie auch ihre Antriebe müssen reichlich ausgelegt werden, da sich infolge mangelhafter Feuerführung oder hohen Zugbedarfes durch verschmutzte Heizflächen und damit relativ hoher Abgastemperaturen der Leistungsbedarf erheblich erhöhen kann. Saugzuggebläse bieten außerdem eine Möglichkeit zum raschen Forcieren des Kessels. Auf guten Wirkungsgrad und hohe Betriebssicherheit muß größter Wert gelegt werden; der Ausfall eines Gebläses führt meist zum Ausfall des Kessels.

61. Speisung. Die Anlage zur Speisewasserversorgung, d. h. die Speisepumpen mit ihren Antrieben, die Regler, Rohrleitungen und Armaturen und schließlich auch die Speisewasseraufbereitung, muß hohen Anforderungen auf Sicherheit und Wirtschaftlichkeit genügen. Als Speisepumpen werden mehrstufige Kreiselpumpen[2] verwendet, die bei hohen Fördermengen, Kesseldrücken und Drehzahlen von 3000 min^{-1} und mehr zu hochwertigen Präzisionsmaschinen mit guten Wirkungsgraden entwickelt wurden. Bei Parallelbetrieb ist darauf zu achten, daß die Pumpen stabile Kennlinien mit gleichen Anfangsdrücken haben, da dann *ein* Druckregler in der Hauptspeiseleitung ausreicht. Die Regelung der dem Kessel zuzuführenden Speisewassermenge erfolgt bei Trommelkesseln normalerweise in Abhängigkeit vom Wasserstand, bei Zwangsdurchlaufkessel in Abhängigkeit von Druck und Temperatur des erzeugten Dampfes unter gleichzeitigem Abstimmen der Beheizung auf die Kesselleistung. Die Fördermenge der Speisepumpen wird entweder durch Drosselung am Speiseleitungsdruckregler oder durch Drehzahländerung der Pumpen beeinflußt.

Die Speisewasseraufbereitung ist für die Sicherheit des Kesselbetriebes und in gewissem Umfange auch der Turbinen von entscheidender Bedeutung. Ein gutes Speisewasser muß härtefrei und gasfrei sein. Je höher die Drücke und Kesselleistungen, um so höher sind die Anforderungen an das Speisewasser und um so bedenklicher wirken sich Fehler in der Speisewasseraufbereitung aus. Von den zahlreichen chemischen und thermischen Aufbereitungsverfahren[3] muß jeweils dasjenige ausgewählt werden, das hinsichtlich der Rohwasserbeschaffenheit, der Betriebsbedingungen und der Wirtschaftlichkeit als das geeignetste erscheint. Ein Speisewasser ist einwandfrei, wenn die Kesselheizflächen frei von Kesselstein bleiben, keine Korrosionen auftreten und reiner Dampf ohne schädlichen Salzgehalt erzeugt werden kann. Weitgehende Wiederverwendung von Dampfkondensat muß angestrebt werden, um die aufzubereitende Zusatzwassermenge gering zu halten. Unter Umständen wird auch das Zusatzwasser in meist mehrstufigen Verdampferanlagen als Destillat gewonnen, denn für Zwangsdurchlaufkessel ist nur hochwertigstes Speisewasser verwendbar. Muß mit beträchtlichen Dampfverlusten gerechnet werden, sieht man häufig Dampfumformer vor, die Betriebsdampf aus Wasser geringerer Qualität erzeugen und mit Kesseldampf beheizt werden, dessen Kondensat wieder in den Speisewasser-Dampf-Kreislauf zurückgeht.

Speisewasser und Kesselwasser müssen laufend überwacht werden. Bei Speisewasser kontrolliert man im wesentlichen Härte, p_H-Wert und Gasgehalt. Bei Drücken bis etwa 25 at ist eine Härte von 0,1 °d* noch zulässig, bei Hochdruck muß sie niedriger als 0,02 °d sein. Um auch diese geringe Härte unschädlich zu machen — bei einem Kessel mit 100 t/h Leistung würden bei 0,02 °d Härte im Speisewasser immerhin noch rd. 50 kg $CaSO_4$ in 1000 Betriebsstunden eingeschleppt werden —, setzt man dem Speisewasser normalerweise Trinatriumphos-

[1] Vgl. Ziffer 215 und Abschnitt: Ventilatoren. — [2] Vgl. Abschnitt: Kreiselpumpen.

[3] Siehe DREKOPF/BRAUKMANN: Brennstoffe, Wasser und Schmiermittel im Kraftwerksbetrieb. Verlag Glückauf 1953.

* 1 °d = 10 mg/l CaO oder 7,19 mg/l MgO.

phat zu, mit dem das Ausscheiden der Härtebildner im Kessel in unschädlicher schlammiger Form erreicht wird. Der Zusatz an Trinatriumphosphat soll so bemessen werden, daß im Kesselwasser noch ein Phosphatüberschuß von mindestens 20 mg/l nachgewiesen werden kann. Um Korrosionen zu verhüten, muß das Kesselwasser alkalische Reaktion mit einem p_H-Wert von mindestens 9,5 zeigen. Chemisch aufbereitetes Speisewasser enthält — von Verfahren zur Vollentsalzung abgesehen — immer gelöste Salze, deren Menge durch Zugabe von Trinatriumphosphat, Ätznatron oder Soda zur Erzielung der alkalischen Reaktion noch vermehrt wird. Diese Salze reichern sich im Kesselwasser an, erhöhen dessen Dichte und begünstigen so die Verunreinigung des Dampfes durch Schäumen und Spucken. Bei Kesseldrücken bis 25 at kann die Kesselwasserdichte bis 5000 mg/l betragen, bei 60 bis 80 at soll sie 2000 mg/l nicht übersteigen und bei Drücken von 125 at und mehr soll sie niedriger als 1500 mg/l sein. Deshalb muß laufend Kesselwasser durch geeignet bemessene Düsen abgestoßen werden. Bei unreinem Dampf muß mit Versalzung der Turbinen gerechnet werden. Besonders bei silikathaltigen Salzabscheidungen macht das Auswaschen der Turbinen Schwierigkeiten. Die vorstehenden Angaben beziehen sich auf Kessel mit natürlichem Wasserumlauf. Bei Zwangsdurchlaufkesseln darf der Salzgehalt des Speisewassers 1 mg/l nicht übersteigen. Um dabei den geforderten p_H-Wert zu erreichen, wird gegebenenfalls Ammoniak zugesetzt.

Für alle Kesselbauarten gilt, daß das Speisewasser frei von CO_2 und O_2 sein muß. Die Entgasung geschieht meist durch Erwärmen des Speisewassers auf 102 bis 105° C, bei hohen Anforderungen werden letzte Gasspuren durch Natriumsulfit, Hydrazin oder Ammoniak entfernt. Kondensat nimmt begierig Gase auf und muß deshalb besonders sorgfältig entgast werden. Kondensat von Kolbenmaschinen ist durch Filtrierung oder Flockung zu entölen.

62. Rohrleitungen[1]. Die Dampf- und Speisewasserleitungen sind für die Betriebssicherheit und die Betriebsbereitschaft einer Dampfkesselanlage von ebenso großer Bedeutung wie die bisher beschriebenen Anlageteile. Übersichtliche Anordnung, zweckmäßige Unterteilung durch Absperrorgane und gute Zugänglichkeit mit Rücksicht auf Betätigung, Wartung und Reparatur sind unerläßliche Voraussetzungen. Die Durchbildung einer Rohrleitungsanlage wird einmal von den betrieblichen Bedingungen, also von Druck, Temperatur und Menge des Dampfes bzw. Speisewassers abhängen. Zum anderen ist zu berücksichtigen, daß beim Abschalten von Teilen der Rohrleitung auch Teile der Betriebsanlagen, wie Kessel, Turbinen, Speisepumpen, ausfallen. Von dem jeweils betrieblich erträglichen Ausfall hängt die Anzahl der Armaturen ab. In Abb. 92 *A—E* sind Beispiele für Dampfleitungsschaltungen dargestellt. In Beispiel *A* sind Stichleitungen zwischen Kessel und Turbine verwendet, die zwar ein Minimum an Armaturen benötigen, aber keinerlei Möglichkeit zum Umschalten bieten. Bei solchen „Blockschaltungen“ fällt stets eine ganze Gruppe (Kessel und Turbine) aus. Die Beispiele *B* und *C* zeigen Sammelleitungen. Kessel und Turbinen können hier ohne gegenseitige Rückwirkungen stillgesetzt werden. Dagegen führen bei Beispiel *B* Störungen an den Armaturen bei *a* oder an den dazwischenliegenden Rohrleitungsteilen zum Stillstand der gesamten Anlage. Bei der Schaltung *C* hat ein Schaden an der Sammelleitung oder an deren Armaturen (einschließlich der Anschlußarmaturen) den Ausfall einer Gruppe zur Folge und die Sammelleitung wird gegebenenfalls getrennt. Ringleitungen nach Beispiel *D* bieten höhere Sicherheit, weil hier jeweils nur ein Kessel *oder* eine Turbine ausfällt. Die Vorteile der Schaltungen *B—D* gegenüber *A* werden durch eine Vielzahl von Armaturen erkauft. Schaltungen mit Sammlern und Verteilern, Beispiel *E*, haben den Vorteil, daß die Armaturen zentral angeordnet sind. Jeder Störung am Verteiler oder an dessen Armaturen führt aber zum Ausfall des gesamten angeschlossenen Betriebsteils. Die Bedeutung richtiger Armaturenanordnung, betriebssicherer Armaturenbauart, einwandfreier Dichtungen und Schraubenverbindungen und die Wichtigkeit sorgfältiger Wartung aller Betriebsteile wird an den gezeigten Beispielen erkennbar. Eine Armatur muß im Bedarfsfall dicht schließen, sonst hat sie ihren Zweck verfehlt. Über die Folgen von Störungen oder Mängel an der Rohrleitungsanlage, zu der auch Entwässerungen, Entlüftungen und Meßanlagen zu rechnen sind, muß der Betriebsmann sich eindeutig im klaren sein.

---

[1] SCHWEDLER/v. JÜRGENSONN: Handbuch der Rohrleitungen, Berlin/Göttingen/Heidelberg: Springer 1950; ferner Eignung von Rohrleitungen im Kraft- und Wärmebetrieb, VDI-Verlag.

Die Auswahl des Rohrwerkstoffes richtet sich bei Wasserleitungen nur nach dem Druck, bei Dampfleitungen außerdem nach der Dampftemperatur, da bei Temperaturen über 400° C die Festigkeitswerte des Stahles stark abfallen. Bis 400° C sind Kohlenstoffstähle ausreichend, über 400° C müssen legierte Stähle mit Zusätzen von Chrom, Molybdän, Kupfer, Silizium und Aluminium verwendet werden. Hervorzuheben ist, daß Schweißungen an Rohren aus legiertem Material nachträglich geglüht werden müssen, um Wärmespannungen zu beseitigen und das Gefüge zu verbessern.

Infolge der Erwärmung dehnen sich die Rohrleitungen beträchtlich aus. Die Längendehnung nimmt mit steigender Temperatur mehr und mehr zu und ist bei legierten Stählen größer als bei Kohlenstoffstählen. So ist bei einer Temperaturänderung von 500° C die Längenänderung eines C-Stahles etwa 6,5 mm/m, eines Mo-Stahles etwa 7,5 mm/m und eines hochlegierten Cr–Ni-

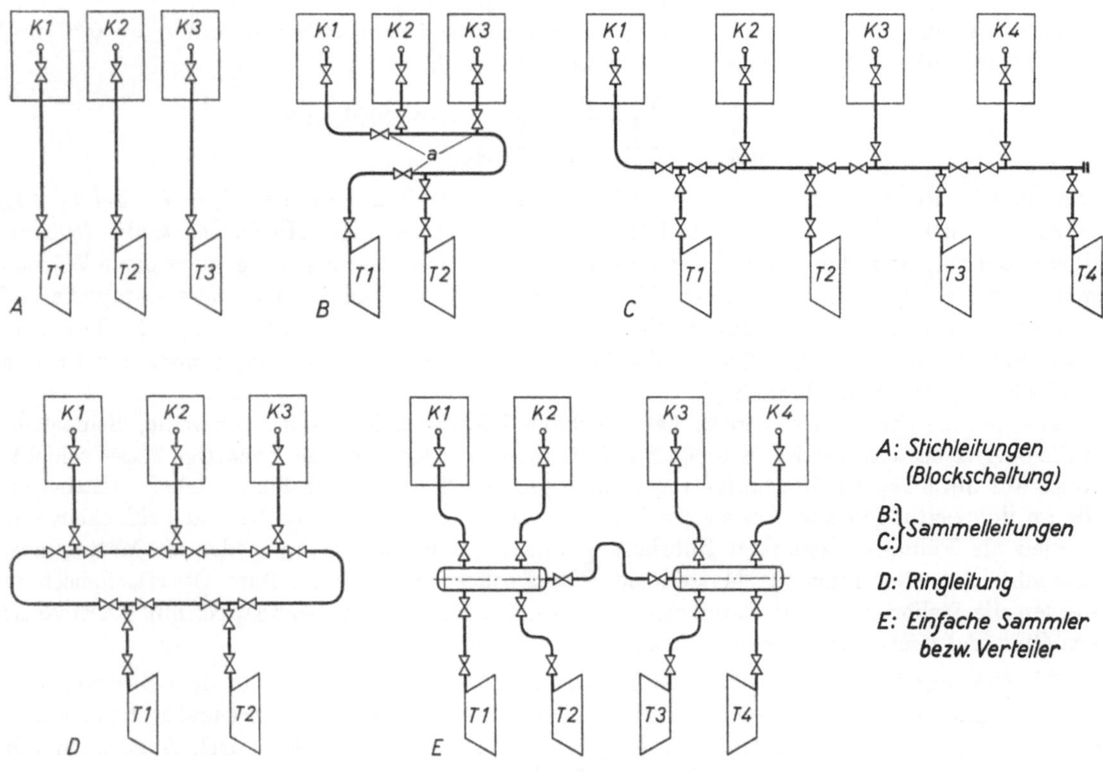

Abb. 92. Beispiele für Dampfleitungsschaltungen.

Stahles etwa 9 mm/m. Diese Wärmedehnung muß die Rohrleitung durch elastische Formänderung ausgleichen können. Das erreicht man durch zweckmäßige Rohrführung mit langen Winkelschenkeln oder durch Dehnungsausgleicher, wie U-Bogen, Lyra-Bogen, Metallschläuche, Dehnungsstopfbüchsen oder — bei niedrigen Drücken — durch Linsenausgleicher. Die Festpunkte der Leitung müssen die durch die elastische Verformung auftretenden Kräfte sicher aufnehmen können.

Heißwasser- und Dampfleitungen müssen isoliert werden, um Wärmeverluste zu vermeiden. Nachstehende Beziehung zeigt, von welchen Werten die Wärmeverluste beeinflußt werden:

$$Q = \frac{\pi (t_1 - t_2)\, l}{\frac{1}{2\lambda} \ln \frac{d_a}{d_i} + \frac{1}{\alpha\, d_a}} \text{ kcal/h.}$$

Darin bedeuten: t_1 = Temperatur des Dampfes bzw. des Speisewassers in ° C; t_2 = Umgebungstemperatur in ° C; l = Länge der Rohrleitung in m; λ = Wärmeleitzahl des Isoliermaterials in kcal/m h ° C; d_a = Außendurchmesser der Isolierung in m; d_i = Innendurchmesser der Isolierung = Außendurchmesser des Rohres in m; α = Wärmeübergangszahl zwischen Oberfläche der Isolierung und der Umgebung in kcal/m²h·grd. Da unter gegebenen Verhältnissen t_1, t_2 und d_i nicht verändert werden können, wird die Größe des Wärmeverlustes vor allem durch die Leitungslänge l, durch die Wärmeleitzahl λ und die Stärke der Isolierung $(d_a - d_i)$ beeinflußt, und schließlich durch die Wärmeübergangszahl α, die von der Oberflächentemperatur der Isolierung und damit wiederum von der Isolierstärke abhängt. Güte (λ) und Menge des Isoliermaterials haben also entscheidende Bedeutung für die Wärmeverluste. Die dafür aufgewendeten Kosten müssen im richtigen Verhältnis zum Wärmepreis stehen.

Beispiel: In einer 120 m langen Rohrleitung mit 318/300 mm Durchmesser ($d_i = 318$ mm, lichte Weite 300 mm) strömt Dampf mit $t_1 = 425°$ C; die Isolierstärke ist 120 mm, so daß $d_a = 318 + 2 \cdot 120 = 558$ mm; Wärmeleitzahl $\lambda = 0{,}09$ kcal/mh·grd; die Wärmeübergangszahl kann nach CAMMERER[1] genügend genau aus der Beziehung:

$$\alpha = 8{,}1 + 0{,}045\,(t_a - t_2)\ \text{kcal/m}^2\text{h}\cdot\text{grd}$$

ermittelt werden, in der t_a die Außentemperatur der Isolierung bedeutet; mit $t_a = 50$ °C und $t_2 = 25°$ C wird $\alpha = 9{,}23$ kcal/m²h·grd. Jetzt ergibt sich

$$Q = \frac{\pi\,(425 - 25)\cdot 120}{\frac{1}{2\cdot 0{,}09}\cdot \ln\frac{0{,}558}{0{,}318} + \frac{1}{9{,}23\cdot 0{,}558}} = 45\,400\ \text{kcal/h}.$$

Die gleiche Rohrleitung würde ohne Isolierung einen Wärmeverlust $Q_0 = k\,\pi\,d_i\,l\,(t_1 - t_2) = 28\cdot\pi\cdot 0{,}318\cdot 120\cdot(425 - 25) = 1\,342\,400$ kcal/h verursachen. Hierin ist k die Wärmedurchgangszahl zwischen Dampf und Außenluft. Die durch die Isolierung eingesparte Wärmemenge ist also $Q_i = Q_0 - Q = 1342400 - 45400 = 1297000$ kcal/h. Bei einem Dampfzustand von 40 ata und 425° C und damit einem Wärmeinhalt $i_{ü} = 780$ kcal/kg entspricht dies einer Dampfmenge von $1297000 : 780 = 1660$ kg/h. Selbst bei niedrigem Dampfpreis macht sich die Isolierung also rasch bezahlt.

Als Wärmeschutzstoffe werden hauptsächlich Kieselgur, Magnesia, Glaswolle, Schlackenwolle oder Asbest verwendet. Kieselgur und Magnesia werden meist als breiartige Masse schichtweise auf die heiße Leitung aufgetragen oder auch zu Schalen oder Formstücken verarbeitet, die an den Leitungen und Armaturen befestigt werden müssen. Glaswolle und Schlackenwolle werden als Füllmasse zwischen Rohrleitung und Blechmantel gestopft oder als Matten aufgebracht. Asbest kommt für Matten- oder Zopfisolierung in Frage. Zum Oberflächenschutz werden die Isolierungen mit Bandagen aus Jute, Drahtgaze oder Dachpappe, mit Hartmantel aus Gips und Kieselgur, oder mit Blechmantel versehen.

63. Hinweise für den Kesselbetrieb. Ein neu montierter Kessel muß vor dem Zusetzen und Füllen sorgfältig befahren werden. Alle Fremdkörper sind zu entfernen, Rohre und Rohrschlangen durchzukugeln oder mit Preßluft durchzublasen. Dann ist der Kessel durch Auskochen mit alkalischem Wasser zu reinigen und anschließend gut durchzuspülen. Das Auskochen kann mit dem Trocknen des Mauerwerks verbunden werden, das je nach Kesselgröße 8 bis 14 Tage in Anspruch nehmen kann und sehr vorsichtig durchzuführen ist, um Mauerwerksschäden zu verhüten.

Beim Betrieb einer Kesselanlage sind die „Betriebsvorschriften für die Kesselwärter von Landdampfkesseln" zu beachten, die — da sie allgemein gehalten sind — durch interne, den besonderen betrieblichen Verhältnissen entsprechende Betriebsanweisungen ergänzt werden müssen. Die Kesselwärter müssen über diese Vorschriften und Anweisungen eindeutig unterrichtet sein und in der Durchführung und Handhabung geschult und überwacht werden; ihr Aufgaben- und Verantwortungsbereich muß genau abgegrenzt sein. Es empfiehlt sich, die Kesselwärter vom Technischen Überwachungsverein prüfen zu lassen.

Vor jeder Inbetriebnahme ist die gesamte Kesselarmatur auf Gangbarkeit, richtige Anzeige und Einstellung zu prüfen. Elektrische Antriebe, Verriegelungen, Alarmvorrichtungen sind zu kontrollieren. Der Kessel soll nur bis wenig über den niedrigsten Wasserstand gefüllt werden, da bei zunehmender Erwärmung der Wasserstand infolge der Volumenzunahme des Wasserinhaltes steigt; gegebenenfalls muß durch Ablassen nachgeregelt werden.

[1] CAMMERER: Der Wärme- und Kälteschutz in der Industrie. Berlin/Göttingen/Heidelberg: Springer 1951.

Wie bei allen mit hohen Temperaturen betriebenen Anlagen ist auch bei einer Kesselanlage während des Anfahrens größte Sorgfalt zu beobachten. Insbesondere ist folgendes zu bedenken: In dem noch kalten Feuerraum und bei reichlicher Zufuhr ebenfalls noch kalter Verbrennungsluft kann die Zündung des Brennstoffes abreißen. Das ist vor allem bei Staubfeuerungen bedenklich. Gas- oder Ölzündbrenner oder ein reichliches Grundfeuer mit Abfallholz im Feuerraumtrichter sind so lange zu unterhalten, bis einwandfreie Zündung sichergestellt ist. Reißt die Zündung ab, ist die Brennstoffzufuhr abzustellen, der Kessel gut zu belüften und neu zu zünden. — Während des Hochfahrens des Kessels ist ein Wasserumlauf praktisch nicht vorhanden, der erst dann einsetzt, wenn der Kessel nennenswerte Mengen Dampf erzeugt. Das erschwert den Temperaturausgleich am Kesselkörper und die gleichmäßige Erwärmung des Wasserinhaltes. Das Anfahren soll deshalb möglichst langsam durchgeführt werden. Die Anfahrzeit ist von der Bauart des Kessels abhängig. Besonders kurze Anfahrzeiten lassen die sehr elastischen Strahlungskessel zu. Noch günstiger in dieser Hinsicht sind Zwangsdurchlauf- und Zwangsumlaufkessel, weil bei diesen der Wasserinhalt von Anbeginn zwangsläufig in Bewegung ist. Bei Kesseln mit natürlichem Umlauf kann man das Anfahren beschleunigen, indem man reichlich Kesselwasser abläßt und entsprechend nachspeist. Dadurch wird gleichzeitig Dampfbildung im Vorwärmer verhütet. — Da der Überhitzer anfangs noch nicht von Dampf durchströmt wird, kann er zu heiß werden. Um ihn vor zu hohen Temperaturen zu schützen, füllt man ihn vor dem Anfahren meist mit Wasser, bläst ihn bei mäßigem Kesseldruck aus und beaufschlagt ihn von da ab mit Kesseldampf, den man in ein Niederdrucknetz oder über Dach schickt. Hierdurch wird das Tempo der Drucksteigerung bestimmt; es muß stets so viel Dampf abgeblasen werden, daß die Dampftemperatur hinter dem Überhitzer nicht höher als die Heißdampftemperatur im Betrieb wird. Beim Zuschalten auf eine Sammelleitung muß der Druck des zuzuschaltenden Kessels höher sein als der Leitungsdruck, damit der Überhitzer mit Sicherheit von Dampf durchströmt wird. Die Feuerung ist aus dem gleichen Grunde so einzuregeln, daß der Kessel eindeutig Dampf liefert.

Beim Abstellen eines Kessels ist zunächst die Feuerungsleistung allmählich zu vermindern und schließlich die Brennstoffzufuhr abzustellen. Dabei wird der Kesselabsperrschieber in dem Maße langsam geschlossen, daß der Betriebsdruck im Kessel nicht überschritten wird. Der Wasserstand ist auf den normalen Stand einzuregulieren und dann die Speiseleitung abzusperren. Die weiteren Maßnahmen richten sich nach dem Zweck des Stillstandes; wenn möglich soll die Abkühlung des Kessels allmählich erfolgen.

Die für den laufenden Betrieb geltenden Anweisungen richten sich nach den Erfordernissen der Kessel- und Feuerungsbauart und müssen schließlich auf die betrieblichen Zusammenhänge abgestellt sein. Auch für Sonderbauarten, wie Benson-Kessel, gelten spezielle Anweisungen.

VII. Allgemeines über Kolbenmaschinen.

64. Grundlegende Wirkungsweise der Kolbenmaschinen. Die Kolbenmaschinen dienen als *Kraft*maschinen zur Umsetzung der *Spannungs*energie von Dampf (Dampfmaschinen), Druckluft (Druckluftmotoren), Verbrennungsgasen (Verbrennungskraftmaschinen) oder Wasser (Wasserdruckmotoren) in *mechanische* Energie oder als *Arbeits*maschinen zur Umwandlung mechanischer Energie in Spannungsenergie der Druckluft (Kompressoren) oder potentielle Energie des Wassers (Pumpen). Bei den Kraftmaschinen ist die Wirkungsweise immer so, daß die Spannung des Treibmittels *unmittelbar* auf die Fläche des in einem Zylinder beweglichen, dicht abschließenden Kolbens wirkt, der durch die auf ihn einwirkende Kraft bewegt wird. Die am Kolben abnehmbare Arbeit oder mechanische Energie ist das Produkt aus der Kolbenkraft und dem vom Kolben zurückgelegten Weg oder Kolbenhub. Bei den Arbeitsmaschinen ist der Vorgang umgekehrt, indem der von außen durch Kraft bewegte Kolben den Zylinderraum verkleinert, dadurch den Druck erhöht, seine mechanische Energie an der Kolbenfläche dem neuen Energieträger übermittelt und diesen schließlich aus dem Zylinder drückt. Diese unmittelbare Energieumwandlung an der Kolbenfläche ist kennzeichnend für *alle* Kolbenmaschinen und unterscheidet diese eindeutig von den Turbinen, in denen die Spannungsenergie des Treibmittels zunächst in kinetische oder Strömungsenergie und dann erst in mechanische Arbeit umgesetzt wird.

Je nach der Bewegungsrichtung des Kolbens unterscheidet man Kolbenmaschinen mit *geradlinig* hin- und hergehendem Kolben oder Maschinen mit *Dreh*kolben. Während Kolbenmaschinen mit hin- und hergehendem Kolben für alle Arten von Kraft- und Arbeitsmaschinen gebräuchlich sind, beschänkt sich die Anwendung der Drehkolbenmaschinen, obgleich ihr Ursprung schon in die Entwicklungszeit der Dampfmaschine zurückreicht, erst seit wenigen Jahrzehnten auf Kompressoren, Pumpen (z. B. Zahnrad- und Kapselpumpen) und Druckluftmotoren (z. B. Geradzahn-, Schrägzahn- und Pfeilradmotoren und Lamellenmotoren[1]). In manchen Fällen, zum Beispiel bei Rutschenmotoren, Simplex- und Duplexpumpen und Drucklufthämmern kann die hin- und hergehende Kolbenbewegung unmittelbar ausgenutzt werden; meistens muß jedoch die geradlinige Bewegung durch ein besonderes Getriebe (z. B. Kurbeltrieb) in Drehbewegung umgeformt werden. Normalerweise wird die mechanische Energie des Kolbens durch die Kolbenstange oder bei Drehkolben durch die Kolbenwelle ab- oder zugeführt. Eine Ausnahme bilden die Drucklufthämmer, bei denen die Kolbenenergie durch Stoß übertragen wird.

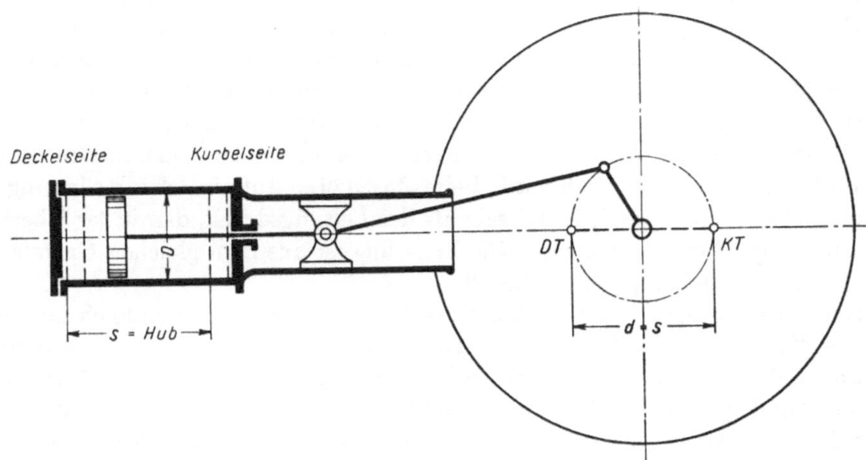

Abb. 93. Kolbenmaschine mit Kurbeltrieb.

65. Der Kurbeltrieb. Um durch den hin- und hergehenden Kolben einer Kraftmaschine eine Welle zu drehen oder umgekehrt von einer z. B. mittels Elektromotors gedrehten Welle den Kolben einer Pumpe oder eines Kompressors zu bewegen, ist der Kurbeltrieb das einfachste und beste Mittel.

Abb. 93 veranschaulicht schematisch den Aufbau einer Kolbenmaschine mit Kurbeltrieb. Die Kolbenkraft wird über die Kolbenstange auf den Kreuzkopf, dann auf die Pleuelstange, von dieser auf den Kurbelzapfen und schließlich über die Kurbel auf die Kurbelwelle übertragen. Die Endstellungen des Kolbens an der Deckelseite und Kurbelseite sind gestrichelt eingezeichnet, desgleichen die zugehörigen Kurbelstellungen. Der Kurbelzapfen bewegt sich auf einer Kreisbahn, Kurbelkreis genannt. Die den Kolbenendstellungen entsprechenden Lagen des Kurbelzapfens auf dem Kurbelkreis heißen Deckelseitentotpunkt DT und Kurbelseitentotpunkt KT. Der Kurbelkreisdurchmesser d ist gleich dem Hub s, der Kurbelradius demnach gleich dem halben Hub. Die Pleuelstangenlänge ist normal gleich dem fünffachen Kurbelradius, geht aber bei schnellaufenden Maschinen bis auf den dreifachen Radius zurück. Zylinderdurchmesser und Hub stehen im Verhältnis von 1 : 2 bis 1 : 1 zueinander, und zwar geht man auf kleine Durchmesser und langen Hub bei niedrigen, auf große Durchmesser und kleinen Hub bei hohen Drehzahlen.

---

[1] Zahnrad- und Lamellenmotoren werden im deutschen Bergbau häufig immer noch „Druckluftturbinen" genannt; man sollte sich endlich von dieser falschen Benennung freimachen, die anscheinend auf die irreführende englische Bezeichnung „air-turbine" für den Pfeilmotor zurückzuführen ist.

Durch den Kurbeltrieb wird der Kolbenhub genau begrenzt, und der Kolben wird erst beschleunigt, dann verzögert, während die Kurbelwelle gleichförmig umläuft. Läuft der Kurbelzapfen mit der Geschwindigkeit v, so ist die Kolbengeschwindigkeit (bei unendlich langer Pleuelstange) $= v \sin\alpha$, worin α der Winkel ist, den die Kurbel mit der Kolbenbahn bildet. Schlägt man einen Halbkreis, dessen Radius gleich der Geschwindigkeit v des Kurbelzapfens ist, Abb. 94, so ist $y = v \sin\alpha$ die Kolbengeschwindigkeit bei dem jeweiligen Kurbelwinkel α oder der jeweiligen Kolbenstellung A. Die mittlere Kolbengeschwindigkeit ist $c = \frac{v}{1{,}57}$. Das Drehmoment, das der Kolben auf die Kurbel ausübt, ist ungefähr in der Hubmitte am größten, im Hubwechsel, in der „Totlage" der Kurbel = Null, weil die Kraft durch den Drehpunkt geht. Eine einkurblige Kraftmaschine kann deshalb aus der Totlage nicht anlaufen und braucht ein Schwungrad, um über den toten Punkt hinwegzukommen.

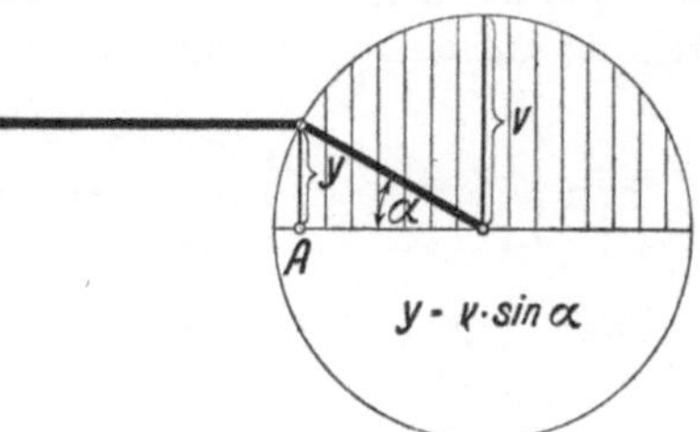

Abb. 94. Zusammenhang zwischen Kurbelzapfengeschwindigkeit und Kolbengeschwindigkeit.

Für eine Kraftmaschine, die nur in einem Sinne umlaufen soll, wählt man gemäß Abb. 95 den Umlaufsinn so, daß der Kreuzkopfdruck nach unten gerichtet ist, und spricht dann von Rechtslauf. Handelt es sich umgekehrt darum, einen Pumpenkolben von der Kurbelwelle anzutreiben, dann muß die Maschine im entgegengesetzten Sinne umlaufen, damit der Kreuzkopfdruck nach unten gerichtet ist.

66. Einfachwirkende und doppeltwirkende Zylinder. Bei einem einfachwirkenden Zylinder (Abb. 96 links) wirkt das Treibmittel nur auf einer Seite des Kolbens, die andere Seite steht in dem offenen Zylinder nur unter dem Druck der Außenluft. Wird der Zylinder auf beiden Seiten geschlossen und die Kolbenstange durch eine Stopfbüchse dicht herausgeführt, so kann der Zylinder doppeltwirkend arbeiten, indem das Treibmittel abwechselnd auf beiden Kolbenseiten wirkt (Abb. 96 rechts). Die Leistung wird dadurch bei gleichen Abmessungen verdoppelt.

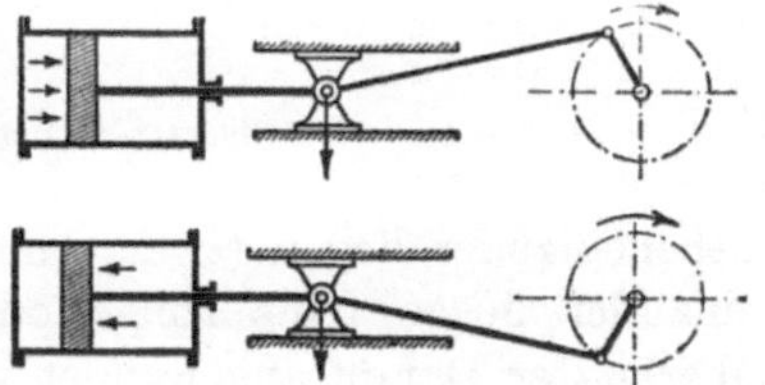

Abb. 95. Rechtslaufende Dampfmaschine.

Wenn irgend möglich, wird man also doppeltwirkende Zylinder verwenden. Dampfmaschinen und Großgasmaschinen werden fast immer mit doppeltwirkenden Zylindern ausgeführt, kleine Verbrennungsmaschinen dagegen ausschließlich mit einfachwirkenden Zylindern. Eine Besonderheit bilden Zylinder mit einem Stufenkolben, der auf der einen Seite mit dem vollen Querschnitt, auf der andern nur mit einer Ringfläche von halbem oder noch kleinerem Querschnitte wirkt (Abb. 97).

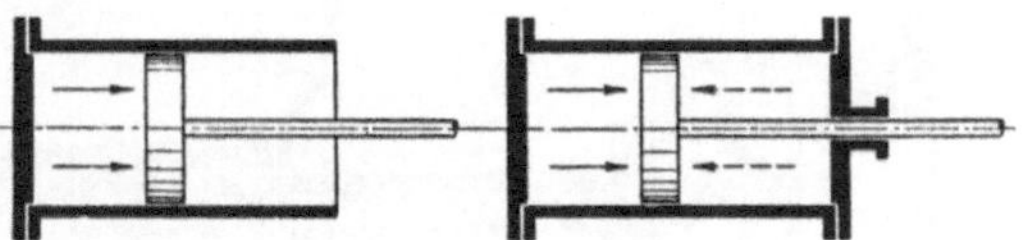

Abb. 96. Einfachwirkender und doppeltwirkender Zylinder.

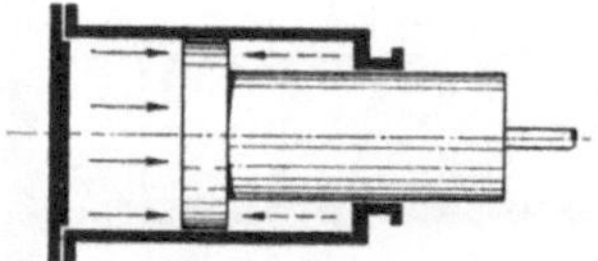

Abb. 97. Zylinder mit Stufenkolben.

67. Ein- und mehrzylindrige Maschinen. Zwillings- und Drillingsanordnung. Tandemanordnung. Einzylindrige Kraftmaschinen haben den Nachteil, daß sie nicht in jeder Lage anspringen. Benutzt man mehrzylindrige Maschinen und treibt die Welle durch 2 Kurbeln an, die um 90° versetzt sind, oder durch 3 Kurbeln, die um 120° versetzt sind usw., so springt die Maschine in jeder Lage an und wird gleichmäßiger gedreht. Treibt man den Kolben von der Kurbelwelle aus an, wie es bei Pumpen geschieht, so versetzt man um des gleichmäßigen Ganges willen ebenfalls die Kurbeln. Sind die nebeneinander liegenden Zylinder gleich, so hat man Zwillingsanordnung (*I* in Abb. 98) oder Drillingsanordnung. Daß man gleiche Zylinder hintereinander setzt, kommt bei Großgasmaschinen häufig vor, die im Viertakt arbeiten. Man spricht dann von Tandem- oder Reihenanordnung. Die Zündungen werden dann so geschaltet, daß bei jedem Hube eine Zündung erfolgt.

68. Einstufige und mehrstufige Wirkung (Verbundwirkung). Bei Dampfmaschinen, Druckluftlokomotiven und Kolbenkompressoren unterscheidet man ein- und mehrstufige Wirkung. Mäßige Dampfdrücke nützt man in einem Zylinder aus. Bei hohen Dampfdrücken würde man sehr lange Zylinder benötigen, um den Dampf vollkommen zu entspannen, weshalb es zweckmäßiger ist, den Dampf erst in einem Hochdruckzylinder von normalem Hub und kleinem Querschnitt auf einen Zwischendruck zu entspannen und dann den aus dem Hochdruckzylinder abströmenden Dampf in einem Niederdruckzylinder von gleichem Hub und entsprechend größerem Querschnitt bis auf den Enddruck auszunützen. Ein weiterer grundsätzlicher Vorteil der mehrstufigen Wirkung ist, daß die großen Kolbenflächen nur niedrigen Druck bekommen und der hohe Druck nur auf kleine Kolbenflächen wirkt, woraus sich eine geringere Beanspruchung der Kolbenstangen und des Kurbeltriebes ergibt. Hochdruckzylinder und Niederdruckzylinder können nebeneinander liegen (zweikurblige Verbundmaschine, Anordnung *II* in Abb. 98) oder hintereinander liegen (einkurblige oder Tandemverbundmaschine, Anordnung *IV*). Früher, ehe überhitzter Dampf angewendet wurde, wurden vielfach Dreifachexpansionsmaschinen gebaut. Anordnung *III* ist eine dreikurblige, Anordnung *VI* eine zweikurblige Dreifachexpansionsmaschine; letztere hat geteilten Niederdruckzylinder. Anordnung *V* ist eine Zwillingsverbundmaschine (Zwillings-Tandemmaschine).

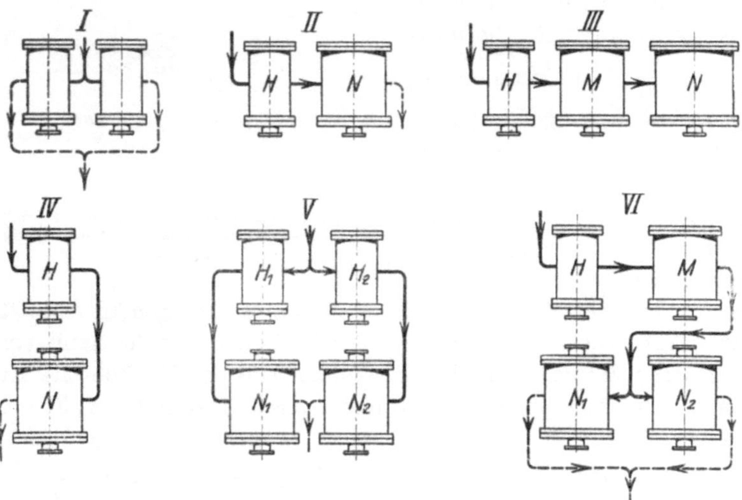

Abb. 98. Zylinderanordnungen von Kolbenmaschinen.

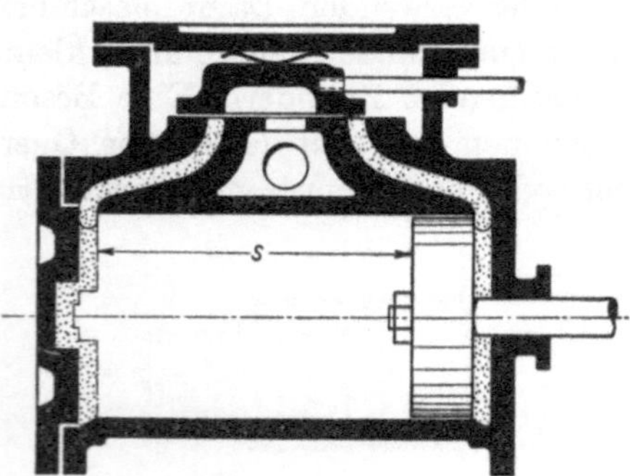

Abb. 99. Schädlicher Raum eines Dampfzylinders.

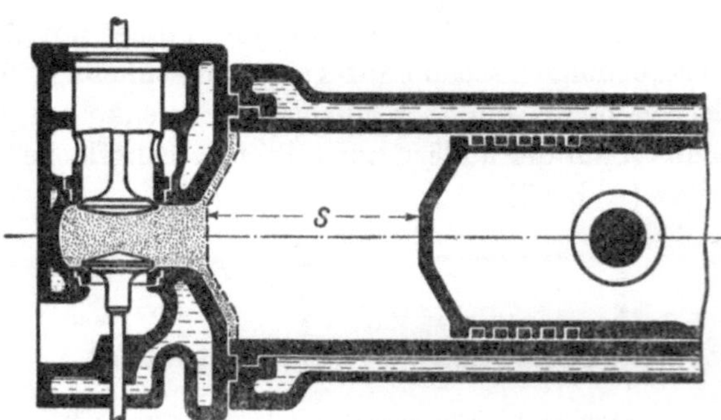

Abb. 100. Verdichtungsraum eines Gasmaschinenzylinders.

Die Druckluftlokomotiven arbeiten bei Drücken von 15 bis 25 at ebenfalls mit Verbundwirkung, entweder zweikurblig mit Hoch- und Niederdruckzylinder oder auch zweikurblig mit dreifacher Druckstufung, wobei Hoch- und Mitteldruckzylinder in *einem* Stufenzylinder vereinigt sind. Bei Kolbenkompressoren wird die Luft auf den häufig angewendeten Enddruck von 6 bis 7 at zweistufig verdichtet, erst im Niederdruck-, dann im Hochdruckzylinder. Bei Drücken von 150 bis 200 at ist fünfstufige Verdichtung üblich.

69. Hubraum. Schädlicher Raum. Verdichtungsraum. Hubraum oder Hubvolumen ist Kolbenfläche × Hub. Wenn der Kolben einer Dampfmaschine oder eines Luftkompressors im Hubwechsel steht, so befindet sich zwischen ihm und dem Zylinderboden noch ein gewisser Raum. Dieser Raum nebst dem Raume bis zum abschließenden Schieber (vgl. Abb. 99) oder bis zu den abschließenden Ventilen heißt *schädlicher Raum*. Schädlich ist der Raum aber erst, wenn er zu groß ist. Die Größe des schädlichen Raumes wird in Prozenten des Hubraumes angegeben. Je nach der Art der Steuerung, der Größe der Zylinder, der Drehzahl der Maschine schwankt der schädliche Raum zwischen 3 und 15%. Der Inhalt des schädlichen Raumes arbeitet bei der Expansion und Kompression mit. Im Gegensatz zu den Gasen und Dämpfen ist der schädliche Raum bei Flüssigkeiten ohne Bedeutung, da Expansion und Kompression fehlen.

Bei Verbrennungsmaschinen heißt der Raum hinter dem im Hubwechsel stehenden Kolben *Verdichtungsraum* (Abb. 100); dessen Größe ist danach zu bemessen, wie hoch man die Verdichtung treiben will.

70. Das Indikatordiagramm. Wird während eines Arbeitspieles der Druckverlauf im Zylinder über einer den Kolbenweg darstellenden Linie aufgetragen, so erhält man einen geschlossenen Linienzug, das sogenannte Indikatordiagramm, das grundsätzlich mit dem in Ziffer 8 besprochenen *PV*-Diagramm übereinstimmt. Man entnimmt der arbeitenden Maschine das Diagramm mit Hilfe des Indikators[1]. Aus einem solchen Diagramm kann man sehr anschaulich die Wirkung der Maschine ersehen und erkennen, ob die Steuerung in Ordnung ist; ferner kann man den mittleren Druck im Zylinder bestimmen und auf Grund der Maschinenabmessungen und der Drehzahl die indizierte Leistung der Maschine berechnen. In Abb. 101 ist für die wichtigsten Kolbenmaschinen die kennzeichnende Form ihrer Diagramme dargestellt. Es sind Leistung abgebende und Leistung verbrauchende Maschinen nebeneinandergestellt. So der Druckwassermotor neben die Kolbenpumpe und der Druckluftmotor neben den Luftkompressor und die Luftpumpe. Der Dampfmaschine fehlt der Partner, ebenso der Gasmaschine. Verdichter für Dampf und Gas arbeiten wie der Luftkompressor und ergeben ein gleiches Diagramm.

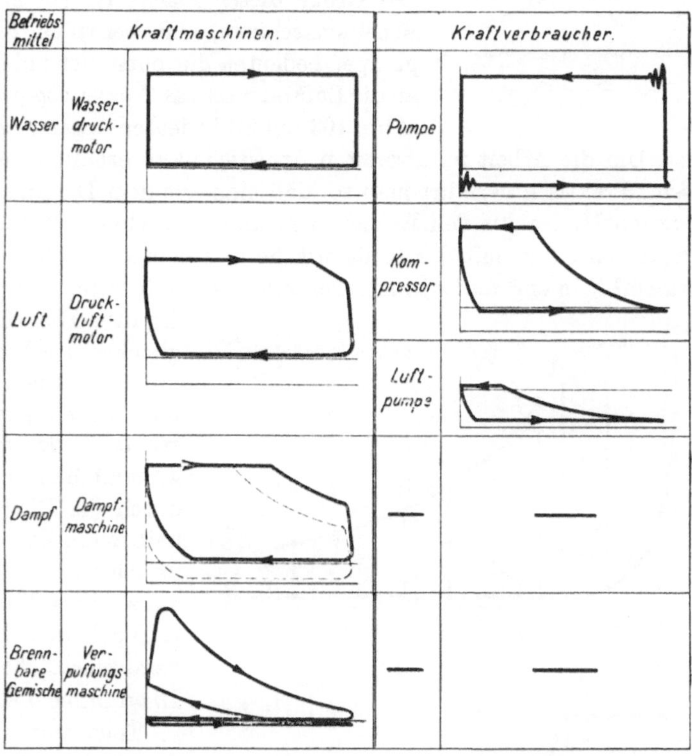

Abb. 101. Diagramme der wichtigsten Kolbenmaschinen.

Bei einem Indikatordiagramm kommt es auf die Länge überhaupt nicht an; die Länge stellt eben den Kolbenhub dar. Der Maßstab, in welchem der Druck aufgezeichnet ist, der sogenannte Federmaßstab des Indikators, muß aber angegeben sein, z. B. 8 mm $\triangleq$ 1 kg/cm^2. Wichtig ist ferner, die atmosphärische Linie zu ziehen, damit man erkennen kann, wie groß z. B. der Gegendruck bei einer auspuffenden Dampfmaschine ist oder wie groß der Unterdruck beim Saughube einer Pumpe ist. Einen Überblick über die Höhe der auftretenden Drücke hat man sofort, wenn man im Diagramm außer der atmosphärischen Linie die Linie des absoluten Druckes Null einzeichnet.

Die Diagramme des Wasserdruckmotors und der Pumpe haben rechteckige Form, weil das Wasser nicht zusammendrückbar ist. Die übrigen Diagramme enthalten Kurven, die die Expansion und Kompression von Dampf oder Gas darstellen. Ein Kompressordiagramm ähnelt

[1] Der Indikator und das Indizieren sind in der Meßkunde behandelt.

zwar einem Dampfmaschinendiagramm, ist aber deutlich durch die Spitze zu Beginn der Verdichtung von ihm unterschieden. Die Kraftmaschinendiagramme zeigen Rechtsumlauf, die Diagramme der Arbeitsmaschinen oder Kraftverbraucher dagegen Linksumlauf (vgl. Ziffer 16).

71. Indizierte Leistung. Es sei bei einem Dampfzylinder auf der einen Zylinderseite das Dampfdiagramm, Abb. 102, entnommen, dann ist die vom Dampf an den Kolben beim Hinhube übertragene absolute Arbeit gleich der Summe der Flächen *I* und *II* (vgl. Ziffer 8). Beim Rückhube muß der Kolben den Gegendruck überwinden und den Dampf verdichten, wozu die durch die schraffierte Fläche *II* gekennzeichnete Arbeit aufzubringen ist. Die bei einem Arbeitsspiel der Dampfmaschine auf der einen Zylinderseite verrichtete „indizierte" Arbeit wird also durch die restliche Fläche *I* dargestellt. Die Größe dieser Fläche ist ein Maß für die Größe der Arbeit. Bei Arbeitsmaschinen, z. B. bei einem Kolbenverdichter oder einer Kolbenpumpe, bedeutet die entsprechende Diagrammfläche die vom Kolben an die Luft oder an das Wasser *abgegebene* Arbeit. Schleifen im Diagramm (Abb. 103 unten) bedeuten negative Arbeit, die von positiver abzuziehen ist. Um die Arbeit im absoluten Arbeitsmaß zu erhalten, müßte der Flächenmaßstab bekannt sein. Praktisch verfährt man so, daß man aus dem Diagramm den Mittelwert des während des ganzen Hubes auf den Kolben wirksamen Druckes bestimmt und diesen mittleren indizierten Kolbendruck p_i mit der Kolbenfläche und dem Kolbenhub multipliziert: $A = p_i f s$ mkg (p_i in kg/cm², f in cm² und s in m). Den mittleren indizierten Druck findet man nach folgender Überlegung: Die Höhe eines dem Diagramm flächengleichen Rechtecks gleicher Länge ist gleich der mittleren Diagrammhöhe. Wie man die Rechteckhöhe durch Division der Fläche durch die Länge erhält, findet man gleicherweise die mittlere Diagrammhöhe, indem man die Diagrammfläche durch die Diagrammlänge dividiert. Es muß deshalb zunächst die Diagrammfläche mit Hilfe der im Abschnitt „Meßkunde" besprochenen Flächenmesser oder Planimeter ausgemessen werden; oder man arbeitet nach der Trapezregel, die in Abb. 103 veranschaulicht ist. Zum bequemen Teilen des Diagramms dienen verstellbare Roste.

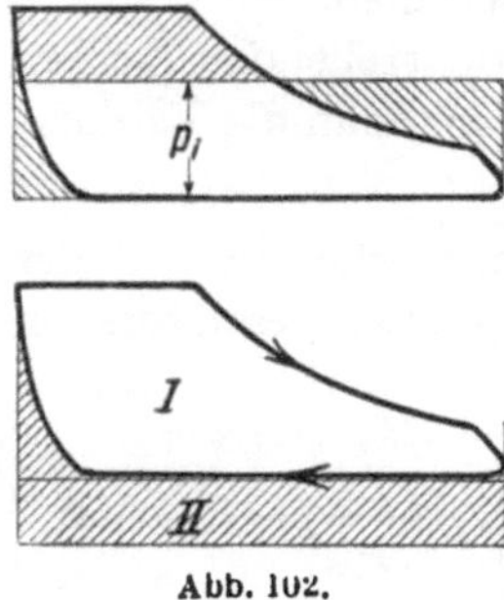

Abb. 102.

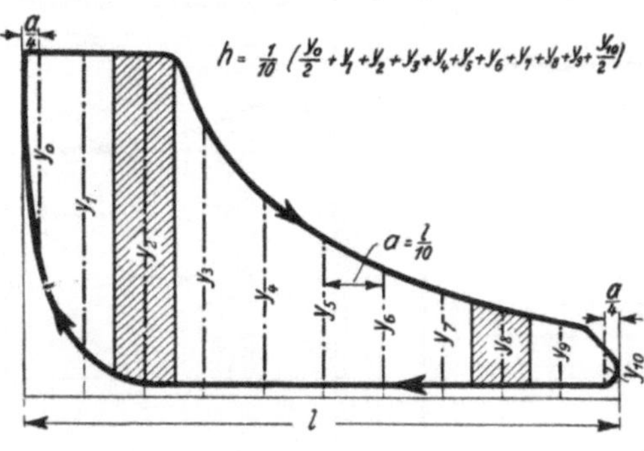

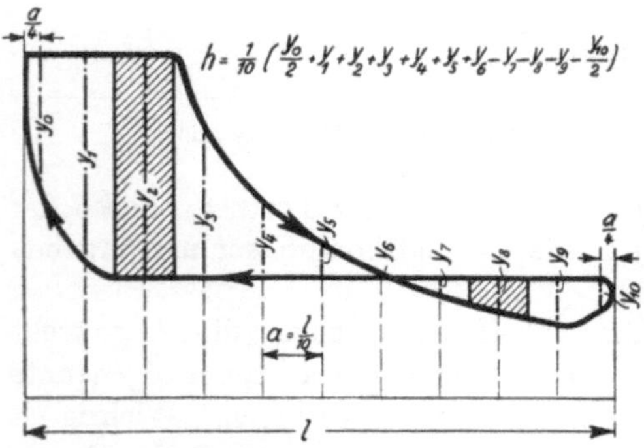

Abb. 103. Trapezregel, um die mittlere Diagrammhöhe h zu bestimmen.

Teilt man die mittlere Diagrammhöhe durch den Federmaßstab, so erhält man p_i in kg/cm². Mit dem mittleren indizierten Druck, der Kolbenfläche, dem Kolbenhub und der Drehzahl kann man die „indizierte Leistung" einer Dampfmaschine, Gasmaschine, Pumpe, eines Kompressors usw. errechnen. Bei Kraftmaschinen ist die indizierte Leistung die *zugeführte* Leistung, bei Arbeitsmaschinen ist sie die *abgeführte* oder *Nutz*leistung.

Mit Ausnahme der Viertaktverbrennungsmaschinen arbeiten diese Maschinen *im Zweitakt*, d. h. das Arbeitsspiel auf jeder Zylinderseite vollzieht sich innerhalb zweier Hübe oder einer Umdrehung.

Ist p_i der mittlere indizierte Druck in kg/cm²,
f die wirksame Kolbenfläche in cm², d. h. die wirklich vom Treibmittel beaufschlagte Fläche, die gegebenenfalls um den Kolbenstangenquerschnitt kleiner ist als der Zylinderquerschnitt,
s der Kolbenhub in m,
n die minutliche Drehzahl,

so ist die indizierte Leistung *einer* Zylinderseite

a) bei Zweitaktwirkung $N_i = \frac{p_i f s n}{60 \cdot 75} \mathrm{PS} = \frac{p_i f s n}{60 \cdot 102} \mathrm{kW}$,

b) bei Viertaktwirkung $N_i = \frac{p_i f s n}{120 \cdot 75} \mathrm{PS} = \frac{p_i f s n}{120 \cdot 102} \mathrm{kW}$.

Die Leistung ist also proportional dem mittleren indizierten Druck, dem Kolbenquerschnitt und Kolbenhub (oder dem Hubvolumen) und der Drehzahl.

Um die Leistung der ganzen Maschine zu berechnen, sind die Leistungen sämtlicher Zylinderseiten zu addieren. Vgl. die Beispiele in Ziffer 72.

72. Effektive Leistung. Antriebsleistung. Leerlaufleistung. Mechanischer Wirkungsgrad. Änderung des Wirkungsgrades mit der Belastung der Maschine. Die an den Kolben einer Kraftmaschine vom Dampf oder beim Druckluftmotor von der Luft usw. übertragene Leistung ist an der Kurbelwelle nicht in voller Höhe abnehmbar, da am Kolben, in den Stopfbüchsen, in den Lagern usw. Reibungsverluste auftreten. Die „effektive Leistung" an der Kurbelwelle oder die Nutzleistung N_e ist daher bei der Kraftmaschine kleiner als die indizierte Leistung N_i. Umgekehrt stellt bei einer Kolbenpumpe oder einem Kolbenkompressor die indizierte Leistung N_i die vom Kolben abgegebene Nutzleistung dar, und diese ist kleiner als die an der Kurbelwelle zugeführte Antriebsleistung N_e.

Es ist

$\frac{N_e}{N_i} = \eta_m$ der mechanische Wirkungsgrad einer Kraftmaschine,

$\frac{N_i}{N_e} = \eta_m$ der mechanische Wirkungsgrad einer Pumpe oder eines Kompressors.

Wird eine Pumpe oder ein Kompressor unmittelbar von der Kolbenstange der Kraftmaschine angetrieben, so versteht man unter dem mechanischen Wirkungsgrade des Maschinensatzes das Verhältnis der indizierten Pumpen- bzw. Kompressorleistung zur indizierten Leistung der Kraftmaschine.

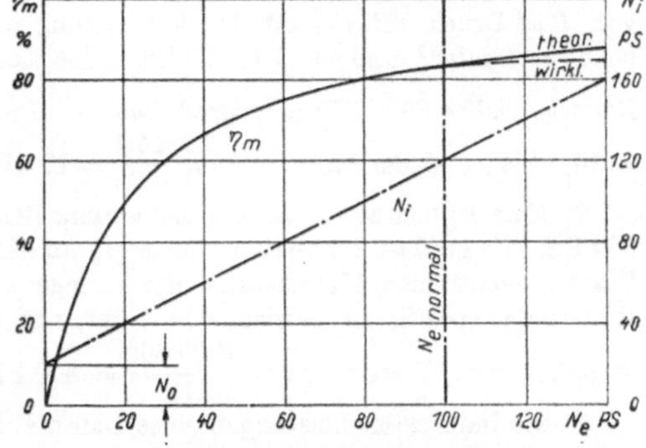

Abb. 104. Mechanischer Wirkungsgrad einer Kolbenkraftmaschine (N_0 = 20 PS).

Solange die Arbeit je Kolbenhub dieselbe bleibt, ändert sich der mechanische Wirkungsgrad der Kolbenmaschine nicht. Ob z. B. ein von einer Dampfmaschine angetriebener Luftkompressor mit $n = 40$ oder mit $n = 80$ läuft, beeinflußt den mechanischen Wirkungsgrad nicht. Bei einer Maschine aber, die zwischen Leerlauf und voller Belastung ihre Drehzahl ungefähr beibehält, einer Dampfmaschine z. B., die eine Dynamo antreibt, wird der mechanische Wirkungsgrad um so niedriger, je schwächer die Maschine belastet wird. Beim Leerlauf ist der mechanische Wirkungsgrad = Null. Da erfahrungsgemäß bei voller Belastung die Reibungsverluste in der Maschine nur wenig größer sind als beim Leerlauf, so ist die Leerlaufleistung der maßgebende Anhalt für die Größe der Maschinenreibung. Bezeichnet N_0 die Leerlaufleistung, so gelten angenähert folgende Beziehungen

a) für Kraftmaschinen

$$N_e = N_i - N_0; \qquad \eta_m = \frac{N_i - N_0}{N_i} = \frac{N_e}{N_e + N_0} \quad \text{und}$$

b) für Arbeitsmaschinen

$$N_i = N_e - N_0; \qquad \eta_m = \frac{N_e - N_0}{N_e} = \frac{N_i}{N_i + N_0}.$$

Demnach nimmt der mechanische Wirkungsgrad mit der Belastung zu, wie es Abb. 104 zeigt. Bei höheren Belastungen ist der wirkliche Wirkungsgrad jedoch niedriger als der theoretisch errechnete.

Beispiele.

1. An einer Dampfmaschine werden eine indizierte Leistung von 300 PS und eine Nutzleistung von 270 PS an der Kurbelwelle gemessen. Wie groß ist die Leerlaufleistung? Wie groß ist der mechanische Wirkungsgrad? $N_0 = N_i - N_e = 300 - 270 = 30$ PS. Das sind 10% Leistungsverlust in der Maschine durch mechanische Reibung. $\eta_m = 100 - 10 = 90\%$ oder $\eta_m = \frac{N_e}{N_i} = \frac{270}{300} = 0{,}9 = 90\%$ oder $\eta_m = \frac{N_e}{N_e + N_0} = \frac{270}{270 + 30} = 0{,}9 = 90\%$.

2. Die Antriebsleistung eines elektrisch angetriebenen Kompressors beträgt an der Kurbelwelle 83,5 kW. Die indizierte Leistung wird mit 71 kW ermittelt. Wie groß ist der mechanische Wirkungsgrad?

$$\eta_m = \frac{N_i}{N_e} = \frac{71}{83{,}5} = 0{,}85 = 85\%.$$

3. Eine einzylindrige Dampfmaschine von 600 mm Zylinderdurchmesser und 1100 mm Hub, deren durchgehende Kolbenstange auf der Kurbelseite 90 mm, auf der Deckelseite 70 mm Durchmesser hat, läuft mit $n = 120$ min^{-1}, und es ist $p_{i_K} = 2{,}7$ kg/cm², $p_{i_D} = 2{,}6$ kg/cm². Wie groß sind N_i und N_e bei $\eta_m = 92\%$? — Der wirksame Kolbenquerschnitt ist vorn 2764 cm², hinten 2789 cm². Die Kurbelseite leistet $N_{i_K} = \frac{2{,}7 \cdot 2764 \cdot 1{.}1 \cdot 120}{60 \cdot 75} = 219$ PS und die Deckelseite $N_{i_D} = \frac{2{,}6 \cdot 2789 \cdot 1{,}1 \cdot 120}{60 \cdot 75} = 212{,}4$ PS. Zusammen werden $N_i = N_{i_K} + N_{i_D} = 431{,}4$ PS oder $N_e = 0{,}92 \cdot 431{,}4 = 397$ PS geleistet.

4. Es soll überschlagen werden, welche Nutzleistung eine Zwillingsfördermaschine von 950 mm Zylinderdurchmesser und 1600 mm Hub bei $n = 50$ min^{-1} und $\eta_m = 90\%$ hat, wenn auf allen 4 Zylinderseiten $p_i = 3$ kg/cm² ist. — Indem man 2% für den Querschnitt der durchgehenden Kolbenstangen absetzt, wird der wirksame Kolbenquerschnitt = 6946 cm². Dann ist $N_i = 4 \cdot \frac{3 \cdot 6946 \cdot 1{,}6 \cdot 50}{60 \cdot 75} = 1476$ PS und $N_e = 0{,}9 \cdot 1476 = 1328$ PS.

5. Eine Großgasmaschine indiziere bei Leerlauf 400 PS und bei voller Belastung 2600 PS. Wieviel PS gibt die Maschine bei voller Belastung ab, und wie groß ist η_m bei voller, $\frac{3}{4}$, $\frac{1}{2}$ und $\frac{1}{4}$ Last, wenn die Reibung in der Maschine dieselbe bleibt wie beim Leerlauf? — Die Gasmaschine gibt 2600 — 400 = 2200 PS ab. Bei voller Last ist $\eta_m = \frac{2200}{2600} = 84{,}7\%$, bei $\frac{3}{4}$ Last ist $\eta_m = \frac{1650}{1650 + 400} = 80{,}5\%$, bei $\frac{1}{2}$ Last ist $\eta_m = \frac{1100}{1100 + 400} = 73{,}3\%$ und bei $\frac{1}{4}$ Last ist $\eta_m = \frac{550}{550 + 400} = 57{,}9\%$.

6. Eine einfachwirkende Pumpe von 80 mm Plungerdurchmesser und 600 mm Hub erzeugt Preßwasser von 30 at Druck. Wieviel kW Antriebsleistung erfordert die Pumpe, die 92% mechanischen Wirkungsgrad hat bei $n = 90$ min^{-1}, und wieviel kW nimmt der Elektromotor auf, wenn er einschließlich des zwischengeschalteten Rädergetriebes 85% Wirkungsgrad hat? — Die Antriebsleitung der Pumpe ist $N_e = \frac{N_i}{\eta_m} = \frac{30 \cdot 50 \cdot 0{.}6 \cdot 90}{0{,}92 \cdot 60 \quad 102} = 14{,}4$ kW, und der Motor nimmt $\frac{14{,}4}{0{,}85} = 17$ kW auf.

7. Eine Kolbenwasserhaltung hebt minutlich 6 m³ auf 600 m. Die antreibende Dampfmaschine indiziert 920 PS. Wie groß ist der Gesamtwirkungsgrad der Wasserhaltungsanlage, d. h. das Verhältnis der in gehobenem Wasser gemessenen Nutzleistung der Anlage zur indizierten Leistung der Dampfmaschine? — Wenn das Wasser das spezifische Gewicht $\gamma = 1$ hat, sind 6 m³/min = 100 kg/s. Die Nutzleistung der Anlage, gemessen in gehobenem Wasser, ist $= \frac{100 \cdot 600}{75} = 800$ PS; mithin ist der Gesamtwirkungsgrad $= \frac{800}{920} = 87\%$.

8. Die indizierten Leistungen eines Dampfkolbenkompressors sind auf der Dampfseite $N_{i_1} = 1350$ PS und auf der Kompressorseite $N_{i_2} = 1200$ PS. Wie groß ist der mechanische Wirkungsgrad? $\eta_m = \frac{N_{i_2}}{N_{i_1}} = \frac{1200}{1350} = 0{,}89 = 89\%$.

73. Das Tangentialkraftdiagramm. Das Schwungrad. Die in einer Kolbenmaschine am Kolben wirkenden Kräfte wechseln ständig ihre Größe. In einer doppeltwirkenden Dampfmaschine z. B. drückt auf die eine Kolbenseite der treibende Dampf während der Füllung mit fast voller Spannung, die während der Expansion ständig abnimmt. Auf die andere Seite drückt der Gegendruck, der gegen Hubende infolge der Kompression ziemlich hohe Werte annimmt und den treibenden Druck weit übersteigt. Wirksam ist der Differenzdruck, so daß sich am Hubende eine der Bewegung des Kolbens entgegengesetzte, verzögernde Kraft ergibt. Abb. 105 zeigt die aus den Dampfdruckdiagrammen der Deckelseite und Kurbelseite einer einzylindrigen Dampfmaschine sich ergebende Kolbenkraft $P_K = f\,(p_1 - p_2)$ (f = Kolbenfläche, p_1 = absoluter Dampfdruck, p_2 = absoluter Gegendruck). Die Bewegung des Kolbens von der Deckelseite zur Kurbelseite ist mit einem Pluszeichen bezeichnet, die zugehörigen Kurven sind ausgezogen. Für die entgegengesetzte Bewegungsrichtung gelten das Minuszeichen und die gestrichelten

Kurven. Zu den sich aus der Druckverteilung des Dampfes ergebenden veränderlichen Kolbenkräften treten noch die Massenbeschleunigungs- bzw. Verzögerungskräfte P_M hinzu, die durch die Geschwindigkeitsänderungen der Massen des Kolbens, der Kolbenstange, des Kreuzkopfes und der halben Pleuelstange entstehen. Die Summe aus Kolbenkraft und Massenkraft ergibt die an der Kolbenstange wirksame resultierende Horizontalkraft $P = P_K + P_M$. Die Horizontalkraft wird am Kreuzkopf auf die Pleuelstange oder Schubstange übertragen und zerlegt sich in die Schubstangenkraft S und den Kreuzkopfnormaldruck N_1 (vgl. Abb. 106). Die in der Drehrichtung wirksame Kraft ist die in der Tangentenrichtung zum Kurbelkreis verlaufende Komponente T der Schubstangenkraft S, die *Tangentialkraft* genannt wird. Die Größe der Tan-

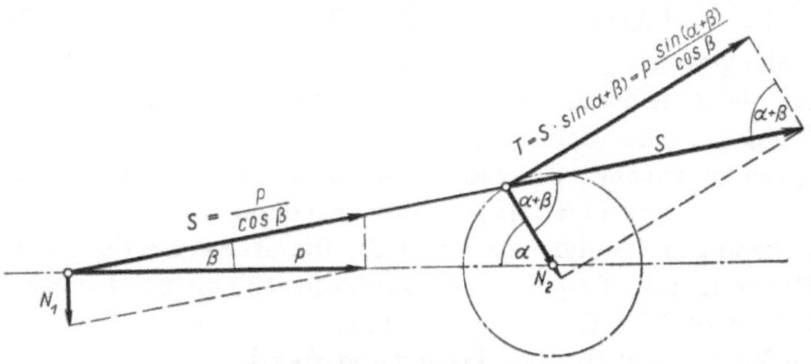

Abb. 106. Kräfte im Kurbeltrieb.

gentialkraft ist einerseits von der wechselnden Kraft S bzw. P und andererseits von der dauernd veränderlichen Stellung der Kurbel abhängig.

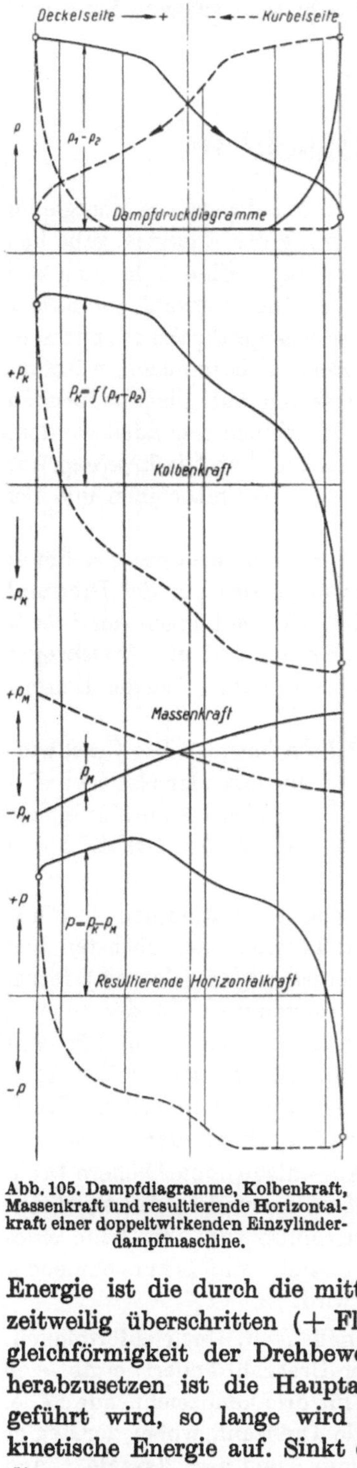

Nach Abb. 106 ist $T = \frac{P}{\cos\beta} \sin(\alpha + \beta)$ und kann mit der aus Abb. 105 zu entnehmenden Horizontalkraft für verschiedene Kurbelstellungen errechnet oder zeichnerisch ermittelt werden.

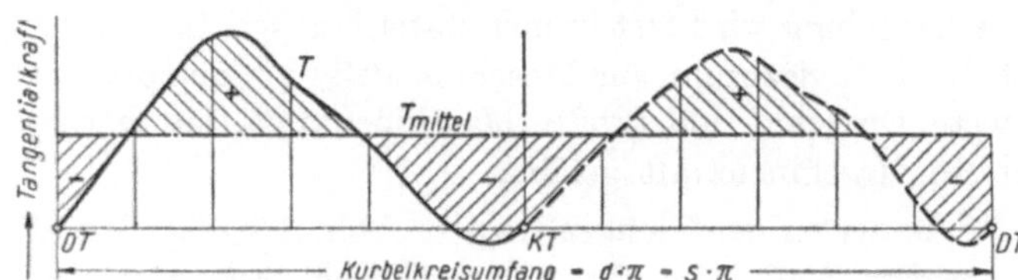

Abb. 107. Tangentialkraftverlauf während einer Kurbelumdrehung.

Der sich während einer Umdrehung ergebende Verlauf der Tangentialkraft ist in Abb. 107 wiedergegeben. Sie ist in den Totpunkten gleich null und erreicht bei ungefähr senkrechter Kurbelstellung ihren Höchstwert, der rund doppelt so groß ist wie der Mittelwert. Im Tangentialkraftdiagramm sind die Kräfte über dem Weg aufgezeichnet, so daß die Gesamtfläche unter der Kurve T die während einer Umdrehung verrichtete Arbeit darstellt. Die an der Kurbelwelle gleichmäßig abgenommene Energie ist die durch die mittlere Tangentialkraft T_{mittel} begrenzte Rechteckfläche. Sie wird zeitweilig überschritten (+ Flächen) oder unterschritten (— Flächen), woraus sich eine Ungleichförmigkeit der Drehbewegung ergibt. Diese Ungleichförmigkeit auf ein zulässiges Maß herabzusetzen ist die Hauptaufgabe des Schwungrades. Solange überschüssige Energie zugeführt wird, so lange wird das Schwungrad beschleunigt und speichert die Energie als kinetische Energie auf. Sinkt die Energiezufuhr unter den Mittelwert, so gibt das Schwungrad die gespeicherte Energie unter Geschwindigkeitsverminderung wieder an die Kurbelwelle ab. Die Energiespeicherung des Schwungrades ist bei um so kleinerer Geschwindigkeitsänderung

Abb. 105. Dampfdiagramme, Kolbenkraft, Massenkraft und resultierende Horizontalkraft einer doppeltwirkenden Einzylinderdampfmaschine.

und damit geringerer Ungleichförmigkeit des Ganges der Maschine erreichbar, je schwerer das Schwungrad ist. Bei mehrzylindrigen Maschinen mit versetzten Kurbeln sind die Schwankungen der Tangentialkraft geringer als bei einkurbligen Maschinen, so daß man mit einem leichteren Schwungrad auskommt. Einzylindrige Viertaktverbrennungsmaschinen arbeiten am ungleichförmigsten. Die nur während eines Bruchteiles der Umdrehung auftretende größte Tangentialkraft beträgt das Zehnfache des Mittelwertes und mehr, weshalb man sehr schwere Schwungräder braucht.

VIII. Die Regelung der Kraftmaschinen.

74. Einführung. Sind bei einer Kraftmaschine die zugeführte und die abgegebene Energie im Gleichgewicht, so bleibt die Drehzahl unverändert. Eine Verminderung der Energieabgabe hat bei gleichbleibender Energiezufuhr ein Steigen der Drehzahl zur Folge. Eine Erhöhung der Energieabgabe wirkt umgekehrt. Hauptaufgabe der Regelung ist es, die Drehzahl der Kraftmaschine annähernd gleich zu halten, also die Energieaufnahme der Energieabgabe anzupassen. In diesem Abschnitt ist nur diese Regelung auf gleichbleibende Drehzahl besprochen, während Regelungen besonderer Art, z. B. die Regelung der Luftkompressoren auf gleichbleibenden Druck oder die Regelung von Fördermaschinen, bei den genannten Maschinen behandelt werden. Ferner sind im folgenden nur *Fliehkraftregler* besprochen, während die *Durchflußregelung* nur im Zusammenhang mit besonderen Regelungsaufgaben, z. B. bei den Dampfturbinen und bei den Fahrtreglern der Fördermaschinen, erläutert wird.

Die Fliehkraftregler beruhen auf der Grundlage, daß die auf ihre Schwungmassen ausgeübten Fliehkräfte und damit auch die von denselben ausgeführten Ausschläge sich mit der Drehzahl ändern, und daß von diesen Bewegungsänderungen die notwendigen Verstellungen der Steuerung betätigt werden können. Fliehkraftregler werden als *Muffenregler* und als *Achsenregler* ausgeführt. Hier sind immer Muffenregler zugrunde gelegt, während Achsenregler bei den Dampfmaschinensteuerungen besprochen werden.

Jede Regelung vollzieht sich entweder *statisch* (stetig) oder *astatisch* (unstet). Die Geschwindigkeitsregelung wird fast immer statisch ausgeführt, derart, daß bei ansteigender Geschwindigkeit die Energiezufuhr zur Maschine *stetig* verkleinert wird, so daß zur niedrigsten Muffenlage kleinste Drehzahl und größte Maschinenkraft, zur höchsten Muffenlage größte Drehzahl und kleinste Maschinenkraft gehört.

75. Bauarten der Fliehkraftregler. Abb. 108 zeigt den ältesten, von WATT stammenden Fliehkraftregler. Weil beim Wattschen *Gewichtsregler* der Unterschied zwischen der höchsten und niedrigsten Drehzahl groß ist, wurde auf die Muffe eine Belastungshülse gesetzt (PORTER), ferner wurden die Stangen gekreuzt (KLEY) und andere Änderungen vorgenommen. In der neueren Zeit werden an Stelle der reinen Gewichtsregler überwiegend *Federregler* gebaut. Abb. 109 zeigt als Beispiel einen Regler der Fa. Hartung, Kuhn & Cie., Düsseldorf. Die infolge der Fliehkraft auseinanderstrebenden Schwungmassen beginnen auszuschlagen, wenn die Fliehkraft die Kraft der Belastungsfedern überwiegt. Damit der Regler statisch ist, muß die Kraft der Belastungsfedern so zunehmen, daß die Schwungmassen zu ihrem weiteren Ausschlage immer höhere Drehzahlen brauchen. Mit den Schwungmassen ist die Reglermuffe M so verbunden, daß sie steigt, wenn die Schwungmassen ausschlagen. Die Bewegung der Reglermuffe wird mit Hilfe eines Gleitringes auf den Reglerhebel übertragen, der die Steuerung so verstellt, daß bei zunehmender Drehzahl die Energiezufuhr von Höchst auf Null herabgemindert wird.

76. Die Hubdrehzahllinie der Regler. Stabilitätsgrad. Unempfindlichkeit. Ungleichförmigkeit. Der Charakter des Reglers, d. h. wie sich der Muffenhub mit der Drehzahl ändert, ergibt sich aus der Hubdrehzahllinie. Abb. 110 zeigt die Hubdrehzahllinien für drei kennzeichnende Fälle. Die obere Linie gilt für Regelung auf annähernd gleichbleibende Drehzahl, wobei der Regler schwach statisch sein soll. Der Regler spielt zwischen $n = 195$ min^{-1} und $n = 205$ min^{-1}, und der Unterschied zwischen $n_{\max}$ und $n_{\min}$ ist $\frac{10}{200}$ oder 5% der mittleren Drehzahl. Die untere

Linie gilt für stark statische Regelung, wie man sie bei Fördermaschinen braucht, um von kleinster bis zu größter Geschwindigkeit zu regeln[1]. Die mittlere gebrochene Linie findet man bei Leistungsreglern für Kolbenkompressoren und Pumpen. Im ersten Hubteile ist der Regler stark statisch, um die Drehzahl und damit die Liefermenge des Kompressors innerhalb weiter Grenzen einstellen zu können. Im zweiten Hubteile, dem sogenannten Sicherheitshube, ist der Regler schwach statisch, damit er im Falle der Not, z. B. beim Bruche der Druckleitung, unter geringer Steigerung der Drehzahl die Energiezufuhr ganz abstellt. Für einen astatischen Regler wäre die Hubdrehzahllinie eine Senkrechte; die Muffe würde nicht stetig verstellt werden, sondern aus der einen in die andere Endlage springen. Rein astatische Regler sind unbrauchbar; man kann sich wohl der Astasie stark nähern und spricht dann von *pseudo-astatischer* Regelung.

Inwieweit ein Regler statisch ist, läßt der *Stabilitätsgrad* erkennen. In dem in Abb. 111 dargestellten Beispiel stellt die stark ausgezogene Linie den Idealfall dar, in dem die Regelung ohne Reibung verläuft. Der Regler wirkt zwischen $n_u = 180\ \text{min}^{-1}$ und $n_o = 220\ \text{min}^{-1}$. Dafür ist der Stabilitätsgrad

$$\sigma = \frac{n_o - n_u}{n_{mittel}} = \frac{220 - 180}{200} = 20\%.$$

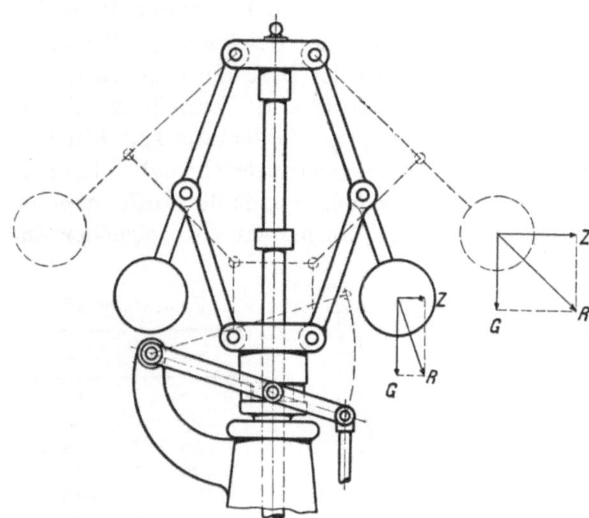

Abb. 108. Gewichtsregler (WATT).

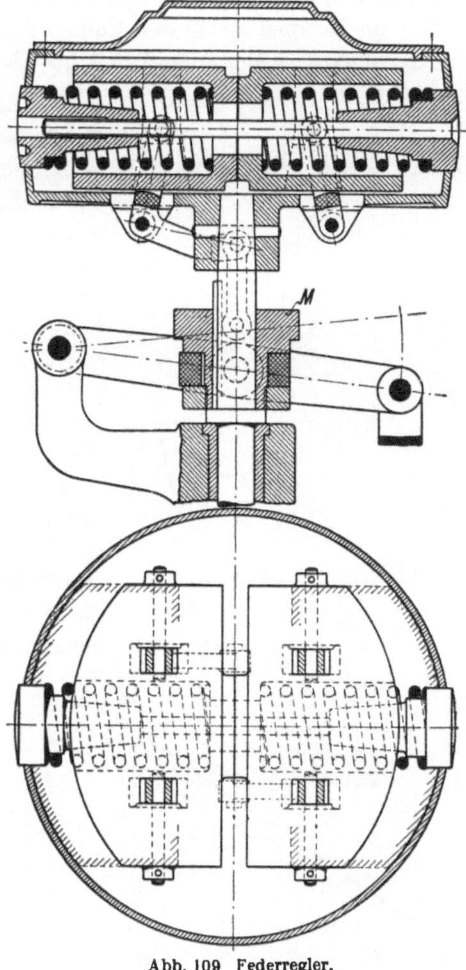

Abb. 109 Federregler.

Ist der Stabilitätsgrad groß, so ist der Regler stark statisch; für den Stabilitätsgrad Null besteht Astasie, während ein negativer Stabilitätsgrad einen unbrauchbaren, labilen Regler kennzeichnet, dessen Ausschlag mit abnehmender Drehzahl zunimmt.

Die tatsächliche Regelung ist von der idealen unterschieden. Sie besitzt eine gewisse *Unempfindlichkeit*, weil die eigene Reibung des Reglers und die Widerstände bei der Verstellung der Steuerung zu überwinden sind. Infolgedessen wird der Regler, der auf einem Punkte der idealen Hubdrehzahllinie arbeitet, nicht sofort ausschlagen, wenn die Drehzahl steigt oder fällt. In unserem Beispiel ist angenommen, daß die Drehzahl um $\Delta n = 10$ steigen oder fallen, d. h. sich um $\pm$ 5% der mittleren Drehzahl ändern muß, ehe die Reglermuffe beginnt, sich zu heben oder zu senken. Die Regelung wirkt also nicht auf der idealen Hubdrehzahllinie, sondern in der schraffierten Zone. Es ist der *Unempfindlichkeitsgrad*

$$\varepsilon = \frac{2\,\Delta n}{n_{mittel}} = \frac{2 \cdot 10}{200} = 10\%.$$

[1] Vgl. Ziffer 164.

Infolge der Unempfindlichkeit ergibt sich im Zusammenhang mit der Stabilität eine gewisse *Ungleichförmigkeit* der Regelung. In der schraffierten Zone arbeitet der Regler nicht zwischen $n_u = 180\ \text{min}^{-1}$ und $n_o = 220\ \text{min}^{-1}$, sondern in dem größeren Bereich zwischen $n_{\min} = 170\ \text{min}^{-1}$ und $n_{\max} = 230\ \text{min}^{-1}$. Daher ist der *Ungleichförmigkeitsgrad*

$$\delta = \frac{n_{\max} - n_{\min}}{n_{\text{mittel}}} = \frac{230 - 170}{200} = 30\%.$$

Der Ungleichförmigkeitsgrad ist gleich der Summe von Stabilitäts- und Unempfindlichkeitsgrad. Von dem Ungleichförmigkeitsgrad hängt die Regelfähigkeit eines Reglers ab.

Die im Beispiel gewählten Zahlen für δ und ε sind verhältnismäßig hoch. Bei Dampfturbinenregelungen wählt man $\delta = 4$ bis 5% und sucht ε möglichst klein, unter $^1/_2\%$ zu halten.

77. Muffendruck und Verstellkraft. Arbeitsvermögen und Verstellvermögen. Die Kraft, die nötig ist, beim nicht umlaufenden Regler die Muffe hochzuhalten, heißt *Muffendruck* des Reglers. Bei den meisten Reglern nimmt der Muffendruck, wenn die Muffe in eine höhere Lage geht, zu; man legt dann den mittleren Muffendruck zugrunde. Wenn der Regler umläuft und die Schwungmassen ausschlagen, hält die Fliehkraft der Schwungmassen dem Muffendruck das Gleichgewicht. Man spürt aber die *Verstellkraft* des Reglers, wenn man die Muffe festhält und die Drehzahl über die zur Muffenlage gehörige Drehzahl steigert oder sie unter diese herabsetzt. Weil sich die Fliehkraft mit dem Quadrate der Geschwindigkeit ändert, so entsteht für je 1% Änderung der Drehzahl nach oben oder unten an der festgehaltenen Muffe eine Verstellkraft P, die $\approx 2\%$ des Muffendruckes ist. (Vgl. Zahlentafel 16.) Ein Unempfindlichkeitsgrad $\varepsilon = 2\%$ bedeutet aber ebenfalls, daß sich die Drehzahl um $\pm 1\%$ ändern muß, damit die Muffe im einen oder anderen Sinne ausschlägt. Es besteht also folgender Zu-

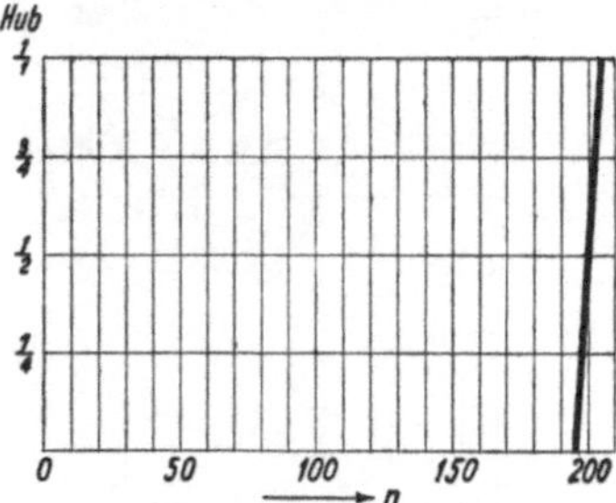

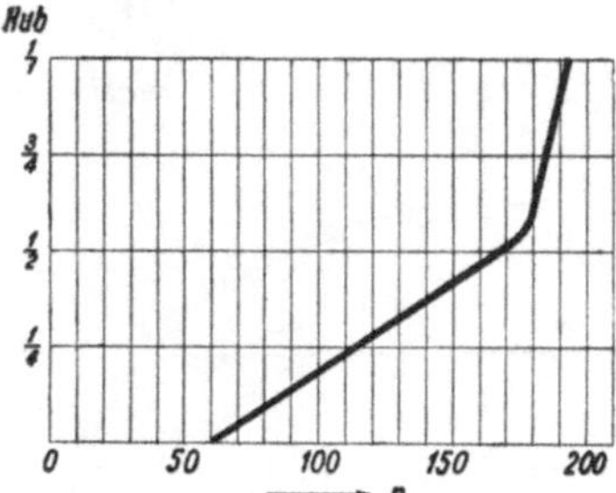

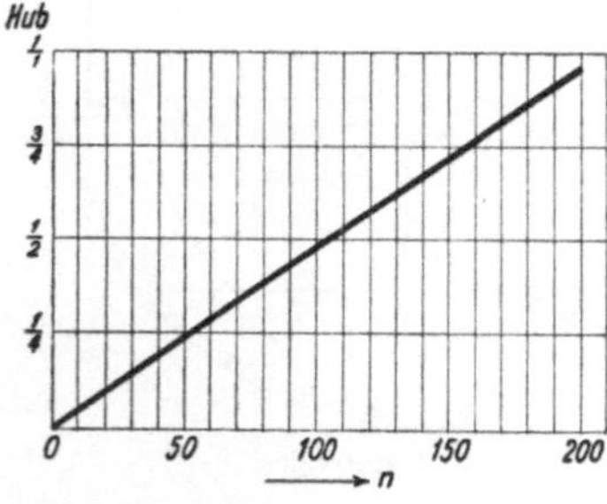

Abb. 110. Hubdrehzahllinien verschiedener Art.

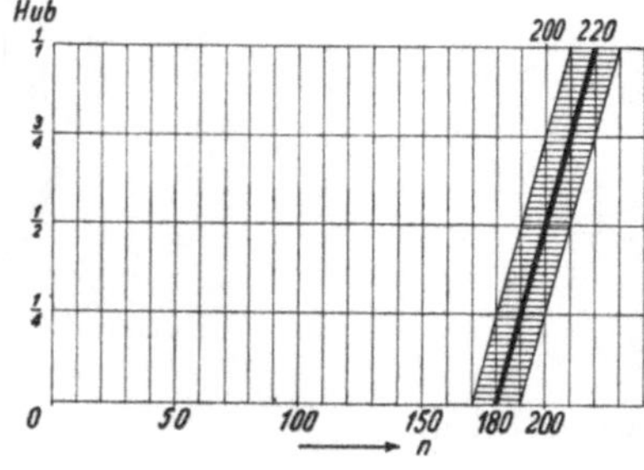

Abb. 111.

Zahlentafel 16.

n	n^2
97	9409
98	9604
99	9801
100	10000
101	10201
102	10404
103	10609

sammenhang zwischen dem Muffendruck E, der Verstellkraft P und dem Unempfindlichkeitsgrad ε:

$$P = \varepsilon E.$$

Je größere Unempfindlichkeit man zuläßt, um so größere Verstellkraft äußert der Regler. In den Listen der Reglerfirmen wird eine Drehzahländerung von $\pm 2\%$, d. h. ein Unempfindlichkeitsgrad von 4% zugrunde gelegt; die angegebene Verstellkraft ist also $\frac{1}{25}$ des mittleren Muffendruckes.

Das Arbeitsvermögen und das Verstellvermögen des Reglers stehen im selben Verhältnis wie der Muffendruck und die Verstellkraft.

$$\text{Arbeitsvermögen} = \text{Muffendruck} \times \text{Hub},$$
$$\text{Verstellvermögen} = \text{Verstellkraft} \times \text{Hub}.$$

Das Arbeitsvermögen oder das Verstellvermögen, das in mmkg angegeben wird, ist ein Maß der Stärke des Reglers. Wünscht man, was meist der Fall ist, einen kleineren Unempfindlichkeitsgrad als den in den Listen der Reglerfirmen für die Berechnung des Verstellvermögens zugrunde gelegten von 4%, so muß man einen entsprechend stärkeren Regler wählen.

78. Mittelbare oder indirekte Regelung. Wo es darauf ankommt, sehr große Verstellkräfte auszuüben oder sehr empfindlich zu regeln, läßt man den Regler nicht unmittelbar auf die Steuerung der Kraftmaschine einwirken, sondern man setzt zwischen Regler und Steuerung einen besonderen *Stellmotor*. Der Regler hat dann nur die leicht bewegliche Steuerung dieses Stellmotors zu verstellen, der seinerseits im gleichen Sinne mit großer Kraft die Steuerung der Maschine verstellt. Als Stellmotor dient vielfach ein in einem Zylinder durch Drucköl bewegter Kolben, dem das Öl über einen vom Regler verstellten Kolbenschieber gesteuert zugeführt wird. Abb. 112 zeigt an einem Beispiel, wie der Regler a auf den Stellmotor b wirkt, dessen Kolben c mit dem Ventil d der Kraftmaschine verbunden ist. Der Reglerhebel ist an einem Ende (A) mit der Reglermuffe, am anderen Ende (B) mit der Kolbenstange des Stellmotors verbunden. Bei unmittelbarer Wirkung hätte der Reglerhebel in P seinen festen Drehpunkt und würde bei hochgehender Muffe (Drehzahlzunahme) das Kraftmaschinenventil mehr schließen und den Dampf drosseln (Verringern der Energiezufuhr). Bei der mittelbaren Regelung hat der in A hochgehende Reglerhebel zunächst seinen Drehpunkt in B und bewegt den mit P verbundenen Steuerschieber e des Stellmotors aufwärts. Dadurch tritt Drucköl über den Kolben c und treibt diesen abwärts, damit den Ventilhub in gleicher Weise wie bei der unmittelbaren Regelung verringernd. In diesem Augenblick wird der hochgerückte Punkt A zum Drehpunkt des Reglerhebels, so daß der bei B vom Kraftkolben abwärts bewegte Hebel mit Punkt P in die Anfangsstellung gelangt und den Steuerschieber e wieder in die Mittellage *zurückführt*, worauf ein neuer Regelvorgang einsetzen kann. Praktisch ist die Bewegung von P sehr klein, so daß P auch bei der mittelbaren Regelung als Drehpunkt des Reglerhebels aufgefaßt werden kann. Man erkennt, daß das vom Stellmotor bewegte Ventil seine Lage genauso in Abhängigkeit von der Muffenstellung ändert wie bei direkter Regelung[1].

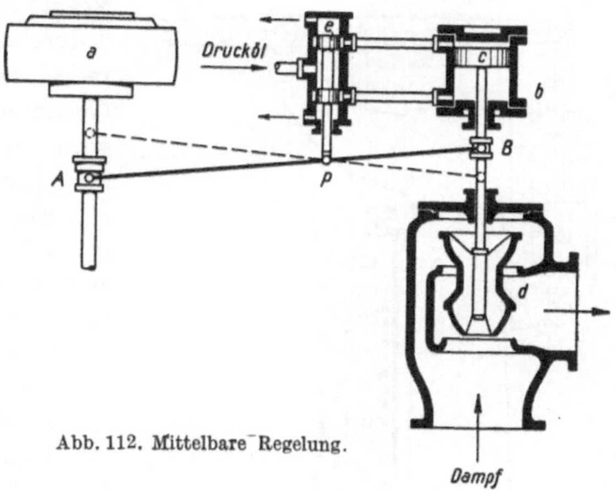

Abb. 112. Mittelbare Regelung.

79. Einstellbarkeit der Regelung auf veränderliche Drehzahl. Häufig liegt das Bedürfnis vor, die Drehzahl einer Kraftmaschine höher oder niedriger einzustellen, z. B. bei den Antriebsmaschinen von Pumpen, Kompressoren, Ventilatoren. Für diese Aufgabe hat man zwei Lösungen. Entweder wird die Reglermuffe zusätzlich mehr oder weniger belastet, wobei der ganze Muffenhub für die Verstellung der Steuerung von voller Energiezufuhr auf Null verfügbar ist, oder man trifft die Anordnung so, daß der Regler von vornherein zwischen der gewünschten niedrigsten und höchsten Umlaufzahl, z. B. zwischen $n = 150\ \mathrm{min}^{-1}$ und $n = 200\ \mathrm{min}^{-1}$ spielt, dabei aber die Steuerung von voller Energiezufuhr auf Null mit einem Bruchteil des Muffenhubes verstellt. Indem man das Verbindungsglied zwischen Reglerhebel und Steuerung verlängert oder verkürzt, kann man den Regler im einen oder anderen Teile seines Regelbereiches wirken lassen.

Die Abb. 113 veranschaulicht, wie man durch eine Federwaage b die Muffe zusätzlich mehr oder weniger belastet. Je stärker man die Muffe belastet, um so höhere Drehzahl stellt man ein; denn um so schneller muß der Regler laufen, damit die Fliehkraft der Schwungmassen dem ver-

[1] Vgl. das in Ziffer 156 über die Dampfsteuerung der Fördermaschine Gesagte. Anstatt daß der Fördermaschinist mit seinem Steuerhebel die Fördermaschinensteuerung unmittelbar verstellt, verstellt er nur den Schieber eines Hilfszylinders. Durch die „Rückführung" des Steuerschiebers wird erreicht, daß die Steuerung der Fördermaschine dem Steuerhebel so folgt, als würde sie direkt von ihm bewegt.

größerten Muffendruck das Gleichgewicht hält. Spannt man also die Feder *b* stärker, steigt die Drehzahl der Kraftmaschine. Der Ölkatarakt *a* in Abb. 113 verhütet Überregeln und dämpft Schwingungen. Dem Vorteil dieser Anordnung, daß der ganze Muffenhub für die Verstellung der Steuerung ausgenützt wird, steht der Nachteil gegenüber, daß an der Reglermuffe, sofern sie nicht auf Kugeln läuft, starke Reibung auftritt und die Empfindlichkeit des Reglers wegen der erhöhten Reibung der Muffe am Laufkeile leidet.

Abb. 114 veranschaulicht an einem Zahlenbeispiele die zu zweit genannte Anordnung, bei der die Regelung ohne zusätzliche Muffenbelastung auf veränderliche Drehzahl einstellbar ist. Zur untersten Muffenlage gehört $n = 370\ \text{min}^{-1}$, zur obersten $n = 430\ \text{min}^{-1}$. Um den mit der Steuerung der Kraftmaschine verbundenen Hebel *a* aus seiner Lage *A* (größte Energiezufuhr) auf kleinste Energiezufuhr umzulegen, werde nur der dritte Teil des Muffenhubes gebraucht. Wenn die Verbindung zwischen Reglerhebel *b* und Steuerungshebel *a* die gezeichnete Länge *IA* hat, wirkt also der Regler zwischen *I* und *II* oder zwischen $n = 370\ \text{min}^{-1}$ und $n = 390\ \text{min}^{-1}$, d. h. mit ungefähr 5% Ungleichförmigkeitsgrad. Verlängert man die Verbindung zwischen *a* und *b* durch Drehen am Handrade (rechtes und linkes Gewinde!), daß sie $= IIA$ wird, so wirkt der Regler zwischen $n = 390\ \text{min}^{-1}$ und $410\ \text{min}^{-1}$, macht man sie $= IIIA$, so wirkt der Regler zwischen $n = 410\ \text{min}^{-1}$ und $n = 430\ \text{min}^{-1}$. Weil in unserem Beispiel nur der dritte Teil des Hubes für die Verstellung der Steuerung ausgenützt ist, muß der Regler selbstverständlich dreimal stärker sein, als wenn man nach dem zuerst betrachteten Verfahren regeln würde. Ferner ist klar, daß man bei einer Regelung nach Abb. 114 nicht mehr an der Muffenlage erkennen kann, ob die Maschine stark oder schwach belastet ist, wohl aber an der Lage des die Steuerung verstellenden Hebels *a*. — Anordnungen der beschriebenen Art findet man bei Reglern für die Antriebsmaschinen von Drehstrommaschinen.

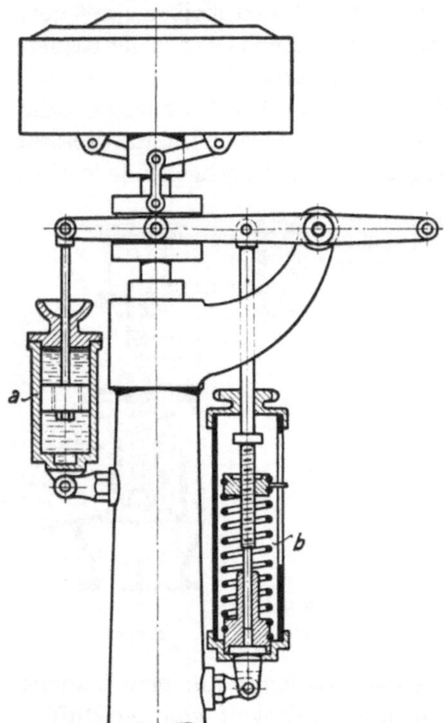

Abb. 113. Regler mit Federwaage und Ölkatarakt.

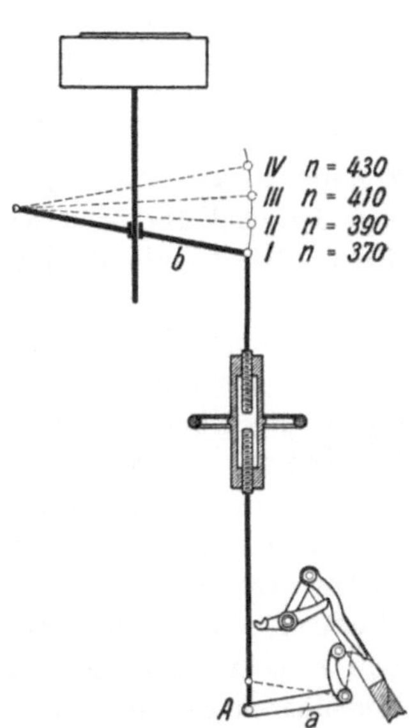

Abb. 114. Regelung mit veränderlicher Drehzahl durch Gestängeverstellung.

80. Leistungsregler. Leistungsregler werden bei den Antriebsmaschinen von Kolbenpumpen und -kompressoren sowie von Ventilatoren angewendet, um deren Fördermenge verschieden groß einzustellen, indem man den Regler der Antriebsmaschine auf verschieden große Drehzahl einstellt. Es handelt sich im Grunde um dieselbe Regelungsaufgabe, die im vorigen Abschnitt betrachtet ist.

Weit verbreitet ist der Leistungsregler von Stumpf, Abb. 115, dessen Wirkung durch Abb. 116 veranschaulicht ist. Dadurch, daß man die Verbindung zwischen dem Reglerhebel und dem die Steuerung der Dampfmaschine verstellenden Hebel mittels des Handrades verlängert oder verkürzt, stellt man verschiedene Drehzahlen ein, wie es im vorhergehenden Abschnitte dargelegt war. Die eingestellte Drehzahl wird aber meist nur unter großen Schwankungen gehalten. Zwar, wenn die antreibende Dampfmaschine Dampf von gleichbleibendem Drucke empfängt, und die Pumpe oder der Kompressor gegen gleichbleibenden Druck zu fördern hat, braucht die Dampfmaschine immer dieselbe Füllung. Trifft aber hoher Dampfdruck mit niedrigem Pumpen-

oder Kompressordruck zusammen, so muß die Füllung erheblich kleiner sein als normal; treffen umgekehrt niedriger Dampfdruck und hoher Pumpen- oder Kompressordruck zusammen, so muß die Füllung erheblich größer sein als normal. Die in Abb. 116 gezeichneten Dampfdiagramme veranschaulichen, in welchem Maße etwa praktisch die einzustellende Füllung der Dampfmaschine schwankt. Braucht nun der Regler, um diese Füllungsänderung einzustellen, den im Bilde schraffiert angedeuteten Hubteil, so ergibt sich aus der Übertragung auf die Hubdrehzahllinie die entsprechende Schwankung der eingestellten Drehzahl. Damit im Notfalle, z. B. bei einem Bruche der Druckleitung der Pumpe oder des Kompressors, die Dampfzufuhr bei mäßiger Er-

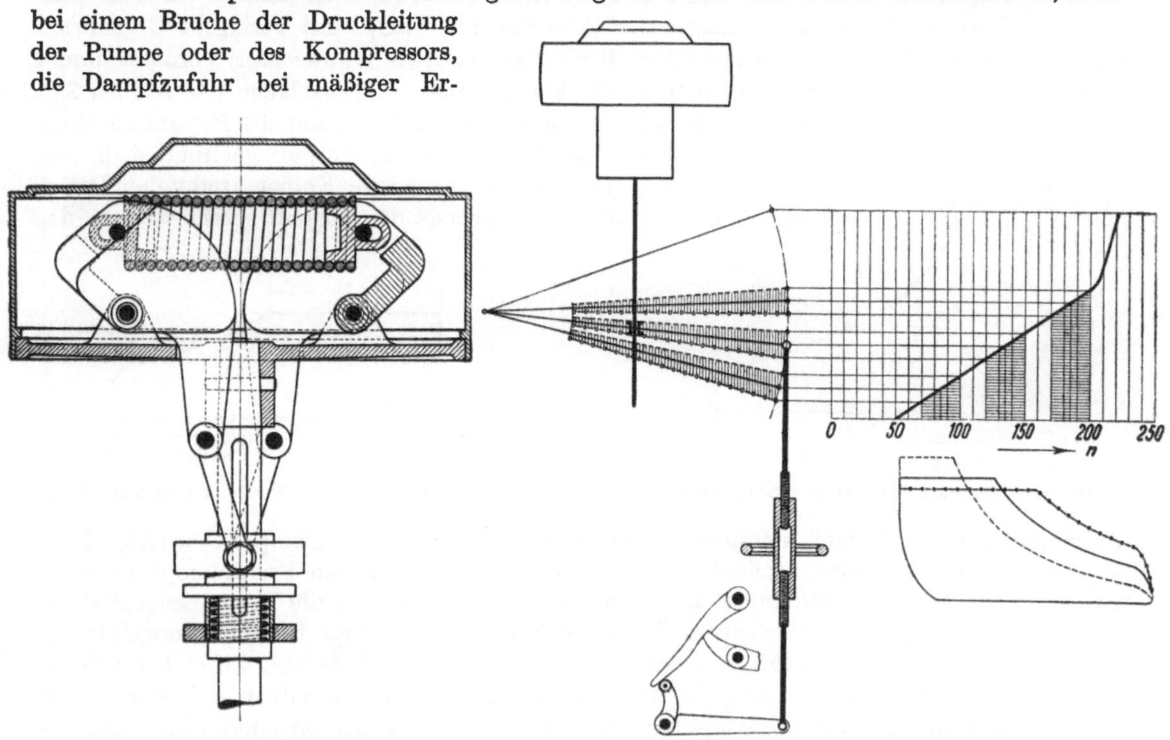

Abb. 115. Leistungsregler von STUMPF.

Abb. 116. Wirkungsweise eines Leistungsreglers.

höhung der Drehzahl abgestellt wird, schließt sich an den unteren stark statischen Hub der nahezu astatische Sicherheitshub. Der Sicherheitshub kann auch statisch sein, wenn der Leistungsregler so stark ist, daß er mit einem kleinen Bruchteile des Muffenhubes die Steuerung von Voll auf Null verstellt. Zugleich hält ein solcher starker Regler die eingestellte Drehzahl annähernd gleichmäßig.

Anstatt den Leistungsregler von Hand auf verschiedene Drehzahlen einzustellen, kann man dies bei einem Luftkompressor einem Kolben übertragen, der unter dem Druck der erzeugten Druckluft steht. Vgl. Ziffer 209.

IX. Die Dampfmaschinen.

81. Überblick. Unter Dampfmaschinen sind Kolbendampfmaschinen verstanden im Gegensatz zu Dampfturbinen. Durch die Einführung der elektrischen Energieübertragung und die Verwendung von Dampfturbinen zum Antriebe der großen Stromerzeuger hat die Dampfmaschine viel von ihrer früheren überragenden Bedeutung verloren. Sie herrscht als Lokomotivmaschine, Fördermaschine, Schiffsmaschine. Die konstruktive Entwicklung der Dampfmaschine ist seit Jahrzehnten abgeschlossen. Auf dem Gebiete der Dampfmaschinensteuerungen ist eine außerordentliche Arbeit geleistet worden, die heute zum Teil vergessen ist. Als Neuerung sind lediglich die schnellaufenden Dampfmaschinen zu nennen. Kleine Dampfmaschinen sind im Bergwerksbetrieb selten geworden, aber ihre grundlegenden Steuerungen findet man an den

Druckluftmotoren wieder, die unter Tage verwendet werden. Für Dynamoantrieb sind Dampfmaschinen bis zu 6000 PS gebaut worden; Kehrwalzenzugmaschinen sind bis zu 20000 PS, Fördermaschinen bis zu 3000 PS und mehr ausgeführt worden.

82. Das Diagramm der Dampfmaschine. Über die Bedeutung der Diagramme von Kolbendampfmaschinen vgl. Ziffer 70, 71 und 84. Abb. 117 zeigt ein Dampfdiagramm. Es folgen aufeinander: Füllung (Einströmung), Expansion, Ausströmung, Kompression. Damit der Dampf schon zu Beginn des Hubes mit vollem Drucke wirkt, öffnet man den Einlaß vor dem Hubwechsel: Voreinströmung (VE). Damit der ausströmende Dampf mit geringem Gegendruck hinausgeschoben wird, öffnet man den Auslaß ebenfalls vor dem Hubwechsel: Vorausströmung (VA). Im betrachteten Diagramm beträgt die Füllung 25%, d. h. nachdem der Kolben 25% des Hubes zurückgelegt hat, wird die Einströmung abgesperrt, worauf die Expansion (Exp) beginnt. 8% vor dem Hubende wird der Auspuff geöffnet, d. h. man hat 8% Vorausströmung. Der rückgehende Kolben treibt den Dampf hinaus; doch wird 20% vor Hubende der Auspuff geschlossen, so daß der eingeschlossene Dampf komprimiert wird. Man hat also 20% Kompression (Ko). Etwa 1% vor Hubwechsel wird schließlich der Zylinder wieder für den Frischdampf geöffnet, d. h. man hat 1% Voreinströmung. Die Expansionslinie sowohl wie die Kompressionslinie ist als gleichseitige Hyperbel gezeichnet. Für gesättigten Wasserdampf trifft das ungefähr zu, während diese Linien bei überhitztem Dampf steiler verlaufen (vgl. darüber Ziffer 11). Ein Zusammenhang mit dem Mariotteschen Gesetze, das für Dämpfe nicht anwendbar ist, besteht selbstverständlich nicht. Bei der Konstruktion und bei der Prüfung der Expansionslinie und der Kompressionslinie ist der *schädliche Raum*[1] des Dampfzylinders zu berücksichtigen, dessen Inhalt mitarbeitet. Um die Hyperbeln zu zeichnen, rechnet man am einfachsten einzelne Punkte ein. Während Abb. 117 das Diagramm einer Auspuffmaschine ist, ist Abb. 118 das Diagramm eines Niederdruckzylinders mit Kondensation. Weil bei der Kondensationsmaschine niedrig gespannter Dampf verdichtet wird, läßt man die Kompression früh beginnen, um ausreichende Kompression zu erhalten. Der Konstrukteur zeichnet das Diagramm, um die Gestaltung und Wirkung der Steuerung sowie die zu erwartende Leistung der Maschine beurteilen zu können. Der im Betriebe befindlichen Dampfmaschine wird das Diagramm mit Hilfe des Indikators (vgl. Ziffer 70) entnommen, um ihre Arbeitsweise zu prüfen und ihre indizierte Leistung zu bestimmen (vgl. Ziffer 71).

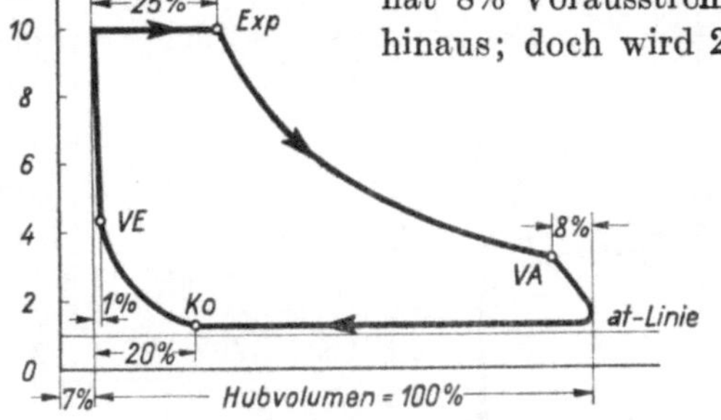

Abb. 117. Diagramm einer Auspuffdampfmaschine.

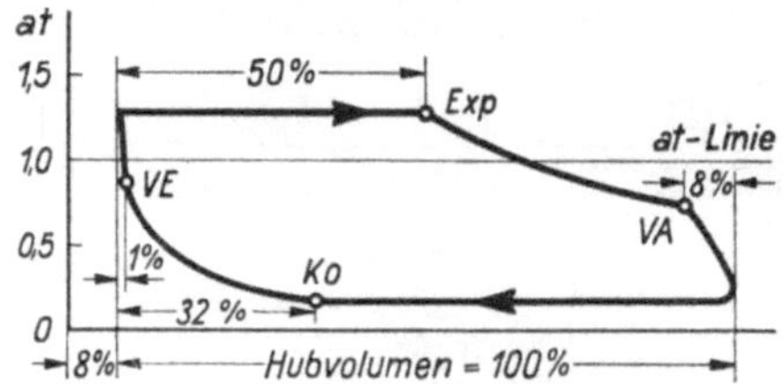

Abb. 118. Diagramm einer Kondensationsdampfmaschine.

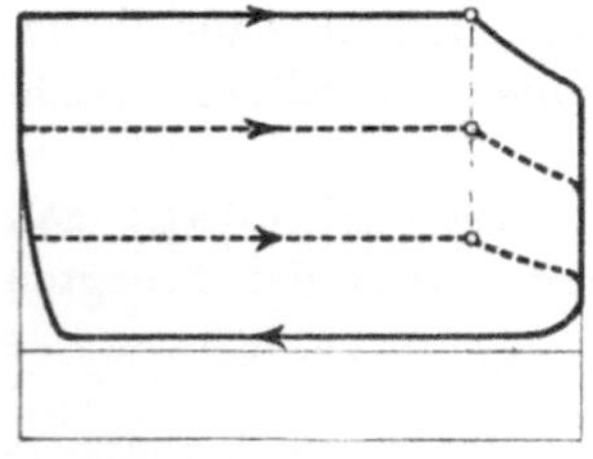

Abb. 119. Drosselregelung.

83. Drosselregelung. Füllungsregelung. Soll die Maschine mehr leisten, braucht sie mehr Dampf; sinkt ihre Belastung, so ist die Dampfzufuhr zu vermindern. Bei der *Drosselregelung*, Abb. 119, wird in die Steuerung nicht eingegriffen, so daß die Dampfverteilung, insbesondere die Füllung, ungeändert bleibt. Bei abnehmender Belastung wird aber der Dampfdruck durch Drosseln herabgesetzt, so daß die Maschine dünneren Dampf empfängt und trotz gleichbleibender Füllung weniger Dampfgewicht aufnimmt. Die Drosselregelung ist einfach, aber unwirtschaftlich, weil die Expansionsfähigkeit des Dampfes nicht ausgenützt wird, und der volle Dampfdruck nur bei höchster Leistung angewendet wird. An Hand des *is*-Diagramms (vgl. Ziffer 14) kann man bequem beurteilen, was im einzelnen Falle das Drosseln wirtschaftlich be-

[1] Vgl. Ziffer 69.

deutet. Ohne weiteres erkennt man, daß Drosseln beim Auspuffbetrieb ungünstiger ist als beim Kondensationsbetrieb.

Im Gegensatz zur Drosselregelung wird bei der *Füllungsregelung*, Abb. 120, in die Steuerung eingegriffen. Je kleiner die Belastung der Dampfmaschine wird, um so kleinere Füllung wird eingestellt, um so besser wird die Expansionsfähigkeit des Dampfes ausgenutzt. Bei der Füllungsregelung ist zwar die Steuerung nicht so einfach wie bei der Drosselregelung, aber die Maschine arbeitet wirtschaftlicher. Man bemißt die Maschine so, daß sie bei normaler Leistung mäßige Füllung hat und den Dampf gut ausnützt. Dann ist sie imstande, eine beträchtliche Überlastung zu ertragen, indem die Füllung vergrößert wird, ohne daß die Kräfte im Triebwerk zunehmen. Denselben Unterschied: Drosselregelung und Füllungsregelung werden wir bei der Dampfturbine und den Druckluftmotoren wiederfinden. Bei den Verbunddampfmaschinen wird im allgemeinen nur die Füllung des Hochdruckzylinders geregelt; nur in besonderen Fällen, wie bei den allerdings seltenen Verbundfördermaschinen, wird sowohl die Hochdruck- wie die Niederdruckfüllung geändert.

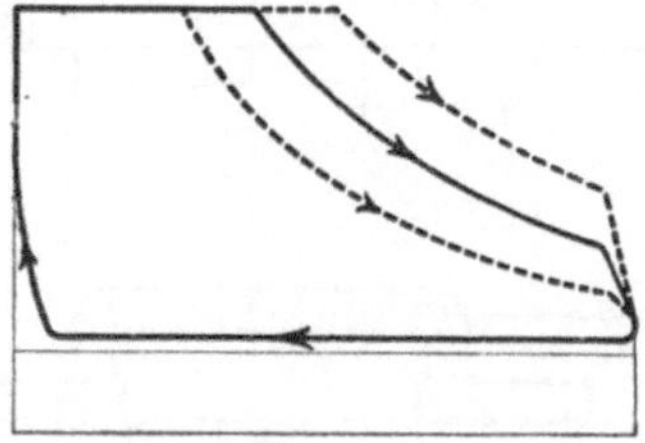

Abb. 120. Füllungsregelung.

84. Die einfache Schiebersteuerung. Das Wesen der Dampfmaschinensteuerungen sei an der einfachsten Steuerung, der *Muschelschiebersteuerung*, erläutert. Abb. 121 zeigt einen aufgeschnittenen Zylinder mit Muschelschiebersteuerung. Der Frischdampf tritt in den den Schieber umschließenden Schieberkasten; der Abdampf strömt durch die Muschel des Schiebers zum Aus-

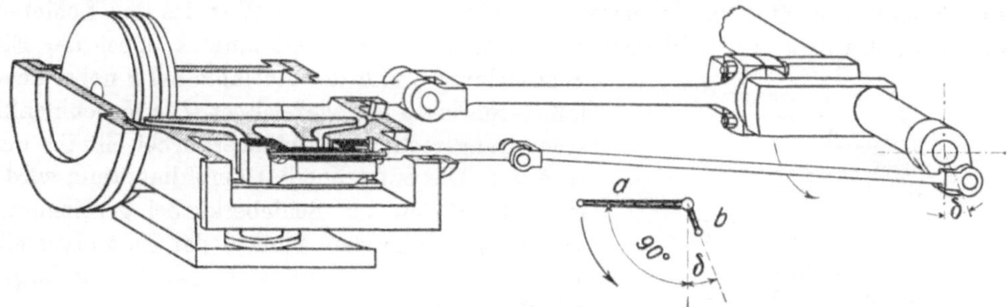

Abb. 121. Muschelschiebersteuerung.

puff. Die beiden äußeren Kanten der Schieberlappen steuern den Eintritt des Dampfes auf der einen und auf der anderen Zylinderseite, die inneren den Austritt. An Stelle der dargestellten „äußeren" Einströmung wird auch „innere" Einströmung angewendet: vorläufig sei aber immer äußere Einströmung zugrunde gelegt. Wenn der Schieber keine „Überdeckungen" hat, d. h. wenn die Schieberlappen ebenso lang sind, wie die Kanäle breit sind, dann muß beim Hubbeginn des Kolbens der Schieber genau in seiner Mittellage stehen; geht dann der Kolben nach rechts, muß der Schieber ebenfalls nach rechts ausschlagen und die Kanäle öffnen, den einen für den Eintritt, den andern für den Auspuff des Dampfes. Wenn dann der Kolben über die Hubmitte hinaus ist, muß der Schieber wieder in seine Mittellage zurückgehen und die Kanäle schließen. Beim Rückgange des Kolbens muß der Schieber in derselben Weise nach links ausschlagen. Man sieht ein, daß bei der Dampfmaschine die den Schieber antreibende Kurbel der Maschinenkurbel *voreilen* muß, und zwar bei dem Schieber ohne Überdeckungen um 90°.

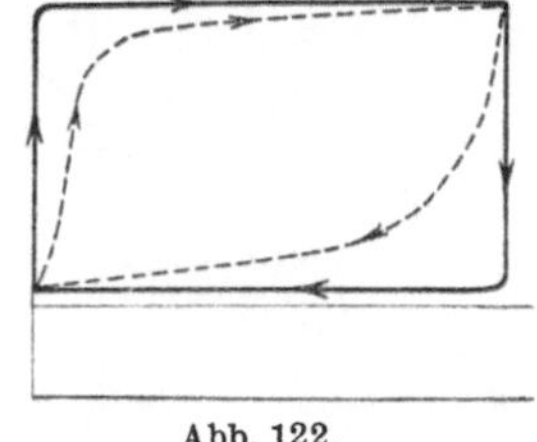

Abb. 122.

Die mit einem Schieber ohne Überdeckungen erzeugte Dampfverteilung ist gekennzeichnet durch volle Füllung sowie durch fehlende Voreinströmung, Vorausströmung und Kompression. Bei sehr langsamem Gange der Maschine hätte das Diagramm die Form eines Rechteckes. Bei der betriebsmäßigen Geschwindigkeit wird aber, wie es Abb. 122 zeigt, das Diagramm verzerrt, weil der Dampf im Hubwechsel nur gedrosselt in den Zylinder hinein und heraus kann. Steuerungen dieser Art sind schlecht. Man hatte sie im Bergbau als Wechselschiebersteuerungen bei Drucklufthaspeln. Um Voreinströmung, Expansion, Vorausströmung und Kompression zu erhalten, muß der Schieber mit *Überdeckungen* ausgeführt werden. Die Schieberlappen müssen länger sein als die Kanäle breit sind, um so länger, je kleiner die Füllung sein soll. Man unterscheidet Einlaßüberdeckungen (e) und Auslaßüberdeckungen (a). Der Schieber ist, vgl. Abb. 123, aus seiner Mittellage um e zu verschieben, damit er beginnt, den Einlaß zu öffnen, und um a, damit er beginnt, den Auslaß zu öffnen. In Abb. 124 oben ist ein Schieberlappen in der Stellung gezeichnet, die er bei der Mittellage des Schiebers hat. Es ist die Schieberlappenlänge l = Einlaßüberdeckung e + Kanalbreite k + Auslaßüberdeckung a. Darunter ist der Schieberlappen in der Stellung gezeichnet, die er zu Beginn des Kolbenhubes haben muß, nämlich so, daß der Einströmkanal schon etwas geöffnet ist, d. h. daß Voreinströmung vorhanden ist. In der Abb. 124 unten ist schließlich der Schieberlappen in der Stellung gezeichnet, die er am Ende des Kolbenhubes oder zu Beginn des Rückhubes einnehmen muß, nämlich so, daß der Auslaß weit geöffnet ist. Bei einem Schieber mit Überdeckungen muß die Schieberkurbel der Maschinenkurbel um mehr als 90° voreilen. Der 90° übersteigende Winkel heißt kurz *Voreilwinkel* und wird mit δ bezeichnet. Je größer die Überdeckungen im Verhältnis zur Kanalbreite sind, um so größer muß δ sein.

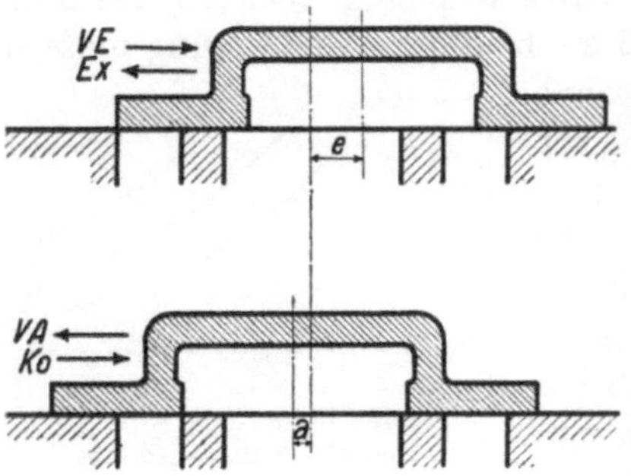

Abb. 123.

Um die Wirkung des Schiebers genauer zu verfolgen, dient das in der Abb. 124 enthaltene Schieberdiagramm von MÜLLER. In diesem bedeutet der Kreis den Weg des den Schieber antreibenden Kurbelzapfens. Im Schieberkurbelkreise sind der Einlaßkanal k nebst der Einlaßüberdeckung e und der Auslaßkanal k nebst der Auslaßüberdeckung a eingezeichnet. Die Maschinenkurbel steht waagerecht; die Schieberkurbel eilt ihr um 90° + δ vor. Das entstehende Dampfdiagramm wird über einer Parallelen zur Schieberkurbel gezeichnet. Die vier kennzeichnenden Punkte der Dampfverteilung: VE, Ex, VA und Ko findet man in der dargestellten Weise durch Projizieren.

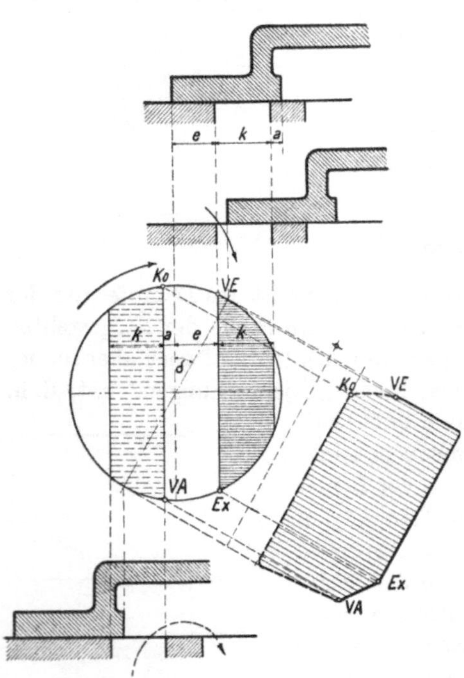

Abb. 124. Schieberdiagramm von MÜLLER.

Bei der *Schieberellipse*, Abb. 125, sind die dem MÜLLERschen Schieberdiagramm entnommenen Schieberausschläge über der Kolbenweglinie aufgetragen. Die Schieberüberdeckungen sind als Parallelen zur Kolbenweglinie im entsprechenden Abstande eingetragen. Aus der Schieberellipse ist zu entnehmen, wie der Schieber öffnet und schließt.

Während mittels des in Abb. 124 dargestellten Schieberdiagramms die sich für eine vorhandene Steuerung ergebende Dampfverteilung bestimmt wird, dient umgekehrt das in Abb. 126 dargestellte Schieberdiagramm dazu, für ein gegebenes Dampfdiagramm die entsprechende Steuerung festzulegen. Da man die lineare Voreilung meist 1% macht und der Beginn der Expansion gegeben ist, liegt also die Linie $VE-Ex$ fest und damit der Voreilwinkel δ sowie die Einlaßüberdeckung e. Die Auslaßüberdeckung ist nach der erforderlichen Vorausströmung zu wählen; damit ist zugleich die Kompression festgelegt. (Je größer übrigens die Expansion, um so größer auch der Voreilwinkel, um so größer auch die Kompression.) Um die Abmessungen der Steuerungen festzulegen, hat man aus der anzunehmenden Dampfgeschwindigkeit den Kanalquerschnitt, und nach der anzunehmenden Höhe des Kanals die Kanalbreite k zu bestimmen. Die gezeichnete Kanalbreite verglichen mit der wirklichen bedeutet den Maßstab der Zeichnung, wodurch die übrigen Größen: Schieberhub, Auslaß- und Einlaßüberdeckung bestimmt sind. Je schneller also die

Maschine läuft, um so breiter müssen die Kanäle werden, um so größer fällt die Steuerung aus. Die dargestellten Schieberdiagramme gelten übrigens genau nur für unendliche Schieber- und Pleuelstangenlänge. Für endliche Stangenlängen ist eine Korrektur erforderlich.

Aus dem dargelegten Zusammenhange erkennt man zweierlei: 1. solange der Antrieb des Schiebers ungeändert bleibt, bleibt auch die Dampfverteilung ungeändert, 2. um mit der dargestellten einfachen Schiebersteuerung kleine Füllungen zu erzielen, braucht man großen Voreilwinkel, sehr große Schieberüberdeckungen und sehr große Schieberhübe. Es gibt aber ein einfaches Mittel, mit der einfachen Schiebersteuerung sowohl von großer Füllung herab auf kleine zu regeln, wie mit kleinen Überdeckungen kleine Füllungen zu erzielen. Abb. 127 veranschaulicht das. Wenn man die ganze Kanalbreite k ausnützt, sind die dargestellten Überdeckungen klein, und man bekommt große Füllung, wobei der Voreilwinkel δ klein sein muß. Wenn man aber den Schieberantrieb ändert, so daß δ vergrößert und der Schieberhub verkleinert wird, derart, daß der Kanal nicht mehr ganz, sondern nur das kleine Stück k_1 geöffnet wird, dann sind dieselben Schieberüberdeckungen im Verhältnis zur geringen Kanaleröffnung k_1 groß und man erhält kleinere Füllungen. Darauf beruhen die im folgenden besprochenen Kulissensteuerungen und die später bei den Ventilsteuerungen besprochenen Steuerungen, bei denen das antreibende Exzenter in seiner Voreilung durch einen Achsenregler verstellt wird.

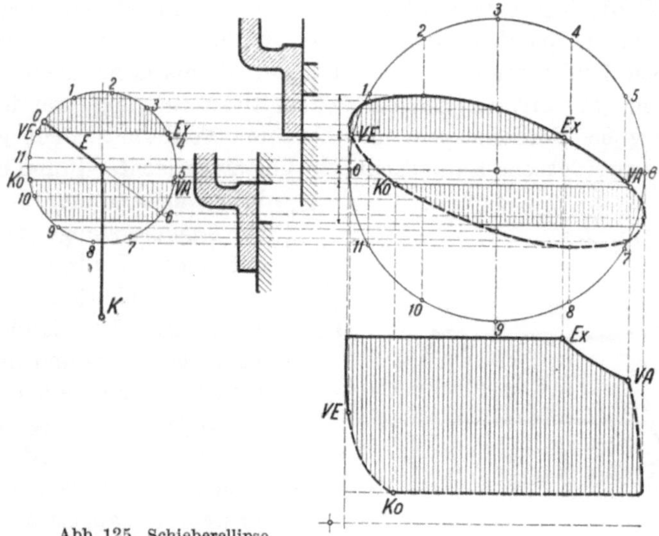

Abb. 125. Schieberellipse.

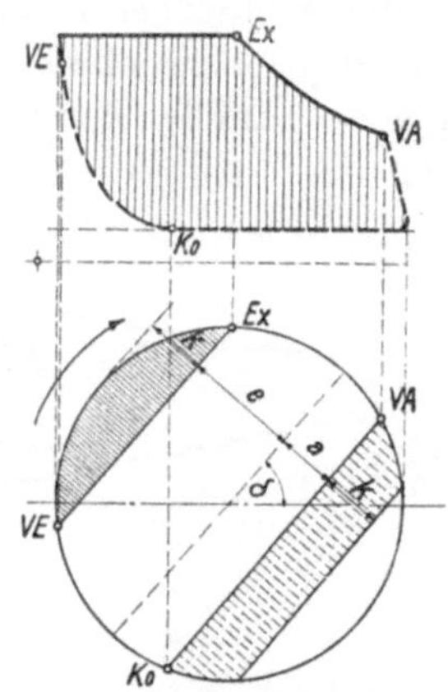

Abb. 126. Schieberdiagramm.

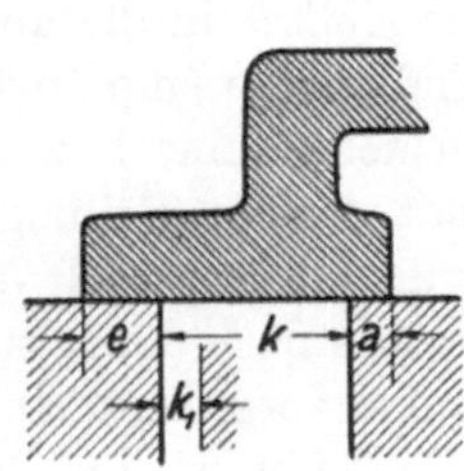

Abb. 127.

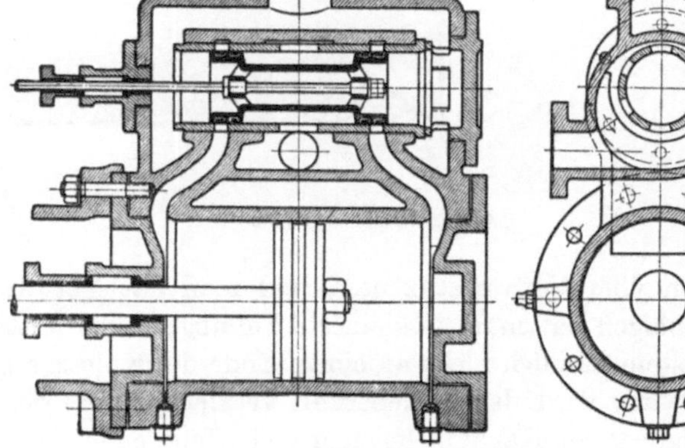
Abb. 128. Kolbenschiebersteuerung.

Die dargestellte *Flachschieber*steuerung ist einfach und hält dicht, da der Schieber durch den Dampfdruck gegen den Schieberspiegel gepreßt wird. Aus demselben Grunde ist aber auch die Schieberreibung groß. Die beste *Entlastung* erhält man, wenn man an Stelle des Flachschiebers einen *Kolbenschieber* verwendet, an dem sich die Drücke gegenseitig aufheben. Man kann sich den Kolbenschieber als einen zylindrisch zusammengerollten Flachschieber vorstellen, der somit die gleichen Steuerkanten und Überdeckungen aufweist. Die Abb. 128 zeigt eine Kolbenschiebersteuerung. Der Kolbenschieber läuft in einer durchbrochenen Schieberbüchse, deren Durchbrechungen zu den Kanälen des Dampfzylinders führen. Der Kolbenschieber steuert genau wie der Flachschieber; es ist aber zu berücksichtigen, daß sich beim Kolbenschieber ein erheblich größerer schädlicher Raum ergibt als beim Flachschieber.

85. Kulissensteuerungen. Bei den Kulissensteuerungen handelt es sich um zwei Aufgaben: Einmal soll mittels einfachen Schiebers die Füllung zwischen Null und nahezu voller Füllung eingestellt werden, und zweitens soll die Maschine umgesteuert werden. Kulissensteuerungen werden angewendet bei Lokomotiven, Kehrwalzenzugmaschinen, Fördermaschinen, Förderhaspeln usw. Die älteste und einfachste Kulissensteuerung ist die in der schematischen Abb. 129 dargestellte Stephensonsche Steuerung, die ursprünglich für Lokomotiven bestimmt war und im Bergbau ausgedehnte Anwendung bei Förderhaspeln und kleineren Fördermaschinen gefunden hat. Auf der Kurbelwelle sind zwei Exzenter aufgekeilt: ein Vorwärtsexzenter *V* und ein Rückwärtsexzenter *R*. Die Exzenterstangen sind mit einer Kulisse oder einem Schleifbogen *a* verbunden. Die Kulisse macht eine hin- und hergehende und zugleich schwingende Bewegung. Von der Kulisse wird der Schieber *b* mittels Kulissensteines *c* angetrieben. Hat der Kulissenstein die gezeichnete Lage, so empfängt der Schieber seine Bewegung hauptsächlich vom Rückwärtsexzenter, und man hat Rückwärtsfahrt mit größter Füllung. Hebt der Maschinist, indem er den Steuerhebel aus der Rückwärtslage in die Vorwärtslage legt, die Kulisse in die andere Endlage, so empfängt der Schieber seine Bewegung hauptsächlich vom Vorwärtsexzenter, und man hat Vorwärtsfahrt mit größter Füllung. In den Zwischenlagen hat man verkleinerte Füllung; in der Mittellage ist die Füllung Null. Wenn der Kulissenstein nämlich nicht an einem Ende der Kulisse angreift, sondern nach der Mitte zu verschoben wird, wird der Schieberhub verkleinert und der Voreilwinkel vergrößert. Indem dann der Schieber den Kanal nicht mehr voll öffnet, erzielt man, wie es in Ziffer 84 und durch Abb. 127 dargelegt war, mit ungeändertem Schieber kleinere Füllung. Wegen der konstruktiven Ausbildung der Stephensonschen Steuerung vgl. die Ziffern 235 und 258.

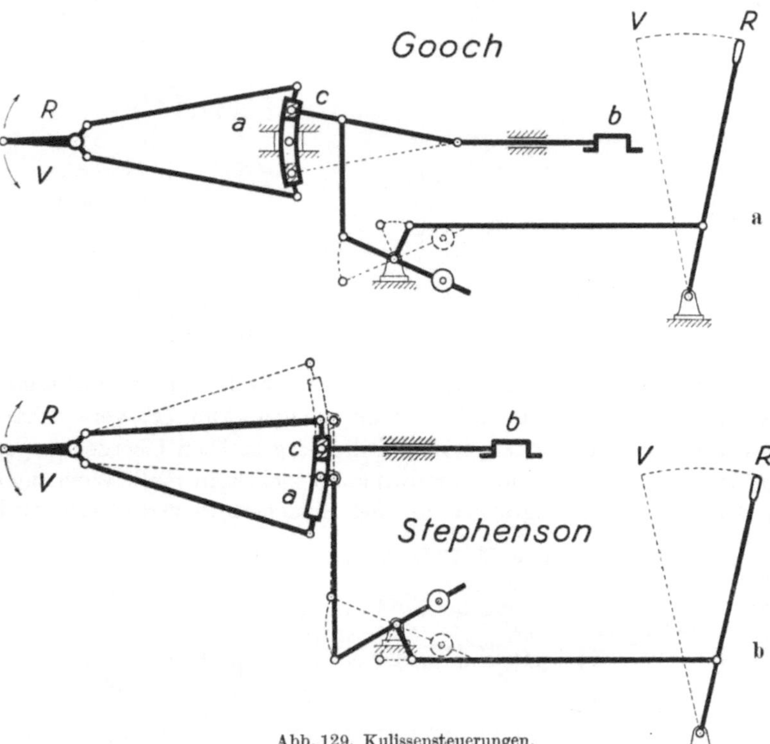

Abb. 129. Kulissensteuerungen.

Der Stephensonschen Steuerung ähnlich ist die ebenfalls in Abb. 129 schematisch dargestellte Kulissensteuerung von Gooch, die bei großen Fördermaschinen angewendet wurde. Bei der Goochschen Steuerung braucht nämlich der Fördermaschinist nicht die schwere Kulisse zu heben und zu senken, sondern nur den Kulissenstein nebst Stange, während die Kulisse durch eine Geradführung oder eine Hänge- oder Stützstange in gleicher Höhe geführt wird. Es ist zu beachten, daß bei der Steuerung von Gooch die Kulisse entgegengesetzt gekrümmt ist wie bei der Steuerung von Stephenson.

Bei Lokomotiven ist die Heusinger-Steuerung außerordentlich verbreitet. Die in der Abb. 130 dargestellte Steuerung gehört zu der in Ziffer 261 beschriebenen Druckluftlokomotive von *Borsig*.

Bei der HEUSINGER-Steuerung schwingt die Kulisse a um eine feste Drehachse und wird durch eine Gegenkurbel b angetrieben, die der Hauptkurbel um 90° nacheilt. Die Bewegung des Kulissensteines wird durch die Stange c auf den Drehpunkt der Schwinge d übertragen, deren

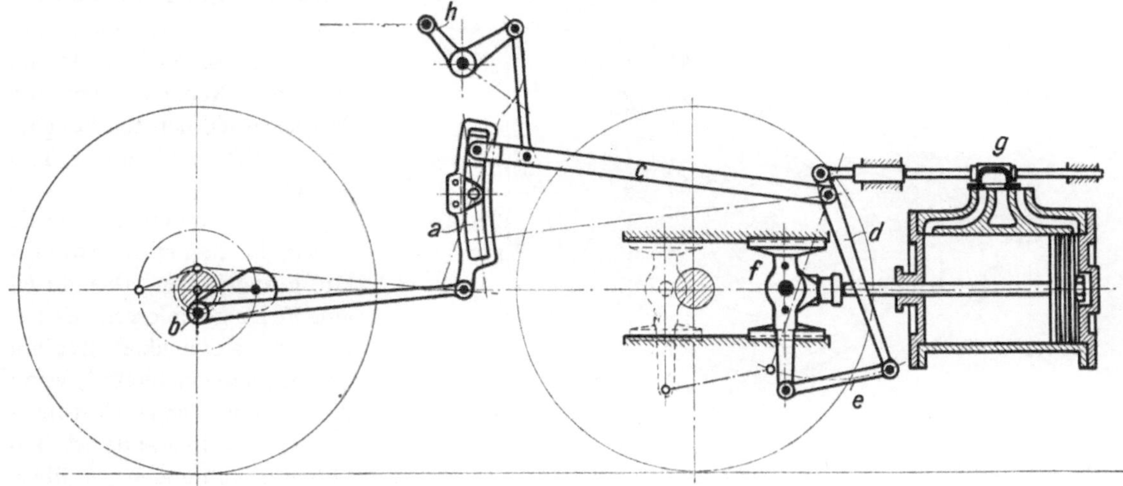

Abb. 130. HEUSINGER-Steuerung einer Druckluftlokomotive.

langer unterer Arm mittels Lenkers e vom Kreuzkopf angetrieben wird, während der kürzere obere Arm den Schieber g bewegt. Um umzusteuern, ist die Stange c nebst dem Kulissenstein nach der entgegengesetzten Kulissenseite zu legen.

Statt einen Schieber anzutreiben, kann man, wie das bei der Fördermaschine ausgeführt wird, durch die Kulissensteuerung vier Ventile bewegen. Die vier Ventile entsprechen den vier steuernden Kanten des Schiebers.

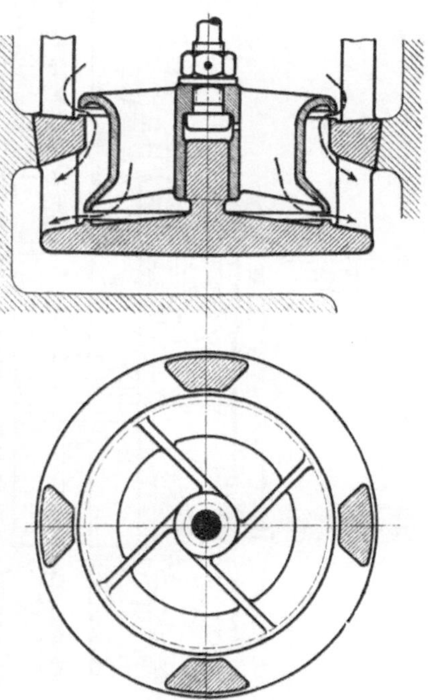

Abb. 131. Rohrventil.

86. Ventilsteuerungen. Die größeren liegenden Dampfmaschinen werden in der Regel mit Ventilsteuerung ausgerüstet. Die Dampfmaschinenventile werden immer als entlastete Doppelsitzventile ausgeführt. Meist werden sogenannte *Rohrventile* verwendet, Abb. 131. Der Dampfdruck über dem Ventil ist meist erheblich höher als der Dampfdruck unter dem Ventil, so daß große Kräfte erforderlich wären, ein nicht entlastetes Ventil anzuheben. Bei den dargestellten Doppelsitzventilen wirkt der auf dem Ventile lastende Überdruck unausgeglichen nur auf die beiden schmalen Sitzflächen, so daß eine weitgehende Entlastung erreicht ist, und die Ventile durch verhältnismäßig kleine Kräfte anzuheben sind. Weil die Doppelsitzventile dem durchströmenden Dampfe zwei Durchflußspalte öffnen, brauchen sie nur halb so großen Hub wie einsitzige Ventile. In der Regel werden die Einlaßventile oben, die Auslaßventile unten angeordnet. Abb. 132 veranschaulicht einen Heißdampfzylinder mit Ventilsteuerung in der Ausführung der Hannoverschen Maschinenbau A.G. vorm. Egestorff (Hanomag). Im Gegensatz zur Schiebersteuerung haben bei der normalen Ventilsteuerung eintretender und austretender Dampf getrennte Wege. Das ist für die Dampfersparnis wichtig, denn so wird vermieden, daß durch die Kanalwandung der eintretende Dampf gekühlt, der austretende geheizt wird.

Bei liegenden Maschinen werden die Ventile mittels Exzenter oder unrunder Scheiben von einer neben dem Zylinder liegenden Steuerwelle bewegt, die von der Kurbelwelle durch Kegelräder angetrieben wird. Bei Fördermaschinen treten an Stelle der unrunden Scheiben sogenannte Knaggen, die nicht nur in radialer, sondern auch in axialer Richtung profiliert sind. Daß man bei Fördermaschinen die Ventile auch durch eine Kulissensteuerung bewegt und dabei dieselbe Wirkung bekommt wie bei einer Kulissenschiebersteuerung, war schon in Ziffer 85 erwähnt. Näheres über die Fördermaschinensteuerungen ist den Ziffern 155 und 156 zu entnehmen.

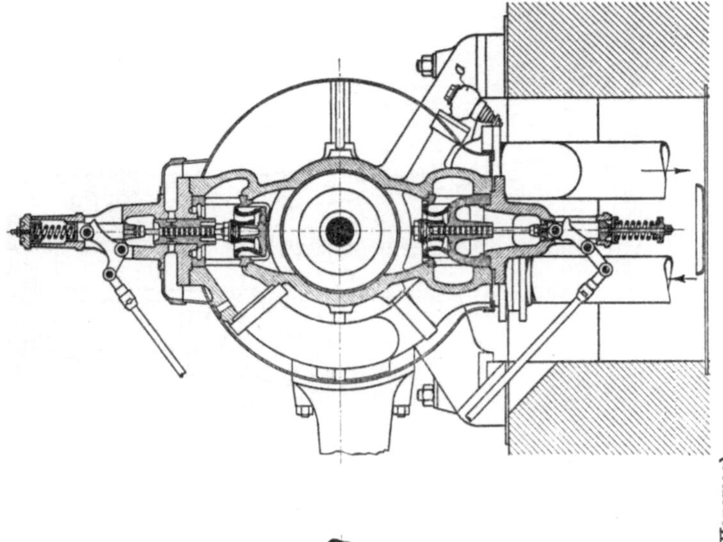

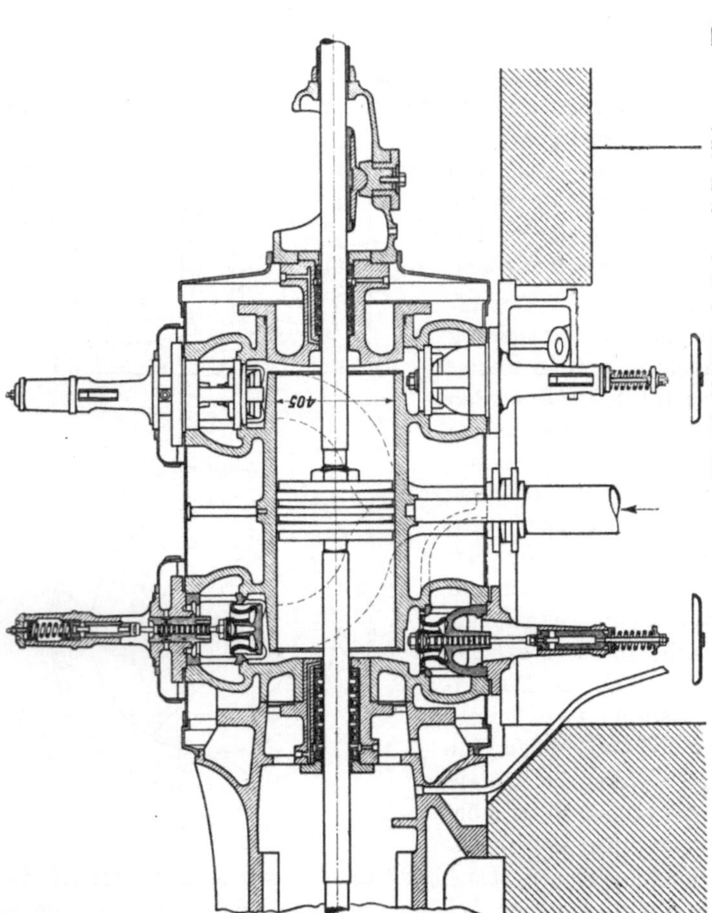

Abb. 132. Heißdampfzylinder mit Ventilsteuerung (Hanomag).

Immer werden die Ventile durch die Steuerung zwangsläufig angehoben, aber durch eine Feder geschlossen. Es besteht die Möglichkeit, daß ein Ventil „hängen bleibt“, wenn die Kraft der Ventilbelastungsfeder nicht imstande ist, zufällige Hemmungen zu überwinden, die z. B. infolge übermäßiger Reibung in der Stopfbüchse der Ventilstange auftreten können. Die Auslaßventile bleiben bei der Schließbewegung immer im Zusammenhange mit der Steuerung, so daß sie nicht schneller geschlossen werden können, als der Steuerbewegung entspricht. Dasselbe gilt für die Einlaßventile der sogenannten *zwangläufigen* Ventilsteuerungen. Bei den Einlaßventilen der sogenannten *auslösenden* oder *ausklinkenden* Ventilsteuerungen wird aber, um die Einströmung zu beenden, die Verbindung zwischen Steuerung und Einlaßventil gelöst oder ausgeklinkt, worauf das Einlaßventil durch seine Feder ungehemmt von der Steuerung auf seinen Sitz getrieben wird. Damit das Einlaßventil nicht zu hart aufschlägt, sind *Puffer* nötig (vgl. Abb. 133).

Der Regler der Dampfmaschine wirkt nur auf die Einlaßventile, und zwar bei zwangläufigen Steuerungen, indem er Gelenkpunkte der Steuerung verstellt, und bei auslösenden, indem er das auslösende Glied der Steuerung verstellt. Die im folgenden dargestellten Steuerungen veranschaulichen das.

Bei den Heißdampfzylindern der Hanomag, Abb. 132, ist die LENTZ-Steuerung angewendet, die zu den zwangläufigen Ventilsteuerungen gehört. Die Ventile werden durch Schwingdaumen angehoben und bleiben während der Schließbewegung bis zum Aufsitzen mit den Schwingdaumen in Verbindung. Die Schwingdaumen der Einlaßventile machen aber nicht immer dieselbe Bewegung, sondern ihr Antrieb wird durch einen auf der Steuerwelle sitzenden Achsen-

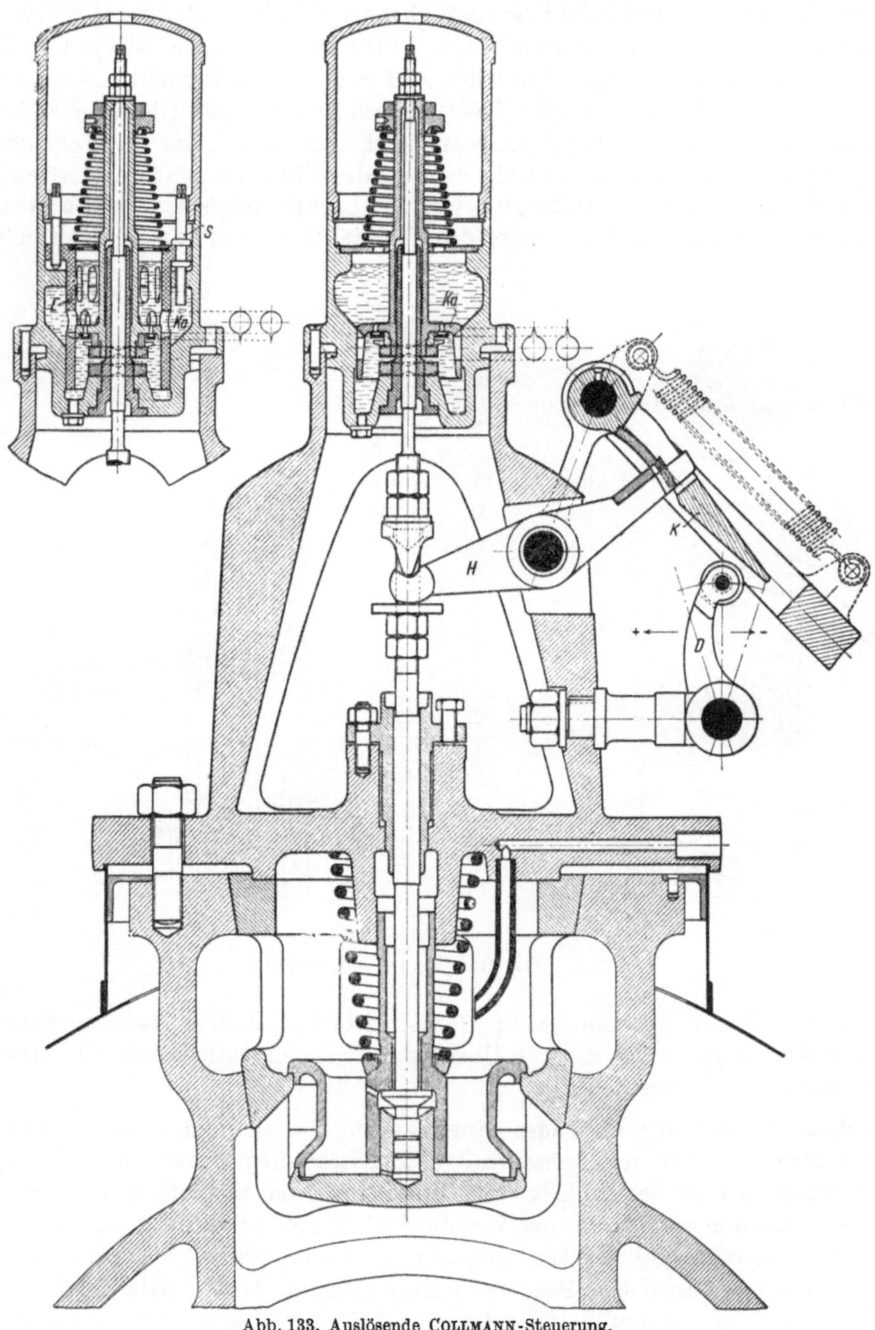

Abb. 133. Auslösende COLLMANN-Steuerung.

regler beeinflußt, derart, daß bei Entlastung der Dampfmaschine der Ausschlag der Schwingdaumen verkleinert, die Voreilung vergrößert wird[1]. Auch die später zu besprechenden Knaggensteuerungen der Fördermaschinen sind in dem Sinne zwangläufig, daß die Schlußbewegung aller Ventile durch die Form der Knagge bestimmt ist. Als Beispiel einer auslösenden Ventilsteuerung ist in Abb. 133 die auslösende COLLMANN-Steuerung wiedergegeben. Der Ventilhebel *H*

[1] Vgl. Ziffer 84.

wird durch die Klinke K mitgenommen und das Einlaßventil wird so lange angehoben, bis die Klinke K durch den Daumen D abgestreift wird. Das geschieht früher oder später, je nachdem, wie der Regler der Dampfmaschine den Daumen D einstellt. Damit das Einlaßventil nicht hängen bleiben kann, faßt der rechte Arm des Ventilhebels H in den Schlitz der Klinke K, so daß das Ventil von der Steuerung zwangläufig niedergetrieben wird, falls die Belastungsfedern des Ventils nicht ausreichen. Um das Einlaßventil beim Aufsetzen abzufangen, ist ein Ölpuffer angeordnet. Wenn das Einlaßventil angehoben wird, wird es durch den Ölpuffer nicht gehemmt, da das Öl durch ein sich öffnendes ringförmiges Rückschlagventil und Überströmschlitze überströmt. Wenn das Einlaßventil aber geschlossen wird, schließt sich das Rückschlagventil und das Öl kann nur durch die sich immer mehr verengenden Überströmschlitze übertreten, so daß der Aufschlag des Ventiles stark gedämpft wird. Die Überströmschlitze sind so geformt, daß immer der Raum über und der Raum unter dem Kataraktkolben miteinander verbunden sind.

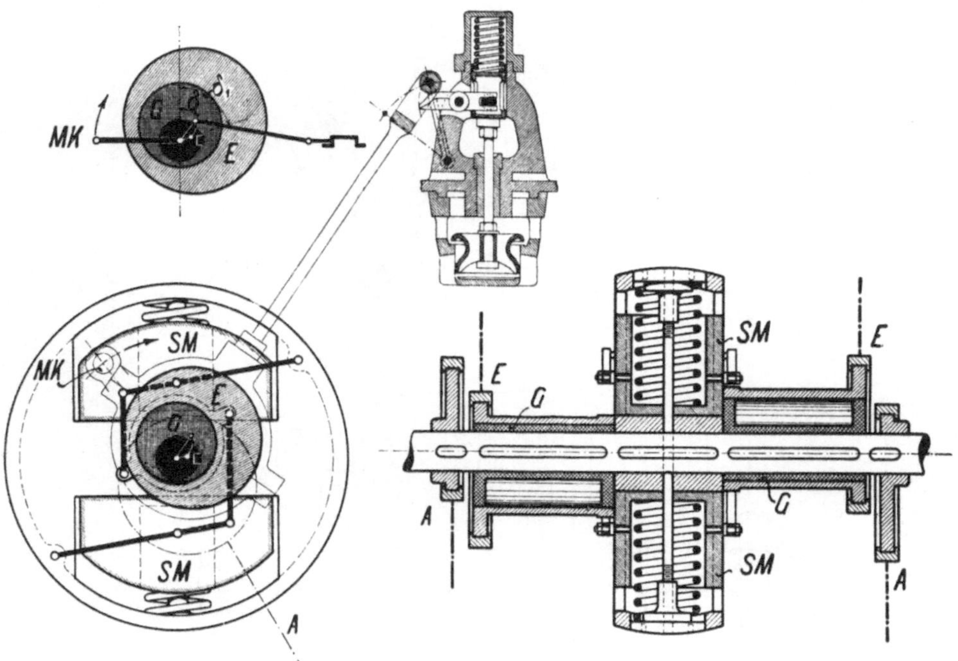

Abb. 134. Ventilsteuerung mit Achsenregler.

Der über dem Einlaßventil gezeichnete Ölpuffer ist nicht nachstellbar; bei dem links daneben gezeichneten Puffer dagegen ist der die Überströmöffnungen enthaltende Einsatzzylinder E mittels der Schrauben S verstellbar.

87. Mit einem Achsenregler verbundene Steuerungen. Man verbindet sowohl Schiebersteuerungen wie Ventilsteuerungen mit Achsenreglern. Der Achsenregler wirkt unmittelbar auf den Antrieb des Schiebers oder des Einlaßventils derart, daß, um die Füllung zu verringern, der Schieber- oder Ventilhub verkleinert, der Voreilwinkel vergrößert wird. Es kann hier nicht auf die verschiedenen Anordnungen der Achsenregler eingegangen werden, sondern es kann nur das Wesen der Achsenregler an einem Beispiele veranschaulicht werden (Abb. 134). Die Auslaßexzenter A sind auf der Steuerwelle festgekeilt, so daß die Auslaßventile immer in derselben Weise bewegt werden. Die Einlaßexzenter E dagegen sind auf den auf der Steuerwelle verkeilten Exzentern G drehbar. Wenn die Schwungmassen SM des Achsenreglers ausschlagen, verdrehen sie die Einlaßexzenter E über den festen Exzentern G, so daß, wie die Abbildung lehrt, der Hub der Exzenterstange kleiner wird, der Voreilwinkel aber von δ bis auf δ_1 zunimmt. In der Abbildung ist sowohl die Verbindung des Achsenreglers mit einer Schiebersteuerung wie mit einer Ventilsteuerung angedeutet. Die in Abb. 132 dargestellte Ventilsteuerung ist ebenfalls mit einem Achsenregler verbunden.

88. Steuerungen mit Auspuffschlitzen. Gleichstromdampfmaschinen. Man kann gemäß Abb. 135 die Auslaßventile durch Auspuffschlitze in der Zylinderwandung ersetzen, die durch den Kolben gesteuert werden. Dann wird aber der Kolben und mit ihm der Zylinder außergewöhnlich lang; denn es muß die Kolbenlänge l gleich der Hublänge s sein, vermindert um die Schlitzbreite b. Ist die Schlitzbreite = 10% des Kolbenhubes, so wird die Vorausströmung 10%, die Ausströmung beträgt ebenfalls 10%, und die Kompression beträgt 90%, ist also sehr groß. Damit die Kompressionsendspannung den Anfangsdruck des Dampfes nicht übersteigt, muß die Kompressionsanfangsspannung gering sein; die dargestellte Schlitzsteuerung für den Auslaß kommt also in der Regel nur bei Einzylindermaschinen mit Kondensation in Betracht. Gegen zufällige, gefährlich hohe Kompressionsdrücke muß man sich durch Sicherheitsventile schützen. Bei Auspuffbetrieb sind schädliche Räume von beträchtlicher Größe zuzuschalten. Weil der Dampf den Zylinder in gleichbleibender Richtung durchströmt, nennt man diese Maschinen *Gleichstrom*-Dampfmaschinen. Im Vergleich hiermit kann man die Maschinen, deren Abdampf beim Auspuffhub den Zylinder in entgegengesetzter Richtung wie beim Arbeitshub durchströmt, als Wechselstromdampfmaschinen bezeichnen. Der Vorteil des Gleichstromverfahrens ist darin zu sehen, daß der abgekühlte Abdampf nicht mehr die Zylinderteile berührt und abkühlt, an denen der eintretende Frischdampf vorbeiströmt. Dadurch wird eine vorzeitige Abkühlung des Frischdampfes vermieden und ein verringerter Dampfverbrauch als beim Wechselstromverfahren erreicht. Z. B. ist die einzylindrige Gleichstromdampfmaschine im Dampfverbrauch der normalen Verbundmaschine als ebenbürtig zu erachten[1].

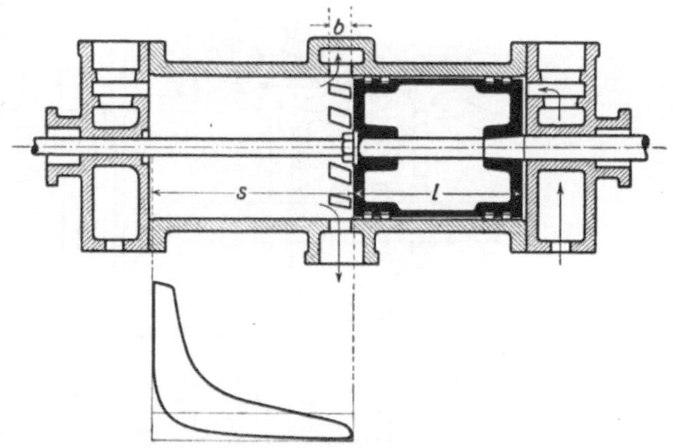

Abb. 135. Steuerung mit Auspuffschlitzen. Gleichstromdampfmaschine.

Um die übermäßig große Kompression zu vermeiden sowie normale Kolbenbreite und normale Zylinderlänge zu erhalten, steuert man den Auspuffschlitz durch ein Ventil, wobei man etwa 60% Kompression erhält. Die Kompression wird noch weiter durch die in Abb. 136 dargestellte Anordnung vermindert, bei der zwei Auspuffschlitzreihen vorhanden sind, die beide durch Ventile gesteuert werden. Wenn der Kolben beim Expansionshub die erste Schlitzreihe überläuft, ist das zugehörige Auslaßventil noch geschlossen; es wird erst geöffnet, wenn der Kolben die zweite Schlitzreihe überläuft, deren Auslaßventil noch geöffnet ist.

89. Fehlerhafte Dampfverteilung. In der Abb. 137 sind Diagramme enthalten, die Beispiele fehlerhafter Dampfverteilung darstellen. Diagramm *a* zeigt, daß das Einlaßventil zu spät geöffnet hat, Diagramm *b*, daß die Voreinströmung zu groß gewesen ist. Diagramm *c* läßt verspäteten Auslaß erkennen, Diagramm *d* zu große Vorausströmung. Diagramm *e* zeigt zu hohe Kompression. Beim Diagramm *f* ist die Füllung zu klein, so daß die Expansion bis zum Vorauslaß bereits die atmosphärische Linie unterschreitet. Die Diagramme *g* zeigen ungleiche Füllung und damit ungleiche Belastung auf beiden Zylinderseiten. Im Diagramm *h* deutet die obere Expansionslinie auf Undichtheit des Einlaßventiles, die untere auf Undichtheit des Auslaßventils, des Kolbens oder der Stopfbüchse. Die in Abb. 137 gezeigten Fehler dürfen nicht mit den Fehlern der Indikatordiagramme in Abb. 138 verwechselt werden. Hier handelt es sich nicht um Fehler durch falsche Einstellung der Steuerung oder durch Undichtheit, sondern es sind reine *Indizierfehler*. Bei Diagramm *a* ist die Indikatorfeder zu schwach gewesen, so daß der Indikatorkolben oben angestoßen hat. Die im Verhältnis zum Betriebsdruck zu niedrig liegende „Füllungslinie" verläuft genau waagerecht, ist beim Übergang in die Expansionslinie scharf

[1] Vgl. Anmerkung zu Zahlentafel 17 S. 140.

begrenzt und überläuft die Kompressionslinie bis zum Hubende. Beim Diagramm *b* hat die Schreibtrommel infolge falscher Einstellung angestoßen, ehe der Hub beendet war. Der Fehler ist leicht zu erkennen und von der zu frühen Voreinströmung in Abb. 137, *b* zu unterscheiden, weil die „Kompressionslinie“ mit scharfem Knick senkrecht nach oben abbiegt und scharf rechtwinklig in die Füllungslinie übergeht.

90. Verbunddampfmaschinen. Wie in Ziffer 68 allgemein besprochen, ist es zweckmäßig, hochgespannten Dampf stufenweise auszunützen, indem man den Dampf erst in einem kleinen Hochdruckzylinder, dann in einem mehrfach größeren Niederdruckzylinder arbeiten läßt. Weil der Hochdruckzylinder nicht jeweilig so viel Dampf ausstößt, wie der Niederdruckzylinder entnimmt, wird zwischen Hochdruck- und Niederdruckzylinder ein sogenannter Aufnehmer geschaltet.

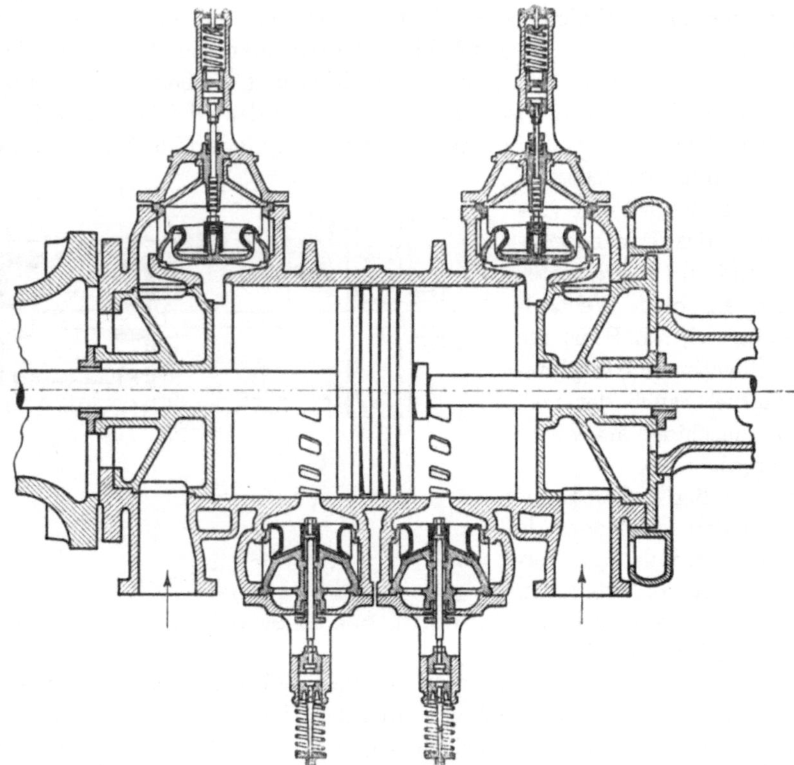

Abb. 136. Gleichstromdampfmaschine mit zwei durch Ventile gesteuerten Auslaßschlitzen.

Hochdruckzylinder und Niederdruckzylinder haben ihre eigene Steuerung. Bei Verbundmaschinen, die immer im selben Sinne umlaufen, die z. B. Dynamos, Kompressoren, Ventilatoren antreiben, hat der Niederdruckzylinder gleichbleibende Füllung; der Regler verstellt nur die Füllung des Hochdruckzylinders. Bei den umsteuerbaren Verbundfördermaschinen wird sowohl am Hochdruck- wie am Niederdruckzylinder die Füllung verstellt. Hier sollen nur die in *einem* Sinne umlaufenden Verbunddampfmaschinen zugrunde gelegt werden. Wegen Verbundfördermaschinen sei auf Ziffer 154 verwiesen.

Gegen die Einzylindermaschine hat die Verbundmaschine den Vorteil, daß sich Temperatur- und Druckgefälle auf zwei Zylinder verteilen, so daß die Abkühlungs- und die Lässigkeitsverluste kleiner werden. Ferner ist vorteilhaft, daß der hohe Druck nur im kleinen Zylinder wirkt, während im großen nur der niedrige Druck wirkt, so daß das Triebwerk kleinere Kräfte empfängt. Für den Vergleich mit der Einzylindermaschine ist der Begriff „reduzierte Füllung“ wichtig. Unter „reduzierter Füllung“ versteht man bei einer Verbundmaschine die auf den Niederdruckzylinder bezogene Füllung des Hochdruckzylinders. Beträgt die wirkliche Hochdruckfüllung z. B. 18% und ist der Hubraum des Niederdruckzylinders 3 mal größer als der des Hochdruckzylinders, so ist die reduzierte Füllung = 6%. Eine Verbundmaschine ist annähernd so stark wie eine Einzylindermaschine, deren Zylinder so groß ist wie der Niederdruckzylinder der Verbundmaschine und dessen Füllung gleich der reduzierten Füllung der Verbundmaschine ist.

Wenn man eine Verbunddampfmaschine indiziert, kann man die Diagramme nicht ohne weiteres miteinander vergleichen; denn für die Diagramme gelten verschiedene Federmaßstäbe, und der Hochdruckzylinder hat viel kleineren Querschnitt als der Niederdruckzylinder. Man kann aber die Diagramme auf gleichen Federmaßstab umzeichnen, ferner das Niederdruckdiagramm in demselben Verhältnis auseinanderziehen, wie das Volumen des Niederdruckzylinders größer als das des Hochdruckzylinders ist. Dann sind Hochdruck- und Niederdruckdiagramm unmittelbar miteinander vergleichbar, ebenso mit dem Diagramme einer Einzylindermaschine, deren Zylinder gleich dem Niederdruckzylinder der Verbundmaschine ist. Abb. 139 veranschaulicht das.

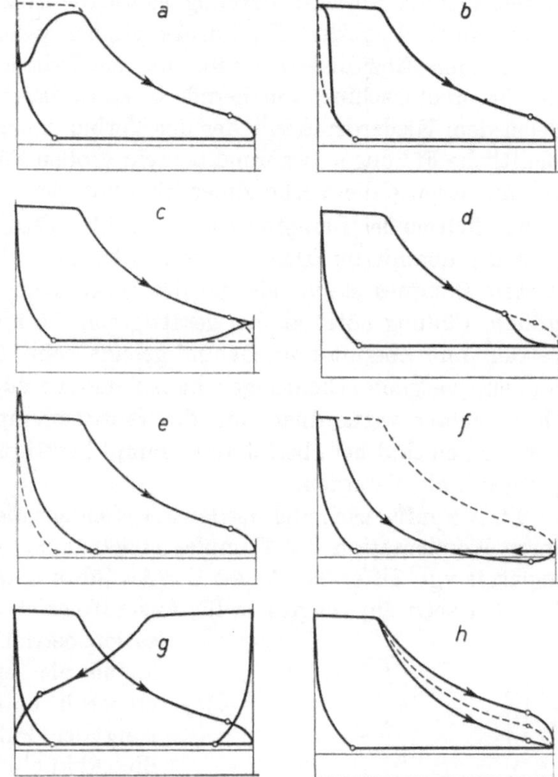

Abb. 137a—h. Fehlerhafte Dampfverteilung im Indikatordiagramm.

Die Größe des Aufnehmerdruckes hängt davon ab, wie groß die Füllung im Hochdruckzylinder ist und wie groß sie im Niederdruckzylinder ist. Sind beide Füllungen gleich, so wird sich der (absolute) Aufnehmerdruck zum (absoluten) Anfangsdruck im Hochdruckzylinder etwa wie das Volumen des Hochdruckzylinders zu dem des Niederdruckzylinders verhalten. Weil der Regler aber nur auf die Einlaßsteuerung des Hochdruckzylinders wirkt, wird die Hochdruckfüllung je nach der Belastung sehr verschieden von der Niederdruckfüllung sein, und der Aufnehmerdruck wird entsprechend schwanken. Abb. 140 veranschaulicht das. Wenn die Hochdruckfüllung abnimmt, fällt der Aufnehmerdruck, wenn die Hochdruckfüllung zunimmt, steigt der Aufnehmerdruck. Die Belastungsschwankungen werden also fast allein vom Niederdruck-

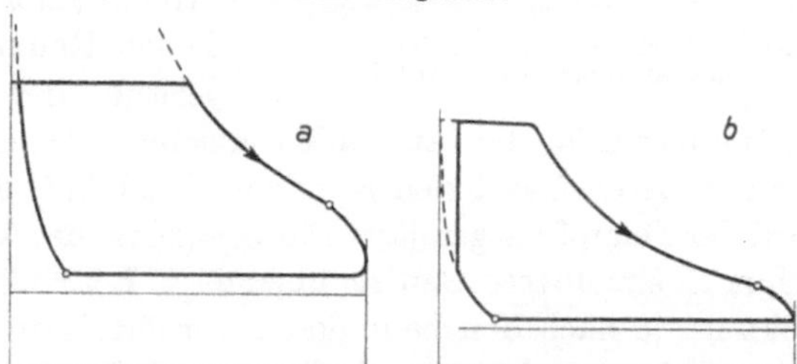

Abb. 138a u. b. Fehlerhafte Indikatordiagramme.

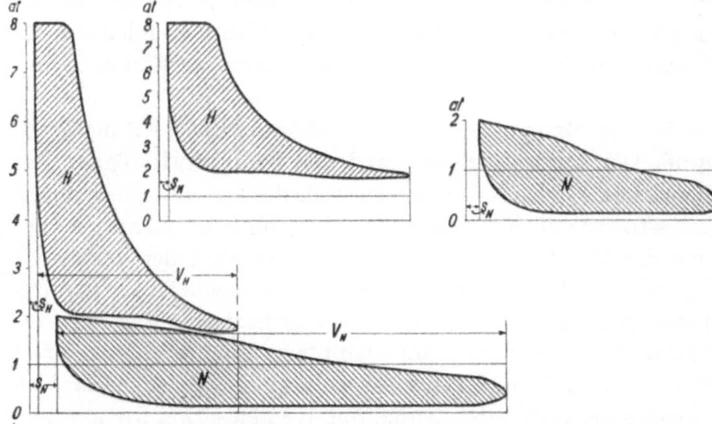

Abb. 139. Diagramme einer Verbunddampfmaschine, vergleichbar umgezeichnet.

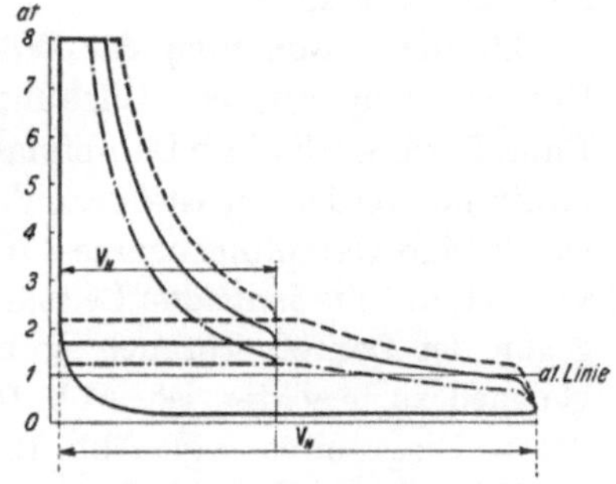

Abb. 140. Verhalten einer Verbunddampfmaschine bei veränderlicher Belastung.

zylinder getragen. In diesem Zusammenhange ist ferner klar, daß die Verbundmaschine bei weitem nicht so überlastungsfähig ist wie die Einzylindermaschine. Denn wenn man beim Zylinderverhältnis 1 : 3 dem Hochdruckzylinder volle Füllung gibt, so bedeutet das bei der entsprechenden Einzylindermaschine nur ein Drittel Füllung. Im vorhergehenden war gesagt, daß die Verbundmaschine annähernd so stark ist wie eine Einzylindermaschine, deren Zylinder gleich dem Niederdruckzylinder der Verbundmaschine ist. Das gilt also nur für normale, wirtschaftliche Füllungen, während bei sehr großen Füllungen die Einzylindermaschine etwa doppelt so stark ist wie die Verbundmaschine mit gleich großem Niederdruckzylinder.

91. Betrieb der Dampfmaschine mit überhitztem Dampf. Wegen der wirtschaftlichen Bedeutung des überhitzten Dampfes vgl. Ziffer 11 und Ziffer 93. Weil die Expansionslinie des überhitzten Dampfes steiler als die des gesättigten Dampfes abfällt, ist bei überhitztem Dampf größere Füllung nötig als bei gesättigtem, die aber weniger wiegt. Die Maschine muß für den Betrieb mit überhitztem Dampf gebaut sein, muß den stärkeren Wärmedehnungen folgen können, geeignete Dichtungen haben und vorzüglich geschmiert werden. Es ist zweckmäßig, Thermometer anzuordnen, um die Eintrittstemperatur des Dampfes zu überwachen. Ventilsteuerungen sind bei überhitztem Dampf bewährt; ebenso Kolbenschiebersteuerungen, wenn sie gut geschmiert werden.

92. Auspuffbetrieb und Betrieb mit Kondensation. Wegen der Dampfersparnis, die theoretisch durch Kondensation des Dampfes erzielbar ist, vgl. Ziffer 14, wegen der praktischen Dampfersparnis vgl. Ziffer 93. Wegen der Ausführung der Kondensationsanlagen siehe Abschnitt XI. Abb. 141 zeigt ein Diagramm für Auspuffbetrieb und, gestrichelt, ein gleich großes für Kondensationsbetrieb. Beim letzteren ist die Füllung erheblich kleiner als beim Auspuffdiagramm; die tatsächliche Dampfersparnis entspricht aber bei weitem nicht der Verringerung der Füllung. Denn beim Kondensationsbetrieb sind die Abkühlungsverluste im Zylinder wegen des großen Temperaturgefälles größer; ferner ist wegen der niedrigen Kompressionsendspannung mehr Dampf nötig, den schädlichen Raum aufzufüllen, und schließlich ist die Antriebsleistung der Kondensation zu decken.

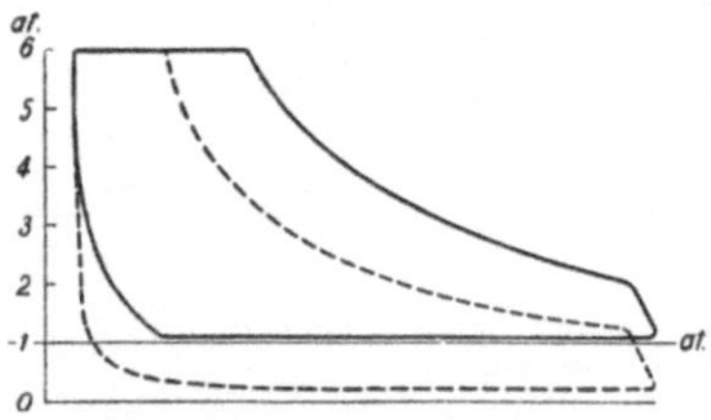

Abb. 141. Auspuff- und Kondensationsdiagramm für gleiche Leistung.

Immerhin ist die tatsächlich erzielbare Dampfersparnis in der Regel so groß, daß sich bei allen größeren Maschinen Kondensation lohnt. Je höheres Vakuum man erzeugt, um so besser wird der Dampf ausgenützt. Die Grenze ist da, wo die Zunahme der Anlage- und Betriebskosten den noch erzielbaren Gewinn übersteigt. Bei Kolbenmaschinen liegt das wirtschaftlich günstigste Vakuum je nach den besonderen Verhältnissen zwischen 80 und 90%. Dampfturbinen nützen hohes Vakuum viel vorteilhafter aus als Kolbenmaschinen; deshalb ist es häufig zweckmäßig, die Kolbenmaschinen, anstatt sie an eine Kondensation anzuschließen, mit einer Dampfturbine zu verbinden, die den Abdampf der Kolbenmaschine verarbeitet. Vgl. Ziffer 98.

Wo Kolbenmaschinen abwechselnd mit Auspuff und mit Kondensation betrieben werden, ist es angebracht, die Auslaßsteuerung so einzurichten, daß sie den Auslaß beim Kondensationsbetrieb viel früher als beim Auspuffbetrieb schließt, um genügend hohe Kompressionsendspannung zu bekommen.

93. Die Ausnutzung der Wärme in der Dampfmaschine. Der thermische Wirkungsgrad. Der thermodynamische Wirkungsgrad. Der Gesamtwirkungsgrad der Dampfkraftanlage. Der Dampfverbrauch einer Dampfmaschine kann nicht aus der Füllungslinie des Indikatordiagramms bestimmt werden; er ist durch Versuche festzustellen, wobei die Messung des Kondensats genauer ist als eine Dampfmengenmessung vor der Maschine. Bei *Dampfmaschinen* wird der Verbrauch vielfach auf die *indizierte* Leistung bezogen und mit D_i bezeichnet. Bei *Dampfturbinen* wird dagegen der Dampfverbrauch D_e auf die *effektive* Leistung an der Welle bezogen, was bei Vergleichen zu beachten ist. Abb. 142 zeigt die Arbeitsweise der Dampfmaschine in Ausschnitten des *is*-Diagramms (vgl. Abb. 19, Ziffer 14), und zwar links für eine einstufig wirkende Auspuffmaschine und rechts für eine zweistufige Verbundmaschine mit Kondensation für gleichen Anfangszustand des Dampfes (12 ata, 300° C). Eine verlustlose, mit vollkommener Expansion arbeitende Maschine würde das adiabatische Wärmegefälle $(i_1 - i_2)$ kcal/kg von A bis B ausnutzen und für eine PSh mit dem Wärmewert 632 kcal die Dampfmenge $632 : (i_1 - i_2)$ kg brauchen. In der wirklichen Maschine gibt es Verluste verschiedener Art, z. B. durch Wärmeabfuhr an die Zylinderwände und Kanäle, durch unvollkommene Entspannung, durch Wirbelung und durch Undichtheit, so daß weniger Energie an den Kolben abgegeben wird und die Maschine zwischen den Punkten A und C arbeitet und nur das Gefälle $(i_1 - i_2')$ ausnutzt, welches um den Verlust $(i_2' - i_2)$ kleiner ist als das adiabatische Gefälle. Für die indizierte Leistung wird demnach in Wirklichkeit die Dampfmenge $D_i = 632 : (i_1 - i_2')$ kg/PSh gebraucht, für deren Erzeugung aus Speisewasser von t_w° C mit dem Wärmeinhalt i_w kcal/kg theoretisch die Wärmemenge $Q_i = D_i\,(i_1 - i_w)$ kcal/PSh nötig ist. Q_i ist damit also der Wärmeverbrauch für eine indizierte PSh. Das Verhältnis des theoretischen Wärmewertes für eine PSh zu diesem wirklichen Wärmeverbrauch ist der *indizierte thermische Wirkungsgrad* der Dampfmaschine:

$$\eta_{th_i} = \frac{632}{Q_i}$$

der

$$\eta_{th_i} = \frac{632}{D_i\,(i_1 - i_w)} = \frac{i_1 - i_2'}{i_1 - i_w}.$$

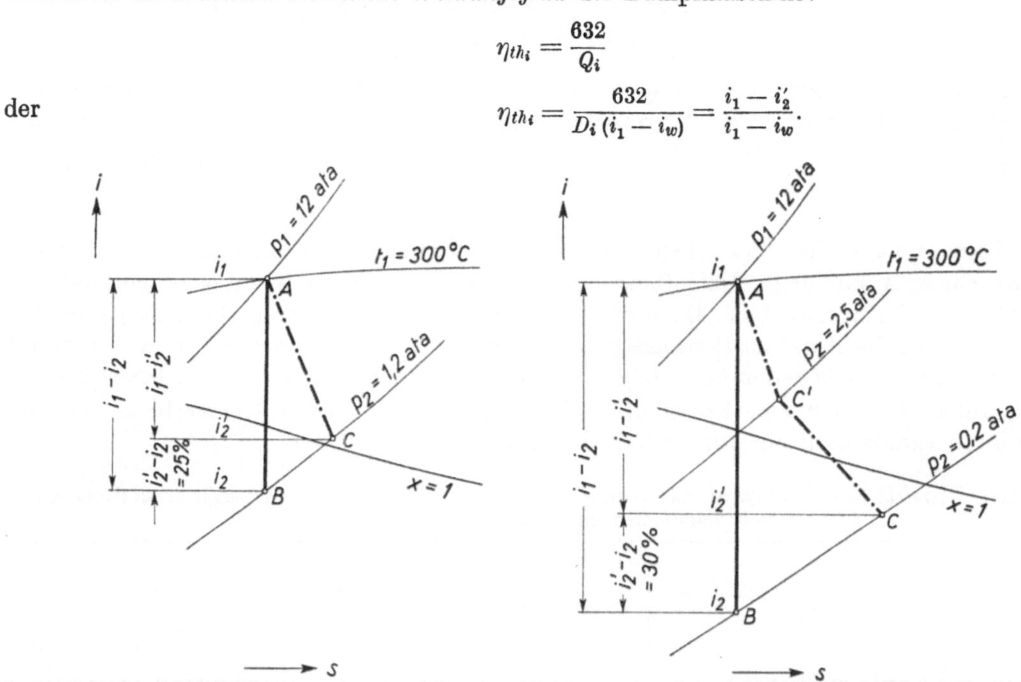

Abb. 142. Arbeitsweise der Dampfmaschine im is-Diagramm (links Auspuffmaschine, rechts Verbundmaschine mit Kondensation). Wärmemaßstab: 1 mm ≙ 4 kcal/kg.

In dem in Abb. 142 dargestellten Beispiel ist $i_1 = 729$ kcal/kg (für 12 ata, 300° C). Mit dem Wärmemaßstab 1 mm ≙ 4 kcal/kg wird für die Auspuffmaschine das adiabatische Wärmegefälle $(i_1 - i_2) = 112$ kcal/kg und nach Abzug der Verluste $(i_2' - i_2) = 28$ kcal/kg (25%) das ausgenutzte Wärmegefälle $(i_1 - i_2') = 84$ kcal/kg gemessen. Der Dampfverbrauch wird $D_i = 632 : 84 = 7{,}53$ kg/PSh. Für das Speisewasser sei $t_w = 29°$ C mit $i_w = 29$ kcal/kg angenommen, woraus sich die Erzeugungswärme oder der Wärmeverbrauch $Q_i = 7{,}53 \cdot (729 - 29) = 5271$ kcal/PSh ergibt. Der indizierte thermische Wirkungsgrad wird

$$\eta_{th_i} = \frac{632}{Q_i} = \frac{632}{5271} = 0{,}12$$

oder

$$\eta_{th_i} = \frac{i_1 - i_2'}{i_1 - i_w} = \frac{84}{700} = 0{,}12.$$

Für die Verbundmaschine mit Kondensation (Abb. 142, rechts) findet man in gleicher Weise: $(i_1 - i_2) = 174$ kcal/kg; Verlust $(i_2' - i_2) = 52$ kcal/kg (30%); $(i_1 - i_2') = 122$ kcal/kg; $D_i = 632 : (i_1 - i_2') = 5{,}18$ kg/PSh; $Q_i = 5{,}18\,(729 - 29) = 3626$ kcal/PSh; $\eta_{th_i} = 632 : 3626 = 0{,}174$ oder $\eta_{th_i} = 122 : 700 = 0{,}174$. Obgleich der Wärmeverlust in dieser Maschine größer als in der Auspuffmaschine ist, ergibt sich doch infolge der Kondensation ein geringerer Dampf- und Wärmeverbrauch (≈ 31% niedriger) und ein besserer thermischer Wirkungsgrad.

Der thermische Wirkungsgrad kann unmittelbar nur zum Vergleich von Dampfmaschinen untereinander, nach Berücksichtigung des mechanischen Wirkungsgrades auch zum Vergleich von Dampfmaschinen mit Dampfturbinen dienen. Für den Vergleich mit anderen Wärmekraftmaschinen, z. B. mit Gasmaschinen oder Dieselmaschinen muß man den Wärmeverbrauch der gesamten Anlage, d. h. der Dampfmaschine einschließlich des Dampfkessels und der Dampfleitung zugrunde legen.

Unter dem *thermodynamischen Wirkungsgrad* der Dampfmaschine versteht man das Verhältnis des Dampfverbrauchs je PSh einer *verlustlos* arbeitenden Maschine zu dem *wirklichen* Dampfverbrauch je PSh. Die verlustlose Maschine nutzt das adiabatische Wärmegefälle $(i_1 - i_2)$ voll aus (vgl. Abb. 142) und hat den Dampfverbrauch $D_{ad} = 632 : (i_1 - i_2)$ kg/PSh, wogegen die wirkliche Maschine für die indizierte Leistung den Verbrauch $D_i = 632 : (i_1 - i_2')$ hat, so daß der thermodynamische Wirkungsgrad wird:

$$\eta_{th\text{-}d} = \frac{D_{ad}}{D_i} \quad \text{oder auch} \quad \eta_{th\text{-}d} = \frac{i_1 - i_2'}{i_1 - i_2},$$

d. h., der thermodynamische Wirkungsgrad ist auch das Verhältnis des wirklich ausgenutzten Wärmegefälles zum adiabatischen Wärmegefälle. Die Beispiele in Abb. 142 ergeben für die Auspuffmaschine $\eta_{th\text{-}d} = \frac{i_1 - i_2'}{i_1 - i_2} = \frac{84}{112} = 0{,}75$ und für die Verbundkondensationsmaschine $\eta_{th\text{-}d} = \frac{122}{174} = 0{,}7$.

Der thermodynamische Wirkungsgrad umfaßt die Verluste durch unvollkommene Expansion, Drosselung, Abkühlung, Undichtheit und schädlichen Raum; er ist an sich kein Maßstab für die Güte der Dampfmaschine. Denn die Auspuffmaschine hat höheren thermodynamischen Wirkungsgrad als die Kondensationsmaschine. Bei *gleichem* adiabatischen Wärmegefälle nützt aber die Maschine mit höherem thermodynamischen Wirkungsgrade den Dampf besser aus.

Zahlentafel 17 enthält eine Zusammenstellung von Dampf- und Wärmeverbrauchswerten sowie Wirkungsgraden, die alle auf die indizierte Leistung bezogen sind.

Zahlentafel 17[1]. *Übersicht über den Dampf- und Wärmeverbrauch bester Dampfmaschinen sowie deren thermischen und thermodynamischen Wirkungsgrad bei günstigster Belastung.*

Art der Dampfmaschine			Einströmspannung at	Dampfverbrauch kg/PSh	Wärmeverbrauch kcal/PSh	Thermischer Wirkungsgrad	Thermodynamischer Wirkungsgrad
Einzylindermaschinen	Auspuff	gesättigter Dampf	10—12	10—8,5	6670—5680	0,095—0,110	0,645—0,716
		300—350° Überhitzung		7,25—6	5300—4530	0,119—0,140	0,768—0,810
	Kondensation	gesättigter Dampf	8—10	7,5—6,5*	5000—4000	0,127—0,158	0,520—0,575
		300—350° Überhitzung	10—12	5,2—4,5*	3800—3400	0,166—0,186	0,636—0,674
Zweizylinder-Verbundmaschinen	Kondensation	gesättigter Dampf	8—12	7,5—5,5	5000—3700	0,127—0,172	0,520—0,665
		270° Überhitzung		6—4,8	4300—3400	0,147—0,184	0,591—0,695
		300—350° Überhitzung		5—4,2	3660—3200	0,173—0,199	0,682—0,722

Der Zahlentafel 18 ist zu entnehmen, wie sich der Dampfverbrauch mit der Füllung ändert. Auch diese Werte sind auf die indizierte Leistung bezogen.

Zahlentafel 18. *Dampfverbrauch großer Dampfmaschinen in kg/PSh in Abhängigkeit von der Füllung.*
a) Einzylindermaschine mit Auspuff. Dampfdruck 11—12 at.

Füllung %	10	15	20	25	30
Dampf gesättigt . . . . kg/PSh	9,0	8,8	9,1	9,5	9,9
Dampf auf 260° überhitzt . . . . . . kg/PSh	7,5	7,3	7,4	7,7	8,1
Dampf auf 300° überhitzt . . . . . . kg/PSh	6,9	6,7	6,8	7,1	7,5

[1] Aus der *Hütte*, 26. Auflage, Bd. II S. 415.

* Die niedrigeren Zahlen sind nur bei Gleichstrom-Dampfmaschinen erreicht worden.

b) Einzylindermaschine mit Kondensation. Dampfdruck 9—10 at.

Füllung %	7	10	15	20
Dampf gesättigt . . . . kg/PSh	7,4	7,6	7,9	8,3
Dampf auf 260° überhitzt . . . . . . kg/PSh	6,0	5,9	6,1	6,4
Dampf auf 300° überhitzt . . . . . . kg/PSh	5,4	5,3	5,5	5,9

c) Verbundmaschine mit Kondensation. Dampfdruck 11—12 at.

Füllung im Hochdruckzylinder %	15	20	25	30	35
Dampf gesättigt . . . . kg/PSh	5,8	5,6	5,8	6,0	6,3
Dampf auf 260° überhitzt . . . . . . kg/PSh	4,9	4,7	4,8	5,0	5,3
Dampf auf 300° überhitzt . . . . kg/PSh	4,5	4,3	4,4	4,5	4,8

Der *Gesamtwirkungsgrad* einer Dampfkraftanlage mit Kolbenmaschine umfaßt alle Verluste auf dem Wege vom Brennstoff bis zur Energie an der Kurbelwelle und ergibt sich als Produkt aus dem Kesselwirkungsgrad η_K, dem Leitungswirkungsgrad η_L, dem thermischen Wirkungsgrad η_{th_i} und dem mechanischen Wirkungsgrad η_m der Dampfmaschine. Er gibt somit den Anteil der Brennstoffwärme an, der schließlich als mechanische Energie an der Kurbelwelle ausnutzbar ist und wird daher auch Brennstoffausnutzungsgrad genannt: $\eta_B = \eta_K \cdot \eta_L \cdot \eta_{th_i} \cdot \eta_m$. Sind z. B. $\eta_K = 0{,}75$, $\eta_L = 0{,}95$, $\eta_{th_i} = 0{,}156$ und $\eta_m = 0{,}9$ die Teilwirkungsgrade, so erhält man $\eta_B = 0{,}1$, d. h. nur 10% der Brennstoffwärme werden ausgenutzt, so daß von einem Brennstoff mit dem Heizwert $H_u = 7100$ kcal/kg die Menge $B_e = \frac{632}{\eta_B H_u} = \frac{632}{0{,}1 \cdot 7100} = 0{,}89$ kg für eine effektive PSh an der Welle gebraucht wird.

94. Leistungsversuche an Kolbendampfmaschinen. Als Grundlage für Leistungsversuche an Kolbendampfmaschinen gelten die vom Verein deutscher Ingenieure aufgestellten Regeln für Abnahmeversuche an Kolbendampfmaschinen, aus denen im folgenden einige Angaben gemacht seien:

Unter der Leistung einer Dampfmaschine ist, wenn nichts anderes angegeben ist, die Nutzleistung an der Welle zu verstehen. Der für die PSh angegebene Dampfverbrauch bezieht sich aber, wenn nichts anderes angegeben ist, auf die indizierte Leistung. Der für die kWh angegebene Dampfverbrauch von Kolbendampfmaschinen, die Dynamos antreiben, gilt für die elektrische Leistung an den Klemmen. Die Leistung einer direkt angetriebenen Erregermaschine gilt jedoch nicht als Nutzleistung, und bei fremder Erregung ist die Erregerleistung von der Klemmenleistung der Dynamo abzuziehen. Der Dampfverbrauch dampfangetriebener Hilfsmaschinen gehört zu dem auf die Nutzleistung bezogenen Gesamtverbrauch.

In erster Linie ist die Leistung der Dampfmaschine festzustellen, sei es die indizierte, die elektrische oder die Nutzleistung, und der Dampfverbrauch für die PSh oder kWh zu bestimmen. Zu letztgenanntem Zwecke wird entweder das Speisewasser gewogen oder es wird, wenn der Abdampf in einem Oberflächenkondensator niedergeschlagen wird, das Kondensat gewogen, oder es wird der Dampf durch Dampfmesser oder Düsen gemessen, die unter den Versuchsbedingungen geeicht sind. Bei Kondensatmessungen muß der Kondensator dicht sein, und es darf kein Kondensat von der Wasserstrahlluftpumpe mitgenommen werden; andernfalls sind die Fehler, wenn es möglich ist, zu berücksichtigen (vgl. Ziffer 103). Versuche zur Bestimmung des Dampfverbrauches sollen bei *Kondensatmessung* mindestens eine Stunde, bei *Speisewassermessung* 6 Stunden dauern. Ist die Leistung durchaus gleichförmig, kann die Versuchsdauer bei Speisewassermessung auf 4 Stunden beschränkt werden. Die Versuche sollen nicht eher beginnen, bis in der Dampfmaschine und den Meßgeräten Beharrungszustand eingetreten ist. Das Niederschlagwasser aus Leitungen, das durch Wasserabscheider auszuscheiden ist, ist zu messen und von der gemessenen Speisewassermenge abzuziehen; dagegen gehört das Niederschlagwasser aus Mantel-, Deckel- und Aufnehmerheizungen zum Dampfverbrauch der Maschine.

Wird der Dampfverbrauch durch Messung des Speisewassers bestimmt, so gilt die Zusage noch erfüllt, wenn der durch einen 5- bis 6stündigen Versuch ermittelte Dampfverbrauch um 2,5% vom zugesicherten abweicht. Bei kurzen Versuchen sind größere Abweichungen zulässig, ebenso bei stärkeren Schwankungen des Dampfdruckes und der Dampftemperatur. Wird der

Dampfverbrauch durch Kondensatmessung festgestellt, so gilt ein Spiel nur bei stärkeren Schwankungen von Dampfdruck und -temperatur; wird Dampf durch geeichte Dampfmesser oder Düsen gemessen, so gilt ein Spiel von 5%.

X. Die Dampfturbinen.

95. Die Energieumformung in der Turbine. Turbinen sind Kraftmaschinen, die als Treibmittel Dampf, Druckluft, Wasser oder Verbrennungsgase benutzen, wonach man Dampf-, Druckluft-, Wasser- und Gasturbinen unterscheidet. Während bei den Kolbenkraftmaschinen diese Treibmittel mit ihrem *Druck* unmittelbar auf die Kolbenfläche wirken und den Kolben treiben, so daß sich die mechanische Energie direkt als Produkt aus Kolbenkraft und Kolbenweg ergibt, ist bei den Turbinen die Wirkungsweise grundsätzlich anders. Bei den Turbinen wird nämlich die *Druckenergie* des Treibmittels zunächst in geeigneten Vorrichtungen, wie Düsen oder Schaufelkanälen, in *kinetische* oder *Geschwindigkeitsenergie* umgesetzt. An den Schaufeln der Turbinenlaufräder wird die Treibmittelströmung umgelenkt und verzögert. Die Verzögerungskraft an den Schaufeln ergibt das die Laufradwelle treibende Drehmoment, so daß an der Welle die *mechanische Energie* abgenommen werden kann. Wird die gesamte verfügbare Druckenergie (oder bei Dampf und Druckluft auch als Wärmeenergie, Wärmegefälle auszudrücken) in kinetische Energie umgesetzt, so werden die Geschwindigkeiten sehr hoch. Bei Wasser erhält man z. B. für 20 at oder 200 m Gefälle $v = \sqrt{2\,gh} = 62{,}7$ m/s, für Dampf bei einem Wärmegefälle von 250 kcal/kg $w = 1450$ m/s*, und für Druckluft bei Entspannung von 5 ata auf 1 ata $w = 475$ m/s*. Wie in Ziffer 96 näher erläutert wird, ergibt sich die beste Leistung, wenn die Schaufelgeschwindigkeit etwa halb so groß wie die Geschwindigkeit des treibenden Strahles ist, so daß sich nach den angeführten Beispielen für Dampf und Druckluft sehr hohe Schaufelumfangsgeschwindigkeiten ergeben, die entweder aus Festigkeitsrücksichten gar nicht erreichbar sind oder zu ungewöhnlich hohen Drehzahlen führen. Für die Herabsetzung sind drei Wege möglich: 1. Anwendung eines Zahnradgetriebes, wovon aber nur bei kleinen Leistungen Gebrauch gemacht wird; 2. Ausnutzung der Geschwindigkeit in mehreren Stufen; 3. Aufteilung des Druckgefälles in mehrere Stufen. Die zuletzt genannte mehrstufige Ausnutzung des Druckgefälles erinnert an die Mehrfachexpansions-Kolbendampfmaschine (vgl. Abb. 143). Das mit der Expansion zunehmende Volumen des Dampfes bedingt, daß die Durchgangsquerschnitte bei der Druckstufung von Stufe zu Stufe größer werden müssen.

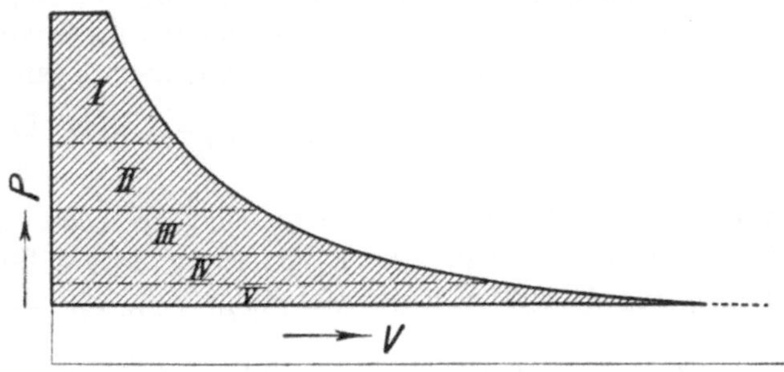

Abb. 143. Mehrstufige Ausnutzung des Dampfdruckes.

96. Das Wesen der Turbine, erläutert am Beispiel der Wasserturbine. Die Wasserturbine und die Dampfturbine stimmen grundsätzlich in der Wirkung überein. Obgleich die Wasserturbine im Bergbau kaum angewendet wird, soll sie doch einleitend besprochen werden, weil sie einfacher zu verstehen ist als die Dampfturbine, denn das Wasser expandiert nicht und kann in einer Stufe ausgenutzt werden.

Die Wasserturbine besteht im wesentlichen aus einer feststehenden *Leitvorrichtung* und dem *Laufrade*. Aufgabe der Leitvorrichtung ist es, die Druckenergie in Geschwindigkeitsenergie umzuwandeln und dem austretenden Strahl die für den Eintritt in das Laufrad geeignete Richtung zu geben. Die Leitvorrichtung ist meist als *Leitrad* mit Schaufeln ausgebildet, bei den Peltonrädern als *Düse*. Das kennzeichnende Profil der von den Leitradschaufeln gebildeten Leitradkanäle ist aus den Abb. 144[1] bis 147 ersichtlich. *a* stellt das Leitrad, *b* das Laufrad dar.

* Vgl. Ziffer 18 und Abb. 20 und 21.

[1] Die Abb. 144, 145 und 147 sind nach QUANTZ: Wasserkraftmaschinen, gezeichnet.

Erst hat der Leitkanal großen Querschnitt; dann verengt sich der Querschnitt, indem der Kanal umbiegt, und zugleich wird das Wasser schräg auf das Laufrad geleitet. Im Laufrade wird das strömende Wasser abgelenkt und treibt das Laufrad mit gewisser Umfangskraft und Umfangsgeschwindigkeit.

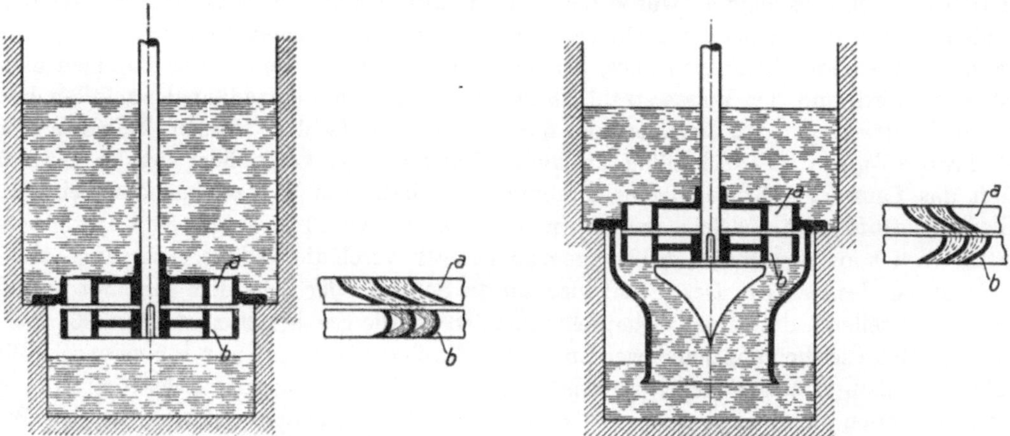

Abb. 144. Axiale Gleichdruckturbine. Abb. 145. Axiale Überdruckturbine.

Man unterscheidet zwei Arten von Laufrädern: Gleichdruck- oder Aktionsräder und Überdruck- oder Reaktionsräder. Beim *Gleichdruckrade* sind die durch die Schaufeln gebildeten Kanäle (Abb. 144 und 146) am Eintritt ebenso weit wie am Austritt, so daß das Wasser im Laufrade nicht beschleunigt wird, und vor und hinter dem Laufrade der gleiche Druck herrscht. Beim *Überdruckrade* dagegen sind die Kanäle (Abb. 145, 146 und 147) am Austritt enger als am Eintritt, so daß das Wasser nicht nur im Leitrade, sondern auch im Laufrade beschleunigt wird, weswegen auf der Eintrittseite des Laufrades Überdruck herrscht. Je nach der Art des Laufrades unterscheidet man *Gleichdruckturbinen und Überdruckturbinen.*

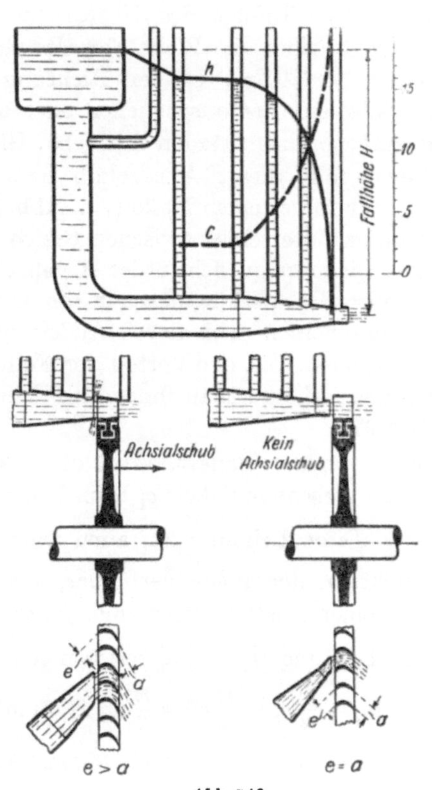

Abb. 146.

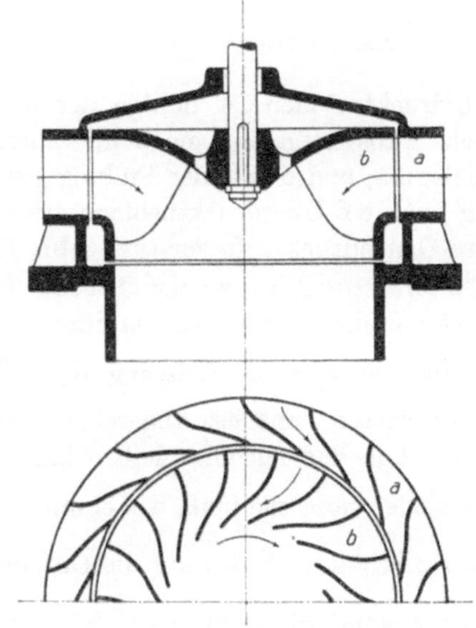

Abb. 147. Radiale Überdruckturbine (FRANCIS-Turbine).

Abb. 146 zeigt die Druck- und Geschwindigkeitsverhältnisse beim Ausfluß von Wasser aus einer Düse in Verbindung mit einer Gleich- bzw. Überdruckturbine.

Bei den in den Abb. 144 bis 147 dargestellten Turbinen wird das Laufrad auf dem ganzen Umfange beaufschlagt. Diese *volle Beaufschlagung* ist bei Überdruckturbinen notwendig; denn bei teilweiser Beaufschlagung würde das Wasser, das sich in den sich verengenden Laufradkanälen staut, seitlich nach den nicht beaufschlagten Laufradkanälen ausweichen (vgl. Abb. 146 links). Bei Gleichdruckturbinen aber, bei denen das Wasser in den Laufradkanälen nicht beschleunigt wird und der Wasserstrahl überhaupt nicht den Laufradkanal zu füllen braucht, steht nichts im Wege, daß die Laufräder nur teilweise beaufschlagt werden. *Teilweise oder partiale Beaufschlagung* ist zweckmäßig, um kleine Wassermengen von hohem Drucke auszunützen, damit das Laufrad nicht zu kleinen Durchmesser erhält. Ein kennzeichnendes Beispiel einer teilweise beaufschlagten Gleichdruckturbine ist das in Abb. 148 dargestellte Peltonrad. Das Wasser strömt aus der Düse *b*, der Menge nach geregelt durch die Nadel *c*, etwa tangential gegen die Schaufeln des Rades *a*. Der Strahl wird auf die Schneide der Schaufeln gerichtet und durchströmt, sich teilend, die beiden Schaufelmulden, wobei die Strahlhälften um fast 90° aus ihrer absoluten Bahn seitlich abgelenkt werden. — Die durch die Abb. 144 und 145 veranschaulichten Turbinen heißen *Axialturbinen*, weil das Wasser die Turbinen axial durchströmt. Die Axialturbinen werden für Wasser sehr wenig angewendet; es herrscht vielmehr bei den Wasserturbinen die *radial* beaufschlagte Überdruckturbine von FRANCIS, Abb. 147. Weil aber bei den Dampfturbinen umgekehrt die Axialturbine vorherrscht, sollen im folgenden nur Axialturbinen betrachtet werden.

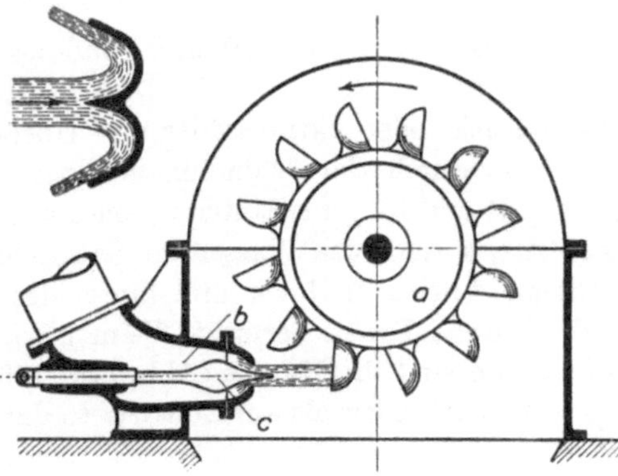

Abb. 148. Peltonrad.

Bei Axialturbinen besteht zwischen Gleichdruckturbinen und Überdruckturbinen noch ein wesentlicher Unterschied: Infolge des Überdruckes vor dem Laufrade erleidet die Welle der Überdruckturbine einen *Axialschub* in der Richtung des strömenden Wassers, der ausgeglichen oder durch ein Lager aufgenommen werden muß; bei Gleichdruckturbinen fällt dieser Axialschub fort oder äußert sich nur in geringem Maße (vgl. Abb. 146).

Ein weiterer Unterschied zwischen Gleich- und Überdruckturbinen zeigt sich in der Regelbarkeit. Bei Überdruckturbinen ist infolge der notwendigen vollen Beaufschlagung nur die unwirtschaftliche Drosselregelung möglich, während Gleichdruckturbinen auch durch Änderung der Beaufschlagung und damit der Füllung geregelt werden können. Um den Vorteil der Füllungsregelung auch bei Überdruckturbinen ausnutzen zu können, schaltet man ihnen eine füllungsregelbare Gleichdruckstufe vor (vgl. Abb. 158 und Ziffer 97).

Die *theoretische Leistung* der Turbine ist unabhängig von der Bauart. Wird die Turbine *sekundlich* von der Wassermasse m durchströmt und ist die Geschwindigkeit c_1 beim Eintritt in das Laufrad, so wird die Leistung $N_1 = \frac{m}{2} c_1^2$ zugeführt. Diese Leistung ist, auch wenn von Reibungsverlusten zunächst abgesehen werden soll, nicht an der Welle verfügbar, weil das Wasser nicht in der Turbine bleiben kann, sondern mit einer Austrittsgeschwindigkeit c_2 das Laufrad wieder verlassen muß, wobei mit dem Wasser die Leistung $N_2 = \frac{m}{2} c_2^2$ verloren geht. Als *Nutzleistung* erhält man also nur die Differenz $N = N_1 - N_2 = \frac{m}{2} c_1^2 - \frac{m}{2} c_2^2 = \frac{m}{2} (c_1^2 - c_2^2)$ mkg/s. Der *Wirkungsgrad* ist somit $\eta = \frac{N_1 - N_2}{N_1} = \frac{c_1^2 - c_2^2}{c_1^2}$. Es treten z. B. sekundlich 100 kg Wasser mit der Geschwindigkeit $c_1 = 20$ m/s ein und mit der Geschwindigkeit $c_2 = 8$ m/s aus. Dann ist die Leistung $= \frac{100}{2 \cdot 9{,}81} \cdot (400 - 64) = 1710$ mkg/s $= 22{,}8$ PS und der Wirkungsgrad $= \frac{400 - 64}{400} = 0{,}84 = 84\%$. Der *Austrittsverlust* ist $\frac{c_2^2}{c_1^2} = \frac{8^2}{20^2} = \frac{64}{400} = 0{,}16 = 16\%$ der zugeführten Leistung.

Es werde nun die Wirkung der *Gleichdruckturbine* genauer verfolgt und an Hand der Abb. 149 ein Zahlenbeispiel gerechnet, bei dem aber Reibungs-, Stoß- und Wirbelverluste nicht berücksichtigt werden. Es sind drei Laufradschaufelungen dargestellt: *I*, *II* und *III*. Die Schaufelungen sind so geformt, daß das Wasser ohne Stoß eintritt; ferner sind sie gleichwinklig, d. h. Eintritt- und Austrittwinkel sind gleich groß. Das Wasser strömt mit der Geschwindigkeit $c_1 = 13$ m/s so ein, daß die Umfangskomponente $x = 12$ m/s und die axiale Komponente $y = 5$ m/s ist. Im Falle *I* steht das Laufrad still, d. h. seine Umfangsgeschwindigkeit u ist Null, und das Wasser, das mit seiner ursprünglichen Geschwindigkeit von 13 m/s austritt, wird nur umgelenkt, ohne daß es Arbeit abgibt. Infolge der Umlenkung übt aber das Wasser eine beträchtliche Umfangskraft P aus. Weil die Umfangskomponente x sich von 12 m/s in der einen Richtung auf 12 m/s in der entgegengesetzten Richtung, insgesamt also um 24 m/s ändert, so übt die sekundlich die Turbine durchströmende Wassermasse m nach dem Grundsatz: Kraft = Masse × Beschleunigung die Umfangskraft $P = m \cdot 24$ aus. Wenn also sekundlich 9,81 kg Wasser, d. h. die Wassermasse $m = 1$, die Turbine durchströmen, so ist $P = 24$ kg. Die an das Laufrad abgegebene Leistung Pu ist, wie gesagt, = Null, da u = Null ist.

Im Falle *II* dreht sich das Laufrad mit $u = 6$ m/s, d. h. die Umfangsgeschwindigkeit u ist halb so groß wie die Umfangskomponente x der Eintrittsgeschwindigkeit c_1 oder $u : x = 0{,}5$. Wir müssen jetzt zwischen der *absoluten* Eintritts- und Austrittsgeschwindigkeit c_1 bzw. c_2 und der *relativen*, d. h. auf das Laufrad bezogenen Eintritts- und Austrittsgeschwindigkeit des

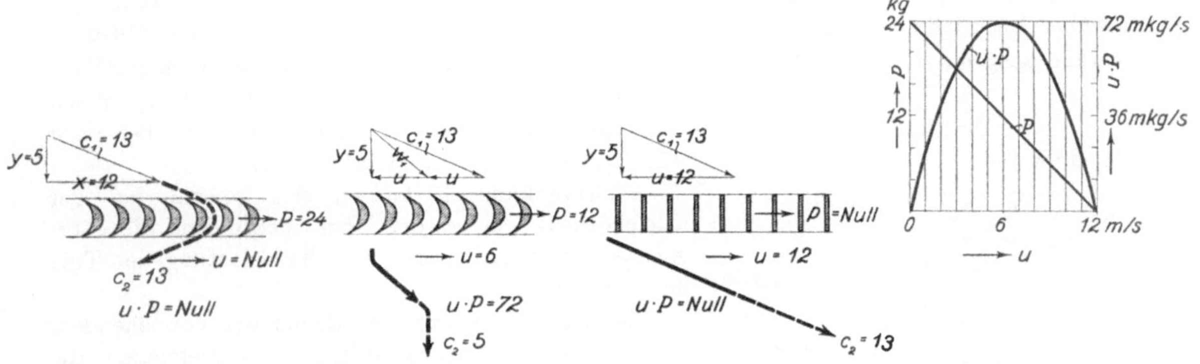

Abb. 149. Wirkung der Gleichdruckturbine.

Wassers w_1 bzw. w_2 unterscheiden. Man erhält gemäß Abb. 149 die relative Eintrittsgeschwindigkeit w_1, indem man die absolute Eintrittsgeschwindigkeit c_1 mit der Umfangsgeschwindigkeit u zusammensetzt, und die absolute Austrittsgeschwindigkeit c_2, indem man die relative Austrittsgeschwindigkeit w_2, die bei der betrachteten Gleichdruckturbine gleich w_1 ist, mit der Umfangsgeschwindigkeit u zusammensetzt. Damit das Wasser stoßfrei in die Laufschaufel eintritt, muß die Laufschaufel im Anfang mit w_1 gleichgerichtet sein. Bei der zugrunde gelegten gleichwinkligen Schaufel ergibt sich für den Fall *II*, d. h. für $u : x = 0{,}5$, daß das Wasser senkrecht zum Rade austritt. Daher hat c_2 den kleinsten möglichen Wert und wird gleich der axialen Komponente y von c_1, d. h. = 5 m/s. Da x von 12 m/s auf Null abnimmt, so ist die von der sekundlich strömenden Masse m ausgeübte Umfangskraft $P = m \cdot 12$, und für $m = 1$ wird $P = 12$ kg. Da das Laufrad mit $u = 6$ m/s gedreht wird, gibt das Wasser an das Laufrad die Leistung Pu mkg/s ab; für $m = 1$ wird die abgegebene Leistung $Pu = 12 \cdot 6 = 72$ mkg/s. Zu demselben Ergebnis kommt man, wenn man die an das Laufrad abgegebene Leistung $= \frac{m}{2}(c_1^2 - c_2^2)$ setzt; denn für $m = 1$ wird die abgegebene Leistung $= \frac{1}{2}(169 - 25) = 72$ mkg/s. Der Austrittsverlust beträgt $\frac{5^2}{13^2} = 14{,}8\%$ und der Wirkungsgrad $\frac{13^2 - 5^2}{13^2} = \frac{169 - 25}{169} = 85{,}2\%$.

Im Falle *III* ist $u = 12$ m/s, d. h. die Umfangsgeschwindigkeit u ist ebenso groß wie die Umfangskomponente x der absoluten Eintrittsgeschwindigkeit c_1 oder $u : x = 1$. Wie Abb. 149 zeigt, strömt nunmehr das Wasser durch das Laufrad, ohne daß es abgelenkt wird; P wird also Null, und die an das Laufrad abgegebene Leistung Pu ist auch in dem vorliegenden zweiten Grenzfall = Null.

Damit die Gleichdruckturbine Leistung abgibt, muß also die Umfangsgeschwindigkeit u größer als Null und kleiner als die Umfangskomponente x der absoluten Eintrittsgeschwindigkeit c_1 sein oder das Verhältnis $u : x$ muß größer als Null und kleiner als 1 sein. Bei einer weiteren Untersuchung ergibt sich für unser Zahlenbeispiel, daß die Umfangskraft P von 24 kg auf Null kg gleichmäßig abnimmt. Multipliziert man die zusammengehörigen Werte von P und u und verzeichnet man diese Werte über u oder $u : x$, so erhält man die Leistungsparabel der Gleichdruckturbine, Abb. 149 rechts. Den Höchstwert der Leistung, der für $m = 1$ gleich 72 mkg/s ist, erhält man bei $u : x = 0{,}5$. Bei diesem Verhältnis ist auch der Wirkungsgrad mit 85,2% am höchsten und der Austrittsverlust mit 14,8% am kleinsten. Das gilt aber nur unter der gemachten Voraussetzung, daß die Turbine ohne Reibungs- und sonstige Verluste wirkt. Praktisch kann man rechnen, daß man etwa bei $u : x = 0{,}4$ die tatsächliche Höchstleistung der Gleichdruckturbine erhält. Ebenso erzielt das in Abb. 148 dargestellte Peltonrad seine höchste Leistung, wenn seine Umfangsgeschwindigkeit nahezu halb so groß ist wie die Geschwindigkeit, mit der der Wasserstrahl aus der Düse strömt.

Die Wirkung der *Überdruckturbine* ist nicht so einfach zu übersehen. Für den meist üblichen Fall, daß das Gefälle im Leitrade und im Laufrade je zur Hälfte ausgenützt wird, und daß das Wasser senkrecht in das Laufrad eintritt, ist die Umfangsgeschwindigkeit u des Laufrades gleich der Umfangskomponente des aus dem Leitrade ausströmenden Wassers. Diese wird, wenn man dasselbe Gesamtgefälle zugrunde legt wie bei der Gleichdruckturbine, von dem die Hälfte im Leitrade ausgenutzt wird, $= 12\sqrt{0{,}5} = 8{,}5$ m/s. Unter den angegebenen Voraussetzungen läuft also die Überdruckturbine $\sqrt{2} = 1{,}41$ mal so schnell wie die entsprechende Gleichdruckturbine bei ihrer günstigsten Drehzahl (vgl. Abb. 150).

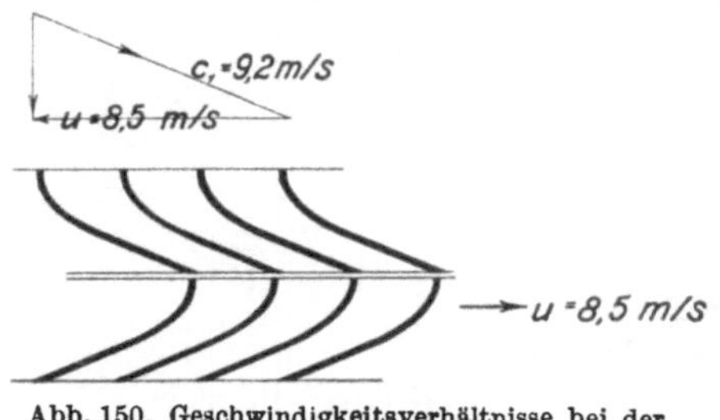

Abb. 150. Geschwindigkeitsverhältnisse bei der Überdruckschaufelung.

Selbstverständlich ändern sich sowohl bei der Gleichdruck- wie bei der Überdruckturbine die Strömungsverhältnisse, wenn sich die Belastung der Turbine ändert.

Betrachten wir nun auf Grund der vorstehenden, für die Wasserturbine geltenden Darlegungen die *Dampfturbine*. Ungeachtet der grundsätzlichen Übereinstimmung zwischen der Wasser- und der Dampfturbine ergeben sich daraus, daß das Dampfvolumen zunimmt, außerordentliche Unterschiede in der Berechnung. Die Berechnung wird mit Hilfe des is-Diagrammes vorgenommen. Es ist jedoch unmöglich, im Rahmen dieses Buches auf Einzelheiten der Berechnung einzugehen[1].

Daß die Dampfturbine im Gegensatz zur Wasserturbine in der Regel mehrstufig gebaut wird, um die Energie des Dampfes mit den praktisch erreichbaren Umfangsgeschwindigkeiten günstig auszunützen, war schon in Ziffer 95 gesagt. In dem Maße, wie mit abnehmendem Drucke das Dampfvolumen zunimmt, müssen die Abmessungen der Leitradkanäle und der Laufradschaufeln von Stufe zu Stufe zunehmen. Wegen der Gleichdruck- und Überdruckdampfturbinen merke man sich folgende kennzeichnenden Unterschiede:

Bei *Gleichdruckdampfturbinen* expandiert der Dampf im Laufrade nicht, vor und hinter dem Laufrade ist derselbe Druck, es tritt kein Axialschub auf, es ist teilweise Beaufschlagung durch besondere Anordnung von Düsen möglich, und es wird zwecks Regelung entweder der Dampf gedrosselt oder die Beaufschlagung, d. h. die Füllung vergrößert oder verkleinert. Bei *Überdruckdampfturbinen* expandiert der Dampf auch im Laufrade, vor dem Laufrade herrscht Überdruck und dieser erzeugt Axialschub, es ist nur volle Beaufschlagung und nur Drosselregelung möglich; wegen der vollen Beaufschlagung erhalten die ersten Schaufelkränze kleine Durchmesser und sehr kurze Schaufeln.

97. Grundsätzliches über die Dampfturbinenbauarten, dargestellt nach ihrer Entwicklung. Die Entwicklung der Dampfturbinen sieht auf mehr als dreiviertel Jahrhundert zurück. Die ersten

[1] Es sei auf STODOLA: Die Dampfturbinen, DUBBEL: Kolbendampfmaschinen und Dampfturbinen, SEUFFERT: Bau und Berechnung der Dampfturbinen, sämtlich im Springer-Verlag, Berlin, erschienen, verwiesen. Ferner sei POHLHAUSEN: Die Dampfturbinen, empfohlen.

Führer waren der Schwede DE LAVAL und der Engländer PARSONS, die dem Ziele auf grundsätzlich verschiedenen Wegen zustrebten.

Die Turbine von DE LAVAL ist schematisch in der Abb. 151 dargestellt, in der ebenso wie in den folgenden schematischen Abbildungen die p-Linie den Druckverlauf, die v-Linie den Geschwindigkeitsverlauf des Dampfes bedeutet. Wir haben eine *einstufige Gleichdruckturbine*, deren Laufrad durch eine oder mehrere Düsen beaufschlagt wird. Da der in einer Stufe entspannte Dampf mit außerordentlich großer Geschwindigkeit ausströmt, hat DE LAVAL auch sehr hohe Umfangsgeschwindigkeiten des ohne zentrale Bohrung ausgeführten Laufrades angewendet, 200 bis 400 m/s, indem er zwar kleine Laufräder anordnete, sie aber mit außerordentlich hoher Drehzahl ($n = 12000$ bis 30000) laufen ließ. Weil derartige Drehzahlen unmittelbar nicht verwendbar waren, wurde die Lavalturbine mit einem Getriebe ausgerüstet. Trotz ihrer vorbildlichen Ausführung, die von DE LAVAL grundlegend geschaffen war, ist die Lavalturbine in ihrer ursprünglichen Form durch die neueren Bauarten verdrängt worden. Ihre Grundgedanken aber: Entspannung des Dampfes in einer *Düse*, damit das Turbinengehäuse nur Dampf von niedriger Spannung und Temperatur empfängt, und die sich als *Füllungsregelung* kennzeichnende Anordnung mehrerer Düsen, die je nach der Belastung zu- oder abzuschalten sind, sind vom modernen Dampfturbinenbau übernommen, indem der *Hochdruckteil* sehr vieler Dampfturbinen nach diesen Grundsätzen ausgebildet ist.

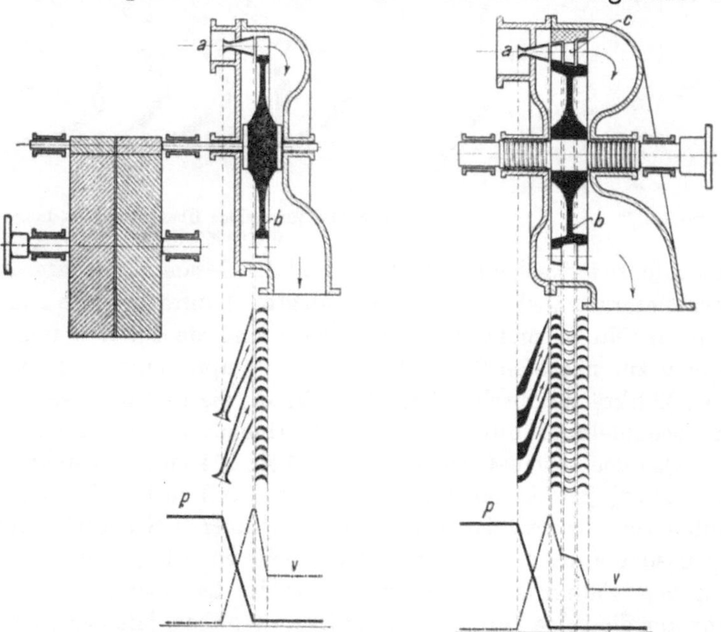

Abb. 151. Dampfturbine von DE LAVAL (links) und CURTIS (rechts).

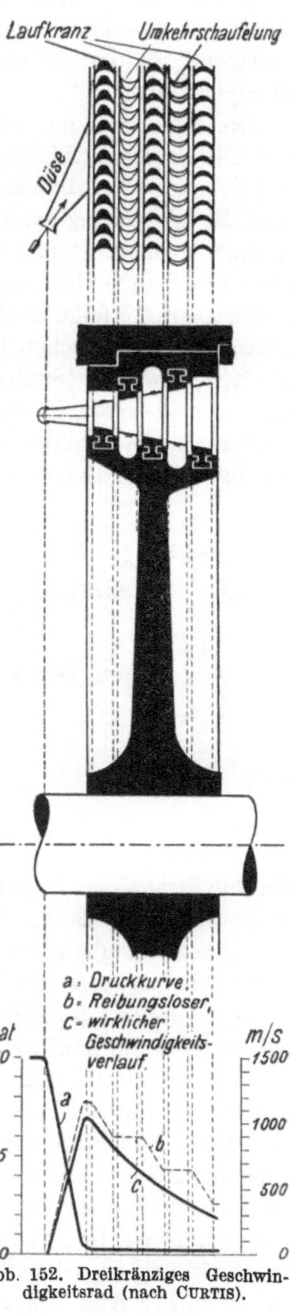

Abb. 152. Dreikränziges Geschwindigkeitsrad (nach CURTIS).

Um die zu hohe Geschwindigkeit des Dampfstrahles in mehrere Stufen unterteilen und mit mäßigen Umfangsgeschwindigkeiten wirtschaftlich ausnutzen zu können, wird vielfach statt des einkränzigen Laufrades ein zwei- oder dreikränziges Laufrad verwendet. Diese *Geschwindigkeitsstufung* nach CURTIS wird durch die Abb. 151 (rechts) und 152 veranschaulicht. Abb. 151 zeigt ein zweikränziges, Abb. 152 ein dreikränziges Curtisrad. Zwischen den Laufkränzen sind Umkehrschaufeln, die den Dampfstrahl umlenken und dem nächsten Laufkranz zuführen. Eine Umsetzung von Druckenergie in Geschwindigkeitsenergie findet in den Umkehrschaufelkanälen nicht statt, wie die Geschwindigkeitsdiagramme erkennen lassen. Die Geschwindigkeit wird vielmehr durch Reibung etwas vermindert (vgl. Abb. 152). Dadurch hat ein mehrkränziges Gleichdruckrad an und für sich zwar einen schlechteren Wirkungsgrad als ein einkränziges; es vereinfacht aber den Aufbau der Dampfturbine.

Einstufige Gleichdruckturbinen mit Lavalschen Düsen und Curtisrad gemäß Abb. 151 werden ferner als *Gegendruckturbinen* angewendet, bei denen der Dampf nicht in einen Kondensator ausströmt, sondern in eine Heizung z. B. oder in den Niederdruckteil einer andern, größeren Dampfturbine.

Die Parsonsturbine stellt in ihrer Wirkungsweise den völligen Gegensatz zur Lavalturbine dar. Die Parsonsturbine ist eine mit *Druckstufung* arbeitende *Überdruckturbine*. Die Unterteilung des Druckes in zahlreiche Stufen (ursprünglich etwa vierzig) von kleinem Druckgefälle ermöglicht die Einhaltung genügend kleiner Dampfgeschwindigkeiten, so daß die Turbine auf normale Drehzahlen kommt und kein Übersetzungsgetriebe wie bei der Lavalturbine erforderlich ist. Die weitgehende Unterteilung des Druckgefälles ist auch noch deshalb notwendig, damit nicht zuviel Dampf infolge der Überdruckwirkung durch die Spalte zwischen Leitschaufeln und Laufschaufeln und zwischen Laufschaufeln und Gehäuse ungenützt entweicht (Spaltverlust). — Wegen der Druckstufung sei hervorgehoben, daß nicht etwa der Wirkungsgrad durch die Zahl der Stufen herabgesetzt wird, wie es bei der beim Curtisrade angewendeten Geschwindigkeitsstufung der Fall ist. Sondern jede Stufe ist für sich zu betrachten, und der Gesamtwirkungsgrad ist sogar höher als der Einzelwirkungsgrad, weil bei vollbeaufschlagten Laufrädern die Austrittsgeschwindigkeit einer Stufe in der ihr folgenden ausgenutzt wird, und die durch Reibung und Wirbelung erzeugte Wärme dem zur nächsten Stufe strömenden Dampfe zugute kommt.

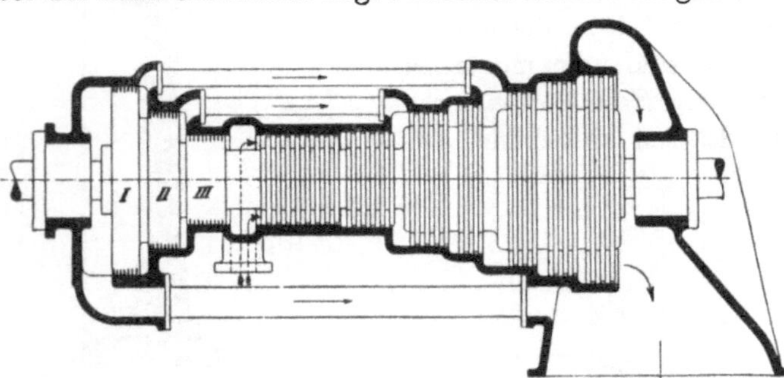

Abb. 153. Parsonsturbine.

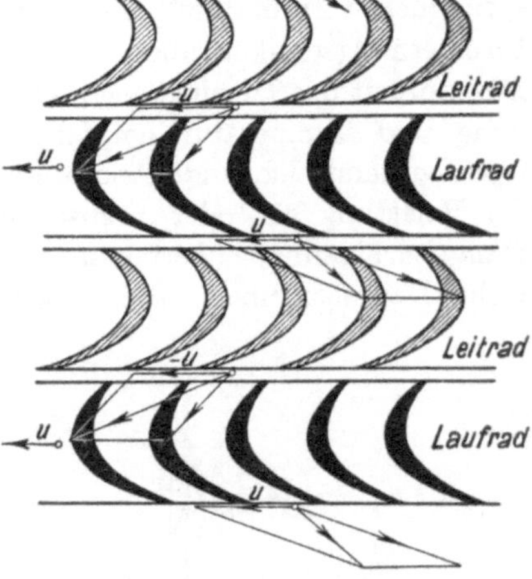

Abb. 154. Mehrstufige Überdruckschaufelung der Parsonsturbine.

Bei der Parsonsturbine sind die Leitkränze durch Schaufeln gebildet, die ins Gehäuse eingesetzt sind, die Laufkränze durch Schaufeln, die auf einer mit der Turbinenachse verbundenen Trommel befestigt sind. Abb. 153 zeigt den schematischen Aufbau, Abb. 154 einen Ausschnitt der Schaufelung der Parsonsturbine. Da die Turbine als Überdruckturbine voll zu beaufschlagen ist, erhält man in den ersten Stufen verhältnismäßig kleine Räder mit kurzen Schaufeln und dementsprechend kleinem Durchgangsquerschnitt. Durch die erforderliche volle Beaufschlagung ist auch die Art der Regelung gegeben. Füllungsregelung, wie sie bei der Lavalschen Turbine angewendet ist, ist ausgeschlossen; nur die reine Drosselregelung ist anwendbar. Mit der Überdruckwirkung ist schließlich verbunden, daß ein erheblicher Axialschub entsteht. Dieser wird, wie es in der Abb. 153 angedeutet ist, durch „Entlastungskolben“ aufgenommen, die Dampf von verschieden hohem Druck empfangen. Infolge der großen Stufenzahl und wegen der Entlastungskolben baut sich die Parsonsturbine sehr lang und ist empfindlich gegen Wärmedehnungen, insbesondere weil sie ja den Dampf mit vollem Druck und hoher Temperatur ins Gehäuse bekommt. Es ist aber Parsons durch die angewendete Druckstufung als erstem gelungen Großturbinen mit mäßiger Drehzahl zu bauen. Die Entwicklung der Parsonsturbinen in Deutschland wurde hauptsächlich dadurch gefördert, daß Brown, Boveri & Co. A.G. in Mannheim, auch die Gutehoffnungshütte, Oberhausen, und andere Firmen den Bau der Parsonsturbine übernahmen.

Eine neue Entwicklung bahnte sich an, als in Frankreich die Turbine von RATEAU, in der Schweiz (1903) die Turbine von ZOELLY entstand. Die *Druckstufung*, mit der es PARSONS gelungen war, die Drehzahl der Turbinen herabzusetzen und den Dampf gut auszunutzen, wurde auch bei den *Gleichdruckdampfturbinen* eingeführt. Man kann aber, indem man die Leiteinrichtung in Zwischenböden (vgl. Abb. 156) einbaut, mit der Gleichdruckturbine viel höhere Druckgefälle in einer Stufe ausnutzen als bei der Überdruckturbine, was insbesondere im Hochdruckteil zur Geltung kommt. Durch die kleinere Stufenzahl, und weil außerdem die Entlastungskolben fortfallen, baut sich die Gleichdruckturbine viel kürzer als die Überdruckturbine. Bei der *Rateauturbine* begann man mit verhältnismäßig vielen Stufen, die in 2 Gehäusen untergebracht waren; bei der Zoellyturbine dagegen begann man mit 10 Stufen. Abb. 155 zeigt schematisch eine Gleichdruckturbine mit 5facher Druckstufung. Die Räder haben in allen Stufen etwa gleichen Durchmesser, aber die Schaufellänge nimmt von Stufe zu Stufe stark zu, um den Durchflußquerschnitt dem bei der Expansion größer gewordenen Dampfvolumen anzupassen; ferner ist das erste Rad nur teilweise beaufschlagt.

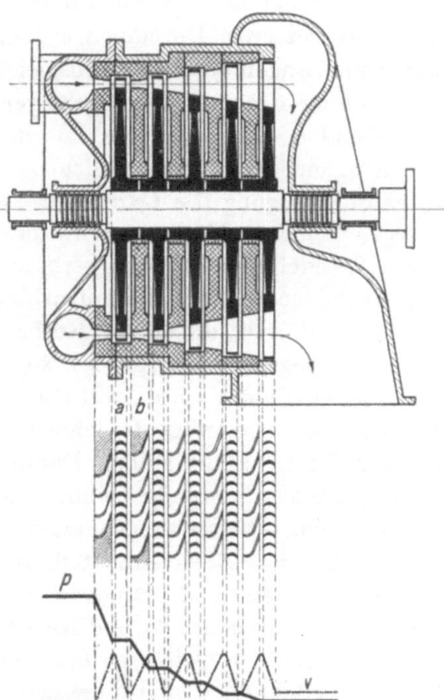

Abb. 155. 5stufige Gleichdruckturbine (ZOELLY).

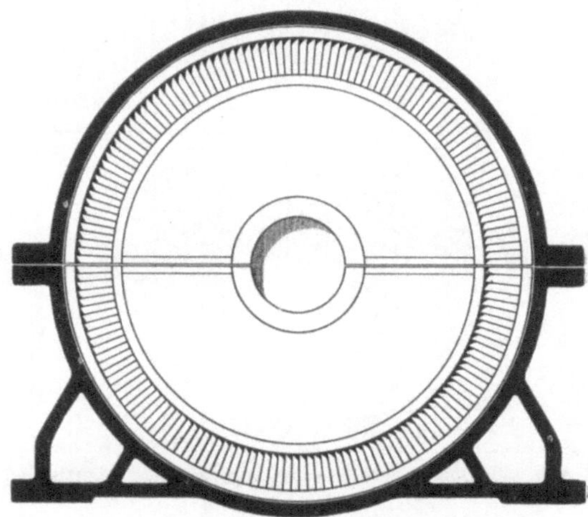
Abb. 156. Zwischenboden mit Leitschaufeln.

Die Laufschaufeln werden, wie Abb. 157 (MAN) zeigt, in Nuten der Laufradscheibe eingesetzt und oben durch ein Stahlband abgedeckt, das an die Schaufeln angenietet wird. Die Stufenzahl ist allmählich herabgesetzt worden; daß der ,,Schrägabschnitt" der Leitkanäle als Erweiterung wirkt, ist mit großem Erfolge ausgenützt. Die Regelung der Zoellyturbine war wie bei der Überdruckturbine Drosselregelung.

Abb. 157. Schaufelung eines Gleichdrucklaufrades.

In der Weiterentwicklung geschah ein bedeutsamer Schritt, als die AEG eine neue Dampfturbine herausbrachte, in der Geschwindigkeitsstufung und Druckstufung vereinigt waren. Im Hochdruckteil wurde der Dampf erst in einer Anzahl Lavaldüsen, die vom Regler nach Bedarf zu- oder abgeschaltet werden können, auf 2 bis 3 at entspannt und beaufschlagte ein mehrkränziges Curtisrad mit Geschwindigkeitsstufung. Der Rest des Druckgefälles wurde in dem als Gleichdruckturbine gebauten Niederdruckteil mit mehrfacher Druckstufung ausgenutzt. Die Vorteile dieser Anordnung: daß nur die Düsen den hochgespannten, überhitzten Dampf empfangen und daß die ,,Füllungsregelung", welche man durch das Zuschalten und Abschalten der einzelnen Düsen erhält, wirtschaftlicher als die reine Drosselregelung ist, führte dazu, daß die Curtis-Bauart fast allgemein für den Hochdruckteil der Dampfturbinen angeordnet wurde, während der Niederdruckteil als mehrstufige Gleichdruck-

oder Überdruckturbine ausgeführt wurde. Abb. 158 zeigt schematisch den Aufbau und die Wirkungsweise einer aus zweikränzigem Curtisrad und vielstufiger Überdruckturbine zusammengesetzten Dampfturbine. Die Schaufeln der Gleichdruckstufe sind auf dem Umfang eines Rades von großem Durchmesser, die Schaufeln des Überdruckteils dagegen auf einer Trommel von kleinerem Durchmesser (vgl. Parsonsturbine) angebracht. Zum Ausgleich des Axialschubes des nur unter geringem Druck stehenden Überdruckteils ist nur noch ein Ausgleichkolben erforderlich.

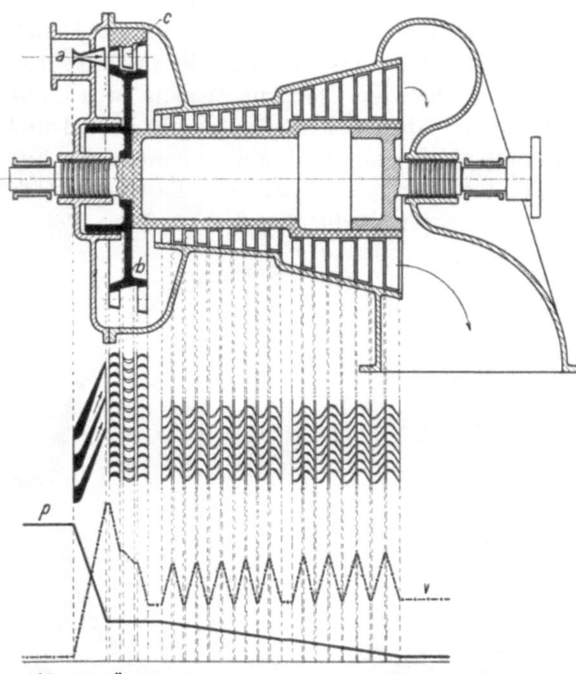

Abb. 158. Überdruckturbine mit vorgeschaltetem Curtisrade.

In der Bevorzugung des *Curtisrades* ist dann wegen seines schlechten Wirkungsgrades ein Wandel eingetreten. Überhaupt war der Hochdruckteil der Dampfturbine verbesserungsbedürftig, da er der Kolbenmaschine unterlegen war. Bei der sogenannten *Brünner* Bauart wurde deshalb der Hochdruckteil als vielstufige Gleichdruckturbine ausgeführt, bei der mäßige Dampfgeschwindigkeiten angewendet sind, und der Dampf erheblich besser ausgenützt wird als bisher. Um den Niederdruckteil von hohen Temperaturen und Drücken frei zu halten, werden Hochdruck- und Niederdruckteil in getrennten Gehäusen untergebracht. Selbstverständlich sind diese neuen Mehrgehäuseturbinen teurer als die bisherigen Eingehäuseturbinen.

Die jüngste Entwicklung brachte auch die *Radialdampfturbine*, die dadurch gekennzeichnet ist, daß der Dampf an der Welle eintritt und radial nach außen expandiert. Die Leit- und Laufschaufeln sind dementsprechend in mehreren konzentrischen Ringen angeordnet und stehen parallel zur Achse der Turbine. Durch den kleinen Durchmesser der ersten Stufe lassen sich selbst bei kleinem Dampfdurchsatz noch genügend lange Schaufeln erreichen, so daß sich die sonst notwendige Vorschaltung einer Gleichdruckstufe mit teilweiser Beaufschlagung erübrigt und die Turbine als reine Überdruckturbine gebaut werden kann. Weiterhin erhalten die Schaufeln der letzten Stufen infolge des großen Durchmessers, auf dem sie angeordnet sind, auch keine übermäßig große Länge. Die Wärmedehnungsunterschiede zwischen Leit- und Laufschaufeln sind viel geringer als bei Axialturbinen, so daß mit kleineren Spaltweiten und demgemäß auch geringeren Spaltverlusten gearbeitet werden kann. Auch dadurch eignet sich die Radialturbine besonders als Überdruckturbine. Infolge der radialen Stufenanordnung baut sich die Turbine sehr kurz und beansprucht weniger Platz als eine Axialturbine gleicher Leistung.

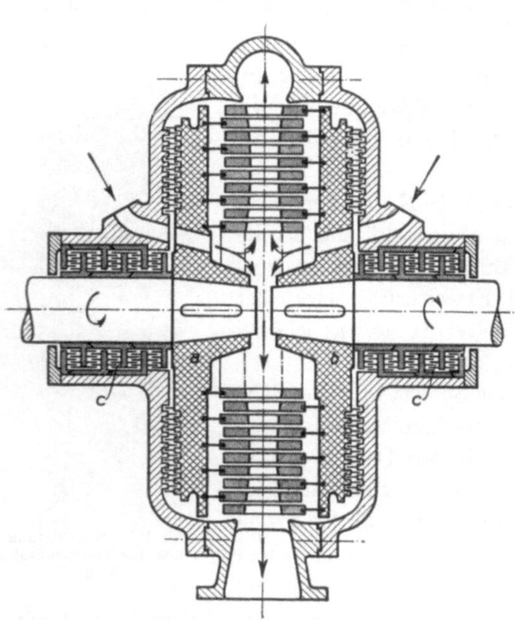

Abb. 159. Gegenläufige Radialturbine.

Es sind grundsätzlich zwei Bauarten der Radialdampfturbinen zu unterscheiden: die *gegenläufige* Radialturbine und die *einläufige* Radialturbine. Abb. 159 zeigt schematisch die gegenläufige Radialturbine des Schweden LJUNGSTRÖM, die in Deutschland von der MAN und den SSW als Lizenznehmer gebaut werden. Die Leit- und Laufschaufeln sind auf den sich in entgegengesetztem Sinne drehenden Rädern *a* und *b* befestigt. Es rotieren also nicht nur die Laufräder, sondern auch die Leiträder, weshalb die Leistung von beiden Wellen abzunehmen ist. Die Turbine wird verteuert dadurch, daß zwei Hochdruckstopfbüchsen *c* und zwei Generatoren erforderlich werden.

Im Gegensatz hierzu steht die von den SSW einige Jahre später entwickelte, in Abb. 160 schematisch wiedergegebene einläufige Radialturbine. Bei dieser Turbine dreht sich nur das Laufrad *a* mit den in konzentrischen Ringen angeordneten Laufschaufeln, während das Leitrad *b* mit seinen Leitschaufeln stillsteht. Zur Erhöhung der Stufenzahl werden mehrere Laufradscheiben axial nebeneinander angeordnet. Der Vorteil dieser Bauart besteht in der Einsparung von Stopfbüchsen und der Anwendung nur *eines* Generators. Sie bietet ebenso wie die Ljungströmturbine den Vorteil ausreichender Schaufellängen in der ersten Stufe. Beiden Turbinenbauarten ist gemeinsam, daß die Laufräder fliegend auf der Welle befestigt sind und daß deshalb zum Ein- und Ausbau keine Axialteilung des Gehäuses erforderlich ist.

Zusammenfassend ist zu sagen, daß man, um die äußerste Leistung aus den Dampfturbinen herauszuholen, hohe Drehzahlen und Umfangsgeschwindigkeiten anwendet. Es sind Dampfturbinen bis zu 30000 kW mit $n = 3000\ \text{min}^{-1}$ ausgeführt worden, wobei sich die Umfangsgeschwindigkeit der Laufräder 300 m/s nähert. Bei $n = 1500\ \text{min}^{-1}$ werden Leistungen über 100000 kW erreicht. Wo die für die Dampfturbine günstigste Drehzahl nicht unmittelbar verwendbar ist, ordnet man wie bei der Lavalschen Turbine Zahnradübersetzungen an, z. B., daß man eine Wasserwerkkreiselpumpe mit $n = 1000\ \text{min}^{-1}$ durch eine Dampfturbine mit $n = 4000\ \text{min}^{-1}$ antreibt. Die Zahnradgetriebe werden durch Drucköl geschmiert. Kleinere Turbinen läßt man in solchen Fällen mit $n = 6000\ \text{min}^{-1}$ bis $8000\ \text{min}^{-1}$ laufen.

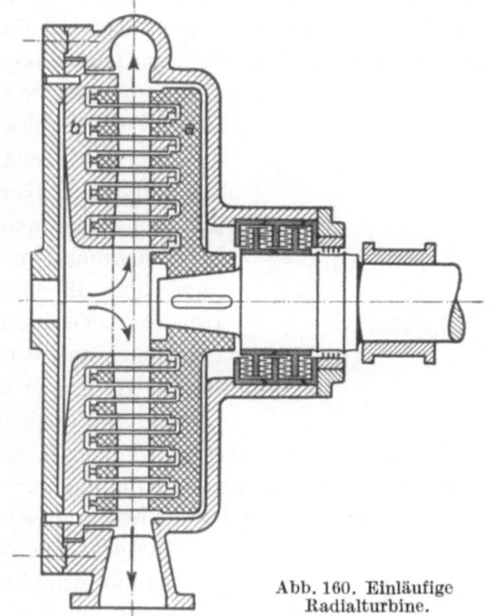

Abb. 160. Einläufige Radialturbine.

98. Unterscheidung der Dampfturbinen nach ihrer Verwendung: Kondensationsturbine, Gegendruckturbine, Entnahmeturbine, Abdampfturbine und Zweidruckturbine. Die Verwendung der Dampfturbinen umfaßt alle Gebiete, in denen hohe Drehzahlen und große Leistungen gefordert werden. In der Hauptsache dienen die Dampfturbinen der elektrischen Stromerzeugung in Kraftwerken. Die aus Gründen der Wirtschaftlichkeit immer mehr zunehmende Kuppelung von Kraft- und Wärmewirtschaft in den verschiedensten Industriezweigen hat jedoch den Turbinen immer mehr zunehmende neue Verwendungsmöglichkeiten erschlossen, denen sie sich in Bauart und Wirkungsweise anzupassen hatten. Diese Bauarten können im Gegensatz zur reinen *Kraftwerksturbine* als *Industrieturbinen* bezeichnet werden. — Als Kraftwerksturbine findet ausschließlich die *Kondensationsturbine* Verwendung. Sie ist dadurch gekennzeichnet, daß der gesamte ihr zugeführte Dampf mit dem ganzen Druck- bzw. Wärmegefälle vom Frischdampfdruck bis zum Kondensatordruck restlos zur Erzeugung elektrischer Energie ausgenutzt wird. Vom Hochdruck- bis zum Niederdruckteil wird die Turbine von der gleichen Dampfmenge durchströmt. Abb. 161* veranschaulicht in der durch Schaltzeichen vereinfachten Darstellung die Wirkungsweise der Kondensationsturbine.

Besteht neben dem Kraftbedarf ein großer Wärmebedarf für Heizzwecke, dann ist es vorteilhaft, Krafterzeugung und Heizung miteinander zu kuppeln, derart, daß hochgespannter Dampf erzeugt wird, der erst in einer Dampfturbine *arbeitet* und dann, auf niedrigeren Druck

---

* Zum Verständnis der in den Abb. 161 bis 166 benutzten Schaltzeichen vgl. Abb. 214.

entspannt, *heizt* (vgl. Abschnitt XII). Eine Turbine, deren *ganzer* Abdampf statt in die Kondensation in eine Heizung oder sonstwie gegen höheren Druck ausströmt, heißt *Gegendruckturbine*. Die Gegendruckturbine entspricht dem Hochdruckteil einer Kondensationsturbine. Abb. 162 zeigt das Schaltbild der Gegendruckturbine.

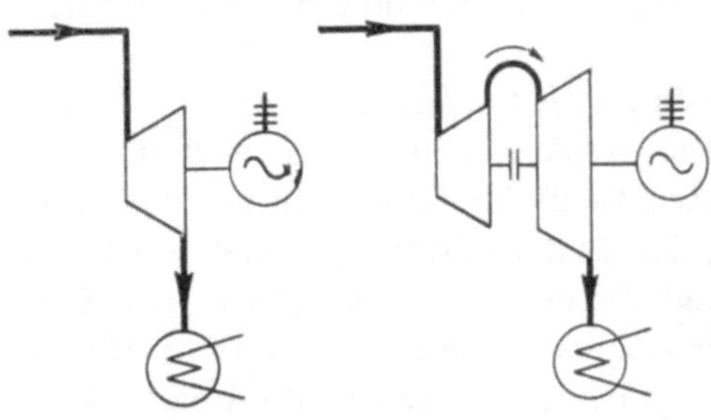

Abb. 161. Kraftwerks-Kondensationsturbine. (Eingehäuseturbine links, Zweigehäuseturbine rechts.)

Der Gegendruck beträgt je nach der geforderten Heiztemperatur bis 5 at und mehr. Die Regelung der Gegendruckturbine hat besonderen Bedingungen zu genügen; denn es werden sich der Dampfbedarf für Kraftzwecke und der Dampfbedarf für Heizzwecke nicht gerade decken. Deshalb ist neben der Geschwindigkeitsregelung der Turbine eine *Druckregelung* anzuordnen, die den Druck vor der Heizung gleich hält. Arbeitet die Gegendruckturbine *allein*, so öffnet die Druckregelung überschüssigem, sich vor der Heizung anstauendem Dampf einen Ausweg und setzt umgekehrt der Heizung gedrosselten Frischdampf zu, wenn es an Abdampf mangelt. Dient aber die Gegendruckturbine zum Antrieb einer Dynamo, die mit andern sonstwie angetriebenen Dynamos *parallel* arbeitet, so sucht man die Belastungsschwankungen des Netzes den andern Dynamos aufzubürden. Dann wählt man den Geschwindigkeitsregler der Gegendruckturbine so, daß er erst einsetzt, wenn die andern Turbinen ihre Leerlaufdrehzahl erreicht haben und läßt bis dahin die Füllung der Gegendruckturbine allein durch die Druckregelung beeinflussen, so daß bei zunehmendem Drucke vor der Heizung die Füllung verkleinert, bei abnehmendem Drucke die Füllung vergrößert wird. Dadurch erreicht man, daß die Gegendruckturbine ebensoviel Dampf aufnimmt wie die Heizung verbraucht. Der Dampfverbrauch für die kWh ist bei der Gegendruckturbine zwar mehrmals größer als bei der Kondensationsturbine, um so größer, je höher der Gegendruck ist. Die hohe Wirtschaftlichkeit zeigt sich jedoch darin, daß die kWh in Gegendruckturbinen mit etwa 1100 kcal erzeugt werden kann, wogegen Kondensationsturbinen, bei denen die nicht ausgenutzte Dampfwärme im Kondensator vom Kühlwasser aufgenommen wird, mindestens 2800 bis 2900 kcal für die kWh brauchen. An Hand der früheren Abb. 19, die das *is*-Diagramm für Wasserdampf darstellt, wurde schon erläutert, daß die Gegendruckturbine erheblich günstiger wirkt, wenn man sie mit sehr hohem Anfangsdruck betreibt[1]. Die Leistungen der Gegendruckturbinen liegen innerhalb weiter Grenzen.

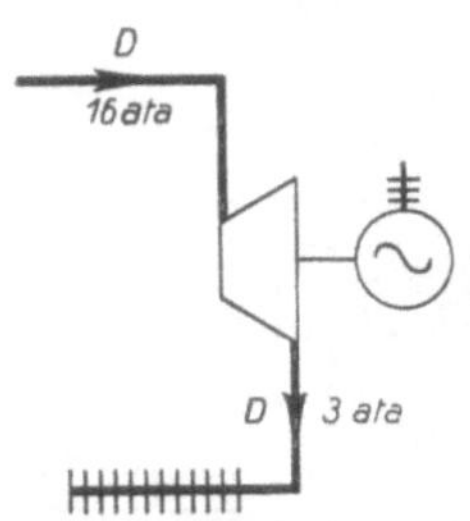

Abb. 162. Gegendruckturbine in Verbindung mit einem Heizdampfverbraucher.

Die Einführung des Hochdruckdampfes führte in Betrieben mit Niederdruckkraftmaschinen dazu, den hochgespannten Dampf erst in Turbinen bis auf den niedrigeren Betriebsdruck zu entspannen. Im Zechenbetrieb erzeugt man vielfach für Dampfturbinen Dampf von 30 bis 40 at und mehr, während man für die Fördermaschinen nur Dampf von 10 bis 16 at braucht; dann wird man den sehr hoch gespannten Dampf erst in der Turbine, darauf in der Fördermaschine ausnützen.

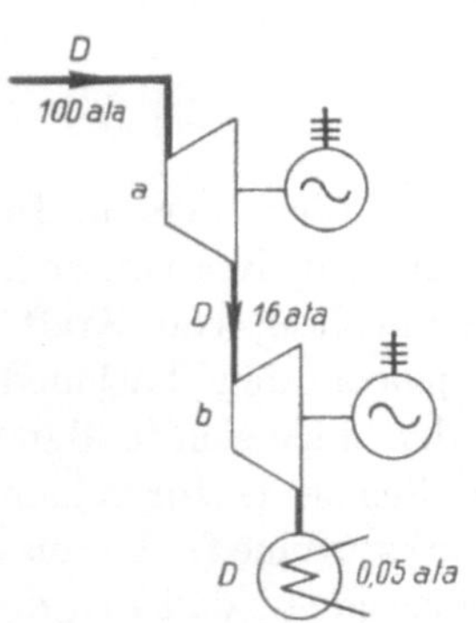

Abb. 163. Hochdruck-Vorschaltturbine (*a*) mit nachgeschalteter Kondensationsturbine (*b*).

Diese Turbinen werden dann nicht als Gegendruckturbinen, sondern als *Hochdruck-Vorschaltturbinen* bezeichnet, wenn der gesamte von ihnen abgegebene Abdampf in nachgeschalteten Kondensationsturbinen verarbeitet und darauf im Kondensator niedergeschlagen wird (vgl. Abb. 163).

Ist in einem Betriebe der Leistungsbedarf im Verhältnis zum Wärmebedarf zu groß, so daß bei Verwendung einer Gegendruckturbine zu große Abdampfmengen anfallen würden, so geht man zur *Entnahmeturbine* über. Nach Abb. 164 strömt die gesamte Frischdampfmenge D_1 durch

[1] Vgl. JAROSCHEK: Industriedampfturbinen. Z. VDI 1938, S. 993.

den Hochdruckteil der Turbine, in dem die Entspannung bis auf den gewünschten Entnahmedruck erfolgt. Zwischen Hochdruck- und Niederdruckteil wird die für Heizzwecke benötigte Dampfmenge D_2 entnommen, so daß durch den Niederdruckteil nur die Differenzmenge $D_1 - D_2$ zum Kondensator strömt. Je mehr Dampf man entnimmt, um so weniger wird der Niederdruckteil der Entnahmeturbine ausgenutzt und um so wichtiger ist es, daß der Hochdruckteil der Turbine günstig arbeitet. Die Entnahmeturbine stimmt in der Dampfverteilung grundsätzlich mit einer Verbunddampfmaschine überein, der man einen Teil des aus dem Hochdruckzylinder abströmenden Dampfes für Heizzwecke entnimmt (vgl. Ziffer 114 und Abb. 206).

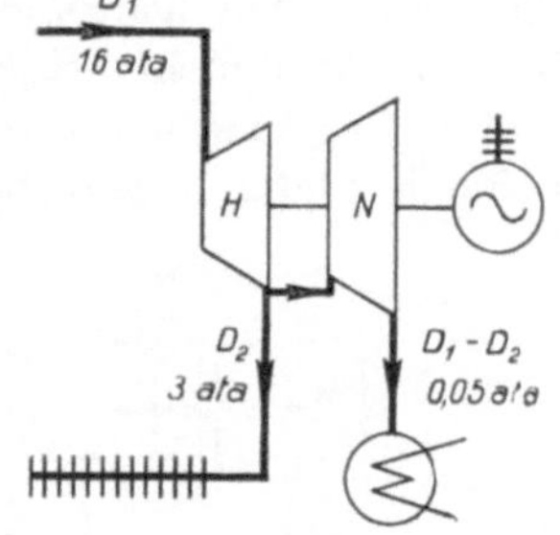

Abb. 164. Entnahmeturbine.

Abb. 165 veranschaulicht die Regelung einer Entnahmeturbine. Der Heizdampf strömt vor der Niederdrucksteuerung ab. Hochdruckteil und Niederdruckteil, die voneinander durch eine Zwischenwand getrennt sind, werden besonders gesteuert, und beide Steuerungen werden sowohl von einem Geschwindigkeitsregler a wie von einem Druckregler b beherrscht. Und zwar verstellt der Geschwindigkeitsregler beide Steuerungen im selben Sinne, indem er z. B., wenn die Belastung der Turbine zunimmt, beide Steuerungen auf größere Füllung einstellt; der Druckregler aber, der den Entnahmedruck gleich hält, wirkt auf die Steuerungen in verschiedenem Sinne, indem er, z. B. wenn sich vor der Heizung Dampf anstaut, die Hochdruckfüllung verkleinert, die Niederdruckfüllung vergrößert.

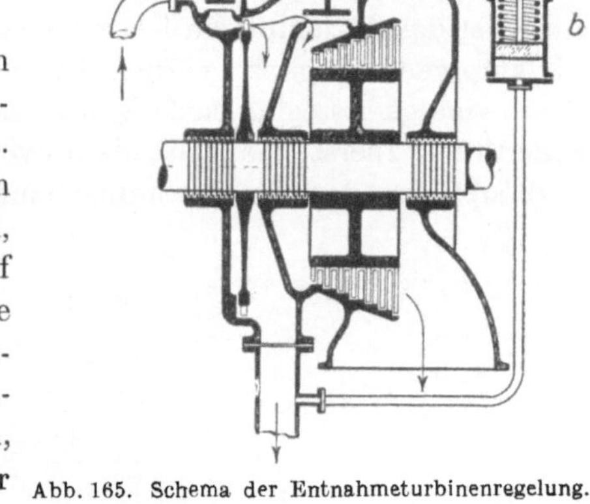

Abb. 165. Schema der Entnahmeturbinenregelung.

Weil die Dampfturbine im Niederdruckteile wegen ihrer Fähigkeit, hohe Luftleere vorteilhaft auszunutzen, den Kolbenmaschinen überlegen ist, wird der Dampf besser ausgenutzt, wenn die Kolbenmaschine in eine Niederdruckturbine auspufft, als wenn sie mit Kondensation betrieben wird. Das gilt insbesondere für aussetzend arbeitende Maschinen, wie Fördermaschinen, Walzenzugmaschinen, Dampfhämmer usw. und hat zur Aufstellung von *Abdampfturbinen* geführt. Abdampfturbinen sind also mit geringem Anfangsdruck arbeitende Kondensationsturbinen. Es war aber nötig, wenn Abdampf mangelte, der Abdampfturbine gedrosselten Frischdampf zuzusetzen, und überschüssigen Abdampf mußte man ungenutzt entweichen lassen. Das minderte den durch die Abdampfturbine erzielbaren Gewinn beträchtlich, und man gab den Bau *reiner* Abdampfturbinen auf, als die Zweidruckturbine aufkam, durch die man den Abdampf vorteilhaft verwerten kann, ohne die gegenseitige Verstrickung der Abdampfturbine, der von ihr getriebenen Dynamo und der den Abdampf liefernden Kolbenmaschine in Kauf nehmen zu müssen.

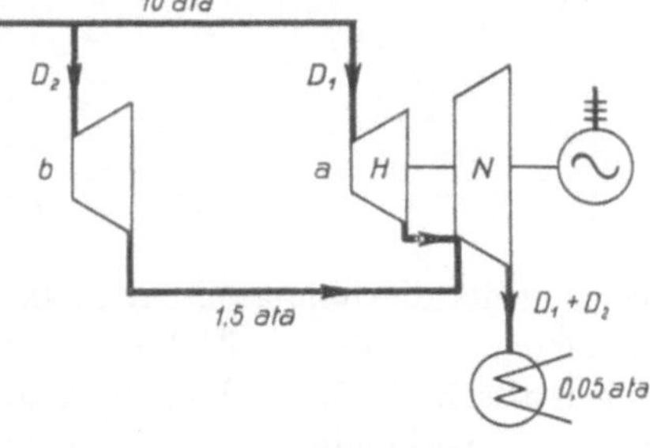

Abb. 166. Zweidruckturbine.

Die *Zweidruckturbine* ist eine Kondensationsturbine mit reichlich bemessenem, besonders gesteuertem Niederdruckteil, die sowohl Frischdampf empfängt, der erst im Hochdruckteil, dann im Niederdruckteil arbeitet, als auch Abdampf, der vor der Niederdrucksteuerung zutritt.

Wie Abb. 166 erkennen läßt, ist die Zweidruckturbine (auch Frischdampf-Abdampf-Turbine genannt) das Gegenstück zur Entnahmeturbine. Der Hochdruckteil H der Zweidruckturbine a empfängt nämlich nur die Frischdampfmenge D_1, während durch den Niederdruckteil N der

Abdampf D_1 des Hochdruckteils und die Abdampfmenge D_2 einer Kolbenmaschine b, also insgesamt die Dampfmenge $D_1 + D_2$ strömt. Man bemißt den Niederdruckteil so groß, daß er im allgemeinen den zuströmenden Abdampf bewältigt. Mangelt anderseits Abdampf, so wird dem Hochdruckteil mehr Frischdampf zugeführt.

Die Regelung der Zweidruckturbine soll so wirken, daß in erster Linie der zu Verfügung stehende Abdampf verarbeitet und erst dann Frischdampf herangezogen wird. Ferner soll die Umstellung von überwiegendem Abdampfbetrieb auf überwiegenden Frischdampfbetrieb und die umgekehrte Umstellung möglichst ohne Änderung der Drehzahl vor sich gehen. Die Lösung ist zuerst von RATEAU angegeben. Abb. 167 stellt sie schematisch dar. Es ist ein Geschwindigkeitsregler c und ein Druckregler d vorhanden. Der Geschwindigkeitsregler wirkt auf das Frischdampfventil a und das Abdampfventil b im *selben* Sinne. Steigt z. B. die Belastung der Turbine, so sucht der niedergehende Regler beide Ventile zu heben. Doch ist das Frischdampfventil a zusätzlich durch eine Feder e belastet, so daß zunächst das Abdampfventil angehoben wird und das Frischdampfventil erst dann, wenn das Abdampfventil b ganz geöffnet ist. Sinkt umgekehrt die Belastung, so sucht der steigende Geschwindigkeitsregler beide Ventile zu schließen; doch schließt sich unter dem zusätzlichen Federdruck zuerst das Frischdampfventil. So ist also die Aufgabe gelöst, daß vor allem der Abdampf von der Turbine aufgenommen wird. Der Druckregler d besteht aus einem Kolben, der auf der einen Seite den Abdampfdruck empfängt, während die andere durch eine Feder belastet ist. Der Druckregler wirkt auf Frischdampfventil und Abdampfventil im *entgegengesetzten* Sinne. Sinkt z. B. der Abdampfdruck, weil zu wenig Abdampf zuströmt, so wird der Kolben des Druckreglers d durch die Belastungsfeder nach oben gedrückt; infolgedessen wird das Frischdampfventil angehoben, das Abdampfventil aber gesenkt. Steigt jedoch der Abdampfdruck, weil sich der Abdampf wieder anstaut, so wird der Kolben des Druckreglers wieder nach unten gedrückt und das Frischdampfventil wird durch seine Feder geschlossen, wodurch das Abdampfventil gehoben wird. Der Druckregler kann, weil er bei f nur drücken, aber nicht ziehen kann, das Abdampfventil nur schließen, aber nicht öffnen. Andernfalls würde nämlich der Druckregler, wenn der Abdampfdruck steigt und zugleich die Belastung der Turbine abnimmt, das Abdampfventil entgegen dem Geschwindigkeitsregler wieder anheben, so daß die Turbine zu viel Abdampf erhält und durchgeht. An Stelle der in den schematischen Darstellungen angedeuteten direkt wirkenden Regler sind in Wirklichkeit indirekt[1] wirkende Regler angeordnet.

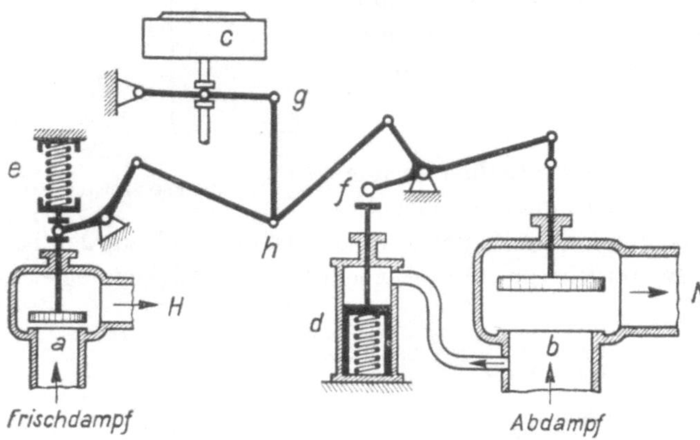

Abb. 167. Schema der Zweidruckturbinenregelung.

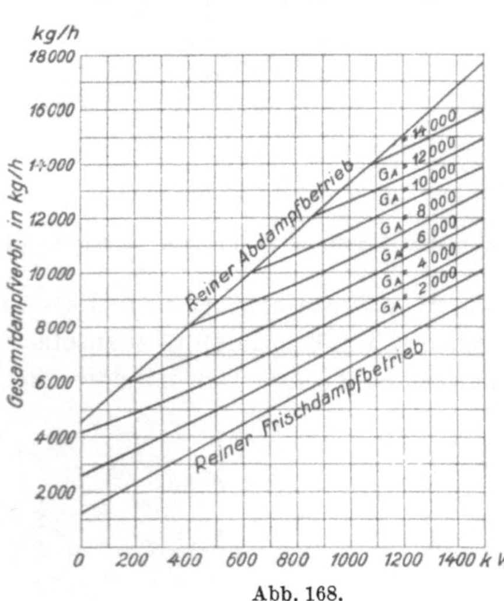

Abb. 168.

Wie sich der gesamte Dampfverbrauch einer Zweidruckturbine ändert, die zwischen reinem Frischdampfbetrieb und reinem Abdampfbetrieb arbeitet, und deren Belastung zwischen Null und Voll (1500 kW) liegt, zeigt Abb. 168, die sich auf eine Bergmann-Turbine bezieht (nach STODOLA). G_A ist das Gewicht des stündlich zuströmenden Abdampfes.

[1] Vgl. Ziffer 78 und Abb. 182.

99. Die Regelung der Dampfturbinen. Die Regelung der Dampfturbinen, d. h. die Anpassung der Energiezufuhr an die Belastung erfolgt entweder in der Weise, daß man die zugeführte Dampfmenge ohne Änderung des Druckgefälles vergrößert oder verkleinert: *Füllungsregelung*, oder indem man durch Drosselung des Frischdampfes gleichzeitig Menge und Druckgefälle verringert: *Drosselregelung*. Drosselregelung gestattet also keine Leistungssteigerung, oder die Turbine muß schon bei Normallast ständig mit etwas Drosselung fahren. Die Drosselregelung ist einfacher, aber unwirtschaftlicher als die Füllungsregelung. Sie ist für Gleich- und Überdruckturbinen in gleicher Weise anwendbar. — Eine reine Füllungsregelung wie bei Kolbendampfmaschinen gibt es bei Dampfturbinen nicht. Für Überdruckturbinen käme sie wegen der notwendigen vollen Beaufschlagung schon gar nicht in Betracht, wogegen sie sich bei Gleichdruckturbinen angenähert erreichen läßt, indem man je nach dem Belastungsgrad mehr oder weniger Düsen in der ersten Stufe zu- oder abschaltet und dadurch die Beaufschlagung ändert. Zur Vereinfachung faßt man immer mehrere benachbarte Düsen (oder Kanäle des ersten Leitrades) zu einer Gruppe zusammen, so daß man vier bis fünf Düsengruppen bekommt, von denen jede ein Drosselventil erhält. Bei vier Düsengruppen ist dann z. B. eine sprungweise reine Füllungsregelung in Abschnitten von 25% möglich. Die Feinabstufung wird dadurch erreicht, daß die letzte notwendige Düsengruppe mehr oder weniger stark gedrosselten Dampf erhält. Diese, die Drossel- und Füllungsregelung vereinigende Anordnung heißt *Düsenregelung* und ist vorteilhafter als die reine Drosselregelung, weil jeweils nur ein Bruchteil des Dampfes die Nachteile des Drosselns erleidet. Abb. 169 zeigt schematisch die Gegenüberstellung beider Regelungsarten. Bei der Drosselregelung ist außer dem Hauptabsperrventil nur *ein* vom Geschwindigkeitsregler beeinflußtes Drosselventil erforderlich. Die Düsenregelung muß dagegen mit vier bis fünf Drosselventilen ausgerüstet werden, die vom Fliehkraftregler so zu betätigen sind, daß das Öffnen eines Ventiles erst beginnt, wenn die vorhergehenden Ventile ganz offen sind.

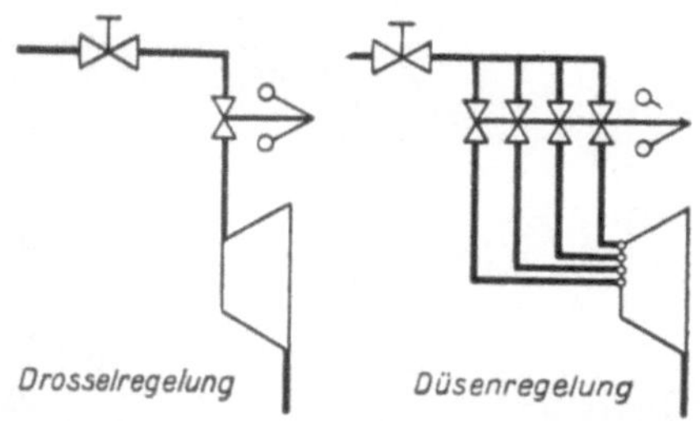

Abb. 169. Regelungsarten der Dampfturbinen.

Geht die Belastung der Turbine herunter, so steigt der Dampfverbrauch für die kWh, und zwar bei Drosselregelung stärker als bei Düsenregelung. Das Diagramm in Abb. 170 veranschaulicht den Unterschied bei Änderung der Belastung von 1 auf $^1/_4$, wobei der Vollastverbrauch mit 5 kg/kWh angenommen ist. Linie *a* gilt für Drosselregelung, Linie *b* für Düsenregelung.

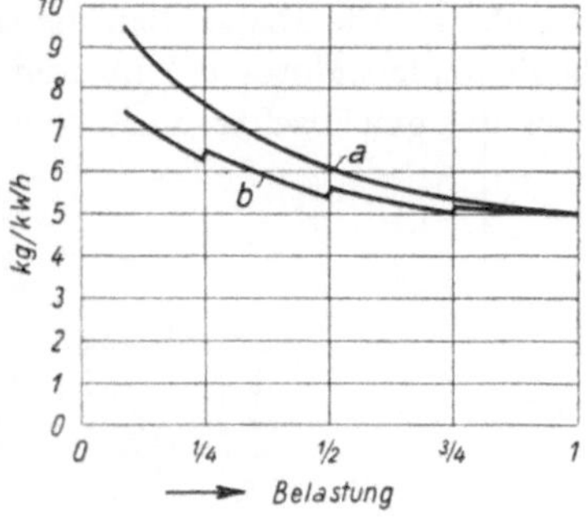

Abb. 170. Vergleich zwischen Drosselregelung (*a*) und Düsenregelung (*b*).

Daß mit reiner Drosselregelung bei kleinen Teilleistungen überhaupt brauchbare Ergebnisse erzielbar sind, liegt daran, daß bei geringerer Dampfgeschwindigkeit der Wirkungsgrad der Turbine steigt und daß die Drosselung bei dem für Dampfturbinen üblichen hohen Vakuum weniger schadet als bei höherem Gegendruck. Welche Einbuße die ausnutzbare Energie des Dampfes durch das Drosseln erleidet, ist bequem der *is*-Tafel zu entnehmen[1].

Mit Ausnahme kleiner Turbinen ist die Regelung immer mittelbar[2], d. h. es wird der Steuerung ein mit Drucköl betriebener Stellmotor (Zylinder- oder Drehkolbenmotor) vorgespannt, der die Ventile betätigt, und der Fliehkraftregler hat nur die Steuerung dieses Stellmotors zu verstellen, so daß die Regelung sehr empfindlich ist. Für die eigentliche Regelung wählt man 4 bis 5% Ungleichförmigkeitsgrad[3]. Damit aber eine Drehstromturbodynamo auf ein Drehstromnetz geschaltet und von ihm abgeschaltet werden kann, dessen Frequenz selbst um einige Prozente schwankt, muß man die Drehzahl der Turbodynamo um etwa 12% verstellen können[4]. Um beim Parallelschalten einer Drehstromdynamo die Drehzahl der antreibenden Dampfturbine

---

[1] Vgl. die Ausführungen in Ziffer 14. — [2] Vgl. Ziffer 78. — [3] Vgl. Ziffer 76. — [4] Vgl. Ziffer 79.

genau der Frequenz des Netzes anzupassen oder um die Netzbelastung unter die parallelen Drehstromdynamos zu verteilen, muß man den Regler fein verstellen können.

Abb. 171 zeigt eine Drosselregelung mit Stellmotor. Das Drosselventil *a* wird von dem Stellmotorkolben *b* gehoben oder gesenkt, je nachdem der Regler durch Verstellen des Steuer-

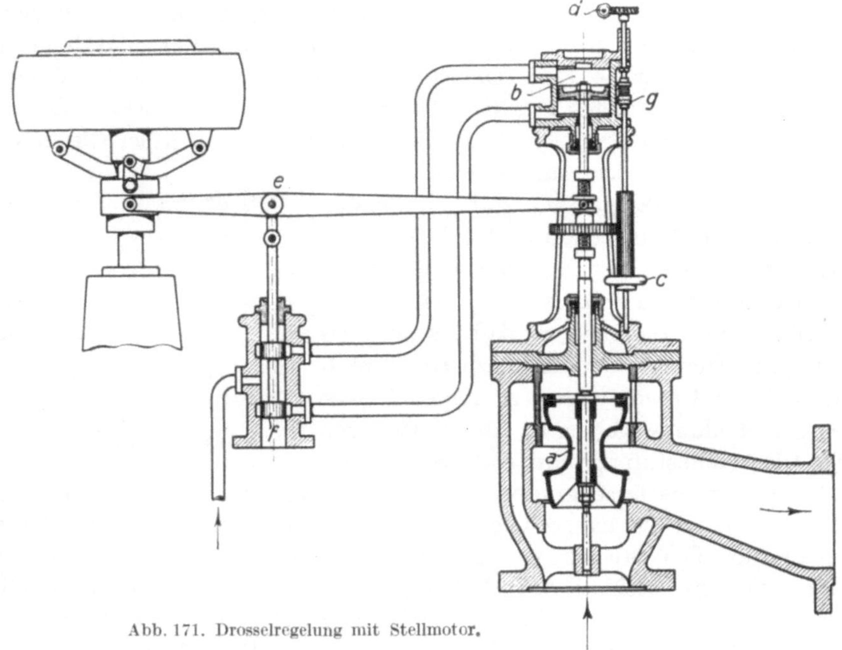

Abb. 171. Drosselregelung mit Stellmotor.

schiebers *f* die Druckölzufuhr steuert. Mit dem Handrade *c* oder dem vom Schaltbrett her zu bedienenden Motor *d* kann der rechte Drehpunkt des Reglerhebels verstellt werden, wodurch sich die gewünschte Turbinendrehzahl einstellen läßt. Das Drucköl für den Stellmotor wird

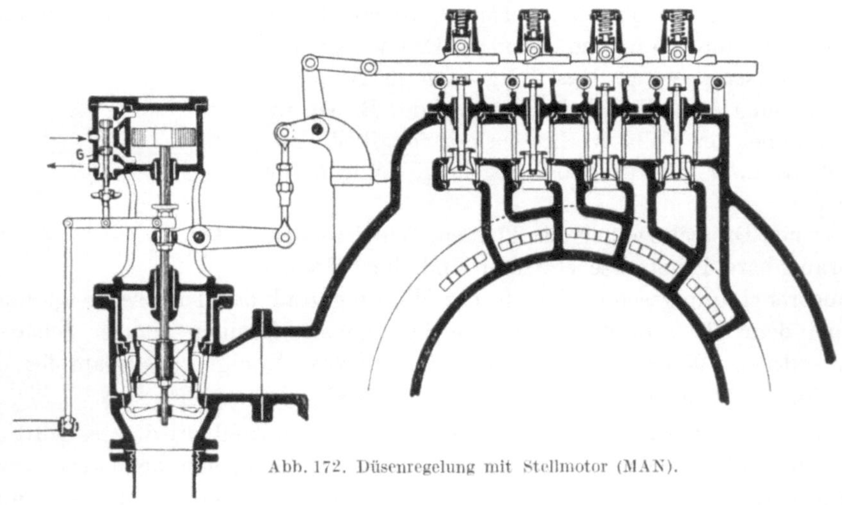

Abb. 172. Düsenregelung mit Stellmotor (MAN).

durch eine von der Dampfturbine angetriebene Zahnradpumpe erzeugt, die auch das Öl durch die Lager drückt. Beim Anfahren muß eine unabhängig angetriebene Pumpe den Öldruck erzeugen.

In Abb. 172 ist eine Steuerung mit Düsenregelung dargestellt. Die Düsen sind in 5 Gruppen angeordnet. Der hochgehende Kolben des Stellmotors öffnet erst das den Düsen vorgeschaltete Drosselventil, wodurch die erste Düsengruppe Dampf bekommt, dann mit Hilfe eines Kurvenschiebers nacheinander die vier Düsenventile, die als Doppelsitzventile ausgeführt sind; neben der Füllungsregelung durch die Düsenventile geht eine Drosselregelung durch das vorgeschaltete Drosselventil einher.

Von dieser mit Stellmotor, festem Gestänge und Rückführung ausgestatteten Regelung ist die in Abb. 173 gezeigte Düsenregelung grundsätzlich verschieden. Es handelt sich hier um eine *Durchflußregelung*, bei welcher der Drosselspalt c durch den Regler verkleinert wird, wenn die

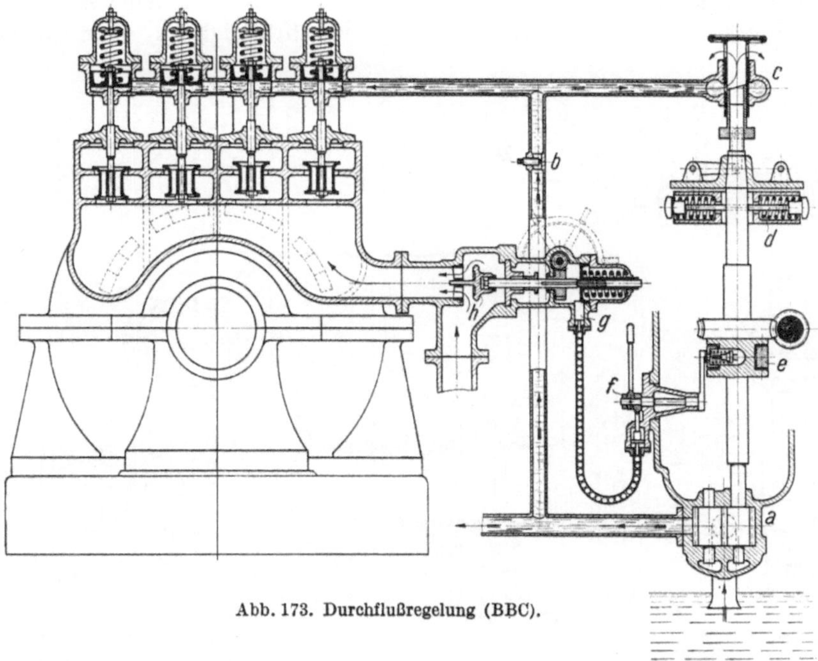

Abb. 173. Durchflußregelung (BBC).

Drehzahl fällt, infolgedessen der Öldruck steigt. Der Öldruck wirkt auf Kraftkolben, die die Düsenventile gegen eine Belastungsfeder anheben. Die Belastungsfedern haben abgestufte Stärke, so daß die Düsenventile mit zunehmendem Öldrucke *nacheinander* geöffnet werden. Der Ölstrom, der von der Zahnradpumpe a erzeugt wird, verzweigt sich und entweicht durch schmale Spalte an den Kraftkolben wie durch den eigentlichen Drosselspalt bei c. Dieser Drosselspalt wird durch eine mit der Reglermuffe verbundene Hülse mehr oder weniger verengt, infolgedessen der Öldruck stärker oder schwächer wird und die Düsenventile mehr oder weniger geöffnet werden. Die Hülse ist schräg abgeschnitten, so daß die Größe des Drosselspaltes und damit der Öldruck in einem fort schwankt und die Regelung dauernd spielt. Die obere Hülse läßt sich von Hand oder durch ein elektromagnetisches Klinkwerk heraus- oder hineinschrauben; dadurch wird der Drosselspalt höher oder tiefer gelegt und die Drehzahl der Turbine entsprechend geändert.

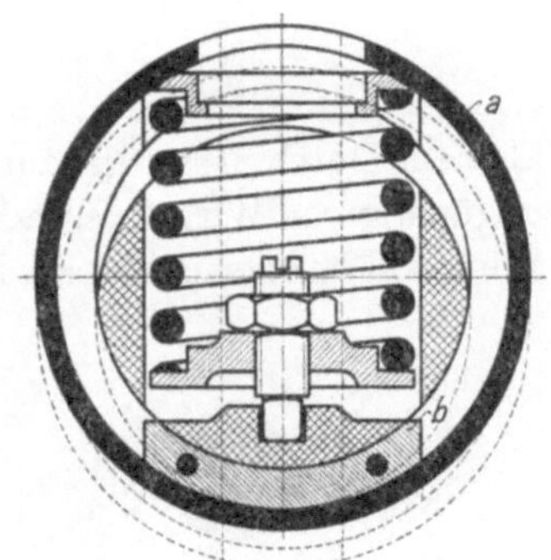

Abb. 174. Sicherheitsregler (Thyssen).

Im Falle der Hauptregler versagt, ist jede Dampfturbine mit einem zweiten Regler ausgerüstet, dem sogenannten *Sicherheitsregler*, der erst ausschlägt, wenn die normale Drehzahl um etwa 10% überschritten wird. In Abb. 174 ist die Konstruktion eines Sicherheitsreglers dargestellt. Der Ring a wird durch die Fliehkraft des nicht ausgeglichenen Einsatzstückes b nach der einen, durch die Feder nach der andern Seite getrieben. Wird die Drehzahl zu hoch, so überwiegt die Fliehkraft und der Ring schlägt aus. Der ausschlaggebende Sicherheitsregler bewirkt den „Schnellschluß“ der Dampfzufuhr zur Turbine; bei der in der Abb. 198 dargestellten Anordnung von Brown, Boveri & Co. wird z. B. vom Sicherheitsregler C der Hebel D gedreht und die Sperrung der Feder ausgeklinkt, die das Absperrventil E auf den Sitz treibt. Auch von Hand kann der Schnellschluß ausgelöst werden, indem man auf den Knopf *F* schlägt. Mit Hilfe des gezeichneten Handrades und Gewindes kann man das Absperrventil *E* wieder anheben und seine Feder wieder sperren. In Abb. 173 ist *e* der auf der Reglerwelle sitzende Sicherheitsregler, der den Schnellschluß des Hauptabsperrventils *h* auslöst, wenn die Drehzahl um etwa 10% höher wird als die normale. Die zuverlässige Arbeitsweise der Schnellschlußregler ist im Betriebe ständig zu überwachen.

100. Beispiele ausgeführter Dampfturbinen. Abb. 175 zeigt eine Kondensationsturbine der AEG. Sie ist eingehäusig gebaut. Das zweistufige Geschwindigkeits- oder Curtisrad ist mit

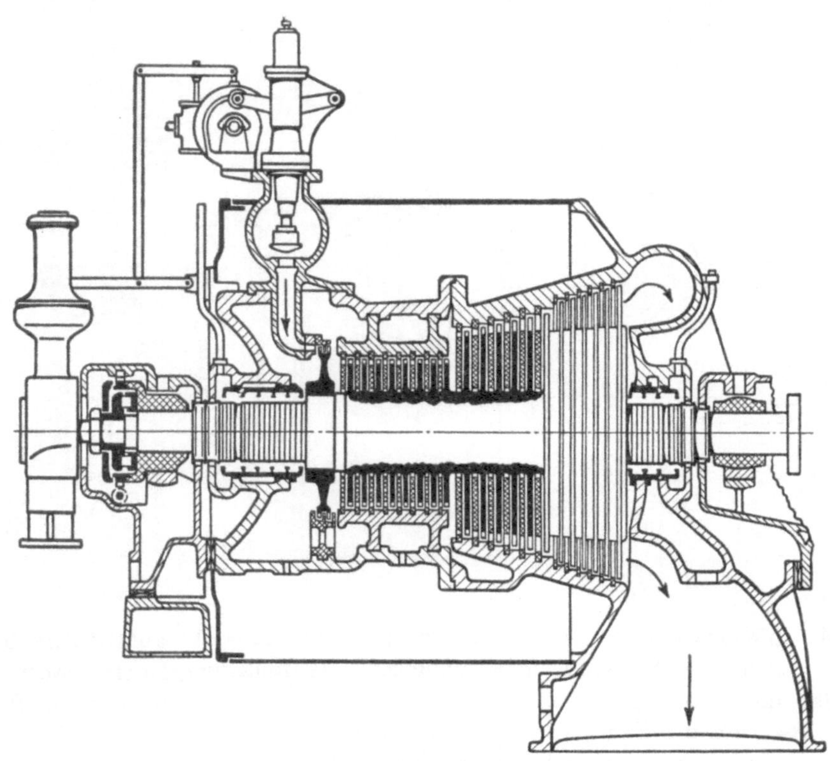

Abb. 175. Kondensationsturbine der AEG.

kleinem Durchmesser gebaut und verarbeitet nur ein geringes Gefälle, um den bei Vollast etwas ungünstigeren Wirkungsgrad des Curtisrades nicht zu sehr in Erscheinung treten zu lassen. Diese Stufe soll hauptsächlich als Regelstufe für die Düsenregelung dienen. Im mittleren Druckgebiet hat die Turbine weitere mit Druckstufung arbeitende Gleichdruckstufen, auf die im Niederdruckgebiet Überdruckstufen folgen, von denen die letzten Schaufeln auf einer Trommel befestigt sind. Abb. 176 veranschaulicht die Steuerung dieser Turbine. Der im Gehäuse *K* eingeschlossene Fliehkraftregler verstellt den im Schiebergehäuse *G* laufenden Kolbenschieber des mit Drucköl betriebenen Drehkolbenmotors *A*, der durch Leitungen *a* und *b* mit dem Schiebergehäuse verbunden ist. Je nach der Stellung des steuernden Schiebers empfängt der Drehkolben *B* auf der einen oder der anderen Seite Drucköl und dreht die mit ihm verbundene Steuerwelle, auf der 5 unrunde Scheiben *C* befestigt sind. Diese Scheiben haben, wie Abb. 177 veranschaulicht, im Umfange abnehmendes Profil, so daß die 5 Düsenventile, die als Tellerventile ausgeführt sind, nacheinander geöffnet werden. Zur Rückführung dient die Kurvenscheibe *J* *.

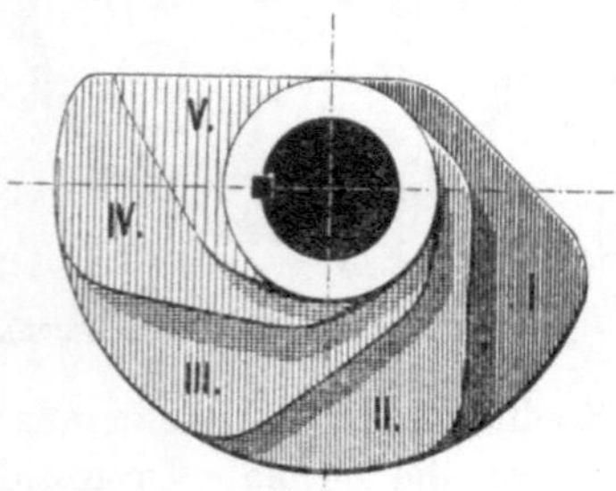

Abb. 177. Die Profile der unrunden Steuerscheiben.

* Über die Notwendigkeit der „Rückführung" vgl. Ziffer 78.

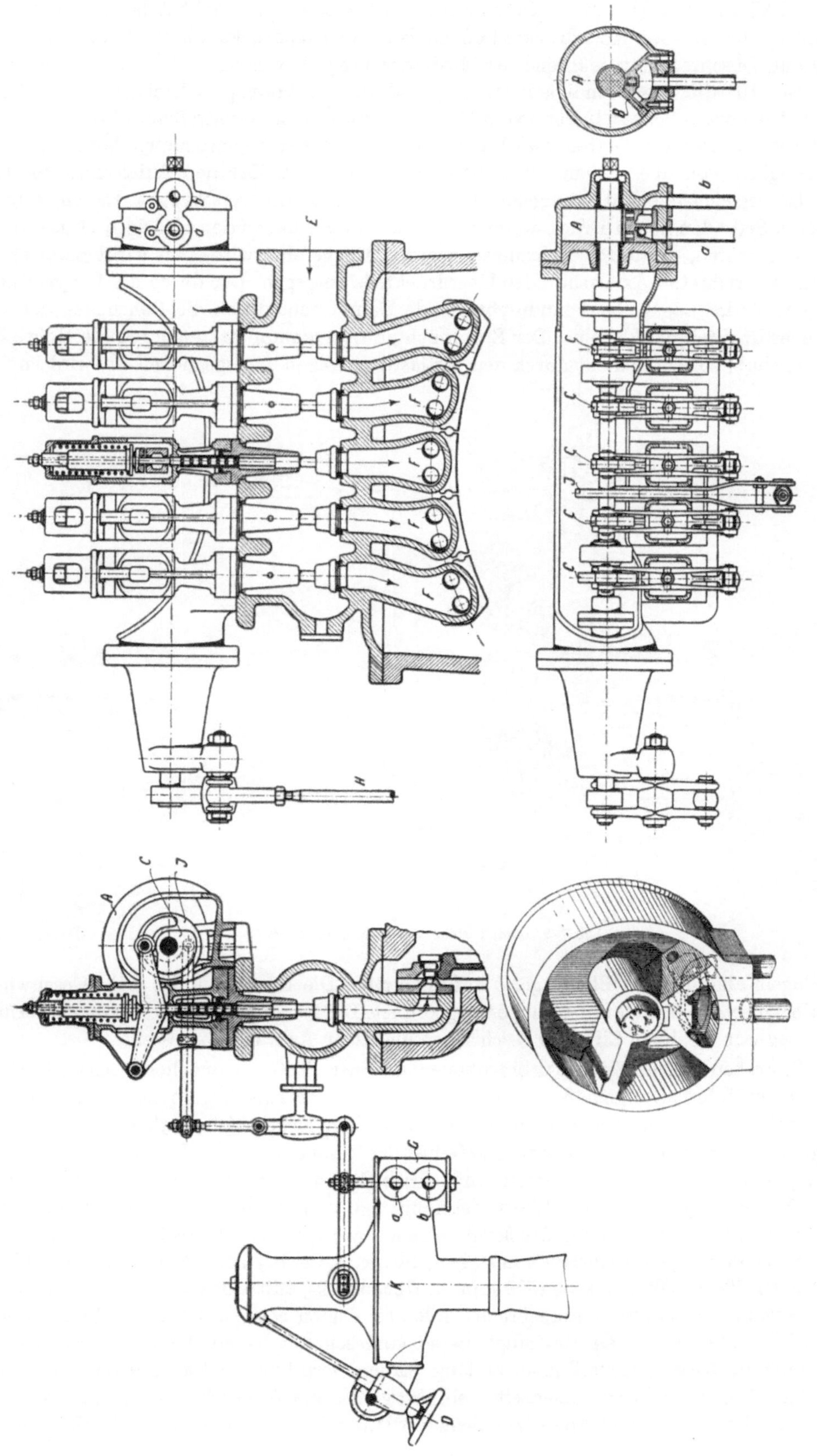

Abb. 176. Steuerung der AEG-Dampfturbine.

Die BBC-Turbine in Abb. 178, die für Leistungen von 8000 bis 12000 kW bei $n = 3000\ \text{min}^{-1}$ bestimmt ist, hat für den Hochdruckteil ebenfalls eine Gleichdruckstufe mit Geschwindigkeitsstufung und Düsenregelung, während der Niederdruckteil als vielstufige Überdruckturbine ausgeführt ist. Für die Geschwindigkeitsstufung sind zwei einkränzige Gleichdrucklaufräder angeordnet. Die kurzen Schaufeln der ersten Überdruckstufen sind unmittelbar auf der verstärkten Welle befestigt. Für die letzten Laufkränze sind wegen der angewendeten hohen Umfangsgeschwindigkeit von über 250 m/s Scheibenräder angeordnet. Der den Axialschub des Überdruckteils ausgleichende Entlastungskolben *a* ist mit der Achse verschraubt. Er empfängt auf der rechten Seite den hohen Druck der ersten Stufe, auf der linken den niedrigen Druck vor den letzten fünf Stufen, der durch Bohrungen der Welle zugeführt wird, und wirkt dadurch dem nach rechts gerichteten Axialschub des Überdruckteils entgegen. Der durch die Labyrinthdichtungen des Entlastungskolbens hindurchtretende Dampf geht durch die Bohrungen der Welle zum Niederdruckteil der Turbine. Der Stopfbüchsen-Sperrdampf strömt durch die Rohre *d* ab. Der Axialschub, soweit er nicht durch den Entlastungskolben *a* ausgeglichen ist, wird von dem

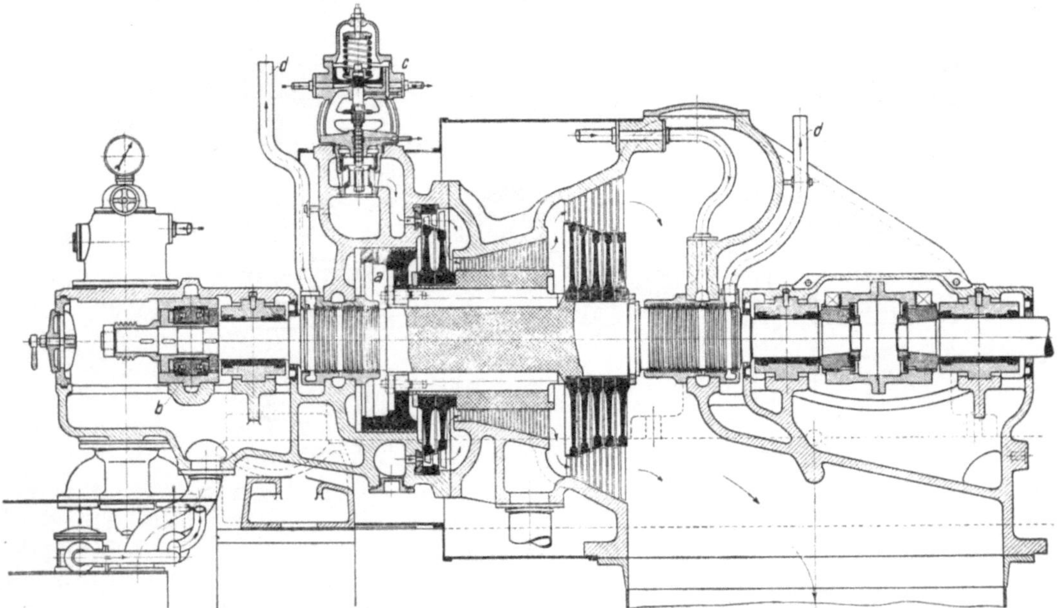

Abb. 178. Dampfturbine von Brown, Boveri & Co.

durch Kugeln abgestützten Blocklager *b* aufgenommen. Die Düsen, die das erste Geschwindigkeitsrad beaufschlagen, sind in 4 Gruppen angeordnet. Die bei dieser Turbine verwendete Durchflußregelung war bereits in Ziffer 99 beschrieben und ist in Abb. 173 dargestellt.

Das Bestreben des heutigen Turbinenbaues, in einer Stufe ein möglichst geringes Gefälle zu verarbeiten, führt naturgemäß zu vielen Stufen. Zwischen zwei Lagern kann man aber nicht beliebig viele Stufen unterbringen; denn längere Wellen biegen sich stärker und ihre Eigenschwingungszahl kann leicht in das kritische Gebiet der Resonanz fallen. Um die Lagerentfernung zu verringern, teilt man daher die Turbine in mehrere Gehäuse auf. Dazu zwingen auch schon die höheren Dampftemperaturen; um Wärmedehnungen zu vermeiden, muß das heiße Hochdruckgehäuse von dem kälteren Niederdruckteil getrennt werden. Als Beispiel einer Mehrgehäuseanordnung sei die *Dreigehäuseturbine* von Brown, Boveri & Co. in Abb. 178 genannt. Die Turbine leistet bis zu 50000 kW bei $n = 1500\ \text{min}^{-1}$. Hochdruck-, Mitteldruck- und Niederdruckteil sind in getrennten Gehäusen untergebracht. Alle drei Stufen besitzen Überdruckbeschaufelung. Dem Hochdruckteil ist ein Geschwindigkeitsrad vorgeschaltet. Damit bei der großen Leistung die Schaufeln im Niederdruckteil nicht zu lang werden, wird hier der Dampf zweiflutig geführt. Durch diese Anordnung wird gleichzeitig ein Ausgleich des Axialschubes im Niederdruckteil erreicht. Aus der Abb. 179 ist weiter zu ersehen, wie die Dampfwege im Hochdruckteil und im

Mitteldruckteil entgegengesetzt verlaufen, wodurch auch in diesen Teilen die der Überdruckbeschaufelung eigenen axialen Schubkräfte ausgeglichen werden.

Die Unterteilung in mehrere Gehäuse wird auch bei kleineren Leistungen durchgeführt, wenn Druck und Temperatur des zur Verfügung stehenden Dampfes eine wirtschaftliche Ausnützung in einer Eingehäuseturbine nicht gestatten.

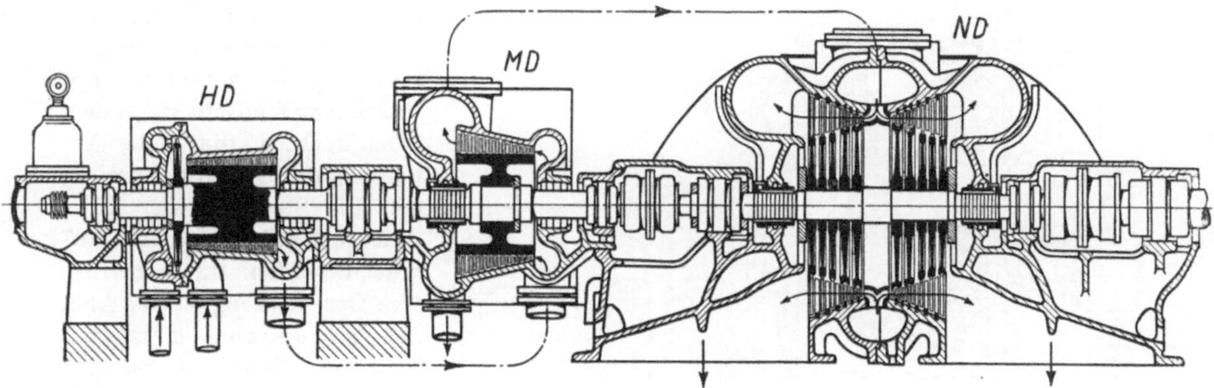

Abb. 179. Dreigehäuseturbine von Brown, Boveri & Co.

Die vorstehend geschilderten Bauarten waren durchweg Frischdampf-Kondensationsturbinen. Als erstes Beispiel der Sonderbauarten zeigt Abb. 180 die Ausführung einer Entnahmeturbine (BBC). Der Frischdampf tritt durch das Einlaßventil *a* ein und arbeitet in der aus einem Geschwindigkeitsrad bestehenden Hochdruckstufe. Hinter der Hochdruckstufe wird der Ent-

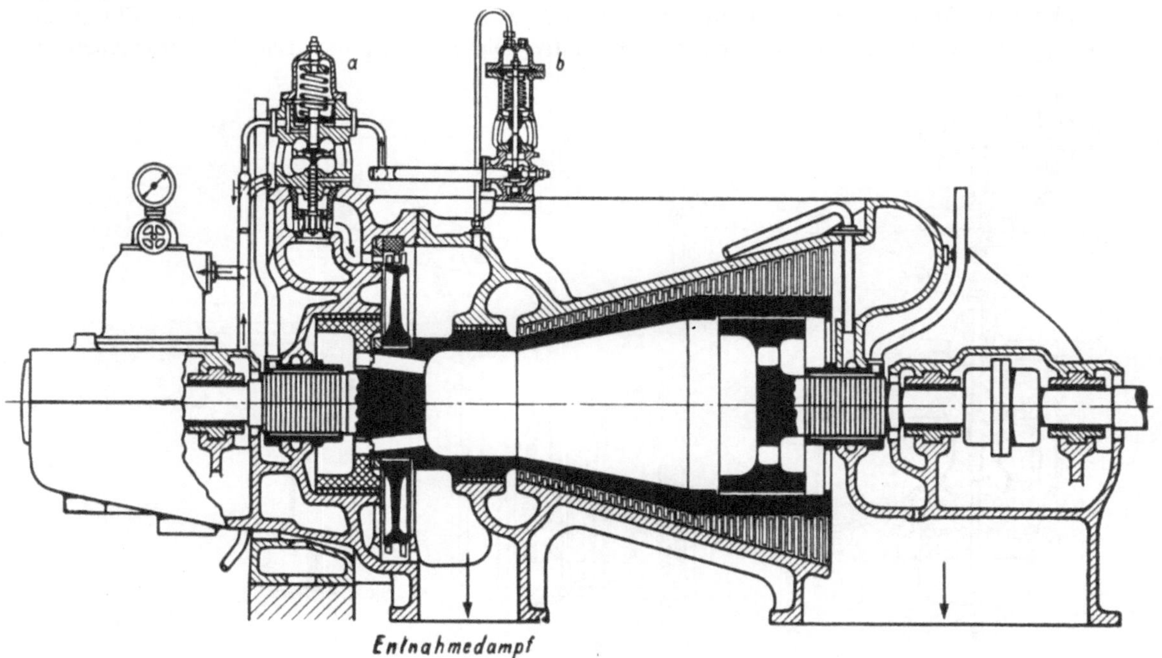

Abb. 180. Entnahmeturbine von Brown, Boveri & Co.

nahmedampf abgeführt, während der restliche Dampf durch das Überströmventil *b* zum Niederdruckteil gelangt. Die dargestellte Turbine ist nur für kleine Leistungen bestimmt, da sich sonst die Unwirtschaftlichkeit der Hochdruckstufe (Curtis-Gleichdruckrad) zu sehr auswirkt. Für große Leistungen wählt man daher Zweigehäuseturbinen, deren Hochdruckteil als normale Hochdruckturbine ausgeführt wird. Wegen der Wirkungsweise der Entnahmesteuerung vgl. Abb. 165.

Abb. 181 zeigt eine *Zweidruckturbine* der AEG von 3700 kW für 20000 kg/h Abdampfaufnahme. Der Hochdruckteil empfängt den Frischdampf über das Ventil *a*. Der Abdampf tritt aus der seitlich an die Turbine herangeführten Abdampfleitung, die durch ein Ventil absperrbar ist, in die Turbine ein und wird von der Niederdrucksteuerung *b* gesteuert. Der Frischdampf umgeht hinter dem Hochdruckteil die erste Abdampfstufe. — Schematisch war die Steuerung der Zweidruckturbine bereits in Abb. 167 gezeigt worden. Ihre konstruktive Durchbildung ist aus Abb. 182 zu ersehen. *a* ist das Frischdampfventil, *b* das Abdampfventil, *e* der Stellmotor des Geschwindigkeitsreglers. *f* ist der Stellmotor des Druckreglers *c*.

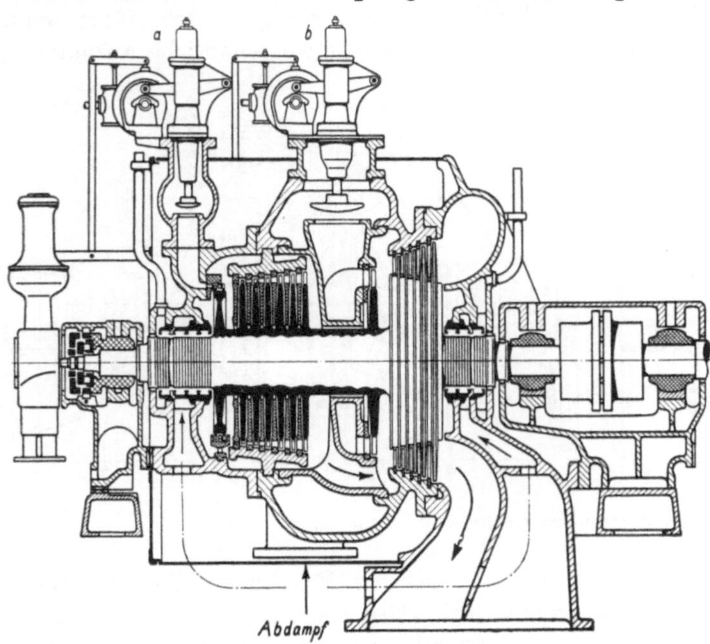

Abb. 181. Zweidruckturbine der AEG.

Bei den Zweidruckturbinen der AEG wird anstatt der oben dargestellten Drosselregelung sowohl für den Hochdruckteil wie für den Niederdruckteil die in Ziffer 99 besprochene Füllungsregelung mit gesteuerten Düsengruppen angewendet. Die Regelung der AEG-Zweidruckturbine

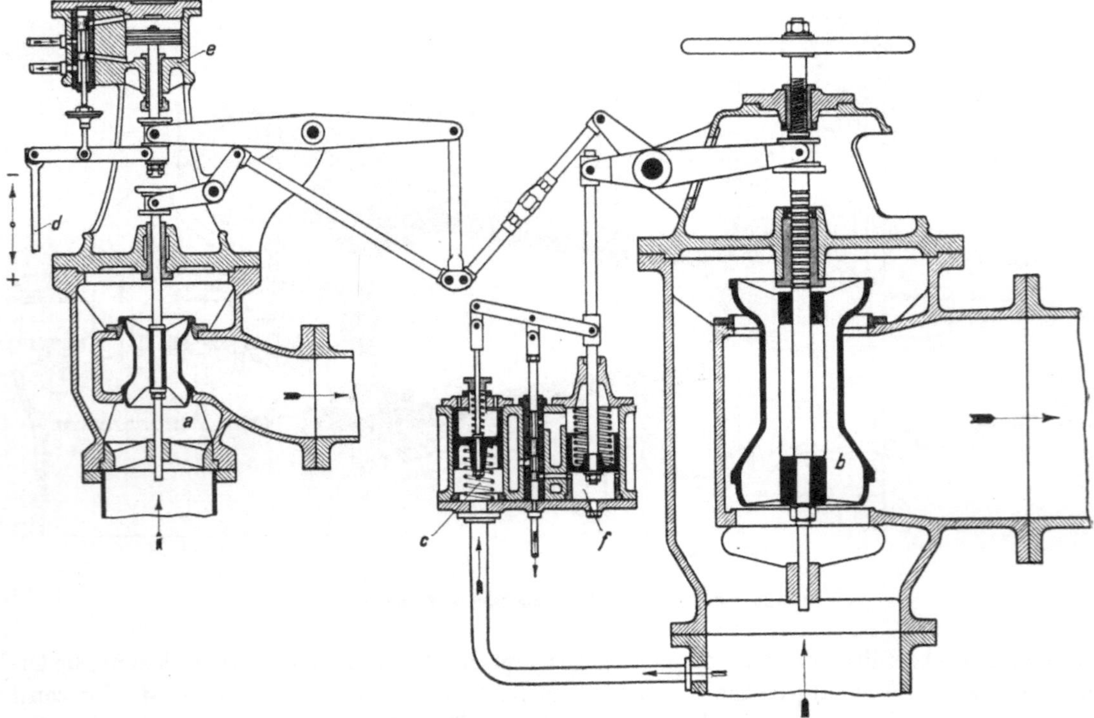

Abb. 182. Zweidrucksteuerung von RATEAU (MAN).

stimmt grundsätzlich mit der Rateauschen Anordnung überein, ist aber von ihr konstruktiv unterschieden. Der Geschwindigkeitsregler wirkt im selben Sinne auf die Frischdampf- und die

Abdampfsteuerung, der Druckregler im entgegengesetzten Sinne. — In Abb. 183 ist die Zweidrucksteuerung von Brown, Boveri & Co. veranschaulicht, die auf dem Grundsatz der früher in Ziffer 99 beschriebenen Durchflußregelung beruht. a ist das Frischdampfventil, b das Abdampfventil, c ist der Geschwindigkeitsregler, der den Drosselspalt d verengt oder erweitert, e ist der Druckregler, der mittels des Ventils f die Hochdruck- und die Niederdrucksteuerung scheidet. Bei hohem Abdampfdruck ist f voll geöffnet und der Öldruck tritt in gleicher Stärke unter den Kolben des Frischdampf- und des Abdampfventils; doch wird zunächst das Abdampfventil geöffnet, weil das Frischdampfventil durch seine Feder stärker belastet ist. Bei sinkendem Abdampfdruck wird der Ölstrom im Ventil f gedrosselt, so daß der Kolben des Frischdampfventils a stärkeren Druck empfängt und steigt, der Kolben des Abdampfventils dagegen schwächeren Druck empfängt und sinkt.

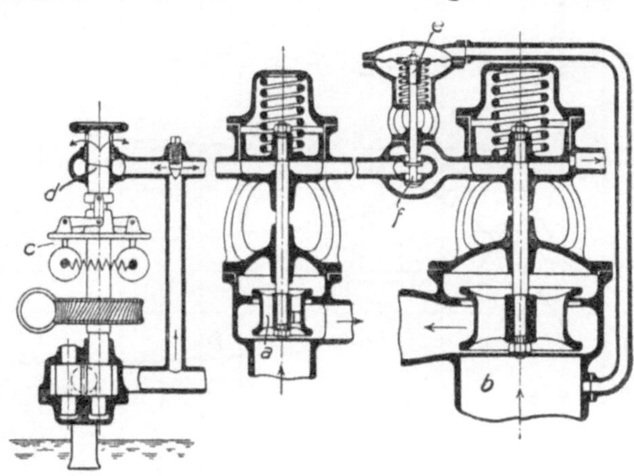

Abb. 183. Zweidrucksteuerung von Brown, Boveri & Co.

101. Die Stopfbüchsen und Lager der Dampfturbinen. Zur Abdichtung der Turbinenwelle verwendet man entweder feste Stopfbüchsen aus mehrteiligen, durch eine herumgelegte Schraubenfeder zusammengehaltenen Kohlenringen oder Labyrinthdichtungen. Bei den Labyrinthdichtungen berühren sich Welle und Stopfbüchse nicht. Indem man gemäß Abb. 184 für den Durchgang des Dampfes abwechselnd Verengungen und Erweiterungen schafft, verliert der durch einen engen Spalt ausströmende Dampf seine Energie durch Wirbelung und Stöße, und das Druckgefälle wird allmählich verzehrt, so daß nur wenig Dampf verlorengeht. Die dargestellte Labyrinthdichtung ist axial frei und hat radial kleinstes Spiel. Soll die Labyrinthstopfbüchse gegen Vakuum dichten, so wird ihr Sperrdampf zugeführt, den man nach außen sichtbar austreten läßt. Der Verlust durch Sperrdampf wiegt weniger schwer als die Störung durch etwa eindringende Luft. Die *Lager* der Dampfturbinenwelle sind Gleitlager, die durch Druckölgeschmiert werden. Das Öl wird im Kreislauf verwendet; nachdem es die Lager verlassen hat, durchfließt es einen Röhrenkühler.

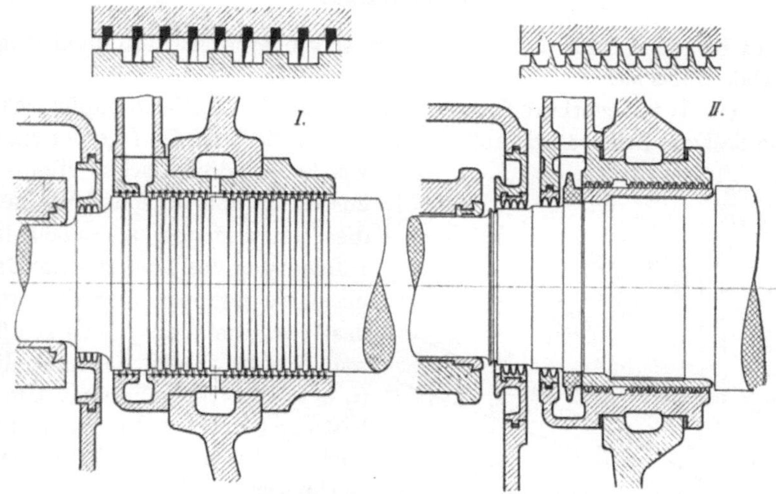

Abb. 184. Stopfbüchsen mit Labyrinthdichtung.

102. Dampf- und Wärmeverbrauch der Dampfturbinen. Wirkungsgrade. Der Dampfverbrauch der Dampfturbinen hängt vom Anfangszustand des Dampfes, vom Gegendruck, von der Bauart und Größe der Turbine, von der Drehzahl usw. ab und schwankt dementsprechend in weiten Grenzen. Es ist ohne weiteres verständlich, daß das für die Arbeitseinheit gebrauchte Dampfgewicht einer Gegendruck- oder einer Abdampfturbine größer sein muß als bei einer Frischdampf-Kondensationsturbine, die ein größeres Wärmegefälle verarbeitet. Bei Dampfturbinen wird der Dampfverbrauch auf die effektive, meist in kW gerechnete Leistung an der Welle bezogen, bei Turbogeneratoren auf die abgegebene elektrische Leistung. Es ist festzulegen, ob die Antriebsleistung der Kondensation und gegebenenfalls die Erregerleistung zur Turbinenleistung gehört oder nicht. Der Leistungsaufwand für die Kondensation beträgt bei Frischdampfturbinen etwa 3% und bei Abdampfturbinen etwa 7% der vollen Turbinenleistung.

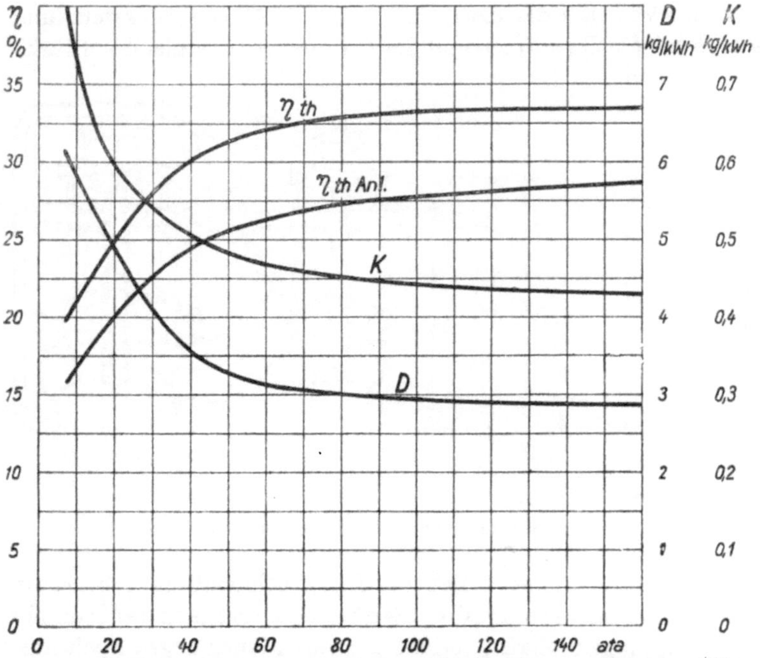

Abb. 185. Dampfverbrauch D* und thermischer Wirkungsgrad η_{th} von Frischdampf-Kondensationsturbinen und Steinkohlenverbrauch K und thermischer Wirkungsgrad $\eta_{th\text{-}Anl.}$ der Gesamtanlage.

Einen ersten Anhaltspunkt für den Dampfverbrauch und den Steinkohlenverbrauch der Frischdampf-Kondensationsturbinen (einschließlich des Verbrauches für Kondensation und Generatorerregung) gibt Abb. 185*, der z. B. bei 40 ata Betriebsdruck ein Dampfverbrauch von rd. 3,6 kg/kWh und ein Steinkohlenverbrauch von rd. 0,5 kg/kWh zu entnehmen sind. Abb. 186 zeigt den erheblich höheren Dampfverbrauch von Abdampfturbinen (einschl. Kondensationsantrieb) in Abhängigkeit vom Kondensatordruck. Die Höhe des Kondensatordruckes ist von um so größerem Einfluß, je niedriger der Betriebsdruck p_1 des Abdampfes ist.

Der Wärmeverbrauch ergibt sich wie bei den Kolbendampfmaschinen aus dem *is*-Diagramm, so daß zur Erläuterung auf die Abb. 142 zurückgegriffen werden kann. Eine verlustlose Turbine würde das adiabatische Gefälle $(i_1 - i_2)$ kcal/kg von A bis B ausnutzen und für eine kWh mit dem Wärmewert 860 kcal die Dampfmenge $D_0 = 860 : (i_1 - i_2)$ kg/kWh brauchen. Infolge der Verluste, die im Gegensatz zur Kolbendampfmaschine hauptsächlich Strömungsverluste sind, wird nur das Wärmegefälle $(i_1 - i_2')$ kcal/kg von A bis C ausgenutzt und für die *innere* Leistung die Dampfmenge $D_i = 860 : (i_1 - i_2')$ kg/kWh gebraucht. Um den auf die *effektive* Wellenleistung bezogenen Dampfverbrauch D_e zu erhalten, müssen noch die durch den mechanischen Wirkungsgrad η_m gekennzeichneten mechanischen Reibungsverluste berücksichtigt werden, woraus sich ergibt:

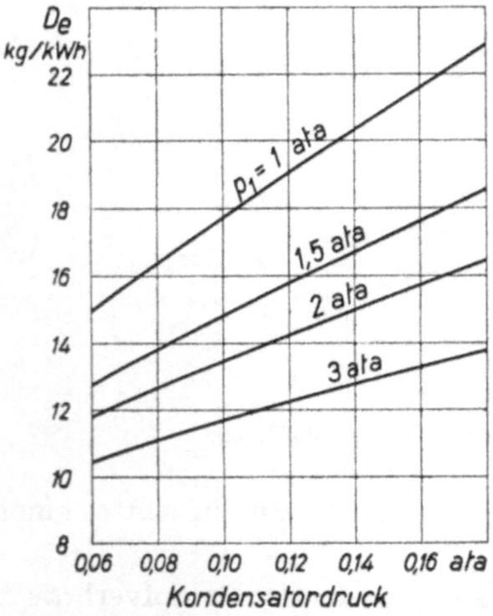

Abb. 186. Abdampfverbrauch bei verschiedenen Betriebsdrücken in Abhängigkeit vom Kondensatordruck.

$$D_e = \frac{D_i}{\eta_m} = \frac{860}{\eta_m\,(i_1 - i_2')}\ \text{kg/kWh}.$$

Ist dieser Dampf aus Speisewasser von t_w ° C mit i_w kcal/kg erzeugt worden, so ergibt sich ein Wärmeaufwand $Q_e = D_e \times (i_1 - i_w)$ kcal/kWh. Das Verhältnis der ausgenutzten Wärme, also 860 kcal für eine kWh zu diesem auf die effektive Wellenleistung bezogenen Aufwand ist der *effektive thermische Wirkungsgrad* der

* Es sind die üblichen Überhitzungstemperaturen vorausgesetzt, ferner im Druckgebiet von 40 bis 60 at eine einmalige, im Hochdruckgebiet eine zweimalige Zwischenüberhitzung.

Dampfturbine:

$$\eta_{th_e} = \frac{860}{Q_e}, \quad \text{oder} \quad \eta_{th_e} = \frac{860}{D_e\,(i_1 - i_w)} = \frac{i_1 - i_2'}{i_1 - i_w}\eta_m.$$

Verbraucht z. B. eine Turbine $D_e = 4{,}9$ kg/kWh Dampf von 20 ata, 340° C mit $i_1 = 745$ kcal/kg, der aus Speisewasser von 40° C mit $i_w = 40$ kcal/kg erzeugt worden ist, so wird der Wärmeaufwand $Q_e = D_e\,(i_1 - i_w) = 4{,}9 \cdot (745 - 40) = 3455$ kcal/kWh und der effektive thermische Wirkungsgrad

$$\eta_{th_e} = \frac{860}{Q_e} = \frac{860}{3455} = 0{,}249 = 24{,}9\,\%.$$

Der thermische Wirkungsgrad ist besonders für Vergleiche geeignet. Überschlagswerte findet man aus Abb. 185.

Setzt man die in der Turbine ausgenutzte Wärme ins Verhältnis zu der hierfür dem Kessel zugeführten Brennstoffwärme, so erhält man den effektiven thermischen Wirkungsgrad der gesamten Kraftanlage: $\eta_{th\,Anl.} = \frac{860}{B\,H_u}$, worin B die zur Erzeugung einer kWh verbrauchte Menge des Brennstoffes in kg und H_u den unteren Brennstoffheizwert bedeuten. In $\eta_{th\text{-}Anl.}$ sind somit auch der Kesselwirkungsgrad η_K und der Leitungswirkungsgrad η_L enthalten, so daß auch geschrieben werden kann: $\eta_{th\text{-}Anl.} = \eta_{th_e}\eta_K\,\eta_L$. Werte für den thermischen Wirkungsgrad der Gesamtanlage, der auch als Brennstoffausnutzungsgrad η_B bezeichnet wird, sind gleichfalls der Abb. 185 zu entnehmen.

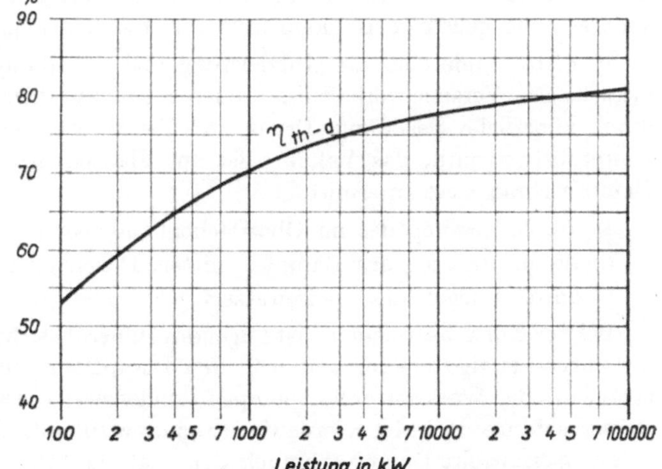

Abb. 187. Thermodynamischer Wirkungsgrad der Dampfturbinen.

Unter dem *thermodynamischen* Wirkungsgrad versteht man das Verhältnis der effektiven Leistung an der Turbinenwelle zur Leistung einer verlustlosen, mit gleicher Dampfmenge arbeitenden Turbine: $\eta_{th\text{-}d} = \frac{N_e}{N_0}$. Setzt man die den Leistungen reziproken Dampfmengen ein, so wird der thermodynamische Wirkungsgrad auch durch das Verhältnis der theoretisch in einer verlustlos arbeitenden Turbine für eine kWh erforderlichen Dampfmenge D_0 zu dem wirklichen Dampfverbrauch D_e je kWh ausgedrückt: $\eta_{th\text{-}d} = \frac{D_0}{D_e}$. Der Verbrauch für die Kondensation wird dabei nicht berücksichtigt.

Beträgt z. B. das adiabatische Wärmegefälle im *is*-Diagramm $(i_1 - i_2) = 272$ kcal/kg, so ist der Dampfverbrauch der verlustlosen Turbine $D_0 = 860 : (i_1 - i_2) = 860 : 272 = 3{,}16$ kg/kWh. Bei einem wirklichen Dampfverbrauch $D_e = 4$ kg/kWh wird der thermodynamische Wirkungsgrad $\eta_{th\text{-}d} = \frac{3{,}16}{4} = 0{,}79 = 79\%$. Kennt man umgekehrt den thermodynamischen Wirkungsgrad, so kann man aus dem idealen den wirklichen Dampfverbrauch feststellen. Der thermodynamische Wirkungsgrad hängt vom Dampfdruck, vom Vakuum, von der Überhitzung, von der Belastung und ferner in erheblichem Maße davon ab, ob es sich um eine große oder kleine Maschine handelt. Abb. 187 zeigt, wie sich etwa bei normalen Frischdampfkondensationsturbinen der thermodynamische Wirkungsgrad mit der Maschinengröße ändert.

Beste Leistung und höchsten Wirkungsgrad am Radumfang erreicht man, wenn die Umfangsgeschwindigkeit bei Gleichdruckturbinen etwa gleich der halben und bei Überdruckturbinen gleich der 0,7 fachen Dampfgeschwindigkeit ist (vgl. Ziffer 96). Die Leistung am Radumfang vermindert um die Dampfreibungs- und die Ventilationsverluste ergibt die innere Leistung der Turbine, die der indizierten Leistung der Kolbendampfmaschine vergleichbar ist. Das Verhältnis der inneren Leistung N_i zur Leistung N_0 der verlustlosen Turbine wird als *innerer* Wirkungsgrad bezeichnet: $\eta_i = \frac{N_i}{N_0}$. Die effektive Wellenleistung ist um die mechanischen Reibungsverluste (Lager-, Stopfbüchs-, Reglerreibung) kleiner als die innere Leistung. Der *mechanische* Wirkungsgrad wird ausgedrückt durch das Verhältnis der effektiven Leistung N_e zur inneren Leistung N_i und ist $\eta_m = \frac{N_e}{N_i}$. Zwischen innerem, thermodynamischem und mechanischem Wirkungsgrad besteht somit die Beziehung: $\eta_{th-d} = \eta_i \, \eta_m$.

103. Regeln für Leistungsversuche an Dampfturbinen. Vom Verein deutscher Ingenieure sind *Regeln für Abnahmeversuche an Dampfturbinen*[1] aufgestellt worden, aus denen im folgenden einige Auszüge wiedergegeben werden:

Nutzleistung einer Turbodynamo ist die Leistung an den Klemmen; jedoch ist der Leistungsbedarf elektrisch angetriebener Hilfsmaschinen abzuziehen. Bei dampfangetriebenen Hilfsmaschinen, deren Abdampf in der Hauptturbine weiter ausgenutzt wird, gehört die Nutzleistung des Abdampfes zur Nutzleistung der Turbine und der Dampfverbrauch der Hilfsmaschinen zum Gesamtverbrauch. Die Leistung der direkt-gekuppelten Erregermaschine gehört nicht zur Nutzleistung; bei fremder Erregung ist die Erregerleistung von der Klemmenleistung der Turbodynamo abzuziehen. Nutzleistung einer *Turbine*, die einen Turbokompressor usw. oder eine von anderer Seite gelieferte Dynamo treibt, ist die Leistung an der Kuppelung.

In erster Linie sind die Nutzleistung und der Dampfverbrauch für die Arbeitseinheit zu messen. Die Versuchsverhältnisse sollen möglichst gleich gehalten werden, erforderlichenfalls durch künstliche Belastung. Druck und Temperatur des Dampfes sind unmittelbar vor dem Hauptabsperrventil, das Vakuum ist am Flansch des Kondensatorstutzens zu messen. Der Dampfverbrauch ist zu ermitteln

a) durch Messung des im Oberflächenkondensator niedergeschlagenen Dampfes oder

b) durch Messung des Dampfes mittels Düsen oder

c) durch Wiegen des Speisewassers.

Bei der Kondensatmessung ist folgendes zu berücksichtigen: Der Kondensator soll dicht sein; die durch etwaige Undichtheiten in den Dampfraum eindringende Kühlwassermenge ist festzustellen. Bei Wasserstrahlluftpumpen kondensiert etwas Dampf und wird mit dem Arbeitswasser, sofern es nicht im Kreislauf verwendet wird, mitgeführt[2], so daß der durch die Kondensatmessung ermittelte Dampfverbrauch kleiner als der tatsächliche ist. Die mitgerissene Kondensatmenge ist nach Möglichkeit zu bestimmen. Schließlich ist der Dampf, der nicht in den Kondensator gelangt, besonders zu messen, wie Stopfbüchsendampf, Dampf von Dampfstrahlluftpumpen usw. Versuche, bei denen das Speisewasser gewogen wird, sollen 5 bis 6 Stunden dauern, und gelten mit 2,5% Spiel. Bei Kondensatmessung genügt eine $^1/_2$- bis 1stündige Versuchsdauer; die Messung gilt, wenn die Belastung gleichmäßig gewesen, ohne Spiel. Für Messungen des Dampfverbrauches mittels geeichter Düsen genügt einstündige Versuchsdauer und die Messung gilt mit 5% Spiel.

XI. Die Kondensation des Abdampfes von Dampfmaschinen und Dampfturbinen[3]. Wasserrückkühlanlagen.

104. Zweck und Anordnung der Kondensation. Vakuum. In Dampfkraftanlagen ist der Hauptzweck der Kondensation, den Abdampf einer Dampfmaschine oder Dampfturbine durch Kühlen bei sehr niedrigem Druck zu kondensieren, d. h. zu verflüssigen und damit sein Volumen möglichst weitgehend zu vermindern, um dadurch hinter der Maschine ein Vakuum zu erzeugen.

[1] VDI-Dampfturbinenregeln. DIN 1943, 3. Aufl. Berlin 1943. — [2] Vgl. Ziffer 109

[3] Über die Kondensation von Dämpfen in thermodynamischem Zusammenhange siehe die Ziffern 2, 11 und 14. Vgl. ferner Ziffer 92.

Der Dampf der Maschine strömt dann nicht gegen den äußeren Atmosphärendruck ab, sondern gegen den weit niedrigeren Kondensatordruck, wodurch sein Expansionsvermögen besser ausgenutzt und ein größeres Wärmegefälle verarbeitet werden kann (vgl. Beispiele AB und AD im is-Diagramm für Wasserdampf, Abb. 19).

Ein weiterer, bei Anlagen mit Hochleistungskesseln gleich wichtiger Zweck ist die Wiedergewinnung des Kondensats als Speisewasser. Reines Kondensat, wie es aus dem Abdampf von Turbinen gewonnen wird, ist für hochbeanspruchte Kessel das beste Speisewasser. Abdampf von Kolbendampfmaschinen muß dagegen erst entölt werden, ehe er niedergeschlagen werden kann. Reines Kondensat nimmt begierig Luft auf, deren Sauerstoff im Kessel Verrostungen verursacht, weshalb es besonders wichtig ist, das Kondensat vor Luftzutritt zu schützen.

Als Kühlmittel für die Kondensation werden hauptsächlich Wasser und neuerdings auch Luft verwendet. Wo es allein auf den durch die Kondensation erzielbaren Energiegewinn oder die erzielbare Dampfersparnis ankommt, wird die Kondensation als *Misch- oder Einspritzkondensation* ausgeführt, bei welcher der niederzuschlagende Dampf unmittelbar mit dem Kühlwasser gemischt und von ihm aufgenommen wird. Wenn jedoch das Kondensat wieder als Speisewasser gebraucht werden soll, was in größeren Anlagen die Regel ist, so darf der Dampf nicht mit Kühlwasser gemischt werden, weil das Kühlwasser nicht rein und seine Menge vielfach größer als die niederzuschlagende Dampfmenge ist. Die Dampfwärme muß in diesem Fall durch trennende Kühlflächen hindurch auf das Kühlwasser übertragen werden, was sinngemäß auch für die Kühlung mit Luft gilt. Das geschieht in den *Oberflächenkondensationen.* Bei Wasserkühlung strömt das Kühlwasser durch Rohre, die außen vom Dampf beaufschlagt werden. Bei Luftkühlung, die besonders große Kühlflächen erfordert, schickt man den Dampf durch Rippenrohre, die äußerlich von der mit Ventilatoren zugeführten Kühlluft angeblasen werden.

Mit dem Dampf und durch Undichtheiten tritt immer etwas Luft in den Kondensator ein, die nicht kondensiert werden kann und deshalb mit einer Luftpumpe entfernt werden muß, um das Vakuum halten zu können. Ebenso ist das niedergeschlagene Kondensat ständig mit einer Kondensatpumpe abzupumpen. Die frühere Abb. 37 zeigt innerhalb der schematischen Darstellung einer Dampfkraftanlage eine Oberflächenkondensation nebst den zugehörigen Pumpen und dem in der Regel erforderlichen Kühlwerk für die Rückkühlung des Kühlwassers.

Der Druck im Kondensator hängt davon ab, wie tief man den Dampf abkühlt. Nach der Tabelle der gesättigten Wasserdämpfe gehört zu 45° C Dampftemperatur der Dampfdruck 0,1 at, zu 36° C der Druck 0,06 at, zu 29° C der Druck 0,04 at. Die sich aus der Dampftemperatur ergebenden Dampfdrücke stellen aber nur den bei der jeweiligen Temperatur überhaupt erreichbaren niedrigsten Kondensatordruck dar. Der tatsächliche Kondensatordruck ist höher. Es dringt nämlich immer sowohl durch Undichtheiten wie mit dem Dampf Luft in den Kondensator, und ihr Teildruck addiert sich zum Teildruck des Dampfes: Kondensatordruck = Dampfdruck + Luftdruck. Der Teildruck der Luft ist bei guten Kondensatoren gering; er hängt davon ab, wie dicht die Anlage ist und in welchem Maße die Luftpumpe wirkt. Die Luftpumpe ist ein unentbehrlicher Bestandteil jeder Kondensation; pumpt man die ständig eindringende Luft nicht ab, versagt die Kondensation.

Obgleich für die Ausnützung des Dampfes der absolute Kondensatordruck maßgebend ist, ist es gebräuchlicher, an Stelle des absoluten Kondensatordruckes den Unterdruck im Kondensator gegen die Atmosphäre anzugeben. Man kann nämlich den Unterdruck (oder die Luftleere oder das Vakuum) eines Kondensators bequemer messen als den absoluten Druck, z. B. mit einem Federvakuummeter, das den Unterdruck in mm QS angibt. Diese Anzeige ist aber vom Druck der äußeren Atmosphäre, also vom Barometerstand abhängig. Man gibt deshalb als *reduzierten Unterdruck* den auf den normalen Barometerstand von 760 mm QS bezogenen Unterdruck an. Zwischen dem absoluten Kondensatordruck P, dem am Vakuummeter abgelesenen Unterdruck im Kondensator P_K, dem reduzierten Unterdruck P_0 und dem Barometerstand b bestehen folgende Beziehungen:

Absoluter Druck: $P = b - P_K$ mm QS,

reduzierter Unterdruck: $P_0 = P_K + 760 - b = 760 - P$ mm QS.

Häufig wird das Vakuum oder die Luftleere in Prozenten vom normalen Barometerstand (760 mm QS) angegeben: $P_0 \cdot \frac{100}{760}$ %.

Ein nach Prozenten geteiltes Vakuummeter zeigt nur bei 760 mm QS Barometerstand richtig an; bei höherem Barometerstand wird das nur mit dem Vakuummeter gemessene Vakuum zu groß, bei niedrigerem Barometerstand zu klein angezeigt. Diese Abweichung ist bei Kolbenmaschinen mit einem Vakuum von 85 bis 90% weniger bedeutsam, ist aber bei Dampfturbinen wohl zu berücksichtigen, bei denen man 92 bis 96% Vakuum und mehr hat.

Beispiel.

Bei einem Barometerstand von 745 mm QS wird mit einem nach mm QS geteilten Vakuummeter ein Unterdruck von 690 mm QS am Kondensator gemessen. Ein zweites, nach Prozenten geteiltes Vakuummeter, zeigt gleichzeitig eine Luftleere von 90,8% an. — Der absolute Druck im Kondensator ist $P = b - P_K = 745 - 690 = 55$ mm QS oder 0,0747 ata. Der reduzierte Unterdruck ist $P_0 = P_K + 760 - b = 690 + 760 - 745 = 705$ mm QS oder $P_0 = 760 - P = 760 - 55 = 705$ mm QS. Auf den Normalbarometerstand bezogen ist die Luftleere $P_0 \cdot \frac{100}{760} = 705 \cdot \frac{100}{760} = 92{,}8\%$. Die vom Vakuummeter allein angezeigte Luftleere von 90,8% ist also um 2,16% zu klein angegeben.

105. Der Kühlmittelbedarf der Kondensation. Der *Kühlwasserbedarf* einer Kondensation ist beträchtlich. Im niederzuschlagenden Dampfe ist ja noch der größte Teil seiner Erzeugungswärme enthalten. Man kann den Wärmeinhalt des Dampfes nach normaler Expansion mit etwa 580 kcal/kg ansetzen (vgl. die *is*-Tafel, Abb. 19 oder 20), so daß das Kühlwasser, wenn der Dampf auf 40° C abgekühlt wird, 540 kcal/kg aufzunehmen hat. Ist der Dampf nur wenig entspannt, so enthält er weit über 600 kcal/kg. Häufig rechnet man, daß das Kühlwasser, um 1 kg Dampf niederzuschlagen, rd. 600 kcal aufzunehmen hat. Soll nun das Kühlwasser, wie es bei Dampfturbinen üblich ist, nur um 10° erwärmt werden, so nimmt 1 kg Kühlwasser 10 kcal auf und

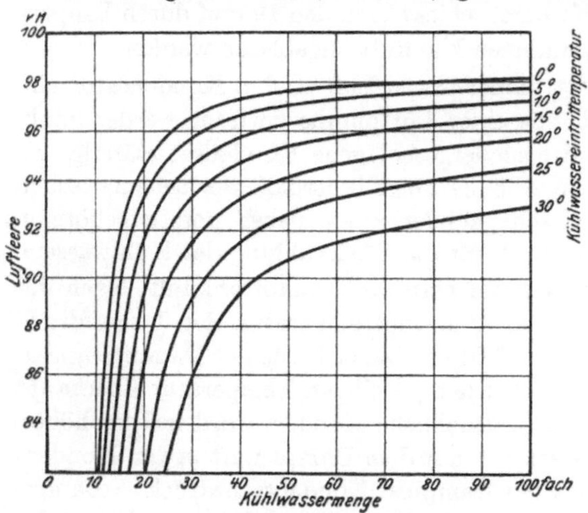

Abb. 188. Erzeugte Luftleere in Abhängigkeit von der Kühlwassermenge und -eintrittstemperatur.

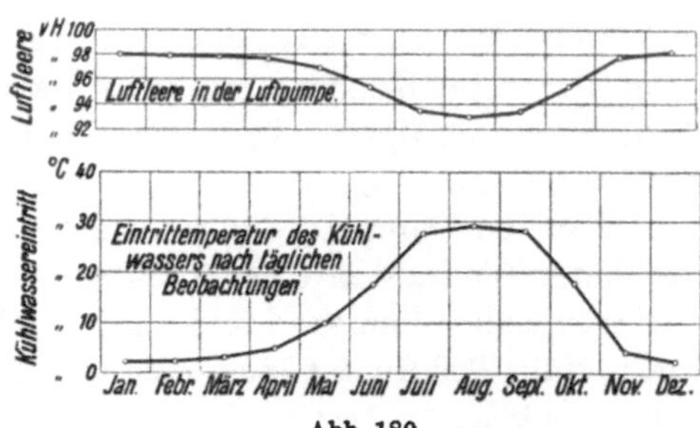

Abb. 189.

man braucht $\frac{600}{10} = 60$mal soviel Kühlwasser wie Speisewasser. Läßt man 15° Erwärmung des Kühlwassers zu, so braucht man 40mal soviel Kühlwasser wie Speisewasser. Mit ein und derselben Kühlwassermenge erzielt man selbstverständlich ein um so höheres Vakuum, je kälter das Kühlwasser ist; bei der Mischkondensation braucht man für dieselbe Kühlwirkung weniger Wasser als bei der Oberflächenkondensation, bei der für den Wärmedurchgang durch die Kühlfläche ein Temperaturgefälle von 5° und mehr erforderlich ist. Abb. 188 (nach Guilleaume) zeigt, wie sich die Luftleere einer Dampfturbinenoberflächenkondensation mit der Kühlwassermenge und der Kühlwassereintrittstemperatur ändert. Die günstigsten Verhältnisse hat man, wenn man z. B. aus einem Flusse frisches Kühlwasser entnehmen kann. Abb. 189 (nach Guilleaume) zeigt, wie sich bei einem an einem Kanal gelegenen Dampfturbinenkraftwerke im Laufe eines Jahres Kühlwassertemperatur und erzeugte Luftleere verhalten haben. Die Luftleere war in den kalten Monaten 98%, in den heißen 93%. Im Jahresdurchschnitt kann man bei frischem Kühlwasser die Eintrittstemperatur mit 13° C und die erzeugte Luftleere mit 96% annehmen. Das frische Kühlwasser wird dem Flusse durch eine

Heberleitung entnommen, so daß die Kühlwasserpumpe nur die Strömungswiderstände zu überwinden hat. Daß frisches Kühlwasser zur Verfügung steht, ist aber — abgesehen von Schiffsanlagen, Anlagen an Flüssen — selten; meist muß das Kühlwasser im Kreislauf verwendet und durch ein Kühlwerk rückgekühlt werden.

Bei der in Zechenkraftwerken überwiegend angewendeten Wasserrückkühlung kann bei uns im Jahresmittel mit einer Eintrittstemperatur des rückgekühlten Wassers von 27° C und mit einer mittleren Luftleere von 92% gerechnet werden. Ferner ist der Leistungsbedarf der Kondensation erheblich höher, weil das Kühlwasser auf den Kühlturm zu heben ist. Dampfturbinenkondensationen mit Rückkühlanlagen haben einen gesamten Leistungsbedarf von etwa 3% der vollen Turbinenleistung, während Kondensationen, die mit frischem Kühlwasser arbeiten, nur $1^1/_2$ bis 2% brauchen.

Das Kühlwasser wird zwar im Kreislauf verwendet, aber bei der Rückkühlung gehen 1,5 bis 2% der umlaufenden Menge durch Verdunstung und mitgerissene Tröpfchen verloren. Dieser Verlust, der etwa auch der kondensierten Dampfmenge gleichkommt, ist durch Zusatzkühlwasser ständig zu ersetzen, was infolge Wasserknappheit schwierig werden kann, wird doch z. B. eine Dampfkraftanlage von 20000 kW mit einem Dampfverbrauch von etwa 70 t/h und einer Kühlwasserumlaufmenge von 4000 m^3/h rund 60 bis 80 m^3/h an Zusatzkühlwasser erfordern. Dieser Verbrauch läßt sich einsparen, wenn *Luftkühlung* angewendet, der Kondensator also unmittelbar mit Luft aus der Umgebung gekühlt wird. Im Jahresmittel kann hierbei mit einer Außenlufttemperatur von 12° C gerechnet werden, so daß mit Luftkühlung im Durchschnitt tiefere Kondensatortemperaturen und damit ein besseres Vakuum als bei Kühlung mit rückgekühltem Wasser (27° C) zu erreichen sind. Der Luftbedarf ist allerdings hoch — im Mittel etwa 100 m^3 je Kilogramm Dampf —, so daß große Ventilatoren benötigt werden; dementsprechend sind auch die Kühlflächen zu bemessen. Während bei Wasserkühlung eine Kondensatorkühlfläche von 35 bis 40 m^2 je Tonne Dampf ausreicht, braucht die Luftkühlung etwa 20000 m^2 Kondensatorkühlfläche je Tonne Dampf. Luftkühlung folgt den Schwankungen der Außentemperatur schneller und ist mehr von ihr abhängig als die Wasserkühlung. Im Sommer gibt Wasserkühlung, im Winter Luftkühlung das bessere Vakuum. Im Jahresdurchschnitt ist die Luftkühlung jedoch der Wasserkühlung energiewirtschaftlich überlegen, zumal wenn nicht immer mit Vollast gefahren wird und dabei Ventilatorleistung eingespart werden kann.

Welchen Einfluß die Höhe des Vakuums auf die Dampfersparnis hat, ist sehr verschieden zu beurteilen, je nachdem, ob es sich um Kolbenmaschinen oder Dampfturbinen handelt. Bei Kolbenmaschinen ergibt sich je nach den besonderen Verhältnissen bald eine zwischen 80 und 90% liegende Grenze für die Höhe des Vakuums, die zu überschreiten unwirtschaftlich ist, weil der Mehraufwand für die Anlage und die Erhöhung der Betriebskosten den Gewinn aufzehren. Bei Dampfturbinen aber, in denen der Dampf beinahe bis zur Kondensatorspannung Arbeit verrichtend expandiert, erstrebt man sehr hohes Vakuum.

Ursprünglich baute man nur *Einzelkondensationen*, meist als Einspritzkondensationen, die mit der Dampfmaschine, deren Dampf sie niederschlugen, konstruktiv verbunden waren und unter oder über Flur aufgestellt wurden. Bei großen Anlagen mit vielen Kolbenmaschinen baute man dann *Zentralkondensationen*, denen man den Dampf der einzelnen Maschinen durch eine gemeinsame Vakuumleitung zuführte. Bei Dampfturbinen dagegen ist man wieder zur Einzelkondensation mit Oberflächenkondensator zurückgekehrt. Um den Dampf auf kürzestem Wege zur Kondensation zu führen, legt man den Kondensator unter die Dampfturbine.

106. Misch- oder Einspritzkondensationen. Das Kühlwasser muß dem Dampf mit großen Berührungsflächen beigemischt werden, um einen schnellen Wärmeaustausch zu sichern. Die nicht kondensierbare Luft soll möglichst tief gekühlt werden, denn je kleiner ihr Volumen dadurch wird, um so geringere Leistung benötigt die Luftpumpe. Wie diese Forderungen erfüllt werden, zeigt das Beispiel eines Mischkondensators in Abb. 190. Das Kühlwasser strömt durch eine doppelte Ringdüse feinverteilt ein, benetzt die darunter liegenden konzentrischen Leitbleche mit großer Oberfläche und rieselt über Einbauten in den unten liegenden Sammelbehälter. Der Dampf schlägt sich an den entstehenden konzentrischen Wasserschleiern und den Leitblechen nieder. Das warme Kühlwasser-Kondensatgemisch wird von einer rechts neben dem

Kondensator stehenden Pumpe durch die Warmwassersaugleitung abgepumpt. Die noch verhältnismäßig warme Luft wird auf dem Weg zur Luftsaugleitung durch einen konzentrischen Wasserschleier geführt, dessen Wasser durch die besondere Hilfseinspritzleitung (rechts) zuströmt und noch nicht mit Dampf in Berührung gekommen ist. Die auf diese Weise tiefer als das Wasser-Kondensatgemisch zu kühlende Luft wird durch eine links neben dem Kondensator anzuordnende Wasserstrahlpumpe abgesaugt (vgl. Ziffer 109).

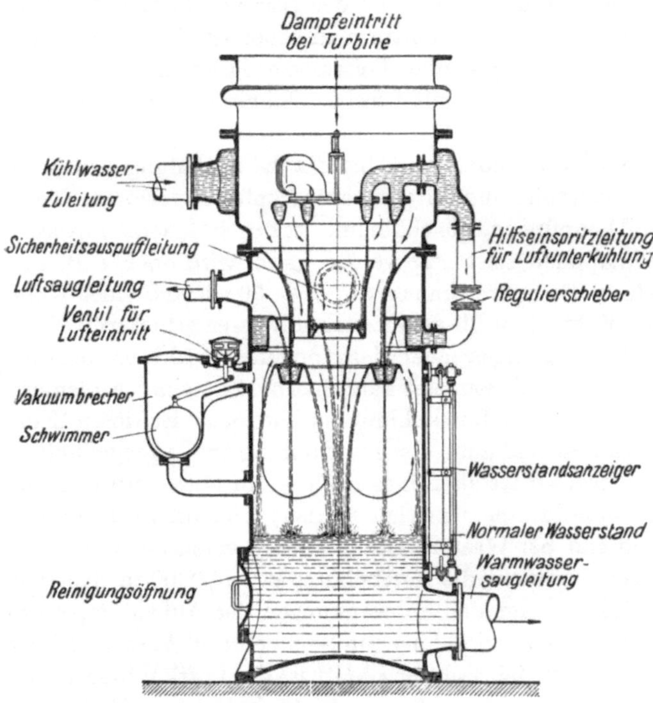

Abb. 190. Mischkondensator (MAN).

107. Oberflächenkondensationen. Wie die Oberflächenkondensation in ein Dampfkraftwerk eingegliedert ist, war in der früheren Abb. 37 dargestellt. Der *Oberflächenkondensator* (Abb. 191) selbst ist ein Kessel, der von vielen Messingrohren durchzogen ist, die etwa 25 mm lichten Durchmesser und $^3/_4$ oder 1 mm Wanddicke haben. Diese Messingrohre, die vom Kühlwasser durchflossen werden, liegen in den starken Stirnwänden des Kessels und sind gegen das Kühlwasser durch Stopfbüchsen oder durch Gummiringe abgedichtet, oder sie sind nur eingewalzt. Meist werden die Kühlrohre noch durch eine Mittelwand abgestützt. Die Rohrleitungen für den Zufluß und den Abfluß des Kühlwassers münden entweder in besonderen Wasserkammern oder sie sind unmittelbar an den Deckeln der Kondensatoren befestigt. In letztgenanntem Falle muß man also die Kühlwasserleitung lösen, wenn man die Deckel entfernt, um die Kühlrohre zu reinigen. Man führt das Kühlwasser in 2 oder 3 oder 4 Wegen durch den Kondensator, was man durch entsprechende Scheidewände in den Deckeln der Wasserkammern erreicht. Die Kondensatoren werden meist liegend angeordnet; stehende Kondensatoren können oben offen sein, wenn das Wasser mit Gefälle zum Kühlwerk abfließen kann.

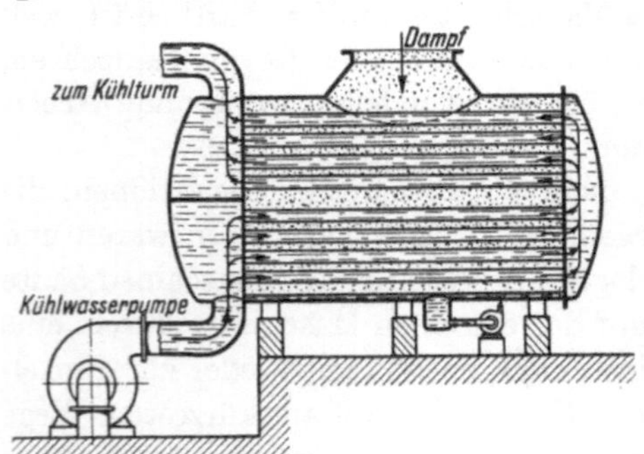

Abb. 191. Schema eines Oberflächenkondensators.

Die Abb. 192 zeigt schematisch einen Oberflächenkondensator der MAN besonderer Bauart, die für schmutziges Kühlwasser bestimmt ist. Das Kühlwasser macht 4 Wege. Der Zufluß sowohl wie der Abfluß des Kühlwassers ist gegabelt und jeder Strang ist durch eine Drosselklappe abstellbar. Schließt man die Drosselklappe *a*, so sind die Rohrgruppen *V* und *VI* gegen den Kühlwasserstrom gesperrt; die Rohrgruppen *I* und *II* werden dafür stärker gespült als gewöhnlich. Schließt man Drosselklappe *b*, so werden die Rohrgruppen *V* und *VI* stärker gespült usw. Man will durch diese Anordnung (Patent Hülsmeyer), bei dem man also im Betriebe immer ein Viertel der Rohre stärker spülen kann, den Schmutz im Kondensator fortreißen, damit er sich nicht ansetzt.

Die Oberflächenkondensatoren von Brown, Boveri & Co. sind mit Wasserkammern ausgerüstet, entweder nur auf einer Seite, wobei das Kühlwasser auf derselben Seite zu- und abfließt und 4 Wege macht, oder auf beiden Seiten, wie in Abb. 193, wobei das Kühlwasser auf der einen Seite zu-, auf der andern abfließt und 3 Wege macht. Die Kühlrohre sind V-förmig übereinandergesetzt, damit der Dampf bequem zwischen die Rohre tritt. Der Kondensator wird als sogenannter Dauerbetriebskondensator so ausgeführt, daß die Wasserkammern durch eine senkrechte Wand geteilt sind und der Kondensator in bezug auf den Kühlwasserstrom in zwei parallele Hälften geschieden ist, deren jede ihren eigenen Kühlwasserzufluß und -abfluß hat. Sperrt man auf der einen Hälfte den Kühlwasserstrom ab, so kann man die Halbdeckel dieser Hälfte umklappen und die eine Kühlrohrhälfte chemisch (mit 3%iger Salzsäure) oder mit Bürsten reinigen,

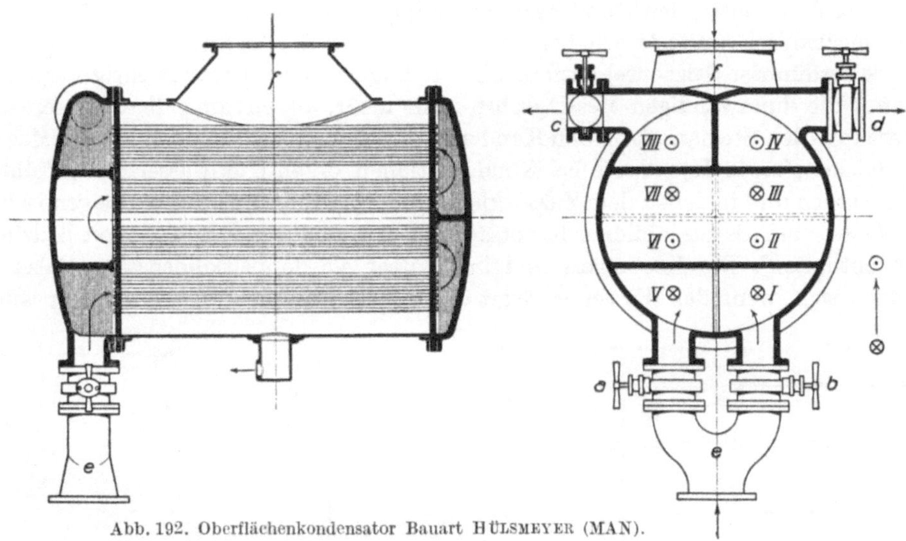

Abb. 192. Oberflächenkondensator Bauart HÜLSMEYER (MAN).

während die andere Kondensatorhälfte im Betriebe bleibt. Alle Kühlrohre werden von Dampf umspült; der Dampf strömt aber hauptsächlich nach den vom Wasser durchströmten Rohren, an denen er sich niederschlägt. Die Kondensatorwirkung ist herabgesetzt, aber weniger als auf die Hälfte; das Vakuum läßt während der Reinigung 2 bis 3% nach.

Es ist üblich, die Kühlrohre der liegenden Kondensatoren in waagerechten, gegeneinander versetzten Reihen anzuordnen. Dabei fällt das an den oberen Rohren gebildete Kondensat senkrecht auf die darunterliegenden Rohre und hüllt sie ein. Infolgedessen ist der Wärmeübergang geringer, als wenn der Dampf unmittelbar die Rohre berührt.

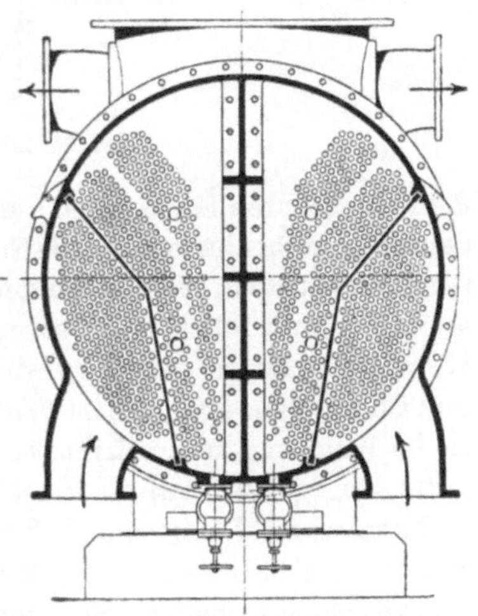

Abb. 193. Dauerbetriebskondensator der BBC.

Die Maschinenbau-A.-G. Balcke verwendet deshalb die Bauart GINABAT (Abb. 194), bei der die Kühlrohre so angeordnet sind, daß sie von dem herabfallenden Kondensat tangential getroffen werden. Das hat zur Folge, daß die Kühlrohre nur zu einem Viertel vom Kondensat eingehüllt werden. Gleichzeitig wird dadurch die Ablaufgeschwindigkeit des Kondensats vergrößert. Durch besondere Ablaufbleche wird das Kondensat so geleitet, daß es mit andern Kühlrohrgruppen gar nicht in Berührung kommt. Der Dampf trifft hauptsächlich die kondensatfreien Rohrflächen, so daß der Wärmeübergang besonders wirkungsvoll ist. Einen weiteren Vorteil bietet die Anordnung der einzelnen Kühlrohrgruppen, die infolge ihrer geringen Dicke in der Strömungsrichtung dem Dampfstrom nur geringen Widerstand bieten. Vor dem Austritt bei L bestreicht die Luft Kühlrohre, die von kältestem Kühlwasser durchflossen werden und durch eine Blechverkleidung gegen den Dampf abgeschirmt sind, wodurch die notwendige Unterkühlung der Luft erreicht wird.

Außer den bisher dargestellten Kesselkondensatoren, bei denen das Kühlwasser durch die Kühlrohre fließt, hat man auch Oberflächenkondensatoren, bei denen der niederzuschlagende Dampf durch Kühlrohrschlangen strömt. Die Kühlschlangen werden durch das Kühlwasser berieselt, wobei man wegen der auftretenden kräftigen Verdunstungswirkung verhältnismäßig wenig Kühlwasser braucht. Solche „*Berieselungskondensatoren*" findet man insbesondere bei Kälteerzeugungsanlagen. Vgl. Abschnitt XXX.

108. Die Reinigung der Oberflächenkondensatoren. Im Laufe der Zeit verkrusten die Kühlrohre durch Stein- und Schmutzansatz. Infolge des verschlechterten Wärmeüberganges sinkt die Kühlleistung des Kondensators, das Vakuum geht herab und der Dampfverbrauch steigt erheblich. Es ist dann nötig, den Kondensator zu reinigen, indem man den Steinansatz aus den Kühlrohren mechanisch (mittels schabender Bürsten oder durch Ausbohren) oder chemisch (mittels stark verdünnter Salzsäure) entfernt. Die Reinigung muß sehr vorsichtig vorgenommen werden, damit die dünnwandigen Messingrohre nicht mehr, als unvermeidbar ist, leiden.

Um überhaupt den Steinansatz in den Kondensatorrohren zu verhüten, baut die Maschinenbau-A.-G. Balcke „*Impfanlagen*", die bei Kondensationen, deren Kühlwasser rückgekühlt wird, angewendet werden und in denen dem Zusatzkühlwasser[1] verdünnte Salzsäure beigemischt wird. Im rohen Wasser sind als Steinbildner hauptsächlich Karbonate und Sulfate von Kalzium und Magnesium enthalten[2]. Die Karbonate sind im Wasser als doppeltkohlensaure Salze gelöst; diese zersetzen sich, wenn das Wasser erwärmt wird, unter Ausscheidung von Kohlensäure, und

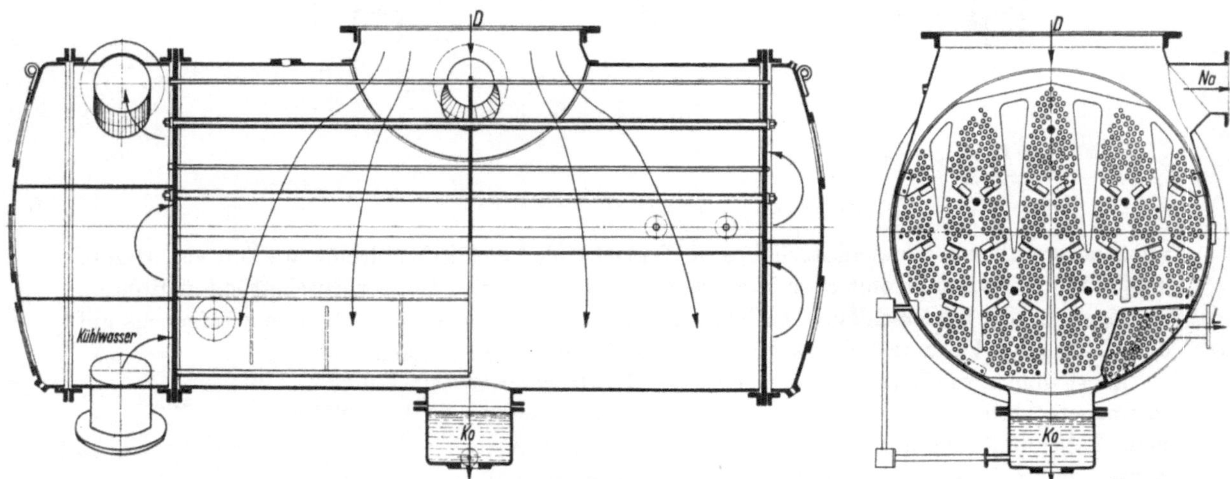

Abb. 194. Liegender Querstromkondensator (Bauart Balcke-Ginabat).

die kohlensauren Salze fallen aus und bilden Stein, der sich besonders dort ansetzt, wo der Kondensator am heißesten ist. Die Sulfate dagegen, die bei der Verdampfung des Wassers als Kesselstein ausscheiden, bleiben bei den im Kondensator in Frage kommenden Temperaturen im Wasser gelöst und fallen erst aus, wenn das Wasser gesättigt ist. Die beim „Impfen" dem rohen Wasser zugesetzte Salzsäure wirkt nur auf die Karbonate und verwandelt sie in Chlorkalzium und Chlormagnesium, die im Wasser außerordentlich leicht löslich sind und nicht ausfallen, wenn sie im Kondensator erwärmt werden. Damit nicht freie Salzsäure auftritt, wird nur so viel Salzsäure beigegeben, daß ein Rest der Karbonate unzersetzt bleibt. Damit sich das umlaufende Kühlwasser mit Sulfaten und Chloriden nur bis zu einem gewissen unschädlichen Grade anreichert, wird dem Kühlwasser mehr Wasser zugesetzt als verdunstet. Das verdunstende Kühlwasser läßt ja seinen Gehalt an Sulfaten und Chloriden im umlaufenden Kühlwasser zurück, so daß es im Verhältnis zum frisch zufließenden Rohwasser angereichert wird. Indem man aber vom umlaufenden, etwas angereicherten Kühlwasser ein wenig abzapft, hält man die Anreicherung in gewissen Grenzen. Man rechnet als Ersatz für das verdunstende Wasser 1,5% der umlaufenden, das 60fache der Speisewassermenge betragenden Kühlwassermenge, setzt aber 2,5%, d. h. 1% mehr zu, welch überschüssige Menge abzuzapfen ist.

109. Die Pumpen der Kondensationen. Bei einer Mischkondensation ist das Kondensat gemeinsam mit dem erwärmten Kühlwasser abzusaugen, ferner ist die in die Kondensation ein-

[1] Vgl. Ziffer 105 und 111. — [2] Vgl. das über die Reinigung des Speisewassers Gesagte, Ziffer 61.

gedrungene Luft abzupumpen. In der einfachsten Ausführung, bei der der Abdampf nicht entölt wird, genügt hierfür eine einzige Pumpe, die „nasse Luftpumpe".

Bei Oberflächenkondensationen braucht man dafür immer drei Pumpen: die Kühlwasserpumpe, die das Kühlwasser durch den Kondensator pumpt, eine besondere Luftpumpe und eine besondere Kondensatpumpe. Als vierte Pumpe tritt, wenn Abdampf von Kolbenmaschinen niedergeschlagen wird, die Ölwasserpumpe hinzu.

Ursprünglich verwandte man nur Kolbenpumpen. Bei den Luftpumpen, die das Dampfluftgemisch von Kondensatorspannung in die Atmosphäre drücken, handelt es sich um hohe Verdichtungen, 1 : 10 und mehr, je nach dem Vakuum. Um bei trockenen Kolbenluftpumpen trotzdem hohen volumetrischen Wirkungsgrad[1] zu erhalten, werden die Steuerungen mit Druckausgleich ausgeführt, derart, daß bei Hubbeginn die im schädlichen Raume der einen Zylinderseite befindliche Luft von atmosphärischer Spannung zur andern Seite überströmt, so daß der Anfangsdruck der Kompression erhöht wird. Allerdings wird dadurch auch die Antriebsleistung wesentlich höher. Auch zweistufige Kompression wird angewendet.

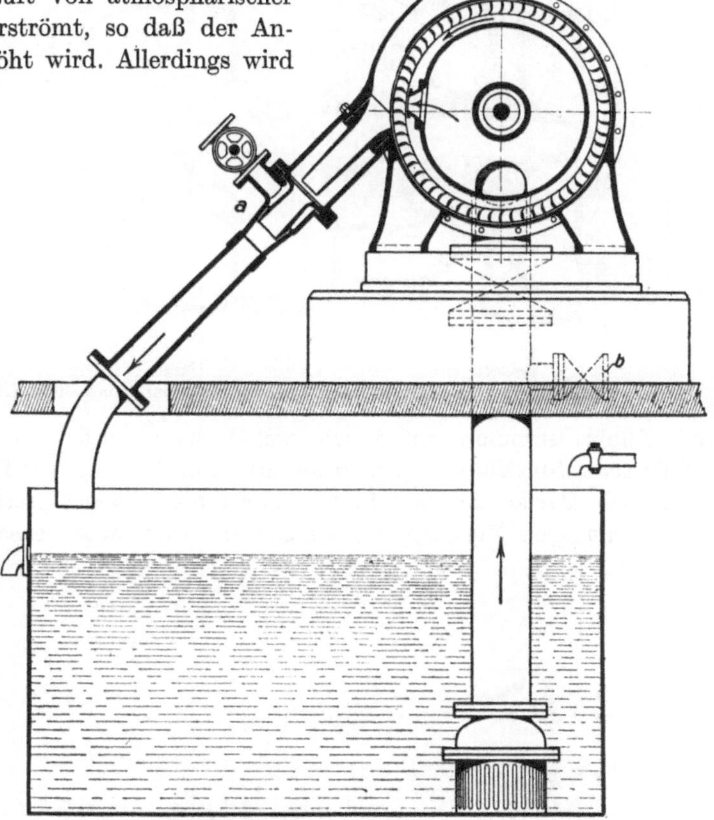

Abb. 195. Schleuderluftpumpe nach Westinghouse-Leblanc.

Durch die schnelle Einführung der Dampfturbinen erhielt die Entwicklung der Kondensation, die für die Dampfturbine von besonderer Bedeutung ist, einen mächtigen Anstoß. Es hieß, hohes Vakuum und große Pumpenleistungen auf kleinem Raume unterbringen. Die Aufgabe wurde gelöst, indem die Luftpumpe als rotierende oder als Strahlpumpe ausgebildet wurde und Kühlwasser-, Kondensat- und gegebenenfalls Ölwasserpumpe als Kreiselpumpen ausgeführt wurden, die nebst der rotierenden Luftpumpe gemeinsam durch einen Elektromotor oder durch eine Hilfsdampfturbine angetrieben werden.

Die *rotierenden Luftpumpen* können selbstverständlich das sehr dünne Dampfluftgemisch nicht unmittelbar verdichten sondern sie wirken mit Hilfe von Wasser, das sie ansaugen und wieder abschleudern. Da sich der Dampf am Wasser niederschlägt, ist nur Luft zu fördern; die im Schleuderwasser niedergeschlagene Dampfmenge geht mit dem Schleuderwasser, sofern es nicht im Kreislauf verwendet wird, verloren. Abb. 195 (Balcke) zeigt die Schleuderluftpumpe nach Westinghouse-Leblanc, welche die erste rotierende Luftpumpe war und ihre Aufgabe mit vorzüglichem Erfolge erfüllt. Das Schleduerrad, das teilweise beaufschlagt ist, saugt das Schleuderwasser aus einem Behälter an und wirft es durch einen ejektorartigen Rohrstrang wieder in diesen zurück. Weil sich das Schleuderwasser erwärmt, läßt man dauernd etwas warmes Wasser ab- und kaltes zufließen. Die Wirkung der Luftpumpe ist teils Ejektorwirkung, teils beruht sie darauf, daß das Wasser scheibenartig abgeworfen wird und die vor dem Rade stehende Luft

[1] Vgl. Ziffer 200.

zwischen den Scheiben eingeschlossen und mitgenommen wird. Beim Anlassen wird Vakuum durch Dampf (*a*) oder Druckwasser (*b*) erzeugt. Der Saugkorb hat Fußventil.

Aus der Abb. 196, welche die Pumpenanlage einer Kondensation von Brown, Boveri & Co. darstellt, ist die Anordnung einer *Wasserstrahlluftpumpe* zu ersehen. Das Druckwasser für die Strahlpumpe wird von einer besonderen Pumpe *d* geliefert, die aus der Kühlwasserpumpe *c* vorgepreßtes Wasser entnimmt. *f* ist die Kondensatpumpe. Die MAN, auch die Maschinenfabrik A.-G. Balcke, verwendet Wasserstrahlpumpen nach P. H. Müller, deren Betriebswasser meist

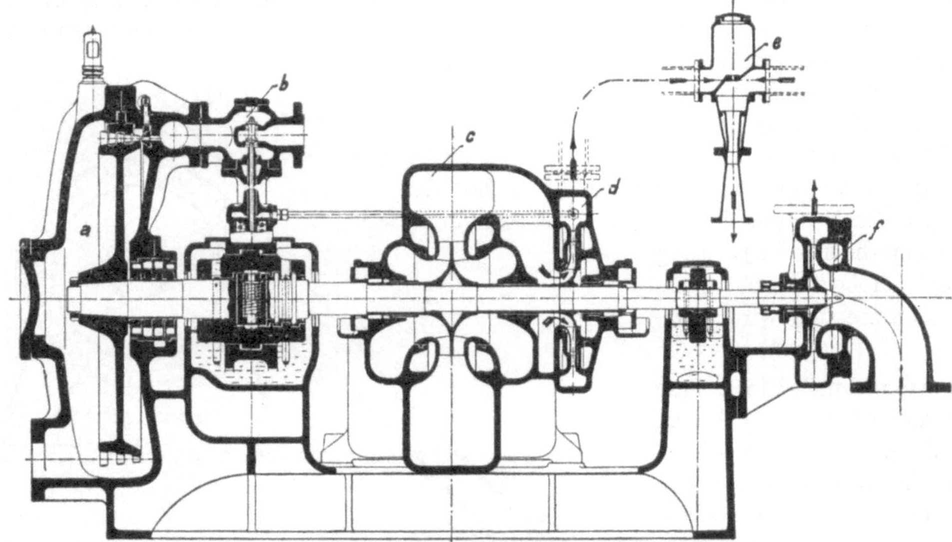

Abb. 196. Kondensationspumpenanlage (BBC).

der Kühlwasserpumpe entnommen werden kann. In den letzten Jahren sind in zunehmendem Maße *Dampfstrahlluftpumpen* eingeführt. Abb. 197 zeigt die Dampfstrahlpumpe der Maschinenbau-A.-G. Balcke. Sie besteht aus zwei hintereinander geschalteten Strahlapparaten, die auf einem mit einem Vorwärmer kombinierten Zwischenkondensator angeordnet sind. Die Verdichtung der Luft ist zweistufig. Der durch die Düse des ersten Strahlapparates strömende Dampf verdichtet die mitgerissene Luft auf einen noch unter der äußeren Atmosphäre liegenden Druck. Der zweite Strahlapparat verdichtet die vorverdichtete Luft auf den Enddruck. Der Dampf des Dampfluftgemisches der ersten Stufe wird vorher im Zwischenkondensator (links) niedergeschlagen, um der zweiten Stufe nur die Luft zuzuführen und sie dadurch zu entlasten. Das Dampfluftgemisch der zweiten Stufe wird zur Ausnutzung der noch vorhandenen Dampfwärme durch den Vorwärmer (rechts) geleitet.

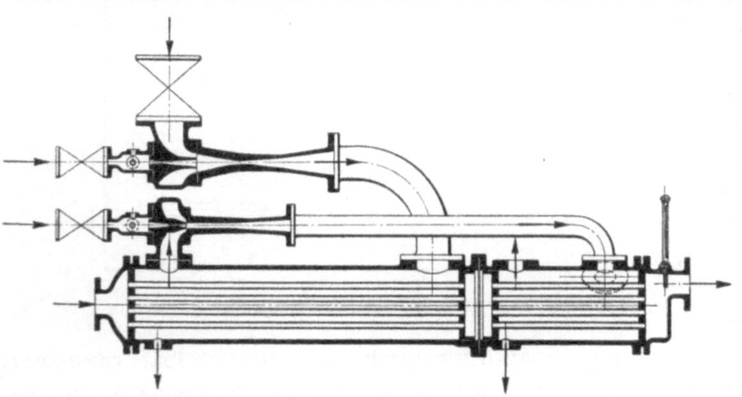
Abb. 197. Dampfstrahlluftpumpe (Balcke).

110. Der Antrieb der rotierenden Kondensationspumpen. Bei Frischdampfturbinen erfordert der Kondensationsantrieb 3% und mehr der vollen Turbinenleistung, bei Abdampfturbinen über doppelt soviel. In Frage kommen elektrischer Antrieb und Antrieb durch eine Hilfsturbine. Der elektrische Antrieb ist an und für sich vorteilhafter, weil er wirtschaftlicher ist und weil man eine für die Konstruktion der Pumpen günstige Drehzahl wählen kann; aber er versagt, wenn der Strom ausbleibt. Deshalb ist trotz der Unwirtschaftlichkeit der Antrieb durch eine Hilfsturbine häufiger, die ihren Abdampf in den Niederdruckteil der Haupttturbine auspuffen läßt, der entsprechend der nicht unerheblichen zusätzlichen Dampfmenge zu bemessen ist. Da dieser Abdampf die Hauptturbine, wenn sie schwach belastet ist, zu stark treiben würde, so muß er gegebenenfalls durch eine selbsttätige Umschaltung in die Kondensation oder ins Freie geleitet werden. Brown, Boveri & Co. bauen gemischten Antrieb durch Elektromotor und Hilfsturbine mit selbsttätiger Umschaltung. Weil für die Hilfsturbine eine viel höhere Drehzahl zweckmäßig ist als für die Pumpen, ist man dazu übergegangen, die Pumpen durch eine sehr schnell laufende Hilfsturbine mittels Räderübersetzung anzutreiben.

Die Hilfsturbine wird im allgemeinen durch einen Fliehkraftregler geregelt. Brown, Boveri & Co. regeln auf gleichbleibenden Druck vor der Wasserdüse. Dieser Druck wird der das Strahlwasser erzeugenden Pumpe *d* (Abb. 196) entnommen und über einen Kolben oder eine Membran *A* (Abb. 198) geleitet, die auf der anderen Seite durch eine Feder belastet ist und das Dampfeinlaßventil *B* verstellt, so daß bei fallendem Wasserdruck das Dampfeinlaßventil mehr Dampf einströmen läßt und die Turbine auf höhere Drehzahl kommt. Wird die Drehzahl zu hoch, so schlägt der Sicherheitsregler *C* aus und dreht den Hebel *D*, wodurch die Sperrung des Ventils *E* ausgeklinkt und die Dampfzufuhr zur Turbine unterbrochen wird. In derselben Weise werden übrigens die Turbokesselspeisepumpen geregelt.

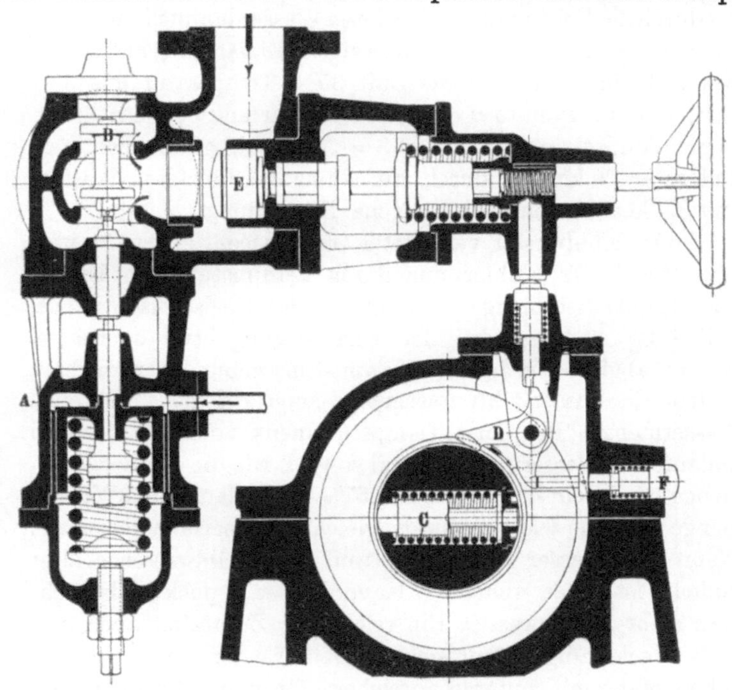

Abb. 198. Regelung der die Kondensationspumpen antreibenden Hilfsturbine (BBC).

111. Die Wasserrückkühlanlagen. Obwohl die Verwendung frischen Wassers für die Kondensationen viel vorteilhafter ist[1] — bei Dampfturbinenoberflächenkondensationen erreicht man 4% höheres Vakuum und braucht für den Antrieb der Kondensationspumpen nur die halbe Leistung, was beides zusammen 7 bis 8% Dampfersparnis bedingt —, ist man in der Regel gezwungen, das Kühlwasser im Kreislauf zu verwenden und durch ein Kühlwerk rückzukühlen. Zu diesem Zweck läßt man das warme Wasser ein Gradierwerk niederrieseln und durchlüftet es. Bei der Kühlung laufen zwei Vorgänge nebeneinander. Einmal kühlt die Luft, wenn sie kälter als das Wasser ist, unmittelbar, indem sie entsprechend ihrer spezifischen Wärme $c_p = 0{,}24$ kcal/kg und entsprechend ihrer Temperaturzunahme Wärme aufnimmt. Hauptsächlich wirkt aber die Verdunstungskühlung, indem die Verdunstung des Wassers durch den kräftigen Luftzug außerordentlich gesteigert wird. Der entstehende Wasserdampf und die an ihn gebundene Wärme wird von der Luft aufgenommen, so lange bis sie gesättigt ist. Man rechnet, daß die Verdunstung an der Kühlwirkung im Sommer mit durchschnittlich 90%, im Winter mit durchschnittlich 60% beteiligt ist.

Einen vortrefflichen Einblick in die Verhältnisse gewährt das Diagramm Abb. 199[2]. Man liest aus ihm ab, wieviel kcal/kg von der Luft aufgenommen oder abgegeben werden, wenn sich

[1] Vgl. Ziffer 105.

[2] Mueller: Rückkühlwerke. Z. VDI 1905 S. 11. Vgl. ferner Mollier: Diagramme für Dampfluftgemisch. Z. VDI 1923 H. 36.

ihre Temperatur und ihr Sättigungszustand ändern. Wenn 1 kg trockene Luft von 0° C auf 60° C erwärmt wird, dabei trocken bleibt (Sättigung = 0%), so werden dem zu kühlenden Wasser $60 \cdot 0{,}24 = 14{,}4$ kcal entzogen; verdunstet aber das Wasser bei der Kühlung ein wenig, so daß die kühlende Luft zu 50% mit Wasserdampf gesättigt ist, so werden dem Wasser 61,8 kcal und bei 100%iger Sättigung der Luft 109,2 kcal entzogen. Oder es seien anfänglich Temperatur und Sättigung der Luft 20° C bzw. 100% und die Temperatur nehme auf 40° C zu, die Sättigung aber auf 80% ab, dann nimmt die Luft $33{,}2 - 13{,}7 = 19{,}5$ kcal/kg auf. Zieht man im Diagramm durch den Punkt, der den Anfangszustand der Luft darstellt, eine Parallele zur Linie *I* bis zur Ordinate des den Endzustand darstellenden Punktes, so scheidet diese Linie die Wärme, die die Luft infolge Aufnahme des durch die Verdunstung gebildeten Wasserdampfes empfängt, von der Wärme, die sie durch ihre eigene Erwärmung aufnimmt. Hat z. B. im Punkte *A* die Luft 35° C Temperatur und 30% Sättigung, im Punkte *B* 50° C Temperatur und 50% Sättigung, so hat sie insgesamt $38{,}5 - 14{,}8 = 23{,}7$ kcal/kg aufgenommen, und zwar 20 kcal/kg durch Aufnahme verdunsteten Wassers und 3,7 kcal/kg durch ihre eigene Erwärmung.

Soviel Kühlwasser verdunstet, muß wieder zugesetzt werden. Wirkt der Kühler nur durch Verdunstung, so ist die Zusatzkühlwassermenge etwa gleich der Speisewassermenge, weil 1 kg Abdampf bei der Verflüssigung etwa ebensoviel Wärme abgibt, wie bei der Verdunstung gebunden wird. Man bezieht die Zusatzkühlwassermenge auch auf die umlaufende Wassermenge. Bei einer Dampfturbinenkondensation, deren umlaufende Wassermenge 60mal so groß wie die Speisewassermenge ist, ist ein Zusatz gleich 1,67% der umlaufenden Wassermenge dasselbe wie ein Zusatz gleich der Speisewassermenge. Wenn Kühlwasser versickert, weil der Kühlwasserbehälter undicht ist, oder wenn der Kaminkühler „spuckt", braucht man mehr Zusatzwasser. Ein reichlicher Zusatz ist auch deshalb zweckmäßig, damit sich das Kühlwasser nicht in schädlichem Maße mit Sulfaten anreichert. Über die „Impfung" des Zusatzkühlwassers vgl. Ziffer 108.

Man hat offene und geschlossene Gradierwerke. Die *offenen* Gradierwerke, die durch Abb. 200 veranschaulicht werden, werden nur zur Kühlung kleinerer Wassermengen benutzt; sie sind sehr wirksam, stören aber dadurch, daß sie regnen. *Geschlossene* Gradierwerke werden in der Regel als selbstlüftende Kühltürme oder sogenannte *Kaminkühler* ausgeführt; Bewetterung durch Ventilatoren bildet eine Ausnahme. Bei den Kaminkühlern (vgl. die Abb. 201 und 202) tritt die Luft unten seitlich ein, durchstreicht das niederrieselnde Wasser und zieht durch den sich über dem Gradierwerke erhebenden Kamin zusammen mit dem Wasserdunst ab. Die Leistung eines Kaminkühlers ist durch den für die Luft erforderlichen Auftrieb begrenzt. Aus dem Diagramm, Abb. 203, ist ersichtlich, wie ein Balckescher

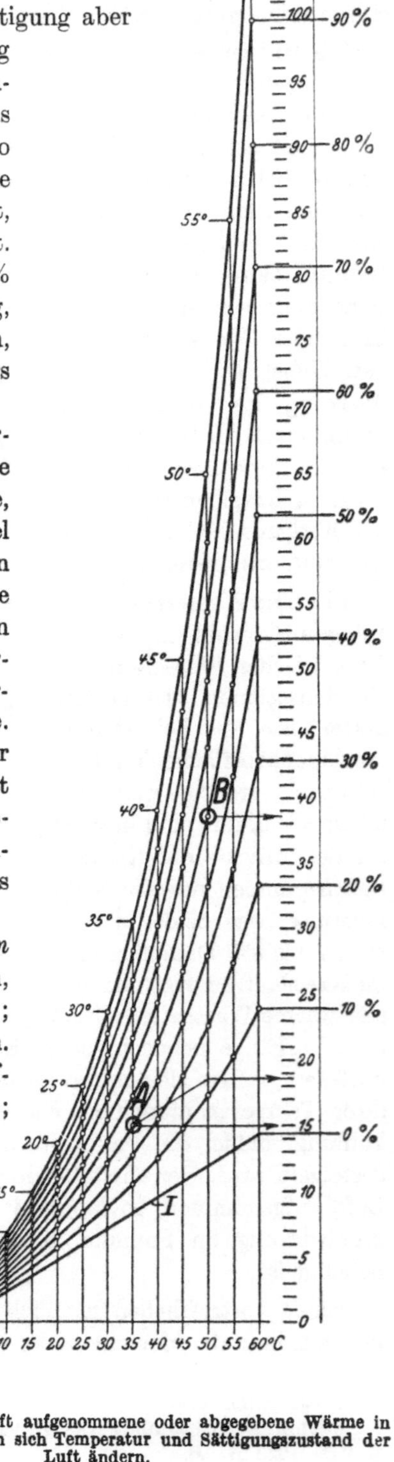

Abb. 199. Von der Luft aufgenommene oder abgegebene Wärme in kcal/kg (WE/kg), wenn sich Temperatur und Sättigungszustand der Luft ändern.

Kaminkühler sich verhält, der das Kühlwasser einer Turbinenkondensation um 10° abkühlt, wenn sich Temperatur und Feuchtigkeit der Atmosphäre ändern. Bei 10° C Lufttemperatur und normaler Luftfeuchtigkeit von 78% z. B. kühlt der Kühler von 35° C auf 25° C; bei 25° C Lufttemperatur und normaler Luftfeuchtigkeit von 55% kühlt er von 44° C auf 34° C. Ändert sich die Luftfeuchtigkeit um 10%, so ändern sich die Wassertemperaturen im selben Sinne, und zwar um so viel Grad, wie die zur Lufttemperatur gehörige Ordinate der Hilfskurve anzeigt. Wäre z. B. bei 25° C Lufttemperatur die Luftfeuch-

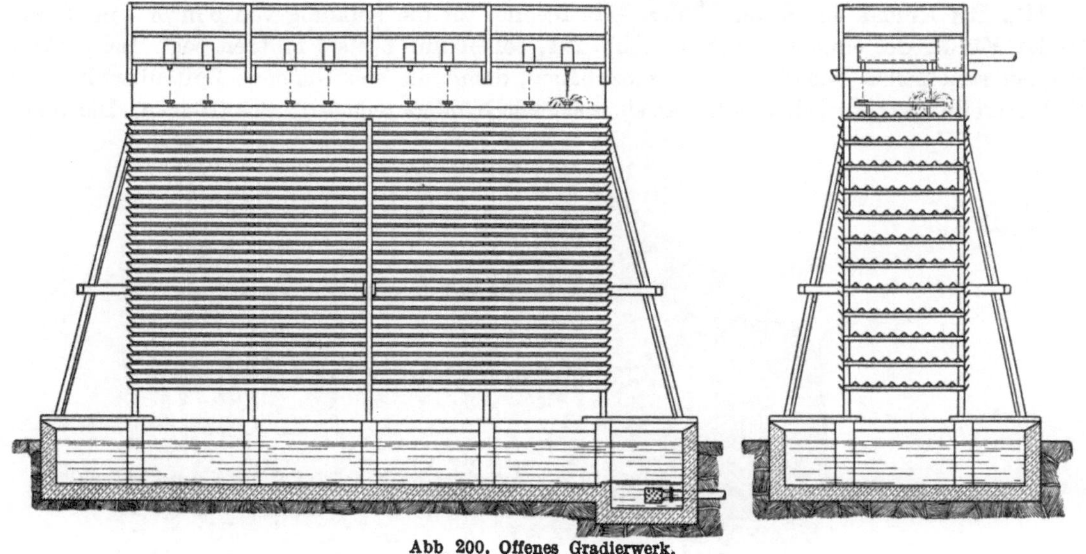

Abb 200. Offenes Gradierwerk.

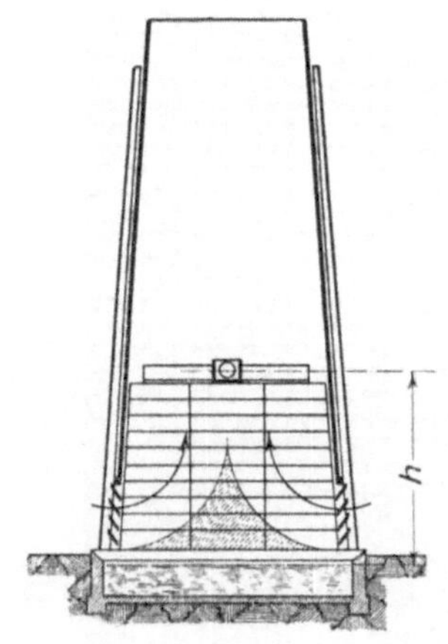

Abb. 201. Schmaler Kühler.

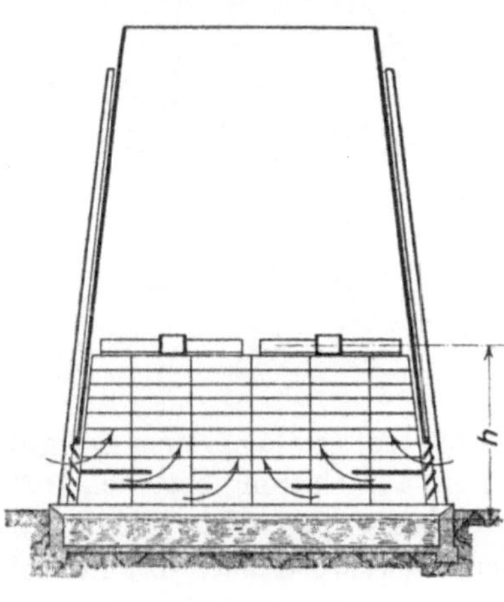

Abb. 202. Zellenkühler.

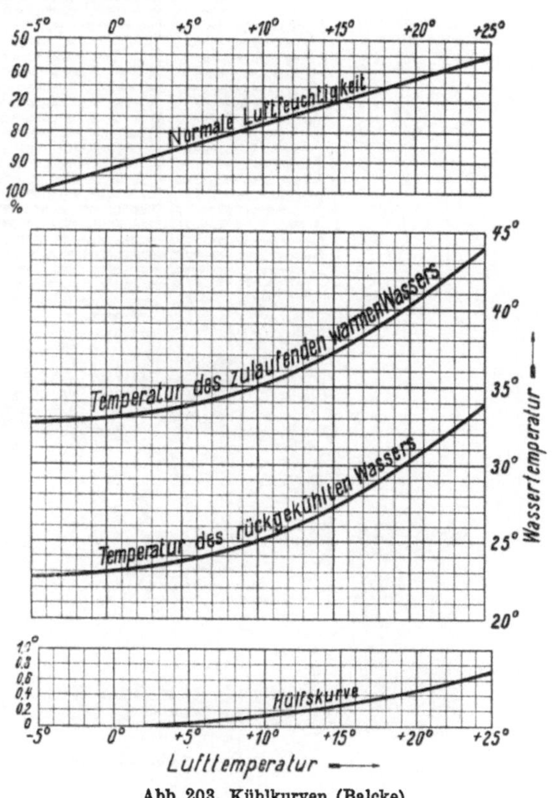

Abb. 203. Kühlkurven (Balcke).

tigkeit 75% statt 55%, also 20% mehr, so liegt die „Kühlzone“ um $2 \cdot 0{,}7 = 1{,}4°$ höher, der Kühler kühlt also von 45,4° C auf 35,4° C.

112. Der Aufbau der Kaminkühler. Man rechnet für die Kühlung von 5 m³/h 1 m² Grundfläche. Kühler der einfachen Bauart, Abb. 201, sollen nur 6 bis 7 m breit sein. Bei größeren Breiten sind Zellen gemäß Abb. 202 einzubauen, damit die einströmende Luft über die ganze Kühlerbreite verteilt wird. Das Innere eines solchen Kühlers zeigt Abb. 204 (Balcke). Die Warmwasserleitung mündet in einer großen Lutte, von der sich das Wasser in kleine, quer zur großen liegende Lutten verteilt. Aus diesen ergießt es sich durch viele aus Gasrohr bestehende Mündungen auf Spritzteller, die das Wasser über den Rieseleinbau verspritzen. Die Kühlluft zieht dem niederrieselnden Wasser entgegen, so daß man von einem *Gegenstromkühler* spricht. Zellen- oder Zonenkühler sind außerordentlich verbreitet.

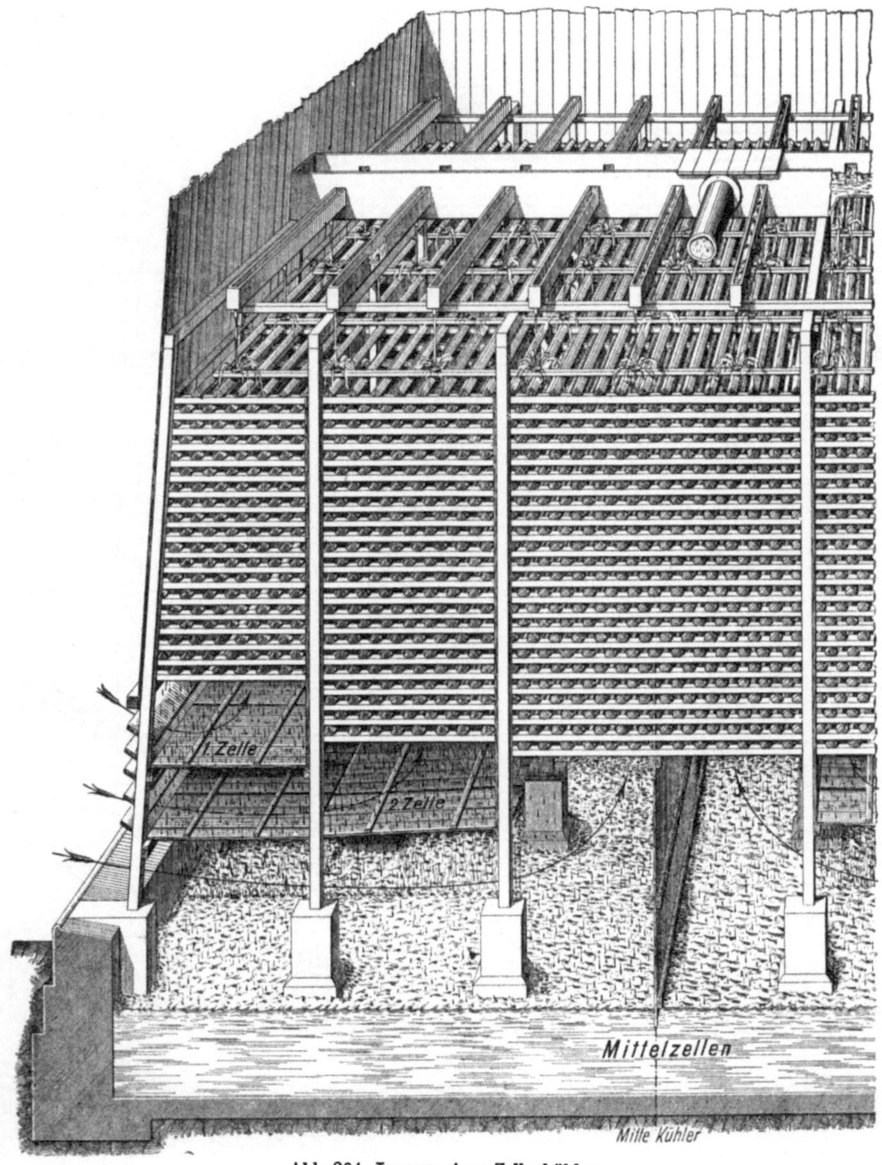

Abb. 204. Inneres eines Zellenkühlers.

Eine grundsätzlich andere Bauart wird durch den *Quergegenstromkühler* der Maschinenbau-A.-G. Balcke, Abb. 205, veranschaulicht. Aus dem Grundriß erkennt man, wie die Rieseleinrichtungen verteilt sind. Die kleinen Kreise stellen die Rohrstücke dar, aus denen das Wasser auf die Spritzteller fällt, die es über das Gradierwerk verspritzen. Der größere Teil der Rieseleinrichtungen liegt außen um den Kamin herum, der kleinere innerhalb des Kamins. Die Luft durchstreicht im äußeren Teile das niederrieselnde Wasser im Querstrom, wendet dann und

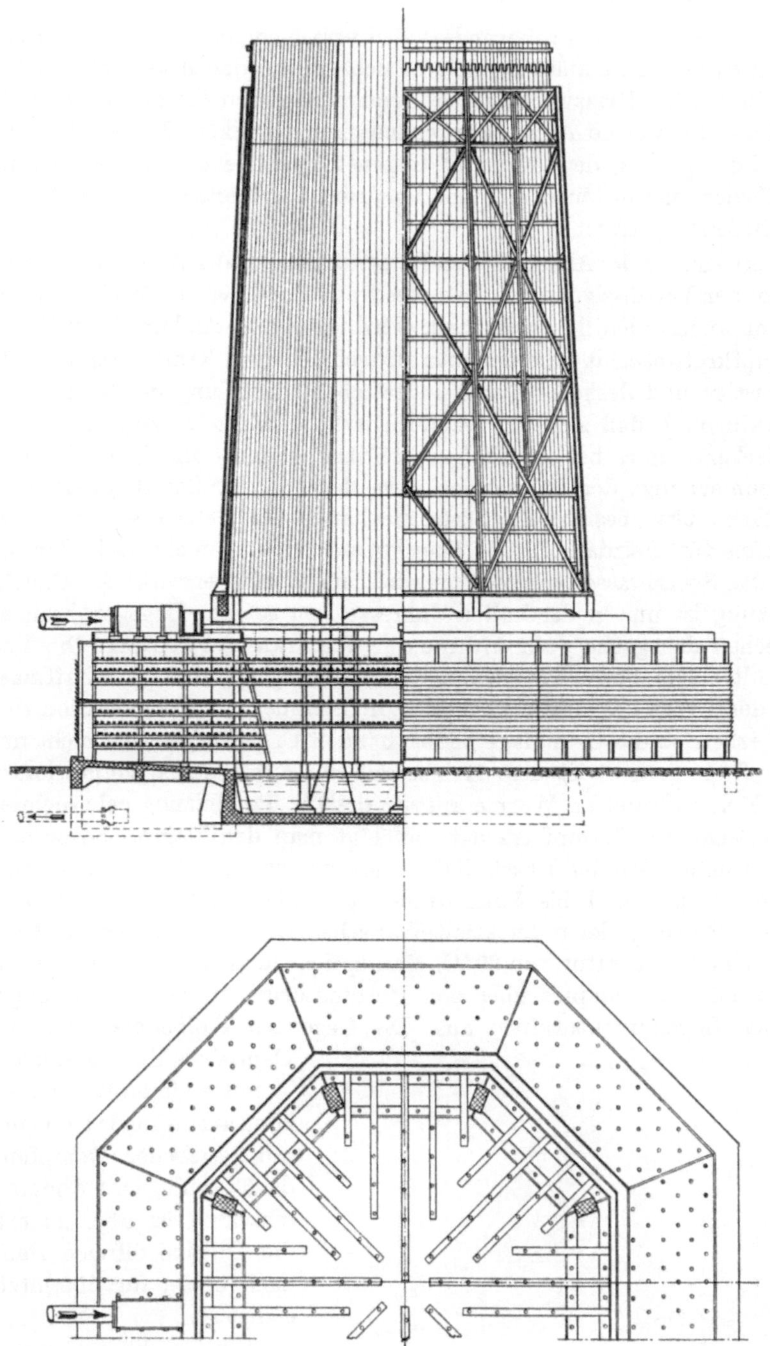

Abb. 205. Quergegenstromkühler (Balcke).

strömt im Innern des Kühlturms dem niederrieselnden Wasser entgegen. Im Gegenstromteil hat die Luft, die den Querstromteil in der unteren, kälteren Zone durchstrichen hat und wenig erwärmt ist, den längsten Weg zu machen, so daß sie ebenfalls gut ausgenützt wird.

XII. Verwertung des Abdampfes von Dampfkraftmaschinen.

113. Allgemeines. Es sind zwei grundsätzlich verschiedene Arten von Abdampfverwertungsanlagen zu unterscheiden: einmal handelt es sich darum, den Abdampf von Dampfmaschinen und Dampfturbinen für Heizzwecke zu verwenden, also den Kraft- und den Heizbetrieb miteinander zu kuppeln, welche Aufgabe in chemischen Fabriken, Papierfabriken usw. in erster Reihe steht; dann gilt es, den Abdampf ungünstig arbeitender Kolbenmaschinen in günstig arbeitenden Niederdruckturbinen mit Kondensation auszunutzen, welche Aufgabe im Zechenbetriebe von Bedeutung ist.

114. Die Verwendung des Abdampfes zu Heizzwecken. Da der Abdampf noch sehr viel Wärme enthält, die bei der Verflüssigung des Dampfes frei wird, so ist die Verbindung von Kraft- und Heizbetrieb von außerordentlichem Vorteil. Wird ihr ganzer Abdampf zur Heizung verwendet, so ist die Dampfkraftmaschine die denkbar wirtschaftlichste Kraftmaschine. Für die so außerordentlich günstige und deshalb so viel angestrebte Kuppelung des Kraft- und Heizbetriebes ist aber Vorbedingung, daß sich der Dampfbedarf für Kraftzwecke und der Dampfbedarf für Heizzwecke decken, wie es bei chemischen Fabriken, Papier- und Zellstoffabriken, Brauereien usw. im Zusammenhange der Fabrikation etwa der Fall ist. Bei Bergwerken, Hüttenwerken, Maschinenfabriken usw. besteht im Zusammenhange des Betriebes nur ein verhältnismäßig kleines Bedürfnis für Heizdampf. Das Speisewasser vermag nicht viel Wärme aufzunehmen, und, je höher das Speisewasser vorgewärmt wird, um so weniger wirkt der Rauchgasvorwärmer. Für Raumheizung ist nur in der kalten Jahreszeit zu sorgen. Dagegen brauchen die Waschkauen der Zechen das ganze Jahr Wärme zur Warmwasserbereitung. Die Verbindung eines Kraftwerkes mit einem Fernheizwerk hat die Schwierigkeit, daß die Kraftmaschinen, die im Winter gegen den Druck der Heizung arbeiten, im Sommer mit Kondensation zu betreiben sind.

Wo der Heizbetrieb die Grundlage bildet, handelt es sich eigentlich nicht um eine Heizung durch Abdampf, sondern es ist dem Heizbetrieb ein Kraftbetrieb vorgeschaltet. Indem man mit geringem Mehraufwand an Wärme anstatt des für die Heizung gebrauchten Niederdruckdampfes hochgespannten Dampf erzeugt, befähigt man den Dampf, bevor er heizt, in einer Dampfkraftmaschine gegen den Druck der Heizung zu arbeiten. Je nach der erforderten Temperatur wird Heizdampf von 1 bis 5 ata Druck verwendet. Unter Umständen verwendet man auch Dampf zur Heizung, der unter atmosphärischen Druck entspannt ist; Dampf von $^1/_2$ ata z. B. hat noch eine Temperatur von 80° C. Man spricht dann von Vakuumdampfheizung.

Den Überdruck des Dampfes über den Heizungsdruck nutzt man in Gegendruckkolbenmaschinen oder Gegendruckturbinen aus. Die Gegendruckkolbenmaschine braucht weniger Dampf als die Gegendruckturbine, oder — mit anderen Worten — die in die Heizung auspuffende Kolbenmaschine leistet mit gegebener Dampfmenge mehr als die Turbine. Der Abdampf der Kolbenmaschine ist aber zu *entölen*, während die Turbine ölfreien Dampf liefert und auch besser für überhitzten Dampf geeignet ist.

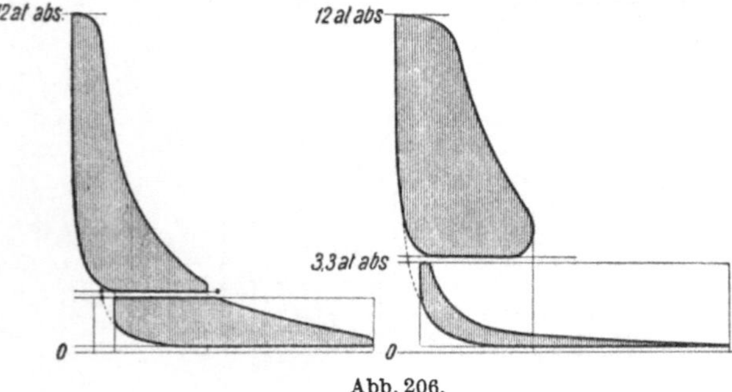

Abb. 206.

Wird nicht der ganze Abdampf der Dampfkraftmaschine für Heizzwecke benötigt, so entnimmt man Heizdampf von erforderlichem Druck, sogenannten *Zwischendampf*, entweder dem Aufnehmer einer Verbundmaschine oder dem Niederdruckteil einer Dampfturbine. Abb. 206 (nach Dubbel) veranschaulicht, wie sich bei einer *Entnahmemaschine* Hochdruck- und Niederdruckfüllung ändern, wenn der Maschine, während ihre Belastung gleich bleibt, einmal wenig, einmal viel Heizdampf entnommen wird. Wird kein Heizdampf entnommen, so wirkt die Maschine als normale Verbundmaschine. Wird viel Heizdampf entnommen, so erhält der Hochdruckzylinder große, der Niederdruckzylinder kleine Füllung. Über Aufbau und Regelung der *Entnahmeturbinen* vgl. Ziffer 98 und 100. Läßt man nur die Niederdrucksteuerung durch den Druckregler verstellen, so wird bei steigendem Entnahmedruck die Niederdruckfüllung vergrößert. Die entsprechende Verkleinerung der Hochdruckfüllung muß dann der Geschwindigkeitsregler einstellen, der zur Wirkung kommt, wenn die Maschine infolge der zu groß gewordenen Dampfzufuhr schneller zu laufen beginnt. Allerdings schwankt dadurch die Drehzahl stärker. Ist die Drehzahl gebunden, weil die Maschine auf ein Drehstromnetz arbeitet, so schwankt die Belastung der Entnahmemaschine entsprechend.

Je mehr Zwischendampf man entnimmt, um so höheren Dampfverbrauch für die PSh hat die Entnahmedampfmaschine. Besonders leidet die Entnahmeturbine, deren Stärke ja im Niederdruckteil liegt, je weniger Dampf im Niederdruckteil ausgenützt wird.

Daß die Verbindung des Heiz- und des Kraftbetriebes von größtem Vorteil ist, ist längst erkannt und auch durchgeführt, wo günstige Bedingungen gegeben sind. Im Zechenbetrieb selbst sind Heiz- und Kraftbetrieb nur in geringem Umfange kuppelbar; deshalb ist man dazu übergegangen, den Zechenkraftbetrieb mit anderen Industriebetrieben zu verbinden, die viel Wärme brauchen, oder Fernheizwerke an Zechenkraftwerke anzuschließen.

115. Verwendung des Abdampfes von Kolbenmaschinen in Niederdruckdampfturbinen. Die Grundlage, auf der die Abdampfverwertung in Abdampf- oder Zweidruckturbinen beruht, ist in Ziffer 98 und 100 dargestellt; ebenda sind Aufbau und Regelung der Abdampf- und Zweidruckturbinen besprochen. Für die Dampfturbine ist Abdampf von etwa 1,5 ata etwa halb soviel wert, wie üblicher Frischdampf.

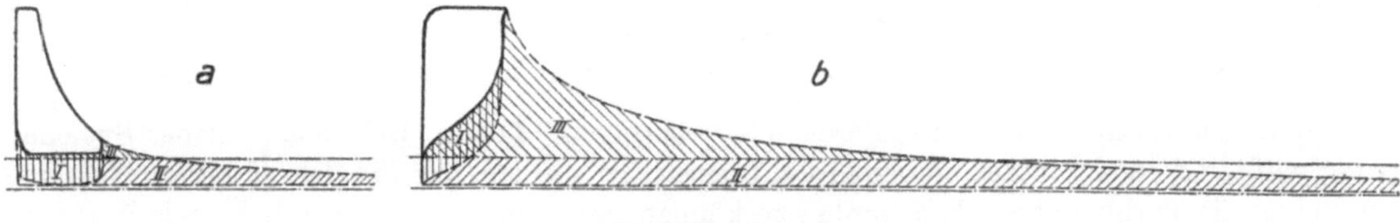

Abb. 207 a u. b.

Ursprünglich waren es die älteren, mit unzweckmäßigen Steuerungen ausgerüsteten Fördermaschinen, bei denen es besonders reizte, die großen Abdampfmengen günstig auszunützen. In der Abb. 207 ist das Diagramm *a* einer vorteilhaft mit kleiner Füllung arbeitenden Fördermaschine dem Diagramm *b* einer mit voller Füllung arbeitenden entgegengestellt. Durch Kondensation wären die Flächen *I* zu gewinnen, durch Verwertung des Auspuffdampfes in einer Abdampfturbine die Fläche $I + II$, verloren gehen die Flächen *III*. Durch die Verwertung des Abdampfes in einer Turbine kann man die schlechte Fördermaschine erheblich verbessern; trotzdem bleibt die Ausnutzung des Dampfes unvollkommen. Die günstige Dampfverteilung, wie sie im Diagramm *a* dargestellt ist, bleibt unter allen Umständen zu erstreben.

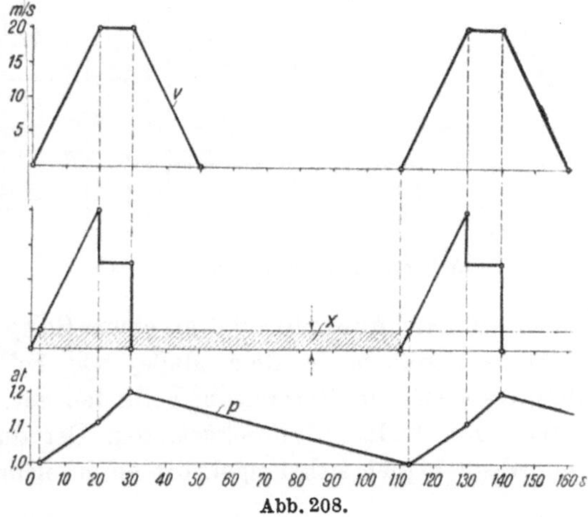

Abb. 208.

Die Abdampfmenge einer Fördermaschine schwankt zeitlich sehr stark, was bei der den Abdampf verbrauchenden Turbine zu berücksichtigen ist. Abb. 208 zeigt oben die Geschwindigkeitsdiagramme, in der Mitte den Dampfverbrauch einer Fördermaschine. Der Förderzug dauert 50 s, die Förderpause 60 s, das Förderspiel also 110 s. Der Dampfverbrauch und damit in gleicher Weise die Abdampfmenge steigt während der Anfahrt, die 20 s dauert, auf den Höchstwert, sinkt während der 10 s dauernden Beharrung auf etwa zwei Drittel des Höchstwertes und hört dann 80 s lang auf. Die den Abdampf aufnehmende Zweidruckturbine muß entweder sehr schnell regelbar sein, um den zeitweiligen Mangel an Abdampf durch sofortige Erhöhung der Frischdampfzufuhr auszugleichen, oder es muß zwischen Fördermaschine und Turbine ein Speicher eingeschaltet werden, der während der Laufzeit der Fördermaschine einen Teil des Abdampfes speichert, um ihn während der Pause gleichmäßig an die Turbine abgeben zu können. Nach dem Beispiel in Abb. 208 ist die durchschnittliche Abdampfmenge x in kg/s nur etwa $^1/_7$ der

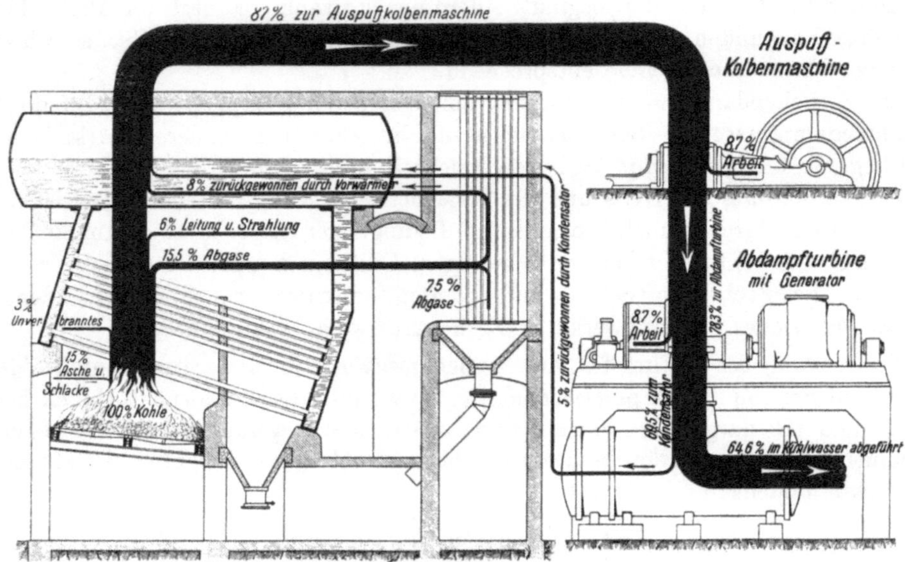

Abb. 209. Wärmestromdiagramm einer Dampfkraftanlage mit Abdampfturbine (SANKEY-Diagramm).

höchsten. Die Gesamtmenge eines Förderspieles beträgt $x \cdot 110$ kg. Bei vollkommener Speicherung müßten $x \cdot 80$ kg in den ersten 30 s aufgespeichert werden, um von der 30. bis zur 110. Sekunde an die Turbine abgegeben werden zu können. Die Linie p veranschaulicht, wie in einem durch Änderung des Dampfdrucks wirkenden Speicher[1] der Druck erst steigt, wenn die Fördermaschine mehr Dampf ausstößt als die Abdampfturbine, welcher der Dampf gleichmäßig zuströme, aufnimmt, und dann wieder auf den ursprünglichen Wert zurückgeht.

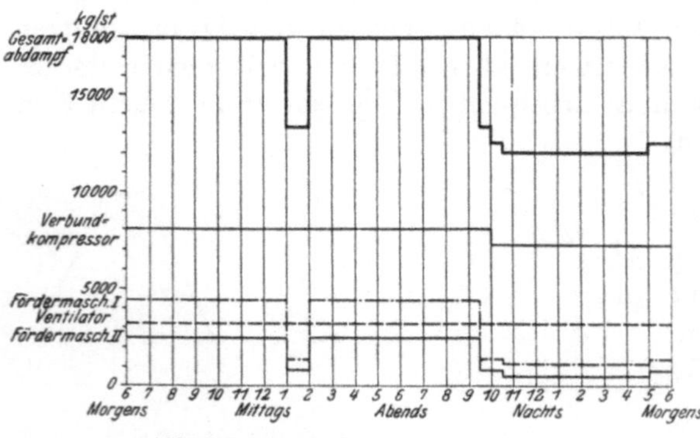

Abb. 210. Abdampfmengen einer Zeche.

An und für sich ist es vorteilhaft, auch den Abdampf von Kolbenkompressoren und den Kolbenantriebsmaschinen der Ventilatoren in Turbinen auszunützen, wie es das Wärmestromdiagramm Abb. 209 (MAN) zeigt. Bedingung ist aber, daß man die mittels des Abdampfes erzeugte Energie verbrauchen kann. Dabei ist zu bedenken, daß die auspuffenden Dampfmaschinen selbstverständlich viel mehr Dampf brauchen, als wenn sie mit Kondensation betrieben würden. Abb. 210 zeigt an einem Beispiel, welche Abdampfmengen auf einer Zeche etwa in Frage kommen. In dem Maße, wie bei dem steigenden Druckluftbedarfe der Turbokompressor stärkere Verbreitung gefunden hat, ist übrigens der Kolbenkompressor als etwaiger Lieferer von Abdampf zurückgetreten. Der durch eine Zweidruckturbine angetriebene Turbokompressor eignet sich umgekehrt ausgezeichnet zur Verwertung von Abdampf.

[1] Vgl. Ziffer 116.

XIII. Wärmespeicher[1].

116. Allgemeines über Wärmespeicher. Wärmespeicher stellen ein Ausgleichmittel in Dampfkraftanlagen dar. Einmal dienen sie dazu, die gleichmäßige Dampferzeugung einer Kesselanlage dem schwankenden Dampfbedarf anzupassen, während sie anderseits im Abdampfbetriebe schwankende Abdampfmengen einem gleichmäßig arbeitenden Dampfverbraucher angleichen sollen. Die verschiedenen Speicherungsmöglichkeiten ergeben sich bei der Verfolgung der einzelnen Arbeitsstufen des Kreislaufes in einer Dampfkraftanlage: 1. Vorwärmung des Wassers, 2. Erhitzung auf Siedetemperatur, 3. Verdampfung, 4. Expansion und 5. Kondensation des Dampfes. Praktische Speicherungsmöglichkeiten bieten die 2. und 3. Stufe. Arbeitet der Kessel, einer mittleren Belastung entsprechend, unverändert mit gleicher Wärmezufuhr der Feuerung, so ergibt sich bei Unterbelastung Wärmeüberschuß. Diese Überschußwärme speichert man in der 2. Stufe als Wasserwärme oder in der 3. Stufe als Dampfwärme. Bei Überbelastung des Kessels kann dann die Energiezufuhr der Feuerung dieselbe bleiben wie bei mittlerer Belastung, wenn die vorher gespeicherte Wärme zur Deckung der Belastungsdifferenz wieder in das Arbeitssystem zurückgeführt wird. Beim Abdampfbetriebe fehlt der oben dargelegte Kreislauf; hier handelt es sich lediglich um die Speicherung der Dampfwärme.

Speicherung der Wasserwärme besteht einfach in der Ansammlung heißen Wassers von gleicher Temperatur und gleichem Druck wie das Kesselwasser. Da die Speicherung bei stets gleichbleibendem Druck erfolgt, nennt man Speicher dieser Art *Gleichdruckspeicher*.

Die Speicherung der Dampfwärme bietet dagegen mehrere Möglichkeiten. Speichert man den Dampf als solchen, so geschieht dieses in reinen *Dampfspeichern*. Wird dagegen der Aggregatzustand geändert, indem man den Dampf in Wasser niederschlägt, welches dabei die Dampfwärme aufnimmt, so kann die Wärme in Dampfform nur zurückgegeben werden, wenn der Druck über dem Wasser ständig unter dem Siededruck gehalten wird. Derartig arbeitende Speicher nennt man *Gefällespeicher*, da der entnommene Dampf keinen gleichbleibenden, sondern einen mit der Entspeicherung fallenden Druck besitzt.

Für alle Speicher, die eine Umwandlung des Aggregatzustandes bedingen, ist es charakteristisch, daß sie bei der Entladung nie überhitzten, sondern höchstens nur trocken gesättigten Dampf abgeben können, auch wenn zur Ladung überhitzter Dampf gedient hat. Es findet nur Verdampfung statt: der Überhitzungsprozeß fehlt.

117. Gleichdruckspeicher. Gleichdruckspeicherung, also Speicherung von Heißwasser, hat man mehr oder weniger bei fast allen Kesseln. Sie erfolgt im Speiseraum des Kessels und wird dann als *Speiseraumspeicherung* bezeichnet. Die größte Speichermenge ist gleich der Speisewassermenge, die zwischen niedrigstem und höchstem Wasserstand zugeführt werden kann. Bei Unterbelastung wird der Kessel stärker gespeist als im normalen Betriebe, bis der höchste Wasserstand erreicht ist. Tritt dann Überbelastung ein, so wird die Speisung vermindert oder ganz abgestellt. Dann hat der Kessel bei gleicher Wärmezufuhr in der Feuerung nur noch die Verdampfungswärme aufzubringen, da das Wasser bereits auf den Siedepunkt erwärmt ist; die Dampferzeugung kann also bei gleicher Energiezufuhr durch die Feuerung beträchtlich gesteigert werden. Der Arbeitsbereich erstreckt sich vom höchsten bis zum niedrigsten Wasserstand. Die *Speicherfähigkeit* (Kapazität) ist demnach bei Flammrohrkesseln am größten, da sie gegenüber anderen Kesselsystemen den größten Speiseraum besitzen. Bei den modernen Röhrenkesseln kann der Speiseraum und damit die Speicherfähigkeit durch Zuschalten eines besonderen Gleichdruckspeichers beliebig vergrößert werden.

Als Beispiel sei die Anordnung und Wirkungsweise des KIESSELBACH-Gleichdruckspeichers in Abb. 211 erläutert. Der Speicher ist ein zylindrischer Behälter, welcher mit dem Kessel durch die Wälzleitung und die Überlaufleitung verbunden ist. Eine Pumpe in der Wälzleitung sorgt für ständigen Wasserumlauf zwischen Kessel und Speicher. Um im Kessel und Speicher denselben Druck herzustellen, werden die Dampfräume beider durch die Druckausgleichleitung

[1] Es sei verwiesen auf PAUER: Energiespeicherung. Dresden: Th. Steinkopff 1928.

miteinander verbunden. Die Speisepumpe fördert entweder direkt in den Kessel oder, wenn bei der Erwärmung des Wassers starke Schlammabscheidung zu erwarten ist, zunächst in den Speicher, aus welchem der Schlamm leicht entfernt werden kann.

Der Ausgleich der Belastungsschwankungen erfolgt in der Weise, daß bei geringer Belastung mehr Wasser in den Kessel gespeist wird, als für die Dampferzeugung erforderlich ist. Der Überschuß an Speisewasser wird im Kessel durch den Wärmeüberschuß der Feuerung auf Siedetemperatur gebracht und läuft mit dem Wälzwasser zusammen durch die Überlaufleitung nach dem Speicher ab. Der Speicher wird aufgeladen, sein Wasserinhalt vergrößert sich. Steigt die

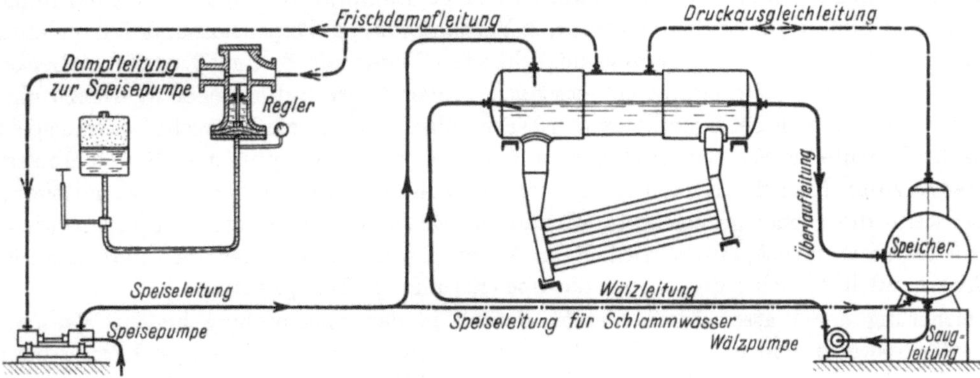

Abb. 211. Anordnung des KIESSELBACH-Speichers.

Belastung des Kessels über die mittlere Belastung, so wird die Speisung abgestellt. Der normale Wasserstand wird dadurch aufrechterhalten, daß das verdampfende Wasser durch das gespeicherte Wasser ersetzt wird, für dessen Verdampfung dann die Gesamtwärme der Feuergase zur Verfügung steht. Der Speicher wird entladen, sein Wasserinhalt nimmt ab.

Die Verbindung von Röhrenkesseln mit Gleichdruckspeichern macht diese Kessel zu Großwasserraumkesseln, wodurch aber die Vorteile der Kleinwasserraumkessel nicht beeinträchtigt werden.

118. Gefällespeicher. Bei den Gefällespeichern ist der Speicherbehälter bis auf einen kleinen Dampfraum mit Wasser gefüllt. Der überschüssige Dampf wird, indem er sich verflüssigt, vom Wasser aufgenommen, dessen Temperatur und Druck entsprechend steigen; strömt umgekehrt nicht genügend Dampf zu, so wird aus dem heißen Wasser Dampf entwickelt, wobei Temperatur und Druck im Speicher entsprechend sinken. Wird der Speicherdruck zu groß, so bläst der Dampf durch ein Sicherheitsventil ab, wird er zu klein, so wird gedrosselter Frischdampf zugesetzt. Je größer der Speicher ist, um so kleiner werden die Druckschwankungen. Da Wasser einen viel geringeren Raumbedarf hat als Dampf, so werden auch die Gefällespeicher bei gleicher Speicherfähigkeit einen viel geringeren Raumbedarf haben als reine Dampfspeicher. Je größer das ausnutzbare Druckgefälle und je tiefer der Entladedruck ist, um so kleiner können die Speicherabmessungen für eine gegebene Dampfmenge werden. Ein Gefällespeicher braucht für 1000 kg bei einem Druckgefälle von 8 auf 3 ata etwa 15,4 m³ Rauminhalt, da 1 m³ Wasser für dieses Druckgefälle 65 kg Dampf aufnehmen kann. Für 10 bis 3 ata Druckgefälle würde der Rauminhalt nur 12,5 m³, für 15 bis 3 ata Gefälle sogar nur 9,1 m³ betragen.

Für die Gefällespeicher besteht die Schwierigkeit, den Dampf möglichst schnell im Wasser niederzuschlagen, was durch innige Mischung und guten Wasserumlauf erreicht wird. Seit es durch die Bauarten von RATEAU und RUTHS gelungen ist, das Laden und Entladen trotz Änderung des Aggregatzustandes in kürzester Zeit durchzuführen, haben diese Gefällespeicher die reinen Dampfspeicher fast überall verdrängt.

Abb. 212 zeigt den RUTHS-Speicher als Beispiel eines Gefällespeichers. Er besteht aus einem bis zu 95% seines Inhalts mit Wasser gefüllten Kessel, dem der Ladedampf durch das Verteilungsrohr V und die senkrecht daran angeschlossenen Mundstücke M zugeführt wird. Die Mundstücke sind von den sogenannten Steigrohren St umgeben, durch die der eintretende Dampf das Wasser, in dem er kondensiert, fortwährend vom Boden ansaugt. Durch den so hervorgerufenen Wasserumlauf wird die Kondensationswärme gleichmäßig auf den ganzen Speicherinhalt verteilt. Während der Ladung muß der Schieber S geöffnet sein. Das Rückschlagventil R hebt sich infolge des Druckunterschiedes selbsttätig. Das Sicherheitsventil SV am Dampfdom schützt den Speicher vor zu hohen Drücken. Bei der Entladung entsteht zunächst am Wasserspiegel Dampf, sobald infolge Dampfentnahme der Druck im Dampfraum sinkt. Die Dampf-

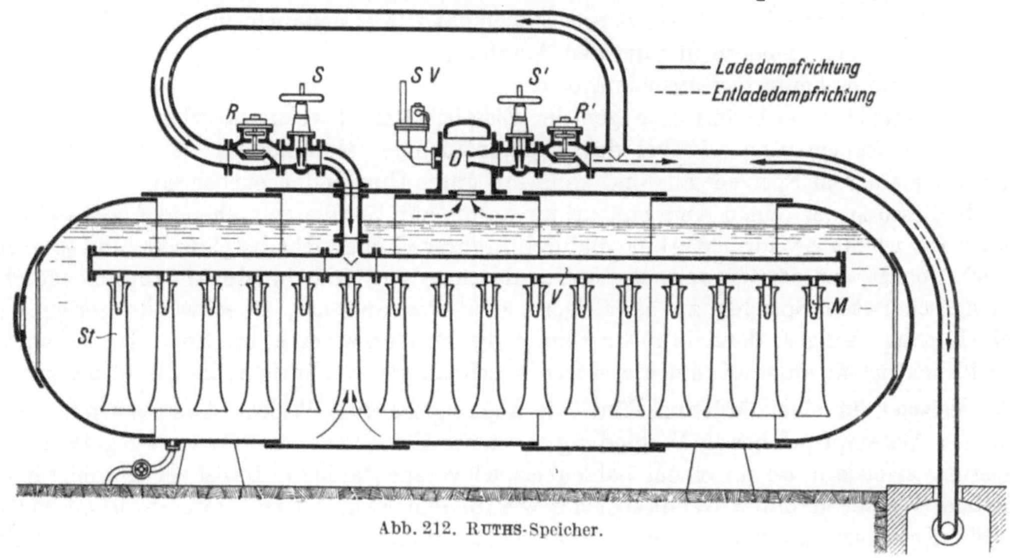

Abb. 212. RUTHS-Speicher.

bildung schreitet allmählich nach unten fort, da sich das oben befindliche Wasser durch Abgabe der Verdampfungswärme abkühlt. Infolge der zylindrischen Speicherform entsteht auch hierdurch ein Wasserumlauf, der das heiße Wasser wieder nach oben bringt, so daß die Verdampfung hauptsächlich an der Oberfläche stattfindet und nur wenig Wasser vom Dampf mitgerissen wird. Dieses wird im Dampfdom noch abgeschieden, so daß der Entladedampf trocken gesättigt ist. Zur Vermeidung zu hoher Oberflächenbelastung ist in die Entladeleitung eine Düse D als Begrenzungsvorrichtung eingebaut. Die größte Entlademenge ist durch die kritische Geschwindigkeit in der Düse bestimmt, die auch nicht überschritten werden kann, wenn bei einem Leitungsbruch der Druck hinter der Düse auf atmosphärischen Druck absinkt.

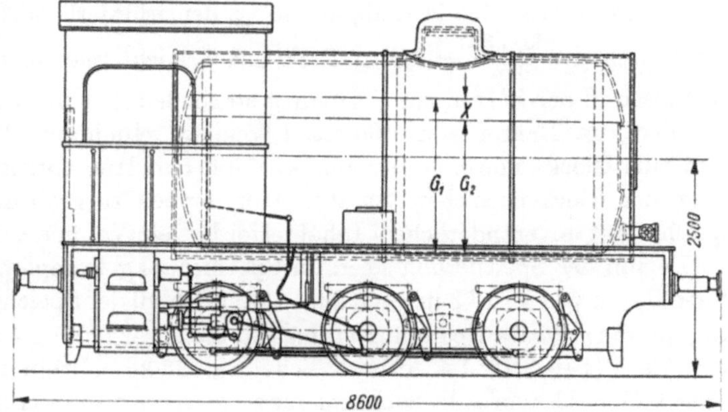

Abb. 213. Feuerlose Dampflokomotive (AEG).

Eine besondere Anwendung hat der Gefällespeicher bei den feuerlosen Dampflokomotiven (Abb. 213) gefunden, die sich in gewisser Beziehung mit den Druckluftlokomotiven vergleichen lassen, die ihren Betriebsstoff gespeichert mitführen. Genau wie bei den Gefällespeichern wird der Kessel zunächst mit Warmwasser gefüllt (bis G_2). Dann wird von einer ortsfesten Kesselanlage möglichst der während einer Betriebspause überschüssige Dampf zur Ladung benutzt, wobei der Kesselinhalt bis G_1 zunimmt. Die mögliche Entladedampfmenge beträgt $G_1 - G_2 = x$. Die dargestellte Lokomotive arbeitet in den Druckgrenzen zwischen 13 und 4 ata, vermag 1260 kg zu speichern und verbraucht etwa 24 kg Dampf für 1 PSh. Bei einer Leistung von 72,5 PS und einer Geschwindigkeit von 25 km/h reicht eine Füllung also für etwa 40 Minuten oder 17 km.

119. Reine Dampfspeicher. Die Speicherfähigkeit der reinen Dampfspeicher ist naturgemäß klein, weil das spezifische Volumen des Dampfes groß ist und der Speicher bei höheren Drücken aus Festigkeitsrücksichten nur kleinen Inhalt erhalten kann. Sie können nur in Verbindung mit kurzzeitig laufenden, regelmäßig aussetzenden Maschinen verwendet werden, z. B. mit Fördermaschinen. Dampfspeicher mit unveränderlichem Rauminhalt wirken als Gefällespeicher (Raumspeicher); ist der Rauminhalt entsprechend der Entnahme veränderlich, so hat man Gleichdruckspeicherung (Glockenspeicher).

Bei den Abdampfspeichern für Fördermaschinen handelt es sich nicht um die Aufspeicherung großer Dampfmengen, sondern nur um den Ausgleich von einem Förderzug zum andern. Verwendet man, wie es heute fast ausnahmslos der Fall ist, an Stelle der reinen Abdampfturbine die Zweidruckturbine, so bedarf es wegen der Elastizität der Zweidruckturbine nicht einer so ausgeglichenen Speicherung wie bei der Abdampfturbine. Man kommt bei der Zweidruckturbine mit kleinerem Speicher aus und kann ihn unter Umständen entbehren. Während man bei der Bemessung der reinen Abdampfturbine an die zur Verfügung stehende Abdampfmenge gebunden ist, ist die Zweidruckturbine dadurch in ihrer Größe nicht beschränkt, und je größer sie überhaupt ist, um so eher vermag die Zweidruckturbine eine gewisse Abdampfmenge ohne zwischengeschalteten Speicher zu bewältigen. Fehlt der Speicher, so schwankt übrigens die Kesselbelastung weniger; denn je mehr Dampf die Fördermaschine am Ende der Anfahrt in die Zweidruckturbine ausstößt, um so weniger Frischdampf braucht dann die Zweidruckturbine.

120. Beispiel für eine Fördermaschine mit Abdampfspeicher. Welche Abmessungen die besprochenen Abdampfspeicher in Verbindung mit einer Fördermaschine für eine gegebene Speicherleistung erfordern, sei an einem Zahlenbeispiel veranschaulicht. Dabei sei sowohl für den mit heißem Wasser gefüllten Gefällespeicher wie für den Raumspeicher mit unveränderlichem Inhalt eine Druckschwankung zwischen 1 ata und 1,25 ata zugrunde gelegt, während im Glockenspeicher gleichbleibend ein Druck von 1,05 ata herrsche. Es arbeite eine Fördermaschine auf den Speicher, die bei einem Förderzuge 8 t aus 675 m Teufe hebt, also eine Arbeit von 5400000 mkg oder 20 Schachtpferdstunden verrichtet. Die Maschine brauche 12,5 kg Dampf für die Schachtpferdstunde, so daß ein Förderzug 200 kg Dampf braucht, von denen 150 kg als Abdampf zu speichern seien. Bei einer Drucksteigerung von 1 auf 1,25 ata nimmt die Dampftemperatur um 6,5° zu, und da 1 kg Dampf bei seiner Verflüssigung unter den vorliegenden Verhältnissen etwa 538 kcal abgibt, so ist der erforderliche *Wasserinhalt* eines Gefällespeichers theoretisch $= \frac{150 \cdot 538}{6,5} = 12,4$ t. Praktisch braucht man etwa doppelt soviel, weil der Wärmeaustausch in der kurzen zur Verfügung stehenden Zeit unvollkommen ist. Der Glockenspeicher erfordert, da Dampf von 1,05 ata 1,65 m³/kg einnimmt, $150 \cdot 1,65 = 250$ m³ *Raumzuwachs*, dem eine Glocke von 8 m Durchmesser und 5 m Hub entspricht. Der gesamte Konstruktionsraum des Glockenspeichers ist aber über doppelt so groß als der Raumzuwachs. Der Raumspeicher mit unveränderlichem Inhalt erfordert ein Volumen, das sich folgendermaßen errechnet. Zu Beginn der Speicherung seien im Speicher x kg Dampf von 1 ata Spannung enthalten, die einen Raum von $x \cdot 1,73$ m³ einnehmen. Am Schluß der Speicherung sind im Speicher $x + 150$ kg Dampf von 1,25 ata Spannung enthalten, die $(x + 150) \cdot 1,4$ m³ einnehmen. Aus der Gleichung $x \cdot 1,73 = (x + 150)\ 1,4$ rechnet sich $x = 635$ kg. Mithin ist der *Rauminhalt* des Speichers $635 \cdot 1,73 = 1100$ m³. Je nachdem man die Druckschwankung größer oder kleiner wählt, ergeben sich kleinere oder größere Abmessungen.

Ist ein Speicher zu klein bemessen, so bläst er im normalen Betriebe ab. Umgekehrt ist aber das Abblasen des Speichers an und für sich noch kein Zeichen dafür, daß der Speicher ungenügend wirkt; denn ist eine Abdampfturbine so schwach belastet, daß sie den Abdampf nicht bewältigt, so bläst der überschüssige Dampf ab, ob der Speicher groß oder klein ist.

XIV. Schaltungen im Dampfkraftbetrieb.

121. Allgemeines. Schaltzeichen. Ursprünglich war der Aufbau einer Dampfkraftanlage sehr einfach, da sie nur aus dem Kessel und der Dampfmaschine bestand. Die weitere Entwicklung führte von der Auspuffmaschine zur Kondensationsmaschine, zur Speisewasservorwärmung und zur Dampfüberhitzung. Die Schaltung einer solchen Anlage war noch einfach und übersichtlich, da der Arbeitsprozeß ein einfacher Kreislauf war. Die neuzeitliche Entwicklung der Dampfkraftanlagen mit hohen Kesseldrücken, Speisewasservorwärmung durch Anzapfdampf, Verdampfern, Speichern, Zweidruckturbinen, Zwischenüberhitzung usw. hatte ziemlich verwickelte Anlagen zur Folge, deren Aufbau und Wirkungsweise nur mit Hilfe zeichnerischer Darstellung zu verfolgen und zu beschreiben ist. Die anfänglich gewählte bildliche, mehr oder weniger schematische Darstellung war zu zeitraubend und unübersichtlich, so daß man wie in der Elektrotechnik für alle Einzelteile der Schaltung bestimmte, einfache Zeichen (Schaltsymbole) gewählt hat, die der gewünschten Schaltung entsprechend zusammengefügt werden[1].

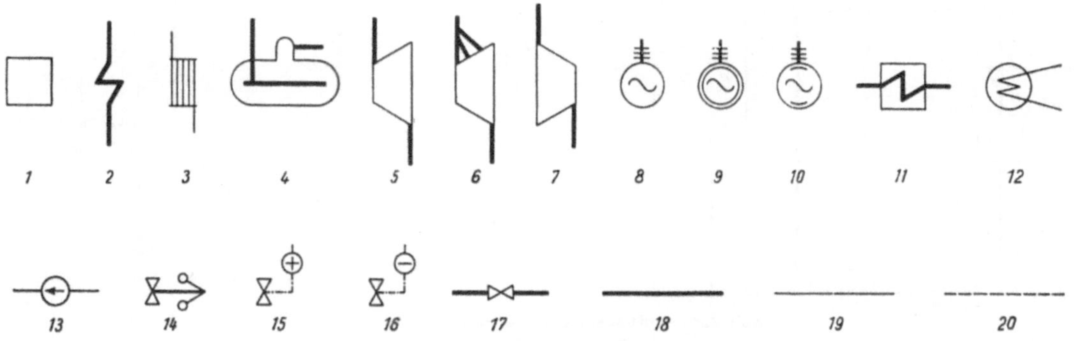

Abb. 214. Schaltzeichen.

1 Kessel, *2* Überhitzer, *3* Vorwärmer, *4* Gefällespeicher, *5* Kraftmaschine (Turbine), *6* Speicherturbine, *7* Arbeitsmaschine (Kompressor), *8* Generator, *9* Motor, *10* Generator oder Motor, *11* Zwischenüberhitzer, *12* Kondensator, *13* Speisepumpe, *14* Geschwindigkeitsregler, *15* Regelventil (öffnet bei steigendem Druck), *16* Regelventil (öffnet bei fallendem Druck), *17* Ventil, *18* Dampfleitung, *19* Wasserleitung (Speisewasser), *20* Kondensatleitung.

Abb. 214 zeigt eine Anzahl der gebräuchlichsten Schaltzeichen[2], deren Anwendung in den folgenden Beispielen gezeigt wird. Die die einzelnen Teile der Schaltung verbindenden Rohrleitungen werden zur weiteren Vereinfachung je nach dem Stoff (Dampf, Wasser, Kondensat), den sie führen, verschieden dargestellt. Durchflußmengen, Temperatur und Druck können an die Leitungen angeschrieben werden.

122. Schaltungsbeispiele. Die Darstellung einer nach dem einfachen Kreisprozeß arbeitenden Dampfkraftanlage ist aus Abb. 215 ersichtlich. Das Speisewasser wird im Vorwärmer vorgewärmt und dem Kessel zugeführt, wo die Verdampfung vor sich geht. Hinter dem Kessel liegt der Überhitzer, in dem der Sattdampf auf die gewünschte Überhitzungstemperatur gebracht wird. Der überhitzte Dampf arbeitet in einer Turbine, die einen Generator antreibt, wird im Kondensator niedergeschlagen und als Kondensat von der Speisepumpe in den Vorwärmer zurückgeführt, worauf der Kreislauf wieder beginnt. Ein Vergleich mit der früheren, den Zusammenhang einer Kondensations-Dampfkraftanlage darstellenden Abb. 37 zeigt die große Vereinfachung, die in Abb. 215 durch Verwendung der Schaltzeichen erreicht worden ist.

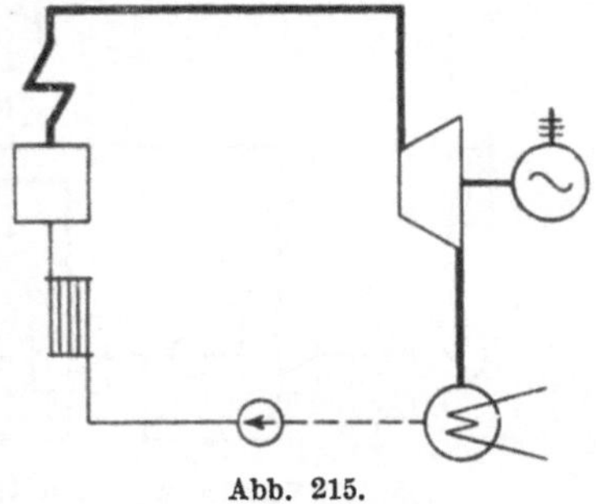

Abb. 215.

Die Abb. 216 veranschaulicht den Leistungsausgleich in zwei verschieden gearteten Gegendruckanlagen. Links ist ein Beispiel einer Gegendruckanlage dargestellt, bei der der Wärmebedarf der mit dem Abdampf der Gegendruckturbine G betriebenen Heizanlage H im allgemeinen den Leistungsbedarf der Turbine übersteigt. Bei Abdampfmangel wird der Heizung zusätzlich gedrosselter Frischdampf zugeführt. Die Verwendung gedrosselten Frischdampfes ist allerdings unwirtschaftlich. Bei der rechts wiedergegebenen Anlage sind die Verhältnisse bedeutend günstiger. Hier überwiegt der Leistungsbedarf gegenüber dem Wärmebedarf. Die Gegendruckturbine G

[1] Diese einfachen Schaltzeichen wurden von Dr. Ruths zuerst bei den Ruths-Speicherschaltungen gewählt.

[2] Vgl. auch Pauer: Energiespeicherung. Dresden: Th. Steinkopff 1928.

liefert eine dem Wärmeverbrauch der Heizanlage H entsprechende Leistung, während die erforderliche Mehrleistung durch eine mit Frischdampf arbeitende Kondensationsturbine K ausgeglichen wird.

Abb. 217 zeigt das Schema einer Speisewasservorwärmung durch Anzapfdampf, welcher der Turbine zwischen Hoch- und Niederdruckteil und im Niederdruckteil entnommen wird. Das Kondensat sammelt sich im Kondensatbehälter V_K und wird zunächst dem Vorwärmer a_2 zugeführt, der durch Anzapfdampf niedriger Spannung und Temperatur aus dem Niederdruckteil beheizt wird. Weitere Vorwärmung folgt in a_1, da dieser Vorwärmer mit höherer Spannung und Temperatur arbeitet. Der bei der Vorwärmung kondensierende Anzapfdampf wird als Kondensat

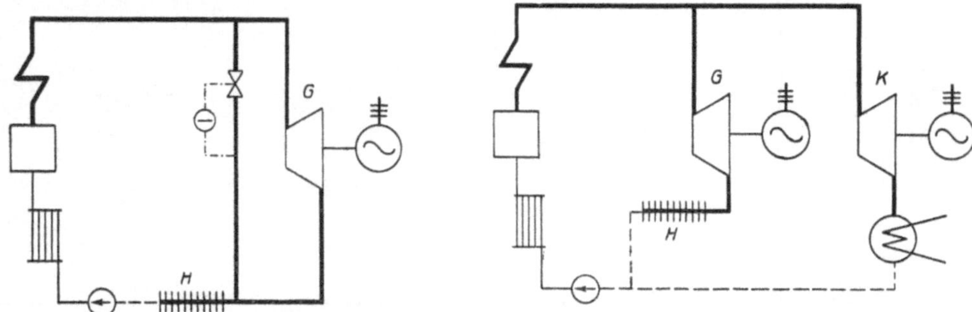

Abb. 216. Leistungsausgleich in Gegendruckanlagen.

in die Kondensatleitung geführt und gleichfalls vorgewärmt, so daß der gesamte vom Kessel erzeugte Dampf als Speisewasser wieder in den Kessel gelangt. Das in a_2 und a_1 vorgewärmte Wasser fließt dem Speisewassersammler V zu und wird vor dem Eintritt in den Kessel noch in einem kleinen Rauchgasvorwärmer auf die endgültige Vorwärmtemperatur gebracht.

Läßt man bei Höchstdruckmaschinen den Dampf bis zum Kondensatordruck expandieren, so geht der Dampf sehr schnell in das Sättigungsgebiet über und wird schon bei solchen Drücken naß, bei denen man sonst hohe Überhitzungen anzuwenden pflegt. Dieser Übelstand wird dadurch umgangen, daß man den Dampf in mehreren Druckstufen arbeiten läßt und nach Erreichen der

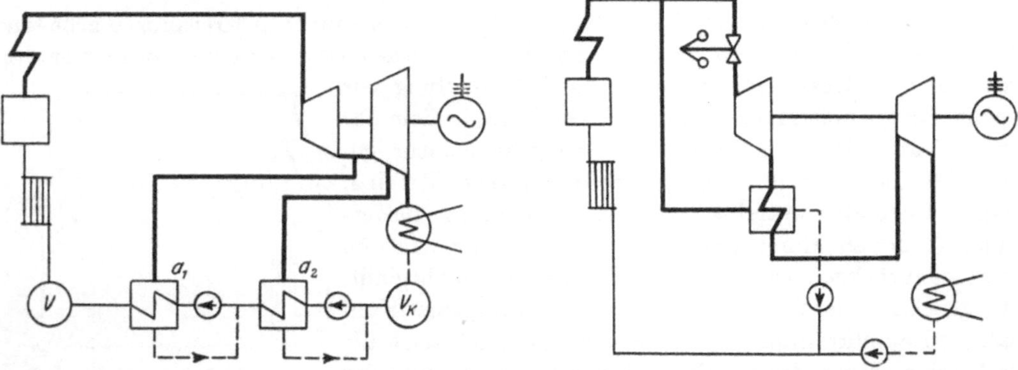

Abb. 217. Vorwärmung durch Anzapfdampf.

Abb. 218. Hochdruckanlage mit Zwischenüberhitzung durch Frischdampf.

Sättigungsgrenze vor dem Eintritt in die nächste Stufe neu überhitzt, indem man ihn durch einen entweder mit Feuergasen oder Frischdampf beheizten Zwischenüberhitzer schickt. Eine solche zweistufige Ausnutzung mit Zwischenüberhitzung durch Frischdampf geht aus Abb. 218 hervor. — Abb. 219 zeigt die Schaltung und das Dampfverbrauchdiagramm einer Gegendruckmaschine in Verbindung mit einer Niederdruckdampfheizung. Die durch die Maschine hindurchgehende Dampfmenge D ist fast unveränderlich. Der mittlere Dampfverbrauch der Heizung K ist größer als D, so daß neben der Abdampfmenge D die Differenzmenge $K - D = \ddot{U}$ noch aus der Frischdampfleitung entnommen werden muß. Der Kessel liefert die mittlere Dampfmenge K. Da der Dampfverbrauch der Heizung stark schwankt, wird die Dampfmenge $\ddot{U}$ aus der Frischdampfleitung zunächst einem Ausgleichspeicher zugeführt. Bei hohem Dampfbedarf entlädt sich der Speicher und liefert die über die Dampferzeugung des Kessels hinausgehende Menge (Fläche über der strichpunktierten Linie); bei geringem Dampfverbrauch wird der Speicher geladen und nimmt den Überschußdampf auf (Fläche unter der strichpunktierten Linie). Durch das Reduzierventil *R* strömt die stets schwankende Dampfmenge *R*, die im Mittel gleich der Überströmmenge *Ü* ist. Das Kondensat des gesamten erzeugten Dampfes wird hinter der Heizung durch die Speisepumpe wieder zum Kessel zurückgefördert.

Ist der Dampfverbrauch einer Turbine starken Schwankungen ausgesetzt, so kann man einen Speicher parallel zum Kessel schalten, wie es Abb. 220 veranschaulicht. Bei geringem

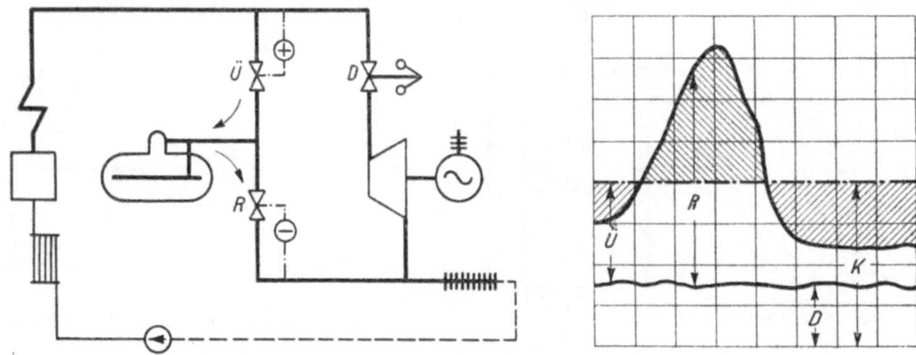

Abb. 219. Dampfkraftanlage für Gegendruckbetrieb mit Speicherausgleich.

Dampfverbrauch wird der Speicher durch das Ventil (+) geladen; bei großem Dampfverbrauch wird er über das Entladeventil (—) entladen, welches bei sinkendem Druck in der Frischdampfleitung öffnet und den gespeicherten Dampf als Zusatz zu der gleichbleibenden Dampf-Erzeugung in die Frischdampfleitung zurückgibt. Ein Nachteil dieser Schaltung ist der bei starker Dampfentnahme sinkende Druck des Speichers und damit auch vor der Turbine, die dadurch ungünstig arbeitet.

Abb. 221 zeigt eine Schaltung, bei der eine Turbine lediglich eine konstante Grundlast zu decken hat, während alle Überbelastungen von einer parallel geschalteten Speicherturbine übernommen werden, die ihren Dampf von dem mit Überschußdampf aus der Frischdampfleitung geladenen Gefällespeicher empfängt. Der Speicherdampf wird also nicht wie in der vorhergehenden Schaltung (Abb. 220) in die Frischdampfleitung zurückgeführt, sondern arbeitet in einer besonderen *Speicherturbine*, die auch bei den wechselnden Drücken des Speicherdampfes wirtschaftlich arbeitet.

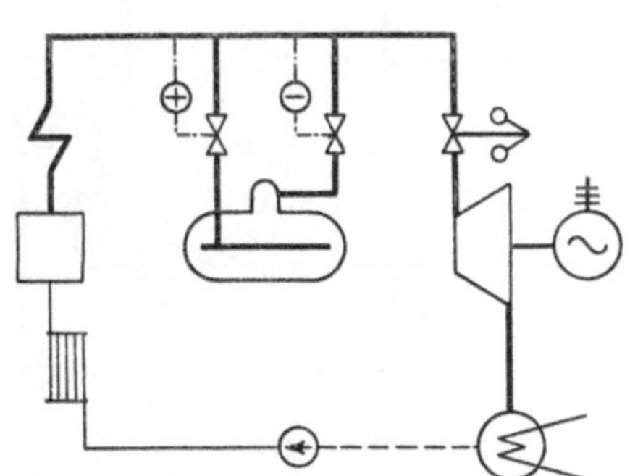
Abb. 220. Gefällespeicher parallel zum Kessel.

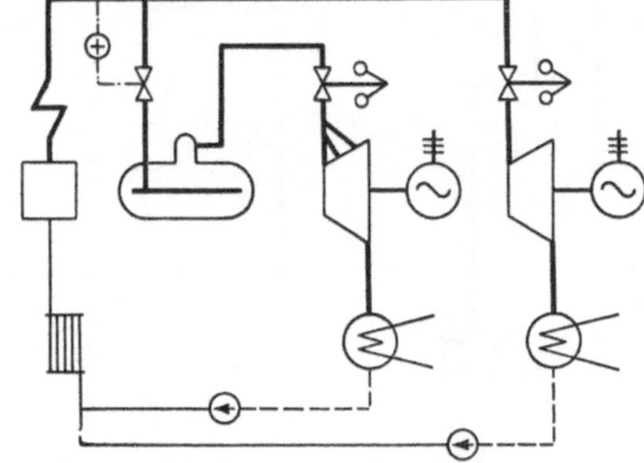
Abb. 221. Parallelschaltung von Grundlast- und Speicherturbine.

Ein weiteres Schaltungsbeispiel zeigt Abb. 222, welche die schematische Darstellung der in neuerer Zeit mehrfach ausgeführten Pumpspeicherwerke veranschaulicht. Links ist die Dampfkraftanlage, rechts das Speicherwerk dargestellt, die elektrisch miteinander gekuppelt sind. Liefert der Turbogenerator *a* mehr Strom ins Netz als verbraucht wird, so läßt man mit dem Überschuß durch die Pumpe *c* Wasser in ein hochgelegenes Speicherbecken fördern. Dabei arbeitet die elektrische Maschine des Speicherwerks als Motor und ist mit der Pumpe gekuppelt. Übersteigt die Belastung des Netzes die Liefermenge der Dampfkraftanlage, so läßt man das gespeicherte Wasser herabfallen und in der Turbine *b* arbeiten, die dann die elektrische Maschine als Generator treibt und so den erforderlichen Stromzuschuß zu liefern vermag.

Abb. 223 zeigt eine Fördermaschine *a*, deren Abdampf einer Zweidruckturbine zugeführt wird. Das Zweidruckaggregat ist durch die Turbine *b* mit der Frischdampfstufe *H* und der Ab-

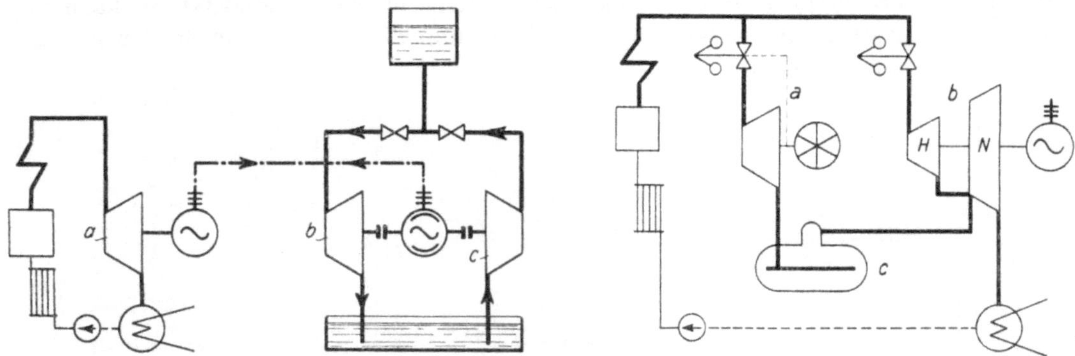

Abb. 222. Pumpspeicherwerk.

Abb. 223. Fördermaschine mit Zweidruckturbine.

dampfstufe *N* gekennzeichnet. Die Stufe *H* empfängt nur Frischdampf, während Stufe *N* den Abdampf der Stufe *H* und den der Fördermaschine *a* verarbeitet. Der Speicher *c* zwischen *a* und *b* soll die stark schwankenden Abdampfmengen der Fördermaschine ausgleichen und gleichmäßig der Zweidruckturbine zuführen.

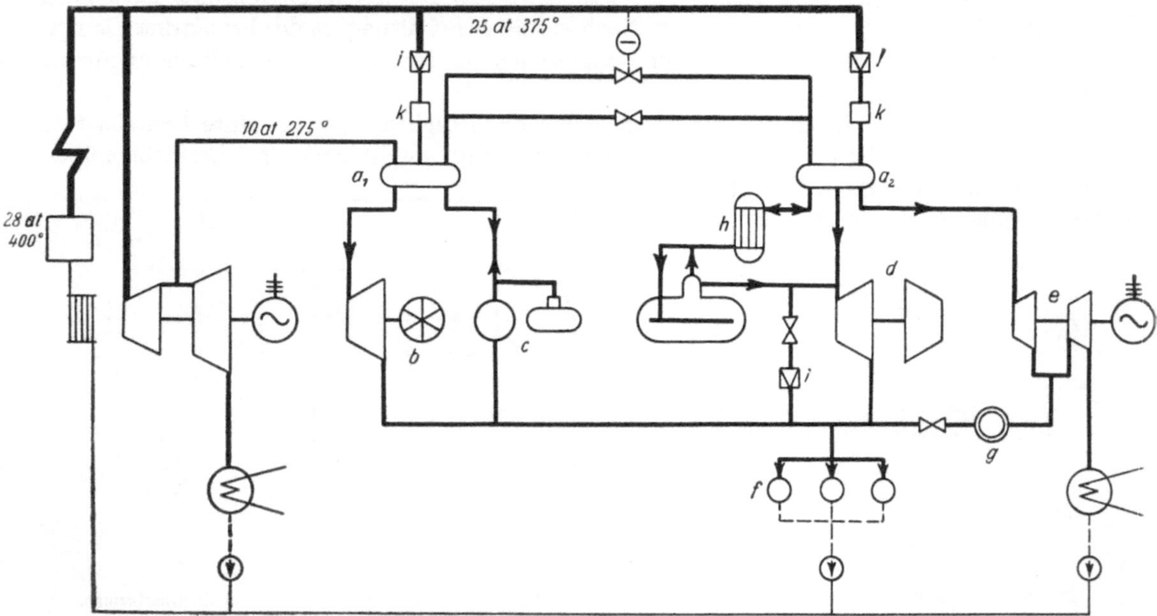

Abb. 224. Schema der Kraftanlage einer Zeche.
a_1, a_2 Verteiler, *b* Fördermaschine, *c* Kokerei mit Trockenkokskühlung, *d* Kompressor, *e* Zweidruckturbine, *f* Warmwasser, Heizung, Verdampfer, *g* Abdampfspeicher (Glockenspeicher), *h* Überhitzungsspeicher, *i* Druckminderventile, *k* Enthitzer.

Wie einfach mit Hilfe der Schaltzeichen auch recht verwickelte Dampfkraftanlagen dargestellt werden können, geht aus Abb. 224 hervor, welche die gesamte Kraftanlage einer Zeche darstellt[1]. Der mit 25 at arbeitenden Dampfturbine wird Dampf von 10 at entnommen, da alle andern Dampfverbraucher mit diesem geringen Druck arbeiten. Der mit Anzapfdampf versorgte Verteiler a_1 liefert den Dampf für alle Betriebe, die gleichmäßigen Druck erfordern (Förder-

[1] Vgl. Dettenborn: Kraftwerk der Bergbau-A.-G. Lothringen auf Schacht IV. Z. VDI 1928 S. 97.

maschine b, Kokerei c). Der in der Trockenkokskühlung erzeugte Dampf wird in der Kokerei selbst verbraucht. Ist der Verbrauch größer als die Erzeugung, so wird die fehlende Menge dem Verteiler a_1 entnommen, während umgekehrt überschüssiger Dampf der Kokerei zum Verteiler geführt wird. Der nicht verbrauchte Dampf der an a_1 angeschlossenen Betriebe strömt bei Überschreitung des vorgeschriebenen Druckes von 10 at durch ein Überströmventil und den Verteiler a_2 zu den übrigen Verbrauchern, die gegen Druckschwankungen weniger empfindlich sind (Dampfkolbenkompressor d und Zweidruckturbine e). Der Verteiler a_1 empfängt auch direkt Dampf aus der Frischdampfleitung durch das Druckminderventil i, so daß die Verteiler a_1 und a_2 auch dann unter Druck stehen, wenn die Entnahme aus der Turbine versagt. Zum Ausgleich der Schwankungen in der Dampferzeugung und im Dampfverbrauch ist an den Verteiler a_2 ein Gefällespeicher angeschlossen. Wird genügend Dampf erzeugt, so ist das Regelventil zwischen a_1 und a_2 geöffnet; der Druck in a_2 beträgt auch 10 at, der Speicher wird geladen. Sinkt der Druck in der Hauptdampfleitung, so schließt das Regelventil zwischen a_1 und a_2. Der Verteiler a_2 wird vom Speicher beliefert, der bis auf 7 at entladen werden kann. Steigt der Druck in der Hauptdampfleitung während der Entladezeit nicht wieder, so wird der Druck in a_2 auch nach der Entladung des Speichers immer noch auf 7 at gehalten, da bei Unterschreitung dieses Druckes der Dampf direkt aus der Hauptdampfleitung über das Druckminderventil i in den Verteiler a_2 strömt. Steigt der Druck in der Hauptdampfleitung wieder, so schließt dieses Ventil, und das Regelventil zwischen a_1 und a_2 öffnet wieder. Der aus dem Gefällespeicher entnommene trocken gesättigte Dampf wird vor dem Verteiler a_2 in dem Überhitzungsspeicher h neu überhitzt.

Der Verteiler a_2 liefert den Dampf für den Kolbenkompressor d und für die Frischdampfstufe der Zweidruckturbine e. Die Fördermaschine b, die Kokerei c und der Kolbenkompressor d arbeiten mit Gegendruck und geben ihren Abdampf an eine gemeinsame Niederdruckleitung ab. Diese Niederdruckleitung versorgt die Warmwassererzeugung, die Heizung und den zur Speisewassergewinnung dienenden Verdampfer mit Abdampf; ferner ist noch die Abdampfstufe der Zweidruckturbine e angeschlossen, welcher zum Ausgleichen der Schwankungen ein kleiner Glockenspeicher g vorgeschaltet ist. Reichen die Abdampfmengen nicht für die Niederdruckbetriebe aus, so kann der Niederdruckleitung Dampf aus dem Gefällespeicher zugesetzt werden, der zuvor in dem Druckminderventil i auf die richtige Spannung gebracht wird.

Das Kondensat sämtlicher Betriebe gelangt in eine gemeinsame Sammelleitung und wird als Speisewasser zum Kessel zurückgeführt, womit der vollständige Kreislauf seinen Abschluß findet.

XV. Die Verbrennungskraftmaschinen.

123. Überblick. Verbrennungskraftmaschinen nutzen die Energie von Brennstoffen unmittelbar durch Verbrennen der Brennstoffe im Zylinder der Maschine aus und unterscheiden sich dadurch grundsätzlich von den Dampfkraftmaschinen. Als Brennstoffe werden verwendet Gase, wie Leuchtgas, Generatorgas, Gichtgas usw., leicht vergasbare flüssige Brennstoffe, wie Benzin, Benzol, Spiritus usw., nicht oder schwer vergasbare flüssige Brennstoffe oder Öle, wie Petroleum, Erdöl, Teeröl usw., und neuerdings auch feste Brennstoffe in staubförmigem Zustand, wie Steinkohlenstaub, Braunkohlenstaub. Nach der benutzten Brennstoffart kann man unterscheiden zwischen Gasmotoren, Vergasermotoren, Ölmotoren und Kohlenstaubmotoren. Nach dem Verlauf der Verbrennung unterscheidet man *Verpuffungsmaschinen* und *Gleichdruckmaschinen*. Gasmaschinen und Vergasermaschinen arbeiten nach dem Verpuffungsverfahren, bei dem ein Brennstoffluftgemisch gezündet wird und schnell verbrennt (explodiert). Beim Gleichdruckverfahren, das man nur für die Verbrennung schwerflüchtiger Öle: der Rohöle und Teeröle verwendet, wird das Öl in hochverdichtete, hocherhitzte Luft eingespritzt und verbrennt unter annähernd gleichbleibendem Druck. Außer dem Gleichdruckverfahren gibt es noch eine Reihe anderer Verfahren, um mit Schwerölen Maschinen zu treiben. In der Arbeitsweise besteht insofern noch ein Unterschied, als bei der einen Gruppe ein Arbeitshub auf vier, bei der andern auf zwei Hübe oder Takte kommt, wonach man in *Viertakt-* und *Zweitakt*maschinen einteilt.

124. Die Entwicklung der Verbrennungskraftmaschinen. Die ersten Anfänge der Verbrennungskraftmaschinenentwicklung reichen heute über 250 Jahre zurück, jedoch stammt die erste in größerer Anzahl ausgeführte Gasmaschine von LENOIR erst aus dem Jahre 1860. Sie war eine doppeltwirkende Maschine, die mit Leuchtgas betrieben wurde und nach dem Diagramme Abb. 225 arbeitete. Beim Krafthube wurde erst das Gemisch angesaugt und gezündet, wobei der Druck auf 4 bis 5 at stieg, dann expandierte es bis zum Hubwechsel, worauf es beim Rückhube hinausgeschoben wurde. Das Arbeitsspiel vollzog sich wie bei der Dampfmaschine innerhalb zweier Hübe. Da die Lenoirsche Maschine viel Gas — 3 bis 4 m³/PSh — und viel Öl verbrauchte, auch der Schlag im Triebwerke störte, der davon herrührte, daß sich der Druckwechsel bei hoher Kolbengeschwindigkeit vollzog, so hatte sie keinen dauernden Erfolg. — Der Lenoirschen Maschine folgte (1867) die ihr wirtschaftlich weit überlegene „atmosphärische“ Maschine von OTTO und LANGEN, die ebenfalls mit Leuchtgas betrieben wurde und nach dem Diagramm Abb. 226 arbeitete. Es handelt sich um eine stehende, einfachwirkende Maschine ohne Kurbeltrieb. Deren „Flugkolben“ wird beim Krafthube, nachdem das Gemisch angesaugt und gezündet ist, mit so großer Geschwindigkeit emporgeschleudert, daß das Gemisch weit unter die Atmosphäre expandiert. Beim Niedergange wird der Kolben durch einen Zahnstangenantrieb mit der Welle verbunden und dreht diese, getrieben vom Überdruck der Atmosphäre und seinem eigenen Gewicht. Weil bei dem verhältnismäßig langsamen Niedergange des Kolbens die Zylinderkühlung kräftig wirkt, wird das Gemisch weniger steil komprimiert, als es expandiert war, so daß in diesem eigenartigen Zusammenhange die schraffierte Arbeitsfläche gewonnen wird. Diese

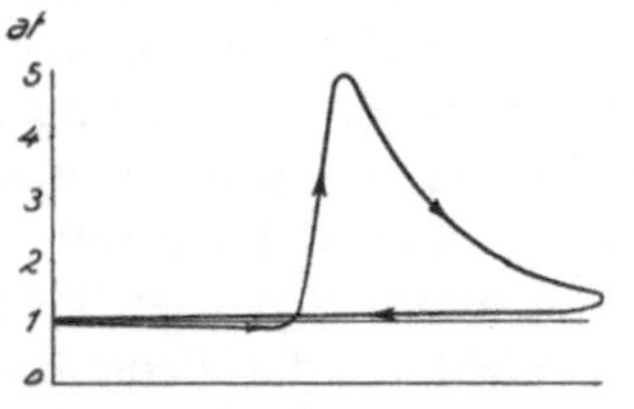

Abb. 225. Diagramm der Gasmaschine von LENOIR.

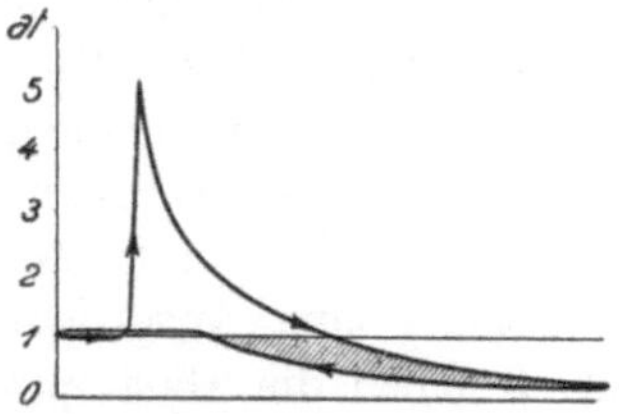

Abb. 226. Diagramm der atmosphärischen Gasmaschine von OTTO und LANGEN.

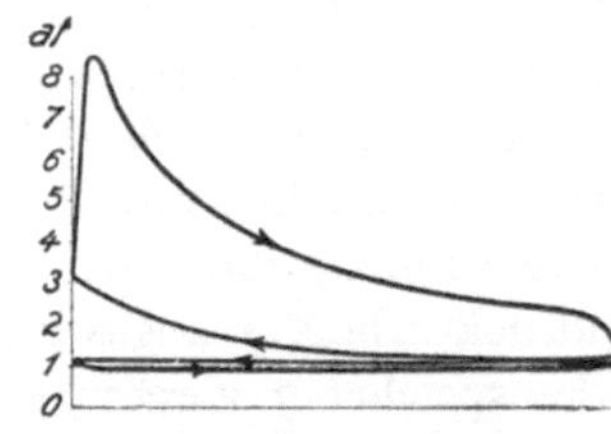

Abb. 227. Diagramm des Viertaktmotors von OTTO.

nur für kleine Leistungen gebaute Flugkolbenmaschine brauchte nur 0,8 bis 1 m³ Leuchtgas je PSh und fand trotz des störenden Getriebegeräusches weite Verbreitung in Deutschland.

Die moderne Gasmaschine wurde (1878) durch den *Viertakt*gasmotor[1] von OTTO geschaffen, dessen Arbeitsweise durch das Diagramm Abb. 227 veranschaulicht wird. Das Arbeitsspiel vollzieht sich innerhalb 4 Hüben oder 2 Umdrehungen. Beim ersten Hub wird das Gemisch *angesaugt*, beim zweiten Hub wird es *verdichtet*, und zwar wegen der angewendeten Schiebersteuerung nur auf etwa 3 ata, dann folgt, nachdem das Gemisch kurz vor dem Hubwechsel gezündet ist, der *Kraft-* oder *Arbeitshub*, bei dem der Druck auf etwa 9 ata steigt, und beim vierten Hub wird das verbrannte, entspannte Gemisch *hinausgeschoben*. Der neue Motor war wie die Maschine von LENOIR mit Kurbeltrieb ausgerüstet, arbeitete geräuschlos und war betriebssicher. Da der Leuchtgasverbrauch nur 1 m³/PSh war, setzte sich der neue *Ottomotor* überall schnell durch und verdrängte alle anderen Bauarten.

In den ersten Jahrzehnten ihrer Entwicklung diente die Gasmaschine als kleinere oder mittlere Kraftmaschine. Anstatt mit teuerem Leuchtgas betrieb man sie häufig mit billigerem, in besonderen Generatoren erzeugtem Kraftgas; trotzdem blieben die großen Einheiten der Dampfkraft vorbehalten. Die *Großgasmaschine* entstand erst, als man um die Jahrhundertwende daran ging, die Abgase der Hochöfen (Gichtgas) in der Gasmaschine auszunutzen, statt sie unter dem Kessel zu verbrennen. Die Gichtgasmaschinen haben sich ausgezeichnet bewährt und dienen auf den Eisenhütten zum Antrieb der Gebläse und der Dynamos. Im Gegensatz dazu sind die Koksofengasmaschinen auf den Zechen nicht in dem Maße eingebürgert, wie es möglich wäre;

[1] Man spricht von einem Gasmotor und einer Gasmaschine, von einem Dieselmotor und einer Dieselmaschine; es hat sich eingebürgert, ohne daß es eine Regel darstellt, die großen Verbrennungsmaschinen als Maschinen, die kleinen als Motoren zu bezeichnen.

Gasmaschinenkompressoren z. B. sind nur vereinzelt ausgeführt, obwohl sie dieselben günstigen Bedingungen haben wie die Gasmaschinengebläse der Hütten. Das hängt hauptsächlich damit zusammen, daß den Zechen viele minderwertige, nicht verkäufliche, aber zur Dampferzeugung noch gut verwertbare Brennstoffe zur Verfügung stehen.

Ebenso wie die Gasmaschine hat sich auch die *Vergaser*maschine vom Kleinmotor zur Großmaschine entwickelt. Statt Gas benutzt sie die leichtflüchtigen, flüssigen Brennstoffe, die vor dem Eintritt in den Zylinder in einem besonderen *Vergaser* fein zerstäubt und mit der Verbrennungsluft gemischt (vergast) werden. Der Zylinder empfängt also ein dem Gas-Luftgemisch der Gasmaschinen ähnliches Brennstoff-Luftgemisch, das in gleicher Weise explosionsartig verbrennt. Vergasermaschinen arbeiten daher ebenso wie die Gasmaschinen. Sie haben für kleinste Leistungen mit einem Zylinder, für größere Leistungen mit vier, sechs und mehr Zylindern außerordentlich ausgedehnte Anwendung als Fahrzeugmotoren gefunden. *Schweröle*, d. h. schwerflüchtige Öle in vollkommenster Weise zu verbrennen, gelang in der *Dieselmaschine*, in der das Gleichdruckverfahren verkörpert ist. Beim Dieselverfahren wird das Öl in die hochverdichtete, hocherhitzte Luft mittels Druckluft von noch höherem Druck eingespritzt und verbrennt infolge Selbstentzündung. Der für die Einspritzung erforderliche Kompressor macht die Maschine verwickelt und verschlechtert ihren Wirkungsgrad, was besonders bei kleinen Leistungen empfunden wurde und zum Bau *kompressorloser* Dieselmaschinen geführt hat, bei welchen das Öl ohne Luft unter sehr hohem Druck durch eine Pumpe eingespritzt wird. Als Schwerölmotor hat ferner der *Glühkopfmotor* ausgedehnte Verbreitung gefunden, der mit niedrigeren Drücken als der Dieselmotor, aber ebenfalls mit Selbstzündung wirkt.

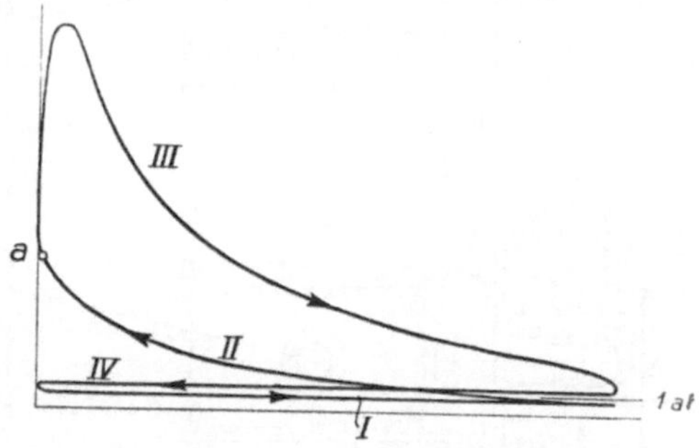

Anstatt im Viertakt können sowohl die Verpuffungsmaschinen wie die Gleichdruckmaschinen im *Zweitakt* arbeiten, ohne daß ihre Wirkung thermodynamisch geändert wird. Indem man auf den Arbeitshub den Verdichtungshub folgen läßt, und beim Übergange vom Arbeitshube zum Verdichtungshub den Zylinder durch besondere Pumpen spült und lädt, braucht man den Saughub und den Auspuffhub nicht mehr. Der Zweitaktzylinder wird in der Regel mit Auslaßschlitzen ausgeführt, die vom Kolben gesteuert werden. Zweitaktgasmaschinen werden durch die erforderlichen Ladepumpen für Gas und Luft verwickelt. Bei der Dieselmaschine und bei den Schwerölmaschinen überhaupt sind die Bedingungen für den Zweitakt viel günstiger als bei den Gas- und Vergasermaschinen, weil der Brennstoff erst nach der Verdichtung der Luft eingeführt wird.

Abb. 228. Diagramm einer Viertakt-Verpuffungsmaschine

125. Viertakt- und Zweitaktverfahren. Das zuerst im Ottomotor praktisch verwirklichte *Viertaktverfahren* für Verpuffungsmaschinen (auch Otto-Verfahren genannt) ist durch folgende Arbeitsweise des Motors gekennzeichnet: I. Takt: Ansaugen des Brennstoff-Luftgemisches; II. Takt: Verdichten des Brennstoff-Luftgemisches; III. Takt: Entzündung (Punkt a in Abb. 228) Verpuffung und Expansion des Brennstoff-Luftgemisches (Arbeitstakt); IV. Takt: Ausschieben der Verbrennungsgase. Auf 4 Takte oder Hübe gleich 2 Umdrehungen kommt also 1 Arbeitstakt. Das Indikatordiagramm des Viertaktverfahrens zeigt Abb. 228, während Abb. 229 das Verfahren an einer schematisch dargestellten Gasmaschine ausführlicher veranschaulicht. Das die Gas- und Luftzufuhr steuernde Einlaßventil sitzt oben, das Auslaßventil unten. Beim I. Takt ist das Einlaßventil, beim IV. Takt das Auslaßventil geöffnet. Beim II. und III. Takt sind beide Ventile geschlossen. Die Tellerventile werden von einer neben dem Zylinder liegenden, halb so schnell wie die Kurbelwelle umlaufenden Steuerwelle mittels Nocken oder Exzenter angetrieben. Der Raum zwischen den Ventilen und dem in der inneren Endstellung stehenden Kolben ist der Verdichtungsraum[1]. Von dem Verhältnis des Verdichtungsraumes zum Hubraum hängt die Höhe des im II. Takt erreichten Verdichtungsdruckes ab.

[1] Vgl. Ziffer 69.

Die Höhe der Verdichtung ist von wesentlichem Einfluß. Dem Verdichtungsverhältnis entspricht das Expansionsverhältnis. Je höher man verdichtet, um so höher werden die Verbrennungstemperaturen und um so besser wird der thermische Wirkungsgrad: andererseits werden die auftretenden Explosionsdrücke, welche die Maschine auszuhalten hat, ebenfalls höher. Bei Verpuffungsmaschinen, die mit wasserstoffreichen Brennstoffen von niedriger Zündtemperatur, wie Leuchtgas, Benzin, Spiritus arbeiten, verdichtet man nur auf etwa 6 at, weil sich sonst das Gemisch infolge der Temperaturerhöhung bei der Verdichtung schon weit vor dem Hubwechsel selbst entzünden kann, woraus sich übermäßig hohe Drücke, Schläge im Triebwerk und geringere Leistung ergeben (vgl. Abb. 230). Bei wasserstoffarmen Brennstoffen mit höheren Zündtemperaturen (z. B. Gichtgas) kann man auf 10 bis 12 at verdichten[1].

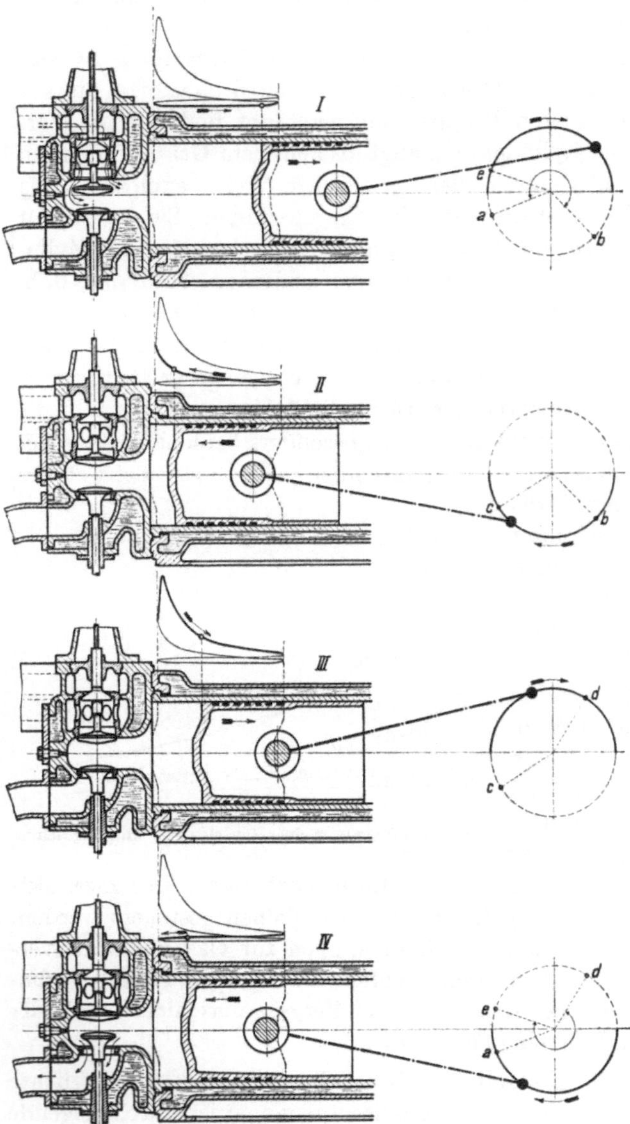

Abb. 229. Veranschaulichung des Otto-Viertaktverfahrens.

Das Viertaktverfahren der *Dieselmotoren* unterscheidet sich von dem der Verpuffungsmaschinen dadurch, daß bei dem I. Takt an Stelle des Brennstoff-Luftgemisches *reine* Luft angesaugt und bei dem II. Takt nur Luft verdichtet wird. Die Luft kann beliebig hoch verdichtet werden, ohne daß, wie bei Brennstoff-Luftgemischen, eine obere Grenze durch die Zündtemperatur gesetzt ist. Dadurch lassen sich höhere thermische Wirkungsgrade erreichen. Außerdem *muß* die Verdichtung sehr hoch getrieben werden (etwa 32 bis 35 at), damit die Lufttemperatur ausreicht, um den zu Beginn des III. Taktes eingespritzten Brennstoff sicher zu zünden. Abb. 231 zeigt das Diagramm einer Diesel-Viertaktmaschine. *I* ist wieder der Saugtakt, *II* der Verdichtungstakt. Bei *a* beginnt das Einspritzen und Zünden des Brennstoffes. Die Verbrennung erfolgt nicht explosionsartig mit plötzlichem Druckanstieg, der Brennstoff wird vielmehr allmählich eingespritzt und verbrennt stetig während eines Teiles des Hubes, so daß der Druck ziemlich gleich bleibt (Gleichdruckverfahren). Verbrennung bei gleichbleibendem Druck mit anschließender Expansion bilden den III. Takt, den Arbeitstakt, an den sich der Ausschubtakt *IV* anschließt. In Abb. 232 ist das Diesel-Viertaktverfahren schematisch dargestellt. Beim I. Takt ist das Lufteinlaßventil (rechts) geöffnet, beim III. Takt wird von *c* bis *d* der Brennstoff eingespritzt

Abb. 230. Diagramm einer Gasmaschine, deren Gemisch infolge Selbstzündung weit vor dem Hubwechsel verbrennt.

[1] Vgl. Ziffer 24 und 26.

(Brennstoffventil in der Mitte geöffnet), und beim IV. Takt ist das Auslaßventil (links) geöffnet.

Bei *Zweitaktwirkung* kommt ein Arbeitstakt auf 2 Hübe bzw. eine Kurbelwellenumdrehung. Nach Abb. 233 hat das Zweitaktverfahren der Verpuffungsmaschinen nur den Verdichtungstakt *I* und den Arbeitstakt *II* (Verbrennung und Expansion). Ansauge- und Ausschubtakt sind fortgefallen. Dafür wird am Ende des II. Taktes und Anfang des I. Taktes ein neuer Vorgang eingeschaltet. In Punkt *1* wird der Auslaß geöffnet und ein Teil der Verbrennungsgase pufft aus. In Punkt *2* wird der Einlaß geöffnet, durch welchen mittels besonderer Pumpen zunächst reine Luft, dann das Brennstoff-Luftgemisch in den Zylinder gedrückt wird. Luft- und Brennstoff-Luftgemisch schieben geschichtet die Verbrennungsgase durch den immer noch offenen Auslaß heraus und spülen den Zylinder während gleichzeitig die Ladung des Zylinders mit Brennstoff-Luftgemisch vonstatten geht

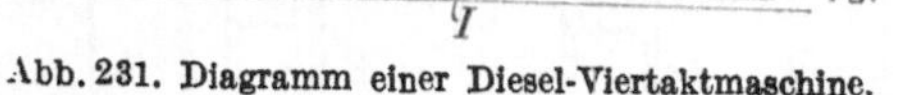

Abb. 231. Diagramm einer Diesel-Viertaktmaschine.

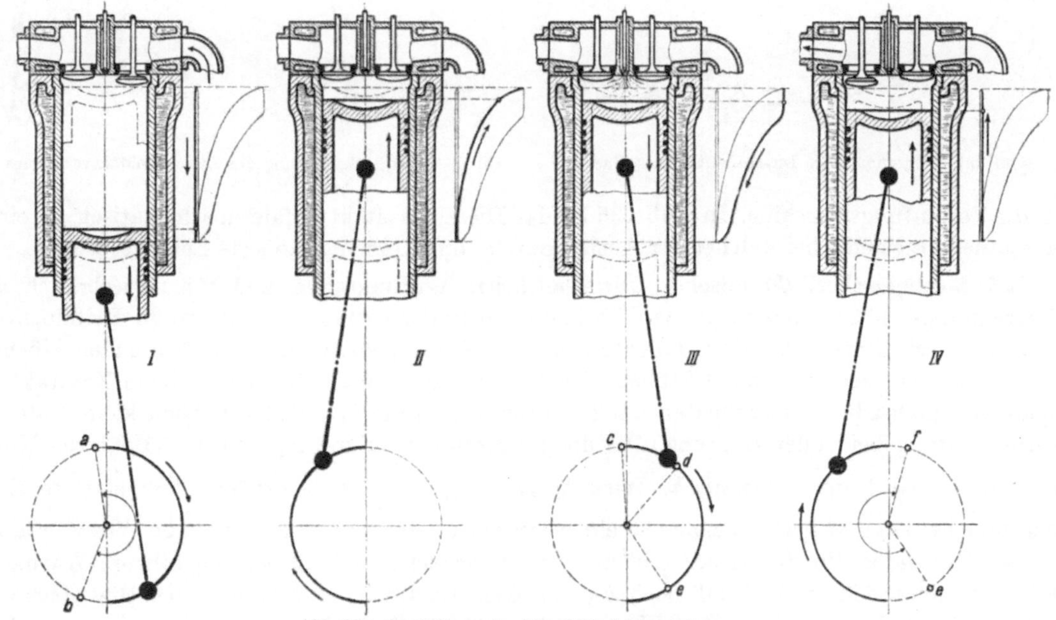

Abb. 232. Darstellung des Diesel-Viertaktverfahrens.

Bei *3* schließt der Auslaß. Die Ladung wird noch mit schon beginnender Verdichtung fortgesetzt, bis in Punkt *4* auch der Einlaß geschlossen wird.

Das Zweitaktverfahren hat seine Vor- und Nachteile. Die theoretisch denkbare Steigerung der Leistung auf das Doppelte gegenüber dem Viertaktverfahren wird bei weitem nicht erreicht, weil zusätzlich die Spül- und Ladepumpen angetrieben werden müssen, weil die Drehzahl meist im Interesse einer guten Spülung verringert werden muß und weil die Ladung und damit der mittlere indizierte Druck kleiner sind. Nachteilig ist ferner, daß während des Spül- und Ladevorganges, vor allem bei wechselnder Belastung, Brennstoff ungenutzt durch den Auslaß verlorengeht. Für den Aufbau der Maschine ergibt sich ein ganz besonderer Vorteil, weil der Auslaß durch vom Kolben gesteuerte Schlitze im Zylinder erfolgen kann und kein Auslaßventil mit allen seinen Nachteilen benötigt wird; bei kleinen Maschinen kann auch das Einlaßventil gespart und durch Steuerschlitze im Zylinder ersetzt

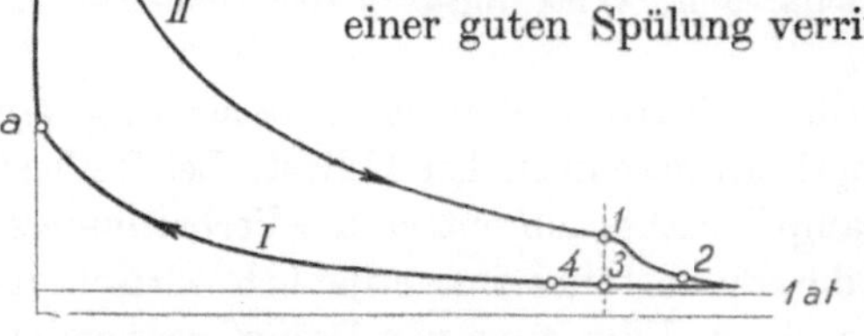

Abb. 233. Diagramm einer Otto-Zweitaktmaschine.

werden. Auch die gesonderten Spül- und Ladepumpen können bei kleinen Ausführungen fortfallen, indem man beim einfachwirkenden Kolben die andere Seite als Pumpenkolben in dem allseitig geschlossenen Kurbelgehäuse arbeiten läßt (vgl. die spätere Abb. 254).

Das Zweitaktverfahren beim Dieselmotor zeigt Abb. 234. Die Verdichtung im I. Takt und die Verbrennung im II. Takt entsprechen den Vorgängen im II. bzw. III. Takt des Viertaktverfahrens. Bei Punkt *1* wird der Auslaß geöffnet, bei *2* beginnt das Spülen und Laden, bei *3* wird der Auslaß und bei *4* der Einlaß geschlossen. Gegenüber dem Zweitaktverfahren bei Verpuffungsmaschinen nach Abb. 233 besteht aber der sehr wesentliche Unterschied, daß nur mit *reiner* Luft gespült und geladen wird. Somit kann auch beim Spülen kein Brennstoff durch den geöffneten Auslaß verlorengehen. Der Brennstoff tritt erst in den Zylinder ein, wenn Ein- und Auslaß geschlossen sind. Die Dieselmaschine ist also weit besser für das Zweitaktverfahren geeignet als die Verpuffungsmaschine. In Abb. 235 ist das Diesel-Zweitaktverfahren schematisch an einer Maschine dargestellt, bei welcher der Auslaß durch vom Kolben gesteuerte Schlitze erfolgt.

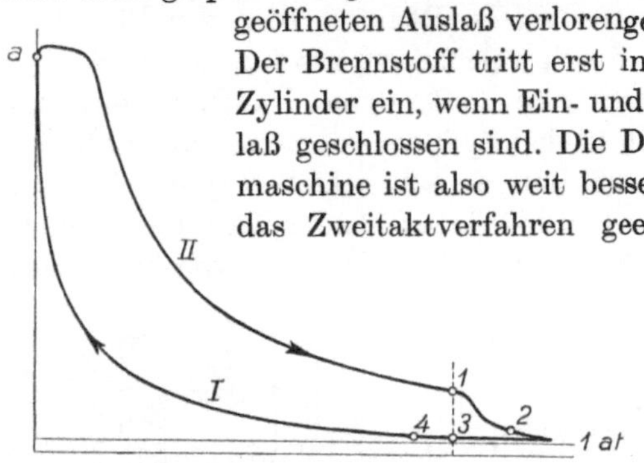

Abb. 234. Diagramm einer Diesel-Zweitaktmaschine.

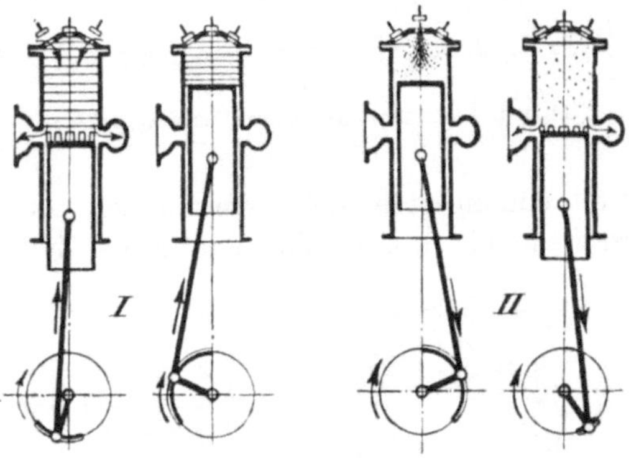

Abb. 235. Veranschaulichung des Diesel-Zweitaktverfahrens.

126. Mechanischer, thermischer, wirtschaftlicher Wirkungsgrad und Wärmeverbrauch der Verbrennungskraftmaschinen. In den Verbrennungskraftmaschinen treten große Reibungsverluste auf, weil Triebwerk, Kolbendichtungen und Stopfbüchsen für die auftretenden Höchstdrücke zu bemessen sind, bei 4 Hüben aber nur ein Arbeitshub ist oder — beim Zweitakt — Spül- und Ladearbeit zu verrichten ist. Die Leerlaufleistung ist nicht erheblich kleiner als die Verlustleistung bei voller Leistung. Mit der indizierten Leistung N_i und der effektiven Nutzleistung N_e wird der *mechanische* Wirkungsgrad $\eta_m = \frac{N_e}{N_i}$. Eine größere, vollbelastete Gasmaschine hat etwa 82 bis 84%, eine Dieselmaschine etwa 80 bis 82% mechanischen Wirkungsgrad.

Der *thermische* Wirkungsgrad[1] gibt an, ein wie großer Bruchteil der zugeführten Wärme in Arbeit umgewandelt wird. Er läßt sich auch als das Verhältnis des Wärmeverbrauches einer verlustlos arbeitenden Maschine zum Wärmeverbrauch für die indizierte PSh der wirklichen Maschine ausdrücken. Verbraucht z. B. eine mit Gichtgas von 950 kcal/Nm^3 betriebene Gasmaschine 2 Nm^3/PSh oder $2 \cdot 950 = 1900$ kcal/PSh, so ist, da 1 PSh = 632 kcal ist, der thermische Wirkungsgrad $\eta_{th} = 632 : 1900 = 0{,}333 = 33{,}3\%$.

Der *wirtschaftliche* oder *Gesamt*wirkungsgrad gibt die für die Nutzarbeit an der Welle ausgenutzte Wärme an, umfaßt also neben den Wärmeverlusten auch die mechanischen Reibungsverluste; er ist das Produkt aus thermischem und mechanischem Wirkungsgrad: $\eta_{ges.} = \eta_{th}\eta_m$. Im vorstehenden Beispiel wird mit $\eta_m = 82\%$ der wirtschaftliche Wirkungsgrad der Gasmaschine $\eta_{ges.} = 0{,}333 \cdot 0{,}82 = 0{,}273 = 27{,}3\%$.

Zahlentafel 19 gibt durchschnittliche Werte für den effektiven Wärmeverbrauch und den Gesamtwirkungsgrad der verschiedenen Verbrennungskraftmaschinen bei Vollast. Bei Teillast ist der Wärmeverbrauch höher. Im Vergleich zum Dampfkraftbetrieb nutzen die Verbrennungskraftmaschinen, insbesondere die Dieselmaschinen, die Brennstoffwärme erheblich wirtschaftlicher aus. Indem man die Abhitze gemäß Ziffer 131 noch zur Erzeugung von Dampf verwendet, läßt sich die Wirtschaftlichkeit weiter erhöhen. Hierbei darf jedoch nicht übersehen werden, daß die gasförmigen und flüssigen Brennstoffe für Verbrennungskraftmaschinen teurer als die

[1] Vgl. Ziffer 16.

festen Brennstoffe für Kesselfeuerungen sind. Neben den Großgasmaschinen der Hüttenwerke beschränkt sich deshalb die Anwendung der Verbrennungsmaschinen hauptsächlich auf den Fahrzeugbetrieb und ortsveränderliche Antriebe.

Zahlentafel 19. *Wärmeverbrauch der Verbrennungsmaschinen.*

Maschinengattung	Wärmeverbrauch kcal/PSh	Gesamtwirkungsgrad —
Gasmaschine	2300	0,28
Vergasermotor (Ottomotor) . . .	2200	0,29
Dieselmaschine	1750	0,36
Glühkopfmotor	2600	0,24

127. Bemessung und Regelung der Verbrennungskraftmaschinen. Verbrennungskraftmaschinen werden so bemessen, daß sie bei ihrer Nennleistung mit verhältnismäßig gutem Gemisch arbeiten, so daß sie nur eine geringe Vermehrung der Brennstoffzufuhr verwerten können, d. h. nur in geringem Maße überlastbar sind. Bei stark schwankender Belastung wird also die Verbrennungskraftmaschine schlecht ausgenutzt. Bei gegebenem indiziertem Druck p_i sind die Abmessungen gemäß Ziffer 71 für Zweitakt- und Viertaktmaschinen berechenbar. Für die Nennleistung ist p_i bei Gasmaschinen etwa 4,5 bis 4,8 at, bei Benzinmotoren etwa 5 at und mehr, bei Dieselmaschinen 6 at. Ob das Gas selbst größeren oder kleineren Heizwert hat, ist nicht maßgebend, sondern es kommt auf das Gemisch an. Z. B. bemißt man Koksofengasmaschinen und Hochofengasmaschinen etwa gleich groß, obwohl Koksofengas 5mal größeren Heizwert als Hochofengas hat, weil Hochofengas auch viel weniger Luft braucht und die angewendeten Gemische in beiden Fällen etwa 500 kcal/Nm³ Heizwert haben.

Wenn die Belastung der Verbrennungskraftmaschine größer oder kleiner wird, muß die *Regelung* eingreifen und die Brennstoffzufuhr vergrößern oder verkleinern. Das geschieht in sehr verschiedener Weise. Bei den kleinen Verpuffungsmaschinen spielt von alters her die *Aussetzerregelung* eine Rolle: Läuft die Maschine zu schnell, wird die Brennstoffzufuhr überhaupt abgestellt, worauf die Drehzahl zurückgeht, bis wieder volle Brennstoffzufuhr angestellt wird. Für bessere Maschinen werden nur *stetig* wirkende Regelungen verwendet. Bei den Dieselmaschinen wird mehr oder weniger Öl eingespritzt, bei den Zweitaktgasmaschinen mehr oder weniger Gas zugemessen. Bei den Viertaktverpuffungsmaschinen unterscheidet man *qualitative*

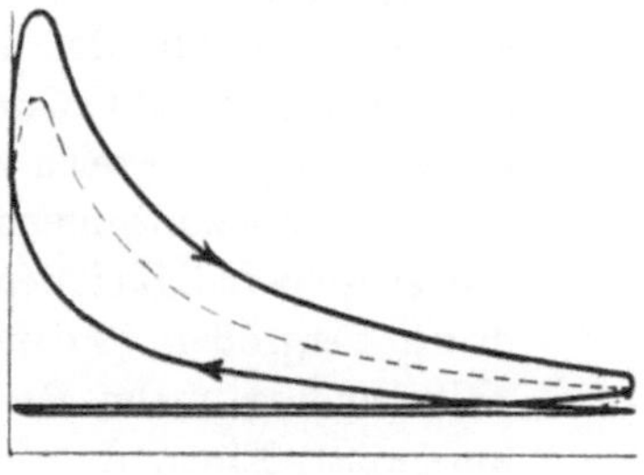
Abb. 236. Gemischregelung.

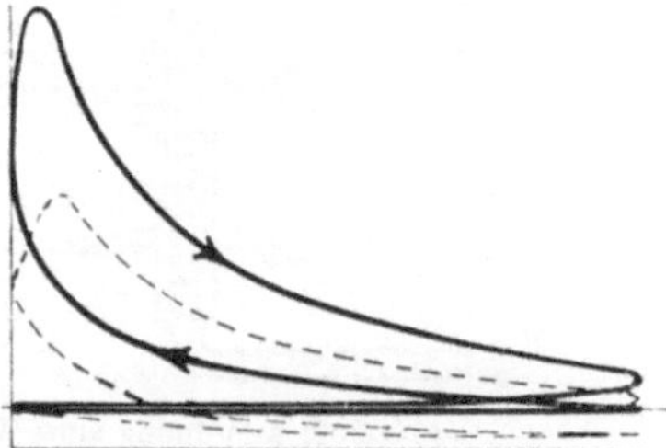
Abb. 237. Füllungsregelung.

und *quantitative* Regelung. Bei der qualitativen oder *Gemisch*regelung, Abb. 236, wird nur der Gasgehalt des Gemisches geändert, das immer auf denselben Druck verdichtet wird, da seine Menge dieselbe bleibt. Bei der quantitativen oder *Füllungs*regelung, Abb. 237, wird die Ladungsmenge oder die Größe der Füllung geändert, in welchem Zusammenhange sich auch der Verdichtungsdruck ändert, während das Gemisch in unveränderter Zusammensetzung angesaugt wird[1]. Der Unterschied beider Regelungen tritt bei abnehmender Belastung, insbesondere beim Leerlauf, hervor. Bei der qualitativen Regelung werden bei gleichbleibendem Verdichtungsdruck die Explosionsdrücke in dem Maße niedriger, wie das Gemisch ärmer wird, und man kann

[1] Trotzdem wird das im Zylinder wirksame Gemisch mit abnehmender Belastung schlechter, weil zum angesaugten Gemisch die im Verdichtungsraum zurückgebliebenen Verbrennungsgase treten, wodurch das angesaugte Gemisch bei kleinerer Füllung mehr verschlechtert wird als bei großer.

bei niedriger Belastung und beim Leerlauf die Bildung und Verbrennung des Gemisches nicht mehr beherrschen, so daß die Diagramme streuen, auch Fehlzündungen auftreten. Bei der quantitativen Regelung muß man beim Leerlauf, um den Zylinder nur wenig zu füllen, das in unverminderter Zusammensetzung angesaugte Gemisch stark drosseln oder gemäß Abb. 238 weit unter die Atmosphäre expandieren lassen, infolgedessen das Gemisch beim Leerlauf nur auf etwa 2,5 at verdichtet wird, aber trotzdem sicher zündet. Was über das Verhalten der beiden Regelungsarten gesagt ist, gilt für unveränderliche Drehzahl; handelt es sich um Gebläse- oder Kompressorantriebsmaschinen, die mit sehr veränderlicher Drehzahl laufen, sind die Bedingungen anders. Häufig vereinigt man beide Regelungsarten zu einer sogenannten kombinierten Regelung, mit der man in allen Fällen gute Erfahrungen gemacht hat.

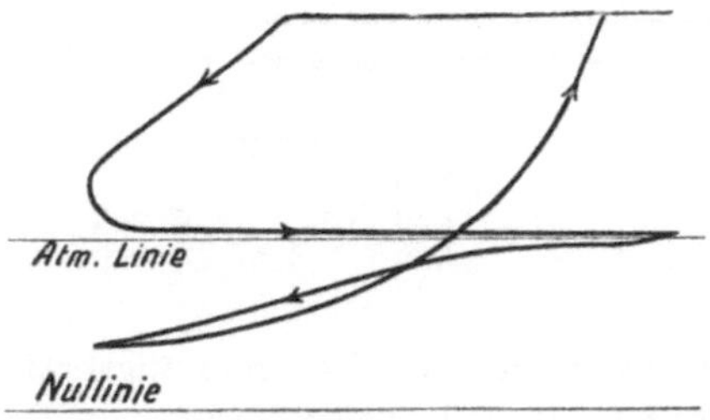

Atm. Linie

Nullinie

Abb. 238.

128. Vergaser. Zündung. Kühlung. Schmierung. *Vergaser* haben die Aufgabe, die leichtflüchtigen, flüssigen Brennstoffe fein zu vernebeln und im richtigen Mengenverhältnis gleichmäßig mit der Verbrennungsluft zu vermischen. Abb. 239 zeigt die Anordnung eines *Spritzvergasers V* in der Saugleitung. Beim Saughub hat die einströmende Luft hohe Geschwindigkeit, so daß hinter der Verengung des Vergaserlufttrichters ein Unterdruck entsteht. An dieser Stelle befindet sich die Spritzdüse, aus welcher der Brennstoff infolge des Unterdruckes fein zerstäubt bei *a* ausspritzt und sich mit der Verbrennungsluft mischt. Zum Gleichhalten der Brennstoffhöhe an der Spritzdüse dient ein Schwimmerregler *Sch*, dessen Schwimmer bei sinkendem Brennstoffspiegel fällt und das Nadelventil für das Nachströmen neuen Brennstoffes öffnet. Zwischen Vergaser und Einlaßventil *EV* ist eine Drosselklappe *D* für die Regelung der Motorleistung eingebaut. Das Mischungsverhältnis des Brennstoffgewichtes zum Luftgewicht soll im Durchschnitt etwa 1 : 15 sein. Ist der Vergaser für kleine Motorleistungen auf dieses Verhältnis eingestellt, so wird das Gemisch bei hohen Drehzahlen und großen Leistungen zu reich werden, weil sich mit zunehmender Ansaugegeschwindigkeit der Unterdruck vergrößert, so daß verhältnismäßig mehr Brennstoff ausspritzt. Einen Ausgleich erzielt man nach dem „Bremsdüsenprinzip“ dadurch, daß in die Brennstoffzuleitung eine Brennstoffdüse *b* von kleinerem Querschnitt als die Spritzdüse eingebaut und durch eine Bremsluftdüse *c* von außen her Luft in den Brennstoff zwischen *a* und *b* eingeführt wird. Je stärker der Unterdruck wird, um so mehr Außenluft wird dem Brennstoff schon vor der Spritzdüse zugeführt und damit eine Überreicherung des Gemisches vermieden. Im Leerlauf wird bei fast geschlossener Drossel der Unterdruck im Lufttrichter nicht mehr zum Zerstäuben des Brennstoffes ausreichen. Für Leerlauf ist deshalb eine die Drossel umgehende Brennstoffleitung mit der Brennstoffdüse *d* vorgesehen. Der hinter der Drossel starke Unterdruck saugt den Brennstoff gleichzeitig mit bei *e* zutretender Mischluft hoch und treibt ihn durch die Düse *d* und die Umgehungsleitung bei *f* in den Saugkanal, wo infolge der gerade hier sehr großen Luftgeschwindigkeit eine gute Zerstäubung und Durchmischung erreicht wird.

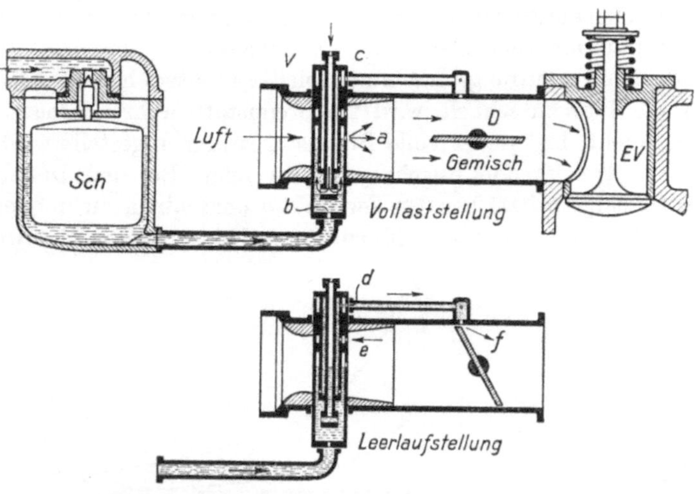

Abb. 239. Anordnung eines Vergasers.

Die *Zündung* ist je nach der Art der Maschine verschieden. Vergaser- und Gasmaschinen erhalten elektrische Zündung; in den nach dem Dieselverfahren arbeitenden Maschinen wird der

Brennstoff durch Einspritzen in die hochverdichtete und dadurch hocherhitzte Luft gezündet; in Glühkopfmaschinen erfolgt die Zündung, indem der Brennstoff gegen den glühenden Zylinderkopf gespritzt wird.

Bei der elektrischen Zündung ist zwischen *Abreißzündung* und *Kerzenzündung* zu unterscheiden. Die Abreißzündung arbeitet mit einer feststehenden und einer beweglichen Elektrode. Im Zündzeitpunkt wird die bewegliche Elektrode von der feststehenden abgerissen, wobei durch Unterbrechung des die Elektroden durchfließenden Stromes ein das Gemisch zündender Öffnungsfunke entsteht. Bei der Kerzenzündung wird der Zündfunke erzeugt, indem man einen Hochspannungsstrom zwischen zwei feststehenden Elektroden a und b, die in einer sogenannten Zündkerze (Abb. 240) angeordnet sind, überspringen läßt. Der Zündstrom wird entweder in elektromagnetischen Zündapparaten als hochgespannter Wechselstrom erzeugt oder man verwendet Batteriegleichstrom, der durch einen Unterbrecher unterbrochen und dann in der Zündspule (Transformator) auf hohe Spannung gebracht wird.

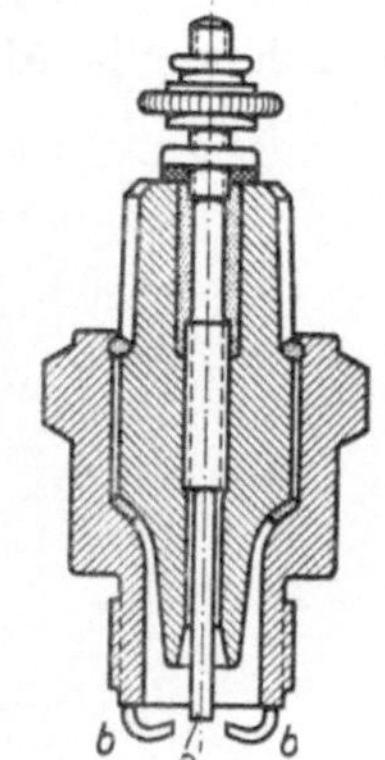

Abb. 240. Zündkerze

Abb. 241 veranschaulicht schematisch die Abreißzündeinrichtung für die Zylinderseiten *I*, *II*, *III* und *IV* einer doppeltwirkenden Tandemgasmaschine, die nacheinander wirken. a ist eine Zündstelle, b der Unterbrecherhebel, der am Ende des Verdichtungshubes durch den elektromagnetischen Hammer c von seinem Kontakte abgerissen wird, so daß ein Funke entsteht. In diesem Augenblick wird nämlich durch den Stromverteiler d ein Stromkreis geschlossen, so daß die Wicklung des Hammers c aus der Akkumulatorenbatterie einen kräftigen, über die Zündstelle a fließenden Strom empfängt, der unmittelbar nach dem Entstehen bei a unterbrochen wird, indem der elektromagnetische Hammer c ausschlägt und den Unterbrecherhebel b abreißt. Das Schema zeigt den Stromlauf für eine Zündstelle der Zylinderseite *IV*. Indem man die am Stromverteiler anliegenden Kontakte nach der einen oder anderen Seite verstellt, kann man je nach Drehzahl und Gasart auf frühere oder spätere Zündung einstellen.

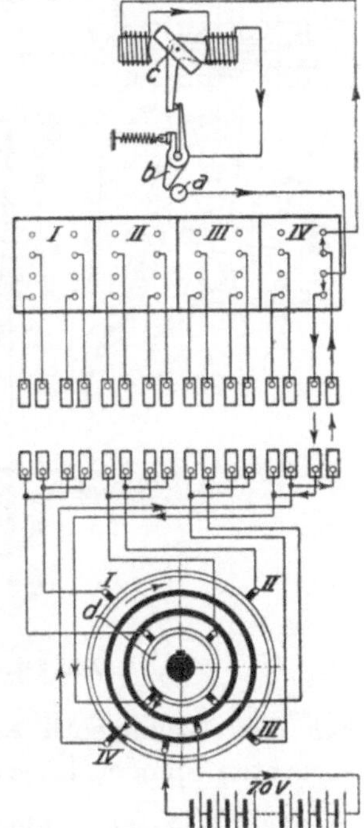

Abb. 241. Elektrische Zündanordnung (MAN).

Die *Kühlung* ist für Verbrennungskraftmaschinen unbedingt notwendig, weil die hohen Temperaturen sonst Frühzündungen ergeben, zum Verziehen des Zylinders und Festklemmen der Ventile führen und die Schmierung durch Verdampfen des Schmieröles beeinträchtigen. Bei kleinen Zylinderleistungen genügt *Luftkühlung*. Da Luft nur geringe spezifische Wärme hat, muß durch Kühlrippen am Zylinder, Zylinderkopf und Ventilgehäuse für eine ausreichende Oberfläche zur Wärmeableitung gesorgt werden.

In überwiegendem Maße wird *Wasserkühlung* angewendet, die viel intensiver und gleichmäßiger wirkt, für die höchsten Zylinderleistungen ausreicht und wegen der geringeren Wandtemperaturen höhere Verdichtung und Leistung ermöglicht. Die vom Kühlwasser abzuführende Wärme beträgt etwa 30% der Brennstoffwärme, bei Teillast mehr. Die Kühlung, für die reines Wasser verwendet werden soll, wird als *selbsttätige Umlaufkühlung* ausgeführt, bei der der Wasserumlauf lediglich durch den Auftrieb des erwärmten und dadurch spezifisch leichter gewordenen Wassers hervorgerufen wird (Thermosyphonkühlung), oder als *Umwälzkühlung*, die den Wasserdurchlauf durch eine Schleuderpumpe bewirkt. Das in der Maschine erwärmte Wasser wird in besonderen Kühlern zurückgekühlt und im Kreislauf verwendet. In geringer Zahl hat man auch *Verdampfungskühlungen*, bei denen das Kühlwasser dauernd Siedetemperatur hat und dem Motor durch Verdampfen Wärme entzieht.

Zur *Schmierung* verwendet man bei geringen Ansprüchen die *Tauchschmierung*. Das im Ölsumpf des Kurbelgehäuses befindliche Schmieröl wird von den Pleuelstangenköpfen verspritzt, von Schalen aufgefangen und von diesen den Schmierstellen zugeführt. Bei hohen Beanspruchungen wendet man *Druck-Umlaufschmierung* an, bei der das Schmieröl durch eine Pumpe (meist Zahnradpumpe) unter Druck den Schmierstellen zugeleitet wird. Bei der *Gemischschmierung*, wie man sie oft bei einfachen Zweitaktmotoren hat, wird das Schmieröl (8 bis 10%) unmittelbar dem Brennstoff beigemischt.

129. Die einfachwirkende Viertakt-Verpuffungsmaschine. Einen Überblick über Ventilanordnung, Steuerung, Regelung und Zündung einer einfachwirkenden Viertakt-Verpuffungsmaschine gibt Abb. 242, welche den Querschnitt eines liegenden Gasmotors zeigt. Das Einlaßventil a wird durch den Nocken d bewegt, auf dem die Rolle d_1 läuft, das Auslaßventil b durch den Nocken e, auf dem die Rolle e_1 läuft. Auf der Stange des Einlaßventils sitzt das die Luft und das Gas trennende Ventil k. Die Regelung ist quantitativ. Je nachdem wie der Regler mit der Stange i den Hebel g und damit den Drehpunkt des Hebels h verstellt, macht das Einlaßventil a nebst dem Ventil k größeren oder kleineren Hub, so daß das eintretende Gemisch weniger oder mehr gedrosselt wird. Bei l ist die in den Zylinder eingesetzte Zündbüchse erkennbar, die den isolierten Zündstift und den Unterbrecherhebel nebst Welle enthält. Das Ventil c dient dazu, die Maschine mit Druckluft anzulassen; bei einzylindrigen Maschinen kann man es von Hand bedienen, bei mehrzylindrigen wird es gesteuert. Während des Anlassens muß die Rolle e_1 des Auslaßventils b außer auf dem Auslaßnocken e auf einem Hilfsnocken f laufen, der beim *Kompressionshub* das Auslaßventil anhebt. Auf die intensive Kühlung der besonders stark hitzebeanspruchten Spindel des Auslaßventiles b sei ausdrücklich hingewiesen.

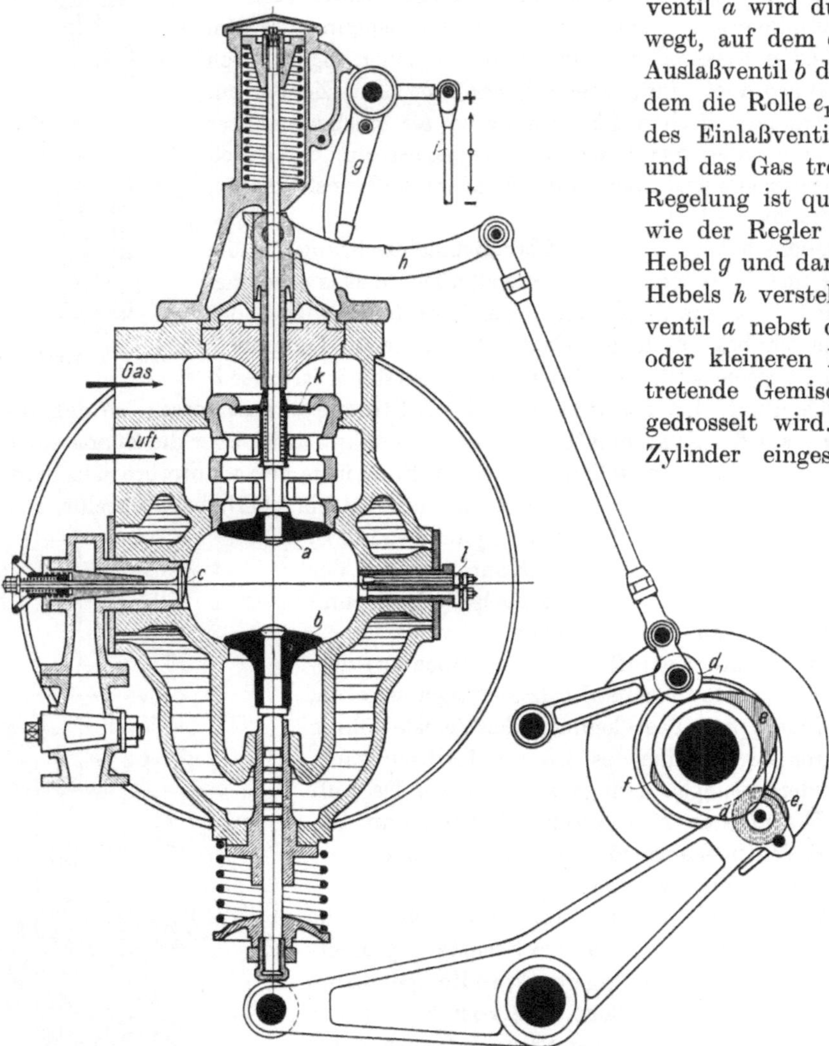

Abb. 242. Querschnitt eines liegenden Gasmotors.

130. Großgasmaschinen. Die Großgasmaschinen werden immer doppeltwirkend als Zweitakt- oder Viertaktmaschinen ausgeführt; der Viertakt überwiegt. Weil bei den doppeltwirkenden Maschinen die Zylinder auf beiden Seiten geschlossen sind, ist es nötig, auch die Kolben und Kolbenstangen durch Wasser zu kühlen. Beim doppeltwirkenden Zweitaktzylinder ist jeder Hub ein Arbeitshub, während beim doppeltwirkenden Viertaktzylinder auf 2 Arbeitshübe 2 Leerhübe folgen; deshalb ist beim doppeltwirkenden Viertakt Tandemanordnung üblich, bei der man ebenfalls, indem man die Zündungen entsprechend auf die beiden Zylinder verteilt, bei jedem Hube einen Arbeitshub erhält. Durch Zwillingsanordnung ist die Leistung weiter erhöhbar. Die größten ausgeführten Viertaktzylinder (1500 mm Durchmesser und 1500 mm Hub) leisten bis 3000 PS, so daß eine Zwillingstandemmaschine bis 12000 PS hergeben kann.

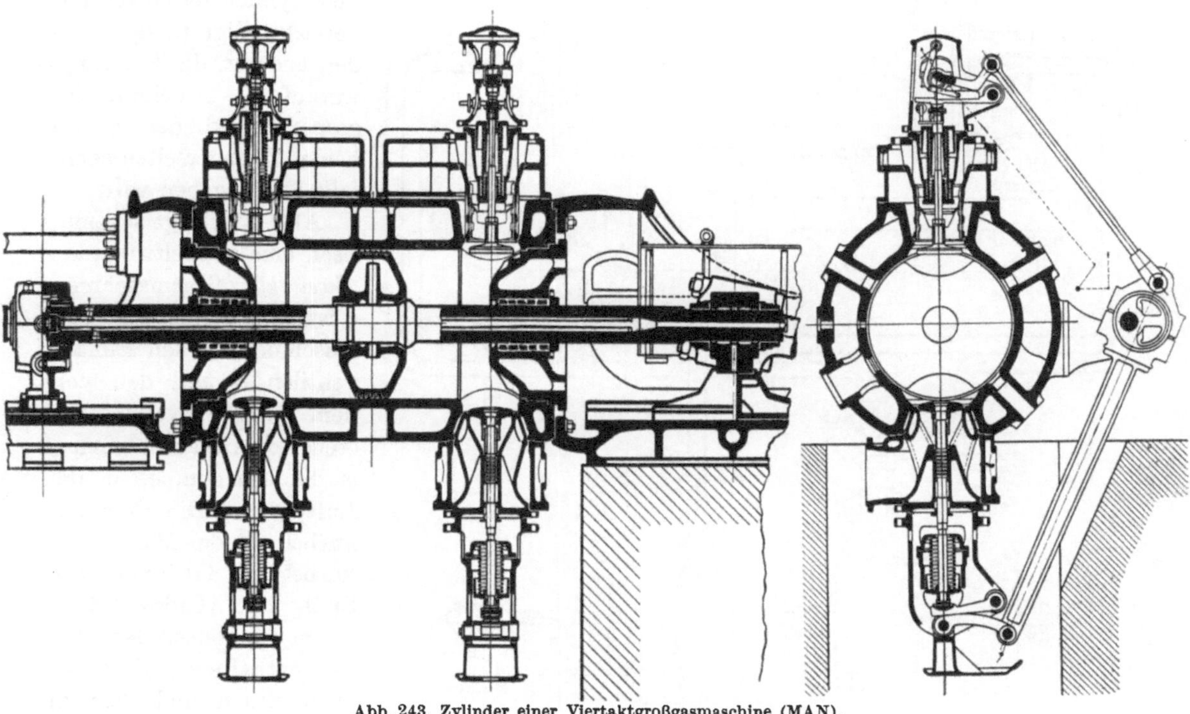

Abb. 243. Zylinder einer Viertaktgroßgasmaschine (MAN).

In der Abb. 243 ist eine *Viertakt*großgasmaschine (MAN) dargestellt, die mit einer kombinierten, auf quantitativer Grundlage beruhenden Regelung ausgerüstet ist, wie sie Abb. 244 veranschaulicht. *a* ist das Einlaßventil; auf seiner Spindel sitzen der den Lufteintritt steuernde Schieber *b* und das Gasventil *c*, das den Gaseinlaß steuert und den Gasraum vom Luftraum abschließt. Den qualitativen Einschlag erhält die Steuerung dadurch, daß der Luftschieber noch nicht schließt, wenn das Gasventil aufsitzt, so daß bei kleiner Leistung und entsprechend kleinem Hube des Einlaßventils der Luftspalt im Verhältnis zum Gasspalt größer als bei großem Hube ist. Infolge dieses qualitativen Einschlages paßt sich die Steuerung dem Heizwert des Gases in gewissen Grenzen an und ist bequem auf ihn einstellbar. Die äußere Anordnung der Steuerung ist dadurch sehr einfach, daß die Steuerwelle für jeden Zylinder nur 2 Exzenter trägt, indem die Treibstange des Einlaßventils am Exzenter des Auslaßventils angreift. Der Regler verschiebt den Sattel, auf dem sich der Ventilhebel abwälzt, so daß der Hub des Einlaßventils nebst Luftschieber und Gasventil größer oder kleiner wird. Zur elektrischen Zündung des Gemisches sind 3 Zündeinsätze angeordnet, mittels derer Ab-

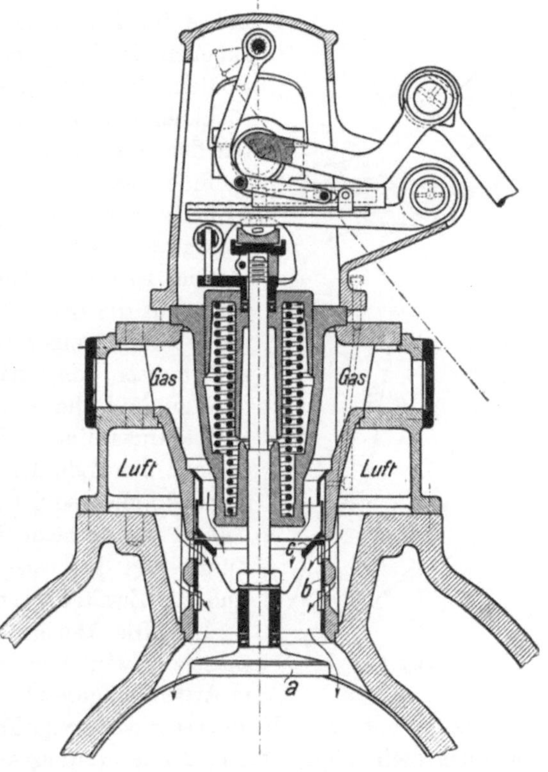

Abb. 244. Einlaßsteuerung der Großgasmaschine nach Abb. 243.

reißfunken erzeugt werden. Zum Anlassen dient Druckluft von anfänglich etwa 25 at Spannung, die in einem Kessel gespeichert ist. Man läßt bei einer Tandemmaschine zwei von den vier Zylinderseiten an und bewerkstelligt in den beiden anderen die Zündung, worauf die Druckluft abgesperrt und den ersten beiden Zylinderseiten ebenfalls Gas gegeben wird.

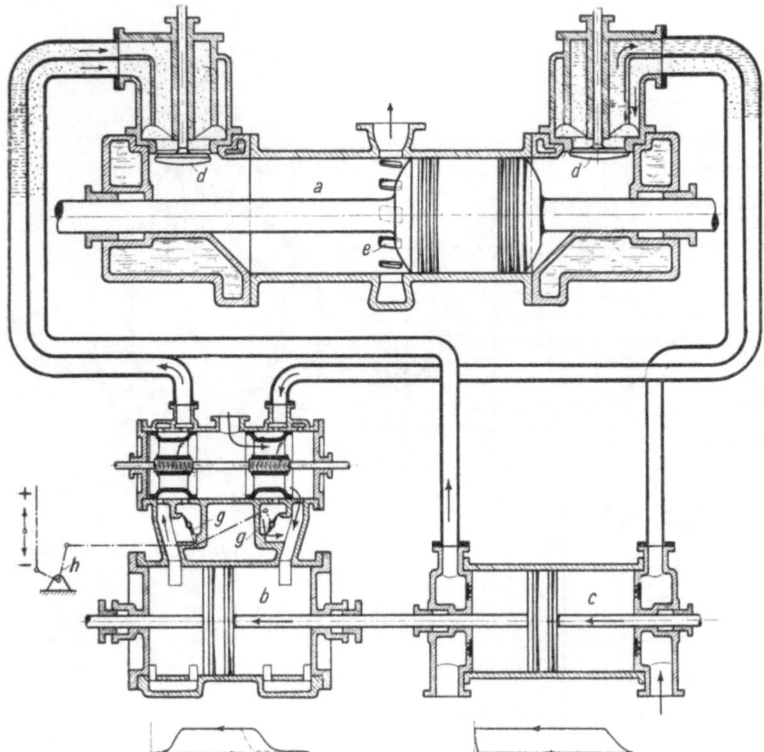

Abb. 245. Zweitaktgroßgasmaschine (Gebr. Klein, Dahlbruch).

Abb. 245 zeigt schematisch eine doppeltwirkende *Zweitakt*großgasmaschine. *a* ist der Zylinder der Gasmaschine mit den Einlaßventilen *d* und den von dem langen Kolben gesteuerten Auslaßschlitzen *e*, *b* die Gaspumpe, *c* die Luftpumpe. Die Pumpenkurbel eilt der Maschinenkurbel um 110° vor. Die Spül- und Ladevorgänge gehen aus den in der Abb. 245 enthaltenen Pumpendiagrammen und dem in der Abb. 246 dargestellten Gasmaschinendiagramm hervor. Am Ende des Krafthubes im Zeitpunkt *1* beginnt der Kolben die Auslaßschlitze freizugeben, im Zeitpunkt *2* öffnet das Einlaßventil und es beginnt das Spülen, dem sich das Laden anschließt, im Zeitpunkt *3* schließt der rückkehrende Kolben die Auspuffschlitze, vom Zeitpunkt *3* ab verdichten der Gasmaschinen- und die Pumpenkolben gemeinsam das in den Zylinder geladene Gemisch, bis im Zeitpunkt *4* das Einlaßventil schließt und die eigentliche Verdichtung beginnt. Im Indikatordiagramm erscheint die Zeit für die Spülung und Ladung kurz; tatsächlich ist sie, am Kurbelkreis gemessen, nicht unerheblich. Der Regler wirkt auf die Drosselklappen der Gaspumpe, so daß das gepumpte Gas mehr oder weniger zurückströmt. Die Ladung mit Gas ist vorsichtig zu bemessen, sonst tritt auch Gas durch die Auspuffschlitze.

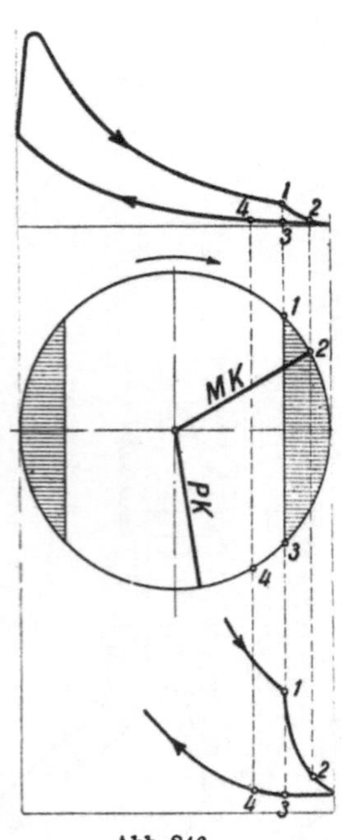

Abb. 246.

Man läßt die Zweitaktmaschinen etwas langsamer laufen als die Viertaktmaschinen, ferner kann man aus dem eben angegebenen Grunde den Zylinder nicht voll ausnutzen, so daß der Zweitaktzylinder nicht doppelt soviel leistet wie der Viertaktzylinder. Bei langsamem Gange, wie er beim Gebläseantrieb vorkommt, erweist sich die sichere Zumessung des Gases und der Luft als vorteilhaft. Der Zahl nach sind die Zweitaktgasmaschinen den Viertaktgasmaschinen unterlegen.

131. Die Abwärmeverwertung bei Großgasmaschinen. In der Gasmaschine wird noch nicht ein Drittel der im Gase enthaltenen Energie in Arbeit umgesetzt; der Rest geht mit den 300 bis 600° C heißen Auspuffgasen und dem Kühlwasser verloren. Es ist üblich geworden, die *Auspuffwärme* in Abwärmekesseln auszunützen. Diese werden als Rauchröhrenkessel ausgeführt und mit einem Überhitzer und einem Speisewasservorwärmer vereint. Abb. 247 (MAN) zeigt die allgemeine

Anordnung: die Auspuffgase durchziehen nacheinander den Überhitzer *a*, den Kessel *b* und den Vorwärmer *c*. Durch diese Verwertung der in den Auspuffgasen enthaltenen Abwärme gewinnt man für 1 von der Gasmaschine erzeugte kWh 1 bis 1,2 kg hochgespannten, überhitzten Dampf, mit dem man bis zu 0,2 kWh erzeugen kann.

Wenn Verdampfungskühlung angewendet wird, kann auch noch ein Teil der Kühlwasserwärme verwertet werden, wobei etwa halb soviel Wärme wie durch Ausnützen der Auspuffwärme zu gewinnen ist. Insgesamt sind also durch die Abwärmeverwertung bis 30% der Gasmaschinenleistung zusätzlich gewinnbar. Je stärker und gleichmäßiger die Gasmaschine belastet ist, um so vorteilhafter ist es für die Abwärmeverwertung.

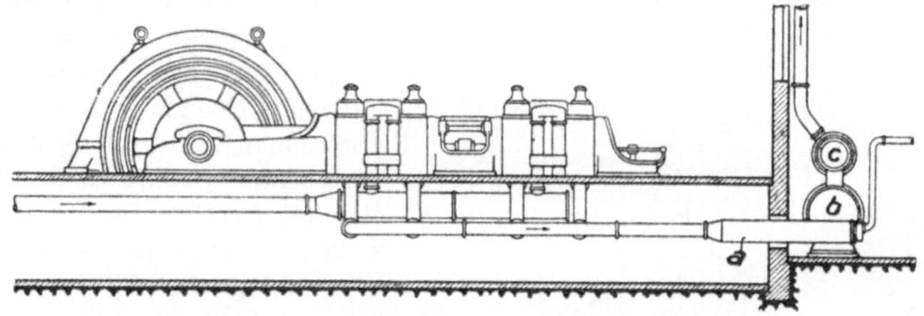

Abb. 247. Ausnützung der Auspuffwärme von Gasmaschinen in Abwärmekesseln.

132. Die Dieselmaschinen. Die Dieselmaschine ist nicht die erste, aber die vollkommenste Schwerölmaschine. Sie wurde nach dem Patent 67207 von DIESEL in den Jahren 1893 bis 1897 in der Maschinenfabrik Augsburg konstruktiv durchgebildet und ist in einem halben Jahrhundert zu einer unserer wichtigsten Kraftmaschinen vervollkommnet worden. In ihrer eigentlichen Gestalt ist sie dadurch gekennzeichnet, daß beim Saughub reine Luft angesaugt wird, die beim nächsten Hub so hoch verdichtet wird, daß die Verdichtungstemperatur genügt, um das fein zerstäubt eingespritzte Treiböl zur Selbstentzündung zu bringen. Die Entzündungstemperaturen liegen bei den verwendeten Erdölen und Braunkohlenteerölen bei etwa 270° C, bei Steinkohlenteeröl bei etwa 450° C. Weil bei diesen Temperaturen aber ein unzulässig großer Zündverzug auftritt, wählt man die Lufttemperatur um 100 bis 200° C höher. Das erfordert bei Erdöl- und Braunkohlenteerölmaschinen eine Luftverdichtung auf 32 bis 35 at, bei Steinkohlenteerölmaschinen auf 40 bis 45 at. Die hohe Verdichtung wäre im Betriebe nicht nötig, ist aber erforderlich, wenn die Maschine beim Anlassen ohne Vorwärmung anspringen soll.

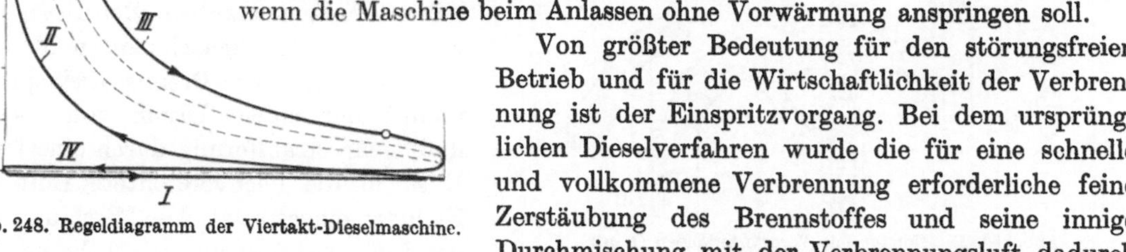

Abb. 248. Regeldiagramm der Viertakt-Dieselmaschine.

Von größter Bedeutung für den störungsfreien Betrieb und für die Wirtschaftlichkeit der Verbrennung ist der Einspritzvorgang. Bei dem ursprünglichen Dieselverfahren wurde die für eine schnelle und vollkommene Verbrennung erforderliche feine Zerstäubung des Brennstoffes und seine innige Durchmischung mit der Verbrennungsluft dadurch erreicht, daß man das Treiböl mittels Druckluft in die hochverdichtete, heiße Luft im Zylinder einblies. Die Einblaseluft wurde mit einem von der Maschine angetriebenen Kompressor etwa 30 at über den Verdichtungsdruck im Maschinenzylinder hinaus verdichtet. Der Einblasevorgang und die Verbrennung erstrecken sich über einen Teil des Arbeitshubes (*III* in Abb. 248), so daß sich der Druck im Zylinder trotz der Volumenzunahme nur wenig ändert (Gleichdruckverbrennung).

Die Regelung erfolgt, indem der Drehzahlregler in die Steuerung des Einspritzvorganges eingreift und dem Zylinder je nach der Belastung mehr oder weniger Treiböl zumißt. Wie das Regeldiagramm in Abb. 248 erkennen läßt, ist die Wirkung dieser Regelung der Füllungsregelung der Dampfmaschine (Abb. 120) vergleichbar.

Der für die Brennstoffeinspritzluft erforderliche Kompressor verteuert die Dieselmaschine, macht ihren Aufbau verwickelt und verringert die Nutzleistung durch seinen Eigenverbrauch.

Diese Nachteile treten besonders bei kleinen Motoren in Erscheinung. Es sind deshalb verschiedene Bauarten entwickelt worden, bei welchen die Brennstoffeinspritzung unmittelbar ohne Verwendung von Druckluft als Brennstoffträger erfolgt. Weil der Kompressor fortfällt, bezeichnet man diese Bauarten als kompressorlose Dieselmotoren. Ursprünglich für kleine und mittlere Leistungen geschaffen, hatte das günstige Verhalten und die Einfachheit eine Weiterentwicklung zu immer größeren Leistungen zur Folge, so daß heute der kompressorlose Dieselmotor den Dieselmotor mit Lufteinspritzung verdrängt hat.

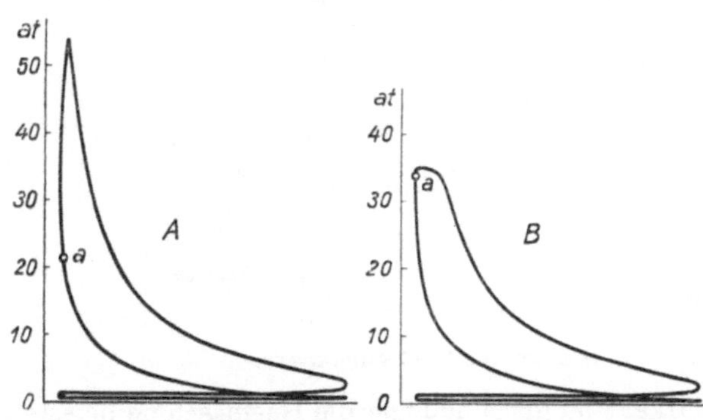

Abb. 249 a u. b. Vergleich der Indikatordiagramme der kompressorlosen Dieselmaschine (*A*) und der Dieselmaschine mit Lufteinspritzung (*B*).

Die kompressorlosen Dieselmotoren haben gegenüber den Motoren mit Lufteinspritzung noch verschiedene Vorteile. Es genügt eine geringere Verdichtung der Verbrennungsluft, weil die Abkühlung des Verbrennungsraumes durch die kalte Einblaseluft fortfällt. Der mechanische Wirkungsgrad ist besser; es ist eine höhere Überlastung möglich. Der Brennstoffverbrauch ist geringer.

Der Unterschied in der Wirkungsweise ist aus den Indikatordiagrammen in Abb. 249 ersichtlich. Bei der Dieselmaschine mit Lufteinspritzung beginnt die Brennstoffzufuhr im Totpunkt und dauert verhältnismäßig lange, so daß der Brennstoff allmählich und bei ziemlich gleichbleibendem Druck verbrennt. Bei der kompressorlosen Dieselmaschine wird der Brennstoff schon vor dem Totpunkt kurzzeitig eingespritzt und verbrennt sehr schnell, so daß sich eine weit über den Verdichtungsdruck hinausgehende Drucksteigerung ergibt, die sich thermisch günstig auswirkt und den geringeren Brennstoffverbrauch zur Folge hat.

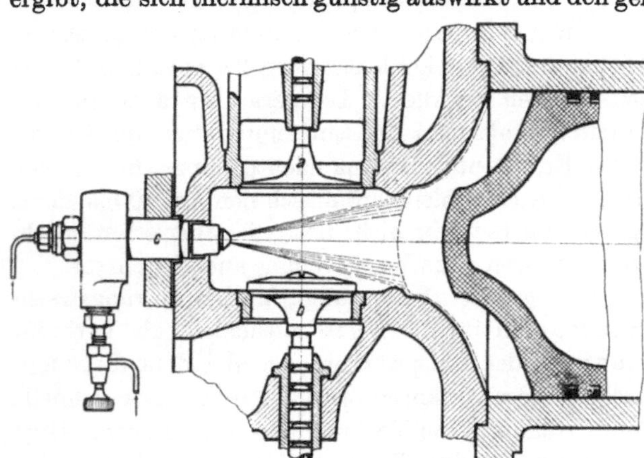

Abb. 250. Dieselmotor mit Verdrängerkolben (Deutz).

Die Aufgabe, den Brennstoff genügend fein zu zerstäuben und innigst mit der Verbrennungsluft zu mischen, ist in verschiedener Art gelöst worden. Bei größeren Maschinen arbeitet man nach dem Druckeinspritzverfahren und läßt den Brennstoff lediglich durch sehr hohen Druck zerstäuben. Bei diesen sogenannten Strahlmaschinen wird das Treiböl von der Brennstoffeinspritzpumpe mit einem Druck von 300 at und mehr strahlförmig durch eine feine Düse in die hochverdichtete Luft im Zylinder eingespritzt. Die Mischung mit der Luft findet auch noch während der Verbrennung statt und wird durch geeignete Form des Zylinderkopfes und Kolbens begünstigt.

Bei dem Verdrängerkolbenverfahren nach Abb. 250 genügt schon ein Einspritzdruck von 100 bis 120 at. Gegen Ende des Hubes wird die Luft durch einen wegen der eigenartigen Form des Kolbens sich immer mehr verengenden Ringspalt gepreßt, dadurch scharf durcheinander gewirbelt und innig mit dem einspritzenden Brennstoff gemischt, so daß sichere Zündung und gute Verbrennung erzielt werden. Andere Verfahren benutzen eine besondere Form des Verbrennungsraumes (Luftspeicher, Wälzkammer, Wirbelkammer), um durch möglichst starke Wirbelbildung die Luft mit dem Brennstoff zu vermischen.

Das heute bei kleineren Maschinen verbreitetste Verfahren ist das *Vorkammer*-Verfahren. Hierbei wird der Brennstoff nicht unmittelbar in den Zylinder, sondern zunächst in eine besondere Vorkammer eingespritzt. In ihr verbrennt ein Teil des Brennstoffes unter starker Drucksteigerung. Dieser Druck treibt den Rest des Treiböles mit großer Gewalt durch die Zerstäuberöffnungen der Vorkammer in den Zylinder, wo es sich innig mit der Luft mischt und restlos verbrennt. Das Vorkammerverfahren zeichnet sich durch geringen Einspritzdruck (100 at), niedrigen Treibölverbrauch, rauchfreie Verbrennung und größte Unempfindlichkeit gegen Überlastung aus. Es findet ausgedehnte Verwendung bei Fahrzeugmotoren, z. B. bei Dieselgrubenlokomotiven. Den Zylinderkopf einer Vorkammermaschine veranschaulicht Abb. 251. *a* ist die Vorkammer, *b* das Einspritzventil, dem das Treiböl durch die Brennstoffpumpe zugedrückt wird und dessen federbelastete Ventilnadel durch den Einspritzdruck geöffnet wird. Die Bauart eines anderen Einspritzventiles, wie es in den Vorkammermotoren der Deutzer Dieselgrubenlokomotiven benutzt wird, zeigt Abb. 252. *a* ist die Düsennadel, die die Zerstäuberöffnung in der Düsenplatte *b* verschließt. Die Düsennadel wird von der Ventilfeder *c* belastet, deren Vorspannung dem Einspritzdruck entsprechend einstellbar ist. In der Treibstoffleitung befindet sich ein Siebfilter *d*, um Verunreinigungen des Öles vom Einspritzventil fernzuhalten. In Abb. 253 ist die Ein-

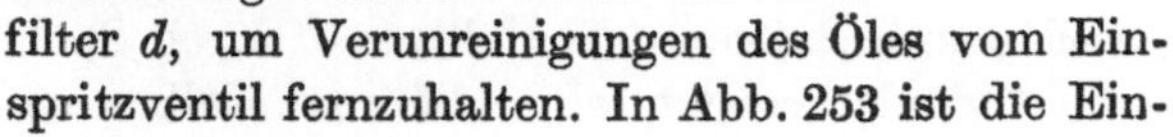

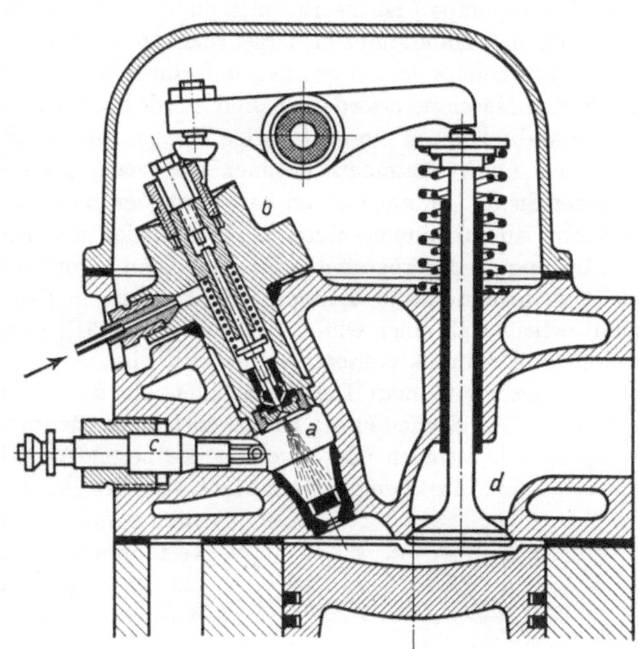

Abb. 251. Zylinderkopf einer Diesel-Vorkammermaschine.

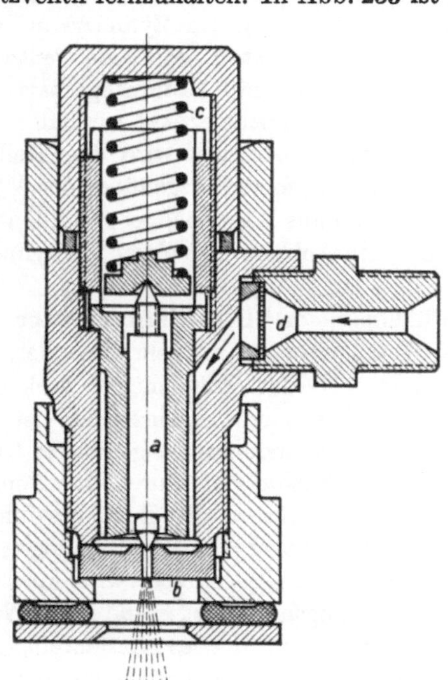

Abb. 252. Einspritzventil eines Deutz-Vorkammermotors.

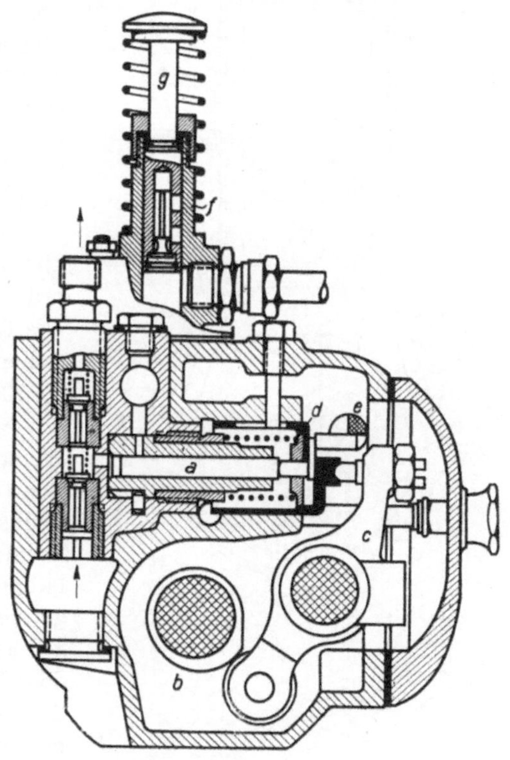

Abb. 253. Einspritzpumpe für Dieselmotoren (Deutz).

spritzpumpe eines Diesellokomotivmotors (Deutz) dargestellt. Für jeden Zylinder ist eine eigene Einspritzpumpe erforderlich, deren Kolben *a* beim Druckhub von einer gemeinsamen Steuerwelle *b* mit Nocken für jeden Zylinder über den Schwinghebel *c* angetrieben wird. Die

Kolbenrückführung beim Saughub wird durch die in der Führungsbüchse *d* befindliche Feder bewirkt. *e* ist eine vom Regler betätigte Regelstange zur Regelung der Fördermenge. Mit der Entlüftungspumpe *f* ist die Einspritzpumpe vor dem Anlassen zu entlüften. Der Kolben *g* wird dazu mit dem Handknopf niedergedrückt und dann von der Feder wieder zurückgezogen.

Es war bereits gesagt worden, daß die sehr hohen Verdichtungsdrücke nur beim Anlassen der kalten Maschine erforderlich sind. In der betriebswarmen Maschine genügen geringere Verdichtungsdrücke, um die notwendige Temperatur zur Brennstoffzündung zu erreichen. Das gilt besonders für Vorkammermaschinen mit wenig gekühlter Vorkammer, die dann als Wärmespeicher dient. Um auch schon beim Anlassen nur mit der für den Betrieb erforderlichen Verdichtung auszukommen, fährt man entweder mit Fremdzündung an, die nach genügender Erwärmung wieder abgestellt wird, oder man wärmt die Maschine vor dem Anfahren künstlich an. Man benutzt dafür Zündpapierlunten, die in den Zylinderkopf eingesteckt werden, oder man bedient sich einer Glühkerze (*c* in Abb. 251), deren Glühfaden durch elektrischen Strom aus einer Akkumulatorenbatterie geheizt wird.

Anfangs baute man Dieselmaschinen kleiner Leistung mit Tauchkolben und verwendete nur bei großen Einheiten die Kreuzkopfbauart. Heute findet man die Tauchkolbenbauart auch bei großen Leistungen und bevorzugt sie besonders bei hohen Drehzahlen. Infolge der besonderen Vorteile des Zweitaktverfahrens bei Dieselmaschinen gegenüber Verpuffungsmaschinen, die in Ziffer 125 erläuert wurden, wird das Zweitaktverfahren bei Dieselmaschinen viel häufiger angewendet als bei Verpuffungsmaschinen. Bei höchsten Leistungen wird es dem Viertaktverfahren vorgezogen. Viertaktdieselmaschinen sind durchweg einfachwirkend, während Zweitaktmaschinen hoher Leistung auch doppeltwirkend ausgeführt werden. Die Zweitaktmaschine baut sich einfacher, weil das Auslaßventil fortfällt und durch Spülschlitze im Zylinder ersetzt wird, die vom Kolben gesteuert werden (vgl. Abb. 235). Im Zylinderkopf sind dann nur noch Einlaß-, Brennstoff- und Anlaßventil anzuordnen. Auch das Einlaßventil kann eingespart und durch eine zweite Spülschlitzreihe ersetzt werden.

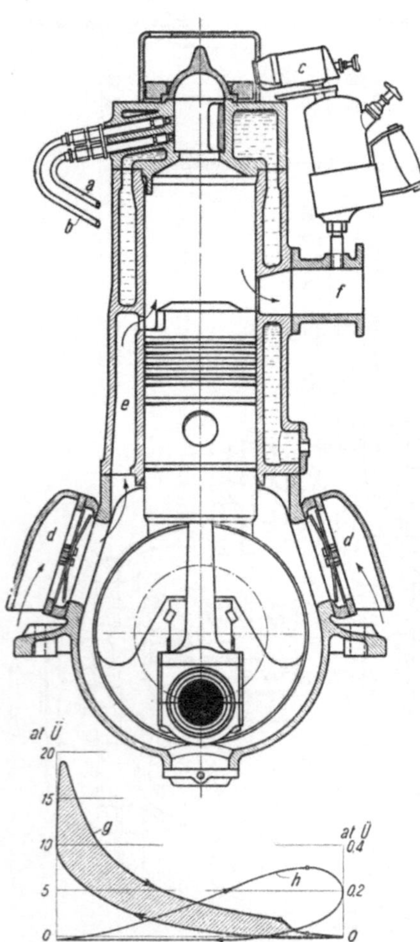

Abb. 254. Zweitakt-Niederdruck-Glühkopfmotor.

Bei mehrzylindrigen Maschinen wird die Reihenanordnung der Zylinder bevorzugt gegenüber der V-Anordnung, die vorwiegend aus Raummangel gewählt wird. Die Diesellokomotive in Abb. 558 hat einen Vierzylinderreihenmotor.

133. Der Glühkopfmotor. Der Glühkopfmotor, der älter ist als der Dieselmotor, ist ein sehr einfacher, mit geringeren Drücken als der Dieselmotor wirkender Schwerölmotor. Sein besonderes Kennzeichen ist der Glühkopf (oder eine im Zylinderkopf angeordnete Glühwand), der vor der Inbetriebsetzung durch eine Benzinlampe erhitzt wird und während des Betriebes infolge geringer Wärmeableitung durch die Verbrennungen im Zylinder heiß genug bleibt. Das Treiböl wird kurz vor dem Ende des Verdichtungshubes gegen die heiße Wand des Glühkopfes gespritzt, an der es verdampft, sich mit der Verbrennungsluft mischt und entzündet. Je nach der Größe und Ausbildung der Glühwand wird mit verschiedenem Verdichtungsdruck gearbeitet, und man teilt die Glühkopfmotoren ein in Niederdruckmotoren mit 8 bis 12 at, Mitteldruckmotoren mit 15 bis 20 at und Hochdruckmotoren mit 28 bis 40 at Verdichtungsdruck. Bei den Nieder- und Mitteldruckmotoren liefert die Glühwand die Entzündungstemperatur, während in den

Hochdruckmotoren schon Brennstoffselbstentzündung in der heißen Luft erfolgen kann, so daß zwischen ihnen und den kompressorlosen Dieselmaschinen kaum noch ein Unterschied in der Arbeitsweise besteht. Auch bei den Glühkopfmotoren hat man kurzzeitige Verbrennung der gesamten Brennstoffmenge mit kräftiger Drucksteigerung (vgl. Abb. 254).

Der Glühkopfmotor wird fast nur als Zweitaktmotor gemäß Abb. 254 mit Schlitzauslaß und Schlitzspülung ausgeführt. Die Spül- und Ladeluft erzeugt der Motor selbst, indem der Kurbelkasten luftdicht abgeschlossen und mit Saugventilen versehen ist, so daß der hochgehende Kolben Luft ansaugt, die er beim Niedergange auf etwa 0,3 atü verdichtet. Die Spülluft tritt durch die Spülschlitze *e* in den Zylinder, nachdem die Verbrennungsgase durch die Auspuffschlitze verpufft sind. Die Wirkungsweise wird durch die in der Abb. 254 enthaltenen Diagramme des Motors und seines Gebläseteils veranschaulicht. Wegen des konstruktiven Zusammenhanges ist die vom Kolben angesaugte Spül- und Ladeluftmenge zu klein, so daß das Gemisch bald zur Hälfte aus Abgasen besteht, weswegen nur mäßige Treibdrücke erzielbar sind und höherer Brennstoffbedarf die Folge ist. Die bis zu Leistungen von 75 PS gebauten Glühkopfmotoren sind sehr verbreitet und überall dort am Platze, wo auf Einfachheit im Aufbau und in der Bedienung und auf geringe Anschaffungskosten Wert gelegt wird.

134. Vergleich zwischen Ottomotoren und Dieselmotoren. Der Ottomotor kann infolge der geringeren Triebwerkdrücke leichter gebaut werden. Seine Mindestleistung ist nicht begrenzt, wogegen für Dieselmotoren die untere Leistungsgrenze bei 2 bis 3 PS liegt. Im allgemeinen überwiegen jedoch die Vorteile des Dieselmotors. Die Schweröle sind billiger und ungefährlicher als die vergasbaren Leichtöle. Die Verbrennung im Dieselmotor ist vollkommener, so daß die Abgase kaum Kohlenoxyd enthalten, was für Grubenlokomotiven besonders wichtig ist. Frühzündungen treten beim Dieselverfahren nicht auf, weil die Luft für sich allein verdichtet wird. Die Temperatur der Auspuffgase ist beim Dieselmotor niedriger. In Zusammenhang damit steht auch sein geringerer spezifischer Wärmeverbrauch. Der thermische Wirkungsgrad ist auch deshalb beim Dieselmotor besser, weil er mit höherem Verdichtungsverhältnis arbeitet (Zahlenwerte über den Wärmeverbrauch und den thermischen Wirkungsgrad sind in Zahlentafel 19, S. 197, enthalten). Der geringere Wärmeverbrauch tritt besonders bei Teillast und Drehzahländerung in Erscheinung, wie es Abb. 255 veranschaulicht. Bei $n = 1500$ U/min beträgt z. B. der Wärmeverbrauch des Ottomotors bei Vollast 2200 kcal/PSh und bei $^2/_3$ Last 2600 kcal/PSh, also 18% mehr als bei Vollast. Bei gleicher Drehzahl ist der Wärmeverbrauch des Dieselmotors 1900 kcal/PSh bei Vollast und 1700 kcal/PSh bei $^2/_3$ Last. Bei dieser Teillast ist der Wärmeverbrauch sogar um rd. 11% niedriger als bei Vollast. Rechnet man nur mit $^2/_3$ Last im Betriebe, so braucht der Dieselmotor nur 65% der Wärme des Ottomotors. Die Änderung des Wärmeverbrauches mit der Drehzahl ist beim Dieselmotor auch geringer als beim Ottomotor, so daß in größerem Drehzahlbereich mit günstigem thermischen Wirkungsgrad gefahren werden kann. Ein weiterer Vorzug, der sich gerade bei einem Lokomotivmotor beim Anfahren auswirkt, ist das schon bei kleinen Drehzahlen verhältnismäßig hohe Drehmoment des Dieselmotors, welches beim Ottomotor erst bei viel höheren Drehzahlen in gleicher Größe erreicht wird.

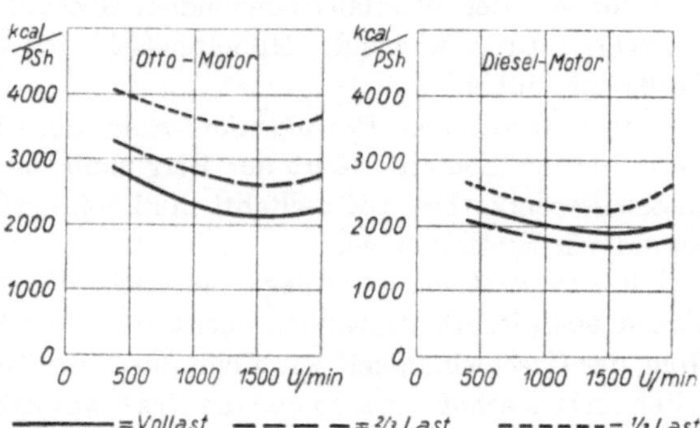

Abb. 255. Vergleich des Wärmeverbrauchs von Otto- und Dieselmotoren bei Drehzahl- und Belastungsänderung.

XVI. Schachtförderanlagen.

135. Vorbemerkung. Im folgenden sind die Schachtförderanlagen nur so weit besprochen, wie sie mit den Fördermaschinen im Zusammenhange stehen. Über die Ausrüstung des Förderschachtes: Die Schachtleitungen, Aufsetzvorrichtungen, Schwenkbühnen usw., über die Förderkörbe nebst Zwischengeschirren, Seileinbänden und Fangvorrichtungen, über die mechanische Bedienung der Hängebank, über die Fördergerüste, über die Signalvorrichtungen usw. siehe HEISE-HERBST-FRITZSCHE, Zweiter Band. Die Fördermaschinen selbst sind im anschließenden Abschnitte dieses Buches besprochen.

136. Überblick über Anordnung und Betrieb der Schachtförderungen. Es handelt sich fast immer um zweitrümige Gestellförderungen in seigeren Schächten. Die Fördermaschine liegt in der Regel neben dem Schachte (Flurfördermaschinen) und ist mit den Förderkörben durch Seile verbunden, die über die hoch im Fördergerüste angeordneten Seilscheiben laufen. In besonderen Fällen hat man die Fördermaschine selbst oben im Schachtgerüste (Turmfördermaschinen) aufgestellt; dann fallen die Seilscheiben weg, und es ist nur eine Ablenkrolle erforderlich. Bei der *Trommelförderung* ist für jeden Förderkorb eine Trommel und ein Förderseil vorhanden, das um die Trommel gewunden ist. Bei der *Treibscheiben-* oder *Koepeförderung*[1] dagegen hängt der eine Förderkorb am einen, der andre am andern Ende ein und desselben Förderseiles, das von der Treibscheibe durch Reibung mitgenommen wird.

Die Förderkörbe sind überwiegend vierbödig. Bei der Förderung wird der Förderkorb so hoch gezogen, daß sein unterster Boden mit der Hängebank abschneidet. „Freie Höhe" ist die Strecke, die der Förderkorb über seine höchste Lage bei der Förderung emporgezogen werden kann, bis entweder der Seileinband auf die Seilscheibe aufläuft oder der Förderkorb gegen einen im Schachtgerüst eingebauten „Prellträger" stößt. Die freie Höhe soll bei größeren Schachtförderanlagen mindestens 10 m sein, wird aber häufig größer ausgeführt. Um die Förderkörbe festzubremsen, noch ehe es zum Seilbruche kommt, werden die Spurlatten sowohl oberhalb der Hängebank als unterhalb des Füllortes verdickt oder zusammengezogen. Diese Vorkehrung hat sich in vielen Fällen bewährt, insbesondere, wenn die Maschine in verkehrter Richtung angefahren ist, reicht aber nicht aus, den schnell einfahrenden Förderkorb zu halten. Dagegen vermag der von der Westfalia-Dinnendahl-Gröppel A.-G. gebaute, nach Art der Schönfeldschen Fangvorrichtung wirkende Hobelprellschlitten beträchtliche Bremskräfte von einstellbarer Größe auszuüben.

Man unterscheidet *Produktenförderung* (oder Lastförderung oder Güterförderung) und *Seilfahrt*. Bei der Seilfahrt fährt der Bergmann am Seile; Seilfahrt ist also Personenbeförderung mittels Förderkorbes. Die Seilfahrt muß von der Bergbehörde genehmigt werden und unterliegt besonderen Bestimmungen.

Die *Fahrgeschwindigkeit* liegt innerhalb weiter Grenzen. Bei der *Seilfahrt* darf die Geschwindigkeit aus Sicherheitsgründen höchstens 8 m/s betragen. Bei der *Produktenförderung* wird die Höhe der Geschwindigkeit vor allem durch die Teufe bedingt. Bei kleinen Teufen sind die Fahrzeiten an sich schon kurz, so daß die Geschwindigkeitserhöhung sich kaum auf die Förderleistung auswirkt, andererseits aber verlangt sie bedeutend größere Maschinenleistung. Je größer die Teufe ist, um so höher kann man die Fahrgeschwindigkeit wählen, jedoch geht man im allgemeinen nicht über 20 m/s, weil die bei noch höheren Geschwindigkeiten erreichbare Zunahme der Förderleistung im Verhältnis zu der größeren Beanspruchung des Schachtausbaues und des Förderseiles (Schwingungen) zu gering ist. Für 800 m Teufe beträgt z. B. die Fahrzeit 65 s bei einer Geschwindigkeit von 16 m/s und 60 s bei 20 m/s. Rechnet man mit einer Pause von 50 s, so ergeben sich im ersten Fall 31,3 Züge je Stunde und im zweiten Fall 32,7 Züge je Stunde, d. h. bei der 20% höheren Fahrgeschwindigkeit wird die Zugzahl je Stunde und damit die Förderleistung des Schachtes nur um knapp 5% größer. Der gleiche Förderleistungsgewinn hätte ohne Leistungssteigerung an der Maschine auch durch Kürzen der Förderpause um 5 s erreicht werden können. Das Beispiel lehrt, daß auf Verkürzung der Pausen durch weitgehende Mechanisierung der Förderkorbbeschickung größter Wert zu legen ist. Besonders kurze Pausen werden bei der Gefäßförderung erreicht, weil nicht umgesetzt werden braucht (vgl. auch Ziffer 137).

Trägt der eine Förderkorb beladene, der andere Förderkorb ebensoviel leere Förderwagen, so stellt der Inhalt der Förderwagen an Kohlen, Erzen usw. die *Nutzlast* dar. Förderkorb nebst

[1] Die Treibscheibenförderung ist zuerst (1878) vom Bergwerksdirektor KOEPE angewendet worden, und zwar bei einer im Schachtturm aufgestellten Fördermaschine auf Zeche Hannover, Bochum. Auf dem gleichen Schacht wurde 1948 die erste Vierseilförderung in Betrieb genommen. Vgl. Glückauf 1948 S. 103.

Zubehör und Förderwagen bilden die am Seile hängende *tote Last*, die anderthalb bis doppelt so groß wie die Nutzlast ist. Im weiteren Sinne versteht man unter Nutzlast überhaupt den Unterschied der Belastungen der beiden Förderkörbe. Ist das Gewicht des überhängenden Seiles ausgeglichen, so ist nur die Nutzlast anzuheben. Andernfalls hat die Fördermaschine nicht nur die Nutzlast, sondern auch das überhängende Seil anzuheben. Das Förderseil wird durch die an ihm hängende Last und durch sein eigenes Gewicht beansprucht; das oberste Seilstück hat also am meisten zu tragen. Zu den ruhenden Belastungen treten die für die Beschleunigung und die Überwindung der Reibung erforderlichen Kräfte; außerdem entstehen durch Seilschwingungen Zusatzkräfte. Der Seilberechnung wird aber die *ruhende* Höchstbelastung zugrunde gelegt, vgl. Ziffer 146.

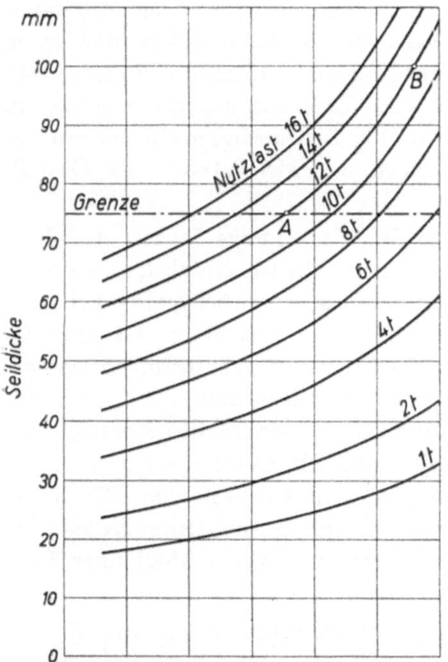

Abb. 256. Seildicke bei Treibscheibengestellförderungen in Abhängigkeit von Teufe und Nutzlast.

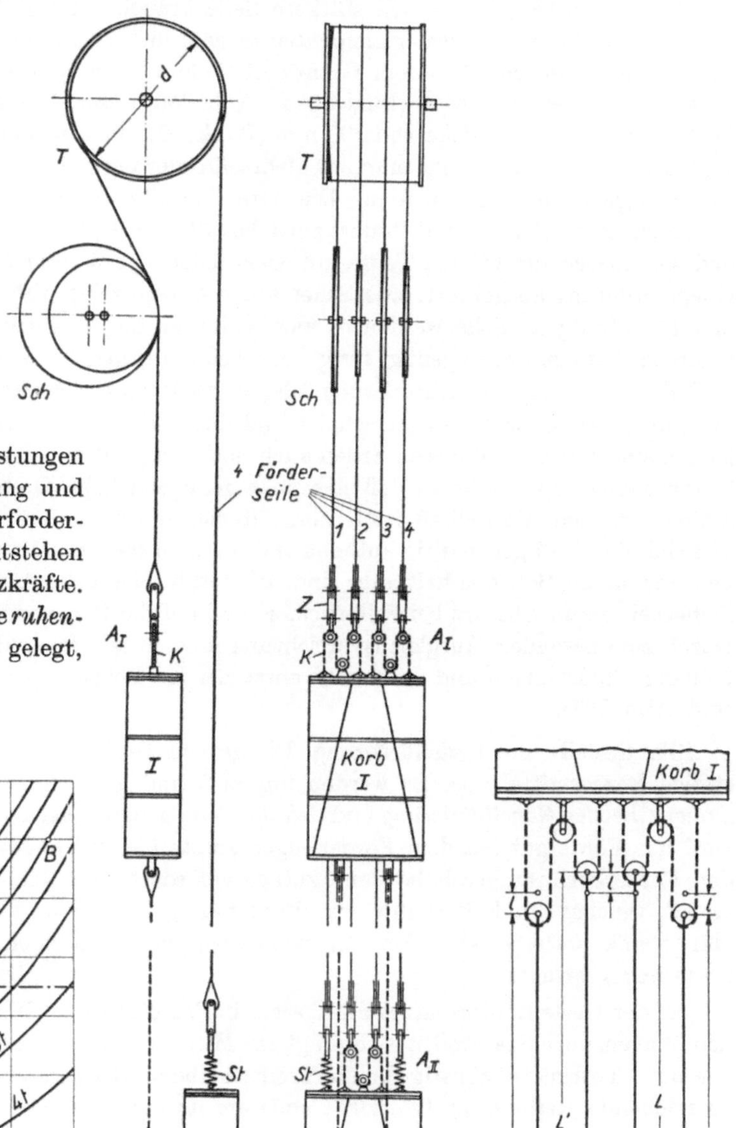

Abb. 257. Schema einer Vierseil-Turmförderung mit Seillängenausgleichvorrichtung.

Die Stärke der Förderseile nimmt zu mit der angehängten Last (Nutzlast + Totlast) und mit der Teufe. Abb. 256 gibt einen Überblick für durchschnittliche Verhältnisse. Bei der Berechnung wurden den Nutzlasten übliche Totlasten zugeordnet, die bei kleinen Nutzlasten verhältnismäßig größer als bei hohen Nutzlasten sind. Eine Seildicke von 75 mm kann praktisch als obere Grenze[1] gelten; noch stärkere Seile brauchen zu große Treibscheiben, enthalten zu viele Einzeldrähte, die nicht gleichmäßig tragen, und sind schwer und gefährlich zu handhaben (z. B. beim Auflegen). Mit dem Grenzwert 75 mm kann bei 12 t Nutzlast nur eine Teufe von etwa 900 m erreicht werden (Punkt A in Abb. 256)[2]. Die gleiche Nutzlast erfordert bei 1400 m Teufe bereits eine Seildicke von 100 mm (Punkt B), die also weit über dem üblichen Grenzwert liegt. In solchen Fällen geht man zur Mehrseilförderung über und hängt den Förderkorb an zwei oder vier gleichen Drahtseilen auf. Die erste *Vierseilförderung* ist seit 1948 auf der Zeche *Hannover*, Bochum, in Betrieb und fördert zunächst 12 t aus 950 m Teufe mit vier Seilen von je 37 mm und soll später aus 1400 m Teufe mit vier Seilen von 50 mm Dicke fördern. Sie ist als Turm-Koepeförderung ausgeführt. Das Schema der Anlage zeigt Abb. 257. Die vier an den Körben I und II befestigten Seile werden in vier Seilnuten der Treibtrommel T durch Reibung mitgenommen. Bei vier Seilen genügt für gleiche Teufe und gleiche angehängte Last die halbe Seildicke je Seil wie bei der Einseilförderung, also statt 100 mm (Punkt B in Abb. 256) vier Seile von je 50 mm. Der Gesamttragquerschnitt und damit das Seilgewicht erfahren keine Veränderung, jedoch sind mit den dünneren Seilen auch noch bei großen Teufen verhältnismäßig kleine Scheibendurchmesser zulässig, so daß sich noch genügend hohe Drehzahlen und nicht zu große Maschinen ergeben. Vorteilhaft ist ferner, daß sich die dünneren Seile leichter handhaben lassen, daß sich ihr Drall gegenseitig aufhebt und dadurch die Spurlatten weniger beansprucht werden, und daß sie im Betriebe haltbarer sind. Weiterhin bietet die Aufhängung an vier Seilen größere Sicherheit gegen Absturz bei Seilbruch, so daß auf die Fangvorrichtung verzichtet werden kann. Durch eine besondere Ausgleichsvorrichtung müssen allerdings die im Betriebe unvermeidlichen Seillängenänderungen und die daraus entstehenden Belastungsunterschiede ausgeglichen werden (vgl. Abb. 257).

137. Gestell- und Gefäßförderung. Die großen Teufen der Hauptschachtförderung schließen stetige Fördermittel aus. Es werden nur auf- und abwärts gehende Fördermittel verwendet, wobei zwischen *Gestellförderung* und *Gefäßförderung* zu unterscheiden ist. Bei der Gestellförderung wird das Fördergut *mit* dem Förderwagen zusammen auf ein am Seil hängendes Fördergestell, den Förderkorb, aufgeschoben und zutage gefördert. Die Gefäßförderung dagegen benutzt ein Gefäß, welches am Füllort mit dem Fördergut gefüllt, dann am Seil hochgezogen und an der Hängebank entleert wird. Im Ruhrkohlenbergbau wird noch überwiegend mit der Gestellförderung gearbeitet.

Bei der Gestellförderung ist die Totlast im Verhältnis zur Nutzlast infolge des mit zu hebenden Wagengewichtes groß und beträgt im Mittel etwa 1,6 : 1, bei kleinen Nutzlasten bis 2 : 1. Die hohe Totlast ist günstig für die Treibscheibenförderung, weil sie schon bei geringen Teufen ausreichende Reibungskraft ergibt; andererseits erhöht sie bei tiefen Schächten die Anforderungen an die Fördermaschine und an das Seil. Die engen Schachtquerschnitte bedingen schmale Fördergestelle, die deshalb mehrere Tragböden (in der Regel 4, vereinzelt auch 3 oder 5) haben müssen, um die nötige Wagenzahl nicht nur hinter-, sondern auch übereinander unterbringen zu können. Mehrbödige Förderkörbe müssen bei der Beschickung umgesetzt werden, wodurch sich große Förderpausen ergeben, die die Förderleistung des Schachtes herabsetzen. Für Kohle kann es vorteilhaft sein, daß sie bei der Gestellförderung nicht umgeladen werden muß; sie wird dadurch geschont und man erhält weniger Feinkohle. Man kann den Wageninhalt über Tage prüfen und die Wagen in den Übertagewerkstätten instand setzen.

Die Gestellförderung eignet sich ebensowohl für die Produktenförderung als auch für die

---

[1] Das stärkste Seil auf der Schachtanlage Walsum hat 77 mm für 14 t Nutzlast und 800 m Teufe.

[2] Bei reinen Gefäßförderungen (Gefäße *ohne* Tragböden für Seilfahrt) kann die Nutzlast bei gleicher Seildicke rd. 20 bis 25% größer als bei Gestellförderungen sein. Hiermit wird also die in dem Beispiel betrachtete Grenze von 900 m Teufe mit 75 mm Seildicke erst bei einer Nutzlast von rd. 14,5 t erreicht. Fördergefäße *mit* Seilfahrtbühnen sind den Gestellförderungen gleichzusetzen, so daß für sie das Diagramm Abb. 256 ohne Umrechnung anzuwenden ist (vgl. Ziffer 137).

Seilfahrt und die Materialförderung (Holz, Maschinen usw.). Bei Seilfahrt darf ein Förderkorb höchstens mit 70 Personen belastet werden.

Bei der *Gefäß-* oder *Skipförderung* werden die Förderwagen unter Tage in Bunker entleert, aus denen man das Fördergut über einen Meßbehälter oder ein Meßband in das Fördergefäß rutschen läßt, das entsprechend tief unter der Fördersohle hängt. Dann wird das Fördergefäß bis über die Hängebank gezogen und in die Tagesbunker entladen, indem man es kippt oder seinen Boden aufklappt. Die Art der Entladung wird durch die Gefäßform bestimmt. Breite, kurze Gefäße, die allerdings nur bei großen Schachtquerschnitten zu verwenden sind, können als *Kippgefäße* ausgebildet werden, wie es bei amerikanischen Anlagen meist der Fall ist. Kleine Schachtquerschnitte bedingen schmale und daher lange Gefäße, die dann besser als *Bodenentleerer* ausgeführt werden. Die Gefäße besitzen Leitrollen oder Leitkurven, die über Tage in Führungen einlaufen und das Gefäß kippen bzw. den Bodenverschluß öffnen. Ältere Bodenverschlußauslösungen stellten übermäßig hohe Ansprüche an die Fahrweise der Fördermaschinen. Neuere Bauarten sind weniger empfindlich gegen zu schnelles Einfahren und etwaiges Übertreiben.

Weil bei der Gefäßförderung die Förderwagen nicht zutage gehoben werden, ist das Verhältnis der Totlast (ohne Seil) zur Nutzlast mit etwa 1,1 : 1 kleiner als bei der Gestellförderung[1]. An die Fördermaschine werden daher bei gleicher Nutzlast geringere Anforderungen gestellt. Das Förderseil kann bei gleicher Nutzlast schwächer und damit leichter werden, was insbesondere bei tiefen Schächten zur Geltung kommt, bei denen unter Umständen nur durch Gefäße eine wirtschaftliche Förderung erreicht werden kann. Bei gleichem Förderseil kann die Nutzlast der Gefäßförderung größer als die der Gestellförderung sein. Bezeichnen G_G die Nutzlast im Fördergefäß und G_K die Nutzlast im Korb, so ist bei mittlerem Totlast-Nutzlastverhältnis $G_G + 1{,}1 \cdot G_G = G_K + 1{,}6\, G_K$ für gleiche Seilbelastung; daraus folgt $G_G = \frac{2{,}6}{2{,}1} \cdot G_K \approx 1{,}24\, G_K$, d. h. die Gefäßnutzlast kann rd. 24% größer als die Korbnutzlast werden. Bei gleicher Geschwindigkeit und Beschleunigung muß dann allerdings die Maschinenleistung in der Beharrung (Fahrt mit gleichbleibender Höchstgeschwindigkeit) um 24% und in der Beschleunigung um fast 12% größer werden.

Ein weiterer Vorteil, der sich auch auf den Antrieb ausdehnt, sind die sehr kurzen Förderpausen, da man bei großen Nutzlasten mit nur etwa 1 Sekunde je Tonne für das Laden und Entladen zu rechnen braucht. Das bedeutet bei gleicher Fördergeschwindigkeit und gleicher Nutzlast, also bei fast gleicher Maschinenstärke, eine Erhöhung der Förderleistung. In dem Beispiel auf S. 208 war für eine Gestellförderung aus 800 m Teufe mit 16 m/s, 65 s Fahrzeit, 50 s Pause eine stündliche Zugzahl von 31,3 errechnet worden. Eine Gefäßförderung mit 10 t Nutzlast und demnach 10 s Beschickpause macht unter sonst gleichen Verhältnissen 48 Züge je Stunde, was einer Erhöhung der Förderleistung um 53% entspricht. Bei kleineren Teufen und damit kürzeren Fahrzeiten ist die Leistungssteigerung noch größer. Eine Gestellförderung aus 400 m Teufe braucht z. B. bei 16 m/s eine Fahrzeit von 43 s und macht bei 50 s Pause 38,7 Züge je Stunde. Die Gefäßförderung mit 10 s Pause macht 68 Züge je Stunde, also 75% mehr.

Durch die kurzen Pausen werden ferner bei elektrischem Antrieb die Leerlaufverluste der Umformer verringert. Nachteilig ist die begrenzte Anwendungsmöglichkeit der Treibscheibenförderung infolge des kleinen Verhältnisses zwischen Totlast und Nutzlast. Kippgefäße scheiden hier wegen der starken Seilentlastung während des Kippens ganz aus, während die Koepeförderung mit Bodenentleerern bei ausreichend großen Teufen anzuwenden ist, wenn Unterseilausgleich benutzt wird. Die Gefäße sind für die Förderung von Menschen, Holz, Material, Maschinen usw. schlecht geeignet. Dieser Nachteil ist belanglos, wenn noch eine zweite Förderanlage mit Fördergestellen vorhanden ist; andernfalls benutzt man Gefäße mit einem zusätzlichen Tragboden, wobei allerdings der Vorteil der geringeren Totlast verloren eht, aber der weitau überwiegende Vorteil der kurzen Pausen bleibt bestehen.

---

[1] Dieses Verhältnis gilt allerdings nur für Gefäße *ohne* Tragböden. Für Gefäße mit zusätzlichen Tragböden zur Seilfahrt und Materialförderung gilt etwa das gleiche Verhältnis wie für Fördergestelle (1,6 : 1).

Abb. 258 zeigt den Stammbaum einer neuzeitlichen Gefäßförderanlage. Das Bodenentleergefäß dieser Anlage (Abb. 259) faßt eine Nutzlast von 10 t Kohle. Die Bodenverschlußklappe *a* schließt das Gefäß im spitzen Winkel ab, wird beim Öffnen um die Achse *o* gedreht und bildet dann mit ihren Seitenwänden die Auslaufschurre für das Fördergut. Das Fördergerüst ist hierbei

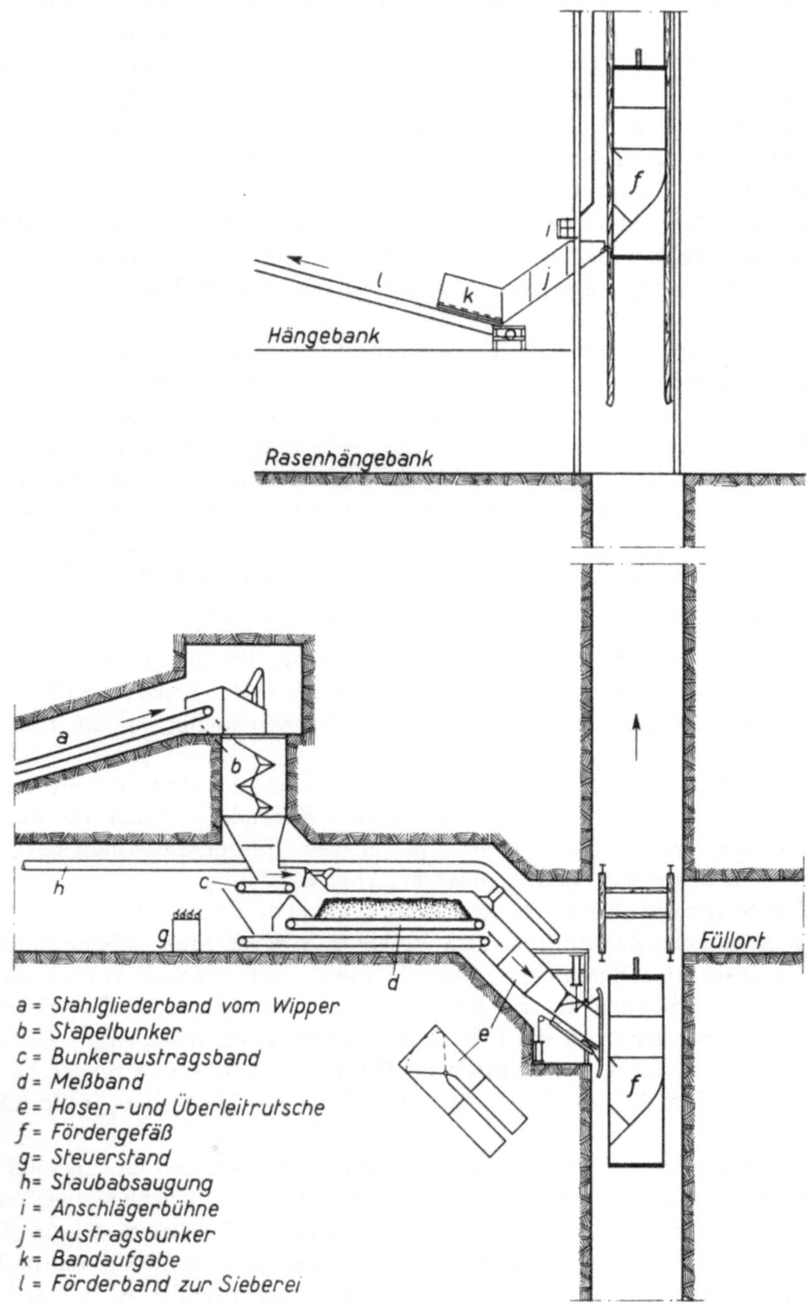

Abb. 258. Stammbaum einer Gefäßförderanlage (Siemag, Dahlbruch/Westf.).

mit dem Gefäß nicht kraftschlüssig verbunden und wird deshalb nur wenig beansprucht. Kurzer Öffnungsweg des Gefäßes und großer, nicht eingeschnürter Gefäß- und Auslaufquerschnitt ergeben kurzzeitige Entladung. Beim Füllen und während der Fahrt im Schacht ist die Bodenklappe *a* geschlossen und über ein Schließhebelpaar *c* mit den Schließrollen *e* mittels des Schließhakenpaares *d* verriegelt. Zu dem Riegelmechanismus gehören ferner die Entriegelungsstange *f* und die Verriegelungsstange g. Die Verschlußbetätigung zeigt Abb. 260 in verschiedenen Phasen. Die Bezeichnungen stimmen mit Abb. 259 überein. Stellung I: Gefäß mit verriegeltem Bodenverschluß während der Fahrt im Schacht. Stellung II: Einlauf in die Hängebank. Die Entriegelungsstange f läuft auf die Entriegelungssteuerleiste h auf und hebt das Schließhakenpaar d von den Schließrollen e ab. Die Kufen b der Bodenklappe liegen unter dem Druck des Fördergutes auf den Entladekufen j auf, die zunächst die Klappe a geschlossen halten. Stellung III: Bei der weiteren Aufwärtsfahrt haben sich die Kufen b auf den Entladekufen j abgewälzt. Die Klappe ist halb geöffnet, der Auslauf des Fördergutes beginnt. Stellung IV: Die volle Öffnung ist erreicht. Der gesamte Entladeweg für die Öffnung des Bodenverschlusses beträgt rd. 2,1 m.

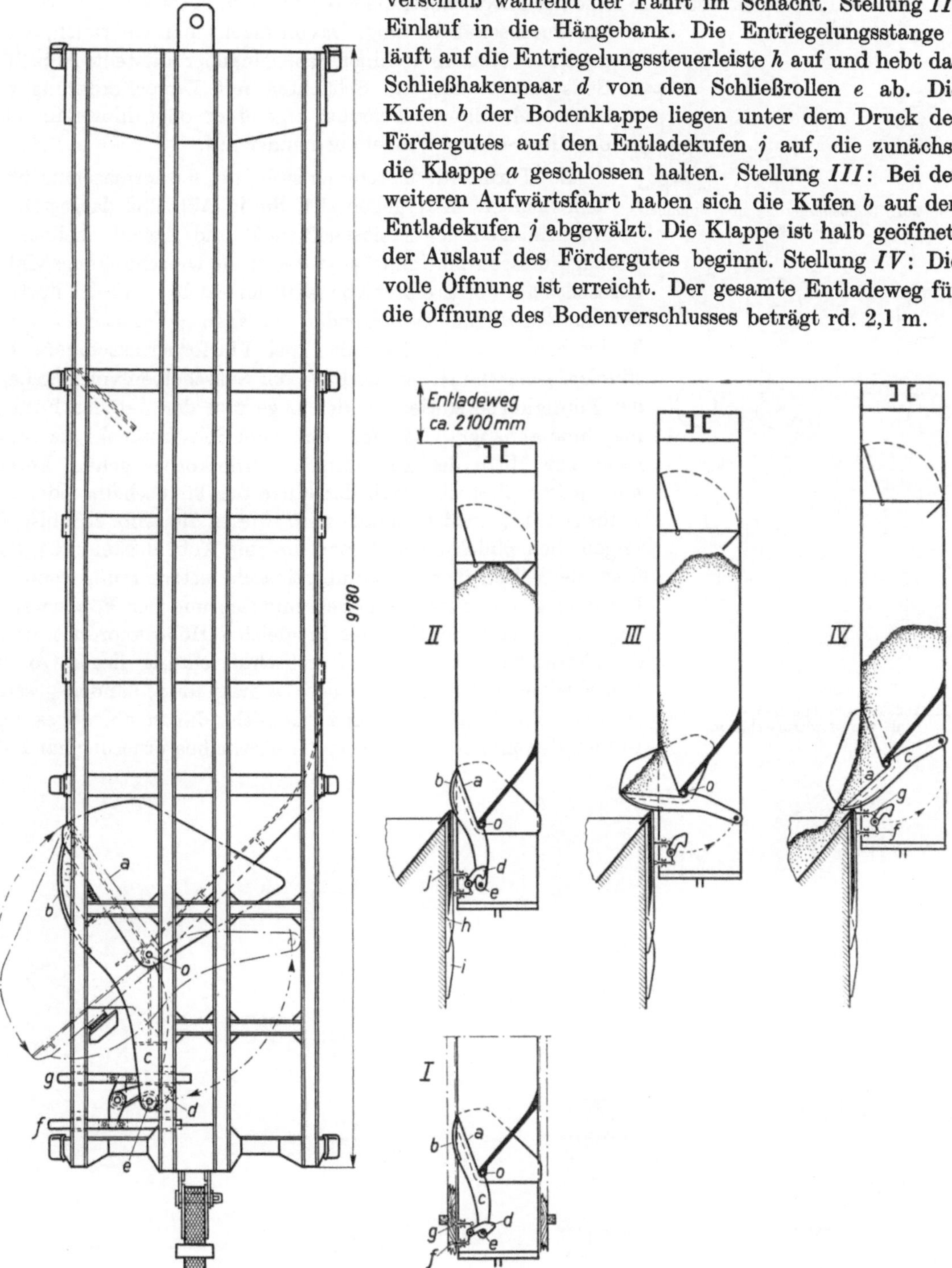

Abb. 259. Fördergefäß mit Bodenverschluß für 10 t Kohle-Nutzlast (Siemag, Dahlbruch/Westf.).

Abb. 260. Betätigung des Bodenverschlusses nach Abb. 259 (Siemag, Dahlbruch/Westf.).

Bei der Abwärtsfahrt wird die Klappe zunächst durch die Kufen b und j geschlossen. Zum Schluß läuft die Verriegelungsstange g auf die Verriegelungssteuerleiste i auf und verriegelt den Verschluß wieder, indem das Schließhakenpaar d wieder auf die Schließrollen e gedrückt wird.

138. Lage der Fördermaschine zum Schachte. Anordnung der Seilscheiben. Meistens legt man die Fördermaschine entweder in die Durchschubrichtung der Förderwagen oder quer zu ihr. An und für sich ist aber jede Lage der Fördermaschine möglich, auch unter schiefem Winkel zur Durchschubrichtung. Davon macht man Gebrauch, wenn man zwei Fördermaschinen nebeneinander aufstellt, Abb. 261. Sonst stellt man bei Schächten mit Doppelförderung die beiden Maschinen einander gegenüber oder hintereinander oder im rechten Winkel zueinander auf.

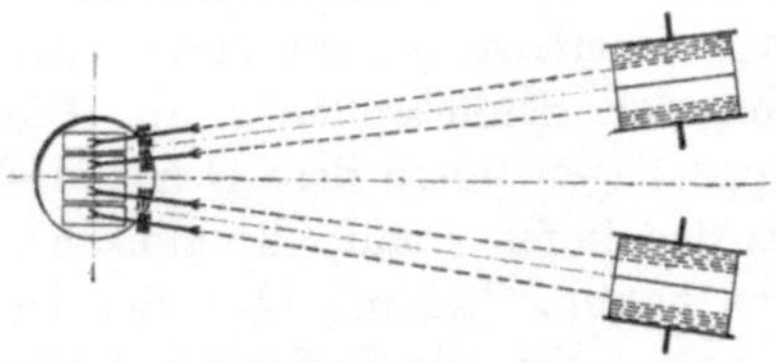

Abb. 261. Doppelförderung mit Trommelmaschinen.

Bei Turmfördermaschinen steht die Fördermaschine über dem Schacht. Es ergeben sich die in Abb. 262 dargestellten Anordnungen der Treibscheiben T und Ablenkscheiben A. Vorzüge dieser Anordnung sind der große Umschlingungswinkel des Seiles auf der Treibscheibe (210° und mehr) und der Fortfall der zu Schwingungen neigenden schrägen Seilstücke zwischen Treibscheibe und Seilscheiben bei Flurfördermaschinen. Bei Flurfördermaschinen ist die Lage der Seilscheiben von der Lage der Förderkörbe sowie von der Lage und der Art der Fördermaschine abhängig. Das Seil muß vom Seilscheibenkranz senkrecht zur Mitte des zugehörigen Förderkorbes gehen. Ferner muß jede Seilscheibe nach der Mitte der Treibscheibe oder zugehörigen Trommel gerichtet sein, wie es die Abb. 261 bis 264 zeigen. Schließlich erkennt man aus den Abb. 263 und 264, daß man die Seilscheiben schräg übereinander setzen muß, wenn die Fördermaschine *quer* zur Durchschubrichtung der Förderwagen liegt, sie aber nebeneinander in gleicher Höhe anordnet, wenn die Fördermaschine in der Durchschubrichtung liegt. Ob die Seilscheiben nebeneinander oder schräg übereinander gesetzt werden, hängt also ganz und gar nicht davon ab, ob es sich um eine Trommel- oder um eine Treibscheibenförderung handelt;

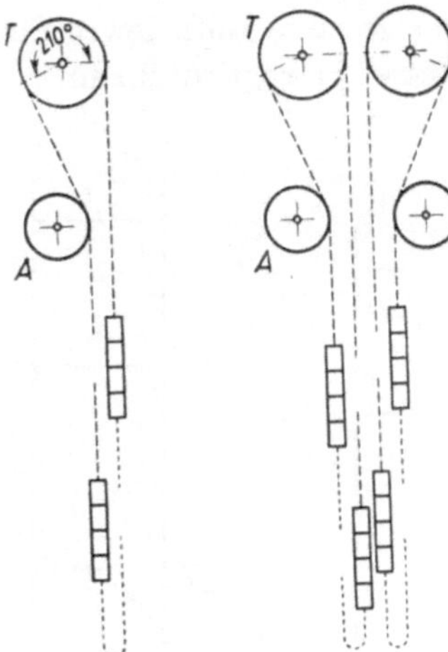

Abb. 262. Einfach- und Doppelförderung mit Turmfördermaschinen.

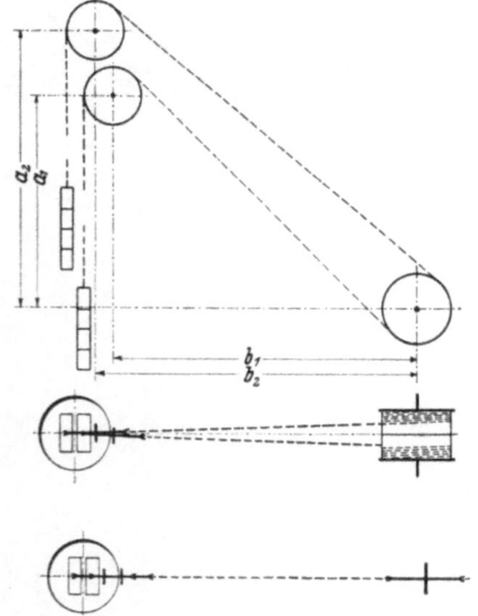

Abb. 263. Fördermaschine liegt quer zur Durchschubrichtung der Förderwagen.

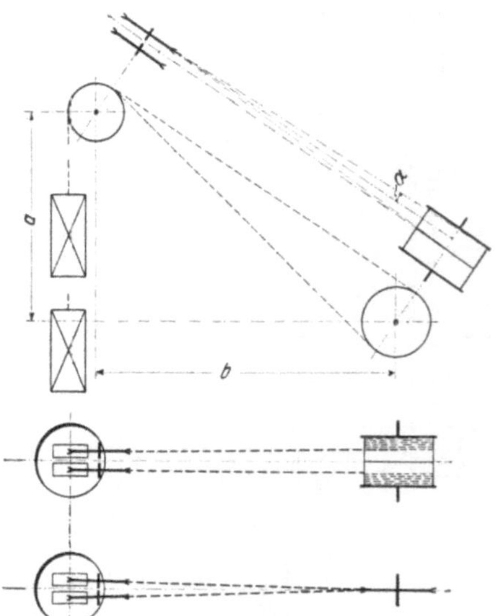

Abb. 264. Fördermaschine liegt in der Durchschubrichtung der Förderwagen.

es kommt nur darauf an, ob die Maschine in der Durchschubrichtung oder quer zu ihr liegt.

Es ist noch zu betrachten, welche seitliche *Ablenkung* das Seil an der Trommel oder der Treibscheibe sowie an den Seilscheiben erleidet.

Bei der Treibscheibenförderung wird das Seil an den Seilscheiben überhaupt nicht abgelenkt, wenn diese, wie es sein soll, nach der Mitte der Treibscheibe ausgerichtet sind[1]. Auch an der Treibscheibe wird das Seil nicht abgelenkt, wenn die Fördermaschine quer zur Durchschubrichtung liegt, wobei Seilscheiben und Treibscheibe in eine gerade Linie fallen. Diese durch die übereinander liegenden Seilscheiben gekennzeichnete Lage der Fördermaschine ist also bei Treibscheibenförderung die günstigere. Es hat aber, wie die Erfahrung lehrt, auch keine Bedenken, die Treibscheibenmaschine gemäß Abb. 264 in die Durchschubrichtung zu stellen; zwar wird dann das Seil dauernd an der Treibscheibe abgelenkt, doch leidet darunter nicht das Seil, sondern nur das hölzerne oder lederne Futter der Treibscheibe, das breit ausgearbeitet wird.

Bei der Trommelförderung wird das Seil sowohl an der Trommel wie an der Seilscheibe abgelenkt. Weil das Seil auf der Trommel wandert, ändert sich der Ablenkungswinkel α von Null bis zu einem Höchstwert, mit dem man auf Grund der Erfahrung im allgemeinen nicht über $1^\circ 30'$ hinausgehen soll. Sind die Seilscheiben, wie es sein soll, jede nach der Mitte ihrer Seiltrommel gerichtet, so ist die Seilablenkung an den Seilscheiben dieselbe, ob sie gemäß Abb. 264 nebeneinander oder gemäß Abb. 263 übereinander liegen. Die Seilablenkung an der Trommel wird aber bei einer Förderanlage mit nebeneinander liegenden Seilscheiben kleiner, so daß diese Anordnung für Trommelfördermaschinen günstiger ist als die Anordnung mit übereinander liegenden Seilscheiben. In dem in Abb. 264 dargestellten Sonderfalle, daß die Seilscheiben einen Abstand voneinander haben, wie von Mitte zu Mitte Trommel, ist die Seilablenkung an den Seilscheiben ebenso groß wie an der Trommel, sonst ist sie kleiner, herab bis zur Hälfte, wenn die Seilscheiben übereinander liegen.

Ist bei der in Abb. 264 dargestellten Förderanlage mit nebeneinander liegenden Seilscheiben $a = 28$ m, $b = 42$ m, so ist der Abstand von der Trommel zur Seilscheibe rd. 50 m. Die Seilscheiben sollen voneinander 1 m, d. h. von Mitte Förderung 0,5 m Abstand haben. Die Trommeln, die in der Mitte aneinander stoßen, sollen 1,8 m breit sein. Dann ist $\operatorname{tg} \alpha_{max} = \frac{1,8 - 0,5}{50} = 0,026$, entsprechend einem größten Ablenkungswinkel von $1^\circ 30'$. Soll dieselbe Fördermaschine gemäß Abb. 263 quer zur Durchschubrichtung aufgestellt werden, so muß sie, damit $\alpha < 1^\circ 30'$ bleibt, erheblich weiter vom Schachte abgerückt werden.

139. Der Seilausgleich. Es ist für die Kraftverhältnisse und die Führung der Fördermaschine, sofern die Teufe einigermaßen beträchtlich ist, von größter Bedeutung, ob das Gewicht des überhängenden Seiles ausgeglichen ist oder nicht. Bis zur Mitte des Förderzuges hängt das hochgehende Seil über, wobei die überhängende Seillänge, die anfänglich gleich der Teufe ist, bis auf Null abnimmt, dann hängt das niedergehende Seil über, wobei die größte überhängende Seillänge wieder gleich der Teufe wird.

Schon bei 500 m Teufe wiegt das zu Beginn oder Ende des Förderzuges 500 m überhängende Seil etwa ebensoviel wie die normale Nutzlast. Das überhängende Seil wirkt außerordentlich ungünstig; denn es hemmt bei der Anfahrt und treibt beim Auslauf, so daß die Förderung verlangsamt und gefährdet wird. Das tritt um so schärfer hervor, je größer die Teufe ist. Die Geschwindigkeitsdiagramme (Abb. 265) veranschaulichen den Ein-

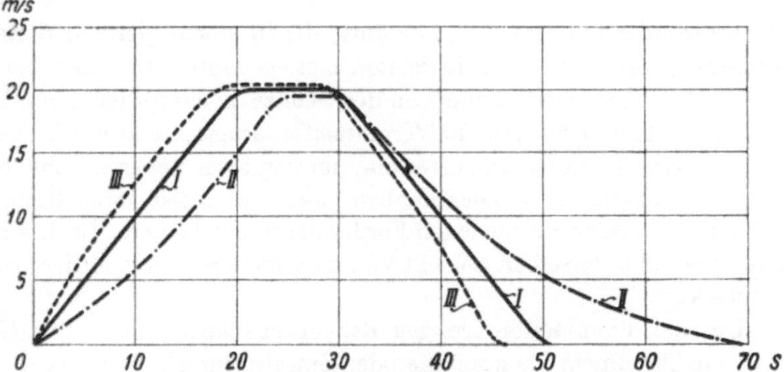

Abb. 265. Geschwindigkeitsdiagramme von Förderungen ohne und mit Seilausgleich.

[1] Ersetzt man, wie es öfter vorkommt, bei einer nach Abb. 264 in der Durchschubrichtung aufgestellten Fördermaschine die Trommel durch eine Treibscheibe, ohne die Seilscheiben neu nach der Treibscheibenmitte einzurichten, so hat man an den Seilscheiben dauernd Seilablenkung, infolge der das Seil leidet und die Seilscheibenkränze einseitig abgenutzt werden.

fluß des überhängenden Seiles. Es handelt sich um eine Förderung aus 600 m Teufe. Ist das überhängende Förderseil durch ein Unterseil ausgeglichen, fährt die Fördermaschine nach Linie *I* und vollendet den Förderzug in 50 s. Ohne Seilausgleich wird die Maschine etwa nach Linie *II* fahren, d. h. erst kommt die Maschine nicht auf Fahrt und dann nicht zur Ruhe, so daß gegen Ende des Förderzuges Gegendampf gegeben werden muß; der Förderzug wird etwa 70 s dauern. Linie *III* schließlich stellt den Geschwindigkeitsverlauf bei übermäßigem Seilausgleich dar, der durch ein Unterseil erreicht wird, das schwerer als das Förderseil ist; es wird schärfer angefahren und schärfer gestoppt als bei rechtem Seilausgleich, so daß der Förderzug nur etwa 45 s dauert. Bei schwachen Fördermaschinen ist ein Unterseil, das schwerer als das Förderseil ist, geeignet, die Förderleistung zu erhöhen.

Seilausgleich durch *Unterseil* ist sehr verbreitet. Bei Hauptschacht-Koepeförderungen ist das Unterseil immer anzuwenden, damit das Förderseil nicht wegen des sonst zu großen Unterschiedes der Seilkräfte rutscht. Als Unterseil werden meist Flachseile, hin und wieder auch abgelegte Förderseile verwendet. Die Schlinge des Unterseiles wird um hölzerne Einstriche im

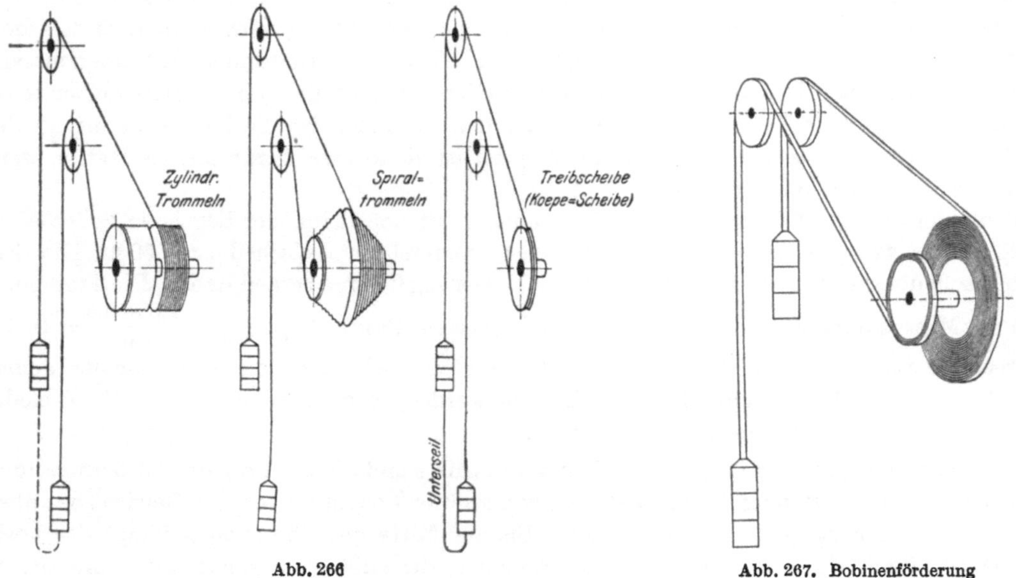

Abb. 266

Abb. 267. Bobinenförderung

Schachte oder um eine Rolle geführt, die in einem gleitenden Rahmen befestigt ist. Weil die Unterseilschlinge im Schachttiefsten bleiben muß, kann man bei Seilausgleich durch Unterseil mit beiden Förderkörben nur von der tiefsten Sohle fördern; von höheren Sohlen kann man nur mit einem Korbe fördern. Bei Trommelfördermaschinen mit Unterseil kann man also die Möglichkeit, eine Trommel umzustecken, um von einer höheren Sohle mit beiden Körben zu fördern, nicht ausnützen. Im Kohlenbergbau spielt das meist keine Rolle, weil man die verschiedenen Fördersohlen mit verschiedenen Fördermaschinen bedient. Im Erzbergbau ist es aber sehr häufig, daß in ein und derselben Schicht von mehreren Sohlen gefördert wird, indem man eine Trommel umsteckt.

Um bei Trommelförderungen das überhängende Seil ohne Unterseil auszugleichen, führt man die Trommeln als konische oder Spiraltrommeln oder als Bobinen aus, Abb. 266 und 267. Der Seilausgleich wird erreicht, indem das kurze Seil am langen, das lange Seil am kurzen Hebelarm wirkt. Aus demselben Grunde bewegt sich aber auch der untere, am langen Seile hängende Korb langsamer als der obere, am kurzen Seile hängende, und wenn umgesetzt werden muß, so muß oben und unten für sich umgesetzt werden. Konische Trommeln haben ebenso wie die zylindrischen Trommeln einen mit Holz belegten Kranz, auf dem sich das Seil in Lagen nebeneinander aufwindet; konische Trommeln dürfen daher nicht steil sein und können nur bei kleinen Teufen das überhängende Seil ausgleichen. Spiraltrommeln dagegen, bei denen das Seil in besonderen, aus Profileisen gebildeten Nuten geführt wird, können steil sein, so daß sie für große

Teufen ausreichen. Bei den Bobinen, Abb. 267, werden Flachseile verwendet. Das hochgehende Seil wickelt sich in Lagen übereinander auf, das niedergehende wickelt sich entsprechend ab, so daß das lange Seil am kurzen, das kurze Seil am langen Hebelarm angreift.

Spiraltrommeln, die bei großen Teufen sehr große Durchmesser erhalten und sehr schwer ausfallen, werden in Deutschland selten verwendet, um so mehr in England und Amerika, wo andererseits die Treibscheibe weniger verbreitet ist. Bobinen werden in Deutschland nur beim Abteufen verwendet; hier entscheidet, da mit Kübeln gefördert wird, die nicht geführt werden, daß das flache Seil keinen Drall hat. In Belgien und Frankreich dagegen werden die Bobinenmaschinen auch für die Schachtförderung benutzt; diese Maschinen haben aber nicht stählerne Flachseile, die bei uns üblich sind, sondern Aloeflachseile.

Beim Seilausgleich durch Unterseil kann man also, um es zusammenzufassen, nur von der tiefsten Sohle mit beiden Körben fördern. Beim Seilausgleich mit Spiraltrommeln usw. kann man, indem man eine Trommel umsteckt, auch von höheren Sohlen mit beiden Körben fördern; aber es muß bei Spiraltrommeln usw. oben und unten für sich umgesetzt werden, und die Körbe haben verschieden große Geschwindigkeit, der obere größere, der untere kleinere.

140. Die Ausführung der Trommeln und Treibscheiben. Die *Trommeln* haben gußeiserne Naben, mit denen der aus Blech bestehende Kranz durch Arme aus Walzstahl verbunden ist. Der Bremskranz ist auf der äußeren Trommelseite angeordnet. Eine der beiden Trommeln muß *umsteckbar* sein, weil gemäß der bergpolizeilichen Vorschrift Trommelseile alle 3 bis 6 Monate 3 m über dem Einband abgehauen werden müssen, um das Seil zu prüfen. Man findet auch, daß beide

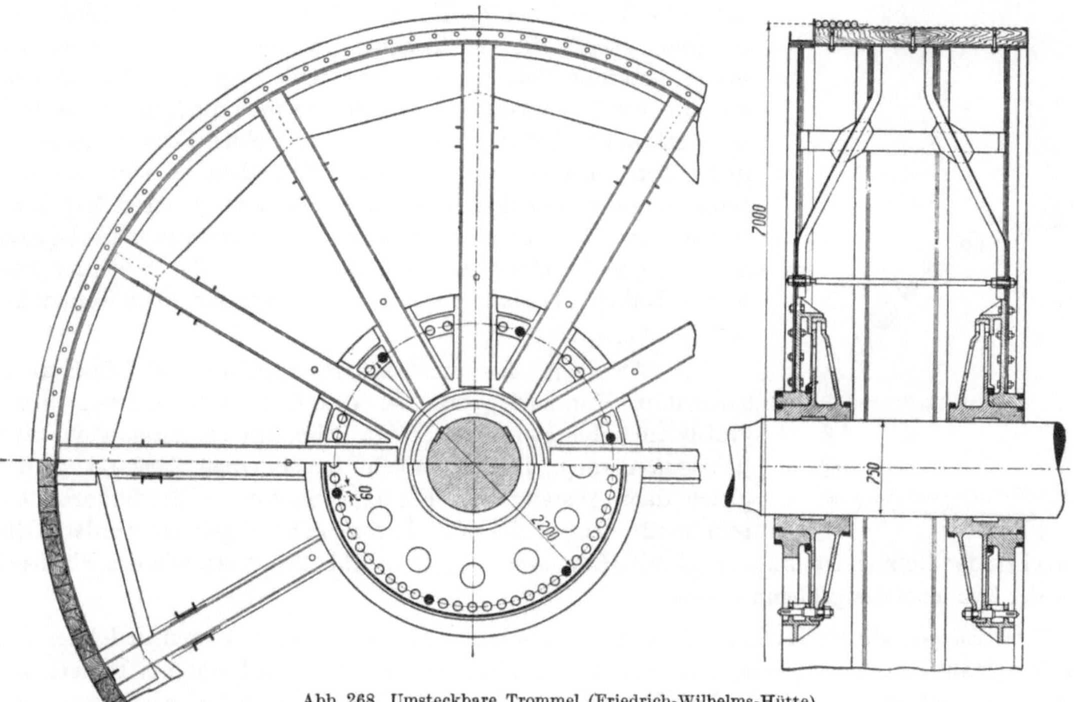

Abb. 268. Umsteckbare Trommel (Friedrich-Wilhelms-Hütte).

Trommeln umsteckbar sind, was im Betriebe gewisse Vorteile bietet[1]. Bei gegebenem Durchmesser ist die Trommelbreite danach zu bemessen, wie dick das Seil und wie viele Seilwindungen die Trommel aufnehmen soll. Die Trommelgröße wächst also mit der Teufe sehr schnell, weil das Seil nicht nur länger, sondern auch dicker wird. Das Seil wird mit der Trommel verbunden, indem man es durch ein Loch im Kranz steckt und an einem Trommelarme befestigt, wie es Abb. 270 veranschaulicht. Es sind 3 bis 4 Reservewindungen nötig. Denn beim vorgeschriebenen Abhauen des Seiles gehen je nach der Art des Seileinbandes jedesmal 5 bis 8 m verloren; ferner soll sich das Seil nie ganz abwickeln, weil sonst die Befestigung des Seiles an der Trommel ge-

[1] Vgl. die das Seilauflegen bei Trommelfördermaschinen behandelnde Ziffer 151.

fährdet ist. Um die beiden Förderseile einer Trommelförderung zu unterscheiden, nennt man dasjenige, das an der Trommel unten zu- oder abläuft, das unterschlägige Förderseil, das andere, das oben zu- oder abläuft, das oberschlägige Förderseil.

Umsteckbare Trommeln sind meist nach Abb. 268 (Friedrich-Wilhelms-Hütte, Mülheim) ausgeführt. Auf der Kurbelwelle der Fördermaschine sind die beiden „festen" Naben der Trommel verkeilt. Auf diesen festen Naben ruht die Trommel mit den an ihren Armen befestigten „losen" Naben. Feste und lose Naben sind miteinander mittels durchgesteckter Bolzen verbunden, meist 6 oder 8 an Zahl, die 60 bis 70 mm Durchmesser haben. Beim Umstecken wird die umsteckbare Trommel festgelegt und von den festen Naben gelöst, indem man die Steckbolzen herausnimmt. Dann dreht man durch die Maschine die Achse nebst der fest auf ihr verkeilten Trommel, bis der an ihr hängende Förderkorb die gewollte neue Lage hat. Um möglichst fein umzustecken, wendet man eine Differentialteilung an. Z. B. erhält gemäß Abb. 269 die eine Nabe 40 Bolzenlöcher, die andere 48. Da der gemeinsame Teiler 8 ist, so sind 8 Bolzen einsteckbar, und das kleinste Maß der Umsteckbarkeit, das in der Abbildung mit x bezeichnet ist, beträgt $\frac{1}{40} - \frac{1}{48} = \frac{1}{240}$ des Umfanges. Bei 8 m Trommeldurchmesser ist x etwas über 10 cm. Bei 36 und 42 Löchern sind 6 Bolzen einsteckbar, und es wird $x = \frac{1}{36} - \frac{1}{42} = \frac{1}{252}$ des Umfanges. Eine andere, für schnelles Umstecken geeignete Bauart ist in der Abb. 270 (Prinz-Rudolph-Hütte, Dülmen) dargestellt. Links ist die feste, rechts die umsteckbare Trommel. Auf der Achse ist das mit starken Zähnen versehene Rad a verkeilt. Mit diesem wird die lose Trommel gekuppelt, indem man die Zahnsegmente b niederschraubt. Abb. 271 zeigt eine bei kleinen Fördermaschinen ausgeführte umsteckbare Trommel. Die Naben aa sind auf der Achse verkeilt. Auf diesen festen Naben sind die losen Naben cc drehbar und in jeder Stellung durch die Schrauben d festlegbar, deren Köpfe in einer Keilnute der einen Nabe a sitzen. Die beiden Naben cc sind durch den Trommelkranz miteinander verbunden.

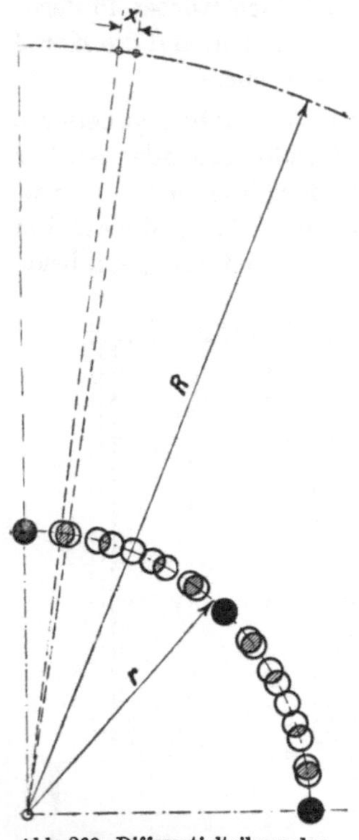

Abb. 269. Differentialteilung der Schraubenlöcher (40/48).

Abb. 272 zeigt eine umsteckbare *Spiraltrommel* (Maschinenbauanstalt Humboldt), bei der das Seil in besonderen durch Profilstahl gebildeten Nuten läuft. Abb. 273 veranschaulicht eine *Bobinenförderung*. Die Trommeln haben einen Abstand y, der gleich dem Abstand von Förderkorbmitte zu Förderkorbmitte sein muß; denn Flachseile dürfen nicht abgelenkt werden. Die Speichen der Bobinentrommeln sind mit Holz belegt. Fig. c in Abb. 273 zeigt, wie das Flachseil auf der Trommel festgeklemmt wird.

Treibscheiben älterer Bauart haben meist gußeiserne Naben, während Kranz und Speichen aus Flußstahl bestehen. Besser, aber auch teurer, sind Treibscheiben aus Stahlguß. Neuere, geschweißte Ausführungen sind außen glatt und geschlossen, so daß sie kaum Luftwirbel erzeugen. Geschweißte Treibscheiben sind bedeutend leichter als die älteren Ausführungen (vgl. Zahlentafel 20) und haben ein kleineres Schwungmoment, weshalb sie besser für die gleichförmig laufenden elektrischen Fördermaschinen und Getriebedampffördermaschinen geeignet sind als für die langsam, mit ungleichmäßigem Drehmoment laufenden Dampffördermaschinen. Wenn man auf die Treibscheibe das Förderseil aufwinden will, welches aufgelegt oder abgelegt werden soll, so führt man sie gemäß Abb. 274 mit breitem Kranz aus. Das Förderseil aus Stahldraht darf nicht in einer stählernen Nut laufen, weil die Reibung zu klein ist und Seil und Scheibe durch den Seilrutsch zu sehr leiden, sondern die Treibscheibe muß in der Laufrille gefüttert sein. Von einem guten Futter verlangt man hohe Reibung und lange Lebensdauer, zwei Forderungen, die meist nicht gleichzeitig erfüllt werden. Ein Futter aus Holzklötzen nach Abb. 275 hat zwar hohe Reibung aber nur geringe Haltbarkeit. Das Seil gräbt sich in das Futter ein, und es muß die hölzerne Beklotzung bei flottem Betriebe in etwa 8 Monaten erneuert werden. Ein Futter

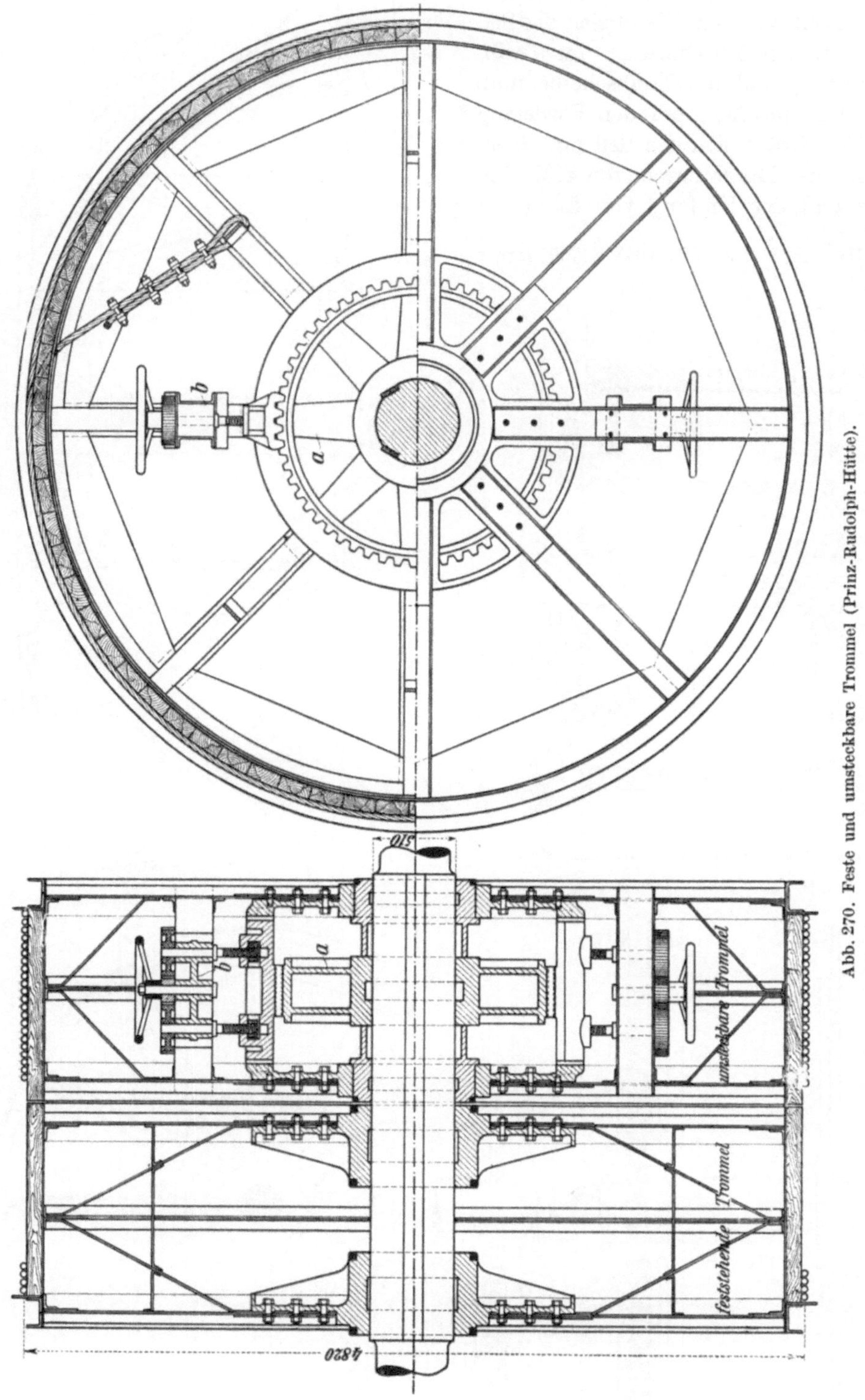

Abb. 270. Feste und umsteckbare Trommel (Prinz-Rudolph-Hütte).

aus Lederscheiben nach Abb. 275 ergibt kleinere übertragbare Reibungskraft und ist erheblich teurer in der Anschaffung, was sich aber durch mehrjährige Lebensdauer wieder ausgleicht. Als Futter werden ferner imprägnierte Baumwolle, Hartpappe, Gummi mit Gewebeeinlage gebraucht, weiter Leichtmetalle (Aluminiumlegierungen)[1], die hohe Reibung haben und für Blindschachtförderungen den Vorteil der Unverbrennbarkeit besitzen. Wenn sich das Seil eingräbt, wird der Durchmesser der Treibscheibe kleiner, und die Treibscheibe muß mehr Umläufe machen, um den Förderzug zu vollenden. Gräbt sich das Seil um 10 cm ein, so geht der Durchmesser von z. B. 7 m auf 6,8 m und der Umfang von 22 m auf

[1] Vgl. HERBST, H.: Z. VDI 1943 S. 700; ferner Ziffer 142.

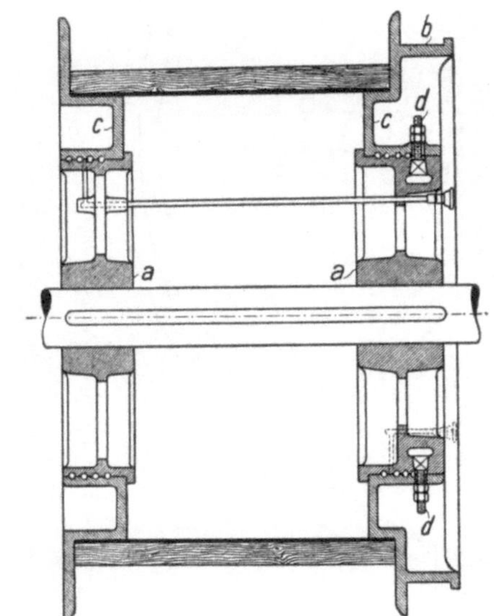

Abb. 271. Umsteckbare Trommel von A. Beien, Herne.

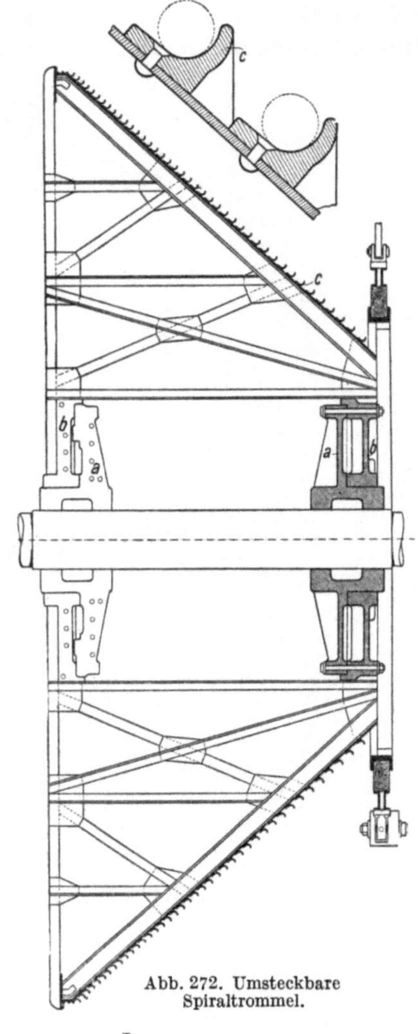

Abb. 272. Umsteckbare Spiraltrommel.

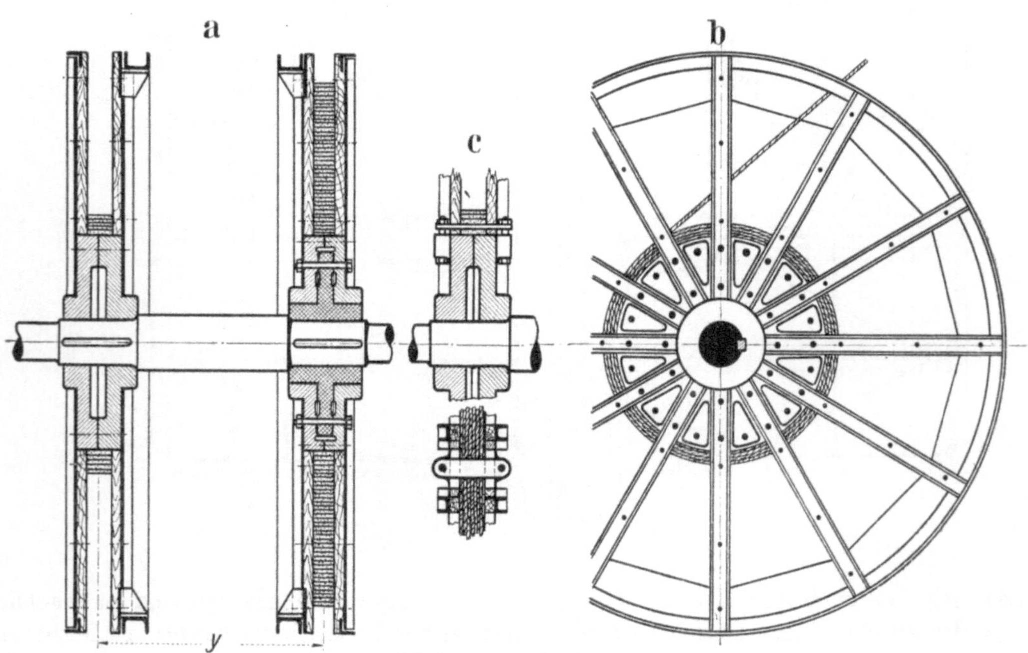

Abb. 273 a—c. Bobinentrommeln.

21,4 m zurück. Für 660 m Teufe wären also anfänglich 30, schließlich 31 Umläufe der Treibscheibe nötig. Wird das Futter ersetzt, so sind wieder, wie ursprünglich, nur 30 Umläufe erforderlich. Wie das auf die Endauslösung und den Fahrtregler zurückwirkt, ist in den Ziffern 162 und 163 besprochen.

Um eine Überbeanspruchung des Seiles durch zu starkes Biegen zu vermeiden, soll der Treibscheibendurchmesser mindestens gleich der 40fachen Seilstärke, jedoch nicht kleiner als 1 m sein. Meist führt man die Treibscheiben aber bedeutend größer aus,

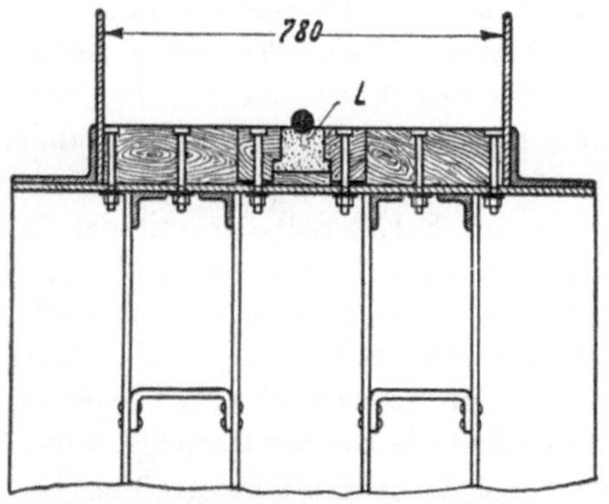

Abb. 274. Treibscheibe mit breitem Kranz und Lederfütterung (*L*).

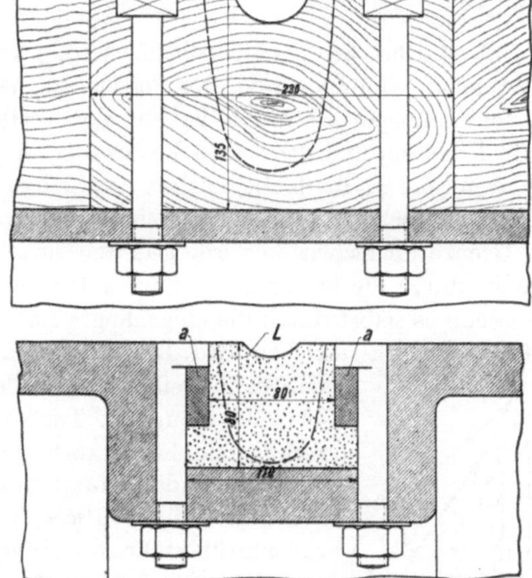

Abb. 275. Hölzernes und ledernes Futter von Treibscheiben.

z. B. bei mittleren Teufen mit 6 bis 7 m, bei größeren Teufen mit 7 bis 8 m Durchmesser. Dabei sind die bei der Kohlenförderung üblichen großen Lasten vorausgesetzt. Je größer die Teufe, um so vorteilhafter ist die Treibscheibenförderung, verglichen mit der Trommelförderung, weil die Trommeln mit der Teufe zunehmend größer und schwerer werden. Bricht allerdings das Förderseil, so stürzen bei der Treibscheibenförderung beide Körbe ab.

141. Gewichte von Trommeln, Treibscheiben, Seilscheiben. Bei der Schachtförderung handelt es sich um Beschleunigungen von etwa 1 m/s² und um Verzögerungen, die beim Bremsen bis auf 3 m/s² ansteigen. Die Massenwirkungen der mit dem Seile bewegten Teile sind also von außerordentlicher Bedeutung. Außer den Seilen selbst und den an ihnen hängenden Lasten sind es die Trommeln oder die Treibscheiben und die Seilscheiben, deren Massen wirken. Mit der Geschwindigkeit des Seiles bewegen sich aber nur die Kränze der Trommeln und Scheiben. Die nach innen liegenden Teile, wie die Speichen und Naben, haben kleinere Geschwindigkeit und

Zahlentafel 20.

Art und Zahl	Durchmesser m	Trommelbreite m	Wirkliches Gewicht kg	Schwungmoment GD_s^2 tm²	Quadratisch auf das Seil umgerechnetes Gewicht kg
2 Seilscheiben	6	—	15000	270	7500
1 Treibscheibe mit breitem Kranz	7	—	32000	880	18000
	8	—	40000	1540	24000
1 Treibscheibe, geschweißte Ausführung	7	—	17000	410	8400
2 Trommeln	7	1,8	74000	1470	30000
	8	2,0	96000	2560	40000

wirken an kleinerem Hebelarme, so daß ihr Gewicht quadratisch vermindert auf das Seil umzurechnen ist. In der Zahlentafel 20 sind die wirklichen und die quadratisch auf das Seil umgerechneten Gewichte und die auf den Seillaufdurchmesser bezogenen Schwungmomente einiger Trommeln, Treibscheiben und Seilscheiben zusammengestellt, die als erster Anhalt dienen können.

142. Die bei der Treibscheibenförderung von der Treibscheibe an das Seil und umgekehrt übertragbare Umfangskraft. Der Seilrutsch. Wegen der bei der Schachtförderung auftretenden Massenwirkungen schwankt die von der Treibscheibe an das Seil zu übertragende Umfangskraft P bei ein und demselben Förderzuge innerhalb weiter Grenzen und kehrt ihr Vorzeichen um, wenn die Treibscheibe, anstatt das Seil zu treiben, vom Seile getrieben wird. Die durch die Reibung zwischen Seil und Treibscheibe übertragbare Kraft ist begrenzt. Das Seil *rutscht*, wenn die Grenze überschritten wird. Das Seil rutscht auf der Treibscheibe *zurück*, wenn die Treibscheibe durch die Maschine zu stark getrieben wird, und das Seil rutscht auf der Treibscheibe *vor*, wenn es selbst durch die eingehängte Last oder durch die Wucht der mit ihm verbundenen Massen zu stark getrieben wird. Daß das Seil auf der Treibscheibe zurückrutscht, ist an und für sich nicht gefährlich, sondern hat nur zur Folge, daß der mit der Treibscheibe verbundene Teufenzeiger eher am Ziele ist als der mit dem Seile verbundene Förderkorb, und die Bremse aufgeworfen wird, ehe noch der Förderkorb die Hängebank erreicht hat. Der Seilrutsch wird gefährlich, wenn das Seil *vorrutscht*; denn nun eilt der Förderkorb dem Teufenzeiger vor und überfährt die Hängebank, ohne daß die Bremse ausgelöst wird.

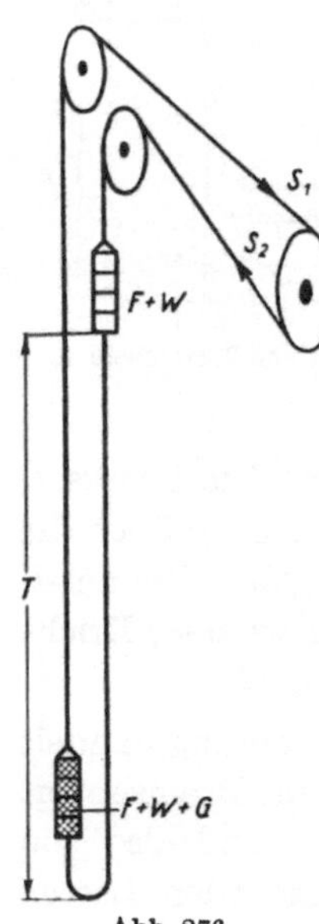

Abb. 276.

Wird *volle Last gehoben*, so wird P bei der Anfahrt am größten, bei der nicht nur die Last zu heben und die Reibung im Schachte und an der Seilscheibe zu überwinden ist, sondern auch die mit dem Seile verbundenen Massen zu beschleunigen sind, so daß das Seil schon bei etwa 1,5 m/s² Anfahrbeschleunigung rutscht, und zwar gegen die Treibscheibe zurückrutscht. Daß beim Heben voller Last das Seil gegen die Treibscheibe vorrutscht, tritt nur ein, wenn die Maschine durch reichlichen Gegendampf oder kräftiges Bremsen stark gehemmt wird.

Wird *volle Last eingehängt*, so kann man umgekehrt sehr flott anfahren; es genügt aber mäßiges Gegendampfgeben oder Bremsen, damit das von der eingehängten Last gezogene und von der Wucht der mit dem Seile verbundenen Masse getriebene Seil über die Treibscheibe vorrutscht. Das ist beim Einhängen besonders gefährlich, weil das Seil weit rutscht, ehe es wieder auf der Treibscheibe abgefangen wird. *Bei der Treibscheibenförderung erfordert das Einhängen besondere Vorsicht.*

Es seien die Bedingungen, daß Seilrutsch eintritt, rechnerisch verfolgt. Förderseil und Unterseil seien gleich schwer. Die Schachtreibung wird vernachlässigt (BPV). Es bedeute (Abb. 276):

T das Gewicht *eines* teils aus Förderseil, teils aus Unterseil bestehenden Seilendes etwa von der Hängebank bis zur Seilbucht,

F das Gewicht *eines* Förderkorbes nebst Zubehör und Zwischengeschirr,

W das Gewicht der leeren Wagen auf *einem* Förderkorb,

G das Gewicht der Nutzlast,

Σ die Summe von $F + W + T$,

Ω das auf das Seil bezogene Gewicht *einer* Seilscheibe *nebst* zugehörigem Seilstück zwischen Hängebank und Treibscheibe,

P_1 die Seilkraft des auf die Treibscheibe auflaufenden Seiltrums S_1,

P_2 die Seilkraft des von der Treibscheibe ablaufenden Seiltrums S_2,

P_{max}, P_{min} die größere bzw. kleinere der beiden Seilkräfte P_1 und P_2, bei deren Berechnung die Massenwiderstände zu berücksichtigen sind,

$P = P_{max} - P_{min}$ die von der Treibscheibe an das Seil oder umgekehrt übertragbare Umfangskraft,

$e = 2{,}718$ die Grundzahl des natürlichen Logarithmensystems,
$\mu = 0{,}2$* die Reibungszahl für die Reibung zwischen Seil und Treibscheibe,
α den vom Seil umschlungenen, im Bogenmaß[1] gemessenen Bogen der Treibscheibe. Der Umschlingungswinkel ist meist etwas größer als 180°, bei Turmfördermaschinen etwa 210°,
$g = 9{,}81\ \text{m/s}^2$ die Fallbeschleunigung.

Nach den Lehren der Mechanik besteht die Beziehung $P_{\max} = e^{\mu\alpha} P_{\min}$. Die durch Reibung übertragbare Umfangskraft ist also unabhängig vom Durchmesser[2] der Treibscheibe und nur abhängig vom Verhältnis $\frac{P_{\max}}{P_{\min}}$. Das Seil rutscht nicht, solange $\frac{P_{\max}}{P_{\min}} \leqq e^{\mu\alpha}$ ist. Zur bequemeren Berechnung können die in Zahlentafel 21 angegebenen Werte von $e^{\mu\alpha}$ dienen.

Bei dem angegebenen Grenzverhältnis braucht man bei trockenem Schacht und trockenem Seil nicht mit gefährlichem Seilrutsch zu rechnen; doch gehe man beim Einhängen nicht an die Grenze heran.

Im folgenden ist für das Heben und Einhängen von Lasten, d. h. für positive und negative Nutzlast berechnet, wie hoch die Anfahrbeschleunigung b_1 und die Bremsverzögerung b_2 werden darf, bis die Rutschgrenze $P_{\max} = e^{\mu\alpha} P_{\min}$ erreicht ist[3]. Dabei ist immer derselbe in Abb. 276 angegebene Fahrtsinn vorausgesetzt.

Zahlentafel 21.

α (Gradmaß)	α (Bogenmaß)	$e^{\mu\alpha}$ $\mu = 0{,}2$	$e^{\mu\alpha}$ $\mu = 0{,}35$
180	3,142	1,875	3,002
182	3,176	1,886	3,039
184	3,210	1,901	3,075
186	3,246	1,913	3,114
188	3,281	1,926	3,153
190	3,316	1,941	3,192
192	3,351	1,953	3,231
194	3,386	1,967	3,271
196	3,421	1,981	3,311
200	3,491	2,010	3,393
205	3,578	2,044	3,498
210	3,665	2,080	3,606
215	3,753	2,117	3,719

A. Positive Nutzlast (Heben).

I. *Beschleunigte Fahrt.* Das Seil beginnt zu rutschen, wenn $P_1 = e^{\mu\alpha} P_2$ wird, d. h. wenn

$$\Sigma + G + b_1 \frac{\Sigma + \Omega + G}{g} = e^{\mu\alpha}\left(\Sigma - b_1 \frac{\Sigma + \Omega}{g}\right),$$

woraus folgt

$$b_1 = g\,\frac{(e^{\mu\alpha} - 1)\,\Sigma - G}{(e^{\mu\alpha} + 1)\,(\Sigma + \Omega) + G}.$$

II. *Verzögerte Fahrt.* Das Seil rutscht, wenn $P_2 = e^{\mu\alpha} P_1$ wird, d. h. wenn

$$\Sigma + b_2 \frac{\Sigma + \Omega}{g} = e^{\mu\alpha}\left(\Sigma + G - b_2 \frac{\Sigma + \Omega + G}{g}\right),$$

woraus folgt

$$b_2 = g\,\frac{(e^{\mu\alpha} - 1)\,\Sigma + e^{\mu\alpha} G}{(e^{\mu\alpha} + 1)\,(\Sigma + \Omega) + e^{\mu\alpha} G}.$$

Beispiel.

Es sei

$$G = 5000\ \text{kg} \qquad \left.\begin{array}{l} F = 7000\ ,, \\ W = 3000\ ,, \\ T = 6500\ ,, \end{array}\right\} \Sigma = 16\,500\ \text{kg} \qquad \Omega = 4000\ \text{kg},\quad \alpha = 184^\circ,\quad e^{\mu\alpha} = 1{,}90.$$

* Nach der Bergpolizeiverordnung vom 21. 7. 1927. Bei Leichtmetallfutter von großer Mitnahmefähigkeit ist mit besonderer Genehmigung auch $\mu = 0{,}35$ zulässig.

[1] $360° = 2\pi$; $\hat{\alpha} = \frac{\pi}{180} \cdot \alpha°$.

[2] Das gilt genau nur für das vollkommen elastische Seil, trifft aber angenähert auch für das wirkliche Seil zu. Daß man trotzdem verhältnismäßig große Treibscheiben anwendet, geschieht, damit das Seil geschont wird und die Beklotzung länger vorhält.

[3] Über die zeichnerische Behandlung der Aufgabe vgl. WEIH: Seilrutsch bei der Treibscheibenförderung. Glückauf 1925 S. 853 u. 1115.

Dann ergibt sich die größte zulässige Beschleunigung

$$b_1 = 9{,}81 \cdot \frac{0{,}9 \cdot 16500 - 5000}{2{,}9 \cdot (16500 + 4000) + 5000} = 1{,}5 \text{ m/s}^2,$$

die größte zulässige Verzögerung

$$b_2 = 9{,}81 \cdot \frac{0{,}9 \cdot 16500 + 1\,9 \cdot 5000}{2{,}9\,(16500 + 4000) + 1{,}9 \cdot 5000} = 3{,}47 \text{ m/s}^2.$$

B. Negative Nutzlast (Einhängen).

I. *Beschleunigte Fahrt.* Das Seil rutscht, wenn $P_1 = e^{\mu\alpha} P_2$ wird, d. h. wenn

$$\Sigma + b_1 \frac{\Sigma + \Omega}{g} = e^{\mu\alpha}\left(\Sigma + G - b_1 \frac{\Sigma + \Omega + G}{g}\right),$$

woraus folgt

$$b_1 = g\,\frac{(e^{\mu\alpha} - 1)\,\Sigma + e^{\mu\alpha} G}{(e^{\mu\alpha} + 1)\,(\Sigma + \Omega) + e^{\mu\alpha} G}.$$

II. *Verzögerte Fahrt.* Das Seil rutscht, wenn $P_2 = e^{\mu\alpha} P_1$ wird, d. h. wenn

$$\Sigma + G + b_2 \frac{\Sigma + \Omega + G}{g} = e^{\mu\alpha}\left(\Sigma - b_2 \frac{\Sigma + \Omega}{g}\right),$$

woraus folgt

$$b_2 = g\,\frac{(e^{\mu\alpha} - 1)\,\Sigma - G}{(e^{\mu\alpha} + 1)\,(\Sigma + \Omega) + G}.$$

Beispiel. Es sei die negative Nutzlast $G = 5000$ kg, die übrigen Verhältnisse seien dieselben wie im vorigen Beispiele. Dann ergibt sich

die größte zulässige Beschleunigung

$$b_1 = 3{,}47 \text{ m/s}^2,$$

die größte zulässige Verzögerung

$$b_2 = 1{,}5 \text{ m/s}^2.$$

Es ergeben sich dieselben Zahlenwerte wie im vorhergehenden Beispiele, nur mit entgegengesetzter Bedeutung, da nach der Bergpolizeiverordnung die Schachtreibung nicht in Rechnung gezogen wird.

143. Das Wandern des Seiles auf der Treibscheibe und auf den Seilscheiben. Mit dem Seilrutsch ist das *Seilwandern* nicht zu verwechseln. Das Seil wandert bei jedem Förderzuge auf der Treibscheibe, weil das den hochgehenden, schwerer beladenen Förderkorb tragende Trum länger gestreckt ist als das niedergehende. Dieses Wandern gleicht sich in der Regel aus, weil das eine und das andere Seiltrum umschichtig den schweren beladenen Förderkorb tragen. Nur wenn aus zufälligen Gründen der eine Förderkorb mehr als der andere hebt oder überhaupt schwerer als der andere ist, macht sich das Wandern des Seiles auf der Treibscheibe bemerkbar. Bei den Seilscheiben hat man eine ähnliche Erscheinung, nur daß der Ausgleich fehlt. Die Seilscheiben wandern unter dem Seile, weil sie bei dem einen Drehsinn durch das straffer gespannte, im anderen Drehsinn durch das weniger straff gespannte Seil mitgenommen werden; das Wandern beträgt bei jedem Förderspiele einige 100 mm, immer in derselben Richtung. Dieses Wandern erschwert es auch, Seilrutschanzeiger zu bauen, bei denen die Bewegung der Treibscheibe mit der Bewegung eine anderen Rolle verglichen wird, die vom Seile angetrieben wird.

144. Kraft-, Geschwindigkeits- und Leistungsverhältnisse der Schachtförderungen. Wegen der hohen bei der Schachtförderung angewendeten Geschwindigkeiten besteht der Förderzug bei mäßigen Teufen nur aus der Anfahrt und dem Auslauf, während sich bei den größeren Teufen eine Fahrt mit gleichbleibender Geschwindigkeit, die Beharrung, dazwischenschiebt. Die Beschleunigung bei der Anfahrt und die Verzögerung beim Auslauf sind so groß, und die mit dem Seile bewegten Massen sind so schwer, daß die Massenwirkungen den Fördervorgang beherrschen. Z. B. wiegt bei einer aus 500 m Teufe fördernden Koepe-Gestellförderung alles, was sich mit dem Seile bewegt, auf das Seil bezogen[1], über 10mal soviel wie die normale Nutzlast, bei einer Trommelförderung über 15mal soviel. Bei 1 m/s² Anfahrbeschleunigung ist also die erforderliche Beschleunigungskraft über 1 bzw. 1,5mal so groß wie die Nutzlast.

[1] Vgl. Ziffer 141.

Ein Zahlenbeispiel, das mittlere Verhältnisse widerspiegelt und sich an das Beispiel auf S. 223 anlehnt, veranschauliche die Kraft- und Geschwindigkeitsverhältnisse näher: Es handle sich um eine Koepeförderung für normal $G = 5$ t Nutzlast aus 600 m Teufe. Die Treibscheibe (18000 kg), die Seilscheiben (8000 kg), die Förderkörbe (14000 kg), die Förderwagen (6000 kg), das Seil nebst Unterseil (13000 kg) und die Nutzlast (5000 kg) wiegen zusammen, auf das Seil bezogen, 64000 kg, entsprechend einer Masse $m = 6500 \frac{\text{kg} \cdot \text{s}^2}{\text{m}}$. Die auf das Seil bezogene Reibungswiderstandskraft im Schacht[1], an den Seilscheiben und in der Fördermaschine selbst betrage insgesamt $P_r = 1500$ kg*. Bei der Anfahrt muß die Fördermaschine die größte Kraft hergeben, denn es muß die Überlast G gehoben, die Reibungswiderstandskraft P_r überwunden und die gesamte Masse m mit der Beschleunigung b_1 beschleunigt werden. Es werde normal mit der Beschleunigung $b_1 = 1$ m/s² angefahren. Dann muß die Fördermaschine, auf das Seil bezogen, eine indizierte Kraft $P_i = G + P_r + m b_1 = 5000 + 1500 + 6500 \cdot 1 = 13000$ kg ausüben. Sind auch Berge zu heben, so steige die Nutzlast auf 6000 kg, sinke anderseits bei nicht vollbeladenem Korbe oder, wenn auch einige beladene Wagen eingehängt werden, auf 4000 kg. Diese verschieden großen Lasten, innerhalb derer sich die normale Produktenförderung etwa bewegt, hebe die Maschine immer mit derselben indizierten Kraft an, nämlich mit 13000 kg, wobei die Anfahrbeschleunigung für 6000 kg Nutzlast $= 0{,}83$ m/s², für 4000 kg Nutzlast $= 1{,}17$ m/s² wird. In der Beharrung werde im Mittel mit $v = 20$ m/s gefahren; weil die Beschleunigung aufgehört hat, ist die von der Maschine auszuübende Kraft nunmehr im Mittel um $m\,b = 6500$ kg kleiner. Beim Auslauf sei der Dampf abgesperrt, und die Förderung komme allein infolge der Reibung und durch die hemmende Wirkung der Nutzlast zum Stillstand, wobei sich für 6000, 5000 oder 4000 kg Nutzlast Verzögerungen $= 1{,}14$ bzw. $1{,}0$ bzw. $0{,}86$ m/s² ergeben.

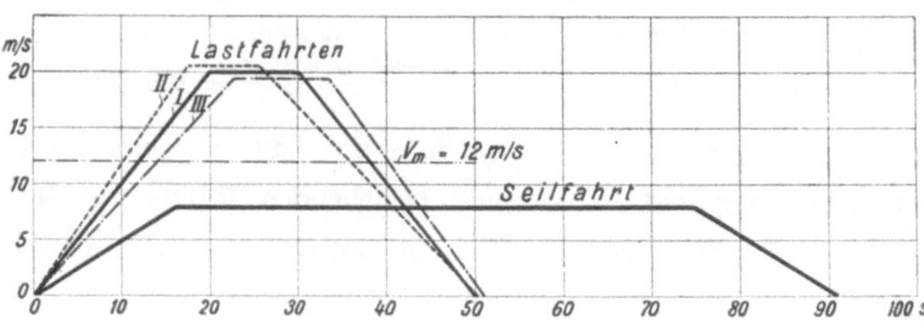

Abb. 277. Geschwindigkeitsdiagramm über der Zeit. (I = 5000 kg, II = 4000 kg, III = 6000 kg Nutzlast.)

Den so festgelegten *Geschwindigkeitsverlauf* der Fahrten zeigt Abb. 277 in Abhängigkeit von der Zeit, Abb. 278 in Abhängigkeit vom *Wege*. Im Geschwindigkeit-Zeit-Diagramme, Abb. 277, stellen die Flächen unter der Geschwindigkeitslinie das Produkt Geschwindigkeit × Zeit, d. h. die Förderteufe, dar, im vorliegenden Falle 600 m. Bei 50 s Fahrtdauer ist die mittlere Fördergeschwindigkeit $v_m = 600 : 50 = 12$ m/s.

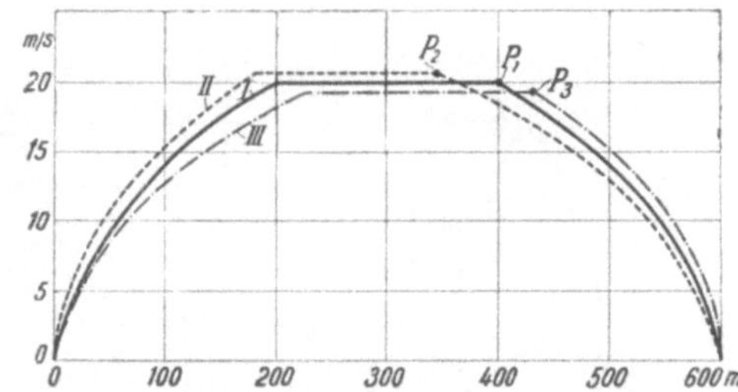

Abb. 278. Geschwindigkeitsdiagramm über dem Weg.

Das Geschwindigkeit-Wegdiagramm, Abb. 278, braucht man, um die Kurven am Fahrtregler für die Regelung der Anfahrt und insbesondere des Auslaufes zu bestimmen. Wenn man mit gleichbleibender Verzögerung genau in die Hängebank einfährt, so hat man, wie die Abbildung lehrt, kurz vor der Hängebank noch erhebliche Geschwindigkeiten. Es ist besser, wenn man nicht zu scharf einfährt, lieber zum Schluß ein wenig Frischdampf gibt (vgl. Abb. 280). Bemerkenswert ist, wie weit die Punkte P, Abb. 278, auseinanderliegen, wo der Maschinist den Steuerhebel in die Mittellage legen muß, um den freien Auslauf einzuleiten. Das hat bei

[1] Zahlenwerte für die Schachtreibung sind schwer feststellbar, daher unsicher. Meist wird sie mit 6% der Nutzlast in Rechnung gestellt.

* Die *gesamte* Reibung einer Schachtförderanlage mit Dampffördermaschine ist, aufs Seil bezogen, etwa 30% der normalen Nutzlast; daraus rechnet sich der mechanische Wirkungsgrad der gesamten Förderanlage $= 1 : 1{,}3 = 77\%$. Ausführliche Behandlung s. WEIH: Die Nebenwiderstände der Hauptschachtförderung. Glückauf 1926 S. 1541 und 1573.

4000 kg Nutzlast (Punkt P_2) 57 m früher zu geschehen als bei 5000 kg (Punkt P_1) Nutzlast. Der Maschinist hat ein sehr feines Gefühl dafür, und es gelingt ihm, den Zug mit sehr geringer Nachhilfe am Schlusse zu vollenden. Bei der *Seilfahrt* wird langsamer gefahren. In der Abb. 277 ist ein Seilfahrtzug mit 8 m/s Höchstgeschwindigkeit veranschaulicht, der 91 s dauert.

Bei der *Anfahrt* steigt die indizierte *Maschinen*leistung in $t_1 = 20$ s von Null auf

$$N_{i_{\max}} = \frac{P_i\, v}{75} = \frac{(G + P_r + m\, b_1)\, v}{75} = \frac{13000 \cdot 20}{75} \approx 3470 \text{ PS},$$

sinkt in der *Beharrung* ($t_2 = 10$ s Fahrt ohne Beschleunigung mit gleichbleibender Höchstgeschwindigkeit) auf $N_{i_B} = \frac{(G + P_r)\, v}{75} = \frac{(5000 + 1500) \cdot 20}{75} \approx 1735$ PS und wird während des Auslaufes Null. Die durchschnittliche Leistung während eines $t = 50$ s dauernden Förderzuges ist $N_{i_m} = \frac{(G + P_r)\, v_m}{75} = \frac{(5000 + 1500) \cdot 12}{75} = 1040$ PS oder $N_{i_m} = \frac{0{,}5 \cdot N_{i_{\max}} \cdot t_1 + N_{i_B} \cdot t_2}{t}$ $= \frac{0{,}5 \cdot 3470 \cdot 20 + 1735 \cdot 10}{50} \approx 1040$ PS, und die durchschnittliche Leistung während eines aus Förderzug und Förderpause bestehenden Förderspieles, das $t_{ges} = 90$ s dauere, ist $\frac{1040 \cdot 50}{90} = 578$ PS (vgl. Abb. 279). Die mittlere *Nutz*leistung während eines Förderspieles ist $\frac{G\, h}{75 \cdot t_{ges}} = \frac{5000 \cdot 600}{75 \cdot 90} = 445$ PS. Der mechanische Wirkungsgrad der Förderung ist $445 : 578 = 0{,}77 = 77\%$. Die errechneten Leistungsverhältnisse sind in dem oberen Diagramm der Abb. 279 dargestellt. Die geränderten Flächen sind das Produkt aus Leistung und Zeit; sie stellen also die Arbeit dar und sind gleich. Die Spitzenleistung am Ende des Anfahrens ist sehr hoch und beträgt das Doppelte der Leistung in der Beharrung. Für elektrische Fördermaschinen ist diese übermäßig hohe Spitzenleistung besonders ungünstig. Man drückt sie herab, indem man anfangs mit größerer Beschleunigung anfährt und dann mit zunehmender Geschwindigkeit die Beschleunigung allmählich vermindert. Die sich hierbei ergebenden Leistungs- und Geschwindigkeitsverhältnisse sind in dem unteren Diagramm der Abb. 279 dargestellt. Das Anfahren dauert jetzt 25 s bei gleicher Dauer des Förderzuges. Die Spitzenleistung beträgt nur 2440 PS und ist um 30% niedriger als die Spitzenleistung beim Anfahren mit gleichbleibender Beschleunigung. Die durchschnittliche Leistung ist mit 578 PS in beiden Fällen gleich; die geränderten Arbeitsflächen sind gleich denen des oberen Diagramms.

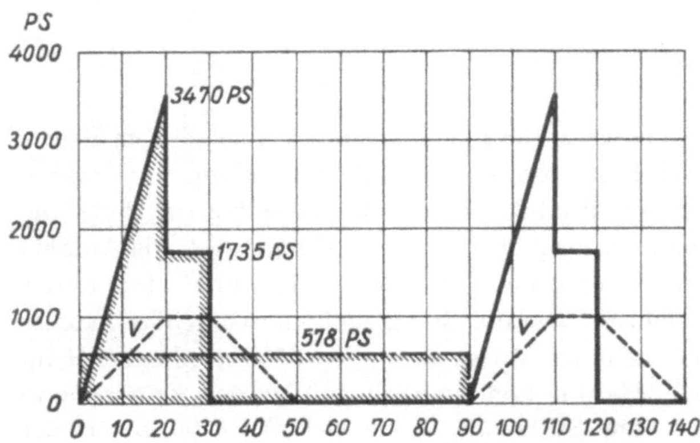

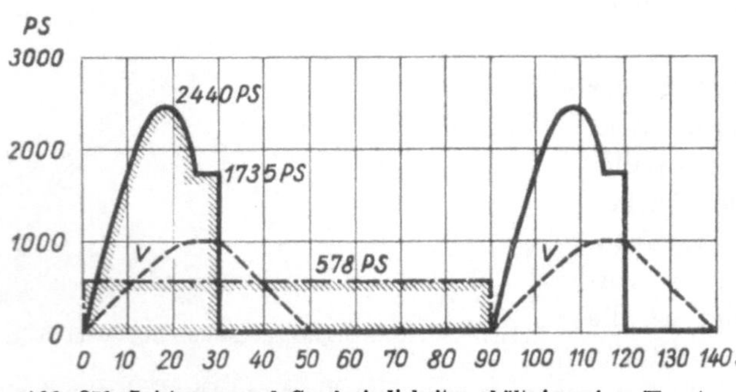

Abb. 279. Leistungs- und Geschwindigkeitsverhältnisse einer Hauptschachtförderung.

Abb. 280 zeigt das Beispiel eines im Betriebe untersuchten Förderzuges mit 6,4 t Nutzlast aus 900 m Teufe mit einer insgesamt bewegten Masse von $7880 \frac{\text{kg} \cdot \text{s}^2}{\text{m}}$. Die indizierte Leistung wurde mit fortschreibenden Indikatoren[1], der Weg mit einem Weg-Zeit-Schreiber[2] in Abhängigkeit von der Zeit ermittelt. Aus der Weg-Zeit-Kurve ergeben sich nach dem in Ziffer 299 erläuterten Verfahren der Geschwindigkeits- und der Beschleunigungsverlauf über der Zeit. Die

[1] Vgl. Ziffer 298. — [2] Vgl. Ziffer 299.

Nutzleistungslinie N ist aus der Nutzlast und der jeweiligen Geschwindigkeit punktweise errechnet. Die mittlere indizierte Leistung folgt aus der Arbeitsfläche (7410000 mkg) unter der indizierten Leistungslinie und der Fahrzeit (80 s) $N_{i_m} = 1235$ PS. Die mittlere Nutzleistung während der Fahrt ergibt sich aus Nutzlast, Teufe und Fahrzeit zu $N_m = \frac{6400 \cdot 900}{75 \cdot 80} = 960$ PS. Der durchschnittliche Wirkungsgrad ist $\eta = \frac{N_m}{N_{i_m}} = \frac{960}{1235} = 0{,}777 = 77{,}7\%$. Die Gesamtreibung ist dann $\left(\frac{1}{\eta} - 1\right) \cdot G = 0{,}287 \cdot G$ oder gleich 28,7% der Nutzlast. Aus den Diagrammen sind ferner abzulesen: Indizierte Spitzenleistung = 2200 PS (178% vom Mittelwert); höchste Nutzleistung = 1305 PS; Höchstgeschwindigkeit = 15,3 m/s; maximale Beschleunigung = 1,03 m/s²; maximale Bremsverzögerung (negative Beschleunigung) = 1,05 m/s².

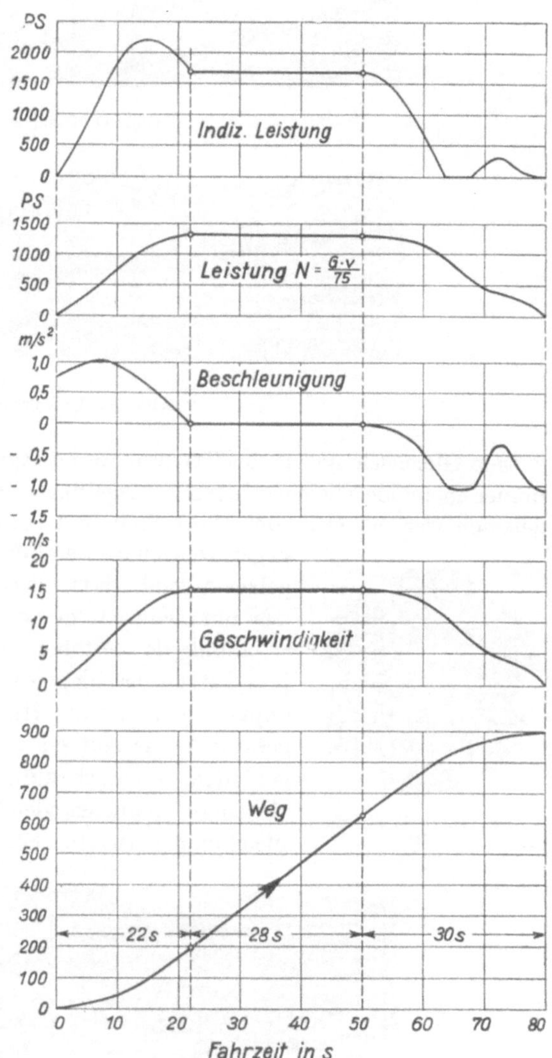

Abb. 280. Kennlinien einer Zwillingshauptschachtfördermaschine für einen Förderzug mit 6,4 t Nutzlast aus 900 m Teufe.

145. Die Förderseile. In Deutschland werden bei der Schachtförderung ausschließlich Drahtseile verwendet, und zwar überwiegend Rundseile, während Bandseile nur in besonderen Fällen benutzt werden. Die Drähte, die aus Siemensmartinstahl bestehen, werden durch wiederholtes Ziehen auf mehrfach höhere Festigkeit vergütet. Meist werden Drähte von etwa 160 kg/mm² mittlerer Festigkeit verwendet, die mittlere Festigkeit soll bei blanken Drähten nicht über 180 kg/mm², bei verzinkten Drähten nicht über 170 kg/mm² hinausgehen. Verzinkte Drähte sind, weil das Material bei der warmen Verzinkung leidet, nicht so haltbar wie blanke Drähte; sie sind für schwache Förderung und nasse Schächte am Platze.

Man nimmt für *runde* Schachtförderseile meist Drähte von 2,2 bis 2,8 mm Durchmesser deren einzelne Längen zusammengelötet werden. Die Drähte werden zu Litzen geschlagen und die Litzen werden um eine Hanfseele zum Seile geschlagen. Beim *Gleichschlage* werden die Drähte in den Litzen und die Litzen im Seile im selben Sinne gewunden, beim *Kreuzschlage* in entgegengesetztem Sinne; deshalb sieht man die einzelnen Drähte beim Gleichschlagseile schräg zur Seilachse verlaufen, beim Kreuzschlagseile etwa in Richtung der Seilachse. Aus den Abb. 281 und 282 ist dieser kennzeichnende Unterschied der beiden Flechtarten ersichtlich. Mit der Flechtart hängt zusammen, daß beim Gleichschlagseile weniger Drahtbrüche auftreten als beim Kreuzschlagseile, bei dem die äußeren Drähte überanstrengt werden. Von der Flechtart rührt ferner her, daß das Gleichschlagseil starken, das Kreuzschlagseil schwachen Drall hat. Überwiegend sind die Seile *rund*litzig (Abb. 281 und 282). *Dreikant*litzige Seile, Abb. 283, haben, weil die Hanfseele kleiner ist, kleineren Durchmesser und geringeres Gewicht als rundlitzige, und ihre Drähte liegen in der Seilnut besser an.

Wegen seines starken Dralles ist das Gleichschlagseil nahezu unverwendbar, wo der Förderkorb beim Umsetzen auf Keps gesetzt wird, weil es, wenn sich Hängeseil bildet, Klanken wirft[1]. Aus demselben Grunde ist das Gleichschlagseil als Unterseil schwierig[2]. Bei der Abteufförderung mit Kübeln, die nicht geführt sind, darf es nicht benutzt werden. Bei Koepeförderungen über-

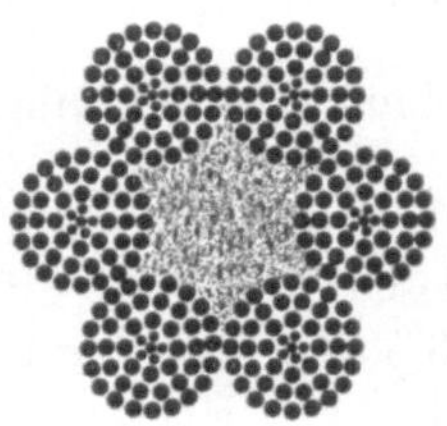

Abb. 281. Rundlitziges Gleichschlagseil.

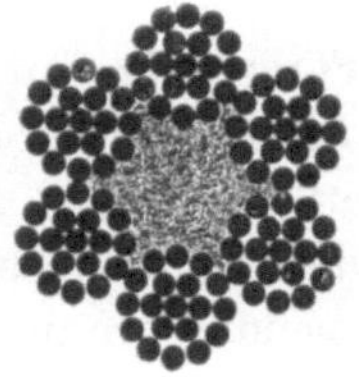

Abb. 282. Rundlitziges Kreuzschlagseil.

wiegen Gleichschlagseile, bei Trommelförderungen Kreuzschlagseile. Dreikantlitzige Seile werden immer mehr als Gleichschlagseile ausgeführt. Der Drall darf bei den *Förderseilen* nicht herausgelassen werden, weil sonst Festigkeit und Haltbarkeit des Seiles leiden. Runde *Unterseile* dagegen werden an den Förderkörben in Wirbeln aufgehängt, die auf Kugeln gelagert sind, damit sich der Drall auslaufen kann; andernfalls würde das nur schwach gespannte Seil infolge des Dralles Klanken schlagen.

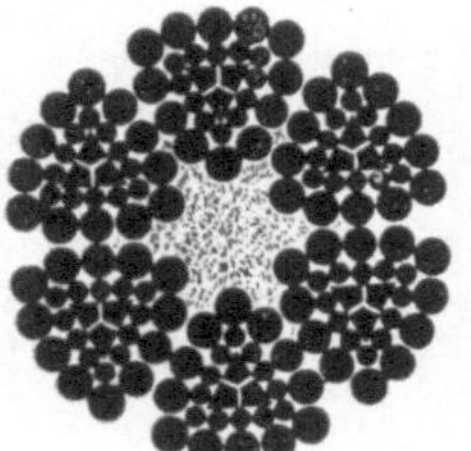

Abb. 283. Dreikantlitziges Seil.

Bandseile bestehen aus nebeneinanderliegenden *Schenkeln*, die aus je 4 Litzen geschlagen sind und mittels Nählitzen entweder einfach oder doppelt genäht sind. Häufig haben die Bandseile 8 Schenkel, so daß insgesamt 32 Traglitzen vorhanden sind. Die Abb. 284 zeigt ein doppelt genähtes, sechsschenkliges Bandseil. Es kommt darauf an, daß die Schenkel möglichst gleich geschlagen sind, damit alle Schenkel möglichst gleichmäßig tragen. Stählerne Bandseile werden, da ihre Haltbarkeit

Abb. 284. Stählernes Bandseil.

[1] Glückauf 1922 S. 867: H. Herbst: Praktische Winke für die Auswahl zweckmäßiger Förderseilmacharten.

[2] Glückauf 1920 S. 665: H. Herbst: Die Verwendung abgelegter Förderseile als Unterseile.

erheblich geringer ist als die der runden Seile, als Förderseile nur beim Abteufen benutzt, wo ihr Vorteil, daß sie keinen Drall haben, zur Geltung kommt. Bei den Unterseilen, die wenig beansprucht sind, weil sie nur ihr eigenes Gewicht tragen, überwiegen die Bandseile, weil sie drallfrei und sehr biegsam sind.

146. Berechnung der Förderseile. Das Seil hat außer der an ihm hängenden Last P sein eigenes Gewicht zu tragen; der Anteil des Seilgewichts an der gesamten Seilbelastung nimmt mit der Teufe in sich schnell steigerndem Maße zu. Ein stählerner Draht von 1 mm² Querschnitt und 1 m Länge wiegt 7,85 g. Weil aber im Seile die Drähte gewunden liegen, ferner das Gewicht der Hanfseele hinzutritt, wiegt 1 m Seil für 1 mm² Drahtquerschnitt[1] mehr als 7,85 g, nämlich bei rundlitzigen Seilen etwa 9,5 g, bei dreikantlitzigen Seilen etwa 9 g. Ein Seil von 1 mm² Drahtquerschnitt wiegt also für 1 km Länge 9,5 bzw. 9 kg.

Da man die tatsächliche Seilbelastung, die aus der ruhenden Belastung, den Reibungswiderständen, den Beschleunigungskräften und den infolge Seilschwingungen auftretenden Kräften besteht, nicht genau bestimmen kann, wird der Seilquerschnitt auf Grund der *ruhenden* Höchstbelastung gerechnet; dafür wird die Sicherheit reichlich gewählt. Die ruhende oder statische Höchstbelastung besteht aus dem Förderkorbe nebst Zubehör, den Förderwagen, der größten Nutzlast, dem Förderseil von der Seilscheibe bis zur tiefsten Korbstellung und dem etwa vorhandenen Unterseile vom Förderkorbe bis zur Seilbucht[2]. Im Verhältnis zur ruhenden Höchstbelastung sollen die Förderseile sowohl bei Trommel- als auch bei Koepeförderung mindestens 6fache Sicherheit bei Produktenförderung und mindestens 8fache Sicherheit bei Seilfahrt *dauernd* gewähren. Damit die Seile diese vorgeschriebenen Mindestsicherheiten auch noch nach längerer Betriebszeit gewähren, nachdem die Festigkeit durch Verschleiß und Drahtbrüche schon vermindert ist, muß man die *anfängliche* Sicherheit beim Auflegen noch größer wählen. Für *Koepeförderseile*, die man im Betrieb nicht mehr auf Festigkeit nachprüfen kann, ist diese Anfangssicherheit in der Bergpolizeiverordnung *vorgeschrieben*, und zwar sollen sie beim *Auflegen* im Verhältnis zur statischen Höchstbelastung 7fache Sicherheit bei Produktenförderung und $9^1/_2$fache Sicherheit bei Seilfahrt haben. Praktisch wird man Koepeseile meist mit noch höherer anfänglicher Sicherheit auflegen, mit etwa $7^1/_2$- bis 8facher Sicherheit bei Produktenförderung. Weil man auch bei Trommelförderseilen auf etwa 8fache Anfangssicherheit geht, sind Koepe- und Trommelförderseile etwa gleich zu bemessen.

Wie ist ein Förderseil zu bemessen, das außer seinem eigenen Gewicht unten am Seil eine Last von P kg tragen soll? Es sei:

f der gesamte Querschnitt der tragenden Seildrähte in mm²,
γ das Seilgewicht für 1 km Länge und 1 mm² Querschnitt in kg (bei rundlitzigen Seilen ist γ etwa 9,5 und bei dreikantlitzigen Seilen etwa 9 kg/km und mm²),
L die Seillänge in km,
σ die Zugfestigkeit der Drähte in kg/mm² und
ν die vorgeschriebene Seilsicherheit, so ist

$$\frac{f\sigma}{\nu} = P + f\gamma L, \qquad \text{woraus folgt: } f = \frac{P}{\frac{\sigma}{\nu} - \gamma L}\ \text{mm}^2.$$

Hängt am Seil die Last $P = 15000$ kg und ist die Zugfestigkeit $\sigma = 160$ kg/mm², die Sicherheit $\nu = 8$, die Seillänge $L = 635$ m $= 0{,}635$ km, so muß der Tragquerschnitt eines rundlitzigen Seiles werden

$$f = \frac{15000}{\frac{160}{8} - 9{,}5 \cdot 0{,}635} = 1075\ \text{mm}^2.$$

Beim Dreikantlitzenseil wird $f = 1050$ mm².

[1] Schneidet man das Seil senkrecht zur Seilachse, so weisen die Drähte elliptischen Querschnitt auf; hier ist als Drahtquerschnitt der runde, senkrecht zur Drahtachse stehende Querschnitt gemeint.

[2] Ist das Unterseil schwerer als das Förderseil, so ist die Meistbelastung so zu rechnen, daß der beladene Förderkorb oben steht.

Die Seilstärke wird bei rundlitzigen Seilen etwa $1{,}65 \cdot \sqrt{f}$, also $1{,}65 \cdot \sqrt{1075} = 54$ mm, und bei dreikantlitzigen Seilen etwa $1{,}5 \cdot \sqrt{f}$, also $1{,}5 \cdot \sqrt{1050} = 49$ mm.

Das Seil trägt 160 : 8 = 20 kg/mm². Davon werden 9,5 · 0,635 = 6,03 kg/mm² für das Eigengewicht des rundlitzigen Seiles verbraucht, das 1075 · 6,03 = 6500 kg wiegt. Das dreikantlitzige Seil ist etwas leichter und wiegt 6000 kg.

147. Prüfung und Überwachung der Förderseile[1]. Mit einem Förderkorbe werden bis zu 70 Mann befördert. Bei der Koepeförderung hängen in beiden Förderkörben zusammen bis 140 Mann an ein und demselben Seile, so daß ein Seilbruch zu schwersten Unglücken führen kann. Auch der unmittelbare und mittelbare Schaden, den ein Seilbruch hervorruft, ist außerordentlich groß. Schärfste Prüfung und Überwachung der Förderseile ist geboten. Jedes neue Förderseil ist, ehe es aufgelegt wird, zu prüfen, ob seine Festigkeit genügt. Die einzelnen Drähte werden der Zerreißprobe, der Hinundherbiegeprobe und der Verwindeprobe gemäß den in der Seilfahrtgenehmigung enthaltenen Vorschriften unterzogen. Die Drähte neuer Seile, die bei der Zerreißprobe 10% mehr oder weniger halten, als das Mittel beträgt, oder die Drähte abgehauener Seilstücke, die 20% weniger als im Mittel tragen, ebenso die Drähte, die die Biegeprobe nicht bestanden haben, werden ausgeschieden. Die Bruchlasten der übrigen Drähte werden addiert, und diese Summe, geteilt durch die vorgeschriebene Sicherheitszahl, muß größer sein als die ruhende Höchstbelastung des Seiles. Vielfach wird ferner Zerreißen eines Seilstückes im ganzen Strange verlangt[2]. Bei Trommelförderseilen wird in Zwischenräumen von 3 bis 6 Monaten ein Stück Seil 3 m über dem Einband abgeschnitten und untersucht.

Im Betriebe sind die Seile täglich nachzusehen, vor allem um plötzlich eingetretene Veränderungen am Seile zu erkennen. Dann ist jede Woche das Seil bei guter Beleuchtung und 0,5 m/s Seilgeschwindigkeit zu prüfen; alle Drahtbrüche sind festzustellen und einzutragen. Schließlich ist eine sechswöchentliche Prüfung durch den für die Seilfahrt verantwortlichen Betriebsbeamten vorgeschrieben, bei der das ganze Seil von der anhaftenden Schmutzkruste befreit sein muß. Die näheren Bestimmungen für diese Seilprüfungen sind in der Bergpolizeiverordnung enthalten.

148. Behandlung der Förderseile. Seilschäden[3]. Der gefährlichste Feind der Seile ist *Rost*[4]. In nassen Schächten sind Seile mit verzinkten Drähten am Platz, sofern sie nicht übermäßig angestrengt werden. Seile aus blanken Drähten müssen sorgfältig geschmiert werden. Trommelseile sind mindestens alle vier Wochen mit einer steifen, säurefreien Schmiere zu schmieren, die gut in die Rillen zwischen den Litzen zu streichen ist. Koepeseile werden mit einer harzhaltigen Schmiere geschmiert. Sehr wichtig ist sorgsame Ausführung des Seileinbandes. Die Klemmbänder seien doppelt so breit, wie das Seil dick ist; besonders bei harten Drähten ist es empfehlenswert, die Klemmbänder zu beledern. Es ist darauf zu achten, vor allem beim Seilauflegen, daß sich die Förderseile nicht aufdrehen, weil dann die Drähte nicht mehr gleichmäßig tragen. Auch die Unterseile sind sorgfältig zu überwachen; sie dürfen nicht durch Wasser laufen.

Als *Seilschäden* kommen am meisten Drahtbrüche vor, deren Gefährlichkeit aber vielfach überschätzt wird. Bedenklich sind sie in der Nähe der Einbände, oder wenn sie sich an einer Stelle häufen, oder wenn ihre Zahl schnell zunimmt, z. B. bei einem 50 mm dicken, 600 m langen Seil wöchentlich 10 übersteigt. Ein heimtückischer, vom Auslassen des Dralles herrührender Schaden ist es, wenn sich die Außendrähte lockern; weil dann die inneren Drähte die Last tragen, bleiben die äußeren von Drahtbrüchen frei, so daß das Aussehen des Seiles täuscht. Die Lockerung der Außendrähte steigert sich, insbesondere bei Koepeseilen, in der Nähe der Einbände bis zu einem korbartigen Abheben der äußeren Drähte. Schraubenartige Formänderungen (Korkzieher) und Knotenbildungen (letztere infolge Seilschwingungen) entstehen infolge mangelhafter Hanfseele. Festgezogene Klanken schwächen das Seil erheblich.

[1] Vgl. H. Herbst: Ansprüche an Förderseile und ihre Prüfung. Z. VDI 1928 S. 345.

[2] Die Seilprüfstelle der Westfälischen Berggewerkschaftskasse besitzt 2 hydraulische Seilzerreißmaschinen eine von 250 t Zerreißkraft und 3 m Reißlänge und eine von 450 t Zerreißkraft und 7 m Reißlänge.

[3] Nach dem Merkblatt der Seilprüfstelle der Westfälischen Berggewerkschaftskassen, Bochum.

[4] Vgl. H. Herbst: Rostgefahr und ihre Bekämpfung bei Förderseilen. Bergbau 1937 Nr. 10.

149. Verbindung des Förderseiles mit der Trommel und dem Förderkorbe. Die Verbindung des Förderseiles mit der Trommel ist in Ziffer 140 besprochen. Mit dem Förderkorbe wird das Seil nicht unmittelbar verbunden. Meist wird ein sogenannter *Seileinband* gemacht, indem das Seilende um eine sogenannte Kausche gelegt und am Seile durch eine große Zahl Klemmen festgeklemmt wird. Die Kausche wird mit dem Förderkorbe durch Laschen verbunden, so daß man den Abstand verändern kann, indem man Laschen wegläßt oder die Bolzen in andere Löcher umsteckt.

Das in Abb. 285 dargestellte Stellschraubenzwischengeschirr der Demag (Gesamtlast 17750 kg, Nutzlast 4200 kg) sieht noch eine weitere Einstellmöglichkeit durch Stellschrauben vor. Ohne besonderen Seileinband kann man das Seil mit dem Förderkorbe durch eine „Seilklemme" verbinden[1]. Wenn man bei Trommelseilen das Seil zwecks Prüfung des Seilendes 3 m über dem Einband oder über der Klemme abhaut, gehen beim Seileinbande mit Kausche im ganzen etwa 8 m, bei der Seilklemme etwa 5 m verloren.

Vorteilhaft ist die Anwendung von *Stoßdämpfern*, die als federndes Zwischenglied zwischen Förderkorb und Seilgeschirr eingeschaltet werden. Sie dämpfen die im Förderbetriebe auftretenden Stöße und Schwingungen und tragen dadurch wesentlich zur Schonung des Seiles bei.

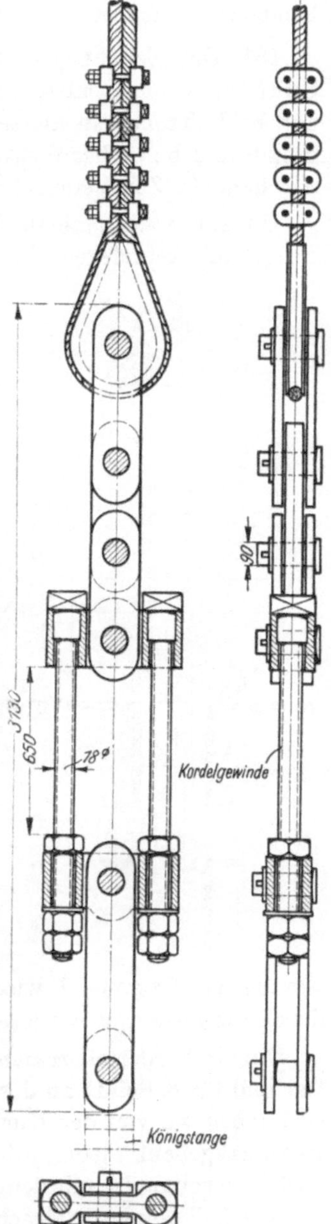

Abb. 285. Stellschraubenzwischengeschirr nebst Seilkausche.

150. Allgemeines über das Auflegen und Auswechseln der Förderseile. Seilauflegen ist eine Arbeit, die sorgfältig vorbereitet sein muß und mit großer Vorsicht und Überlegung durchzuführen ist. Man geht verschieden vor, je nachdem es sich um eine Trommelförderung, um eine Koepeförderung mit breitkränziger Treibscheibe oder um eine Koepeförderung mit schmalkränziger Treibscheibe handelt. Ferner ist zu unterscheiden, ob das *erste* Förderseil aufgelegt oder ob ein Förderseil *ausgewechselt* wird, d. h. erst das alte Förderseil abgelegt und dann das neue Förderseil aufgelegt wird. Ein Koepeseil ist umständlicher aufzulegen als ein Trommelseil. Längsschlagseile bedürfen wegen ihres stärkeren Dralles besonderer Vorsicht, damit sie nicht Klanken schlagen oder den Drall verlieren.

Den verschiedenen Arten des Seilauflegens ist folgendes gemeinsam: Der Teufenzeiger der Fördermaschine ist auszurücken und hernach neu einzustellen. Die Holztrommel, auf der das Seil angeliefert ist, ist aufzubocken und gut zu lagern. Wenn man das Seil von dieser Holztrommel ab- und auf die Maschinentrommel oder die Treibscheibe aufwickelt, ist entweder die Holztrommel oder das Seil selbst abzubremsen, damit sich das Seil scharf auf die Trommel oder die Treibscheibe der Fördermaschine legt. Um Seile hochzuwinden oder über die Seilscheibe zu ziehen usw., verwendet man Hilfsseile, die man mit Handkabeln bewegt und die nach Bedarf angeschlagen oder gelöst werden; im folgenden ist nur kurz vom Hilfsseil die Rede. Selbstverständliche Maßnahmen, z. B. daß man, wenn man einen Förderkorb, der festgelegt ist, einhängen will, den Förderkorb erst anheben und die Unterlagen fortnehmen muß, sind nicht besonders angegeben. Beim Anschlagen des neuen Förderseiles an den Förderkorb ist die zu erwartende Seillängung in der Weise zu berücksichtigen, daß der Förderkorb von

[1] Vgl. HEISE-HERBST-FRITZSCHE: Schachtförderung. 2. Band, 7. Aufl., Berlin/Göttingen/Heidelberg: Springer 1950.

vornherein auf einen mehrere Meter größeren Abstand eingestellt wird, als er nachher sein soll. Nach beendetem Seilauflegen ist dreistündiges Probefahren mit belastetem Förderkorbe vorgeschrieben, worauf die Förderkörbe auf Maß zu setzen sind.

Nachstehend werden die drei oben gekennzeichneten Hauptarten des Seilauflegens veranschaulicht. Die dargelegten Verfahren dürfen nur als Beispiele aufgefaßt werden; tatsächlich bestehen erhebliche Unterschiede, wie man je nach den örtlichen Verhältnissen und den vorhandenen Hilfsmitteln vorgeht.

151. Das Seilauflegen bei Trommelförderungen. Bei Trommelfördermaschinen muß eine Seiltrommel umsteckbar sein; häufig sind beide umsteckbar[1]. Es sei zunächst vorausgesetzt, daß beide Trommeln umsteckbar sind. Dann hat man beim Auswechseln eines Förderseiles in grundsätzlich gleicher Weise vorzugehen, ob es sich um das Seil der einen oder der anderen Trommel handelt. Zur Veranschaulichung diene Abb. 286.

Um zum *ersten* Male die beiden Förderseile aufzulegen, sind beide Förderkörbe an der Rasenhängebank festzulegen. Zunächst sei Seil I aufzulegen[2]. Es wird von der Holztrommel, auf der es angeliefert ist, mittels Hilfsseiles über die Seilscheibe I in das Maschinenhaus zur Trommel I gezogen, eingebunden und aufgewickelt, bis das freie Seilende am Förderkorb I ist, an den es angeschlagen wird. Dann wird Förderkorb I eingehängt und Seil I an der Hängebank durch Klemmen abgefangen. Um Seil II aufzulegen, ist Trommel I festzulegen[3] und von der Kurbelwelle der Fördermaschine zu lösen, indem die Bolzen, welche die Trommelnabe mit der auf der Achse fest verkeilten Nabe verbinden, herausgenommen werden. Da beim Aufwickeln des Seiles II die feste Nabe in der Trommelnabe läuft, sind die Laufflächen gut zu schmieren. Seil II wird dann in derselben Weise aufgelegt wie Seil I, worauf die Trommel I wieder mit der Achse verbunden wird, indem die Verbindungsbolzen durch die feste und die lose Nabe gesteckt werden.

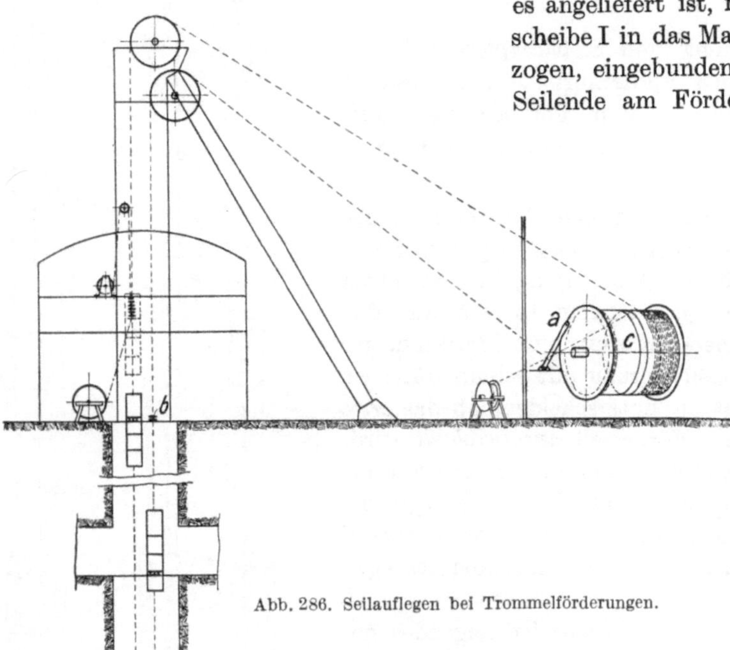

Abb. 286. Seilauflegen bei Trommelförderungen.

Um ein Förderseil *auszuwechseln*, z. B. Seil I, legt man den Förderkorb II unten an der Sohle fest und fängt Seil II an der Hängebank mittels Klemmen ab, legt darauf Trommel II fest und entkuppelt sie von der Kurbelwelle. Dann läßt man mit der Maschine den Förderkorb I zur Rasenhängebank nieder, gibt auf den Förderkorb I Hängeseil, löst das alte Seil I vom Förderkorb I, verbindet es mit dem neuen Seile, das man durch ein Hilfsseil herangezogen hat, und läßt das alte Seil durch die Maschine auf Trommel I aufwickeln, bis das neue Seil im Maschinenhause liegt. Das neue Seil wird im Maschinenhause festgelegt, und das alte Seil wird, nachdem es vom neuen gelöst ist, abgewickelt und auf den Platz gezogen oder auf eine Holztrommel gewickelt. Nun wird das neue Seil an der Trommel I eingebunden und aufgewickelt, so lange, bis das freie Seilende am Förderkorb I ist, an den es angeschlagen wird. Schließlich ist Förderkorb I

[1] Vgl. Ziffer 140.

[2] Seil I, Förderkorb I, Trommel I, Seilscheibe I sollen zusammengehören, ebenso Seil II, Förderkorb II, Trommel II und Seilscheibe II.

[3] Vgl. Ziffer 140.

hochzuziehen, und zwar mit Rücksicht auf die Seillängung einige Meter höher, als er nachher sein soll, worauf die Trommel II wieder mit der Achse zu kuppeln ist. Das Förderseil II wird in entsprechender Weise ausgewechselt; dabei ist Trommel I festzulegen und von der Achse zu entkuppeln.

Ist nur eine Trommel umsteckbar, so ist das Seil der *festen* Trommel ebenso aufzulegen oder auszuwechseln, wie es vorstehend beschrieben ist. Soll das Seil der *umsteckbaren* Trommel ausgewechselt werden, so muß das Seil der festen Trommel abgenommen werden, nachdem der zugehörige Förderkorb auf der Sohle festgelegt und das Seil selbst an der Hängebank durch Klemmen abgefangen ist.

Wegen Einbaues oder Auswechslung eines Unterseiles vergleiche das, was in Ziffer 152 über Einbau und Auswechslung des Unterseiles von Koepeförderungen gesagt ist.

152. Seilauflegen bei einer Treibscheibe mit breitem Kranz. Bei einer Treibscheibe mit *breitem* Kranz sind, ebenso wie bei der Trommelförderung, abgesehen von kleinen Hilfskabeln besondere Vorkehrungen nicht nötig, indem man die Treibscheibe zum Auftrommeln der Seile ausnutzt. Selbstverständlich kann man auch bei breiten Treibscheiben, indem man darauf verzichtet, den breiten Kranz auszunutzen, das Seil ebenso auflegen und auswechseln, wie es bei Treibscheiben mit schmalem Kranz (Ziffer 153) geschieht; unter Umständen ist es sogar zweckmäßiger. Dem Folgenden liegt Abb. 287 zugrunde.

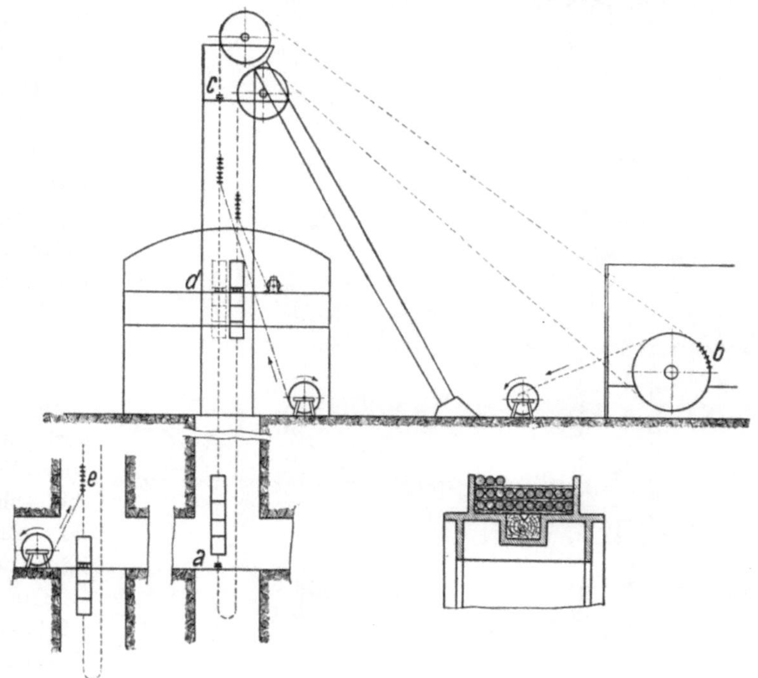

Abb. 287. Seilauflegen bei einer Treibscheibe mit breitem Kranz.

Um das *erste* Förderseil aufzulegen, sind die Förderkörbe über dem Schachte festzulegen. Die Holztrommel, auf der das Förderseil angeliefert ist, wird vor dem Maschinenhause aufgestellt. Das Förderseil wird durch den Mauerschlitz zur Treibscheibe geführt, durch deren Kranz gesteckt und an einer Speiche befestigt, worauf es in mehreren Lagen übereinander, durch zwischengelegte Bretter geschützt, aufgetrommelt wird. Das freie Ende des Förderseiles, das auf dem Platze geblieben ist, wird mittels Hilfsseiles über die eine Seilscheibe gezogen, wobei die Fördermaschine langsam mitläuft. Anstatt das Seil durch den Mauerschlitz zur Treibscheibe zu führen, kann man es von vornherein mittels Hilfsseiles über eine Seilscheibe zur Treibscheibe ziehen. Das Seil wird an dem zugehörigen Förderkorbe angeschlagen, worauf der Förderkorb eingehängt wird. Dann wird das Förderseil oben durch Seilklemmen abgefangen, und die Seilwindungen, die noch auf der Treibscheibe liegen, werden abgetrommelt, wobei das Seil in großem Bogen auf den Zechenplatz gezogen wird. (Vorsicht, damit das Seil keine Klanken schlägt!) Das freigewordene Förderseilende wird mittels Hilfsseiles über die Treibscheibe und die andere Seilscheibe zum zweiten Förderkorb gezogen und an ihn angeschlagen. Nun ist noch das Unterseil anzuschlagen. Die Holztrommel mit dem Unterseil ist vorher zum Füllort gebracht. Dort wird das Unterseil mit dem einen Ende am unteren Förderkorb angeschlagen, worauf dieser hochgezogen wird, damit das Unterseil mit seinem anderen Ende an den eingehängten anderen Förderkorb angeschlagen werden kann.

Um ein Koepeseil *auszuwechseln*, geht man folgendermaßen vor: Es wird der obere Korb festgelegt und am unteren Korb das Unterseil gelöst (bei *a*). Dann wird das Förderseil an der Treibscheibe (bei *b*) festgeklemmt, worauf man den unteren Korb anhebt und auf den oberen Förderkorb Hängeseil erhält. Das im Schachte hängende Seiltrum wird oben abgefangen (bei *c*), und das andere Trum wird vom oberen Förderkorbe, nachdem man es mit einem Hilfsseile verbunden hat, abgeschlagen und in das Maschinenhaus gezogen, wobei sich die Treibscheibe, an der die Klemmen (bei *b*) wieder fortgenommen sind, langsam mitdreht und das nach der anderen Seilscheibe führende Seiltrum durchhängt. Das Förderseilende wird mit der Treibscheibe verbunden, und dann wird das alte Förderseil auf der Treibscheibe, die von der Maschine gedreht wird, aufgetrommelt, erst so viel, daß das Hängeseil fort ist, darauf, nachdem die Klemmen bei *c* gelöst sind, so weit, bis der untere Förderkorb bis *d* hochgezogen ist, wo er festgelegt wird. Dann verbindet man das neue Seil durch Klemmen mit dem alten, schlägt das alte Seil vom Förderkorbe ab und trommelt es weiter auf, bis das neue Seil an der Maschine liegt. Nun wird das alte Seil vom neuen gelöst, abgetrommelt und auf den Platz gezogen oder auf eine Holztrommel aufgerollt. Das neue Seil wird an der Treibscheibe befestigt und aufgetrommelt, bis das andere Ende bei *d* ist, wo es an den Förderkorb angeschlagen wird. Die weiteren Vorgänge sind dieselben, wie beim Auflegen des ersten Förderseiles.

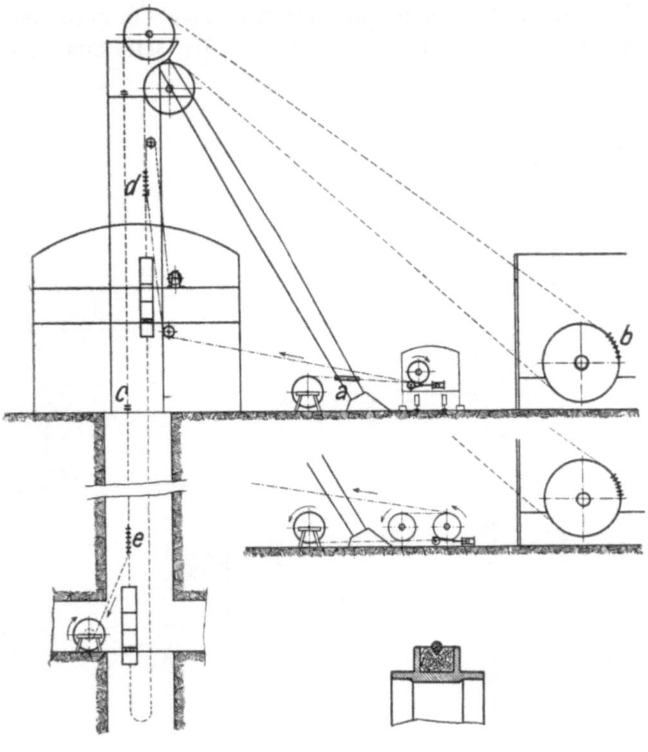

Abb. 288. Seilauflegen bei Treibscheiben mit schmalem Kranz.

Anstatt den unteren Förderkorb hochzuziehen, wird häufig nur das alte Seil mit Hilfe eines in den Spurlatten geführten Schlittens hochgezogen, worauf in derselben Weise, wie oben beschrieben, vorgegangen und schließlich das neue Seil ebenfalls mit Hilfe des Schlittens eingehängt wird.

Um das Unterseil *auszuwechseln*, wird der untere Förderkorb festgelegt. Das alte Unterseil wird abgeschlagen, und das neue Unterseil, das sich, auf einer schmalen Trommel aufgerollt, am Füllort befindet, wird angeschlagen. Dann wird der Förderkorb langsam hochgezogen, wobei sich das neue Unterseil abwickelt, während das alte in die Strecke gezogen oder aufgewickelt wird.

153. Auflegen des Förderseiles bei einer Treibscheibe mit schmalem Kranz. Hierbei ist eine starke Trommelwinde mit Kraftantrieb erforderlich, auf deren Trommel zunächst das neue Seil aufgerollt wird, wobei es, damit es stramm aufgewickelt wird, durch die bei *a* (Abb. 288) befindlichen Holzklemmen hindurchgezogen wird.

Beim *ersten* Auflegen des Förderseiles werden beide Förderkörbe oben festgelegt. Das Förderseil wird mittels Hilfsseiles über die eine Seilscheibe, die Treibscheibe und die andere Seilscheibe zu dem einen Förderkorb gezogen und an ihn angeschlagen. Darauf wird der Korb bis zum Füllort eingehängt und festgelegt, während das Seil an der Hängebank abgefangen wird. Dann ist das andere Seilende am zweiten Förderkorbe anzuschlagen.

Um das Förderseil *auszuwechseln*, wird der eine Förderkorb unten, der andere oben festgelegt. Das alte Förderseil wird am unteren Korbe abgeschlagen, auf der Treibscheibe (bei *b*) festgeklemmt, und dann, nachdem auf den oberen Förderkorb Hängeseil gegeben ist, überm Schachte (bei *c*) abgefangen. Nun wird das alte Seil vom oberen Förderkorbe abgeschlagen, und das neue Seil, das mittels Hilfsseil hochgezogen worden ist, wird bei *d* ans Ende des alten Seiles angeklemmt. Nachdem die Seilklemmen an der Treibscheibe (bei *b*) und an der Hängebank (bei *c*) abgenommen sind, hängt man das alte Seil mit der Winde ein und holt es durch ein Hilfsseil (bei *e*) in die Strecke, wo es entweder auf eine Trommel aufgewickelt oder durch Lokomotiven fortgezogen wird. Das neue Seil folgt nach, bis es am Füllort angelangt ist. Dann wird das neue Seil an den oberen und den unteren Förderkorb angeschlagen.

An Stelle der Trommelwinde kann man, wie es in der Abb. 288 angedeutet ist, eine Friktionswinde verwenden (Beien), wobei das neue Seil von seiner Trommel abgewickelt wird, während die Friktionswinde zugleich das alte und daran anschließend das neue Seil einhängt.

XVII. Die Dampffördermaschinen[1].

154. Allgemeines über die Anordnung, Bemessung, Führung, Sicherung und Steuerung der Fördermaschinen. Die Dampffördermaschinen sind normalerweise langsam laufende Dampfmaschinen ($n = 40$ bis 50 min^{-1}), bei denen die Seiltrommeln oder die Treibscheibe unmittelbar auf der Kurbelwelle sitzen. Neuerdings kommen auch schnellaufende Dampfmaschinen zur Anwendung, deren Drehzahl ($n = 260$ bis 300 min^{-1}) zum unmittelbaren Antrieb der Trommeln oder Treibscheibe zu hoch ist, weshalb zwischen Trommelwelle bzw. Treibscheibenwelle und Maschinenkurbelwelle ein Zahnradgetriebe mit einem Verhältnis von etwa 1 : 6 bis 1 : 8 eingeschaltet werden muß. Die Fördermaschinen ohne Getriebe sind durchweg Zwillingsmaschinen mit zwei um 90° gegeneinander versetzten Kurbeln. Getriebemaschinen arbeiten mit drei um 120° versetzten Kurbeln und haben dadurch gleichmäßigeres Drehmoment. Die Zwillingsmaschinen arbeiten mit Dampf von 12 bis 16 atü (bei älteren Maschinen auch weniger), der in der Fördermaschine nur einstufig arbeitet und zur Erhöhung der Wirtschaftlichkeit anschließend für Heizzwecke verwendet oder in Zweidruckturbinen ausgenützt werden kann. Verbundmaschinen mit zweistufiger Expansion und Kondensation arbeiten für sich allein zwar wirtschaftlicher als einstufige Maschinen, aber unwirtschaftlicher als einstufige Maschinen mit nachgeschalteter Turbine. Zudem ist die mit einstufiger Expansion arbeitende Zwillingsmaschine einfacher im Aufbau und demgemäß billiger. Ihre Manövrierfähigkeit ist besser, weil beim Anfahren und Umsetzen die ganze Kolbenfläche wirksam ist, wogegen bei Verbundmaschinen im allgemeinen nur mit der kleinen Hochdruckkolbenfläche, also mit kleinerem Drehmoment angefahren werden kann. Aus den genannten Gründen werden heute durchweg die einstufig wirkenden Zwillingsmaschinen bevorzugt. Das Verhältnis des Hubes zum Durchmesser der Kolben liegt zwischen 2,3 : 1 bis 1,4 : 1, und zwar weisen ältere Maschinen größere Hub-Durchmesser-Verhältnisse auf als neue Bauarten. Kurzhubige Maschinen ließen sich erst bauen, als durch verbesserte Steuerungen, Ventile und Bremsen eine einwandfreie Manövrierfähigkeit gesichert wurde.

Abb. 289 zeigt eine moderne Fördermaschinenanlage der Gutehoffnungshütte A.-G., Oberhausen, die für die Harpener Bergbau A.-G. (Schacht Robert Müser, Werne) geliefert worden ist. Das Hub-Durchmesserverhältnis ist 1800 : 1200 = 1,5 : 1. Die mit einstufiger Expansion arbeitende Zwillingsfördermaschine ist für 9000 kg Nutzlast und 20 m/s Seilgeschwindigkeit bei Güterförderung aus 700 m Teufe gebaut[2].

Die Maschinenstärke ist nach den Erfordernissen bei der Anfahrt zu bemessen; dann ist zu prüfen, ob die Maschine in der ungünstigsten Stellung, d. h. mit einer Kurbel allein die beim Anheben, Verstecken, Überheben zu leistenden Drehmomente ausübt.

Die Fördermaschinen werden von Hand gesteuert. Es ist nicht nur die Fahrt zu steuern, sondern es ist auch zu manövrieren. Die Förderkörbe sind vorzusetzen und umzusetzen usw.

---

[1] Über die Lage der Fördermaschine zum Schacht, den Seilausgleich, die Ausführung der Trommeln und Treibscheiben, den Seilrutsch bei Koepeförderung sowie über die Kraft-, Geschwindigkeits- und Leistungsverhältnisse vgl. den vorhergehenden Abschnitt. Wegen elektrischer Fördermaschinen vgl. Abschnitt XVIII.

[2] Über Leistung und Dampfverbrauch vgl. Ziffer 158.

Bei der Vorwärtsfahrt, d. h. wenn der obere Teil der Trommel dem Maschinisten fortläuft, ist der Steuerhebel nach vorn auszulegen, bei der Rückwärtsfahrt nach hinten. Damit die hohen Fördergeschwindigkeiten im Zusammenhange mit den großen Massen nicht zur Gefahr werden, muß

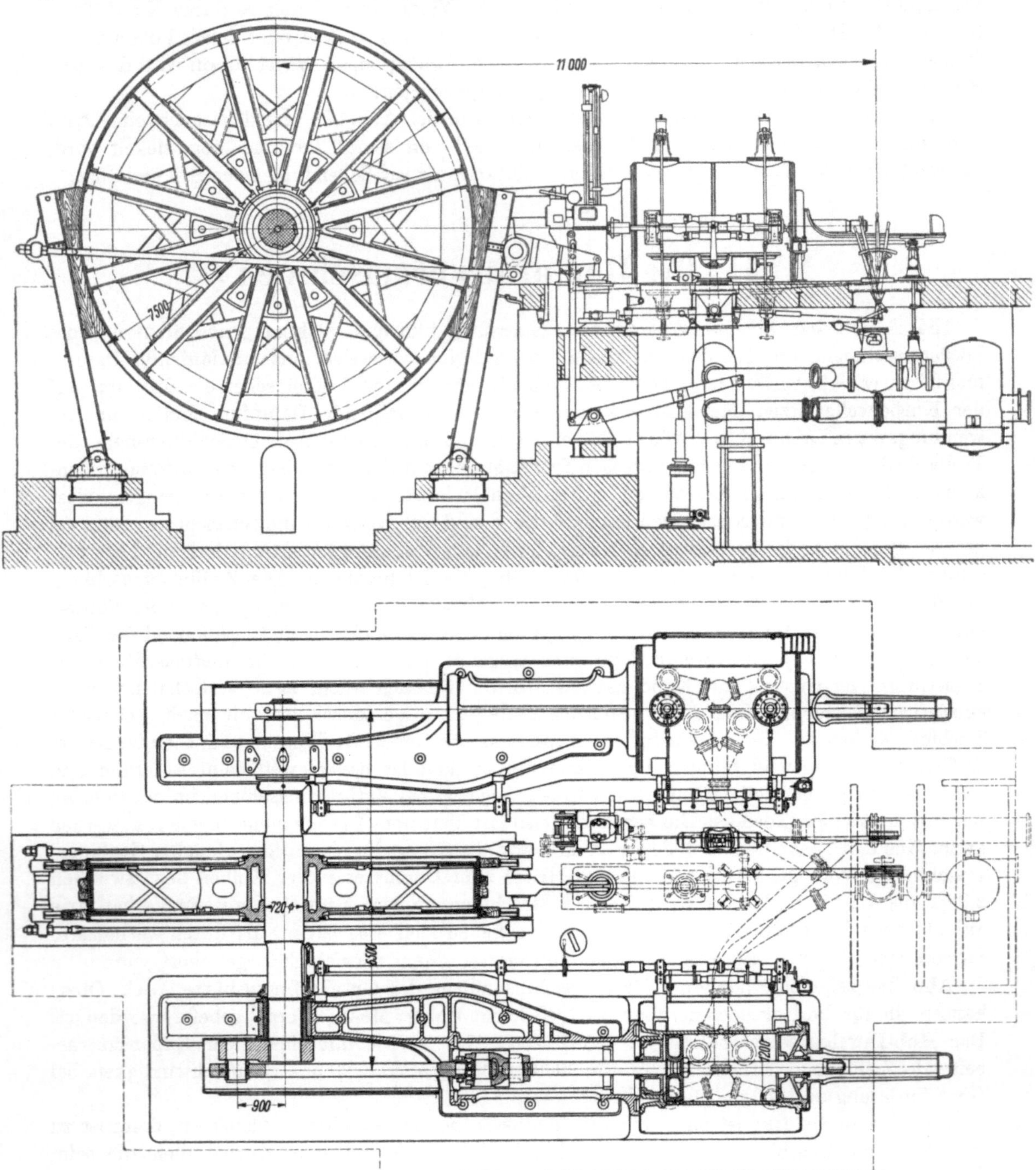

Abb. 289. Anordnung einer Zwillingsdampffördermaschine mit Treibscheibe.

der Fördermaschinist die Maschine sicher beherrschen. Der *Teufenzeiger* weist ihm, wie sich die Förderkörbe im Schachte bewegen. An einem *Geschwindigkeitsmesser* liest er die Geschwindigkeit ab, die auch von einem Geschwindigkeitsschreiber aufgezeichnet wird, um noch nachträglich die Fahrweise des Fördermaschinisten kontrollieren zu können. Um die Maschine zu hemmen, kann er mit der Steuerung Gegendampf geben. Außerdem ist die Fördermaschine mit einer starken *Bremse* ausgerüstet. Am gefährlichsten ist das *Übertreiben*, d. h. daß der Förderkorb zu hoch gezogen wird. Beim Übertreiben wird durch die Endauslösung die Bremse selbsttätig aufgeworfen. Das nützt allerdings nur, wenn die Fördergeschwindigkeit schon erheblich gemindert ist. Daß die Fördergeschwindigkeit nicht zu hoch wird und daß sie beim Auslauf der Fördermaschine allmählich abnimmt, erzwingt, wenn der Maschinist versagt, der *Fahrtregler*. — Die großen Fördermaschinen haben ausschließlich Ventilsteuerungen. Ursprünglich wurden die Ventile nur dur h Kulissensteuerungen bewegt; heute werden allgemein *Knaggensteuerungen* angewendet. Damit der Maschinist die Steuerung leicht verstellen kann, ist meist eine *Dampfsteuerung* vorgesehen. Wenn der Maschinist die Steuerung während der Fahrt in die Mittellage legt und dadurch alle Ventile schließt, wird der eingesperrte Dampf beim Rückgang des Kolbens verdichtet; um übermäßig hohe Drücke zu verhüten, soll der Dampf durch Überströmventile in die Leitung zurückgedrängt werden können. Bei Maschinen, die mit großer Füllung arbeiten, ist das besonders wichtig. Sind die Überströmventile zu klein, so können sie große Drucksteigerungen nicht verhüten.

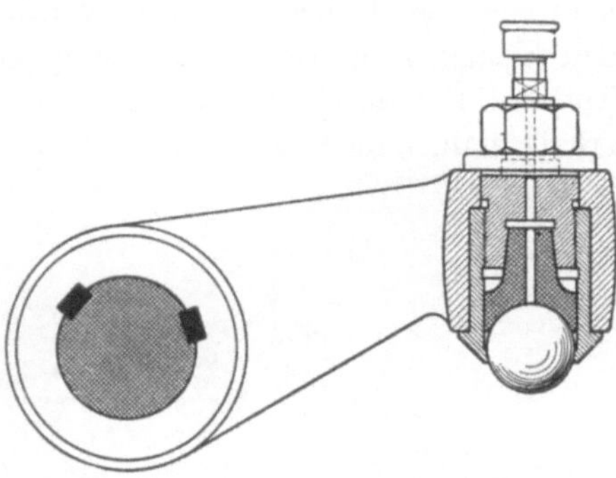

Abb. 290. Kugelkopf für Knaggensteuerung.

155. Knaggensteuerungen. Bei den Knaggensteuerungen werden die Ventile der Fördermaschine durch unrunde Körper, sogenannte Knaggen oder Nocken, angetrieben, die auf der

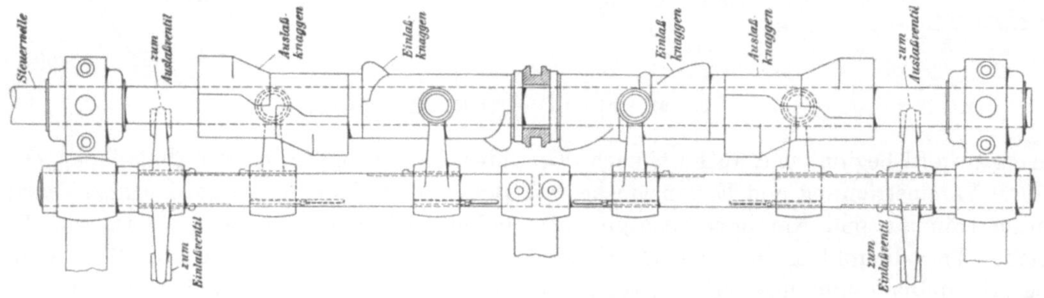

Abb. 291. Steuerwelle mit 8 Knaggen.

neben dem Zylinder liegenden Steuerwelle sitzen. Nockensteuerungen hat man auch bei gewöhnlichen Dampfmaschinen und bei Gasmaschinen. Das Besondere der bei den Fördermaschinen verwendeten Knaggensteuerungen ist, daß sich das Knaggenprofil nicht nur in radialer, sondern auch in axialer Richtung ändert, weswegen die von den Knaggen betätigten Antriebshebel der Ventile Kugelköpfe gemäß Abb. 290 haben. Der Maschinist verschiebt die Knaggen axial und ändert dadurch die Dampfverteilung je nach dem wirksamen Knaggenprofil.

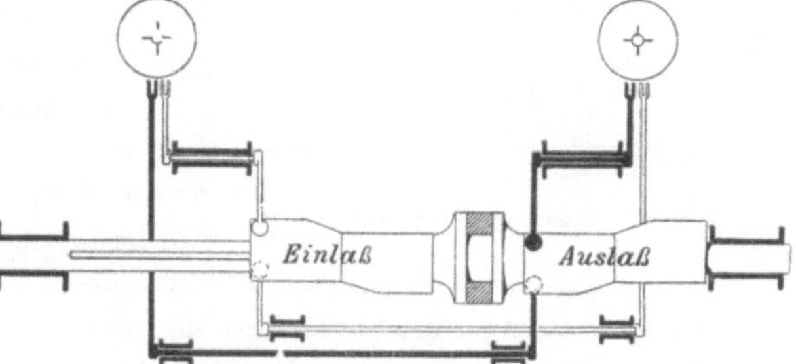

Abb. 292. Steuerwelle mit 4 Knaggen.

Bei Knaggensteuerungen ordnet man, wie bei der normalen Dampfmaschine, die Einlaßventile oben, die Auslaßventile unten am Zylinder an. Jedes Ventil braucht zwei Knaggen: eine Vorwärts- und eine Rückwärtsknagge, so daß zu einem Zylinder 8 Knaggen gehören. Abb. 291 (Isselburger Hütte) zeigt eine Steuerwelle mit 8 Knaggen. Man kommt aber mit 4 Knaggen aus, wenn man jede Knagge nach der schematischen Abb. 292 doppelt ausnutzt, indem dieselbe Knagge erst ein Ventil auf der einen Zylinderseite, dann, eine halbe Umdrehung später, das entsprechende Ventil auf der anderen Zylinderseite betätigt.

Vorwärts- und Rückwärtsknaggen liegen, im Querschnitt betrachtet, symmetrisch zueinander. Im linken Teile der Abb. 293 sind für eine Zylinderseite die Einlaß- und die Auslaßknagge für die Vorwärtsfahrt und im rechten Teile die Einlaß- und die Auslaßknagge für die Rückwärtsfahrt gezeichnet. Die Ventilhebel — es ist nur der Hebel des Einlaßventiles gezeichnet, während man sich den Hebel des Auslaßventils dahinter denken muß — liegen in der Symmetrielinie den Knaggen an. Bei der gezeichneten Lage der Steuerung befindet sich die Kurbel in einer Totlage. Die durch die Knagge je nach ihrem wirkamen Profile verursachte Dampfverteilung erhält man, indem man, wie es in der Abb. 293 dargestellt ist, die Punkte, wo das wirksame

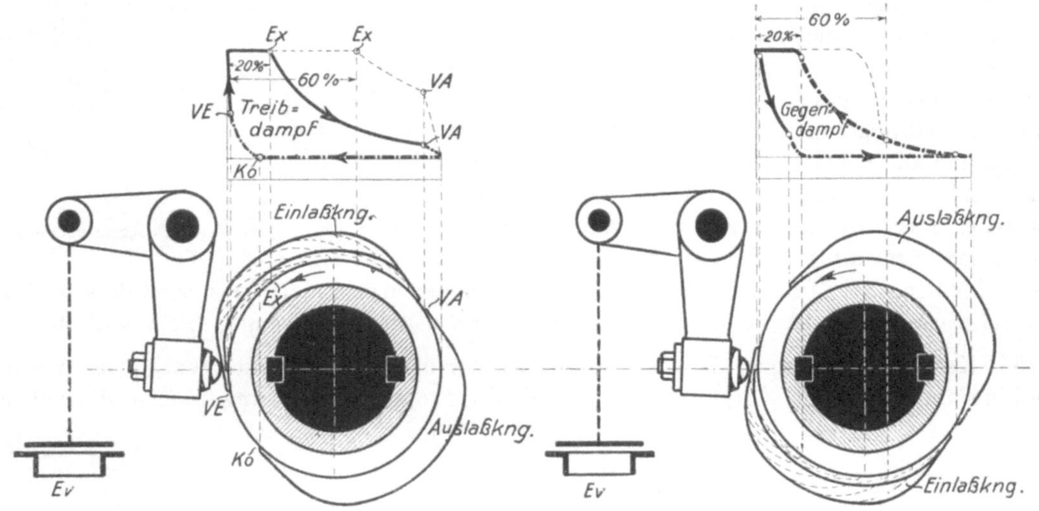

Abb. 293. Wirkungsweise der Knaggensteuerung.

Knaggenprofil beginnt und aufhört, nach oben lotet. Beginn und Ende der Einlaßknaggen bedeuten Voreinströmung und Expansionsbeginn, Beginn und Ende der Auslaßknaggen bedeuten Vorausströmung und Kompressionsbeginn. Im linken Teile der Abb. 293 ist veranschaulicht, welches Treibdampfdiagramm bei 20% und 60% Füllung entsteht, im rechten Teil, welches Gegendampfdiagramm man erhält, wenn man, während die Maschine weiter vorwärts läuft, die Rückwärtsknaggen vor die Ventilhebel schiebt. Mit Knaggensteuerungen erzielte günstige Gegendampfdiagramme, bei denen Dampf aus einem Dampfspeicher angesaugt, verdichtet und in die Leitung zurückgedrückt wird, zeigt Abb. 294.

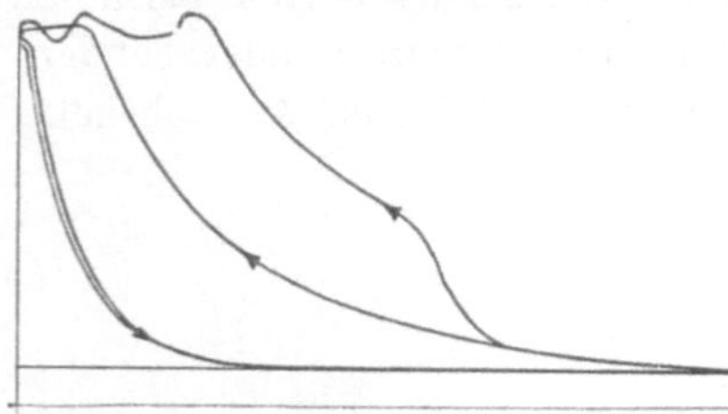

Abb. 294. Gegendampfdiagramme.

Während bei den Kulissensteuerungen die einzelnen Abschnitte der Dampfverteilung in gewisser Abhängigkeit voneinander sind, kann man bei den Knaggensteuerungen, bei denen jedes Ventil durch eine besondere Knagge angetrieben wird, die Dampfverteilung beliebig gestalten. Die ursprünglichen Knaggen waren aber so unvorteilhaft geformt, daß die gewollte Dampfersparnis nicht erreicht wurde; ferner waren die mit diesen Knaggen ausgerüsteten Fördermaschinen schwer zu regieren. Erst durch die Knaggen umgekehrter Form[1] wurden mit einem Schlage vorzügliche Dampfverteilung und bequeme Handhabung erreicht. In Verbindung mit Fahrtreglern wird eine Knaggenform gebraucht, die für das Manövrieren besondere Vorknaggen hat, auf welche die Fahrtknaggen folgen. Die drei Knaggenarten, die sich hauptsächlich in der Form der Einlaßknaggen unterscheiden, sind in der Abb. 295 in der Ansicht und im Querschnitt dargestellt. *E* sind Einlaß-, *A* sind Auslaßknaggen, *V* sind Vorwärts-, *R* sind Rückwärtsknaggen.

Die *alte* Knaggenform ist unter *III* dargestellt. Wenn man den Steuerhebel auslegt, hat man erst kleine, dann große Füllung; um zu manövrieren, muß man also weit auslegen. Mit Rücksicht

[1] DRP. 10237 vom Jahre 1879 (Buschmann).

auf das Manövrieren geben die Einlaßknaggen nur wenig Voreinströmung, die Auslaßknaggen nur wenig Vorausströmung und Kompression, so daß die Dampfverteilung schlecht ist. Bei der umgekehrten, unter *II* dargelegten Knaggenform erhält man, wenn man die Steuerung auslegt, erst volle Füllung ohne *VE* und ohne *VA* mit kleinem Ventilhub, dann große Füllung mit

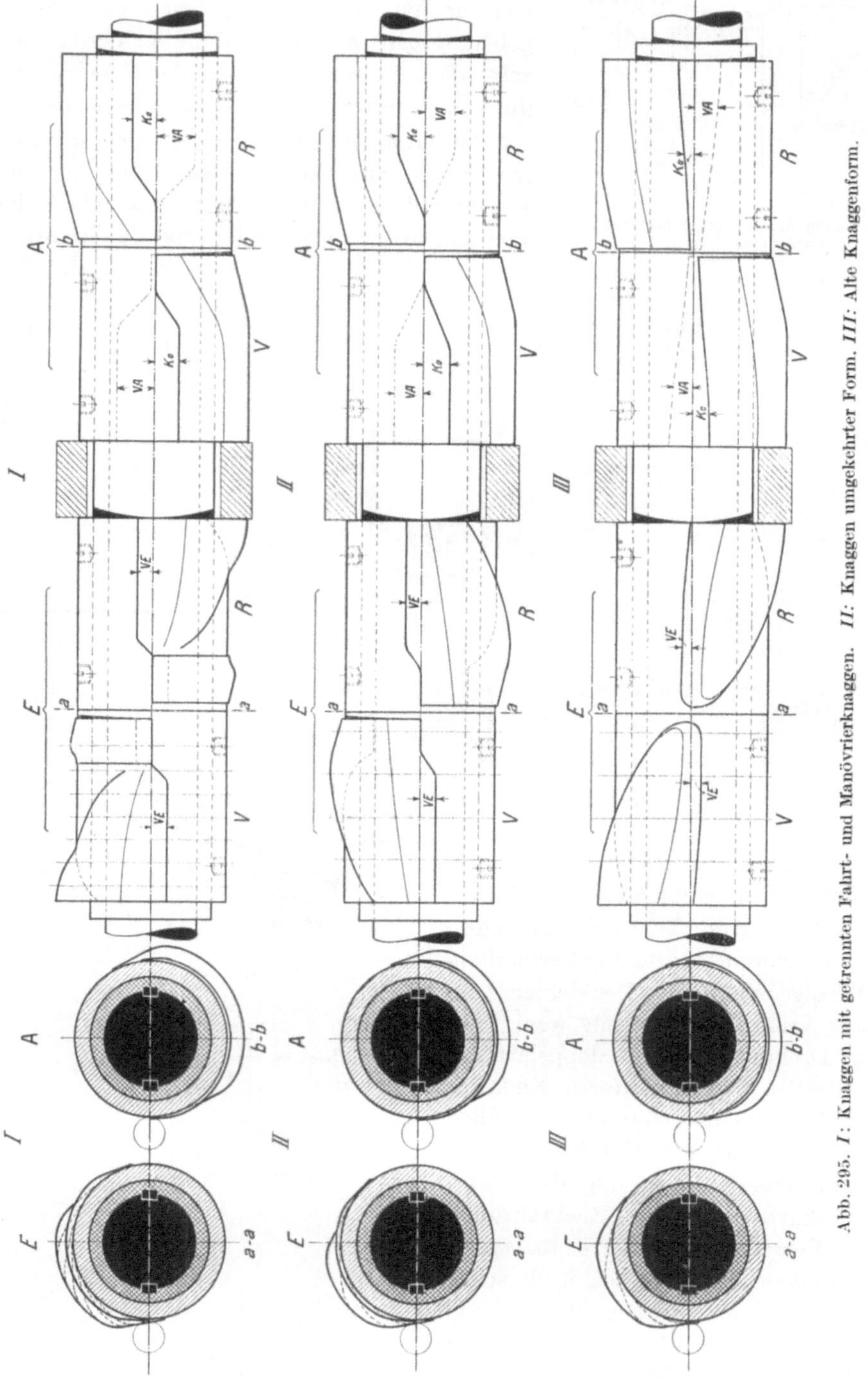

Abb. 295. *I*: Knaggen mit getrennten Fahrt- und Manövrierknaggen. *II*: Knaggen umgekehrter Form. *III*: Alte Knaggenform.

großem Ventilhub, aber mit *VE*, *VA* und *Ko*, dann nimmt die Füllung ab, bis sie bei größter Auslage den kleinsten Wert erreicht. Für mäßige Dampfdrücke und für Maschinen ohne Fahrtregler ist die umgekehrte Form sehr geeignet; beim Manövrieren braucht man die Steuerung nur wenig auslegen, und bei ganzer Auslage fährt die Maschine vorteilhaft mit Expansion. Die unter

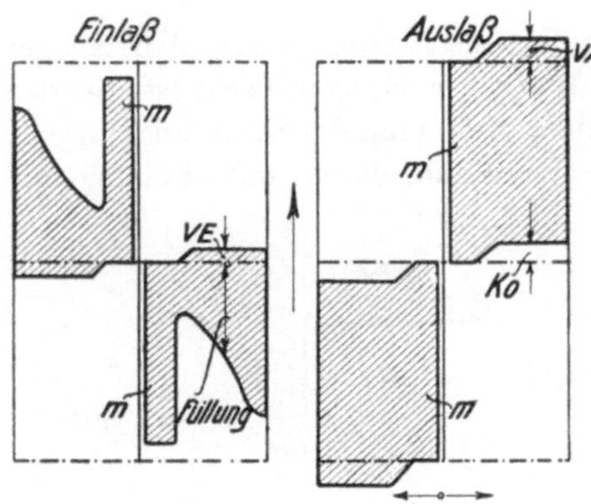

Abb. 296. Abwicklung der Knaggensteuerung mit Vorknaggen.

I dargestellte, in Verbindung mit Fahrtreglern gebräuchliche Knaggenform hat innen für das Manövrieren Vorknaggen, die volle Füllung mit kleinem Ventilhub geben und weder *VE* noch *VA* und *Ko* einstellen. Legt man weiter aus, kommen die Fahrtknaggen zur Wirkung, die erst kleine, dann große Füllung geben, dabei *VE* sowie *VA* und *Ko* einstellen. Abb. 296 zeigt diese Knaggenform in der Abwicklung; *m* sind die zum Manövrieren dienenden Vorknaggen.

156. Die Dampfsteuerung. Bei großen Fördermaschinen wird in der Regel eine Dampfsteuerung angeordnet, so daß der Maschinist nicht die Fördermaschinensteuerung, sondern nur den leichtbeweglichen

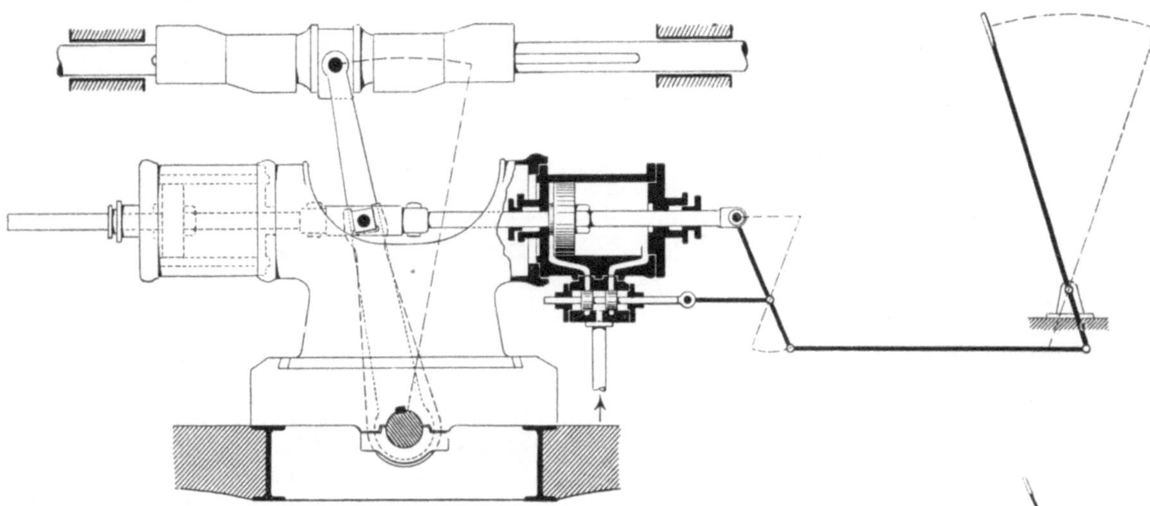
Abb. 297. Dampfsteuerung der Fördermaschine.

Kolbenschieber eines Dampfzylinders zu verstellen hat, dessen Kolben die Fördermaschinensteuerung verstellt. Abb. 297 (Prinz-Rudolph-Hütte) zeigt die Dampfsteuerung in Verbindung mit einer Knaggensteuerung. Der Schieber des Hilfszylinders greift an dem ein wenig verschiebbaren Drehpunkt eines doppelarmigen Hebels an, der an seinem unteren Ende mit dem Steuerhebel, am oberen mit der Kolbenstange des Hilfszylinders verbunden ist. Bewegt man den Steuerhebel, so folgt der Kolben des Dampfzylinders dank der „Rückführung", die durch die Verbindung mit der Kolbenstange des Dampfzylinders geschaffen ist, in derselben Weise, wie es bei den indirekten Reglern, vgl. Ziffer 78, dargelegt war. Abb. 298 veranschaulicht den Verstellvorgang im einzelnen. Wird der Hilfszylinder, wie es bei den Dampffördermaschinen immer der Fall ist, mit Dampf betrieben, so muß er, damit die Steuerung ruhig arbeitet, mit einem Dämpfungszylinder ver-

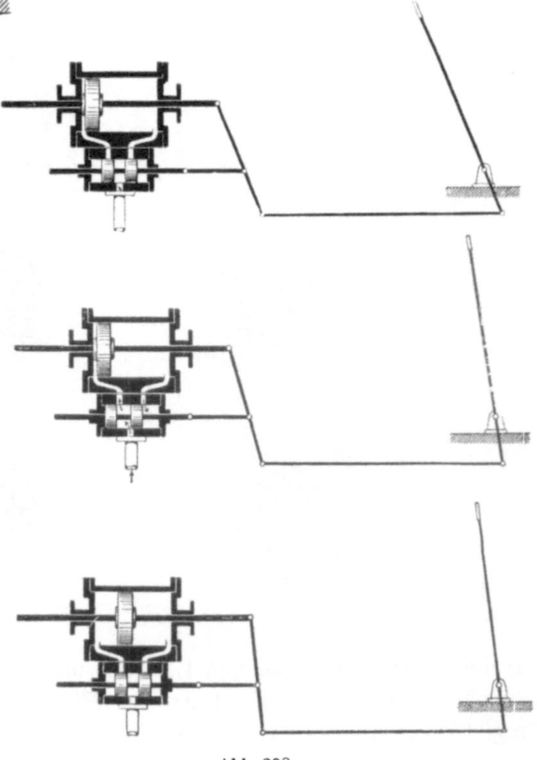
Abb. 298.

bunden werden, in dem durch eine einstellbare Überströmöffnung Öl von einer zur anderen Zylinderseite gepreßt wird.

157. Die Getriebe-Dampffördermaschine. Die Anordnung einer Getriebe-Dampffördermaschine wird durch Abb. 299 veranschaulicht. Als Antrieb dient eine schnellaufende Dampfmaschine, die als Drillingsmaschine mit einstufiger Dampfdehnung und mit um 120° gegeneinander versetzten Kurbeln gebaut ist. Zwischen Dampfmaschine und Treibscheibe ist ein in Öl laufendes Zahnradgetriebe geschaltet, das die Drehzahl der schnellaufenden Kurbelwelle auf die Drehzahl der langsamlaufenden Treibscheibenwelle herabmindert. Derartige Getriebe haben sich bereits in mehrjährigem Betriebe einwandfrei bewährt und sind auch schon seit langer Zeit für elektrische Fördermaschinen in Gebrauch, so daß keine Bedenken gegen ihre Anwendung bestehen.

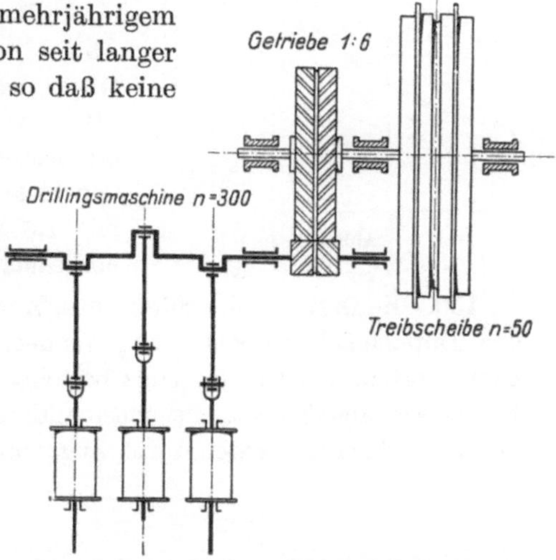

Abb. 299. Anordnung einer Getriebefördermaschine mit Antrieb durch schnellaufende Drillingsmaschine.

Bei den schnellaufenden Dampfmaschinen wird mit Dampfdrücken von 30 bis 40 ata und kleiner Füllung gearbeitet und dadurch eine weit bessere Dampfausnutzung als bei den langsamlaufenden, mit niedrigen Drücken arbeitenden Fördermaschinen mit unmittelbarem Antrieb erreicht. Bei den langsamlaufenden Maschinen geht man mit Rücksicht auf den Ungleichförmigkeitsgrad nicht auf kleinere Füllungen als etwa 15%. Der günstigste Dampfdruck beträgt bei dieser Füllung 12 ata. Die schnellaufende Maschine hat infolge der Kurbelversetzung um 120° und durch die Zwischenschaltung des Getriebes einen so geringen Ungleichförmigkeitsgrad an der Treibscheibe, daß die kleinste Füllung unbedenklich bis auf 5% herabgesetzt werden kann. Je nach dem Gegendruck ergibt sich dann der günstigste Betriebsdruck zwischen 30 und 40 ata. Abb. 300 zeigt den Unterschied der Dampfdiagramme beider Maschinenarten für die kleinsten Füllungen. Durch die günstigere Ausnutzung läßt sich der Dampfverbrauch von 12 bis 14 kg/Schacht-PSh (Dampf von 10 bis 12 ata) bei der langsamlaufenden auf 8 bis 9 kg/Schacht-PSh (Dampf von 30 bis 40 ata) bei der schnellaufenden Fördermaschine herunterdrücken.

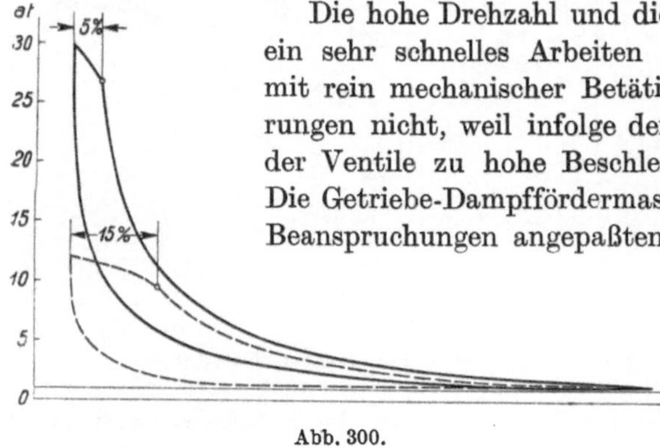

Abb. 300.

Die hohe Drehzahl und die kleine Füllung der Dampfmaschine bedingen ein sehr schnelles Arbeiten der Ventile. Die normale Knaggensteuerung mit rein mechanischer Betätigung der Ventile genügt den hohen Anforderungen nicht, weil infolge der kurzen Zeiten für das Öffnen und Schließen der Ventile zu hohe Beschleunigungs- und Verzögerungskräfte entstehen. Die Getriebe-Dampffördermaschinen werden deshalb mit eigens den hohen Beanspruchungen angepaßten Öldrucksteuerungen ausgerüstet.

Der besondere Vorteil der Getriebe-Fördermaschine ist neben der größeren Wirtschaftlichkeit im Dampfverbrauch die bereits erwähnte geringe Ungleichförmigkeit im Gange der Treibscheibe. In dieser Hinsicht ist sie der elektrischen Fördermaschine gleichwertig, der sie auch in der Bergpolizeiverordnung sicherheitlich gleichgestellt ist. Die Treibscheiben benötigen ein geringeres Schwungmoment, d. h. sie können leichter gebaut werden, ohne daß der ruhige Gang der Maschine leidet. Die große Gleichförmigkeit vermindert weiterhin die Seilschwingungen und verlängert dadurch die Lebensdauer des Förderseiles. Der ruhige und sicher beherrschte Gang macht die Getriebe-Dampffördermaschine besonders für Gefäßförderungen geeignet, weil sie ein sehr genaues und gleichmäßiges Einfahren in die Hängebank ermöglicht, was für die Betätigung der Gefäßbedienungsvorrichtung besonders wichtig ist. Steuerungsfehler machen sich wegen der Übersetzung weniger bemerkbar als bei Fördermaschinen ohne Getriebe.

158. Der Dampfverbrauch der Fördermaschinen. Alte Fördermaschinen mit unzweckmäßigen Steuerungen brauchten bis 50 kg Dampf für die Schachtpferdestunde[1]. Durch die Steuerungen mit Knaggen umgekehrter Form[2], die günstige Dampfverteilung ermöglichen, wurde der Dampfverbrauch auf die Hälfte herabgedrückt. Bei modernen, gemäß Abb. 301 gut geregelten Zwillingsauspuffmaschinen, die mit hochgespanntem, überhitztem Dampf betrieben werden, sind bei flotter Förderung 11 bis 14 kg, bei Zwilllingsverbundmaschinen mit Kondensation noch weniger Dampfverbrauch für die Schachtpferdestunde erreichbar. Der Auspuffdampf der Zwillingsmaschine ist in Abdampfturbinen oder für Heizzwecke ausnutzbar. Die in Abb. 289 dargestellte Fördermaschine der Schachtanlage Robert Müser hat bei 700 m Teufe eine stündliche Förderleistung von 319 t. Beim Auspuff ins Freie ist der Verbrauch für die Schachtpferdestunde 12,5 kg Dampf von 9 atü, 250° C oder 10,5 kg Dampf von 11 atü, 350° C. Wird die Maschine an eine Abdampfanlage mit 1,3 ata Gegendruck angeschlossen, so steigt der Dampfverbrauch für die Schachtpferdestunde auf 13,0 bzw. 11,0 kg.

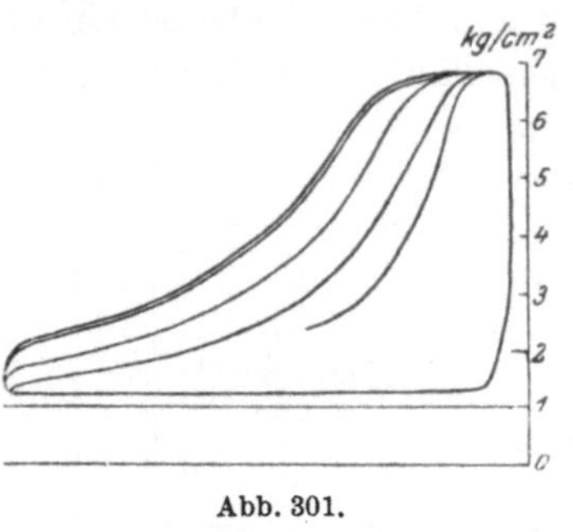

Abb. 301.

159. Die Bremsen der Fördermaschinen. Bei den großen Fördermaschinen werden ausschließlich Doppelbackenbremsen angewendet. Es sind immer 2 Bremskränze, also 2 Bremsbackenpaare vorhanden. Die aus Holz bestehenden Bremsbacken sind in schrägstehenden Stützen aus Profileisen angebracht, die auseinanderstreben, wenn die Bremsbacken nicht angepreßt sind. Die Bremsbacken werden durch Zugstangen zusammengezogen, welche durch den in den Bremsstützen gelagerten Bremshebel mit großer Übersetzung gespannt werden. Ist der Bremshebel ein Winkelhebel wie bei den in den Abb. 302, 305 und 310 dargestellten Anordnungen, so werden die Bremsbacken mit gleicher Kraft angepreßt.

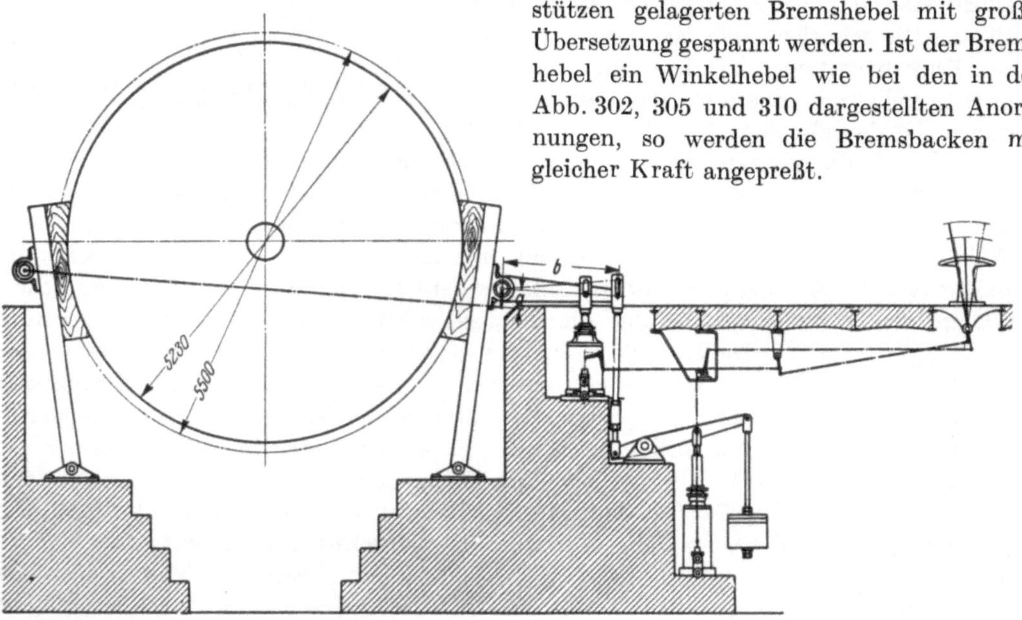

Abb. 302. Dampfbremse in Verbindung mit Fallgewichtsbremse (Isselburger Hütte).

Am langen Arme des Bremshebels greifen der Dampfzylinder der *Fahrbremse* und das Fallgewicht der *Sicherheitsbremse* an, vgl. auch die späteren Abb. 310 und 312. Beim Manövrieren arbeitet der Maschinist mit der Dampfbremse, deren Steuerung er durch den Bremshebel betätigt. Das Fallgewicht wird von einem Haltezylinder hochgehalten, solange unter dessen Kolben Dampf steht. Wird der Dampf durch die vom Führerstande aus zu betätigende Steuerung abgelassen, so geht der Kolben des Haltezylinders nebst dem Fallgewicht nieder, wodurch die Bremse aufgelegt wird. Wenn die Dampfbremse versagt oder wenn sie instand gesetzt wird, ist die Fallgewichtbremse aufzulegen.

---

[1] Die Schachtpferdestunde wird auf die gehobene Nutzlast bezogen. — [2] Vgl. Ziffer 155.

Es kommt auch vor, z. B. beim Übertreiben, daß der Bremszylinder und das Fallgewicht mit vereinten Kräften die Bremsbacken anpressen. Um das Fallgewicht zu heben, läßt man in den Hubzylinder wieder Dampf einströmen. Sinkt der Dampfdruck zu weit oder verschwindet er infolge Rohrbruches, so geht das Fallgewicht selbsttätig nieder.

Die Dampfbremse wird als Einlaß- oder als Auslaßbremse ausgeführt. In den Abb. 302, 303 und 312 sind *Einlaßbremsen* dargestellt. Abb. 304[1] zeigt eine Auslaßbremse. Bei der gezeichneten *Auslaßbremse* wird die Bremse aufgelegt, wenn der unter dem Drucke des Frischdampfes stehende Kolben des Bremszylinders nach rechts getrieben wird, indem auf der entgegengesetzten Zylinderseite durch die vom Bremshebel bewegte Steuerung der Dampf abgelassen wird.

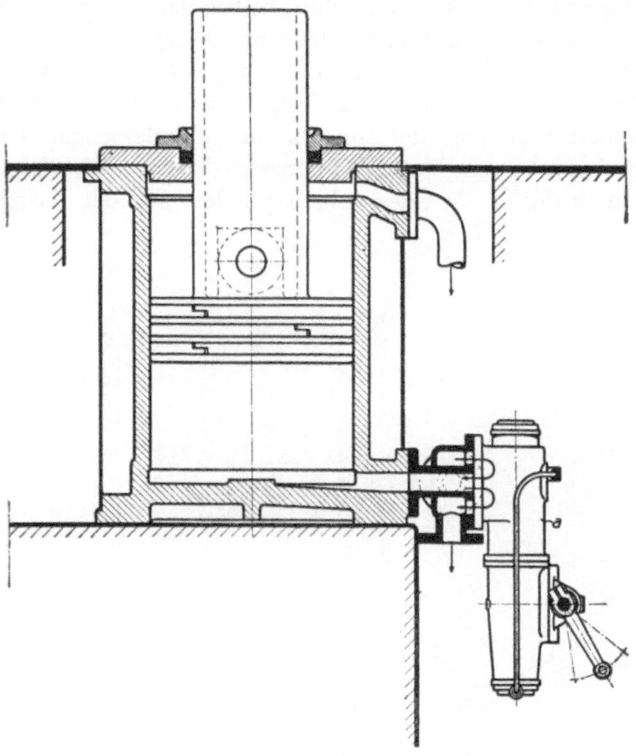

Abb. 303. Einlaßbremszylinder mit Bremsdruckregler.

Abb. 305 zeigt die Anordnung der schnellschließenden Fahr- und Sicherheitsbremse der Siemens-Schuckert-Werke, die ursprünglich für Drehstromfördermaschinen bestimmt war, aber heute auch als Dampffördermaschinenbremse gebraucht wird. Sie besteht im wesentlichen aus dem Fahr- und Sicherheitsbremszylinder, dessen Kolben sowohl beim Arbeiten der Bremse als Fahr- wie als Sicherheitsbremse in Tätigkeit tritt. Die Steuerung dieses Kolbens erfolgt über den Bremsdruckregler (vgl. Ziffer 160). Auf dem Kolben ist der Drehpunkt des Hebels a gelagert, an dessen einem Ende das Fallgewicht der Sicherheitsbremse angreift, das durch den Halte-

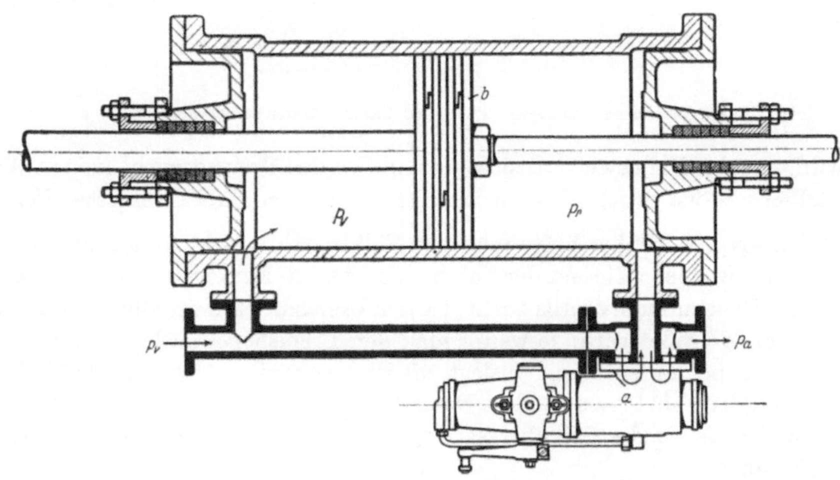

Abb. 304. Auslaßbremszylinder mit Bremsdruckregler.

zylinder in der Schwebe gehalten wird. Am anderen Ende greift die Verbindung zum Hauptbremshebel b an. Soll die Bremse als *Fahrbremse* arbeiten, so wird entsprechend der Auslage des Fahrbremshebels ein bestimmter Druck im Arbeitszylinder eingestellt, der den Kolben hebt,

[1] p_v = Frischdampf- oder Volldruck, p_r = geregelter Druck (vgl. Abb. 307).

wobei sich der Hebel a um den rechten Endpunkt dreht, der vom Haltezylinder festgelegt ist. Durch den Hebel b wird dabei die Bremse angezogen. Arbeitet die Bremse als *Sicherheitsbremse*, so wird der Druck aus dem Haltezylinder abgelassen, während gleichzeitig durch den Druckregler Druck unter den Arbeitskolben gegeben wird. Damit wird gewissermaßen der Drehpunkt des Hebels a am Arbeitskolben zum Festpunkt, und die Bremskraft wird *nur* durch das Bremsgewicht bestimmt. Beim gleichzeitigen Arbeiten als Fahr- und als Sicherheitsbremse kann also höchstens der durch das Fallgewicht festgelegte Bremsdruck wirksam werden, wodurch zu scharfes Bremsen der Maschine und Überlastungen der Bremsgestänge vermieden werden. Ein weiterer Vorteil der SSW-Bremse liegt darin, daß infolge der kurzen Schließzeit der Bremsbacken durch den Kolben des Arbeitszylinders und der geringen bewegten Massen die Bremse bereits

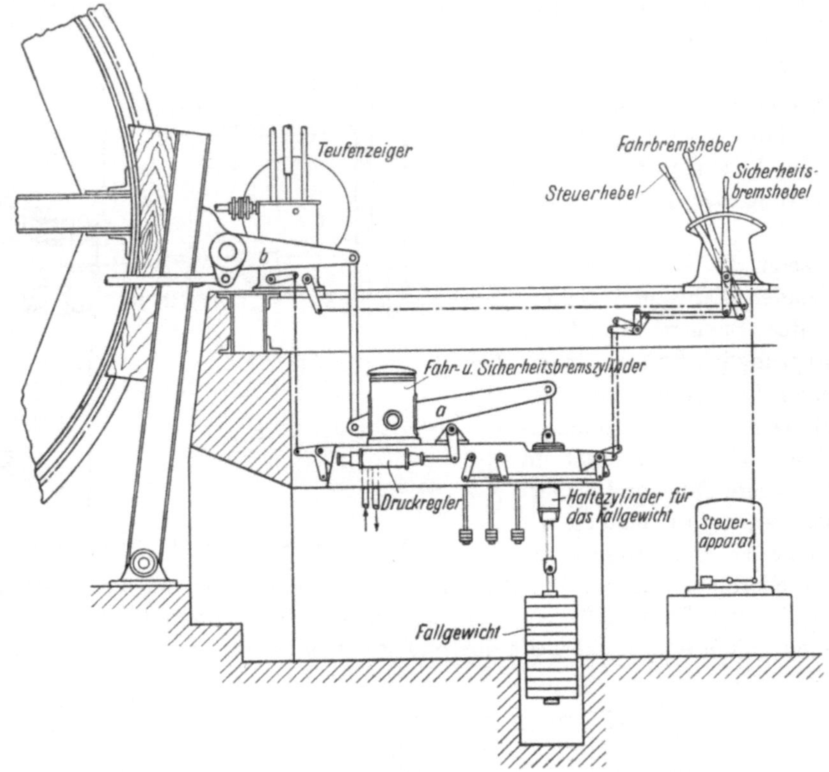

Abb. 305. Schnellschließende Fahr- und Sicherheitsbremse der SSW.

geschlossen wird, ehe das Fallgewicht absinken kann. Da das Bremsgewicht keinen Weg zurücklegt, sind schädliche Stöße durch Massenwirkungen vermieden, trotz kürzester Schließzeit.

160. Bremsdruckregler. Früher hatte man nur Volldruckbremsen, so daß man es nach Möglichkeit vermied, die Bremse während der Fahrt aufzuwerfen. Mit einem Bremsdruckregler aber, der nach Art eines Druckminderventils wirkt, ist der Bremsdruck einstellbar derart, daß er erst gering ist, dann um so größer wird, je weiter man den Bremshebel auslegt. Man kann also, indem man den Bremshebel nur ein wenig auslegt, die Bremse sanft auflegen, so daß kein Bedenken besteht, sie während der Fahrt anzuwenden. Nach den bergpolizeilichen Vorschriften müssen alle Fördermaschinen, bei denen die Seilfahrtgeschwindigkeit 4 m/s übersteigt, regelbare Bremsen (Schleifbremsen) haben.

In Abb. 306 ist der Schönfeldsche Bremsdruckregler in der für Einlaßbremsen bestimmten Form schematisch dargestellt. Es sind zwei Schieber vorhanden: der innere a, der durch den Bremshebel bewegt wird und dessen Stellung die Größe des Bremsdruckes bestimmt, und der äußere Schieber b mit dem Bunde c. Auf die innere Stirnfläche des Bundes c wirkt der geregelte Bremsdruck p_r, während die äußeren Stirnflächen beider Schieber unter atmosphärischem Drucke stehen. Die Feder d wirkt dem von innen auf den Bund c ausgeübten Überdruck entgegen und bringt den äußeren Schieber b, wenn der innere Schieber a verstellt worden ist, in die durch die Abb. 306 gekennzeichnete Lage, bei welcher der Bund II des inneren Schiebers die zum Bremszylinder führenden Öffnungen des äußeren Schiebers überdeckt und bei der sich im Bremszylinder ein Druck einstellt, welcher der Spannung der Feder d entspricht und der gehalten wird, auch wenn der Frischdampfdruck schwankt. Verstellt man Schieber a z. B. nach links, so strömt aus dem Bremszylinder Dampf ab, und Schieber b wird nach links getrieben, bis er den Auslaß absperrt, wobei p_r in dem Maße zurückgeht, wie sich die Feder d entspannt.

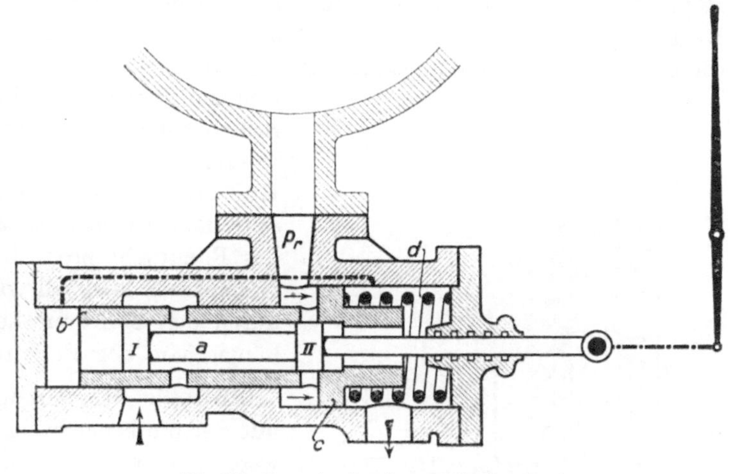

Abb. 306. Bremsdruckregler von SCHÖNFELD.

Abb. 307 zeigt den Iversenschen Bremsregler in der für Auslaßbremsen bestimmten Form. Wie der Bremsregler a am Bremszylinder angebracht ist, veranschaulicht Abb. 304. Der Frischdampfdruck (Volldruck) p_v treibt, um die Bremse anzuziehen, den Bremskolben b nach rechts. Auf der entgegengesetzten Kolbenseite wirkt der geregelte Druck p_r. Je größer der Druckunterschied $p_v - p_r$, um so stärker wird gebremst. Dieser Druckunterschied wird durch den Bremsregler eingestellt und gehalten, auch wenn sich der Frischdampfdruck ändert. Auf die äußeren Stirnflächen des Schiebers A (Abb. 307) und des Hilfskolbens B wirkt der Frischdampfdruck p_v, auf die inneren wirken der geminderte Druck p_r und die Kraft der Feder F, die der Maschinist durch den mit dem Bremshebel verbundenen Hebel H mehr oder weniger zusammendrückt. Ist f der der Federspannung entsprechende Dampfdruck, so ist Gleichgewicht, wenn $p_v = p_r + f$ oder $p_v - p_r = f$ ist. Wird die Feder des Bremsreglers stärker gespannt, indem man den Kolben B nach links schiebt, so öffnet der Schieber A den Auslaß D so lange, bis p_r um ebensoviel kleiner geworden ist wie f größer. Steigt der Frischdampfdruck, so schiebt er den Schieber A nach rechts, so daß frischer Dampf in den Raum mit dem geregelten Druck eintritt, so lange, bis wieder $p_v - p_r = f$ ist. Der wirksame Bremsdruck ist also, auch wenn der Frischdampfdruck schwankt, durch die Spannung der Feder f bestimmt. Die Anwendung bei der Einlaßbremse zeigt Abb. 303.

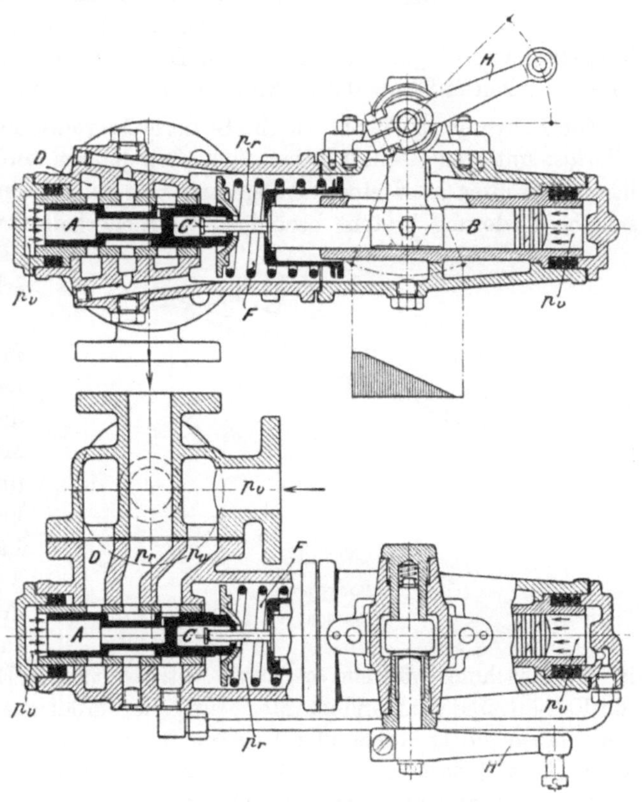

Abb. 307. Bremsdruckregler von IVERSEN.

Im Gegensatz zu diesen einachsigen Anordnungen ist der Bremsdruckregler der Prinz-

Rudolph-Hütte nach Abb. 308 zweiachsig ausgeführt, so daß der Steuerschieber a parallel zum Regelzylinder b liegt. Wird der Punkt c des sich um den zunächst festliegenden Punkt d drehenden Hebels e abwärts bewegt, so öffnet der Schieber a den Dampfeintritt zum Bremszylinder. Dieser steht über den durchbohrten Kolben f mit dem Innenraum des von einer Feder g belasteten Regelzylinder b in Verbindung. Mit steigendem Dampfdruck wird der Zylinder b gehoben, wobei die Federspannung zunimmt. Mit dem Zylinder hebt sich auch der in d angelenkte Hebel e, der sich um den jetzt festliegenden Punkt c dreht und den Schieber a wieder in die Abschlußstellung zurückführt, worauf die Bremse weiter betätigt werden kann. Der Hub des Zylinders b und die Federspannung sind einerseits dem Bremsdruck, andererseits aber auch dem Weg des Punktes c proportional. Damit ist also auch der Bremsdruck lediglich von der Verstellung des Punktes c durch den Fahrbremshebel abhängig und völlig unabhängig von der Eintrittsspannung des Dampfes.

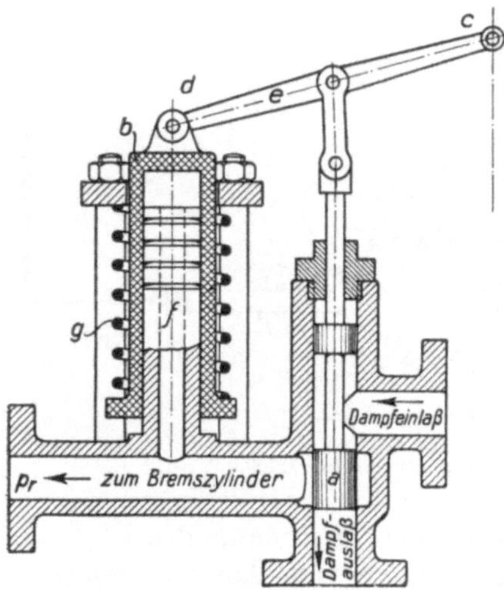

Abb. 308. Bremsdruckregler der Prinz-Rudolph-Hütte.

161. Die Berechnung der Bremsen[1]. Aus der Kraft, mit der die Bremsbacken gegen den Bremskranz gepreßt werden, rechnet sich die Bremskraft, indem man die Anpressungskraft mit der Reibungszahl multipliziert. Meist ist der Bremskranz ein wenig kleiner als der von Seilmitte zu Seilmitte gemessene Durchmesser der Trommel oder der Treibscheibe. Dann ist die Bremskraft auf den Trommel- oder Treibscheibendurchmesser nach dem umgekehrten Hebelverhältnis umzurechnen. Die Reibungszahl ist bei glatt geschlichteten Bremskränzen mit $\mu = 0{,}4$ und bei nicht abgedrehten Bremskränzen mit $\mu = 0{,}3$ in Anrechnung zu bringen.

Die Fahrbremse sowohl wie die Sicherheitsbremse müssen die *größte* vorkommende statische *Überlast* mit wenigstens 3facher Sicherheit halten; außerdem muß die Fahrbremse beim Einhängen größter Last eine Verzögerung von mindestens 2 m/s² bewirken können. Für Treibscheibenförderung besteht bezüglich der Sicherheit der Sicherheitsbremse die Einschränkung, daß die Seilrutschgrenze nicht überschritten werden darf[2].

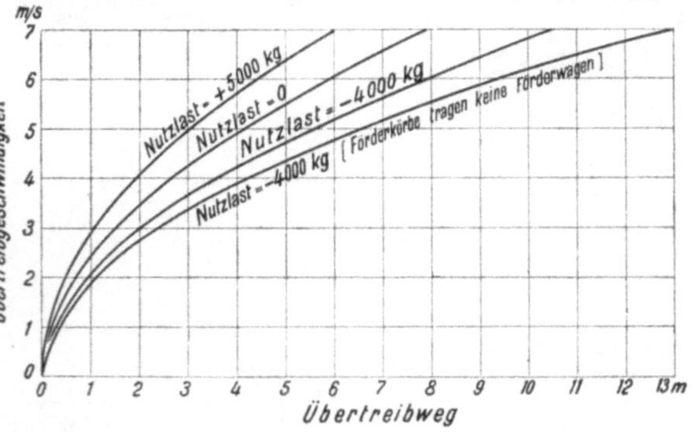

Abb. 309.

Die durch Bremsung erzwungene *Verzögerung* ist aus der auf das Seil bezogenen Bremskraft P und aus der Größe m der auf das Seil bezogenen bewegten Massen zu rechnen. Ist z. B. $P = 18000$ kg und $m = 6000$ kg s²/m, so ist die Bremsverzögerung $b = 18000 : 6000 = 3$ m/s². Fällt die Bremse bei v m/s Geschwindigkeit auf, so ist der Bremsweg $= v^2 : 2b$ m. Außer der Bremse hemmen positive Nutzlast und die Reibung im Schachte und in der Maschine, während negative Nutzlast treibt. Erhält die Maschine noch Dampf, liegen die Verhältnisse ganz anders. Meist sind die Fördermaschinen so stark, daß sie beim Einhängen von Lasten die Trommel oder Treibscheibe unter der Bremse durchziehen. Wie weit die Förderkörbe beim Überfahren der Hängebank übergetrieben werden, hängt außer von der Übertreibgeschwindigkeit davon ab, wie die Förderkörbe belastet sind und ob die Maschine noch vom Dampf getrieben wird oder nicht. Bei einer dampflos übergetriebenen Koepeförderung ergaben sich etwa die in Abb. 309 dargestellten Verhältnisse.

[1] Vgl. H. Herbst: Berechnungen auf Anträge auf Seilfahrtgenehmigung. Fördermaschinenbremsen. Bergbau 1928 S. 609. — [2] Vgl. Ziffer 142.

Für die Berechnung der Bremsen nach Abb. 310 mögen folgende Bezeichnungen gelten:

K Kolbenkraft des Bremszylinders der Fahrbremse,
A Fallgewicht der Sicherheitsbremse,
D_B Durchmesser des Bremskranzes,
D_T Durchmesser der Trommel oder Treibscheibe (auf Seilmitte bezogen),
μ Reibungszahl für Bremskränze (= 0,4 bzw. 0,3),
G größte Nutzlast (Überlast) eines Korbes,
m auf Seilmitte bezogene Summe aller bewegten Massen,
I bis XI Hebellängen lt. Schema.

Die Bremskraft wird durch Zapfenreibung im Gestänge und weiterhin dadurch verringert, daß einzelne Hebel durch ihr Eigengewicht der Bremskraft entgegenwirken, was bei der Rechnung durch einen Bremswirkungsgrad η berücksichtigt wird.

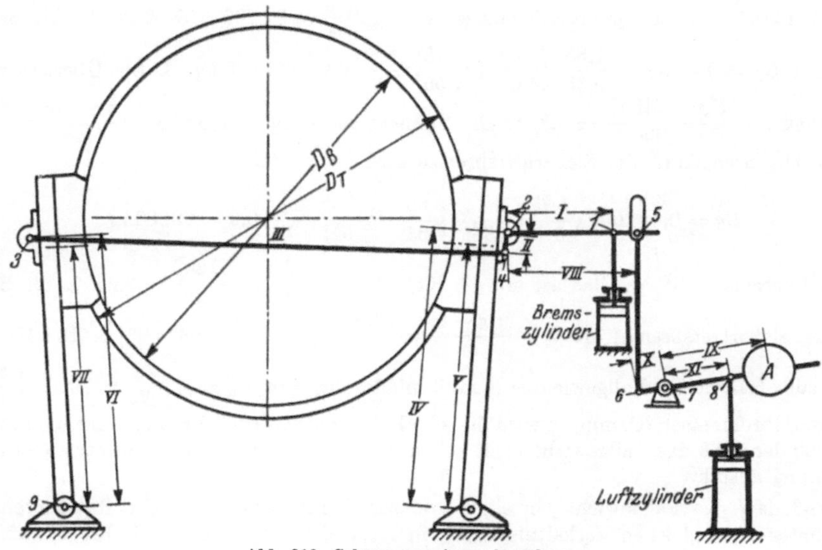

Abb. 310. Schema zur Bremsberechnung.

Die Summe der bewegten Massen ist $m = \frac{2(F + W + T + G_{S_{red}}) + G_{T_{red.}} + G}{g}$. Hierin bedeuten:

F Gewicht eines Förderkorbes mit Zwischengeschirr,
W Gewicht der leeren Wagen auf einem Korb,
T Gewicht von Seil + Unterseil in einem Fördertrum,
$G_{S_{red.}}$ Gewicht einer Seilscheibe, auf Seilmitte bezogen,
$G_{T_{red.}}$ Gewicht der Trommel oder Treibscheibe, auf Seilmitte bezogen,
G größte Nutzlast (Überlast).

Für die *Fahrbremse* ergibt sich dann die auf Seilmitte bezogene Bremskraft

$$B_F = \mu K \cdot \frac{I}{II} \cdot \left(\frac{IV}{V} + \frac{VI}{VII}\right) \frac{D_B}{D_T} \eta .$$

Bei 3facher Sicherheit gegen die größte Überlast muß sein

$$B_F \geqq 3 \cdot G .$$

Die Bremskraft B_F bewirkt die Bremsverzögerung $b_F = \frac{B_F - G}{m}$, wenn die Nutzlast der Bremskraft entgegen gerichtet ist.

Die Bremskraft der *Sicherheitsbremse* (Fallgewichtsbremse) wird entsprechend

$$B_S = \mu A \cdot \frac{IX}{X} \cdot \frac{VIII}{II} \cdot \left(\frac{IV}{V} + \frac{VI}{VII}\right) \frac{D_B}{D_T} \eta .$$

Für Trommelmaschinen besteht wieder die Beziehung

$$B_S \geqq 3 \cdot G,$$

während bei Treibscheibenmaschinen B_S so gewählt werden muß, daß die hervorgerufene Verzögerung nicht die Grenzverzögerung b_2 überschreitet, bei der Seilrutsch eintritt (vgl. Ziffer 142). Die Bremsverzögerung muß werden

$$b_S = \frac{B_S - G}{m} \leqq b_2.$$

Beispiele.

I. Es seien die folgenden Werte der Bremsen einer Trommelfördermaschine gegeben: Bremszylinderdurchmesser 300 mm, geringster Dampfdruck im Bremszylinder $p = 8$ atü, größte Nutzlast $G = 6800$ kg, $D_T = 7$ m, $D_B = 6{,}8$ m, $A = 1000$ kg, $\mu = 0{,}4$ m, $m = 7400$ kg s²/m, $\mu = 0{,}9$; Hebellängen: $I = 1{,}85$ m, $II = 0{,}35$ m, $IV = 4{,}85$ m, $V = 4{,}65$ m, $VI = 4{,}75$ m, $VII = 4{,}55$ m, $VIII = 2{,}30$ m, $IX = 1{,}85$ m, $X = 0{,}40$ m, $XI = 1{,}15$ m.

1. Die Kolbenkraft des Fahrbremszylinders ist $K = pd^2 \frac{\pi}{4} = 8 \cdot 707 = 5656$ kg. 2. Die Bremskraft der Fahrbremse wird $B_F = 0{,}4 \cdot 5656 \cdot \frac{1{,}85}{0{,}35} \cdot \left(\frac{4{,}85}{4{,}65} + \frac{4{,}75}{4{,}55}\right) \cdot \frac{6{,}8}{7} \cdot 0{,}9 = 21\,800$ kg. 3. Die Überlast wird gehalten mit der Sicherheit $\nu = \frac{B_F}{G} = \frac{21800}{6800} = 3{,}2$. 4. Die Bremsverzögerung beträgt $b_F = \frac{B_F - G}{m} = \frac{21\,800 - 6800}{7400}$ $= 2{,}03$ m/s². 5. Die Bremskraft der Sicherheitsbremse wird

$$B_S = 0{,}4 \cdot 1000 \cdot \frac{1{,}85}{0{,}4} \cdot \frac{2\,3}{0{,}35} \cdot \left(\frac{4{,}85}{4{,}65} + \frac{4{,}75}{4{,}55}\right) \cdot \frac{6{,}8}{7} \cdot 0{,}9 = 22\,200 \text{ kg}.$$

6. Die Sicherheitsbremse hält die Überlast mit der Sicherheit $\nu = \frac{B_S}{G} = \frac{22\,200}{6800} = 3{,}26$. 7. Die Bremsverzögerung durch die Sicherheitsbremse ist $b_S = \frac{B_S - G}{m} = \frac{22\,200 - 6800}{7400} = 2{,}08$ m/s². 8. Die Kolbenkraft des Luftzylinders zum Halten des Fallgewichtes A muß mindestens sein $P_A = A \cdot \frac{IX}{XI} = 1000 \cdot \frac{1\,85}{1{,}15} = 1608$ kg. Wird der Zylinderdurchmesser 250 mm, so wird diese Haltekraft schon bei 3,3 atü erreicht, und es ist genügend Sicherheit vorhanden, daß das Fallgewicht nicht schon bei geringem Nachlassen der etwa 5 atü betragenden Druckluftspannung absinkt.

II. Wie groß darf das Fallgewicht bei einer Treibscheibenförderung mit der Rutschgrenzverzögerung $b_2 = 1{,}5$ m/s² unter sonst gleichen Verhältnissen wie in Beispiel I nur werden? Die Bremskraft muß sein

$$B_S' = m\,b_2 + G = 7400 \cdot 1{,}5 + 6800 = 17\,900 \text{ kg}.$$

2. Das Fallgewicht darf die Größe

$$A' = \frac{X \cdot II \cdot B_S' D_T}{\mu \cdot IX \cdot VIII \cdot \left(\frac{IV}{V} + \frac{VI}{VII}\right) D_B \eta} = \frac{0{,}4 \cdot 0{,}35 \cdot 17\,900 \cdot 7}{0{,}4 \cdot 1{,}85 \cdot 2{,}3 \left(\frac{4{,}85}{4{,}65} + \frac{4{,}75}{4{,}55}\right) \cdot 6{,}8 \cdot 0{,}9} = 807 \text{ kg}$$

nicht überschreiten. Sind A und B_S nach Beispiel I bereits bekannt, so ist die Berechnung $A' = A \frac{B_S'}{B_S} = 1000 \times$ $\times \frac{17\,900}{22\,200} = 807$ kg einfacher.

162. Teufenzeiger und Endauslösung der Bremse. Die Teufenzeiger sind in der Regel, wie es Abb. 311 veranschaulicht, zweispindlig. Die Spindeln, die von der Fördermaschine her angetrieben werden, bewegen Wandermuttern, von denen die eine Stellung und Bewegung des einen Förderkorbes, die andere Stellung und Bewegung des andern Förderkorbes anzeigt. Die hochgehende Wandermutter schlägt, wenn die Fördermaschine noch mindestens 2 Umgänge bis zur Beendigung des Treibens zu machen hat, eine Schelle an, indem der federnde Klöppel e gespannt und wieder freigegeben wird; die niedergehende Wandermutter dreht, wenn die Hängebank überfahren wird, die Klinke c, so daß das gezeichnete Gewicht niedergeht und durch die Stange d die Fördermaschinenbremse auslöst. Jede Spindel ist mit ihrem Antriebe durch eine fein gezahnte Klauenkupplung verbunden, die man mit einem der beiden Hebel a ausrücken kann, um die Spindel zu verstellen oder, wie beim Seilauflegen, auszurücken. Abb. 312 zeigt den Zusammenhang zwischen Teufenzeiger, Bremse und Endauslösung. In der Regel wird die Dampfbremse ausgelöst, weil sie am schärfsten und schnellsten wirkt.

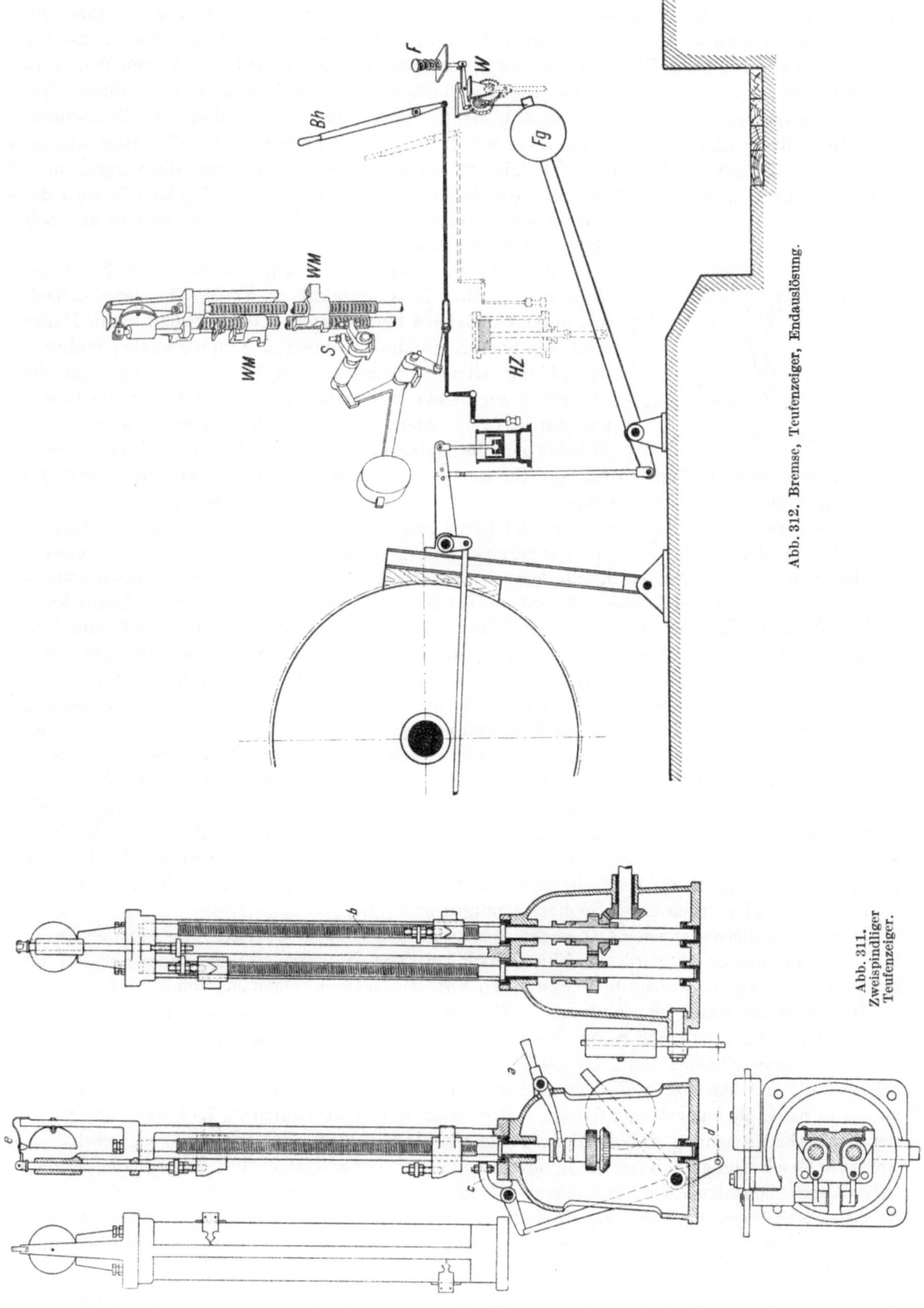

Abb. 312. Bremse, Teufenzeiger, Endauslösung.

Abb. 311. Zweispindliger Teufenzeiger.

163. Allgemeines über Sicherheitsvorrichtungen und Fahrtregler. Die beim Übertreiben vom Teufenzeiger ausgelöste Bremse vermag die Fördermaschine nicht rechtzeitig stillzusetzen, wenn diese zu schnell einfährt. Deshalb hat man *Sicherheitsvorrichtungen* geschaffen, die die Bremse auch schon beim Überschreiten der Höchstgeschwindigkeit und bei zu schnellem Einfahren auslösen. Eine andere Ursache für das Übertreiben ist, daß verkehrt angefahren wird. Es ist Aufgabe des *Anfahrreglers*, Abb. 313, verkehrtes Anfahren zu verhüten. Der Steuerhebel wird durch die Nocken *a* etwa 20 bis 30 m vor dem Ende des Förderzuges in die Mittellage gedrängt, so daß man im Fahrtsinne Frischdampf nur geben kann, indem man die vorgespannte Feder *b* zusammenpreßt. Der Maschinist behält also, wie es sein muß, die Möglichkeit, über die Hängebank hinauszufahren, ist aber gewarnt, daß er zu hoch fährt oder verkehrt anfährt.

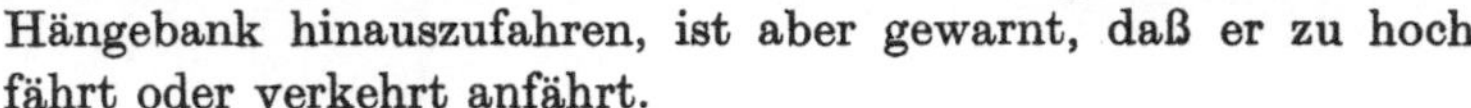

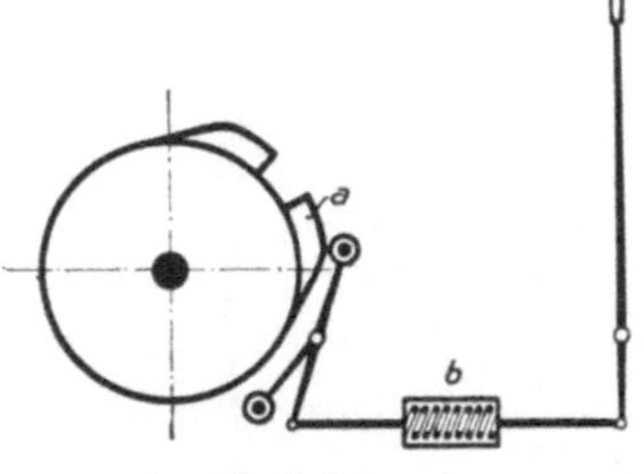

Abb. 313. Anfahrregler.

Wenn eine Sicherheitsvorrichtung während der Fahrt die Bremse mit voller Kraft aufwirft, so ist das ein Gewaltmittel, das unter Umständen einen Seilbruch hervorrufen kann. Daher muß jede Fördermaschine mit mehr als 6 m/s Seilfahrtgeschwindigkeit mit einem *Fahrtregler* ausgerüstet sein, der erst die Steuerung zurücklegt, bevor als letztes Mittel die Bremse herangezogen wird. In einem solchen Fahrtregler sind die einzelnen Sicherungen: die Endauslösung, der Anfahrregler und die während der Fahrt erfolgende Einwirkung auf Steuerung und Bremse vereinigt. Außerdem soll der Fahrtregler nicht nur sichern, sondern auch wirtschaftliche Führung erwirken.

Die Anforderungen, denen ein Fahrtregler zu genügen hat, sind genau festgelegt. Der Steuerhebel darf bei der Anfahrt verkehrt nur gegen eine vorgespannte Feder und nur so weit ausgelegt werden können, wie es für das Manövrieren erforderlich ist. Beim Übertreiben ist eine unmittelbar auf die Trommel oder Treibscheibe wirkende Bremse *voll* auszulösen. Durch *stetige* Einwirkung auf die Energiezufuhr und nötigenfalls auf die Schleifbremse ist zu verhindern, daß beim Einhängen größter Seilfahrtlast die vorgeschriebene höchste Seilfahrtgeschwindigkeit um mehr als 2 m/s überschritten und die Hängebank (nicht nur bei Seilfahrt, sondern auch bei Lastförderung) mit mehr als 4 m/s durchfahren wird. Die Anfahrt zu regeln, ist nicht vorgeschrieben; doch ist es bei den modernen starken Fördermaschinen um der Wirtschaftlichkeit willen nötig, bei der Anfahrt die Füllung zu verkleinern. Der Maschinist muß nach dem Anfahren während der ganzen Fahrt ausreichend Gegendampf geben können. Teufenzeiger und Regelmechanismus müssen derart zusammenhängen, daß, wenn man einen verstellt, der andere mitverstellt wird. Die Einstellung auf Seilfahrt muß sichtbar sein. Der Fahrtregler muß sowohl bei der Seilfahrt als bei der Lastförderung eingeschaltet sein; ist er nicht gebrauchsfähig, so ist bei Seilfahrt die Höchstgeschwindigkeit auf 6 m/s herabzusetzen. Die Bremse muß regelbar sein. Halbjährlich ist der Fahrtregler durch einen Sachverständigen zu prüfen.

Weil der Fahrtregler verspätet wirkt, wenn das Seil einer Koepeförderung auf der Treibscheibe vorgerutscht ist, wird empfohlen, auch bei Dampffördermaschinen Endausschalter im Schacht anzubringen, wie sie bei elektrischen Fördermaschinen allgemein üblich sind.

164. Wirkungsweise der Fahrtregler[1]. Eine grundlegende Unterscheidung ist, ob der Fahrtregler statisch oder astatisch wirkt. Bei den *astatischen*[2] (unsteten) Fahrtreglern wird, wenn die Fördermaschine schneller fährt als nach Linie *a* (Abb. 314) zulässig ist, eine Hilfskraft eingeschaltet, die erst den Steuerhebel zurücklegt und dann, wenn die Geschwindigkeit trotzdem bis zu der durch Linie *b* gegebenen Grenze weiter steigt, die Bremse aufwirft. Es liegt in der Natur der astatischen Regelung, daß sie überregelt; denn die Hilfskraft wird erst wieder ausgeschaltet, wenn die Geschwindigkeit unter die Linie *a* gesunken ist. Der Steuerhebel wird viel weiter zurückgelegt, und die Bremse wird mit viel stärkerem Drucke aufgelegt als nötig ist. Deshalb stört die astatische Regelung, wenn sie eingreift. Andererseits hat sie den nicht zu unterschätzenden Vorteil, daß sie immer bei derselben Geschwindigkeit eingreift, gleich ob Last gehoben oder eingehängt wird.

[1] Vgl. H. Herbst: Zur Kenntnis der Fahrtregler für Dampffördermaschinen. Bergbau 1930 S. 259.
[2] Vgl. Ziffer 74 und 76.

Bei der *statischen*[1] Regelung dagegen haben wir eine stetige, allmähliche Wirkung. Der Steuerhebel wird nur so weit zurückgelegt, daß die Fördermaschine bei verkleinerter Füllung und höherer Geschwindigkeit wieder ins Gleichgewicht kommt, und die Bremse wird ebenfalls nur so stark aufgelegt, wie es nötig ist. Die statische Regelung stört nicht, wenn sie eingreift, und man läßt sie bei jedem Förderzuge derart wirken, daß sie um der Dampfersparnis willen die Füllung regelt. Andererseits hat die statische Regelung den Nachteil, daß sie bei kleinen Lasten schnellere Fahrt einregelt als bei großen. Abb. 315 veranschaulicht das. Die untere Grenzlinie *a* und die obere Grenzlinie *b* sind viel weiter auseinandergerückt als bei der astatischen Regelung. Aber die untere, größter Auslage der Steuerung entsprechende Linie *a* wird bei jedem normalen Förderzuge überschritten, und die obere, stärkster Bremsung entsprechende Linie *b* wird fast nie erreicht. Um größte Last zu heben, braucht man in der Beharrung bei den modernen starken Maschinen die Steuerung noch nicht halb auszulegen, und um die schwerste Last einzuhängen, genügt es, die Bremse sanft schleifen zu lassen. Zwischen normaler positiver Nutzlast und negativer Nutzlast von 1000 kg arbeitet die Regelung etwa in der schwarzen Zone. Für die Anfahrt darf man übrigens die obere Grenzlinie erheblich höher rücken (Linie *c*). Die neueren Fahrtregler wirken fast ausnahmslos *statisch*.

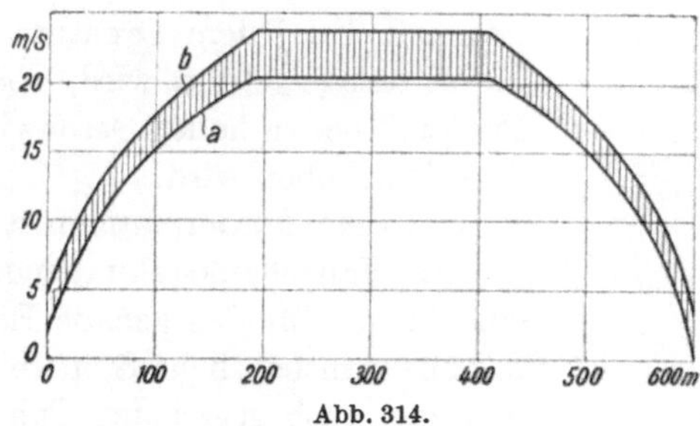

Abb. 314.

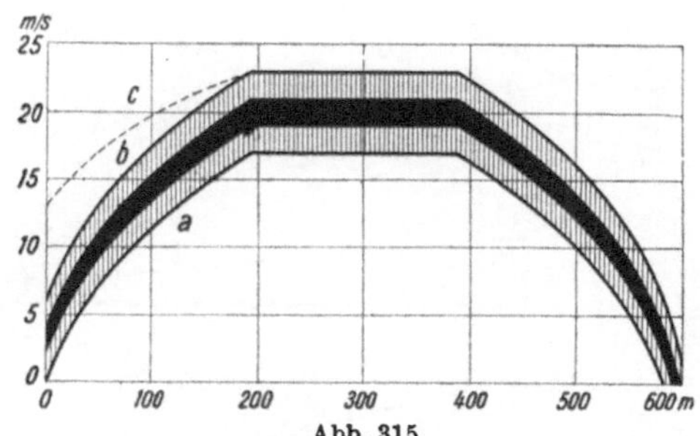

Abb. 315.

Abb. 316 veranschaulicht die Wirkungsweise eines statischen Fahrtreglers. Es sind schematisch vier verschiedene Steuerstellungen angegeben, in denen der Übersichtlichkeit halber die Endauslösung und Anfahrregelung fortgelassen sind. Weil die Geschwindigkeit während eines Treibens sehr verschieden groß eingehalten werden muß (vgl. Abb. 315), kann ein nur auf konstante Drehzahl regelnder Geschwindigkeitsregler nicht *allein* den Regelvorgang des ganzen Förderzuges leiten. Der Fahrtregler bedarf vielmehr *zweier* Regelorgane, nämlich eines stark statischen Geschwindigkeitsreglers *G*, dessen Muffe schon bei sehr geringer Geschwindigkeit anspringt, und einer Kurvenscheibe *K*, die vom Teufenzeiger entsprechend der Korbstellung im Schacht so gedreht wird, daß die höchsten Kurvenerhebungen bei der Anfahrt bzw. beim Auslaufen unter die Rolle *a* kommen (Abb. 316, Stellungen *II* und *III*). Die Wirkungen beider Regelorgane vereinigen sich in dem Gestängepunkt *P*, der einerseits gehoben wird, wenn die Muffe des Geschwindigkeitsreglers *G* bei zu hoher Drehzahl steigt (Stellung *IV*), andererseits aber auch, wenn die Rolle *a* am Anfang oder Ende der Fahrt durch die Kurvenerhebungen hochgedrückt wird. Von der Bewegung des Punktes *P* werden die Bewegungen des Steuerhebels *St* und des Fahrbremshebels *B* über den Winkelhebel *b* so abgeleitet, daß bei steigendem Punkt *P* erst die Füllung verkleinert und schließlich die Bremse mehr und mehr angezogen wird, bis in der höchsten Stellung Gegendampf gegeben und die Bremse mit voller Kraft aufgelegt wird. Der Geschwindigkeitsregler allein könnte nur ein Überschreiten der Höchstgeschwindigkeit während der Beharrung verhindern. Bei den geringeren Geschwindigkeiten während des Anfahrens und Auslaufens wird der Regler durch die Kurvenscheibe ähnlich wie ein Leistungsregler (vgl. Ziffer 80) stetig auf niedrigere Geschwindigkeiten eingestellt.

Kehrt die Fördermaschine um, so wirken Regler *G* und Kurvenscheibe *K* immer noch im gleichen Sinne auf den Gestängepunkt *P*. Der Bremshebel *B* wird auch jetzt noch durch die Stange *c* im richtigen Sinne bewegt, jedoch muß der von der Stange *d* über die Druckrolle *e* und die Schwinge *S* angetriebene Steuerhebel *St* auf die entgegengesetzte Auslage umgeschaltet

[1] Vgl. Ziffer 74 und 76.

werden. Als Umschaltvorrichtung dient eine Reibungskuppelung (Schleifring) *R*, die beim Umkehren bis zu den Anschlägen *v* für Vorwärtsfahrt bzw. *r* für Rückwärtsfahrt mitgenommen wird. Die Kuppelungsscheibe muß schnell umlaufen, damit die Steuerung bei der Umkehr der Drehrichtung rechtzeitig umgeschaltet wird. Die in der Abb. 316 nur der Deutlichkeit halber mit der Kurvenscheibe gleichachsig gezeichnete Kuppelungsscheibe ist also nicht auf der langsamlaufenden Kurvenscheibe, sondern auf einer schneller laufenden Welle befestigt. Bei Rückwärtsfahrt liegt die Rolle *e* unterhalb des Drehpunktes der Schwinge *S* an. Beim Umschalten auf Vorwärtsfahrt wird die Rolle *e* von der Reibungskuppelung *R* bis über den Drehpunkt der Schwinge *S* gehoben und kehrt dadurch die Bewegungsrichtung des Steuerhebels *St* um, der somit auch bei jedem Drehsinn in die Mittellage geführt wird, wenn Punkt *P* bei zu hoher Geschwindigkeit gehoben wird.

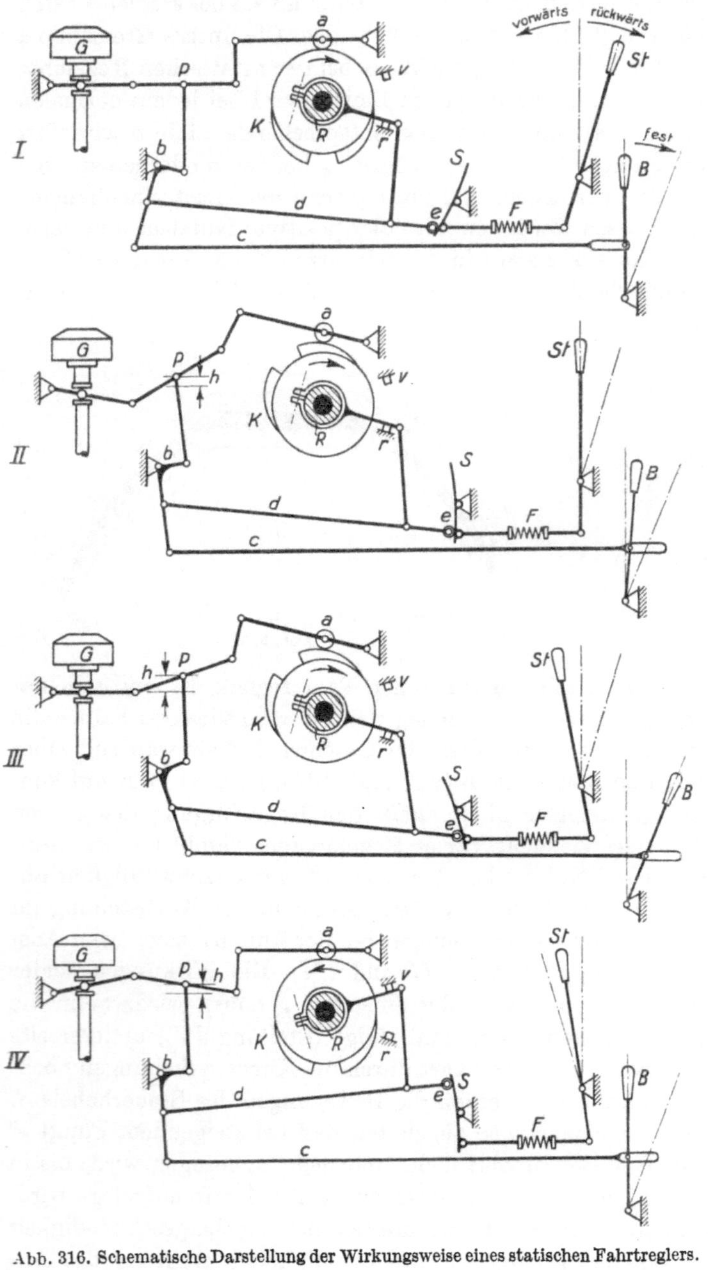

Um dem Fördermaschinisten in der Hängebankstellung noch eine kleine, für das genaue Einfahren unentbehrliche Steuereinwirkung auch gegen den Fahrtregler zu ermöglichen, ist zwischen die Schwinge *S* und den Steuerhebel *St* eine Feder *F* geschaltet, die allerdings so stark sein muß, daß der Maschinist dem Fahrtregler nur mit besonderer Kraftentfaltung entgegenarbeiten kann; andernfalls würde die Wirkungsweise des Fahrtreglers durch die Möglichkeit einer ständig willkürlichen, leichten Beeinflussung durch den Maschinisten in Frage gestellt.

Die Steuerstellung *I* in Abb. 316 zeigt die Verhältnisse bei Rückwärtsfahrt für normale Höchstgeschwindigkeit während der gleichförmigen Bewegung des Förderkorbes in halber Teufe. Der Steuerhebel ist für die Rückwärtsfahrt nach rechts ausgelegt, die Bremse ist vollkommen gelöst. Die Reibungskuppelung liegt am unteren Anschlag *r* für Rückwärtsfahrt an und drückt Rolle *e* unterhalb des Schwingendrehpunktes gegen die Schwinge *S*.

Abb. 316. Schematische Darstellung der Wirkungsweise eines statischen Fahrtreglers.

Stellung *II* veranschaulicht Rückwärtsfahrt am Ende des Treibens. Die Kuppelung arbeitet wie in Stellung *I*. Die Muffe des Geschwindigkeitsreglers *G* hat sich infolge der schon verminderten Drehzahl gesenkt. Daß trotz der Muffensenkung der Gestängepunkt *P* um das Stück *h* gehoben, der Steuerhebel *St* in die Nullstellung geführt wird und die Bremse schon leicht anzuziehen beginnt, ist nur dadurch möglich, daß Rolle a von der Kurvenerhebung hochgedrückt worden ist.

In Stellung *III* ist wie in *II* bei der Rückwärtsfahrt das Ende des Treibens erreicht, jedoch ist die zulässige Geschwindigkeit überschritten, wie die im Verhältnis zur Stellung *II* hochstehende Muffe des Geschwindigkeitsreglers G erkennen läßt. Geschwindigkeitsregler und Kurvenscheibenerhebung unterstützen sich und heben den Punkt P so hoch, daß die Bremse fest angezogen und die Steuerung über die Nullstellung hinaus auf Gegendampf ausgelegt wird, um so in stärkerem Maße als in Stellung *II* die Herabsetzung der Geschwindigkeit auf den zulässigen Wert zu erzwingen.

Stellung *IV* schließlich zeigt Vorwärtsfahrt in halber Teufe mit zu hoher Geschwindigkeit. Die Reibungskuppelung liegt am oberen Anschlag v für Vorwärtsfahrt an und hat die Umkehrung der Steuerhebelauslage bewirkt. Die Reglermuffe ist infolge der zu hohen Geschwindigkeit gestiegen, hat Punkt P etwas gehoben und dadurch den Steuerhebel teilweise zurückgedrückt, um durch Verkleinern der Füllung auf die vorgeschriebene Geschwindigkeit herunterzukommen. Die Fahrbremse ist noch nicht betätigt worden.

Das Schema in Abb. 316 stellt nur eine der vielen Baumöglichkeiten dar. Sind der Geschwindigkeitsregler und die Reibungskuppelung zu schwach, um unmittelbar wirken zu können, so werden, wie bei der mittelbaren Regelung[1], Stellmotoren oder Vorspannzylinder eingeschaltet, deren Steuerung mit geringen Kräften zu verstellen ist. Kennzeichnend für die neuen Bauarten ist, wie auch aus Abb. 316 ersichtlich, daß der Fahrtregler sowohl selbst Gegendampf einstellen kann als auch den Maschinisten nicht behindert, ausreichend Gegendampf zu geben.

165. Fahrtregler mit Fliehkraftreglern. Die Geschwindigkeitsregler der Fahrtregler sind Fliehkraftregler oder Durchflußregler. Die Fliehkraftregler haben im allgemeinen bei kleinen Drehzahlen nur ein geringes Arbeitsvermögen, was sich gerade an der Hängebank auswirkt, wo empfindlich geregelt werden muß, die Geschwindigkeit aber klein ist. Bei der an und für sich geringen Seilfahrtgeschwindigkeit wird das Arbeitsvermögen des Reglers erhöht, indem man ihn durch Einschalten einer größeren Übersetzung schneller laufen läßt, als es der Fahrgeschwindigkeit entspricht. Durch besondere Bauart erreicht man, daß die Regler auch schon bei kleinen Geschwindigkeiten ausschlagen und kräftig wirken und daß ihre Hubdrehzahllinie (vgl. Ziffer 76) günstig verläuft. Um ausreichende Verstellkräfte zu erzielen, müssen die Regler fast durchweg indirekt in Verbindung mit Vorspannzylindern arbeiten.

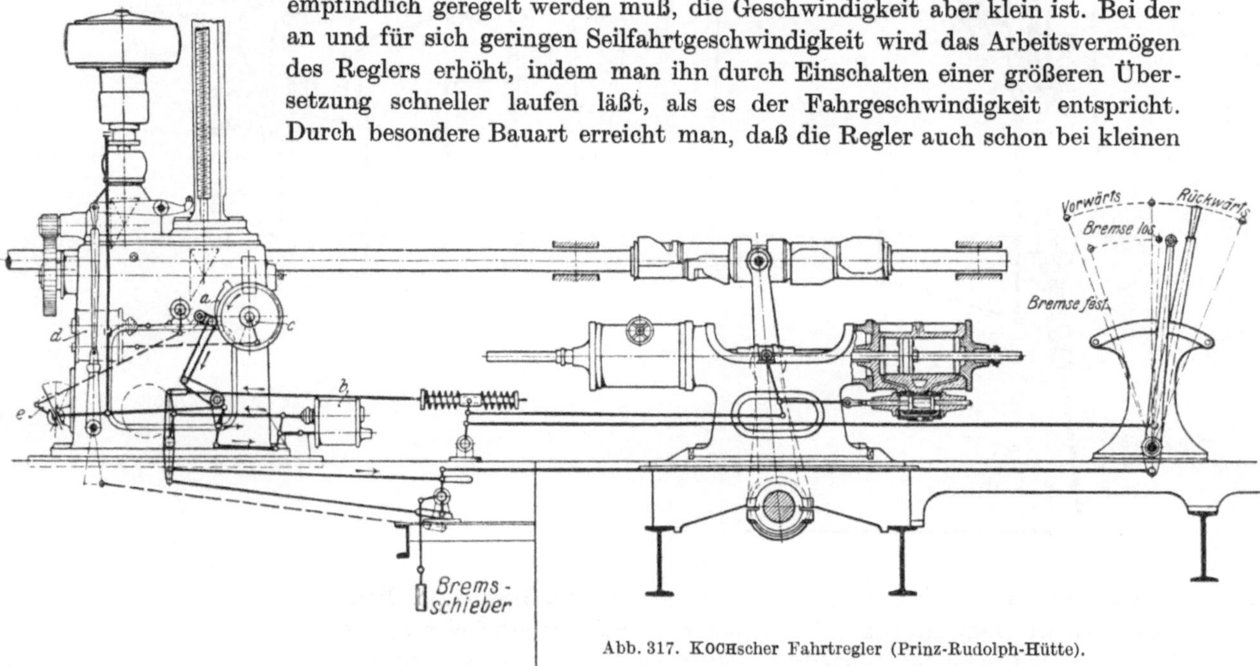

Abb. 317. Kochscher Fahrtregler (Prinz-Rudolph-Hütte).

Ein Beispiel eines mit Fliehkraftregler ausgerüsteten Fahrtreglers zeigt Abb. 317, die den von der Prinz-Rudolph-Hütte gebauten Kochschen Fahrtregler darstellt. Der Fliehkraftregler

[1] Vgl. Ziffer 78.

arbeitet mit den vom Teufenzeiger angetriebenen Kurven *a* zusammen (eine sitzt vorn, eine hinten) und verstellt indirekt mit Hilfe des Dampf-Vorspannzylinders *b* den Steuerhebel und den Bremshebel. Kehrt die Fördermaschine um, so wird durch die Reibungskuppelung *c* die Steuerung des Umschaltzylinders *d* umgestellt, der den Kulissenarm *e* durch ein Gestänge aus der einen in die andere Richtung umschlägt. Die auf Steuerhebel und Bremse ausgeübten Wirkungen sind an den eingezeichneten Hebelausschlägen und Richtungspfeilen zu verfolgen. Der Fahrtregler stellt selbst Gegendampf ein und hindert den Maschinisten nicht, Gegendampf zu geben.

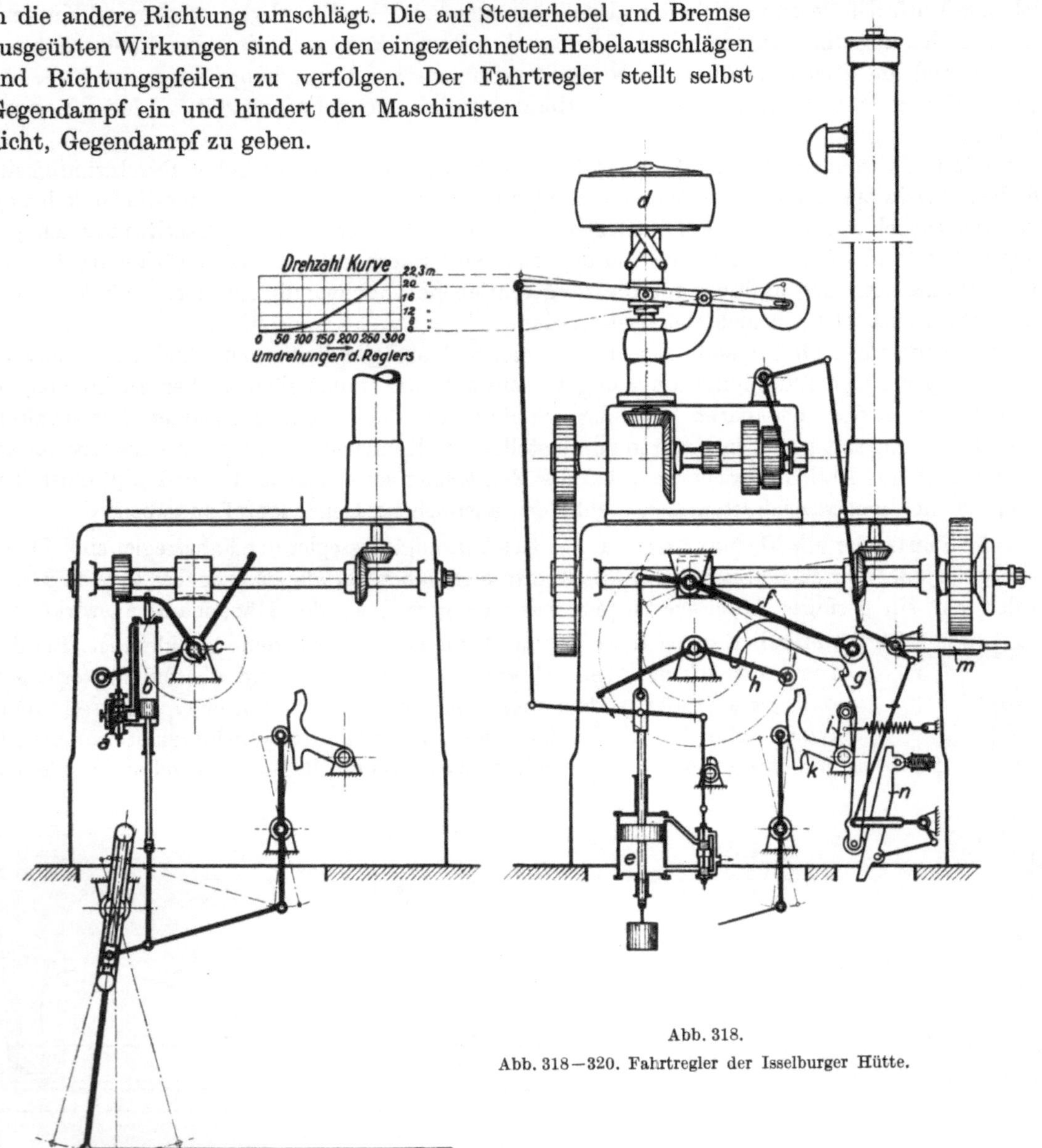

Abb. 318.

Abb. 318—320. Fahrtregler der Isselburger Hütte.

Die Abb. 318 bis 320 veranschaulichen den von der Isselburger Hütte ausgeführten Fahrtregler Bauart Drolshammer, der Steuerhebel und Bremshebel verstellt. Bei der Umkehr der Fördermaschine wird der Fahrtregler umgeschaltet, indem der Schieber *a* des Umsteuerzylinders *b* mit Hilfe der Reibungskuppelung *c* umgestellt wird. Der Fahrtregler regelt Anfahrt, Beharrung und Auslauf, indem die Füllung verkleinert, wenn nötig Gegendampf eingestellt und die Bremse aufgelegt wird. Anfahrt und Auslauf sind voneinander abhängig. Der Geschwindigkeitsregler *d* bewegt mittels des Stellmotors *e* und der Schwinge *f* einen doppelarmigen Hebel *g* auf und nieder, unter dessen waagerechten gekrümmten Arm bei der Anfahrt und dem Auslaufe der Fördermaschine der rotierende Arm *h* greift. Es ist nur ein Arm *h* gezeichnet, in Wirklichkeit sind zwei vorhanden, die sich entgegengesetzt drehen. Der eine wirkt beim Vorwärtsauslauf und der Rückwärtsanfahrt, der andere beim Rückwärtsauslauf und der Vorwärtsanfahrt, wodurch die erwähnte Abhängigkeit zwischen Anfahrt und Auslauf bedingt wird. Der jeweils wirksame rotierende Arm *h* dreht beim Auslauf den Hebel *g* so, daß sein senkrechter Arm den Hebel *i* und die auf derselben Welle sitzenden Kurvenhebel *k* und *l* nach links dreht. Der Hebel *k* wirkt durch

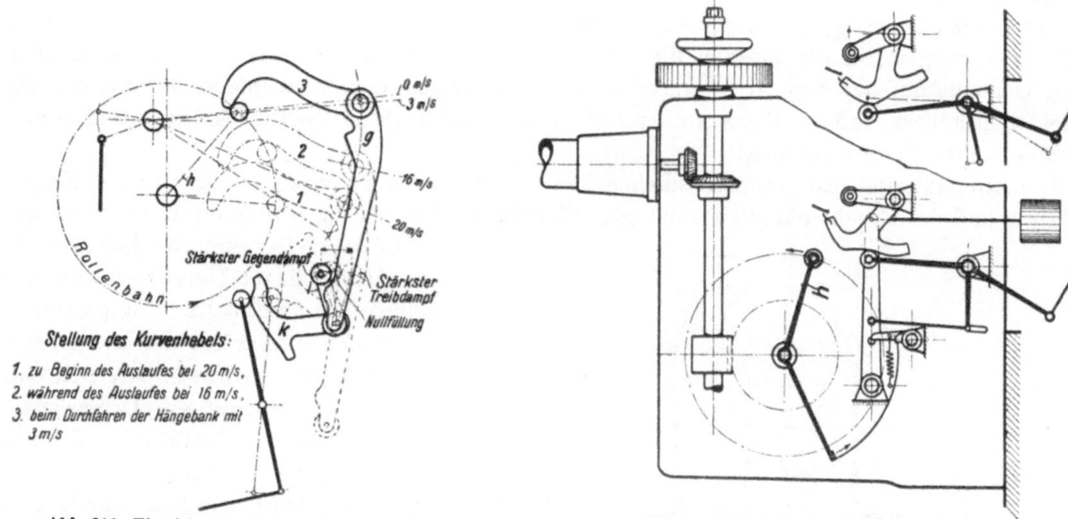

Abb. 319. Einwirkung auf die Steuerung.

Abb. 320. Einwirkung auf die Bremse.

weitere Übertragung auf den Steuerhebel, *l* auf den Bremshebel. Um den Fahrtregler auf Seilfahrt einzustellen, wird der Hebel *m* aus der waagerechten in die senkrechte Lage umgelegt, wodurch der Fliehkraftregler *d* schneller angetrieben wird. Zugleich wird die Wälzbahn *n*, auf der der senkrechte Arm des doppelarmigen Hebels *g* während der Beharrung rollt, entsprechend verstellt.

166. Fahrtregler mit Durchflußreglern (hydraulische Fahrtregler). Bei der Durchflußregelung wird durch eine von der Fördermaschine angetriebene Pumpe ein Ölstrom erzeugt, dessen Stärke sich ebenso ändert wie die Geschwindigkeit der Fördermaschine. Der Ölstrom wird durch einen Drosselspalt gedrückt, dessen Weite vom Teufenzeiger oder einer Kurvenscheibe her je nach der einzuhaltenden Fördergeschwindigkeit geändert wird. Läuft die Fördermaschine schneller als sie soll, so steigt der Öldruck vor dem Drosselspalt, und es schlägt ein vom Öl beaufschlagter feder- oder gewichtsbelasteter Reglerkolben aus. Dieser Reglerkolben verstellt entweder die Steuerung und den Bremsschieber unmittelbar oder die Durchflußregelung wirkt mittelbar, indem der Reglerkolben nur den Schieber eines Vorspannzylinders verstellt. Damit die Durchflußregelung immer gleich wirkt, muß das Öl immer dieselbe Zähigkeit haben, d. h. man muß gleichartiges Öl nachfüllen, und die Temperaturschwankungen dürfen nicht groß sein.

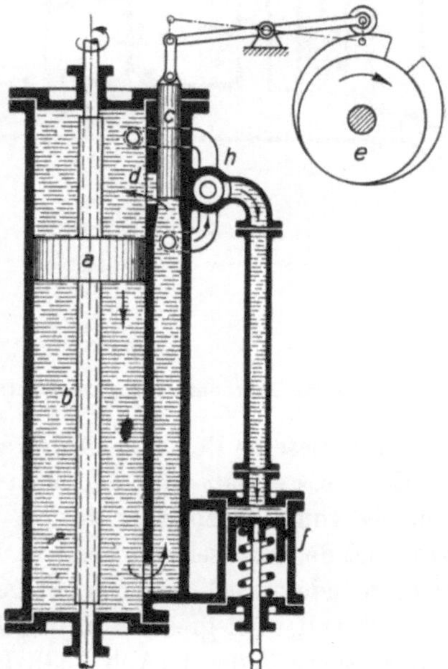

Abb. 321. Durchflußregler von Schönfeld.

Am einfachsten ist die Wirkungsweise eines Durchflußreglers nach Abb. 321 zu verstehen, die den Durchflußregler von Schönfeld darstellt. In einem mit Öl gefüllten Zylinder wird der Kolben *a* je nach der Fahrtrichtung von der vom Teufenzeiger angetriebenen Spindel *b* entsprechend der Geschwindigkeit und der Stellung des Förderkorbes auf- oder abwärts bewegt und treibt dabei das Öl durch eine vom Schieber *c* gesteuerte Drosselöffnung *d* von der einen zur anderen

Zylinderseite. Der Drosselschieber *c* wird von der mit dem Teufenzeiger verbundenen Kurvenscheibe *e* so verstellt, daß der Drosselquerschnitt am Anfang und Ende des Treibens am kleinsten ist. Läuft die Fördermaschine zu schnell, und bewegt sich dadurch der Kolben *a* schneller als es der Drosselöffnung *d* entspricht, so wird der federbelastete Kolben *f* durch den infolge der Drosselung entstehenden Ölüberdruck bewegt und verstellt dabei über das Gestänge *g* unmittelbar die Steuerung und Bremse in der Weise, daß in der ersten Hälfte des Ausschlages die Füllung verringert, in der zweiten die regelbare Bremse allmählich aufgelegt und schließlich noch Gegendampf gegeben wird. Durch einen selbsttätigen Umschaltschieber *h* wird der Öldruck so gesteuert, daß der Reglerkolben *f* bei jeder Fahrtrichtung Überdruck erhält und immer nach derselben Seite ausschlägt.

Die Abb. 322 und 323 veranschaulichen den IVERSENschen Fahrtregler. Der von der Fahrtrichtung und der Geschwindigkeit abhängige Ölstrom wird durch die Rundlaufpumpe *a* erzeugt. Damit die Regelung bei jeder Fahrtrichtung nur mit Überdruck arbeitet, sind 2 Drosselspalte *bb* angeordnet, von denen aber nur der im Ölstrom vorn liegende wirksam ist, während das Öl vor dem hinteren Drosselspalt durch einen selbsttätig geöffneten Auslaß bequem abfließt. Das Ventilpaar *cc* wird nämlich durch den Ölstrom selbsttätig so umgeschaltet, daß immer das im Ölstrom vorn liegende Ventil geschlossen, das hintere dagegen geöffnet ist und dem Öl einen so großen Auslaß bietet, daß es unter seinem hydrostatischen Druck abfließt. Zu jedem Drosselspalt gehört ein die Steuerung und Bremse regelnder Kolben *d*, der vor dem Drosselspalt liegt, also nur Überdruck empfängt, und zwar bis zu 5 at. Nur der Kolben vor dem wirksamen Drosselspalt schlägt aus, während der andere in der tiefsten Lage verharrt. Für die Wirkung ist es aber gleich, welcher der beiden regelnden Kolben *dd* ausschlägt, da beide dieselbe Belastungsfeder spannen und dieselbe Welle drehen.

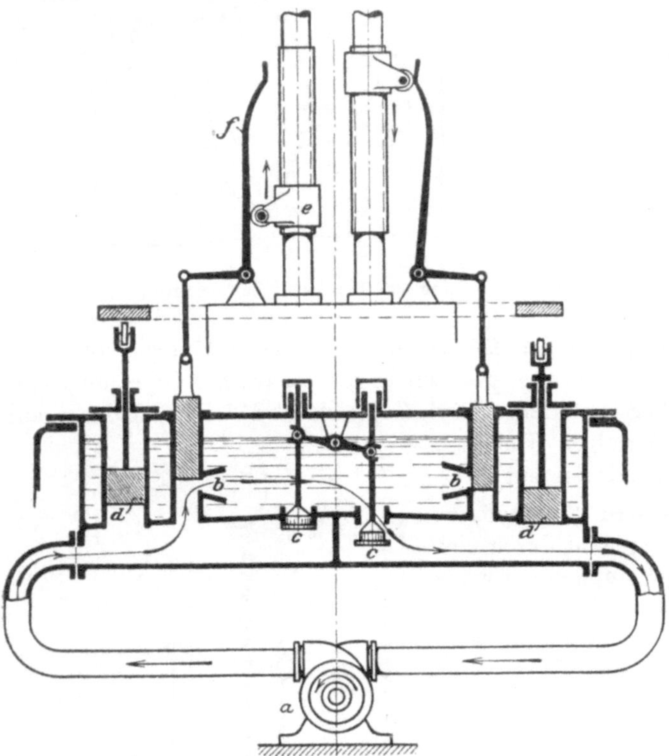

Abb. 322. Durchflußregelung des Fahrtreglers von IVERSEN.

Der Drosselspalt wird nur beim *Auslaufe* der Fördermaschine gesteuert, indem der Drosselschieber vom Teufenzeiger mittels Wandermutter *e* und Kurvenhebel *f* nach unten geschoben wird und den Drosselspalt verengt. Die Anfahrt wird aber, obgleich die Weite des Drosselspaltes nicht geändert wird, dennoch geregelt. Der regelnde Kolben *e* (Abb. 323) ist nämlich durch zwei hintereinander gelegte Federn belastet, eine harte, nicht vorgespannte Feder *g* und eine weiche, vorgespannte Feder *h* (Abb. 323). Die harte Feder *g* dehnt sich nun mit zunehmender Fördergeschwindigkeit etwas, so daß der regelnde Kolben etwas ausschlägt und die Füllung verkleinert, wobei kleine Lasten schneller gehoben werden als große.

Wie der ausschlagende Reglerkolben auf die Steuerung und die Bremse wirkt, ist aus der Abb. 323 ersichtlich. Es wird zunächst der Schieber des kleinen Dampfzylinders *i* verstellt, dessen Kolben hochgeht und die Welle *k* mittels Kurbeltriebes dreht. Auf der Welle *k* sind die Hebel *l* und *m* aufgekeilt. Der Hebel *m* zieht die Stange *n* nieder, die mit der an ihrem Kopf befindlichen Rolle den oben gegabelten Hebel *o* und den mit ihm verbundenen Steuerhebel zurücklegt, und zwar, wenn nötig, bis in die halbe Gegendampflage. Der Hebel *l* legt, indem er den losen Hebel *r* mitnimmt, den Bremsregler aus, wobei der Bremshebel des Maschinisten stehenbleibt. Daß der Fahrtregler selbst Gegendampf gibt und den Maschinisten nicht hindert, voll Gegendampf zu geben, wird erreicht, indem der Kurbelzapfen *p*, wenn die Fördermaschine umkehrt, durch die Reibkuppelung *q* aus der einen in die andere Totlage gedreht wird, so daß der Rollenkopf der Stange *n* auf die andere Flanke der Gabel *o* wirkt.

Der Durchflußregler der *Gutehoffnungshütte* in Abb. 324 arbeitet mit *zwei* von der Fördermaschinengeschwindigkeit abhängigen Druckölpumpen. Jede Pumpe liefert nur für eine Fahrtrichtung der Fördermaschine einen Ölstrom, der den die Steuerung und Bremse betätigenden zugehörigen Reglerkolben *R* bei Rückwärtsfahrt bzw. *V* bei Vorwärtsfahrt hochdrückt. In Abb. 324 ist nur der Schnitt durch den die Rückwärtsfahrt regelnden Teil dargestellt. Der Regler befindet sich in der Anfangsstellung für Rückwärtsfahrt. Die nicht gezeichnete Rückwärtspumpe fördert das Öl aus dem Raum *a* durch das von der Nadel *b* gesteuerte Drosselventil *c*

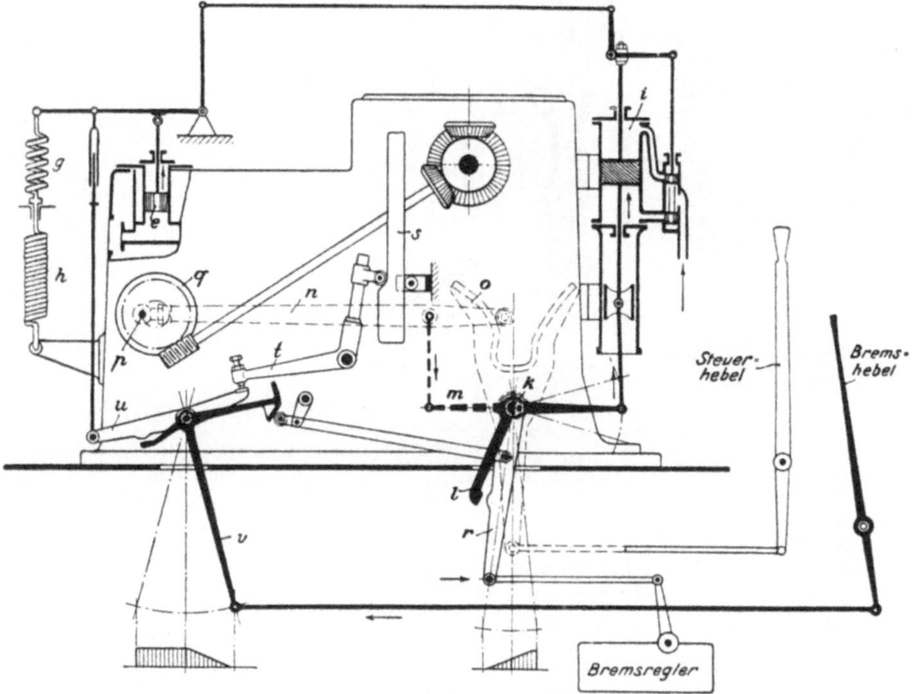

Abb. 323. Fahrtregler von IVERSEN

in den Raum *d*, aus dem es von der Pumpe wieder angesaugt wird. Der Druck im Raum *a* und auf den Reglerkolben *R* ist um so größer, je größer die Liefermenge der Pumpe und je kleiner die Durchflußöffnung des Ventils *c* ist. Zu Beginn des Treibens ist das Nadelventil geschlossen, so daß der Öldruck den gewichtsbelasteten Kolben *R* hochdrückt, wobei durch die Rolle *e* und die Hebelübersetzung die vom Gewicht *f* belastete Ventilnadel *b* gehoben und damit der Durchflußquerschnitt vergrößert wird. Mit zunehmender Fördergeschwindigkeit und damit verstärktem Ölstrom wird also der Kolben *R* zunächst allmählich ansteigen. Gleichzeitig senkt sich die auf die Steuerung und Bremse wirkende, am Hebel *q* angelenkte Stange *St*. Gegen Ende des Treibens wird der Hebel *g* von einer vom Teufenzeiger mitgenommenen Kurvenschiene links herum gedreht, so daß er die Rolle *e* nach links zieht, wodurch das Nadelventil geschlossen wird. Durch den nunmehr auch schon bei kleiner Geschwindigkeit weiter ansteigenden Öldruck wird der Kolben *R* sehr kräftig hochgedrückt und die Stange *St* so tief gesenkt, daß die Steuerung erst auf Nullfüllung und schließlich auf Gegendampf kommt und die Bremse aufgelegt wird.

Der Regler erfordert keine besondere Umschaltvorrichtung, weil für jede Fahrtrichtung je eine Pumpe, ein Öldruckkolben und ein Drosselventil vorhanden sind. Beide Steuersätze sind so miteinander gekuppelt, daß die die Steuerung und Bremse über eine Hilfsmaschine verstellende, für beide Kolben *R* und *V* gemeinsame Stange *St* gesenkt wird, wenn der Rückwärtskolben *R* steigt, und gehoben wird, wenn der Vorwärtskolben *V* steigt. Die Wirkungsweise ist aus dem Grundriß ersichtlich. Auf der Welle *h* sind der Hebel *m* des Kolbens *V* und der Hebel *n* fest aufgekeilt, während der doppelarmige Hebel *p* des Kolbens *R* auf der Welle *h* drehbar ist. Bei Beginn sind beide Kolben in der untersten Stellung. Geht Kolben *R* hoch, so wird Punkt *P* gesenkt und die Stange *q* um den jetzt festen Drehpunkt *T* links herum gedreht, wodurch sich *St* in erforderlicher Weise senkt. Geht dagegen Kolben *V* hoch, so wird der Hebel *q* bei *T* von dem Hebel *n* mitgenommen und um den diesmal festliegenden Punkt *P* so gedreht, daß die Stange *St* gehoben wird.

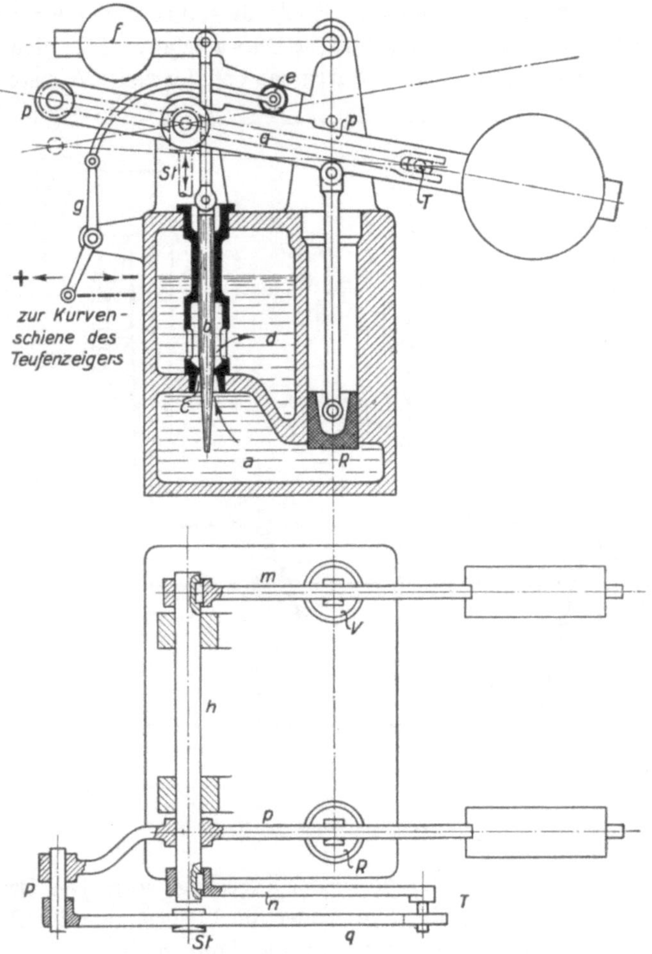

Abb. 324. Schema des Durchflußreglers der Gutehoffnungshütte.

167. Geschwindigkeitszeiger und -schreiber. Im Fördermaschinenbetrieb haben sich die von der Fördermaschine angetriebenen „Tachographen" vorzüglich bewährt, welche die jeweilige Fördergeschwindigkeit dem Maschinisten auf einer großen Skala anzeigen und sie außerdem in kleinem Maßstab auf einer durch ein Uhrwerk gedrehten Trommel registrieren, die mit einem 24 Stunden ausreichenden Diagrammblatt belegt ist. Dadurch, daß jede Fahrt, jedes Umsetzen, jedes Manöver registriert wird, daß man die Förderpausen dem Diagramm entnehmen kann, kann man den Betrieb der Fördermaschine genau verfolgen. Solche schreibenden Geschwindigkeitsmesser sind für alle Fördermaschinen vorgeschrieben, bei denen die Seilfahrtgeschwindigkeit 4 m/s übersteigt. Abb. 325 zeigt den Hornschen Tachographen, der durch einen mechanischen Fliehkraftregler wirkt. Abb. 326 zeigt den Karlikschen Tachographen, bei dem in den besonders geformten Röhren *a* Quecksilber um so höher steigt, je schneller die Fördermaschine läuft, während der Quecksilberspiegel *b*, der einen mit dem Schreibzeug verbundenen Schwimmer trägt, entsprechend fällt. Form und Abmessungen der Röhren *a* sind so gewählt — das ist ein Vorzug des Karlik —, daß der Ausschlag des Schreibstiftes der Fördergeschwindigkeit proportional ist.

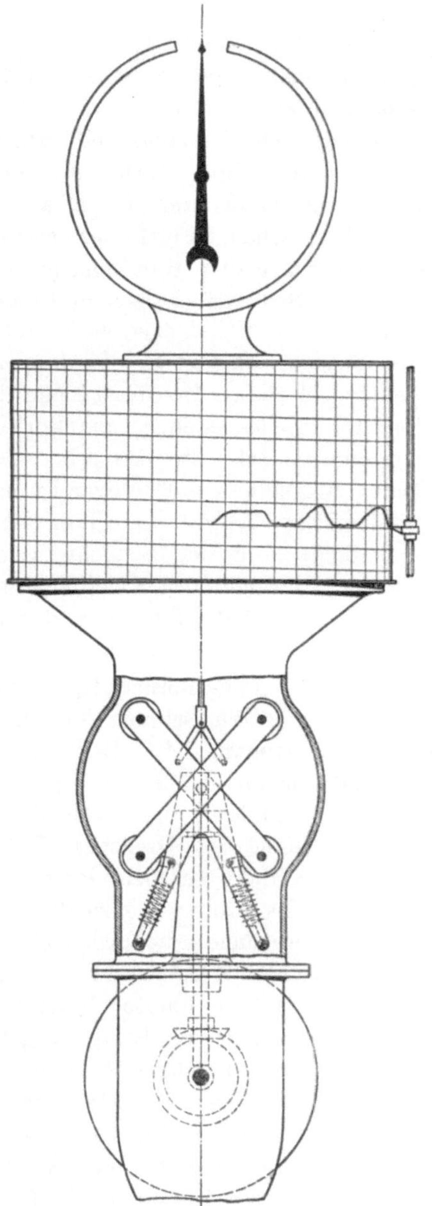

Abb. 325. HORNscher Tachograph.

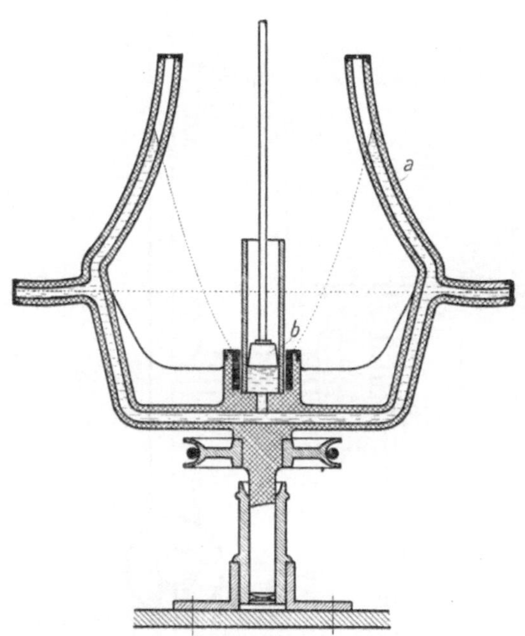

Abb. 326. KARLIKscher Tachograph.

XVIII. Förderhäspel und Fördermaschinen mit elektrischem Antrieb.

168. Allgemeines. In bezug auf die Trommeln und Treibscheiben, die Anordnung der Seilscheiben, der Bremsen usw. stimmen die elektrisch angetriebenen Fördermaschinen mit der Dampffördermaschine überein. Die Regelung der Gleichstromfördermaschine mit LEONARD-Schaltung ist aber grundsätzlich verschieden von derjenigen der Dampffördermaschinen. Bei Drehstromantrieb hat man eine gewisse Übereinstimmung zwischen Dampf- und elektrischem Antrieb.

Die Aufstellung der Blindschachthäspel ist in erster Linie von bergmännischen Gesichtspunkten abhängig und hat auf Antrieb, Wirkungsweise und Bauart der Häspel selbst wenig

Einfluß, jedoch hängen die Seillänge und die Anordnung der Seil- bzw. Umlenkscheiben wesentlich von der Lage des Haspels zum Schacht ab[1]. Kleine Häspel können oben im Schacht selbst u. U. ohne Ablenkscheibe aufgestellt werden; ihre Aufstellung unten unmittelbar am Schacht mit direkter Hochführung der Seile im Fahrtrum erfordert fast doppelte Seillänge und oben im Schacht zwei winklig zueinander angeordnete Seilscheiben. Große Häspel werden durchweg *neben* dem Blindschacht aufgestellt, und zwar entweder *oben* in einer besonderen Haspelkammer mit Seilkanal zum Schacht, was der üblichen Aufstellung einer Hauptschacht-Flurfördermaschine mit zwei Seilscheiben über dem Schacht entspricht, oder *unten* neben dem Blindschacht, was außer den Seilscheiben oben im Schacht zusätzlich zwei Umlenkscheiben unten am Schacht und etwa die doppelte Seillänge bedingt. Den Nachteilen des längeren Seiles stehen als Vorteile gegenüber, daß die Haspelkammer leicht zugänglich und billiger ist und weniger vom Abbau beeinflußt wird; außerdem kann der Schacht weiter hochgebrochen werden, ohne die Aufstellung des Haspels ändern zu müssen.

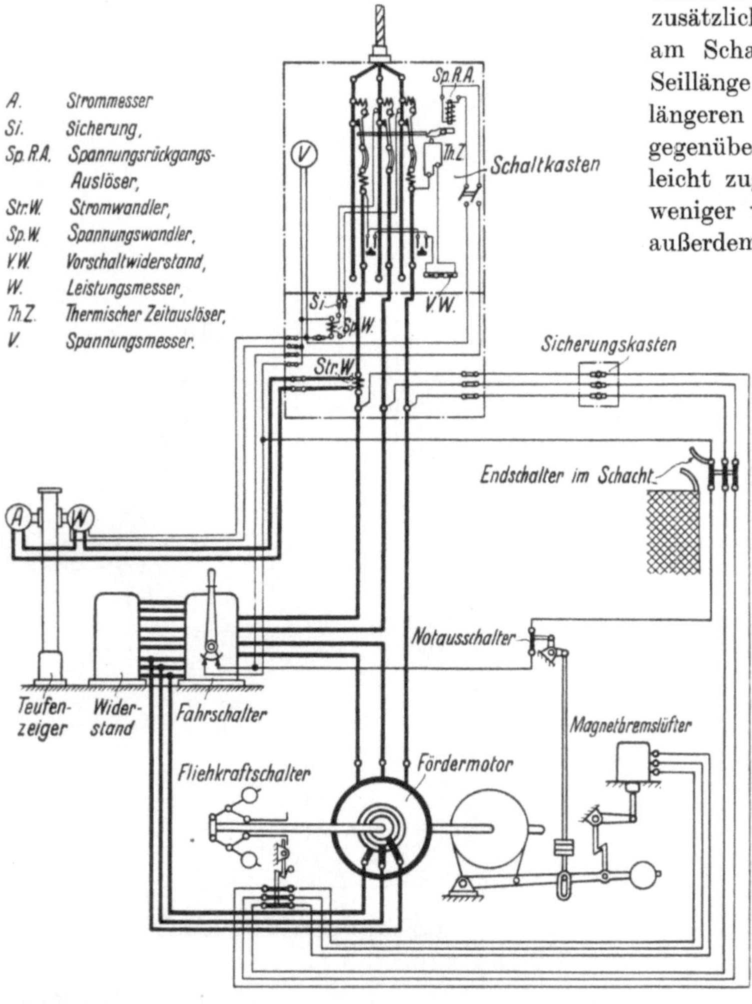

169. Förderhäspel und Fördermaschinen mit Drehstromantrieb. Beim Drehstromantrieb muß man beim Anfahren und bei der Regelung der Drehzahl Widerstände in den Rotorkreis des Motors einschalten, in welchem erhebliche Verluste auftreten. Ferner ist der Drehstrommotor beim Einhängen von Lasten gegebenenfalls schwierig beherrschbar. Diese Nachteile treten aber bei kleinen Fördergeschwindigkeiten weniger hervor. Deshalb ist der Drehstrommotor um seiner Einfachheit willen für Förderhäspel und langsam fahrende Fördermaschinen der gegebene Antriebsmotor.

Abb. 327. Schaltbild eines Drehstromhaspels für Produktenförderung und Seilfahrt (SSW).

Abb. 327 zeigt den Schaltplan eines Drehstromhaspels, der neben der Produktenförderung auch der Seilfahrt dient und deshalb mit Teufenzeiger und Sicherheitsbremse ausgerüstet ist. Der Strom wird vom Netz zunächst dem im Schaltkasten untergebrachten Selbstschalter zugeführt, der bei Spannungsrückgang durch den Spannungsrückgangsauslöser sofort und bei Überstrom durch den thermischen Zeitauslöser verzögert abschaltet. Die Verzögerung der Überstromauslösung ist durch den Vorschaltwiderstand *V. W.* regelbar. Mit dem Fahrschalter wird der primäre Strom des Fördermotors umgeschaltet und der Anlaßwiderstand im Rotorkreise zu- und abgeschaltet. Der Leistungsmesser am Teufenzeiger ist über einen Stromwandler an eine Phase und über einen Spannungswandler an die beiden andern Phasen ange-

[1] Vgl. H. Herbst: Über die Aufstellung von Förderhäspeln für Blindschächte. Glückauf 1948 S. 194.

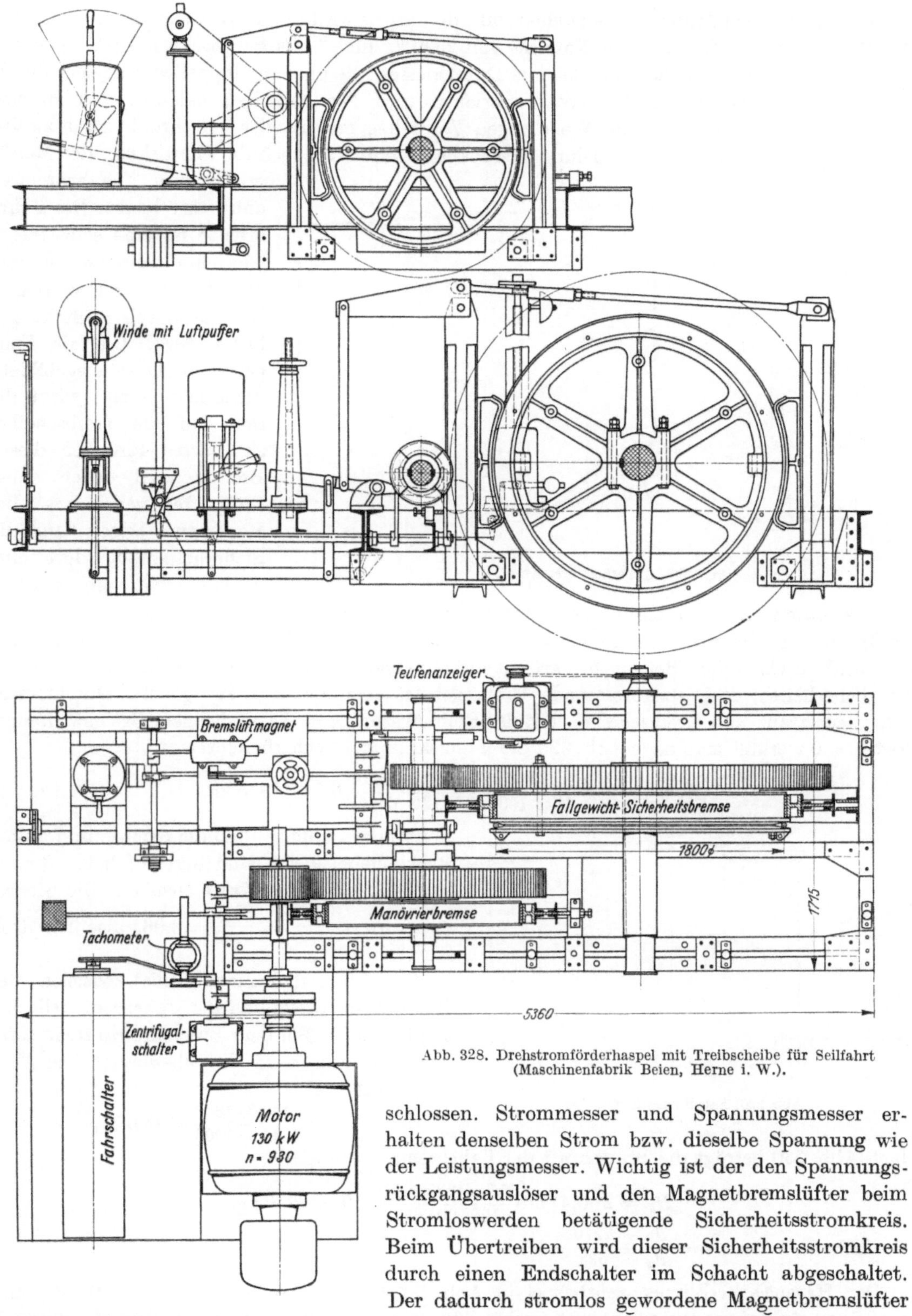

Abb. 328. Drehstromförderhaspel mit Treibscheibe für Seilfahrt (Maschinenfabrik Beien, Herne i. W.).

schlossen. Strommesser und Spannungsmesser erhalten denselben Strom bzw. dieselbe Spannung wie der Leistungsmesser. Wichtig ist der den Spannungsrückgangsauslöser und den Magnetbremslüfter beim Stromloswerden betätigende Sicherheitsstromkreis. Beim Übertreiben wird dieser Sicherheitsstromkreis durch einen Endschalter im Schacht abgeschaltet. Der dadurch stromlos gewordene Magnetbremslüfter läßt die Sicherheitsbremse auffallen, die wiederum den Notausschalter und damit auch den Spannungsrückgangsauslöser betätigt. In derselben Weise wirkt die Unterbrechung des Sicherheitsstromkreises durch den Fliehkraftschalter, wenn der Fliehkraftregler beim Überschreiten der zulässigen Geschwindigkeit ausschlägt.

Der mechanische Aufbau eines Drehstromförderhaspels wird durch Abb. 328 veranschaulicht. Der Haspel ist für eine normale Nutzlast von 2500 kg und 3 m/s Seilgeschwindigkeit gebaut. Er besitzt eine Treibscheibe von 1800 mm Durchmesser, die über ein doppeltes Vorgelege durch einen Drehstrommotor von 130 kW angetrieben wird. Treibscheibe, Zahnrad und Bremsscheibe sind zur Entlastung der Welle gegen Verdrehen miteinander verschraubt. Das zweite Vorgelege ist mittels Klauenkuppelung ausrückbar, wodurch jedoch die Einwirkung der Manövrierbremse (Fahrbremse) unberührt bleibt. Die Fahrbremse ist eine selbsttätige Gewichtsbremse, welche mit dem Fahrschalter verriegelt ist und durch Fußtritt gelüftet wird. Die als Fallgewichtsbremse ausgebildete Sicherheitsbremse wirkt direkt auf die Treibscheibe. Zu hartes Einfallen dieser Bremse wird durch einen Luftpuffer verhindert. Bei Reparaturarbeiten kann die Sicherheitsbremse durch eine Winde angezogen werden.

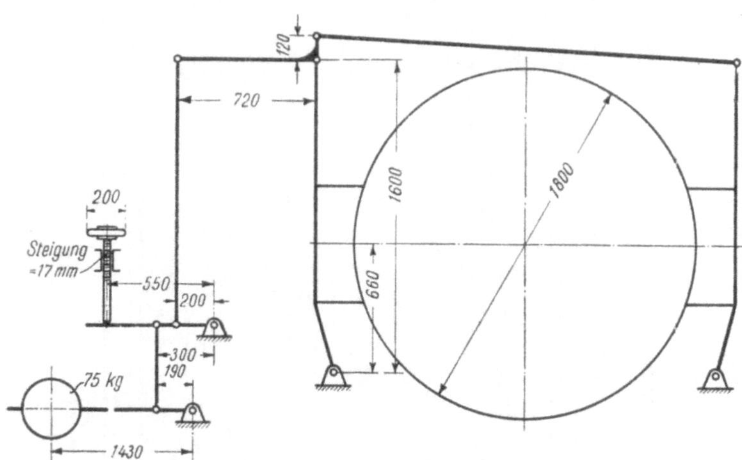

Abb. 329. Sicherheitsbremsschema.

Die als Doppelbackenbremsen ausgeführten Bremsen sind durch Spannschloß nachstellbar. An Hand der schematischen Bremsdarstellungen Abb. 329 und 330 sei die Berechnung der Bremsen[1] durchgeführt. Beträgt die größte vorkommende Nutzlast $G = 2900$ kg, so ist die von der Sicherheitsbremse abzubremsende Umfangskraft ebenfalls 2900 kg (gleiche Durchmesser von Bremskranz und Treibscheibe). Mit der Reibungszahl $\mu = 0{,}4$ und einem Bremswirkungsgrad $\eta = 0{,}9$ erhält man nach Abb. 329 die Bremskraft der Sicherheitsbremse

$$B_S = 2 \cdot 0{,}4 \cdot 75 \cdot \frac{1430 \cdot 300 \cdot 720 \cdot 1600}{190 \cdot 200 \cdot 120 \cdot 660} \cdot 0{,}9 = 8875 \text{ kg},$$

wenn man annimmt, daß die rechten und linken Backenhebel gleich sind und auf beide Bremsbacken die gleiche Kraft ausüben. Die Sicherheit wird $\nu = \frac{B_S}{G} = \frac{8875}{2900} = 3{,}06$, also rd. dreifach.

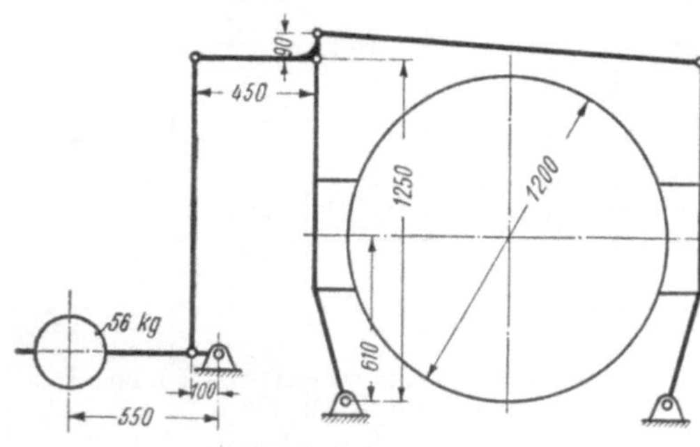

Abb. 330. Fahrbremsschema.

Das Übersetzungsverhältnis zwischen der Treibscheibenwelle und der Fahrbremswelle beträgt 1 : 6,25. Bei dem Bremskranzdurchmesser von 1200 mm wird die abzubremsende Umfangskraft

$$P_u = \frac{2900 \cdot 1800}{6{,}25 \cdot 1200} = 696 \text{ kg}.$$

Nach Abb. 330 beträgt die Bremskraft der Fahrbremse

$$B_F = 2 \cdot 0{,}4 \cdot 56 \cdot \frac{550 \cdot 450 \cdot 1250}{100 \cdot 90 \cdot 610} \cdot 0{,}9 = 2270 \text{ kg}.$$

Die Sicherheit wird $\nu = \frac{B_F}{P_u} = \frac{2270}{696} = 3{,}26$.

Der Hasenclever-Blindschachthaspel in Abb. 331 hat elektrischen Antrieb (230 kW) und wird über ein Zahnradvorgelege angetrieben, das mit der Treibscheibenwelle bei m gekuppelt ist. Die Seildicke ist 40 mm, die Fahrgeschwindigkeit 4 m/s. Die Bremse arbeitet in der üblichen Form als Doppelbackenbremse auf die beiden Bremskränze k der Schuhkettenscheibe a (Treib-

[1] Vgl. Ziffer 161.

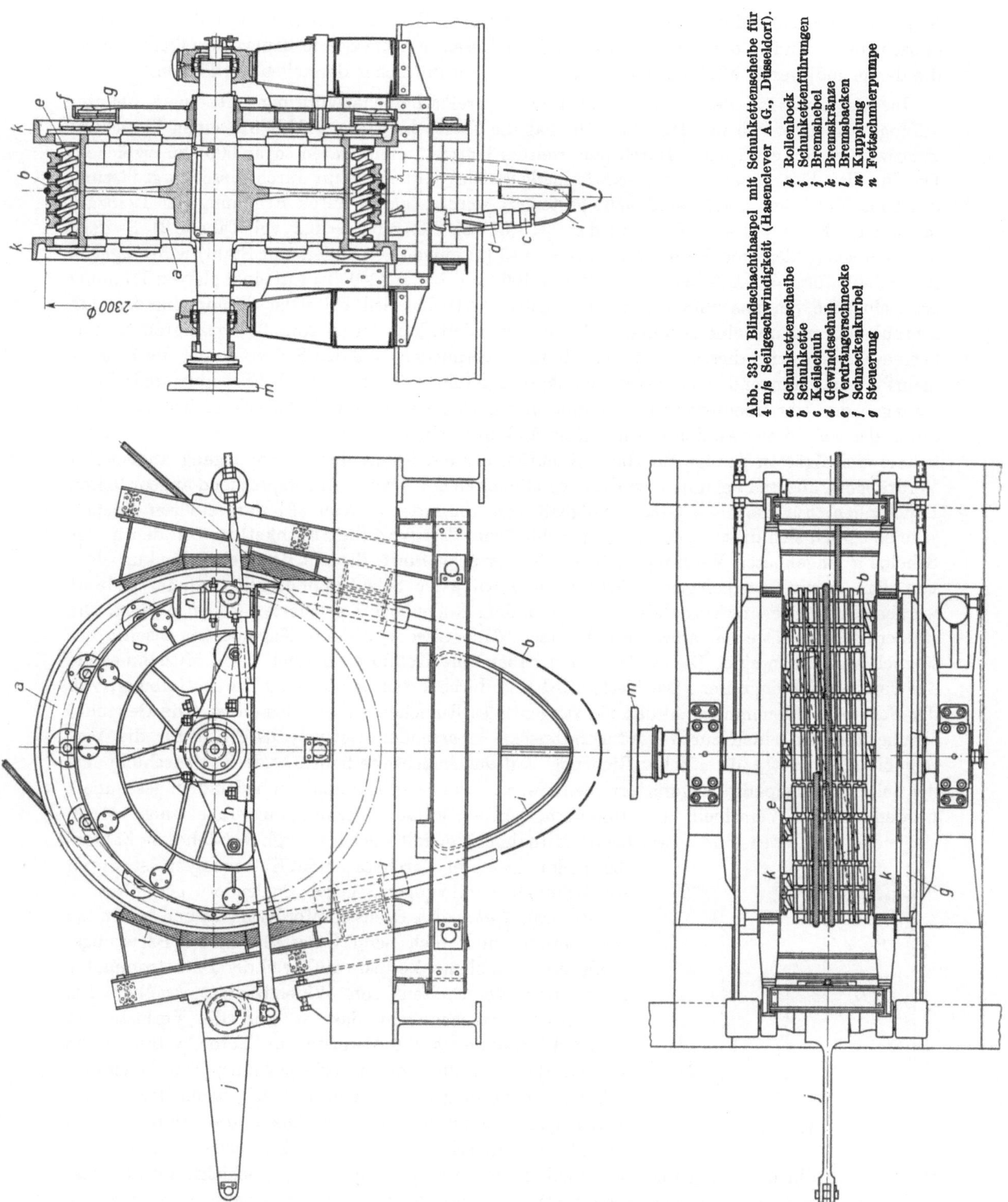

Abb. 331. Blindschachthaspel mit Schuhkettenscheibe für 4 m/s Seilgeschwindigkeit (Hasenclever A.G., Düsseldorf).

a	Schuhkettenscheibe	*h*	Rollenbock
b	Schuhkette	*i*	Schuhkettenführungen
c	Keilschuh	*j*	Bremshebel
d	Gewindeschuh	*k*	Bremskränze
e	Verdrängerschnecke	*l*	Bremsbacken
f	Schneckenkurbel	*m*	Kupplung
g	Steuerung	*n*	Fettschmierpumpe

scheibe). Die unverbrennlichen Bremsbacken *l* sind auswechselbar. Als Bremsantrieb dient eine Siemens-Schnellschlußbremse[1] (Fahr- und Sicherheitsbremse). Der Haspel ist für Produktenförderung und Seilfahrt bestimmt und mit den für die Seilfahrt vorgeschriebenen Sicherheitseinrichtungen ausgerüstet (Teufenzeiger, Übertreibschalter, Geschwindigkeitsmesser,

[1] Vgl. Abb. 305.

Sicherheitsbremse). Motor, Steuerschalter, Getriebe, Schnellschlußbremse und Sicherheitseinrichtungen sind in der Abb. 331 jedoch fortgelassen, um die Sonderbauart der Treibscheibe, die das grundlegende Merkmal dieses Haspels ist, ausführlicher darstellen zu können.

Im Gegensatz zu der sonst gebräuchlichen Treibscheibenausführung mit einem Seilumschlingungswinkel von nur 180° bis 210° hat die Treibscheibe nach Abb. 331 einen Umschlingungswinkel von etwa 540°. Durch eine weitere Umschlingung wären sogar 900° zu erreichen. Der für die übertragbare Umfangskraft maßgebende Wert $e^{\mu\alpha}$ kann durch diese Vergrößerung des Umschlingungswinkels weit mehr gesteigert werden, als es durch Erhöhung der Reibzahl möglich ist. Für $\alpha = 180°$ bis 210° wird $e^{\mu\alpha} = 1{,}875$ bis 2,08 mit $\mu = 0{,}2$ (vgl. Tabelle 21, S. 223). Mit dem sogar kleineren Reibungswert $\mu = 0{,}13$ (Drahtseil geschmiert auf Stahl) wird dagegen $e^{\mu\alpha} = 3{,}405$ für $\alpha = 3\pi \mathrel{\hat{=}} 540°$ oder $e^{\mu\alpha} = 7{,}706$ für $\alpha = 5\pi \mathrel{\hat{=}} 900°$. Auf einer glatten Trommel ist mehrfache Seilumschlingung nicht möglich, weil das Seil bei jeder Trommelumdrehung schraubenförmig um eine Seildicke seitlich abwandert. Bei der in Abb. 331 gezeigten Schuhkettenscheibe *a* wird dieses Abwandern dadurch vermieden, daß das Seil von einer die Scheibe mehrfach umschlingenden, endlosen Schuhkette *b* geführt wird, die bei jeder Scheibenumdrehung entgegen der schraubenförmigen Abwanderung um eine Kettenbreite zurückgeführt wird, wodurch das Seil immer an denselben Stellen auf- bzw. ablaufen kann. Bei kleinen Geschwindigkeiten und Kräften genügt für diese Rückführung ein fester, dem Gewindegang angepaßter Verdrängerkranz und bei mittleren Geschwindigkeiten ein Kranz von entsprechend angeordneten Druckrollen. Für die hohe Geschwindigkeit von 4 m/s der in Abb. 331 dargestellten Haspelscheibe eignen sich diese Ausführungen nicht mehr. Hier wird die Schuhkette *b* von den in der Scheibe *a* eingebauten Verdrängerschnecken *e* zurückgeführt, die mit den Schneckenkurbeln *f* von dem exzentrisch gelagerten Steuerring *g* bei jeder Scheibenumdrehung einmal gedreht werden. Der Steuerring wird dabei von den in dem Rollenbock *h* gelagerten Rollen geführt. Die stählerne Schuhkette hat abwechselnd verschiedene Glieder, die mit Kugelbolzen allseitig beweglich verbunden sind. Die Keilschuhe *c* haben eine Keilnute, mit der sie in Mitnahmekeile auf der Scheibe eingreifen. Die Kette wird also durch Formschluß, nicht durch Reibung, von der Scheibe mitgenommen, so daß ein tangentiales Rutschen ausgeschlossen ist. Die Gewindeschuhe *d* haben einen zur Verdrängerschnecke *e* passenden Gewindeausschnitt für die Verschiebung der Kette in seitlicher Richtung. Auf der Außenseite haben beide Kettenschuhe eine der Seildicke angepaßte, ungefütterte Seilrille. Seil und Seilrille können unbedenklich geschmiert werden, um den Verschleiß zu vermindern, weil der große Umschlingungswinkel auch bei geringer Reibung noch eine ausreichende Mitnahmefähigkeit verbürgt (vgl. vorstehende Zahlenbeispiele). Der frei durchhängende Kettenbogen ist durch die Schuhkettenführungen *i* gegen Schleudern geschützt.

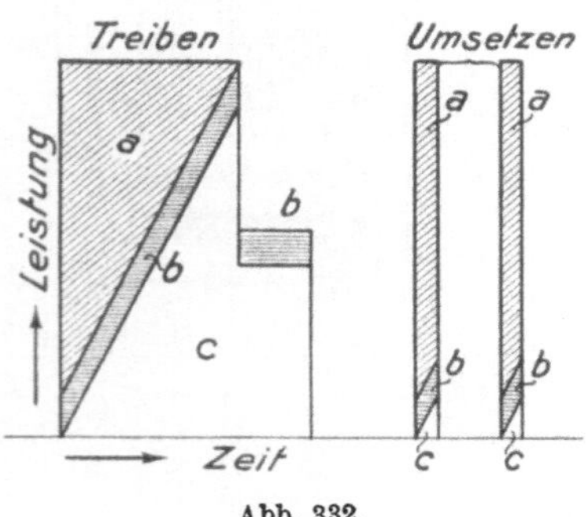

Abb. 332.

Bei *schnellfahrenden* Drehstromfördermaschinen treten bei der Anfahrt und auch beim Umsetzen starke Belastungsstöße und erhebliche Verluste auf, weil der Drehstrommotor nur durch Vorschalten von Widerständen regelbar ist. Abb. 332[1] veranschaulicht das. *a* sind die Verluste im Anlaßwiderstande, *b* die Verluste im Motor, während die weißen Flächen *c* die Motorenergie bedeuten. Wird Last eingehängt, so vermag der Asynchronmotor, wenn der Steuerhebel ganz ausgelegt und der Anker des Motors kurzgeschlossen ist, sehr günstig zu wirken, indem er, die synchrone Drehzahl ein wenig überschreitend, Strom erzeugt und ins Netz schickt. Ist aber der Steuerhebel nicht ganz ausgelegt oder wird er beim Auslauf zurückgenommen, so geht die Fördermaschine beim Einhängen von Last durch, und man kann sie nur durch die Bremse oder, indem man den Steuerhebel über die Mittellage zurücklegt, durch Gegenstrom halten, was aber sehr unwirtschaftlich ist. Je größer die Fördergeschwindigkeit, um so schwieriger ist in diesem Falle der Drehstrommotor elektrisch beherrschbar.

[1] Nach Philippi: Elektrizität im Bergbau.

170. Gleichstromfördermaschinen mit LEONARD-Schaltung. Bei einem Gleichstrommotor mit unveränderlichem Magnetfelde ist die Drehzahl proportional der zugeführten Spannung, und das ausgeübte Drehmoment ist proportional der aufgenommenen Stromstärke. Es gilt also: Drehzahl $\times$ Drehmoment $=$ Spannung $\times$ Stromstärke. Indem man nach LEONARD dem Gleichstrommotor Gleichstrom von veränderlicher Spannung zuführt, kann man seine Geschwindigkeit ebenso verändern, wie man die Spannung des Gleichstroms verändert. Diese Art, einen Gleichstrommotor zu regeln, wird nur in besonderen Fällen angewendet, insbesondere bei Fördermaschinen; denn sie setzt voraus, daß man den Gleichstrom in einer besonderen, mit dem Motor zusammenwirkenden Dynamo erzeugt. Im Schema Abb. 333 ist *b* eine fremderregte Gleichstromdynamo, die sogenannte Steuerdynamo, die den Strom für den konstant erregten[1] Gleichstromfördermotor *c* erzeugt. Richtung und Spannung dieses Stromes und damit Drehsinn und Geschwindigkeit des Fördermotors werden geändert, indem der Fördermaschinist durch den Steuerhebel *g* den umschaltbaren Regulierwiderstand *f* betätigt und dadurch Richtung und Stärke des Magnetisierungsstromes der Steuerdynamo *b* einstellt. Je weiter der Steuerhebel ausgelegt wird, desto größere Spannung wird erzeugt, desto größer wird die Fördergeschwindigkeit.

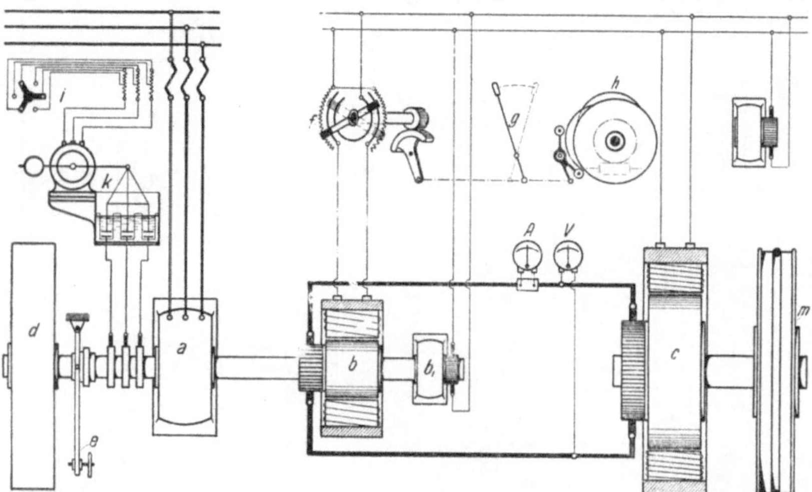

Abb. 333. Schema einer Gleichstromfördermaschine mit LEONARD-Schaltung und Schwungradausgleich nach JLGNER.

Jeder Stellung des Steuerhebels entspricht also eine gewisse Fahrtrichtung und eine gewisse Fördergeschwindigkeit. Die Geschwindigkeit ist unabhängig von der Last, sie wird also stets gleich sein, gleichgültig ob man Last hebt oder einhängt. Die Last beeinflußt *nur* die Stromstärke. Indem man, wie es die Abbildung veranschaulicht, die Auslage des Steuerhebels durch eine von der Fördermaschine gedrehte Kurvenscheibe *h* begrenzt, erzwingt man für den ganzen Förderzug, daß die Geschwindigkeit innerhalb der gegebenen Grenzen bleibt. Allerdings wird bei ein und derselben Steuerhebellage ein und dieselbe Last ein wenig schneller eingehängt als gehoben. Weil nun die Sicherheitskurven so eingestellt werden, daß sie beim Einhängen größter Seilfahrtlast die Fördermaschine rechtzeitig an der Hängebank stillsetzen, muß man in das Steuergestänge eine vorgespannte Feder einfügen, die man schließlich zusammendrücken muß, um beim Heben von Lasten bis zur Hängebank zu fahren.

Man erkennt, daß die Steuerung der Gleichstromfördermaschine mit LEONARD-Schaltung auf das schärfste von der Steuerung der Drehstrom- und der Dampffördermaschine unterschieden ist. Bei der Drehstrom- und der Dampffördermaschine steht z. B. nichts im Wege, den Steuerhebel aus der größten Auslage schnell in die Mittellage zu legen. Hat man aber bei der Fördermaschine mit LEONARD-Schaltung ganz ausgelegt und fährt man z. B. mit 1000 V Spannung und 20 m/s Fördergeschwindigkeit, so bedeutet die schnelle Zurücknahme des Steuerhebels in die Mittellage, daß der nun als Dynamo wirkende, etwa 1000 V erzeugende Fördermotor durch die

[1] In den Förderpausen wird das Magnetfeld des Fördermotors, um Energie zu sparen, geschwächt, indem in den Magnetisierungskreis ein Widerstand gelegt wird.

spannungslose Steuerdynamo kurzgeschlossen wird, infolgedes ein sehr hoher, von den stärksten mechanischen Wirkungen begleiteter Bremsstrom auftritt. Deshalb darf man bei den Gleichstromfördermaschinen den Steuerhebel nur *langsam* vor- und zurücklegen. Fährt man aus der Hängebankstellung an, kann man wegen der Sicherheitskurven nicht schnell auslegen; fährt man von einer Zwischensohle an, könnte man schnell auslegen, darf es aber nicht.

Obwohl die Gleichstromfördermaschine vorzüglich elektrisch beherrschbar ist, braucht sie ebenso wie die Dampffördermaschine eine Manövrier- und eine als Sicherheitsbremse dienende Fallgewichtsbremse[1]. Die Manövrierbremse wird nur vom Maschinisten gehandhabt, während bei allen sichernden Wirkungen die Fallgewichtsbremse ausgelöst wird. In Abb. 334, in der *a* wieder den antreibenden Drehstrommotor, *b* die Steuerdynamo, *c* den Fördermotor und *d* das Schwungrad bedeuten, ist *g* das Fallgewicht der Sicherheitsbremse, das durch einen Druckluftzylinder *h* hochgehalten wird. Das Fallgewicht geht nieder, wenn man die Druckluft aus dem Zylinder *h* durch den Hahn *i* abläßt. Das geschieht entweder von Hand mittels Hebels *l* oder selbsttätig, wenn das Gewicht des Bremssperrmagneten *n* niederfällt oder die Wandermutter *m*

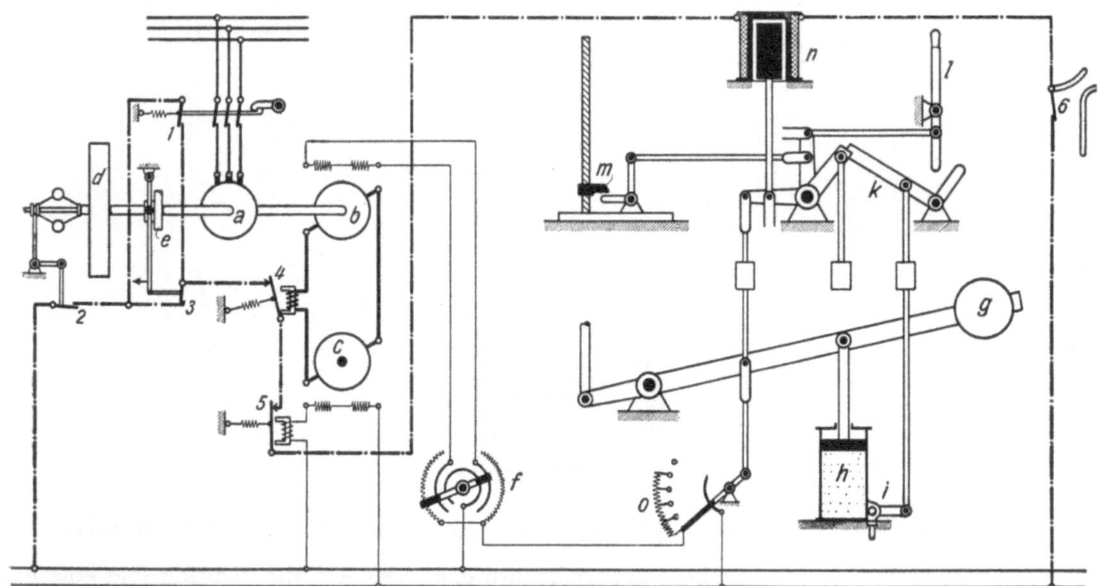

Abb. 334. Anordnung des Bremsmagnetstromkreises.

des Teufenzeigers aufstößt; in allen Fällen wird der Hebel *k* ausgeklinkt, der niederfällt und den Hahn *i* öffnet. Das nunmehr niedergehende Fallgewicht legt die Bremse auf; dadurch wird zugleich der Notausschalter *o* in Tätigkeit gesetzt, der den Magnetisierungsstrom der Steuerdynamo stufenweise ausschaltet, so daß auch eine starke elektrische Bremsung auftritt. Damit die Fallgewichtsbremse während der Fahrt nicht zu scharf auffällt, wird die ausströmende Luft je nach der Größe der Fahrtgeschwindigkeit mehr oder weniger gedrosselt.

Das Gewicht des Bremssperrmagneten wird durch den normalerweise die Magnetwicklung durchfließenden Strom hochgehalten, fällt aber nieder, wenn der Magnetisierungsstrom unterbrochen wird, infolgedes in der beschriebenen Weise das Fallgewicht ausgelöst wird. Der Stromkreis des Bremsmagneten stellt einen Sicherheitskreis dar, der je nach der Art der Gefährdung an verschiedenen Punkten selbsttätig unterbrochen wird. Der Sicherheitsstromkreis wird bei *1* unterbrochen, wenn der Höchststromschalter vor dem Drehstrommotor *a* ausgelöst wird. Die Unterbrechung bei *1* wirkt aber nicht, solange der Schalter *3* geschlossen ist, d. h. solange das Schwungrad *d* durch die Kuppelung *e* mit dem Umformer gekuppelt ist; denn dann treibt ja das Schwungrad den Umformer weiter, so daß der Förderzug vollendet werden kann. Wird der Umformer, was vorkommen kann, durch eingehängte Last auf zu hohe Drehzahl getrieben, so

[1] Vgl. Ziffer 159.

unterbricht der auf der Umformerwelle sitzende Fliehkraftregler den Bremsmagnetstrom bei *2*. Die Unterbrechung bei *4* erfolgt, wenn der Fördermotor zu großen Strom nimmt, die bei *5*, wenn der Erregerstrom ausbleibt, und die bei *6*, wenn der Förderkorb zu hoch fährt und den aus der Abbildung ersichtlichen Schachtausschalter umlegt.

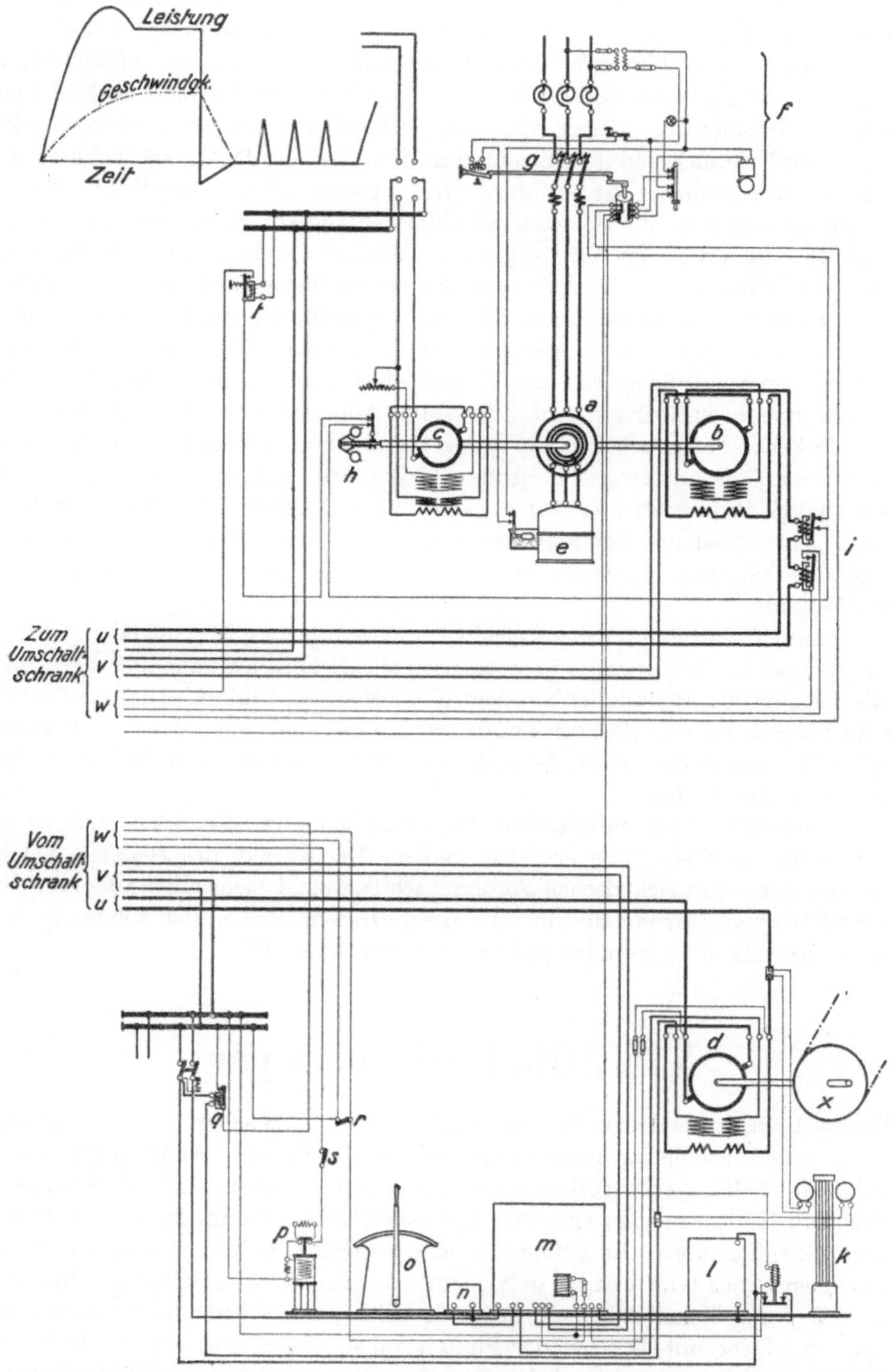

Abb. 335. Gleichstromfördermaschine mit LEONARD-Schaltung und schwungradlosem Umformer (Zeche Sachsen bei Hamm).

a Drehstrommotor
b Steuerdynamo
c Erregermaschine
d Fördermotor
e Flüssigkeitsanlasser
f Betätigung der Sicherheitsbremse beim Ausbleiben der Drehstromspannung
g Schutzschalter
h Fliehkraftschalter
i Höchststromrelais
k Teufenzeiger
l Notausschalter
m Steuereinrichtung
n Feldschwächschalter
o Steuerbock
p Sperrmagnet der Sicherheitsbremse
q Minimalausschalter
r Seilfahrtschalter
s Endausschalter im Schacht
t Spannungsauslöser
x Treibscheibe

Wie wird die Steuerdynamo angetrieben? Bei dem in Abb. 333 dargestellten Schema wird die Steuerdynamo *b* durch einen Drehstrommotor *a* angetrieben, der seinen Strom aus dem Drehstromnetz der Zeche erhält. Damit der Drehstrommotor und das Kraftwerk nicht die starken Belastungsschwankungen der Steuerdynamo *b* mitmachen, deren Leistung ja ebenso schwankt wie die der Fördermaschine, wird der Antrieb in der von ILGNER angegebenen Art durch das Schwungrad *d* abgepuffert. Um das Schwungrad kräftig zu laden und zu entladen und dem Netze einen innerhalb enger Grenzen schwankenden Strom zu entnehmen, wird der Drehstrommotor *a* zu kleinerem oder größerem (12 bis 15% erreichenden) Schlupf gezwungen, indem durch den Hilfsmotor *k* weniger oder mehr Widerstand in seinen Ankerkreis gelegt wird. Der Hilfsmotor wird nämlich von dem Strom beeinflußt, den der Motor *a* dem Netze entnimmt, indem er einen proportionalen Strom durch den Stromwandler *i* empfängt. Es sind viele Gleichstromfördermaschinen mit Schwungradumformer ausgeführt worden. Der erstrebte Belastungsausgleich wird durch das Schwungrad vollkommen erreicht; aber das Schwungrad ist teuer, verursacht Reibung und drückt wegen des erforderlichen Schlupfes den Wirkungsgrad des antreibenden Drehstrommotors herab. Wo der Belastungsausgleich nicht entscheidend ist, baut man deshalb schwungradlose Umformer. Dabei sorgt man, wie es das in Abb. 335 enthaltene Diagramm veranschaulicht, daß mit abnehmender Beschleunigung angefahren wird, um die Belastungsspitze zu erniedrigen (vgl. Ziffer 144). Abb. 335[1] zeigt den Schaltplan einer von den SSW für die Zeche Sachsen bei Hamm ausgeführten LEONARD-Fördermaschine mit schwungradlosem Umformer, die mit einer 7 m großen Treibscheibe normal 6 t aus 950 m mit 20 m/s Höchstgeschwindigkeit fördert. Der mit $n = 600\,\text{min}^{-1}$ laufende Umformer, der wenig Platz braucht, weil Schwungrad und Schlupfwiderstand fehlen, ist im Keller aufgestellt. Über die in der Schaltung enthaltenen Maschinen und Einrichtungen unterrichtet die dem Schaltplan beigegebene Legende.

Um bei schwachbelasteten Fördermaschinen die Arbeit des leerlaufenden Umformers zu sparen, schaltet man ihn bei längeren Förderpausen aus. Schließlich kann man überhaupt davon absehen, die Leonardfördermaschinen auf dem Wege über den Umformer an das Drehstromnetz der Zeche zu hängen. Es sind Anlagen ausgeführt worden, bei denen die Steuerdynamo durch eine Dampfturbine angetrieben wird, die außerdem einen den Drehstrom für den Zechenbetrieb erzeugenden Generator treibt.

Die *Wirtschaftlichkeit* der elektrischen Fördermaschine im Vergleich zur Dampffördermaschine muß im einzelnen Falle erwogen werden. Der Vorzug des ruhigen, gleichmäßigen Ganges, gebührt heute den elektrischen Fördermaschinen nicht mehr allein; die schnellaufenden Getriebedampffördermaschinen sind ihnen in dieser Hinsicht und in der Schonung der Förderseile gegen Seilschwingungen ziemlich gleichwertig (vgl. Ziffer 157).

XIX. Die Kolbenpumpen.

171. Überblick. Es ist zwischen Pumpen mit hin- und hergehendem Kolben und solchen mit Drehkolben zu unterscheiden; ferner hat man noch sogenannte Membranpumpen, bei denen der das Hubvolumen verdrängende Kolben durch eine Membran ersetzt ist. Die Pumpen mit hin- und hergehendem Kolben können einfach- oder doppeltwirkend sein; ferner hat man Differentialpumpen mit Stufenkolben. Die Zylinder werden stehend oder liegend angeordnet. Nach dem zu überwindenden Druck teilt man ein in Niederdruck- und Hochdruckpumpen. Bei den Niederdruckpumpen hat man Scheibenkolben, in Sonderfällen auch Ventilkolben, während die Hochdruckpumpen durchweg mit Tauch- oder Plungerkolben ausgerüstet werden. Elektrisch angetriebene Pumpen erhalten einen Kurbeltrieb und werden entweder unmittelbar oder über ein Riemen- oder Zahnradvorgelege angetrieben. Dampf- oder druckluftangetriebene Kolbenpumpen arbeiten teils mit, teils ohne Kurbeltrieb (schwungradlose Pumpen). Die Pumpen dienen entweder der Förderung von Flüssigkeiten oder der Erzeugung von Druckwasser oder Drucköl

[1] Nach PHILIPPI: Elektrizität im Bergbau.

(Preßpumpen, Schmierpumpen); auch die Förderpumpen haben häufig hohe Drücke zu erzeugen, z. B. als Wasserhaltungs- oder Kesselspeisepumpen.

172. Saughöhe, Druckhöhe, Förderhöhe. Geometrische, statische und manometrische Förderhöhe. Saughöhe + Druckhöhe = Förderhöhe. *Geometrische* oder *geodätische* Förderhöhe ist der in m gemessene Höhenabstand vom Saugwasserspiegel bis zum Ausguß. *Statische* Förderhöhe ist der Druck der ruhenden Fördersäule, gemessen in mWS oder in at. Die *manometrische* Förderhöhe ergibt sich aus der statischen Förderhöhe, indem man zu ihr die Widerstandshöhen beim Saugen und beim Drücken addiert. Die Druckverluste in den Leitungen sind nach den in Ziffer 22 mitgeteilten Formeln und Diagrammen zu bestimmen. Die in Abb. 336 schematisch dargestellte Pumpe, die 4 m hoch saugt und 22 m hoch drückt, hat 26 m geometrische Förderhöhe. Hat die geförderte Flüssigkeit das spezifische Gewicht $\gamma = 1$ kg/dm³, so ist die statische Förderhöhe = 26 mWS oder 2,6 at; ist γ größer oder kleiner als 1, so ist die statische Förderhöhe im selben Verhältnis größer oder kleiner. Ist die Widerstandshöhe beim Saugen = 2 mWS und beim Drücken = 4 mWS, so ist die *manometrische* Förderhöhe, wenn $\gamma = 1$ ist, $= 26 + 6 = 32$ mWS oder 3,2 at. Betrachtet man die Saughöhe für sich und die Druckhöhe für sich, so unterscheidet man ebenfalls geometrische, statische und manometrische Saug- bzw. Druckhöhe.

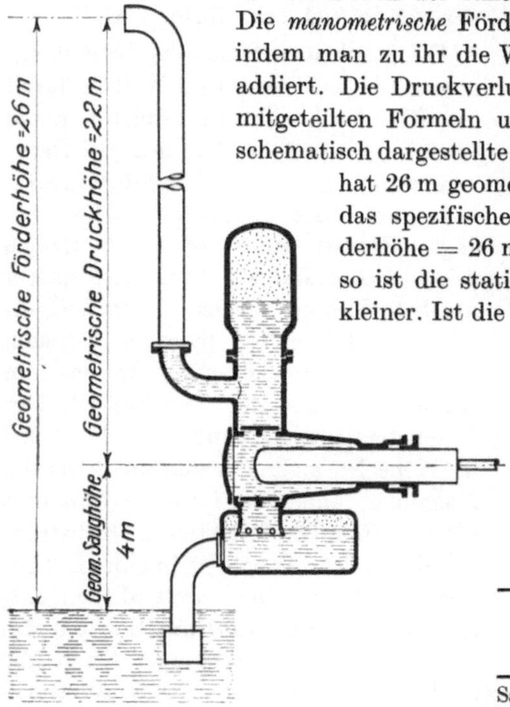

Abb. 336. Schema einer Kolbenpumpe.

Zahlentafel 22.

	Geometrische Werte m	Statische Werte mWS	Manometrische Werte mWS
Saughöhe . .	4	4,2	6,2
Druckhöhe .	596	625,8	645,8
Förderhöhe.	600	630,0	652,0

Wird Sole von $\gamma = 1{,}05$ kg/dm³ aus 4 m gesaugt und 596 m hochgedrückt, ist ferner die Widerstandshöhe beim Saugen 2 mWS und beim Drücken 20 mWS, so erhält man die in Zahlentafel 22 zusammengestellten Werte.

173. Das Pumpendiagramm. Abb. 337 zeigt das Diagramm der in Abb. 336 dargestellten, Wasser von $\gamma = 1$ kg/dm³ fördernden Pumpe. Die Widerstandshöhe beim Saugen ist, wie dem Diagramm entnehmbar, 2 mWS = 0,2 at, und die Widerstandshöhe beim Drücken ist 4 mWS = 0,4 at, so daß beim Saugen ein Unterdruck von 6 mWS oder 0,6 at entsteht und beim Drücken ein Überdruck von 26 mWS oder 2,6 at. Weil das Wasser fast unelastisch ist, so steigt zu Beginn des Druckhubes der Druck fast plötzlich an und sinkt ebenso schnell zu Beginn des Saughubes, so daß das Pumpendiagramm annähernd rechteckig wird. Wegen des schnellen Druckanstieges und Druckabfalles entstehen die aus dem Diagramm ersichtlichen Schwingungen des Indikatorkolbens. Je langsamer die Pumpe läuft, je genauer die Ventile im Hubwechsel öffnen und schließen, um so mehr stimmt das Pumpendiagramm mit dem Rechteck überein.

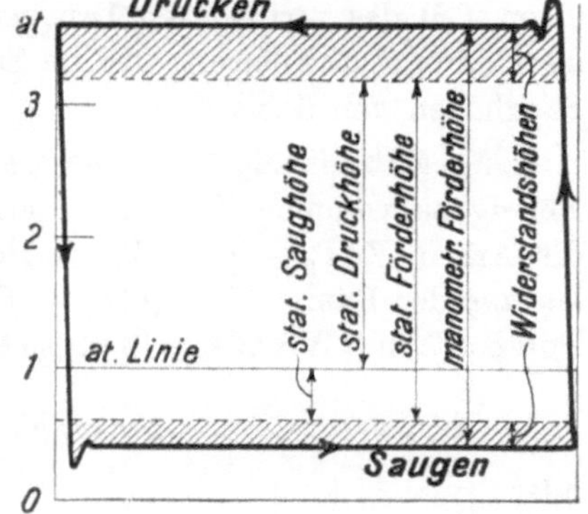

Abb. 337. Diagramm der in Abb. 336 dargestellten Pumpe.

Beim Betrieb mit *Fallwasser*, Abb. 338, wird das Wasser einer höheren Sohle mit Druck einer Pumpe auf einer tieferen Sohle zugeführt. Wenn die Pumpe von der tieferen Sohle fördert, hat sie die Saughöhe h_s und die Druckhöhe h_d. Soll die Pumpe von der höheren Sohle fördern, wird ihre Saugleitung abgesperrt und das Fallrohr geöffnet. Das den Betrieb mit Fallwasser kennzeichnende Diagramm ist ebenfalls aus Abb. 338 ersichtlich. Die Pumpenleistung ist, vom Leitungswiderstand abgesehen, dieselbe, als wenn die Pumpe auf der höheren Sohle stände. Auch bei Speisepumpen, die sehr reines Wasser fördern, läßt man häufig das Wasser unter Druck zufließen, damit die Pumpe keine Luft saugt, die begierig vom Wasser aufgenommen würde (vgl. auch Ziffer 174).

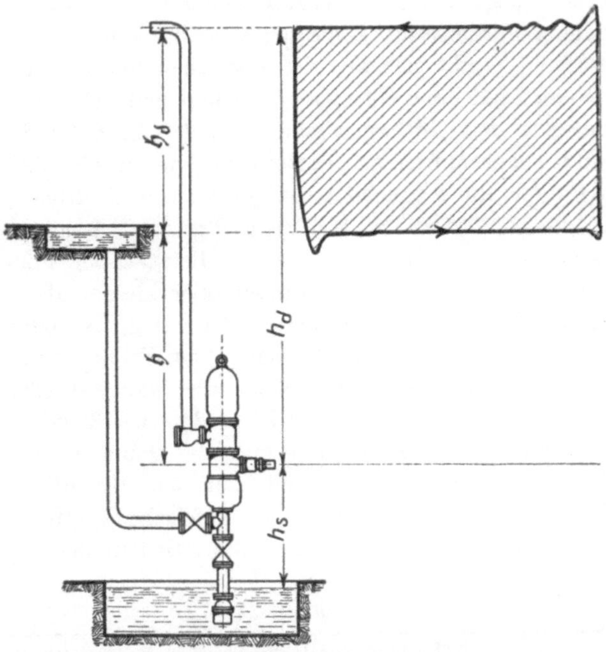

Abb. 338. Betrieb einer Kolbenpumpe mit Fallwasser einer höheren Sohle.

174. Erreichbare Saughöhe. Beim Saughube wird das Wasser dem Kolben durch den Überdruck der Atmosphäre nachgedrückt, so daß bei 760 mm QS Barometerstand die bei $\gamma = 1\,\text{kg/dm}^3$ theoretisch erreichbare Saughöhe 10,33 m beträgt. Hierbei gilt aber als Saughöhe nicht der Abstand von Saugwasserspiegel bis Mitte Pumpe, wie es in Abb. 336 angedeutet ist, sondern bis zum höchsten Punkte des Pumpenraumes, in unserem Beispiel also bis zum Druckventil. Der Barometerstand schwankt und kann bei der Höhe Normalnull schon um 4 bis 5% abnehmen; außerdem ist seine Abnahme mit der Höhe zu beachten, z. B. beträgt die theoretische Saughöhe in einer Höhenlage von 1000 m nur noch rd. 9 m entsprechend einem Luftdruck von 0,9 ata. Außer vom Barometerstande hängt die erreichbare Saughöhe von der Temperatur des Wassers ab, denn im Vakuum des ansaugenden Pumpenzylinders verdampft das Wasser bis zu dem seiner Temperatur entsprechenden Dampfdruck, der, auf mWS umgerechnet, von der Saughöhe abzuziehen ist, z. B. ist bei 60° C der Dampfdruck 0,2 ata[1] oder 2 mWS. Über 70° C ($p = 0{,}32$ ata oder 3,2 mWS) soll man das Wasser überhaupt nicht ansaugen, sondern der Pumpe mit Gefälle zufließen lassen.

Die tatsächliche Saughöhe muß man erheblich kleiner als die theoretische wählen, weil man einen Teil des verfügbaren Druckes braucht, um die Strömungs- und Beschleunigungswiderstände in der Saugleitung und im Saugventil zu überwinden. Meist hat man bei Kolbenpumpen Saughöhen von 5 bis 6 m.

175[2]. Nutzleistung, Wirkungsgrad und Antriebsleistung einer Pumpe. Eine Pumpe, die ein Flüssigkeitsvolumen V m³ zu fördern und den Druck von P_1 auf P_2 kg/m² zu steigern hat, muß die Arbeit $V(P_2 - P_1)$ mkg verrichten. Für die Fördermenge $Q = V/t$ m³/s wird die *Nutzleistung* der Pumpe $N = Q(P_2 - P_1)$ mkg/s. Rechnet man wie üblich die Drucksteigerung bei Pumpen h in mWS oder p in at, so erhält man für eine Fördermenge Q in l/s die Nutzleistung

$$N = Q\,h\,\text{mkg/s} = \frac{Q\,h}{75}\,\text{PS} = \frac{Q\,h}{102}\,\text{kW}$$

oder

$$N = 10\,Q\,p\,\text{mkg/s} = \frac{Q\,p}{7{,}5}\,\text{PS} = \frac{Q\,p}{10{,}2}\,\text{kW}$$

(Q in l/s, h in mWS, p in at.)

Der *Wirkungsgrad* ist das Verhältnis der Nutzleistung zur Antriebsleistung der Pumpe:

$$\eta_P = \frac{N}{N_e}.$$

[1] Vgl. Dampftabelle auf S. 17.

[2] Die allgemeinen Formeln in den Ziffern 175 und 176 gelten für Pumpen jeder Art, insbesondere auch für Kreiselpumpen.

Der Wirkungsgrad ist bei großen Pumpen größer als bei kleineren. Am günstigsten ist er bei Dampfpumpen, bei denen die Kräfte zum großen Teil unmittelbar vom Dampfkolben auf den Pumpenkolben übertragen werden. In solchem Falle kann man den Wirkungsgrad der Pumpe und der antreibenden Dampfmaschine aber nicht trennen und bestimmt η für den ganzen Maschinensatz. Bei großen Dampfpumpen wird das Verhältnis zwischen Nutzleistung der Pumpe und indizierter Dampfmaschinenleistung etwa 0,86, so daß η_P für die Pumpe selbst $= 0{,}93$ zu schätzen ist. Große Pumpen mit Kurbeltrieb haben etwa 90% Wirkungsgrad. Die *indizierte* Leistung einer Kolbenpumpe ist wegen der hydraulischen Verluste in der Pumpe größer als ihre Nutzleistung. Aus dem Pumpendiagramm ergibt sich die indizierte Leistung unmittelbar; das spezifische Gewicht des Wassers oder der volumetrische Wirkungsgrad der Pumpe sind nicht mehr besonders zu berücksichtigen.

Die *Antriebsleistung* N_e der Pumpe ist Nutzleistung dividiert durch Wirkungsgrad:

$$N_e = \frac{N}{\eta_P}.$$

176. Nutzleistung, Gesamtwirkungsgrad und Antriebsleistung einer Wasserhaltungsanlage. Sind Q l/s oder Q m³/min Wasser oder Sole vom spezifischen Gewichte γ kg/dm³ um H Meter zu heben, so ist die *Nutzleistung* der Wasserhaltung oder ihre auf gehobene Flüssigkeit bezogene Leistung

$$N = \gamma Q H \text{ mkg/s} = \frac{\gamma Q H}{75} \text{ PS} = \frac{\gamma Q H}{102} \text{ kW } (Q \text{ in l/s}, H \text{ in m}, \gamma \text{ in kg/dm}^3)$$

oder

$$N = \frac{1000 \cdot \gamma Q H}{60} \text{ mkg/s} = 0{,}222 \cdot \gamma Q H \text{ PS} = 0{,}163 \cdot \gamma Q H \text{ kW } (Q \text{ in m}^3/\text{min}, H \text{ in m}, \gamma \text{ in kg/dm}^3).$$

Meistens darf man $\gamma = 1$ kg/dm³ setzen, wodurch sich die Ausdrücke entsprechend vereinfachen. Um die Antriebsleistung zu bestimmen, sind die Verluste in der Pumpe, im Antriebsmotor und in der Steigleitung zu berücksichtigen. Die Verluste der Steigleitung sind die Widerstandsverluste, um die der manometrische Druck h_{man} größer sein muß als der statische Druck h_{st}, so daß der *Leitungswirkungsgrad* durch das Verhältnis der statischen Förderhöhe zur manometrischen Förderhöhe gekennzeichnet ist: $\eta_l = h_{st}/h_{man}$. Ist der Pumpenwirkungsgrad η_P, der Motorwirkungsgrad η_M, der Leitungswirkungsgrad η_l, so ist der *Gesamtwirkungsgrad der Wasserhaltung* gleich dem Produkt aus den Teilwirkungsgraden

$$\eta = \eta_P \eta_M \eta_L.$$

$$\textit{Antriebsleistung} = \frac{\text{Nutzleistung}}{\text{Gesamtwirkungsgrad}}; \quad N_e = \frac{N}{\eta}$$

Überschläglich kann man die Antriebsleistung einer elektrisch angetriebenen *Kolben*wasserhaltungsanlage $= 0{,}2 \cdot Q H$ kW setzen (Q in m³/min, H in m).

Beispiele.

1. Eine Kolbenpumpe fördert 12 m³/min mit einem Druck von 375 mWS und braucht 800 kW Antriebsleistung. — Ihre Nutzleistung ist

$$N = \frac{Q h}{75} = \frac{1000 \cdot 12 \cdot 375}{60 \cdot 75} = 1000 \text{ PS} = 736 \text{ kW}$$

und ihr Wirkungsgrad

$$\eta_P = \frac{N}{N_e} = \frac{736}{800} = 0{,}92 = 92\%.$$

2. Eine Hochdruckpumpe fördert 2 l/s und erzeugt einen Druck von 300 atü. Ihr Wirkungsgrad ist $\eta_P = 84\%$. Welche Antriebsleistung ist erforderlich? Nutzleistung $N = \frac{Q p}{10{,}2} = \frac{2 \cdot 300}{10{,}2} = 58{,}8$ kW. Antriebsleistung $N_e = \frac{N}{\eta_P} = \frac{58{,}8}{0{,}84} = 70$ kW.

3. Eine Kesselspeisepumpe soll stündlich 30 m³ Speisewasser ($\gamma = 1{,}05$ kg/dm³) 20 m hoch fördern und mit 28 atü in den Kessel drücken. In der Leitung ist ein Widerstand von 5 mWS zu überwinden. Wie groß wird die Nutzleistung? Gesamtdruck $h = \gamma H + h_w + 10\,p = 1{,}05 \cdot 20 + 5 + 10 \cdot 28 = 306$ mWS. Nutzleistung $N = \frac{1000 \cdot 30 \cdot 306}{3600 \cdot 75} = 34$ PS.

4. In der Steigeleitung einer Wasserhaltung wird Sole vom spezifischen Gewicht $\gamma = 1{,}04$ kg/dm³ 500 m hoch gefördert. Das Pumpenmanometer zeigt einen Druck von 575 mWS. Der statische Druck und der Wirkungsgrad der Steigeleitung sind zu berechnen. $h_{st} = \gamma H = 1{,}04 \cdot 500 = 520$ mWS. $\eta_L = \frac{h_{st}}{h_{man}} = \frac{520}{575} = 0{,}905 = 90{,}5\%$ (dieser schlechte Wirkungsgrad läßt auf Verschmutzung der Leitung schließen).

5. Von einer Wasserhaltungsanlage sind 6 m³/min Wasser ($\gamma = 1$ kg/dm³) 700 m hoch zu heben. Die Kolbenpumpe habe $\eta_P = 90\%$, der antreibende Elektromotor $\eta_M = 93\%$ und die Leitung $\eta_L = 95\%$ Wirkungsgrad. — Nutzleistung $N = 0{,}222 \cdot \gamma Q H = 0{,}222 \cdot 1 \cdot 6 \cdot 700 = 932$ PS oder $0{,}163 \cdot 1 \cdot 6 \cdot 700 = 685$ kW. Gesamtwirkungsgrad $\eta = \eta_P \eta_M \eta_L = 0{,}9 \cdot 0{,}93 \cdot 0{,}95 = 0{,}795$. Antriebsleistung $N_e = \frac{N}{\eta} = \frac{685}{0{,}795} = 862$ kW (nach der Überschlagsrechnung $N_e = 0{,}2 \cdot Q H = 0{,}2 \cdot 6 \cdot 700 = 840$ kW, also rd. 2,5% kleiner). Bei Verwendung einer Kreiselpumpe mit $\eta_P = 74\%$ hätte sich ergeben $\eta = 0{,}654$ und $N_e = \frac{685}{0{,}654} = 1047$ kW (nach der Überschlagsrechnung[1] $N_e = 0{,}25 \cdot Q H = 0{,}25 \cdot 6 \cdot 700 = 1050$ kW).

6. Eine Kreiselpumpenwasserhaltung fördert von der 800-m-Sohle 3 m³/min mit 5 m Saughöhe und 2,4 m³/min Fallwasser, welches der Pumpe von der 600-m-Sohle mit Druck zugeführt wird. Pumpenwirkungsgrad $\eta_P = 76\%$, Motorwirkungsgrad $\eta_M = 92\%$, Wirkungsgrad der Steige- und Falleitungen $\eta_L = 95\%$. $\gamma = 1$ kg/dm³. — Nutzleistung der Wasserhaltung $N_W = 0{,}163 \cdot \gamma [Q_1 (H_1 + H_s) + Q_2 H_2] = 0{,}163 \cdot [3 \cdot (800 + 5) + 2{,}4 \cdot 600] = 628$ kW. Nutzleistung der Pumpe

$$N_P = \frac{1000}{60 \cdot 102} \gamma \left[Q_1 \frac{H_1 + H_s}{\eta_L} + Q_2 \frac{H_1}{\eta_L} - Q_2 (H_1 - H_2) \eta_L \right] = 0{,}163 \gamma \left[\frac{Q_1 (H_1 + H_s) + Q_2 H_1}{\eta_L} - Q_2 (H_1 - H_2) \eta_L \right]$$

$$= 0{,}163 \cdot 1 \cdot \left[\frac{3 \cdot (800 + 5) + 2{,}4 \cdot 800}{0{,}95} - 2{,}4 \cdot (800 - 600) \cdot 0{,}95 \right] = 670 \text{ kW}.$$

Antriebsleistung $N_e = \frac{N_P}{\eta_P \eta_M} = \frac{670}{0{,}76 \cdot 0{,}92} = 956$ kW. Gesamtwirkungsgrad $\eta = \frac{N_W}{N_e} = \frac{628}{956} = 0{,}657 = 65{,}7\%$. — Wäre das Fallwasser dem Pumpensumpf auf der 800-m-Sohle ohne Ausnutzung des Druckgefälles zwischen der 600-m- und 800-m-Sohle zugeführt worden, so hätte die Antriebsleistung

$$N_e = 0{,}163 \gamma \frac{(Q_1 + Q_2)(H_1 + H_s)}{\eta_P \eta_M \eta_L} = 0{,}163 \cdot 1 \cdot \frac{(3 + 2{,}4)(800 + 5)}{0{,}664} = 1067 \text{ kW}$$

betragen müssen, also rd. 12% mehr.

177. Volumetrischer Wirkungsgrad von Kolbenpumpen. In der Regel ist die von der Pumpe geförderte Wassermenge kleiner als der Größe des Hubraumes entspricht, d. h. der *volumetrische Wirkungsgrad* η_v ist kleiner als 1. Das rührt daher, daß die Ventile verspätet schließen, die Pumpe nicht dicht ist usw. Man setze überschläglich $\eta_v = 0{,}96$. In besonderen Fällen sinkt η_v beträchtlich, z. B. wenn beim Saughube absichtlich durch ein Schnüffelventil[2] oder ungewollt durch eine undichte Stopfbüchse oder durch einen undichten Flansch Luft angesaugt wird.

178. Wirkung und Ausrüstung der Kolbenpumpen. Dem Folgenden liegt die schematische Abb. 339 zugrunde, die eine einfachwirkende Kolbenpumpe mit Tauchkolben (Plunger) darstellt.

Daß eine Pumpe beim Anfahren *trocken* ansaugt, ist nur möglich, wenn Saughöhe und Druckhöhe klein sind, die Pumpe kleinen schädlichen Raum hat und dicht ist. Dann wirkt die Pumpe zunächst als Luftpumpe, solange bis das Wasser in den Pumpenraum eintritt. In der Regel wird die Pumpe erst mit Wasser gefüllt, ehe sie in Betrieb gesetzt wird. Abb. 339 veranschaulicht, wie man die Pumpe aus der Druckleitung füllen kann, indem man die Umläufe U öffnet, welche die Rückschlagklappe RK, das Druckventil und das Saugventil überbrücken. Damit die Saugleitung das Wasser hält, ist am Saugkorb SK ein Fußventil nötig. Fußventil und der das Saugventil überbrückende Umlauf fallen fort, wenn man die Luft aus Saugwindkessel und Saugleitung mittels Ejektors absaugt. Bei der gefüllten Pumpe spielt die Größe des schädlichen Raumes keine Rolle. Beim Saughub wird das Wasser von der Atmosphäre durch das selbsttätig öffnende Saugventil dem Pumpenkolben nachgedrückt. Im Hubwechsel schließt das Saugventil, und der rückkehrende Kolben drückt beim Druckhub das Wasser durch das selbsttätig öffnende Druckventil hindurch in die Druckleitung.

---

[1] Nach Ziffer 189 ist für elektrisch angetriebene Kreiselpumpenwasserhaltungen $N_e \approx 0{,}25 \cdot Q H$ kW (Q in m³/min, H in m).

[2] Vgl. Ziffer 178.

Der Kolben bewegt das Wasser ungleichfömig, ferner wird bei den in Abb. 336 und 338 dargestellten Pumpen, die einfach wirken, nur bei jedem zweiten Hube Wasser gefördert; die Wasserlieferung ist also sehr ungleichmäßig, wie es Linie *a* in der späteren Abb. 343 veranschaulicht. Bei einer doppeltwirkenden Pumpe ist die Wasserlieferung gleichmäßiger (Linie *b*), und bei der doppeltwirkenden Zwillingspumpe (Linie *c*) sowie bei der einfachwirkenden Drillingspumpe (Linie *d*) liegen die Verhältnisse noch günstiger. Immerhin ist es aber nur bei sehr langsamem Pumpengange möglich, daß sich die Saugwassersäule und die häufig sehr lange Druckwassersäule ebenso ungleichförmig bewegen, wie die Pumpe das Wasser aufnimmt und abgibt. Um schnelleren Pumpengang zu ermöglichen, ist es unumgänglich, daß das Wasser in der Saugleitung und in der Druckleitung annähernd gleichförmig strömt. Zu diesem Zwecke werden *Windkessel* als Ausgleicher angeordnet. Der Saugwindkessel liegt *unter* dem Saugventil und der Druckwindkessel *über* dem Druckventil. Der Druckwindkessel ist zum Teil mit Luft gefüllt und nimmt beim Druckhub Wasser auf, indem die Luft zusammengedrückt wird, wobei im Windkessel Wasserstand und Druck steigen, und gibt Wasser ab, wobei Wasserstand und Druck fallen, wenn die Wassergeschwindigkeit bei der Verzögerung des Kolbens geringer wird bzw. nach dem Hubwechsel ganz aufhört; der Saugwindkessel wirkt umgekehrt. Je ungleichförmiger die Pumpe wirkt, um so größer müssen die Windkessel sein. Bei längeren Druckleitungen genügen die Windkessel der Pumpe allein nicht mehr, sondern die Druckleitung selbst ist ebenfalls mit Windkesseln auszurüsten, insbesondere an Wendepunkten der Leitung.

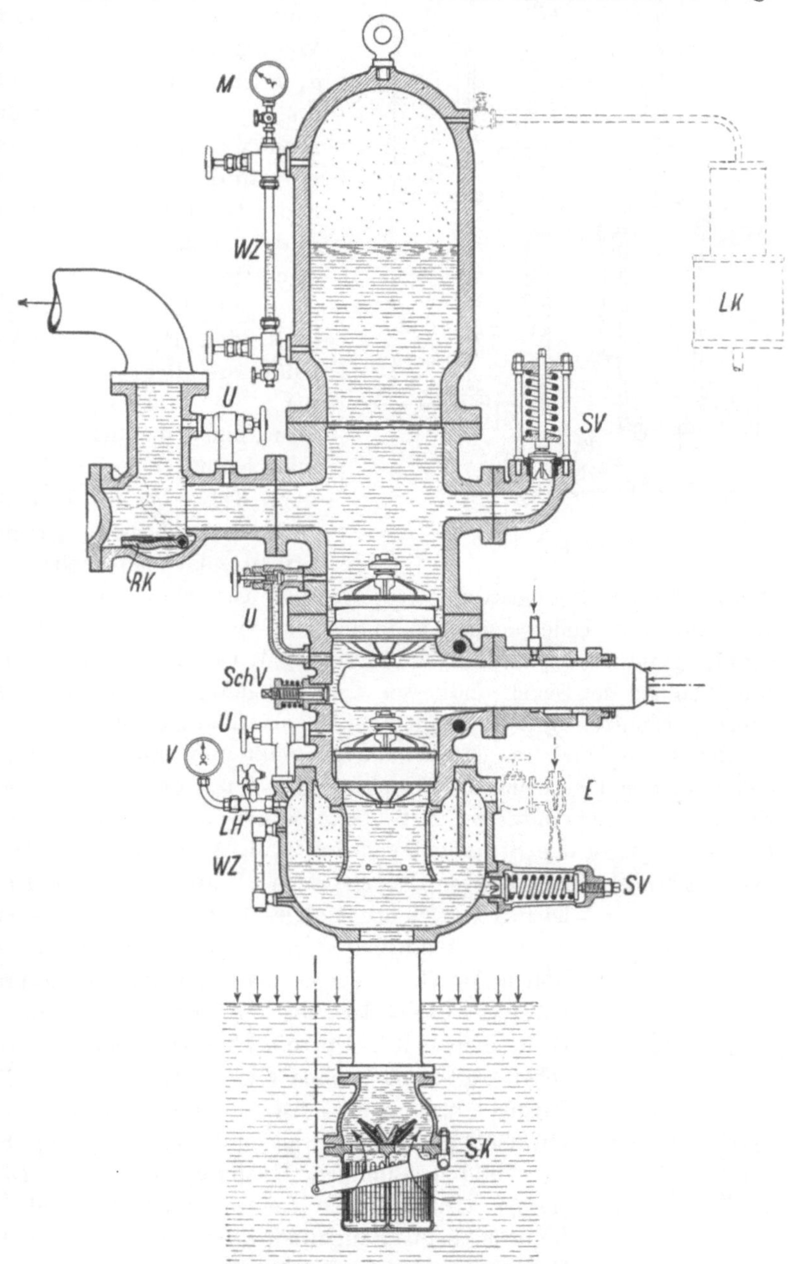

Abb. 339. Kolbenpumpe nebst Ausrüstung

Die Windkessel wirken nur, wenn sie genügend Luft enthalten. Man überwacht sie mit Hilfe der Wasserstandzeiger *WZ*. Im Saugwindkessel hält sich die Luft, weil das entspannte Wasser Luft abscheidet; überschüssige Luft tritt durch die in der Abbildung angedeuteten Löcher in den Saugstutzen der Pumpe und wird abgepumpt. Der Druckwindkessel dagegen verliert Luft;

denn das gepreßte Wasser nimmt Luft auf. Der Druckwindkessel muß also immer wieder aufgefüllt werden. Man kann dafür Luftschleusen gemäß Abb. 340 verwenden. Die Schleuse wirkt in der Weise, daß zunächst bei geöffneten Ventilen a_1 und a_2 und geschlossenen Ventilen b_1 und b_2 das Wasser durch Ventil a_2 aus der Schleuse austritt, während gleichzeitig atmosphärische oder dem Druckluftnetz entnommene Luft durch Ventil a_1 eintritt. Werden dann die Ventile a_1 und a_2 geschlossen und die Ventile b_1 und b_2 geöffnet, so strömt das Druckwasser aus dem Pumpenraum durch b_2 infolge des Gefälles in den tiefer gelegenen Schleusenraum, preßt hier die Luft zusammen und schleust sie durch das Ventil b_1 in den Pumpenwindkessel. Bei Pumpen für mäßige Druckhöhen benutzt man Schnüffelventile (Abb. 341 oder *Sch V* in Abb. 339), die sich beim Saughube öffnen, so daß neben dem Wasser auch Luft angesaugt wird, die beim Druckhub verdichtet wird und dann, zum Teile wenigstens, in den Druckwindkessel tritt. Je mehr Luft die Pumpe einschnüffelt, um so weniger Wasser fördert sie selbstverständlich. Ist der Druckwindkessel wieder aufgefüllt, wird das Schnüffelventil geschlossen; zuweilen läßt man es auch dauernd schnüffeln.

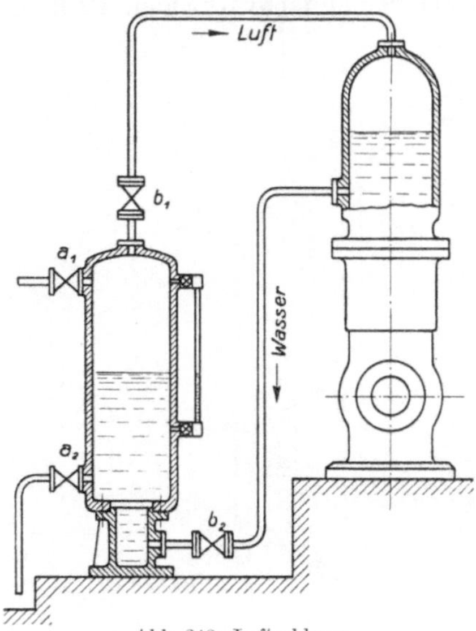

Abb. 340. Luftschleuse.

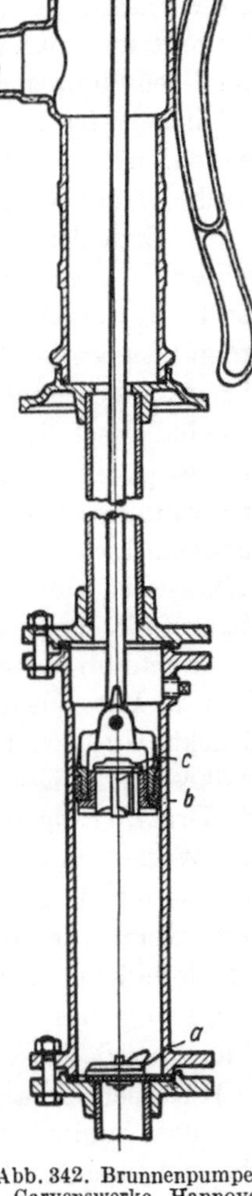

Abb. 342. Brunnenpumpe der Garvenswerke, Hannover.

Den Unterdruck im Saugwindkessel mißt man mit dem Vakuummeter V, den Überdruck im Druckwindkessel mit dem Manometer M. Erhält der Saugwindkessel z. B. beim Füllen mit Wasser zu hohen Druck, so bläst das Sicherheitsventil $S V$ ab. Auch über dem Druckventil ist ein Sicherheitsventil angebracht. Würde z. B. die Druckleitung versehentlich abgesperrt, so würde die Pumpe, durch ihr Schwungrad getrieben, weiter laufen und so hohen Druck erzeugen, daß die Pumpe gesprengt würde. Gegen derartige Gefährdung schützt das Sicherheitsventil. Um die Pumpe öffnen und nachsehen zu können, ohne das Wasser aus der Steigleitung ablassen zu müssen, sperrt man sie mit der Rückschlagklappe RK gegen die Druckleitung ab.

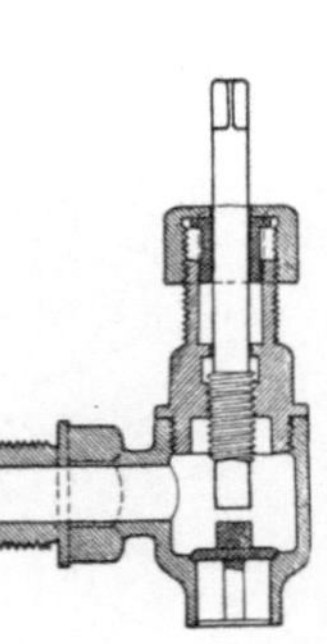
Abb. 341. Schnüffelventil.

179. Druckpumpen. Hubpumpen. Bei der *Druckpumpe* wird das mittels eines Tauch- oder Scheibenkolbens beim Saughube angesaugte Wasser beim Druckhube durch das Druckventil herausgedrückt. Die normale Pumpe ist eine Druckpumpe, z. B. die in den früheren Abb. 336 und 339 dargestellten Pumpen. Neben den Druckpumpen hat man *Hubpumpen*, die einen durchbrochenen, mit Klappen oder mit einem Ventil ausgerüsteten Kolben haben. Hubpumpen verwendet man hauptsächlich als Brunnenpumpen (Abb. 342). Beim Hochgange hebt der durchbrochene, mittels Lederstulpes abgedichtete, durch Ventil c geschlossene Kolben b das über ihm stehende Wasser, während frisches Wasser durch die lederne, eisenbewehrte Saugklappe a nachgesaugt wird. Beim Niedergange geht der Kolben leer durch das über der Saugklappe stehende Wasser, wobei sich das Ventil c hebt.

180. Einfach- und mehrfachwirkende Pumpen. Differentialpumpen. Liegende und stehende Pumpen. Die in Abb. 336 dargestellte Pumpe wirkt *einfach*, nur bei jedem zweiten Hube wird Wasser gefördert. In der Abb. 343, die für Pumpen mit Kurbelantrieb gilt, veranschaulicht Linie *a* die Wasserlieferung der einfachwirkenden Pumpe innerhalb einer Umdrehung. Vereinigt man zwei einfachwirkende Kolbenpumpen zu einer *doppeltwirkenden*, indem man entweder gemäß Abb. 353 die

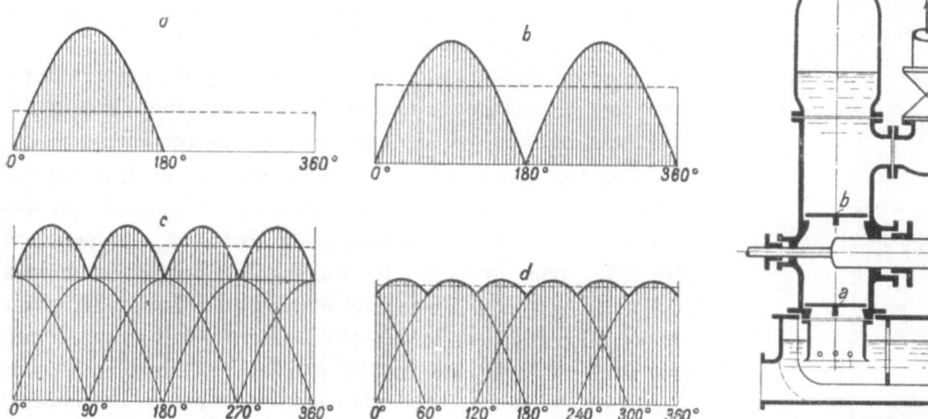

Abb. 343a—d. Linien der Wasserförderung von Kurbelpumpen.

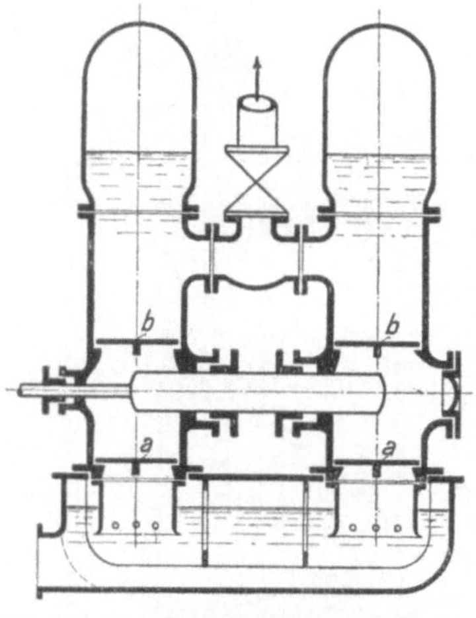

Abb. 344. Liegende doppeltwirkende Pumpe mit durchgehendem Kolben

Tauchkolben durch ein Umführungsgestänge verbindet, oder gemäß Abb. 344 einen durchgehenden Kolben anordnet, so erhält man die durch Linie *b* in Abb. 343 dargestellte Wasserlieferung. Dasselbe erreicht man durch eine doppeltwirkende Pumpe mit Scheibenkolben. Durch eine doppeltwirkende Zwillingspumpe mit um 90° versetzten Kurbeln erhält man die durch Linie *c* gekennzeichnete Wasserlieferung. Noch gleichmäßiger wird, wie es Linie *d* zeigt, die Wasserlieferung einer einfachwirkenden *Drillingspumpe*, deren drei Kolben durch Kurbeln angetrieben werden, die um 120° versetzt sind.

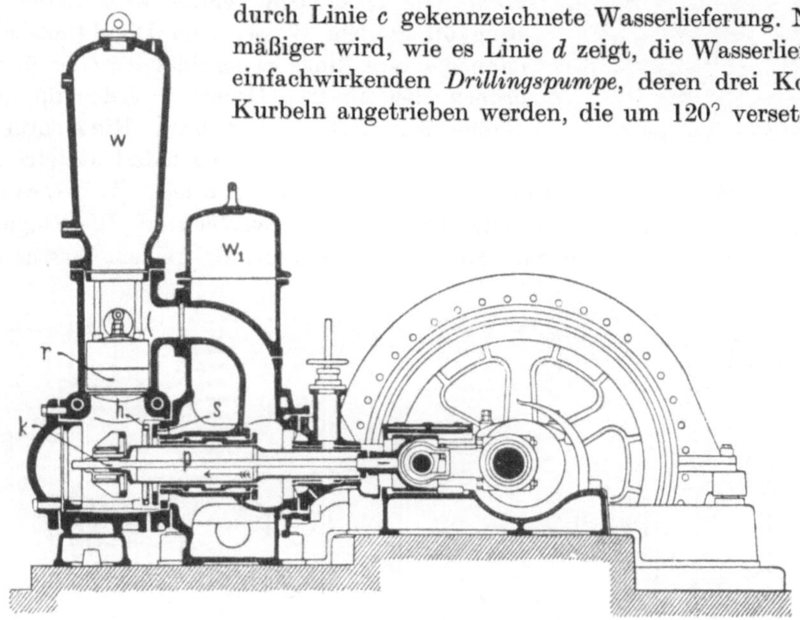

Abb. 345. RIEDLER-Expreßpumpe (Differentialpumpe).

Bei einer *Differentialpumpe*, Abb. 345, ist der Kolben als Stufenkolben ausgebildet. Den Querschnitt der kleinen Stufe macht man halb so groß wie den Querschnitt der großen Stufe. Die Differentialpumpe hat einfache Saugwirkung, aber verteilte Druckwirkung. Denn beim Druckhube tritt nur die Hälfte des durch das Druckventil gedrückten Wassers in die Druckleitung, während die andere Hälfte in den durch die Kolbenabstufung gebildeten Ringraum strömt und erst beim nächsten Saughube in die Druckleitung gedrückt wird. Für größere Druckhöhen ist also die Differentialpumpe in bezug auf die Kraftverteilung der doppeltwirkenden Pumpe beinahe ebenbürtig; sie erreicht das mit nur zwei Ventilen, von denen aber jedes doppelt so viel Wasser durchlassen muß, wie jedes der vier Ventile der gleichgroßen doppeltwirkenden Pumpe. Abb. 345[1] zeigt eine Sonderbauart, die RIEDLER-Expreßpumpe, die den ersten Schnellläufer darstellt. Der Saugwindkessel w_1 ist hochgelegt; das Saugventil s umgibt den Kolben konzentrisch, öffnet sich bis zum Anschlage h und wird vom rückkehrenden Kolben durch den Kopf k geschlossen.

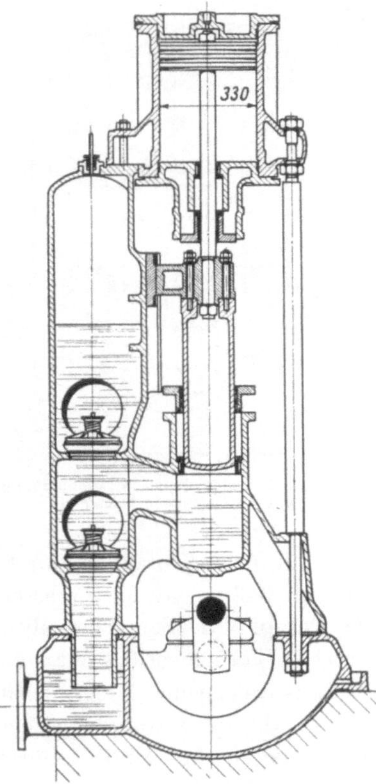

Abb. 346. Stehende Kolbenpumpe.

Was die Aufstellung betrifft, überwiegen liegende Pumpen; bei Kesselspeisepumpen findet man auch häufig die stehende Bauart, wie sie Abb. 346 veranschaulicht.

181. Die Pumpenventile. Für *kleinere* Durchflußmengen verwendet man *einsitzige* Ventile, Abb. 347, bei denen das Wasser nur durch *einen* Ringspalt abströmt. Je nachdem der Sitz eben, kegelig oder kugelig ist, spricht man von Teller-, Kegel- oder Kugelventilen. Soll die Geschwindigkeit im Ventilspalt bei voller Ventilöffnung doppelt so groß sein, wie im Ventilrohr, so ist der größte Ventilhub $= {}^1/_8$ des Ventildurchmessers. Weil man bei den üblichen Drehzahlen der Pumpen nur kleine Ventilhübe anwendet — etwa 5 bis 10 mm —, so verwendet man nur kleine einsitzige Ventile, die man für größere Durchflußmengen zu einem *Gruppenventil* vereinigt, bei dem mehrere kleine Ventilsitze in einer gemeinsamen Platte untergebracht sind.

Im Vermögen, das Wasser durchzulassen, ist das *Ringventil* dem einsitzigen Ventile weit überlegen. Denn der Ring öffnet dem Wasser *zwei* Durchflußspalte, und man kann mehrere Ringe nebeneinander oder übereinander anordnen. Bei höheren Drücken werden für größere Durchflußmengen fast ausschließlich Ringventile angewendet. Abb. 348 zeigt ein einfaches federbelastetes Ringventil; in der Abb. 349 ist ein Ventil mit drei nebeneinanderliegenden Ringen (b) dargestellt, die durch eine gemeinsame, aus Gummi bestehende Rohrfeder (a) belastet sind. Die Ringe sind aus Rotguß, die Ventilsitze aus Rotguß oder Gußeisen hergestellt. Bei reinem Wasser dichtet Metall

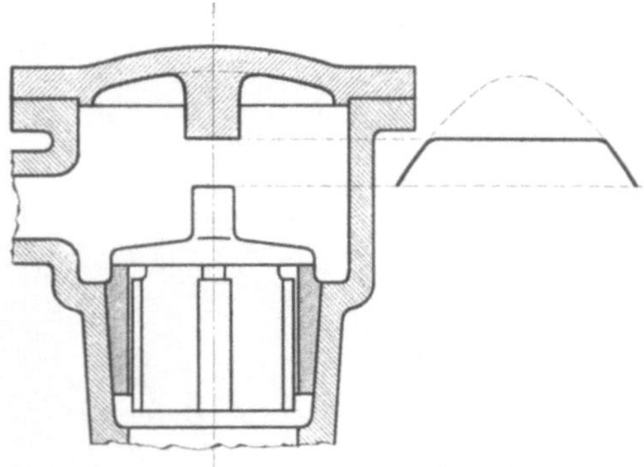
Abb. 347. Einsitziges Pumpenventil (Tellerventil).

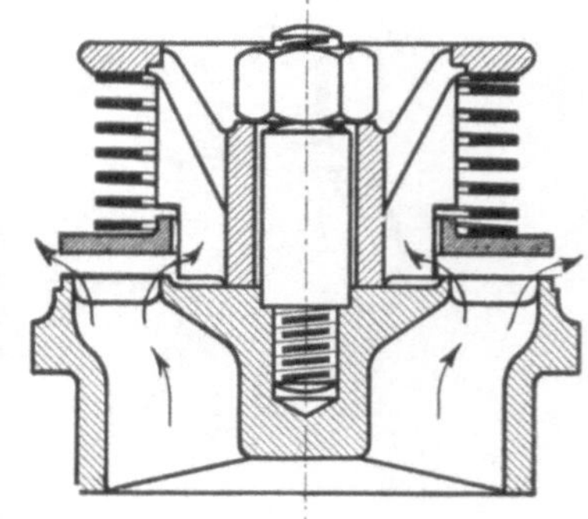
Abb. 348. Einfaches Ringventil.

auf Metall; bei sandigem Wasser liegen über den Metallringen Lederringe, die nachdichten, wie es die Abb. 349 zeigt.

Die Pumpenventile wirken *selbsttätig*; gesteuerte Ventile oder Klappen werden nur ausnahmsweise angewendet. Für die Wirkungsweise der *selbsttätigen* Ventile ist grundlegend, daß die

[1] „Sammelwerk", Bd. IV.

Geschwindigkeit im Ventilspalt nur von der Ventilbelastung abhängt, nicht von der Durchflußmenge. Ist die Ventilbelastung h Meter Wassersäule, so ist die Spaltgeschwindigkeit v theore-

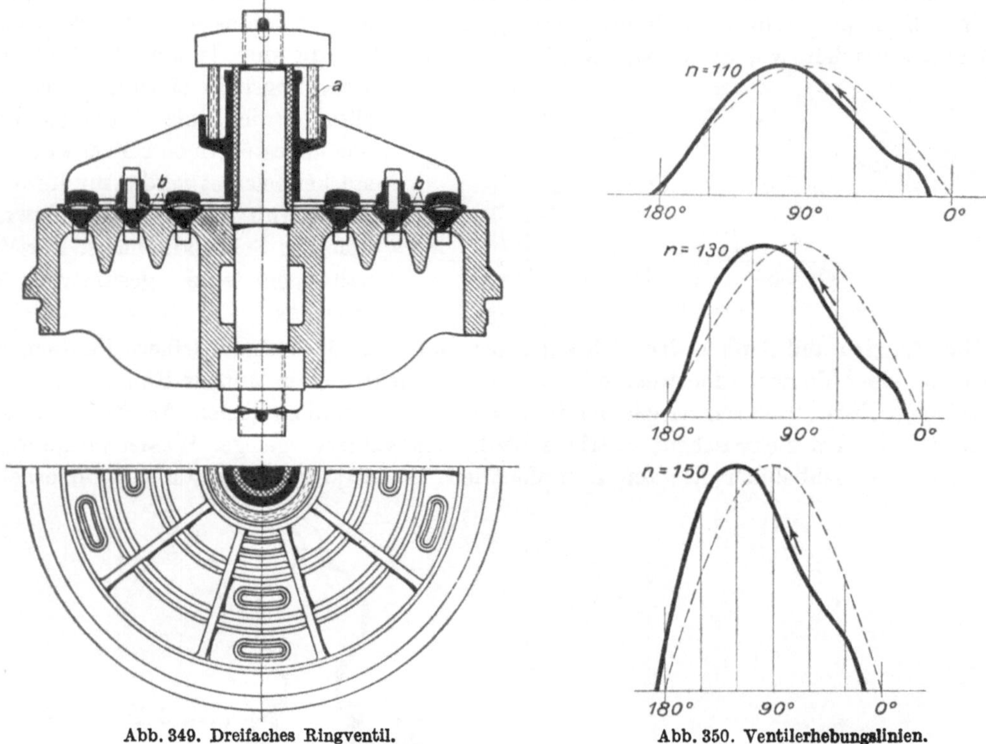

Abb. 349. Dreifaches Ringventil.

Abb. 350. Ventilerhebungslinien.

tisch $= \sqrt{2gh}$, in Wirklichkeit etwas kleiner. Ist ein Ventil durch sein Gewicht und durch eine weiche Feder annähernd gleichmäßig belastet, so bleibt die Spaltgeschwindigkeit annähernd gleich, d. h. der Ventilhub stellt sich proportional der Durchflußmenge ein. Bei langsamem Pumpengange öffnen die Ventile weniger, bei schnellem Gange mehr. Bei Pumpen mit Kurbelantrieb heben und senken sich die Ventile ebenso wie die Kolbengeschwindigkeit zu- und abnimmt; die theoretische Ventilerhebungslinie ist auf die Zeit bezogen eine Sinuslinie, auf den Kolbenweg bezogen eine Ellipse. In Wirklichkeit hinken die Ventile ihrer theoretischen Erhebungslinie nach. Dies rührt hauptsächlich davon her, daß das eine Ventil infolge seines Massenwiderstandes verzögert schließt, worauf das andere verspätet öffnet. Das Nachhinken hat zur Folge, daß die Ventile *nach* dem Hubwechsel mit Gewalt auf den Sitz getrieben werden. Geringer Ventilschlag schadet nichts, starker Ventilschlag gefährdet die Ventile. Dadurch, daß man den Ventilhub durch einen Anschlag begrenzt, kann man den Ventilschlag nicht vermindern; man muß die Pumpe langsamer laufen lassen oder *stärkere* Ventilfedern einsetzen und dadurch den Ventilhub verkleinern. Leichte Ventile mit kräftigen Federn und kleinem Hube sind auch bei verhältnismäßig hohen Drehzahlen brauchbar. In der Abb. 350[1] sind für $n = 110\,\text{min}^{-1}$, $n = 130\,\text{min}^{-1}$ und

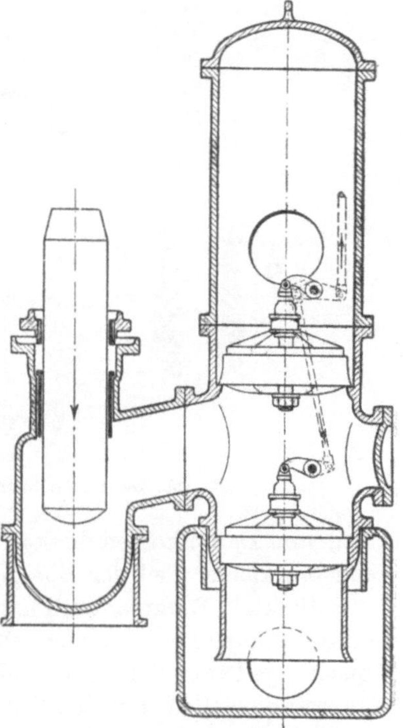

Abb. 351. Gesteuerte Pumpenventile.

[1] Nach Berg: Die Kolbenpumpen.

$n = 150\ \mathrm{min}^{-1}$ die theoretische und die wirkliche Erhebungslinie eines Ringventils gezeichnet; je höher die Drehzahl, um so höher hebt sich das Ventil, um so mehr hinkt es nach.

Bei *gesteuerten* Ventilen, Abb. 351[1], öffnet das Ventil selbsttätig und wird durch einen nachgiebigen Daumen geschlossen. Diese Steuerung hat nur Zweck, wenn es sich um besonders große Ventilhübe handelt, wie sie bei Kanalisationspumpen notwendig sind. In der Abb. 352[1] ist a die Erhebungslinie eines gesteuerten Ventiles, b die Linie desselben Ventiles, das ungesteuert betrieben wurde, dabei stärker belastet werden mußte und kleineren Hub machte, c die Bewegungslinie des Schließdaumens. Für Wasserhaltungen sind gesteuerte Ventile zwecklos.

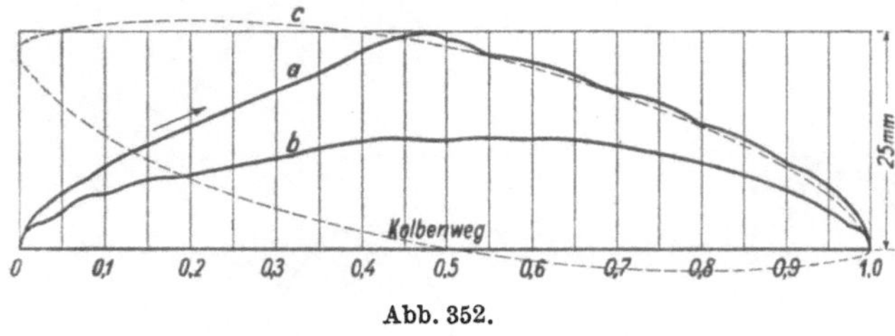

Abb. 352.

182. Antrieb und Aufbau der Kolbenpumpen mit Kurbelgetriebe. Kleinere Pumpen werden meist von einer Transmissionswelle oder von einem Elektromotor mittels Riemens angetrieben. Die Riemenscheibe muß schwer genug sein, um als Schwungrad zu dienen. An Stelle des Riemenantriebes tritt bei elektrischem Antriebe häufig ein Rädervorgelege. Wasserwerkpumpen erhalten fast ausschließlich direkten Dampfantrieb. Die Kräfte werden dabei zum erheblichen

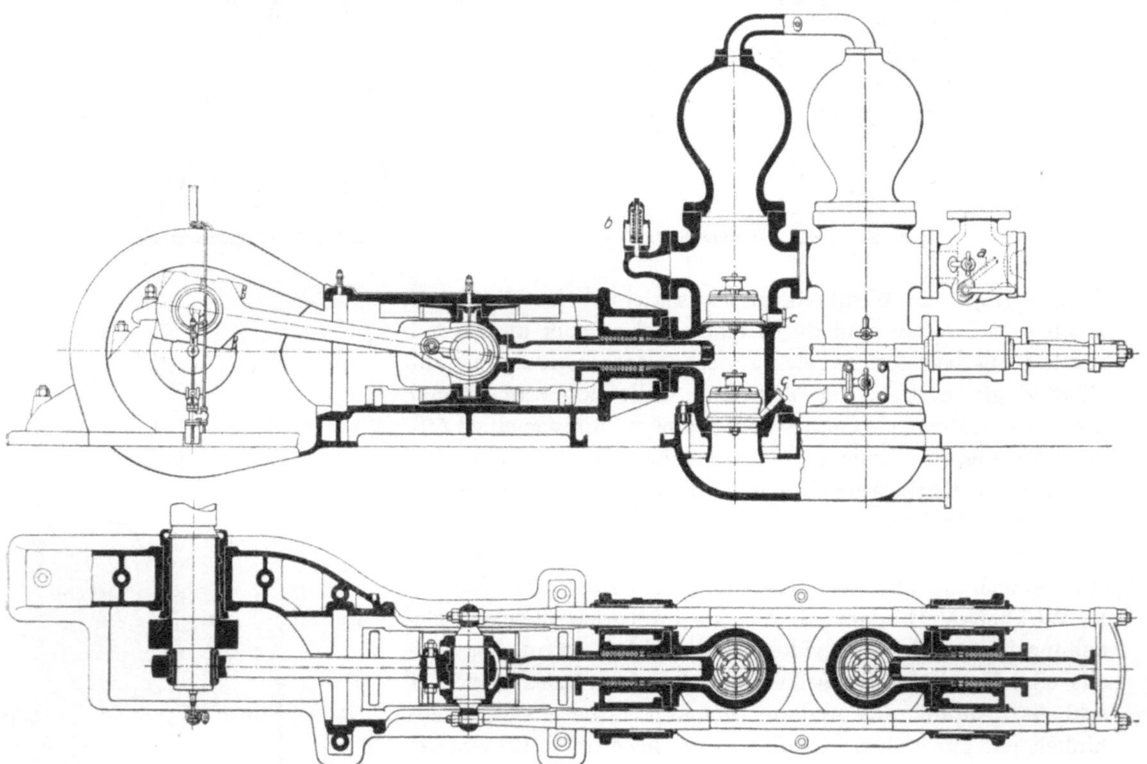
Abb. 353. Elektrisch angetriebene Kolbenpumpe von Ehrhardt & Sehmer ($n = 145\ \mathrm{min}^{-1}$).

Teil vom Dampfkolben direkt auf den Pumpenkolben übertragen, und durch das Triebwerk geht nur ein kleiner Teil der Energie in das Schwungrad hinein und wieder heraus. Diese Pumpen mit direktem Dampfantrieb haben deshalb hohen Wirkungsgrad, der annähernd derselbe bleibt, ob die Pumpe langsam oder schnell läuft. Daß die Dampfpumpen innerhalb weiter Grenzen bequem regelbar sind, ist ein besonderer Vorteil. Die Drehzahl kann man mit Hilfe eines Leistungsreglers[2] einstellen. Für den Dampfverbrauch erhält man sehr günstige Zahlen, da das Schwungrad erlaubt, den Dampf weit expandieren zu lassen.

---

[1] Nach BERG: Die Kolbenpumpen. — [2] Vgl. Ziffer 80.

Die üblichen Drehzahlen der Pumpen liegen weit auseinander, je nach der Größe der Pumpe und der Art des Antriebes. Schnellaufende Pumpen werden kurzhubig, langsam laufende langhubig gebaut. Die Pumpenventile werden bei schnellaufenden Pumpen selbstverständlich nicht kleiner als bei langsamlaufenden; denn die Ventilgröße hängt bei gleichem Hube und gleicher Spaltgeschwindigkeit nur von der Durchflußmenge ab.

Abb. 353 zeigt den Schnitt durch die vordere Hälfte einer großen, doppeltwirkenden Zwillingskolbenpumpe für direkten elektrischen Antrieb durch einen auf der Kurbelwelle angeordneten Drehstrommotor. Im Gegensatz zur Abb. 344 sind die Kolben dieser Pumpe durch ein

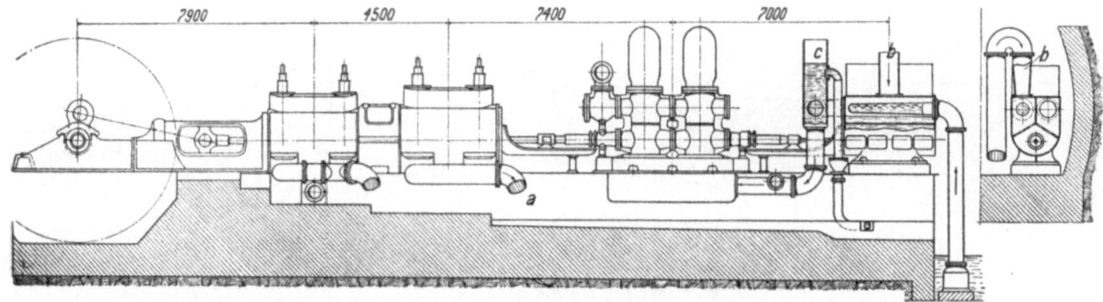

Abb. 354. Dampfkolbenpumpe von Haniel & Lueg für 25 m³/min, 500 mWS ($n = 60\ \text{min}^{-1}$).

Umführungsgestänge miteinander verbunden. Die Pumpe läuft mit der verhältnismäßig hohen Drehzahl $n = 145\ \text{min}^{-1}$ und ist mit Rücksicht auf diese Drehzahl konstruiert, aber sonst normal ausgeführt. Eine Dampfkolbenpumpe größten Ausmaßes veranschaulicht Abb. 354. Die Kolbenstangen dieser doppeltwirkenden Zwillingspumpe sind durchgehend. Der Antrieb erfolgt durch eine Dreifachexpansionsdampfmaschine mit geteiltem Niederdruckzylinder in Verbindung mit einem Mischkondensator (*b*). Die Drehzahl beträgt $n = 60\ \text{min}^{-1}$. Diese Pumpe war die größte je gebaute Dampfwasserhaltungspumpe (Zeche Gneisenau); heute findet man Pumpen dieser Art nur noch als Wasserwerkspumpen, wo sie im Dauerbetrieb infolge ihres hohen Wirkungsgrades durchaus wirtschaftlich arbeiten können.

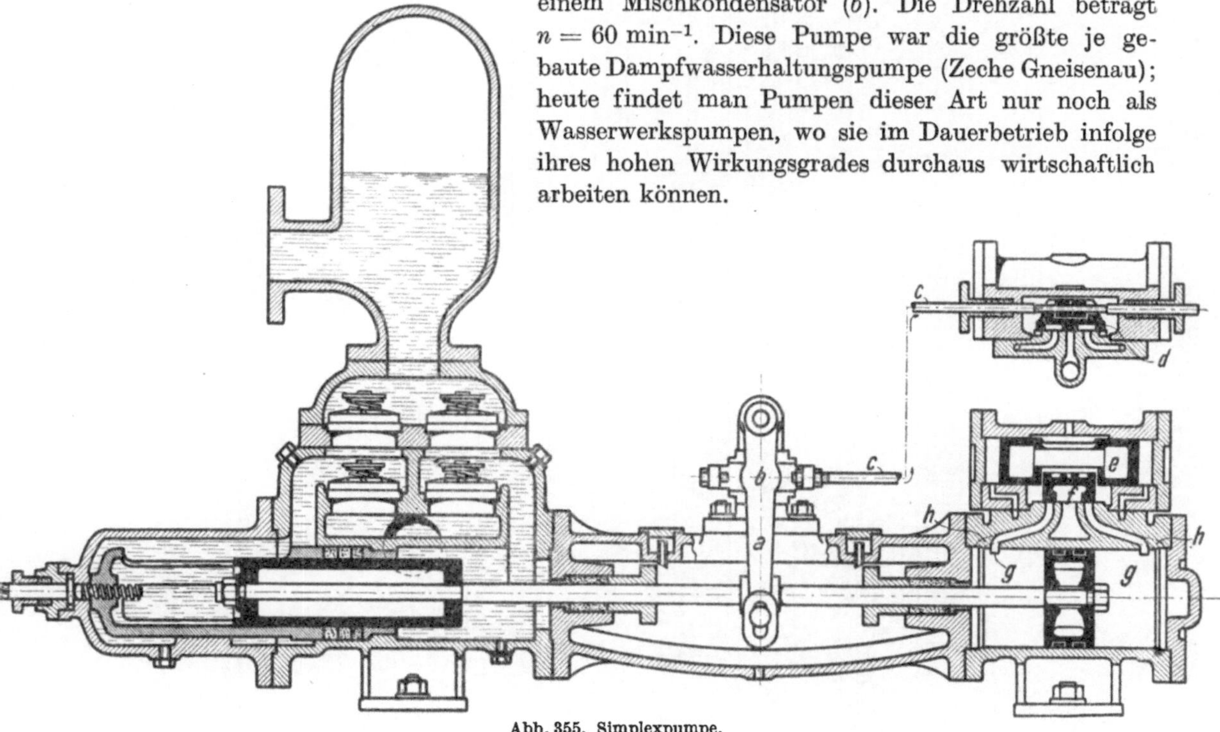

Abb. 355. Simplexpumpe.

183. Schwungradlose Pumpen. Schwungradlose Pumpen sind Dampfpumpen oder Druckluftpumpen ohne Kurbeltrieb. Der Kolbenhub ist nicht zwangsläufig festgelegt, und der Dampfzylinder kann nicht von einer Kurbelwelle gesteuert werden. Durch Steuerungen besonderer Art ist der Kolbenlauf zu begrenzen und umzusteuern. Es gibt Simplex- und Duplexpumpen. Die *Simplexpumpen* sind einachsig, und der antreibende Dampfzylinder wird mit Hilfe einer Vor-

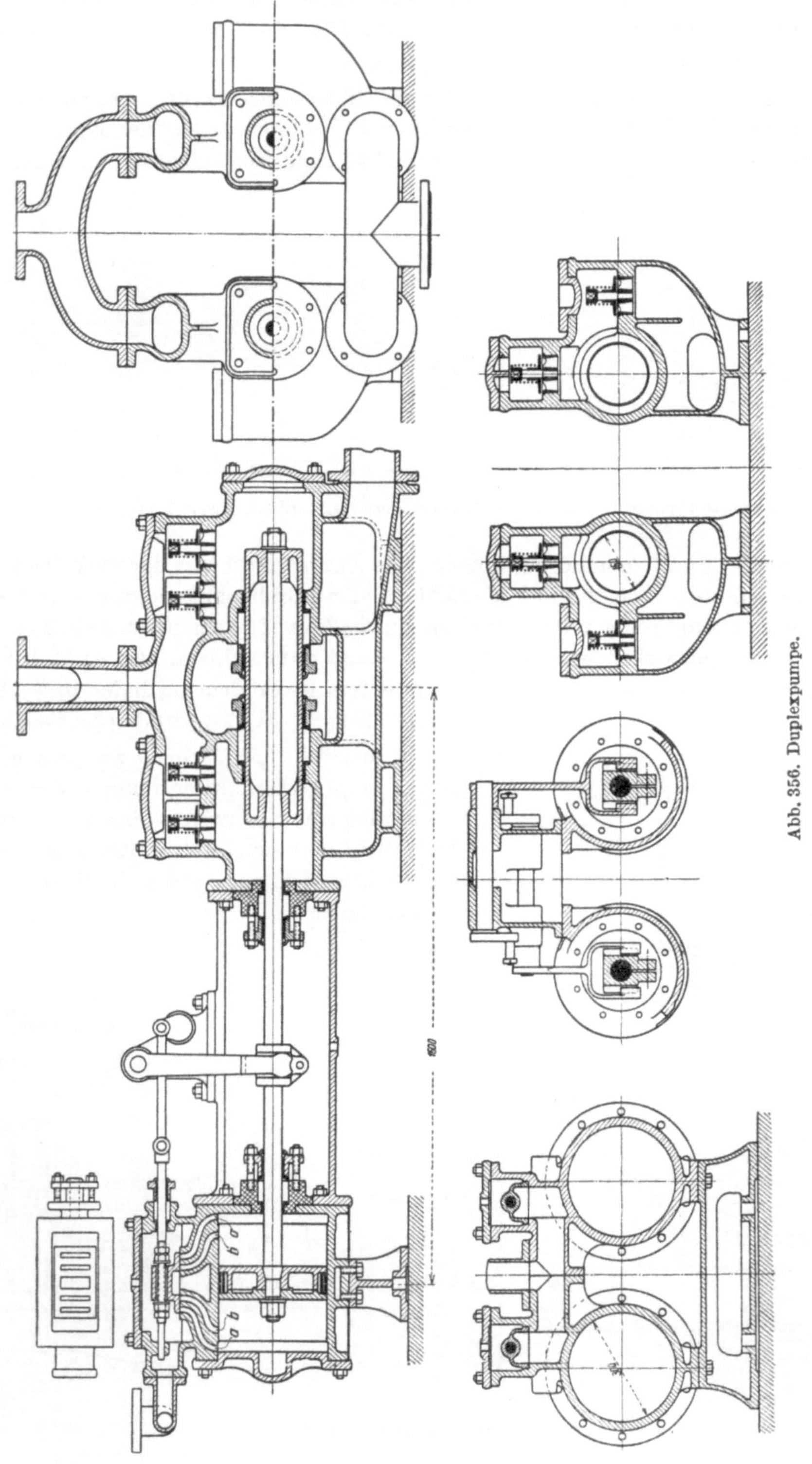

Abb. 356. Duplexpumpe.

steuerung von seiner eigenen Kolbenstange gesteuert. Bei den zweiachsigen *Duplexpumpen*, welche die ursprüngliche und verbreitetere Bauart schwungradloser Pumpen darstellen, liegen zwei Pumpen nebeneinander, deren Dampfzylinder sich gegenseitig steuern.

Abb. 355 zeigt eine von Klein, Schanzlin & Becker ausgeführte *Simplexpumpe*. Der doppeltwirkende Pumpenkolben hat eine innenliegende, von außen nachstellbare Stopfbüchse. Von der den Dampfkolben und den Pumpenkolben verbindenden Kolbenstange wird die Schwinge *a* mitgenommen und stellt, indem sie mit *b* gegen die Stange *c* des Hilfsschiebers *d* stößt, diese Vorsteuerung um, wenn sich der Kolben dem einen oder andern Hubende nähert. Indem die Vorsteuerung die auf die Stirnflächen des Hilfskolbens *e* wirkenden Dampfdrücke — Frischdampfdruck und Auspuffdruck — vertauscht, wird auch der Hilfskolben und der von ihm mitgenommene eigentliche Verteilungsschieber *f* umgesteuert, und der Dampfkolben erhält, nachdem er den Hauptkanal *g* überlaufen und den eingeschlossenen Dampf verdichtet hat, durch den Hilfskanal *h* Frischdampf, der ihn umkehren läßt.

In der Abb. 356 ist eine von der Firma Weise & Monski gebaute *Duplexpumpe* dargestellt. Die Dampfzylinder haben 300 mm, die Pumpenzylinder 160 mm Durchmesser und der Hub ist 250 mm. Die dargestellte Pumpe entspricht der ältesten Duplexpumpe, der Worthingtonpumpe. Abb. 357 zeigt schematisch die Wirkung der Worthingtonsteuerung. Die Dampfzylinder haben an jedem Ende einen außenliegenden Einströmkanal *e* und einen innenliegenden Ausströmkanal *a*. Wenn der Kolben gegen Hubende den Ausströmkanal überlaufen hat, wird der eingeschlossene Dampf verdichtet und der Kolben stillgesetzt. Die Kolben bewegen wechselseitig ihre Schieber, und zwar bewegt Kolben *I* den Schieber *II* durch einen doppelarmigen, Kolben *II* den Schieber *I* durch einen einarmigen Hebel. Im Schieberantrieb ist toter Gang. In der in Abb. 357 oben dargestellten Lage wird gerade Kolben *I* umgesteuert, weil Schieber *I*, bewegt vom Kolben *II*, gerade den unteren Einströmkanal öffnet. In der unten dargestellten Lage wird gerade Kolben *II* umgesteuert, weil Schieber *II*, bewegt vom Kolben *I*, gerade den unteren Einströmkanal öffnet. Jeder Kolben setzt also den anderen in Gang, ehe er selbst seine Endstellung erreicht, so daß die Pumpe nicht zum Stillstand kommt. Abb. 358 veranschaulicht den Zusammenhang der Bewegungen beider Kolben. Der eine Kolben läuft dem anderen nach, und wenn ein Kolben umkehrt, ist der andere noch in Bewegung. Auf dem größten Teile des Hubes bewegen sich die Kolben annähernd gleichförmig.

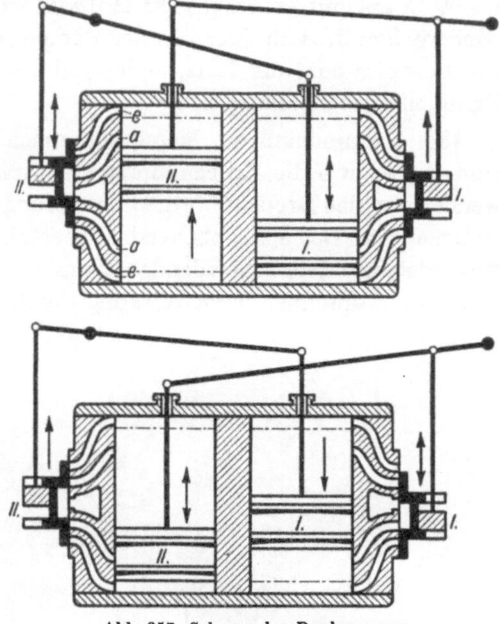

Abb. 357. Schema der Duplexpumpe.

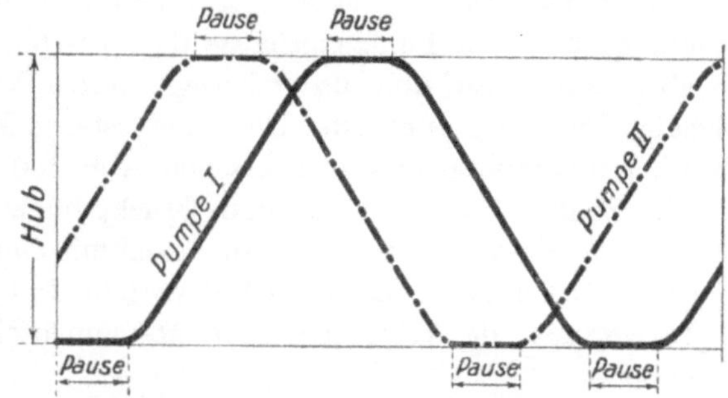

Abb. 358. Zusammenhang der Kolbenbewegungen bei Duplexpumpen.

Weil die Dampfzylinder volle Füllung bekommen, brauchen diese schwungradlosen Pumpen viel Dampf. Bei höheren Dampfdrücken ordnet man deshalb auch bei mäßigen Pumpenleistungen zwecks besserer Ausnutzung des Dampfes Hochdruck- und Niederdruckzylinder an. An und für sich entspricht, weil die Kolben erst zu beschleunigen, dann zu verzögern sind, ein während des Hubes abnehmender Dampfdruck, d. h. eine gewisse Expansion, den gegebenen Bedingungen; zugleich ist so der Dampfverbrauch herabminderbar.

Die Duplexpumpen der Maschinenfabrik Oddesse werden zwecks Dampfersparnis, abgesehen von kleinen Ausführungen, mit einer Expansionsdoppelschiebersteuerung ausgerüstet. Der Verteilungsschieber wird von der Kolbenstange der Nebenpumpe, der Expansionsschieber von der Kolbenstange der eigenen Pumpe angetrieben.

Schwungradlose Pumpen werden vielfach als Kesselspeisepumpen und für andere Zwecke angewendet. Im unterirdischen Grubenbetriebe sind viele kleinere Duplexpumpen im Gebrauch, die mit Druckluft betrieben werden. Die Vorzüge der schwungradlosen Pumpen sind niedrige Anschaffungskosten, geringer Raumbedarf, Anspruchslosigkeit in bezug auf Wartung, denen als Nachteil der höhere Dampfverbrauch gegenübersteht. Die erreichbare Zahl der Doppelhübe ist bei kleineren Pumpen größer als bei großen. Im Mittel rechne man, daß die Pumpen minutlich bis 60 Doppelhübe machen. Die Hubzahl wird geregelt, indem man den treibenden Dampf mehr oder weniger drosselt. Der von der Pumpe zu erzeugende Druck ist einerseits vom Betriebsdruck des Dampfes oder der Luft, andererseits vom Querschnittsverhältnis des Antriebskolbens und Pumpenkolbens abhängig.

184. Zahnradpumpen. Membranpumpen. Sonderbauarten für den Bergbau. *Zahnradpumpen* sind ebenso wie die Kolbenpumpen Verdrängerpumpen. Sie werden bei Dampfturbinen angewendet, um das Drucköl für die Schmierung der Lager und die Betätigung der Druckölsteuerung zu erzeugen. Bei spanabhebenden Werkzeugmaschinen werden kleinere Zahnradpumpen angewendet, um dem schneidenden Werkzeuge Seifenwasser oder Öl zuzupumpen. Abb. 359 zeigt eine Zahnradpumpe, deren Wirkung durch die eingezeichneten Pfeile verständlich gemacht ist.

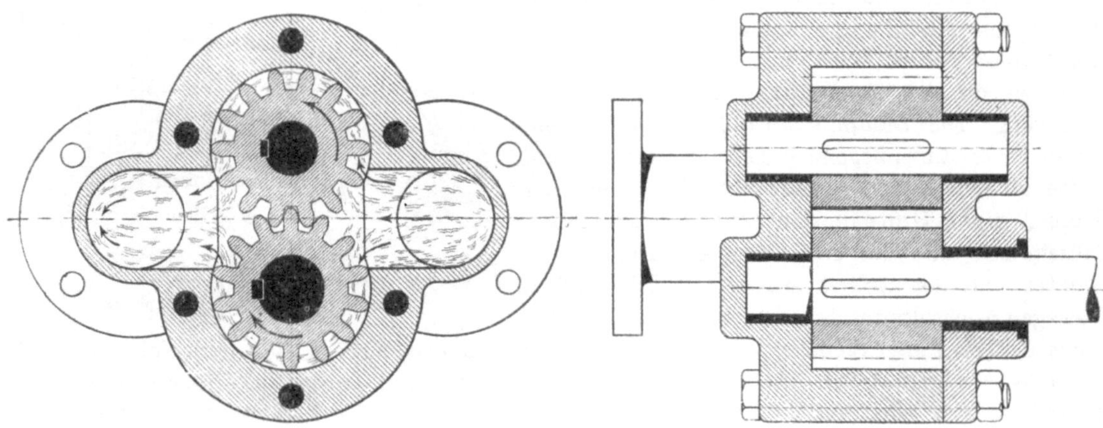

Abb. 359. Zahnradpumpe.

Die *Membranpumpen* (Diaphragmapumpen) besitzen an Stelle des Kolbens eine am äußeren Umfange mit dem Pumpengehäuse dicht verbundene Membran *a* (Abb. 360), die durch eine Kolbenstange *c* auf und nieder bewegt werden kann und die gleiche Wirkung wie ein Kolben ausübt. Die aus Gummi oder Leder hergestellte Membran ist entweder geschlossen oder durchbrochen und mit einem Ventil versehen. Abb. 360 zeigt einen Schnitt durch eine Membranpumpe (Weise-Söhne), die als Saug- und Druckpumpe mit geschlossener Membran gebaut ist. Die Kugeln der Ventile *d* und *e* sind aus Eisen mit Gummiüberzug. Membranpumpen eignen sich bei geringen Druckhöhen (bis 15 mWS) vorteilhaft für die Förderung von sand- und schlammhaltigem Wasser, da keine reibenden Maschinenteile mit der Förderflüssigkeit in Berührung kommen.

Den Kolbenpumpen verwandt sind die folgenden Sonderbauarten, die im Bergbau ausgedehnte Verwendung finden. Sie besitzen zwar keinen Kolben, aber die antreibende Druckluft wirkt unmittelbar drückend auf das Wasser, so daß sich die gleiche Wirkung wie durch Kolbendruck ergibt. Die Saugwirkung ist allerdings anders als bei Kolbenpumpen. Die in Abb. 361 wiedergegebene Vorortsaugpumpe von Nüsse & Gräfer wird mit Druckluft betrieben, die durch den Hahn *a* einem Strahlsauger *b* zugeführt wird. Der Strahlsauger erzeugt Unterdruck im Pumpenkessel, so daß das Wasser durch das Saugventil *c* in den Kessel gesaugt wird. Mit steigendem Wasserspiegel steigt auch der geschlossene Schwimmer *d* und hebt das Luftauslaßventil *e*, das im letzten Teil seines Hubes von der strömenden Druckluft mitgerissen und schnell und fest auf seinen Sitz gepreßt wird. Die nunmehr zum Eintritt in den Kessel gezwungene Druckluft übt die gleiche Wirkung wie ein Kolben aus und drückt das Wasser durch das bis zum Boden des

Kessels reichende Steigrohr f und das Druckventil g in die Druckleitung. Der mit dem Wasserspiegel wieder herabsinkende Schwimmer öffnet dann das Auslaßventil und leitet damit das neue Arbeitsspiel ein. Mit Saugschlauch versehen, erreicht die Pumpe 2 bis 3 mWS Saughöhe; sie arbeitet jedoch auch unter Wasser. Die erreichbare Druckhöhe ist vom Druck der Druckluft abhängig. Mit Berücksichtigung der Strömungsverluste können mit Luft von 4 atü etwa 35 bis 36 mWS Druckhöhe erzielt werden. Eine Druckübersetzung wie bei Duplexpumpen durch verschiedenen Kolbendurchmesser ist nicht möglich, weil die Luft unmittelbar auf die Wasserfläche drückt. Die mittlere der in drei Größen gebauten Vorortsaugpumpe hat bei 4 atü Betriebsdruck einen Luftverbrauch von 72 m³/h und fördert 160 l/min. Bei der Gesamtförderhöhe von 38 mWS und der Fördermenge 160 l/min wird die Nutzleistung 1,35 PS, so daß sich ein spezifischer Luftverbrauch[1] von $72 : 1{,}35 = 53{,}3$ m³/PSh ergibt. Mit sinkender Förderhöhe nimmt die Fördermenge zu und erreicht bei 5 mWS etwa 250 l/min (rd. 0,3 PS), wobei der Wirkungsgrad jedoch stark gesunken ist. Die Pumpe ist gegen Verunreinigungen des Wassers unempfindlich; sie bedarf keiner Schmierung und Wartung und ist deshalb für die Sonderwasserhaltung im Untertagebetrieb besonders geeignet.

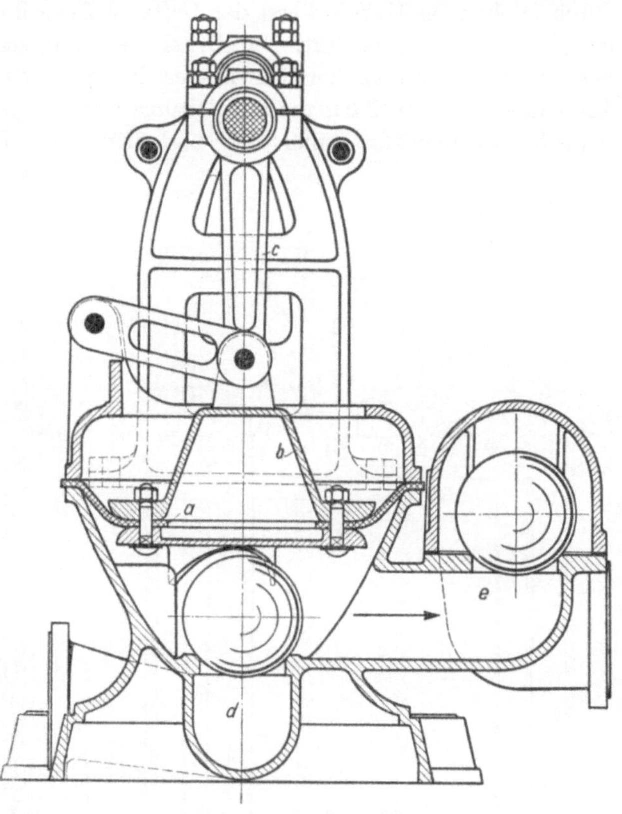

Abb. 360. Membranpumpe (Weise-Söhne).

Die gleichfalls mit Druckluft betriebene, selbsttätig arbeitende Schwimmerpumpe in Abb. 362 (Nüsse & Gräfer) ist eine Unterwasserpumpe, die besonders für die Förderung von Schlamm-

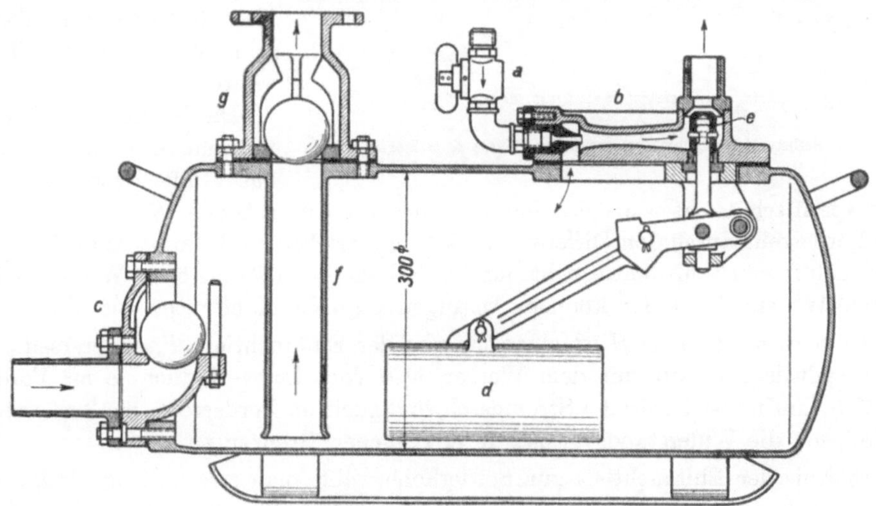

Abb. 361. Vorortsaugpumpe (Nüsse & Gräfer).

wasser gebaut ist. Das Wasser fließt zuerst dem äußeren Ringraum des Pumpenbehälters, der Schlammkammer, durch die Rückschlagkappe a von selbst zu und setzt dort den Hauptteil des

[1] Vgl. Ziffer 230.

Schlammes ab, während gleichzeitig die verbrauchte Druckluft durch den offenen Auslaß *b* entweicht. Durch weiteren Zufluß füllt sich der oben offene Schwimmer *c* und schließt beim Sinken durch Drehen des Hebels *d* erst das Luftauslaßventil *e* und öffnet dann das Einlaßventil für die bei *f* zugeführte Druckluft. Der Druck der Luft schließt die Rückschlagklappe, entleert die Schlammkammer und den Schwimmer durch die Steigrohre *g* und *h* und drückt das Wasser durch das Druckventil *k* in die Steigleitung. Der nach dem Entleeren wieder steigende Schwimmer schließt das Drucklufteinlaßventil und öffnet den Luftauslaß, worauf das neue Arbeitsspiel beginnt. Wassermangel bringt die Pumpe selbsttätig zum Stillstand. Bei einem Betriebsdruck von 4 atü beträgt der Luftverbrauch 50 m³/h für eine Fördermenge von 100 l/min bei 38 mWS (Nutzleistung = 0,85 PS, spez. Luftverbrauch = 59 m³/PSh) oder 185 l/min bei 20 m WS oder 260 l/min bei 5 mWS manometrischer Förderhöhe. Bei großem Druck ist der Wirkungsgrad also etwas schlechter, bei geringem Druck etwas besser als der der Vorortpumpe nach Abb. 361.

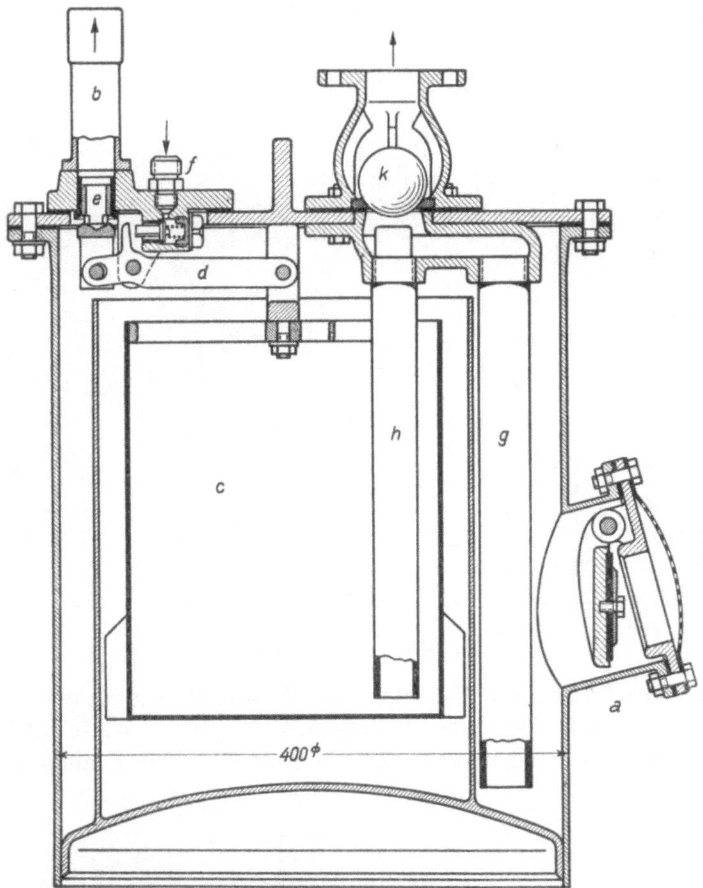

Abb. 362. Selbsttätige Schlammwasserpumpe (Nüsse & Gräfer).

185. Die Mammutpumpe[1]. Die Mammutpumpe (Abb. 363) besteht aus einem Förderrohr *a* von überall gleichem Querschnitt und der Luftzuleitung *b*, die etwas über dem unten offenen Ende des Förderrohres angeschlossen ist. Für die gute Durchmischung des Wassers mit der Druckluft hat sich eine Schlitz-Mantelkammer *c* um das Förderrohr als Luftanschluß gut bewährt.

Die Wirkungsweise der Mammutpumpe beruht darauf, daß das Luft-Wasser-Gemisch im Förderrohr spezifisch leichter als das die Eintauchlänge umgebende Wasser ist, so daß das Wasser im Förderrohr durch den Differenzdruck hochgetrieben wird. So ist es auch zu erklären, daß mit Druckluft von 4 bis 5 atü nicht nur Förderhöhen von 40 bis 50 m WS, sondern bis zu einigen 100 m WS erzielt werden können. Ansaugen kann die Mammutpumpe nicht.

Die erreichbare Förderhöhe H ist einerseits von der Eintauchtiefe T, andererseits von dem Mischungsverhältnis der Luft mit dem Wasser, also vom Luftverbrauch je m³ Fördermenge abhängig. Von Einfluß ist ferner die Strömgeschwindigkeit im Förderrohr, die 2 m/s nicht überschreiten soll, um die Widerstandsverluste in erträglichen Grenzen zu halten.

Das Verhältnis der Eintauchtiefe zur Förderhöhe wählt man zweckmäßig $T : H = 0{,}3$ und größer; aber auch mit viel kleineren Verhältnissen sind noch ausreichende Förderleistungen erzielt worden, z. B. mit $T : H = 0{,}1$ eine Fördermenge von 2 m³/min bei 210 m Förder-

[1] Ausführliche Berechnungen siehe PICKERT: Wirkungsgrad und Berechnungsgrundlagen von Druckluftwasserhebern. Dissertation. Berlin 1931, und MAERCKS: Mammutpumpen in Grubenbetrieben. Bergbau-Rdsch. 1949 S. 68.

höhe[1], jedoch wird hierbei der spezifische Luftverbrauch sehr groß und die Wirtschaftlichkeit gering.

Unter dem Gesamtwirkungsgrad der Mammutpumpenanlage (einschließlich Kompressor) versteht man das Verhältnis der sich aus der gehobenen Wassermenge ergebenden Nutzleistung[2] zu der für die verbrauchte Druckluft aufgewendeten Kompressorantriebsleistung. Bei den im Bergbau vielfach vorkommenden großen Förderhöhen und verhältnismäßig kleinen Eintauchtiefen (bis $T : H = 0{,}05$) werden nur geringe Gesamtwirkungsgrade erreicht, die mit zunehmendem Wert $T : H$ steigen (5 bis 20%). Der Wirkungsgrad der Mammutpumpe allein ist das Verhältnis ihrer Nutzleistung zur isothermischen Leistung[3] der aufgewendeten Luft. Unter günstigsten Bedingungen ($T : H \geqq 1$) ergaben sich isothermische Wirkungsgrade bis zu 45%.

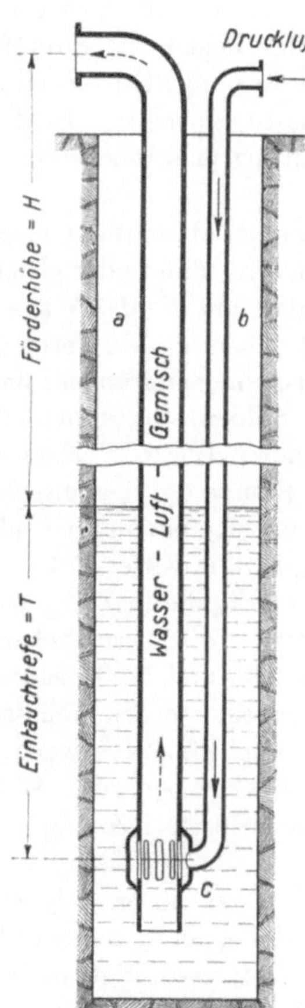

Abb. 363. Mammutpumpe.

Infolge ihres hohen Energieverbrauches ist die Mammutpumpe für den ständigen Betrieb in der normalen Wasserhaltung ungeeignet. Sie ist aber ein vorzügliches Hilfsmittel zum schnellen Sümpfen ersoffener Sohlen und Schächte, zumal in solchen Fällen meist reichlich Druckluft infolge der Stillegung der Abbaubetriebe verfügbar ist, und die Kostenfrage hierbei eine völlig untergeordnete Rolle spielt. Die Mammutpumpe kann aus behelfsmäßigen Mitteln des Betriebes in einfachster Weise zusammengebaut und in kürzester Zeit zum Einsatz gebracht werden. Auf ausreichende Querschnitte der Luftzuleitung ist besonders zu achten. — Da die Pumpe ohne Ventile arbeitet, keine beweglichen Teile besitzt und überall gleiche Durchgangsquerschnitte hat, ist ihre Betriebssicherheit auch bei Förderung von Schmutzwasser sehr hoch.

186. Die Pumpenleitungen. Wegen der Berechnung der Druckverluste in Wasserleitungen vgl. Abschnitt II. In den Saugleitungen wählt man die Wassergeschwindigkeit etwa 0,8 bis 1 m/s. Für Druckleitungen geht man mit der Wassergeschwindigkeit höher, bis 2 m/s. Im Einzelfalle ist die Höhe des zu erwartenden Druckverlustes aus Abb. 30 zu ermitteln, es ist jedoch zu bedenken, daß das Wasser häufig mineralische Bestandteile enthält, die sich an den Rohrwänden ablagern und dadurch die Rauhigkeit erhöhen und den Querschnitt vermindern, wodurch der Druckverlust auf ein Vielfaches des ursprünglich berechneten Wertes anwachsen kann. Im Betrieb macht sich die Leitungsverschmutzung durch ansteigenden Manometerdruck am Druckstutzen der Pumpe bemerkbar. Einen Sonderfall, der im Betrieb nicht eintreten dürfte, zeigt Abb. 364 mit der Verkrustung zweier zum Zentrieren der Dichtung kreuzweis gespannten dünnen Drähte nach zweijähriger Betriebszeit. Derartige Störkörper führen durch starke Wirbelbildung und Querschnittsvermin-

Abb. 364. Steinablagerung aus einer Wasserhaltungsleitung.

[1] Vgl. STEEN: Erfahrungen mit Mammutpumpen im Bergwerksbetriebe. Glückauf 1921 S. 1137.
[2] Vgl. Ziffer 175. — [3] Vgl. Ziffer 230.

derung zu besonders hohen Druckverlusten, die sich jeder Vorausberechnung entziehen. Zu stark verkrustete Leitungen sind mechanisch oder chemisch zu reinigen.

187. Die Kolbenpumpen in der Wasserhaltung. Von der Wasserhaltung ist im Ruhrkohlenbergbau im Durchschnitt 30% mehr Wasser zu heben als Kohle, und auf manchen Zechen beträgt die Wasserförderung sogar ein Vielfaches der Kohleförderung. Es handelt sich um Grundwasser und um Tageswasser, das unmittelbar von oben durchsickert, so daß die Wasserhaltung auch von äußeren Witterungseinflüssen — mit zeitlicher Verschiebung — abhängig ist. Man bemißt die Größe der Wasserhaltung so, daß die von ihr zu bewältigende Fördermenge etwa dreimal so groß ist wie die Zuflüsse. Das Wasser wird durch kleine, häufig tragbare Vorortpumpen den Wasserseigen der Strecken und Querschläge zugedrückt oder fließt ihnen mit Gefälle zu und wird nach dem Schacht in den sogenannten Sumpf geleitet. Der Sumpf ist eine lange Strecke oder eine Reihe solcher Strecken, die einige Meter unter der Fördersohle liegen. Im Sumpfe soll das Wasser den Schlamm absetzen, und der Sumpf soll die Zuflüsse für einige Zeit — mindestens einige Stunden — aufnehmen können, damit kurze Instandhaltungsarbeiten an der Pumpe ausgeführt werden können, und man im Betriebe der Wasserhaltungsmaschine größere Freiheit hat.

Die Wasser fließen auf den einzelnen Sohlen zu, und es entsteht die Frage, ob man auf jeder Sohle Pumpen aufstellt, ob man dabei die Wasser von einer Sohle der andern zuhebt oder gleich zutage hebt, oder ob man den Maschinenbetrieb auf einer oder zwei Sohlen, auf die das Wasser der oberen Sohlen herabfällt, zusammendrängt. Regeln lassen sich nicht geben, da die Verhältnisse sehr verschieden liegen. Den Maschinenbetrieb auf einer Sohle zusammenzudrängen, hat große Vorteile; es ist aber damit, wenn man das Gefälle von den oberen Sohlen, wie es vielfach geschieht, nicht ausnutzt, eine beträchtliche Energievergeudung verbunden. Dieser Übelstand fällt fort, wenn man das Wasser von der oberen Sohle mit Druck in die Pumpe auf der unteren Sohle eintreten läßt. Über diesen Betrieb mit Fallwasser, der sowohl mit Kolbenpumpen als mit Kreiselpumpen durchführbar ist, vgl. Ziffer 173, Abb. 338 und Beispiel 6 in Ziffer 176.

Bei der Zwischensohlenwasserhaltung und als Vorortpumpen finden häufig die in Ziffer 183 behandelten Duplexpumpen mit Druckluftantrieb Verwendung. Sie liefern große Druckhöhen, sind aber gegen Verunreinigungen des Wassers empfindlich. Wo durch salz- und kohlensäurehaltiges oder schlammiges Wasser starke Ansprüche an die Pumpen gestellt werden, müssen verschleißbare Teile und empfindliche Ventile vermieden werden. In solchen Fällen verwendet man Membranpumpen oder Schwimmerpumpen, wie sie in Ziffer 184 beschrieben sind. Weil die Pumpen oft an unzugänglichen Orten aufgestellt werden müssen, ist selbsttätiges Ingangsetzen durch das zufließende Wasser erwünscht.

Die älteste Hauptwasserhaltungspumpe, die *Gestängewasserhaltung* — zu ihrer Zeit ein Meisterwerk des Maschinenbaues —, war teuer, schwer und nicht leistungsfähig genug und wurde etwa seit 1870 von den unterirdischen *Dampfwasserhaltungen* (vgl. Abb. 354) verdrängt, die im Laufe der Jahre große Verbreitung fanden. Mit dem Wasser, das sie heben, ist der Dampf, den sie brauchen, niederzuschlagen; deshalb ist die Teufe, für die sie anwendbar sind, begrenzt. Ein schwerwiegender Nachteil der Dampfwasserhaltungen ist, daß die Dampfleitung dauernd unter Dampf stehen muß, was sich besonders bemerkbar macht, wenn die Wasserhaltung wenig zu tun hat.

Eine Dampfkolbenwasserhaltung beansprucht große Grundfläche, d. h. große und teure Pumpenkammern. Abb. 365 (Zeche Viktor I) läßt deutlich die Überlegenheit der elektrisch angetriebenen Turbowasserhaltung hinsichtlich des Platzbedarfes erkennen. Die Kolbenpumpe fördert 13 m^3/min, die Turbowasserhaltung insgesamt 20,5 m^3/min. Auf gleiche Fördermenge bezogen braucht die Dampfkolbenpumpe etwa den dreifachen Platz. Die Antriebsleistung der elektrisch angetriebenen Turbopumpen ist allerdings rd. 35% größer.

Elektrisch, und zwar durch Drehstrom angetriebene Kolbenwasserhaltungen (vgl. Abb. 353) wurden schon vor mehreren Jahrzehnten eingeführt und verdrängten trotz ihres Nachteiles, daß ihre Drehzahl nicht wirtschaftlich regelbar ist, den Dampfantrieb. Ursprünglich trieb man nur kleine Wasserhaltungskolbenpumpen elektrisch an, und zwar mittels Rädervorgeleges. Für große Wasserhaltungen ging man dann zum direkten Antrieb über, und man steigerte, um einen kleinen, günstiger arbeitenden Elektromotor zu bekommen, die Drehzahl der Kolbenpumpe weit über die bisher gewohnten Drehzahlen hinaus. Elektrisch angetriebene Kolbenwasserhaltungen sind teurer als Wasserhaltungen mit Turbopumpen, verbrauchen aber erheblich weniger elektrische Energie und ihr Wirkungsgrad hält sich besser als derjenige der Turbo-

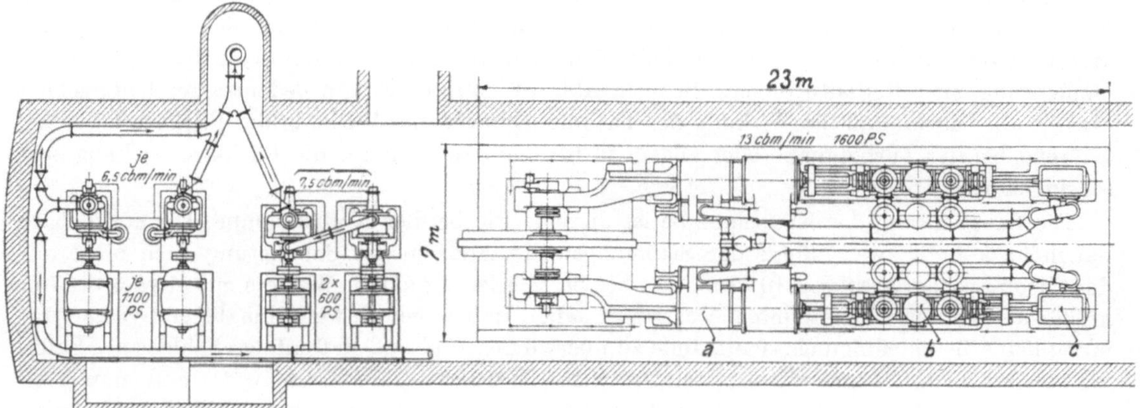

Abb. 365. Dampfkolbenwasserhaltungspumpe für 13 m³/min im Vergleich mit elektrischer Turbowasserhaltung für 20,5 m³/min.

pumpen, die mehr unter Verschleiß leiden. Bei dem meist geringen zeitlichen Ausnutzungsgrad der Wasserhaltungen spielen aber die Kapitalkosten eine größere Rolle als die Energiekosten, so daß heute die Entscheidung zugunsten der elektrisch angetriebenen Turbowasserhaltungspumpe ausfällt.

XX. Kreiselpumpen, Turbopumpen.

188. Überblick, Art und Wirkung der Kreiselpumpen. Bei einer *Kreiselpumpe* (auch Schleuder- oder Zentrifugalpumpe genannt) wird das Wasser von einem Schaufelrad gefördert, das sich in einem Gehäuse schnell dreht und dem Wasser durch Fliehkraftwirkung Druck- und Geschwindigkeitssteigerung erteilt. Je nach dem erzeugten Druck unterscheidet man Niederdruckkreiselpumpen (bis etwa 15 m WS), Mitteldruckkreiselpumpen (bis etwa 50 m WS) und Hochdruckkreiselpumpen (über 50 m WS). Nieder- und Mitteldruckpumpen werden mit einem, Hochdruckpumpen immer mit mehreren, hintereinander geschalteten Schaufel- oder Laufrädern gebaut. Kreiselpumpen eignen sich nur für große Fördermengen; bei kleinen Fördermengen sind ihnen die Kolbenpumpen überlegen. Als Maschine mit reiner Drehbewegung bei hoher Drehzahl ist die Kreiselpumpe besonders für den unmittelbaren Antrieb durch Elektromotoren und Dampfturbinen geeignet. Die Kreiselpumpen wurden ursprünglich nur für große Fördermengen bei niedrigen Druckhöhen angewendet, insbesondere zur Förderung unreinen, sandigen, schlammigen Wassers. Wegen ihrer Leistungsfähigkeit, Billigkeit, Unempfindlichkeit ist die Kreiselpumpe, die keine Kolben, keine Ventile hat, für die genannten Aufgaben der Kolbenpumpe überlegen. Nachdem man die Kreiselpumpe durch Einbau von Leiträdern und mehrstufige Anordnung für die Erzeugung höherer Drücke befähigt hat, wird sie weitgehend als Kesselspeise-, Wasserwerks- und Wasserhaltungspumpe verwendet.

Das Wasser tritt axial in das Schaufelrad der Pumpe ein, läuft in den Schaufelkanälen infolge der Fliehkraft etwa radial zum Umfang des Schaufelrades und wird von dort etwa tangential abgeschleudert. Die an der Welle zugeführte mechanische Energie empfängt das Wasser im Laufrad zum Teil in der gewünschten Druckenergie, zum Teil als kinetische oder Geschwindigkeitsenergie; indem das vom Rade mit großer Geschwindigkeit abgeschleuderte Wasser in einer geeigneten Vorrichtung, wie in einem im Querschnitt sich vergrößernden Spiralgehäuse oder zwischen besonderen Leitschaufeln, verzögert wird, erfährt das Wasser eine weitere Drucksteigerung durch Umsetzen eines Teiles seiner Geschwindigkeitsenergie in Druckenergie. Ein mehr oder weniger großer Geschwindigkeitsanteil muß dem Wasser jedoch verbleiben, um die Strömung durch Pumpe und Leitung zu bewirken.

Wird das Wasser aus dem Laufrad in ein *Leitrad* (feststehendes Rad mit Leitschaufeln) ausgeworfen, so nennt man eine solche Kreiselpumpe auch *Turbopumpe.* Leiträder ordnet man bei Kreiselpumpen für höhere Drücke und insbesondere bei mehrstufigen Pumpen an; das Wesen der Pumpe wird aber nicht dadurch bestimmt, ob ein Leitrad vorhanden ist oder nicht, so daß grundsätzlich Kreiselpumpen mit und ohne Leitrad übereinstimmen. Man kann eine Turbopumpe als Umkehrung einer Radialturbine, z. B. nach Abb. 147, auffassen. Ein bedeutsamer Unterschied besteht aber darin, daß die Wirkung der Turbine nicht auf der Wirkung der Fliehkraft beruht, während bei der Turbopumpe oder allgemein bei der Kreiselpumpe die Fliehkraftwirkung entscheidend ist.

Die Saugwirkung der Kreiselpumpe ist dieselbe wie bei der Kolbenpumpe. Die erreichbare Saughöhe kommt zwar infolge der Strömungswiderstände in der Saugleitung auch nicht auf den theoretischen Wert von 10,33 m, ist aber bei Förderung kalten Wassers mit etwa 6 bis 7 m größer als bei der Kolbenpumpe. Das rührt daher, daß wegen der gleichmäßigen Wasserströmung keine Beschleunigungswiderstände zu überwinden sind und daß infolge Fehlens des Saugventiles auch der Saugventilwiderstand fortfällt. Warmes Wasser über 70° C muß man auch bei Kreiselpumpen zulaufen lassen, und zwar mit um so größerem Überdruck, je höher seine Temperatur ist, z. B. mit 2 bis 3 m WS bei 100° C.

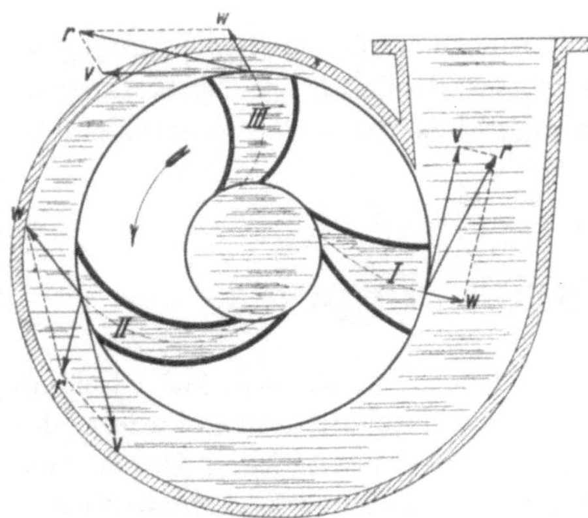

Abb. 366. Schema der Kreiselpumpe.

Abb. 366 zeigt schematisch eine Kreiselpumpe einfachster Bauart, deren Laufrad in ein sogenanntes Spiralgehäuse mit Diffusor auswirft. Am Laufrade sind drei verschiedene Schaufelformen angedeutet: *I* ist die *radiale, II* die *rückwärtsgekrümmte, III* die *vorwärtsgekrümmte* Form. Diese Unterscheidung bezieht sich nur darauf, wie die Schaufeln *außen* enden. Denn am inneren Ende sind alle Schaufeln gleich gerichtet, nämlich so, daß sie bei der Drehung in das zuströmende Wasser *einschneiden.* Der Drehsinn des Schaufelrades ist also dadurch festgelegt, wie die Schaufeln am inneren Ende geformt sind. Beim dargestellten Schaufelrade ist nur der eingezeichnete Umlaufsinn möglich. Würde man das Rad verkehrt auf die Welle stecken, so würden die Schaufelenden mit ihrem Rücken auf das zuströmende Wasser schlagen, und die Pumpe würde weniger Wasser fördern und mehr Leistung brauchen.

Wie hoch eine Kreiselpumpe eine Flüssigkeit zu fördern vermag, hängt nicht davon ab, ob die Flüssigkeit schwer oder leicht ist. Wenn nämlich eine Pumpe auf dem Versuchstande reines Wasser 600 m hoch fördert, so fördert sie als Wasserhaltungspumpe mit derselben Drehzahl Sole, die schwerer als Wasser ist, ebenfalls 600 m hoch. Der von der Pumpe erzeugte, in at gemessene Druck und die Antriebsleistung der Pumpe ändern sich selbstverständlich proportional mit dem spezifischen Gewicht der geförderten Flüssigkeit.

Theoretisch erzeugt ein Schaufelrad mit *radial* endenden Schaufeln, dessen Umfangsgeschwindigkeit v m/s ist, eine Drucksteigerung $h = \frac{v^2}{g}$ m Flüssigkeitssäule. In den Schaufelkanälen wird durch die Fliehkraft der Anteil $\frac{v^2}{2g}$ erzeugt, und durch Umsetzen der Geschwindigkeitsenergie in Druckenergie erhält man im Gehäuse oder im Leitrade ebenfalls den Anteil $\frac{v^2}{2g}$. Bei *vorwärtsgekrümmten* Schaufeln ist die gesamte Drucksteigerung *größer* als $\frac{v^2}{g}$, weil das Wasser mit größerer Geschwindigkeit als bei radialen Schaufeln abgeschleudert wird, wogegen bei *rückwärtsgekrümmten* Schaufeln die gesamte Druckzunahme *kleiner* als $\frac{v^2}{g}$ ist, weil das Wasser mit geringerer Geschwindigkeit abgeschleudert wird (vgl. Abb. 366). Die rückwärtsgekrümmte Schaufelform ist jedoch vorzuziehen, weil bei ihr das Wasser durch die Fliehkraft eine geringere

Beschleunigung, dafür aber eine um so größere direkte Drucksteigerung im Schaufelkanal erfährt, welche günstiger ist als die mit größeren Verlusten wirkende Umsetzung von Geschwindigkeit in Druck im Leitkanal. Dazu kommt, daß sich bei vorwärtsgekrümmten Schaufeln der erzeugte Druck viel stärker mit der Fördermenge ändert als bei rückwärtsgekrümmten Schaufeln, so daß für Pumpen, die hauptsächlich statischen Druck zu überwinden haben, vorwärtsgekrümmte Schaufeln überhaupt nicht in Frage kommen. Aus diesem Grunde werden Kreiselpumpen fast ausschließlich mit rückwärtsgekrümmten Schaufeln ausgeführt.

Eine Pumpe mit rückwärtsgekrümmten Schaufeln üblicher Form erzeugt theoretisch eine Druckzunahme von etwa $\frac{v^2}{13}$ m Flüssigkeitssäule. (Je stärker die Schaufeln nach rückwärts gekrümmt sind, um so kleiner ist der erzeugte Druck.) Die tatsächlich erreichbare Förderhöhe ist wegen der Verluste erheblich kleiner. Man rechnet, daß Wasserhaltungspumpen etwa $\frac{v^2}{18}$, gute Niederdruckpumpen etwa $\frac{v^2}{22}$ m hoch fördern, wobei kleine Druckverluste in den Leitungen vorausgesetzt sind.

Mit der Umfangsgeschwindigkeit der Schaufelräder geht man nur auf 35 bis 40 m/s, weil sonst die Räder zu sehr verschleißen. Bei großen Wassermengen (über 10 m³/min) läßt man bei Verwendung von Spezialwerkstoffen auch bis 55 m/s zu. Mit *einem* Rade sind also bei Wasserhaltungen Förderhöhen von $\frac{35^2}{18}$ bis $\frac{40^2}{18}$, d. h. von höchstens rd. 68 bis 89 m überwindbar, so daß man nicht mit einem Rade auskommt, sondern mehrere Räder hintereinander schalten muß. Dem stehen aber keine Bedenken entgegen, weil der Wirkungsgrad der *mehrstufigen* Pumpe nicht schlechter, sondern sogar besser als der der einstufigen ist. Eine Höchstdruckspeisepumpe mit $v = 52$ m/s erreicht z. B. mit einem Rad rd. 150 mWS und mit 15 Rädern, deren Drucksteigerungen gleich sind und sich addieren, einen Druck von 225 at. In einem Gehäuse vereinigt man bis zu 6, höchstens 10 Räder; reichen die nicht aus, muß man zwei Pumpensätze hintereinander schalten.

Über die konstruktive Ausbildung der mehrstufigen Kreiselpumpen s. Ziffer 191.

189. Leistungen und Wirkungsgrade von Kreiselpumpen und Kreiselpumpenanlagen. Die *Nutzleistung* einer Kreiselpumpe ist wie bei einer Kolbenpumpe das Produkt aus der Fördermenge und dem Druck. Der *Wirkungsgrad* der Kreiselpumpe ist das Verhältnis der Nutzleistung zur Antriebsleistung. Nutzleistung und Wirkungsgrad sind demgemäß nach den Formeln in Ziffer 175 zu berechnen.

Die Nutzleistung der *Kreiselpumpenanlage* berechnet sich aus dem in der Zeiteinheit gehobenen Flüssigkeitsgewicht γQ und der Förderhöhe gemäß Ziffer 176, desgleichen der Gesamtwirkungsgrad der Anlage.

Die Antriebsleistung der Kreiselpumpe muß beträchtlich größer als die auf gehobenes Wasser bezogene Nutzleistung sein. Neben der Erzeugung der Druckhöhe müssen große Reibungswiderstände des in den Schaufelkanälen schnell strömenden Wassers überwunden werden; ein Teil der zugeführten Energie geht bei der Umsetzung der Strömenergie in Druckenergie verloren. Die durch Undichtheiten entstehenden Spaltverluste sowie die mechanischen Verluste durch Stopfbüchsen- und Lagerreibung sind zu decken. Insgesamt sind die Verluste bedeutend größer als bei Kolbenpumpen, so daß sich bei besten Hochdruckpumpen nur Wirkungsgrade von etwa 75 bis 78% ergeben. Kleinere, einstufige Pumpen haben mit Leitrad etwa 60 bis 65%, solche mit Spiralgehäuse etwa 50 bis 60% Wirkungsgrad. Verschleiß und Verschmutzung setzen den Wirkungsgrad weiter herab. Überschläglich kann man die *Antriebsleistung* einer *Wasserhaltung* mit Kreiselpumpen $= 0{,}25 \cdot QH$ kW setzen, wenn Q m³/min auf H m Höhe zu fördern sind. Wegen des erheblich schlechteren Wirkungsgrades der Kreiselpumpen wird also die Antriebsleistung der Wasserhaltung mindestens 25% größer als bei einer Kolbenpumpenanlage (vgl. Ziffer 176 und Beispiel 5, S. 272).

190. Verhalten der Kreiselpumpen bei Änderung der Fördermenge, der Drehzahl und der Druckhöhe. Die Kennlinien der Kreiselpumpen. Die sehr verwickelten Verhältnisse lassen sich rechnerisch schwer verfolgen, aber zeichnerisch bequem übersehen. Die Grundlage bildet das

Kennliniendiagramm in Abb. 367, im oberen Teil auch Qh-Diagramm genannt, weil es vorzugsweise zeigt, wie sich die von der Pumpe bei unveränderter Drehzahl erzeugte Förderhöhe h mit der Fördermenge Q ändert. Die ausgezogene h-Linie gilt für die normale Drehzahl, im vorliegenden Beispiel $n = 1480$ min^{-1}, während die Linien h_1 bis h_3 für größere bzw. kleinere, aber auch unveränderliche Drehzahlen gelten. Bei der Fördermenge $Q = 0$ und normaler Drehzahl, d. h. wenn die Pumpe gegen den geschlossenen Absperrschieber wirkt, ergibt sich ein Druck von $h = 575$ m Fördersäule (Punkt b), der bei Förderung von reinem Wasser gleich 575 m WS, bei Sole vom spezifischen Gewicht $\gamma = 1{,}04$ kg/dm³ jedoch $1{,}04 \cdot 575 = 598$ m WS wird. Das Diagramm soll im folgenden immer für *reines* Wasser gelten, so daß die angegebenen Förderhöhen den Drücken in m WS entsprechen; auch Leistung und Wirkungsgrad beziehen sich auf reines Wasser. Der Druck bei geschlossenem Schieber (Punkt b) wird hauptsächlich durch die Fliehkraft und nur zu einem geringen Teile durch Umsetzung von Geschwindigkeitsenergie in Druckenergie erzeugt, indem das Laufrad, weil die Pumpe nicht völlig dicht ist, ein wenig Wasser abschleudert und wieder ansaugt. Je mehr man den Absperrschieber öffnet, je mehr Wasser vom Schaufelrad abgeschleudert wird, um so mehr Druck wird zusätzlich durch Umsetzung von Geschwindigkeitsenergie in Druckenergie gewonnen, so daß die Linie des Druckes ansteigt. Das geht aber nur bis zu einer gewissen Fördermenge, weil die Strömungsverluste in der Pumpe mit der Fördermenge quadratisch zunehmen. Dann hat die Linie des erzeugten Druckes den Scheitelpunkt c mit $Q = 2{,}6$ m³/min und $h_{max} = 600$ m WS erreicht, und fällt wieder ab. Bei den meisten Kreiselpumpen und auch bei den Kreiselgebläsen[1] und Ventilatoren[2], die in gleicher Weise arbeiten, hat die Linie des erzeugten Druckes den charakteristischen Verlauf, daß mit zunehmender Fördermenge der Druck erst steigt, dann abfällt.

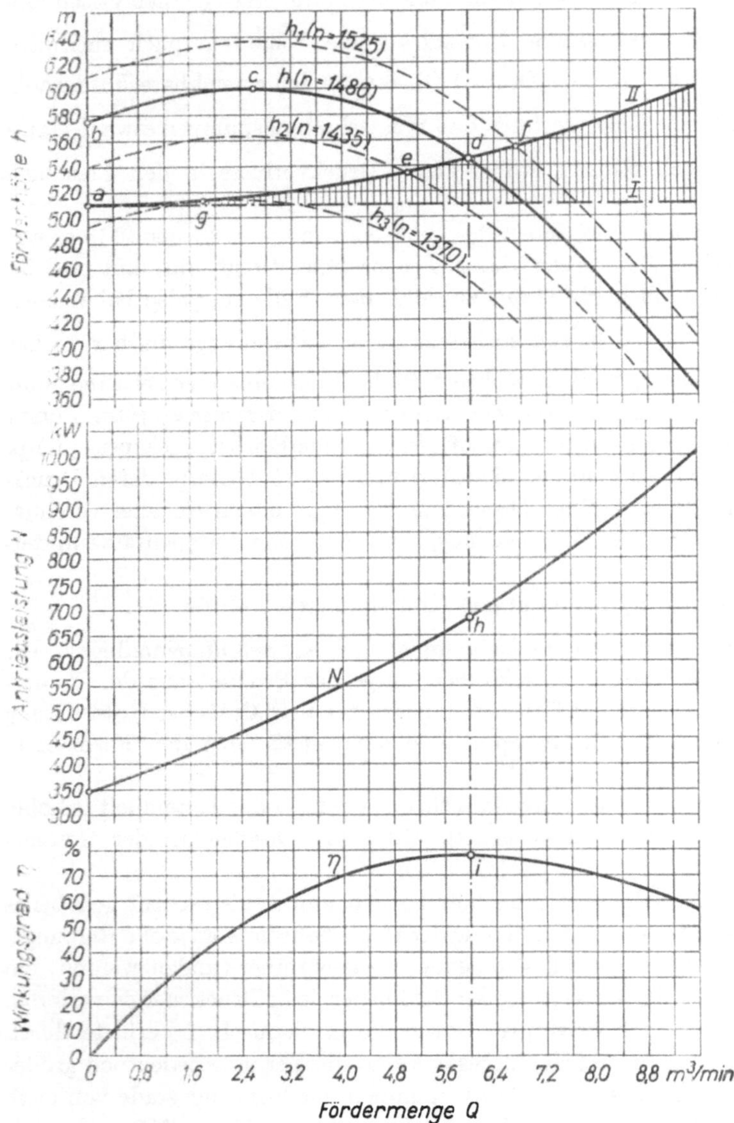

Abb. 367. Kennlinien einer Kreiselpumpe in Abhängigkeit von der Fördermenge.

Außer den h-Linien sind in Abb. 367 die Linie I für den zu überwindenden statischen Druck (510 m WS) und die Linie II für den Gesamtdruck oder manometrischen Druck eingetragen.

---

[1] Vgl. Ziffer 219. — [2] Vgl. Ziffer 280.

Der Gesamtdruck ist die Summe aus dem statischen Druck und der Widerstandshöhe, die quadratisch mit der Fördermenge zunimmt (Widerstandshöhe = Höhendifferenz zwischen *I* und *II*). Der Arbeitspunkt der Pumpe muß dort liegen, wo der erzeugte Druck der Pumpe dem zu überwindenden Gesamtdruck gleich ist, also im Punkt *d*, in dem sich die Drucklinie *h* für die normale Drehzahl $n = 1480\ \text{min}^{-1}$ mit der Linie *II* schneidet. Hier ist $Q = 6\ \text{m}^3/\text{min}$, $h = 545$ m WS und die Widerstandshöhe $545 - 510 = 35$ m WS. Bei der um rd. 3% höheren Drehzahl $n = 1525\ \text{min}^{-1}$ fördert die Pumpe $Q = 6{,}75\ \text{m}^3/\text{min}$, also rd. 12% mehr, mit $h_1 = 554$ m WS (Punkt *f*) und einer Widerstandshöhe von 44 m WS. Bei dieser Pumpe, die überwiegend statischen Druck zu überwinden hat (rd. 94% des Gesamtdruckes), ändert sich die Fördermenge also nicht wie bei einer Kolbenpumpe im gleichen Verhältnis wie die Drehzahl; in engen Grenzen kann man rechnen, daß 1% Drehzahländerung 4% Änderung der Fördermenge verursacht. Wenn eine Kreiselpumpe dagegen nur Strömungswiderstände zu überwinden hat, so ändert sich die Fördermenge proportional mit der Drehzahl, was auch für den gleichartig arbeitenden Ventilator gilt.

Die Linie h_2 für $n = 1435\ \text{min}^{-1}$ im Diagramm zeigt im Schnittpunkt *e* mit der Gesamtdrucklinie *II* die Abnahme der Fördermenge und des Druckes infolge der herabgesetzten Drehzahl. Bei Verminderung der Drehzahl unter $n = 1370\ \text{min}^{-1}$ (Punkt *g*) fällt die Pumpe ab und kann nicht mehr fördern, weil der Leitungsdruck größer als der Pumpendruck wird. Das Rückschlagventil hinter der Pumpe schließt, und die Pumpe arbeitet im toten Wasser weiter, in dem die gesamte Antriebsenergie durch Reibung in Wärme umgesetzt wird, wodurch sich das Wasser stark erhitzt, weil das warme Wasser nicht abströmen und kein kaltes Wasser zufließen kann. Die Pumpe muß dann stillgesetzt und neu angelassen werden. Da im Betrieb mit gelegentlicher Drehzahlabnahme zu rechnen ist, z. B. bei Drehstromantrieb durch Frequenzminderung, muß die Pumpe hinsichtlich ihrer Förderhöhe reichlich genug bemessen werden, um das lästige Abfallen zu vermeiden. Man wählt deshalb den Anspringpunkt, das ist die Förderhöhe bei normaler Drehzahl für die Fördermenge Null (Punkt *b* in Abb. 367), mindestens 10% höher als die statische Förderhöhe (Punkt *a* in Abb. 367). Das genügt als Sicherung gegen 5% Drehzahlabnahme, weil sich die Förderhöhe mit dem Quadrat der Drehzahl ändert. Außerdem gewinnt man Sicherheit gegen Verschlechterung der Förderhöhe durch inneren Verschleiß der Pumpe. Die Pumpe nach Abb. 367 hat ihren Anspringpunkt bei $h = 575$ m WS (Punkt *b*), der damit um 65 m WS oder rd. 13% über der statischen Förderhöhe von 510 m WS (Punkt *a*) liegt und reichlich bemessen ist. Zu hoch gewählte Förderhöhe ist jedoch unwirtschaftlich.

Unterhalb der Linien für den Druckverlauf ist in Abb. 367 aufgetragen, wie sich die Antriebsleistung N und der Wirkungsgrad η der Pumpe mit der Fördermenge ändern. Bei der Fördermenge Null, wenn die Pumpe im toten Wasser arbeitet, braucht sie 345 kW, bei normaler Fördermenge 685 kW, so daß die Pumpe, wenn sie gegen den abgesperrten Schieber arbeitet, rd. 50% der vollen Leistung verbraucht. Der Wirkungsgrad η hält sich innerhalb der Fördermengen, die praktisch in Frage kommen, auf ungefähr gleicher Höhe, sinkt aber bei ab- oder zunehmender Fördermenge schnell. Nach dem Diagramm wird die Nutzleistung für die normale Drehzahl $N_N = 0{,}163 \cdot Qh = 0{,}163 \cdot 6 \cdot 545 = 534$ kW. Die zugehörige Antriebsleistung ist $N = 685$ kW (Punkt *h*), womit sich der Wirkungsgrad $\eta = 78\%$ ergibt (Punkt *i*).

Die im Diagramm gekennzeichnete Pumpe arbeitet normal mit $Q = 6\ \text{m}^3/\text{min}$ und $h = 545$ m WS. Die Kennlinien zeigen aber auch, welcher Fehler gemacht wird, wenn die Pumpe bei unveränderlicher Drehzahl gegen einen niedrigeren Druck eingesetzt wird, z. B. gegen $h = 365$ m WS. Diesen Druck kann sie selbstverständlich erzeugen und dabei $9{,}6\ \text{m}^3/\text{min}$ entsprechend einer Nutzleistung von 572 kW liefern, wobei allerdings die Antriebsleistung auf 1010 kW ansteigt und der Wirkungsgrad auf 57,7% absinkt. Die Nutzleistung hat nur um rd. 7% zugenommen, die Antriebsleistung dagegen fast um 50%, so daß der ursprünglich benutzte Motor nicht mehr ausreicht. Um bei der normalen Motorleistung von 685 kW bleiben zu können, müßte der Absperrschieber $545 - 365 = 180$ m WS abdrosseln, so daß wieder $6\ \text{m}^3/\text{min}$ gefördert werden, was aber jetzt nur eine Nutzleistung von 358 kW (67% der normalen Nutzleistung) und einen Wirkungsgrad von 52,3% (67% des normalen Wirkungsgrades) ergibt, weil $0{,}163 \cdot 6 \cdot 180 = 176$ kW (33% der normalen Nutzleistung) weggedrosselt werden müssen. Die

Pumpe ist also auf jeden Fall für 365 m WS ungeeignet, gleichgültig ob ein stärkerer Antriebsmotor benutzt oder der überschüssige Druck abgedrosselt wird. Notfalls kann der Druck wirtschaftlicher durch Ausbau einiger Laufräder oder durch Abdrehen des Laufradaußendurchmessers herabgesetzt werden; hätte die Pumpe z. B. 7 Laufräder für je 78 m WS ($v = 37{,}5$ m/s), so würden unter Berücksichtigung der stärkeren Wirbelbildung 2 Laufräder ausgebaut werden können, um mit 5 Rädern die verlangten 365 m WS zu erreichen, oder der Laufraddurchmesser ist unter Annahme eines durch erhöhte Wirbelung entstehenden Druckverlustes von 10% um rd. 14% zu verkleinern.

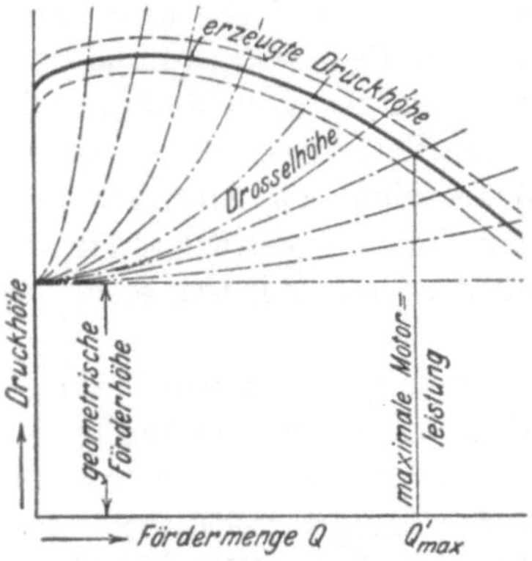

Abb. 368. Einfluß der Drosselhöhe auf Druck und Fördermenge.

Abb. 368 läßt den Einfluß der Drosselhöhe einer mit konstanter Drehzahl laufenden Kreiselpumpe erkennen. Soll die Pumpe über einen großen Bereich der Fördermenge geregelt werden, so ist nur Drosselregelung möglich, die aber unwirtschaftlich ist, weil die Pumpe für einen weit höheren Druck ausgelegt werden muß, als er der geometrischen Förderhöhe entspricht. Damit entspricht das Diagramm auch den Verhältnissen des vorstehend betrachteten Beispiels der für zu niedrigen Druck eingesetzten Pumpe. Die maximale Fördermenge $Q_{\max}$ ist durch die maximale Motorleistung bestimmt, die erreicht wird, wenn der Strommesser des antreibenden Elektromotors die höchstzulässige Stromstärke anzeigt.

Eine ähnliche Wirkung wie durch die Drosselung ergibt sich, wenn mehrere Pumpen einzeln oder zusammen in eine gemeinsame Steigleitung fördern, weil sich mit zunehmender Durchflußmenge der Leitungswiderstand quadratisch erhöht, was sich um so mehr bemerkbar macht, je geringer die statische Förderhöhe im Verhältnis zur Widerstandshöhe ist. Abb. 369 veranschaulicht den praktisch wichtigen Fall, daß drei Pumpen gleicher Art und Größe in eine gemeinsame Steigleitung fördern. Die manometrische Förderhöhe verläuft nach Linie *I*, wenn nur eine Pumpe fördert, und nach den Linien *II* und *III*, wenn 2 bzw. 3 Pumpen fördern. Im ersten Fall arbeitet eine Pumpe im Punkt *a* und fördert 5,8 m³/min gegen 484 m WS; sind zwei Pumpen in Betrieb, so fördert jede Pumpe nur 5,6 m³/min, beide Pumpen zusammen 11,2 m³/min gegen 495 mWS (Punkt *b*); beim Betrieb aller drei Pumpen entfällt auf jede Pumpe die Fördermenge 5,2 m³/min, insgesamt werden 15,6 m³/min gegen 509 m WS (Punkt *c*) gefördert. Die Widerstandshöhen $(h_{man} - h_{st})$* verhalten sich wie $4 : 15 : 29 = 5{,}8^2 : 11{,}2^2 : 15{,}6^2$.

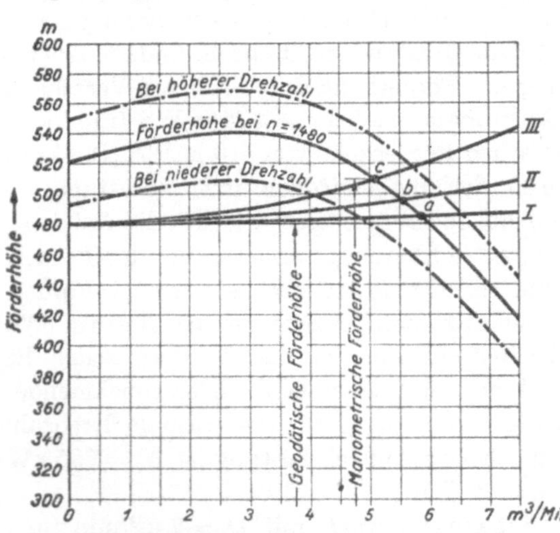

Abb. 369. Fördermenge, Druck und Leitungswiderstand für drei gleiche Pumpen mit gemeinsamer Steigleistung.

Für eine bestimmte Pumpe oder eine bestimmte Pumpenart wird die Linie des erzeugten Druckes auf dem Versuchsstande aufgenommen. Abb. 370 zeigt die im Maschinenlaboratorium der Bochumer Bergschule vorhandene Versuchsanordnung. Die mehrstufige Turbopumpe *a* wird von dem Verbundgleichstrommotor *b* mit $n = 1500\ \text{min}^{-1}$ getrieben. Die Fördermenge wird mit dem hinter der Pumpe sitzenden Absperrschieber geregelt, der mehr und mehr geöffnet wird. Der erzeugte Druck wird mittels Vakuummeters und Manometers gemessen. Die geförderte Wassermenge, die in den Behälter *c* ausgegossen wird, wird mittels einer Düse gemessen, indem man die Höhe des Wasserstandes über der Düsenmündung an einem Wasserstandglase abliest[1]. Als zweite Meßeinrichtung ist ein Überfallwehr *d* von der Breite $B = 160$ mm vorhanden[2]. Ist bei

* $h_{st} = h_{geod}$ für reines Wasser.

[1] Über Behältermessermessung mit Ausflußdüsen vgl. Ziffer 288.

[2] Erläuterung der Wehrmessung in Ziffer 289.

der Messung die Drehzahl nicht genau gehalten, oder will man den Druckverlauf für eine andere, nicht sehr abweichende Drehzahl berechnen, so muß man quadratisch umrechnen. 1% Drehzahländerung verursacht also 2% Druckänderung.

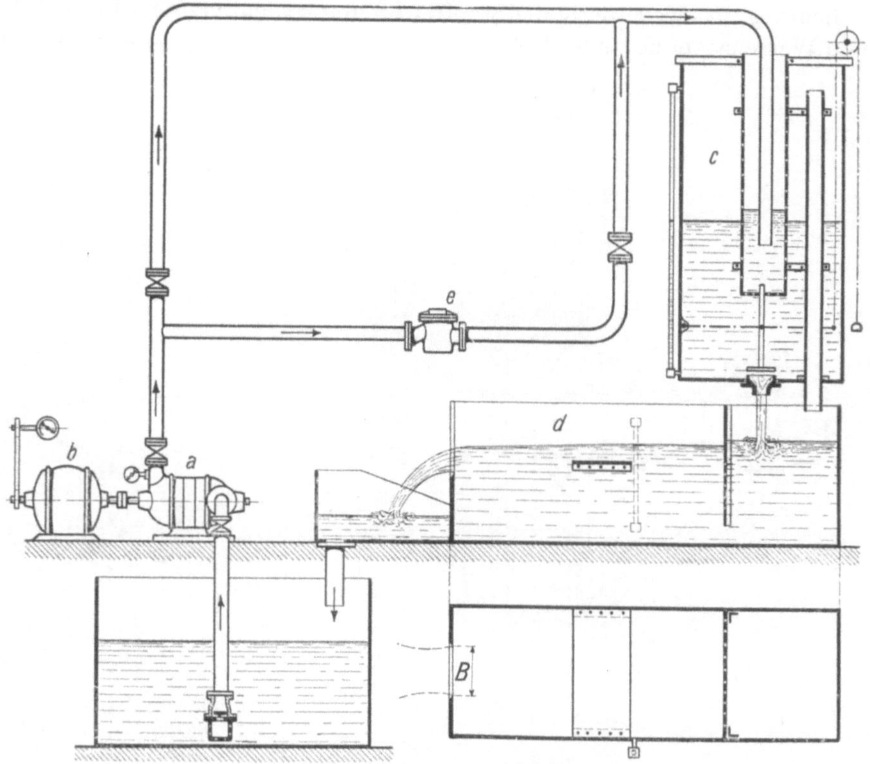

Abb. 370. Meßstand für Kreiselpumpen.

191. Der Aufbau der Kreiselpumpen. Bei gegebener Drehzahl ist der Durchmesser des Laufrades durch die Förderhöhe bestimmt; bei kleinen Drehzahlen erhält man große, bei hohen Drehzahlen kleine Durchmesser. Die Breite des Laufrades ist durch die Fördermenge bestimmt. Bei kleinen Fördermengen werden die Räder schmal; damit die Räder im Verhältnis zum Durchmesser nicht zu schmal werden, ist gegebenenfalls der Durchmesser zu verringern und die Dreh-

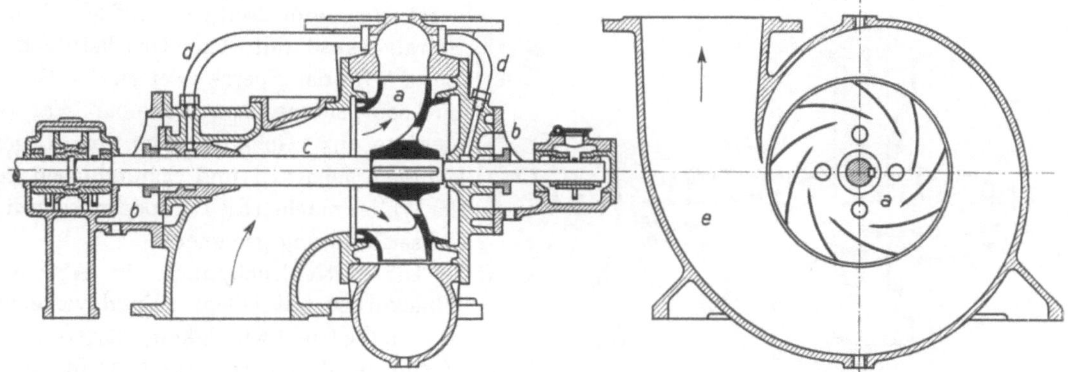

Abb. 371. Niederdruckkreiselpumpe mit Spiralgehäuse und einseitigem Einlauf.

zahl zu erhöhen. Umgekehrt erhalten mit hoher Drehzahl laufende Räder für kleine Förderhöhen so kleine Durchmesser, daß man sie nicht so breit ausführen kann, wie es die Fördermenge erheischt; dann hilft man sich, indem man Doppelräder mit zweiseitigem Einlauf verwendet oder mehrere Räder parallel schaltet.

Niederdruckpumpen werden meist mit Spiralgehäuse und anschließendem Auslaufstutzen ausgeführt, wie es die Abb. 371 und 372 zeigen. In Abb. 371 ist das Laufrad a mit Druckausgleichbohrungen versehen, um den Axialschub (vgl. Ziffer 192) aufzuheben. Den Stopfbüchsen *b* wird zur Abdichtung gegen das Eindringen von Luft Druckwasser durch die Leitungen *d* aus dem Spiralgehäuse *e* zugeführt. Bei Schmutzwasserförderung nimmt man Frischwasser zur Stopfbüchsendichtung, das gleichzeitig die Stopfbüchse reinigt und vor zu schnellem Verschleiß schützt. Die im Wasserstrom liegende Welle ist gleichfalls starker Verschleißwirkung ausgesetzt,

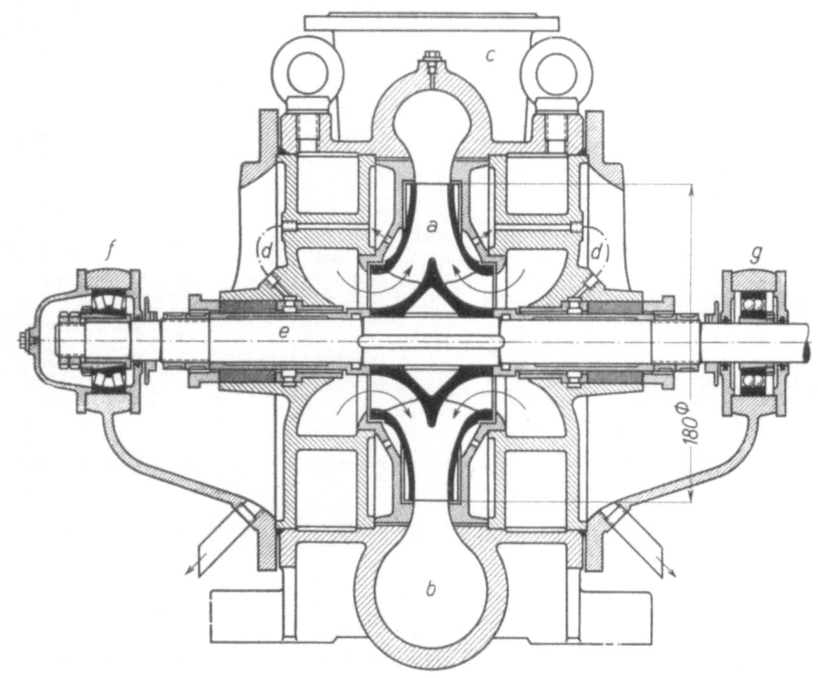

Abb. 372. Niederdruckkreiselpumpe mit zweiseitigem Einlauf (W. Düchting, Witten-Annen).

weshalb sie häufig mit einer leicht auswechselbaren Schutzhülse *c* umgeben wird. Besonders stark schleißen Wäschepumpen, worauf man bei der Konstruktion dadurch Rücksicht nimmt, daß man die gefährdetsten Teile besonders kräftig bzw. leicht auswechselbar ausführt.

Eine Niederdruckkreiselpumpe für große Fördermenge mit zweiseitigem Einlauf veranschaulicht Abb. 372. Infolge der symmetrischen Wirkungsweise wird jeglicher Axialschub vermieden. *a* ist das doppelseitige Laufrad, *b* das Spiralgehäuse mit dem Druckstutzen *c*. Bei *d* wird das Sperrwasser zu den Stopfbüchsen geleitet. Auswechselbare Panzereinsätze, im Gehäuse von den Lagerschilden gehalten, und Schutzhülsen auf der Welle *e* machen die Pumpe für Schmutzwasserförderung geeignet.

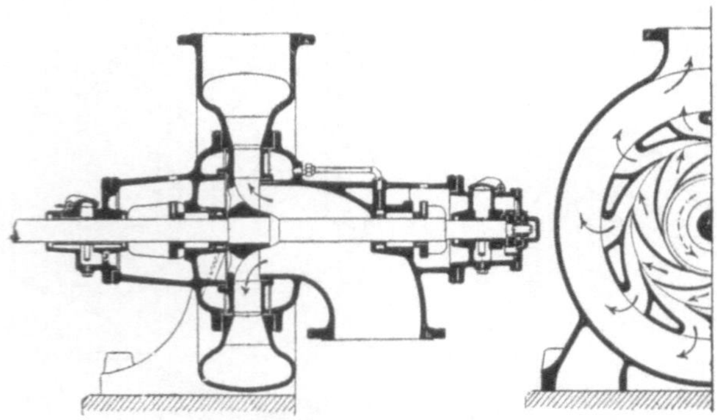

Abb. 373. Mitteldruckkreiselpumpe mit Leitrad.

Die Mitteldruckpumpe in Abb. 373 (Balcke) ist mit einem *Leitrad* versehen, in dem die Geschwindigkeit mit geringeren Verlusten als im Spiralgehäuse in Druck umgesetzt wird. Kreiselpumpen mit Leitrad haben dadurch bessere Wirkungsgrade. Auch Mitteldruck-Leitradpumpen werden mit einseitigem (Abb. 373) und doppelseitigem Einlauf gebaut.

Bei Hochdruckkreiselpumpen, z. B. Kesselspeisepumpen und Wasserhaltungspumpen, mit mehreren Stufen (bis zu 10) werden immer Leiträder verwendet. Abb. 374 stellt eine 6stufige Kreiselpumpe für 2,75 m^3/min und 256 m WS bei $n = 1470\ \text{min}^{-1}$ dar. Die Antriebsleistung wird mit 216 PS angegeben, so daß sich bei der Nutzleistung $N = 0.222 \cdot 2{,}75 \cdot 256 = 156$ PS ein

Wirkungsgrad von 72% ergibt. Die Laufradumfangsgeschwindigkeit ist nur 27,7 m/s, woraus sich nach der Überschlagsformel $v^2 : 18 = 27{,}7^2 : 18 = 42{,}6$ m WS je Rad und $6 \cdot 42{,}6 = 255{,}6$ m WS für 6 Räder ergeben, was mit der angegebenen Förderhöhe übereinstimmt. S ist der Saug-

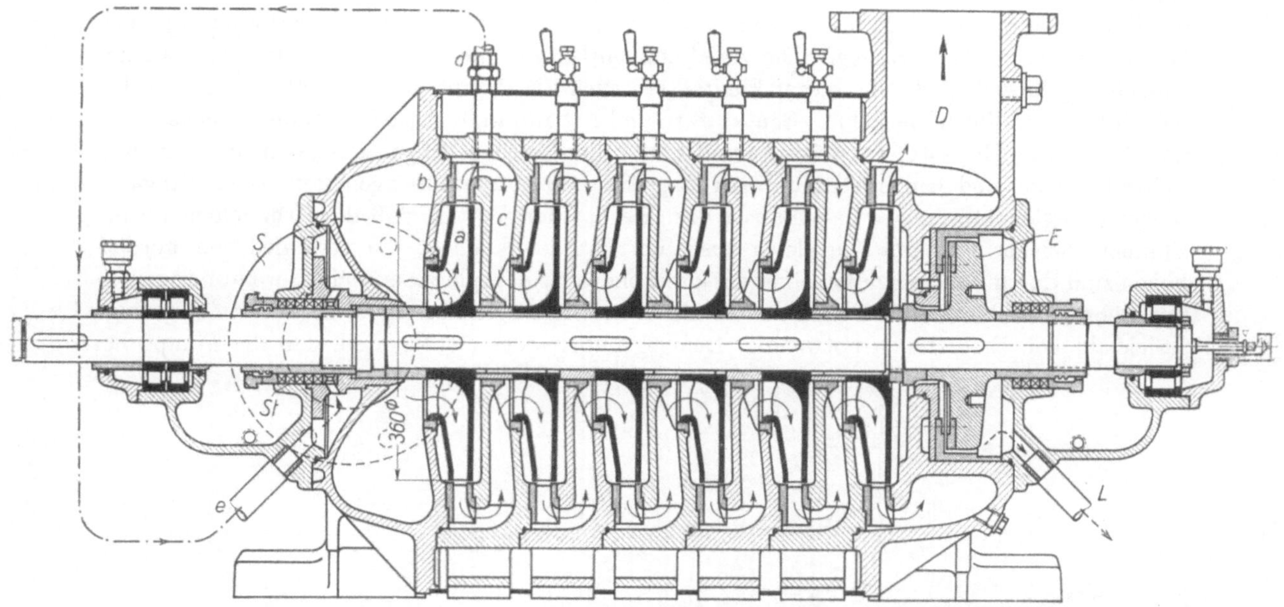

Abb. 374. 6stufige Kreiselpumpe der Pumpenfabrik W. Düchting, Witten-Annen.

stutzen, von dem das Wasser in das erste Laufrad a gelangt, aus dem es in den Leitschaufelkranz b übertritt, um dann umgelenkt und über die Umlenkschaufeln c dem zweiten Laufrad zugeführt zu werden und schließlich nach Durchlaufen aller sechs Stufen am Druckstutzen D auszutreten.

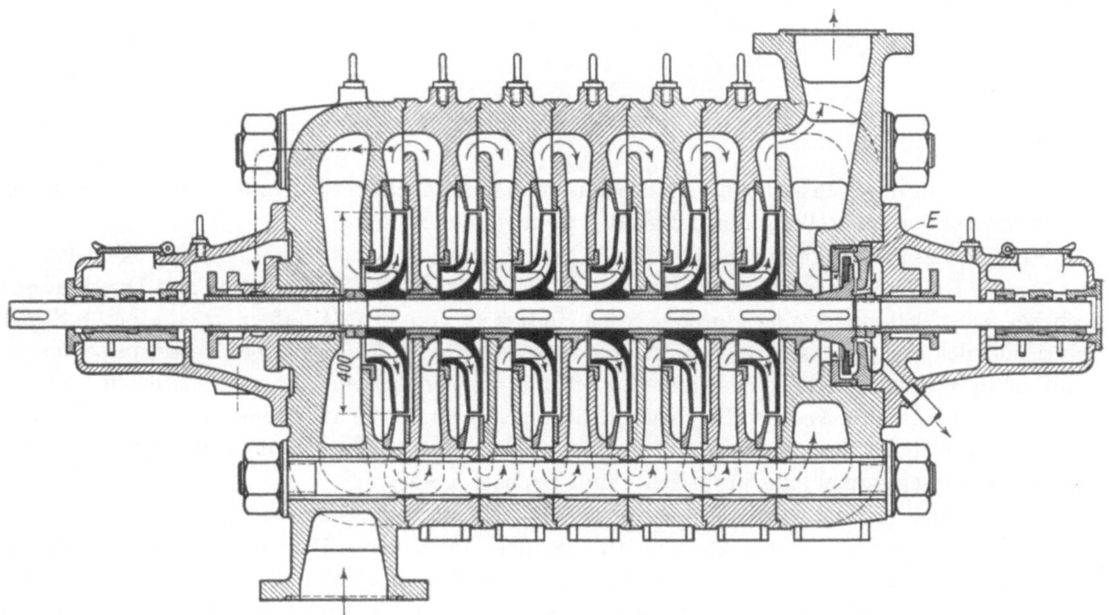

Abb. 375. 6stufige Wasserhaltungskreiselpumpe (Jaeger).

Der Axialschub wird mit der Entlastungsscheibe E ausgeglichen. Das bei L austretende Entlastungswasser wird so gedrosselt, daß der Schubanzeiger am rechten Wellenende auf seine Marke einspielt. Der Stopfbüchse St auf der Saugseite wird Sperrwasser von der ersten Druckstufe

(Leitung $d-e$) zugeführt. Vor dem Ingangsetzen ist die Pumpe mit Wasser zu füllen, wobei sie mit den oben am Gehäuse angeordneten Entlüftungshähnen zu entlüften ist.

Die 6stufige Jaeger-Wasserhaltungspumpe in Abb. 375 arbeitet mit Laufrädern von 400 mm Durchmesser, die bei $n = 1480 \text{ min}^{-1}$ eine Umfangsgeschwindigkeit von 31 m/s haben und nach der Überschlagsformel je 54 m, zusammen 324 m hoch fördern, also bei Wasserförderung einen Druck von 324 m WS erzeugen. Die Axialschubentlastung dieser Pumpe entspricht etwa der Ausführung in Abb. 378. Die Jaeger-Pumpe (wie auch die Pumpe in Abb. 374) besteht aus den beiden Deckeln (linker Deckel mit Saugstutzen und 1. Laufrad, rechter Deckel mit Druckstutzen und Axialschub-Entlastungsscheibe E) und fünf völlig gleichen Ringen mit je einem Lauf- und Leitrad. Deckel und Ringe werden durch lange Schrauben zusammengehalten. Diese Ringausführung stellt heute die normale Bauart dar. Sie hat den Vorteil, daß die Grundelemente für Pumpen gleicher Fördermenge gleich ausgeführt werden können; die verschiedenen Förderhöhen sind durch Zusammenbau einer entsprechenden Stufenzahl zu erreichen, wenn nötig auch mit mehreren Gehäusen. Weil alle Teile der einzelnen Stufen gleich sind, ist auch nur eine geringe Stückzahl von Ersatzteilen notwendig. Demgegenüber steht als Nachteil, daß die Pumpe bei

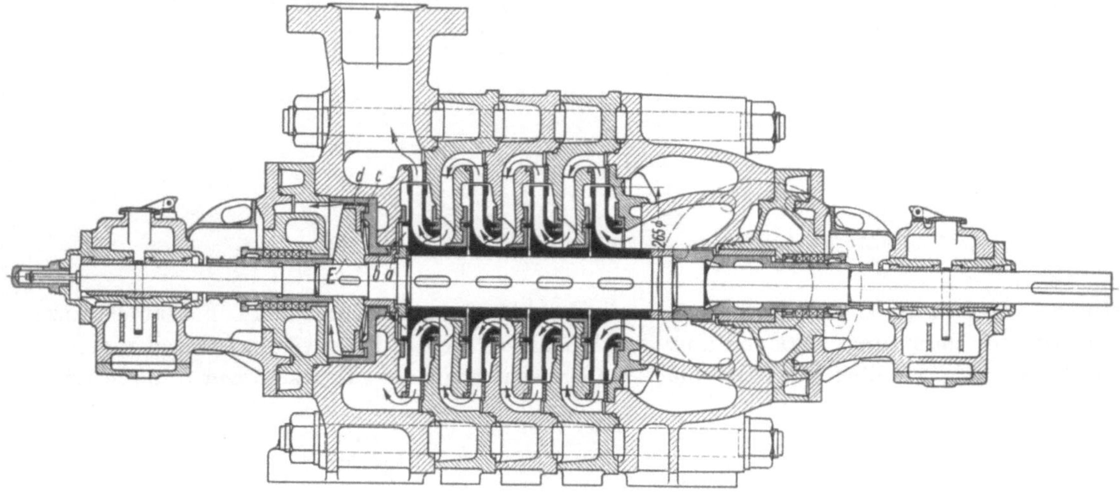

Abb. 376. 4stufige Kesselspeisepumpe (Weise-Söhne).

Reparaturen in der Achsrichtung seitlich auseinandergezogen werden muß, was aber belanglos ist, wenn bei der Aufstellung der nötige Platz vorgesehen wird.

Abb. 376 zeigt eine 4stufige Hochdruckkreiselpumpe (Weise-Söhne), die als Kesselspeisepumpe für Heißwasserförderung gebaut ist. Die Pumpe hat Laufräder von 265 mm Durchmesser, die bei $n = 2950 \text{ min}^{-1}$ eine Umfangsgeschwindigkeit von 41 m/s haben, womit bei 4 Stufen ein Enddruck am Druckstutzen von 37 at erreicht wird. Der Enddruck bei Kesselspeisepumpen muß entsprechend den Leitungswiderständen und der geodätischen Förderhöhe größer sein als der Höchstdruck des Kessels. Bei Kesseldrücken von 10 bis 25 at rechne man einen Zuschlag von 3 at, von 30 bis 50 at einen Zuschlag von 4 bis 5 at. Den Förderleistungen der Kreiselpumpen als Kesselspeisepumpen sind praktisch kaum Grenzen gesetzt.

Die 3stufige Unterwasserkreiselpumpe in Abb. 377 ist eine Sonderausführung mit vertikaler Welle und zeichnet sich durch kleinste Abmessungen im äußeren Durchmesser aus. Die Pumpe taucht in das Wasser ein und hat deshalb keine Saughöhe zu überwinden. a sind die Laufräder, b die Leit-Umlenkschaufeln. Der Axialschub wird mittels Bohrungen in den Laufrädern, teilweise auch durch das Eigengewicht ausgeglichen. Das Wasser tritt bei c durch den Seiher ein, durchströmt die Laufräder und Leitkanäle und wird durch das Druckstück d dem Rückschlagventil f im Ventilgehäuse e und dann dem Druckstutzen zugeführt. Die Motorwelle g wird vom Labyrinth h gedichtet. Der unterhalb der Pumpe angeordnete, in der Abbildung nicht dargestellte Elektromotor läuft in reinem Wasser, welches durch die unter c sichtbare Verschraubung eingefüllt wird, und ist infolge der sehr intensiven Wasserkühlung verhältnismäßig hoch belastbar.

192. Entstehung und Ausgleich des Axialschubes. Bei den Laufrädern mit *einseitigem* Einlauf entsteht ein der Strömung entgegengerichteter Axialschub, weil der Saugmund geringeren Druck empfängt als die entsprechende Fläche auf der entgegengesetzten Radseite. Früher glich man den Axialschub aus, indem man nach dem Vorbild von JAEGER auf der anderen Radseite durch eine besondere Dichtungsleiste eine dem Saugmunde gleichgroße Fläche schaffte, die man durch Verbindungslöcher im Laufrade vom Saugmunde aus beaufschlagen ließ, wie es die Abb. 371, 373 und 377 veranschaulichen. Bei mehrstufigen Pumpen kann man, wie es SULZER ursprünglich getan hat, die Räder paarweis gemäß Abb. 383 gegeneinander schalten. Am gebräuchlichsten ist es, bei mehrstufigen Pumpen alle Räder zusammen durch einen gemeinsamen Entlastungskolben oder eine gemeinsame Entlastungsscheibe auszugleichen. Letztgenannte Anordnung wird durch Abb. 378 (R. Wolf) veranschaulicht. Die Welle muß axiales Spiel haben. Die Entlastungsscheibe *a* wird durch Druckwasser der letzten Stufe beaufschlagt, das durch einen inneren (*b*) und einen äußeren (*c*) Spalt abströmt. Der Axialschub drängt die Welle nach rechts, so daß der innere Spalt an der Entlastungsscheibe eng, der äußere weit wird. Die Entlastungs-

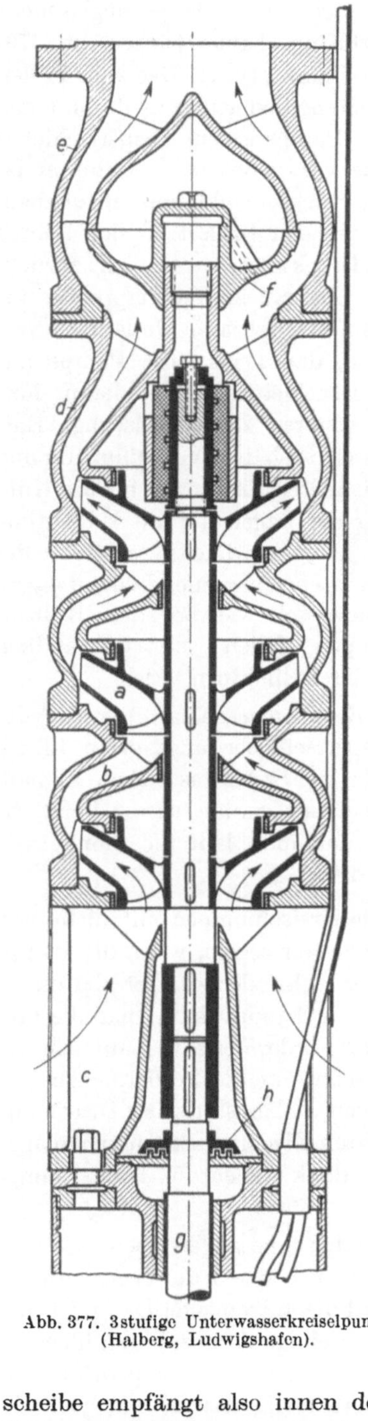

Abb. 377. 3stufige Unterwasserkreiselpumpe (Halberg, Ludwigshafen).

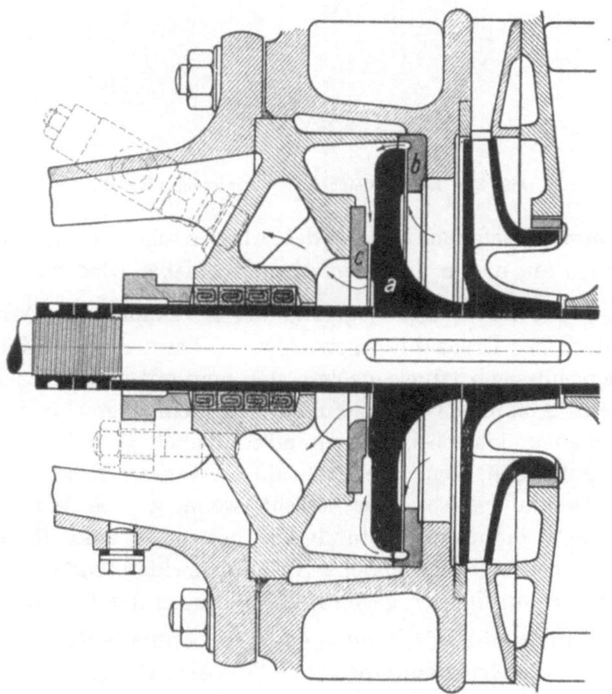

Abb. 378. Ausgleich des Axialschubes mittels Entlastungsscheibe (R. Wolf, Magdeburg).

scheibe empfängt also innen den vollen Druck der letzten Stufe, während auf der äußeren Seite ein viel kleinerer Druck herrscht, weil das Wasser außen bequemer abströmt; infolgedessen drängt die Entlastungsscheibe die Welle nach links. In die genaue, für den richtigen Ausgleich erforderliche Lage stellt sich die Welle selbsttätig ein. Diese Art des Ausgleiches wird viel angewendet, vgl. auch Abb. 375, hat aber den Nachteil, daß hochgepreßtes Wasser verlorengeht, zuweilen infolge Verschleißes der Spaltflächen mehr, als man denkt. Vorteilhafter ist in dieser Hinsicht der Ausgleich bei der Pumpe von Weise-Söhne (Abb. 376). Es kommt dasselbe Prinzip der Entlastung zur Anwendung, doch sind zur Verringerung der Druckwasserverluste insgesamt 4 Drosselspalte angeordnet, zwei axiale (*a* und *c*) und zwei radiale (*b* und *d*).

193. Ausrüstung und Inbetriebsetzung der Kreiselpumpen. Kreiselpumpen vermögen nicht trocken anzusaugen, sondern müssen gefüllt werden. Die Entlüftungshähne (siehe Abb. 379) sind hierbei zu öffnen und so lange offen zu halten, bis Wasser herausfließt. Das zum Füllen dienende Wasser läßt man entweder aus der Druckleitung überströmen oder füllt es durch einen Trichter ein. Die Saugleitung braucht ein Fußventil. Hinter der Pumpe ist ein Absperrschieber anzuordnen, der beim Anlassen und zur Regelung der Pumpe verwendet wird. Dahinter ist eine Rückschlagklappe einzubauen, damit beim Stillsetzen der Pumpe die Druckwassersäule nicht zurückfällt. Die Rückschlagklappe ist mit einem absperrbaren Umlauf zu versehen, damit man die Pumpe aus der Druckleitung füllen kann. Ferner gehören zur Ausrüstung: Entwässerungshähne, Vakuummeter und Manometer, Leitungen für die Kühlung der Lager und die Abdichtung der Saugstopfbüchse mittels der Pumpe entnommenen Druckwassers. Windkessel wie bei den Kolbenpumpen fallen selbstverständlich bei Kreiselpumpen weg.

Abb. 379. Kreiselpumpe nebst Ausrüstung (Jaeger).

Beim Anlassen der Pumpe ist der Absperrschieber langsam zu öffnen, wobei die Druckwassersäule allmählich beschleunigt wird. Falls die Pumpe abgefallen ist, ist der Absperrschieber zu schließen, und man läßt die Pumpe von neuem an, indem man den Absperrschieber wieder allmählich öffnet.

194. Antrieb und Regelung der Kreiselpumpen. Werden die Kreiselpumpen mit nicht veränderlicher Drehzahl angetrieben, so kann man die Fördermenge nur regeln, wenn die Pumpe überschüssigen Druck erzeugt, den man mit dem Absperrschieber mehr oder weniger abdrosselt, wie es Abb. 368 veranschaulicht. Ist kein überschüssiger Druck vorhanden, kann man die Fördermenge nicht beeinflussen und muß auch die Schwankungen der Fördermenge in Kauf nehmen, die entstehen, wenn die Drehzahl schwankt[1]. Besonders stark schwankt die Fördermenge, und die Gefahr des Abfallens besteht, wenn, wie bei Wasserhaltungen, hoher statischer Druck und kleine Strömungswiderstände zu überwinden sind. Bei den meisten Niederdruckpumpenanlagen sind aber recht erhebliche Strömungswiderstände vorhanden, dank denen die Kreiselpumpe weniger empfindlich gegen Schwankungen der Drehzahl wird.

Wird eine Kreiselpumpe oder Turbopumpe durch eine Dampfturbine angetrieben, wie man es bei Kesselspeisepumpen und Wasserwerkpumpen hat, kann man bequem durch Ändern der Drehzahl in weiten Grenzen regeln. Bei Kesselspeisepumpen wird die antreibende Dampfturbine selbsttätig so geregelt, daß die Pumpe einen den Kesseldruck um einige Atmosphären übersteigenden Druck erzeugt. Bei Wasserwerkpumpen regelt man die antreibende Dampfturbine so, daß eine gewisse, einstellbare Fördermenge gehalten wird, unabhängig davon, wie hoch der Druck in der Wasserleitung wird.

---

[1] Vgl. das Diagramm Abb. 367.

195. Vergleich zwischen Kolbenpumpen und Kreiselpumpen. In der Wirkung, in den Betriebsbedingungen, der Regelung usw. sind Kreiselpumpe und Kolbenpumpe in schärfster Weise unterschieden. Bei der Kolbenpumpe verdrängt der Kolben bei jedem Hub immer die gleiche Wassermenge, gleich, ob die Pumpe schnell oder langsam läuft, ob sie gegen hohen Druck fördert, oder gegen niedrigen; die Fördermenge der Kolbenpumpe ist der Drehzahl proportional und ihr Wirkungsgrad ändert sich nicht wesentlich, ob sie viel oder wenig fördert. Die Kreiselpumpe muß aber, um gegen einen gewissen Druck zu fördern, mit einer bestimmten Drehzahl umlaufen. Ist diese Drehzahl, wie beim Antriebe durch einen Drehstrommotor, unveränderlich, so kann die Kreiselpumpe gegen höheren Druck als normal überhaupt nicht, gegen niedrigeren nur ungünstig fördern. Eine Turbopumpe also, die durch einen 4poligen Drehstrommotor mit $n = 1480\ \text{min}^{-1}$ angetrieben wird und von der 600-m-Sohle fördert, würde mit dieser Drehzahl von der 700-m-Sohle überhaupt nicht, von der 500-m-Sohle nur in der Weise fördern, daß ein Teil des erzeugten Druckes abgedrosselt wird. Die Eigenart der Kreiselpumpe tritt ferner hervor, wenn sich ihre Drehzahl ändert. Bei Turbopumpen, die hauptsächlich statischen Druck und verhältnismäßig geringe Strömungswiderstände zu überwinden haben, wie es bei Wasserhaltungspumpen und Preßpumpen der Fall ist, bedingt eine Änderung der Drehzahl um 1% eine Änderung der Fördermenge um etwa 4 bis 5%. Unterschreitet die Drehzahl eine gewisse Grenze oder nimmt der zu überwindende statische Druck um ein gewisses Maß zu, so hört die Turbopumpe überhaupt auf zu fördern; sie „fällt ab“ und arbeitet im toten Wasser weiter, wobei sie, obwohl sie kein Wasser mehr fördert, noch 40 bis 50% der Antriebsleistung wie bei voller Fördermenge benötigt. Überwiegen die Strömungswiderstände, so werden die Verhältnisse für die Kreiselpumpe viel günstiger. In bezug auf den Umlaufsinn besteht der kennzeichnende Unterschied zwischen Kolben- und Kreiselpumpe, daß die Kolbenpumpe in derselben Weise wirkt, ob sie rechts- oder linksherum läuft, während die Kreiselpumpe nur in einem, durch die Schaufelform gegebenen Sinne umlaufen darf.

Im Betriebe ergibt sich schließlich noch ein Unterschied in bezug auf die Messung der geförderten Wassermenge. Die Kolbenpumpe wirkt selbst als zuverlässiger Wassermesser, so daß es genügt, ihre Umdrehungen zu zählen. Bei Kreiselpumpen fällt das weg. Bei elektrisch angetriebenen Wasserhaltungskreiselpumpen kann man zwar aus ihrem Strombedarf auf die Fördermenge schließen, muß aber berücksichtigen, daß sich der Wirkungsgrad im Laufe der Zeit verschlechtert; deshalb ist es richtiger, die Fördermenge mittels Überfallwehres[1] zu messen und aufzuzeichnen.

Auf den Unterschied hinsichtlich des Platzbedarfes war bereits in Ziffer 187 (Abb. 365) hingewiesen worden. Infolge des schlechteren Wirkungsgrades erfordern Kreiselpumpen je nach Größe und Bauart eine 20 bis 40% höhere Antriebsleistung als Kolbenpumpen. Die dadurch erhöhten Betriebskosten werden einesteils durch die höheren Wartungs- und Instandhaltungskosten, andernteils durch die höheren Kapitalkosten der Kolbenpumpen ausgeglichen. Die Anlagekosten einer großen Kreiselpumpenanlage verhalten sich zu den Anlagekosten einer entsprechenden Kolbenpumpenanlage etwa wie 3 : 4. Im Dauerbetrieb kann die Kolbenpumpe wirtschaftlicher sein, bei kurzzeitigem Betrieb ist die Kreiselpumpe wirtschaftlich stets überlegen.

196. Wasserhaltungen mit Kreiselpumpen. Für die *Sonderwasserhaltung* verwendet man kleine Niederdruckkreiselpumpen, die entweder durch Elektromotoren oder Druckluftmotoren angetrieben werden. Bei Druckluftantrieb bedient man sich der Lamellen- und Pfeilradmotoren[2] oder auch, wenn es sich um kleine Leistungen handelt, der Drucklufturbinen, wie z. B. bei der in Abb. 380 dargestellten tragbaren Vorortkreiselpumpe von Nüsse & Gräfer. Im Oberteil hat diese Pumpe ein einkränziges Turbinenlaufrad mit senkrechter Welle, dessen Schaufeln *b* durch eine Düsenbohrung in der Gehäusewand von der bei *a* zugeführten Druckluft beaufschlagt werden. Das mit einem Filter versehene Gehäuse *c* des Pumpenfußes steht im Wasser, welches dem auf der Turbinenwelle befestigten Pumpenlaufrad *d* ohne Saugwirkung zufließt. *e* ist das Spiralgehäuse, *f* der Anschluß zur Druckleitung. Die Pumpe fördert etwa 100 l/min gegen einen Druck von 20 m WS.

---

[1] Vgl. Ziffer 289 und Abb. 370. — [2] Vgl. Ziffer 236 und 238.

Die Kreiselpumpen der *Hauptwasserhaltung* müssen in Anbetracht der großen Förderhöhen immer mehrstufig nach Art der in Abb. 375 dargestellten Pumpe, unter Umständen auch zweigehäusig ausgeführt werden (Abb. 381). Die Kreiselpumpe verbraucht zwar mehr Energie als die Kolbenpumpe, aber dieser Nachteil kommt weniger zur Geltung als ihre Vorteile: Wohlfeilheit, geringer Raumbedarf, anspruchslose Wartung. Da man die Wasserhaltung hauptsächlich dann betreibt, wenn der Strombedarf der anderen Maschinen zurückgegangen ist, braucht man den höheren Strombedarf auch nicht so einzuschätzen, als wenn seinetwegen die elektrische Kraftanlage vergrößert werden müßte. Die Kreiselpumpenwasserhaltung ist allerdings im Betriebe häufig nicht so gut wie man denkt, sei es, daß die Pumpe von vornherein für zu hohen Druck gebaut ist, sei es, daß ihr Wirkungsgrad durch Verschleiß sehr gelitten hat. Es ist zweckmäßig, die Förderleistung dauernd mittels Überfallwehres und Manometers zu ermitteln und mit der elektrischen zu vergleichen.

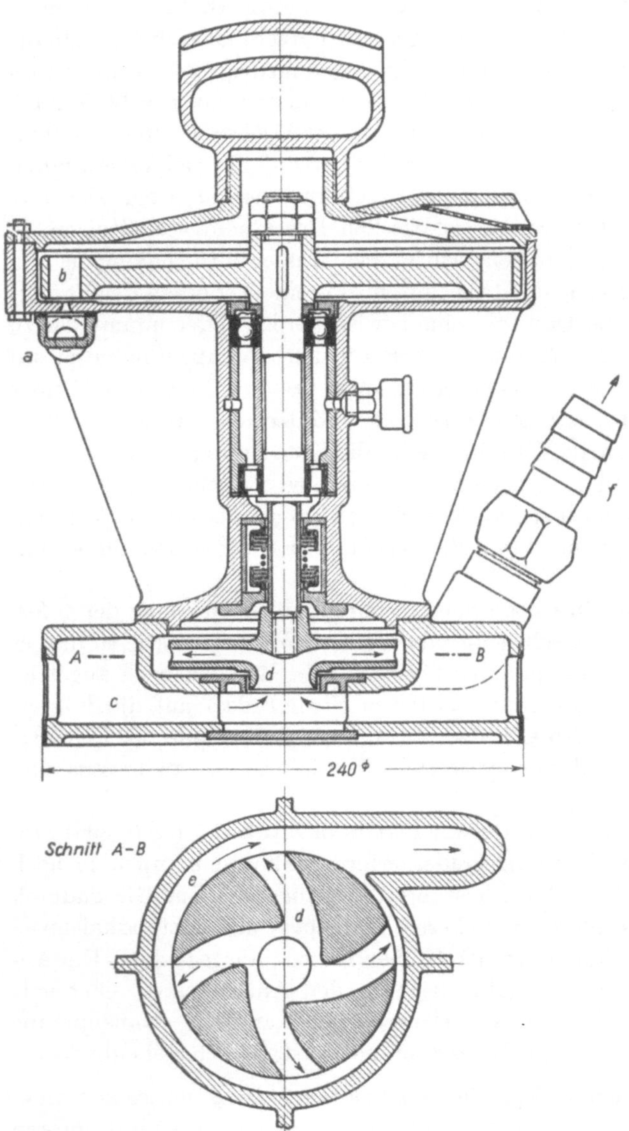

Abb. 380. Vorortkreiselpumpe mit Druckluftturbinenantrieb.

Man bemißt die Größe der Wasserhaltung so, daß ihre Fördermenge etwa 3mal so groß ist wie die Zuflüsse. Mittlere Förderhöhen sind noch mit einer Pumpe zu überwinden, größere erfordern das Hintereinanderschalten zweier Pumpen, von denen die eine der anderen das Wasser zudrückt, so daß sich ihre Förderhöhen addieren. Der antreibende Motor wird zwischen den beiden Pumpen aufgestellt, wie es Abb. 381 zeigt[1]. Der in Ziffer 173 für Kolbenpumpen besprochene Betrieb mit *Fallwasser* ist auch bei Turbopumpen durchführbar; man überspringt entsprechend dem Drucke, mit dem das Wasser in die Pumpe tritt, die ersten Stufen.

Über die Ausrüstung, die Inbetriebsetzung und die Regelung der Turbowasserhaltungen vgl. das in den Ziffern 193 und 194 Gesagte. Wegen der großen statischen Druckhöhe und der geringen Widerstandshöhe ist die Wasserhaltungspumpe gemäß Ziffer 190 und Ziffer 194 empfindlich gegen Änderungen der Drehzahl: sie „fällt ab", wenn die Frequenz des antreibenden Drehstromes zu klein wird, ist aber nicht imstande, wenn die Frequenz wieder gestiegen ist, gegen die auf der Rückschlagklappe lastende Wassersäule allein anzufahren. Man merkt diesen Zustand am Strommesser, der entsprechend weniger Strom zeigt. Weil die im toten Wasser arbeitende, viel Energie verbrauchende Pumpe hoch erhitzt wird, ist der antreibende Motor schnellstens abzustellen und der Absperrschieber

[1] Jede Pumpe in Abb. 381 ist 7stufig, so daß auf 800 m Förderhöhe 14 Stufen kommen mit einer Drucksteigerung von rd. 60 m WS je Stufe.

zu schließen. Dann ist die Pumpe neu anzulassen, indem man den Absperrschieber allmählich öffnet.

Es herrscht elektrischer Antrieb mit Drehstrommotoren vor. In der Regel ist der Motor vierpolig und $n = 1480\,\text{min}^{-1}$. Dabei erhalten die Laufräder der Pumpe 400 bis 500 mm Durchmesser. Für kleinere Wassermengen und große Teufen werden auch zweipolige Motoren angewendet, wobei die Drehzahl doppelt so groß wird. Hat die Pumpe 70% und die Pumpenleitung 95% Wirkungsgrad so muß der Motor etwa $0{,}25\,Q\,H$ kW leisten[1], worin Q die Fördermenge in m^3/min

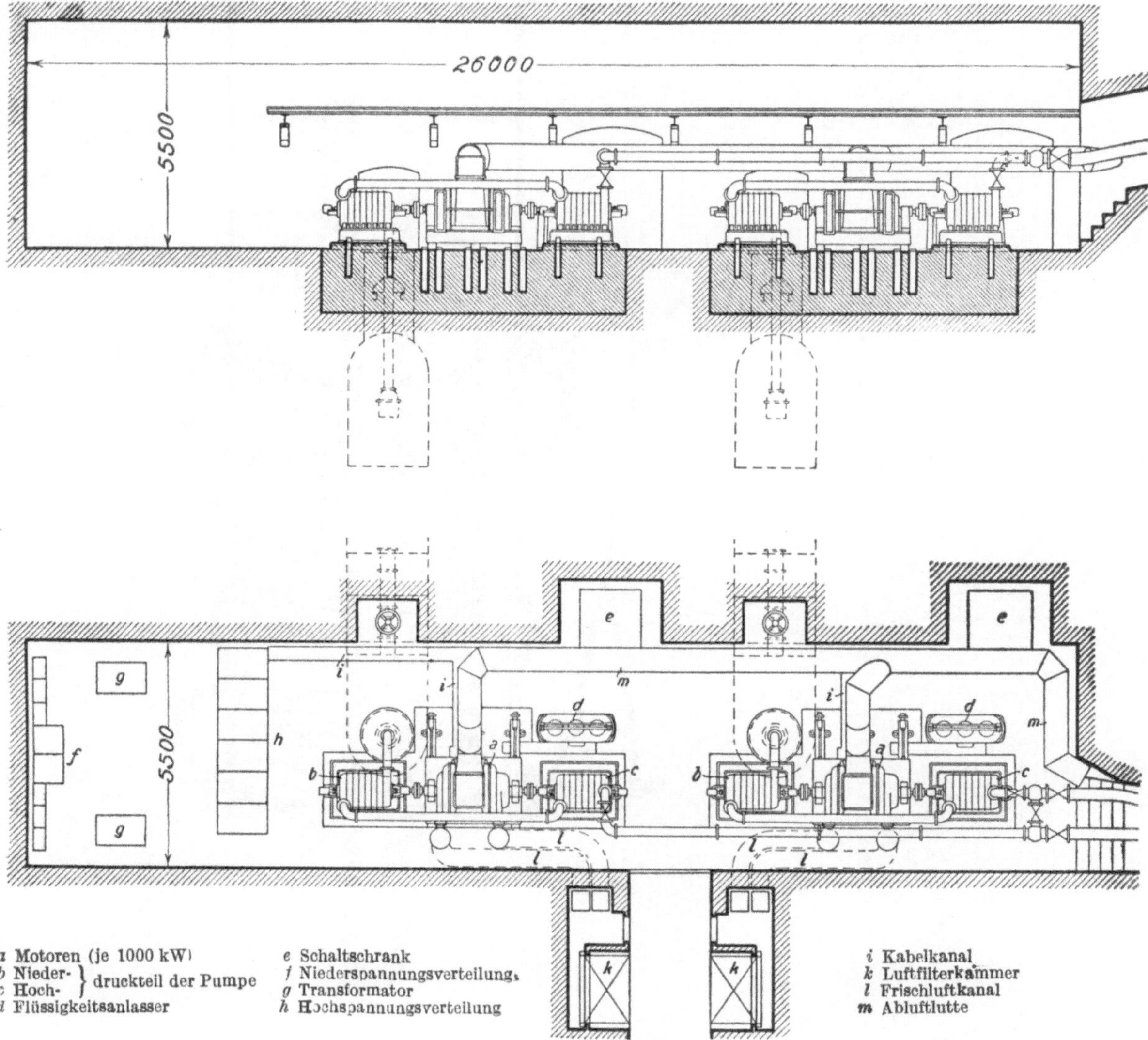

Abb. 381. Wasserhaltung mit 2 Pumpensätzen (Gesamtförderung 10 m^3/min aus 800 m Teufe).

und H die geodätische Förderhöhe in m ist. Es ist aber nötig, den Motor von vornherein 5 bis 10% größer zu wählen, damit er Überlastung verträgt.

Die Antriebsmotoren sind „spritzsicher" auszuführen, d. h. so, daß das Eindringen von Wasserstrahlen aus beliebiger Richtung verhindert wird. Zum Kühlen wird durch einen auf der Rotorwelle angebrachten Lüfter Luft angesaugt und durch den Motor gedrückt. Bei großen Motoren führt man, um die Pumpenkammer kühl zu halten, die erwärmte Luft durch Lutten ab. Abb. 381 veranschaulicht eine größere Kreiselpumpenwasserhaltung. Die Pumpen fördern je 5 m^3/min aus 800 m Teufe. Jeder Pumpensatz besteht aus 2 hintereinandergeschalteten,

[1] Vgl. Ziffer 176 und 189.

7stufigen Jaeger-Pumpen, die durch einen AEG-Motor von 1000 kW mit $n = 1480\ \text{min}^{-1}$ getrieben werden.

Um im Falle der Not schnellstens einen Ersatzmotor beschaffen zu können, sind die Motoren genormt. Die Leistungen sind in kW angegeben und steigen immer um 25% der vorhergehenden. Die Leistungsreihe ist 200, 250, 320, 400, 500, 640,

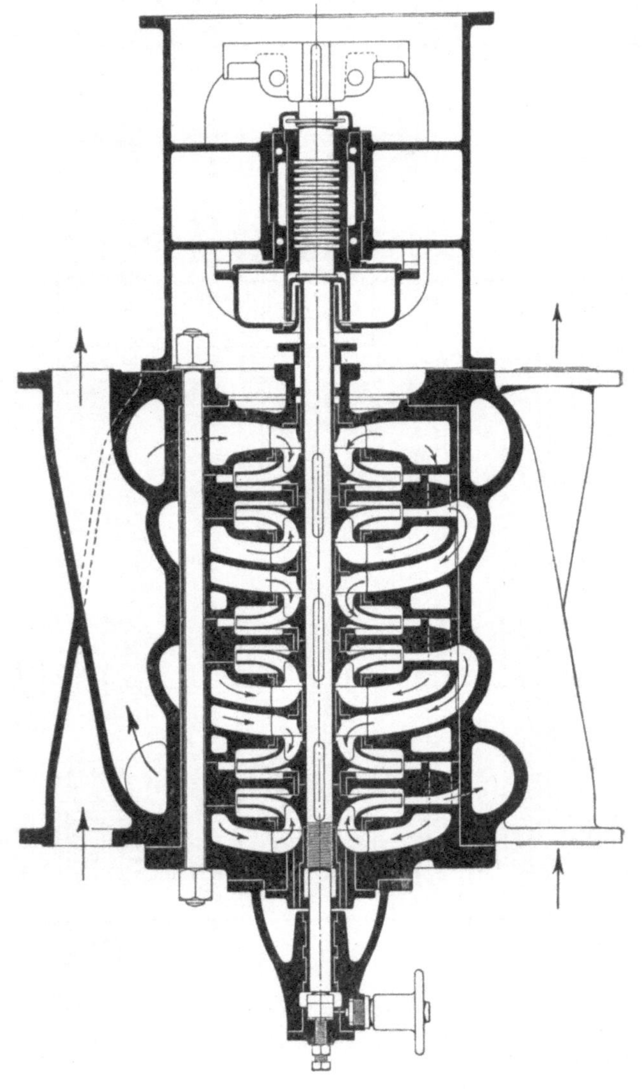

Abb. 383. Abteufkreiselpumpe (Sulzer).

800, 1000, 1250, 1600 kW. n ist bis 250 kW $= 1475$, bis 500 kW $= 1480$, darüber hinaus $= 1485\ \text{min}^{-1}$. Im Mittel ist der Motorwirkungsgrad 94% und $\cos\varphi = 0{,}87$.

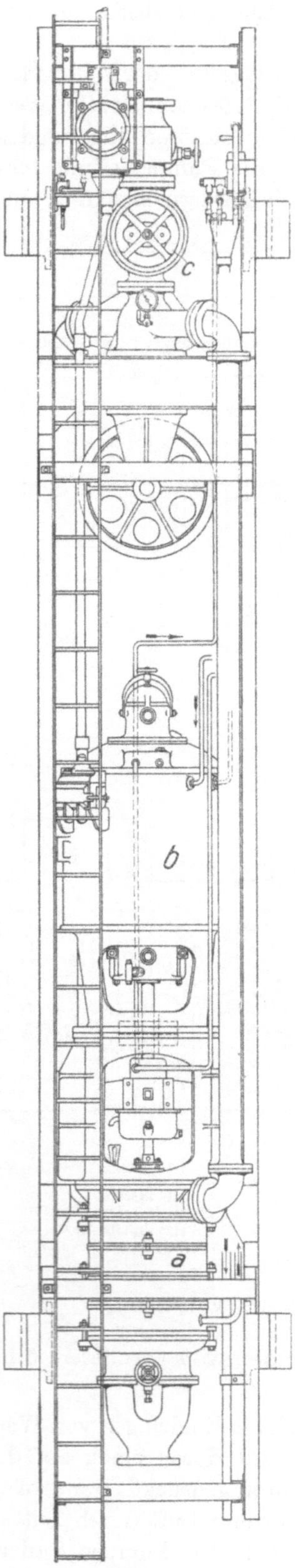

197. Abteufkreiselpumpen. Von allen Abteufpumpen ist die elektrisch angetriebene Kreiselpumpe bei kleinstem Raumbedarf die leistungsfähigste. Abb. 382 (Jaeger) zeigt die übliche Anordnung. Die Pumpe *a* nebst gegabelter Saug- und Druckleitung, der antreibende Drehstrommotor *b*, der Absperrschieber *c* und die Rückschlagklappe sind in einem Rahmen untergebracht, der auch die Steigleitung trägt. Dieser Rahmen hängt an den beiden Trummen eines

Abb. 382. Abteufkreiselpumpe (Jaeger).

Halteseiles, das um die aus der Abb. 382 ersichtliche Rolle geschlungen ist, und kann mittels einer schweren Winde gehoben und gesenkt werden. Die Steigleitung wird an den Trummen des Halteseiles mittels Schellen geführt, an denen auch das elektrische Kabel befestigt ist. Das elektrische Kabel ist über Tage um eine Kabelwinde geschlungen und empfängt den Strom durch Schleifringe. Der Drehstrommotor hat Kurzschlußanker und wird über Tage mittels Anlaßtransformators angelassen. Der Maschinist hat das neben dem Absperrschieber befindliche Amperemeter zu beobachten und den Wasserstrom mit dem Absperrschieber so zu drosseln, daß der Motor nicht überlastet wird.

Abb. 383 zeigt eine Abteufzwecken dienende Kreiselpumpe Sulzerscher Bauart, bei der die Räder, um den Axialschub auszugleichen, paarweise gegeneinander geschaltet sind.

XXI. Die Kolbenkompressoren.

198. Überblick. Die Kompressoren erzeugen hauptsächlich Druckluft zur Energieübertragung. Gewöhnlich verdichten sie die Luft von atmosphärischem Druck auf 6 bis 7 ata, als Zwischenkompressor gelegentlich auch von etwa 4 auf 6 bis 8 ata. Luft von diesem Enddruck pflegt man als Niederdruckluft zu bezeichnen. Hochdruckanlagen, die zum Beispiel die Speicherluft für Druckluftlokomotiven liefern, erreichen Enddrücke von 180 ata und mehr. Hohe Drücke werden auch in der Gasfernversorgung gebraucht, jedoch in diesem Fall nicht zur Druckenergieübertragung, sondern zur Überwindung der Leitungswiderstände und zur Volumenverminderung.

Bei Kolbenkompressoren mit 7 ata Enddruck liegt die größte, noch wirtschaftliche Ansaugmenge bei etwa 20000 bis 25000 m³/h. Die untere Grenze bei Kleinkompressoren beträgt etwa 100 m³/h. Hochdruckkompressoren sind bis zu Ansaugmengen von 18000 m³/h entwickelt worden.

199. Das Diagramm des Kolbenkompressors. Das Kompressordiagramm, Abb. 384, ähnelt dem Dampfmaschinendiagramm, entspricht ihm aber nicht, da die Dampfmaschine umgekehrt wie der Kompressor wirkt. Als Diagramm einer Arbeitsmaschine zeigt das Kompressordiagramm Linksumlauf (vgl. Ziffer 17 und 70). *I* ist das Ansaugen, *II* die Verdichtung, *III* das Ausschieben der Luft in die Leitung. Ehe dann das Saugen von neuem beginnen kann, muß erst (*IV*) die im schädlichen Raum eingeschlossene Luft auf den atmosphärischen Druck rückexpandieren. Das Diagramm ist dem Pumpendiagramm verwandt, nur daß an Stelle des steilen Druckanstieges und Druckabfalles in den Hubwechseln die allmählich ansteigende Kompression und allmählich abfallende Expansion tritt.

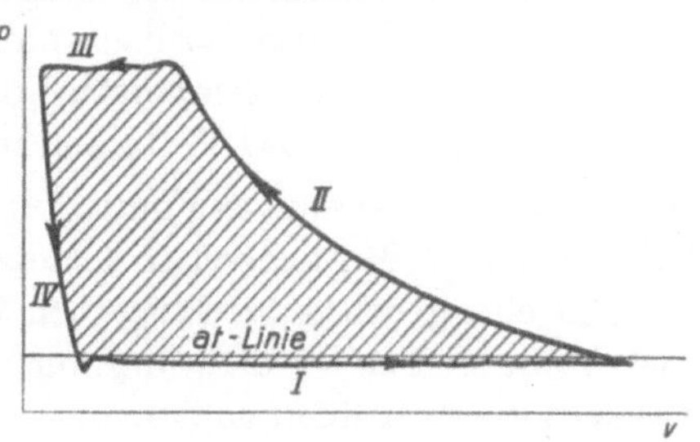

Abb. 384. Kompressordiagramm.

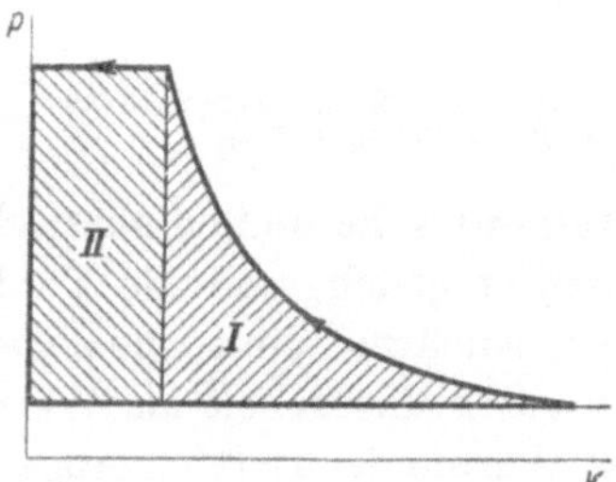

Abb. 385. Verdichtungsarbeit (*I*) und Ausschubarbeit (*II*) im Kompressordiagramm.

Der Unterschied gegenüber dem Dampfmaschinendiagramm zeigt sich rein äußerlich darin, daß Linie *I* etwas unterhalb der at-Linie verläuft und mit Linie *II* eine Spitze bildet, die das Dampfdiagramm infolge der Vorausströmung nicht aufweist.

Die Diagrammfläche stellt die Arbeit am Kolben dar; sie läßt sich nach Abb. 385 in die unter der Verdichtungslinie liegende Verdichtungsarbeit (Fläche *I*) und in die unter der Ausschublinie liegende Ausschubarbeit (Fläche *II*) unterteilen. Die Summe beider Teilarbeiten ist die Kompressorarbeit (Fläche $I + II$)*.

* Vgl. Ziffer 10 und 201.

200. Volumetrischer Wirkungsgrad und Liefergrad der Kolbenkompressoren. Unter *volumetrischem* Wirkungsgrad η_v versteht man das Verhältnis der *angesaugten*, auf Druck und Temperatur der Außenluft bezogenen Luftmenge zu der dem Hubraume entsprechenden Luftmenge. Der *Liefergrad* λ ist das Verhältnis der *fortgedrückten*, auf Druck- und Temperatur der Außenluft bezogenen Luftmenge zur angesaugten Luftmenge.

Der volumetrische Wirkungsgrad η_v ist in der Regel kleiner als 1. Je größer das Drucksteigerungsverhältnis und je größer der schädliche Raum, um so kleiner wird η_v. Abb. 386 zeigt, wie man η_v dem Diagramme entnehmen kann. Bei langen Saugleitungen kann η_v auch größer als 1 werden, wenn sich nämlich die Saugsäule im zweiten Teile des Hubes staut und mit Überdruck in den Zylinder tritt; das untere Diagramm in Abb. 386 veranschaulicht das. Der aus dem Diagramm ermittelte volumetrische Wirkungsgrad ist nur richtig, wenn der Kompressor dicht ist und die angesaugte Luftmenge sich im Kompressor noch nicht erwärmt hat. Bei großen Kompressoren kann man $\eta_v = 0{,}92$ bis 0,94 rechnen, während η_v bei kleinen Kompressoren auf 0,85 abnimmt. Ist der volumetrische Wirkungsgrad bekannt, so kann das in einer bestimmten Zeit angesaugte Luftvolumen aus den Abmessungen des Kompressors (Hubvolumen $V_H = Fs$ in m³) und der vom Umdrehungszähler ermittelten Zahl der Umdrehungen Z errechnet werden. Für einen doppeltwirkenden Kompressor wird

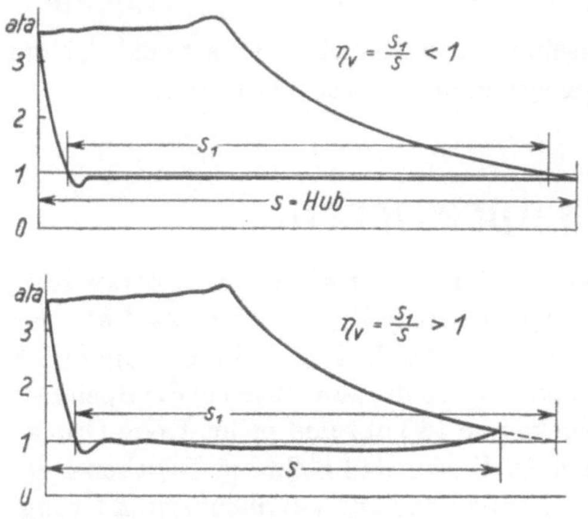

Abb. 386. Bestimmung des volumetrischen Wirkungsgrades.

$$V = 2\, V_H\, Z\, \eta_v \text{ m}^3 \text{ Luft vom Ansaugezustand;}$$

oder Ansaugmenge $\quad Q = 2 \cdot 60 \cdot V_H\, n\, \eta_v \text{ m}^3/\text{h}.$

Für die Güte des Kompressors ist der volumetrische Wirkungsgrad ziemlich bedeutungslos. Zwar sinkt bei kleinem η_v das Ansaugvolumen, aber im gleichen Maße geht die Kompressorarbeit zurück. In Abb. 387 ist bei $\eta_v = 86\%$ die Kompressorarbeit um die schraffierten Flächen kleiner als bei $\eta_v = 100\%$.

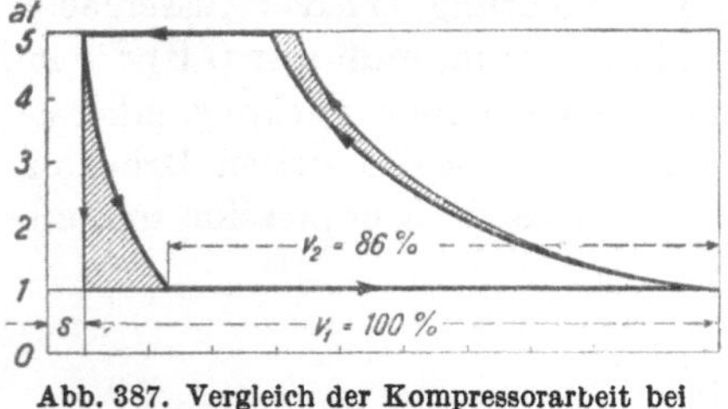

Abb. 387. Vergleich der Kompressorarbeit bei $\eta_v = 100\%$ und $\eta_v = 86\%$.

Um den *Liefergrad* λ zu bestimmen, mißt man, wieviel Luft fortgedrückt ist, bezogen auf Druck und Temperatur der Außenluft. Man kann die fortgedrückte Luftmenge auch aus dem Kompressordiagramm ermitteln, wenn man außerdem die Temperatur der fortgedrückten Luft mißt; doch ist das Verfahren ungenau.

201. Isothermische und adiabatische Verdichtung[1]**.** Bei der *isothermischen* Verdichtung bleibt die Temperatur gleich, und die Verdichtung verläuft nach dem Mariotteschen Gesetz: $pv =$ konst; die Verdichtungslinie, die sogenannte *Isotherme*, ist eine gleichseitige Hyperbel. Weil die Luft die Verdichtungsarbeit als Wärme empfängt, ist isothermische Verdichtung nur möglich, wenn diese Wärme der Luft im Augenblick des Entstehens durch Kühlen vollkommen entzogen wird, was praktisch jedoch nicht erreichbar ist. Die isothermische Verdichtung ist also ein praktisch nicht durchführbarer Idealprozeß, der aber für Vergleiche große Bedeutung hat.

Bei der *adiabatischen* Verdichtung wird die Luft von außen weder gewärmt noch gekühlt. Die Verdichtungswärme bleibt in der Luft, und die Lufttemperatur wächst schnell zunehmend, je höher die Verdichtung getrieben wird. Die Luft dehnt sich infolge der Temperaturerhöhung aus, so daß das Volumen größer wird als bei isothermischer Verdichtung auf den gleichen Druck. Die adiabatische Verdichtungslinie, die sogenannte *Adiabate*, steigt deshalb steiler an als die Isotherme. Die Adiabate befolgt das Poissonsche Gesetz: $pv^{1,4} =$ konst ($k = 1{,}4$ ist der Adiabatenexponent für Luft und zweiatomige Gase).

[1] Vgl. die Ziffern 9 und 10.

Die adiabatische Verdichtungsarbeit ist größer als die isothermische. Weil bei adiabatischer Verdichtung das Endvolumen größer ist, wird auch die Ausschubarbeit größer als bei isothermischer Verdichtung. Insgesamt wird also die adiabatische Kompressorarbeit größer als die isothermische Kompressorarbeit. Abb. 388 veranschaulicht, wie sich isothermische und adiabatische Kompressorarbeit bei verschiedenen Enddrücken zueinander verhalten. Für die Drucksteigerung von 1 ata auf 10 ata stellt Fläche *I* die isothermische, Fläche *I* + *II* die adiabatische Kompressorarbeit dar. Fläche *II* bedeutet die bei adiabatischer Verdichtung erforderliche Mehrarbeit.

Die gestrichelte Ausschublinie begrenzt die Flächen entsprechend für eine Verdichtung von 1 ata auf 2 ata. Man erkennt, daß die Mehrarbeit der adiabatischen Verdichtung bei geringem Enddruck verhältnismäßig bedeutend kleiner als bei hohem Enddruck wird (bei 10 ata Enddruck beträgt die Mehrarbeit 41,5%, bei 2 ata Enddruck nur 10,6% der isothermischen Kompressorarbeit). Um bei der praktisch annähernd adiabatisch verlaufenden Verdichtung mit möglichst geringem Aufwand auszukommen, beschränkt man sich deshalb auf kleine Verdichtungsverhältnisse (nicht über 1 : 3) und erreicht die erforderlichen höheren Betriebsdrücke in zwei oder mehr Verdichtungsstufen (vgl. Ziffer 203 und 204).

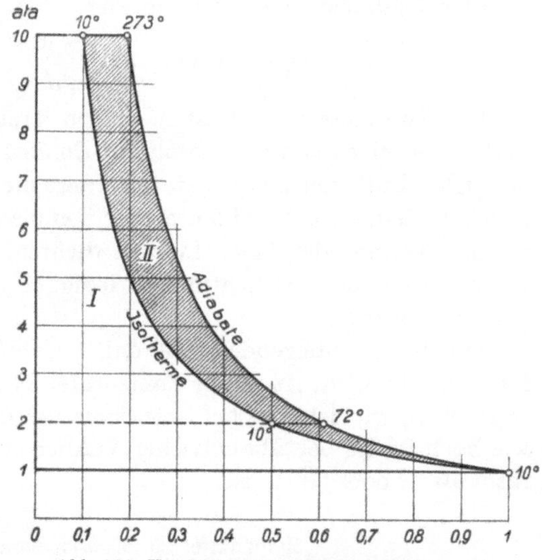

Abb. 388. Vergleich zwischen isothermischer und adiabatischer Kompressorarbeit.

Um 1 m³ Luft vom Druck p_1 auf den Druck p_2 ata zu verdichten und fortzudrücken, sind gemäß den in Ziffer 10 für die Kompressorarbeit angegebenen Formeln erforderlich:

a) bei isothermischer Verdichtung:

$$A_{is} = 10000\, p_1 \ln \frac{p_2}{p_1}$$
$$= 2{,}303 \cdot 10000 \cdot p_1 \lg \frac{p_2}{p_1} \text{ mkg/m}^3,$$

b) bei adiabatischer Verdichtung:

$$A_{ad} = 10000 \cdot 3{,}5 \cdot p_1 \left[\left(\frac{p_2}{p_1}\right)^{0{,}286} - 1\right] \text{ mkg/m}^3.$$

Diese aus dem Druckverhältnis abgeleiteten Formeln beziehen sich auf das *Volumen* der Luft beim *Anfangsdruck* p_1 und sind von der *Temperatur* der Luft völlig *unabhängig*. Es ist gleichgültig, ob z. B. 1 m³ Luft von 0° C oder 100° C von $p_1 = 2$ ata auf $p_2 = 6$ ata verdichtet wird, die Kompressorarbeit ist in beiden Fällen gleich (bei isothermischer Verdichtung 21972 mkg, bei adiabatischer Verdichtung 25812 mkg). Hierauf ist besonders zu achten, wenn das zu verdichtende Volumen mit einem andern Zustand als dem Ansaugezustand gegeben ist, wie das bei brennbaren Gasen der Fall ist, deren Menge in Nm³, also mit dem Druck 760 mm QS bzw. 1,033 kg/cm² und der Temperatur 0° C (273° K) angegeben wird. Sind V_N Nm³ Gas zu verdichten, und ist der Ansaugezustand p_1, T_1, so ist nach den Gasgesetzen mit einem Ansaugevolumen

$$V_1 = V_N \cdot \frac{1{,}033}{273} \cdot \frac{T_1}{p_1} \text{ m}^3$$

zu rechnen.

Die Zustandsänderung bei *isothermischer* Verdichtung folgt dem Gesetz von Mariotte (Ziffer 3), weil die Temperatur unverändert bleibt. Bei *adiabatischer* Verdichtung von Luft und zweiatomigen Gasen gelten die in Ziffer 9 mitgeteilten Beziehungen für den Zusammenhang zwischen absoluter Temperatur und Volumen sowie zwischen absoluter Temperatur und Druck:

$$\frac{T_1}{T_2} = \left(\frac{v_2}{v_1}\right)^{0{,}4} \quad \text{und} \quad \frac{T_1}{T_2} = \left(\frac{p_1}{p_2}\right)^{0{,}286},$$

woraus die Endtemperatur folgt

$$T_2 = T_1 \left(\frac{v_1}{v_2}\right)^{0{,}4} \quad \text{und} \quad T_2 = T_1 \left(\frac{p_2}{p_1}\right)^{0{,}286}.$$

Rechnungen werden durch die Zahlentafel 5 (S. 12) erleichtert. Die Temperatursteigerung hängt wie die Kompressorarbeit gleichfalls nur vom Drucksteigerungsverhältnis, nicht von der Höhe der Drücke ab. Wie bei adiabatischer Verdichtung die Temperatur mit dem Drucke steigt, ist auch bequem der Luftentropietafel, Abb. 21, zu entnehmen. Die aus der Entropietafel entnommenen Temperaturen sind ein wenig kleiner als die nach obiger Formel gerechneten, weil die spezifische Wärme bei den höheren Temperaturen zunimmt, was in der Formel nicht berücksichtigt ist.

Für die nachfolgenden theoretischen Betrachtungen, Diagramme und Zahlentafeln muß ein einheitlicher Ansaugedruck zugrunde gelegt werden. Gewählt wird hierfür der Druck 1 ata, der gegenüber dem Druck 760 mm QS den Vorzug der einfacheren Umrechnung hat.

Ist die Luftmenge auf den Ansaugezustand 1 ata bezogen, so braucht man:

a) bei isothermischer Verdichtung:

$$A_{is} = 10000 \ln \frac{p_2}{p_1} = 2{,}303 \cdot 10000 \lg \frac{p_2}{p_1} \text{ mkg/m}^3 \text{ von 1 ata};$$

b) bei adiabatischer Verdichtung:

$$A_{ad} = 10000 \cdot 3{,}5 \left[\left(\frac{p_2}{p_1} \right)^{0{,}286} - 1 \right] \text{ mkg/m}^3 \text{ von 1 ata.}$$

Die Kompressorarbeit ist nach den letzten Formeln also lediglich vom Drucksteigerungsverhältnis, nicht von den absoluten Enddrücken abhängig, d. h. die Verdichtung von 1 m³ angesaugter Luft von 1 auf 3 ata erfordert die gleiche Kompressorarbeit wie die Verdichtung der gleichen Menge von 3 auf 9 ata oder von 9 auf 27 ata. Auch hier ist es gleichgültig, ob der Kompressor warme oder kalte Luft verdichtet; die Kompressorarbeit ändert sich dadurch nicht. Bei adiabatischer Verdichtung ist lediglich die Endtemperatur von der Höhe der Anfangstemperatur abhängig.

Für den grundlegenden Fall, daß 1 *Kubikmeter* Luft von 1 ata Anfangsdruck verdichtet und fortgedrückt wird, ist in der Zahlentafel 23 für Drucksteigerungen von 1 ata auf 1,5 bis 10 ata angegeben, wieviel mkg bei isothermischer und bei adiabatischer Verdichtung erforderlich sind, wie hoch ferner bei adiabatischer Verdichtung die Temperatur steigt, wenn die Anfangstemperatur 10° C oder 20° C ist.

Zahlentafel 23. *Kompressorarbeit und Verdichtungsendtemperatur.*

Verdichtung von 1 ata auf .	1,5	2	3	4	5	6	7	8	9	10	ata
Isotherm. Kompressorarbeit .	4055	6932	10986	13863	16094	17918	19459	20794	21972	23026	mkg/m³
Adiabat. Kompressorarbeit .	4299	7665	12906	17030	20433	23398	26027	28401	30571	32575	mkg/m³
Adiabat. Endtemperatur bei 10° C Anfangstemperatur .	45	72	114	148	175	199	220	240	257	273	°C
Adiabat. Endtemperatur bei 20° C Anfangstemperatur .	56	84	128	162	191	216	238	258	276	293	°C

In Zahlentafel 24 sind die entsprechenden Werte für Expansion, d. h. für die Ausnutzung der Druckluft im Motor zum Vergleich gegenübergestellt, worüber in Ziffer 230 Näheres ausgeführt ist.

Soll die Zahlentafel 23 für *Druckluft* vom Druck p_1 verwendet werden, so sind für gleiche Druckverhältnisse $p_1 : p_2$ die Tafelwerte mit p_1 zu multiplizieren. Um 1 m³ Druckluft von 3 ata auf 9 ata adiabatisch zu verdichten, werden also gebraucht $3 \cdot 12906 = 38718$ mkg.

Die mit den Zahlentafeln 23 und 24 übereinstimmende Abb. 389 gibt ein noch anschaulicheres Bild als die Tafeln. Auch diesem Diagramm ist zu entnehmen, wieviel mkg theoretisch bei isothermischer oder adiabatischer Verdichtung erforderlich sind, um 1 m³ Luft (oder zweiatomige Gase) von 1 ata auf höheren Druck (bis zu 10 ata) zu verdichten und fortzudrücken, bzw. welche Motorarbeiten je m³ Luft von 1 ata theoretisch bei 1 ata Gegendruck gewonnen werden können. Ferner sind in Abb. 389 die sich bei 20° C Anfangstemperatur ergebenden Endtemperaturen für adiabatische Verdichtung und Entspannung wiedergegeben.

Zahlentafel 24. *Motorarbeit und Entspannungsendtemperatur.*

Entspannung auf 1 ata von	1,5	2	3	4	5	6	7	8	9	10	ata
Isotherm. Motorarbeit . . .	4055	6932	10986	13863	16094	17918	19459	20794	21972	23026	mkg/m³ von 1 ata
Adiabat. Motorarbeit	3829	6288	9429	11447	12902	14023	14927	15679	16318	16872	mkg/m³ von 1 ata
Adiabat. Endtemperatur bei 20° C Anfangstemperatur .	−12	−33	−59	−76	−88	−97	−105	−111	−117	−122	° C
Entspannung auf 1,033 ata von	1,5	2	3	4	5	6	7	8	9	10	ata
Isotherm. Motorarbeit . . .	3730	6607	10661	13538	15770	17593	19135	20470	21648	22701	mkg/m³ von 1 ata
Adiabat. Motorarbeit	3537	6027	9190	11226	12695	13827	14740	15497	16143	16744	mkg/m³ von 1 ata
Adiabat. Endtemperatur bei 20° C Anfangstemperatur .	−9,5	−30,5	−57	−74	−86,5	−96	−104	−110	−116	−121	° C

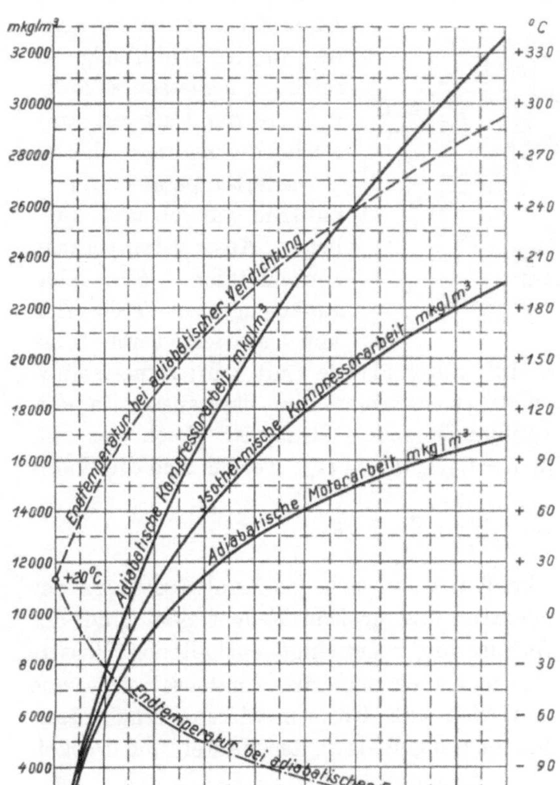

Abb. 389. Kompressorarbeit, Motorarbeit und Endtemperatur in Abhängigkeit vom Druck.

Im allgemeinen liegen die Verdichtungsverhältnisse etwa bei 1 : 2,5 bis 1 : 3 (vgl. Ziffer 203). Für genauere Ablesungen ist deshalb das in anderem Maßstab dargestellte Diagramm in Abb. 390 besser geeignet, welches gegenüber den

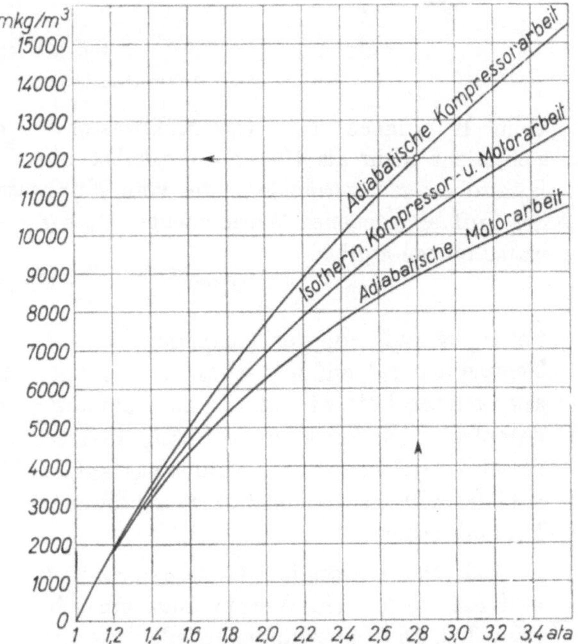

Abb. 390. Kompressor- und Motorarbeiten bei kleinen Drücken.

Zahlentafeln den Vorteil bietet, daß auch Zwischenwerte der Drücke mit genügender Genauigkeit abgelesen werden können. Auch dieses Diagramm gilt für 1 m³ Luft von 1 ata mit 1 ata Anfangsdruck bei der Kompression und 1 ata Gegendruck bei der Expansion. Das eingezeichnete Beispiel zeigt, daß für adiabatische Verdichtung von 1 auf 2,8 ata eine Kompressorarbeit von 12000 mkg für 1 m³ Luft von 1 ata benötigt wird.

Alle Formeln, Zahlentafeln und Diagramme gelten nicht nur für Luft, sondern für alle 2atomigen Gase (Adiabatenexponent $k = 1{,}4$, vgl. Zahlentafel 2).

202. Zweck und Art der Kühlung von Kompressoren. Um Arbeit zu sparen, ist isothermische Verdichtung anzustreben, d. h. man muß die Luft im Kompressor kühlen. Dazu zwingt auch die bergpolizeiliche Vorschrift, nach der die Temperatur der verdichteten Luft 40° unter dem Flammpunkt des für die Kompressorschmierung verwendeten Mineralöles liegen soll. Durch diese und die weitere Vorschrift, daß das Kompressorschmieröl einen Flammpunkt von mindestens 200° C haben soll, will man verhüten, daß sich, indem das Schmieröl im Zylinder zersetzt wird und Rückstände ablagert, explosible oder giftige Gemische bilden. Die Lufttemperaturen sind stündlich zu kontrollieren (BPV).

Bis zu einem Verdichtungsverhältnis von 1 ata auf 4 ata genügen bei kleinen Kompressoren Mantel- und Deckelkühlung des Zylinders. Für höhere Drücke und große Kompressoren genügt diese Kühlung nicht, weil die Kühlflächen zu klein und die Wandstärken zu groß sind; außerdem kommt nur ein Bruchteil der Luft mit den Kühlflächen in Berührung, so daß in der kurzen Zeit eines Kolbenhubes nicht genug Wärme abgeführt werden kann. Von 5 ata Enddruck an baut man deshalb die Kolbenkompressoren meist *zweistufig* und ordnet zwecks ausgiebiger Kühlung der Luft zwischen Niederdruck- und Hochdruckzylinder einen *Zwischenkühler* an, in dem die Luft um ein vom Kühlwasser durchflossenes Röhrenbündel herumgeführt wird, wie es Abb. 391 zeigt.

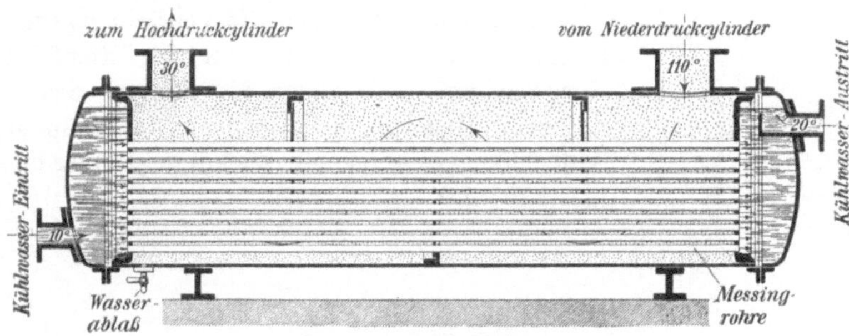

Abb. 391. Zwischenkühler.

Diese Zwischenkühler können in der Kühlfläche so reichlich bemessen werden, daß sie die Luft bei ausreichend niedriger Kühlwassertemperatur annähernd auf die ursprüngliche Ansaugetemperatur zurückkühlen. Für eine Luftmenge von 1000 m³/h von 1 ata sind etwa 12 bis 15 m² Kühlfläche nötig. Das Kühlwasser soll etwa 10° kälter als die Luft sein; ferner soll es sich nicht mehr als 10° und möglichst nicht über 40° C erwärmen, um Steinansatz in den Kühlrohren zu vermeiden. Die vom Kühlwasser aufzunehmende Wärme ist gleich der von der Luft abgegebenen Wärmemenge: $G_W\, c\,(t_{W_2} - t_{W_1}) = G_L\, c_p\,(t_{L_1} - t_{L_2})$, woraus sich die Kühlwassermenge ergibt:

$$G_W = \frac{c_p}{c}\,\frac{t_{L_1} - t_{L_2}}{t_{W_2} - t_{W_1}}\,G_L = 0{,}24 \cdot \frac{t_{L_1} - t_{L_2}}{t_{W_2} - t_{W_1}}\,G_L \text{ kg},$$

um G_L kg Luft von der Temperatur t_{L_1} auf t_{L_2} zu kühlen, wenn sich das Kühlwasser von der Temperatur t_{W_1} auf t_{W_2} erwärmt. Bei hoher Temperatur und großem Feuchtigkeitsgrad der angesaugten Luft wird durch die Abkühlung ein Teil des in der Druckluft enthaltenen Wasserdampfes im Zwischenkühler flüssig ausgeschieden, so daß auch noch die Kondensationswärme dieser Wassermenge vom Kühlwasser aufgenommen werden muß. Unter mittleren Verhältnissen sind für 1000 m³ Luft etwa 3 m³ Kühlwasser einschließlich des Bedarfs der Mantel- und Deckelkühlung nötig.

203. Der zweistufige Kompressor mit Zwischenkühlung. Die übliche Anordnung eines zweistufigen, durch eine Verbunddampfmaschine angetriebenen Kompressors zeigt schematisch Abb. 392. Die Luftzylinder (Niederdruckzylinder *LND*, Hochdruckzylinder *LHD*) sitzen vorn, die sich stärker dehnenden Dampfzylinder (Hochdruckzylinder *DHD*, Niederdruckzylinder *DND*) hinten. Diese Anordnung ist besonders günstig, weil die Kolbenkräfte der Dampfzylinder unmittelbar von den Kolbenstangen auf die Luftzylinder übertragen werden und das Kurbeltriebwerk nur wenig belastet wird. *a* ist das Luftfilter, welches den Staub aus der Ansaugeluft abzuscheiden hat, *b* ist der Zwischenkühler zwischen den Luftzylindern, *c* die Druckleitung. Der Dampf strömt in entgegengesetzter Richtung von der Frischdampfleitung *d* zum Hochdruckzylinder, über den Dampfaufnehmer *e* zum Niederdruckzylinder und zur Auspuffleitung *f*

Die Druck- und Temperaturverhältnisse sind in der Abbildung angedeutet; ferner sind die Indikatordiagramme aller Zylinder dargestellt.

Das theoretische Diagramm eines zweistufigen Kolbenkompressors veranschaulicht Abb. 393. Der schädliche Raum ist = Null gesetzt, was gemäß Ziffer 200 die Verteilung der Arbeit nicht ändert. Ferner ist angenommen, daß die Luft im Niederdruckzylinder adiabatisch auf den Zwischendruck verdichtet, im Zwischenkühler auf die ursprüngliche Temperatur zurückgekühlt und im Hochdruckzylinder adiabatisch auf den Enddruck verdichtet wird. Das entspricht nicht der Wirklichkeit; denn die tatsächliche Verdichtungslinie steigt weniger steil an als die Adiabate, weil die Mantel- und Deckelkühlung etwas wirkt, und der Zwischenkühler ist nicht imstande, die Luft auf ihre ursprüngliche Temperatur zurückzukühlen. Es ist aber üblich und stimmt mit der Wirklichkeit im Endergebnis überein, diese vereinfachenden Annahmen zu machen; im besonderen Falle kann man die Temperatur- und Arbeitsverhältnisse genauer mit Hilfe der Luftentropietafel Abb. 21 verfolgen.

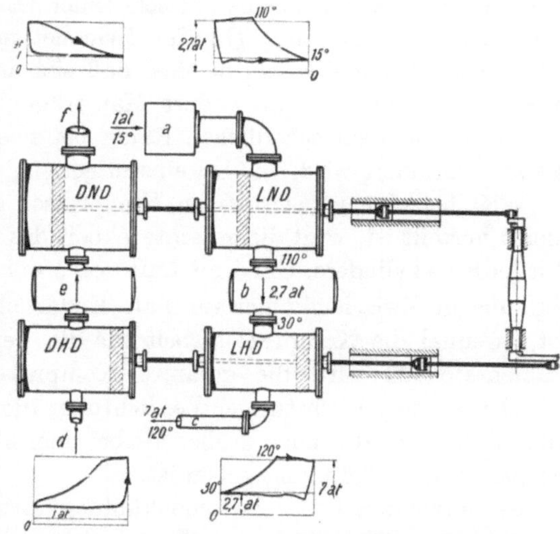

Abb. 392. Gesamtanordnung eines zweistufigen Luftkompressors mit Dampfantrieb.

Wird Luft vom Anfangsdrucke p_1 auf den absoluten Enddruck p_2 verdichtet, und wählt man den Zwischendruck $p_z = \sqrt{p_1 p_2}$, indem man das Volumenverhältnis des Niederdruckzylinders zum Hochdruckzylinder $= \sqrt{p_1 p_2} : p_1$ macht, dann hat man — wenn die Luft ohne Druckverlust bewegt und im Zwischenkühler auf die Anfangstemperatur rückgekühlt wird — im Niederdruck- und im Hochdruckzylinder dasselbe Verdichtungsverhältnis, denselben Temperaturanstieg und denselben Arbeitsaufwand. Hat man, wie in Abb. 393, $p_1 = 1$ ata Anfangsdruck und $p_2 = 7$ ata Enddruck und wählt man das Zylinderverhältnis $= \sqrt{1 \cdot 7} : 1 = 2{,}65 : 1$, so wird der Zwischendruck $p_z = 2{,}65$ ata, wobei das Manometer am Zwischenkühler 1,65 atü anzeigt. Das Drucksteigerungsverhältnis im Niederdruckzylinder 2,65 : 1 ist dasselbe wie 7 : 2,65 im Hochdruckzylinder.

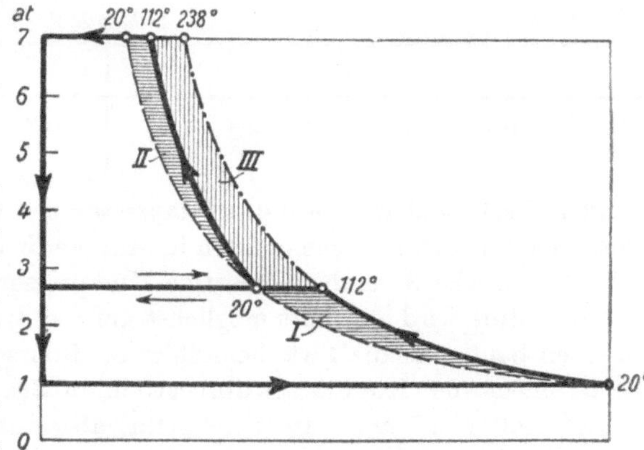

Abb. 393. Diagramm des zweistufigen Kompressors.

Betreibt man den gleichen Kompressor statt mit 7 nur mit 5 ata Enddruck, so wird trotzdem der Zwischendruck, der hauptsächlich durch die Zylinderverhältnisse gegeben ist, ungefähr 2,65 ata bleiben, und der Hochdruckzylinder wird weniger leisten und weniger heiß werden als der Niederdruckzylinder. Aus dem Luftentropiediagramm, Abb. 21, ergibt sich für diesen Fall: Wird Luft von 1 ata und 20° C adiabatisch auf 2,65 ata verdichtet, so steigt die Temperatur auf 112° C und der Arbeitsaufwand beträgt 22,2 kcal/kg*. Im Zwischenkühler werde die Luft auf 20° C rückgekühlt und dann im Hochdruckzylinder auf 5 ata verdichtet. Die Endtemperatur beträgt nur 79° C und der Arbeitsaufwand ist auf 14,2 kcal/kg zurückgegangen.

Bei dem in Abb. 393 für den schädlichen Raum Null gezeichneten zweistufigen Kompressordiagramm ist der Enddruck 7 ata, wie er bei Bergwerkskompressoren üblich ist; der Zwischendruck ist $\sqrt{1 \cdot 7} = 2{,}65$ ata, so daß bei dem gleichen Drucksteigerungsverhältnis in beiden

* Formeln für die Berechnung auf S. 15.

Stufen die stark umrahmten Arbeitsflächen für Nieder- und Hochdruckzylinder gleich groß sind. Die gestrichelte Linie gilt für isothermische, die strichpunktierte Linie für adiabatische einstufige Verdichtung. Die Flächen $I + II + III$ zusammen bedeuten die Mehrarbeit, die bei einstufiger adiabatischer gegenüber isothermischer Verdichtung zu verrichten ist (33,8%). Die Flächen $I + II$ bedeuten die Mehrarbeit bei zweistufiger adiabatischer, gegenüber isothermischer Verdichtung (15,3%). Fläche III schließlich ist die Ersparnis durch zweistufige gegen einstufige adiabatische Verdichtung (13,8%). Zeichnet man das Diagramm unter Berücksichtigung der schädlichen Räume, so ergibt sich, daß sich in den Druck-, Temperatur- und Arbeitsverhältnissen grundsätzlich nichts ändert. Man erkennt ferner, daß die Ansaugleistung durch die Rückexpansion aus dem schädlichen Raum bei zweistufiger Verdichtung bei weitem nicht in dem Maße vermindert wird, wie bei einstufiger.

Weil bei einem zweistufigen Kompressor gemäß Abb. 393 die Arbeit auf beide Zylinder gleich verteilt ist, wird die gesamte Arbeit des Kompressors doppelt so groß wie die Arbeit des Niederdruckzylinders. Um 1 m³ Luft von 1 ata zweistufig adiabatisch mit vollkommener Rückkühlung im Zwischenkühler auf 9 ata Enddruck zu verdichten, ist also, da $p_z = \sqrt{1 \cdot 9} = 3$ ata ist, zweimal die Kompressorarbeit für die Verdichtung von 1 auf 3 ata aufzuwenden. Nach Zahlentafel 23 wird die gesamte Kompressorarbeit $2 \cdot 12906 = 25812$ mkg/m³ gegenüber 30571 mkg/m³ bei einstufiger Verdichtung; die Ersparnis beträgt in diesem Falle 4759 mkg/m³ oder 15,6%, ist also noch größer als bei dem kleineren Enddruck von 7 ata, für den oben eine Ersparnis von 13,8% angegeben ist.

Bei unvollkommener Zwischenkühlung wird die Kompressorarbeit im Verhältnis der Volumenzunahme infolge höherer Temperatur größer. Die Zwischenkühltemperaturen liegen um rd. 300° K, so daß 3° Temperaturerhöhung ein rd. 1% größeres Volumen und damit 1% größere Kompressorarbeit im Hochdruckzylinder ergeben; je 3° Übertemperatur im Zwischenkühler erfordern also rd. 0,5% Mehraufwand der Gesamtkompressorarbeit.

In der Zahlentafel 25 ist angegeben, wieviel mkg theoretisch erforderlich sind, um 1 m³ Luft von 1 ata zweistufig auf 5, 6, 7, 8 und 9 ata zu verdichten und fortzudrücken. Für andere Drücke und andere Verhältnisse kann man die Größe der Verdichtungsarbeit der Luftentropietafel entnehmen, allerdings nicht für 1 m³, sondern für 1 kg Luft.

Zahlentafel 25.

Enddruck	5	6	7	8	9 ata
Arbeit des zweistufigen Kompressors	18096	20420	22435	24230	25812 mkg/m³ von 1 ata

204. Drei- und mehrstufige Kompressoren[1]. Bei Kompressoren für ununterbrochenen Betrieb bleibt man im allgemeinen mit dem Verdichtungsverhältnis unter 1 : 3, so daß man für hohe Enddrücke 3- und mehrstufige Kompressoren braucht. Beim Übergange von einer zur anderen Stufe wird die Luft möglichst auf die Anfangstemperatur zurückgekühlt. Bei höheren Drücken baut man die Zwischenkühler als Rohrschlangen, durch welche die Luft strömt, und die in einem vom Kühlwasser durchströmten Behälter liegen.

Soll Luft von 1 auf p ata gleichmäßig abgestuft verdichtet werden, so ist in jedem Zylinder das Verhältnis zwischen Enddruck und Anfangsdruck bei dreistufiger Verdichtung $= \sqrt[3]{p}$, bei vierstufiger Verdichtung $= \sqrt[4]{p}$, bei fünfstufiger Verdichtung $= \sqrt[5]{p}$. Die gesamte Kompressorarbeit ist 3-, 4- oder 5mal so groß wie die adiabatische Kompressorarbeit der ersten Stufe. Soll Luft z. B. 5stufig von 1 ata auf 180 ata verdichtet werden, muß in jedem Zylinder der Druck im Verhältnis $\sqrt[5]{180} : 1 = 2{,}83 : 1$ gesteigert werden. Die Verdichtung von 1 m³ Luft von 1 ata auf 2,83 ata erfordert 12106 mkg, so daß für die 5stufige Verdichtung von 1 ata auf 180 ata Enddruck $5 \cdot 12106 = 60530$ mkg/m³ Luft von 1 ata benötigt werden.

Wird die auf hohen Druck zu verdichtende Luft schon einem Niederdrucknetz mit einem Anfangsdruck p_a entnommen, so wird zur Steigerung bis auf den Enddruck p_e in n Verdichtungs-

[1] Über Hochdruckkompressoren vgl. ferner Ziffer 213.

stufen ein Druckverhältnis $\sqrt[n]{\frac{p_e}{p_a}} : 1$ in den einzelnen Stufen erforderlich. Auch hier ist die gesamte Kompressorarbeit n mal so groß wie die Arbeit der ersten Stufe, wobei jedoch zu beachten ist, daß diese Arbeit für 1 m³ Luft vom Druck p_a ata zu rechnen ist und deshalb p_a mal so groß wie bei 1 ata Anfangsdruck ist. Ist z. B. der Druck im Niederdrucknetz $p_a = 7$ ata, und soll der Enddruck $p_e = 180$ ata in $n = 3$ Stufen erreicht werden, so wird das Druckverhältnis $\sqrt[3]{\frac{180}{7}} : 1 = 2{,}95 : 1$. Die Enddrücke der drei Stufen werden $2{,}95 \cdot 7 = 20{,}7$ ata, $2{,}95 \cdot 20{,}7 = 61$ ata und $2{,}95 \cdot 61 = 180$ ata. Die Verdichtung von 1 m³ Luft von 7 ata auf 20,7 ata erfordert 88725 mkg. Die Gesamtarbeit der drei Stufen wird demnach $3 \cdot 88725 = 266175$ mkg/m³ Luft von 7 ata oder $266175 : 7 = 38025$ mkg/m³ Luft von 1 ata*.

205. Zwischenkompressoren. In der Druckluftenergieübertragung werden Zwischenkompressoren zwischen Grundkompressor und Verbraucher eingeschaltet, um *Druckluft* noch weiter zu verdichten, wenn der Druck für einzelne Verbraucher höher als der sonst übliche Netzdruck sein muß, oder sie werden benutzt, um den durch Leitungswiderstand zu stark abgefallenen Druck wieder auf den normalen Betriebsdruck zu erhöhen. Ein Beispiel für den ersten Fall ist der Einsatz von Bohrhämmern mit 6 atü Betriebsdruck bei einem Niederdrucknetz von normal 4 atü. Der zweite Fall ist wegen seiner Unwirtschaftlichkeit für den Dauerbetrieb untragbar und sollte nur als vorübergehende Notlösung angesehen werden.

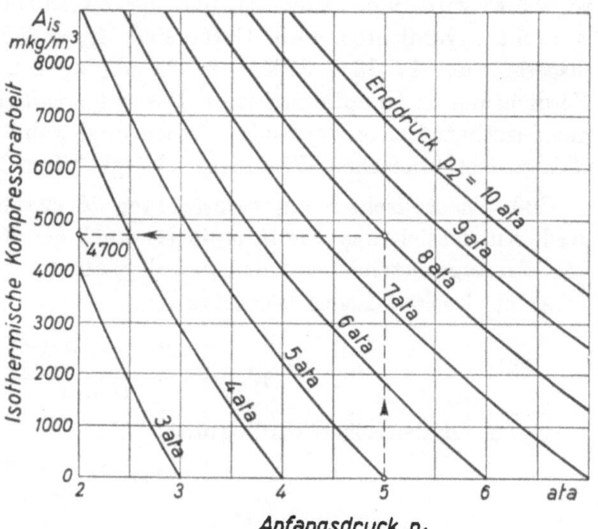

Abb. 394. Isothermische Kompressorarbeit des Zwischenkompressors, bezogen auf 1 m³ Luft von 1 ata.

Der Zwischenkompressor stellt in gewissem Sinne eine zusätzliche Verdichtungsstufe zum Grundkompressor dar, wobei das Netz die Rolle des Zwischenkühlers übernimmt. Während jedoch beim Grundkompressor mit gleichen Verdichtungsverhältnissen gleiche Stufenarbeiten angestrebt werden, kann bei dem örtlich getrennten, mit eigenem Antrieb versehenen Zwischenkompressor das Verdichtungsverhältnis völlig frei gewählt und den jeweiligen Betriebsbedingungen angepaßt werden.

Die Kompressorarbeit ist wieder nur durch das Druckverhältnis bedingt und von der Temperatur der zu verdichtenden Druckluft unabhängig. Es gelten die auf S. 305 genannten Formeln, wobei genau zu unterscheiden ist, ob man die Arbeit auf 1 m³ Druckluft vom Druck p_1 oder auf 1 m³ vom Druck $p = 1$ ata beziehen will. Die oft gebrauchte Bezeichnung *Ansaugmenge*, die sonst allgemein für den Zustand der äußeren, atmosphärischen Luft gilt, muß sich beim Zwischenkompressor sinngemäß auf den Druck im Niederdrucknetz beziehen, aus dem der Zwischenkompressor beim Saughub beliefert wird. Das Drucksteigerungsverhältnis ist beim Zwischenkompressor im allgemeinen kleiner als in der Niederdruckstufe eines gewöhnlichen Kompressors. Das Diagramm in Abb. 394 gibt die isothermischen Kompressorarbeiten $A_{is} = 23030 \cdot \lg \frac{p_2}{p_1}$ an, die notwendig sind, um die Luftmenge 1 m³ von 1 ata vom Anfangsdruck p_1 auf den Enddruck p_2 zu verdichten und fortzudrücken, z. B. werden für die Verdichtung von 5 ata auf 8 ata ($p_2/p_1 = 1{,}6$) als Kompressorarbeit gebraucht $A_{is} = 4700$ mkg/m³ von 1 ata. Für die Verdichtung von 1 ata auf 5 ata sind nach Zahlentafel 23 erforderlich 16094 mkg/m³, so daß zusammen $16094 + 4700 = 20794$ mkg/m³ von 1 ata gebraucht werden, d. h. ebensoviel wie bei unmittelbarer Verdichtung von 1 ata auf 8 ata (vgl. Zahlentafel 23).

* Berechnung der Kompressorarbeiten nach Ziffer 201.

Anders liegen die Verhältnisse, wenn der Zwischenverdichter die Aufgabe hat, einen zu großen Druckverlust in der Leitung wettzumachen. Zur Erläuterung möge das folgende Beispiel dienen. Ein Druckluftnetz soll am Ende einen Druck von 5 ata haben. Der Druckverlust betrage 2 at. Der Kompressor muß also $5 + 2 = 7$ ata erzeugen, wofür er nach Zahlentafel 23 bei isothermischer Verdichtung $A_{is} = 19459$ mkg/m³ von 1 ata braucht. Erzeugt der Hauptkompressor dagegen nur einen Druck von 6 ata mit $A_{is} = 17918$ mkg/m³ von 1 ata, so wird der Netzdruck bei Annahme eines *gleichen* Druckverlustes von 2 at nur $6 - 2 = 4$ ata, und der Zwischenkompressor muß von $p_1 = 4$ ata auf $p_2 = 5$ ata verdichten, um den geforderten Enddruck von 5 ata im Netz zu erreichen. Nach Abb. 394 wird die isothermische Kompressorarbeit des Zwischenkompressors $A_{is} = 2230$ mkg/m³ von 1 ata. Der Gesamtaufwand von Hauptkompressor und Zwischenkompressor zusammen beträgt $17918 + 2230 = 20148$ mkg/m³ von 1 ata und ist somit um rd. 3,5% größer als bei der unmittelbaren Verdichtung von 1 ata auf 7 ata im Hauptkompressor. In Wirklichkeit wird das Ergebnis noch ungünstiger, weil der Druckverlust im zweiten Fall infolge des kleineren mittleren Druckes in der Leitung nicht 2 at, sondern rd. 2,5 at wird (vgl. Ziffer 21), und der Zwischenkompressor von $p_1 = 6 - 2{,}5 = 3{,}5$ ata auf $p_2 = 5$ ata verdichten muß. Dafür sind $A_{is} = 3565$ mkg/m³ von 1 ata nötig (vgl. Abb. 394), insgesamt also $17918 + 3565 = 21483$ mkg/m³ von 1 ata, das sind 10,4% mehr als bei alleiniger Verdichtung im Hauptkompressor. Dieser *prozentuale* Mehrverbrauch gilt auch für die wirkliche, nicht isothermisch verlaufende Verdichtung, wenn Hauptkompressor und Zwischenkompressor *gleichen* isothermischen Wirkungsgrad (vgl. Ziffer 206) haben.

206. Theoretische Kompressorleistung. Mechanischer, isothermischer und Gesamtwirkungsgrad. Antriebsleistung und Energieverbrauch der Kolbenkompressoren. Um stündlich 1 m³ Luft vom Ansaugezustand 1 ata von p_1 auf p_2 ata zu verdichten, sind *theoretisch* erforderlich:

a) bei isothermischer Verdichtung:

$$N_{is} = \frac{2{,}303 \cdot 10000 \cdot \lg\frac{p_2}{p_1}}{270000} = \frac{A_{is}}{270000}\,\text{PS}\,*;$$

b) bei adiabatischer Verdichtung:

$$N_{ad} = \frac{10000 \cdot 3{,}5\left[\left(\frac{p_2}{p_1}\right)^{0{,}286} - 1\right]}{270000} = \frac{A_{ad}}{270000}\,\text{PS}\,*.$$

Vergleicht man die *indizierte* Kompressorleistung N_i mit der *effektiven Antriebsleistung* N_e, so ist $N_i : N_e$ der *mechanische* Wirkungsgrad η_m. Bei Kompressoren mit unmittelbarem Dampfantrieb ist η_m das Verhältnis der indizierten Kompressorleistung zur indizierten Dampfmaschinenleistung. Bei großen dampfangetriebenen Kompressoren ist η_m etwa 90%. Muß die ganze Energie durch das Triebwerk hindurch, wie es beim elektrischen Antrieb der Fall ist, ist η_m für den Kompressor allein etwa 92%, bei kleinen Leistungen weniger.

Ist N_{is} die theoretische isothermische Kompressorleistung und N die tatsächliche Antriebsleistung, so ist der *isothermische* Wirkungsgrad $\eta_{is} = N_{is} : N$. Bei Kompressoren mit unmittelbarem Dampfantrieb oder Gasmaschinenantrieb kann man den Kompressor nicht von seinem Antrieb trennen und gibt η_{is} für die ganze Maschine an. Bei Gasmaschinenantrieb ist η_{is} wegen des schlechteren mechanischen Wirkungsgrades der Gasmaschine niedriger als bei Dampfantrieb, mit dem sich isothermische Wirkungsgrade bis zu 72% erreichen lassen. Wird der Kompressor elektrisch angetrieben, so ist η_{is} sowohl für die ganze Anlage als auch für den Kompressor allein bestimmbar; ist $\eta_{is} = 65\%$ für die ganze Anlage, und hat der Elektromotor 93% Wirkungsgrad, so ist für den Kompressor allein $\eta_{is} = 0{,}65 : 0{,}93 = 0{,}7 = 70\%$. Der isothermische Wirkungsgrad ändert sich mit der Kompressorgröße. Abb. 395 zeigt Durchschnittswerte für den isothermischen Wirkungsgrad der Niederdruckkolbenkompressoren mit 6 bis 7 atü Enddruck in Abhängigkeit von der Liefermenge. Ein Kompressor für 12000 m³/h erreicht etwas über 70%, ein kleiner Kompressor mit 800 m³/h dagegen nur 59% isothermischen Wirkungsgrad. Bei *Zwischen-*

* Vgl. die Kompressorarbeitsformeln in Ziffer 201; die Werte für A_{is} bzw. A_{ad} sind den Zahlentafeln 23 und 25 sowie den Abb. 389 und 390 zu entnehmen.

kompressoren, die im allgemeinen kleine Liefermengen und kleine Drucksteigerungsverhältnisse haben, kann man etwa nur mit $\eta_{is} = 50\%$ rechnen.

Aus der isothermischen Kompressorleistung und dem isothermischen Wirkungsgrad errechnet sich die *Antriebsleistung* $N = N_{is} : \eta_{is}$.

Zur Vermeidung der umständlichen Leistungsberechnungen sind in Abb. 396 Leistungskurven in Abhängigkeit vom Enddruck wiedergegeben, denen zu entnehmen ist, wieviel PS erforderlich sind, um *stündlich* 1 m³ *angesaugte* Luft von 1 ata isothermisch, adiabatisch oder mit isothermischen Wirkungsgraden von $\eta_{is} = 70\%$ und 65% auf Enddrücke von 1 bis 10 ata zu verdichten. Die Kurve mit $\eta_{is} = 65\%$ ist auch zur Bestimmung der Antriebsleistung der in Abschnitt XXII behandelten Turbokompressoren verwendbar. Bei besten großen, zweistufigen Kolbenkompressoren braucht man rund 0,1 PS, um stündlich 1 m³ Luft

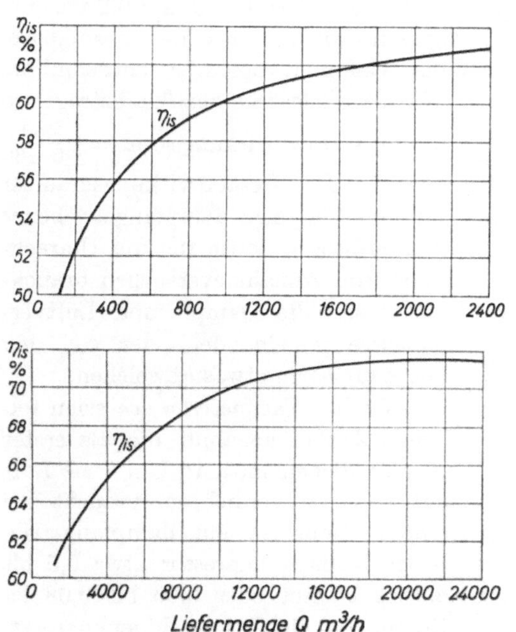

Abb. 395. Durchschnittswerte für den isothermischen Wirkungsgrad der Niederdruckkolbenkompressoren in Abhängigkeit von der Liefermenge.

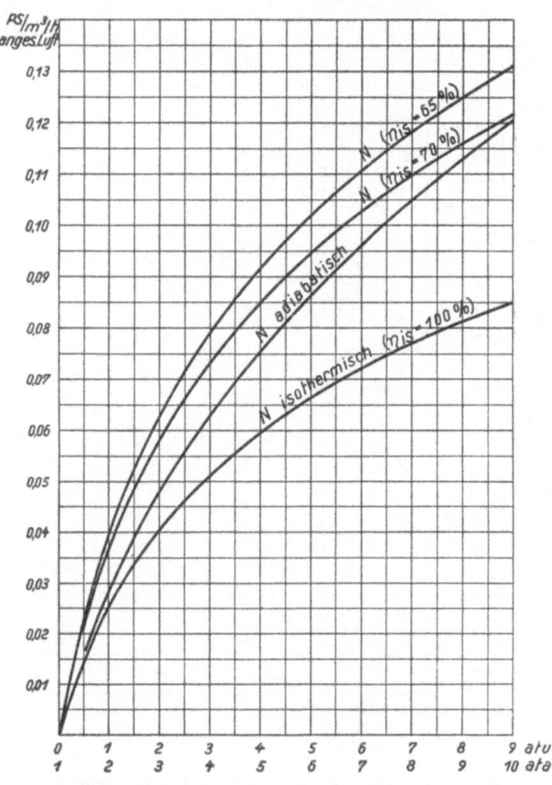

Abb. 396. Theoretische und wirkliche Kompressorantriebsleistungen.

von 1 ata auf den im Zechenbetriebe üblichen Druck von 6 atü oder 7 ata zu verdichten. Bei einem Kompressor mit unmittelbarem Dampfantrieb ist das die indizierte Leistung der Dampfmaschine, bei elektrischem Antriebe ist es die vom Motor abzugebende Leistung. Ein Dampfkompressor, der 20000 m³/h ansaugt, und auf 6 atü verdichtet und fortdrückt, erfordert also $N_i = 2000$ PS. Ein elektrisch angetriebener Kompressor, der 12000 m³/h ansaugt, braucht einen Elektromotor, der an der Welle 1200 PS leistet.

Welchen Einfluß eine Änderung des Kompressorenddruckes auf die Antriebsleistung hat, läßt sich sehr anschaulich aus Abbildung 397 erkennen. Das Diagramm gilt unter der Voraussetzung eines konstanten isothermischen Wirkungsgrades. Die Antriebsleistungen verhalten sich dann wie die isothermischen Kompressorarbeiten. War p_I der ursprüngliche Kompressorenddruck, und soll der neue Druck p_{II} sein, so wird die prozentuale Leistungsänderung

$$\Delta N\% = \Delta A_{is}\% = \frac{A_{is_{II}} - A_{is_I}}{A_{is_I}} \cdot 100\%.$$

Beispielsweise gehört zur Verdichtung von 1 ata auf $p_I = 7$ ata die Kompressorarbeit $A_{is_I} = 19459$ mkg/m³ und zur Verdichtung auf $p_{II} = 6$ ata die Kompressorarbeit $A_{is_{II}} = 17918$ mkg/m³ (nach Zahlentafel 23). Wird also der Druck von ursprünglich $p_I = 7$ ata auf $p_{II} = 6$ ata gesenkt, so wird die Änderung der Antriebsleistung

$$\Delta N = \frac{17918 - 19459}{19459} \cdot 100 = -7{,}9\%$$

(Punkt A in Abb. 397), d. h. bei Senken des Enddruckes von 7 ata auf 6 ata werden 7,9% der Antriebsleistung eingespart. Punkt B in Abb. 397 zeigt, daß bei einer Steigerung des Enddruckes von 6,2 ata auf 7,8 ata eine Mehrleistung von 12,5% erforderlich wird.

Unter *Gesamtwirkungsgrad* versteht man bei Kompressoren mit *Dampfantrieb* das Verhältnis der im Wärmemaße gemessenen isothermischen Kompressorarbeit zu dem verfügbaren Wärmegefälle des verbrauchten Dampfes. Um 1 m³ Luft von 1 ata isothermisch auf 7 ata zu verdichten, sind 19459 mkg oder 45,6 kcal nötig; braucht dafür der Kompressor 0,6 kg Dampf von 10 ata und 260° C, der auf 0,2 ata entspannt wird, wobei das verfügbare, der Dampfentropietafel entnehmbare Wärmegefälle 160 kcal/kg beträgt, so ist der Gesamtwirkungsgrad $= \frac{45{,}6}{0{,}6 \cdot 160} = 0{,}475$. Der Gesamtwirkungsgrad ist für den Vergleich dampfangetriebener Kompressoren sowie für die Umrechnung von Abnahmeversuchen brauchbar, wenn die Dampf- und Luftverhältnisse voneinander oder von den ausbedungenen etwas abweichen.

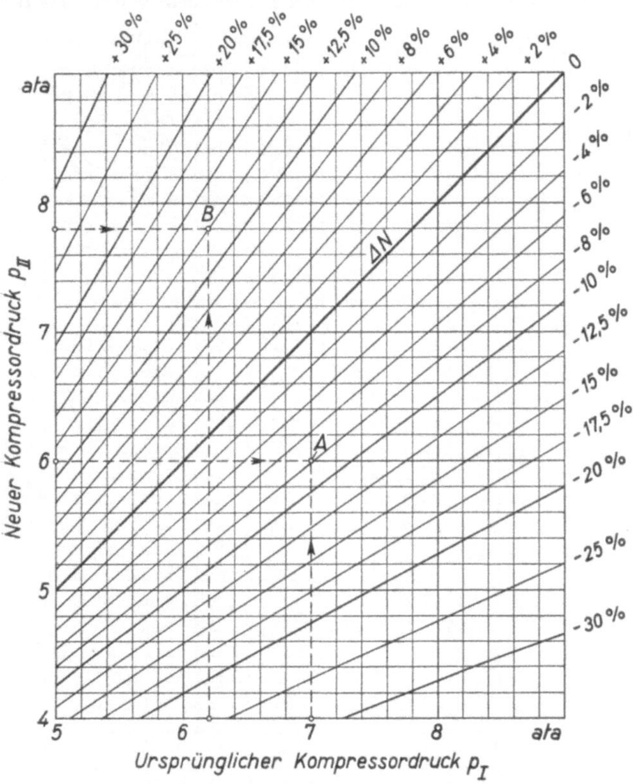

Abb. 397. Prozentuale Leistungsänderung am Kompressor bei Änderung des Enddruckes.

Für den *Energieverbrauch* seien folgende Zahlen genannt, die als erster Anhalt dienen mögen: Um 1 m³ Luft auf 7 ata zu verdichten, braucht bei *großen* Einheiten ein dampfangetriebener Kolbenkompressor etwa 0,5 bis 0,6 kg Dampf oder 0,06 bis 0,08 kg Steinkohle, ein Gasmaschinenkompressor etwa 280 kcal, ein elektrisch angetriebener Kompressor etwa 0,08 kWh. Die Gesamtkosten für 1000 m³ angesaugte, auf 7 ata verdichtete Luft betragen mit Einschluß der Rohrleitungskosten etwa DM 6,— bis 7,—. Hochdruckluft von 200 ata kostet je 1000 m³ angesaugte Luft etwa DM 25,— bis 30,—.

Beispiele.

1. Welche Antriebsleistung ist erforderlich, um stündlich 12000 m³ angesaugte Luft von 1 ata auf 6,5 ata zu verdichten und fortzudrücken, wenn der isothermische Wirkungsgrad des Kompressors 72% beträgt? Nach Abb. 396 beträgt die isothermische Kompressorleistung 0,069 PS für die Verdichtung von 1 m³/h. Daraus ergibt sich: $N = 12000 \frac{0{,}069}{0{,}72} = 1150$ PS.

2. 1 m³ Luft von 1 ata soll auf 7,5 ata zweistufig verdichtet werden. Wie groß ist der Zwischendruck? $p_z = \sqrt{1 \cdot 7{,}5} = 2{,}74$ ata. — Wie groß sind die isothermische, die einstufige und die zweistufige adiabatische Kompressorarbeit? Wieviel % beträgt die Mehrarbeit der einstufigen bzw. der zweistufigen adiabatischen Verdichtung gegenüber der isothermischen Verdichtung? Nach Abb. 389 wird: $A_{is} = 20100$ mkg/m³, $A_{ad\,einstufig} = 27200$ mkg/m³ und $A_{ad\,zweistufig} = 2 \cdot A_{ad\,einstufig\,1\,bis\,2{,}74\,ata} = 2 \cdot 11600 = 23200$ mkg/m³. Die Mehrarbeit ist bei einstufig adiabatischer Verdichtung $= \frac{27200 - 20100}{20100} = 0{,}353 = 35{,}3\%$ bzw. bei zweistufig adiabatischer Verdichtung $= \frac{23200 - 20100}{20100} = 0{,}154 = 15{,}4\%$ der isothermischen Kompressorarbeit. — Bei 20° C Anfangstemperatur werden nach Abb. 389 die Endtemperaturen 248° C bzw. 118° C.

3. Ein doppeltwirkender Gaskompressor soll $Q_N = 5000$ Nm³/h Koksofengas liefern. Das Gas wird mit 1 ata, 27° C angesaugt. Das Hubvolumen des Niederdruckzylinders ist $V_H = 0{,}45$ m³; der volumetrische Wirkungsgrad beträgt 90%. Mit welcher Drehzahl muß der Kompressor laufen? Beim Ansaugezustand p_a, t_a müssen angesaugt werden

$$Q = Q_N \frac{1{,}033}{p_a} \cdot \frac{273 + t_a}{273} = 5000 \cdot \frac{1{,}033}{1} \cdot \frac{273 + 27}{273} = 5676 \text{ m}^3/\text{h}.$$

Die erforderliche Drehzahl wird

$$n = \frac{Q}{2 \cdot 60 \cdot \eta_v V_H} = \frac{5676}{2 \cdot 60 \cdot 0{,}9 \cdot 0{,}45} \approx 117 \text{ min}^{-1}.$$

4. Ein zweistufiger Kolbenkompressor mit Zwischenkühlung saugt 12000 m³/h Luft mit 1 ata, 10° C an und verdichtet sie auf 7 ata. Die Luft wird im Zwischenkühler auf 30° C zurückgekühlt, wobei sich das Kühlwasser von 16° C auf 23,5° C erwärmt. Welche Kühlwassermenge wird gebraucht?

Angesaugtes Luftgewicht

$$G_L = \frac{PV}{RT} = \frac{10000 \cdot 12000}{29{,}27 \cdot 283} = 14500 \text{ kg/h}.$$

Zwischendruck

$$p_z = \sqrt{p_1 p_2} = \sqrt{1 \cdot 7} = 2{,}65 \text{ ata}.$$

Lufttemperatur beim Eintritt in den Zwischenkühler

$$T_{L_1} = T_{L_a} \left(\frac{p_z}{p_a}\right)^{0{,}286} = 283 \left(\frac{2{,}65}{1}\right)^{0{,}286} = 374° K; \quad t_{L_1} = 101° \text{C}.$$

Kühlwasserbedarf

$$G_W = 0{,}24 \cdot 14500 \cdot \frac{101 - 30}{23{,}5 - 16} = 33000 \text{ kg/h}$$

oder 33 m³/h. Für 1000 m³ Luft werden also 2,75 m³ Kühlwasser gebraucht.

5. Wie groß sind die theoretische adiabatische Kompressorleistung und die Antriebsleistung eines fünfstufigen Hochdruckkompressors mit 65% isothermischem Wirkungsgrad, der stündlich 2600 m³ Luft von 1 ata auf 180 ata zu verdichten und fortzudrücken hat? Verdichtungsverhältnis: $1 : \sqrt[5]{180} = 1 : 2{,}83$. Hierfür findet man mit Hilfe der Abb. 396 die theoretische Leistung für 5stufige *adiabatische* Verdichtung $= 2600 \cdot 5 \cdot 0{,}045 = 585$ PS und die Antriebsleistung $N = Q \cdot 5 \cdot \frac{N_{is}}{\eta_{is}} = 2600 \cdot 5 \cdot \frac{0{,}0385}{0{,}65} = 770$ PS.

6. Ein doppeltwirkender Kompressor hat im Niederdruckzylinder die Abmessungen: Zylinderdurchmesser = 1215 mm, Kolbenhub = 1200 mm, Durchmesser der durchgehenden Kolbenstange = 150 mm. Der volumetrische Wirkungsgrad ist 93,5%. Wie groß ist die stündliche Ansaugmenge bei der Drehzahl $n = 78 \text{ min}^{-1}$?

$$\text{Hubvolumen} \quad V_H = \left(1{,}215^2 \frac{\pi}{4} - 0{,}15^2 \frac{\pi}{4}\right) \cdot 1{,}2 = 1{,}37 \text{ m}^3.$$

$$\text{Ansaugmenge} \quad Q = 2 \cdot 60 \cdot V_H \eta_v n = 2 \cdot 60 \cdot 1{,}37 \cdot 0{,}935 \cdot 78 = 12000 \text{ m}^3/\text{h}$$

(vgl. den Kompressor in Abb. 398).

7. Ein Zwischenkompressor hat stündlich 95 m³ *Druckluft* von 4 ata auf 6 ata zu verdichten. Welche Antriebsleistung ist bei einem isothermischen Wirkungsgrad von 50% erforderlich? Die isothermische Leistung ist

$$N_{is} = Q \frac{A_{is}}{270000} = Q \cdot \frac{2{,}303 \cdot 10000 \cdot p_1 \lg \frac{p_2}{p_1}}{270000} = 95 \cdot \frac{2{,}303 \cdot 10000 \cdot 4 \cdot \lg \frac{6}{4}}{270000} = 5{,}7 \text{ PS}.$$

$$\text{Antriebsleistung} \quad N = \frac{N_{is}}{\eta_{is}} = \frac{5{,}7}{0{,}5} = 11{,}4 \text{ PS}$$

oder rd. 8,4 kW (A_{is} nach Ziffer 201). Nach Abb. 394 erhält man ebenfalls mit $A_{is} = 4050$ mkg/m³ von 1 ata für die Verdichtung von 95 m³/h Druckluft von 4 ata oder $4 \cdot 95 = 380$ m³/h Luft von 1 ata die isothermische Leistung $N_{is} = 380 \cdot \frac{4050}{270000} = 5{,}7$ PS.

8. Ein zweistufiger Kolbenkompressor saugt Luft von 1 ata, 10° C an und verdichtet sie mit gleichem Druckverhältnis in beiden Stufen auf einen Enddruck von 9 ata. Um wieviel Prozent vergrößert sich die Kompressorarbeit, und um wieviel Prozent wird der isothermische Wirkungsgrad kleiner, wenn im Zwischenkühler statt auf 10° C Anfangstemperatur nur auf 53° C zurückgekühlt wird? Bei vollkommener Rückkühlung auf 10° C wird die adiabatische Arbeit in jeder Stufe 12906 mkg/m³, also in beiden Stufen zusammen 25812 mkg/m³ von 1 ata (vgl. die Zahlentafeln 23 und 25). Bei Rückkühlung im Zwischenkühler auf nur 53° C wird das Volumen der in der Hochdruckstufe zu verdichtenden Luft $\frac{273 + 53}{273 + 10} = 1{,}15$mal so groß wie bei Kühlung auf 10° C. Im gleichen Maße vergrößert sich die Kompressorarbeit der Hochdruckstufe, die auf $1{,}15 \cdot 12906 = 14842$ mkg/m³ kommt, so daß die Gesamtarbeit wird: $12906 + 14842 = 27748$ mkg/m³ von 1 ata. Die Arbeit

der Hochdruckstufe wird 15%, die Gesamtarbeit 7,5% größer. Ebensoviel nimmt die Antriebsleistung zu, wodurch der isothermische Wirkungsgrad um $100 - \frac{100}{107{,}5} = 7\%$ verringert wird, also beispielsweise von 72% auf 67% sinkt.

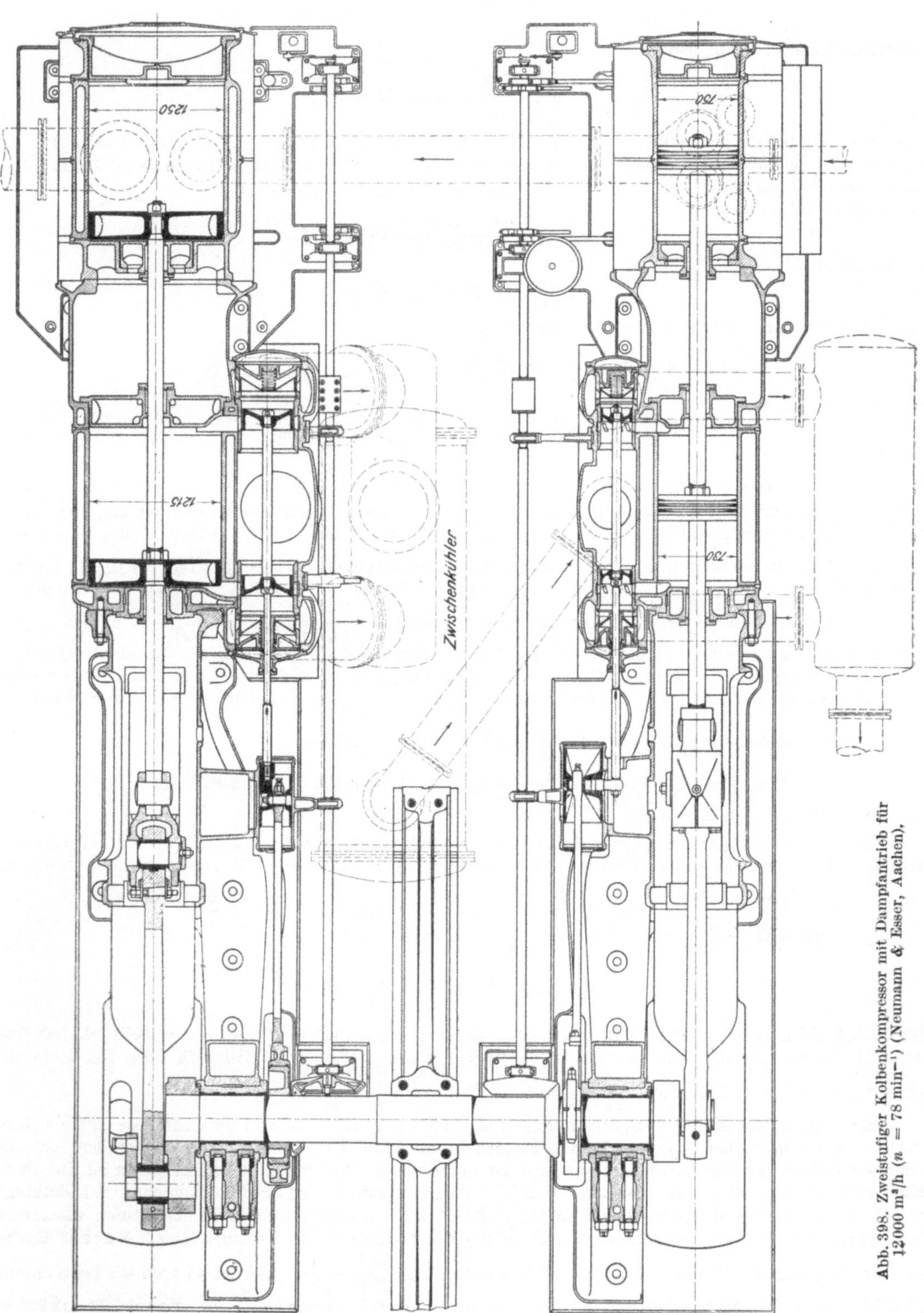

Abb. 398. Zweistufiger Kolbenkompressor mit Dampfantrieb für 12000 m³/h (n = 78 min⁻¹) (Neumann & Esser, Aachen).

207. Aufbau und Antrieb der Kolbenkompressoren. Kolbenkompressoren für normalen Enddruck von 7 ata werden immer zweistufig ausgeführt. Bei großen Kolbenkompressoren herrscht der unmittelbare *Dampfantrieb* wegen seiner Wirtschaftlichkeit und seiner bequemen Regelbarkeit fast unumschränkt. Zweiachsige Anordnung gemäß Abb. 392 oder Abb. 398 ist am gebräuchlichsten. *Gasmaschinenantrieb* wird zwar selten angewendet, ist aber zweckmäßig und wirtschaftlich; der durch eine Koksofengasmaschine angetriebene Kompressor auf der Zeche entspricht dem durch eine Gichtgasmaschine angetriebenen Gebläse auf der Hütte. Unmittelbarer *Drehstromantrieb* ist bei großen Kompressoren selten; der Kompressor braucht dann eine Hilfssteuerung, damit man seine Leistung, ohne die Drehzahl zu ändern, herabsetzen kann[1]. Bei kleineren Kompressoren hat man ebenfalls Dampfantrieb; doch ist der Antrieb durch einen Drehstrommotor mit Riemenübertragung häufiger. Diese kleinen Kompressoren werden oft einachsig mit Stufenkolben gebaut. Abb. 399 zeigt als Beispiel einen einzylindrigen Stufenkompressor für Dampfantrieb; beide Stufen wirken einfach. Dasselbe ist der Fall bei dem in der späteren Abb. 407 dargestellten, für elektrischen Antrieb bestimmten Kompressor.

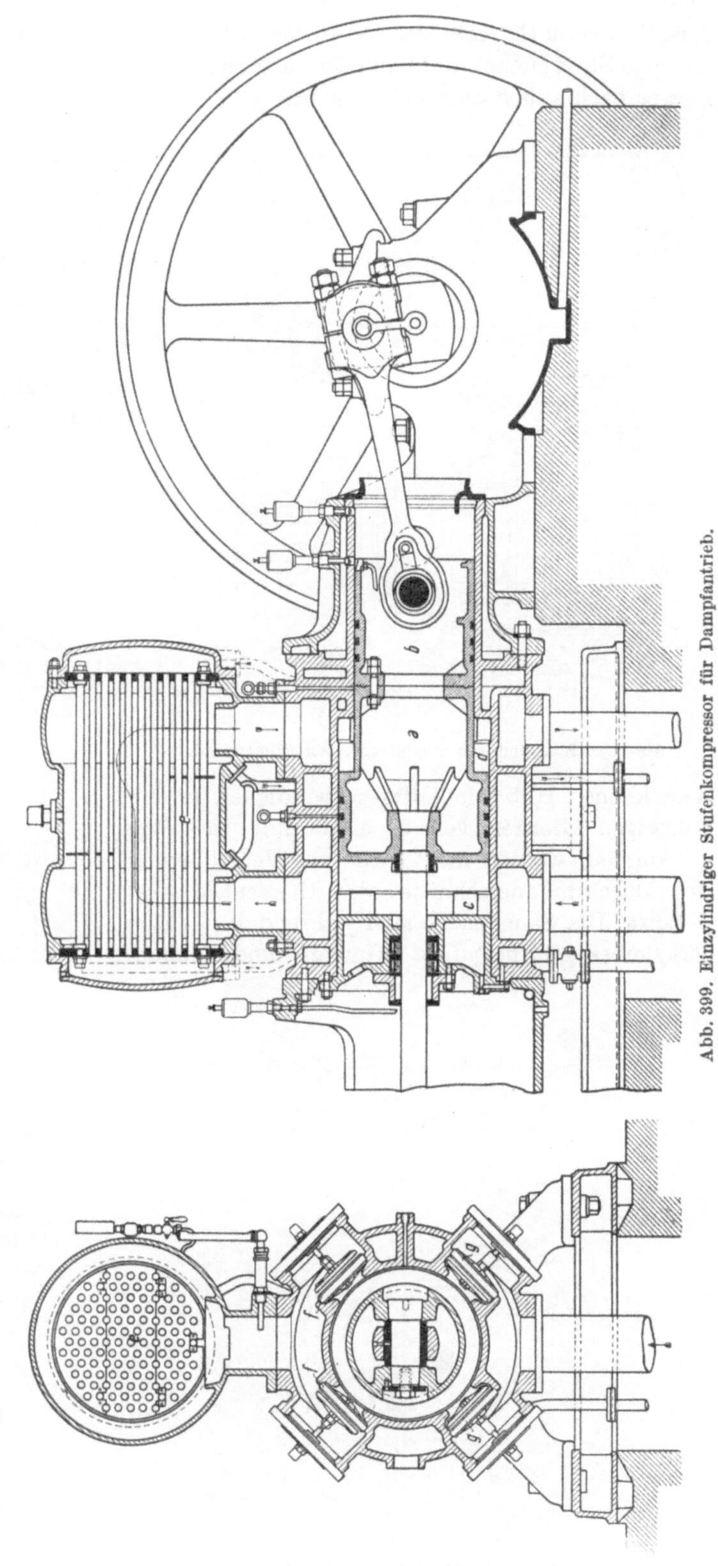

Abb. 399. Einzylindriger Stufenkompressor für Dampfantrieb.

Abb. 400 zeigt einen im Maschinenlaboratorium der Bochumer Bergschule aufgestellten Stufenkompressor im Schnitt ($n = 220\ \text{min}^{-1}$, $Q = 600\ \text{m}^3/\text{h}$). Der Niederdruckzylinder (*I* und *II*) wirkt doppelt, der Hochdruckzylinder (*III*) einfach. Kompressoren dieser Bauart werden auch Dreidruckraumkompressoren genannt; gegenüber der

[1] Vgl. Ziffer 209.

Ausführung nach Abb. 399 haben sie den Vorteil, daß der Hochdruckraum (*III*) durch eine normale Stopfbüchse und nicht durch schwer dicht zu haltende Kolbenringe von großem Durchmesser nach außen abgedichtet wird.

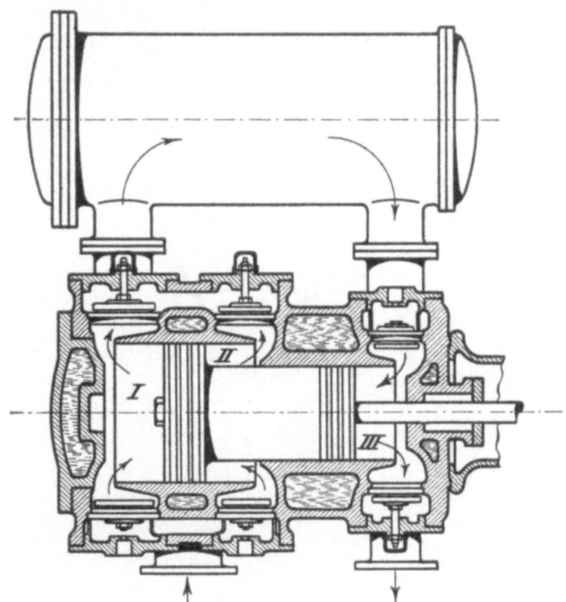

Abb. 400. Einzylindriger Stufenkompressor (Flottmann).

208. Die Steuerungen der Kolbenkompressoren. Es werden etwa je zur Hälfte Ventilsteuerungen und Schiebersteuerungen angewendet. Als *Ventile* verwendet man allgemein leichte Stahlplattenventile, die sich selbsttätig durch geringen Unterdruck beim Saugen oder durch geringen Überdruck beim Fortdrücken der Luft öffnen. Der Ventilhub wird möglichst klein gehalten (bis zu 4 mm), um die Massenkräfte zu verringern. Um bei

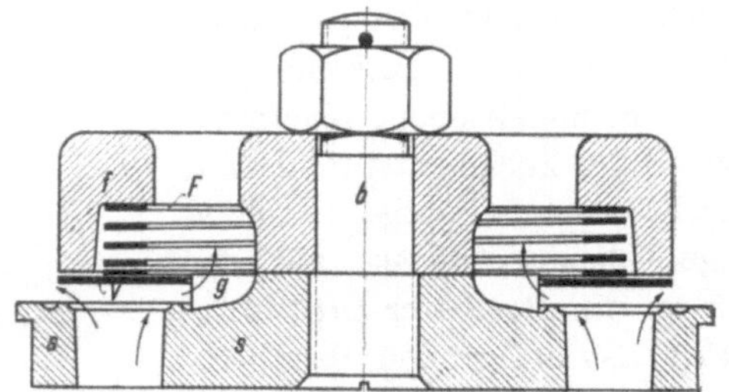

Abb. 401.

dem kleinen Hub die Luftgeschwindigkeit in den zulässigen Grenzen von 20 bis 30 m/s einhalten zu können, werden die Ventile zur Vergrößerung des Durchflußquerschnitts als Ringventile ausgeführt. Die Saugventile sind während des ganzen Saughubes geöffnet; ihre Öffnungs- und Schließ-

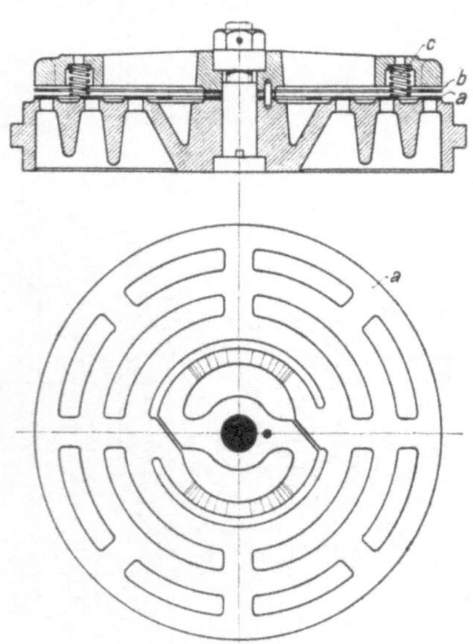

Abb. 402. HOERBIGER-Ventil.

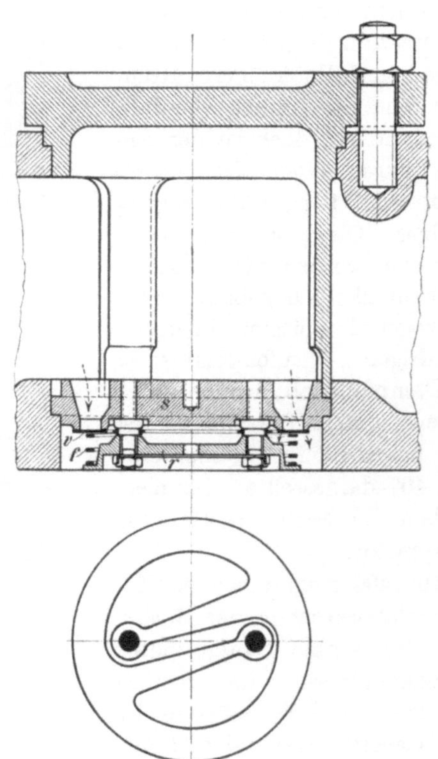

Abb. 403. LINDEMANN-Ventil.

geschwindigkeiten sind klein. Die Druckventile werden dagegen am Ende der Verdichtung plötzlich bei hoher Kolbengeschwindigkeit aufgestoßen und werden beim Hubwechsel durch den hohen Überdruck heftig geschlossen, so daß die Ventilsitze starke Stöße erhalten.

Abb. 401 zeigt ein von der Zwickauer Maschinenfabrik ausgeführtes Ventil. Sehr verbreitet sind Lenkerventile, die durch die Lenker reibungslos geführt werden. Abb. 402 veranschaulicht das viel angewendete HOERBIGER-Ventil auf einem dreispaltigen Sitz, Abb. 403 das von Borsig ausgeführte LINDEMANN-Ventil auf einem einspaltigen Sitz. Die Ventile werden im Deckel oder im Zylinder eingebaut.

Die Schiebersteuerungen haben in der Regel *Kolbenschieber*. Während bei den Dampfmaschinen und beim Druckluftmotor das den Schieber antreibende Exzenter der Maschinenkurbel um $90° + \delta$ voreilt[1], muß es beim Kompressor um $90° + \delta$ nacheilen. Die Schiebersteuerung eines Kompressors wirkt ebenso wie diejenige eines Drucklufthaspelmotors, wenn man sie auf Gegenkraft auslegt. Abb. 404 zeigt, wie das Müllersche Schieberdiagramm[2] auf die Schiebersteuerung eines Kompressors angewendet wird. Die Schieberkurbel s eilt der Maschinenkurbel m um $90° + \delta$ nach. Der Schieber vermag nur den Beginn des Ansaugens (*1*), das Ende des Ansaugens oder den Beginn der Verdichtung (*2*) sowie das Ende des Fortdrückens oder den Beginn der Rückexpansion aus dem schädlichen Raume (*4*) richtig zu steuern, während er das Ende der Verdichtung oder den Beginn des Fortdrückens zu früh steuert (*3'*). Dabei würde zwar der Kompressor ebensoviel Luft ansaugen und fortdrücken, als wenn der Schieber erst im Punkte *3* den Zylinder nach der Druckleitung öffnete, aber er würde die durch die schraffierte Fläche dargestellte Arbeit mehr brauchen, weil die unter höherem Druck stehende Luft aus der Leitung in den Kompressor zurückströmt und wieder mit auszuschieben ist. Deshalb ist es nötig, auf jeder Zylinderseite hinter dem Schieber ein selbsttätiges Druck- oder Rückschlagventil anzuordnen, das sich erst öffnet, wenn der Verdichtungsdruck im Zylinder höher als der Leitungsdruck geworden ist.

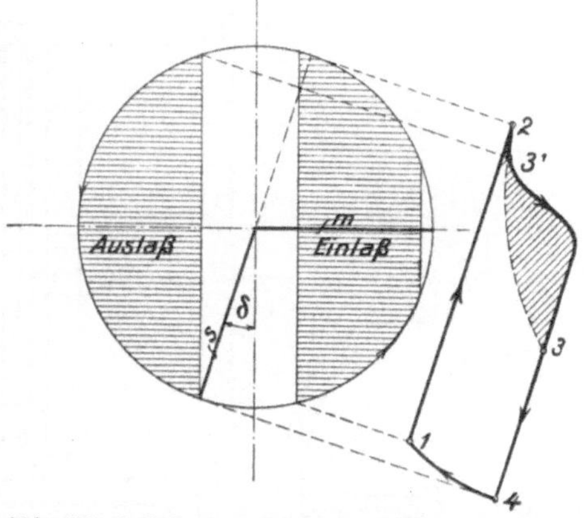

Abb. 404. Schieberdiagramm einer Kompressorsteuerung.

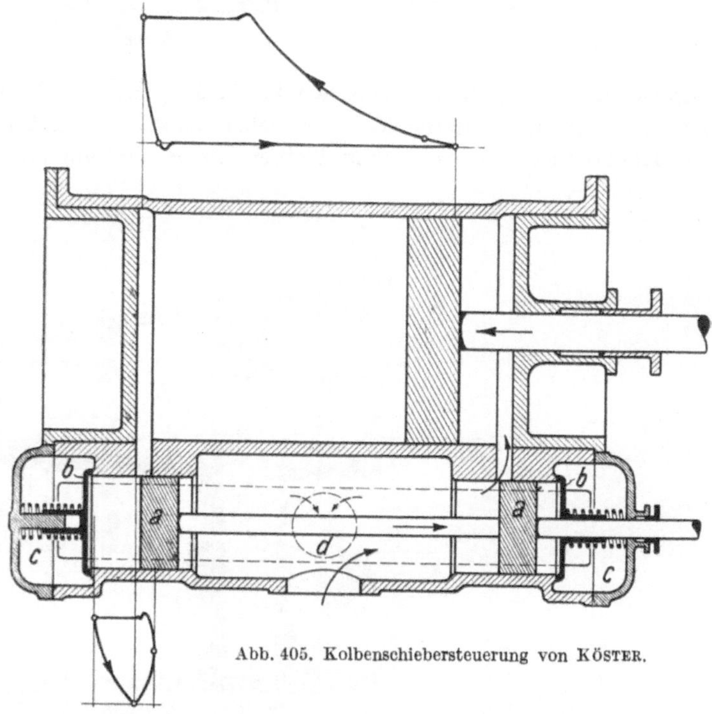

Abb. 405. Kolbenschiebersteuerung von KÖSTER.

Dieses Rückschlagventil hat im Gegensatz zu dem eigentlichen Druck-Steuerventil nur das Öffnen nach der Leitung, nicht auch das Abschließen zu bewirken, so daß sein Hub voll ausgenützt und auch bei hoher Drehzahl ein geräuschloser Gang erzielt werden kann. Hängt sich, wie es wohl vorkommt, ein solches Rückschlagventil auf, so hat man denselben Zustand, als wenn es fehlte. Der vom Schieber gesteuerte Beginn des Ansaugens ist nur für einen bestimmten Verdichtungsdruck richtig.

In Abb. 405 ist die von der Frankfurter Maschinenbau-A.-G. ausgeführte Kolbenschieber-

[1] Vgl. Ziffer 84. — [2] Vgl. Abb. 124.

steuerung von KÖSTER schematisch dargestellt: *aa* sind die steuernden Kolben, *bb* die Rückschlagventile, *cc* die miteinander verbundenen, in *d* mündenden Druckräume. Bei der Köstersteuerung ist der Kolbenschieber an der Kompressorleistung mit einigen Prozenten beteiligt,

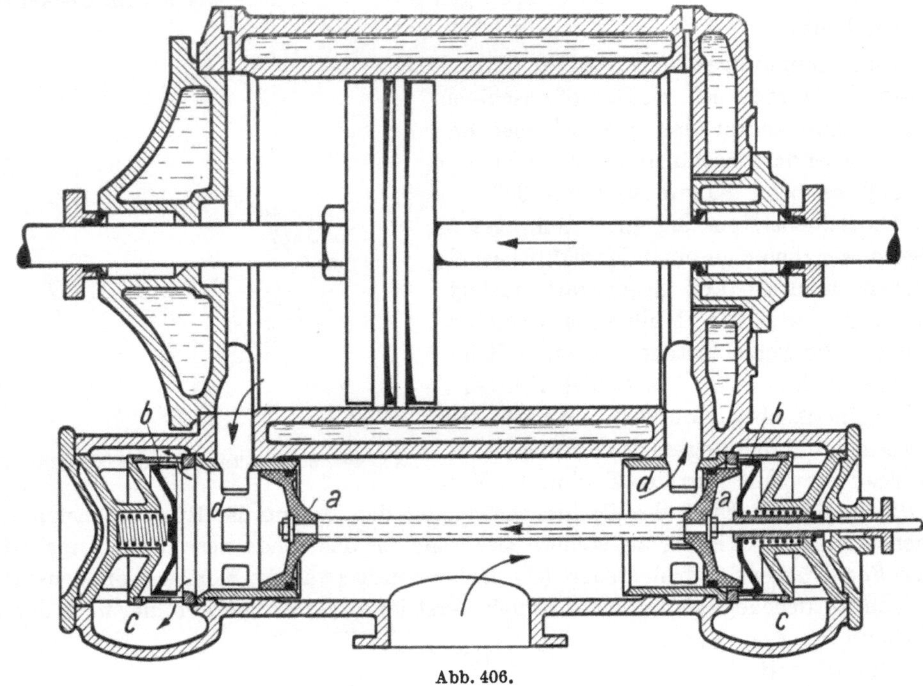

Abb. 406.

wie es das eingezeichnete, zwischen Rückschlagventil und Steuerkolben zu entnehmende Diagramm zeigt. Bei anderen Kolbenschiebersteuerungen (MAN und Gute-Hoffnungs-Hütte) sind die Rückschlagventile mit dem Kolbenschieber verbunden, so daß der Kolbenschieber keine

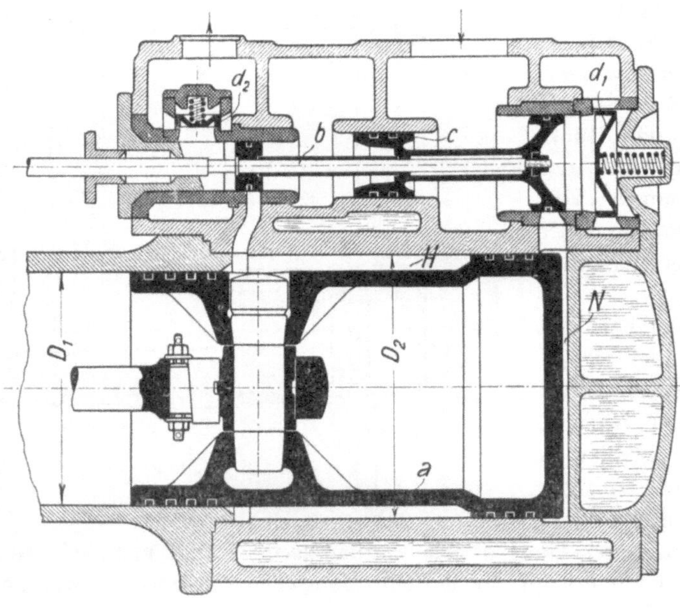

Abb. 407.

Verdichtungsarbeit leistet. Die Abb. 406 und 407 zeigen die konstruktive Ausführung der Köstersteuerung. In der Abb. 398 ist ein von Neumann & Esser, Aachen, ausgeführter, durch Dampf angetriebener Bergwerkskompressor mit Köstersteuerung dargestellt, der 12000 m³/h ansaugt.

209. Regelung der Kolbenkompressoren. Die Fördermenge des Kompressors wird beim *Dampf- und Gasmaschinenantrieb* sehr einfach und wirtschaftlich geregelt, indem man die Drehzahl entsprechend einstellt. Man kann das von Hand tun oder überträgt dem schwankenden Luftdruck selbst die Aufgabe, die Fördermenge des Kompressors dem Luftverbrauche anzupassen. Bei steigendem Luftdruck, d. h. wenn mehr Druckluft erzeugt als verbraucht wird, ist die Drehzahl zu vermindern, und bei fallendem Luftdruck ist sie zu erhöhen. Bei der in der Abb. 408 dargestellten Anordnung (Neumann & Esser, Aachen) beeinflußt ein Kolben, der den Druck der erzeugten Druckluft empfängt, mit Hilfe eines Leistungsreglers[1] die Füllung der antreibenden Dampfmaschine. Je höher der Luftdruck steigt, um so tiefer wird der zur Regelung dienende, federbelastete Kolben getrieben, der, umgekehrt wie üblich, außen angeordnet ist und das Drehlager des Reglerhebels trägt. Dadurch wird, weil die Reglermuffe zunächst ihren Stand beibehält, die Füllung verkleinert; infolgedessen sinkt die Drehzahl, bis schließlich der Kompressor bei höherem Drucke und niedrigerer Drehzahl wieder ins Gleichgewicht kommt. Sinkt umgekehrt der Druck, so wird der regelnde Kolben durch seine Feder hochgetrieben und stellt höhere Drehzahl ein. Daß niedrigerer Druck und höhere Drehzahl und umgekehrt höherer Druck und niedrigere Drehzahl zusammengehören, ist notwendig, damit die Regelung stabil ist. Eigentlich braucht man aber bei höherer Drehzahl, also größerer Fördermenge auch höheren Druck, weil die Druckverluste in den Leitungen infolge der höheren Durchflußgeschwindigkeiten größer werden; dann muß man von Hand nachregeln (Verstellung bei *c*, Abb. 408).

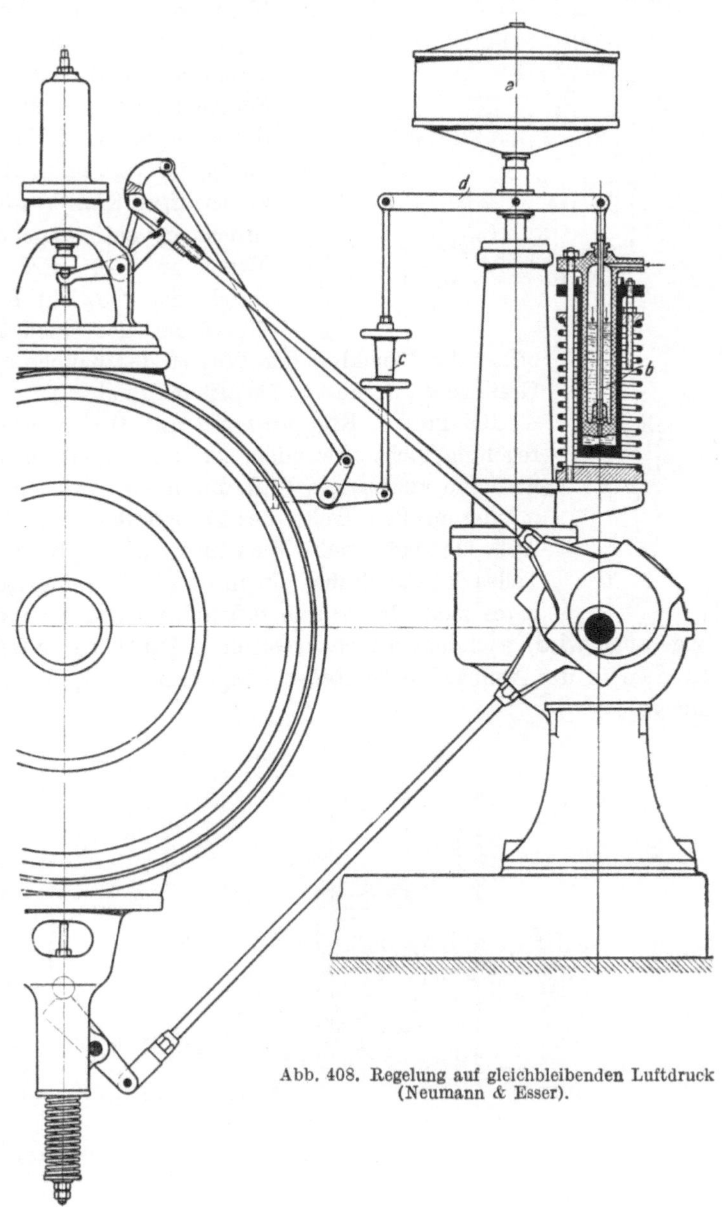

Abb. 408. Regelung auf gleichbleibenden Luftdruck (Neumann & Esser).

Abb. 409 zeigt eine Regelung auf gleichbleibenden Luftdruck, bei welcher der erzeugte Druck eine Quecksilbersäule hochdrückt und einen auf dem Quecksilber schwimmenden eisernen Schwimmer *a* bewegt, der seinerseits den Regler verstellt. Statt über einen Leistungsregler kann man die Kompressorsteuerung auch unmittelbar verstellen; dann braucht man nur einen Sicherheitsregler, der z. B. bei einem Bruche der Druckleitung verhütet, daß der Kompressor durchgeht.

[1] Vgl. Ziffer 80.

Bei *Drehstromantrieb* besteht die Aufgabe, die Fördermenge des Kompressors zu regeln, ohne daß die Drehzahl geändert wird. Man kann die angesaugte Luft drosseln; das ist aber unwirtschaftlich und wird nur ausnahmsweise angewendet. Bei kleineren Kompressoren ist allgemein die sogenannte *Aussetzerregelung* üblich, d. h. es werden, wenn der erzeugte Druck zu hoch wird, bei Kompressoren mit Ventilsteuerungen die Saugventile angehoben, so daß die angesaugte Luft wieder zurückgeschoben wird; oder es wird bei Kompressoren mit Schiebersteuerung die Saugleitung abgesperrt, worauf der Kompressor im Vakuum arbeitet. In Abb. 410 (Flottmann) ist veranschaulicht, wie bei einem einzylindrigen zweistufigen Kompressor ein Niederdruck- und ein Hochdrucksaugventil angehoben werden, wenn der erzeugte Druck zu hoch wird. Dann wird nämlich der kleine, durch das Gewicht b belastete Kolben a durch den Überdruck der erzeugten Druckluft hochgetrieben und öffnet der Druckluft den Weg zu den Kolben c_1, c_2, die ausschlagen und mit den Greifern d_1, d_2 die Ventile offenhalten.

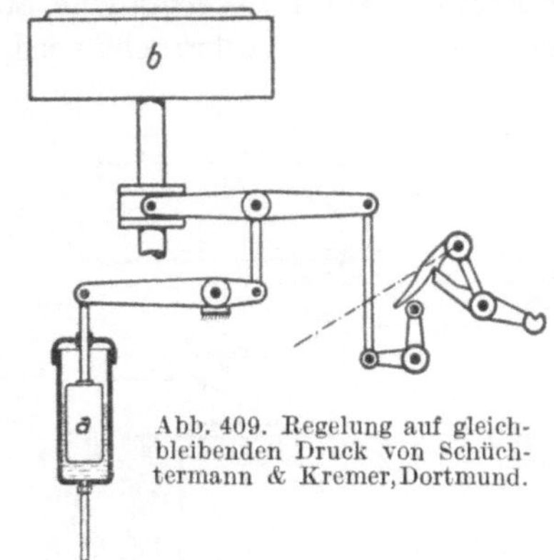

Abb. 409. Regelung auf gleichbleibenden Druck von Schüchtermann & Kremer, Dortmund.

Bei großen Kompressoren mit Drehstromantrieb kann man die Aussetzerregelung nicht anwenden, sondern braucht eine *stetige* Regelung. Entweder läßt man die angesaugte Luft durch eine Hilfssteuerung während eines mehr oder minder großen Teiles des Druckhubes zurückschieben, wobei sich die durch Abb. 411 dargestellte Wirkungsweise ergibt, oder man hebt während des ersten Teiles des Saughubes ein in Abb. 412 (Schüchtermann & Kremer) mit d bezeichnetes zum Druckraum öffnendes Rückströmventil an, so daß frische Luft erst angesaugt wird, nachdem die rückgeströmte Druckluft unter die Atmosphäre expandiert ist. In dem in der Abb. 412 enthaltenen Diagramm ist s_1 die verkleinerte, s_2 die volle Ansaugmenge.

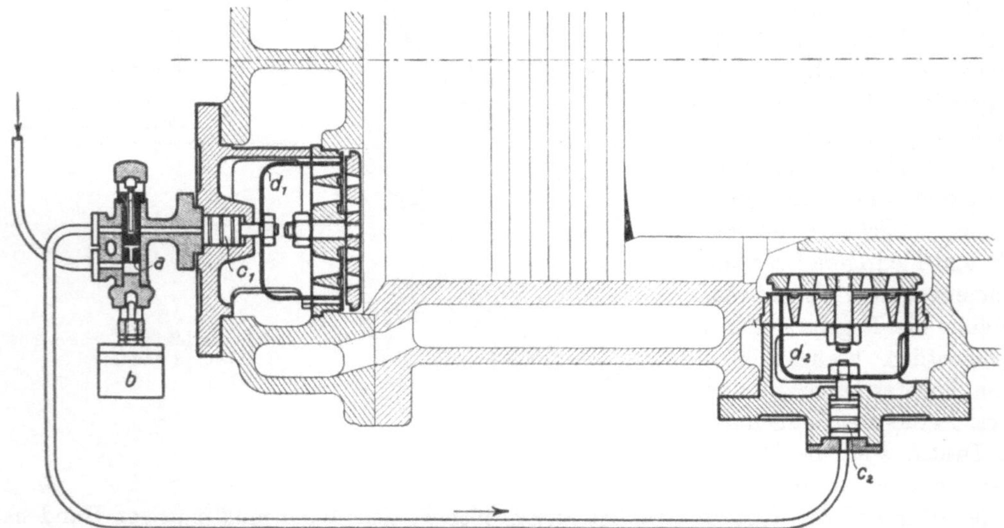

Abb. 410. Aussetzerregelung für Ventilkompressoren (Flottmann).

Von dem bei Hochofengebläsen gebräuchlichen Mittel, die angesaugte Luftmenge zu vermindern, indem die schädlichen Räume durch Zusatzräume vergrößert werden, wird bei Kompressoren kein Gebrauch gemacht.

210. Versuchskompressor, der rückwärts als Druckluftmotor läuft. Die Bochumer Bergschule hat für Lehrzwecke den in der Abb. 413 dargestellten einzylindrigen, zweistufigen, mit Kolbenschiebersteuerung ausgerüsteten Kompressor, der so eingerichtet ist, daß er durch die von ihm erzeugte, in einem Behälter aufgespeicherte Druckluft rückwärts als Druckluftmotor getrieben werden kann. Der Kompressor, der 80 mm Hub und 100/75 mm Durchmesser hat, wird mittels Handkurbel gedreht. *a* ist der Stufenkolben, *b* der die Nieder- und die Hochdrucksteuerung trennende Zwischenkolben, c_1 und c_2 sind die nach außen durchgeführten Rückschlagventile. Mit Hilfe der Indikatoren *dd*, die ohne Hubverminderer von der Kurbelwelle angetrieben werden, wird der Druckverlauf im Kompressor aufgezeichnet. Der Zwischenkühler

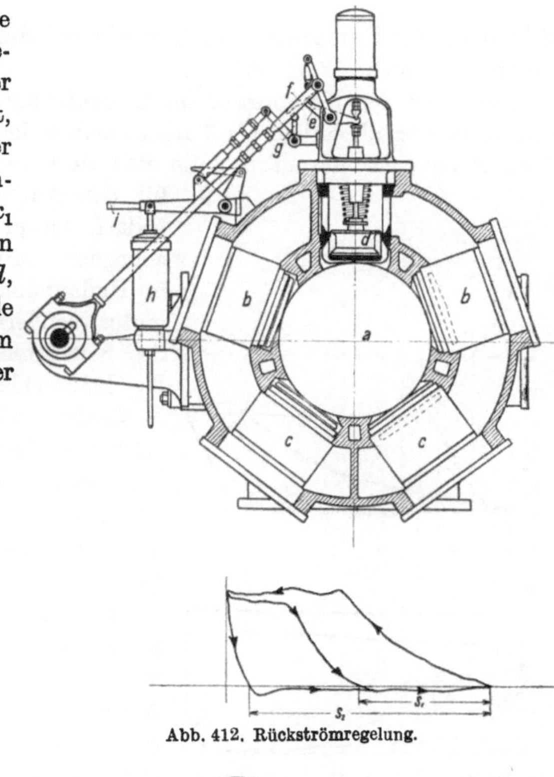

Abb. 411.

Abb. 412. Rückströmregelung.

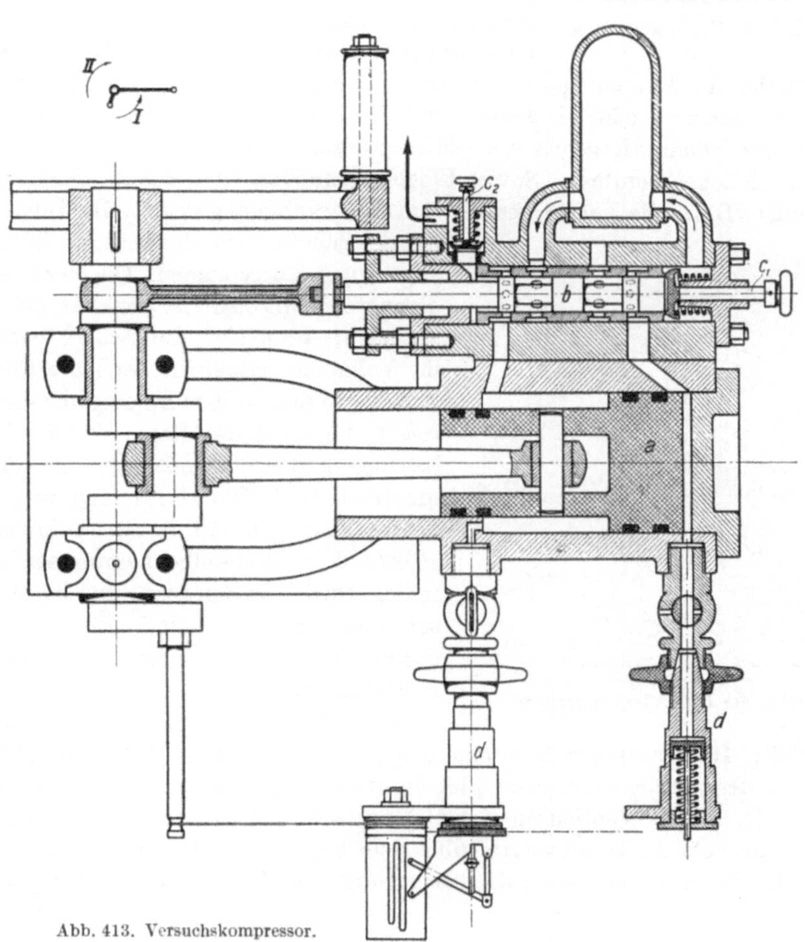

Abb. 413. Versuchskompressor.

steht über dem Kompressor, wird aber nicht durch Wasser gekühlt, weil es bei diesem kleinen Kompressor nicht nötig ist.

Erst wird der Kompressor im Umlaufsinne *I* gedreht und wirkt als Kompressor, wobei Druckluft von allmählich bis 6 ata zunehmendem Druck erzeugt wird. Um die Bedeutung der Rückschlagventile darzutun, kann man die Rückschlagventile anheben. Die Folge ist, daß man für den Antrieb des Kompressors erheblich mehr Energie bedarf. Ist in dem dem Kompressor beigegebenen Behälter genügend Luft aufgespeichert, läßt man den Kompressor im Umlaufsinne *II* als Motor laufen, aber nicht als Verbundmotor, sondern so, daß die Druckluft nur im Hochdruckteil des Kompressors wirkt. Dabei muß man selbstverständlich die Rückschlagventile anheben, außerdem muß man den Niederdruckteil mit der Atmosphäre verbinden. Abb. 414 zeigt die Diagramme, die man an der Versuchsmaschine erhält, oben das Niederdruck- und Hochdruckkompressordiagramm ohne und mit angehobenen Rückschlagventilen, unten das Motordiagramm, und zwar bei schnellem und langsamem Motorgange.

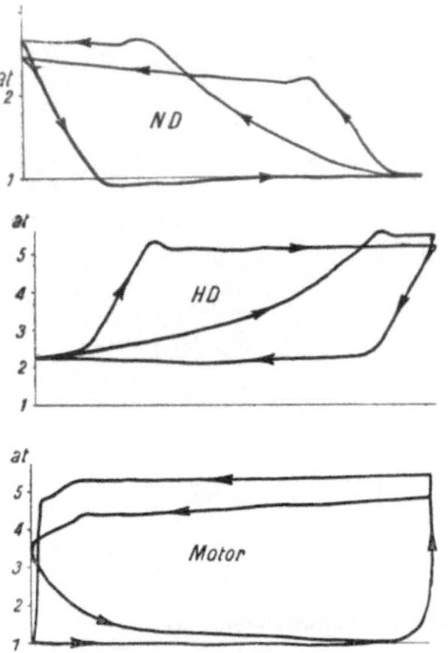

Abb. 414. Diagramme der Versuchsmaschine.

211. Kompressoren mit Drehkolben (Rotationskompressoren). Die Drehkolbenkompressoren wirken umgekehrt wie die später zu besprechenden Drehkolbenmotoren, die im Aufbau mit ihnen übereinstimmen. Abb. 415 zeigt Aufbau und Wirkung des Drehkolbenkompressors schematisch. Der Drehkolben *a* liegt exzentrisch im Gehäuse *b*, so daß ein sichelförmiger Arbeitsraum entsteht. Der Drehkolben hat angenähert radiale, im Bewegungssinn etwas vorgeneigte Schlitze, in denen dünne stählerne Flügel *c* (oder Lamellen oder Schieber) gleiten. Diese Flügel werden, wenn der Drehkolben kreist, durch die Fliehkraft gegen die Gehäusewandung getrieben, die sie nur in einer Linie, nicht in einer Fläche, berühren. Soviel Flügel vorhanden sind, soviel Zellen oder Kammern werden gebildet. Die Zelle *I* wird gerade vom Saugraume abgesperrt. Ihr Inhalt multipliziert mit der Zellenzahl ist das bei einer Kolbenumdrehung angesaugte Luftvolumen. Die Verdichtung der angesaugten Luft geht in denkbar einfachster Weise vor sich; wenn sich die Zelle *I* weiterdreht, wird ihr Volumen verkleinert, weil die Flügel des Drehkolbens in den Kolben hineingeschoben werden. Erreicht die Zelle die Lage *II*, ist die Verdichtung beendet, und es beginnt das Fortdrücken der verdichteten Luft. Die Drucksteigerung ist gleich dem umgekehrten Verhältnis der Volumen *I* und *II*. Hinter dem Drehkolbenkompressor ist ein Rückschlagventil *d* anzuordnen, weil sonst der Kompressor, wenn er nicht Luft in die Leitung preßt, von der aus der Leitung rückströmenden Luft rückwärts getrieben würde.

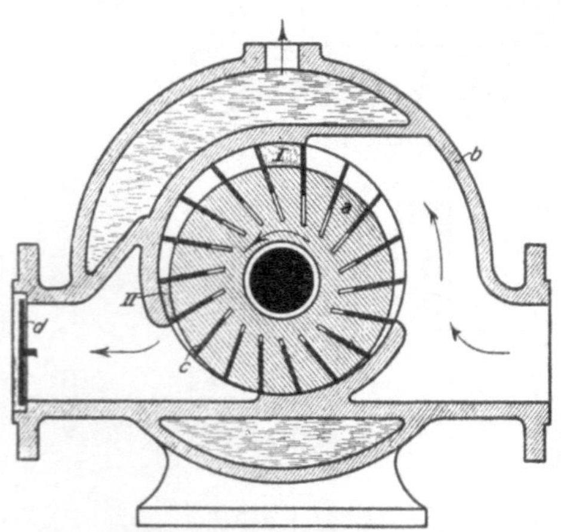

Abb. 415. Schema des Drehkolbenkompressors[1].

In Abb. 416 ist der Druckverlauf diagrammatisch dargestellt. In der oberen Darstellung *A* ist die Drucklinie *I* — *II* — *III* konzentrisch über dem Weg der jeweils wirksamen Flügelmitte *a* aufgetragen. *I* ist das Ansaugen (Flügelweg von *a* bis *b*), *II* das Verdichten (*b* bis *c*) und *III* das Ausschieben (*c* bis *d*). In der Darstellung *B* ist der gleiche Druckverlauf über dem zugehörigen Drehwinkel α des Drehkolbens aufgetragen. In dieser Form ähnelt das Diagramm dem Diagramm des Kompressors mit hin-

[1] Vgl. Abb. 465.

und hergehendem Kolben, jedoch besteht nicht die gleiche Proportionalität zwischen Druck und Drehwinkel wie zwischen Druck und Kolbenhub.

So einfach der Grundgedanke der Drehkolbenmaschine ist, so schwierig ist seine Durchführung. Damit die Drehkolbenmaschine ausreichende Leistung hergibt und kleine Undichtheitsverluste hat, muß sie schnell laufen. Bei hohen Drehzahlen werden aber die Flügel des Drehkolbens durch die Fliehkraft so stark gegen die Gehäusewandung gepreßt, daß sie starken Verschleiß erleiden. Infolgedessen haben nur Drehkolbenkompressoren besonderer Bauart Erfolg gehabt, bei denen die Fliehkraft der Flügel abgefangen wird. Bei den Rotationskompressoren der Demag, deren Ausführung durch die Abb. 417 und 418 veranschaulicht wird, sind Laufringe c angewendet, die radiales Spiel im Gehäuse haben. Sie werden von den Flügeln b des Drehkolbens a getragen und begrenzen die Fliehkraft der Flügel gegen das Gehäuse. Zwischen den Laufringen und den Flügeln des Drehkolbens findet eine Relativbewegung statt, weil die Flügel veränderliche, die Laufringe aber die mittlere Umfangsgeschwindigkeit haben; doch ist der dadurch bedingte Verschleiß gering. An den Laufringen darf kein Druck von außen oder innen wirken. Der von innen auf die Laufringe wirkende Druck in den einzelnen von den Flügeln des Drehkolbens gebildeten Zellen ist nun sehr verschieden, je nachdem, ob die Zellen mit der Saugseite oder der Druckseite in Verbindung stehen, und wie sich der Druck beim Übergang von der einen zur anderen Seite ändert. Damit der Druck in dem die Laufringe umgebenden Ringraum in ungefähr derselben Weise verläuft, ist dieser auch in Zellen unterteilt, die durch kleine, in den Laufringen

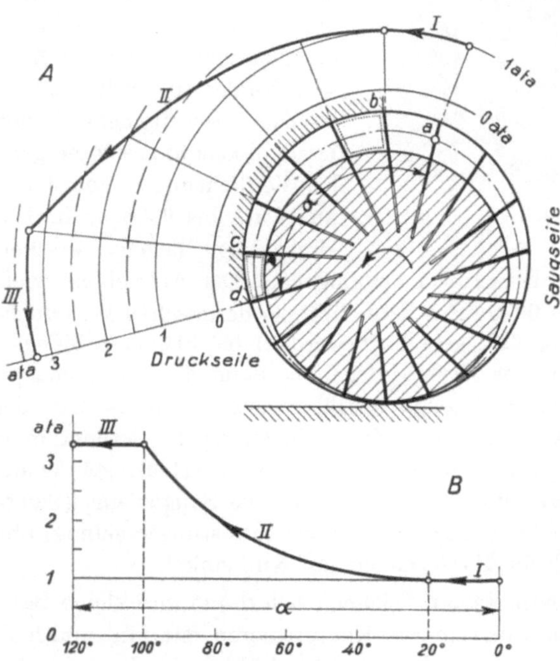

Abb. 416. Darstellung der Druckerzeugung im Drehkolbenkompressor.

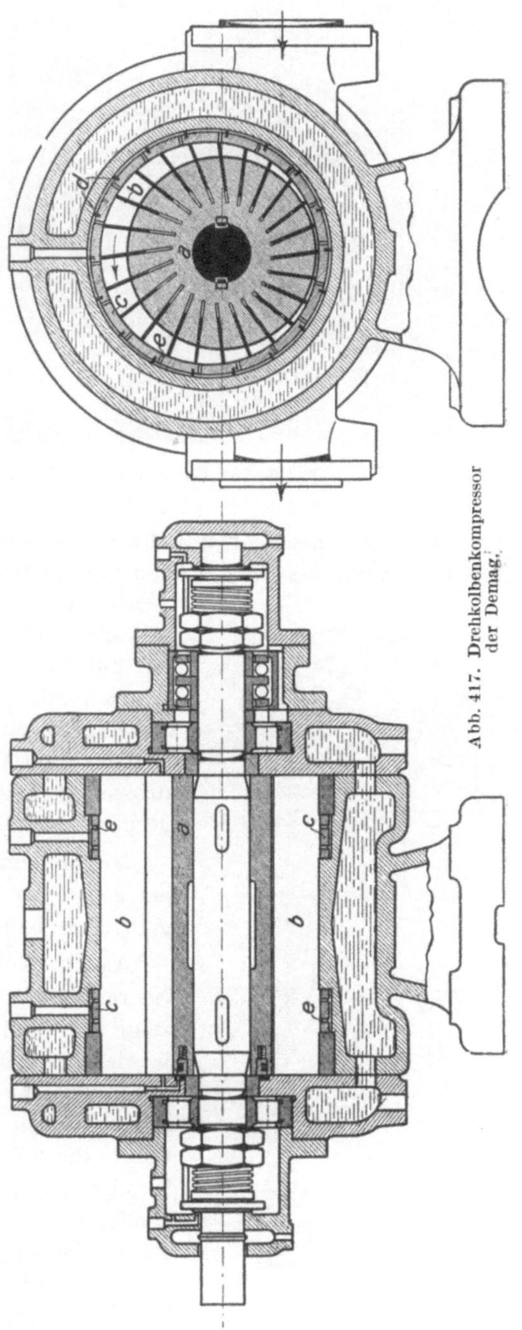

Abb. 417. Drehkolbenkompressor der Demag.

radial spielende Schieber d gebildet werden, und die mit den Innenräumen durch Bohrungen e in den Laufringen in Verbindung stehen, wie es aus Abb. 417 ersichtlich ist.

Abb. 418. Drehkolbenkompressor der Demag.

Diese Drehkolbenkompressoren, die grundsätzlich den Kompressoren mit hin- und hergehenden Kolben entsprechen und mit den Turbokompressoren nichts zu tun haben, werden für mäßige Drücke — bis 4 ata — mit einem Gehäuse und Mantelkühlung ausgeführt. Für höhere Drücke — bis 6 oder 7 ata — wendet man zweistufige Verdichtung und zwei getrennte Gehäuse an, zwischen denen ein Zwischenkühler angeordnet ist.

Die Ansaugmenge der Drehkolbenkompressoren geht bei Verdichtungen von 1 ata auf 7 ata bis 6000 m³/h. Die Drehzahlen liegen zwischen $n = 1450\,\text{min}^{-1}$ bei kleinen und $n = 485\,\text{min}^{-1}$ bei großen Saugmengen. Der Antrieb ist vielfach elektrisch. Bei Saugmengen von 1000 bis 6000 m³/h kann mit isothermischen Wirkungsgraden von 60 bis 62% gerechnet werden, bei kleineren Mengen mit etwa 55%. Durch Drehzahlregelung kann die Ansaugmenge bis auf $^2/_3$ der Normalmenge herabgemindert werden. Um bei Antrieb mit unveränderlicher Drehzahl zu regeln, wendet man Aussetzerregelung mit Selbstanlasser oder die Leerlaufregelung an. Bei der Leerlaufregelung wird entweder die Saugleitung (Saugdrosselregelung) oder die Druckleitung (Entlastungsregelung) abgesperrt, wodurch die Fördermenge auf Null sinkt[1].

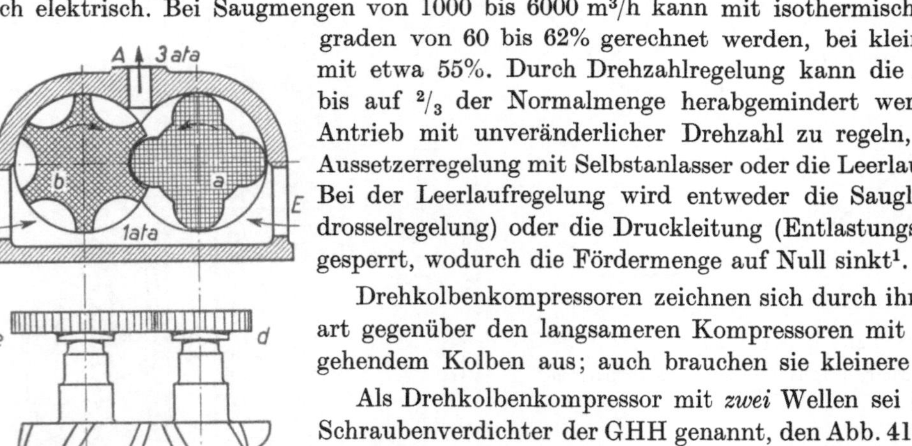

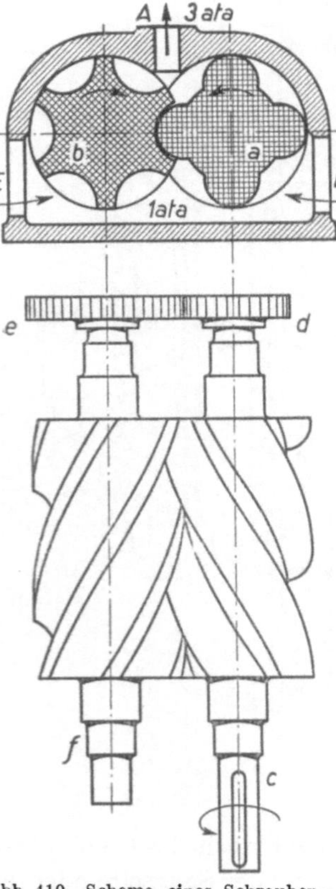

Abb. 419. Schema eines Schraubenverdichters.

Drehkolbenkompressoren zeichnen sich durch ihre kleine Bauart gegenüber den langsameren Kompressoren mit hin- und hergehendem Kolben aus; auch brauchen sie kleinere Fundamente.

Als Drehkolbenkompressor mit *zwei* Wellen sei der Lysholm-Schraubenverdichter der GHH genannt, den Abb. 419 schematisch zeigt. Er kann als Umkehrung eines Zahnradmotors aufgefaßt werden und ist in gewissem Sinne mit der Zahnradpumpe vergleichbar. Von der in Abb. 359 gezeigten Zahnradpumpe mit geraden Zähnen von normalem Profil unterscheidet er sich jedoch durch die sehr starke Schrägverzahnung mit etwa halbkreisförmigem Profil. Der Läufer a der Hauptwelle c hat 4 Zähne, der Läufer b der Nebenwelle f dagegen 6 Zähne. Beim Drehen der Läufer im eingezeichneten Drehsinne wird die am Einlaß E angesaugte Luft in den vom Gehäuse begrenzten Zahnlücken nach innen zum Druckraum gefördert, bis sie von den in die Lücken eindringenden Zähnen verdichtet und gegen den am Auslaß A herrschenden Druck ausgeschoben wird. Welle c wird angetrieben und nimmt über die Zahnräder d und e die Nebenwelle f mit. Die Zahnräder d und e haben wie die Läufer a und b das Zähne-

[1] Vgl. LACHMANN: Die Regelung von Drehkolbenverdichtern der Vielzellenbauart. Z. VDI 1940 S. 413.

zahlverhältnis 2 : 3, so daß Läufer *b* im Gleichlauf zu Läufer *a* angetrieben wird, ohne sich unmittelbar mit *a* berühren zu müssen. Kennzeichnend für die Bauart dieses Kompressors ist nämlich, daß die Läufer weder untereinander noch mit dem Gehäuse Berührung haben. Verschleiß der Läufer ist also nicht zu befürchten. Im Verdichterraum braucht nicht geschmiert werden; die verdichtete Luft bleibt ölfrei. Druckraum und Saugraum sind nicht völlig dicht voneinander getrennt, jedoch sind das Flankenspiel der Läufer und der Luftspalt zwischen den Läufern und dem Gehäuse so klein, daß nur geringe Luftmengen überströmen können. Je größer die Fördermenge ist, um so weniger wird der Wirkungsgrad des Kompressors durch diese Rückströmluft verschlechtert. Große Fördermengen werden durch hohe Drehzahlen erreicht; der Schraubenkompressor ist deshalb eine typisch hochtourige Maschine. Für kleine Enddrücke genügt einstufige Verdichtung. Drucksteigerungen von 1 ata auf 7 bis 10 ata erfordern wie üblich zweistufige Verdichtung mit Zwischenkühlung, wobei *ein* Antriebsmotor über ein Getriebe beide Stufen zugleich antreiben kann. Die Fördermengen betragen 200 bis 15000 m³/h.

212. Vorortkompressoren. *Vorortkompressoren* werden in unmittelbarer Nähe der Druckluftverbraucher aufgestellt. Sie sind dort zu verwenden, wo kein größeres Niederdrucknetz mit Übertagekompressoren vorhanden ist, z. B. im Kalibergbau für den Betrieb von Bohrhämmern bei gelegentlichen Gesteinsarbeiten, oder dann, wenn für bestimmte Maschinen ein höherer Druck gebraucht wird, als ihn das Niederdrucknetz liefert; so läßt man beispielsweise Bohrhämmer gern mit 6 bis 7 atü statt mit dem Normaldruck 4 atü laufen, um dadurch die Bohrleistung zu steigern. Meist handelt es sich um kleine Luftmengen von 100 bis 600 m³/h, die zweistufig mit Zwischenkühlung verdichtet werden. Für diese kleinen Mengen kommen nur schnellaufende Kolbenkompressoren in Betracht, und zwar mehrzylindrige Laufkolbenkompressoren, die vorherrschend in Reihenbauart ausgeführt werden, oder Drehkolbenkompressoren (Lamellen- und Schraubenverdichter). Der isothermische Wirkungsgrad beträgt nur etwa 45 bis 50%. Der Antrieb ist überwiegend elektrisch; der unwirtschaftlichere Antrieb mit einem aus dem Niederdrucknetz gespeisten Druckluftmotor ist nur in Ausnahmefällen gerechtfertigt, z. B. aus Sicherheitsgründen bei Schlagwettergefahr. Die Fördermenge wird bei konstanter Drehzahl am einfachsten mit der Aussetzregelung geregelt (vgl. Ziffer 209).

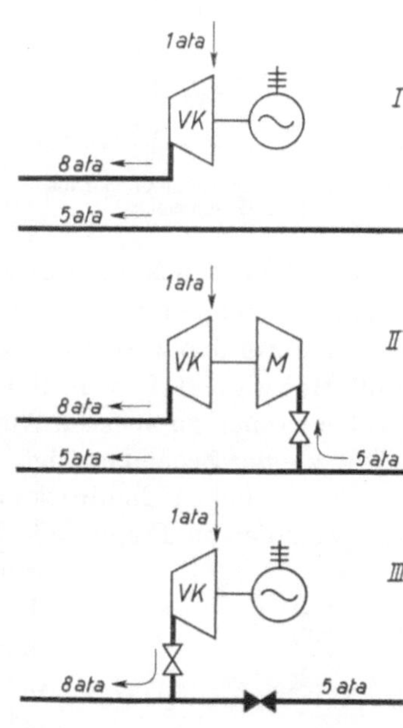

Abb. 420. Antrieb und Schaltung von Vorortkompressoren.

Verschiedene Antriebs- und Schaltmöglichkeiten für Vorortkompressoren veranschaulicht Abb. 420. *I* zeigt den Fall, daß außer dem Niederdruck von 5 ata in einem besonderen Netz ein Druck von 8 ata verlangt wird. Der Vorortkompressor *VK* hat elektrischen Antrieb. In *II* werden ebenfalls getrennte Netze für 5 ata und 8 ata gebraucht, jedoch wird der Kompressor *VK* von einem aus dem 5-ata-Netz gespeisten Druckluftmotor *M* angetrieben. Bedingung ist, daß das Niederdrucknetz über genügend Luft von 5 ata verfügt. Fall *III* kann angewendet werden, wenn hinter dem Kompressor *VK* nur noch Luft von 8 ata benötigt wird. Der elektrisch angetriebene Kompressor *VK* liefert seine Luft von 8 ata in das weitergeführte Niederdrucknetz, welches jedoch vor dem Kompressoranschluß gegen die 5-ata-Luft abgesperrt wird.

An Stelle des bisher betrachteten Vorortkompressors, der *atmosphärische* Luft ansaugt, kann auch ein Zwischenkompressor den gleichen Zweck erfüllen. Der Zwischenkompressor (vgl. Ziffer 205) saugt bereits *Druckluft* an und arbeitet nur mit kleinem Drucksteigerungsverhältnis; es genügt einstufige Verdichtung ohne Zwischenkühlung mit kleiner Antriebsleistung, jedoch kann auch hier nur mit einem isothermischen Wirkungsgrad von etwa 50% gerechnet werden. Zwei Anwendungsbeispiele zeigt Abb. 421. Fall *I* ist dem Fall *III* in Abb. 420 vergleichbar. Der elektrisch angetriebene Zwischenkompressor *ZK* saugt Druckluft von 5 ata aus dem Niederdrucknetz an und verdichtet sie auf 8 ata (Verdichtungsverhältnis 5 : 8 = 1 : 1,6). Die isothermische Kompressorarbeit hierfür ist nach dem in Abb. 394 eingezeichneten Beispiel $A_{is} = 4700$ mkg/m³ Luft von 1 ata. Für eine Fördermenge von $Q = 400$ m³/h Luft von 1 ata wird bei $\eta_{is} = 0{,}5$ eine Antriebsleistung von

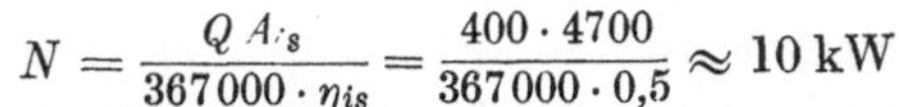

$$N = \frac{Q\,A_{is}}{367000 \cdot \eta_{is}} = \frac{400 \cdot 4700}{367000 \cdot 0{,}5} \approx 10\,\mathrm{kW}$$

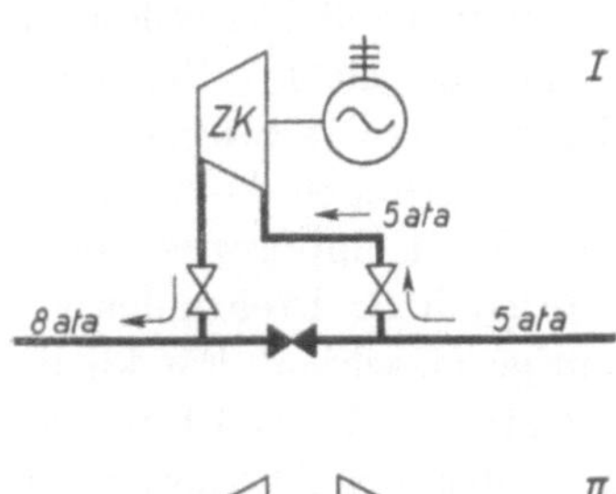

Abb. 421. Zwischenkompressor als Vorortkompressor.

gebraucht. Hinter der Entnahmestelle des Zwischenkompressors ist das Niederdrucknetz abgesperrt; im weiteren Verlauf führt es Druckluft von 8 ata. In Fall *II* wird der Zwischenkompressor *ZK* von einem mit Druckluft von 5 ata gespeisten Druckluftmotor *M* angetrieben. Als kleinster Kompressor dieser Art sei der *FMA*-Kompressor (Gewicht 25 kg) genannt, bei dem ein einstufiger Drehkolbenkompressor mit einem Drehkolbendruckluftmotor in einem Gehäuse vereinigt ist. Beide Drehkolben haben eine gemeinsame Welle. Die nur durch *einen* Schlauch zugeführte Druckluft teilt sich im Gehäuse in die Motorantriebsluft, die nach der Arbeit auspufft, und in die Kompressoransaugluft, die nach der Verdichtung in die Druckleitung ausgeschoben wird. Die Fördermenge ist von den Drücken abhängig und beträgt im Mittel 120 m³/h Luft von 1 ata.

213. Hochdruckkompressoren. Außer den normalen, Druckluft von etwa 7 ata erzeugenden Bergwerkskompressoren hat man Kompressoren für weit höhere Enddrücke. In der chemischen Industrie werden z. B. Gaskompressoren bis rd. 1000 ata gebraucht. Für den Bergwerksbetrieb muß Hochdruckluft von 160 bis 220 ata erzeugt werden, um die Druckluftlokomotiven der Grubenbahnen zu speisen. Auch im Ferngasbetrieb werden höhere Drücke als im Niederdruckluftnetz einer Zeche benötigt.

Für die hohen Enddrücke und verhältnismäßig kleinen Fördermengen[1] kommen nur Kolbenkompressoren in Frage. Wie bei den zweistufigen Niederdruckkompressoren soll das Verdichtungsverhältnis im Bereich 1 : 2,5 bis 1 : 3,5 liegen. Je nach der Höhe des Enddruckes verwendet man deshalb 3- oder 4- oder 5stufige Kompressoren mit Zwischenkühlung. Die Hochdruckkompressoren für den Grubenlokomotivbetrieb führt man meist 5stufig aus. Stimmen die Stufen im Druckverhältnis überein, so ist das gleichbleibende Druckverhältnis bei z. B. 200 ata Enddruck $1 : \sqrt[5]{200} = 1 : 2{,}88$, d. h. die Luft wird von 1 ata auf 2,88 auf 8,3 auf 24 auf 69 auf 200 ata verdichtet, und die Leistung dieses Hochdruckkompressors ist 5mal so groß wie die eines Kompressors, der die angesaugte Luft von 1 ata auf 2,88 ata verdichtet[2]. Abb. 422 (Demag) zeigt das rankinisierte Diagramm eines 5stufigen Hochdruckkompressors.

Wird der ersten Druckstufe des Hochdruckkompressors bereits Druckluft aus dem Niederdrucknetz zugeführt, so genügen für die Verdichtung auf den Enddruck weniger Stufen. Für $p_a = 6$ ata Anfangsdruck und $p_e = 162$ ata Enddruck reichen z. B. drei Stufen mit

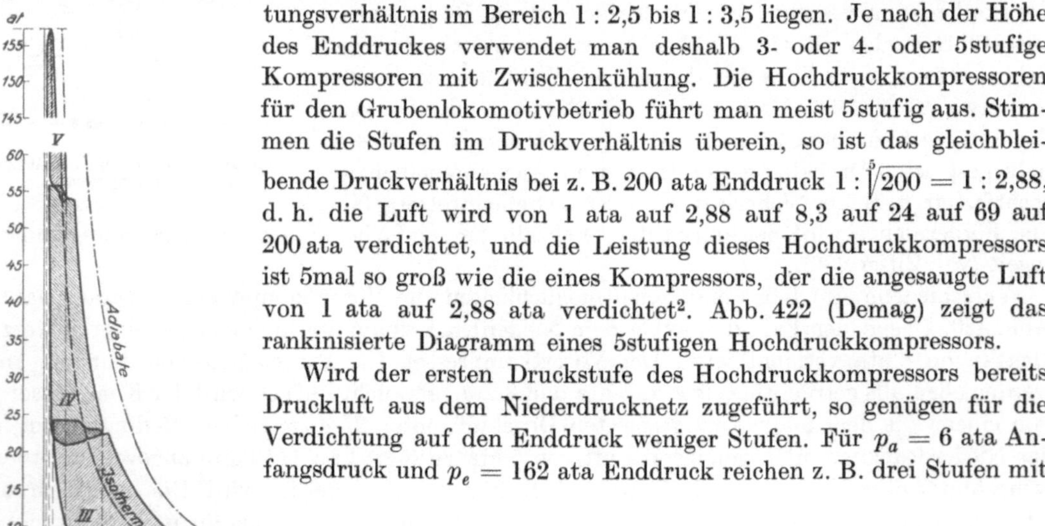

Abb. 422. Rankinisiertes Diagramm eines fünfstufigen Kompressors.

dem Druckverhältnis $1 : \sqrt[3]{\frac{p_e}{p_a}} = 1 : \sqrt[3]{\frac{162}{6}} = 1 : 3$, d. h. die 1. Stufe verdichtet von 6 auf 18 ata, die 2. Stufe von 18 auf 54 ata und die 3. Stufe von 54 auf 162 ata.

[1] Bergwerkskompressoren für den Grubenlokomotivbetrieb liegen im Förderbereich von 2000 bis 5000 m³/h.

[2] Vgl. Ziffer 204.

Von Stufe zu Stufe sind Zwischenkühler anzuordnen. Die ersten Zwischenkühler baut man, wie Abb. 423 veranschaulicht, ebenso wie die Zwischenkühler der Niederdruckkompressoren derart, daß das Kühlwasser Röhren durchströmt, an denen die Luft entlang geführt wird. Bei den letzten Stufen macht man es umgekehrt, indem man die auf ziemlich hohen Druck gepreßte Luft durch Rohrschlangen führt, die in einem vom Kühlwasser durchflossenen Behälter liegen.

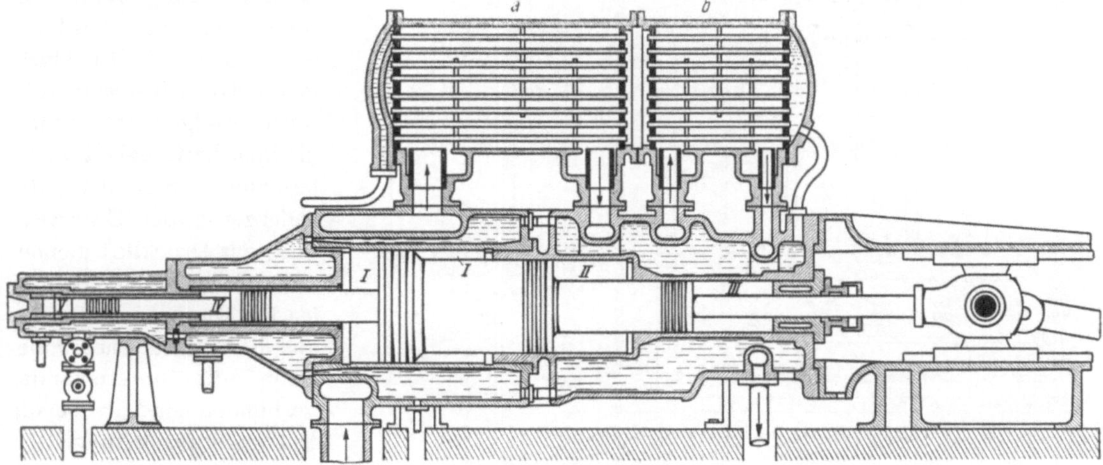

Abb. 423. Einachsiger, fünfstufiger Hochdruckkompressor (Schwartzkopff).

In Abb. 423 ist ein einachsiger, die Luft in 5 Stufen verdichtender Hochdruckkompressor dargestellt, der von der Berliner Maschinenbau-A.-G. vorm. L. Schwartzkopff ausgeführt ist; nur die Niederdruckstufe ist doppeltwirkend. Es sind nur die Zwischenkühler zwischen den Stufen *I* und *II* (*a*) und *II* und *III* (*b*) dargestellt. Abb. 424 zeigt die Zylinderanordnung eines von der Demag gebauten zweiachsigen Hochdruckkompressors, der 3000 m^3/h ansaugt und auf

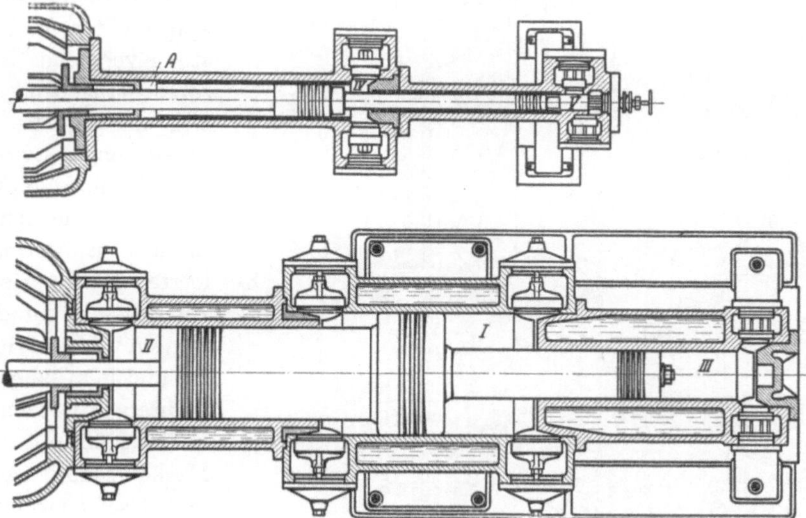

Abb. 424. Zweiachsiger, fünfstufiger Hochdruckkompressor (Demag).

175 ata preßt. Die erzeugte Hochdruckluft dient zum Betriebe von Grubenbahnen. Der Hub ist 1000 mm, die minutliche Drehzahl ist 81. Die Niederdruckstufe ist wieder doppeltwirkend; der Niederdruckkolben hat 815 mm Durchmesser. Auf der Hochdruckseite ist der Ausgleichraum *A* angeordnet, damit die Antriebkräfte beim Hin- und Rückgange gleichgroß sind. Bei 3000 m^3/h Ansaugmenge leistet die antreibende Dampfmaschine etwa $N_i = 880$ PS, so daß 3,4 m^3/PSh angesaugt werden. Die Drucksteigerung beträgt $\sqrt[5]{175} : 1 = 2{,}81 : 1$. Dafür ist die isothermische Leistung $N_{is} = 0{,}0383 \cdot 5 \cdot 3000 = 575$ PS*, und der isothermische Wirkungs-

* Vgl. Ziffer 201.

grad beträgt $\eta_{is} = \frac{575}{880} = 0{,}65 = 65\%$. Die dargestellten Hochdruckkompressoren haben selbsttätige Ventile. Neumann & Esser, Aachen, verwenden bei den ersten 4 Stufen ihrer Hochdruckkompressoren die Köstersche Kolbenschiebersteuerung.

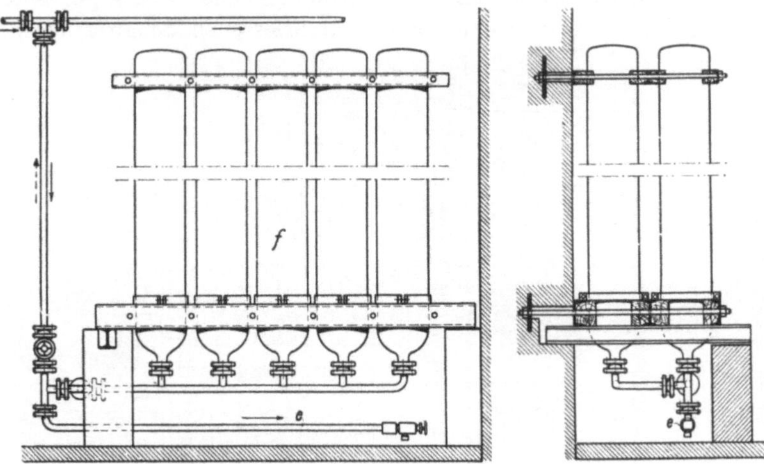

Abb. 425. Hochdruckluftsammler.

Weil Hochdruckluftnetze nur ein geringes Fassungsvermögen besitzen, das Laden der Druckluftlokomotiven aber sehr stoßweise erfolgt, erhöht man die Speicherfähigkeit durch besondere Sammler, die gleichzeitig der Entwässerung der Druckluft dienen. Abb. 425 zeigt einen Sammler für Hochdruckluft, der aus 10 Stahlflaschen *f* besteht, die untereinander verbunden sind. *e* ist die Entwässerungsleitung.

Die Kosten der Hochdruckluft betragen etwa DM 25,— bis 30,— für 1000 m³ Saugluft von 1 ata.

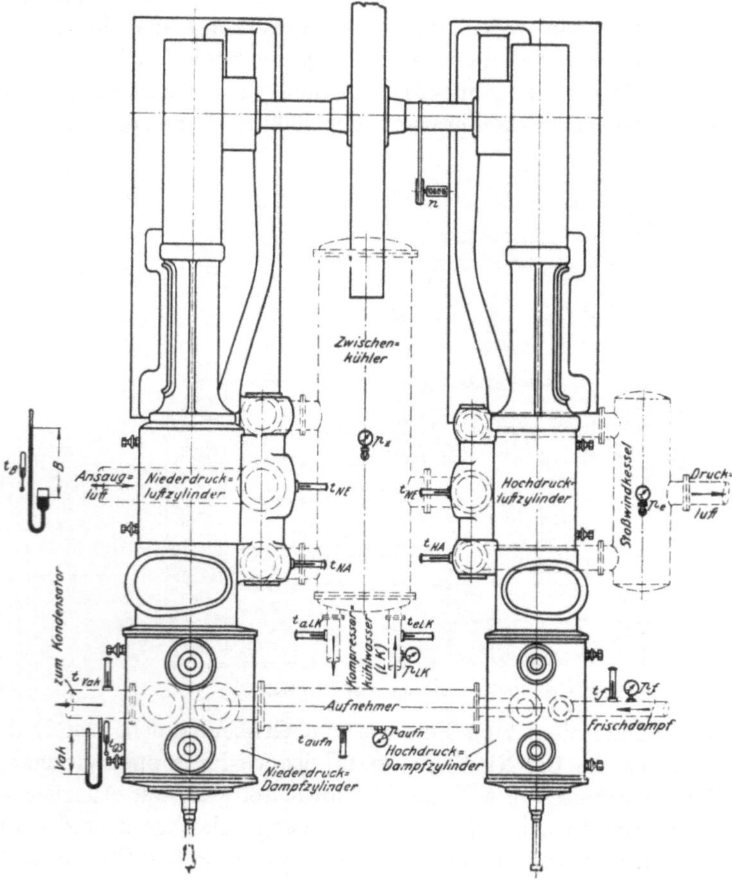

Abb. 426. Meßanordnung für Kolbenkompressoren.

214. Leistungsversuche an Kolbenkompressoren. Für Untersuchungen an Kolbenkompressoren sind die vom Vereine deutscher Ingenieure aufgestellten Regeln für Leistungsversuche an Kompressoren maßgebend. Es handelt sich darum, die vom Kompressor angesaugte Luftmenge in m³/h, die Dampfmaschinenleistung sowie den Dampfverbrauch zu bestimmen, d. h. letzten Endes, wieviel m³/h je PS angesaugt und verdichtet werden und wieviel Dampf je PS und je m³ angesaugte Luft verbraucht werden. Außerdem ist das Kühlwasser zu messen. Mechanischer, isothermischer und Gesamtwirkungsgrad sind auf Grund der Messungen berechenbar. In der den Regeln entnommenen Abb. 426 ist ein zweiachsiger, durch eine Verbunddampfmaschine angetriebener zweistufiger Kompressor dargestellt und angedeutet, welche Messungen vorzunehmen und wie die Meßinstrumente anzuordnen sind. Der atmosphärische Druck wird mit dem Barometer gemessen. Thermometer sind mit t, Druckmesser mit p und Drehzahlmesser mit n

bezeichnet. Der Index *e* bedeutet Eintritt, der Index *a* Austritt. *LK* bedeutet Kompressorkühlwasser; es ist nicht nur das den Zwischenkühler durchströmende Kühlwasser, sondern auch das zur Mantel- und Deckelkühlung dienende Wasser zu messen.

Die *angesaugte* Luftmenge wird aus der Drehzahl, dem Hubvolumen und dem dem Indikatordiagramm zu entnehmenden volumetrischen Wirkungsgrade bestimmt. Die *fortgedrückte*, auf die Ansaugverhältnisse umgerechnete Luftmenge ist kleiner als die angesaugte, um so kleiner, je undichter der Kompressor ist. Man wird also bei derartigen Messungen dafür sorgen müssen, daß der Kompressor möglichst dicht ist. Die fortgedrückte Luftmenge aus dem Diagramm zu bestimmen, ist ungenau; über die Möglichkeit, sie auch bei Kolbenkompressoren durch Düsen zu messen, vergleiche die Regeln. Beim Vergleich zwischen Kolben- und Turbokompressor ist die tatsächlich fortgedrückte Luftmenge zugrunde zu legen.

XXII. Turbokompressoren.

215. Turbogebläse. Turbokompressoren. Turbogebläse und Turbokompressoren sind Verdichter für Luft oder Gas, die wie die Kreiselpumpen nach dem Kreiselradmaschinenprinzip arbeiten. *Turbogebläse* dienen hauptsächlich zur Förderung großer Mengen; sie arbeiten im Niederdruckgebiet, erzeugen Drücke von 1 oder mehreren Metern Wassersäule und sind mit ein bis drei schnellaufenden Schaufelrädern ausgerüstet. Es sind Turbogebläse bis zu Fördermengen von 200000 m³/h und mehr gebaut worden. Zu den Gebläsen kann man auch die Schleuderventilatoren[1] rechnen, die mit einem Laufrad arbeiten und Drücke bis zu einigen Hundert Millimetern Wassersäule erzeugen. *Turbokompressoren* dienen hauptsächlich zur Erzeugung von Druckluft für Energieübertragungszwecke. Sie haben eine große Zahl sehr schnellaufender Schaufelräder und verdichten die Luft auf 6 bis 9 ata. Bei Gaskompressoren für Sonderzwecke ist man bereits auf Drücke von 20 bis 30 ata gegangen. Turbokompressoren sind ausgesprochene Großmaschinen; für kleine Leistungen sind sie nicht geeignet. Normalerweise geht man nicht unter Fördermengen von etwa 15000 bis 20000 m³/h; auf den Zechen sind Einheiten von 30000 bis 120000 m³/h üblich.

216. Die Wirkungsweise der Turbokompressoren. Die Wirkung der Turbokompressoren oder Kreiselverdichter beruht wie die der Kreiselpumpen[2] auf der Fliehkraft, nur besteht insofern ein grundlegender Unterschied, als mit dem Turbokompressor Luft zu verdichten ist, deren spezifisches Gewicht erstens bedeutend geringer als das des Wassers und zweitens mit zunehmender Verdichtung auch noch veränderlich ist. Die an der Kompressorwelle zugeführte mechanische Energie wird im Laufrad von der Fliehkraft teils in Druckenergie, teils in Geschwindigkeitsenergie umgesetzt; letztere muß in einer Leitvorrichtung durch Verzögerung noch in Druckenergie umgewandelt werden. Diese doppelte Energieumwandlung bedingt allerdings höhere Verluste als die unmittelbare Druckerzeugung in den nach dem Verdrängerprinzip arbeitenden Kolbenkompressoren, weshalb höhere Antriebsleistungen erforderlich sind.

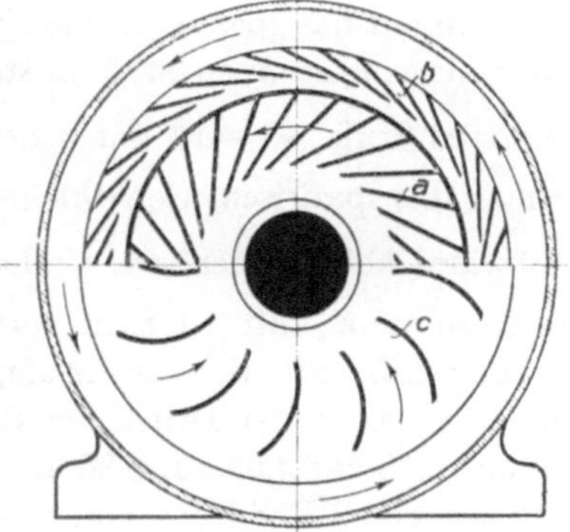

Abb. 427. Schema des Turbokompressors.

Abb. 427 zeigt schematisch einen Querschnitt durch einen Turbokompressor, aus dem man das Laufrad mit den Laufschaufeln *a* und den als Leitrad ausgebildeten Diffusor mit den Leitschaufeln *b* erkennt. Ferner sieht man, wie die aus dem Leitrade austretende Luft durch Umkehrschaufeln *c*, die im Gehäuse eingegossen sind, zum Saugmund des nächsten Laufrades geführt wird. Am innern Ende müssen gemäß früherer Abb. 366 die Laufradschaufeln so gekrümmt sein, daß sie in die ins Rad strömende Luft einschneiden. Damit ist der Umlaufsinn des Rades

[1] Näheres über Ventilatoren siehe Abschnitt XXXI. — [2] Vgl. Ziffer 188.

gegeben. Am äußeren Ende sind die Schaufeln der Turbogebläse und Turbokompressoren immer *rückwärts* gekrümmt, und zwar aus denselben Gründen wie bei den Kreiselpumpen. Zwar braucht man bei rückwärts gekrümmten Schaufeln höhere Umfangsgeschwindigkeiten als bei vorwärts gekrümmten; dafür wird bei rückwärts gekrümmten Schaufeln der Druck zu etwa zwei Dritteln im Laufrade durch die günstig wirkende Fliehkraft und nur zu einem Drittel hinter dem Laufrade durch die ungünstiger wirkende Umsetzung von Geschwindigkeitsenergie in Druckenergie erzeugt. Im Zusammenhang damit hat die Linie des erzeugten, über der Fördermenge aufgetragenen Druckes einen flacheren, günstigeren Verlauf[1].

Die Drucksteigerung ist von der Umfangsgeschwindigkeit v des Laufrades abhängig. Theoretisch wird mit *radial* endenden Schaufeln im Laufrade und Leitrade zusammen eine Drucksteigerung von $\frac{v^2}{g} \approx \frac{v^2}{10}$ m Fördersäule, mit *rückwärts* gekrümmten Schaufeln üblicher Bauart eine Drucksteigerung von etwa $\frac{v^2}{13}$ m Fördersäule erzeugt[2]. Die wirkliche, bei *normaler* Fördermenge erzeugte Druckerhöhung in m Fördersäule ist kleiner als die berechnete und beträgt bei rückwärts gekrümmten Schaufeln etwa $\frac{v^2}{18}$ m Fördersäule für ein Laufrad. Das gilt unabhängig davon, ob das geförderte Gas schwerer oder leichter ist. In Atmosphären gerechnet, ist selbstverständlich die Drucksteigerung um so höher, je größer das spezifische Gewicht des Gases ist. Z. B. bedeutet bei Luft vom spezifischen Gewicht 1,2 kg/m^3 eine Fördersäule von 1 m Höhe einen Druck von 1,2 kg/m^2 oder 0,00012 at. Weil das Gas bei der Verdichtung spezifisch schwerer wird, ist das mittlere spezifische Gewicht vor und nach der Verdichtung einzusetzen, wenn man die in m Fördersäule gegebene Druckzunahme einer Stufe in at umrechnet: $\Delta p = \frac{v^2}{18} \cdot \frac{\gamma_m}{10000}$ at.

Um Luft von 1 ata auf 1,1 ata zu verdichten, braucht man rund $v = 120$ m/s Umfangsgeschwindigkeit, für die Verdichtung von 1 ata auf 1,2 ata rund 165 m/s. Man geht mit v auf möglichst hohe Werte, denen jedoch mit etwa 250 bis 300 m/s aus Festigkeitsrücksichten eine Grenze gesetzt ist. Man ist deshalb schon bei mäßigen Drucksteigerungen gezwungen, das Gas oder die Luft *mehrstufig* zu verdichten. Zunächst scheint es, als brauchte man eine sehr große Zahl von Rädern, um Enddrücke von 6 oder 7 ata zu erzielen. Aber da unterscheidet sich der Turbokompressor grundsätzlich von der Turbopumpe. Bei der mehrstufigen Pumpe ergeben alle Räder mit gleicher Umfangsgeschwindigkeit die gleiche Fördersäulenhöhe und infolge des unveränderten spezifischen Gewichtes auch gleiche Drucksteigerungen in at; beim Turbokompressor sind bei gleichgroßen Laufrädern zwar auch die Fördersäulenhöhen alle gleich, jedoch nimmt das spezifische Gewicht des Fördermittels und damit die in at gerechnete Drucksteigerung von Stufe zu Stufe in steigendem Maße zu. Ist p_1 der Anfangs- und p_2 der Enddruck der ersten Stufe, so wird mit n Stufen der Kompressorenddruck $p_e = p_1 \cdot \left(\frac{p_2}{p_1}\right)^n$ ata erreicht. Je geringer das spezifische Gewicht im Ansaugezustand ist, um so kleiner wird das mit der Höchstgeschwindigkeit erreichbare Verhältnis $\frac{p_2}{p_1}$, und um so größer muß die Stufenzahl werden. Kalte, schwere Luft ist z. B. vorteilhafter als warme. Ist die Drucksteigerung bei Luftverdichtung z. B. 20% in jeder Stufe, was etwa einer Umfangsgeschwindigkeit von 165 m/s entspricht, so steigt der Druck der Reihe nach von 1 ata auf 1,20 auf 1,44 auf 1,73 auf 2,07 auf 2,49 auf 2,99 auf 3,58 auf 4,30 auf 5,16 auf 6,19 auf 7,43 ata. Es sind also insgesamt 11 Stufen nötig, um einen Enddruck von rund 7,5 ata zu erzeugen.

Mit der höheren Geschwindigkeit von 263 m/s läßt sich nach der Überschlagsformel eine Drucksteigerung von 1 auf 1,6 ata in der ersten Stufe erreichen:

$$\Delta p = \frac{v^2}{18} \cdot \gamma_m = \frac{263^2}{18} \cdot 1{,}2 \cdot 1{,}3 = 6000\ \text{kg/m}^2 = 0{,}6\ \text{at},$$

so daß schon mit $n = 4$ Stufen ein Enddruck $p_e = p_1 \cdot \left(\frac{p_2}{p_1}\right)^n = \left(\frac{1{,}6}{1}\right)^4 = 6{,}5$ ata erzeugt werden kann.

---

[1] Vgl. das Kennlinienbild (Qh-Diagramm) Abb. 436. — [2] Vgl. Ziffer 188.

Die Luft erwärmt sich beim Verdichten einmal in Abhängigkeit vom Drucksteigerungsverhältnis[1]; sie empfängt aber nicht nur die eigentliche Verdichtungsarbeit als Wärme, sondern es tritt noch die beträchtliche durch Luft- und Radreibung entstehende Wärmemenge hinzu, so daß es in höherem Maße als bei Kolbenkompressoren nötig ist, die Luft zu kühlen, um die Verdichtung möglichst der isothermischen zu nähern. Im allgemeinen wird immer nach je drei Druckstufen bis annähernd auf die Anfangstemperatur zurückgekühlt. Weil eine größere Wärmemenge abzuführen ist, brauchen Turbokompressoren mehr Kühlwasser als Kolbenkompressoren; für 1000 m³ angesaugte Luft kann man bei Verdichtung auf 7 ata etwa 10 m³ Kühlwasser rechnen. Trotz des größeren Kühlwasseraufwandes wird die Luft beim Turbokompressor häufig nicht so tief gekühlt wie beim Kolbenkompressor und scheidet weniger Wasser in den Kühlern aus; dann liefert der Turbokompressor feuchtere Luft in die Leitung als der Kolbenkompressor.

Bei mäßigen Drucksteigerungen in Turbogebläsen bis zu drei Stufen (Enddruck bis etwa 2 ata) braucht man noch nicht zu kühlen.

217. Mechanischer, isothermischer und Gesamtwirkungsgrad. Antriebsleistung und Energieverbrauch der Turbokompressoren. Die mechanischen Reibungsverluste der Turbokompressoren sind klein, weil nur Lagerreibung auftritt. Hin- und hergehende, aufeinander gleitende Teile wie beim Kolbenkompressor fehlen. Man kann deshalb mit einem hohen *mechanischen* Wirkungsgrad (97 bis 98%) rechnen.

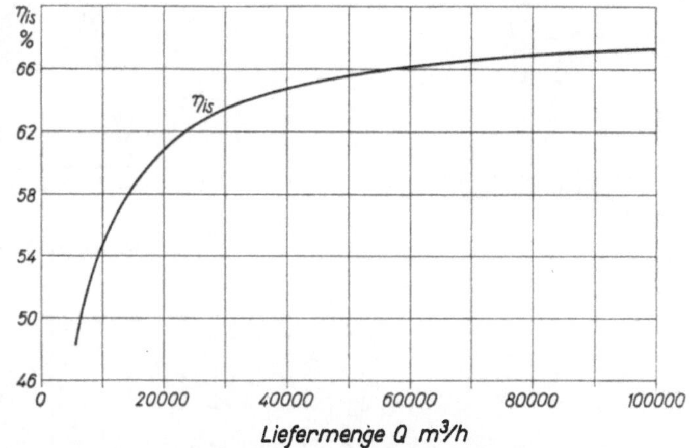

Abb. 428. Isothermischer Wirkungsgrad der Turbokompressoren in Abhängigkeit von der Liefermenge.

Der *isothermische* Wirkungsgrad ist wie beim Kolbenkompressor das Verhältnis der isothermischen Kompressorleistung N_{is}* zur tatsächlichen Antriebsleistung N des Turbokompressors: $\eta_{is} = \frac{N_{is}}{N}$. Obgleich der mechanische Wirkungsgrad des Turbokompressors weit besser als der des Kolbenkompressors ist, ergibt sich doch ein erheblich schlechterer isothermischer Wirkungsgrad, was sich durch die hohen Radreibungs- und Wirbelverluste in der Luft erklärt, worauf schon bei der Kühlung (vgl. Ziffer 216) hingewiesen wurde. Während bei Kolbenkompressoren mit Dampfantrieb der isothermische Wirkungsgrad des Kompressors einschließlich des Antriebes = 0,7 bis 0,72 ist, ist für den Turbokompressor allein $\eta_{is} = 0{,}64$ bis 0,67 bei großen Ausführungen. Kleine Turbokompressoren arbeiten noch bedeutend ungünstiger; bei Fördermengen von 5000 m³/h sinkt der isothermische Wirkungsgrad unter 0,5. Abb. 428 veranschaulicht diese Abhängigkeit des isothermischen Wirkungsgrades von der Liefermenge der Turbokompressoren.

Infolge des schlechteren isothermischen Wirkungsgrades braucht der Turbokompressor eine höhere Antriebsleistung als der Kolbenkompressor. Bei großen Kompressoren mit 7 ata Enddruck, wie sie im Zechenbetriebe üblich sind, braucht man für die stündliche Verdichtung von 1 m³ Luft eine Antriebsleistung von 0,11 bis 0,12 PS. Um eine Überlastungsreserve zu haben, rechne man überschläglich mit 1,3 PS je 10 m³/h der normalen Fördermenge. Bei elektrischem Antrieb, der allerdings seltener als Dampfturbinenantrieb ist, kann man mit rund 0,9 bis 1 kW je 10 m³/h rechnen.

Unter dem *Gesamtwirkungsgrad* eines durch eine Dampfturbine angetriebenen Kompressors versteht man ebenso wie beim Kolbenkompressor das Verhältnis der in kcal gemessenen isothermischen Kompressorarbeit zu dem für die Dampfturbine verfügbaren Wärmegefälle des verbrauchten Dampfes.

[1] Vgl. Ziffer 9 und 201. — * Vgl. Ziffer 206.

Die für Turbokompressoren angegebenen Wirkungsgrade gelten für die normale Fördermenge, bei der sie ihren günstigsten Wert haben; bei größerer und insbesondere bei kleinerer För-

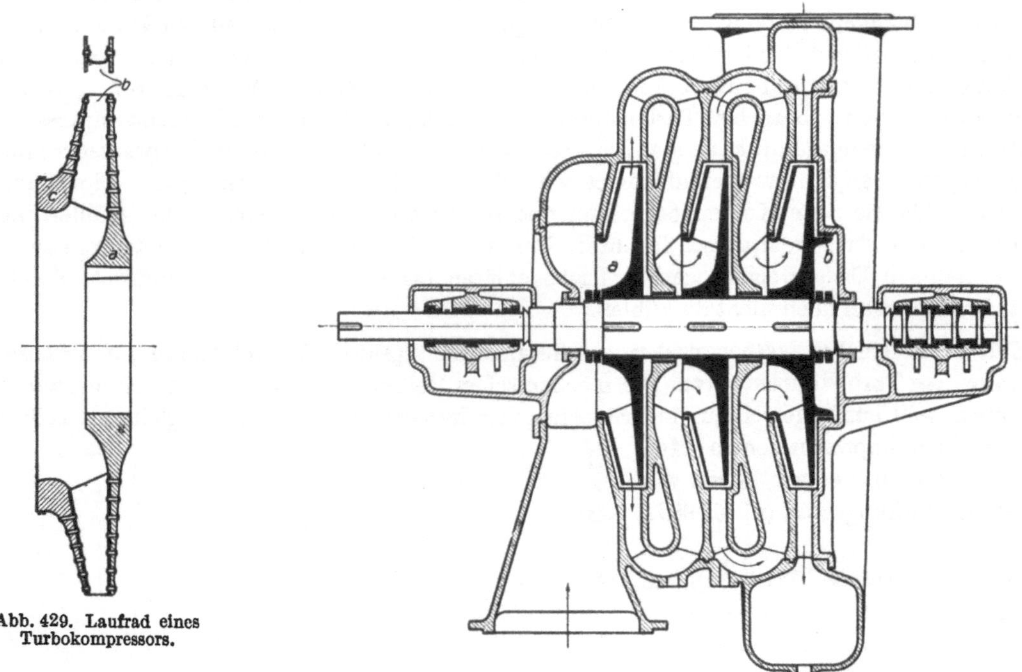

Abb. 429. Laufrad eines Turbokompressors.

Abb. 430. Dreistufiges Kreiselgebläse (Jäger).

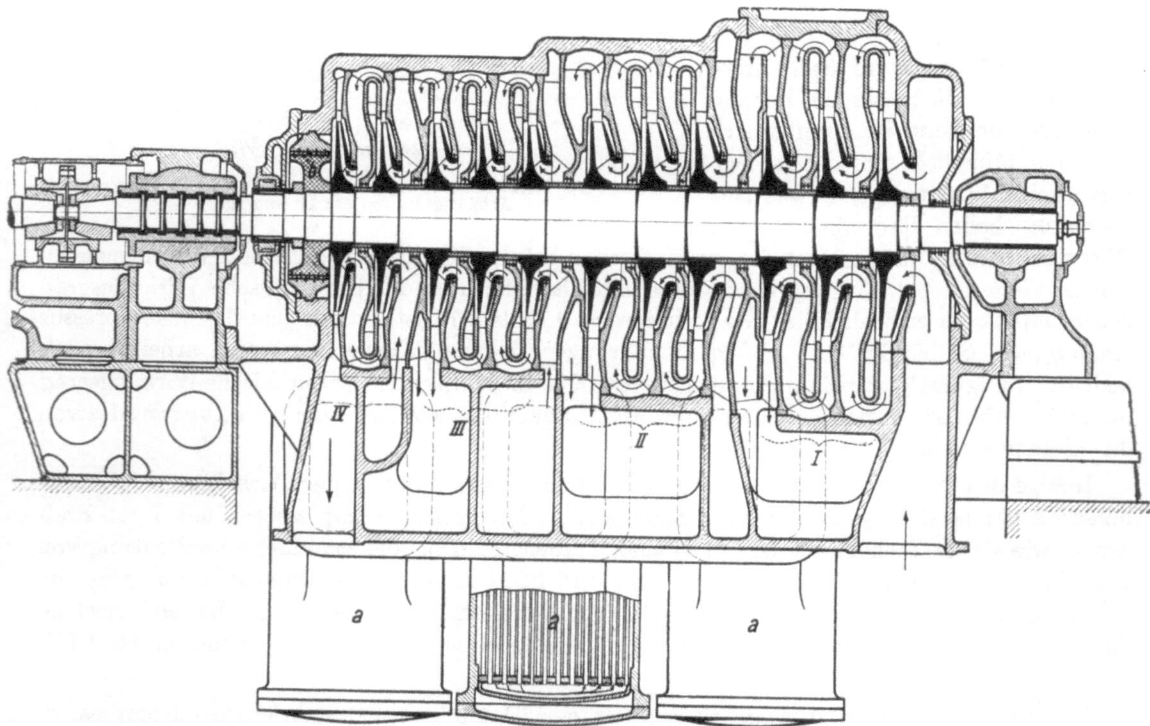

Abb. 431. Turbokompressor mit außenliegenden Zwischenkühlern von C. H. Jäger & Co.

dermenge als normal werden die Wirkungsgrade schlechter. Bei Kolbenkompressoren mit Dampfantrieb ändern sich dagegen die Wirkungsgrade nur geringfügig, wenn sich die Fördermenge ändert, d. h. wenn der Kompressor schneller oder langsamer läuft.

Als *Dampfverbrauch* der durch eine Dampfturbine angetriebenen, normal belasteten Turbokompressoren rechne man überschläglich 0,4 bis 0,6 kg Frischdampf oder 1,2 bis 1,4 kg Abdampf für 1 m^3 angesaugte und auf 7 ata verdichtete Luft.

218. Aufbau und Antrieb der Turbokompressoren. Die Laufräder werden aus Stahl hergestellt, bei hohen Beanspruchungen aus chrom-, molybdänlegiertem Stahl. Abb. 429 (AEG) zeigt ein Laufrad im Schnitt, das aus der Radscheibe *a*, den angenieteten Schaufeln *b* und der an die Schaufeln genieteten Deckscheibe *c* besteht. Die Schaufeln sind entweder U-förmig oder Z-förmig oder direkt mit angefrästen Befestigungszapfen ausgeführt. Man setzt bis zu 12 Räder auf eine Welle, so daß Bergwerkskompressoren üblicher Bauart, die 9 bis 11 Räder brauchen, durchweg eingehäusig ausgeführt werden. Turbokompressoren für höhere Drücke, insbesondere Kompressoren für leichte Gase, die mehr als 12 Druckstufen benötigen, werden mehrgehäusig gebaut. Zur Abdichtung von Rad zu Rad dienen Labyrinthstopfbüchsen.

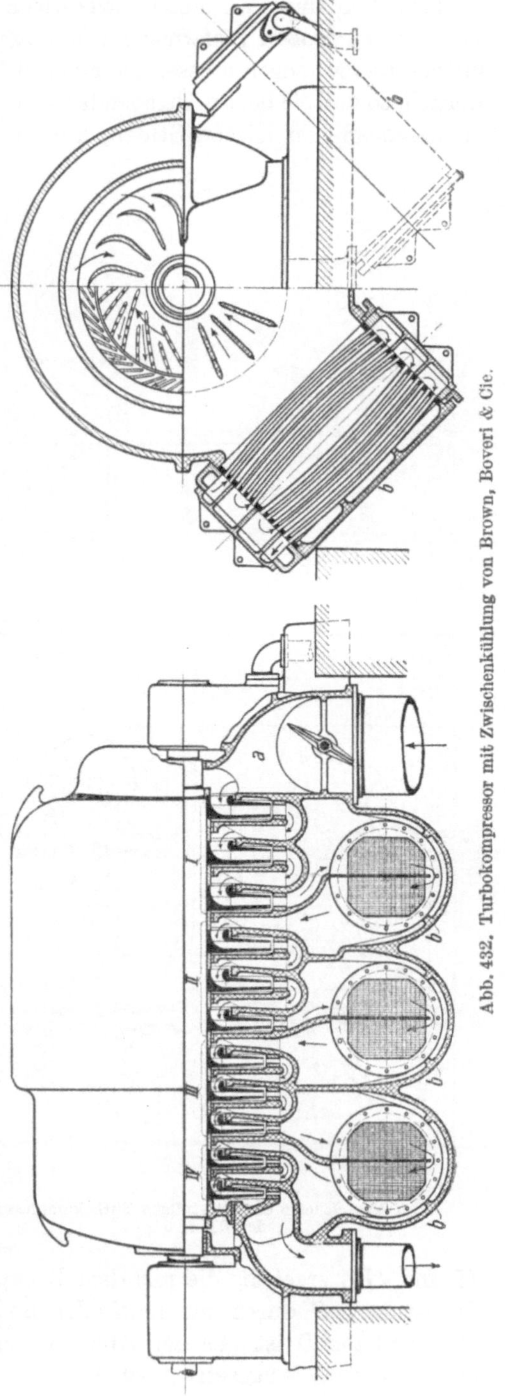

Abb. 432. Turbokompressor mit Zwischenkühlung von Brown, Boveri & Cie.

Man verwendet überwiegend Räder mit einseitigem Einlauf, so daß der der Strömung entgegengerichtete Axialschub[1] ausgeglichen oder aufgenommen werden muß. In der Regel ordnet man einen Ausgleichkolben an, der auf der Innenseite den Druck der letzten Stufe, auf der Außenseite den Druck der Atmosphäre empfängt. In den Abb. 431 (*b*) und 432 ist dieser Ausgleichkolben zu erkennen. Etwa noch bestehender Axialschub wird durch ein Kammlager aufgenommen (aus Abb. 430 und 431 zu ersehen). Bei Turbokompressoren kann man annehmen, daß durch die Labyrinthdichtung des Ausgleichkolbens etwa 1 bis 3% der erzeugten Druckluft abströmen. Brown, Boveri & Cie. benutzen auch bei einem 9stufigen Kompressor die Gegeneinanderschaltung der Laufräder in zwei Gruppen, deren Axialschubkräfte sich ausgleichen, so daß die Labyrinthverluste fortfallen.

Man steigert den Druck nicht in allen Stufen im selben Verhältnis, sondern wendet erst Räder von größerem, dann von kleinerem Durchmesser an. Weil die Luft zunehmend dichter wird, macht man ferner die Räder von Stufe zu Stufe schmaler. Für die letzten in der stark verdichteten Luft laufenden Räder ist es zweckmäßig, daß sie kleineren Durchmesser haben, damit die Radreibung nicht zu groß und die Radbreite im Verhältnis zum Durchmesser nicht zu klein wird. Diese Verringerung der Raddurchmesser und Radbreiten ist aus den Abb. 431 und 432 ersichtlich. Die Gutehoffnungshütte hat bei einem nur 5stufigen Kompressor die Laufräder mit fast gleichem Durchmesser ausgeführt und strömungsgünstige Radbreiten dadurch erreicht, daß die 1. und

[1] Vgl. Ziffer 192.

2. Stufe zweiflutig mit paarweise gegeneinander geschalteten Laufrädern arbeiten. Der Axialschub dieser Stufen hebt sich daher auf, so daß der restliche Axialschub der letzten drei Stufen mit einem verhältnismäßig kleinen Kolben ausgeglichen werden kann.

Turbokompressoren dieser vielstufigen Ausführung mit durchgehender Laufradwelle lassen sich nur bei großen Liefermengen mit brauchbarem Wirkungsgrad bauen (vgl. Abb. 428). Bei kleinen Liefermengen müssen die mit gleicher Drehzahl betriebenen Laufräder klein und schmal werden, so daß sie bei durchgehender Welle immer ungünstigere Strömungsverhältnisse erhalten, besonders in den letzten Stufen, die hochverdichtete Luft von kleinem Volumen zu fördern haben. Mit dem in Abb. 433 schematisch dargestellten Vierstufen-Turbokompressor hat die *Demag* eine Sonderbauart für kleine Liefermengen geschaffen, die diese Nachteile vermeidet, den Wirkungsgrad der Großkompressoren erreicht ($\eta_{is} = 62$ bis 66%) und die früher im Bereich von 8000 bis 18000 m³/h auf den Zechen überwiegend benutzten zweistufigen Dampfkolbenkompressoren zu ersetzen vermag.

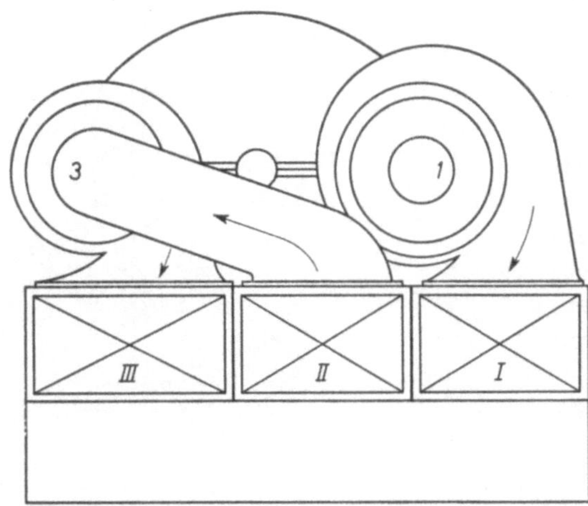

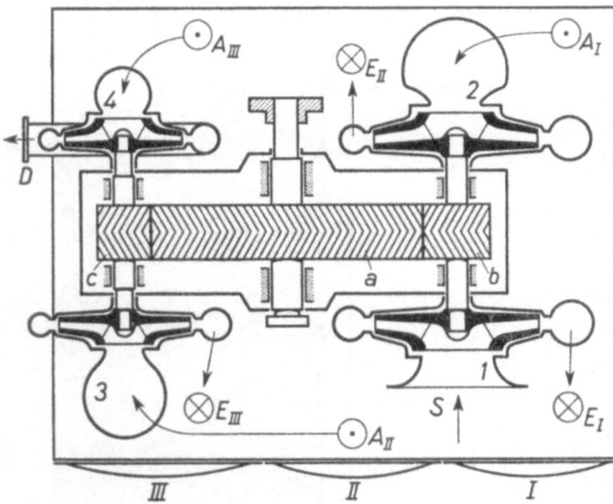

Abb. 433. Schema des vierstufigen Turbokompressors der DEMAG[1].

Um mit nur vier Stufen einen Enddruck von 5 bis 6 atü zu erreichen, sind sehr hohe Umfangsgeschwindigkeiten (rd. 250 m/s) erforderlich, so daß die kleinen Laufräder außergewöhnlich hohe Drehzahlen (8000 bis 12000 min^{-1}) haben müssen. Der elektrisch angetriebene Kompressor hat deshalb ein Zahnradvorgelege, das mit dem großen Rad *a* die Ritzel *b* und *c* auf den Laufradwellen treibt, wobei die Laufräder der Stufen *1* und *2* kleinere Drehzahl als die Laufräder der Stufen *3* und *4* erhalten. Die Verteilung auf zwei Laufradwellen ermöglicht es, den beiden Laufradpaaren die für ihre Größe günstigsten Drehzahlen zu geben, was beim Vielstufenkompressor mit nur einer Welle nicht zu erreichen ist; außerdem können alle Laufräder fliegend mit völlig freiem, strömungsgünstigen Saugmund aufgesetzt werden. Die Druckumsetzung hinter den Laufrädern geschieht in Spiraldiffusoren. Die hohe Verdichtung in den einzelnen Stufen zwingt dazu, nach jeder Stufe zwischenzukühlen, wodurch sich wie bei den Vielstufenkompressoren drei Zwischenkühler (*I*, *II* und *III*) ergeben, die mit dem Kompressor baulich vereint sind. Der Weg der Luft vom Saugstutzen *S* durch die Laufräder und Zwischenkühler (E = Eintritt, A = Austritt) zum Druckstutzen *D* ist aus der Abb. 433 zu ersehen. Die Laufräder sind in der Strömrichtung paarweise entgegengesetzt geschaltet, so daß sich ihr Axialschub aufhebt.

Die *Kühlung* der Turbokompressoren erfolgt entweder in besonderen, außenliegenden Kühlern (Außenkühlung) oder im Innern des Turbokompressors selbst (Innenkühlung). Bei der überwiegend gebrauchten Außenkühlung werden meist 3 Verdichtungsstufen zu einer Gruppe zusammengefaßt; nach jeder Gruppe durchströmt die Luft einen Zwischenkühler und tritt ge-

[1] Vgl. DEMAG-Nachrichten Sept. 1950, S. 51.

kühlt in das erste Laufrad der nächsten Gruppe ein. Für den üblichen 11stufigen Zechenkompressor ergibt sich somit eine dreimalige Zwischenkühlung, und zwar nach dem dritten, sechsten und neunten Laufrad. Nach den beiden letzten Stufen tritt die Luft ungekühlt in die Leitung ein. Die Zwischenkühler können seitlich neben dem Turbokompressor halb über Flur oder ganz unter dem Kompressor aufgestellt werden. Aufbau und Anordnung der Zwischenkühler sind aus den Abb. 431, 432 und 434 ersichtlich.

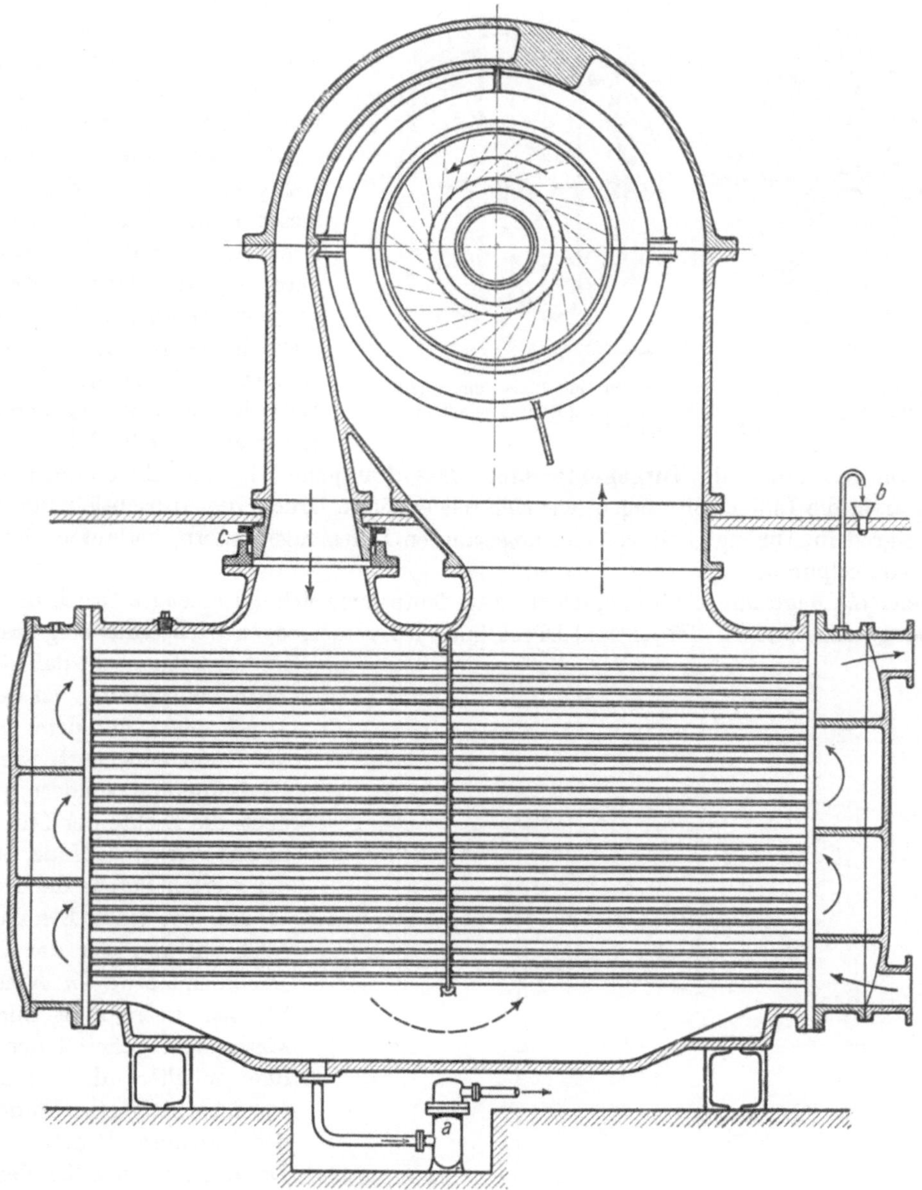

Abb. 434. Querschnitt durch einen Turbokompressor mit außenliegendem Zwischenkühler (AEG).

Ein Beispiel einer Innenkühlung zeigt Abb. 435 (AEG). Die Kühlung ist vollständig in das Gehäuse verlegt. Die Abbildung zeigt links den Schnitt durch die Leitschaufeln, rechts einen durch die hohlen Wassertaschen, in denen das Wasser mehrfach umgelenkt wird. Der Turbokompressor der AEG ist insofern bemerkenswert, als das Gehäuse aus einzelnen Zellen besteht, die durch Ankerbolzen axial zusammengehalten werden. Die AEG verwendet die Innen- oder Gehäusekühlung bis zu Fördermengen von 30000 m³/h. Die Gutehoffnungshütte gelangt mit einer ähnlichen, sehr günstig wirkenden Innenkühlung bis zu Fördermengen von 75000 m³/h.

Sonst wird für hohe Fördermengen durchweg die Außenkühlung bevorzugt, die zwar teurer ist und mehr Raum beansprucht, aber einen günstigeren isothermischen Wirkungsgrad ergibt.

Für den *Antrieb* der Turbokompressoren kommen in erster Linie *Dampfturbinen*, ferner auch *Elektromotoren* in Frage. Die bei Turbokompressoren angewendeten Drehzahlen liegen sehr hoch, etwa zwischen 3000 und 6000 $\min^{-1}$ und mehr, um ausreichende Drucksteigerungen und kleine Maschinen zu erhalten. Mit Dampfturbinenantrieb sind alle Drehzahlen erreichbar, während man bei Drehstromantrieb an die untere Grenze ($n = 3000$ $\min^{-1}$) gebunden ist oder Zahnradübersetzungen verwenden muß. Dampfturbinenantrieb ist wirtschaftlicher, sofern bereits eine Dampfkraftanlage vorhanden ist; er bietet ferner den Vorteil einfacher Drehzahlregelung. Im Ruhrgebiet überwiegt der Dampfantrieb, wogegen in Schlesien und im Saargebiet vielfach elektrischer Antrieb verwendet wird, der hinsichtlich der Betriebssicherheit und schnellen Bereitschaft vorteilhaft ist.

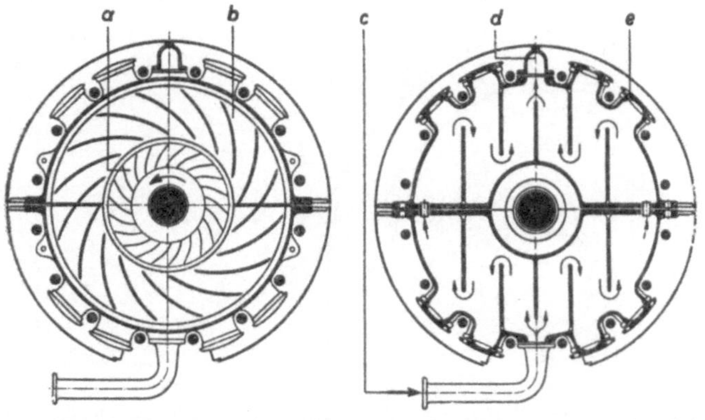

Abb. 435. Gehäusezelle eines Turbokompressors mit Innenkühlung (AEG)[1]. *a* Laufrad, *b* Leitrad, *c* Kühlwasserzufluß, *d* Kühlwasserabfluß, *e* Reinigungsdeckel.

219. Die Kennlinien des Turbokompressors. Das „Pumpen"[2]. Die Kennlinien des Turbokompressors, d. h. die Linien, die zeigen, wie sich der erzeugte Druck, die Antriebsleistung und der Wirkungsgrad in Abhängigkeit von der angesaugten Luftmenge ändern, verlaufen ähnlich wie bei der Kreiselpumpe.

In dem Qh-Diagramm, Abb. 436, ist nur angedeutet, wie sich der erzeugte Druck und η_{is} mit der Ansaugmenge ändern; ferner sind Drucklinien für verschiedene Drehzahlen eingetragen. Es ist hervorzuheben, daß sich beim Turbokompressor der erzeugte Druck nicht mit dem Quadrate der Drehzahl ändert, wie bei der Kreiselpumpe, sondern, weil sich auch die Dichte der Luft ändert, in viel stärkerem Maße, etwa mit der vierten Potenz der Drehzahl, so daß bei einer Erhöhung der Drehzahl um 1% der erzeugte Druck um etwa 4% höher wird. Stabiler Betrieb ist nur rechts *hinter* dem Scheitel der Drucklinie möglich, d. h. nur dann, wenn bei steigender Fördermenge der erzeugte Druck abnimmt. Dann kommt nämlich der Turbokompressor, wenn mehr Luft verbraucht als erzeugt wird, bei niedrigerem Drucke, aber höherer Fördermenge in neues Gleichgewicht. Ebenso kommt er, wenn umgekehrt weniger Luft verbraucht als erzeugt wird, bei höherem Drucke und niedrigerer Fördermenge wieder ins Gleichgewicht. Geht aber die Fördermenge so weit zurück, daß der Turbokompressor links *vor* dem Scheitel der Drucklinie arbeiten müßte, dann hört der stabile Betrieb auf. Der Druck im Leitungsnetz übersteigt den vom Turbokompressor

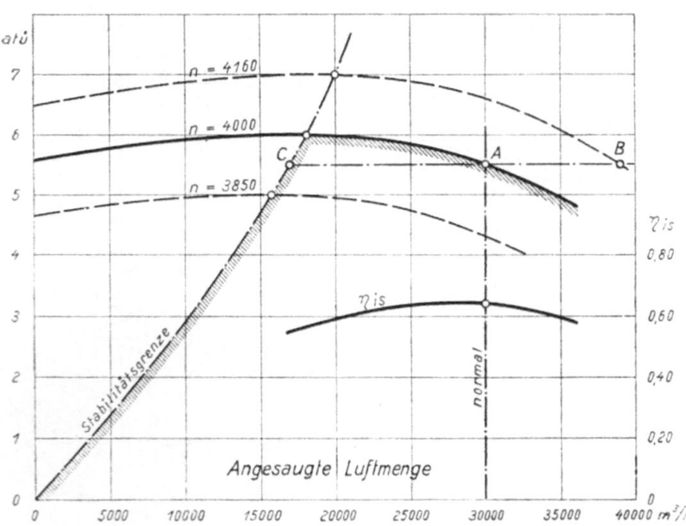

Abb. 436. Kennlinien eines Turbokompressors (Qh-Diagramm).

[1] Aus AEG-Mitteilungen 1927, Heft 8.
[2] Vgl. F. KLUGE: Regelung von Kreiselverdichtern. Z. VDI 1940 S. 837.

erzeugten Druck, so daß die Luft aus dem Netz in den Kompressor zurückströmt und gefährliche Stöße verursacht, bis die Rückschlagklappe in der Druckleitung den Kompressor vom Netz trennt. Damit hört die Förderung des Turbokompressors auf; er läuft aber weiter und erzeugt einen Leerlaufdruck, der unter dem Höchstdruck liegt. Sinkt der Netzdruck durch Luftverbrauch oder Undichtheiten unter diesen Leerlaufdruck, so beginnt der Turbokompressor wieder in die Leitung zu fördern. Dem Leerlaufdruck entspricht aber auf der gleichen Drehzahllinie ein gleicher Druck bei großer Fördermenge, und auf diesen Betriebspunkt springt der Kompressor sofort über. Die Förderung überschreitet damit wieder den Bedarf, so daß der Betriebspunkt infolge der Drucksteigerung von neuem nach links über den Scheitelpunkt hinauswandert und der ganze Vorgang sich wiederholt. Dieses periodische Spiel nennt man das *Pumpen* der Turbokompressoren, welches unbedingt vermieden werden muß. Im Kennliniendiagramm (Abb. 436) ergibt das Arbeitsgebiet rechts von den Scheitelpunkten der Drehzahllinien immer neue Gleichgewichtszustände, es ist also stabil. Dagegen ist das Gebiet links von den Scheitelpunkten labil, dort setzt das Pumpen ein. Die durch die Scheitelpunkte gezogene, beide Gebiete trennende Linie wird daher als *Stabilitäts-* oder *Pumpgrenze* bezeichnet. Das Pumpen ist durch die Betriebsbedingungen des Turbokompressors gegeben, die anders sind als bei einer Turbowasserhaltungspumpe. Ist bei dieser, wenn die Drehzahl zu tief gesunken ist, das Rückschlagventil hinter der Pumpe zugeschlagen, so ist die Turbopumpe nicht imstande, bei geöffnetem Drosselschieber gegen den Druck der Steigleitung, der, solange sie dicht ist, unverändert hoch bleibt, von neuem zu fördern. Der Druck im Druckluftnetz dagegen nimmt, wenn der Turbokompressor aussetzt, schnell ab, weil immer Luft verbraucht wird oder durch Undichtheiten entweicht, so daß der Turbokompressor bald wieder ins Netz fördern kann.

Die Pumpgrenze soll nicht unterschritten werden; mithin stellt die Pumpgrenze auch die untere Grenze des normalen Regelbereiches dar. Bei dem nach Abb. 436 arbeitenden Turbokompressor beträgt die normale Fördermenge 30000 m³/h bei der normalen Drehzahl $n = 4000\ \text{min}^{-1}$ und beim günstigsten Wirkungsgrad $\eta_{is} = 0{,}65$; die Pumpgrenze liegt bei 18000 m³/h, so daß der Kompressor bis auf 60% seiner normalen Fördermenge heruntergeregelt werden kann. Dieser Regelbereich ist sehr eng und für den praktischen Betrieb oft unzureichend, zumal dann, wenn der Kompressor, den Betriebsverhältnissen nicht entsprechend, zu groß gewählt worden ist. Durch konstruktive Verbesserungen ist es bei den neuesten Kompressoren gelungen, die Pumpgrenze weiter nach links zu verlegen und dadurch den Regelbereich zu vergrößern. Ohne Hilfe zusätzlicher Einrichtungen kommen einige Bauarten bis auf etwa 40% der normalen Fördermenge.

Das Pumpen des Turbokompressors tritt in einem Gebiet auf, in dem ohnehin der Wirkungsgrad schlecht ist. Auch aus diesem Grunde soll der Kompressor nur so groß gewählt werden, daß er im Dauerbetrieb immer möglichst weit rechts von der Pumpgrenze auf dem absteigenden Aste der Drucklinie arbeitet. Fällt der Druckluftverbrauch vorübergehend so weit, daß die Pumpgrenze doch unterschritten wird, so kann das Pumpen durch verschiedene Maßnahmen verhindert werden. Am einfachsten ist es, den Luftverbrauch dadurch wieder auf die Pumpgrenzfördermenge zu erhöhen, daß man die zuviel erzeugte Druckluft durch ein *Abblasventil* ins Freie schickt. Es genügt im allgemeinen, das Abblasventil von Hand zu öffnen; man kann aber auch die Abblaseinrichtung selbsttätig gestalten, indem man den dynamischen Druck der durch die Leitung strömenden Luft zur Steuerung des Abblasventiles ausnutzt. Das Verfahren ist einfach, aber unwirtschaftlich, da die überschüssige Luft verlorengeht. Es eignet sich nur dann, wenn die Pumpgrenze an sich tief liegt, und wenn der Luftverbrauch nur kurzzeitig unter die Pumpgrenze sinkt.

Das Abblasverfahren kann dadurch erheblich wirtschaftlicher gestaltet werden, daß man die Abblasluft in einer Turbine arbeiten läßt und dadurch einen Teil der Druckluftenergie zurückgewinnt. Werden die Turbinenlaufräder unmittelbar auf der Turbokompressorwelle befestigt, wie das z. B. bei der aus einem zweikränzigen Gleichdruckrad bestehenden BBC-Rückströmturbine geschieht, so wird die wiedergewonnene Energie an den Kompressor abgegeben und dadurch sein Antrieb entlastet. Mit der selbsttätig gesteuerten BBC-Rückströmturbine kann bis fast zur Nullförderung pumpfrei gefahren werden, jedoch sind oberhalb der Pumpgrenze dauernd die Leerlaufverluste der Rückströmturbine in Kauf zu nehmen.

Für Turbokompressoren, die oft unterhalb der Pumpgrenze arbeiten, wird vorteilhafter die Leerlauf- oder Aussetzerregelung angewendet, bei der die Förderung zeitweilig abgestellt wird, wenn der Verbrauch unter die Liefermenge des Kompressors an der Pumpgrenze sinkt. Grundbedingung für die Aussetzerregelung ist ein genügend großes Leitungsnetz, welches während des Aussetzens der Förderung als Speicher dienen muß. Die Aussetzerregelung ist mit Druckschwankungen verknüpft, die sich aber in erträglichen Grenzen halten lassen und um so geringer sind, je flacher die Drucklinie im *Qh*-Diagramm verläuft (vgl. Abb. 436). Die Förderung des Kompressors wird ausgesetzt, indem man die Saugleitung durch eine Klappe abschließt, nachdem vorher die Druckleitung durch eine Rückschlagklappe abgesperrt worden ist. Bei vollkommenem Leerlauf erhitzt sich der Kompressor zu stark, weshalb man eine geringe Menge Luft ansaugen, verdichten und dann abblasen oder auch rückströmen läßt. Die Antriebsleistung sinkt dabei auf etwa 15% der Pumpgrenzleistung, so daß die Aussetzerregelung von allen Verfahren am wirtschaftlichsten arbeitet.

Ein Vergleich der drei genannten Verfahren hinsichtlich der erforderlichen Antriebsleistungen und der spezifischen Leistungen in PS je m³/h oder PSh/m³ ist für die Verdichtung von 1 ata auf 7 ata und bei einer normalen Fördermenge von 40000 m³/h in Abb. 437[1] wiedergegeben. Es gelten die Linien *a* für Abblasregelung, *b* für Regelung mit Rückströmturbine und *c* für Aussetzerregelung. Die Pumpgrenze liegt bei 20000 m³/h, d. h. bei 50% der normalen Fördermenge.

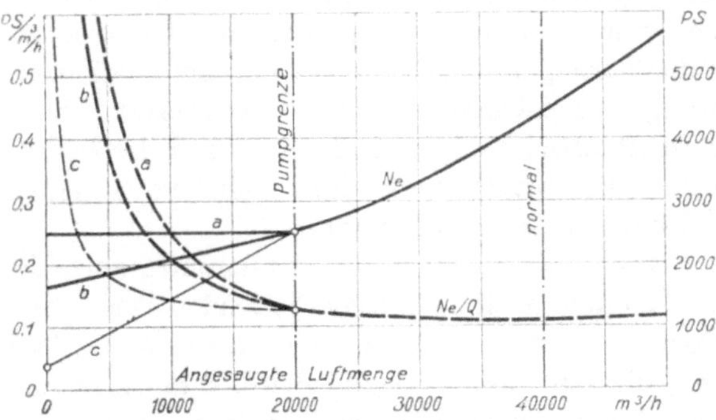

Abb. 437. Vergleich der Regelungsarten im Gebiet unterhalb der Pumpgrenze.

Bei elektrischem Antrieb des Turbokompressors kann die Aussetzerregelung auch einfach dadurch erzielt werden, daß der Kompressor in Abhängigkeit vom Luftverbrauch selbsttätig zu- und abgeschaltet wird.

220. Regelung des Druckes bei Turbokompressoren[2]. Im Zechenbetriebe wird Regelung auf gleichbleibenden Druck unabhängig von der Fördermenge verlangt, weil zum Betrieb der Druckluftwerkzeuge und -motoren möglichst gleichbleibender Luftdruck benötigt wird, während der Verbrauch stark schwankt. Am einfachsten kann der Druck bei veränderlicher Fördermenge durch Regelung der Drehzahl konstant gehalten werden, wie es das Kennliniendiagramm Abb. 436 erkennen läßt. Der verlangte Druck sei 5,5 atü. Die normale Fördermenge von 30000 m³/h wird bei diesem Druck mit der Drehzahl $n = 4000$ min^{-1} erreicht (Punkt A). Den gleichen Druck erhält man bei der Fördermenge 39000 m³/h, wenn die Drehzahl auf $n = 4160$ min^{-1} gesteigert wird (Punkt B), oder bei der Mindestförderung von 17000 m³/h im stabilen Gebiet, wenn die Drehzahl auf $n = 3925$ gesenkt wird (Punkt C). Innerhalb der Drehzahlen $n = 3925$ min^{-1} bis 4160 min^{-1} wird also im stabilen Gebiet ein Regelbereich von 17000 m³/h bis 39000 m³/h beherrscht. Soll der Druck an den *Verbrauchsstellen* gleich gehalten werden, so ist zu berücksichtigen, daß mit zunehmender Fördermenge die Luftgeschwindigkeit wächst und daß quadratisch mit der Geschwindigkeit der Leitungswiderstand zunimmt. Demgemäß muß der Kompressor einen mit zunehmender Fördermenge steigenden Druck liefern, was ebenfalls durch Drehzahlerhöhung erreicht wird, jedoch unter Verringerung des Regelbereiches. Die Drehzahlregelung ist einfach und wirtschaftlich durchzuführen, wenn der Turbokompressor durch eine *Dampfturbine* angetrieben wird, indem die Dampfzufuhr zur Turbine in Abhängigkeit vom Luftdruck so geregelt wird, daß sich die jeweils erforderliche Drehzahl einstellt.

Ist Drehzahlregelung nicht möglich, so macht man Gebrauch von der *Drosselregelung*. Entweder wird die Saug- oder die Druckleitung gedrosselt. Die Drosselung ist stets mit Energie-

[1] Nach Werten von Kluge, vgl. Fußn. 2 S. 338.

[2] Hier ist nur die Regelung im stabilen Gebiet behandelt. Über Regelung im Gebiet unterhalb der Pumpgrenze vgl. Ziffer 219.

verlust verbunden, der bei Drosselung der Druckleitung größer als bei Drosselung der Saugleitung ist. Drosselregelung ist stets unwirtschaftlicher als Drehzahlregelung. Läßt sie sich nicht umgehen, wie das beim Antrieb des Kompressors durch einen nicht in der Drehzahl regelbaren *Drehstrommotor* der Fall ist, so ist möglichst die etwas günstigere Saugdrosselung anzuwenden. Ist die unveränderliche Drehzahl nach dem Beispiel in Abb. 436 $n = 4000\ \text{min}^{-1}$, so kann mit Drosselregelung nach der Linie AC gefahren werden. Die Fördermenge in A kann nicht überschritten werden, wenn ein Druck von 5,5 atü einzuhalten ist; der Regelbereich im stabilen Gebiet erstreckt sich somit nur von 17000 bis 30000 m³/h. Es wird entweder von Hand oder selbsttätig in Abhängigkeit vom Luftdruck geregelt.

Bei Drehstromantrieb kann ferner auch Aussetzerregelung angewendet werden, durch die der Kompressor bei steigendem Druck selbsttätig abgeschaltet und dann bei gesunkenem Druck wieder eingeschaltet wird. Je nach der Speicherfähigkeit des Netzes und der Größe der wechselnden Entnahme müssen dabei mehr oder weniger große Druckschwankungen in Kauf genommen werden.

221. Vergleich des Turbokompressors mit dem Kolbenkompressor[1]. Der Turbokompressor zeichnet sich vor dem Kolbenkompressor durch Lieferung eines völlig gleichmäßigen Luftstromes aus, wobei die Luft ölfrei ist, weil sie nicht mit geschmierten Flächen in Berührung kommt. Als schnellaufende Maschine bleibt der Turbokompressor auch bei hohen Leistungen klein und beansprucht etwa nur $^1/_5$ des Platzes einer gleich leistungsfähigen Kolbenkompressoranlage. Dem Turbokompressor fehlen die hin- und hergehenden Massen des Kolbenkompressors, so daß kleine, leichte Fundamente ausreichend sind. Der Turbokompressor arbeitet ohne Steuerventile und vermeidet die damit verbundenen betrieblichen Schwierigkeiten. Der Ölverbrauch ist geringer als bei Kolbenkompressoren. Die Anlagekosten sind, gleichgültig ob mit elektrischem oder mit Dampfantrieb gearbeitet wird, bei Turbokompressoren immer geringer als bei Kolbenkompressoren. Der Kostenunterschied wächst mit der Fördermenge; überschläglich kann man bei 7 ata Enddruck das Kostenverhältnis rechnen mit 0,7 : 1 bei 20000 m³/h und 0,65 : 1 bei 30000 m³/h und mehr. Auch die Wartungskosten sind beim Turbokompressor bedeutend geringer. Anders liegen die Verhältnisse bei den Energiekosten; hier wirkt sich der insbesondere bei kleinen Fördermengen bedeutend schlechtere isothermische Wirkungsgrad ungünstig für den Turbokompressor aus. Erst bei höheren Leistungen wird der Turbokompressor dem Kolbenkompressor hinsichtlich des spezifischen Dampfverbrauches D/Q kg/m³ gleichwertig, weil die antreibende Dampfturbine der Kolbendampfmaschine überlegen ist. Das gilt allerdings nur unter der Voraussetzung, daß der Turbokompressor mit voller Leistung bei günstigstem Wirkungsgrad arbeitet. Abb. 438 veranschaulicht die Verhältnisse. Bei einer Liefermenge von rd. 25000 m³/h kommen beide Kompressorarten auf den gleichen Energieverbrauch. Unter Berücksichtigung der Anlagekosten kann die wirtschaftliche Grenze im Bereich von 15000 bis 20000 m³/h angesetzt werden; das gilt für hohe zeitliche Ausnutzung. Bei geringer Ausnutzung arbeitet der Turbokompressor auch bei noch kleineren Fördermengen durchaus wirtschaftlich und vermag seiner sonstigen Vorteile halber vielfach den Kolbenkompressor bis zu Fördermengen von 8000 m³/h zu verdrängen. Das Hochdruckgebiet bleibt jedoch dem Kolbenkompressor vorbehalten. In der Regelbarkeit ist der durch Dampf angetriebene Kolbenkompressor dem Turbokompressor

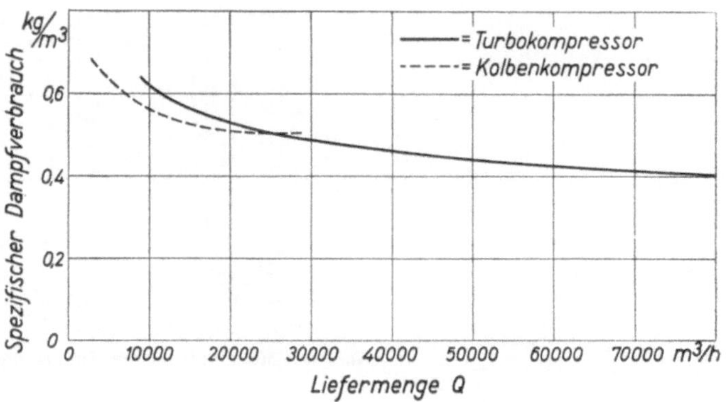

Abb. 438. Vergleich des spezifischen Dampfverbrauches bei Kolben- und Turbokompressoren.

[1] Vgl. hierzu auch die wirtschaftlichen Ausführungen von HINZ: Vergleich zwischen Kolben- und Kreiselverdichtern. Z. VDI 1937 S. 687.

überlegen, da der Kolbenkompressor bei annähernd gleichbleibendem Wirkungsgrade und spezifischem Dampfverbrauche bis auf die kleinsten Liefermengen herunter regelbar ist. Arbeitet ein Kolbenkompressor mit einem Turbokompressor parallel, wird man also in erster Linie mit dem Kolbenkompressor regeln. Während beim Kolbenkompressor die Fördermenge aus der Drehzahl bestimmbar ist, ist beim Turbokompressor eine besondere Meßeinrichtung anzuordnen, welche die Fördermenge anzeigt und registriert.

222. Leistungsversuche an Turbokompressoren mit Dampfantrieb. Für Untersuchungen an Turbokompressoren gelten die vom Vereine deutscher Ingenieure aufgestellten Regeln für

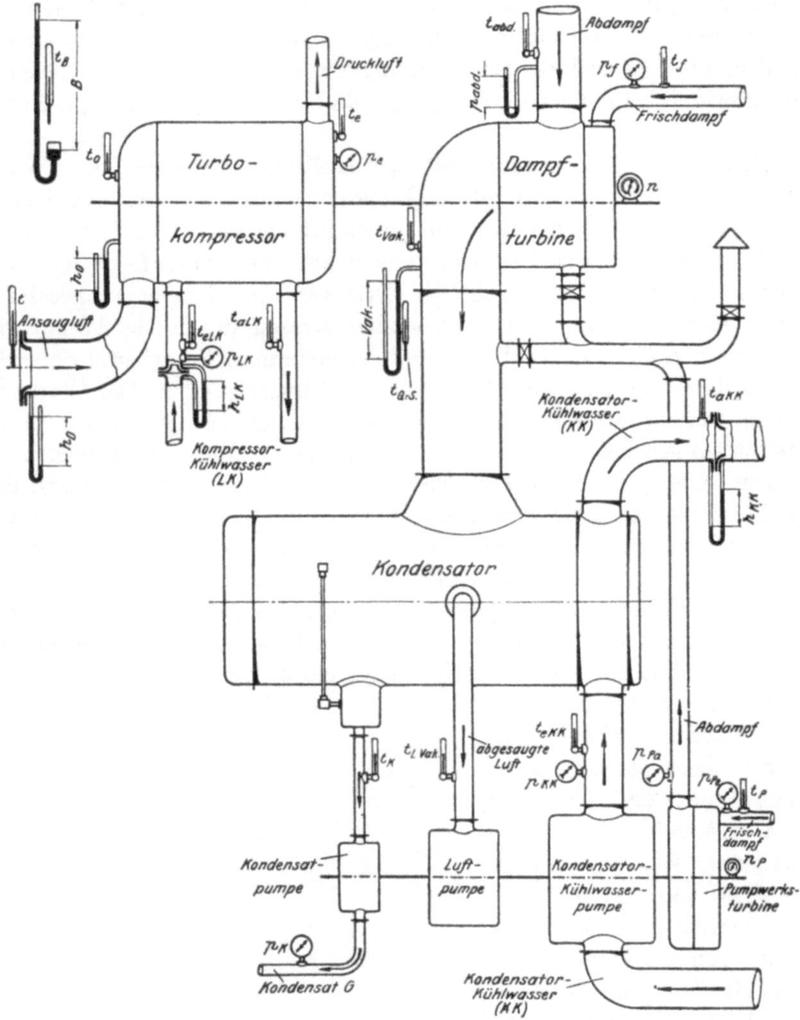

Abb. 439. Meßanordnung für Turbokompressoren.

Leistungsversuche an Verdichtern. Wegen der vorzunehmenden Messungen sei auf Ziffer 214 verwiesen. Die Luft wird durch Düsen gemessen. In der den Regeln entnommenen Abb. 439 ist ein Turbokompressor nebst antreibender Dampfturbine dargestellt und angedeutet, wo und wie die Meßinstrumente anzuordnen sind. Wegen der Bezeichnungen vgl. Ziffer 214. Die Düse zur Messung der Ansaugluft, die in der Abbildung als Einlaufdüse ausgeführt ist, wird neuerdings als Durchflußdüse benutzt, indem der Düse noch eine Rohrleitung vorgeschaltet wird. Es ist zu beachten, daß die fortgedrückte Luftmenge um die Stopfbüchsenverluste geringer ist als die angesaugte Luftmenge[1].

[1] Vgl. ROLLWAGEN: Abnahmeversuche an Turbokompressoren. Z. VDI 1927 S. 196.

XXIII. Druckluftenergieübertragung.

223. Allgemeines über Druckluftenergieübertragung im Bergbau. Für den Antrieb der Untertagemaschinen kommen zwei Energieformen in Frage: Druckluft und Elektrizität. Jede hat ihre Vor- und Nachteile je nach Art der Verwendung, und es ist im Rahmen des Gesamtbetriebes stets zu prüfen, welcher Energie für einen bestimmten Antrieb der Vorzug zu geben ist. Die Vielgestaltigkeit des untertägigen Maschinenbetriebes wird normalerweise einen rein elektrischen Betrieb oder reinen Druckluftbetrieb nicht zulassen. Der Gemischtbetrieb ist gewöhnlich am vorteilhaftesten; es sind dann zwar zwei Leitungsnetze für die Energieübertragung erforderlich, was jedoch bei den von jeder Art gebrauchten großen Energiemengen durchaus tragbar ist.

Die Druckluft dient in der Grube hauptsächlich zum Antriebe von Bohr- und Abbauhämmern, Schrämmaschinen, Schüttelrutschen, Förderbändern, Haspeln aller Art, Simplex- und Duplexpumpen, Luttenventilatoren, Lademaschinen und Aufschiebevorrichtungen. Ferner wird sie für die Sonderbewetterung mit Düsen verwendet. Weiterhin erfordert der Blasversatz große Druckluftmengen. Besonders vorteilhaft, wenn nicht gar unersetzlich ist die Druckluft überall dort, wo hin- und hergehende Bewegungen zu erzeugen sind, z. B. bei den schwungradlosen Pumpen, Schüttelrutschen und Schlagwerkzeugen. Nach dem heutigen Stand der Mechanisierung im Bergbau kann man je Tonne geförderte Kohle einen mittleren Luftverbrauch von 300 bis 400 m³ rechnen. Höherer Luftverbrauch kann stärkere Mechanisierung oder aber auch größere Unwirtschaftlichkeit in der Druckluftausnutzung kennzeichnen. Wird viel mit Blasversatz gearbeitet, der außerordentlich große Luftmengen benötigt, so kommt man auf einen Luftverbrauch von etwa 500 bis 550 m³ je Tonne Kohle. Bei einem mittleren Luftpreis von 0,60 Dpf./m³ ergibt sich eine Luftkostenbelastung von 1,80 bis 3,30 DM je Tonne Kohle.

Der Wirkungsgrad der Druckluftenergieübertragung ist im Verhältnis zur Elektrizität gering, so daß sich ziemlich hohe Energiekosten ergeben. Andererseits sind die Anlagekosten und damit die Kapitalkosten niedriger, wodurch der Druckluftbetrieb sich genügend wirtschaftlich gestalten läßt, was besonders dann gilt, wenn die Druckluftmaschinen einen geringen zeitlichen Ausnutzungsgrad haben. Weiterhin steht dem geringen Wirkungsgrad als Ausgleich der Vorteil der Sicherheit gegenüber. Alle Gefahren der Elektrizität, insbesondere die nie ganz zu bannende Gefahr der Schlagwetterzündung, fallen bei der Druckluft fort.

Die Verteilung der Druckluft an die Untertagebetriebe verlangt ein ausgedehntes Rohrnetz, in dem man das Hauptnetz und die Reviernetze unterscheidet. Im Hauptnetz hat man Rohrweiten von 500 bis 100 mm, in den Reviernetzen von 150 bis 25 mm. Die Gesamtlänge der Leitungen erstreckt sich über viele Kilometer. Ortsbewegliche Maschinen werden durch Schlauchleitungen an das Rohrnetz angeschlossen. — Das Rohrnetz bietet einen von keinem Kabelnetz erreichbaren Vorteil, der zwar mit der Energieübertragung nichts zu tun hat, aber trotzdem nicht zu unterschätzen ist: Das Rohrnetz wirkt *gefahrvermindernd,* indem es Verschütteten zur Nachrichtenvermittelung und zur Luft- und Nahrungszufuhr dienen kann.

Die langen Rohrleitungen haben naturgemäß einen beträchtlichen Druckabfall zur Folge. Der hierdurch entstehende Energieverlust ist jedoch nicht dem Druckabfall proportional, wie vielfach im Vergleich mit dem elektrischen Spannungsabfall angenommen wird, sondern geringer[1]. Will man in der Grube an den Motoren 4 atü Betriebsdruck haben, so muß man über Tage im Kompressor die Luft auf 5 bis 6 atü verdichten. Ferner ist mehr Luft zu verdichten, als die Motoren unmittelbar brauchen, um die Undichtheitsverluste des Rohrnetzes zu decken.

Die Druckluftmotoren haben bei 4 atü Betriebsdruck einen mittleren Luftverbrauch von 45 bis 55 m²/PSh. Die Leistungen der Druckluftmaschinen liegen zwischen 0,5 und 150 PS, in Sonderfällen noch darüber hinaus; die größte Wirtschaftlichkeit haben aber nur Motoren bis etwa 40 PS. Für höhere Leistungen, besonders im Dauerbetrieb, ist der elektrische Antrieb unbedingt wirtschaftlicher und daher vorzuziehen, wenn es die Verhältnisse nur irgend erlauben. Die vorher genannten Luftverbrauchszahlen je Tonne Kohle sollten als Höchstwerte angesehen

[1] Vgl. Ziffer 232.

werden, so daß bei weiterer Mechanisierung der zusätzlich benötigte Energiebedarf durch Elektrizität zu decken ist.

Druckluftmotoren arbeiten oft mit Vollfüllung; der Nachteil der Nichtausnutzung des Expansionsvermögens der Luft wird dann durch einfachste und kleinste Bauart der Motoren ziemlich ausgeglichen. Vollkommene Expansion ist schon wegen der Vereisungsgefahr infolge Abkühlung unter den Gefrierpunkt und Wasserabscheidung aus der Luft unmöglich[1].

Druckluft als Energieträger bietet noch den Vorteil der Abkühlung und Vermehrung der Grubenwetter, was für manche Betriebspunkte wohl ausschlaggebend sein kann[2], im allgemeinen aber auch nicht überschätzt werden darf. Die im Motor adiabatisch expandierende, Arbeit verrichtende Druckluft kühlt sich stark ab und vermag der Umgebung Wärme zu entziehen. Nun ist aber zu berücksichtigen, daß ein Teil der vom Kompressor verdichteten Luft schon vor den Motoren durch Undichtheiten der Rohrleitung entweicht, daß ferner die Motoren die Luft nur zu etwa 70% in Nutzarbeit umsetzen und daß ein großer Anteil in Vollfüllungsmotoren ohne Expansion ausgenutzt wird. Der noch verbleibende Rest kann infolge der Vereisungsgefahr auch nur mit unvollkommener Expansion arbeiten. Die tatsächliche *Kühlwirkung* der Druckluft ist deshalb im Verhältnis zu ihrer Menge und dem verfügbaren Druckgefälle nur gering. Sie kommt außerdem nur bei den Hubarbeit verrichtenden Maschinen zur Geltung; bei allen anderen Maschinen (z. B. Schrämmaschinen, Hämmern, Rutschen, Förderbändern, Schrappern) wird sie jedoch von der in Wärme umgewandelten Reibungsarbeit wieder aufgehoben. Ergibt sich im letzteren Fall zwar auch keine Temperatursenkung, so wird doch wenigstens einer Temperaturerhöhung der Wetter vorgebeugt. Zusammenfassend kann unter durchschnittlichen Verhältnissen nur mit einer Temperatursenkung der gesamten Wettermenge um 0,5 bis 1° gerechnet werden. An einzelnen Betriebspunkten mit großer Maschinenleistung und geringer Wetterzufuhr (z. B. Haspel- und Pumpenkammern) ist die Abkühlung stärker. Im Vergleich zur Druckluft wirkt elektrische Energie immer nachteilig auf die Wettertemperatur, denn mit Ausnahme des in Nutzhubarbeit umgewandelten Anteils wird alle elektrische Energie in Strom- und Reibungswärme umgesetzt, die die Temperatur der Wetter erhöht[3].

224. Wasserabscheidung aus der Druckluft[4]. Luft enthält immer Wasser in Dampfform. Der höchstmögliche Wasserdampfgehalt ist nur von der Temperatur abhängig. Auf den Druck kommt es dabei nicht an; hochverdichtete Luft kann im gleichen Raum und bei gleicher Temperatur nicht mehr Wasser in Dampfform halten als niedriggespannte. Enthält die Luft weniger Wasserdampf, als sie ihrer Temperatur entsprechend halten könnte, so ist sie nicht mit Feuchtigkeit gesättigt. Das Verhältnis des tatsächlichen Wasserdampfgehaltes zum höchstmöglichen Gehalt wird als *Feuchtigkeitsgrad* oder relative Feuchtigkeit bezeichnet und in Prozenten angegeben. Je höher die Temperatur ist, um so mehr Wasser kann die Luft dampfförmig aufnehmen. 1 m³ Luft von der Temperatur t enthält maximal so viel Wasserdampf wie 1 m³ Wasserdampf bei dieser Temperatur wiegt. Dem Diagramm Abb. 440 kann der maximale dampfförmige Wassergehalt der Luft in Abhängigkeit von der Temperatur in dem für den Druckluftbetrieb in Frage kommenden Temperaturbereich von $-60°$ bis $+110°$ C entnommen werden. Z. B. enthält *gesättigte* Luft 0,04 g/m³ bei $-50°$ C, 17,3 g/m³ bei $+20°$ C und 500 g/m³ bei $+95°$ C. Bei einem Feuchtigkeitsgrad von $\varphi = 60\%$ enthält Luft von 20° C nur $\varphi \cdot 17{,}3 = 0{,}6 \cdot 17{,}3 = 10{,}4$ g Wasserdampf je m³. Kühlt man diese ungesättigte Luft ab, so nimmt der Feuchtigkeitsgrad zunächst zu. Nach Erreichen der 100%-Grenze (Taupunkt) wird bei weiterer Abkühlung der überschüssige Wasserdampf kondensiert und nebel- oder tropfenfömig ausgeschieden. Es werde das obige Beispiel der Luft von $\varphi = 60\%$ und 20° C mit 10,4 g/m³ weiter verfolgt: Bei Abkühlung auf $+15°$ C beträgt der maximale Wasserdampfgehalt 12,8 g/m³; der Gehalt von

[1] Vgl. Ziffer 226.

[2] So sind z. B. von der Demag Druckluft-Pfeilradmotoren von der ungewöhnlichen Leistung von 400 PS als Wasserhaltungsantriebe für große Teufen südafrikanischer Gruben geliefert worden, wo Elektromotoren infolge der hohen Temperaturen ungeeignet waren.

[3] 1 kW erwärmt die Wettermenge 100 m³/min um rd. 0,5°; bei reiner Hubförderung ist die Erwärmung nur rd. 0,15°, wenn $\eta_{ges.} = 70\%$ angenommen wird, also nur 0,3 kW in Wärmeleistung umgesetzt werden.

[4] Vgl. C. Hoffmann: Wasserabscheidung und Druckregelung in Druckluftnetzen als Sparmaßnahme. Bergbau 1942 S. 235—241.

10,4 g/m³ entspricht somit einem Feuchtigkeitsgrad von $\varphi = \frac{10,4}{12,8} = 0,81 = 81\%$. Für den Gehalt von 10,4 g/m³ findet man aus dem Diagramm + 12° C als zugehörige Sättigungstemperatur, d. h. bei Abkühlung auf + 12° C wird der Feuchtigkeitsgrad 100%. Bei weiterer Abkühlung wird Wasser flüssig abgeschieden, z. B. kann die Luft bei + 5° C nur noch 6,8 g Wasserdampf je m³ halten, so daß 10,4 — 6,8 = 3,6 g/m³ flüssig ausfallen. Bei den geringen Temperaturunterschieden des vorstehenden Beispieles konnte die Volumenverminderung der Luft durch Temperaturabnahme noch vernachlässigt werden; bei größeren Temperaturschwankungen, insbesondere in Verbindung mit Druckänderungen muß das Luftvolumen für jeden Zustand nach dem vereinigten Gesetz von Mariotte und Gay-Lussac: $V_2 = V_1 \frac{p_1}{p_2} \frac{T_2}{T_1}$ berechnet werden (vgl. Ziffer 3). Es sei zunächst an zwei Beispielen der Einfluß der Druckänderung allein betrachtet: Werden 5 m³ Luft von 1 ata, 20° C und 100% Feuchtigkeitsgrad mit 5 · 17,3 = 86,5 g Wasserdampf auf 5 ata verdichtet und auf die Anfangstemperatur zurückgekühlt, so erhält man ein

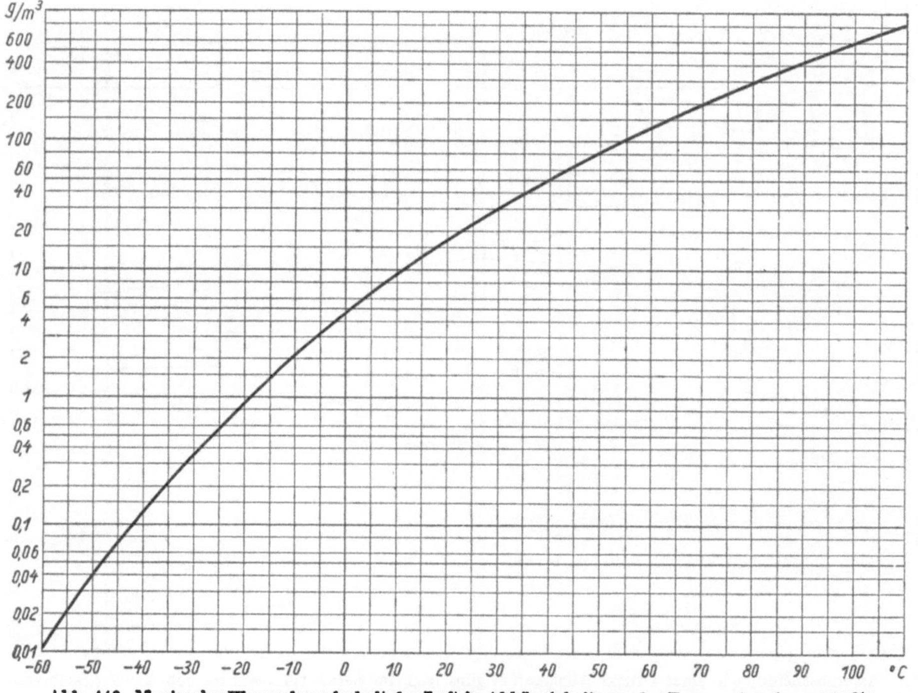

Abb. 440. Maximaler Wasserdampfgehalt der Luft in Abhängigkeit von der Temperatur ($\varphi = 100\%$).

Endvolumen von 1 m³, das nur 17,3 g Wasserdampf enthalten kann. 86,5 — 17,3 = 69,2 g Wasser werden flüssig abgeschieden. Nach Entspannung auf 1 ata durch Drosselung unter Einhaltung der Anfangstemperatur wird das Anfangsvolumen von 5 m³ zurückerhalten, das jetzt aber nur 17,3 g Wasserdampf, d. h. 17,3 : 5 = 3,46 g/m³ enthält, entsprechend einem Feuchtigkeitsgrad von 20%. Die Luft ist durch die Wasserabscheidung infolge der Verdichtung bedeutend trockener geworden. Diese Trocknung spielt besonders bei Hochdruckluft eine Rolle, wie es das folgende Beispiel zeigt. Unter gleichen Temperatur- und Feuchtigkeitsverhältnissen wie im ersten Beispiel sollen 200 m³ Luft von 1 ata auf 1 m³ von 200 ata verdichtet werden. Bei 20° C enthalten 200 m³ Luft 200 · 17,3 = 3460 g Wasserdampf. Infolge der Volumenverringerung auf 1 m³ müssen 3460 — 17,3 = rd. 3443 g Wasser abgeschieden werden. Nach Entspannung auf den Anfangszustand ist der Wasserdampfgehalt nur noch 17,3 : 200 = 0,0865 g/m³ und der Feuchtigkeitsgrad = 0,5%. Diese Luft würde erst bei Abkühlung unter — 43° C weiteres Wasser abscheiden (vgl. Abb. 440).

Welche bedeutenden Wassermengen im Druckluftbetriebe abgeschieden werden, sei am Beispiel einer Kompressoranlage für durchschnittliche Feuchtigkeits- und Temperaturverhältnisse betrachtet. Hierbei müssen die Druck- *und* die Temperaturänderungen berücksichtigt werden.

Ein zweistufiger Kompressor mit Zwischenkühlung soll stündlich 10000 m³ Luft von 1 ata auf 7 ata verdichten. Die Ansaugtemperatur der Luft sei 20° C, ihr Feuchtigkeitsgrad 75%. Der Zwischendruck sei 2,7 ata, die Lufttemperatur 100° C beim Eintritt in den Zwischenkühler und 30° C beim Austritt. Mit 10000 m³ Luft werden der Anlage stündlich $10000 \cdot 0{,}75 \cdot 17{,}3 =$ 130000 g Wasserdampf zugeführt. Das Endvolumen der 1. Kompressorstufe ist $10000 \cdot \frac{1}{2{,}7} \cdot \frac{373}{293}$ $= 4720$ m³/h. Diese Menge kann bei der hohen Temperatur von 100° C maximal $4720 \cdot 600$ $= 2832000$ g Wasserdampf enthalten, so daß im Niederdruckzylinder von den zugeführten 130000 g noch nichts abgeschieden wird; der gesamte Wasserdampf gelangt mit der Luft in den Zwischenkühler. Durch Abkühlen auf 30° C verringert sich hier das Volumen auf $10000 \cdot \frac{1}{2{,}7} \cdot \frac{303}{293}$ $= 3830$ m³/h. In 3830 m³ können bei 30° C mit maximal 30 g/m³ nur $3830 \cdot 30 = 114900$ g Wasserdampf enthalten sein, so daß von den zugeführten 130000 g stündlich 15100 g Wasser im Zwischenkühler abgeschieden werden. Im Hochdruckzylinder findet infolge der hohen Ver-

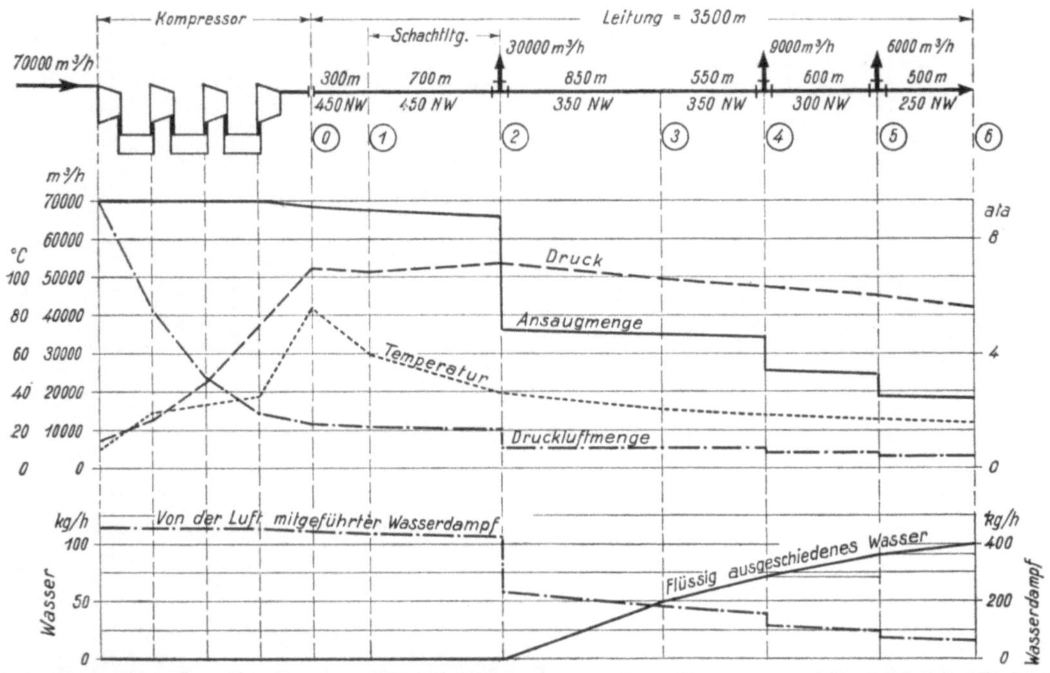

Abb. 441. Wasserabscheidung in einer Druckluftanlage bei günstigen, mittleren Temperatur- und Feuchtigkeitsverhältnissen (Außentemperatur 10° C, Feuchtigkeitsgrad 70%).

dichtungstemperatur ebenso wie im Niederdruckzylinder keine Wasserabscheidung statt, so daß dem Netz stündlich 114900 g Wasserdampf zugeführt werden. Bei der Betrachtung der Wasserabscheidung im Rohrleitungsnetz sollen die Luftundichtheitsverluste der Einfachheit halber vernachlässigt werden. Der Leitungsdruck soll durch Widerstände um 1,5 at auf 5,5 ata sinken; die Endtemperatur der Luft in der Leitung sei 25° C. Das stündliche Luftvolumen in der Leitung wird $10000 \cdot \frac{1}{5{,}5} \cdot \frac{298}{293} = 1850$ m³/h. Bei 25° C enthält die Luft maximal 23 g Wasserdampf je m³. 1850 m³ können also $1850 \cdot 23 = 42500$ g Wasserdampf halten. Von den vom Kompressor zugeführten 114900 g/h müssen demnach $114900 - 42500 = 72400$ g Wasser stündlich ausgeschieden werden. Die Gesamtwasserabscheidung im Zwischenkühler und in der Leitung beträgt 87,5 kg/h.

Die abgeschiedenen Wassermengen sind also recht beträchtlich. Während das vorstehende für mittlere Verhältnisse gerechnete Beispiel rd. 9 kg Wasserabscheidung für 1000 m³ angesaugte Luft ergab, kann man unter ungünstigen Verhältnissen z. B. im Sommer bei hohen Lufttemperaturen und großem Feuchtigkeitsgehalt bis etwa 15 kg je 1000 m³ Saugluft rechnen, wenn auch die warme Luft gefühlsmäßig recht trocken erscheinen mag. Bei tiefen Temperaturen im Winter wird dagegen nur sehr wenig oder gar kein Wasser abgeschieden. Die Abb. 441 und 442 veranschaulichen diagrammatisch den Verlauf der Ansaugmenge, des Druckes, der Lufttemperatur, der Druckluftmenge, der mitgeführten Wasserdampfmenge und der flüssig ausgeschiedenen Wassermenge in Abhängigkeit vom Leitungsverlauf (einschließlich Turbokompressor mit dreifacher Zwischenkühlung). In beiden Diagrammen handelt es sich um die gleiche Anlage mit einer Kompressorleistung von 70000 m³/h. Es ist nur ein Leitungsstrang betrachtet; die Wasserabscheidung aus den abgezweigten Luftmengen von 30000, 9000 und 6000 m³/h ist nach der Abzweigung unberücksichtigt geblieben und muß für jede Abzweigmenge gesondert behandelt werden. Bei den günstigen Verhältnissen der Abb. 441 findet bis zum Ende der Schachtleitung überhaupt keine Wasserabscheidung statt; die Gesamtabscheidung beträgt 100 kg/h. Bei den

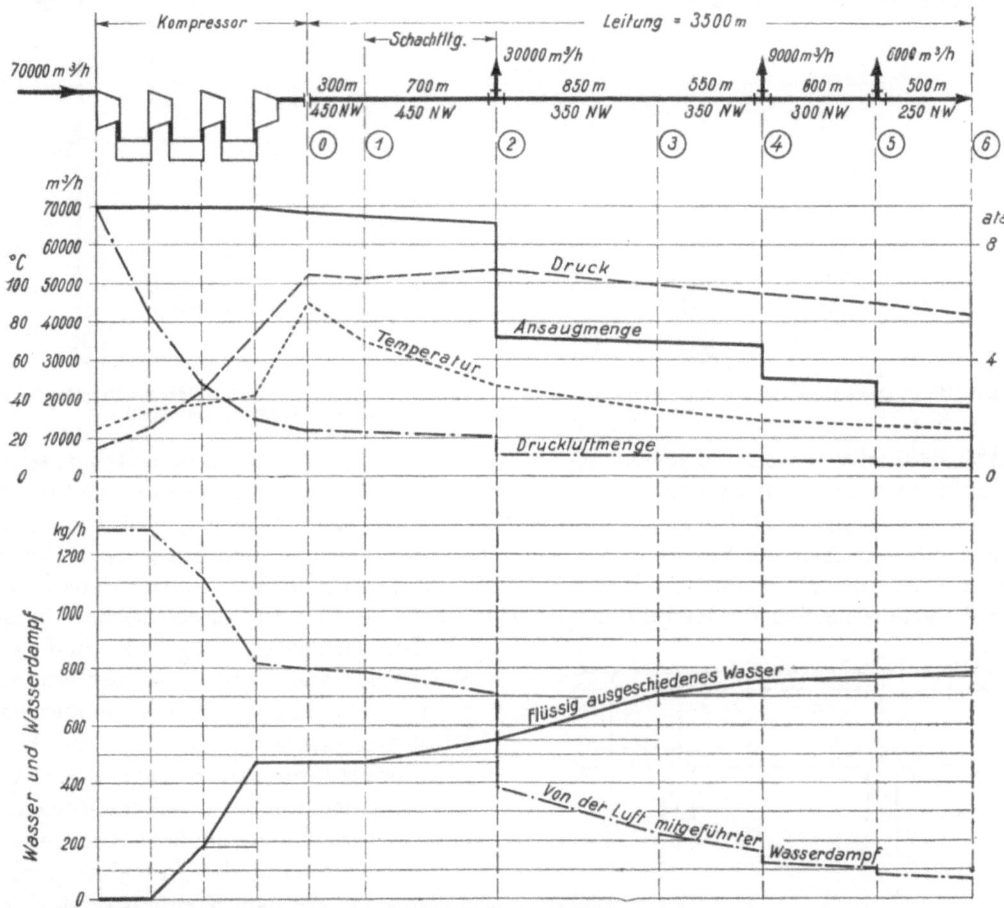

Abb. 442. Wasserabscheidung in einer Druckluftanlage bei ungünstigen Verhältnissen (Außentemperatur 25° C, Feuchtigkeitsgrad 80%).

infolge der höheren Außentemperatur und größeren Luftfeuchtigkeit ungünstigeren Verhältnissen nach Abb. 442 werden in den Zwischenkühlern des Kompressors bereits 470 kg/h abgeschieden; die gesamte Wasserabscheidung beträgt hier 780 kg/h, so daß auf die Leitung nur 310 kg/h entfallen, was auf die etwas höheren Lufttemperaturen in der Leitung zurückzuführen ist.

Die Wasserabscheidung ist ein nicht zu vernachlässigender Nachteil jedes Druckluftbetriebes. Die Rohrleitungen rosten trotz Rostschutz sehr bald. Durch den Rost wird die Rohrrauhigkeit und damit der Druckverlust erhöht. Der Rost blättert ab, verschmutzt die Leitungen, Ventile und Schieber und muß vor den Motoren durch Filter aufgefangen werden. Das abgeschiedene Wasser sammelt sich in tiefgelegenen Leitungsteilen, wirkt durch Querschnittsverminderung drosselnd und kann schlagartig mitgerissen werden und die Motoren beschädigen.

225. Entwässern der Luft. Trocknen der Luft durch Nachkühlung. Um die Nachteile der Wasserabscheidung zu beheben, können zwei Wege eingeschlagen werden: 1. Entwässern oder

2. Trocknen der Luft. Beim *Entwässern* wird nur das bereits tropfenförmig in der Luft abgeschiedene Wasser entfernt, so daß die Luft immer einen Feuchtigkeitsgrad von 100% behält. Beim *Trocknen* wird der Luft nicht nur das normal flüssig abgeschiedene Wasser, sondern auch noch ein möglichst großer Teil des dampfförmigen Wassergehaltes entzogen und der Feuchtigkeitsgrad herabgesetzt.

Das Entwässerungsverfahren ist zwar eine unvollkommene Lösung, aber einfach. Jeder Zwischenkühler, jeder Sammler, alle tiefliegenden Leitungsteile sind mit Wasserablässen (z. B. nach Abb. 443) zu versehen, die planmäßig zu bedienen sind, oder es sind zuverlässige, selbsttätige Ablaßvorrichtungen anzuordnen. Außerdem sind an geeigneten Stellen der Leitung besondere *Wasserabscheider* einzubauen, in denen die Luft mehrfach umgelenkt wird, so daß sich die feinen Wassernebeltröpfchen an den Prallflächen niederschlagen und einem Sammler zufließen, aus dem das angesammelte Wasser von Zeit zu Zeit abzulassen ist. Die Bauart eines solchen Wasserabscheiders für Hauptleitungen zeigt Abb. 444. *a* ist der Abscheideraum, in dem die Luft mehrfach umgelenkt und vom Wasser getrennt wird; *b* ist der Sammelraum, der durch ein Schwimmerventil selbsttätig entleert wird. Einen aus Rohr- und Formstücken zusammengebauten Wasserabscheider, wie er für Nebenleitungen zu brauchen ist, veranschaulicht Abb. 445.

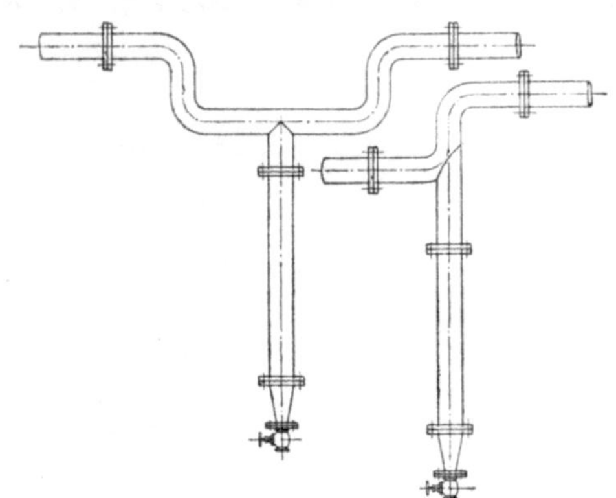

Abb. 443. Entwässerung von Druckluftleitungen.

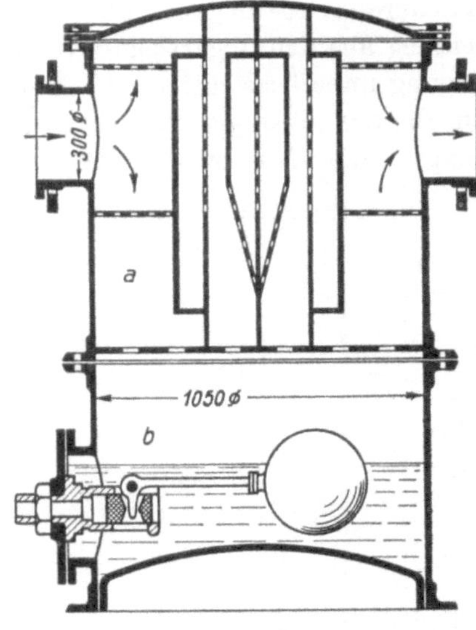

Abb. 444. Selbsttätiger Wasserabscheider für Drucklufthauptleitungen (Seiwert, Dortmund).

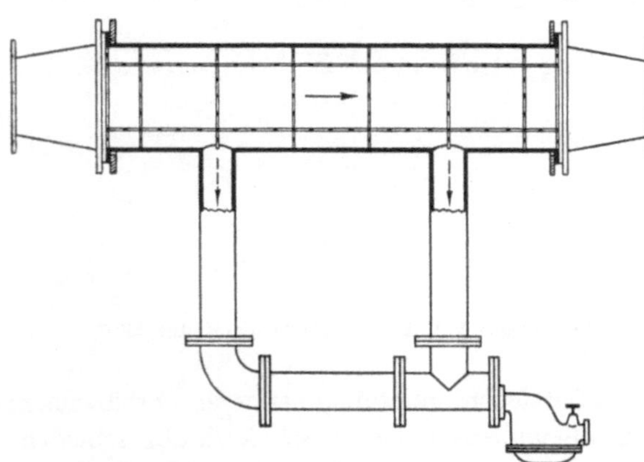

Abb. 445. Wasserabscheider aus Rohr- und Formstücken.

Getrocknet kann die Druckluft werden, indem sie hinter dem Kompressor stark abgekühlt wird. Bei Abkühlung bis unter den Gefrierpunkt wird der Wassergehalt bis auf einen so geringen Rest vermindert, daß das Netz wasserfrei bleibt und die Motoren auch bei sehr weit getriebener Expansion nicht vereisen. Vorteilhaft ist aber auch schon eine mit geringerem Aufwand erreichbare Abkühlung bis etwa auf die tiefste Netztemperatur, wofür ein den Zwischenkühlern ähnlicher, wassergekühlter *Nachkühler* mit Wasserabscheider ausreicht. Werden z. B. stündlich 10000 m³ Luft von 1 ata, 10° C und $\varphi = 90\%$ auf 7 ata verdichtet und im Nachkühler auf 20° C gekühlt, so scheiden sich in den Zwischenkühlern und im Nachkühler insgesamt 58 kg Wasser je Stunde ab. Unmittelbar hinter dem Nachkühler führt die Luft bei $\varphi = 100\%$ zwar noch 24,7 kg Wasserdampf mit, trocknet aber schnell durch die Volumenzunahme infolge des Druckabfalls in der Leitung und eine etwaige Temperaturzunahme. Beispielsweise wird $\varphi = 53\%$ bei 5 ata und 25° C. Welche Temperatur beim Nachkühlen unter

Berücksichtigung der Volumenänderung durch Druckabfall mindestens erreicht werden muß, um die Wasserabscheidung im Netz zu vermeiden, zeigt folgende Überlegung. Wenn z. B. der Nachkühlerenddruck 1,3 mal so groß wie der Netzdruck ist (z. B. Druckabfall von 6,5 auf 5 ata), so werden aus 1 m³ Druckluft am Kühler 1,3 m³ im Netz (ohne Berücksichtigung der geringen Temperaturänderung), die bei Annahme einer tiefsten Netztemperatur $t_N = 25°$ C nach Abb. 440 maximal 1,3 · 23 = 29,9 g Wasserdampf halten können. 1 m³ Luft hinter dem Nachkühler darf also auch nicht mehr als 29,9 g Wasserdampf enthalten, woraus sich aus Abb. 440 die höchstzulässige Nachkühltemperatur $t_K = 29{,}5°$ C ergibt. Das Beispiel ist in Abb. 446 eingetragen, dem auch für andere Druck- und Temperaturverhältnisse die erforderlichen Nachkühltemperaturen zu entnehmen sind. Bei höheren Nachkühltemperaturen bleibt noch eine teilweise Wasserabscheidung im Netz übrig. Nachkühlung bis 50° C und mehr ist für die Wasserabscheidung völlig zwecklos.

Die vom Nachkühler abzuführende Wärmemenge beträgt je nach den Temperaturverhältnissen 25000—35000 kcal für 1000 m³ Saugluft. Der Kühlwasserbedarf des Nachkühlers ist etwa so groß wie der *eines* Zwischenkühlers[1]. Dem Aufwand für die Nachkühlung stehen als Vorteile gegenüber: *keine* Wasserabscheidung im Rohrnetz und dadurch Einsparung der Wasserabscheider und verringerte Vereisungsgefahr der Motoren. Der Nachkühler ergibt zwar einen Drosselverlust, dafür wird aber der Drosselverlust der Wasserabscheider vermieden; außerdem wird in dem sonst heiße Luft führenden Teil der Leitung ein im Verhältnis der absoluten Temperaturen geringerer Druckabfall auftreten. Die nachgekühlte Luft hat höheres spezifisches Gewicht, so daß der Druckgewinn in der Schachtleitung größer als bei ungekühlter Luft wird (vgl. Abb. 449). Ferner wird es bei Luftnachkühlung gleichgültig, ob die Druckluftschachtleitung im ein- oder ausziehenden Wetterstrom[2] liegt.

Trocknung der Druckluft mit hygroskopischen Stoffen wie z. B. Chlorkalzium oder Silica-Gel hat sich bisher nicht eingeführt.

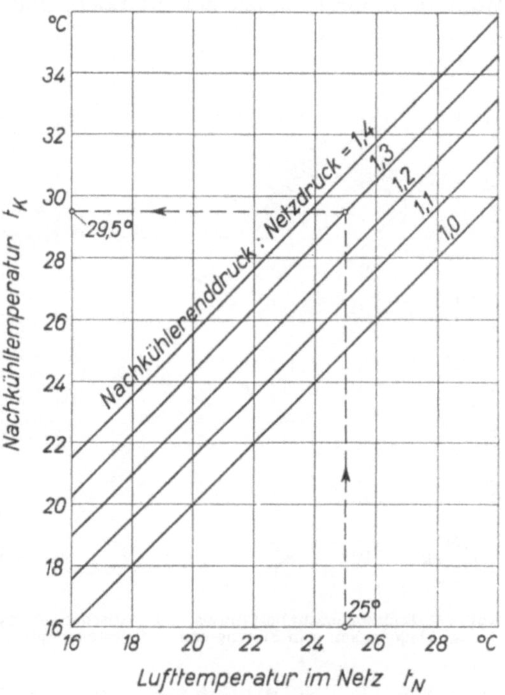

Abb. 446. Erforderliche Nachkühltemperatur zur Lufttrocknung in Abhängigkeit von der Netztemperatur und vom Druckverhältnis.

226. Eisbildung im Druckluftmotor. In engem Zusammenhang mit der Wasserabscheidung steht die *Eisbildung* im Druckluftmotor. Obgleich die Luft durch die Wasserabscheidung in der Leitung nur noch wenig Wasser, bezogen auf den Ansaugezustand, besitzt, kann sich doch noch ein weiterer Wasseranteil abscheiden, wenn sich die Luft infolge adiabatischer Expansion mit Arbeitsabgabe nach außen weiter abkühlt. Die Volumenvergrößerung bei der Expansion wirkt zwar der Abscheidung entgegen, doch überwiegt der Einfluß der Temperaturerniedrigung. Die Expansionsendtemperatur kann nach Ziffer 9 aus den Beziehungen $T_2 = T_1 \cdot \left(\frac{p_2}{p_1}\right)^{0{,}286}$ oder $T_2 = T_1 \left(\frac{V_1}{V_2}\right)^{0{,}4}$ berechnet werden. Die letzte Formel ist hier am einfachsten, weil V_1/V_2 unmittelbar das Füllungsverhältnis darstellt. Welche Endtemperaturen sich bei verschiedenen Füllungen und Anfangstemperaturen ergeben, veranschaulicht Abb. 447. Bei 60% Füllung und 20° C = 293° K Anfangstemperatur wird die Endtemperatur $T_2 = 293 \cdot 0{,}6^{0{,}4} = 238{,}8°$ K, $t_2 \approx -34°$ C (Punkt *A*). Hatte die Luft 5 ata Anfangsdruck, und war sie nicht durch Nachkühlen getrocknet, so enthielt $V_1 = 1$ m³ Druckluft bei 20° C nach Abb. 440 die Wasserdampfmenge 17,3 g. Das Endvolumen wird $V_2 = \frac{V_1}{0{,}6} = 1{,}67$ m³ und kann bei $-34°$ C noch

[1] Turbokompressoren mit Nachkühler brauchen also rd. 35% mehr Kühlwasser. — [2] Vgl. Ziffer 227.

1,67 · 0,22 ≈ 0,37 g Wasserdampf halten, so daß rd. 16,9 g je m³ Druckluft oder 3,38 g je m³ Luft von 1 ata ausfallen müssen. Die tatsächliche Abscheidung ist geringer, weil die Expansion der Luft durch Wärmeaufnahme aus der Umgebung und Reibung nicht rein adiabatisch verläuft. Ferner wird auch nicht die gesamte abgeschiedene Wassermenge im Motor niedergeschlagen, sondern ein großer Teil entweicht nebelförmig mit der Auspuffluft. Gefährlich ist, daß die Temperaturen im Motor weit unter dem Gefrierpunkt liegen. Das abgeschiedene Wasser gefriert und kann den Motor durch Vereisung außer Betrieb setzen oder gar zerstören. Bei Niederdruckluftmotoren können Füllungen bis zu 75% ohne Sondermaßnahmen unbedenklich im Dauerbetrieb angewendet werden. Nach Abb. 447 sinkt die Endtemperatur bei 20° C Anfangstemperatur zwar theoretisch auf — 12° C (Punkt *B*), praktisch wird der Gefrierpunkt jedoch noch nicht unterschritten, weil die Luft, wie schon oben erwähnt, Wärme aus der Umgebung und Reibungswärme aus dem Motor aufnimmt; hinzu kommt noch, daß infolge der Undichtheiten der Motor von etwa 20 bis 30% mehr Luft durchströmt wird als adiabatisch expandiert, wodurch sich eine höhere Mischtemperatur ergibt.

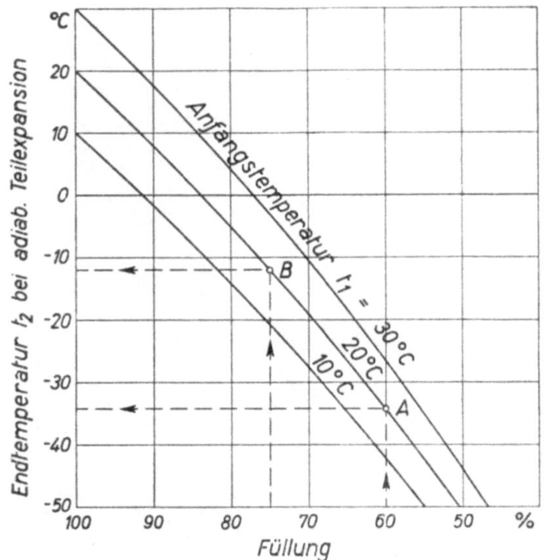

Abb. 447. Endtemperatur bei teilweiser adiabatischer Expansion in Abhängigkeit von Füllung und Anfangstemperatur.

Ob und in welchem Maße die Eisbildung stört, hängt erheblich von der Form der Auspuffkanäle ab. Überlegung und Erfahrung lehren, daß enge, lange, gewundene Kanäle, die mit der auspuffenden eisbehafteten Luft in längerer, inniger Berührung sind, viel eher durch Eis zugesetzt werden, als gerade, kurze, große Auspufföffnungen. Von günstigem Einfluß ist, wenn Lufteinlaß und Luftauslaß voneinander getrennt sind (Gleichstromverfahren[1]). Bei längerer Betriebszeit ist die Eisbildung stärker als bei kürzerer. Die Eisbildung wird verringert, wenn die Motoren durch große Oberflächen viel Wärme aus der Umgebungsluft aufnehmen können. Motoren in engen Kammern ohne Belüftung vereisen infolge mangelnder Wärmezufuhr leichter als Motoren im freien Wetterstrom. Je besser die Maßnahmen gegen die Vereisung sind, um so stärker kann man die Luft expandieren lassen und sie dadurch wirtschaftlicher ausnutzen. Bei Hochdruckmotoren, wie sie für Lokomotiven gebraucht werden, wendet man auch zwei- und sogar dreistufige Expansion mit *Zwischenwärmung* an (vgl. Ziffer 229), um nicht auf zu tiefe Temperaturen zu kommen. Oder man verdichtet zum Schluß des Auspuffhubes sehr stark, um die Anfangstemperatur durch Mischen der Frischluft mit der stark erhitzten Kompressionsluft zu erhöhen und dadurch höhere Expansionsendtemperaturen zu erzielen. Sehr hoch gepreßte Luft oder Luft, die sehr hoch gepreßt gewesen war, ist an sich schon zu viel stärkerer Expansion befähigt als Druckluft von normalem Enddruck, weil aus ihr beinah die ganze Feuchtigkeit in der Leitung oder in Sammlern ausscheidbar ist.

227. Fortleitung der Druckluft. Das Druckluftnetz. Druck-, Mengen- und Energieverluste des Netzes. Zur Fortleitung der Druckluft benutzt man Flußstahlrohre. Die üblichen Nennweiten sind 25, 50, 80, 100, 150, 200, 300, 400 und 500 mm bei normalen Längen von 5, 6 und 8 m. Außerdem sind die Nennweiten 40, 125, 250, 350 und 450 mm in Gebrauch. Die Verbindung erfolgt durch Schweißen (soweit möglich) oder durch lose oder feste Flanschen. In Leitungen, die häufig Verwerfungen durch Gebirgsbewegungen erleiden, bewähren sich Kugelgelenkverbindungen. Die Flanschverbindungen erhalten Dichtungen aus Gummi, aus Gummi mit Einlage oder aus getränkter Rohpappe. Auf beste Dichtungen ist größter Wert zu legen, um die durch Undichtheiten entstehenden Mengenverluste klein zu halten. Ortsfeste Motoren sollen

[1] Vgl. Ziffer 88.

durch feste Rohrleitungen mit dem Rohrnetz verbunden werden, nicht durch lange Schläuche, die teuer sind und leicht zu Betriebsstörungen Anlaß geben. Kurze Schlauchanschlüsse sind am Platze, wenn Motorerschütterungen vom Rohrnetz ferngehalten werden sollen. Schläuche sind sonst nur für die ortsbeweglichen Maschinen, wie Drucklufthämmer, Schrämmaschinen zu benutzen.

Es ist ratsam, die vom Kompressor kommende, heiße Luft führende Schachtleitung in den ausziehenden Wetterstrom zu legen. Die Wetter erwärmen sich an der Luftleitung, wodurch der natürliche Wetterzug vergrößert und der Ventilator entlastet wird. Die entgegengesetzte Wirkung ergibt sich, wenn die Leitung im einziehenden Wetterstrom liegt; außerdem wirkt sich die zusätzlich erhöhte Temperatur der Frischwetter ungünstig auf die Grubentemperatur aus. Die Temperaturzunahme der Wetter verhält sich zur Temperaturabnahme der Druckluft wie das Druckluftgewicht zum gleichzeitig strömenden Wettergewicht, also ungefähr wie die Druckluftmenge vom Ansaugezustand zur Wettermenge. Bei einer Druckluftmenge von 60000 m³/h, die sich im einziehenden Wetterstrom von 65° C auf 40° C, also um 25° abkühlt, wird sich z. B. eine Wettermenge von 10000 m³/min = 600000 m³/h um $\Delta t_w = \frac{Q_L}{Q_W} \Delta t_L = \frac{60000}{600000} \cdot 25 = 2{,}5°$ erwärmen. Andererseits kann die Luftleitung im Winter bei starkem Frost zufrieren. Bei nachgekühlter Druckluft (vgl. Ziffer 225) ist es dagegen gleichgültig, ob die Luftleitung im ein- oder ausziehenden Wetterstrom liegt.

In jeder Leitung entsteht ein *Energieverlust* infolge des durch Rohrreibung verursachten *Druckabfalles*. Der Druckabfall ist der Leitungslänge und etwa dem Quadrat der Durchflußgeschwindigkeit bzw. Durchflußmenge proportional, wie im Abschnitt II „Berechnung von Rohrleitungen" ausführlich dargelegt war. Die Leitungslänge soll demnach möglichst klein sein, sie ist jedoch bereits durch die örtlichen Verhältnisse bedingt. Es handelt sich also in erster Linie darum, den Leitungsdurchmesser der geforderten Durchflußmenge oder umgekehrt bei einer bereits vorhandenen Leitung die Durchflußmenge dem Durchmesser so anzupassen, daß sich der Druckverlust in zulässigen Grenzen hält. Enge Leitungen sind zwar billig in der Anschaffung und Verlegung, ergeben aber hohe Energiekosten am Kompressor. Bei sehr weiten Leitungen ist es umgekehrt. Die Erfahrung hat gelehrt, daß ein Druckabfall von 1 bis 1,5 at vom Kompressor bis zum Verbraucher in Zechendruckluftnetzen als wirtschaftlicher Mittelweg gelten kann. Die Leitungsgeschwindigkeiten dürfen dann 10 bis 15 m/s* nicht überschreiten, insbesondere sind Querschnittsverluste durch Verunreinigungen und Wasseransammlungen in den Leitungen, durch ungünstige Ventile und Formstücke, durch zu große Dichtungen und exzentrische Flanschverbindungen unbedingt zu vermeiden.

Einen ersten Anhalt für die Bestimmung der erforderlichen Durchmesser bzw. zulässigen Durchflußmengen in Zechenniederdruckluftnetzen mit 4 bis 6 atü gibt das Diagramm in Abb. 448, das bereits berücksichtigt, daß bei kleinen Durchmessern geringere Durchflußgeschwindigkeiten zu nehmen sind als bei großen, und daß in den Leitungen kleinen Durchmessers am Ende des Netzes der mittlere Druck niedriger ist als in den Hauptleitungen. Nach dem eingezeichneten Beispiel ergibt sich für die auf 1 ata bezogene Durchflußmenge $Q = 30000$ m³/h ein Leitungsdurchmesser $d \approx 350$ mm (Punkt A) und ein Druckverlust $\Delta p = 0{,}26$ kg/cm² für 1000 m Leitungslänge (Punkt B). Für $Q = 4000$ m³/h wird $d = 150$ mm und $\Delta p = 0{,}45$ kg/cm² für 1000 m Länge oder z. B. $0{,}45 \cdot \frac{200}{1000} = 0{,}09$ kg/cm² für 200 m Leitungslänge. Zum Durchmesser $d = 500$ mm ergibt sich die zulässige Durchflußmenge $Q = 80000$ m³/h und $\Delta p = 0{,}225$ kg/cm² für 1000 m. Genauere Rechnungen, insbesondere für sehr große Leitungslängen sind nach Abschnitt II durchzuführen. Der Berechnung ist der Gesamtluftbedarf der möglicherweise gleichzeitig arbeitenden Verbraucher zugrunde zu legen. Der sich aus dem zeitlichen Ausnutzungsgrad der Verbraucher ergebende Mittelwert des Luftverbrauches kann nicht eingesetzt werden, weil keine Speicherfähigkeit vorhanden ist, um Belastungsspitzen auszugleichen. Die zukünftige Entwicklung ist zu berücksichtigen; denn man kann eine vollbelastete Leitung nur in geringem Maße überlasten, weil der Druckabfall quadratisch mit der Belastung zunimmt. Die Praxis

* Vgl. Ziffer 19.

beweist, daß elektrische Leitungen großzügiger bemessen werden, weil sie gegen Überlastung geschützt sein müssen. Den Druckluftleitungen fehlt leider eine Überlastungssicherung, so daß sie jeder Willkür ausgesetzt sind. Immer wieder wird der Fehler gemacht, die durch Druck-

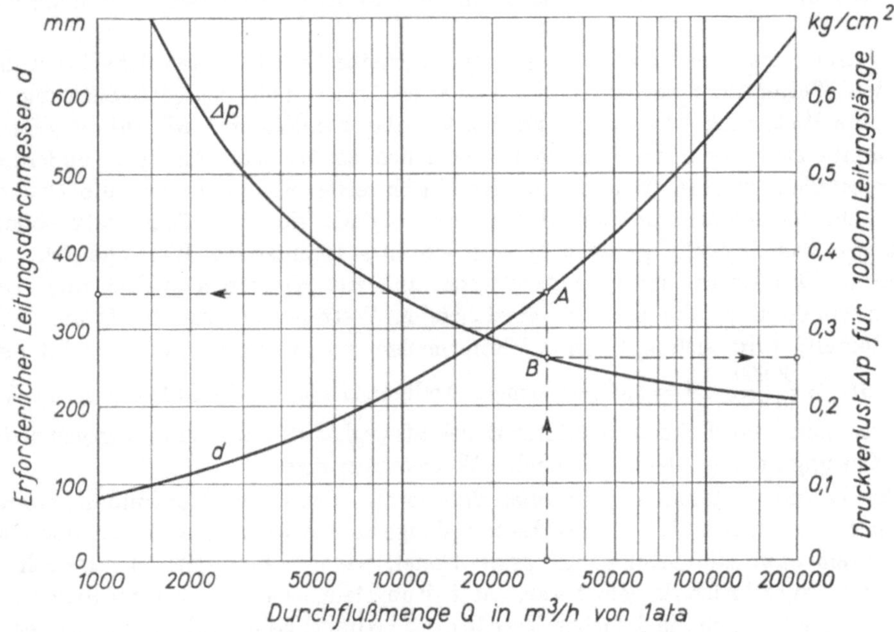

Abb. 448. Diagramm zur angenäherten Bestimmung des Leitungsdurchmessers bzw. der Durchflußmenge.

verlust verminderte Arbeitsfähigkeit der Luft durch Verwendung von Motoren höherer Nennleistung auszugleichen, was im Einzelfall zum Erfolg führt, im allgemeinen das Übel aber nur verschlimmert, weil jetzt der Luftverbrauch für die tatsächlich erzielte PSh vergrößert wird (vgl. Ziffer 230; ferner S. 369 und Abb. 477).

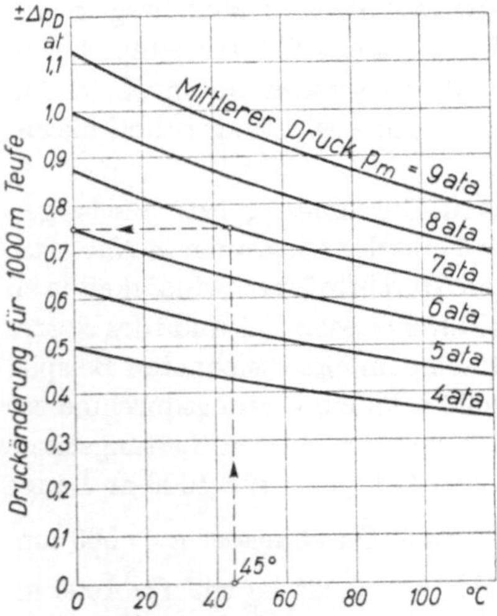

In seigeren Leitungen ergeben sich Druckänderungen durch das Eigengewicht der Druckluft, und zwar Druckzunahme bei abwärtsführenden und Druckabnahme bei aufwärtsführenden Leitungen. Aus dem mittleren spezifischen Gewicht γ_m in kg/m³ und der Höhendifferenz h in m ergibt sich die Druckänderung $\Delta p = \pm h \cdot \gamma_m$ kg/m² $= \pm \frac{h\,\gamma_m}{10000}$ kg/cm². Mit dem mittleren Druck P_m in kg/m² bzw. p_m in kg/cm² (ata) und der mittleren absoluten Temperatur T_m in der Leitung wird

$$\Delta p = \pm \frac{h\,P_m}{10000 \cdot R\,T_m} = \pm h \frac{p_m}{R\,T_m} \text{ kg/cm}^2 \text{ oder at.}$$

In einer Schachtleitung von 800 m seigerer Länge mit Druckluft von $p_m = 7$ ata und $t_m = 45°$ C ($T_m = 318°$ K) wird $\Delta p = + 800 \cdot \frac{7}{29{,}3 \cdot 318} = + 0{,}6$ kg/cm² *. Abb. 449 veranschaulicht, wie die Druckänderung mit steigender Temperatur abnimmt und mit steigendem Druck größer wird. Das Diagramm bezieht sich auf eine Höhendifferenz von 1000 m. Für andere Höhen wird der Diagrammwert Δp_D mit dem Höhenverhältnis umgerechnet. Für das vorstehende Beispiel mit $p_m = 7$ ata, $t_m = 45°$ C und $h = 800$ m wird abgelesen: $\Delta p_D = + 0{,}75$ at für 1000 m; daraus ergibt

Abb. 449. Druckänderung in seigeren Luftleitungen in Abhängigkeit von der Temperatur und dem Druck in der Leitung.

* Vgl. auch die Beispiele 9 und 10 auf S. 45.

sich für $h = 800$ m Höhendifferenz

$$\Delta p = \frac{h}{1000} \cdot \Delta p_D = \frac{800}{1000} \cdot 0{,}75 = 0{,}6 \text{ at}.$$

Vom Motor aus betrachtet fällt der eigentliche Energieverlust durch Druckabfall weniger ins Gewicht als die Leistungsabnahme (vgl. Ziffer 231). Auf der Kompressorseite dagegen wird die Antriebsenergie viel stärker beeinflußt, wie in Ziffer 206 gezeigt wurde. Gegenüber einem Rohrnetz mit 1 at Druckabfall und 5 atü = 6 ata Kompressorenddruck hat man bei einem Netz mit 2 at Druckabfall und dementsprechend 6 atü = 7 ata Kompressorenddruck einen Leistungsmehraufwand von 8,5% für die gleiche Luftmenge (vgl. Abb. 397).

Der wesentlichste Energieverlust großer Druckluftnetze beruht auf den *Mengenverlusten*, die infolge Undichtheiten an den Flanschverbindungen und Armaturen entstehen. Sie fallen besonders deshalb ins Gewicht, weil sie *dauernd* auftreten. Bei schlecht gehaltenen Netzen gehen 25 bis 35% der durchschnittlich vom Kompressor gelieferten Luftmenge verloren. In einem gut gehaltenen, sorgfältig überwachten Netz können die Verluste mit 10 bis 15% der Durchschnittsliefermenge gehalten werden. Bei einer durchschnittlichen Liefermenge von 50000 m³/h bedeutet eine durchaus mögliche Herabsetzung eines Verlustes von 25% auf 15% eine jährliche Lufteersparnis von rd. 44 Millionen m³. Die eingesparten Kosten übersteigen bei weitem den Aufwand für die Überwachung und Instandhaltung des Rohrnetzes; außerdem ergibt sich bei der 10% kleineren Durchflußmenge ein rd. 20% geringerer Druckverlust. Andererseits können unter Luftmangel leidende Anlagen bei gleicher Liefermenge durch Vermindern der Undichtheitsverluste auf erträglichere Luftverhältnisse kommen und ein Erhöhen der Kompressorfördermenge sparen, für die häufig auch die Leitungsquerschnitte nicht mehr ausreichen, so daß die Vermehrung der Luftmenge nur mit einem zusätzlichen Druckabfall erkauft werden kann.

Die Mengenverluste durch Undichtheit sind theoretisch dem Leitungsdruck proportional, weil das Verhältnis des Außendruckes zum Innendruck kleiner als das kritische Druckverhältnis[1] ist: $p_a : p_i \approx 1 : 6 < 0{,}528$. Ein Senken des mittleren Netzdruckes von 7 auf 6 ata vermindert den Mengenverlust um $^1/_7$ und senkt ihn beispielsweise von 20000 m³/h auf rd. 17000 m³/h. Die Energieersparnis ist noch größer, weil Luft von 6 ata weniger Arbeitsvermögen als Luft von 7 ata hat. Praktisch wirkt sich hoher Druck noch ungünstiger aus, weil sich die Flanschundichtheiten mit zunehmendem Druck vergrößern. In Zeiten kleinen Verbrauches ist der Druckabfall gering, so daß der Druck am Kompressor unbedenklich gesenkt und damit erhebliche Energiemengen eingespart werden können. *Es muß als feste Regel gelten, den Kompressor nie mit höherem Druck zu fahren als unbedingt zur Einhaltung des normalen Betriebsdruckes im Netz notwendig ist.*

Um die Undichtheitsverluste zu verringern, sind möglichst große Rohrlängen zu schweißen; Flanschverbindungen sind infolge ungleichen Schraubenanzugs unzuverlässig. Die Zahl der Armaturen ist auf das Notwendigste einzuschränken. Nicht gebrauchte Leitungsstränge sind vom Netz abzusperren, nicht mit Ventilen oder Schiebern, sondern mit Blindflanschen. Das Netz ist regelmäßig zu prüfen, indem bei gleichmäßiger Belastung, z. B. an Feiertagen, die zur Einhaltung eines bestimmten Druckes notwendige Liefermenge des Kompressors gemessen wird. Aus der Differenz zweier Messungen ist die Verbesserung bzw. Verschlechterung zu erkennen. Die absolute Größe des Mengenverlustes im normalen Betrieb läßt sich damit nicht einwandfrei bestimmen, weil die Undichtheitsverluste mit zunehmender Strömgeschwindigkeit abnehmen.

228. Druck- und Mengenregelung im Druckluftnetz. Der Druckabfall in jedem Rohrnetz bringt es mit sich, daß Entnahmestellen in der Nähe des Kompressors über höheren Druck verfügen als weit entfernte Stellen. Der Unterschied ist um so größer, je größer ganz allgemein der Druckabfall ist. Die Motoren für den Untertagebetrieb sind durchweg für einen Betriebsdruck von 4 atü gebaut und arbeiten mit diesem Druck am wirtschaftlichsten; insbesondere dürfen Abbauhämmer nicht mit höherem Druck betrieben werden, weil ihr Rückschlag schon bei wenig größerem Druck gefährlich zunimmt und dann in erhöhtem Maße zu den bekannten Rückschlagerkrankungen führt. Auch hier erweist sich ein im Querschnitt reichlich bemessenes Rohrnetz günstig, weil von vornherein die Druckdifferenz naher und ferner Entnahmestellen gering ist.

[1] Vgl. Ziffer 17.

Knapp bemessene Netze benötigen auch aus wirtschaftlichen Gründen eine Druckregelung, denn der vorn liegende, durch hohen Druck begünstigte Verbraucher kann zum Schaden der entfernten Abnehmer mehr Luft entnehmen, als ihm planmäßig zusteht.

Die Verschiedenheit der Drücke in den einzelnen Punkten des Netzes beruht auf den unterschiedlichen Widerständen zwischen Kompressor und Verbrauchsstellen. Geregelt kann also werden, wenn zu kleine Widerstände durch zusätzliche Drosselung erhöht werden. Hierzu werden in die von der Hauptleitung mit zu großem Druck abgezweigten Nebenleitungen Drosselstellen eingebaut, die einmal den Druck in gewünschter Weise herabsetzen und dann auch die Entnahme zu großer Luftmengen verhindern. Als einfachste Form benutzt man Drosselscheiben, die zwischen eine Flanschverbindung gesetzt werden. Auf die Berechnung solcher Drosselscheiben wurde bereits in Ziffer 18 (S. 36) ausführlich eingegangen. Drosselscheiben setzen den Druck aber nur dann im richtigen Verhältnis herab, wenn sie von der der Berechnung zugrunde liegenden Luftmenge durchströmt werden. Für die Druckregelung bei wechselndem Luftbedarf ist eine einstellbare Regeldüse nach Abb. 450 zweckmäßiger. Der Drosselquerschnitt kann durch Verschieben des Kopfstückes *a* in der Achsrichtung verändert werden. Der Antrieb geschieht von Hand oder selbsttätig über das Kegelradgetriebe *b*, welches die axiale Schraubspindel *c* dreht. Die Regeldüse kann gleichzeitig auch als Absperrventil dienen.

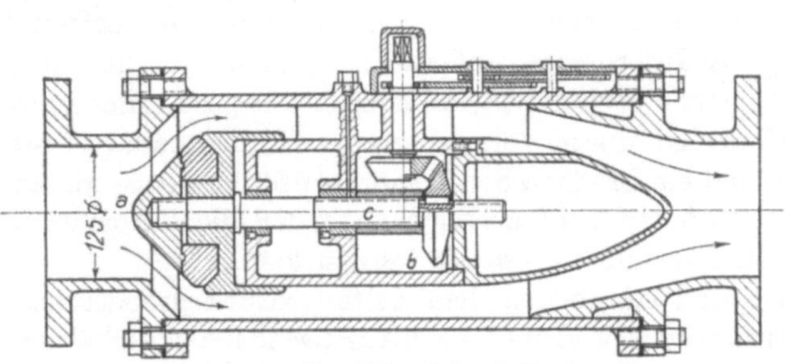

Abb. 450. Regeldüse (Seiwert, Dortmund).

Drosselstellen werden von den betroffenen Abnehmern nicht geschätzt und sind gegen unbefugtes Entfernen und Verstellen zu sichern.

Neben der bisher betrachteten Mengenregelung im Netz zur qualitativ gleichmäßigen Verteilung der Luft an die Verbraucher steht die Mengenregelung zur Anpassung der *Kompressorliefermenge* an den *Gesamtbedarf*. Der Gesamtbedarf ist in den einzelnen Schichten sehr unterschiedlich. Bis zu einem gewissen Grade läßt sich die Spanne zwischen Mindest- und Höchstbedarf durch planmäßige Betriebsorganisation verringern[1]; die noch verbleibende Differenz muß von seiten der Kompressoranlage ausgeglichen werden. Der Regelbereich der Kompressoren ist begrenzt[2], so daß unter Umständen bei Verwendung nur *eines* Kompressors die Spitzenlast mit schlechtem Wirkungsgrad und zu niedrigem Druck erreicht wird, und bei Mindestbedarf die vom Kompressor überschüssig gelieferte Luft abgeblasen werden muß (Pumpgrenze). In solchen Fällen ist es zweckmäßiger, mit einem Kompressor die mittlere Grundlast zu liefern und die Spitzenlast mit einem zusätzlichen, kleineren Kompressor zu decken, der an Feiertagen die dann stark verringerte Grundlast übernehmen kann. Gegebenenfalls kann ein gewisser Ausgleich auch durch Druckluftverbundwirtschaft von zwei nah benachbarten Schachtanlagen erzielt werden; bei größeren Entfernungen sind aber unbedingt die Druckverluste in den Verbundleitungen zu beachten.

Die Spitzenlast aus einem *Speicher* zu decken, der in Zeiten geringer Netzbelastung aufgeladen wird, ist bei den im Steinkohlenbergbau benötigten großen Luftmengen nicht möglich, weil sich Speicher der hierfür erforderlichen Größe nicht herstellen lassen. Man kann höchstens mit einem Speicherdruckgefälle von 1 at rechnen und benötigt dann für eine Spitzenlastdeckung von beispielsweise 10000 m^3/h (Luft von 1 ata) einen Speicher von 10000 m^3 Rauminhalt. Versuche, unbenutzte Strecken als Speicher auszubauen, scheiterten an der Undichtheit des Gebirges[3].

Die Speicherfähigkeit des Druckluftnetzes selbst wird vielfach weit überschätzt. Das Netzvolumen ist zu klein, und infolge der Druckverluste wird das ausnutzbare Druckgefälle 0,5 at

[1] Vgl. H. Buskühl: Möglichkeiten und Ergebnisse von Druckluftmessungen im Grubenbetrieb. Glückauf 1950, S. 687. — [2] Vgl. Ziffer 219 und 220.

[3] Für kleine Speichermengen hat sich im schwedischen Erzbergbau ein Speicher in festem Gestein bewährt, der mit Druckwasserverdrängung als Gleichdruckspeicher arbeitet und deshalb ein *Druckluftvolumen* gleich dem Inhalt des Speichers liefern kann.

kaum überschreiten können. Hat z. B. ein Netz von 60000 m³/h Grundlast ein Volumen von 400 m³, so kann es bei 0,5 at Druckgefälle eine Stunde lang 200 m³ oder 5 Minuten lang 2400 m³ Luft von 1 ata zusätzlich liefern, was nur ¹/₃% bzw. 4% der Grundlast entspricht.

229. Das PV-Diagramm des Druckluftmotors[1]. Das Druck-Volumen-Diagramm des mit vollkommener Entspannung arbeitenden Druckluftmotors erinnert an das Kompressordiagramm, hat jedoch entgegengesetzten Umlaufsinn. Die für den schädlichen Raum Null gezeichneten Diagramme in Abb. 451 zeigen waagerecht die Füllungslinien bei 5 at, die Expansionslinien von 5 auf 1 at und die auf dem Gegendruck von 1 at verlaufenden Ausschublinien. Die gesamte Diagrammfläche $I + II$ stellt die *Motorarbeit* dar; Fläche I ist die Füllungsarbeit, Fläche II die Expansionsarbeit. Das linke Diagramm zeigt isothermische, das rechte adiabatische Ent-

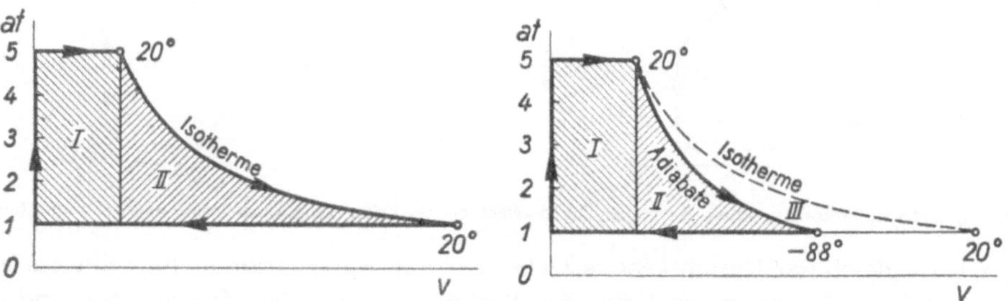

Abb. 451. Vergleich zwischen isothermischer Motorarbeit (links) und adiabatischer Motorarbeit (rechts) bei gleichem Luftverbrauch und vollkommener Expansion.

spannung von 5 auf 1 at. Das zugeführte Druckluftvolumen ist in beiden Fällen gleich, wie es durch die gleiche Länge der Füllungslinie gekennzeichnet ist. Links ist die *Füllung* zwar nur 20% vom Endvolumen und rechts dagegen 31,5%, denn das Endvolumen im rechten Diagramm ist kleiner, weil sich die Luft bei der adiabatischen Entspannung auf — 88° C abgekühlt hat. Demnach ist auch die adiabatische Expansionsarbeit (II) kleiner als die isothermische, und zwar um die Fläche III. Die adiabatische Zustandsänderung entspricht etwa den wirklichen Verhältnissen, weil während der sehr schnell verlaufenden Entspannung kaum Wärme zu- oder abgeführt werden kann. Die isothermische Motorarbeit bei vollkommener Entspannung, die der isothermischen Kompressorarbeit gleich ist, stellt den nicht zu verwirklichenden Idealfall dar und ist als Vergleichswert wichtig. Das adiabatische Motordiagramm stellt bei Linksumlauf auch das Kompressordiagramm dar, so daß theoretisch auch die adiabatische Motorarbeit bei vollkommener Entspannung der adiabatischen Kompressorarbeit gleich ist. Praktisch wird dieser Fall nicht erreicht, weil das vom Motor als Füllung aufgenommene Druckluftvolumen infolge der Abkühlung im Netz kleiner als das heiß vom Kompressor ausgeschobene Druckluftvolumen ist. Abb. 452 zeigt, daß bei der adiabatischen Verdichtung ein Volumen V_K mit 191° C ausgeschoben wird. Nach Abkühlung im Netz auf die Anfangstemperatur 20° C bleibt für den Motor nur ein Volumen $V_M = 0{,}631\ V_K$. Die Motorarbeit beträgt in diesem Fall auch nur 63,1% der am Kompressor aufgewendeten Arbeit. Die schraffierte Fläche stellt den 36,9% betragenden Energieverlust dar. Dieser Verlust entsteht nicht, wenn der Motor unmittelbar hinter dem Kompressor angeschlossen ist und die Druckluft mit der Kompressorendtemperatur 191° C aufnimmt.

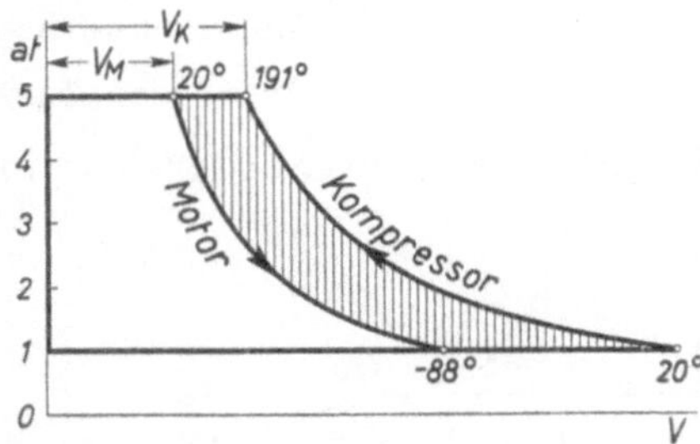

Abb. 452. Vergleich der Motorarbeit mit der Kompressorarbeit bei adiabatischer Zustandsänderung.

Die adiabatische Endtemperatur[1] $T_2 = T_1 \left(\frac{p_2}{p_1}\right)^{0{,}286}$ oder $T_2 = T_1 \left(\frac{V_1}{V_2}\right)^{0{,}4}$ ist bei vollkommener Entspannung unter den üblichen Druck- und Temperaturverhältnissen so niedrig, daß die Motoren infolge Wasserabscheidung und Vereisung unbrauchbar werden. Man vergrößert deshalb das Verhältnis p_2/p_1 bzw. V_1/V_2, indem man die Expansion vorzeitig abbricht, wie es

[1] Vgl. Ziffer 9 und 226.

Abb. 453 im linken Diagramm lehrt (Füllung $\varepsilon = \frac{V_1}{V_2} = 65\%$). Weil die Expansion nur unvollständig ausgenutzt wird, entsteht ein der Fläche *III* gleichwertiger Arbeitsverlust. Praktisch ist dieser Verlust nicht so groß zu werten, weil gleichzeitig der Hub der Maschine und damit der Reibungsverlust kleiner wird. Außerdem wird die ganze Maschine kleiner, leichter und billiger. Zugunsten der Einfachheit wird bei vielen Motorbauarten ganz auf die Ausnutzung der Expansionsarbeit verzichtet und mit Vollfüllung gearbeitet. Das Vollfüllungsdiagramm (Füllung = Hubvolumen) in Abb. 453 (rechts) ist so gezeichnet, daß seine Arbeitsfläche I (nur

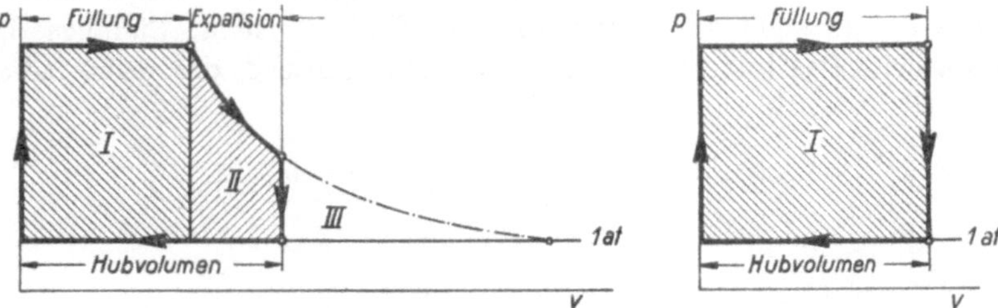

Abb. 453. Theoretische Motordiagramme für gleiche Motorarbeit bei teilweiser Expansion (links) und bei Vollfüllung (rechts).

Füllungsarbeit) gleich der Gesamtarbeitsfläche (I + II) des Diagramms für teilweise Expansion (Füllung = 65% des Hubvolumens) ist. Bei Vollfüllung wird das Hubvolumen und damit die Größe des Motors kleiner als bei teilweiser Expansion; der Luftverbrauch, welcher der Länge der Füllungslinie entspricht, wird jedoch größer.

Die Nachteile der adiabatischen Entspannung — Arbeitsverlust und tiefe Endtemperatur — machen sich um so stärker bemerkbar, je höher der Betriebsdruck ist. Ist man, wie bei den Druckluftlokomotiven, zur Anwendung hoher Drücke und sparsamster Luftausnutzung gezwungen, so geht man umgekehrt wie bei den Hochdruckkompressoren vor. Während bei diesen zur Arbeitsersparnis und zur Vermeidung unzulässig hoher Temperaturen in mehreren Stufen mit *Zwischenkühlung* verdichtet wird, wird die Luft bei Hochdruckluftmotoren in mehreren Stufen mit *Zwischenwärmung* entspannt. Die Entspannung in jeder Stufe ist adiabatisch mit Temperaturabfall. Die Endtemperaturen liegen so tief, daß die Luft der Umgebung zum „Beheizen" der Zwischenwärmer genügt und keine besondere Wärmequelle erforderlich ist. Wird das Entspannungsverhältnis in der einzelnen Stufe $\sqrt{p_1 p_2} : 1$ bei zweistufiger bzw. $\sqrt[3]{p_1 p_2} : 1$ bei dreistufiger Entspannung, so sind die Motorarbeiten in jeder Stufe gleich (vgl. Ziffer 9 und 203). Abb. 454 veranschaulicht als Beispiel die dreistufige Entspannung von $p_1 = 27$ ata auf $p_2 = 1$ ata. $\sqrt[3]{p_1 p_2} = \sqrt[3]{27} = 3$, d. h. der Druck nimmt in jeder Stufe im Verhältnis 3 : 1 ab:

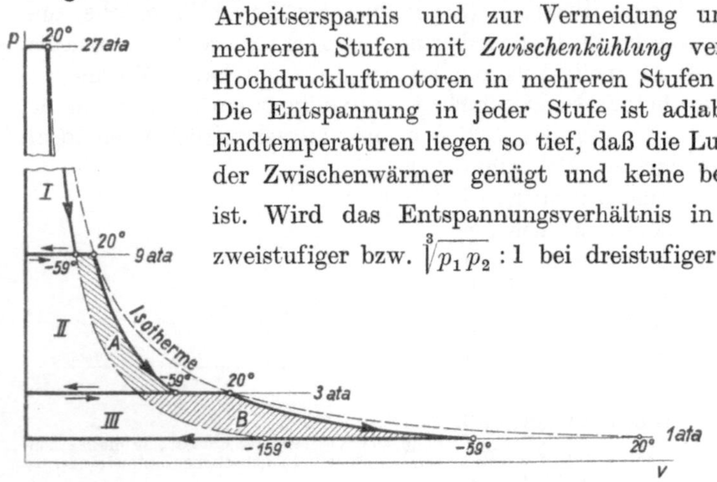

Abb. 454. Dreistufige Druckluftausnutzung im Motor.

III. 3 auf 1 ata. In der I. Stufe fällt die Temperatur von 20° C auf — 59° C. Nach der I. Stufe wird die Luft wieder auf 20° C erwärmt, so daß sie mit größerem Volumen, welches dem Volumen der isothermischen Expansion gleich ist, in die II. Stufe eintritt. Derselbe Vorgang wiederholt sich vor dem Eintritt in die III. Stufe. Die erzielte Motorarbeit entspricht der gesamten, von den stark ausgezogenen Linien umrahmten Fläche und beträgt $A_{ad\,dreistufig\;27\,\mathrm{auf}\,1\,\mathrm{ata}} = 3 \cdot A_{ad\,einstufig\;3\,\mathrm{auf}\,1\,\mathrm{ata}} = 3 \cdot 9429^* = 28287$ mkg/m³ Luft von 1 ata. Zum Vergleich sind die Adiabate (strichpunktiert) und die Isotherme (gestrichelt) für die einstufige Entspannung eingezeichnet. Die isothermische Motorarbeit wird nicht erreicht. Gegenüber der einstufigen adiabatischen Motorarbeit von 21367 mkg/m³ Luft von 1 ata ergeben sich bei der

* Vgl. Ziffer 10 und 201; ferner Zahlentafel 24, S. 307, und Abb. 389.

dreistufigen höhere Endtemperaturen und ein Arbeitsgewinn von 28287—21367 = 6920 mkg/m³ Luft von 1 ata, der durch die schraffierten Flächen $A + B$ dargestellt wird und *nur* auf die Wärmezufuhr aus der Umgebung zurückzuführen ist.

230. Arbeit und Luftverbrauch der Druckluftmotoren. Luftausnutzungsgrad. Isothermischer Wirkungsgrad. In Ziffer 229 war die Arbeit des Druckluftmotors unter verschiedenen Bedingungen an Hand des PV-Diagramms durch vergleichende Betrachtung der Arbeitsflächen erläutert worden. Für das *Berechnen* der Arbeit bei adiabatischer und isothermischer Expansion der Luft bis auf den Gegendruck dienen die in Ziffer 10 aufgeführten Formeln.

$$A_{ad} = 427 \cdot Q_{ad} = 427 \cdot (i_1 - i_2) \text{ mkg/kg} \quad \text{oder}$$

$$A_{ad} = 427 \cdot c_p \cdot (t_1 - t_2) = 427 \cdot 0{,}24 \cdot (t_1 - t_2) = 102 \cdot (t_1 - t_2) \text{ mkg/kg}.$$

Die aus dem *Wärmegefälle* $i_1 - i_2$ bzw. aus dem *Temperaturgefälle* $t_1 - t_2$ berechnete Motorarbeit wird demnach auf die *Gewichtseinheit 1 Kilogramm* Luft bezogen. Der Anfangswärmeinhalt i_1 ergibt sich aus dem is-Diagramm für Luft in Abb. 21, wenn der Anfangsdruck p_1 *und* die Anfangstemperatur t_1 bekannt sind. Der Punkt für den Endwärmeinhalt i_2 liegt senkrecht unter i_1 auf der Gegendrucklinie. Die zweite Formel ist der ersten gleichbedeutend, setzt aber unveränderliche spezifische Wärme c_p voraus und gilt deshalb nur in engen Grenzen. Statt auf 1 Kilogramm können die vorstehenden Formeln auch auf *1 Normalkubikmeter* Luft, d. i. 1 m³ Luft von 0° C, 760 mm QS, bezogen werden, denn Normalkubikmeter und Gewicht sind proportional: 1 Nm³ Luft wiegt 1,293 kg. Somit ergibt sich:

$$A_{ad} = 1{,}293 \cdot 427 \cdot (i_1 - i_2) = 552 \cdot (i_1 - i_2) \text{ mkg/Nm}^3.$$

Aus dem *Druckverhältnis* errechnet sich die adiabatische Motorarbeit bei vollständiger Expansion aus der Fläche des PV-Diagramms nach der Formel:

$$A_{ad} = 10000 \cdot 3{,}5 \cdot p_1 \cdot \left[1 - \left(\frac{p_2}{p_1}\right)^{0{,}286}\right] \text{ mkg/m}^3 \text{ Druckluft vom Druck } p_1 \text{ *}.$$

Diese Arbeit bezieht sich also auf die *Volumeneinheit 1 Kubikmeter* der dem Motor mit dem Betriebsdruck p_1 zugeführten Druckluft. Die Formel umfaßt zwar nach der Adiabatengesetzmäßigkeit mit dem Druckverhältnis auch das *Verhältnis* der Temperaturen: $\frac{T_1}{T_2} = \left(\frac{p_1}{p_2}\right)^{0{,}286}$, ist aber im Gegensatz zu den vorhergehenden, auf kg bzw. Nm³ bezogenen Formeln völlig unabhängig von der tatsächlichen Höhe der *Luftanfangstemperatur* t_1. Das bedeutet also, daß 1 m³ *heiße* Druckluft bei gleichem Druckverhältnis bzw. bei gleicher Füllung die *gleiche* Arbeit liefert wie 1 m³ *kalte* Druckluft. 1 kg oder 1 Nm³ Luft liefert dagegen um so mehr Arbeit, je höher ihre Temperatur ist (vgl. Abb. 454). Die Endtemperatur t_2 liegt natürlich bei kalter Luft tiefer als bei heißer.

Die bei *isothermischer* Expansion zu gewinnende Arbeit errechnet sich mit gegebenem Druckverhältnis ebenfalls aus der Fläche des PV-Diagramms, und zwar nach der Formel:

$$A_{is} = 2{,}303 \cdot 10000 \cdot p_1 \lg \frac{p_1}{p_2} \text{ mkg/m}^3 \text{ Druckluft vom Druck } p_1 \text{ **}.$$

Auch nach dieser Formel ist die Arbeit unabhängig von der Anfangstemperatur.

Am einfachsten errechnet sich die Arbeit bei *Vollfüllung*, die im PV-Diagramm durch eine Rechteckfläche mit dem wirksamen *Druck* $p_1 - p_2$ als Höhe und dem verbrauchten Druckluft*volumen* als Grundlinie dargestellt wird. Denkt man sich in einem Zylinder von 1 m² Querschnitt einen Kolben, der einen Hub von 1 m macht, so ist das Hubvolumen 1 m³. Bei *voller* Füllung wird die *Druckluft* vom Druck p_1 ata, der gleichbleibend auf 1 m² = 10000 cm² Kolbenfläche und gegen p_2 ata Gegendruck wirkt, eine wirksame Kolbenkraft von $f\,(p_1 - p_2) = 10000\,(p_1 - p_2)$ kg ergeben und bei $s = 1$ m die Arbeit $A = f\,(p_1 - p_2) \cdot s = 10000\,(p_1 - p_2) \cdot 1$ mkg verrichten. Der Luftverbrauch hierfür ist eine volle Füllung des Hubvolumens, also 1 m³ Druckluft vom

* $3{,}5 = \frac{k}{k-1} = \frac{1{,}4}{1{,}4-1}$; $0{,}286 = \frac{k-1}{k} = \frac{1{,}4-1}{1{,}4}$; vgl. Ziffer 9 und 10.

** 2,303 ist der Faktor zur Umrechnung der natürlichen Logarithmen in dekadische Logarithmen.

Druck p_1. Die Arbeitsgleichung für Vollfüllung lautet daher:

$$A = 10000 \cdot (p_1 - p_2) \text{ mkg/m}^3 \text{ Druckluft vom Druck } p_1.$$

Auch hier ist es gleichgültig, ob die Druckluft heiß oder kalt ist; es kommt nur auf das Volumen an.

Bei *unvollkommener* adiabatischer Expansion oder *teilweiser* Füllung mit dem *Füllungsgrad* $V_1/V_2 = \varepsilon$ errechnet sich die Arbeit als Summe aus der adiabatischen Arbeit des Anfangsvolumens bei Expansion vom Anfangsdruck p_1 bis zum Expansionsenddruck p_e und der Vollfüllungsarbeit des Expansionsendvolumens V_e für das Druckgefälle vom Druck p_e bis zum Gegendruck p_2.

$$A_\varepsilon = 10000 \cdot 3{,}5 \cdot p_1 \left[1 - \left(\frac{p_e}{p_1}\right)^{0{,}286}\right] + 10000 \cdot (p_e - p_2)\, V_e \text{ mkg/m}^3 \text{ Druckluft vom Druck } p_1.$$

Das Anfangsvolumen ist $V_1 = 1$ m³; ferner ist

$$V_e = V_2 = \frac{V_1}{\varepsilon} = \frac{1}{\varepsilon} \quad \text{und nach Ziffer 9:}$$

$$p_e = p_1 \left(\frac{V_1}{V_e}\right)^{1{,}4} = p_1\, \varepsilon^{1{,}4} \quad \text{und} \quad \left(\frac{p_e}{p_1}\right)^{0{,}286} = \left(\frac{V_1}{V_e}\right)^{0{,}4} = \varepsilon^{0{,}4}.$$

Folglich wird die Arbeit beim Füllungsgrad ε:

$$A_\varepsilon = 10000 \cdot \left(3{,}5 \cdot p_1 - 2{,}5 \cdot p_1\, \varepsilon^{0{,}4} - p_2 \cdot \frac{1}{\varepsilon}\right) \text{ mkg/m}^3 \text{ Druckluft vom Druck } p_1.$$

Beim Vergleich der Motoren untereinander oder mit dem Kompressor ist es zweckmäßig, nur ein einheitliches Maß für die verbrauchte bzw. gelieferte Luft zu gebrauchen. Die Maßeinheiten kg oder Nm³ sind eindeutige Bezugsgrößen, wenn die Motor- oder Kompressorarbeit mit dem is-Diagramm aus dem Wärmegefälle ermittelt wird. Dieses für Dampf mit seinen verschiedenen Aggregatzuständen zweckmäßigste Verfahren ist im Druckluftbetrieb aber nicht üblich, denn hier ist es anschaulicher und einfacher, die Arbeit aus dem Druck- oder Volumenverhältnis zu bestimmen und sie wie in den vorstehenden Formeln unabhängig von der Anfangstemperatur auf das *Volumen* zu beziehen. Um die Veränderlichkeit des vom Anfangsdruck p_1 abhängigen Druckluftvolumens auszuschalten, wird das Luftvolumen auf einen einheitlichen Druck bezogen, wofür eine technische Atmosphäre = 1 kg/cm² = 1 ata geeigneter ist als eine physikalische Atmosphäre = 760 mm QS = 1,033 kg/cm². *In diesem Buche sind alle Luftverbrauchswerte auf* m³ *von 1 ata bezogen,* sofern nicht in Sonderfällen ein anderer, dann aber ausdrücklich angegebener Bezugsdruck gewählt werden mußte. Das auf 1 ata bezogene Volumen wird oft als *angesaugtes Volumen* bezeichnet, was aber nicht ganz zutrifft und nicht für Motoren paßt. Beim Kompressor versteht man unter angesaugtem Volumen oder Ansaugmenge die auf Druck und Temperatur in der Saugleitung bezogene Luftmenge. Der Ansaugedruck beträgt unter normalen Umständen zwar rd. 1 ata, aber die Temperatur kann am Kompressor größer oder kleiner als am Verbraucher sein. Bei 0° C am Kompressor und 25° C am Motor erhält der Motor ein $\frac{298}{273} = 1{,}09$faches Volumen zugeführt und kann dann 9% mehr Arbeit mit der gleichen Ansaugmenge verrichten; diese Mehrarbeit ist der Wärmeaufnahme in der *Leitung* gleichwertig und hat mit dem Kompressor oder Motor nichts zu tun. Das ändert nichts an der Tatsache, daß die *Arbeit je Volumeneinheit* sowohl im Kompressor als auch im Motor *temperaturunabhängig* ist.

Mit der aus dem Mariotteschen Gesetz $p_0 \cdot V_0 = p_1 \cdot V_1$ hergeleiteten Umrechnung ergeben sich die auf ein Luftvolumen vom Druck $p_0 = 1$ ata bezogenen Arbeitsgleichungen[1]:

---

[1] Die auf Druckluft vom Druck p_1 bezogenen Arbeitsgleichungen können auch auf $V_N = 1$ Nm³ mit $T_N = 273°$ K und $p_N = 1{,}033$ ata umgerechnet werden, wenn außer dem Druck p_1 auch die Betriebstemperatur t_1 in °C bzw. T_1 in °K bekannt ist, indem man nach der allgemeinen Gasgleichung (vgl. Ziffer 3 und 4) mit $V_1 = V_N \frac{p_N}{p_1} \frac{T_1}{T_N} = 1 \cdot \frac{1{,}033}{p_1} \cdot \frac{T_1}{273} = \frac{1{,}033}{273} \cdot \frac{T_1}{p_1}$ multipliziert, was praktisch jedoch keinen Vorteil bietet; außerdem muß zusätzlich zur Maßeinheit Nm³ immer angegeben werden, für welche Betriebstemperatur die gerechnete Luftmenge gilt, denn die Bezugstemperatur 0°C für Nm³ wird nur ausnahmsweise mit der Betriebstemperatur am Motor übereinstimmen.

Adiabatische Motorarbeit bei vollständiger Expansion:

$$A_{ad} = 10000 \cdot 3{,}5 \cdot \left[1 - \left(\frac{p_2}{p_1}\right)^{0{,}286}\right] \text{ mkg/m}^3 \text{ Luft von 1 ata.}$$

Isothermische Motorarbeit bei vollständiger Expansion:

$$A_{is} = 2{,}303 \cdot 10000 \cdot \lg \frac{p_1}{p_2} \text{ mkg/m}^3 \text{ Luft von 1 ata.}$$

Motorarbeit bei Vollfüllung:

$$A = 10000 \cdot \frac{p_1 - p_2}{p_1} \text{ mkg/m}^3 \text{ Luft von 1 ata.}$$

Motorarbeit bei Teilfüllung mit dem Füllungsgrad ε:

$$A_\varepsilon = 10000 \left(3{,}5 - 2{,}5 \cdot \varepsilon^{0{,}4} - \frac{p_2}{p_1} \cdot \frac{1}{\varepsilon}\right) \text{ mkg/m}^3 \text{ Luft von 1 ata.}$$

Aus den Arbeitsgleichungen ist der Einfluß des Gegendruckes p_2 zu erkennen. Die Höhe des Gegendruckes ist vom Barometerstand abhängig und deshalb veränderlich. Der Gegendruck vermindert die Motorarbeit um so weniger, je höher der Anfangsdruck ist. Bei großen Füllungen wirkt sich der Gegendruck weniger aus als bei kleinen, weshalb die Arbeitsverminderung bei Vollfüllung am geringsten und bei isothermischer Expansion am größten ist. In Abb. 455 ist dargestellt, in welchem Maße sich die Motorarbeit bei verschiedenen Betriebsdrücken ändert, wenn der Gegendruck von dem äußeren Normalluftdruck (760 mm QS = 1,033 ata) abweicht. Das Diagramm gilt für Vollfüllung. Nur für den normalen Betriebsdruck 5 ata ist gestrichelt die für 70% Füllung geltende Linie eingezeichnet, so daß die schraffierte Fläche den im Betriebe üblichen Bereich umfaßt. Das eingetragene Beispiel zeigt bei 5 ata Betriebsdruck und Erhöhung des Gegendruckes von 1,033 ata auf 1,2 ata für Vollfüllung eine Änderung der Motorarbeit von $\Delta A = -4{,}2\%$ (Punkt A) und für 70% Füllung von $\Delta A = -4{,}6\%$ (Punkt B).

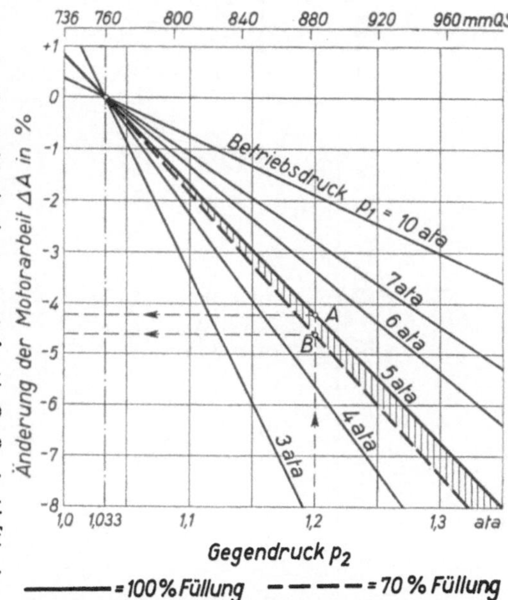

Abb. 455. Einfluß des Gegendruckes auf die Motorarbeit bei verschiedenen Betriebsdrücken und Vollfüllung.

Bei den theoretischen Werten in den Zahlentafeln und Diagrammen dieses Buches ist im allgemeinen der normale Barometerstand mit 760 mm QS = 1,033 ata als einheitlicher Gegendruck zugrunde gelegt. Zahlentafel 24 und Abb. 389 und 390 enthalten außerdem auch Werte für 1 ata Gegendruck.

Beispiele.

1. Welche Arbeiten können theoretisch aus 1 m³ Luft von 1 ata bei 5 ata Betriebsdruck und 1,033 ata Gegendruck a) mit isothermischer Expansion, b) mit adiabatischer Expansion, c) mit Teilfüllung von 70% und d) mit Vollfüllung gewonnen werden?

a) $A_{is} = 2{,}303 \cdot 10000 \cdot \lg \frac{5}{1{,}033} = 15770$ mkg/m³ von 1 ata;

b) $A_{ad} = 10000 \cdot 3{,}5 \cdot \left[1 - \left(\frac{1{,}033}{5}\right)^{0{,}286}\right] = 12695$ mkg/m³ von 1 ata;

c) $A_\varepsilon = 10000 \cdot \left(3{,}5 - 2{,}5 \cdot 0{,}7^{0{,}4} - \frac{1{,}033}{5} \cdot \frac{1}{0{,}7}\right) = 10365$ mkg/m³ von 1 ata;

d) $A = 10000 \cdot \frac{5 - 1{,}033}{5} = 7934$ mkg/m³ von 1 ata.

$$A_{ad} = 80{,}5\% \text{ von } A_{is}, \quad A_\varepsilon = 65{,}7\% \text{ von } A_{is} \text{ und } A = 50{,}3\% \text{ von } A_{is}.$$

2. Um wieviel % vermindern sich die isothermische Arbeit und die Vollfüllungsarbeit bei 5 ata Betriebsdruck, wenn der Gegendruck sich von 1,033 ata auf 1,25 ata erhöht? Für $p_1 = 5$ ata und $p_2 = 1{,}033$ ata war

in Beispiel 1 gefunden worden: $A_{is} = 15770$ mkg/m³ und $A = 7934$ mkg/m³. Für $p_2 = 1{,}25$ ata werden die Arbeiten $A'_{is} = 13865$ mkg/m³ und $A' = 7500$ mkg/m³ errechnet. Arbeitsverminderung bei isothermischer Expansion

$$\Delta A_{is} = \frac{15770 - 13865}{15770} \cdot 100 = 12{,}1\%$$

und bei Vollfüllung $\Delta A = \frac{7934 - 7500}{7934} \cdot 100 = 5{,}47\%$ *.

3. Wie groß ist die Vollfüllungsarbeit, die bei 5 ata Betriebsdruck, 30° C Betriebstemperatur und 1,033 ata Gegendruck aus 1 Nm³ Luft zu gewinnen ist?

$$A_N = A \cdot \frac{1{,}033}{273} \cdot \frac{T_1}{p_1} \text{ mkg/Nm}^3 \text{ bei } T_1 \text{ °K}.$$

$$A = 10000 \cdot (5 - 1{,}033) = 39670 \text{ mkg/m}^3 \text{ Druckluft};$$

$$T_1 = t_1 + 273 = 30 + 273 = 303\text{° K}; \quad p_1 = 5 \text{ ata}.$$

$$A_N = 39670 \cdot \frac{1{,}033}{273} \cdot \frac{303}{5} = 9096 \text{ mkg/Nm}^3 \text{ bei } 30\text{° C Betriebstemperatur}.$$

Aus den Formeln für A_{is}, A_{ad}, A_ε und A wurde die Arbeit in mkg erhalten, die man bei den verschiedenen Ausnutzungsarten aus 1 m³ Luft von 1 ata beim Betriebsdruck p_1 und beim Gegendruck p_2 theoretisch, d. h. ohne Reibungs-, Druck- und Undichtheitsverluste gewinnen kann. Daraus ergeben sich die für 1 PSh = 270000 mkg erforderlichen Luftmengen aus der Beziehung

$$q = \frac{270000}{A} \text{ m}^3/\text{PSh}, \text{ bezogen auf Luft von 1 ata}.$$

Dieser Luftverbrauch wird als theoretischer *spezifischer Luftverbrauch* bezeichnet, wobei wie bei den Arbeiten je nach der Ausnutzung zu unterscheiden sind: q_{is}, q_{ad}, q_ε und q. Von besonderer Bedeutung als Vergleichsmaß ist der spezifische Luftverbrauch bei *isothermischer* Expansion:

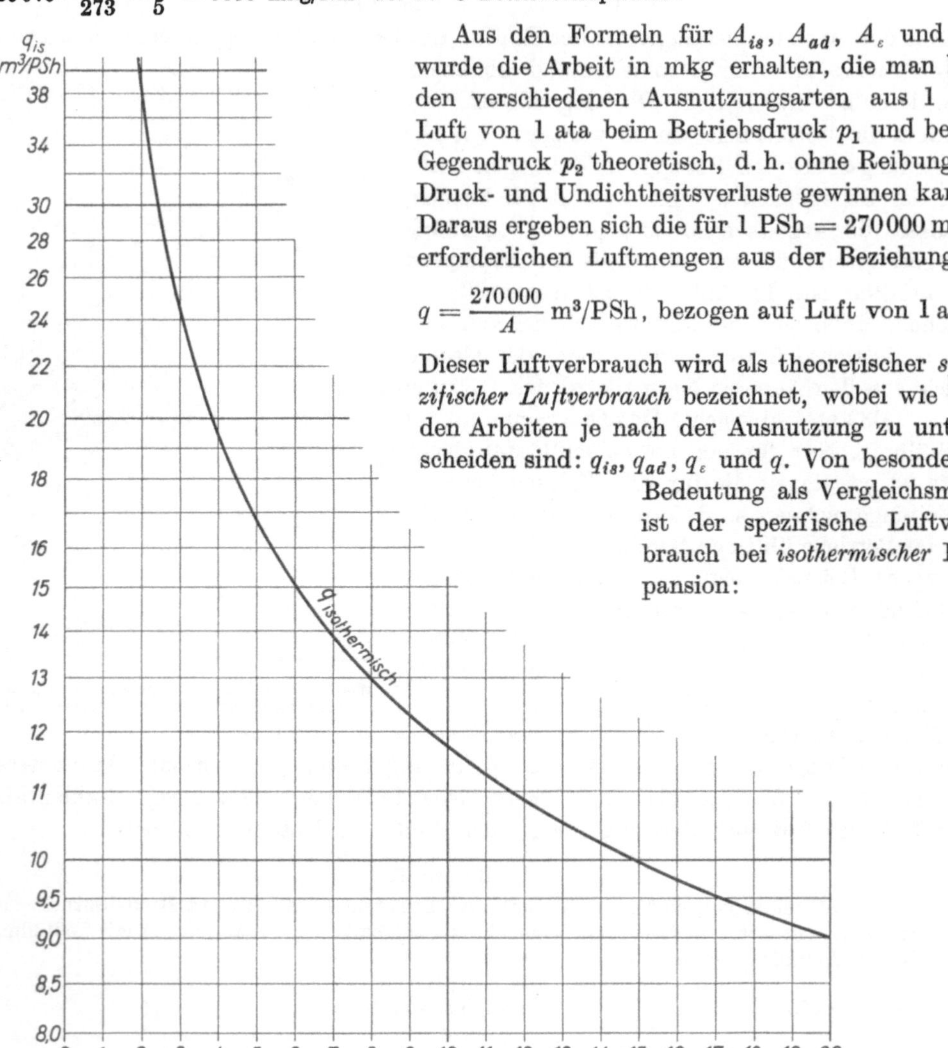

Abb. 456. Isothermischer spezifischer Luftverbrauch, gemessen in m³ Luft von 1 ata, in Abhängigkeit vom Druckverhältnis p_1/p_2.

$$q_{is} = \frac{270000}{A_{is}} = \frac{270000}{2{,}303 \cdot 10000 \cdot \lg \frac{p_1}{p_2}} = \frac{11{,}72}{\lg \frac{p_1}{p_2}} \text{ m}^3/\text{PSh}.$$

* Vgl. Abb. 455.

Abb. 456 zeigt die Abhängigkeit des isothermischen spezifischen Luftverbrauches vom Verhältnis des Betriebsdruckes p_1 zum Gegendruck p_2. Für $p_1 = 6$ ata und $p_2 = 1{,}2$ ata ergibt die Rechnung

$$q_{is} = \frac{11{,}72}{\lg\frac{6}{1{,}2}} = \frac{11{,}72}{0{,}699} = 16{,}77 \text{ m}^3/\text{PSh}.$$

Dieser Wert findet sich auch aus dem Diagramm in Abb. 456 für das Druckverhältnis $\frac{p_1}{p_2} = \frac{6}{1{,}2} = 5$. Für den Gegendruck 1,033 ata = 760 mm QS, der in diesem Buche durchweg bei theoretischen Betrachtungen zugrunde gelegt ist, kann der isothermische spezifische Luftverbrauch dem Diagramm in Abb. 457 in Abhängigkeit vom Betriebsdruck entnommen werden, z. B. der oft gebrauchte Vergleichswert $q_{is} = 17{,}1$ m³/PSh bei dem normalen Betriebsdruck $p_1 = 4$ atü $= 5$ ata und $p_2 = 1{,}033$ ata Gegendruck. Die Rechnung ergibt $q_{is} = \frac{11{,}72}{\lg\frac{5}{1{,}033}} = 17{,}11$ m³/PSh.

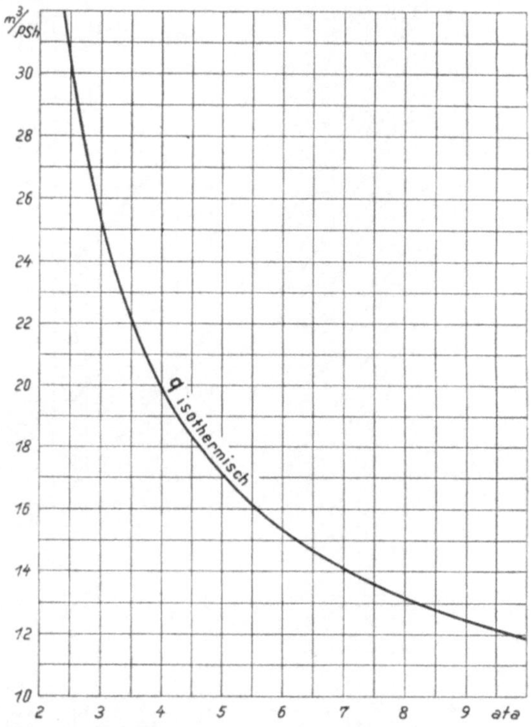

Abb. 457. Isothermischer spezifischer Luftverbrauch, gemessen in m³ Luft von 1 ata, bei Entspannung auf 1,033 ata (760 mm QS) Gegendruck.

Für Vollfüllung wird der theoretische spezifische Luftverbrauch

$$q = \frac{270\,000}{A} = \frac{270\,000}{10000 \cdot \frac{p_1 - p_2}{p_1}} = 27 \cdot \frac{p_1}{p_1 - p_2} \text{ m}^3/\text{PSh}.$$

Der bei Vollfüllung häufig benutzte spezifische Luftverbrauch für den normalen Betriebsdruck $p_1 = 4$ atü $= 5$ ata und $p_2 = 1{,}033$ ata Gegendruck ist

$$q = 27 \; \frac{5}{5 - 1{,}033} = 34 \text{ m}^3/\text{PSh}.$$

Bei Vollfüllung liegt der Verbrauch immer über 27 m³/PSh, auch wenn der Betriebsdruck beliebig gesteigert wird.

Das Ergebnis der umständlichen Rechnungen für adiabatische Teilexpansion ist in Abb. 458 enthalten. An den Grenzen findet man auch die Vollfüllungswerte (Füllung = 100%) und die Werte der vollständigen adiabatischen Expansion (Grenzlinie der kleinsten Füllungen). Der in atü angegebene Betriebsdruck bedeutet nicht den tatsächlichen Überdruck über den jeweiligen Barometerstand, sondern es sind z. B. 4 atü = 5 ata zu setzen. Der Gegendruck ist, wie bereits mehrfach betont, auch hier einheitlich mit 1,033 ata = 760 mm QS gerechnet.

Die im Diagramm eingezeichnete Grenzlinie der kleinsten Füllungen gibt die Füllungen an, mit denen die Expansion gerade den Gegendruck von 1,033 ata erreicht. Wie schon früher erläutert, gibt vollkommene adiabatische Expansion so niedrige Endtemperaturen, daß der Motor vereist[1]. Aus diesem Grunde kann die Expansionsfähigkeit der Luft nur unvollkommen ausgenutzt werden; die Folge ist ein höherer Luftverbrauch für die PSh. Nach Abb. 458 braucht ein Motor bei 4 atü Betriebsdruck und kleinster Füllung $q = 21{,}3$ m³/PSh; die Entspannungsendtemperatur ist mit $-$ 88° C (Z. T. 24) zu niedrig. Geht man von der kleinsten Füllung von 32,5% auf mindestens 70% Füllung, um die Vereisung zu vermeiden, so steigt der spezifische Luftverbrauch auf $q = 26{,}05$ m³/PSh, d. h. er ist um 22,3% größer als bei kleinster Füllung.

Den spezifischen Luftverbrauch kann man auch als den stündlichen Luftverbrauch auffassen, der für die Erzeugung der Leistung von 1 PS erforderlich ist.

[1] Vgl. Ziffer 226 und Zahlentafel 24.

Bezeichnet man mit Q den stündlichen Luftverbrauch eines Motors und mit N seine Leistung in PS, so gelten die Beziehungen:

$$q = \frac{Q}{N}\,\mathrm{m^3/PSh}\,; \quad Q = qN\,\mathrm{m^3/h}\,; \quad N = \frac{Q}{q}\,\mathrm{PS}.$$

Der *wirkliche* Luftverbrauch ist größer als der theoretische, denn die Druckluft wirkt infolge Drosselung in den Motoren nicht vollkommen und entweicht teilweise ungenutzt durch Undichtheiten oder mangelhafte Steuerungen; ferner sind die mechanischen Verluste im Motor zu decken. Der wirkliche spezifische Luftverbrauch ist ein wirtschaftliches Gütemaß für die Motoren, aber er ist nur bei *gleichem Betriebsdruck* für verschiedene Motoren vergleichbar. Ein Motor, der bei 4 atü Betriebsdruck 45 m³/PSh braucht, ist z. B. einem andern Motor energiewirtschaftlich völlig gleichwertig, der bei 6 atü Betriebsdruck einen spezifischen Luftverbrauch von nur 37 m³/PSh hat. Würde dieser Motor dagegen bei 6 atü ebenfalls 45 m³/PSh brauchen, so wäre er um rd. 22% schlechter.

Das Verhältnis des theoretischen Luftverbrauches bei Vollfüllung oder adiabatischer Teilexpansion zum wirklichen ist der *Luftausnutzungsgrad*: $\eta_L = \frac{q_{theor.}}{q_{wirkl.}}$. Unter günstigen Verhältnissen darf man mit einem Luftausnutzungs-

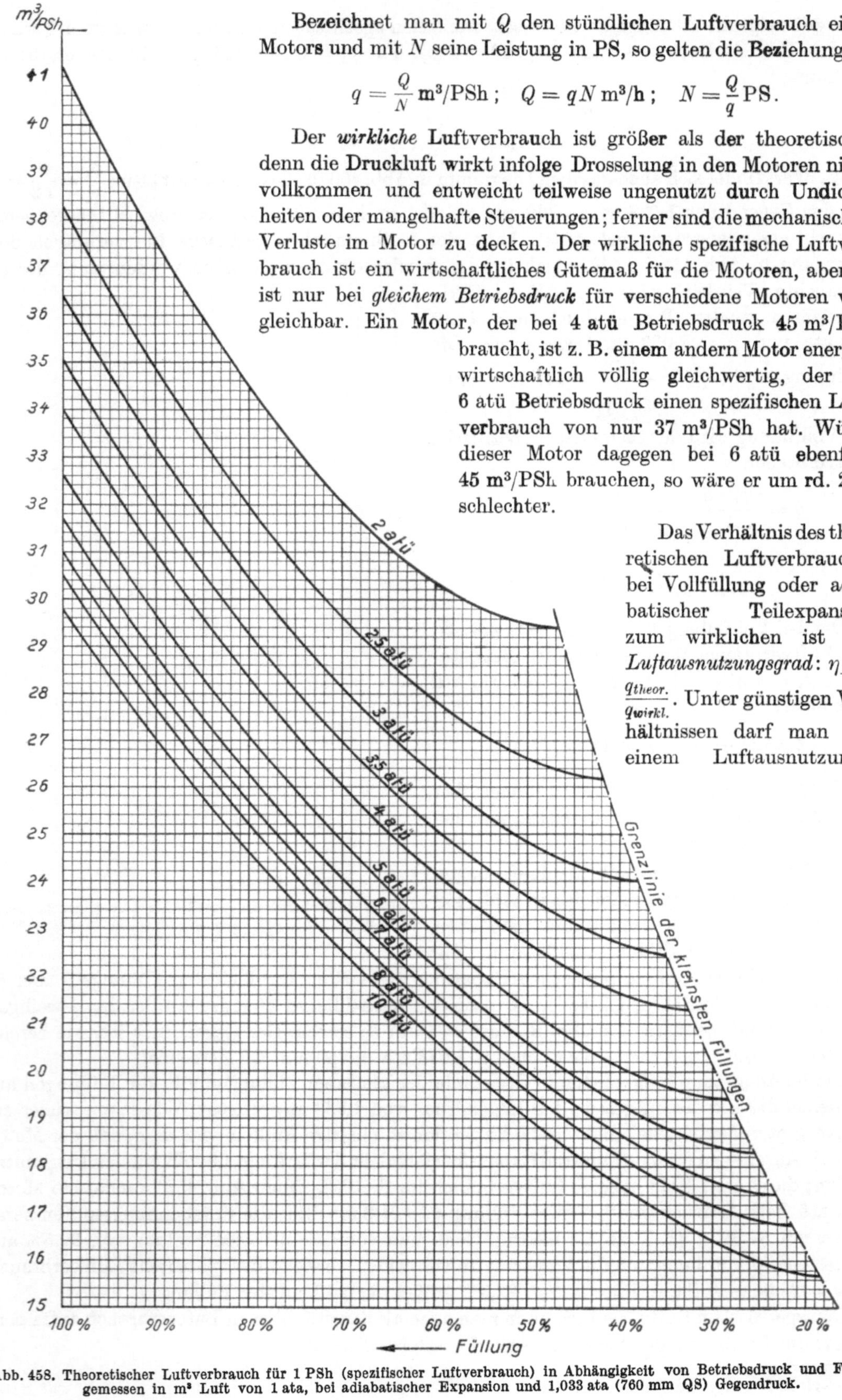

Abb. 458. Theoretischer Luftverbrauch für 1 PSh (spezifischer Luftverbrauch) in Abhängigkeit von Betriebsdruck und Füllung gemessen in m³ Luft von 1 ata, bei adiabatischer Expansion und 1,033 ata (760 mm QS) Gegendruck.

grad $\eta_L = 0{,}7 = 70\%$ rechnen. Bei Abbauhämmern erreicht man rd. 50% und bei Bohrhämmern nur etwa 40 bis 45% Luftausnutzungsgrad.

Der Luftausnutzungsgrad kann als Gütevergleichsmaß von Druckluftmotoren verwendet werden. Er umfaßt aber nur die Verluste durch Undichtheit, Druckabfall und mechanische Reibung und läßt die thermodynamischen Verluste durch unvollkommene und adiabatische Expansion unberührt. Aus diesem Grunde kann er nur zum Vergleich von Motoren mit *gleichen Expansionsverhältnissen*, also mit *gleichen Füllungen* dienen.

Der isothermische spezifische Luftverbrauch ist der Luftverbrauch eines Idealmotors für 1 PSh, der mit vollständiger isothermischer Expansion arbeitet und keine Verluste durch Undichtheit, Druckabfall und mechanische Reibung hat. Das Verhältnis des isothermischen spezifischen Luftverbrauches zum wirklichen ist der *isothermische Wirkungsgrad*:

$$\eta_{is} = \frac{q_{is}}{q_{wirkl.}}.$$

Er kann als Gesamtwirkungsgrad eines Motors aufgefaßt werden, weil er den Einfluß sämtlicher Verlustquellen einschließt. Während der Luftausnutzungsgrad nur Motoren mit gleichen Expansionsverhältnissen vergleichen läßt, ist der isothermische Wirkungsgrad ganz allgemein für Vergleiche verwendbar, auch bei abweichenden Betriebsdrücken. Obgleich der isothermische Wirkungsgrad den besten Beurteilungsmaßstab darstellt, wird er in der Praxis noch zu wenig angewendet, weil sich kleine Zahlenwerte ergeben. Ein Vollfüllungsmotor von $N = 20$ PS und $Q = 1000\ \mathrm{m^3/h}$ bei 4 atü Betriebsdruck hat z. B. einen wirklichen spezifischen Luftverbrauch

$$q_{wirkl.} = \frac{Q}{N} = \frac{1000}{20} = 50\ \mathrm{m^3/PSh},$$

einen Luftausnutzungsgrad $\eta_L = \frac{34}{50} = 0{,}68 = 68\%$ und einen isothermischen Wirkungsgrad von nur $\eta_{is} = \frac{17{,}1}{50} = 0{,}342 = 34{,}2\%$.

Aus der Beziehung $\eta_{is} = \frac{q_{is}}{q_{wirkl.}}$ folgt $\eta_{is} = \dfrac{\frac{Q}{N_{is}}}{\frac{Q}{N}} = \frac{Q}{N_{is}}\frac{N}{Q} = \frac{N}{N_{is}}$, d. h. der isothermische Wirkungsgrad ist auch das Verhältnis der wirklichen Motorleistung zu der mit der gleichen Luftmenge bei verlustloser, isothermischer Expansion theoretisch erreichbaren Leistung; damit ist der isothermische Wirkungsgrad des Motors das Gegenstück zum isothermischen Wirkungsgrad des Kompressors, der sich aus dem Verhältnis der isothermischen Leistung des verlustlosen Kompressors zu der für die gleiche Luftmenge erforderlichen tatsächlichen Antriebsleistung des Kompressors ergeben hatte (vgl. Ziffer 206).

Beispiele.

1. Bei der Untersuchung eines Geradzahnmotors wurden bei einem Betriebsdruck von 5 atü eine Leistung $N = 12$ PS und ein Luftverbrauch $Q = 540\ \mathrm{m^3/h}$ gemessen. Es sind der spezifische Luftverbrauch, der Luftausnutzungsgrad und der isothermische Wirkungsgrad zu berechnen. — Der wirkliche spezifische Luftverbrauch ist

$$q_{wirkl.} = \frac{Q}{N} = \frac{540}{12} = 45\ \mathrm{m^3/PSh}.$$

Der Geradzahnmotor arbeitet mit Vollfüllung; der theoretische spezifische Luftverbrauch bei 1,033 ata Gegendruck ist somit

$$q_{theor.} = 27\,\frac{p_1}{p_1 - p_2} = 27\,\frac{6}{6 - 1{,}033} = 32{,}6\ \mathrm{m^3/PSh}.$$

(Dieser Wert kann auch der Abb. 458 für 100% Füllung entnommen werden.) Der Luftausnutzungsgrad ist

$$\eta_L = \frac{q_{theor.}}{q_{wirkl.}} = \frac{32{,}6}{45} = 0{,}725 = 72{,}5\%.$$

Der isothermische spezifische Luftverbrauch bei 1,033 ata Gegendruck ist

$$q_{is} = \frac{11{,}72}{\lg\frac{p_1}{p_2}} = \frac{11{,}72}{\lg\frac{6}{1{,}033}} = \frac{11{,}72}{0{,}764} = 15{,}34\ \mathrm{m^3/PSh}.$$

(Dieser Wert kann auch der Abb. 457 entnommen werden.)

Der isothermische Wirkungsgrad ist

$$\eta_{is} = \frac{q_{is}}{q_{wirkl.}} = \frac{15,34}{45} = 0,341 = 34,1\%.$$

2. Ein Abbauhammer hat bei 4 atü eine Schlagleistung von 0,7 PS und einen Luftverbrauch von 48 m^3/h. Wie groß sind Luftausnutzungsgrad und isothermischer Wirkungsgrad?

$$q_{wirkl.} = \frac{Q}{N} = \frac{48}{0,7} = 68,6 \text{ m}^3/\text{PSh}.$$

Der Hammer arbeitet mit *Vollfüllung:*
$q_{theor.} = 34$ m^3/PSh nach Abb. 458. Aus Abb. 457 findet sich $q_{is} = 17,1$ m^3/PSh. Der Luftausnutzungsgrad beträgt

$$\eta_L = \frac{q_{theor.}}{q_{wirkl.}} = \frac{34}{68,6} = 0,496 = 49,6\%$$

und der isothermische Wirkungsgrad

$$\eta_{is} = \frac{q_{is}}{q_{wirkl.}} = \frac{17,1}{68,6} = 0,249 = 24,9\%.$$

3. Wieviel % beträgt der Mehrverbrauch an Luft bei Betriebsdrücken von 3 bzw. 10 atü, wenn statt mit kleinster mit 70% oder 100% Füllung gearbeitet wird? Aus dem Diagramm Abb. 458 ergibt sich:

a) *für 3 atü:* $q = 36,4$ m^3/PSh bei Vollfüllung; $q = 28,1$ m^3/PSh bei 70% Füllung; $q = 24,0$ m^3/PSh bei kleinster Füllung. Mehrverbrauch bei 70% Füllung gleich 4,1 m^3/PSh = 17% und bei 100% Füllung gleich 12,4 m^3/PSh = 52%.

b) *für 10 atü:* $q = 29,8$ m^3/PSh bei Vollfüllung; $q = 22,5$ m^3/PSh bei 70% Füllung; $q = 15,7$ m^3/PSh bei kleinster Füllung. Mehrverbrauch bei 70% Füllung gleich 6,8 m^3/PSh = 43% und bei 100% Füllung gleich 14,1 m^3/PSh = 90%.

Die unvollkommene Ausnutzung des Expansionsvermögens der Druckluft wirkt sich demnach am ungünstigsten bei hohen Betriebsdrücken aus (vgl. Ziffer 231).

4. Ein 30-PS-Pfeilradmotor braucht bei 4 atü und 1,033 ata Gegendruck stündlich 1320 m^3 Luft von 1 ata. Wie groß ist sein isothermischer Wirkungsgrad? $q_{wirkl.} = \frac{Q}{N} = \frac{1320}{30} = 44$ m^3/PSh. $q_{is} = 17,1$ m^3/PSh nach Abb. 457. $\eta_{is} = \frac{q_{is}}{q_{wirkl.}} = \frac{17,1}{44} = 0,389 = 38,9\%$.

231. Hoher oder niedriger Luftdruck? Bei der Frage nach dem günstigsten Druck der Druckluft sind verschiedene Gesichtspunkte zu berücksichtigen. Für die Fortleitung der Druckluft sind hohe Drücke günstig, weil man mit Leitungen geringen Querschnitts auskommt, die einerseits billig und andererseits handlich bei der Verlegung sind. Daß die Leitung bei hohem Druck zwar stärker als bei niedrigem Druck bläst, ist wenig von Belang, weil die benötigten engeren Leitungen auch entsprechend geringere Undichtheitsspaltlängen haben. Hoher Luftdruck gestattet weiterhin, die Motoren bei genügender Leistung sehr klein, leicht und handlich und mit verhältnismäßig geringen Reibungsverlusten zu bauen. Vorteilhaft ist ferner der geringere Wassergehalt der hochverdichteten Luft.

Für die Energieumsetzung ist hoher Luftdruck jedoch ungünstig. Es liegen hier andere Verhältnisse vor als im Dampfkraftbetrieb. Wie aus Abb. 459 hervorgeht, wird die höher gespannte Druckluft im Motor schlechter ausgenutzt als niedriger gespannte. Es sind 2 atü Enddruck mit 6 atü Enddruck verglichen. In beiden Fällen ist die aufgewendete Luftmenge gleich. Die Flächen $I + II + III$ zusammen stellen die aufgewandte isothermische Kompressorarbeit dar. Bei adiabatischer Entspannung auf 1 ata erstattet der verlustlose Motor die durch die Flächen $I + II$ dargestellte Arbeit zurück, bei voller Füllung nur die durch die Fläche I dargestellte Arbeit. Im Verhältnis zur aufgewandten Kompressorarbeit leistet der Motor bei 6 atü weniger als bei 2 atü. Der Unterschied ist bei voller Füllung beträchtlich, bei kleinster Füllung geringer. Die Diagramme Abb. 396 und 458 geben zusammen zahlenmäßigen Aufschluß über diese Verhältnisse. Aus der Abb. 396 ist nämlich zu entnehmen, wieviel PS Antriebsleistung am Kompressor z. B. unter Zugrundelegung eines isothermischen Wirkungsgrades von 70% aufzuwenden sind, um stündlich 1 m^3 Luft von 1 ata auf 2 atü bzw. 6 atü zu verdichten. Abb. 458 gibt an, wieviel m^3 Luft je nach dem Füllungsgrad stündlich erforderlich sind, damit der *vollkommene*, d. h. dicht und reibungslos arbeitende Druckluftmotor 1 PS leistet. Die Leitung sei dicht, und es trete in ihr kein Druckabfall auf. Wird der Motor mit 2 atü betrieben, so braucht er für 1 PS bei voller Füllung stündlich 41,2 m^3 angesaugte Luft, wofür der Kompressor $41,2 \cdot 0,058 = 2,39$ PS aufzuwenden hat ($\eta = 0{,}418$), und bei kleinster Füllung 29,4 m³, für die $29{,}4 \cdot 0{,}058 = 1{,}71$ PS aufzuwenden sind ($\eta = 0{,}585$). Bei 6 atü braucht man bei voller Füllung 31,7 m³/PSh, wofür der Kompressor $31{,}7 \cdot 0{,}103 = 3{,}26$ PS benötigt ($\eta = 0{,}307$), und bei kleinster Füllung 18,3 m³/PSh mit einer Kompressorleistung von $18{,}3 \cdot 0{,}103 = 1{,}89$ PS ($\eta = 0{,}53$). Bei 6 atü muß also der Kompressor bei voller Füllung 36% und bei kleinster Füllung 11% mehr leisten als bei 2 atü, damit der Druckluftmotor theoretisch 1 PS leistet. Bei den großen Füllungen, mit denen gearbeitet werden muß, erscheinen niedrige Drücke theoretisch also erheblich vorteilhafter als hohe. In Wirklichkeit sind die niedrigen Drücke allerdings doch nicht ganz so günstig, denn bei niedrigen Drücken braucht man große, schwere Motoren, die größere Reibung haben; außerdem brauchen die Leitungen einen bedeutend größeren Querschnitt, weil das Luftvolumen größer ist und überdies der Druckabfall viel kleiner gehalten werden muß als bei hohen Drücken. Wenn bei 6 ata ein Druckabfall von 1 at als erträglich angesehen werden kann, darf er bei 3 ata nur etwa 0,1 bis 0,2 at betragen.

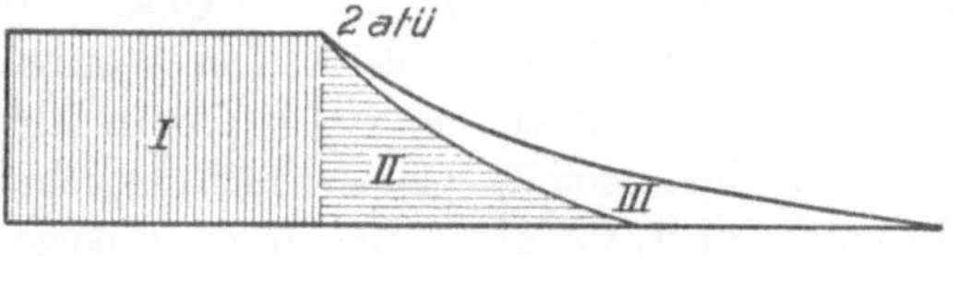

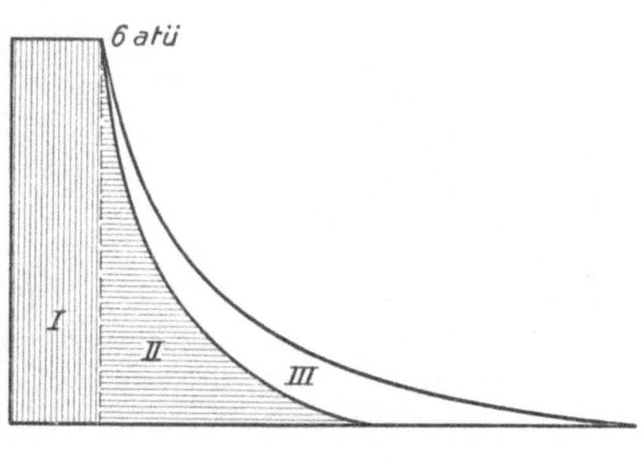

Abb. 459. Vergleich der Luftausnutzung bei hoher und niedriger Druckluftspannung.

Abb. 460 veranschaulicht das Betriebsverhalten der Druckluftmotoren bei Änderung des Betriebsdruckes. Die beiden linken Diagramme gelten theoretisch für völlig dichte Motoren ohne Druckabfall und ohne mechanische Reibung. Die drei rechten Diagramme beruhen auf praktischen Versuchsergebnissen[1]; ihre Abweichungen von den theoretischen Werten sind vor allem auf Undichtheit, Drosselung beim Ein- und Auslaß und mechanische Reibung zurückzuführen. Fast alle Diagramme zeigen den besten isothermischen Wirkungsgrad bei niedrigem Druck, was besonders bei Vollfüllung gegenüber Expansion bemerkbar ist.

Die Erfahrung lehrt, daß man mit 5 bis 6 atü Kompressordruck und 4 bis 5 atü Betriebsdruck am Motor die günstigsten Ergebnisse erzielt. Bei Druckluftgrubenlokomotiven sind die

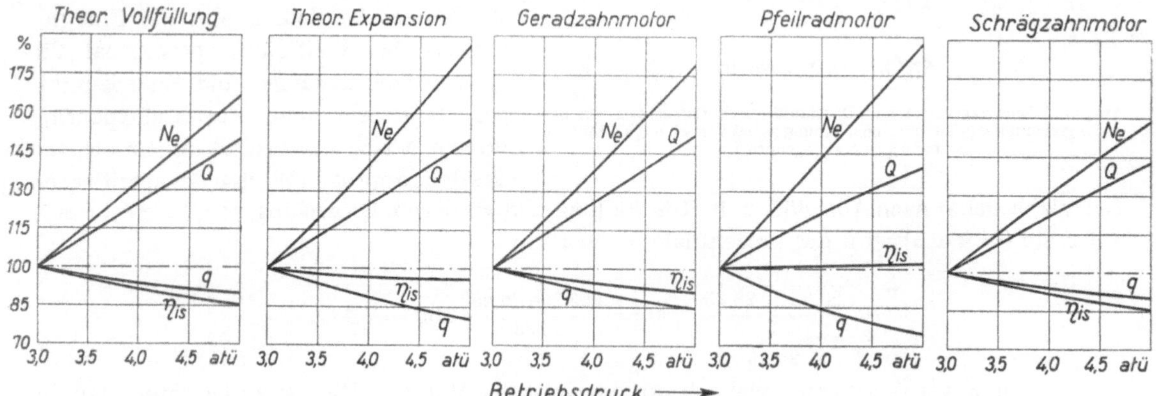

Abb. 460. Leistung, Luftverbrauch und isothermischer Wirkungsgrad für konstante Drehzahl bei verändertem Betriebsdruck.

vorstehenden Betrachtungen über den günstigsten Druck ziemlich unwesentlich. Hier ist allein ausschlaggebend, daß in kleinem Raum große Luftmengen mitzuführen sind, um möglichst große Fahrbereiche mit einer Behälterfüllung zu erzielen. Man verwendet hochverdichtete Luft von

[1] Es handelt sich nicht um Durchschnittswerte der angegebenen Motorbauarten; je nach Motorgröße und Ausführung treten Abweichungen auf.

160 bis 200 at, die in den Stahlflaschen der Lokomotiven aufgespeichert und vor dem Eintritt in den Motor auf 15 bis 20 at Druck herabgedrosselt wird.

232. Energieverluste durch Drosselung. Unter Drosselung versteht man eine Druckminderung der Druckluft durch Strömungswiderstände, z. B. durch ein Drosselventil. Drosselung ist ein nicht umkehrbarer Vorgang, bei dem keine äußere Arbeit verrichtet wird. Die bei der Widerstandsüberwindung im Innern des Gases verrichtete Arbeit wird durch Reibung in Wärme umgesetzt, die im Gase verbleibt. Der Wärmeinhalt bleibt unverändert, die Entropie nimmt zu (waagerechter Verlauf im *is*-Diagramm Abb. 21), jedoch wird das ausnutzbare Wärmegefälle $i_1 - i_2$ kleiner, weil die Gegendrucklinie schräg ansteigt. Mit Luft von 7 ata, 40° C läßt sich zum Beispiel bei 1,033 ata Gegendruck theoretisch ein Wärmegefälle $i_1 - i_2 = 31{,}6$ kcal/kg ausnutzen, wogegen sich nach der Drosselung aus Luft von 5 ata, 40° C beim gleichen Gegendruck nur ein Wärmegefälle von 27,2 kcal/kg verwerten läßt. Die Arbeitsfähigkeit hat damit um 4,4 kcal/kg oder um 13,9% abgenommen. Diese nicht für die Erzeugung mechanischer Arbeit verwertbare Wärme bedeutet also praktisch einen Energieverlust, sie bleibt jedoch in der Luft enthalten, was an der höheren Expansionsendtemperatur zu erkennen ist. Bei Vollfüllung wird der Energieverlust geringer. 1 m³ Druckluft von 7 ata liefert z. B. bei 1,033 ata Gegendruck die Vollfüllungsarbeit $A_7 = 10000 \cdot (7 - 1{,}033) = 59670$ mkg. Wird diese Luft auf 5 ata gedrosselt, so nimmt sie ein Volumen von $7:5 = 1{,}4$ m³ an, woraus sich bei 1,033 ata Gegendruck die Arbeit $A_5 = 1{,}4 \cdot 10000 \cdot (5 - 1{,}033) = 55538$ mkg gewinnen läßt. Der Energieverlust ist in diesem Falle nur $59670 - 55538 = 4132$ mkg oder 6,9%. Dieser Wert kann auch aus der Abb. 461 entnommen werden, in der die Energieverluste bei Vollfüllung prozentual für verschiedene Anfangs- und Endspannungen dargestellt sind. Für Teilexpansion errechnet sich der Verlust am einfachsten aus den reziproken Werten des spezifischen Luftverbrauches nach Abb. 458. Für 80% Füllung und wiederum Drosselung von 7 ata (= 6 atü) auf 5 ata (= 4 atü) wird der prozentuale Verlust

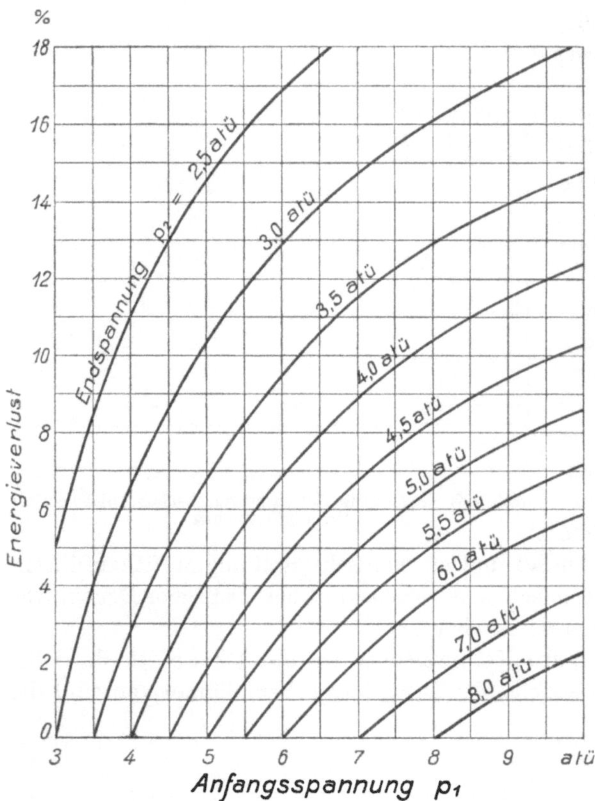

Abb. 461. Energieverluste der Druckluft durch Drosselung von der Anfangsspannung p_1 auf die Endspannung p_2 bei Betrieb mit Vollfüllung und 1,033 ata Gegendruck.

$$\frac{\dfrac{1}{26{,}25} - \dfrac{1}{28{,}35}}{\dfrac{1}{26{,}25}} \cdot 100 = \frac{28{,}35 - 26{,}25}{28{,}35} \cdot 100 = 7{,}4\,\%.$$

Drosselung verwendet man vielfach zur Regelung der Motoren. Hier ist zu beachten, daß die Verminderung der Motorleistung nicht nur auf dem Energieverlust der Druckluft beruht, sondern hauptsächlich auf die verringerte Luftzufuhr zurückgeführt werden muß. Bei Drosselung z. B. von 4 atü (= 5 ata) auf 3 atü (= 4 ata) nimmt der Motor bei gleicher Füllung nur $^4/_5$ oder 80% der Luftmenge auf wie bei 4 atü. Bei Vollfüllung ist der Energieverlust der Luft nach Abb. 461 nur 6,5%, so daß 93,5% ausgenutzt werden können. Da aber nur 80% der Luftmenge in der gleichen Zeit zugeführt werden, sinkt die Leistung auf $0{,}8 \cdot 0{,}935 = 0{,}748 = 74{,}8\%$ der Leistung bei 4 atü.

Drosselung tritt zwangsläufig durch den Leitungswiderstand im Rohrnetz auf. Diese Drosselung darf in energiewirtschaftlicher Hinsicht nicht von der Seite des Motors aus betrachtet werden, denn hier ist der gegen Druckänderungen viel empfindlichere Kompressor maßgebend, worauf in Ziffer 206 ausführlich hingewiesen wurde. Den Unterschied zeigt folgender Vergleich. Für den Motor bedeutete Drosselung von 7 auf 5 ata einen Energieverlust von 6,9% bei Vollfüllung und 7,4% bei 80% Füllung. Der Kompressor erfordert jedoch nach Abb. 397 einen Mehraufwand von rd. 21%, wenn er einen Enddruck von 7 ata statt 5 ata erzeugen soll. Demnach ist es durchaus unwirtschaftlich, den Kompressorenddruck zu steigern, um am Motor einen höheren Betriebsdruck zu erhalten.

233. Wirkungsgrad und Wirtschaftlichkeit der Druckluftenergieübertragung. Bei der Verdichtung der Luft im Kompressor und bei der Entspannung der Druckluft im Druckluftmotor handelt es sich nicht um rein mechanische, sondern um thermodynamische Vorgänge. Die Luft wird nämlich bei der Verdichtung heiß, weil sie die Verdichtungsarbeit als Wärme empfängt. Würde die Druckluft heiß bleiben, bis sie im Druckluftmotor wirkt, so würde sie die vorher aufgenommene Wärme bei der Entspannung auf den ursprünglichen Druck wieder als Arbeit abgeben, und die Druckluftenergieübertragung wäre, abgesehen von Reibungs- und Undichtheitsverlusten, vollkommen. Tatsächlich verliert aber die Druckluft die aufgenommene Wärme, und die Arbeit, die das durch Abkühlung verkleinerte Luftvolumen im Motor zu verrichten

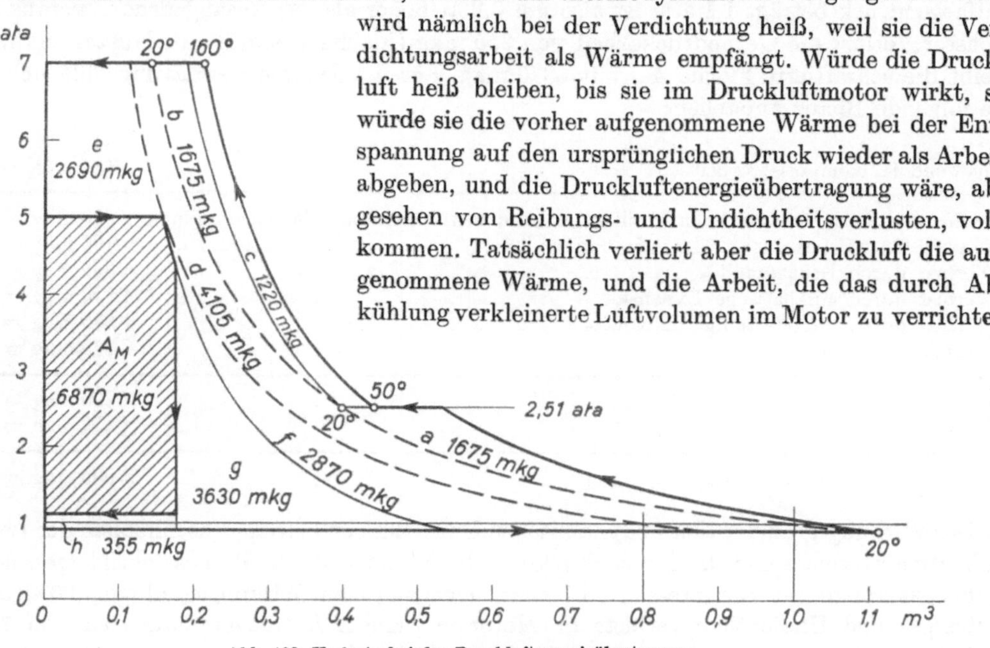

Abb. 462. Verluste bei der Druckluftenergieübertragung.

vermag, ist auch theoretisch — d. h. abgesehen von Reibungs- und Undichtheitsverlusten — viel kleiner als die Kompressorarbeit. Dazu kommt, daß das Expansionsvermögen der Druckluft je nach der Art des Motors mehr oder weniger beschränkt ist, weil die in der Druckluft enthaltene Feuchtigkeit bei den auftretenden tiefen Temperaturen Eis bildet.

Abb. 462 gibt ein anschauliches Bild der Energieverluste der thermodynamischen Vorgänge bei der Druckluftenergieübertragung in der Darstellung des PV-Diagrammes, dessen Flächen vergleichbare Arbeitswerte darstellen. Das Diagramm bezieht sich auf die mit 1 m³ Luft von 1 ata, die im Kompressor auf 7 ata verdichtet wird, übertragbare Energie. Die Arbeitswerte der einzelnen Flächen sind in mkg eingetragen. Infolge der Saugwiderstände beträgt der Anfangsdruck 0,9 ata, so daß 1,11 m³ Luft von 0,9 ata auf 7 ata zu verdichten sind. Die hierfür erforderliche, durch die gesamte Diagrammfläche dargestellte Kompressorarbeit beträgt $A_K = 25090$ mkg bei zweistufiger, adiabatischer Verdichtung mit unvollkommener Zwischenkühlung auf 50° C statt 20° C (= Anfangstemperatur). Gegenüber isothermischer Verdichtung ergibt der durch die Flächen a, b und c dargestellte, nicht rückgewinnbare Mehraufwand von zusammen 4570 mkg den ersten Verlust. $a = 1675$ mkg und $b = 1675$ mkg sind die adiabatischen Mehrarbeiten der 1. bzw. 2. Verdichterstufe; außerdem muß die Hochdruckstufe $c = 1220$ mkg mehr aufbringen, weil das Volumen infolge der höheren Anfangstemperatur um $(50 - 20) : 293 = 0{,}1023 \approx 10\%$ größer geworden ist. In der Leitung kühlt sich die Luft auf die Anfangstemperatur ab, so daß nur das von der gestrichelten Isothermen (rechts) bei 7 ata begrenzte *Druckluft*volumen von $^1/_7$ m³ zur Verfügung steht. Von diesem Volumen sollen 20% durch Undichtheiten der Leitung verlorengehen, so daß die Isotherme bis zum Volumen $^{0,8}/_7$ nach links verschoben wird. Als zweiter Verlust ergibt sich der Undichtheitsverlust zu 4105 mkg, dargestellt durch die zwischen den beiden Isothermen liegende Fläche *d*. Der dritte Verlust in Höhe von 2690 mkg (Fläche *e*) entsteht durch den Druckabfall von 7 ata auf 5 ata in der Leitung, wobei das Volumen bis zu der von der linken Isothermen festgelegten Grenze zunimmt. Die Luft expandiert im Motor nicht isothermisch, sondern adiabatisch (nach der dünn ausgezogenen, steiler als die Isotherme verlaufenden Adiabaten), woraus sich als vierter Verlust die durch Fläche *f* gekennzeichnete Arbeit von 2870 mkg ergibt. Der Vereisungsgefahr wegen kann nicht mit vollkommener Expansion gearbeitet werden; im Diagramm sind 90% Füllung zugrunde gelegt, so daß die Luft nur von 5 ata auf rd. 4,3 ata expandiert. Als fünfter Verlust durch unvollständige Expansion ergibt sich somit die Fläche *g*, die einer Arbeit von 3630 mkg entspricht. Der Auspuffgegendruck beträgt 1,1 ata, ist also um 0,2 at höher als der Ansaugedruck, woraus sich als sechster Verlust die Gegendruckarbeit von 355 mkg (Fläche *h*) ergibt. Als Nutzarbeit im Motor bleibt die schraffierte Fläche A_M mit 6870 mkg. Für die Energieübertragung läßt sich daraus die folgende Bilanz aufstellen:

Aufgewendete Kompressorarbeit	25090 mkg = 100,0%
1. Mehraufwand für adiabatische Verdichtung und unvollkommene Zwischenkühlung	4570 mkg = 18,2%
2. Undichtheitsverluste	4105 mkg = 16,4%
3. Verlust durch Druckabfall	2690 mkg = 10,7%
4. Verlust durch adiabatische Expansion	2870 mkg = 11,4%
5. Verlust durch unvollständige Expansion	3630 mkg = 14,5%
6. Gegendruckverlust	355 mkg = 1,4%
Gesamtverlust	18220 mkg = 72,6%
Nutzbare Arbeit im Motor	6870 mkg = 27,4%
Nutzarbeit und Gesamtverlust	25090 mkg = 100,0%

Der Wirkungsgrad der thermodynamischen Umsetzungen beträgt einschließlich der Leitungsundichtheitsverluste und des Druckabfalles in der Leitung 27,4%. Berücksichtigt man noch die Reibungsverluste im Kompressor mit einem mechanischen Wirkungsgrad von 90% und die Reibungs- und Undichtheitsverluste im Motor mit einem Luftausnutzungsgrad von 70%, so wird der Gesamtwirkungsgrad der Druckluftenergieübertragung $\eta_{ges.} = 0{,}274 \cdot 0{,}9 \cdot 0{,}7 = 0{,}173 = 17{,}3\%$, d. h. von der am Kompressor aufgewendeten Antriebsleistung kann nur rd. ein Sechstel an der Motorwelle nutzbar abgenommen werden.

Der Gesamtwirkungsgrad ergibt sich auch aus dem durchschnittlichen spezifischen Luftverbrauch der Motoren und der am Kompressor für die Verdichtung dieser Luftmenge aufzubringenden Leistung. Bei 4 atü Betriebsdruck und durchschnittlich 90% Füllung ist nach Abb. 458: $q_{theor.} = 31$ m³/PSh. Mit 70% Luftausnutzungsgrad wird $q_{wirkl.} = 31 : 0{,}7 = 44{,}3$ m³/PSh am Motor. Ist der Leitungsundichtheitsverlust wieder 20% und der Druckverlust 2 at, so muß der Kompressor $44{,}3 : 0{,}8 = 55{,}4$ m³/h ansaugen und auf 6 atü = 7 ata verdichten, damit der Motor $N_M = 1$ PS leisten kann. Hierfür braucht der Kompressor bei $\eta_{is} = 0{,}7$ eine Antriebsleistung

$$N_K = \frac{N_{is}}{\eta_{is}} = \frac{55{,}4 \cdot 19459}{0{,}7 \cdot 270000} = 5{,}7\,\text{PS}.$$

Der Gesamtwirkungsgrad ist $\eta_{ges.} = \frac{N_M}{N_K} = \frac{1}{5{,}7} = 0{,}175 = 17{,}5\%$. Ein Gesamtwirkungsgrad von 17,5% kann als Durchschnittswert angesehen werden. Die wirksamsten Mittel zur Verbesserung sind Verminderung der Undichtheitsverluste durch sorgfältige Leitungsüberwachung und Verringerung des Druckverlustes durch ausreichende Bemessung der Leitungsquerschnitte. Wirkungsgrade unter 15% sind auf ausgesprochene Mängel der Druckluftanlage, wie schlecht gehaltenes Rohrnetz und Verwendung veralteter, verschlissener Motoren, die als „Luftfresser" bekannt sind, zurückzuführen.

Am *Kompressor* sind irgendwelche erheblichen Verbesserungen nicht zu erwarten; isothermische Wirkungsgrade von 70 bis 72% sind die bei Kolbenkompressoren mit Dampfantrieb erreichte Grenze, während elektrisch angetriebene Kolbenkompressoren und Turbokompressoren geringeren Wirkungsgrad haben.

Bei den *Druckluftmotoren* bestehen noch große Unterschiede im Luftverbrauch. An der Vervollkommnung der Motoren ist mit gutem Erfolg weitergearbeitet worden. In erster Linie ist man bestrebt gewesen, die Undichtheitsverluste der Motoren selbst herabzudrücken und durch erhöhte Verschleißfestigkeit auch im Dauerbetrieb gering zu halten. Die Motoren durch stärkere Ausnutzung der Expansion wirtschaftlicher zu gestalten, war der Vereisungsgefahr wegen nicht möglich. Überdimensionierte Motoren, die gedrosselt laufen müssen, sind wegen des höheren spezifischen Luftverbrauchs unbedingt zu vermeiden.

Rechnet man mit einem Verbrauch von 50 m^3/PSh, so betragen die Energiekosten 30 Dpf./PSh oder 41 Dpf./kWh bei einem Luftpreis von DM 6.— für 1000 m^3. Im Vergleich zu elektrischen Stromkosten erscheinen diese Zahlen hoch, jedoch ergibt sich in manchen Fällen, besonders bei kleinem zeitlichen Ausnutzungsgrad, ein Ausgleich durch die geringeren Kapitalkosten des Druckluftbetriebes. Grundsätzlich soll aber bei großen Leistungen immer erwogen werden, ob es möglich ist, die Druckluft durch die billigere elektrische Energie zu ersetzen.

XXIV. Druckluftantriebe.

234. Überblick über die Bauarten. Die Druckluftmotoren sind den Dampfmaschinen verwandt und haben sich alle in den Grundformen aus ihnen entwickelt. Die zum Antriebe von Haspeln dienenden Zwillingskolbendruckluftmotoren entsprechen in ihrem Aufbau genau kleinen Dampfmaschinen. Bei ihnen findet man noch die einfachen Schiebersteuerungen, die im Dampfmaschinenbau fast verschwunden sind, weil die kleinen Dampfmaschinen durch Verbrennungsmaschinen und Elektromotoren verdrängt sind und die großen andere Steuerungen haben. Die kleinen schwungradlosen Pumpen, die über Tage mit Dampf betrieben werden, laufen unter Tage mit Druckluft. Die Zahnradmotoren haben ihren Vorläufer in einer 1799 patentierten Dampfmaschine von Murdock, welche die gleiche Anordnung mit zwei Geradzahnrädern wie die heutigen Druckluftmotoren hatte, jedoch mangels genügender Präzision der Zahnradherstellung noch nicht betriebsreif war.

Es ist zu unterscheiden zwischen *Druckluftkolbenmotoren* und *Druckluftturbinen*. Die Kolbenmotoren arbeiten entweder mit hin- und hergehendem Kolben oder mit Drehkolben. Bei Kolbenmotoren mit hin- und hergehendem Kolben wird entweder eine Drehbewegung durch Kurbeltrieb erzeugt oder die geradlinige Kolbenbewegung unmittelbar für den Antrieb benutzt, wobei zu unterscheiden ist, ob die Energie direkt von einer Kolbenstange übertragen wird, wie bei Rutschenmotoren, schwungradlosen Pumpen, Stoßbohrmaschinen, oder ob die Energieübertragung durch einen Schlag des Kolbens erfolgt, wie bei den Druckluftschlagwerkzeugen, z. B. Abbauhämmern, Bohrhämmern, Hammerbohrmaschinen.

Die *Drehkolbenmotoren* arbeiten mit Kolbenflächen, die sich auf einer Kreisbahn bewegen. Sie haben eine reine Flächendruckwirkung und dürfen keinesfalls mit Turbinen verwechselt werden. Die große Gruppe der Drehkolbenmotoren läßt sich unterteilen in *Lamellenmotoren* mit einer Welle und *Zahnradmotoren* mit zwei Wellen. Von letzteren lassen sich nach der Art der verwendeten Zahnräder unterscheiden: *Geradzahnmotoren*, *Schrägzahnmotoren*, *Schraubenradmotoren* und *Pfeilradmotoren*[1]. Drehkolbenmotoren sind leistungsfähig, klein, leicht, billig und wirtschaftlich.

Die Drehkolbenmotoren werden entweder nur für *einen* Drehsinn gebaut, um Ventilatoren, Kreiselpumpen, Drehbohrmaschinen, Sägen usw. zu treiben, oder sie sind *umsteuerbar*, insbesondere für den Antrieb von Häspeln, Bändern, Schrämmaschinen. Die Umsteuerung wird entweder

[1] Die Unterscheidung von *Stirnrad*motoren und *Pfeilrad*motoren ist unzutreffend, denn auch Pfeilzahnräder sind Stirnräder.

als *Luftumsteuerung* oder als *Getriebeumsteuerung* gebaut. Bei Luftumsteuerung wird der Wechsel des Drehsinns durch Umkehr der Lufteinströmung und -ausströmung erzielt, bei Getriebeumsteuerung durch Umschalten eines Zahnradgetriebes. Luftumsteuerung ist insofern vorteilhafter, als sie bei voller Drehzahl betätigt werden kann, was bei der Getriebeumsteuerung zu Zahnbrüchen führen würde. Am einfachsten gestaltet sich die Luftumsteuerung bei Gerad- und Schrägzahnmotoren, während sich bei Lamellen- und Pfeilradmotoren bauliche Schwierigkeiten ergeben.

Die *Druckluftturbinen*[1] haben bisher nur in Sonderfällen Anwendung gefunden, wie z. B. zum Antrieb von Luttenventilatoren, Kreiselpumpen und Turbinenlampen. Sie haben gegenüber den Drehkolbenmotoren keine weitere Verbreitung gefunden, weil sie empfindlicher und größer sind, und weil die Turbinenwirkung infolge der nur unvollkommen möglichen Expansion der Luft nicht genügend zur Geltung kommt. Die Turbinen werden deshalb auch nur im Zusammenhang mit Ventilatoren (Abschnitt XXXI) behandelt.

In besonderen Abschnitten werden weiterhin auch alle die Antriebe behandelt, bei denen Kraft- und Arbeitsmaschine untrennbar verbunden sind und ein Ganzes bilden, wie bei Bohr- und Abbauhämmern, ferner solche Antriebe, die nur einer ganz bestimmten Verwendung dienen und in ihrer Bauart und Wirkungsweise nur diesem einen Verwendungszweck angepaßt sind, wie z. B. Rutschenmotoren.

235. Druckluftmotoren mit hin- und hergehendem Kolben. Es war in der vorstehenden Ziffer bereits gesagt worden, daß die Druckluftmotoren mit hin- und hergehendem Kolben kleinen Dampfmaschinen gleichen; für sie gelten deshalb auch die allgemeinen Ausführungen über Kolbenmaschinen im Abschnitt VII und die Grundlagen der Kolbendampfmaschinen, insbesondere die Wirkungsweise der Schiebersteuerungen in Abschnitt IX. Kondensationswirkung hat man selbstverständlich nur bei Dampfbetrieb.

Für den Antrieb großer Förderhaspel verwendet man noch viel die Zwillingsanordnung mit doppeltwirkenden Zylindern (vgl. Abb. 546 und 547). Um mit kleinen Abmessungen auszukommen, läßt man die Maschinen schnell laufen ($n = 100$ bis $200\,\text{min}^{-1}$) und treibt die Trommel oder Treibscheibe über ein einfaches Vorgelege an. Umgesteuert wird durch eine *Kulissensteuerung*, die in der Stephensonschen Ausführung nach Abb. 463 gebräuchlich ist, weil sie die wenigsten Gelenke hat und sich kurz baut. Wegen ihrer Wirkungsweise vgl. Ziffer 85. Um zu steuern, hebt oder senkt man die Kulisse, deren Gewicht auszugleichen ist. Legt man den Steuerhebel vorwärts, so wirkt hauptsächlich das Vorwärtsexzenter und steuert, wenn man den Steuerhebel ganz auslegt, Vorwärtsfahrt mit größter Füllung (etwa 80%); legt man den Steuerhebel rückwärts, so wirkt hauptsächlich das Rückwärtsexzenter und steuert Rückwärtsfahrt. Die Mittelstellung ist die Nullage. Die Möglichkeit, mit kleinen Füllungen (bis zu 50%) zu fahren, indem man die Steuerung nur wenig auslegt, ist vorhanden, wird jedoch nur wenig ausgenutzt, indem hauptsächlich gedrosselt wird. Zwillingskolbenmotoren werden bis 300 PS gebaut.

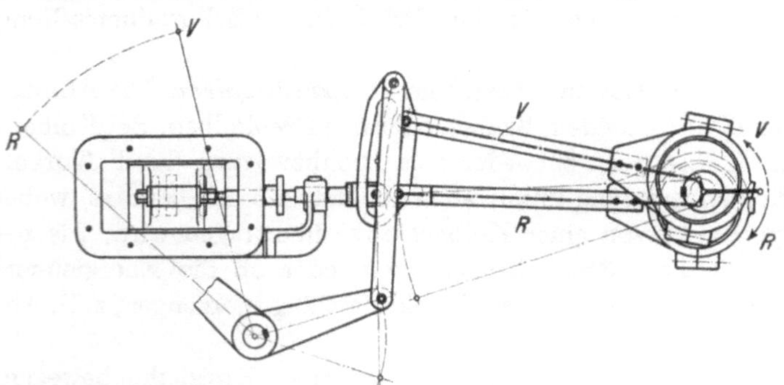

Abb. 463. Stephensonsche Kulissensteuerung mit offenen Stangen.

Das Betriebsverhalten der Zwillingskolbenmaschine bei Drehzahländerungen veranschaulicht das Kennliniendiagramm in Abb. 464. Das Drehmoment ist bis zur normalen Drehzahl fast unverändert und nimmt erst bei hohen Drehzahlen infolge Luftdrosselung in den Schieberkanälen ab. Das Anzugsmoment ist von der Kurbelstellung abhängig; in günstigster Stellung ist

[1] Ein vom Hersteller „Druckluftkolbenturbine" genannter Motor ist nach Bauart und Wirkungsweise ein reiner Drehkolbenmotor und keine Turbine.

es etwas größer als das normale Betriebsdrehmoment ($M_{max} = 70$ kgm in Abb. 464). Der spezifische Luftverbrauch ist nahezu gleichbleibend und beträgt 35 m³/PSh bei 80% Füllung ($\eta_{is} = 49\%$) und 31 m³/PSh bei 50% Füllung ($\eta_{is} = 55\%$).

236. Lamellenmotoren. Der Lamellenmotor wirkt umgekehrt wie der in Ziffer 211 behandelte Drehkolbenkompressor. Im Aufbau (vgl. Abb. 415) stimmt er mit ihm überein, jedoch hat er entgegengesetzten Drehsinn. Abb. 465 zeigt einen Lamellenmotor schematisch. In den Schlitzen des exzentrisch im Gehäuse gelagerten, drehbaren Kolbens a gleiten Lamellen (oder Schiebeflügel) b, die von der Fliehkraft gegen die Gehäusewand getrieben werden, so daß zwischen den Lamellen Kammern entstehen. Die Kammern haben, nachdem sie mit Druckluft gefüllt sind, das Volumen I, das sich, bis der Auspuff beginnt, auf II vergrößert. Das Verhältnis der Volumen I und II ist das Expansionsverhältnis der Druckluft (bei völliger Dichtheit). Dadurch ist die Füllung festgelegt; man kann sie verändern, indem man den Einlaß durch einen Schieber mehr nach rechts oder links verlegt. Im allgemeinen wird jedoch durch Drosseln geregelt.

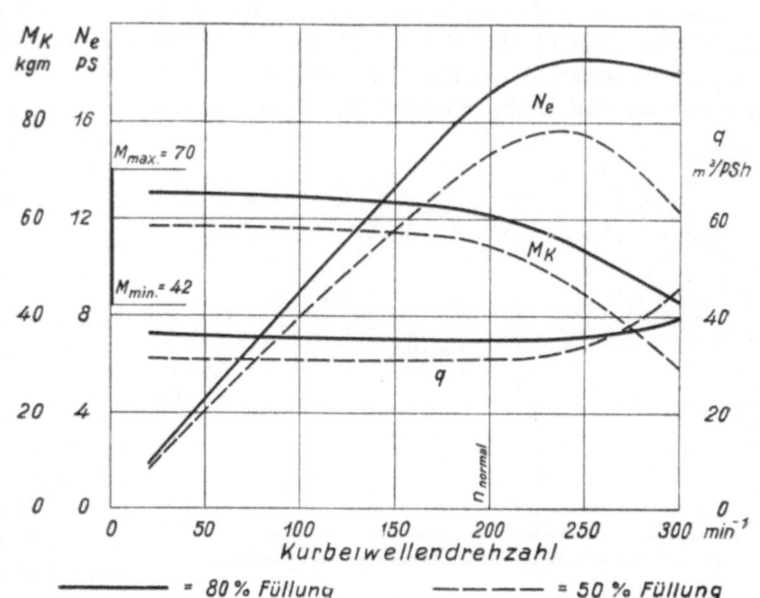

Abb. 464. Kennlinien der Zwillingskolbenmaschine eines Haspels von 17 PS und $n = 200$ min⁻¹ bei 4 atü mit 80% und 50% Füllung.

Lamellenmotoren sind früher bis zu Leistungen von 150 PS gebaut worden, jedoch wurden sie im oberen Leistungsbereich durch Elektromotoren und im mittleren durch die Zahnradmotoren verdrängt, die nicht so empfindlich sind und weniger unter Verschleiß leiden. Heute finden kleine Lamellenmotoren von 2 bis 3 PS weitgehend Anwendung in Drehbohrmaschinen (vgl. die Ausführung in Abb. 508 und das Kennliniendiagramm in Abb. 509), für die sie sich durch ihr geringes Gewicht und die fast konzentrische Bauweise um die Kolbenwelle besonders eignen. Die Lamellen werden möglichst leicht aus Preßstoff hergestellt, um die durch Fliehkraft entstehende Reibung und den dadurch verursachten Verschleiß klein zu halten. In den Kolbenschlitzen müssen die Lamellen genügend Spiel haben, sonst kann der Motor bei festgeklemmten Lamellen nicht anlaufen. Der Luftverbrauch ist trotz erheblicher Undichtheit gering, weil die Luft mit Expansion ausgenutzt wird.

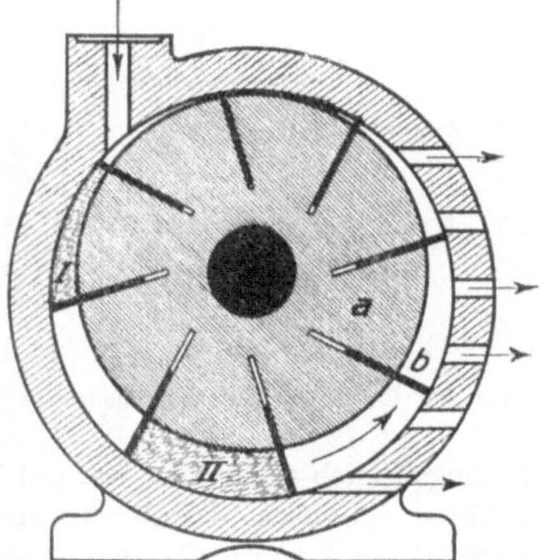

Abb. 465. Schema des Lamellenmotors.

237. Geradzahn-, Schrägzahn- und Schraubenradmotoren. Geradzahn- und Schrägzahnmotoren sind wie die Lamellenmotoren Drehkolbenmotoren, jedoch fehlt ihnen die Ausnutzung der Druckluft mit Expansion. Der Geradzahnmotor ist am einfachsten als Umkehrung der in Abb. 359 dargestellten Zahnradpumpe aufzufassen. Würde man Druckluft in der gezeichneten Strömrichtung einführen, so würden die Zahnräder im selben Sinne gedreht werden. Die am Umfange und seitlich an den Stirnwänden abgedichteten Räder würden je auf einer Zahnflanke den vollen Druck erhalten, der auf beide

Räder entgegengesetzte Momente ausübt, die ihnen die erforderliche verschiedene Drehrichtung geben. Gleichzeitig lastet der Druck auf den miteinander kämmenden Zahnflanken und übt ein dem Drehsinn *beider* Räder entgegenwirkendes Drehmoment aus, welches jedoch nur halb so groß wie das treibende Moment ist, da die sich überdeckenden Zahnflanken zusammen nur die Fläche *einer* Flanke bilden (vgl. Abb. 466). Unter Berücksichtigung des Gegendrucks im Auspuff wirken am linken Rad (Abb. 466) treibend die Kräfte P_1 und P_2, hemmend die Kraft P_2. Am rechten Rad treibt die Kraft P_1, es hemmen die Kräfte P_1 und P_2. Die Kräfte greifen an beiden Rädern an einem Hebelarm gleich dem Teilkreishalbmesser r an, so daß sich das Drehmoment

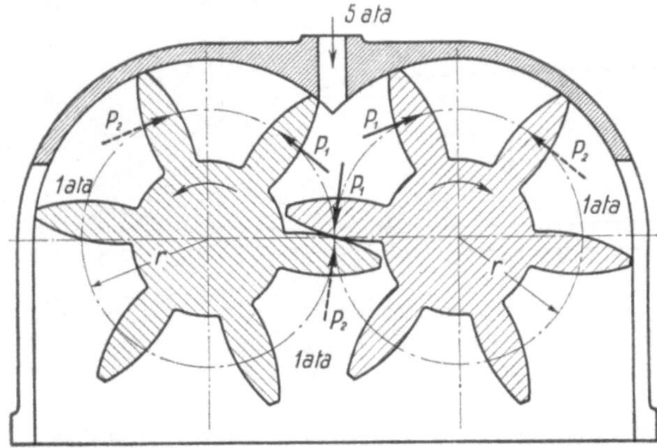

Abb. 466. Entstehung des Drehmomentes im Geradzahnmotor.

$$M = [P_1 + P_2 - P_2 + P_1 - (P_1 + P_2)]r = [P_1 - P_2]r$$

ergibt. Die Kräfte P sind gleich dem Produkt aus der Spannung p und der als Kolbenfläche wirkenden Zahnflankenfläche f. Das wirksame Drehmoment ist also gleich dem Produkt aus dem Druckgefälle $p_1 - p_2$ zwischen Einlaß und Auslaß, der Flankenfläche f *eines* Zahnes und dem Teilkreishalbmesser: $M = (p_1 - p_2) f r$. Jeder Zahn wirkt nur auf einem Wege gleich der Teilung, die Summe der Zähne jedoch auf einem Wege s gleich dem Teilkreisumfang, der dem Hub einer Laufkolbenmaschine entspricht. Mit Einführung der Drehzahl n wird die Leistung des Motors $N = \frac{(p_1 - p_2) f s n}{60 \cdot 75}$ PS*. Man findet also dieselbe Formel wie für Kolbenmaschinen mit hin- und hergehendem Kolben, ein Beweis, daß der Zahnradmotor eine Kolbenmaschine und keine Turbine ist.

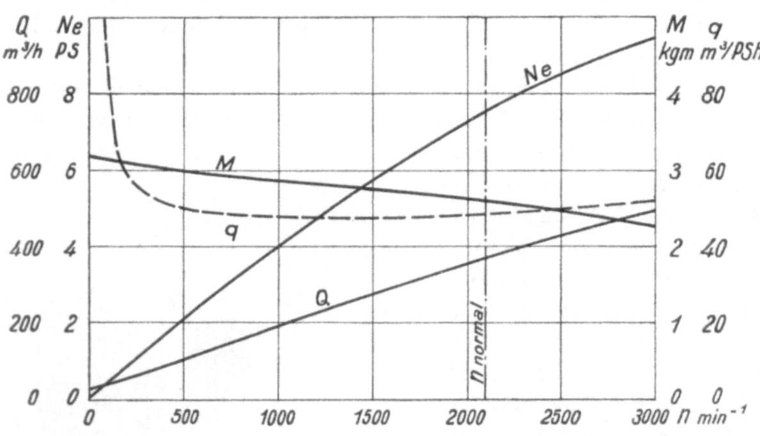

Abb. 467. Kennlinien eines Geradzahnmotors von 7,5 PS bei $n = 2100$ min^{-1} und 4 atü.

Geradzahnmotoren zeichnen sich durch hohe Dichtheit aus, auch bei kleinen Leistungen, und können deshalb mit geringeren Drehzahlen als Pfeilradmotoren (vgl. Ziffer 238) laufen. Hierdurch wird die Gefahr vermieden, daß die Radkörper durch zu hohe Fliehkräfte gesprengt werden. Die geringen Undichtheitsverluste gleichen den Mehrverbrauch durch Vollfüllungsbetrieb gegenüber dem mit Expansion arbeitenden Pfeilradmotor bei kleinen Leistungen vollkommen aus, so daß der Geradzahnmotor bis zu Leistungen von 15 PS dem Pfeilradmotor im Luftverbrauch überlegen, von 15 bis 20 PS ihm gleichwertig ist. Für große Leistungen im Dauerbetrieb ist der Geradzahnmotor unwirtschaftlicher. Das Betriebsverhalten eines Geradzahnmotors von 7,5 PS und $n = 2100$ min^{-1} bei 4 atü zeigt das Kennliniendiagramm Abb. 467. Die Leistungskurve N_e verläuft flacher, d. h. günstiger als beim Pfeilradmotor (vgl. Abb. 475 und 476). Der Stillstandsluftverbrauch von nur 30 m³/h gegenüber dem Verbrauch von 370 m³/h bei der Nennleistung zeugt von der guten Dichtheit. Der spezifische Luftverbrauch ist über den

* Durch Anordnung von drei Geradzahnrädern kann bei geringer Vergrößerung des Motors theoretisch die doppelte Leistung wie mit zwei Läufern erreicht werden.

großen Drehzahlbereich von $n = 500$ bis 2500 min^{-1} nur wenig veränderlich (im Mittel 49 m³/PSh, entsprechend $\eta_{is} = 35\%$) und geringer als bei dem 30% stärkeren Pfeilradmotor nach Abb. 475. Das Anfahrmoment ist 25% größer als das Betriebsmoment.

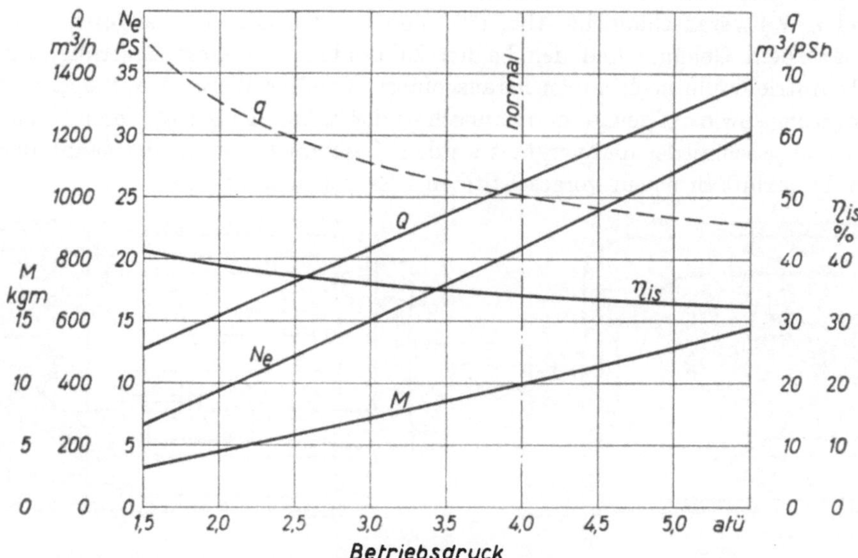

Abb. 468. Abhängigkeit eines 20-PS-Geradzahnmotors vom Betriebsdruck bei konstanter Drehzahl $n = 1500 \text{ min}^{-1}$.

Das Betriebsverhalten eines 20-PS-Geradzahnmotors bei Änderung des Betriebsdruckes zeigen die Abb. 468 und 469. Die Kennlinien in Abb. 468 sind bei konstanter Drehzahl ermittelt worden. Das Drehmoment M, die Leistung N_e und der auf 1 ata bezogene Luftverbrauch Q nehmen fast geradlinig zu, der Luftverbrauch allerdings weniger steil als die Leistung, so daß der spezifi-

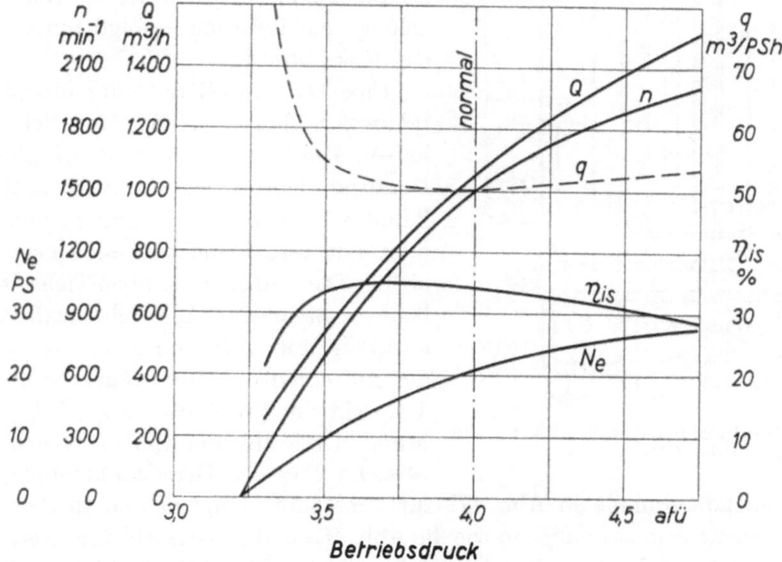

Abb. 469. Abhängigkeit eines 20-PS-Geradzahnmotors vom Betriebsdruck bei konstantem Drehmoment $M = 10$ kgm.

sche Luftverbrauch q mit steigendem Betriebsdruck abnimmt; trotzdem ist die wirtschaftliche Ausnutzung der Luft in dem mit Vollfüllung arbeitenden Motor bei niedrigem Druck besser als bei hohem, wie es der Verlauf des isothermischen Wirkungsgrades η_{is} erkennen läßt (vgl. hierzu auch Ziff. 231). Abb. 469 gilt für den gleichen Motor bei konstantem Drehmoment. Ein Betriebsdruck unter 3,25 atü vermag das Drehmoment von 10 kgm noch nicht zu überwinden. Mit steigendem Druck nehmen dann die Drehzahl n, die Leistung N_e und der Luftverbrauch Q

zunächst sehr schnell, später infolge Einströmdrosselung der Luft langsamer zu. η_{is} fällt diesmal bei kleinerem Druck ab, weil die Undichtheitsverluste bei kleinen Drehzahlen verhältnismäßig größer als bei hohen Drehzahlen sind.

Die einfache Bauweise eines luftumsteuerbaren Geradzahnmotors von 15 PS (Düsterloh, Sprockhövel i. W.) veranschaulicht Abb. 470. Von der Umsteuerung abgesehen, besteht der Motor nur aus dem Gehäuse und den beiden Zahnrädern mit ihrer Lagerung. Eine Läuferwelle ist als Antriebwelle nach außen herausgeführt. Größter Wert ist auf sichere Axial- und Radialverlagerung sowie auf genauesten Zahnschliff der Zahnräder gelegt, deren Körper in einem Stück aus Stahl geschmiedet und vergütet werden. Geschmiert werden die Zahnräder durch Öl, welches der Druckluft in einem vorgeschalteten Öler beigemischt wird.

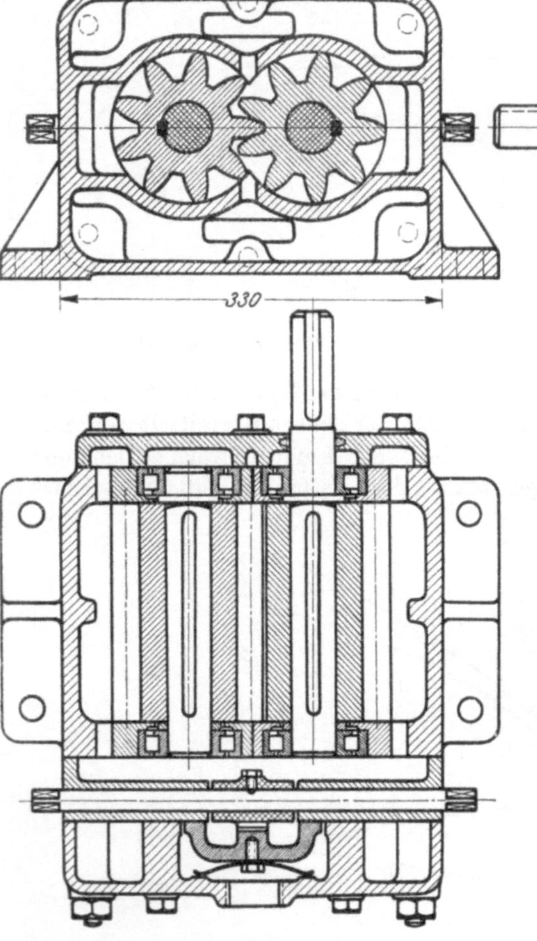

Abb. 470. Luftumsteuerbarer Geradzahnmotor von 15 PS (Düsterloh).

Geradzahnmotoren sind in einfachster Weise dadurch luftumsteuerbar, daß man die Luft durch einen Umsteuerschieber auf die entgegengesetzte Seite der Zahnräder leitet und den Einlaß der Gegenseite über die Muschelhöhle mit der Atmosphäre verbindet. Der seitlich angeordnete Auslaß ist für beide Drehrichtungen brauchbar. Die Regelung der Leistung erfolgt nur durch Drosseln der Frischluft.

Eine Abart des Geradzahnmotors ist der *Schrägzahnmotor*, dessen Läufer eine Schrägverzahnung haben. Die Wirkungsweise ist die gleiche wie beim Geradzahnmotor, jedoch wirkt nicht die ganze Zahnflankenlänge zur Drehmomenterzeugung, sondern nur ihre Projektion senkrecht zur Achsenebene. Die wirksame Kolbenfläche ist also Rotorlänge $\times$ Zahnhöhe. Der Schrägzahnmotor arbeitet ebenfalls mit Vollfüllung, ist durch Vertauschen des Lufteintritts luftumsteuerbar und wird durch Drosseln der Frischluft geregelt. Hinsichtlich Leistung, Drehzahl und Luftverbrauch gilt das vorstehend über den Geradzahnmotor Gesagte.

Die Kennliniendiagramme in Abb. 471 für konstante Drehzahl und in Abb. 472 für konstantes Drehmoment veranschaulichen wie die Abb. 468 und 469 die Abhängigkeit vom Betriebsdruck. Ein Vergleich mit den Geradzahnmotordiagrammen läßt darauf schließen, daß der Schrägzahnmotor stärkere Eintrittsdrosselung und verhältnismäßig gleiche Undichtheit gehabt haben muß (geringere Leistungszunahme und stärkere Abnahme des isothermischen Wirkungsgrades bei konstanter Drehzahl; geradlinigere Leistungsänderung und geringere Änderung des isothermischen Wirkungsgrades bei konstantem Drehmoment).

Die Ausführung eines Schrägzahnmotors mit Luftumsteuerung, Regelung, Schmierung und Drehzahlminderungsgetriebe ist aus Abb. 473 ersichtlich. An den eigentlichen Motor, dessen Läufer A und B in kräftigen Kegelrollenlagern gehalten werden, ist rechts ein Gehäuse mit dem Luftanschluß C, dem Umsteuerschieber D, dem selbststätigen Öler E und dem vom Fliehkraftregler F betätigten Drosselschieber G angeschlossen. Der Luftanschluß kann je nach der Aufstellung des Motors vorn, hinten oder stirnseitig angebracht werden. Das Ventil des Ölers wird bei Stillstand des Motors durch Federdruck geschlossen gehalten. Bei Inbetriebsetzung

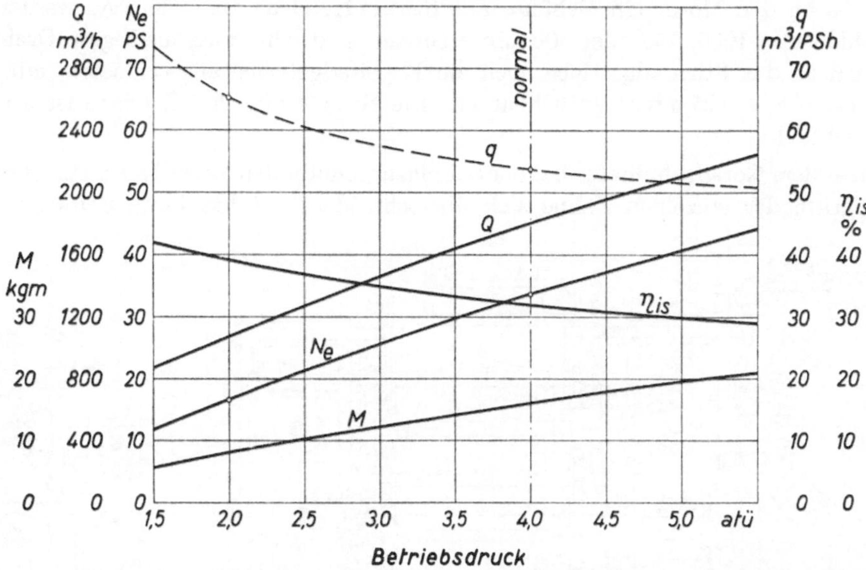

Abb. 471. Abhängigkeit eines 32-PS-Schrägzahnmotors vom Betriebsdruck bei konstanter Drehzahl $n = 1500\ \text{min}^{-1}$.

drückt die Druckluft auf den Kolben des Ventiles, wodurch die Federkraft überwunden und das Ventil geöffnet wird. Das Öl wird tropfenweise der Druckluft beigemischt und mit ihr dem Motor zugeführt. Der Weg der Druckluft ist durch Pfeile gekennzeichnet. Der Fliehkraftregler ist auf die Drehzahl $n = 1500\ \text{min}^{-1}$ eingestellt. Beim Überschreiten dieser Drehzahl wird der

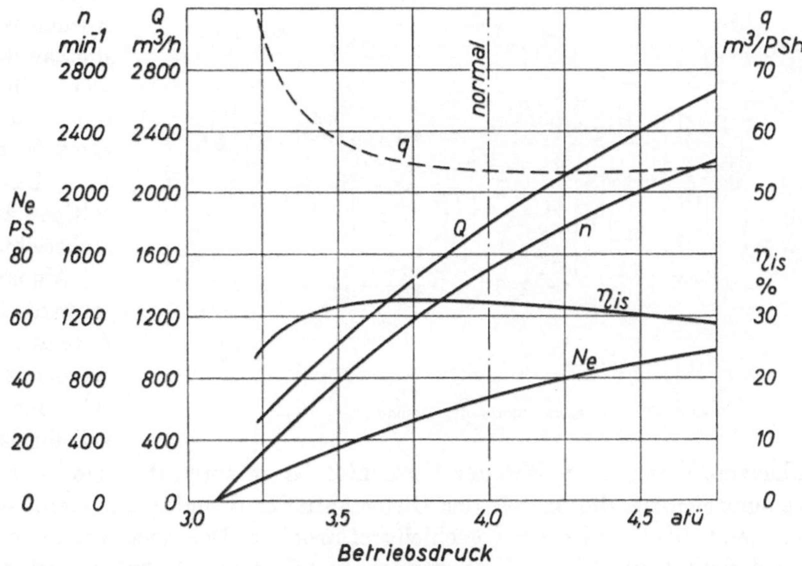

Abb. 472. Abhängigkeit eines 32-PS-Schrägzahnmotors vom Betriebsdruck bei konstantem Drehmoment $M = 16$ kgm.

Drosselschieber G geschlossen und dadurch die Frischluft gedrosselt, wodurch ein Durchgehen des Motors unmöglich gemacht wird. Vom Drosselschieber gelangt die Luft durch Kanal a zum Umsteuerschieber. In der Mittellage sperrt der Umsteuerschieber den Durchgang der Luft zum Motor; der Schieber ist in Haltstellung. In der gezeichneten Rechtslage des Schiebers D strömt die Frischluft durch den Kanal b zur Vorderseite der Läufer, während die von der Läuferrückseite abströmende Verdichtungsluft durch die Kanäle *c* und *d* zum Auspuff gelangt. In der entgegengesetzten Stellung des Umsteuerschiebers werden alle Strömungsrichtungen vertauscht und der Drehsinn der Läufer umgekehrt.

Die normale Drehzahl der Läufer ist $n = 1500\ \text{min}^{-1}$. Wird eine niedrigere Drehzahl benötigt, so kann links an den Motor ein Gehäuse mit Stirnradgetriebe angeschlossen werden, das für Enddrehzahlen $n = 1000$, 750 oder $500\ \text{min}^{-1}$ gebaut wird. Um noch niedrigere Drehzahlen zu erzielen, wird an das Stirnradgetriebe noch ein Kegelradgetriebe angeschlossen, mit dem eine Mindestdrehzahl $n = 125\ \text{min}^{-1}$ erreichbar ist. Die Schmierung der Getriebe ist aus der Abbildung ersichtlich.

Gegenüber dem Geradzahnmotor hat der Schrägzahnmotor den Vorteil eines ruhigeren Laufes, da die Eingriffe der einzelnen Zähne sich überschneiden und hierdurch Schwingungen und

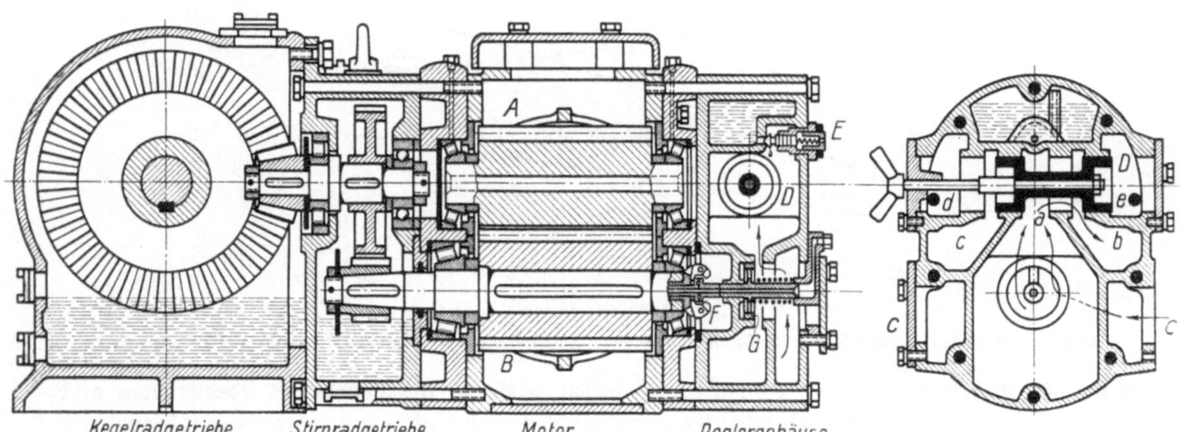

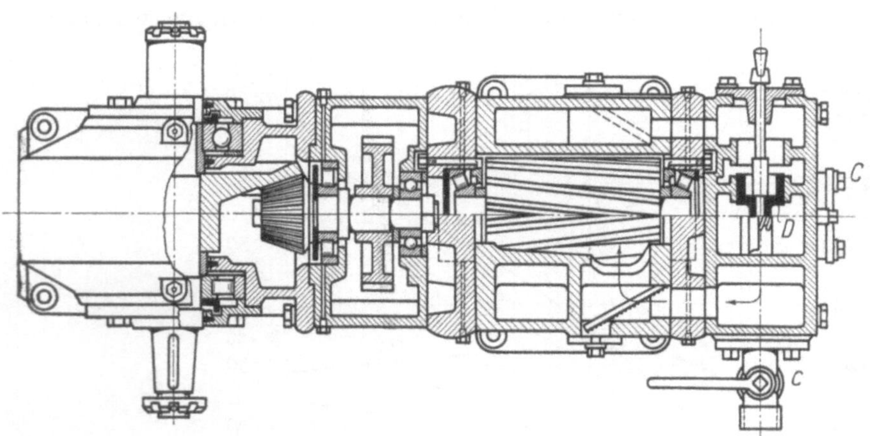

Abb. 473. Schrägzahnmotor der Demag[1].

Hämmern auch bei kleiner Zähnezahl vermieden werden. Durch die Zahnschräge ergibt sich allerdings auch ein Axialschub, der etwas Energie verzehrt und besonders sorgfältige Lagerung in der Achsrichtung verlangt.

Als neueste Bauart kann der *GHH-Schraubenmotor* angesehen werden, der umgekehrt wie der in Abb. 419 schematisch dargestellte Schraubenverdichter wirkt. Wie der Verdichter ist er durch die eigenartige Schraubenverzahnung gekennzeichnet, die mittels der Gleichlaufräder *d* und *e* mit kleinstem Spiel ohne Berührung genügend dicht und doch verschleißfrei arbeitet. Der noch verbleibende Undichtheitsverlust wird verhältnismäßig um so kleiner, je höher die Drehzahl getrieben wird. Die hohe Drehzahl führt außerdem noch zu großen Leistungen bei kleiner Motorgröße, so wird z. B. schon für 125 mm Rotordurchmesser eine Leistung von 70 PS angegeben.

238. Pfeilradmotoren. Der Pfeilradmotor ist ein mit Expansion arbeitender Drehkolbenmotor. Als Drehkolben benutzt man ein Zahnradpaar mit Pfeilverzahnung; die Flanken der

[1] Nach Demag-Nachr. Mai 1938.

Pfeilzähne wirken als Kolbenflächen, jedoch wie beim Schrägzahnmotor wieder nur in der Projektionslänge.

Zur Erläuterung des Aufbaues und der Wirkungsweise diene das in Abb. 474 dargestellte Schema. Zwei spielfrei ineinandergreifende Räder mit Pfeilverzahnung werden von einem Gehäusemantel dicht umgeben. Die Luft tritt bei E ein und wird den Rädern in der Mitte, also im Scheitelpunkt der Pfeilzähne zugeführt. Die Einlaßöffnungen sind im Grundriß des Schemas gestrichelt eingezeichnet. Die beide Pfeilräder beaufschlagende Druckluft füllt die V-förmigen Zahnlücken nicht in ihrer ganzen Ausdehnung, sondern nur bis zum Verzahnungseingriff. Bei der weiteren Drehung wird der mit Druckluft gefüllte Bogen der Zahnlücken größer und größer, so daß die Druckluft mehr und mehr *expandiert*. In der Abbildung beaufschlagt die rechte Einlaßöffnung das rechte, die linke das linke Pfeilrad. Beim linken Pfeilrad ist die über den Lufteinlaß hinweggegangene Zahnlücke gerade gefüllt worden, und die Expansion beginnt. Je kleiner der Pfeilwinkel ist, um so größer wird die Expansion.

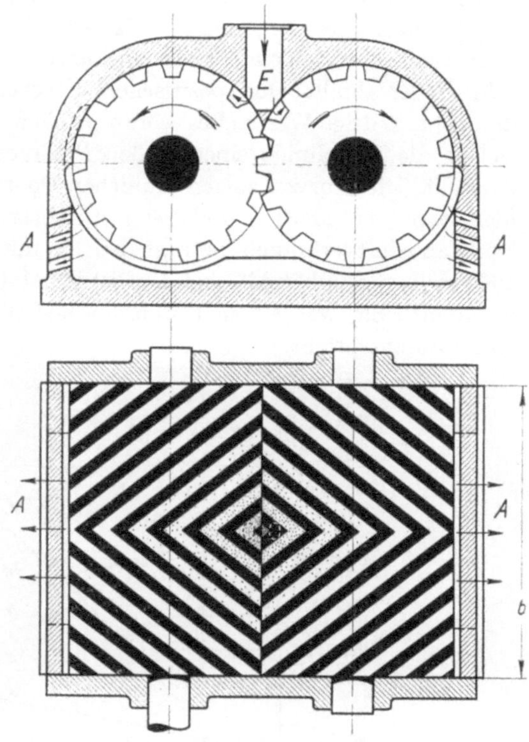

Abb. 474. Schema des Pfeilradmotors.

Wie treibt die Druckluft die Pfeilräder? Im Verzahnungseingriff ist keinerlei Wirkung, weil Luft weder nach außen noch nach innen hindurchtreten kann. In den Druckluft führenden Zahnlücken wirkt aber die Druckluft, wie es Abb. 474 erkennen läßt, in der einen Richtung auf eine größere Fläche als in der anderen. Infolgedessen werden die Räder einander entgegengesetzt in dem gezeichneten Drehsinn gedreht. In jeder Zahnlücke wirkt die Druckluft, so daß man die gesamte, wirksam beaufschlagte Fläche als Produkt aus der Zahnhöhe und der Läuferlänge b erhält; sie wird also ebenso groß wie bei einem Geradzahn gleicher Höhe. Das Drehmoment könnte man aber nur erhalten, wenn der *mittlere* Druck auf die Fläche bekannt wäre. Genaue Bestimmungen dieses mittleren Druckes fehlen; jedenfalls ist er infolge der Expansion *kleiner* als beim Gerad- oder Schrägzahnmotor, so daß der Pfeilradmotor bei gleichen Rotorabmessungen ein kleineres Drehmoment liefert.

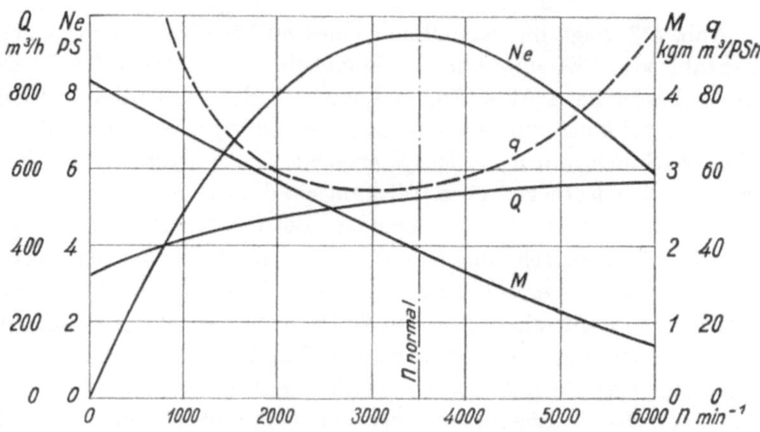

Abb. 475. Kennlinien eines Pfeilradmotors von 10 PS und $n = 3500\ \text{min}^{-1}$ bei 4 atü.

Kleine Motoren lassen sich infolge der Eigenart der Pfeilverzahnung nur mit verhältnismäßig großer Undichtheit bauen, so daß die Motoren hohen Luftverbrauch haben; der Undichtheitsverlust überwiegt den Expansionsgewinn, und der spezifische Luftverbrauch wird größer als bei Vollfüllungsmotoren. Bei größeren Leistungen ist die Dichtheit besser. Als untere Leistungsgrenze, mit der noch wirtschaftlich gearbeitet werden kann, können 15 PS gelten. Am gebräuchlichsten sind Pfeilradmotoren von 30 bis 70 PS; sie sind bis 400 PS gebaut worden. Die Drehzahlen sind hoch, $n = 1500 \text{ min}^{-1}$ und mehr. Abb. 475 zeigt das Kennliniendiagramm eines Pfeilradmotors von 10 PS und $n = 3500 \text{ min}^{-1}$ bei 4 atü. Es handelt sich also um einen Motor geringer Leistung mit hohem Luftverbrauch. Besonders auffallend zeigt sich die Motorundichtheit in dem Stillstandsluftverbrauch von 320 m³/h gegenüber dem Normalverbrauch von 530 m³/h. Das Drehmoment M fällt mit der Drehzahl stark ab, so daß sich eine erst steil, dann flacher ansteigende Leistungskurve N_e ergibt, die nach Überschreiten der Normaldrehzahl wieder abfällt. Der spezifische Luftverbrauch zeigt nur in engem Bereich um die Normaldrehzahl niedrige Werte (Bestwert $q = 55$ m³/PSh, $\eta_{is} = 31{,}1\%$). Zum Vergleich diene Abb. 476, welche die Kennlinien eines großen Pfeilradmotors von 40 PS mit $n = 2400 \text{ min}^{-1}$ bei 4 atü darstellt. Die Kurven zeigen ähnlichen Charakter wie in Abb. 475. Das Drehmoment ist auch hier stark veränderlich und beim Anfahren um 70% größer als bei normaler Drehzahl. Der Stillstandsluftverbrauch beträgt jedoch mit 720 m³/h nur 45% des Normalverbrauches von 1600 m³/h gegenüber 60% bei dem 10-PS-Motor. Der Bestwert des spezifischen Luftverbrauches ist 40 m³/PSh, was einem isothermischen Wirkungsgrad $\eta_{is} = q_{is} : q = 17{,}1 : 40 = 0{,}4275$ oder fast 43% entspricht.

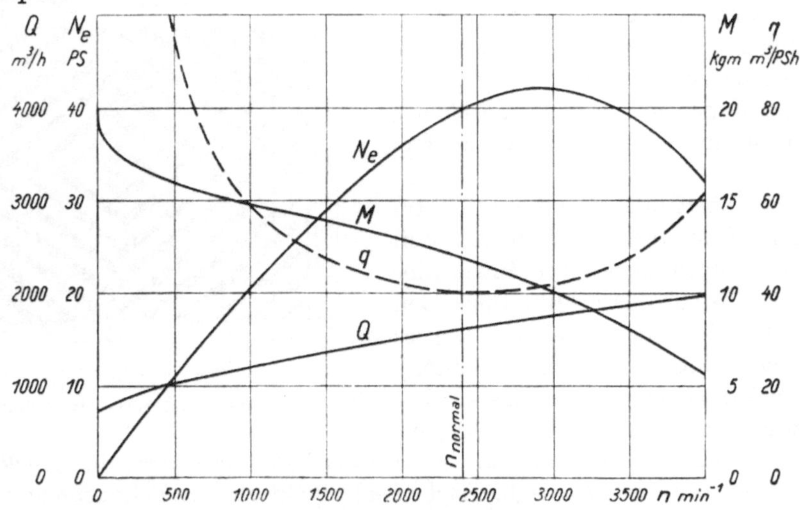

Abb. 476. Kennlinien eines Pfeilradmotors von 40 PS und $n = 2400 \text{ min}^{-1}$ bei 4 atü.

Abb. 477 zeigt die Kennlinien eines 40-PS-Pfeilradmotors bei seiner konstanten Normaldrehzahl $n = 1500 \text{ min}^{-1}$ in Abhängigkeit vom Betriebsdruck. Dieser Motor läuft langsamer als der Motor nach Abb. 476, wodurch sich die Undichtheit verhältnismäßig stärker auswirkt, so daß er bei 4 atü nur einen spezifischen Luftverbrauch $q = 46{,}7$ m³/PSh und einen isothermischen Wirkungsgrad $\eta_{is} = 36{,}7\%$ erreicht. Die Ausnutzung der Expansion läßt auch bei hohen Drücken den isothermischen Wirkungsgrad fast unverändert, im Gegensatz zu Vollfüllungsmotoren, bei denen η_{is} mit steigendem Betriebsdruck abnahm (vgl. Abb. 468 und 471).

Abb. 477 veranschaulicht deutlich den Nachteil, der sich aus übervorsichtiger Wahl eines zu starken Motors ergibt. Es sei z. B. eine Leistung von 15 PS mit einer Drehzahl 1500 min^{-1} erforderlich, wofür ein Motor von 20 PS auch bei schwankendem Betriebsdruck oder gelegentlicher Überlastung ausreicht, etwa der Geradzahnmotor nach Abb. 468, der bei 4 atü Betriebsdruck $N_e = 21$ PS mit $n = 1500 \text{ min}^{-1}$ leistet und $Q = 1050$ m³/h braucht. Er hat bei 4 atü eine ausreichende Leistungsreserve von 40% und gibt auch noch bei 3 atü die geforderte Leistung von 15 PS mit voller Drehzahl her. Wird dagegen aus übergroßer Vorsicht der Motor nach Abb. 477 mit der Normalleistung $N_e = 40{,}8$ PS eingesetzt, wie das nur allzuoft geschieht, so muß die Luft vom Regler auf 2,35 atü gedrosselt werden, damit der Motor bei der halben Leistung von 20,4 PS nicht durchgeht und die normale Drehzahl 1500 min^{-1} einhält. Hier arbeitet der Motor aber schlechter als bei der Normalleistung, und sein spezifischer Luftverbrauch steigt von 46,7 auf 63,5 m³/PSh. Mit $Q = q\,N = 63{,}5 \cdot 20{,}4 = 1295$ m³/h braucht er 23% mehr Luft als der in der Leistung besser angepaßte Geradzahnmotor von 21 PS nach Abb. 468 mit $q = 50\ m^3/PSh$ und $Q = 1050\ m^3/h$. Überdimensionierte Motoren sind deshalb aus wirtschaftlichen

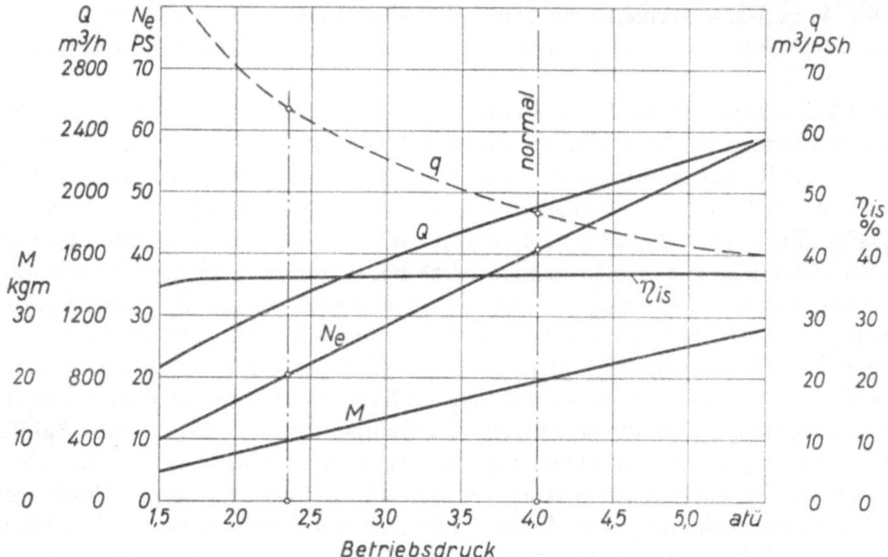

Abb. 477. Abhängigkeit eines 40-PS-Pfeilradmotors vom Betriebsdruck bei konstanter Drehzahl $n = 1500\ \text{min}^{-1}$.

Gründen zu vermeiden, weil sie in der Anschaffung teurer sind und bei gleicher Belastung mehr Luft verbrauchen als richtig bemessene Motoren.

Die konstruktive Ausführung eines Pfeilradmotors ist in Abb. 478 dargestellt. Der Motor besitzt weder Einlaß- noch Auslaßventil. Die Läufer a sind der Herstellung wegen zweiteilig und durch vier durchgehende Bolzen miteinander verschraubt, die gleichzeitig den Läufer auf der abgesetzten Welle b axial befestigen. Die sehr starken Wellen sind in kräftigen Rollenlagern c verlagert, die eine Bewegung der Achsen in der Längsrichtung verhindern. In der dargestellten Ausführung ist nur eine Läuferreihe mit einem Ritzel d versehen. Die Lager werden durch Schmiernippel e geschmiert.

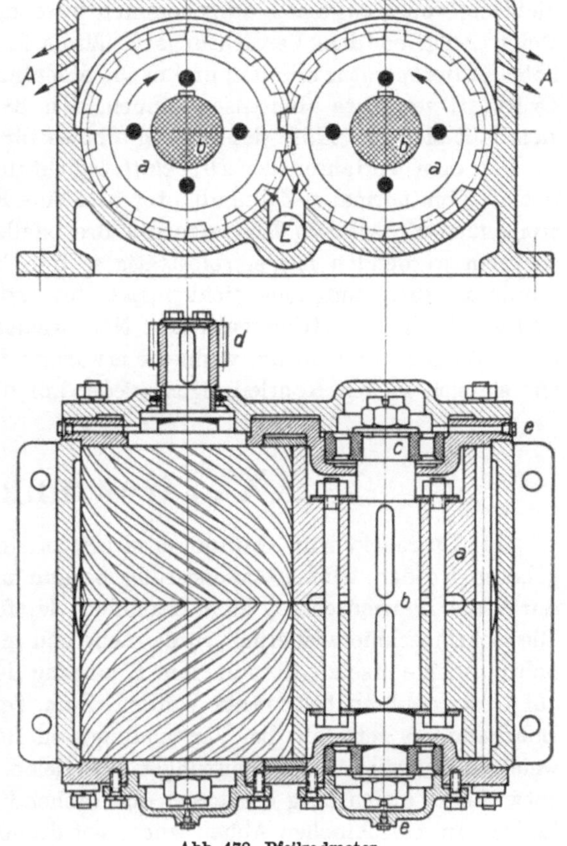

Abb. 478. Pfeilradmotor.

Beim Pfeilradmotor ist die Getriebeumsteuerung leicht durchzuführen, weil bereits in den beiden Läuferwellen zwei Wellen von entgegengesetztem Drehsinn gegeben sind. Die einfachste Getriebeumsteuerung, die meist bei Schrämmaschinen[1] angewendet wird, besteht darin, daß man die getriebene Welle durch verschiebbare Ritzel auf beiden Läuferwellen wechselweise mit dem einen oder dem andern der Pfeilräder kuppelt. Umsteuerung im Betriebe ist nicht möglich; auch führt gleichzeitiges Einkuppeln beider Ritzel zu Zahnbrüchen. Beim Umsteuern muß der Motor immer von der Last getrennt werden!

[1] Vgl. Abb. 516 und 517.

Luftumsteuerung[1] ist beim Pfeilradmotor nur durch besondere Maßnahmen möglich. Die Einlaßöffnungen der Gegenseite müssen nämlich seitlich statt in der Mitte angeordnet werden. Die auf der Auslaßseite verbleibende atmosphärische Luft wird in den sich verkleinernden Zahnlücken verdichtet und wirkt der Drehrichtung entgegen, weshalb für Entlüftung zu sorgen ist.

239. Der Zahnradmotor als Bremsmotor[2]. Bei der Abwärtsförderung in Blindschächten, bei abwärts fördernden Bändern und bei Seigerförderern sind große Energien im Dauerbetriebe abzubremsen. Mit Reibungsbremsen sind diese Energien oft nicht zu bewältigen, weil die entwickelte Wärme nicht genügend abgeführt werden kann, sei es aus Mangel an Kühlwasser oder bei Luftkühlung auch dadurch, daß sich in der Nähe der Bremse zu hohe Wettertemperaturen ergeben. Hier schafft der Zahnradmotor Abhilfe, indem man ihn von der abzubremsenden Last antreiben und als Kompressor laufen läßt. Die Bremsenergie wird zum Verdichten von Luft ausgenutzt, wobei zwar auch ein Teil in Wärme umgesetzt wird und die Temperatur steigt. Die folgende Überlegung zeigt, wie unzulässig hohe Temperaturen vermieden werden können. Würde der Motor Luft von 1 ata ansaugen und auf 5 ata adiabatisch verdichten, so ergäbe sich bei 20° C Anfangstemperatur die unzulässige Endtemperatur von 191° C (aus Zahlentafel 23, S. 306, zu entnehmen). Die abzubremsende Energie ist in diesem Falle, von mechanischer Reibung abgesehen, gleich der adiabatischen Kompressorarbeit von 20433 mkg/m^3. Statt dessen kann man den Motor aber auch das gleiche Volumen Druckluft ansaugen lassen, z. B. Luft von 5 ata, wie sie der Druckluftleitung zu entnehmen ist. Wird Druckluft von 5 ata im Verhältnis 1 : 1,5, d. h. auf 7,5 ata vom Motor adiabatisch verdichtet, so kann nach Zahlentafel 23 die Bremsenergie $5 \cdot 4299 = 21495$ mkg/m^3 Druckluft von 5 ata, also noch etwas mehr als bei der Verdichtung von 1 auf 5 ata, aufgenommen werden, wobei die Endtemperatur aber nur auf 56° C steigt. Auch bei dem Verdichtungsverhältnis 1 : 2 würde man mit 84° C noch keine unzulässig hohe Endtemperatur erhalten und nach Zahlentafel 23 sogar die Energie $5 \cdot 7665 = 38325$ mkg/m^3 Druckluft von 5 ata abbremsen können, d. h. 88% mehr als im ersten Falle. Der gleiche Nachweis läßt sich mit Hilfe des is-Diagrammes für Luft (Abb. 21) führen.

Von dem Verfahren der *Druckluft*verdichtung wird beim *Demag-Bremsmotor* Gebrauch gemacht. Dem normalen Zahnradmotor wird eine Einrichtung angebaut, die den zunächst normal treibenden Motor beim Eintreten des Bremsfalles durch einen bei der zunehmenden Drehzahl wirksam werdenden Regler selbsttätig so umschaltet, daß er weiter Druckluft aus dem Netz aufnimmt, diese Luft aber nicht verarbeitet und zum Auspuff ausstößt, sondern sie verdichtet und durch ein Überströmventil dem Netz wieder zuführt. Ein Luftverlust tritt demnach nicht ein, wohl aber ein Gewinn, wenn die erwärmte Druckluft anderweitig verwendet werden kann, ehe sie sich in den Rohrleitungen wieder auf die Anfangstemperatur abgekühlt hat.

XXV. Gewinnungsmaschinen.

240. Überblick. Für Gewinnungsarbeiten sind dem Bergmann verschiedenste Maschinen geboten worden. Die Mechanisierung begann mit der Verdrängung von Schlägel und Eisen durch die Bohrmaschinen zum Herstellen der für die Sprengarbeit erforderlichen Bohrlöcher. Die Bohrmaschine wiederum wurde mehr und mehr durch den Bohrhammer und die Hammerbohrmaschine ersetzt, die mit dem Rückgang der Schießarbeit in der Kohle in starkem Maße auf Gesteinbohren beschränkt wurden. Zum Teil ist die Drehbohrmaschine an die Stelle des Bohrhammers getreten; bei Verwendung von Bohrern mit Hartmetallschneiden vermag sie in weichem Gestein gute Bohrleistungen zu erzielen. In hartem Gestein ist die in den letzten Jahren entwickelte, gleichzeitig schlagend und drehend arbeitende Drehschlagbohrmaschine leistungsfähiger. Im maschinellen Abbau wurde vor drei Jahrzehnten die Schrämmaschine zahlreich ein-

[1] Vgl. Ewalds: Druckluft-Zahnradmotoren mit Pfeilverzahnung. Z. VDI 1928 S. 1927.

[2] Vgl. hierzu Maercks: Der Zahnradmotor als Bremsmotor. Glückauf 1939 Nr. 26, und Demag-Nachr. September 1939; ferner Ewalds: Demag-Verfahren zum Abbremsen mit Druckluftmotoren. Demag-Bremsmotor. Demag-Nachr. Oktober 1937.

gesetzt, die sich von der für deutsche Verhältnisse weniger geeigneten Radschrämmaschine zunächst zur Stangen- und schließlich zur Ketten- und Großschrämmaschine entwickelt hatte. Sie vermochte aber zunächst nicht die in sie gesetzten Hoffnungen zu erfüllen und mußte dem Abbauhammer den Hauptanteil am Abbau überlassen. Auch die Einführung des Abbauhammers stieß auf Widerstand infolge der Abneigung des Bergmanns gegen die Maschinen; erst auf dem Umweg über die in Keilhauenform ausgebildete Preßlufthacke, die nach den ersten Abbauhämmern gebaut wurde und trotz geringerer Leistung eher Anklang fand, vermochte sich der Abbauhammer Eingang im deutschen Bergbau zu verschaffen und zur Hauptgewinnungsmaschine zu werden. Wesentliche Erleichterung der Abbauhammerarbeit, besonders in fester Kohle, brachte die Einführung kleiner Schrämmaschinen, die als Schlitz- oder Kerbmaschinen den ersten Einbruch in senkrechter oder schräger Richtung herstellen. Die Arbeit mit dem Abbauhammer bringt zwar eine gute Abbauleistung, ist aber eine nur sehr unvollkommene Mechanisierung und erfordert noch sehr viel Menschenkraft. Zur weiteren Steigerung der Abbauleistung und zur Entlastung der Hauer wurde der Kohlenhobel als vollmechanische, schälend wirkende Gewinnungsmaschine geschaffen. Nach den Fehlschlägen beim ersten Einsatz hat sich neben dem Kohlenhobel auch die Schrämmaschine wieder durchsetzen können, nachdem sie mit stärkerem Antrieb ausgerüstet und durch verschiedenste Formen des Schrämwerkzeuges den Betriebsbedingungen besser angepaßt worden war. Die Wirtschaftlichkeit des Hobels und der Schrämmaschine ist aber stark von den Flözverhältnissen abhängig, wodurch ihr allgemeiner Einsatz verhindert wird. Unabhängiger ist der Abbauhammer, der deshalb im Ruhrgebiet noch den Hauptanteil an der Gewinnung hat, wie es Abb. 479 veranschaulicht. Der Abbauhammer allein schafft 70% der Gesamtgewinnung (I). An 22% ist er zusätzlich bei der Schieß- bzw. Schrämarbeit beteiligt (II).

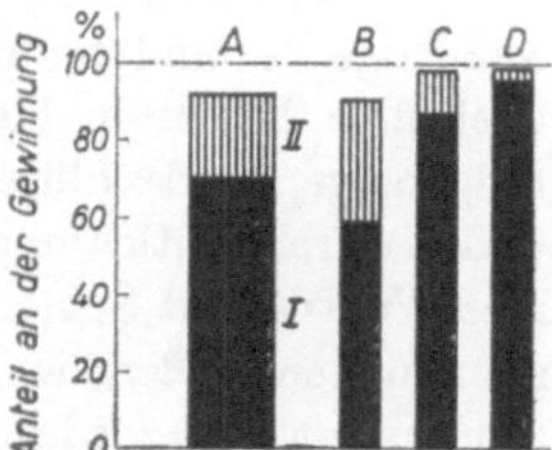

Abb. 479. Anteil des Abbauhammers an der Kohlegewinnung (*A* = Anteil an der Gesamtgewinnung, *B* = Anteil in flacher, *C* in halbsteiler und *D* in steiler Lagerung: *I* = Abbauhammer allein, *II* = Abbauhammer in Verbindung mit Schieß- bzw. Schrämarbeit).

Die Gewinnungsmaschinen haben überwiegend Druckluftantrieb. Für Hämmer ist die Druckluft die einzig mögliche Antriebsenergie; hier ist ein Ersatz der Druckluft durch Elektrizität noch nicht durchführbar gewesen, alle Versuche scheiterten, weil die elektrischen Hämmer trotz eines mehrfach höheren Gewichtes und Preises nicht die Leistung der Drucklufthämmer erreichen konnten.

241. Die Wirkungsweise der Abbauhämmer. Der Abbauhammer ist eine Kolbenmaschine, die im wesentlichen aus dem Zylinder mit dem Schlagkolben, der Steuerung, dem Handgriff mit der Anlaßvorrichtung und aus dem axial beweglich vorn am Zylinder angesetzten Spitzeisen mit seiner Haltevorrichtung besteht. Der Kolben wird von der Deckelseite aus mit großer Wucht durch die Druckluft gegen das Spitzeisen geschleudert (Schlaghub) und dann durch Druckluft und Rückprall vom Spitzeisen zur Deckelseite zurückgeführt (Rückhub), wo er durch Luftverdichtung abgebremst wird, um ihn nicht gegen den Deckel schlagen zu lassen, worauf sich das Arbeitsspiel wiederholt. Beim Schlag gegen das Einsteckende des Spitzeisens wird der größte Teil der Kolbenenergie durch Stoß auf das Spitzeisen übertragen und zum Eintreiben des Spitzeisens in die Kohle benutzt; ein geringer Teil verbleibt dem Kolben als Rückprallenergie und unterstützt den Rückhub, der Rest geht als Stoßverlust verloren. Die auf das Spitzeisen übertragbare Nutzenergie, die Rückprallenergie und der Energieverlust sind von der Stärke des Kolbenschlages und von dem Verhältnis zwischen Kolbenmasse und Spitzeisenmasse abhängig (vgl. Ziffer 243).

Die Steuerung hat die Aufgabe, die Zufuhr der Frischluft und Abfuhr der verbrauchten Luft in der zur Erzeugung der Kolbenbewegung erforderlichen Weise zu regeln. Bei den einfachsten Steuerungen wird der Einlaß von einem besonderen Steuerorgan, der Auslaß vom Kolben allein gesteuert. Diese als *Kompressionssteuerungen* bekannten Steuerungen ergeben sowohl beim Rückhub als auch beim Schlaghub eine die Kolbenbewegung hemmende Verdichtung vor dem Kolben, wodurch der Schlag geschwächt und die Schlagzahl (Zahl der Arbeitsspiele in der Minute) erhöht wird. Diese Steuerungen sind für kurzhubige, schnellschlagende Hämmer verwendbar. Besser sind die *Entlüftungssteuerungen*, die beim Schlaghub den vorderen Zylinderraum vollständig entlüften, so daß der Kolben mit ungeschwächter Wucht auf das Spitzeisen schlagen kann. Bei Entlüftungssteuerungen wird der Auslaß nicht mehr vom Kolben allein, sondern gemeinsam mit dem Steuerorgan gesteuert.

Beim Kolbenrückhub darf der hintere Zylinderraum nicht vollständig entlüftet werden, weil der Kolben durch ein Kompressionspolster abgebremst werden muß, damit er nicht gegen den Deckel schlägt. Um die Zylinderlänge möglichst weitgehend für den Schlaghub auszunutzen und dadurch bei gegebener Hammerlänge ein Höchstmaß an Kolbenschlagarbeit zu erzielen, arbeiteten ältere Hammerbauarten mit weitgehender Rückhubentlüftung, kurzem Bremsweg und hohem Kompressionsdruck, so daß der Kolben erst dicht vor dem Griff zur Umkehr kam. Die Leistung dieser Hämmer war zwar gut, jedoch führte der hohe Druck gegen den Deckel zu starkem Rückschlag. Neuzeitliche Hämmer haben geringere Rückhubentlüftung, woraus sich bei langem Bremsweg ein kleiner Rückdruck ergibt, der den bei der Umsteuerung wirksam werdenden Frischluftdruck kaum übersteigt. Durch diesen stetigen Druckverlauf im Zylinder wird der von der Druckluft hervorgerufene Hammerrückschlag auf das der Leistung entsprechende Mindestmaß herabgesetzt.

Die Schlagwirkung macht es unmöglich, das Steuerorgan durch eine mechanisch-formschlüssige Verbindung mit dem Kolben zu betätigen, wie es z. B. bei einer Maschine mit Kurbeltrieb über Exzenter, Exzenterstange und Schieberstange geschieht. Man verwendet daher nur freigängige, kraftschlüssig bewegte Steuerungen, bei denen das Steuerorgan von der Luft entweder durch Entlastung oder durch Überdruck bewegt wird. Der Bauart nach unterscheidet man Ventil- und Schiebersteuerungen. Bei den einfachen *Ventilsteuerungen*, die auch Flattersteuerungen heißen, ist nur ein kugel-, klappen- oder scheibenförmiges Ventil vorhanden, das zwischen zwei Sitzen hin- und hergeworfen wird und umschichtig die eine und die andere Zylinderseite der Druckluft öffnet, die entgegengesetzte absperrt. Ventilsteuerungen sind einfach und unempfindlich und arbeiten befriedigend, wenn der Ventilhub klein gehalten wird und das Ventil selbst leicht und mit ausreichend großen Druckflächen ausgeführt ist. Bei Abbauhämmern werden Ventilsteuerungen weniger als bei den kurzhubigen, schnellschlagenden Bohrhämmern angewendet.

Die *Schiebersteuerungen* bieten vielseitigere Steuermöglichkeiten als Ventilsteuerungen, arbeiten sehr regelmäßig (Präzisionssteuerungen) und ergeben einen ruhigen Lauf des Hammers. Im allgemeinen wird volle Füllung gesteuert; es ist aber auch teilweise Expansion erreichbar. Die Steuerschieber werden als Rohrschieber ausgebildet; sie müssen leicht sein und genügend große Druckflächen haben, weil in sehr kurzer Zeit umgesteuert werden muß.

Die Arbeitsweise einer entlüftenden Rohrschiebersteuerung sei an der Abb. 480, die einen Abbauhammer in zwei verschiedenen Kolbenstellungen zeigt, und der zugehörigen Einzeldarstellung des Schiebers in Abb. 481 erläutert. Die Strömrichtungen der Luft für Schlaghub und Rückhub sind durch Pfeillinien gekennzeichnet. In der in Abb. 480 oben gezeichneten Schlaghubstellung (Stellung I in Abb. 481) befindet sich der Steuerschieber *Sch* noch in der vorderen Stellung, in der er die Schlaghubluft durch das vom Ballendrücker d geöffnete Einlaßventil e einströmen ließ. Kurz vor dem Ende des Schlaghubes hat der Kolben K die Bohrung zum Kanal g freigelegt, durch den die verbrauchte Schlaghubluft zum Auspuff h (bzw. A) abströmt. Während des Schlaghubes standen die hintere große Ringfläche $(d_1^2 - d_2^2)\,\pi/_4$ und die kleinere Fläche $(d_1^2 - d_3^2)\,\pi/_4$ des Steuerschiebers (Abb. 481) unter dem Druck der Frischluft. Die Kraft gegen die hintere Fläche überwiegt und hält den Schieber bis zum Schlag in der vorderen Stellung. Im Augenblick des Abströmens der Schlaghubluft zum Auspuff am Ende des Schlaghubes wird die hintere Schieberfläche entlastet, so daß jetzt die Kraft gegen die Fläche $(d_1^2 - d_3^2)\,\pi/_4$ den Schieber um den Hub s in die hintere Endstellung drückt (Stellung *II*), wodurch die Frischluftzufuhr zur Kolbenrückseite abgesperrt wird. In der Schlaghubstellung des Schiebers war der vordere Zylinderraum über den Kanal i und die Eindrehung n des Schiebers mit dem Auspuff verbunden, so daß die verbrauchte Rückhubluft des vorhergehenden Arbeitsspieles ungehindert entweichen konnte.

Nach der Umsteuerung hat der Schieber die in Abb. 480 unten und in Abb. 481 durch *II* dargestellte Lage. Die Frischluft strömt jetzt vom Einlaß E durch die Eindrehung n des Schiebers

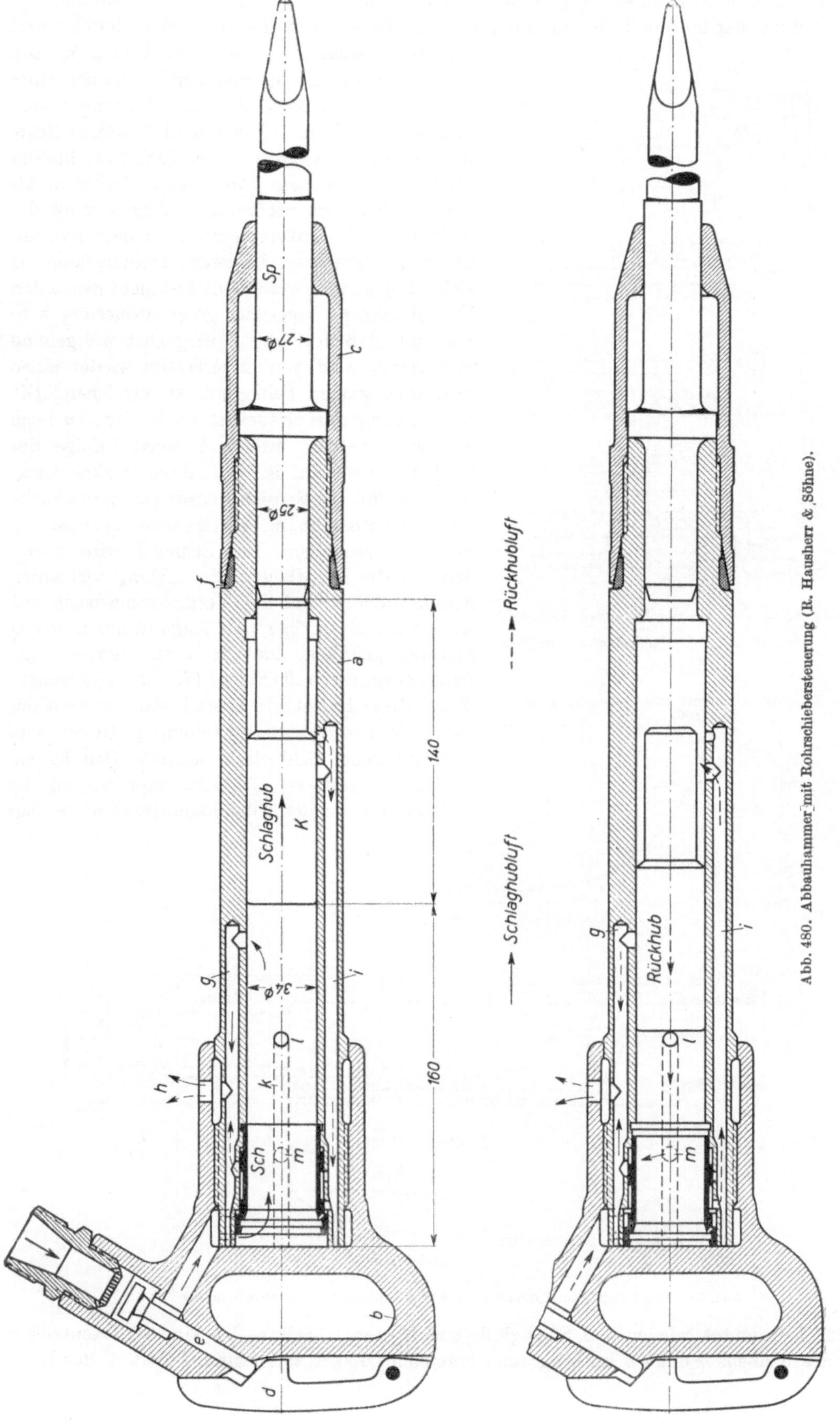

Abb. 480. Abbauhammer mit Rohrschiebersteuerung (R. Hausherr & Söhne).

und den Kanal i als Rückhubluft gegen die Vorderseite des Kolbens und treibt ihn zurück. Anfangs wird dabei der hintere Zylinderraum durch den Kanal g mit dem Auspuff verbunden und entlüftet. Nachdem dieser Kanal vom Kolben abgesperrt worden ist, wird zur Erreichung eines längeren Hubes noch über die Bohrung l, den Kanal k, die Bohrung m und die vordere Stufe des Schiebers so lange weiter entlüftet, bis der Kolben die Bohrung l überfliegt. Auf dem bis zum Deckel noch verfügbaren Weg s' muß der Kolben durch Luftverdichtung in dem nun allseitig geschlossenen hinteren Zylinderraum so sicher abgebremst werden, daß er nicht gegen den Deckel schlägt. Von einer guten Steuerung wird verlangt, daß der Weg s' möglichst weitgehend ausgenutzt wird, um andererseits wieder einen möglichst großen Schlaghub zu erreichen. Die Verdichtung darf wiederum auch nicht zu hoch getrieben werden, weil sich sonst infolge der starken Drücke auf den Deckel ein starker Rückschlag ergibt. Der Verdichtungsdruck bremst nicht nur den Kolben ab, er betätigt auch die Umsteuerung des Schiebers. Der Schieber wird durch den auf die Ringfläche $(d_1^2 - d_2^3)\pi/_4$ wirkenden Frischluftdruck und den Verdichtungsdruck auf die Fläche $(d_5^2 - d_2^2)\pi/_4$ so lange in der hinteren Stellung gehalten, bis die vom Verdichtungsdruck gegen die große Fläche $(d_1^2 - d_2^2)\pi/_4$ erzeugte Kraft diese Haltekraft überschreitet, worauf der Schieber in die vordere Stellung gedrückt wird und ein neuer Schlaghub beginnt. Den Druckverlauf p_G auf der Griffseite und p_S auf der Spitzeisenseite eines Abbauhammerzylinders zeigt

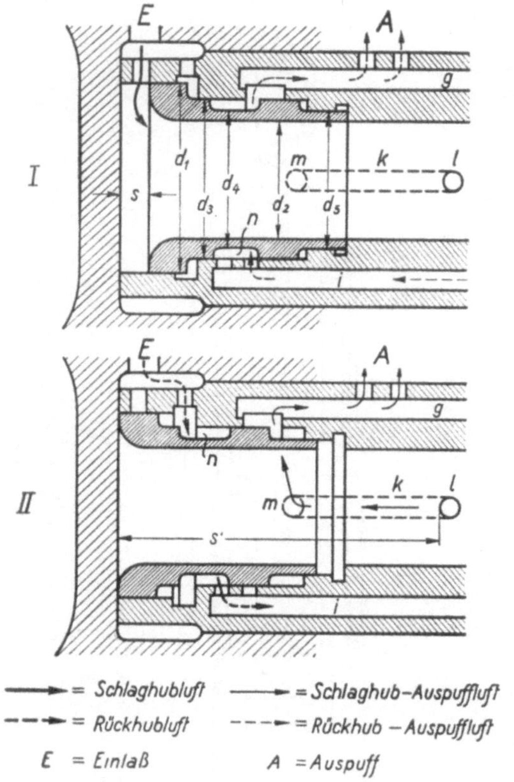

Abb. 481. Einzeldarstellung der Schiebersteuerung nach Abb. 480.

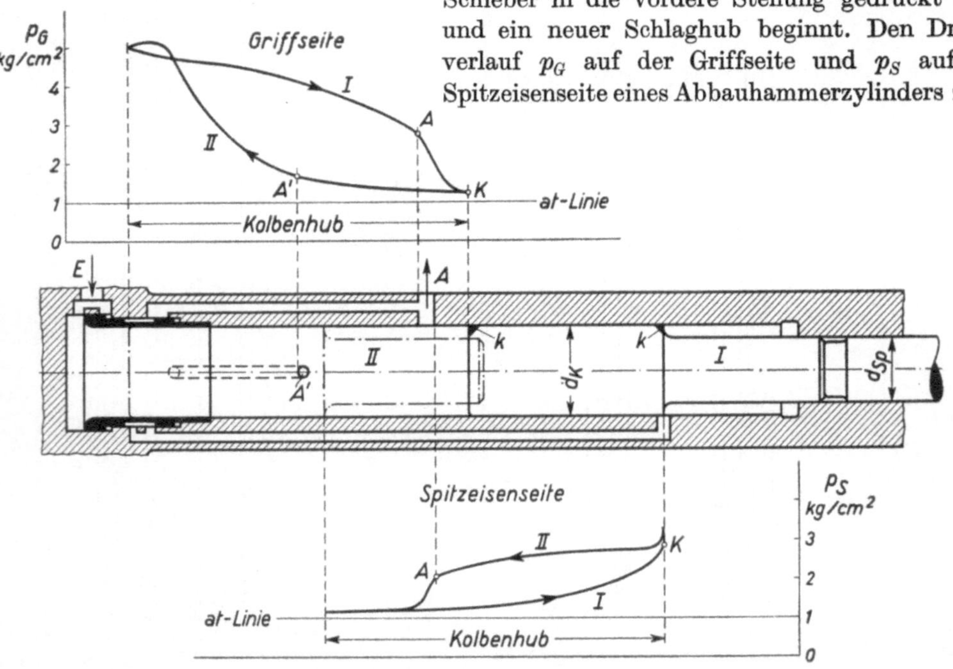

Abb. 482. Druckverlauf im Zylinder eines Abbauhammers mit Schiebersteuerung.

Abb. 482. I bedeutet wieder den Schlaghub und II den Rückhub. $k\,k$ sind die steuernden Kanten des Kolbens. Punkt A im Diagramm bezeichnet den Auslaßbeginn, Punkt A' das Ende des Ausschiebens, also das Ende der Rückhubentlüftung bzw. den Kompressionsanfang auf der Griff- oder Deckelseite. Bei K erfolgt der Kolbenschlag gegen das Spitzeisen. Für einen Kolben vom Gewicht 0,785 kg und 10 cm² Querschnitt ist in Abb. 483 dargestellt, welcher Verlauf der resultierenden Kolbenkräfte P_K, der Kolbenbeschleunigungen b_K und der Kolbengeschwindigkeiten v_K sich beim Schlaghub und Rückhub aus den Kolbendrücken (I beim Schlaghub, II beim Rückhub; Index G für die Griffseite, Index S für die Spitzeisenseite) ergibt. Die Geschwindigkeit des Kolbens beim Schlag wird $v_K = 8{,}9$ m/s, woraus sich die kinetische Energie oder Kolbenschlagarbeit $A_K = \frac{1}{2} m_K v_K^2 = \frac{1}{2} \cdot 0{,}08 \cdot 8{,}9^2 =$ 3,17 mkg errechnet.

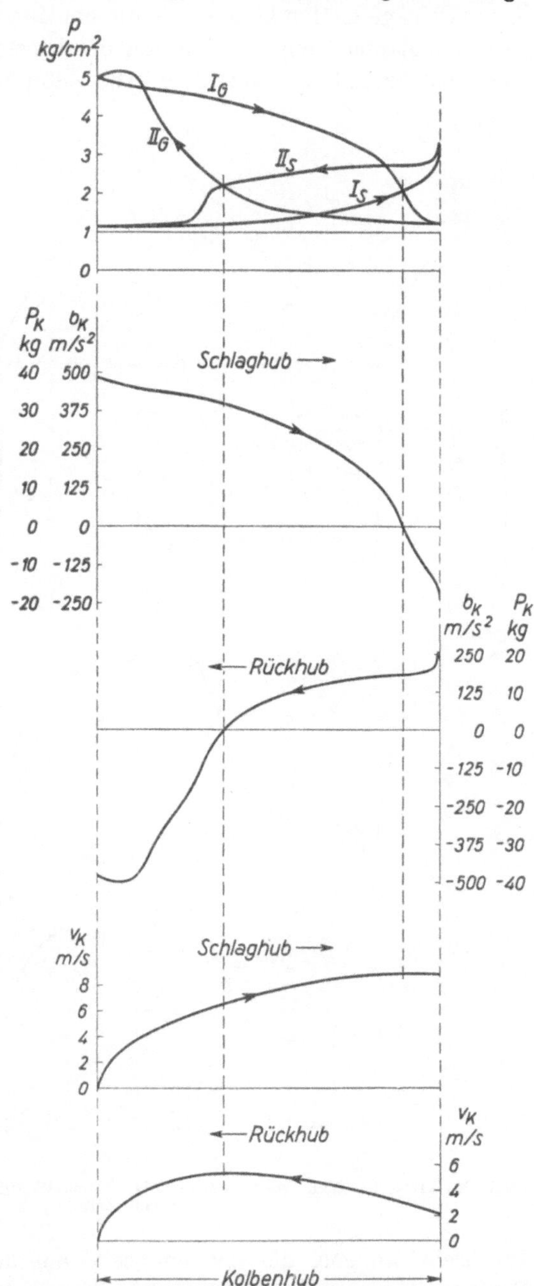

Abb. 483. Zusammenhang zwischen dem Kolbendruck, der Kolbenkraft, der Kolbenbeschleunigung und der Kolbengeschwindigkeit während eines Arbeitsspieles.

In der Abb. 484 sind die Kolbenkraft, die Kolbenbeschleunigung, die Kolbengeschwindigkeit und der Kolbenweg nach den Verhältnissen der Abb. 483 in Abhängigkeit von der Zeit aufgetragen. Ein volles Arbeitsspiel dauert 0,06 s, so daß in einer Minute 1000 Schläge erfolgen, d. h. die Schlagzahl des Hammers ist $z = 1000$ min⁻¹. Die Schlaghubzeit beträgt mit 0,0234 s nur 39% der Dauer eines Arbeitsspieles. Beim Rückhub wirkt ein kleineres Einströmvolumen, und der Kolben bekommt einen geringeren Druck als beim Schlaghub, weil die Luft in den engeren Einströmquerschnitten und den längeren Kanälen stärker gedrosselt wird; außerdem wirkt die Kompression am Hubende verzögernd. Die Rückhubzeit wird dadurch größer und beansprucht mit 0,0366 s 61% der Dauer des Arbeitsspieles. Die Rückhubzeit könnte verkürzt und damit die Schlagzahl und die Schlagleistung erhöht werden, wenn der Zylinder beim Kolbenrückhub stärker entlüftet würde, wovon jedoch kein Gebrauch gemacht wird, weil dadurch die vom Hauer aufzunehmenden Rücklaufkräfte[1] zu groß werden.

Der Abbauhammerbetrieb bringt es mit sich, daß das Spitzeisen häufig nicht auf Widerstand stößt und beim Schlage so weit herausgetrieben wird, daß der Kolben es nicht mehr erreicht und gegen das vordere Zylinderende schlägt. Solche Leerschläge führen zu Zylinder- und Griffbrüchen[2] und müssen unbedingt vermieden werden. Der Hauer kann den Hammer bei Leerschlägen nicht schnell genug stillsetzen, weshalb bei Abbauhämmern ganz allgemein *selbsttätige Stillsetzvorrichtungen* benutzt werden, die immer von der Spitzeisenbewegung abgeleitet werden. Bei der Ausführung nach Abb. 495 werden von dem herausgetriebenen Spitzeisen die Bohrungen p freigelegt, durch die die Rückhubluft abströmt. Der Kolben bleibt so lange in der vorderen Endlage stehen, bis der Hammer wieder so weit gegen das Spitzeisen vorgedrückt ist, daß es

[1] Vgl. Ziffer 242. — [2] Die Griffbrüche entstehen mittelbar durch Massenbeschleunigungskräfte.

die Auslaßbohrungen verschließt und wieder vom Kolben getroffen wird. Diese Stillsetzvorrichtung wird bei Hämmern mit sehr langem Hub und schwerem Kolben von kleinem Querschnitt gebraucht. Sonst wird allgemein eine Ausführung bevorzugt, bei der man den Kolben zwar weiterlaufen läßt, ihn aber durch ein Luftverdichtungspolster so abfängt, daß den Zylinder keine Schläge treffen können. Zu diesem Zweck gibt man dem Kolben auf der Schlagseite einen längeren Zapfen vom Durchmesser des Einsteckendes und verlängert den Zylinder etwas über den Auslaßkanal nach vorn (vgl. Abb. 480 und 482). Beim normalen Schlag gelangt der Kolben nur bis zum Auslaßkanal; beim Leerschlag überfliegt er ihn und sperrt ihn ab. Gleichzeitig tritt der Kolbenzapfen in die vom herausgeschlagenen Spitzeisen frei gemachte Spitzeisenführung, wodurch der vordere Zylinderraum auch nach dieser Seite abgedichtet ist. In dem nun allseitig abgeschlossenen Raum wird die Luft verdichtet und der Kolben vor dem Aufprall auf den Zylinder abgebremst. Die wirksame Kolbenfläche ist hierbei nur $(d_K^2 - d_{Sp}^2)\frac{\pi}{4}$, so daß der Kolbenzapfen dicht in der Spitzeisenführung schließen muß, um die zum Bremsen der vollen Kolbenwucht notwendige hohe Verdichtung zu gewährleisten. Beim normalen Schlag auf das Spitzeisen findet noch keine Verdichtung statt, und der Hammer kann mit vollkommener Entlüftung arbeiten.

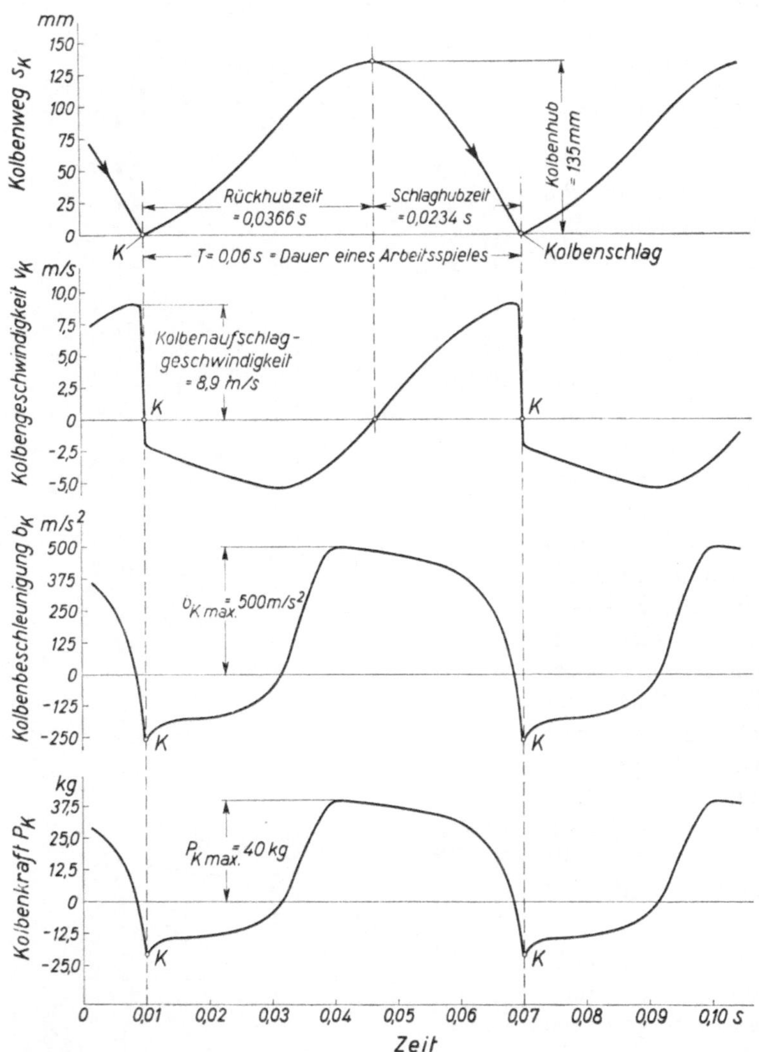

Abb. 484. Kraft, Beschleunigung, Geschwindigkeit und Weg des Kolbens in Abhängigkeit von der Zeit.

242. Rückdruck und Rückschlag. Einwirkungen auf den Abbauhammer und den Hauer[1]. Zwischen Kolben und Hammer bestehen Wechselwirkungen, die sich einerseits aus der Druckwirkung der Luft, andererseits aus der Schlagwirkung ergeben. Während sonst bei Kolbenmaschinen die Kräfte am Zylinder vom Maschinenrahmen und Fundament aufgenommen werden, übertragen sie sich beim Drucklufthammer auf den Arm des Hauers, der seinerseits auch wieder eine Kraft auf den Hammer ausübt und dadurch die Arbeitsweise des Hammers beeinflußt. Die Rückwirkungen auf den

[1] Vgl. hierzu C. HOFFMANN: Wie lassen sich Rückstoßerschütterungen bei Bohr- und Abbauhämmern vermeiden? Grubensicherheit Jg. 6 (1931) S. 76, ferner: Prüfergebnisse von Drucklufthämmern. Der Bergbau 1936 S. 53 und: Über das Prüfen von Abbau- und Bohrhämmern. Z. kompr. flüss. Gase XXXIII. Jg. (1937/38) S. 125 und 141. Ferner: H. SCHEFFLER: Die Mechanik des Rückstoßes von Druckluft-Schlagwerkzeugen. Glückauf 1954, S. 404.

Hauer bezeichnet man zusammenfassend als *Rückschlag*, obgleich es sich dabei nur teilweise um wirkliche Schläge oder Stöße im Sinne der Mechanik handelt.

Es seien zunächst die am Hammer auftretenden Druckwirkungen betrachtet. In Abb. 482 war der Druckverlauf im vorderen und im hinteren Zylinderraum in Abhängigkeit vom Hub dargestellt. Dieser Druckverlauf ist auch für den Zylinder maßgebend, denn der Druck *hinter* dem Kolben treibt mit *gleicher* Kraft den Kolben *vorwärts* und den Zylinder *rückwärts*. Die günstigsten Verhältnisse werden erreicht, wenn der Verdichtungsenddruck dem Einströmdruck der Frischluft gleich ist oder ihn nur wenig übersteigt. Der Druck *vor* dem Kolben treibt den Kolben *zurück* und den Hammerzylinder *vor*, jedoch ist die auf den Zylinder wirkende Kraft *kleiner* als die Kolbenkraft, weil der Druck im Zylinder nur auf eine Ringfläche gleich der Differenz aus Kolbenquerschnitt und Spitzeisen-Einsteckendenquerschnitt wirkt. Die am Hammerzylinder wirksame resultierende Druckluftkraft P_H ist in Abb. 485 in Abhängigkeit von der Zeit aufgetragen. Im positiven Bereich wird der Hammer mit großer Kraft zurückgetrieben, wogegen die vorwärtstreibende Kraft (negativ) klein ist und nur kurze Zeit wirkt, so daß sich der Hammer mit jedem Arbeitsspiel mehr und

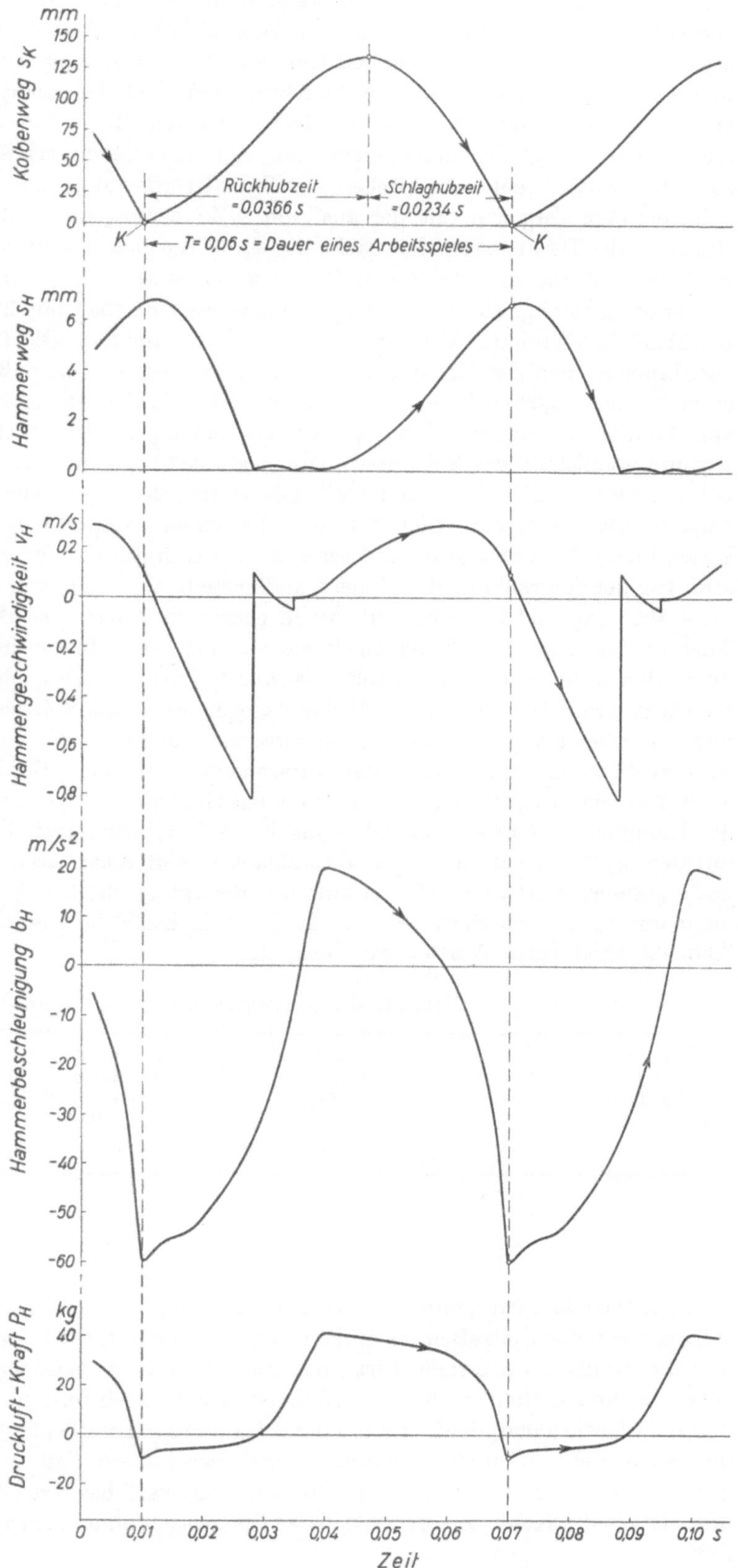

Abb. 485. Beschleunigung, Geschwindigkeit und Weg des Hammerzylinders bei einer Anpreßkraft von 25 kg.

mehr von dem Spitzeisen absetzt, wenn er nicht vom Hauer mit ausreichender Kraft angepreßt wird. In Abb. 485 beträgt die Anpreßkraft 25 kg; sie nimmt mit dem Rücklaufweg etwas zu. Der Hammerzylinder hat ein Gewicht von 7,85 kg. Die sich aus der Zylindermasse und der Resultierenden aus der Druckluftkraft und der Anpreßkraft ergebende Hammerbeschleunigung zeigt Abb. 485 ebenfalls über der Zeit. Aus dem Beschleunigungsverlauf ergibt sich der Geschwindigkeitsverlauf und aus diesem schließlich der Hammerweg. Den zeitlichen Zusammenhang zwischen der Zylinderbewegung und der Kolbenbewegung erkennt man aus dem Vergleich mit der aus Abb. 484 übertragenen Kolbenwegkurve. Für Vor- und Rücklauf des Hammerzylinders steht insgesamt die gleiche Zeit von 0,06 s wie für das Arbeitsspiel des Kolbens zur Verfügung. Im einzelnen sind Vorlauf- und Rücklaufzeit von der Anpreßkraft abhängig. In dem in Abb. 485 gezeigten Beispiel mit 25 kg Anpreßkraft dauert der Rücklauf 73% und der Vorlauf nur 27% der Gesamtzeit. Die Phasenverschiebung zwischen der Hammer- und der Kolbenbewegung beträgt hier 30%, so daß der Kolbenschlag das Spitzeisen 3% oder $0,03 \cdot 0,06 = 0,0018$ s eher trifft, als der Hammer seinen maximalen Rücklauf von 6,8 mm erreicht hat. Diese Phasenverschiebung ist sehr wichtig bei der Beurteilung der Dehnungsprellstöße des Spitzeisens. Am Ende des Vorlaufs trifft der Hammer mit rd. 0,8 m/s auf den Spitzeisenbund auf und prallt mit verringerter Geschwindigkeit ab, worauf er von der Anpreßkraft wieder vorgetrieben wird und nochmals aufprallt, wobei Wege und Geschwindigkeiten immer kleiner werden und schließlich verschwinden. Dieser Hammerprellstoß ist einerseits von der Anpreßkraft des Hauers, andererseits aber auch von der Wirkungsweise des Hammers abhängig und kann deshalb durch geeignete Bauart des Hammers vermindert werden. Auch die Festigkeit der Kohle spielt hierbei eine Rolle. In weicher Kohle wird das Spitzeisen durch den Zylinderstoß vorgetrieben, wodurch Energie verbraucht und der Rückprallstoß geschwächt wird. In harter, fester Kohle dagegen stößt das Spitzeisen auf größeren Widerstand und läßt den Hammer stärker zurückprallen. Aus Abb. 486 ist der Einfluß der Anpreßkraft auf den Rücklaufweg des betrachteten Hammers zu erkennen. Der Nullpunkt des Rücklaufweges ist immer die Berührung zwischen Hammerzylinder und Spitzeisenbund. Bei $P_A = 12$ kg ist der Hammer im Schwebezustand; seine Vorlaufgeschwindigkeit im Augenblick der Berührung mit dem Spitzeisen ist null; ein Aufprallstoß erfolgt nicht, also auch kein Rückprallstoß. Bei noch geringerer Anpreßkraft verläuft die Bewegung ähnlich, jedoch setzt sich der Hammer mehr und mehr vom Spitzeisen ab. In der Zahlentafel 26 sind die wichtigsten der sich nach Abb. 486 ergebenden Werte zusammengestellt.

Zahlentafel 26. *Anpreßkraft und Hammerbewegung.*

Hammeranpreßkraft P_A	Maximaler Rücklaufweg	Abstand vom Spitzeisen beim Kolbenschlag	Phasenverschiebung zwischen Hammer und Kolben	Hammervorlaufzeit		Aufprallgeschwindigkeit
kg	mm	mm	%	s	%	m/s
12	7,5	4,4	70	0,0288	48	0
25	6,8	6,7	30	0,0162	27	0,82
30	3,5	3,5	17	0,0108	18	0,55
35	1,4	0,8	4	0,0066	11	0,30

Prellstöße können weiterhin durch Rücksprung des Spitzeisens gegen den Hammer entstehen, wenn das Spitzeisen noch nicht in der Kohle festgekeilt ist und nach dem Kolbenschlag von der Kohle zurückprallt. Diese Rückprallstöße sind *unabhängig* von der Arbeitsweise *des Hammers* und deshalb nicht vom Hammer aus zu beeinflussen. Hier ist die *Arbeitsweise* des *Hauers*[1] entscheidend, denn er kann die Anzahl der ihn treffenden Stöße herabsetzen und damit die Gefahr der Rückstoßerkrankung dadurch vermindern, daß er einen der Kohlefestigkeit angemessenen Hammer verwendet, nur scharfe Spitzeisen benutzt und den Hammer entsprechend dem Gefüge der Kohle so ansetzt, daß das Spitzeisen immer nach wenigen Schlägen in der Kohle faßt.

[1] Vgl. H. SCHEFFLER: Studie über die Werkweise mit dem Abbauhammer. Schlägel & Eisen 1953, S. 553.

Ein weiterer Stoß des Spitzeisens gegen den Hammer kann als Spitzeisendehnungsstoß bezeichnet werden, der dadurch entsteht, daß das in der Kohle festgekeilte Spitzeisen zunächst vom Kolbenschlag elastisch zusammengedrückt wird, sich unmittelbar nach dem Schlag wieder ausdehnt und dann den nachgeführten Hammer stoßartig trifft. Dieser Dehnungsstoß wird oft überschätzt. Abb. 486 zeigt, daß der Hammer im Zeitpunkt des Dehnungsstoßes, also unmittelbar nach dem Kolbenschlag einen Rücklauf von mehreren Millimetern hat und deshalb von dem sich nur um Bruchteile eines Millimeters ausdehnenden Spitzeisen überhaupt nicht getroffen wird, solange die Anpreßkraft sich in den üblichen Grenzen von etwa 15 bis 25 kg hält.

Neben den rückwärtsgerichteten Spitzeisenprellstößen gibt es auch einen nach vorn gerichteten Stoß, wenn das Spitzeisen beim Brechen der Kohle keinen Widerstand mehr vorfindet und durch den Kolbenschlag mit großer Wucht vorwärts gegen die Kappe geschleudert wird. Dieser Stoß tritt jeweils aber nur einmal auf, weil das vorgeschleuderte Spitzeisen von weiteren Kolbenschlägen nicht mehr getroffen werden kann.

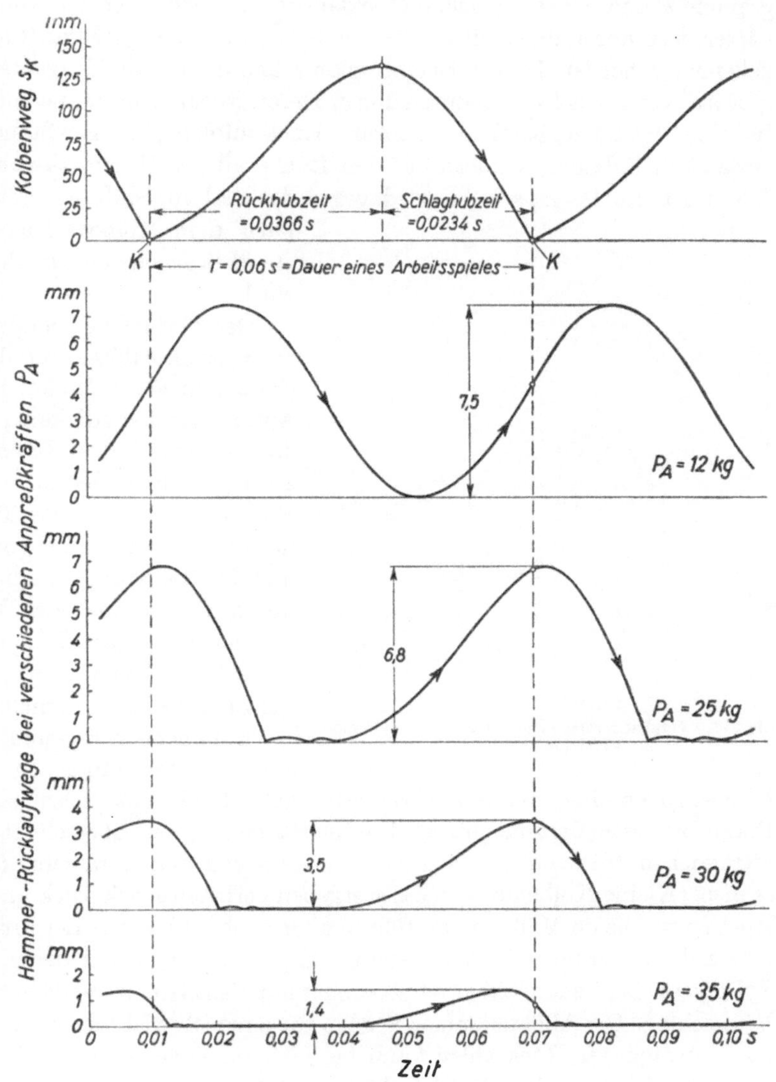

Abb. 486. Einfluß der Anpreßkraft P_A auf den Hammerrücklaufweg.

Die vorstehenden Ausführungen haben gezeigt, daß die allgemein einfach als „Rückschlag" bezeichnete Wirkung der Abbauhammerarbeit auf den Hauer sich aus sehr verschiedenartigen Anteilen zusammensetzt, die sich untereinander mehr oder weniger beeinflussen. Der „Rückschlag" kann deshalb *nicht* mit einem *einzigen* Wert gekennzeichnet und bemessen werden. Ein charakteristischer Teilwert für die Beurteilung ist jedenfalls der verhältnismäßig einfach zu messende *Rücklaufweg* des Hammers, wie er in den Abb. 485 und 486 in Abhängigkeit von der Zeit und von der Anpreßkraft dargestellt ist. Dieser Rücklaufweg gibt bereits wertvolle Aufschlüsse über die Druckwirkungen der Luft im Zylinder. Je größer der Rücklaufweg eines Hammers bei bestimmter Anpreßkraft ist, um so größer ist auch die den Hauer zurückdrückende Kraft. Das Produkt aus Kraft und Weg ist Arbeit, die vom Hauer beim Rücklauf aufzunehmen und beim Vortreiben abzugeben ist. Je kleiner sie ist, um so weniger wird der Hauer ermüdet. In Abb. 487 werden verschiedenartige Rücklaufdiagramme miteinander verglichen, die zeigen, daß der Rücklaufweg s_r allein nicht zur ausreichenden Kennzeichnung des Rückschlages genügt. Der Rückdruck im Zylinder ist veränderlich und kann je nach der Bauart des Hammers und insbesondere der Steuerung schneller oder langsamer zunehmen und auch sehr unterschiedliche Höchstwerte erreichen. Die Kräfte am Hammergriff sind dann ebenso veränderlich und werden vom Hauer um so unangenehmer empfunden, je schneller und stärker die Kraft zunimmt. Diese zeitliche Kraftänderung wird als *Ruck* (auch Rückstoßhärte genannt) mit der Maßeinheit kg/s bezeichnet und ist eine für die Bewertung der Rückschlaggröße wichtige Kennzahl. Die verschiedene Größe des Ruckes bewirkt einen mehr oder weniger schnellen Rücklauf des Hammers, der in der Steilheit der Rücklaufzeitkurve zum Ausdruck kommt. In Abb. 487 zeigen die Diagramme *a* und *b* zwar gleichen Rücklaufweg s_r, jedoch ist der Rückschlag in *b* unangenehmer, härter, weil durch den steileren Tangentenwinkel α ein größerer Ruck und schnellerer Rücklauf gekennzeichnet ist. In den Diagrammen *c* und *d* sind die Tangentenwinkel zwar gleich, aber *d* gibt stärkeren Rückschlag durch den größeren Rücklaufweg s_r an. Diagramm *e* ist kennzeichnend für einen Hammer, bei dem der größte Ruck infolge günstiger Steuerung nicht auf den Druckverlauf im Zylinder, sondern auf den Rückprall des Hammers vom Spitzeisenbund zurückzuführen ist. Im Diagramm *f* liegt dagegen der Fall vor, daß der größte Ruck durch einen sofort nach dem Kolbenschlag erfolgten Rücksprung des Gezähes gegen den zurückgelaufenen Hammer erzeugt wird.

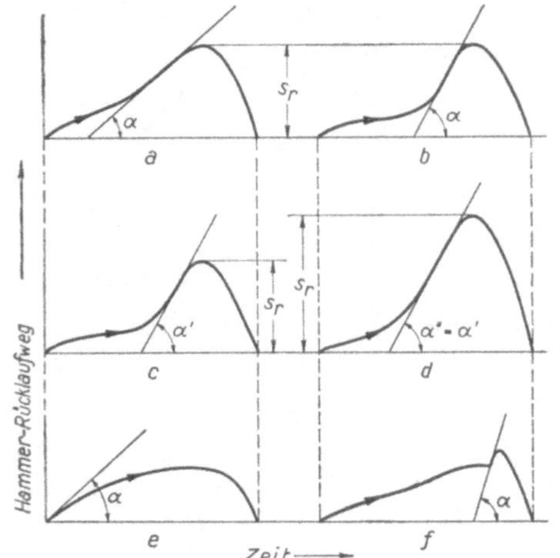

Abb. 487. Vergleich verschiedenartiger Abbauhammer-Rücklaufdiagramme.

Der Verlauf des Hammerweges über der Zeit läßt auch Rückschlüsse auf den Prellstoß des gegen das Spitzeisen vorlaufenden Hammers zu. Je größer die Aufprallgeschwindigkeit ist, um so stärker wird auch der Rückprall des Hammers sein, wobei allerdings auch die Hammermasse von Einfluß ist. Letzten Endes ist also auch der Rückprall vom Druckverlauf im Zylinder und damit von den Hammerabmessungen und der Steuerung abhängig. Die Spitzeisenprellstöße durch Rücksprung oder Dehnung haben dagegen, wie nochmals ausdrücklich betont sei, nichts mit der Bauart des Hammers zu tun und sind bei der Bewertung eines Hammers nicht zu berücksichtigen.

Hammerleistung und Rückschlag sind eng miteinander verknüpft. Zu jeder Leistung gehört ein Mindestrückschlag, der durch keinerlei Maßnahmen unterschritten werden kann, aber in der Praxis oft, besonders bei älteren Hammerbauarten, weit überschritten wird. Die Größe des noch erträglichen Rückschlages begrenzt die Leistung des Hammers. *Rückschlagfreie Hämmer gibt es nicht.* Kleine Kolbendurchmesser ergeben geringen Rückdruck und kleine Schlagzahlen kleine Ruckwerte; beide Maßnahmen führen aber auch zu kleinen Leistungen. Der Mindestrückschlag läßt sich am besten mit Schiebersteuerungen erreichen, mit denen der ganze Druckverlauf im Zylinder sicher beherrschbar ist; Hämmer mit Ventilsteuerungen haben im allgemeinen stärkeren Rückschlag. Die Abbauhämmer werden für einen Betriebsdruck von 4 atü gebaut; ein bei 4 atü noch erträglicher Rückschlag kann bei höheren Drücken gefährlich werden, weshalb ein Überschreiten des normalen Betriebsdruckes unbedingt zu vermeiden ist[1]. Auf die Schädlichkeit zu hoher Kompressionsdrücke und die Maßnahmen, sie zu vermeiden, wurde bereits auf Seite 382 hingewiesen.

Von jeher war man bestrebt, die schädlichen Rückschlagwirkungen vom Hauer fernzuhalten. Zusätzliche Rückschlagmindereinrichtungen wie Feder- oder Luftpolstergriffe in mannigfachen Ausführungen haben sich nicht bewährt, weil sie das Übel an falscher Stelle unter falschen Voraussetzungen mit ungeeigneten Mitteln anpackten. Die beste, heute allgemein anerkannte Maßnahme ist die Beschränkung der Leistung durch kleine Kolbenquerschnitte in Verbindung mit möglichst stetigen Druckänderungen im Zylinder. Die Kolbenschlagleistungen betragen heute durchschnittlich nur 0,6 bis 0,7 PS, während früher Leistungen von 0,8 bis 1 PS und

[1] Maßnahmen für Druckregelung siehe Ziffer 228.

darüber gebräuchlich waren, die aber infolge der stärkeren Belästigung des Hauers keine höhere Abbauleistung erbrachten. Es ist zu vermuten, daß bei neuzeitlichen Hämmern die Prellstöße schädlicher sind als die stetigen Kraftänderungen[1]. Seit einigen Jahren versucht man, diese Prellstöße am Hammergriff durch einen Gummiballendrücker oder durch vollständig aus Vulkollan hergestellte Griffbügel zu dämpfen. Wirkungsvoller ist es jedoch, diese Prellstöße unmittelbar an der Stoßstelle, d. h. zwischen Hammerzylinder und Spitzeisenbund durch einen Dämpfungsstoff aufzufangen. Die gut dämpfende Wirkung einer Gummizwischenlage wurde vom Verfasser schon vor vielen Jahren nachgewiesen[2], jedoch war Gummi nicht haltbar. Heute wird hierfür mit gutem Erfolg Vulkollan benutzt, z. B. nach Abb. 488 als Einsteckbüchse *a* mit Kragen. Auch die Vorprellschläge gegen die Haltekappe lassen sich mit einer Vulkollaneinlage *b* dämpfen. Bei richtig gewählten Abmessungen machen diese direkt wirkenden Dämpfungen die Sondergriffe aus Vulkollan überflüssig.

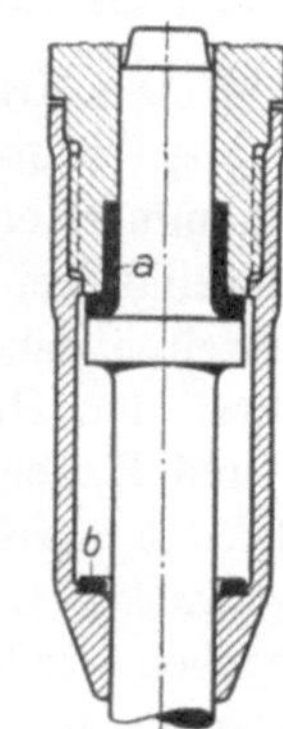

Abb. 488. Prellstoßdämpfung.

243. Der Stoßwirkungsgrad der Abbauhämmer[3]. Die Übertragung der Kolbenenergie auf das Spitzeisen erfolgt wie sonst nur in wenigen technischen Fällen durch Stoß. Wie bei jeder Energieübertragung gelingt es auch beim Stoß nicht, die gesamte Energie des Kolbens in die gewünschte Stoßenergie oder Schlagarbeit des Spitzeisens umzuwandeln. Außer der dem Kolben verbleibenden Rückprallenergie treten noch Verluste in Form von Wärme, Massenschwingungen und Formänderungen auf, so daß die Spitzeisenschlagarbeit immer kleiner als die Kolbenwucht ist. Das Verhältnis der Spitzenschlagarbeit A_{Sp} zur Kolbenwucht oder Kolbenschlagarbeit A_K ist der Stoßwirkungsgrad: $\eta_{St} = \frac{A_{Sp}}{A_K}$. Nach den Gesetzen der Mechanik kann der Stoßwirkungsgrad für den Stoß zwischen zwei frei beweglichen Körpern aus dem Massenverhältnis der Körper, ihren Geschwindigkeiten und einer Stoßzahl berechnet werden, die von der Elastizität der Körper, ihrer Geschwindigkeit und ihrer Form abhängt. Diese Rechnung führt aber zu keinem praktischen Ergebnis, weil die Stoßzahl für die vorliegenden Verhältnisse unbekannt ist und weil das in der Kohle auf Widerstand stoßende Spitzeisen kein frei beweglicher Körper ist. Mit praktisch hinreichender Genauigkeit kann aber der Stoßwirkungsgrad dem empirisch ermittelten Diagramm in Abb. 489 entnommen werden. Weil das Spitzeisengewicht mit 1,35 kg festgelegt ist, ist der Stoßwirkungsgrad nur noch vom Kolbengewicht G_K und von der Kolbenschlagarbeit abhängig. Nach dem eingezeichneten Beispiel wird bei einer Kolbenschlagarbeit von 3,5 mkg mit einem Kolben von 0,65 kg ein Stoßwirkungsgrad von 82% erreicht, d. h. von den 3,5 mkg der Kolbenwucht werden

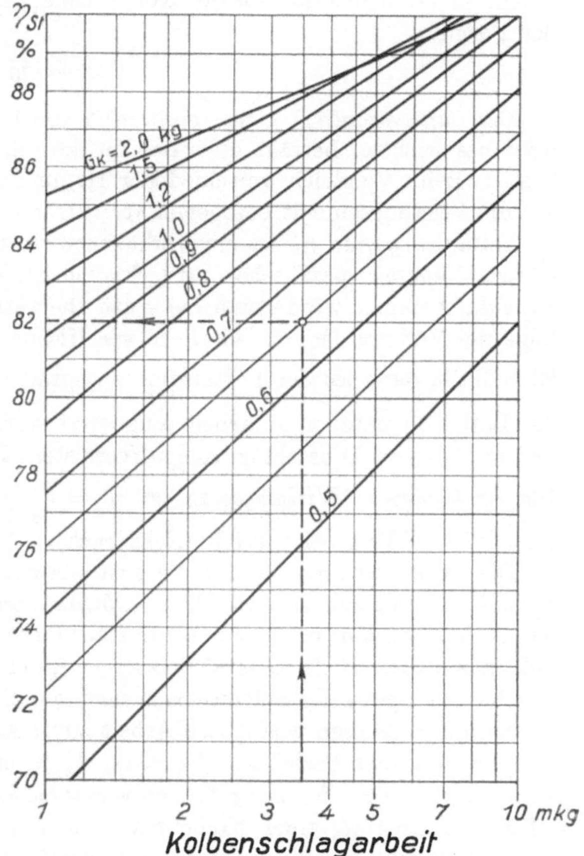

Abb. 489. Stoßwirkungsgrad der Abbauhämmer für ein Spitzeisengewicht von 1,35 kg (nach C. HOFFMANN).

[1] Infolge der sehr verwickelten Zusammenhänge der gesamten Rückschlagwirkungen konnte von medizinischer Seite noch keine Wertung der Schädlichkeitsgrenzen festgelegt werden.

[2] Vgl. C. HOFFMANN: Wie lassen sich Rückstoßerschütterungen bei Bohr- und Abbauhämmern vermeiden? Grubensicherheit Jg. 6 (1931) S. 76.

[3] Vgl. C. HOFFMANN: Die Stoßenergieübertragung bei Abbauhämmern. Glückauf 1938, S. 213.

$0,82 \cdot 3,5 = 2,87$ mkg nutzbar auf das Spitzeisen übertragen, während 18% oder 0,63 mkg Stoßverlust entstehen. Wie das Diagramm erkennen läßt, wird der Stoßwirkungsgrad um so besser, je größer die Kolbenschlagarbeit und das Kolbengewicht sind.

244. Die Kennwerte des Abbauhammers[1]. Die Eigenschaften eines Abbauhammers werden durch bestimmte *Kennwerte* oder Kennzahlen charakterisiert, die sich zum Teil aus dem Bau des Hammers ergeben, zum Teil auf Grund von Prüfungen ermitteln lassen. Bei diesen Kennzahlen sind drei Gruppen zu unterscheiden: Die ersten kennzeichnen den Hammer als Maschine, die zweiten geben Aufschluß über die Arbeitsübertragung auf das Gezähe, und die dritten betrachten den Hammer als Handwerkszeug und zeigen die Wechselwirkungen zwischen Hammer und Hauer an.

Die Kenngrößen sind mehr oder weniger von der *Anpreßkraft* abhängig, mit der der Hammer vorgedrückt wird, so daß die Kennzahlen stets in Verbindung mit der zugehörigen Anpreßkraft angegeben werden müssen. Dasselbe gilt für den Betriebsdruck, der normal 4 atü beträgt. Als *günstigste Anpreßkraft* wird die Kraft bezeichnet, bei der gute Leistungen mit verhältnismäßig geringster Beanspruchung des Hauers erreicht werden. Der wichtigste *Maschinen*kennwert ist die *Kolbenschlagarbeit* A_K, die in mkg gerechnet wird. Sie ist an sich kein Gütemaß, bestimmt aber in erster Linie den Verwendungszweck des Hammers, worauf später noch näher einzugehen ist. Die *Schlagzahl* z min^{-1} gibt die Anzahl der in der Minute vom Kolben auf das Spitzeisen ausgeführten Schläge an. Die Kolbenschlagleistung N_K in PS ist als reine Maschinenleistung anzusehen. Sie errechnet sich aus der Kolbenschlagarbeit A_K und der minutlichen Schlagzahl z nach der Formel

$$N_K = \frac{A_K z}{60 \cdot 75} = \frac{A_K z}{4500} \text{ PS}.$$

Der *Luftverbrauch* Q, gemessen in m^3/h von 1 ata, ist für die Wirtschaftlichkeit des Hammerbetriebes wichtig, beträgt doch der Luftkostenanteil im Mittel etwa 40 bis 50% der Gesamtkosten. Beim Vergleich verschiedener Hammerbauarten wird die Güte jedoch erst durch den auf die Leistungseinheit bezogenen *spezifischen Luftverbrauch* q in m^3/PSh gekennzeichnet. Der *Luftausnutzungsgrad* η_L ist ein Verhältniswert, der, in % angegeben, eine noch anschaulichere Gütezahl als der spezifische Luftverbrauch ist. Für den verlustlos mit Vollfüllung arbeitenden Drucklufthammer würde man bei 4 atü theoretisch 34 m^3/PSh brauchen (vgl. Ziffer 230). Infolge der Verluste ist der wirkliche spezifische Luftverbrauch aber größer; er sei z. B. $q_w = 62$ m^3/PSh, dann ist der Luftausnutzungsgrad $\eta_L = \frac{q_{th}}{q_w} = \frac{34}{62} = 0,55 = 55\%$, d. h. 55% (34 m^3) der Luft sind nutzbar in Arbeit umgesetzt worden, und 45% (28 m^3) sind für Rückhubarbeit und infolge von Drosselung, Auspuffverlusten, Reibung und Undichtheiten verlorengegangen. Der *isothermische Wirkungsgrad* ist $\eta_{is} = \frac{q_{is}}{q_w} = \frac{17,1}{62} = 0,276 = 27,6\%$ (nach Ziffer 230 mit $q_{is} = 17,1$ m^3/PSh bei 4 atü Betriebsdruck).

Die zweite Gruppe umfaßt die sich aus der Übertragung der Kolbenschlagarbeit auf das Spitzeisen ergebenden Werte. Der *Stoßwirkungsgrad* η_{St} ist bereits in der vorstehenden Ziffer besprochen worden; er ist wie der Luftausnutzungsgrad eine Gütezahl des Hammers. Das Produkt aus beiden ist der *Gesamtwirkungsgrad*, der die gesamte Energieumsetzung von der Druckluft bis zur Spitze des Spitzeisens zusammenfaßt: $\eta = \eta_L \eta_{St}$. Unter der *Spitzenschlagarbeit* A_{Sp} ist die am Spitzeisen verfügbare Arbeit zu verstehen, die vom Stoßwirkungsgrad abhängig ist und sich aus der Beziehung $A_{Sp} = \eta_{St} A_K$ in mkg errechnet. Die *Spitzenschlagleistung* $N_{Sp} = \eta_{St} N_K$ in PS gibt die am Spitzeisen wirksame Leistung an. N_K ist der indizierten und N_{Sp} der effektiven Leistung einer Kolbenmaschine mit Kurbeltrieb vergleichbar. Spitzenschlagarbeit und Spitzenschlagleistung sind für den richtigen Einsatz des Hammers und die Abbauleistung maßgebend.

Der übliche Betriebsdruck für Abbauhämmer beträgt 4 atü. Abb. 490 zeigt, wie sich die Hauptkennwerte bei Änderung des Betriebsdruckes verhalten. Die Abbildung gibt Durchschnittswerte für heute gebräuchliche, mittelschwere Hämmer von etwa 9 kg an. Der übersicht-

[1] Vgl. C. Hoffmann: Was der Betriebsmann von seinen Abbauhämmern wissen muß. Bergbau 1940 Nr. 17

lichen Darstellung halber wurde als Bezugsdruck 3 atü gewählt. Die Rückschlagwerte ändern sich bei den verschiedenen Hammerbauarten sehr unregelmäßig und sind deshalb nicht dargestellt. Allgemein gilt aber, daß sie mit steigendem Betriebsdruck viel stärker zunehmen als die Leistung, z. B. kann eine Zunahme der Leistung um 20% mit einer Vergrößerung des Hammerrücklaufweges um 50 bis 100% verbunden sein.

Die bisher aufgeführten, den Hammer nur als Maschine kennzeichnenden Werte sind zur Beurteilung noch nicht hinreichend, denn diese Maschine arbeitet ohne jegliche andere Stützpunkte frei in der Hand des Hauers, und der Hauer arbeitet wiederum mit dem Hammer, so daß neben seinen Maschineneigenschaften auch die bewertet werden müssen, die den Hammer als Handwerkszeug charakterisieren. Hauer und Hammer beeinflussen sich gegenseitig, und es wurde schon darauf hingewiesen, daß die Anpreßkraft die einzelnen Kennwerte mehr oder weniger ändert. Es kommt also darauf an, welche Anpreßkraft der Hauer aufzubringen vermag. Man kann höchstens mit 25 bis 30 kg rechnen. Je niedriger die für die Maschinenleistung günstigste Anpreßkraft ist, um so weniger wird der Hauer beansprucht. Weiterhin ist die äußere Form des Hammers von Wichtigkeit, ob der Hammer gut griffig ist, ob das Anlassen leicht, bequem und störungsfrei erfolgt.

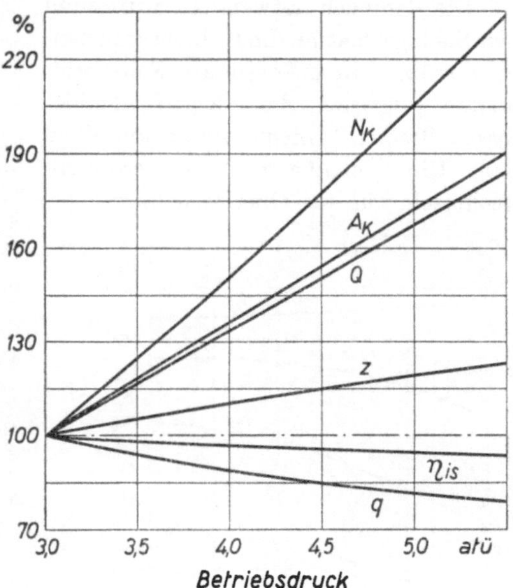

Abb. 490. Änderung der Abbauhammerkennwerte in Abhängigkeit vom Betriebsdruck (Anpreßkraft = 25 kg).

Der wichtigste Punkt bei der Beurteilung des Hammers als Handwerkzeug ist der *Rückschlag*, dessen Entstehung bereits in Ziffer 242 erklärt wurde. Die Eigenart des sich aus verschiedenen Wirkungen zusammensetzenden Rückschlages erschwert die Bewertung mit einfachen Kenngrößen. Für Hämmer gleicher Leistungen, Schlagarbeiten und Massenverhältnisse ist immerhin der *Hammerrücklauf* s_r in mm als Vergleichswert wichtig. Daneben spielt aber der zeitliche Verlauf des gesamten Hammerweges eine Rolle, wovon der *Ruck* R in kg/s wenigstens einen wichtigen Teilwert gibt. Die Schädlichkeitsgrenze kann noch nicht in Meßwerten festgelegt werden.

Als letzter Kennwert ist noch das *Leistungsgewicht* G/N_{Sp} zu nennen, das ist das auf die Leistungseinheit bezogene Hammergewicht. Es ist insofern als Handwerkszeugkennzahl von Bedeutung, als der Hauer ja nicht nur den Hammer anzudrücken, sondern dazu auch noch sein Gewicht zu tragen und mit ihm zu hantieren hat. Das Gewicht entscheidet noch nicht allein für die Bewertung, denn es kommt letzten Endes ja auch auf die Leistung an, die mit diesem Gewicht erzielt wird. Der Hauer wird um so weniger angestrengt und kann länger mit gleicher Leistungsfähigkeit arbeiten, wenn er einen Hammer von kleinem Leistungsgewicht benutzt, dessen Gewicht also im Verhältnis zur Leistung gering ist. In Hinsicht auf den Rückschlag darf das Hammergewicht aber auch nicht zu klein sein, denn je größer die Masse ist, um so besser vermag sie die Stöße aufzufangen.

Die Kennwerte eines Abbauhammers sind je nach der Bauart mehr oder weniger mit der Anpreßkraft veränderlich. Am stärksten werden die Rückschlagwerte beeinflußt. Mit zunehmender Anpreßkraft wird der Einfluß des Rückdruckes vermindert, und der Rücklaufweg wird kleiner. Diese Verringerung des Rücklaufweges wirkt sich auch auf die übrige Arbeitsweise des Hammers aus, so daß sich auch Schlagarbeit, Schlagzahl und Luftverbrauch ändern, wie es z. B. das Kennliniendiagramm eines mittelschweren Abbauhammers von 9 kg in Abb. 491 veranschaulicht.

Für eine gute Abbauleistung ist die richtige Anpassung der Hammereigenschaften an die Betriebsverhältnisse von besonderer Bedeutung. Die Schlagleistung, die man zunächst wohl als Verhältnismaß für die Abbauleistung einzusetzen geneigt sein wird, spielt hierbei jedoch erst in zweiter Linie eine Rolle. In erster Linie maßgebend ist die *Schlagarbeit,* die wiederum durch die Festigkeit und Härte der Kohle bedingt wird. Setzt man in sehr fester Kohle zwei Hämmer ein, von denen der eine 5 mkg bei 500 Schlägen je Minute, der andere 2 mkg bei 1250 Schlägen je Minute hat, so sind ihre Schlagleistungen zwar gleich, doch wird die Abbauleistung des 2-mkg-Hammers erheblich geringer sein, weil seine Schlagarbeit kaum hinreicht, um das Spitzeisen überhaupt in die Kohle hineinzutreiben. In einer weichen, leichtgehenden Kohle liegen die Verhältnisse gerade umgekehrt. Hier sind die Schläge des 5-mkg-Hammers viel zu stark und dafür die Schlagzahl wieder zu klein, um eine gute Abbauleistung erzielen zu können.

Die demnach notwendige Anpassung der Schlagarbeit an die Kohlebeschaffenheit stößt nun insofern auf Schwierigkeiten, als sich der Begriff „Kohlebeschaffenheit“ nicht scharf umreißen läßt. Die Kohlenhärte, die sowieso meßtechnisch nur als Oberflächenhärte ermittelt werden kann, ist schließlich nicht allein ausschlaggebend. Neben ihr ist außerdem auch noch die ganze Struktur und Lagerung der Kohle von entscheidendem Einfluß, und nicht zuletzt auch die Art, wie der Hauer sie auszunutzen und mit seinem Hammer umzugehen versteht.

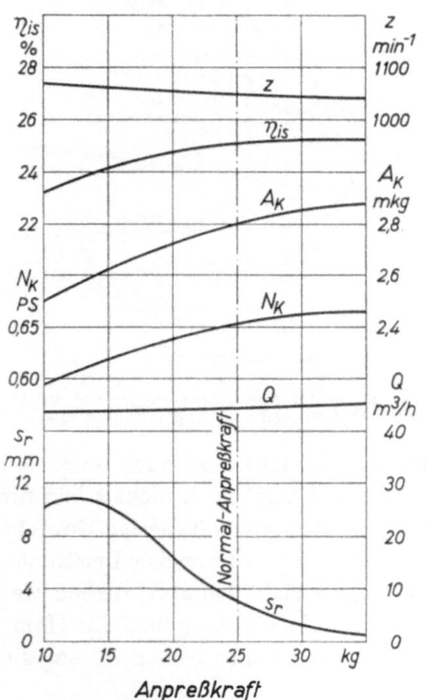

Abb. 491. Kennlinien eines mittelschweren Abbauhammers (9 kg) bei 4 atü Betriebsdruck in Abhängigkeit von der Anpreßkraft.

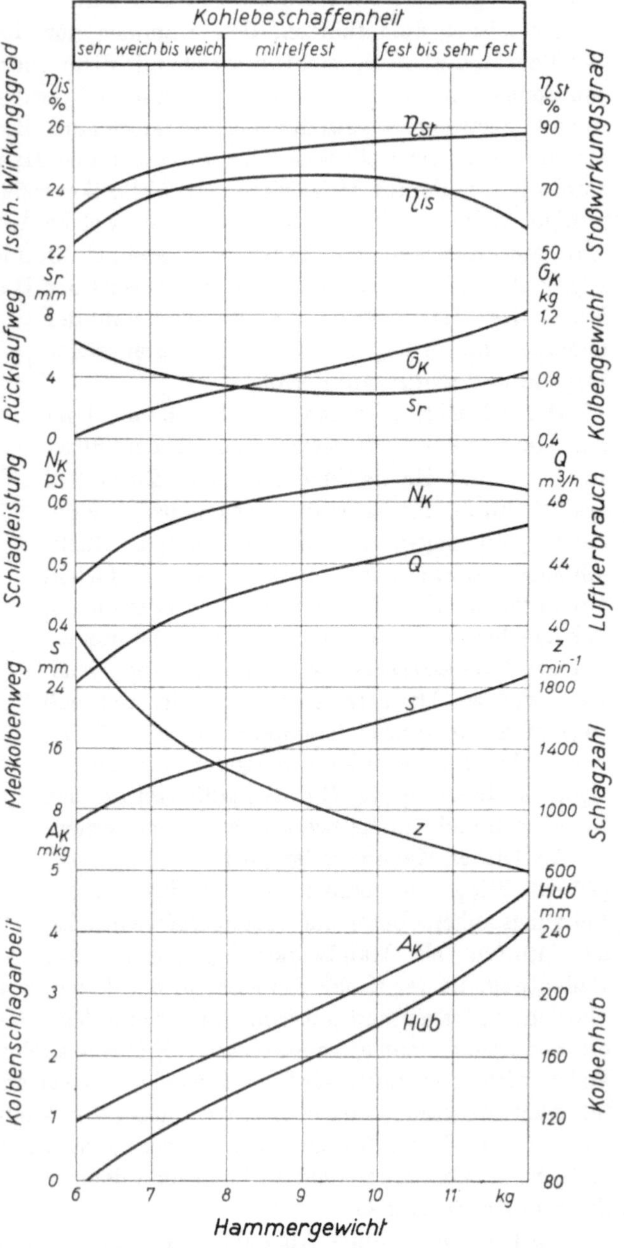

Abb. 492. Durchschnittswerte neuzeitlicher Abbauhämmer bei 4 atü Betriebsdruck und 25 kg Anpreßkraft[1].

Als erster Anhaltspunkt für die Auswahl des für eine bestimmte Kohle geeigneten Hammers mag das Diagramm in Abb. 492 dienen. In Abhängigkeit vom Hammergewicht sind dargestellt:

[1] Nach Messungen der Hammer-Prüfstelle der Westfälischen Berggewerkschaftskasse, Bochum, mit dem Hauhinco-Betriebsprüfgerät für Drucklufthämmer.

Kolbengewicht G_K, Kolbenhub (theoretischer Höchstwert), Meßkolbenweg s (Weg des Pufferkolbens im Prüfgerät), Kolbenschlagarbeit A_K, Schlagzahl z, Kolbenschlagleistung N_K, Luftverbrauch Q, isothermischer Wirkungsgrad η_{is}, Stoßwirkungsgrad η_{St} und Hammerrücklaufweg s_r. Für einen mittelschweren Hammer von 9 kg entnimmt man dem Diagramm die Durchschnittswerte: $s \approx 17$ mm; $A_K = 2{,}65$ mkg; $z = 1050\ \text{min}^{-1}$; $N_K = 0{,}62$ PS; $Q = 43{,}2\ \text{m}^3/\text{h}$; $\eta_{is} = 24{,}5\%$; $\eta_{St} = 83{,}5\%$; $s_r = 3{,}1$ mm. Die Schlagarbeit nimmt mit dem Hammergewicht zu, so daß die Eignung eines Hammers für eine gegebene Kohle angenähert nach dem Gewicht beurteilt werden kann. Die Schlagarbeiten von Hämmern verschiedener Herkunft können jedoch erheblich von den angegebenen Durchschnittswerten abweichen, weshalb es richtiger ist, die Eignung des Hammers nicht nach dem Gewicht, sondern nach der Schlagarbeit zu bewerten. Seit im Bergbau das Hauhinco-Betriebsprüfgerät für Abbauhämmer allgemein gebraucht wird, ist es noch einfacher, für diese Bewertung gemäß Abb. 493 den sogenannten „Meßkolbenweg“ zugrunde zu legen, der auf dem Prüfgerät als Vergleichsmaß für die Kolbenschlagarbeit ermittelt wird[1]. Das Diagramm in Abb. 493 ist auf praktischen Erfahrungen aufgebaut. Die in Abhängigkeit von den Meßkolbenwegen üblichen Kolbengewichte sind berücksichtigt. Die Schlagzahlen entsprechen den Durchschnittswerten. Für mittelfeste Kohle ist z. B. ein Hammer geeignet, der im Prüfgerät einen Meßkolbenweg von 17 mm geschlagen hat. Die zugehörige Schlagzahl wird mit 1040 min^{-1} abgelesen. Hämmer mit Schlagzahlen oberhalb der Kurve lassen höhere Abbauleistung vermuten. Nach praktischer Erprobung kann man die Bezeichnungen mittelfest, fest usw. durch die Flözbezeichnung ersetzen.

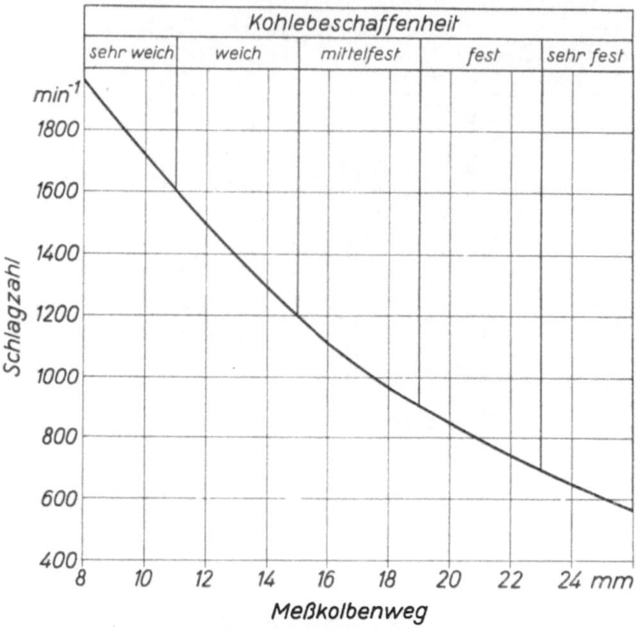

Abb. 493. Zusammenhang zwischen Kohlebeschaffenheit, Meßkolbenweg und Schlagzahl.

245. Bauarten der Abbauhämmer.

Der neuzeitliche Abbauhammer ist durch seine schlanke, glatte Form, die sich in der Haltekappe fast bis auf den Durchmesser des Spitzeisenschaftes verjüngt, gekennzeichnet. Die Ausführung der gebräuchlichsten Bauarten wird durch die Abb. 480 und 494 veranschaulicht. Der Hammer in Abb. 480 ist mittelschwer (9 kg) und für mittelfeste Kohle bestimmt. Die entlüftende Rohrschiebersteuerung wurde bereits in Ziffer 241 erläutert. Die Zahl der Einzelteile ist im Interesse der Ersatzteilhaltung so klein wie möglich gehalten. Der Schieber läuft nicht wie bei älteren Bauarten in einem besonderen Schiebergehäuse. Der obere Teil des Zylinders selbst ist durch Aufweiten unter hohem Druck unmittelbar zur Aufnahme des Steuerschiebers *Sch* ausgebildet, so daß sich ein getrenntes Steuergehäuse erübrigt. Der auf den Zylinder aufgeschraubte Griff *b* ist mit einem Ballendrücker *d* zum Betätigen des Anlaßventiles *e* ausgerüstet. Das Spitzeisen *Sp* zeigt die normale Ausführung mit dem in den Zylinder hineinragenden Einsteckende. Auf eine auswechselbare Einsteckbuchse ist verzichtet, weil der gehärtete Zylinder genügend verschleißfest ist; außerdem bewirkt auch die gute Führung des Spitzeisens in der Haltekappe *c* eine erhebliche Entlastung der Einsteckbohrung. Die Haltekappe ist durch einen kegeligen Fiberring gegen Lösen gesichert.

Der Abbauhammer nach Abb. 494 ist ebenfalls mittelschwer und für mittelfeste Kohle bestimmt. Die Ausführung ist für Spitzeisen ohne Einsteckende bestimmt, wodurch sich der Ham-

[1] Näheres siehe Ziffer 300 und C. Hoffmann: Das Hauhinco-Betriebsprüfgerät für Abbauhämmer und seine Anwendung. Schlägel u. Eisen 1954, S. 1 u. 27.

mer kürzer baut. Er besteht in den Hauptteilen aus dem Zylinder *Z* mit dem Schlagkolben *K*, dem Handgriff *G* aus Leichtmetall mit dem das Anlaßventil *V* betätigenden Gummiballendrücker *D*, dem Schieber *Sch* (ohne Steuergehäuse) und der Haltekappe *H* für das Spitzeisen *Sp*. Die aufgeschraubte Haltekappe wird mit der in eine Rast der Kappe einschnappenden Feder *F* gegen

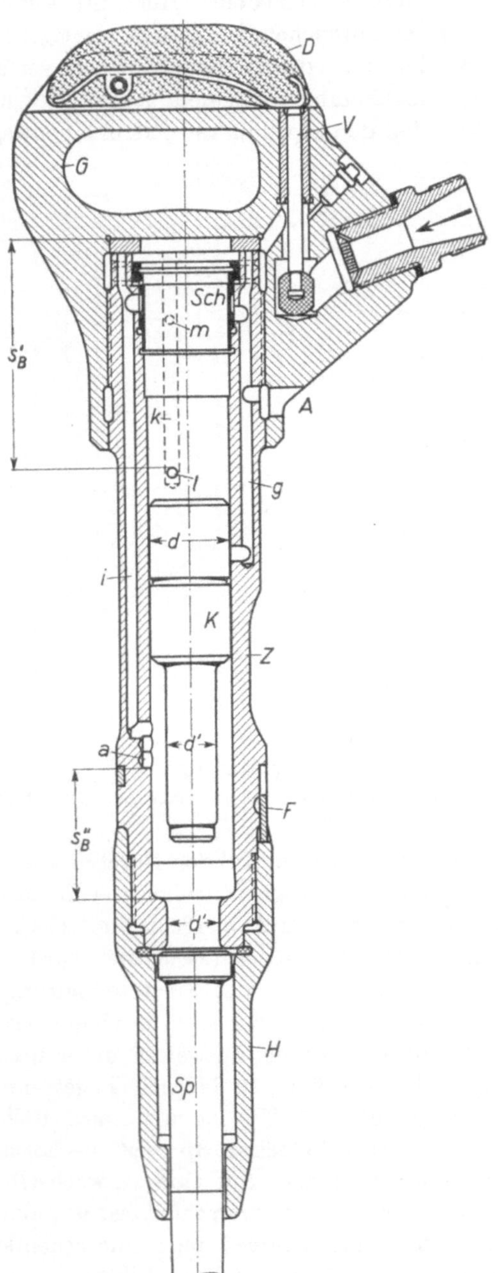

Abb. 494. Mittelschwerer Abbauhammer mit Rohrschiebersteuerung und Spitzeisen ohne Einsteckende (HAUHINCO).

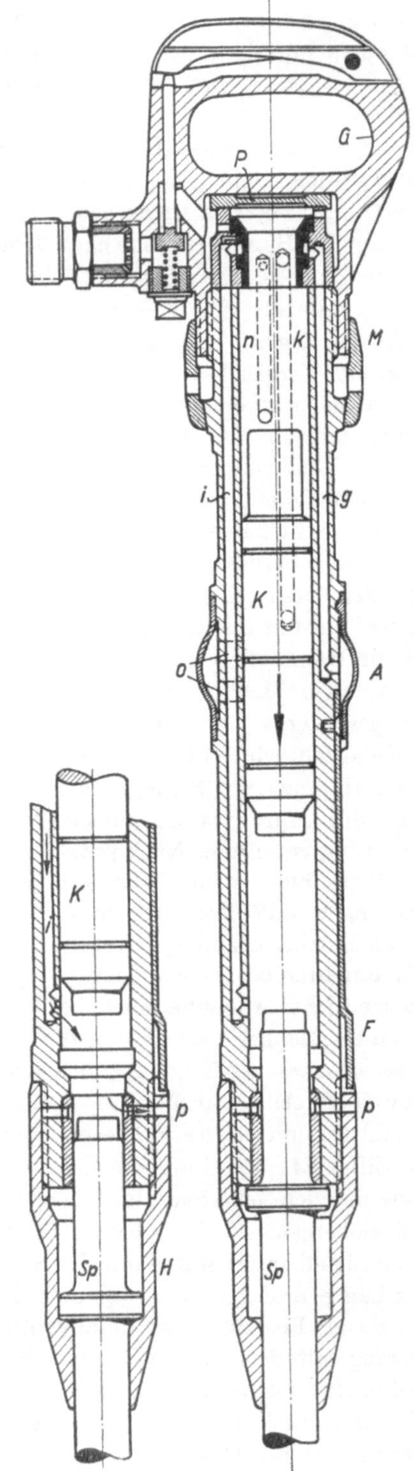

Abb. 495. Schwerer Abbauhammer mit Stillsetzvorrichtung für sehr feste Kohle (Korfmann, Friko 80).

selbsttätiges Lösen gesichert. Die Bohrung des Rohrschiebers ist so groß, daß der Kolben bis in den Schieberraum hineinlaufen kann, wodurch ein großer Hub bei geringer Baulänge erreicht wird. Der Hammer ist für ein Spitzeisen ohne Einsteckende gebaut. Das Spitzeisen wird nur in der Haltekappe geführt. Verschleiß tritt also nur in der Kappe auf, und der wertvolle Zylinder wird geschont. Außerdem kann der Zylinder kürzer gehalten werden, ohne an Hub und damit an Schlagarbeit zu verlieren. Zum Bremsen des Kolbens beim Rückhub ist nach Überfliegen der mit dem Auspuff verbundenen Bohrung l insgesamt der Verdichtungsbremsweg s'_B verfügbar, der aber nur teilweise ausgenutzt wird, um zu hohe Verdichtungsdrücke und den sich daraus ergebenden starken Rückschlag zu vermeiden. Vorn ist der Kolben zu einem Zapfen vom Durchmesser d' der vorderen Zylinderbohrung verlängert, der bei Leerschlägen den Zylinder nach der Spitzeisenseite abschließt, so daß der Kolben nach Überlaufen der Entlüftungsbohrung a auf dem Wege s''_B durch Verdichten der eingeschlossenen Luft aufgefangen und dadurch ein Zylinderprellschlag verhütet wird.

Als schwerster Abbauhammer (rd. 12 kg) für festeste Kohle hat sich seit Jahrzehnten der Hammer nach Abb. 495 bewährt, der als langhubiger Hammer mit schwerem Kolben (1,25 kg) von großer Kolbenschlagarbeit und niedriger Schlagzahl ($A_K \approx 4{,}5$ bis 5 mkg, $z \approx 600\ \text{min}^{-1}$) ausgebildet ist. Der Kolben hat wie bei leichterschlagenden Hämmern auch nur 35 mm Durchmesser, so daß er selbst schon sehr lang wird und zur Erreichung der hohen Schlagarbeit einen langen Hub (210 mm) erfordert. Hierdurch sind die große Hammerlänge und einige bauliche Abweichungen gegenüber den Hämmern nach Abb. 480 und 494 bedingt. So ist zum Beispiel das Auffangen des leerschlagenden Kolbens mit Hilfe eines Luftpuffers nicht mehr möglich, weshalb zum Stillsetzen des Hammers eine Abblasvorrichtung für die Rückhubluft angeordnet ist, deren Wirkung aus der Nebenabbildung in Abb. 495 zu erkennen ist. In Einsteckbüchse und Zylinder befinden sich Querbohrungen, die sich mit Bohrungen p der Haltekappe H überdecken. Dringt das Spitzeisen beim Abgleiten, beim Abbrechen eines Kohlestückes oder bei plötzlichem Zurückziehen des Hammers so weit vor, daß es vom Kolben nicht mehr erreicht wird, dann wird der untere Zylinderraum über die Bohrung p mit der Außenluft verbunden, und die durch den Kanal i zuströmende Frischluft entweicht ins Freie, statt wie bei normaler Arbeitsweise den Kolben K zurückzudrücken. Damit ist der Hammer stillgesetzt und nicht mehr durch Leerschläge gefährdet. Das Arbeitsspiel beginnt wieder, wenn der Hammer vorgedrückt wird und dadurch die Bohrungen p wieder geschlossen werden. — Die Auspuffbohrungen o münden in der Mitte des Zylinders unmittelbar ins Freie und werden zur Vermeidung langer Kanäle nicht zum Griff geführt. Der aufgeschraubte Griff G wird mit einer kegeligen Überwurfmutter M gesichert. Die Platte P schützt den Griff vor Kolbenprellschlägen.

Die Steuerung ist ähnlich wie bei den vorher beschriebenen Bauarten. Es kommt noch ein Kanal n hinzu, der erst nach Freilegung durch den schlagenden Kolben die untere Schieberstufe mit Druckluft beaufschlagt und den Schieber entlastet. Dafür fehlt die dauernde Beaufschlagung des oberen Schieberkragens. Der Schieber läuft in einem besonderen Gehäuse.

Die einleitend angeführten Nachteile der Ventilsteuerungen sind bei der in Abb. 496 dargestellten Bauart vermieden worden. Als Steuerorgan wird ein einfaches Plattenventil P benutzt, welches leicht ist, eine große druckbeaufschlagte Fläche hat und nur einen sehr geringen Hub auszuführen braucht; hierdurch wird eine präzise Umsteuerung gesichert, wobei jedoch die Lage der vom Kolben K gesteuerten Auslaßöffnung a eine sehr wesentliche Rolle spielt. Gegenüber Ventilsteuerungen älterer Art ergibt sich ein weit geringerer Luftverbrauch, der dem der Schiebersteuerungen gleichkommt, und ein viel schwächerer Rückschlag; außerdem sind die gleich niedrigen Schlagzahlen wie mit Schiebersteuerungen erreichbar.

Die Wirkungsweise der Steuerung geht aus Abb. 496 hervor, welche rechts die Schlaghub- und links die Rückhubstellung zeigt. In der Schlaghubstellung strömt die Druckluft vom Anlaßventil zum Ringraum R und durch die Bohrung c und treibt den Kolben K gegen das Spitzeisen Sp. Die Oberseite der Ventilplatte P steht auf der äußeren Ringfläche ständig unter Frischluftdruck, so daß die Platte in dem Augenblick gegen ihren unteren Sitz springt und damit die Schlaghubluft abstellt, in dem der Kolben die Auslaßbohrung a überfliegt und der Druck im Zylinder durch das Entweichen der Schlaghubluft sinkt. Nach dem Schlag prallt der Kolben vom Spitzeisen ab und wird dann von der aus dem Ringraum R durch die Bohrung d oberhalb P nach e und von dort durch den Kanal i zuströmenden Druckluft vollends zurückgeworfen. Nach dem rückwärtigen Überfliegen der Auslaßöffnung a setzt im oberen Zylinderraum eine allmählich ansteigende, den Kolben abfangende Verdichtung ein, die schließlich die Ventilplatte *P* nach oben in die Schlaghubstellung zurückdrückt, worauf das Arbeitsspiel wieder beginnt. Wie die Abb. 496 erkennen läßt, findet beim Schlaghub keine völlige Entlüftung des unteren Zylinderraumes statt, was aber nicht nachteilig ist, weil die Luftverdichtung das Umsteuern des Plattenventils unterstützt, den Hammer vordrückt und beim Kolbenrückhub wieder treibend ausgenutzt wird; die Schlagarbeit des Kolbens ist trotzdem noch ausreichend.

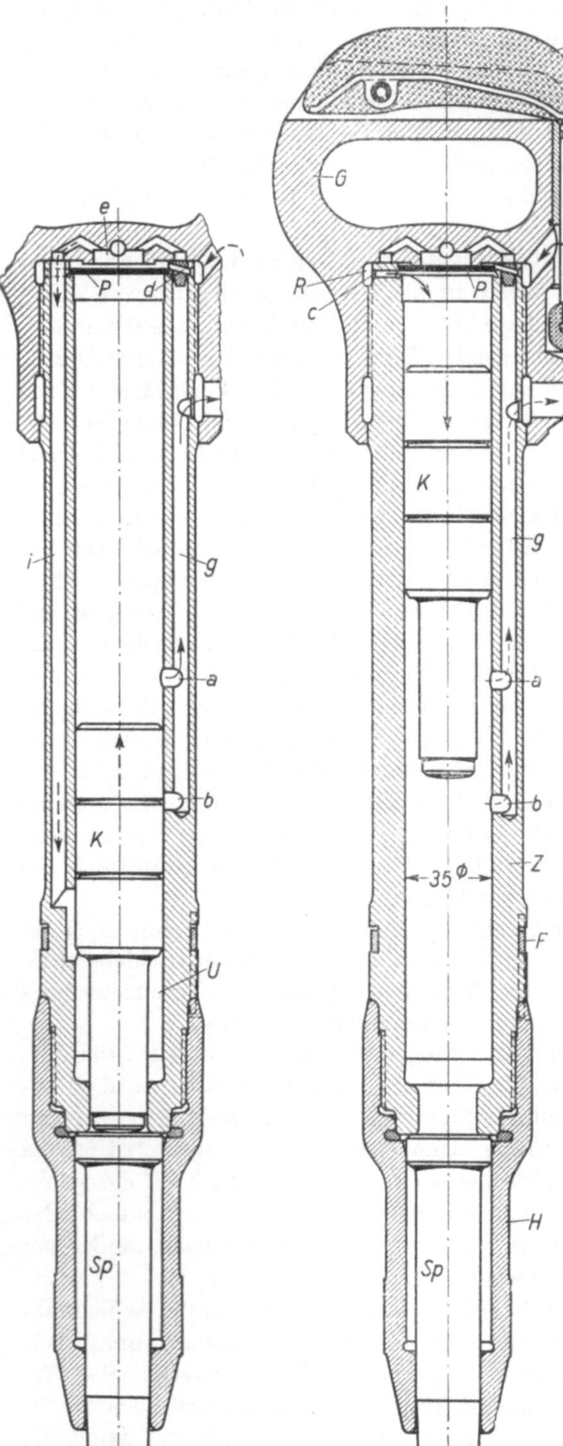

Abb. 496. Abbauhammer mit Ventilsteuerung und Spitzeisen ohne Einsteckende (HAUHINCO).

Um den Rückschlag trotz der Ventilsteuerung klein zu halten, wird beim Kolbenrückhub ein verhältnismäßig langer Verdichtungsweg gewählt, um mit kleiner und langsam ansteigender Kolbenbremskraft und dementsprechend ebenso verlaufendem Rückdruck auszukommen. Der Hammer wird dadurch jedoch nicht länger als andere Bauarten (vgl. z. B. Abb. 480), weil mit einem nur in der Haltekappe *H* geführten Spitzeisen ohne Einsteckende gearbeitet und dadurch die Länge der Einsteckbüchse eingespart wird. Gegen Leerschläge ist der Hammer in gleicher Weise wie die Ausführungen in den Abb. 480 und 494 gesichert. Der Griff *G* ist wie bei dem Hammer in Abb. 494 aus Leichtmetall hergestellt, um das Hammergewicht zu vermindern. Der zum Anlassen dienende Drücker *D* besteht auch hier aus Weichgummi mit Stahlfedereinlage und schützt die Hand vor harten Prellschlägen.

Eine Sonderbauart für Gesteinsarbeiten ist der *Naß-Abbauhammer* nach Abb. 497, der den beim Zertrümmern des Gesteins auftretenden Gesteinstaub unmittelbar an der Entstehungsstelle durch einen Wasserschleier niederschlagen soll. Im Gestein ist wie bei sehr fester Kohle ein kräftiger Schlag erforderlich. Der Naß-Abbauhammer ist deshalb in der Grundausführung wie ein stark schlagender Abbauhammer mit langem Hub und schwerem Kolben ausgeführt. Die Rohrschiebersteuerung arbeitet wie bei dem Hammer nach Abb. 494, weshalb auf die Darstellung der Luftkanäle im Zylinder verzichtet wurde. Der Griff *G* hat einen Anschlußnippel *a* für den Druckluftschlauch und einen zweiten Nippel *b* für den Anschluß des Druckwasserschlauches. Die vom Ballendrücker betätigte Anlaßsteuerung läßt erst das Druckwasser durch die Kanäle *d* zu den zwei seitlich am Zylinder angeordneten Spritzdüsen *D* strömen. Beim Austritt aus den Düsen wird das Wasser zerstäubt, so daß das Spitzeisen und ein genügender Umkreis der Schlagstelle von einem feinen Wassernebel eingehüllt wird. Das Wasser drückt weiterhin durch die Bohrung e auf den Kolben f, der nun das Luftventil g öffnet, worauf der Hammer zu schlagen beginnt. Das Stillsetzen erfolgt in umgekehrter Reihenfolge. Der Kolben f ist so bemessen, daß sich das Luftventil g nur öffnen kann, wenn der Druck des Wassers für die richtige Zerstäubung in den Düsen ausreicht. Ohne Wasseranschluß kann der Hammer überhaupt nicht betätigt werden. Die verschiedene Größe der Anschlußnippel a und b macht ein Vertauschen der Luft- und Wasseranschlüsse unmöglich. Die Haltekappe H ist gegen das Spitzeisen und gegen den Zylinder abgedichtet, damit kein Wasser in den Zylinderraum gelangen kann.

246. Die Behandlung der Abbauhämmer im Betriebe. Die Abbauhämmer mit Rohrschiebersteuerungen sind zwar empfindlicher als die Bauarten mit Ventilsteuerungen, aber doch vom Konstrukteur mit viel Sorgfalt dem rauhen Grubenbetrieb angepaßt. Trotzdem hat der Abbauhammer als wichtigstes Gezähe des Bergmanns aber doch Anspruch auf pflegliche Behandlung. Hierher gehört zunächst die regelmäßige Schmierung, die genau nach den Vorschriften des Herstellers mit den richtigen Ölen bzw. Fetten zu geschehen hat. Vernachlässigung in dieser Hinsicht führt mit Sicherheit zu häufigen Störungen und zu schnellem Verschleiß des Hammers und damit zu Unkosten, die sich durch mehr Sorgfalt hätten vermeiden lassen können. Bei Ölmangel können Kolben und Schieber fressen, was unbedingt vermieden werden muß. Ein wirklich einmal festgelaufener Hammer muß sofort aus dem Betriebe gezogen und vor weiterer Benutzung instand gesetzt und geprüft werden. Der Ölverbrauch ist gering; es genügt bereits 1 g Öl je Schicht. Häufiges Ölen mit kleinen Mengen ist besser als eine einmalige große Ölgabe, die größtenteils schon nach wenigen Schlägen zum Auspuff herausgeblasen wird. Die beste und sparsamste Ölung erreicht man mit selbsttätigen Ölern, die der Druckluft laufend kleinste Ölmengen beimischen, wobei allerdings die zuverlässige Arbeitsweise des Ölers gewährleistet sein muß, was leider für viele Öler nicht zutrifft. Ebenso wichtig wie die Schmierung ist die regelmäßige Reinigung des Hammers von eingedrungenem Staub und verharzten Ölresten, die besonders den empfindlichsten Teil, die Steuerung, und damit die ganze Arbeitsweise des Hammers schädigen und die

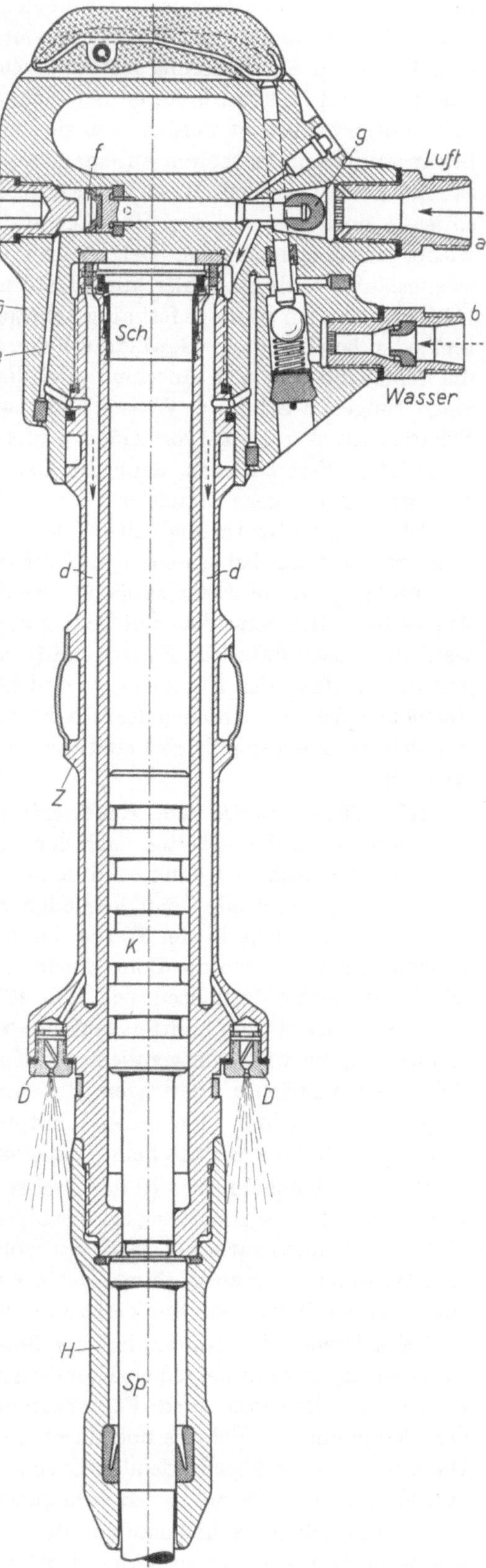

Abb. 497. Naß-Abbauhammer für Gesteinsarbeiten (HAUHINCO).

Leistung vermindern. Ferner ist darauf zu achten, daß nur richtig passende Spitzeisen verwendet werden. Bei Hämmern mit Haltekappe muß die Kappe nach dem Spitzeisenwechsel wieder bis zum Einrasten der Sicherung fest aufgeschraubt werden; eine nicht gesicherte Kappe löst sich bald ganz und führt zu weiteren Schäden. Die die Kappe sichernden Federn dürfen beim Lösen nicht überbeansprucht werden, weil sie sonst brechen und die Kappe nicht mehr festhalten. Ein bei Instandsetzungsarbeiten auseinandergenommener Hammer muß peinlich genau wieder zusammengesetzt werden. Wenn die Einzelteile einer Bauart unter sich auch austauschbar sind, so ist es doch besser, jeden Hammer aus seinen eigenen, zusammen gut eingelaufenen Teilen wieder zusammenzubauen. Der Einbau eines Steuergehäuses ist durchweg durch Paßstifte zwangsläufig bedingt. Fehler, die zu Störungen Anlaß geben, entstehen eher dadurch, daß der Griff nicht bis zur Endlage fest aufgeschraubt wird, besonders dann, wenn er sich bei verschmutztem oder beschädigtem Gewinde schwer drehen läßt. Besondere Beachtung verdienen ferner die Schläuche. Vor dem Anschluß muß der Schlauch durch Druckluft ausgeblasen werden, um eingedrungenen Schmutz, Wasser und etwaige Abblätterungen der Innenschicht zu entfernen. Scharfes Knicken ist zu vermeiden. Auf Dichtheit des Schlauches und der Schlauchanschlüsse ist größter Wert zu legen, denn die hier entstehenden Luftverluste machen den besten Luftausnutzungsgrad gegenstandslos.

Selbst bei bester Instandhaltung tritt im Laufe der Zeit Verschleiß ein. Die Folgen sind verminderte Leistung bei erhöhtem Luftverbrauch, also Unwirtschaftlichkeit. Der Hauptverschleiß ist durchweg an der Einsteckbüchse, weniger am Kolben und Schieber zu beobachten. Durch Auswechseln der verschlissenen Teile kann der Hammer fast wieder auf den Neuwert gebracht werden. Je nach Fabrikat, Bauart und Handhabung ist der Verschleiß sehr verschieden abhängig von der Laufzeit des Hammers, so daß hierüber keine Angaben gemacht werden können. Die Verschleißwirkungen müssen deshalb durch regelmäßige Hammerprüfungen[1] kontrolliert werden, um den Hammer durch rechtzeitiges Ausbessern immer auf höchster Leistungsfähigkeit zu erhalten.

247. Wirkungsweise und Kennwerte der Bohrhämmer. Die *Bohrhämmer* sind Druckluftschlagwerkzeuge. Sie arbeiten nach dem *schlagenden* Bohrverfahren. Der Bohrer wird erst vom Kolben geschlagen und dann nach dem Schlag während des Kolbenrückhubes so weit gedreht, daß die Bohrerschneide beim folgenden Schlag immer ein neues Gesteinstückchen abspalten kann und sich nicht in der Kerbe des vorangegangenen Schlages festschlägt. Das ruckweise Drehen oder Umsetzen des Bohrers wird vom Bohrhammer selbsttätig ausgeführt. Der Kolbenschaft hat hierfür Drallnuten (vgl. Abb. 499), die beim Kolbenrückhub durch eine gegen Rechtsdrehen[2] gesperrte Drallmutter laufen, so daß sich der Kolben linksherum drehen muß. Die Kolbendrehung wird von geraden, zur Kolbenachse parallelen Nuten im Kolbenschaft auf die Bohrereinsteckbüchse übertragen, die ihrerseits wieder den mit einem Vier- oder Sechskant eingesteckten Bohrer linksdrehend mitnimmt. Gegen Linksdrehen ist die Drallmutter nicht gesperrt, so daß der Kolben beim Schlaghub frei laufen kann und nicht gedreht wird.

Bei Schlangenbohrern wird das Drehen des Bohrers gleichzeitig zum Räumen des Bohrloches vom Bohrmehl ausgenutzt, wobei der links gewundene Bohrer durch Linksdrehen als rückwärts fördernde Schnecke arbeitet. Wird mit Hohlbohrern gearbeitet, so wird das Bohrloch durch Luft- oder Wasserspülung ausgeräumt. Der Bohrhammer muß dann mit Spüleinrichtung gebaut sein, oder es ist ein besonderes Spülgerät zu verwenden.

Beim Drehen des Bohrers hat der Bohrhammer ein Drehmoment zu überwinden, das nicht stetig wirkt, sondern bei jedem Kolbenrückhub neu einsetzt; es entsteht durch die Reibung des Bohrers im Bohrloch (und Förderwirkung bei Schlangenbohrern), durch die Massendrehbeschleunigung des Bohrers und durch die Reibung der Bohrerschneide auf der Bohrlochsohle. Die Größe des zu überwindenden Drehmomentes nimmt deshalb mit der Bohrlochtiefe und in hohem Maße mit der auf den Bohrhammer ausgeübten Anpreßkraft zu.

Bei Bohrhämmern hat man zur Beurteilung der reinen Schlagwerte die gleichen Kennwerte wie bei Abbauhämmern zu berücksichtigen: die Kolbenschlagarbeit A in mkg, die Schlagzahl z

---

[1] Vgl. Ziffer 300. — [2] Vom Griff aus gesehen.

in $\min^{-1}$, die Kolbenschlagleistung $N_s = \frac{A\,z}{4500}$ in PS und den Luftverbrauch Q in m^3/h. Auch der Rückschlag ist in gleicher Weise zu bewerten; er ist infolge der größeren Kolbendurchmesser (60 bis 80 mm) stärker als bei Abbauhämmern, hat aber weniger Bedeutung, weil die Bohrhämmer weitgehend in Verbindung mit Druckluftstützen oder Vorschubgeräten gebraucht werden. Die hohen Rücklaufkräfte machen jedoch größere Anpreßkräfte (etwa 50 bis 100 kg) erforderlich.

Der *Stoßwirkungsgrad* und die aus ihm abgeleiteten Werte schwanken bei Bohrhämmern in sehr weiten Grenzen und lassen sich nicht in der einfachen Weise wie bei Abbauhämmern auf einheitliche Werte beziehen, weil die Stoßverluste zwischen Kolben und Bohrer infolge der verschiedenen Länge und Form der Bohrer und des wechselnden Einflusses der Gesteinshärte nicht eindeutig zu erfassen sind. Allgemein kann nur gesagt werden, daß der Stoßwirkungsgrad um so besser ist, je schwerer die Kolben und je kürzer die Bohrstangen sind. Die Bohrerlänge ist betriebsbedingt, jedoch sollen die Bohrer nicht länger als unbedingt nötig sein. Erhebliche Unterschiede ergeben sich zwischen ein- und mehrteiligen Bohrgestängen. Nach Untersuchungen des Verfassers auf dem Prüfstand und bei Bohrarbeiten im Gestein ergab eine ungünstige Kegelverbindung bei einem dreiteiligen Gestänge eine Verminderung der Schneidenschlagarbeit auf rd. 50% der Schlagarbeit eines aus einem Stück hergestellten Bohrers. Ein guter Bohrstangenstahl ist so haltbar, daß sich die Trennung zwischen Einsteckende und Stange erübrigt, wodurch eine Stoßverlustquelle fortfällt. Für die Verbindung einer Bohrkrone mit der Bohrstange hat sich eine Kegelverbindung 1 : 12 am besten bewährt, die noch genügend fest und doch noch zu lösen ist; gut ausgeführt und sauber zusammengesetzt, hat sie nur einen Energieverlust von etwa 5%.

Zu den schon genannten Kennwerten kommen noch hinzu: die minutliche Drehzahl des Bohrers n, der Umsetzwinkel je Schlag $\alpha = 360 \cdot \frac{n}{z}$ (z. B. für $n = 90\ \min^{-1}$ und $z = 1800\ \min^{-1}$ wird $\alpha = 360 \cdot \frac{90}{1800} = 18°$), das Drehmoment des Bohrers M_d in kgcm, die sich aus der Formel $N_d = \frac{M_d\,n}{71\,600}$ in PS ergebende Drehleistung und die Gesamtleistung N als Summe aus der Schlagleistung N_s und der Drehleistung N_d. Der spezifische Luftverbrauch q, der Luftausnutzungsgrad η_L, der isothermische Wirkungsgrad η_{is} und das Leistungsgewicht G/N werden beim Bohrhammer auf die Gesamtleistung N bezogen.

Das vom Bohrhammer *erzeugte* Drehmoment ist immer gleich dem zu überwindenden Bohrerdrehmoment. Das größte *erreichbare* Drehmoment ist bestimmt durch die beim Rückhub wirksame Kolbenkraft $P_K = p\,(D^2 - d^2)\,\frac{\pi}{4}$, durch die Ganghöhe h der Drallnut im Kolbenschaft und durch den mechanischen Wirkungsgrad η_m, der die Reibung des Kolbens im Zylinder, in der Drallmutter und in der Bohrerhülse berücksichtigt. Mit der Kraft P am Umfang des die Drallnut tragenden Kolbenschaftes vom Durchmesser d ergibt sich das Drehmoment aus der Beziehung:

$$M_{\max} = P\,r\,\eta_m = P_K \frac{h}{d\,\pi}\,\frac{d}{2}\,\eta_m = P_K \frac{h}{2\pi}\,\eta_m\,.$$

Für $D = 65$ mm Kolbendurchmesser, $d = 40$ mm, $h = 700$ mm, $p = 4\ kg/cm^2$ und $\eta_m = 0{,}75$ wird z. B. $P_K = 4 \cdot (6{,}5^2 - 4^2)\,\frac{\pi}{4} = 82{,}5$ kg und $M_{\max} = 82{,}5 \cdot \frac{70}{2\pi}\,0{,}75 = 690$ kgcm.

Theoretisch ist die Drehzahl des Bohrers $n = z\,\frac{s}{h}\,\min^{-1}$, also gleich dem Produkt aus der Schlagzahl z und dem Verhältnis des Kolbenhubes s zur Ganghöhe h der Drallnut. Praktisch verändert sich die Drehzahl stark, auch bei gleichbleibender Schlagzahl, weil sie von dem Spiel in der Gesamtübertragung vom Kolben zum Bohrer (Spiel am Drallmuttergesperre, an der Drallnut, an der geraden Nut und am Bohrereinsteckende) und ganz besonders von der Hubveränderung des freifliegenden Kolbens beeinflußt wird. Der Kolbenhub nimmt mit zunehmendem Drehmoment ab, weil der Kolben durch die größer werdende Reibung beim Rücklauf abgebremst wird; außerdem spielt die von der Anpreßkraft abhängige Eigenbewegung des Zylinders eine Rolle. Diese Hubverkürzung bei wachsendem Drehmoment vermindert nicht nur die Drehzahl, sondern läßt auch die Schlagarbeit abnehmen, und da die Zunahme der Schlagzahl verhältnismäßig viel kleiner ist, sinkt auch die Schlagleistung ab[1]. Um den Einfluß des Drehmomentes zu bestimmen, werden die durch einen Bremsversuch[2] ermittelten Kennwerte in einem Kennliniendiagramm über dem Drehmoment aufgetragen, wie es Abb. 498 für einen 17 kg schweren Bohrhammer und 4 atü Betriebsdruck zeigt. Die Schlagarbeit A und die Schlagleistung N_s nehmen mit dem Drehmoment ab. Besonders auffällig ist das starke Abfallen der Drehzahl n, obgleich die Schlagzahl z anfangs zunimmt und dann unverändert bleibt. Die Drehleistung N_d steigt bis zu einem Drehmoment von 350 kgcm noch an, nimmt dann aber auch allmählich ab.

Die praktische Bohrleistung des Bohrhammers, die als minutlich erreichbare Bohrlochtiefe oder als minutlicher Bohrfortschritt bei einem bestimmten Bohrlochdurchmesser angegeben wird, ist zwar von der reinen Schlagleistung N_s abhängig, aber sie ist ihr keineswegs verhältnisgleich. Für eine gute Bohrleistung ist zunächst die richtige Anpassung der Bohrerschneide und Schlagarbeit an Härte und Gefüge des Gesteins wichtig, aber letzten Endes ist das Verhältnis des Umsetzwinkels α zur Schlagarbeit A ausschlaggebend. Die Bestwerte für α/A sind naturgemäß für die einzelnen Gesteinsarten verschieden. Eine Bohrkrone von 36 mm ∅ mit einfacher Meißelschneide erreicht z. B. in mittelfestem Sandstein die höchste Bohrleistung mit $A = 3$ mkg und $\alpha = 18$ bis $21°$, also bei dem Verhältnis $\alpha/A = 6$ bis $7°$/mkg. Ein Vergleich von drei Bohrhämmern mit gleichen Bohrern und den gleichen Werten $A = 3$ mkg, $z = 1800\ \text{min}^{-1}$ und $N_s = 1{,}2$ PS, aber mit den verschiedenen Drehzahlen $n_1 = 200\ \text{min}^{-1}$, $n_2 = 100\ \text{min}^{-1}$ und $n_3 = 50\ \text{min}^{-1}$ und den entsprechenden Umsetzwinkeln $\alpha_1 = 360 \cdot \frac{n_1}{z} = 360 \cdot \frac{200}{1800} = 40°$, $\alpha_2 = 20°$ und $\alpha_3 = 10°$ zeigte, daß der zweite Hammer mit $\alpha_2/A = 20:3 = 6{,}7$ °/mkg die *beste Bohrleistung* in mittelfestem Sandstein ergab. Die beiden anderen Hämmer haben zwar die *gleiche Schlagleistung* von 1,2 PS, aber mit dem zu großen Wert $\alpha_1/A = 40:3 = 13{,}3$ °/mkg und dem zu kleinen Wert $\alpha_3/A = 10:3 = 3{,}3$ °/mkg ergeben sie *kleinere Bohrleistungen*. Beim ersten Hammer ist die Vorgabe zu groß, beim dritten Hammer ist sie zu klein. Um einen Bohrhammer verschiedenartigem Gestein günstigst anzupassen, baut man sie mit verschiedenem Drall, z. B. Schnell-, Normal- und Langsamdrall, wodurch sich hohe, mittlere und kleine Umsetzwinkel erreichen lassen, was aber nur dann Erfolg hat, wenn sich die Drehzahl nicht zu stark mit dem Drehmoment ändert. Das ist nur durch enge Toleranzen und hohe Präzision der beim Drehvorgang wirkenden Einzelteile zu erreichen, wie sie bisher aber nur wenige Fabrikate aufweisen. Bei den üblichen Bauarten hängt deshalb die Bohrleistung in hohem Maße von dem Geschick des Gesteinshauers ab, der gefühlsmäßig mit der Anpreßkraft das Drehmoment und damit die Drehzahl so beeinflußt, daß er den optimalen Bohrfortschritt erreicht. Wird ein Bohrhammer zur Verbesserung des Bohrfortschrittes statt mit 4 atü mit 5 oder gar 6 atü betrieben, so ergeben sich neben erhöhter Schlagarbeit, Schlagzahl und Drehzahl auch größere Rücklaufwege, wodurch sich das zu überwindende Drehmoment verringert. Infolge der gegenseitigen Beeinflussung arbeitet der Hammer dann in einem anderen Betriebspunkt, und die Änderungen sind nicht dem Betriebsdruck proportional. Bei *gleicher* Anpreßkraft wird deshalb die

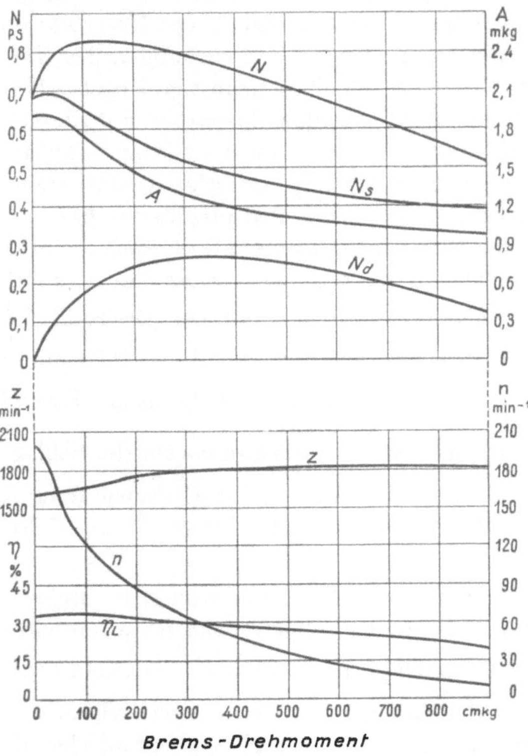

Abb. 498. Kennlinien eines Bohrhammers von 17 kg bei 4 atü.

[1] Vgl. C. HOFFMANN: Prüfergebnisse von Drucklufthämmern. Der Bergbau 1936 S. 53 und 67.
[2] Vgl. Ziffer 300.

erwartete Zunahme der praktischen Bohrleistung nicht erreicht. Die Anpreßkraft muß auch erhöht werden, um die dem höheren Betriebsdruck entsprechende optimale Bohrleistung zu erhalten. Je 1 at Betriebsdruckzunahme kann mit einer erforderlichen Vergrößerung der Anpreßkraft um 10 bis 20 kg gerechnet werden, jedoch schwankt dieser Betrag bei den verschiedenen Hammerbauarten sehr stark und muß von Fall zu Fall erprobt werden. Als Anhaltspunkt kann dienen, daß die Anpreßkraft im allgemeinen mit steigendem Betriebsdruck um so mehr zunehmen muß, je größer der Kolbendurchmesser des Hammers ist.

Insgesamt ist also die Bohrleistung im Gestein von sehr vielen, sich gegenseitig mehr oder weniger stark beeinflussenden und nicht einmal für dieselbe Hammerbauart gleichbleibenden Faktoren abhängig. Daraus erklären sich auch die Schwierigkeiten und die häufig sehr unterschiedlichen Ergebnisse bei Bohrversuchen im Gestein. Vergleichsversuche an Bohrhämmern verschiedener Bauart, die unter *gleichen* Bedingungen ausgeführt werden, lassen noch kein Werturteil zu; jeder Hammer muß unter den für ihn passenden Bedingungen untersucht werden, die dann mit der Bohrleistung zusammen bewertet werden müssen.

248. Bauarten der Bohrhämmer. Die Steuerungen der Bohrhämmer und Abbauhämmer stimmen in Bauart und Wirkungsweise grundsätzlich überein. Bei den hohen Schlagzahlen wird viel die Ventilsteuerung in Form der Kugel- oder Plattensteuerung verwendet. Für Bohrhämmer niedrigerer Schlagzahlen haben sich auch die Schiebersteuerungen gut bewährt. Der Bohrerumsatz wird von der Kolbenbewegung beim Rückhub abgeleitet, indem man dem Kolben mit Hilfe einer Drallspindel eine Drehbewegung erteilt, die auf die Bohrereinsteckhülse und von dieser auf den Bohrer übertragen wird. Durch ein Klinkengesperre, dessen Klinken entweder durch Federn oder Druckluft angedrückt werden, wird die Drehung beim Rückhub und der Freilauf beim Schlaghub erreicht.

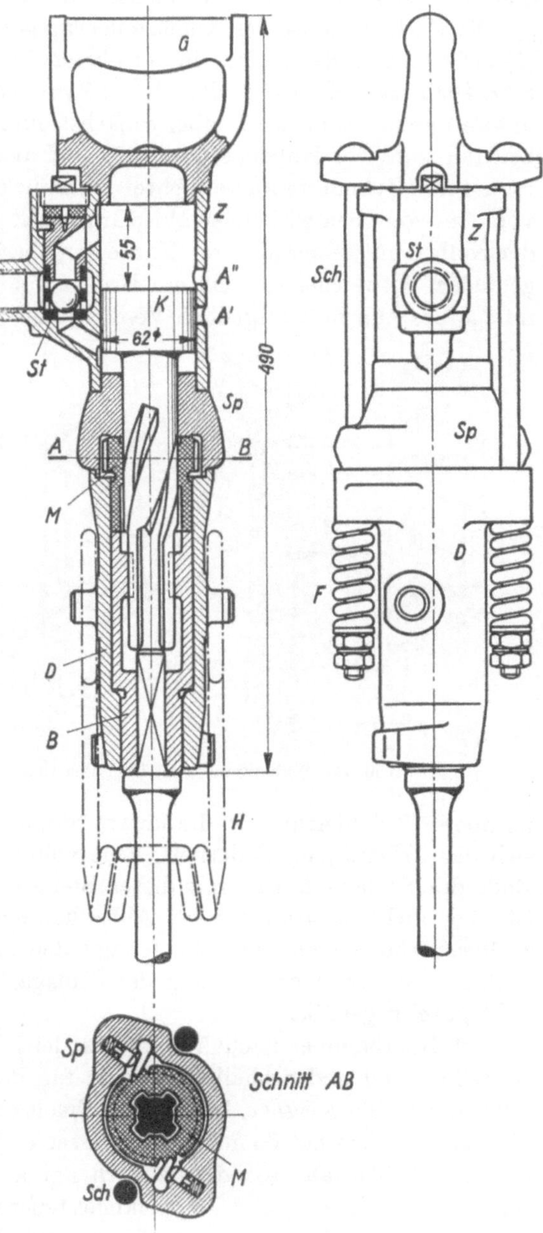

Abb. 499. Mittelschwerer Bohrhammer mit Kugelsteuerung (FLOTTMANN).

Abb. 499 zeigt einen mittelschweren Bohrhammer von 16 kg, der mit mittlerer Schlagarbeit und Schlagzahl arbeitet und für mittelhartes Gestein geeignet ist. Der Hammer besteht aus dem Zylinder Z mit der seitlich angeordneten Kugelsteuerung St und dem Kolben K, dem Griff G, dem Sperrgehäuse Sp mit der Drallmutter (Sperrad) M und dem vorderen Zylinderdeckel D mit der Bohrerhülse B. Die Einzelteile sind nicht miteinander verschraubt; sie werden nur durch die langen Spannschrauben Sch mit zwischengeschalteten Federn F zusammengehalten, die bei etwaigen Kolbenprellschlägen die Stöße elastisch aufnehmen und den Hammer vor Brüchen schützen. Der Kolbenschaft ist in seiner mittleren Länge mit vier Drallnuten versehen, am unteren Ende hat er gerade Führungsnuten zum Mitnehmen der Bohrerhülse, die wiederum den mit Vierkant eingesetzten Bohrer mitnimmt. Die Anordnung der federangedrückten Sperrklinken ist aus dem Schnitt im Grundriß ersichtlich. Beim Rückhub wird die Drallmutter *M* gesperrt, so daß sich der Kolben zurückschrauben und dabei drehen muß. Beim Schlaghube gibt das Gesperre die Drallmutter frei, so daß sie sich dreht und der Kolben ohne Drehung schlagen kann. Nach Bedarf kann eine Haltefeder *H* verwendet werden, die das Herausschlagen des Bohrers bei Leerschlägen hindert und zum Herausziehen des Bohrers aus tiefen Bohrlöchern dient; sie ist zum leichten Auswechseln des Bohrers schwenkbar.

Die Wirkungsweise der Kugelsteuerung geht aus Abb. 500 hervor. In der Schlaghubstellung (*I*) befindet sich der Kolben in der oberen Endstellung und die Steuerkugel auf ihrem unteren Sitz. Die Frischluft tritt in den oberen Zylinderraum ein und treibt den Kolben nach unten. Der untere Zylinderraum wird dabei zunächst durch den unteren Auspuff *A'* entlüftet, bis der Kolben ihn kurz vor Hubende überfliegt und absperrt. Von diesem Augenblick an wird die Luft im unteren Zylinderraum verdichtet und drückt von unten gegen die Steuerkugel, die aber noch von dem von oben wirkenden Frischluftdruck in der unteren Stellung festgehalten wird. Sowie der Kolben mit seiner hinteren Kante den oberen Auspuff *A''* überfliegt, kann die Frischluft ungehindert entweichen, so daß ein Druckabfall oberhalb der Kugel entsteht, die augenblicklich infolge des nun überwiegenden Verdichtungsdruckes auf ihrer Unterseite in die obere Steuerstellung gedrückt wird. Damit ist die Umsteuerung zum Rückhub vollzogen (Abb. 500, rechts). Beim Rückhub (*II*) vollzieht sich das gleiche Spiel in umgekehrter Richtung. Die von unten zuströmende Frischluft treibt den Kolben nach oben, der obere Auspuff *A''* wird abgesperrt und die Luft im oberen Zylinderraum verdichtet. Wenn der Auspuff *A'* vom Kolben geöffnet und dadurch der untere Zylinderraum vom Druck entlastet wird, wird die Kugel von dem nunmehr überwiegenden Verdichtungsdruck im oberen Zylinderraum in die untere Stellung, die Schlaghubstellung zurückgedrückt, worauf sich das Arbeitsspiel wiederholt. Eine völlige Entlüftung des unteren Zylinderraumes bis zum Ende des Schlaghubes ist mit dieser Steuerung nicht möglich. Der Nachteil der Verdichtung ist aber nicht so groß wie bei Abbauhämmern, da sie nicht wie bei diesen auf der ganzen Kolbenfläche, sondern nur auf der um den Kolbenschaftquerschnitt verminderten Ringfläche wirksam ist. Der Herabsetzung der Schlagarbeit steht dafür als Ausgleich eine Erhöhung der Schlagzahl gegenüber.

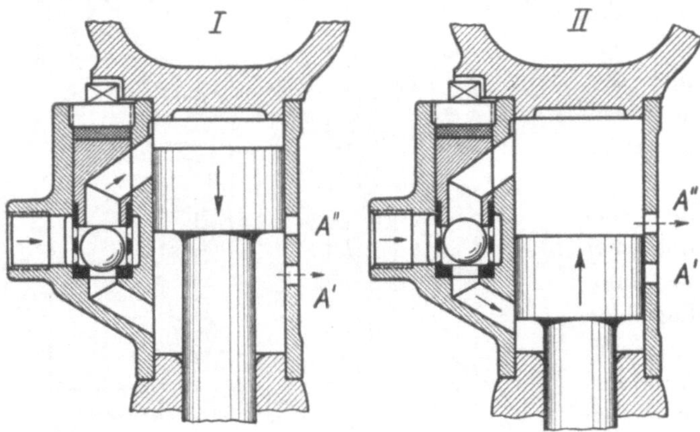

Abb. 500. Wirkungsweise der Kugelsteuerung.

Der Bohrhammer nach Abb. 501 ist leicht (12 kg), schnellschlagend ($z = 2200\ \text{min}^{-1}$) und schnelldrehend und deshalb besonders für Bohrarbeiten in weichem Gestein, mildem Erz, in Salz oder Kohle geeignet. Im Aufbau ähnelt er dem vorher beschriebenen mittelschweren Hammer. Der Kolben hat 60 mm Durchmesser und 42,5 mm theoretischen Hub. Mit Rücksicht auf die hohe Schlagzahl und die dadurch nur kurze verfügbare Umsteuerzeit ist dieser Hammer mit einer Zwillings- oder Doppelkugelsteuerung ausgerüstet, deren Wirkungsweise zwar die gleiche wie in Abb. 500 ist, jedoch durch die Parallelschaltung zweier Kugeln eine reichlichere Bemessung der Strömungsquerschnitte mit verhältnismäßig leichteren Kugeln ermöglicht, wodurch der Druckabfall in der Steuerung geringer und die Umsteuerzeit kürzer als bei Verwendung nur einer Kugel wird. In der gezeichneten Stellung hat der Kolben gerade das hintere der beiden Auspufflöcher *a* überflogen, so daß die hintere Zylinderseite entlastet wird. Zugleich hat der Kolben das Entlüftungsloch *b* überlaufen und treibt durch die vor ihm entstehende Kompression die Steuerkugeln in die entgegengesetzte Lage (in der Abbildung nach rechts). Dadurch strömt dem Kolben frische Luft entgegen, so daß er, nachdem er geschlagen hat, umkehrt, bis sich auf der anderen Seite das Steuerspiel wiederholt.

Bei der dargestellten Ausführung sind der Bohrer und der Kolben durchbohrt, so daß dauernd Druckluft zur Bohrerschneide strömt und den Bohrstaub fortbläst. Die Umsetzeinrichtung ist aus dem Schnitt *JK* ersichtlich. Beim Schlaghube dreht der Kolben die Drallmutter, beim Rückhube wird aber die Drallmutter gesperrt, so daß sich der Kolben dreht, die Bohrerhülse mitnimmt und den Bohrer umsetzt.

In sehr hartem Gestein kann nur mit großer Kolbenschlagarbeit eine ausreichende Bohrleistung erzielt werden. Die Schlagarbeit kann durch größeren Kolbenquerschnitt und längeren Hub erhöht werden. Der längere Kolbenhub setzt jedoch weitgehende Entlüftung des unteren Zylinderraumes voraus, die mit der einfachen Kugelsteuerung nicht erreicht werden kann. Der schwere Bohrhammer (28 kg) in Abb. 502, der als Hartsteinhammer gebraucht wird, ist deshalb mit einer Rohrschiebersteuerung ausgerüstet, die eine vollkommene Entlüftung bis zum Augen-

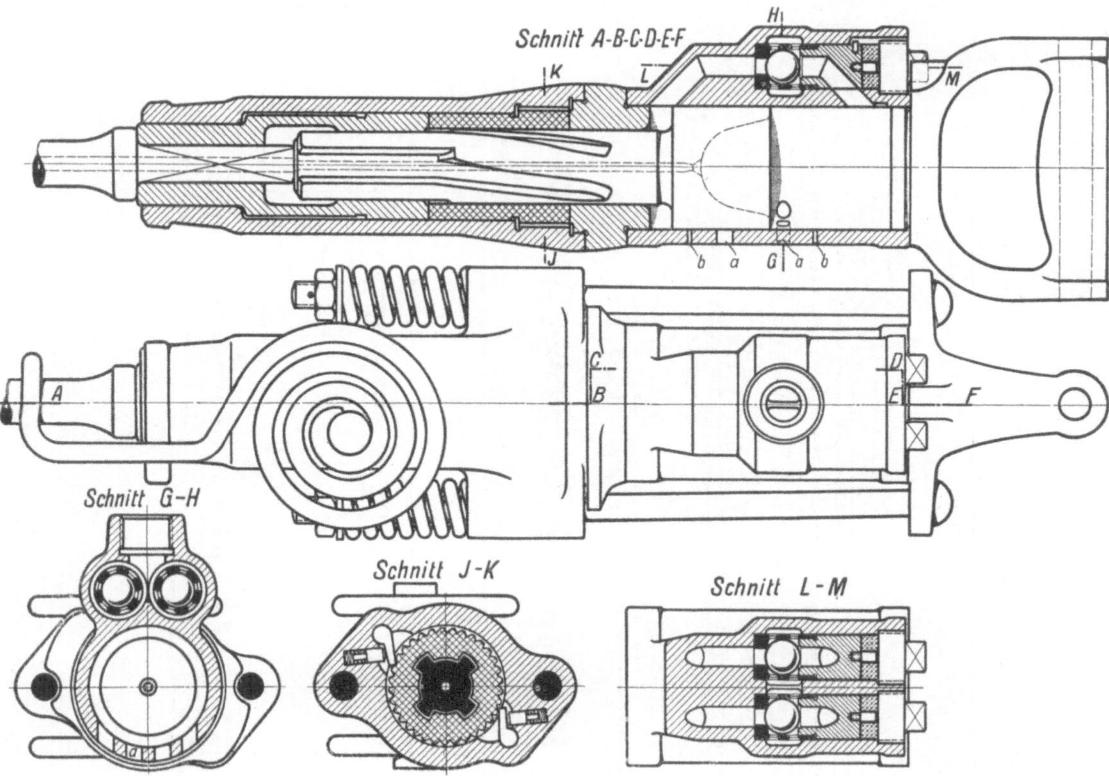

Abb. 501. Bohrhammer mit Doppelkugelsteuerung (Flottmann).

blick des Schlages gestattet. Der Kolben hat 66,7 mm Durchmesser und 68 mm Hub. In seinem Aufbau ist dieser Hammer grundsätzlich von den vorstehenden Bauarten verschieden. Die Drehung des Bohrers wird durch eine besondere, mit vier Klinken versehene Drallspindel *Sp* und die in den Kolben eingelassene Drallmutter *M* bewirkt. Der die Sperrklinken von außen umfassende Sperring *R* für die Drallspindel befindet sich in dem als Sperrgehäuse ausgebildeten Deckel *D* des Steuergehäuses *G*. Beim Rückhub wird die Drallspindel durch die Sperrklinken festgehalten, so daß sich der Kolben *K* hochschraubt und drehen muß. Der Kolbenschaft hat nur gerade Führungsnuten, die beim Drehen eine besondere Mitnehmerhülse *H* und erst über diese die eigentliche Bohrerhülse *B* mit dem Vierkanteinsteckende des Bohrers mitnehmen. Beim Schlaghub dreht sich die von den Sperrklinken freigegebene Drallspindel und läßt den Kolben ungehindert schlagen.

Die Luft tritt durch eine drehbare Tülle *T* erst in den quer zur Hammerachse liegenden Drehschieber *DS*, der mittels eines federbelasteten Haltebolzens *C* in Abstell-, Anlauf- und Volldruckstellung festgehalten wird, und durch axiale Bohrungen des Sperringes *R* und des Steuergehäusedeckels *D* in das Steuergehäuse *G*, von wo sie der Steuerschieber *St* entsprechend der Kolbenstellung in den vorderen oder hinteren Zylinderraum leitet. Der Auspuff A kann während des Betriebes mittels eines Drehschiebers geschlossen werden, wodurch gleichzeitig der obere Zylinderraum mit der Außenluft verbunden und der Kolben in der oberen Endlage stillgesetzt wird. Bei dieser Einstellung wirkt der Hammer stark blasend. Die Frischluft strömt durch

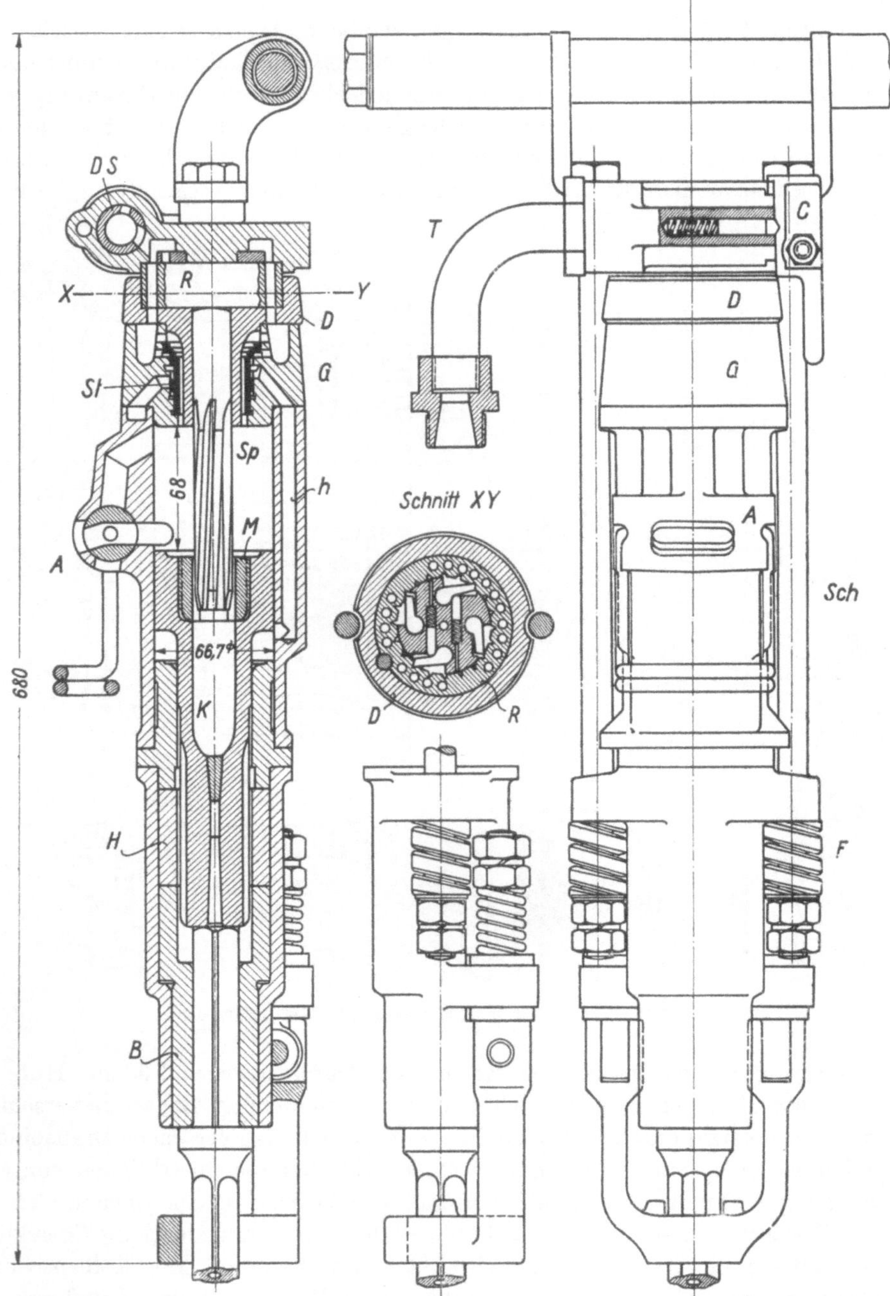

Abb. 502. Schwerer Bohrhammer mit Rohrschiebersteuerung und besonderer Drallspindel (FLOTTMANN).

den Kanal h, durch die geraden Führungsnuten des Kolbenschaftes und durch die Bohrung des Hohlbohrers und bläst das Bohrloch aus.

Die einzelnen Gehäuseteile sind wieder durch abgefederte Spannschrauben *Sch* miteinander verbunden. Der Bohrerhaltebügel ist federnd aufgehängt und zum Wechseln des Bohrers klappbar.

Zur Erläuterung der Steuerung diene das Schema in Abb. 503. In der Schlaghubstellung (I) des Schiebers strömt die Luft durch die obere Lochkranzreihe a in den hinteren Zylinderraum und treibt den Kolben nach vorn. Die Umsteuerung wird eingeleitet, wenn die obere Kolbenkante die Bohrung *b* überläuft, wodurch die untere Schieberstufe *c* durch den Kanal *d* Druck empfängt. Mit dem unmittelbar darauf folgenden Öffnen der Auspuffbohrung *e* wird der obere Zylinderraum und damit auch der Schieber von dem auf die Fläche *f* nach unten wirkenden Druck entlastet, so daß die durch die Bohrung *g* dauernd unter dem oberen Kragen des Schiebers stehende, rückwärts drückende Frischluft den Schieber in die hintere Endstellung, die Rückhubstellung (*II*) treiben kann. Während des Schlaghubes wird der vordere Zylinderraum über den Kanal *h*, die Ringnut *i* des Schiebers und den Kanal *k* mit dem Auspuff verbunden und bis zum Schlag völlig entlüftet. Nach dem Umsteuern strömt die Frischluft durch die Bohrung *g*, die Ringnut *i* und den Kanal *h* unter den Kolben und treibt ihn zurück. Dabei wird der obere Zylinderraum bis zum Abschluß der Bohrung *b* durch den Kanal *d* über den Schieber hinweg und durch den Kanal *k* entlüftet. Die dann folgende Verdichtung bremst den Kolben ab und drückt auf die hintere Fläche *m* des Schiebers. Dieser Druck treibt den Schieber wieder nach vorn in die Schlaghubstellung, wenn die untere Kolbenkante die Auspuffbohrung *e* überfliegt und dadurch der untere Zylinderraum und die mit ihm verbundenen unteren Steuerschieberflächen entlastet werden. Hierauf wiederholt sich das Arbeitsspiel.

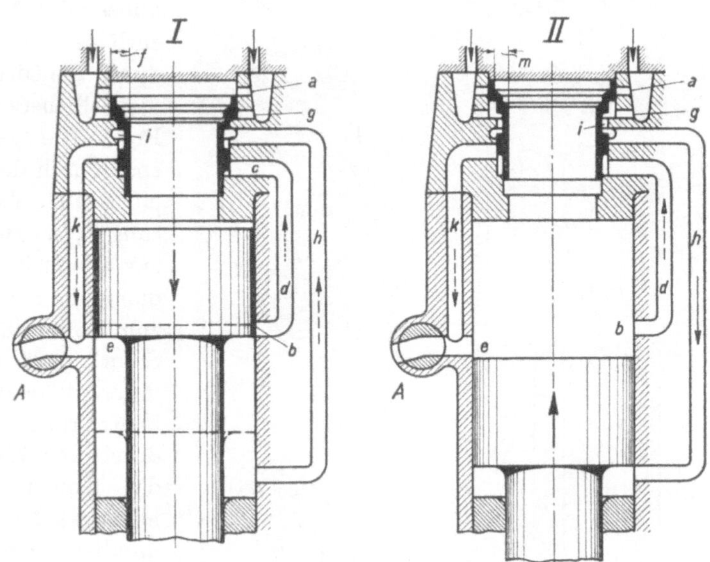

Abb. 503. Schema der Rohrschiebersteuerung nach Abb. 502.

Der Bohrhammer in Abb. 504 wiegt rd. 22 kg und ist ebenfalls vorzugsweise für hartes Gestein bestimmt. Neben der dargestellten Ausführung mit direkter Wasserspülung mit Spülröhrchen wird der Hammer auch mit reiner Luftspülung gebaut. Der Griffkörper *Gr*, der Zylinder *Z*, das Sperrgehäuse *Sp* und das Vordergehäuse *V* werden wieder mit Spannschrauben *Sch* verbunden, die bei diesem Hammer im Zylindergehäuse liegen. Die Schrauben sind so lang und daher genügend dehnbar, daß besondere Spannfedern nicht nötig sind. Im Verhältnis zu dem Hammer nach Abb. 502 ist dieser Hammer kurzhubig (theoretischer Hub = 45 mm) und schnellschlagend ($z = 1900$ bis 2000 min^{-1} bei 4 atü), so daß an die Schiebersteuerung hohe Anforderungen gestellt werden. Der in dem Steuergehäuse *St* laufende Steuerschieber ist deshalb als Topfschieber mit reichlich bemessenen Druckflächen ausgeführt; außerdem haben die Steuerkanten großen Durchmesser und geben schon bei kleinem Schieberhub ausreichende Durchströmquerschnitte frei. Mit dem geringen Hub und den großen Bewegungskräften steuert dieser Schieber auch bei hoher Schlagzahl einwandfrei um, so daß bei guter Leistung ($N \approx 1{,}6$ PS) ein geringer Luftverbrauch erreicht wird ($Q \approx 105\ \text{m}^3/\text{h}$)[1]. Der Hammer wird je nach dem zu bohrenden Gestein mit verschiedenem Drall ausgeführt, um die günstigste Drehzahl zu erhalten. Die Drallnuten *D* und die geraden Nuten *G* liegen auf dem Kolbenschaft nebeneinander und nicht hintereinander wie in den Abb. 499 und 501, wodurch sich eine kürzere Bauart ergibt. Die Sperrklinken *Kl* werden von Federkölbchen gegen die Verzahnung der Drallmutter *M* gedrückt. Beim Schlaghub hat die Drallmutter Freilauf und dreht sich links. Während des Rückhubes ist sie gegen Rechtsdrehen gesperrt, so daß sich der Kolben *K* links drehen muß. Mit den geraden Nuten des Kolbenschaftes wird dabei zunächst die Umsetzhülse *U* mitgenommen, die ihrerseits die Bohrerhülse *B* und den mit einem Sechskanteinsteckende *E* eingesetzten Bohrer

[1] Die Angaben beziehen sich auf einen Betriebsdruck von 4 atü und ein Drehmoment von etwa 100 bis 200 kgcm.

links herum dreht. Das Umsetzgetriebe wird von zwei Fettkammern *F* geschmiert, die mit einer Fettpresse durch die Schmiernippel *N* gefüllt werden. Der gefederte Bohrerhaltebügel *H* wird zum Wechseln des Bohrers seitlich herausgeschwenkt.

Die Luftzufuhr wird mit dem Drehschieber *DS* eingestellt, dessen Handgriff *A* in vier Stellungen einrastet: *0* = Stillstand, *2* = Arbeit mit halber Kraft und *3* = Arbeit mit voller Kraft. Der für Luftspülung ausgeführte Hammer ergibt in Stellung *1* Starkblasen bei Stillstand und in Stellung *2* Starkblasen des mit halber Luft arbeitenden Hammers. Vom Einlaß strömt die Arbeitsluft durch den Kanal *a* zum Steuerschieber, der in der Abb. 504 in der oberen, zum Schlaghub gehörenden Lage dargestellt ist, so daß die Luft durch den Kanal *b* zur Oberseite des Kolbens gelangen kann. Während des Schlaghubes wird der untere Zylinderraum vollständig entlüftet; die Luft unter dem Kolben entweicht durch die Öffnung *R* in den Kanal *c* und über die Schiebereindrehung und den Auslaß *Q* ins Freie. Die Schlaghubluft pufft kurz vor Hubende durch den vom Kolben überflogenen Auslaß *S* aus. Vorher, beim Überlaufen der Bohrung *T*, hat der Kolben der Druckluft den Weg zur Oberseite des Schiebers freigegeben und damit die Schieberbewegung nach unten in die zum Kolbenrückhub gehörende Lage eingeleitet. Sofort nach dem Schlage läßt der nunmehr unten stehende Schieber die Luft für den Kolbenrückhub von *a* über die Schiebereindrehung durch den Kanal *c* und die Bohrung *R* unter den Kolben treten. Gegen Ende des Rückhubes wird der Kolben durch Luftverdichtung im oberen Zylinderraum abgefangen. Der Kompressionsdruck treibt den Steuerschieber wieder nach oben in die Schlaghubstellung, nachdem die über dem Schieber stehende Druckluft durch einen engen Drosselspalt zum Auslaß *Q* entwichen ist, worauf das neue Arbeitsspiel beginnt.

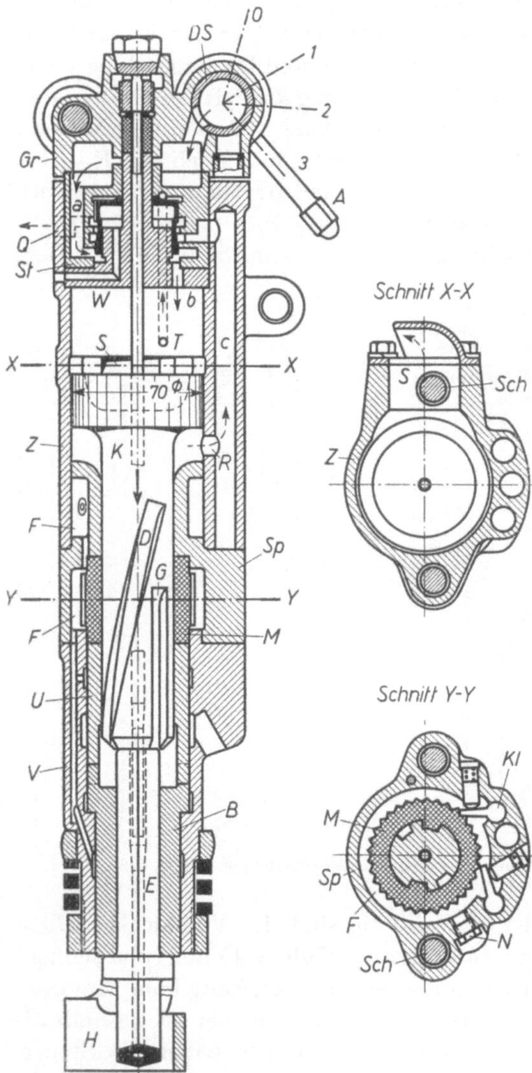

Abb. 504. Mittelschwerer Bohrhammer mit Schiebersteuerung und Wasserspülung (Gebr. Böhler & Co.).

Wird zum Niederschlagen des Bohrstaubes, zur Schonung der Bohrerschneide und zur Räumung des Bohrloches mit *Wasserspülung* gearbeitet, so verwendet man Hohlbohrer, denen das Wasser entweder durch ein in den Hammer eingesetztes Spülröhrchen oder durch einen besonderen Spülkopf zugeführt wird. Das Spülröhrchen wird in dem mit Wasseranschluß versehenen Griff befestigt und durch eine zentrale Bohrung durch den Kolben dicht bis in die Bohrung des Hohlbohrers eingeführt (Abb. 504). Die Spülröhrchen sind empfindlich und brechen leicht. Undichtheiten lassen Wasser in den Zylinder dringen. Oft wird ein vom Hammer völlig getrennter Spülkopf, wie ihn Abb. 505 zeigt, vorgezogen. Er besteht aus einem einteiligen Gehäuse mit Schlauchstutzen und wird auf den Bohrer aufgeschoben, dessen Einsteckende zwischen Bund und Vierkant zylindrisch ist. Das Wasser fließt durch eine Querbohrung in den Spülkanal, der nur bis in das Zylinderstück reicht, so daß kein Wasser in den Hammer eindringen kann. Gedichtet wird durch zwei leicht auswechselbare Hohlgummiringe, die durch das dem Hohlraum zugeführte Wasser gegen Gehäuse und Bohrer gepreßt werden.

249. Stoßbohrmaschinen und Hammerbohrmaschinen. *Stoßbohrmaschinen* sind schwere langhubige Maschinen, die an starken Spannsäulen oder auf schweren Dreifußgestellen befestigt werden. Der Zylinder wird in einem Schlitten geführt und mit Kurbel und Schraubenspindel bewegt. Der in die Kolbenstange eingesetzte Bohrer wird hin und her getrieben und beim Rückzuge umgesetzt. Wegen der größeren bewegten Massen und des längeren Hubes schlagen diese Bohrmaschinen viel langsamer als die Hämmer; im Mittel ist die minutliche Schlagzahl nur 400. Der Luftverbrauch ist im Mittel etwa 150 bis 180 m³/h. Abb. 506 zeigt als Beispiel eine Stoßbohrmaschine der *Demag*. Die Kanäle e_1 und e_2 dienen zum Einlaß, Kanal a zum Auslaß der Druckluft. Zur Steuerung dient ein Kolbenschieber mit 3 Bunden, der im Verein mit den vom Kolben gesteuerten Hilfskanälen h_1 und h_2 wirkt.

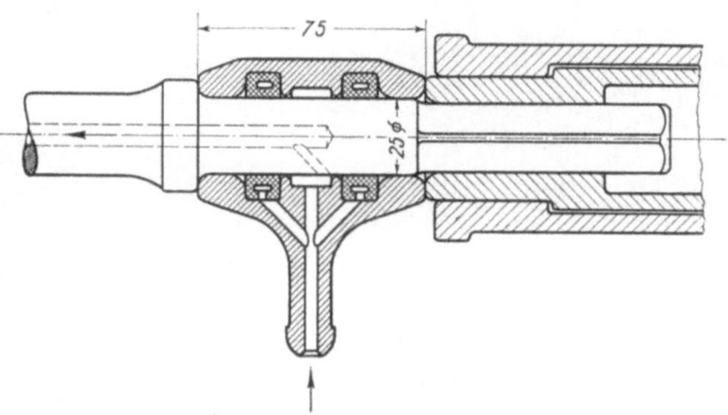

Abb. 505. Spülkopf für Bohrhämmer (Flottmann).

Während bei der Stoßbohrmaschine der Bohrer mit dem Kolben fest verbunden ist und sich mit ihm hin und her bewegt, arbeiten die *Hammerbohrmaschinen* grundsätzlich wie die Bohrhämmer. Der Kolben wird von der Druckluft gegen den mit seiner Schneide auf der Bohrlochsohle aufsitzenden Bohrer geschleudert, auf den er seine Energie durch Stoß überträgt. Beim Kolbenrückhub wird der Bohrer umgesetzt. Hammerbohrmaschinen werden zum Herstellen sehr tiefer Bohrlöcher und zum Bohren von Sprenglöchern für schwere Schüsse eingesetzt. Die Bohrer sind dementsprechend lang und schwer, so daß die Hammerbohrmaschinen für eine gute Stoßenergieübertragung auch schwere Kolben (4 bis 5 kg) haben müssen. Die Schlagarbeit

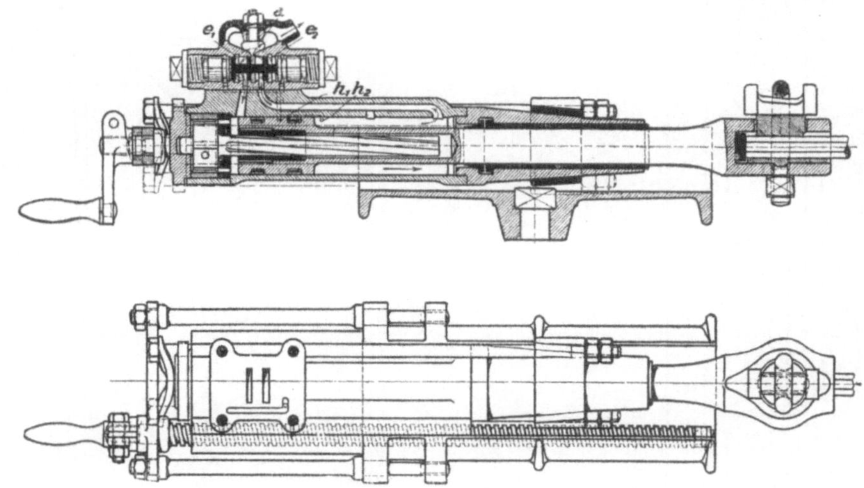

Abb. 506. Stoßende Gesteinsbohrmaschine (Demag).

muß erheblich größer als bei Bohrhämmern sein und beträgt etwa 8 bis 12 mkg. Die Schlagzahlen liegen im allgemeinen zwischen 1400 und 1600 min^{-1}. Der Luftverbrauch beträgt etwa 220 bis 330 m³/h*. Hammerbohrmaschinen sind weit schwerer als Bohrhämmer (50 bis 100 kg); sie werden ausschließlich mechanisch geführt.

Abb. 507 zeigt den Aufbau einer 55 kg schweren Hammerbohrmaschine mit zentraler Wasserspülung. Die Gehäuseteile sind wie bei den Bohrhämmern durch zwei lange Schrauben verspannt. Der Kolben K hat am Kolbenschaft nur gerade Nuten G, mit denen er beim Rückhub die Umsetzhülse U und die mit ihr durch Klauen gekuppelte Bohrerhülse B drehend mitnimmt. Die Drallmutter M ist im Kolben festgeschraubt. Die Drallspindel Sp wird im Kopf der Maschine

* Die Angaben für Schlagarbeit, Schlagzahl, Luftverbrauch gelten für einen Betriebsdruck von 4 atü.

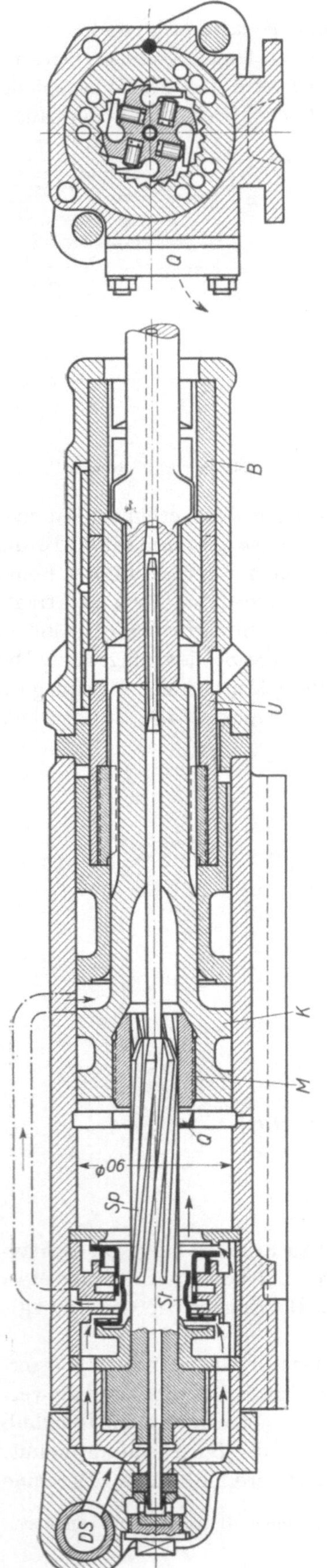

Abb. 507. Hammerbohrmaschine (Gebr. Böhler u. Co.).

durch vier Klinken gegen Rechtsdrehen gesperrt, so daß beim Rückhub der Kolben und mit ihm der Bohrer links gedreht werden (siehe Querschnitt). Beim Schlaghub dagegen hat die Drallspindel Freilauf und dreht sich links herum, während sich der Kolben ohne Drehung nur axial

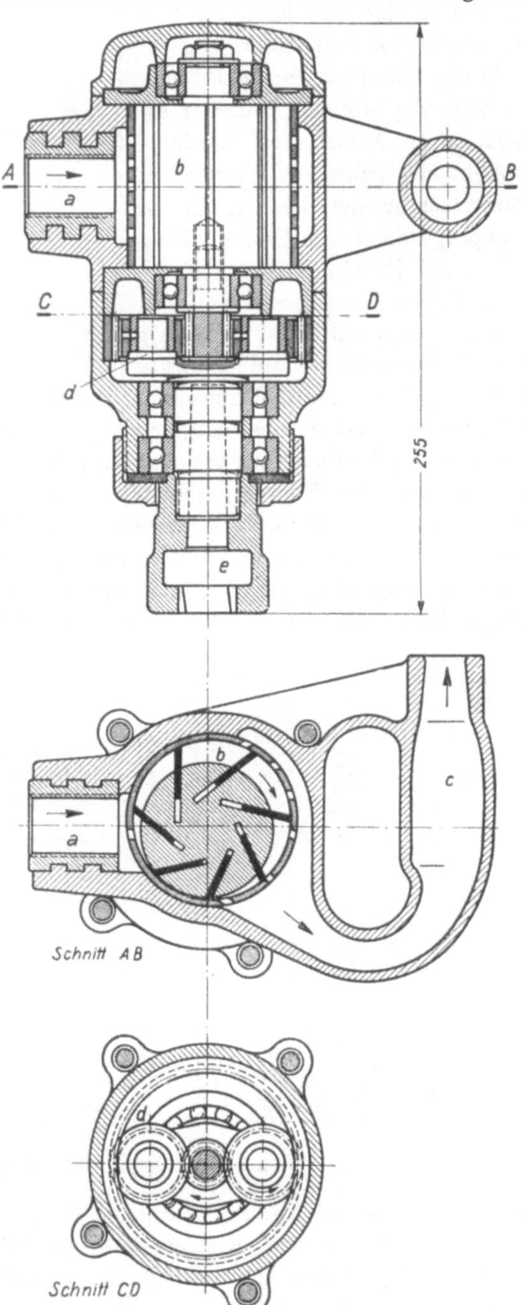

Abb. 508. Druckluftdrehbohrmaschine mit Lamellenmotor (Nüsse & Gräfer).

bewegt. Die Druckluft strömt durch den Anlaßdrehschieber *DS* zu einem zweiteiligen Steuerorgan *St*, das den Lufteinlaß zum Schlaghub als doppelsitziges Ventil mit großem und den Einlaß zum Rückhub als einsitziges Ventil mit kleinem Durchlaßquerschnitt steuert. Bei der

Entlüftung des vorderen Zylinderraumes wirkt das Steuerorgan mit seinen Querbohrungen als Schieber. In der Abb. 507 ist unten die Schlaghubstellung und oben die Rückhubstellung der Steuerung gezeigt. Den Hauptauslaß steuert der Kolben selbst mit dem Auslaßschlitz Q in der Zylinderwand.

250. Drehbohrmaschinen. In Kohle, Salz oder weichen und gleichmäßigen Gesteinen kann auch schneidend drehend gebohrt werden. Die mit Hartmetallschneiden[1] bestückten Bohrer können zwar auch hartes Gestein schneiden, doch wird dann die erforderliche Anpreßkraft so groß (5 bis 10 t), daß sie bei kleinen Geräten nicht mehr aufgebracht werden kann; außerdem wird die Beanspruchung des Bohrers zu groß. Die Drehbohrmaschinen erhalten elektrischen oder Druckluftantrieb. Druckluftdrehbohrmaschinen zeichnen sich neben dem niedrigen Gewicht und Preis durch große Leistungsfähigkeit, hohes Durchziehvermögen, vielseitige Verwendungsmöglichkeit und geringen Luftverbrauch aus. Ein Vorteil gegenüber den schlagenden Bohrhämmern ist das Fehlen der Rückschlagerschütterungen und die geringere Staubentwicklung. Druckluftdrehbohrmaschinen werden im Bergbau in steigendem Maße verwendet, zumal ihr Arbeitsbereich durch die für drehendes Bohren besonders geeigneten Hartmetall-Bohrerschneiden bedeutend erweitert worden ist; wo ihr Einsatz möglich ist, sind sie geeignet, den leichten Bohrhammer zu verdrängen.

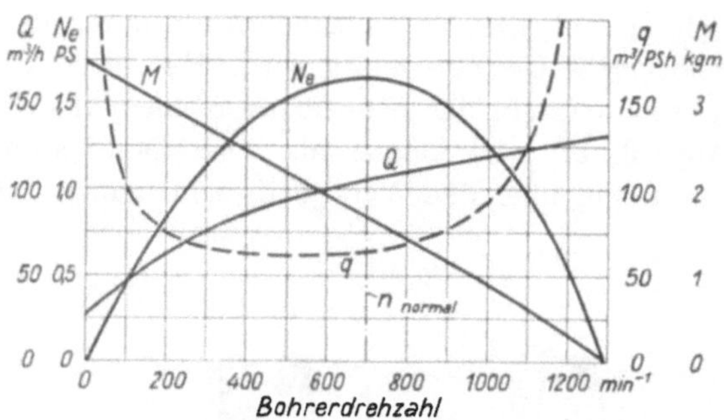

Abb. 509. Kennlinien der Drehbohrmaschine nach Abb. 508 bei 4 atü.

Die in Abb. 508 gezeigte Drehbohrmaschine wiegt rd. 8 kg. Sie wird durch einen Lamellenmotor b ($n = 3000$ bis $5000\ \text{min}^{-1}$) angetrieben, der über das Planetengetriebe d die Bohrerhülse e ($n = 600$ bis $1000\ \text{min}^{-1}$) dreht. Motorgehäuse, Getriebegehäuse und die Deckel sind durch vier Axialschrauben miteinander verbunden. Nach dem Kennliniendiagramm in Abb. 509 hat diese Drehbohrmaschine eine Bestleistung von 1,65 PS (am Bohrer gemessen) bei der Bohrerdrehzahl $n = 700\ \text{min}^{-1}$. Das fast linear mit steigender Drehzahl abnehmende Drehmoment beträgt bei dieser Drehzahl $M = 1{,}7$ kgm. Über den großen Drehzahlbereich von 300 bis $800\ \text{min}^{-1}$ ist der spezifische Luftverbrauch ziemlich gleichbleibend; er liegt zwischen 62 und 68 m³/PSh.

Bei höheren Leistungen werden neben Lamellenmotoren auch Zahnradmotoren benutzt. Für Handdrehbohrmaschinen liegt die obere Leistungsgrenze bei 2,5 PS.

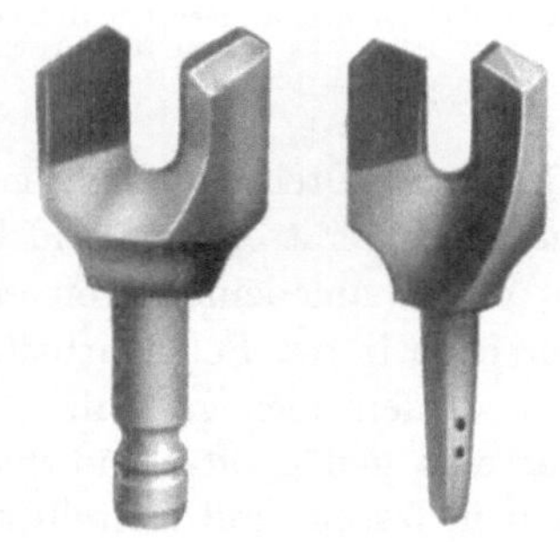

Abb. 510. Bohrschneiden für Kohle, Kali und Erz (Nüsse & Gräfer).

Die Fortentwicklung der Handdrehbohrmaschinen führte zu den Großlochbohrmaschinen, die vollmechanisch betrieben werden. Nach dem Verwendungszweck lassen sich zwei Leistungsgruppen von etwa $N = 5$ bis 7 PS mit $n = 150$ bis $250\ \text{min}^{-1}$ und $N = 15$ bis 20 PS mit $n = 30$ bis $60\ \text{min}^{-1}$ unterscheiden. Zum Antrieb dienen Druckluftzahnradmotoren oder Elektromotoren. Die Großlochbohrmaschinen werden in einer Führung mit Zahnstangentrieb vorgeschoben. Der Vorschubmotor arbeitet unabhängig vom Bohrmotor, wodurch sich die Vortriebgeschwindigkeit und damit die Anpreßkraft auf den für das zu bohrende Gestein günstigsten Wert einregeln läßt. Bei kleinen Bohrmotorleistungen sind die Anpreßkräfte etwa bis 4 t, bei großen Leistungen bis 16 t regelbar einzustellen.

Die Abb. 510 bis 512 zeigen verschiedene Bohrschneiden und Bohrkronen für Drehbohrmaschinen.

---

[1] Vgl. hierzu: K. Hinrichs: Hartmetall im Bergbau beim Bohren, Schrämen, Hobeln. Berlin/Göttingen/Heidelberg: Springer 1956.

251. Drehschlagbohrmaschinen[1]. Das *Drehschlagbohren* unterscheidet sich vom reinen Schlagbohren mit Bohrhämmern und Hammerbohrmaschinen zunächst dadurch, daß der geschlagene Bohrer *ständig gedreht* und nicht ruckweise nach jedem Einzelschlag umgesetzt wird. Der zweite, wesentliche Unterschied ist die hohe Anpreßkraft des Bohrers, die je nach der Gesteinshärte zwischen 400 und 1500 kg liegt und somit etwa das Zehnfache der Bohrhammeranpreßkraft, aber nur ein Zehntel der beim reinen Drehbohren erforderlichen Anpreßkraft ausmacht. Der Bohrvorgang ist überwiegend ein Schlagbohren, zu dem in den Schlagpausen ein schneidendes Bohren hinzukommt. Dieser schneidende Anteil verhält sich aber günstiger als beim reinen Drehbohren, weil kein festes, sondern ein durch die Schläge bereits zermürbtes, in seinem Gefüge gelockertes Gestein gelöst wird. Hierdurch wird auch in hartem Gestein der Schneidenverschleiß trotz verringerter Anpreßkraft viel kleiner als beim Drehbohren und liegt nur wenig über dem Verschleiß beim reinen Schlagbohren.

Abb. 511. Drehbohrkronen mit Hartmetallschneiden von 115, 80 und 65 mm ⌀ (Nüsse & Gräfer).

Abb. 512. Stufenkrone bis 420 mm ⌀ mit auswechselbaren Stufen und Schneidzähnen (Nüsse & Gräfer)

Die beim Drehschlagbohren gebräuchlichen Bohrerdrehzahlen sind 100 min^{-1} für festes, 200 min^{-1} für mittelfestes und bis 350 min^{-1} für weiches Gestein. Die Leistung der als Geradzahn- oder Lamellenmotoren ausgeführten Drehmotoren beträgt rd. 7 PS. Die Schlaggeräte entsprechen in der Schlagarbeit mit 3 bis 4 mkg den Hochleistungsbohrhämmern. Die Schlagzahlen werden hoch gewählt — 3500 bis 5500 min^{-1} —, damit die stetig drehende Schneide immer eine genügend zermürbte Vorgabe findet. Die Umsetzwinkel zwischen zwei Schlägen werden in festem und mittelfestem Gestein kleiner als bei Bohrhämmern (mit $n = 100\ \text{min}^{-1}$ und $z = 3500$ bis $5500\ \text{min}^{-1}$ wird z. B. $\alpha = 10{,}3$ bis $6{,}5°$/Schlag).

Der Vorschub der Drehschlagbohrmaschine auf der Bohrlafette geschieht mit einer von einem besonderen *Vorschubmotor* angetriebenen Schraubenspindel oder mit einer Zahnstange, in die das Ritzel des Vorschubmotorgetriebes eingreift. Bei der ersten Ausführung ist der Vorschubmotor vorn an der Lafette befestigt, bei der zweiten schiebt er das Bohrgerät vor sich her. Die Leistung der Vorschubmotoren beträgt 2,5 bis 3,5 PS. Die Drehzahl und damit die Vorschubgeschwindigkeit wird in Abhängigkeit vom Bohrfortschritt automatisch so geregelt, daß sich die für das Gestein festgelegte Anpreßkraft ergibt.

Der Gesamtluftverbrauch für das Bohrgerät und den Vorschubmotor ist bei voller Leistung mit 700 bis 800 m^3/h zu rechnen.

Als Anhalt für die mit Drehschlagbohrmaschinen bei 40 mm Bohrlochdurchmesser zu erreichenden Bohrgeschwindigkeiten seien genannt: 1 m/min in Granit; 1,5 m/min in mittelfestem Sandstein und 2,5 m/min in Schiefer. Die Rücklaufgeschwindigkeit beträgt 8 bis 9 m/min.

[1] Vgl. R. Jahn: Das Drehschlagbohren. Glückauf 1954, S. 1086.

Ein Ausführungsbeispiel einer Drehschlagbohrmaschine veranschaulicht die Abb. 513. Es ist nur das eigentliche Bohrgerät ohne Lafette und Vorschubeinrichtung dargestellt. Der Drehantrieb der Bohrstange *B* erfolgt durch einen 7-PS-Lamellenmotor *DM*, der über ein Planetengetriebe *P* die Welle *W* und das mit dieser Welle durch eine Längsfeder *F* gekuppelte Schlagstück *Sch* rechtsdrehend mitnimmt. In das Schlagstück *Sch* ist die Bohrstange mit einem Kegel 1 : 12 eingesteckt. Das dem Drehmotor *DM* vorgebaute Schlaggerät ist mit zwei Kolben K_1 und K_2 ausgerüstet, die abwechselnd auf das Schlagstück *Sch* schlagen und zusammen eine sehr hohe Schlagzahl (5500 bis 6000 min^{-1}) ergeben. Die Luftzufuhr wird für beide Kolben von einem gemeinsamen Ringventil *V* gesteuert, wodurch die gleichmäßige Gegenläufigkeit der Kolben erreicht wird. Die Kolbenschläge werden über das Schlagstück *Sch* auf die Bohrstange übertragen. Die Längsfeder *F* gibt dem Schlagstück genügend axiales Spiel. Zum Auffangen rückläufiger Prellschläge dienen die Tellerfedern *T*. Das Spülwasser wird mit dem Spülkopf *Sp* zugeführt, der auf das vordere Ende des Schlagstückes aufgeschoben ist. — In weichem Gestein kann das Gerät bei stillgesetzter Schlagvorrichtung auch als reine Drehbohrmaschine verwendet werden.

Die hohe Bohrgeschwindigkeit der Drehschlagbohrmaschinen ist wirtschaftlich nur dann voll verwertbar, wenn die Bohrmaschine mit ihrer Lafette leicht und schnell in beliebiger Richtung über den abzubohrenden Streckenquerschnitt bewegt und in jeder Lage so gehalten werden kann, daß die volle Anpreßkraft auszunutzen ist. Diesen Anforderungen werden die hierfür entwickelten *Bohrwagen* gerecht. Abb. 514 zeigt einen Bohrwagen mit einem Schwenkarm. Die Lafette kann beliebig geneigt und in der Höhe verstellt werden. Der Arm selbst ist um die Längsachse drehbar; hinzu kommt außerdem noch die Schwenkbarkeit des gesamten Systems. Häufig werden die Bohrwagen mit zwei Schwenkarmen ausgerüstet, um gleichzeitig zwei Bohrmaschinen bedienen zu können. Die Bohrwagen laufen auf Schienen, an denen sie festgeklemmt werden, oder sie erhalten ein Raupenfahrwerk.

252. Schrämmaschinen. Die *Schrämmaschine* ist eine *schneidende* Gewinnungsmaschine. Sie soll in der Kohle einen Schram erzeugen, um die Kohle unter Ausnutzung des Gebirgsdruckes hereingewinnen zu können. Das eigentliche Schneidwerkzeug ist die *Schrämpicke*. Die Schrämpicken werden von einem Schrämpickenträger schneidend durch die Kohle geführt; sie sind so gegeneinander versetzt, daß sie in ihrer Gesamtheit die volle Schramdicke ausschneiden (vgl. Abb. 518). Nach der Art des Pickenträgers unterscheidet man Rad-, Stangen- und Kettenschrämmaschinen. Die Entwicklung ging von der Radschrämmaschine aus, die aber für deutsche Verhältnisse ungeeignet war, weil sich das Schrämrad zu leicht in der vorzeitig hereinbrechenden Kohle festklemmte. Die Stangenschrämmaschine hatte den Vorteil, sich welligem Liegenden gut anzupassen; auch vermochte sich die Schrämstange immer wieder freizuarbeiten, jedoch war die Maschine, be-

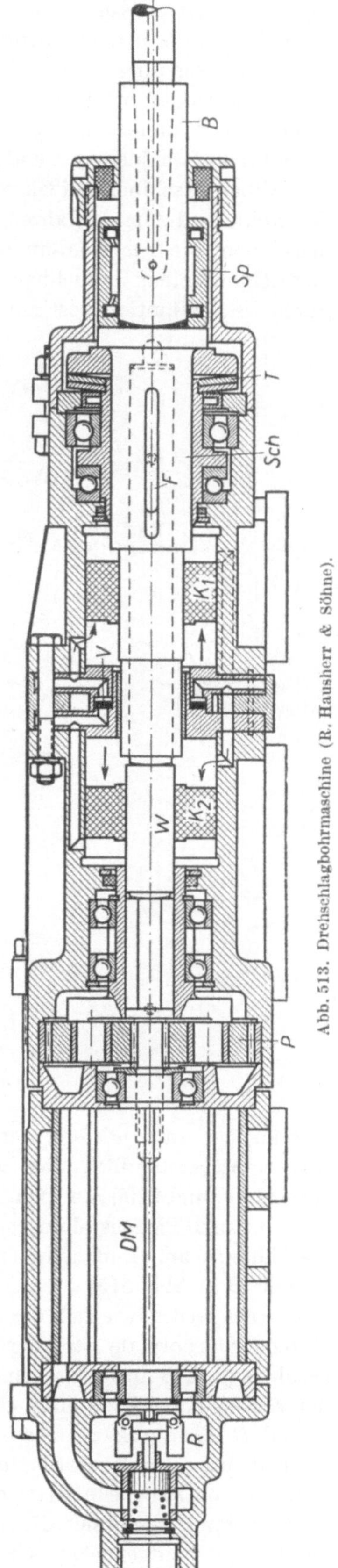

Abb. 513. Drehschlagbohrmaschine (R. Hausherr & Söhne).

sonders in harter Kohle, nicht leistungsfähig genug. Heute ist die Kettenschrämmaschine die normale Ausführung. Die Schrämstange findet noch als zusätzliches Trägerelement für Sonderzwecke Verwendung, z. B. in kurzer, gedrungener Form als Schrämpilz. Die Kette kann seitenbeweglich ausgeführt werden und gestattet dann, den Schrämarm zu knicken oder gar vollständig als Rahmen zu bauen (Rahmenschrämmaschine).

Schrämmaschinen verwendet man hauptsächlich beim Abbau, aber auch in der Vorrichtung. Die Abbaumaschinen heißen Strebschrämmaschinen, und die zum Vortreiben von Strecken in der Kohle und zum Auffahren von Aufhauen verwendeten Maschinen heißen Streckenvortriebmaschinen. Die Strebschrämmaschinen werden in der Regel so gebaut, daß sie auch als Streckenvortriebmaschinen brauchbar sind. Größe und Stärke der Schrämmaschine werden wesentlich durch die Schrämtiefe bestimmt. Welche Schrämtiefe man wählt, hängt von den bergmännischen

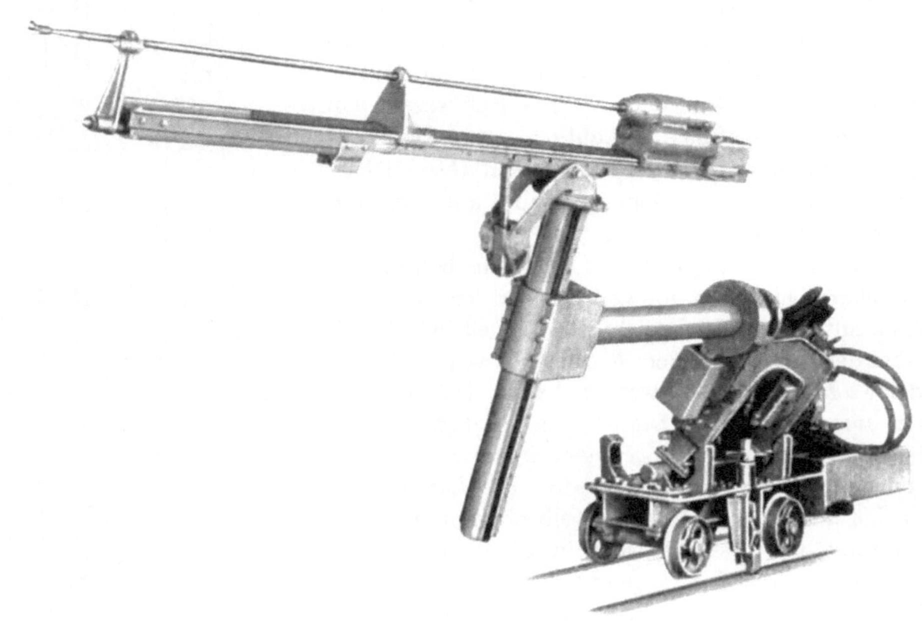

Abb. 514. Einarmiger Bohrwagen (Nüsse & Gräfer).

Verhältnissen ab; je tiefer der Schram, um so leichter bricht die Kohle herein, um so größer muß selbstverständlich auch die Antriebsleistung sein. Die üblichen Schramtiefen liegen zwischen 1000 und 2200 mm (vgl. *A* in Abb. 515). Die Schramdicke richtet sich nach der Kohlenart und ist durch Pickenstellung und Kettenteilung zu ändern (120, 140 und 175 mm). Die Schrämmaschine ist am Kohlenstoß entlang zu führen; sie gleitet dabei mit Kufen auf dem Liegenden (*A* und *B* in Abb. 515) oder sie fährt auf dem Förderer (*C* und *D* in Abb. 515). Abb. 515 veranschaulicht ferner, wie sich die von den Flözverhältnissen abhängige Schramlage verändern läßt. *A* zeigt die normale Stellung des Schrämkopfes für den Schram am Liegenden. Oberschram erhält man in *B* durch Drehen des Schrämkopfes um 180° oder in *C* durch Fahren auf dem Förderer. Sehr hohe Schramlage erhält man in *D* durch Einbau von Zwischenringen (Turmschram). *C* und *D* lassen erkennen, wie ein auf dem Schrämarm aufgesetzter Schrämpilz zum Hinterschneiden des Kohlenstoßes von der Schrämkette angetrieben wird. *D* zeigt außerdem die Anordnung von zwei Schrämarmen für die Herstellung eines Doppelschrams.

Gewöhnlich zieht sich die Schrämmaschine an einem Seil, das von einer Windentrommel auf der Maschine aufgewickelt wird, am Kohlenstoß entlang. Höhe und Breite der Schrämmaschine begrenzen die Trommelabmessungen und damit das Fassungsvermögen, so daß das Windenseil jeweils nach 25 m Fahrt umgehängt werden muß. Die durch das Seilumhängen entstehenden Schrämpausen lassen sich einsparen, wenn an Stelle der Windentrommel eine parabolische Spilltrommel benutzt wird. Die Schrämmaschine kann sich dann an einem die Spilltrommel doppelt umschlingenden Seil ziehen, das über die ganze Streblänge reicht und einerseits fest verankert, andererseits von einem Spannzylinder so stark gespannt ist, daß die zur Kraftübertragung am Spill notwendige Reibung erzielt wird. Das Spillseil kann auch nach anderthalbfacher Umschlingung zum Festpunkt zurückgeführt und hier von einem Haspel aufgewickelt werden, der die Zugkraft des Spills unterstützt. Das Seil wird weniger scharf umgelenkt und mehr geschont, muß aber doppelt so lang sein wie bei der erstgenannten Anordnung.

Die *Vorschubgeschwindigkeit* muß *regelbar* sein, denn sie muß sich den Kohleverhältnissen anpassen. Je härter die Kohle ist, um so kleiner wählt man die Vorschubgeschwindigkeit. Die höchste Fahrgeschwindigkeit beim Schrämen liegt je nach der Bauart und Motorleistung etwa zwischen 60 und 120 m/h; diese Geschwindigkeiten lassen sich im allgemeinen bis auf ein Viertel oder ein Fünftel herunterregeln. Bei der Leerfahrt sind Schnellfahrgeschwindigkeiten von 350 bis 750 m/h üblich.

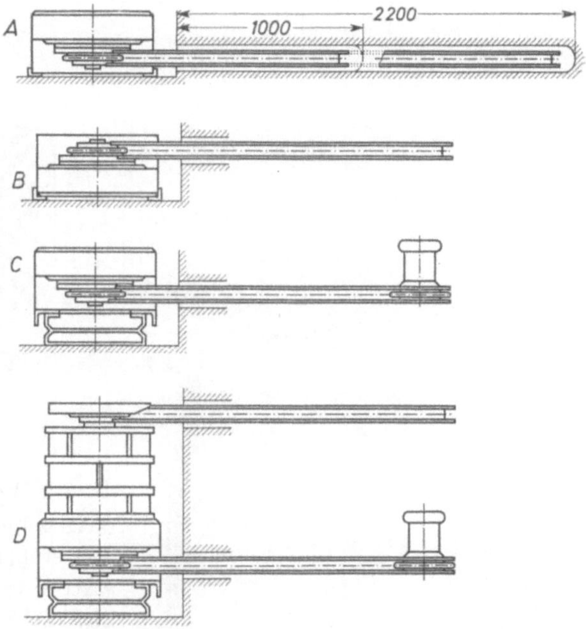

Die *Schnittgeschwindigkeit* der Schrämmeißel, also die Kettengeschwindigkeit wird für harte und weiche Kohle *gleich* groß gewählt. Die heute allgemein verwendeten Schrämpicken mit Hartmetallschneiden arbeiten mit Geschwindigkeiten von 3,5 bis 4,5 m/s.

Die Antriebsleistungen schwanken je nach der Größe der Maschinen zwischen 24 und 70 PS. Die am meisten gebrauchten Schrämmaschinen haben eine Motorleistung von 40 bis 50 PS, eine Windenzugkraft von rd. 5 t und ein Gewicht von 1,8 bis 2,5 t. Hochleistungsmaschinen kommen bis auf die doppelte Zugkraft und können dann auch besondere Räum- und Ladegeräte mitschleppen.

Abb. 515. Verschiedene Schrämarmanordnungen und Fahrmöglichkeiten bei Eickhoff-Schrämmaschinen.

Abb. 516 zeigt eine eingeschwenkte Kettenschrämmaschine, die aus dem Schrämkopf, dem Motor und der Vorschubwinde besteht. Der gleichzeitig die Schrämkette und die Winde antreibende Motor *a* ist ein Druckluftpfeilradmotor von 50 PS mit einem Luftverbrauch von 2200 m^3/h. Mit zwei auf den Läuferwellen des Motors wechselweise verschiebbaren Ritzeln *b* kann die Schrämkette *c* wahlweise mit Rechts- oder Linkslauf angetrieben werden. Zur Umschaltung dienen die Handgriffe *d*. Eine Sicherheitsrutschkuppelung *e* schützt Motor, Getriebe und Schrämkette vor Überlastung.

Der *Schrämkopf* enthält das zum Antrieb der Schrämkette erforderliche Getriebe einschließlich der mechanischen Schwenkvorrichtung für das um etwa 200° drehbare, den Kettenarm *f* tragende Schrämkopfunterteil *g*. Die Schwenkvorrichtung wird durch den Hebel *h* bedient. Man kann auch von Hand schwenken, indem man die Schwenkwelle *i* mit einem Schlüssel dreht. Mit der Feststellvorrichtung *j* kann der Kettenarm in jedem beliebigen Winkel festgehalten werden. Um einen 255 mm höher liegenden Schram zu erzeugen, wird der Schrämkopf um 180° gedreht angebaut.

Die endlose Schrämkette *c* besteht aus abwechselnd gelenkig zusammengebauten Pickenhaltern und Verbindungslaschen. Das treibende Kettenrad *k* sitzt am Schrämkopf, das Umlenkrad am Ende des Kettenarmes. Mit der Spannvorrichtung *l* wird die Kette gespannt oder gelöst. Bei den Pickenhaltern sind die Löcher so versetzt, daß sich die Picken über die ganze Schrämhöhe verteilen. Je nach der Versetzung, die der Kohlenhärte anzupassen ist, sind Schramdicken zwischen 120 bis 175 mm zu erzielen. Die Picken werden durch Schrauben festgehalten, die so gegen die Picken drücken, daß sie mit ihrem Rücken am Pickenhalter anliegen. Die Schrämkette muß immer so laufen, daß die schneidenden Picken aus dem Schram heraustreten, wodurch die Kette den Schram selbst räumt und die Maschine gegen den Stoß zieht. Soll die Maschine auf der rechten statt auf der linken Seite schrämen, so ist nicht nur die Laufrichtung der Kette umzuschalten, sondern es ist auch die Kette umzudrehen, damit die Schrämpicken wieder in die richtige Schneidstellung kommen.

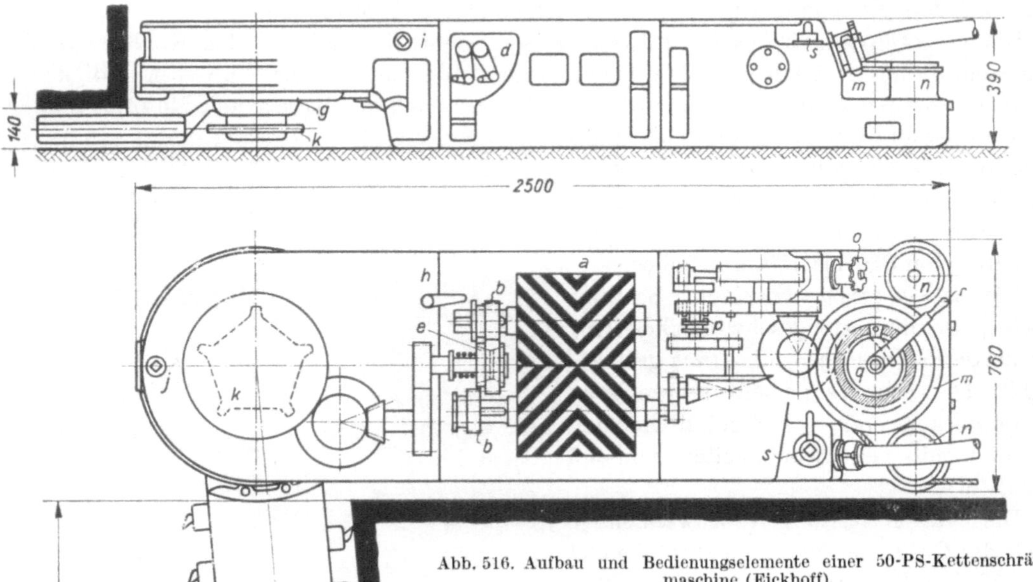

Abb. 516. Aufbau und Bedienungselemente einer 50-PS-Kettenschrämmaschine (Eickhoff).

Die *Vorschubwinde* ist auf der dem Schrämkopf entgegengesetzten Seite am Motorgehäuse befestigt. Die stehende Anordnung der Windentrommel *m* gestattet es, ihr einen großen Durchmesser zu geben und das Zugseil günstig über die Lenkrolle *n* am Stoß entlang zu führen. Der Antrieb der Trommel erfolgt von der rechten Motorseite über ein Klinkengetriebe, das am Sterngriff *o* in vier Stufen schaltbar ist, so daß sich Schrämvorschubgeschwindigkeiten von 12,5 — 25 — 37,5 — 50 m/h einregeln lassen. Mit einer anderen Getriebeausführung ergeben sich die Geschwindigkeitsstufen 25 — 50 — 75 — 100 m/h. Mit der Kuppelung *p* kann auf Schnellfahrt (750 m/h) umgeschaltet werden. Zwischen Windentrommel und Getriebe ist zum Schutz gegen Überlastung und zum Manövrieren eine Sicherheitskuppelung *q* eingeschaltet, die in die Trommelnabe eingebaut ist (Einzelheiten siehe Abb. 518); es handelt sich um eine Federkraft-Rutschkuppelung, die mit dem Handhebel *r*, der zum Manövrieren und Schlappseilgeben dient, betätigt wird. Der Luftanschluß mit dem Lufthahn *s* befindet sich auch an der Vorschubwinde, so daß alle während des Schrämens gebrauchten Bedienungsgriffe bequem von einer Stelle aus zu handhaben sind.

Einen guten Überblick über den Gesamtaufbau des Getriebes der geschilderten Druckluftschrämmaschine gibt Abb. 517.

Den konstruktiven Aufbau der Schrämmaschine zeigt die Schnittzeichnung in Abb. 518. Es ist eine Maschine mit elektrischem Antrieb, die aber im Kettenarm, im Schrämkopf und in

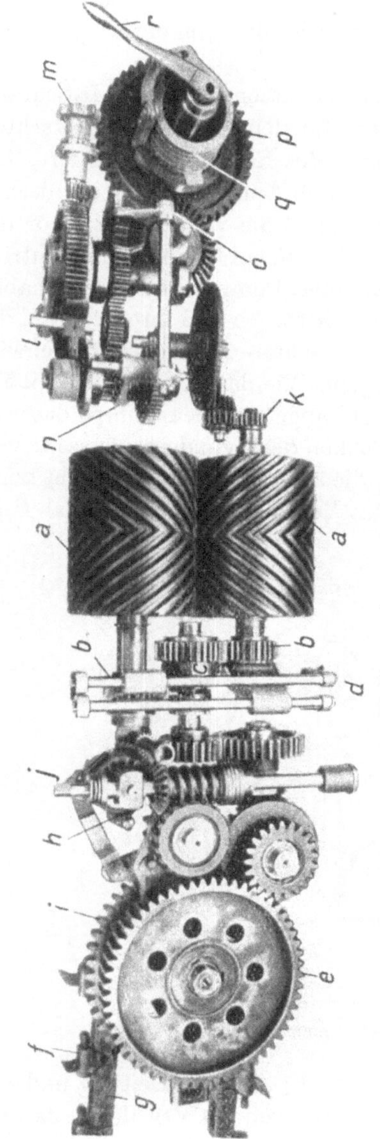

Abb. 517. Getriebe einer Druckluftschrämmaschine (Eickhoff).

a Läufer des Pfeilradmotors
b verschiebbare Ritzel auf den Läuferwellen
c Kuppelung
d Schalthebel für Rechts- und Linkslauf
e Antriebszahnrad des Kettenrades
f und *g* Pickenhalter und Lasche der Schrämkette
h Getriebe der Schwenkvorrichtung
i Zahnrad für das Schwenken des Kettenarmes
j Vierkant für Handschwenkung
k Ritzel auf der Läuferwelle für den Antrieb der Vorschubwinde
l vierstufig regelbares Vorschubwindengetriebe
m Sterngriff für die Getriebeverstellung (Regelung der Vorschubgeschwindigkeit)
n Kuppelung und *o* Schalthebel für Schnellfahrt
p Antriebszahnrad der Windentrommel
q Kuppelungsfeder
r Bedienungsgriff der Trommelkuppelung

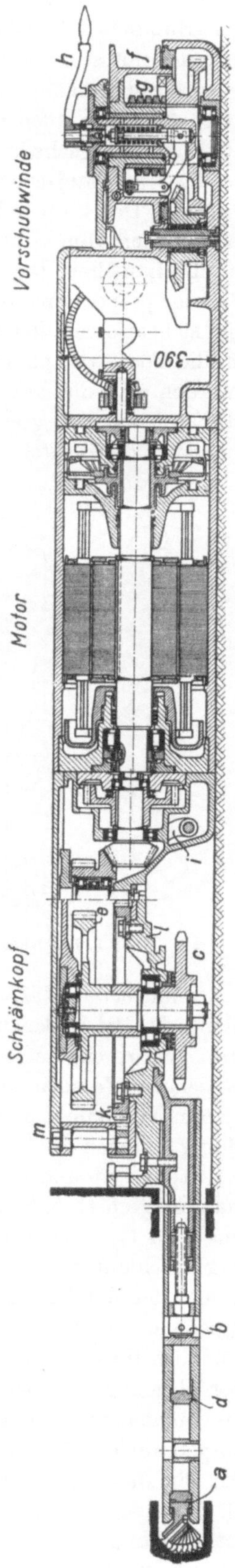

Abb. 518. Schnitt durch eine Schrämmaschine (Eickhoff).

der Vorschubwinde im großen und ganzen mit der druckluftbetriebenen Schrämmaschine übereinstimmt, so daß die Abb. 518 die Abb. 516 und 517 in manchen Einzelheiten ergänzt. Die Schrämkette *a* wird mit der Kettenspannspindel *b* gespannt oder gelockert. *c* ist das treibende Rad, *d* das Umkehrrad der Schrämkette. An sich wäre zwar am Umkehrrad nur ein Pickenhalter zu sehen, doch sind die Picken so dargestellt wie man sie in der Längsrichtung der Kette sehen würde, um ihre Verteilung über die Schramhöhe erkennen zu lassen. Die Kettenradwelle wird vom Zahnrad *e* getrieben. Mit dem Hebel *i* wird die Schrämkette ausgerückt. *k* ist das Antriebszahnrad für das Schwenken des am drehbaren Schrämkopfunterteil *l* befestigten Kettenarmes. Durch Drehen des Vierkants *m* wird das Zahnrad *k* und damit der Kettenarm festgelegt. In der Windentrommel *f* befindet sich die Trommelkuppelung *g*, die mit dem Handhebel *h* bedient wird.

An Stelle des nur stufenweise schaltbaren Klinkengetriebes benutzen die Eickhoff-Schrämmaschinen auch ein stufenlos regelbares hydraulisches Getriebe für den Antrieb der Vorschubwinde, dessen Ölpumpe auch das Drucköl für das Schwenken des Schrämarmes liefert. Die Schrämkette, deren Geschwindigkeit nicht geregelt werden muß, behält den mechanischen Antrieb bei. Das hydraulische Getriebe besteht aus einer Ölpumpe, die vom Hauptmotor der Schrämmaschine (Druckluft- oder Elektromotor) angetrieben wird, einem Ölmotor zum Antrieb der Winde und einem Ölmotor für das Schwenken des Schrämkopfes. Pumpe und Motoren haben Drehkolben mit Lamellen. Die Motoren haben eine feste Exzentrizität, so daß ihre Drehzahl der Durchflußmenge proportional ist. Die Drehzahl und damit die Vorschub- und Schwenkgeschwindigkeit läßt sich also mit der Fördermenge der Ölpumpe regeln. Wie das Schema in Abb. 519 zeigt, kann die Fördermenge der mit gleichbleibender Drehzahl angetriebenen Pumpe dadurch geändert werden, daß die Exzentrizität durch Heben oder Senken des Zylindergehäuses *G* verstellt wird. Das Verstellen geschieht mit Schraubenspindel, die am Handgriff *H* gedreht wird. Im Schema saugt die rechtslaufende Pumpe das Öl durch das Ventil V_1 und den Kanal *P* an

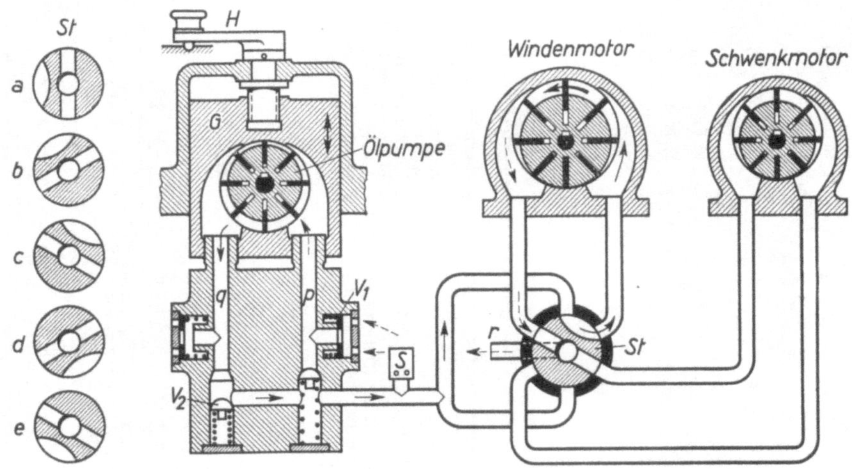

Abb. 519. Schema des hydraulischen Getriebes der Eickhoff-Schrämmaschinen.

und drückt es mit etwa 25 atü durch den Kanal *q* und das Ventil V_2 zur Druckleitung und zum Steuerschieber *St*. Bei Linkslauf der Pumpe arbeiten die entgegengesetzten Ventile, so daß das Drucköl trotz entgegengesetzter Strömrichtung in der Pumpe in gleicher Weise zum Steuerschieber *St* gelangt. Je nach der Stellung des Steuerschiebers wird das Drucköl für Rechts- oder Linkslauf zum Windenmotor oder zum Schwenkmotor geleitet, wie es links dargestellt ist. Bei Steuerstellung *a* stehen die Motoren still; das Öl strömt drucklos durch den Steuerschieber und durch die Leitung *r* ab und zur Pumpe zurück. Stellung *b* ergibt Rechtslauf und Stellung *c* den im Schema gezeigten Linkslauf des Windenmotors. Der Schwenkmotor des Schrämkopfes wird bei Stellung *d* für Rechtslauf und bei Stellung *e* für Linkslauf gesteuert. Die Pumpe kann immer gleichmäßig durchlaufen. Bei zu großem Vorschubwiderstand wird ein zu starkes Ansteigen des Öldruckes und der Windenzugkraft vermieden, indem Sicherheitsventile *S* das zuviel geförderte Öl abströmen lassen, wodurch die Vorschubgeschwindigkeit vermindert wird. Das Ölgetriebe war ursprünglich für die elektrisch angetriebenen Schrämmaschinen bestimmt, wird seiner Vorteile halber aber auch ebenso für Maschinen mit Druckluftantrieb benutzt.

Säulenschrämmaschinen nach Abb. 520 werden in erster Linie als *Streckenvortrieb-* und *Kerbmaschinen* gebraucht. Sie werden wie in der Abbildung gleisfahrbar oder mit Raupentriebwerk hergestellt. Die Maschine in Abb. 520 hat einen Schrägzahnmotor *a* (18,5 PS, $n = 3000\ \text{min}^{-1}$ bei 4 atü), der über ein doppeltes Vorgelege das Antriebsrad *b* der im Schrämarm *c* gelagerten Schrämkette treibt. Der Schrämarm ist umsteckbar und mit einer Kettenspannvorrichtung ausgerüstet. Die Höhenverstellung der Maschine erfolgt mit Hilfe der Knarre *d* an der rechten, als

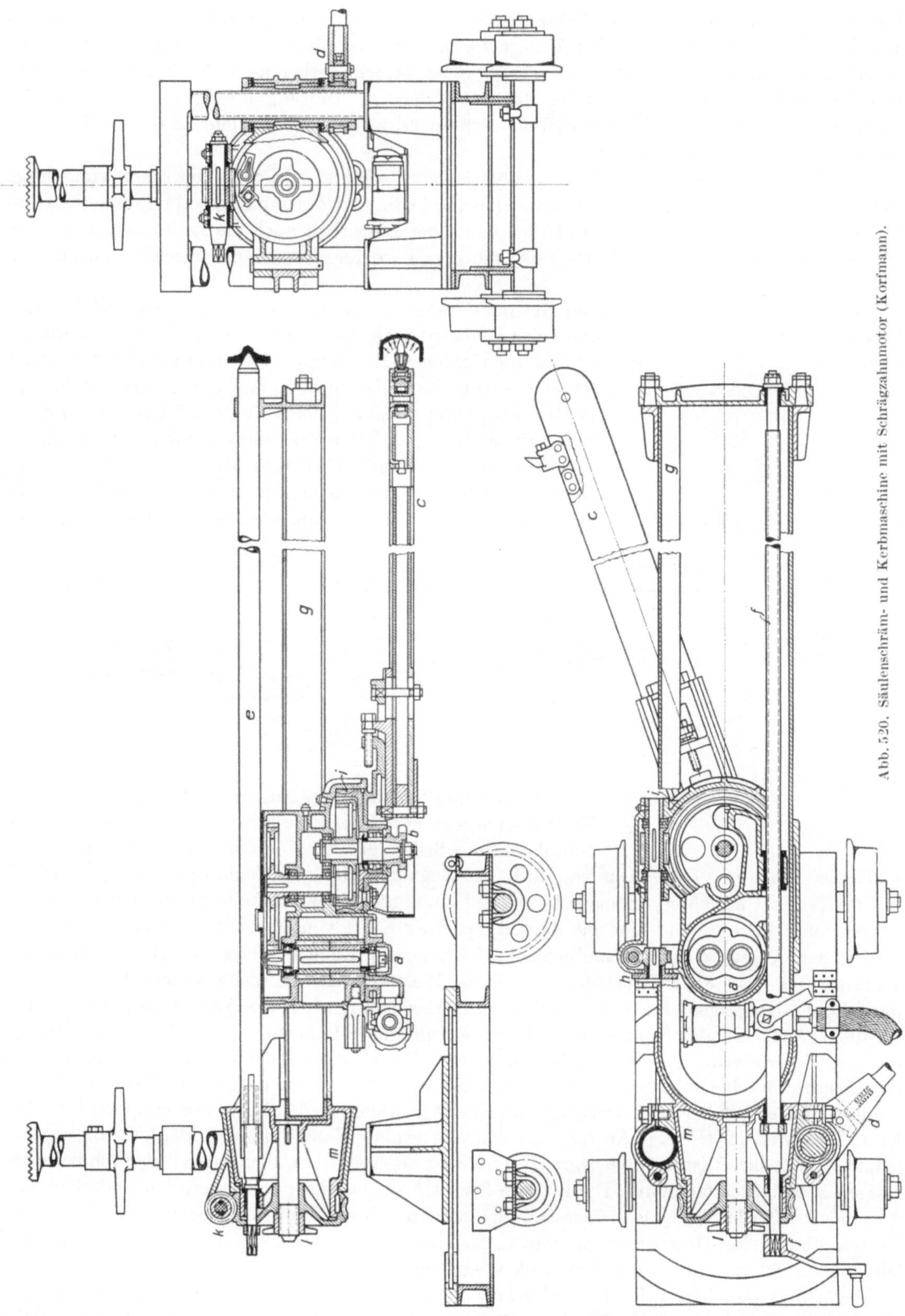

Abb. 520. Säulenschräm- und Kerbmaschine mit Schrägzahnmotor (Korfmann).

Gewindespindel ausgeführten Tragsäule. Mit der Stützdornspindel *e* wird die Maschine am Stoß abgestützt. Das Maschinengehäuse mit Schrämarm ist durch Drehen der Spindel *f* auf dem Ausleger *g* zu verschieben. Über die beiden Schneckentriebe *h* und *i* kann der Schrämarm um

180° um die Achse des Kettenantriebsrades *b* geschwenkt werden. Der Schneckentrieb *k* ermöglicht ein beliebiges Schwenken des Auslegers *g* mitsamt der Maschine um die Horizontalachse, so daß man waagerecht schrämen und schräg oder senkrecht kerben kann. Nach dem Schwenken wird der Ausleger durch Anziehen der Mutter *l* in der Kegelführung *m* festgelegt. Die Maschine wiegt 1000 kg und liefert bei 90 bis 120 mm Schramstärke eine Schrämtiefe bis zu 2 m. Die niedrigste Schramlage beträgt 240 mm.

253. Der Kohlenhobel. Der Kohlenhobel ist eine *schälend* wirkende Gewinnungsmaschine. Bei der durch die Führung des Hobels zwangsläufig bedingten Zusammenarbeit mit einem starren Förderer war es nur natürlich, den Hobel außer der Lösearbeit auch die Ladearbeit ausführen zu lassen, so daß der Hobel in Verbindung mit dem Förderer ein vollmechanisches Gewinnungsgerät darstellt.

Die Entwicklung der schälenden Gewinnungsmaschinen fand in dem *Einheitshobel* die erste brauchbare Lösung. Der Hobelkörper des Einheitshobels wird von einem Seil mit der geringen Geschwindigkeit von 0,07 bis 0,13 m/s am Kohlenstoß entlanggezogen und schält oder hobelt dabei mit einer Vorgabe von 300 mm einen Streifen aus der Kohle heraus und gibt die gelöste Kohle auf den Strebförderer auf. Infolge der großen Vorgabe sind die Schnittkräfte hoch; außerdem ist der Hobel selbst sehr schwer, so daß die Zugkräfte am Seil groß sein müssen. Normalerweise ist in weicher Kohle mit 4 bis 8 t zu rechnen, aber es treten auch Spitzenkräfte von 10 bis 20 t auf. Die Zugseile haben 22 oder 24 mm Nenndurchmesser mit 30 bzw. 36 t Bruchlast. Durch einfaches Einscheren des Seiles, das am Hobel über eine Rolle läuft, erhält jedes Trum eine Höchstlast von 10 t. Die Zugkraft wird mit einem Spillhaspel von 20 PS mit dreifacher Umschlingung und 0,15 m/s Spillumfangsgeschwindigkeit und mit einem Wickelhaspel von 8 PS ausgeübt, der das Zugseil mit einer Kraft von etwa 2 t mehrlagig aufwickelt.

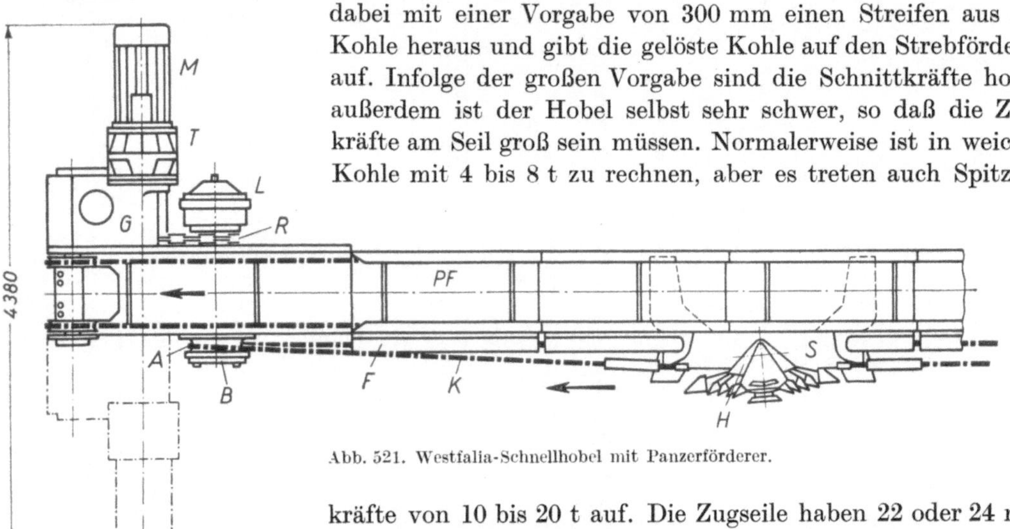

Abb. 521. Westfalia-Schnellhobel mit Panzerförderer.

Die sehr schwere und unhandliche Ausführung des Einheitshobels drängte zu leichteren Bauarten. In dem *Schnellhobel* der Eisenhütte Westfalia, Lünen, nach seinem Konstrukteur auch Löbbe-Hobel genannt, und in seiner Fortentwicklung als *Anbauhobel* entstanden leichte, für die Verhältnisse des Ruhrbergbaus besonders geeignete Bauarten, die in den letzten Jahren die größte Verbreitung gefunden haben. Der Schnellhobel unterscheidet sich vom Einheitshobel zunächst durch seine hohe Schnittgeschwindigkeit von 0,38 m/s und durch seine kleinere Schnittvorgabe, die je nach der Kohlefestigkeit mit einer Spantiefe von 50 bis 150 mm eingestellt werden kann. Ferner ist der Hobel in Antrieb und Führung zu einer Einheit mit dem Förderer zusammengefaßt. Die Zugkraft ist auf 20 t begrenzt, tritt bis zu dieser Größe aber nur gelegentlich bei stoßartigen Beanspruchungen auf. Die höchste Schnittkraft bei der normalen Geschwindigkeit von 0,38 m/s soll 3,5 bis 4,5 t nicht überschreiten, so daß sich mit Berücksichtigung der Hobel- und Kettenreibung eine Höchstleistung von rd. 25 bis 30 PS an der Kette bzw. eine Motorhöchstleistung von 32 bis 38 PS oder 24 bis 28 kW ergeben.

Den grundsätzlichen Aufbau des Westfalia-Schnellhobels mit Panzerförderer[1] zeigt Abb. 521. Der Hobel hat an jedem Ende des Panzerförderers eine Antriebsstation; der Hauptantrieb zieht

[1] „Panzerförderer" ist die Bezeichnung des Doppelkettenförderers der Eisenhütte Westfalia in Lünen (vgl. Ziffer 257).

den Hobel zur Förderstrecke, der Hilfsantrieb zieht ihn zur Kopfstrecke. In der Abbildung ist nur der Hauptantrieb dargestellt, und zwar mit der Motorachse senkrecht zum Förderer. Je nach den Erfordernissen kann auch parallele Anordnung gewählt werden. Der Elektromotor *M* dient zum *gemeinsamen* Antrieb des Förderers und des Hobels. Er arbeitet über die Turbo-Flüssigkeitskuppelung *T* auf das Zahnradgetriebe *G*, welches den Förderer *PF* unmittelbar mit einer Kettengeschwindigkeit von 0,73 m/s antreibt. Der Antrieb der den Hobel ziehenden Kette *K* (22 mm Gliedstärke, 50 t Bruchlast) erfolgt vom Getriebe *G* über eine Rollenkette *R* und die elektromagnetisch gesteuerte, mit Druckluft betätigte Lamellenkuppelung *L*, die das Kettenantriebsrad *A* über eine als Überlastsicherung eingebaute Scherbolzenkuppelung *B* mitnimmt. Mit der Lamellenkuppelung kann der Hobel unabhängig von dem durchlaufenden Förderer getrieben und stillgesetzt werden. An Stelle des Elektromotors kann ein Druckluftmotor gebraucht werden; als Kuppelung zum Getriebe genügt dann eine elastische Bolzenkuppelung. Reicht ein Motor nicht aus, so kann, wie angedeutet, ein zweiter Motor auf der Gegenseite angebracht werden; ferner kann auch die Umkehrstation mit zwei Motoren ausgerüstet werden. Die Höchstleistung beträgt bei vier Motoren $4 \times 40 = 160$ kW (220 PS bei Druckluft) für eine größte Länge des Förderers von 250 m und eine maximale Fördermenge von 300 t/h.

Für die Führung des Hobels ist seitlich am Förderer ein Führungsrohr *F* angebracht, in dem auch die rücklaufende Kette geführt wird. Der eigentliche Hobel besteht aus dem das Führungsrohr umgreifenden Hobelschlitten *S*, der zusätzlich noch mit zwei unter dem Förderer gleitenden Bodenschwertern gegen Kippen und Klettern gesichert ist. Links und rechts am Hobelschlitten sind die Sohlenmesser angebracht, die zum Einstellen der Spantiefe (50 bis 150 mm) und zum Nachräumen dienen. Der Schlitten trägt den Hobelkörper *H*, der um eine geneigte Achse schwenkbar ist, so daß er beim Ziehen des Hobels selbsttätig auf der Zugseite in die Kohle einschwenkt, wobei sich die Gegenseite vom Kohlenstoß entfernt. Das Schwenken wird durch auswechselbare Anschlagringe in verschiedener Größe begrenzt und der Spantiefe angepaßt. Der Hobelkörper trägt auf jeder Seite einen Bodenmeißel, drei Stoßmeißel und einen Firstenmeißel; in der Mitte ist vorn ein Vorreißmesser und oben auf dem Deckel ein Firstschneider angebracht[1]. Die Gesamthöhe des Hobelkörpers und die Zahl der Meißel kann durch Ein- oder Ausbau von Zwischenstücken verändert und damit für jede Flözmächtigkeit und Kohlefestigkeit auf das günstigste Maß gebracht werden. Der Hobel ist in Flözen über 45 cm Mächtigkeit von 15° Ansteigen bis 30° Einfallen verwendbar. Die Mindestschnitthöhe beträgt 300 mm.

Der *Anbauhobel* der Westfalia-Lünen ist für den Anbau an vorhandene Förderer bestimmt. Der Hobelkörper und die Hobelkette sind die gleichen wie beim Schnellhobel; auch die Spantiefe und die Schnittgeschwindigkeit stimmen überein. Der Anbauhobel hat jedoch eigene, vom Fördererantrieb unabhängige Antriebsmotoren, die an beliebiger Stelle auf der Kohlenstoßseite am Förderer angeklemmt werden. Der Hobelweg wird dadurch unabhängig von der Länge des Förderers. Unter Umständen können auch zwei Anbauhobel an einem Förderer arbeiten, z. B. dann, wenn eine Störung im Flöz das Durchhobeln des ganzen Strebs in einer Hobelfahrt unmöglich macht. Ergeben sich dabei kurze Hobelstrecken (unter 120 m), so genügt *ein* Antrieb. Der Zwischenhilfsantrieb kann in diesem Falle durch eine einfache Kettenumkehrrolle ersetzt werden. Die Steuerung erfolgt wie beim Schnellhobel durch elektromagnetisches Schalten der Druckluftlamellenkuppelung.

XXVI. Maschinen der Förderung.

254. Überblick. Der folgende Abschnitt umfaßt in erster Linie die Antriebe der Streb- und Streckenfördermittel. Auf die Ausführung, Einrichtung und Anwendung der Fördermittel[2]

---

[1] Vgl. SCHRIEVER: Über den Einfluß der Hobelmeißel auf die Arbeit des Kohlenhobels. Glückauf 1954, S. 739.

[2] Vgl. hierzu HEISE/HERBST/FRITZSCHE: Bergbaukunde, 2. Bd., 8. Aufl. Berlin/Göttingen/Heidelberg: Springer 1949. Die mechanischen Verhältnisse sind ausführlich behandelt in MAERCKS-JUNGNITZ: Bergbaumechanik, 4. Aufl. Berlin/Göttingen/Heidelberg: Springer-Verlag 1954.

kann im Rahmen dieses Buches im allgemeinen nur insoweit eingegangen werden, als sie mit der Antriebsart und Antriebsleistung in ursächlichem Zusammenhang stehen. Von den Strebfördermitteln werden Schüttelrutschen, Gummibänder und die Ein- und Zweikettenförderer als Brems- und Kratzförderer behandelt. Bei den Streckenförderern werden die Gummibandförderer durch die Stahlgliederbandförderer ergänzt. Zum Abschluß werden kleine Förderhäspel und Schlepperhäspel mit Druckluftantrieb betrachtet, nachdem größere Häspel mit elektrischem Antrieb schon in Abschnitt XVIII erläutert wurden. Grubenlokomotiven, Blasversatzmaschinen als pneumatische Förderer und Lademaschinen folgen in besonderen Abschnitten.

255. Schüttelrutschenantriebe. Die Rutschenförderung hat sich in Anlehnung an den Schaufelwurf entwickelt. Bei ähnlichen Bewegungsverhältnissen ergibt sich aus der ständigen Hin- und Herbewegung eine Fließförderung. Wenn auch ansteigende Förderung möglich ist, so stellt im allgemeinen söhlige Förderung den einen Grenzfall, unter 20 bis 24° fallende Förderung den anderen Grenzfall dar. Bei dem in der Förderrichtung erfolgenden *Hingange* wird die Rinne nebst dem Fördergut beschleunigt, bis sie von einer durch hohe Luftverdichtung vor dem Kolben des Rutschenmotors gebildete Pufferung so stark verzögert wird, daß das Fördergut die Reibung an der Rinne überwindet und in der Förderrichtung vorrutscht, während die Rinne umkehrt und zurückgeht; der Pufferungsdruck ist dabei ein Mehrfaches des Betriebsdruckes. Die Beschleunigung der Rinne beim Hingang darf nur so groß sein, daß die Haftreibung zwischen Fördergut und Rinne nicht überschritten wird. Ist die Haftreibungszahl μ_1, so ist bei *söhliger* Förderung an das G kg wiegende Fördergut höchstens die Kraft $P = G\mu_1$ übertragbar, und es wird die größte erreichbare Beschleunigung beim Hingang $b = \mu_1 g$ m/s², z. B. wird $b \approx 3$ m/s² für $\mu_1 = 0{,}3$. Wird die Rinne bei der Geschwindigkeit v m/s gestoppt, so rutscht das Fördergut um das Stück $s = v^2 : 2\,\mu g$ Meter vor, wobei die aufgenommene Wucht durch die Reibungsarbeit aufgezehrt wird. Beim Beginn des Rutschens ist die Haftreibung, während des Rutschens die kleinere Gleitreibung zu überwinden; für Kohlen ist die Haftreibungszahl $\mu_1 = 0{,}3$ bis 0,4 und die Gleitreibungszahl $\mu_2 = 0{,}25$ bis 0,3. Bei Bergeförderung kann mit 30% höherer Reibung gerechnet werden. Die Beschleunigung beim Hingang geht im allgemeinen nicht über 2 bis 2,5 m/s² hinaus; die Endgeschwindigkeit der Rutsche ist etwa 1 bis 1,5 m/s.

Bei den normalen Rutschen von 530 cm² bzw. 720 cm² Füllquerschnitt ist mit einem Eigengewicht von 45 kg/m bzw. 55 kg/m, einem maximalen Kohlegewicht von 45 kg/m bzw. 60 kg/m oder einem Bergegewicht von 75 kg/m bzw. 100 kg/m zu rechnen. Wird eine söhlige Rutsche von 720 cm² Füllquerschnitt und 80 m Länge durch einen Motor von 420 mm Kolbendurchmesser (1390 cm²) mit Gegenmotor von 260 mm Kolbendurchmesser (530 cm²) angetrieben, so sind $G_R = 55 \cdot 80 = 4400$ kg Rutschengewicht und $G_K = 60 \cdot 80 = 4800$ kg Kohlegewicht zu bewegen. Bei 4 atü und 90% Wirkungsgrad ist die Motorkraft $P_M = 0{,}9 \cdot 4 \cdot 1390 = 5000$ kg und die Gegenmotorkraft $P_G = 0{,}9 \cdot 4 \cdot 530 = 1900$ kg. Der Fahrwiderstand beim Hin- und Rückgang ist $\mu\,(G_R + G_K)$, worin $\mu = 0{,}05$ zu setzen ist. Beim Hingang wird die Rutsche mit dem Fördergut zusammen durch den Gegenmotor beschleunigt. Die Hingangsbeschleunigung ist

$$b = g\,\frac{P_G - \mu\,(G_R + G_K)}{G_R + G_K} = 9{,}81\,\frac{1900 - 0{,}05\,(4400 + 4800)}{4400 + 4800} = 1{,}54\ \text{m/s}^2.$$

Während des Rückganges ist vom Motor nur die Rinne zu beschleunigen, wobei das Fördergut mit der Reibungskraft $\mu_2 G_K$ hemmend wirkt. Somit wird die Rückgangsbeschleunigung

$$b = g\,\frac{P_M - \mu\,(G_R + G_K) - \mu_2 G_K}{G_R} = 9{,}81\,\frac{5000 - 0{,}05\,(4400 + 4800) - 0{,}3 \cdot 4800}{4400} = 6{,}9\ \text{m/s}^2.$$

Bei *fallender* Förderung lastet das Fördergut mit geringerem Drucke auf der Bahn, und die in der Förderrichtung wirkende Komponente seines Gewichtes tritt treibend hinzu, so daß das Fördergut leichter und weiter rutscht. Infolgedessen braucht die Rinne bei derselben Fördermenge um so kleineren Hub, je stärker die Förderung fällt.

Je länger die Rutsche, je größer der Füllquerschnitt und je höher die verlangte Fördermenge sind, um so stärker muß der Motor sein. Beim gleichen Motor wächst die Fördermenge mit abnehmender Rutschenlänge. Die Rutschenlänge soll 70 m, höchsten 100 m betragen; längere

Rutschen beanspruchen die Rutschenverbindungen zu stark, führen zu Brüchen und damit zu unangenehmen Förderstörungen.

Der Luftverbrauch der Rutschenmotoren bewegt sich je nach der Motorgröße etwa zwischen 300 und 700 m³/h und nimmt mit zunehmender Rutschenlänge etwas ab. Bei einfachwirkenden, mit Gegenmotor arbeitenden Motoren pflegt man den Verbrauch des Gegenmotors einzubeziehen, da sonst ein Vergleich mit doppeltwirkenden Motoren ein falsches Bild ergibt. Ein Urteil über die wirtschaftliche Güte ermöglicht aber erst der spezifische Luftverbrauch, das ist der auf die söhlige Förderarbeit von 1 tkm bezogene Luftverbrauch. Sind bei einer Rutschenlänge von $L = 70$ m $= 0{,}07$ km die Fördermenge $G = 90$ t/h und der Luftverbrauch $Q = 550$ m³/h, so ist der spezifische Luftverbrauch $q = \frac{Q}{G\,L} = \frac{550}{90 \cdot 0{,}07} = 87$ m³/tkm. Durchschnittlich kann mit den aus Abb. 522 zu entnehmenden Werten des spezifischen Luftverbrauches gerechnet werden.

Die Fördermengen und Luftverbrauchswerte sowie die Fördersteigerung bei vergrößertem Einfallen werden in einem Kennliniendiagramm in Abhängigkeit von der Rutschenlänge bzw. vom Einfallwinkel dargestellt, wie es Abb. 523 für einen doppeltwirkenden Motor zeigt, der über 12° Einfallen nur noch mit Einfachwirkung arbeitet. Nach dem eingezeichneten Beispiel beträgt die Fördermenge (Kohle) bei einer söhligen Rutsche von 85 m Länge und 530 cm² Füllquerschnitt $G = 77$ t/h mit einem Luftverbrauch $Q = 490$ m³/h. Der spezifische Luftverbrauch ist $q = 75$ m³/tkm. Hat die Rutsche ein Einfallen von 9°, so steigt die Fördermenge um 115% auf $G' = G + 1{,}15\,G = 165$ t/h.

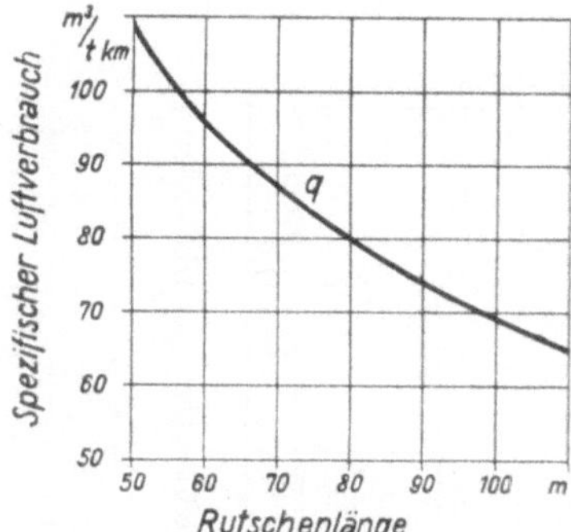

Abb. 522. Durchschnittswert des spezifischen Luftverbrauches der Rutschenmotoren in Abhängigkeit von der Rutschenlänge.

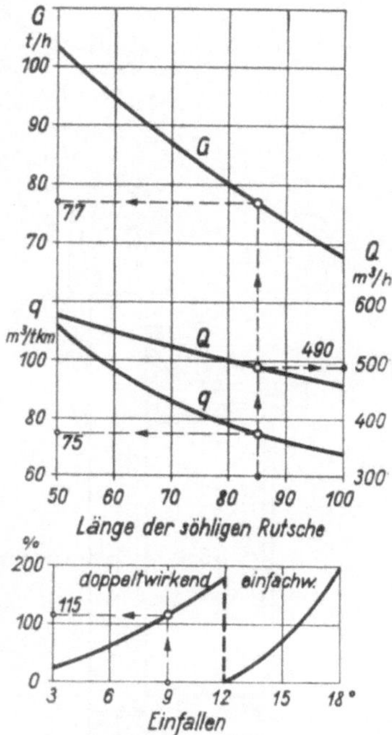

Abb. 523. Kennlinien eines doppeltwirkenden Rutschenmotors bei 4 atü mit einer Rutsche von 530 cm² Füllquerschnitt.

Man hat *einfach-* und *doppeltwirkende* Druckluftantriebe für Schüttelrutschen. Bei fallender, über 10 bis 12° geneigter Förderung braucht der *einfachwirkende* Motor die Rinne nur im Einfallen zurückzuziehen, worauf sie durch die Schwerkraft getrieben vorgeht, bis sie wieder vom Motor aufgefangen und zurückgetrieben wird. Um auch bei söhliger oder schwach fallender Förderung mit einfachwirkendem Motor zu fördern, wird die Rinne so an Ketten aufgehängt oder so auf einer Rollbahn geführt, daß sie beim Rückgange hochgezogen wird, damit sie von der Schwerkraft getrieben wieder vorfällt. Oder man verbindet das dem Motor entgegengesetzte Ende der Rinne, mit einem *Gegenzylinder*, dessen eine Seite dauernd unter Druckluft steht, oder der als *Gegenmotor* gesteuert wird. Der Kolben des Gegenzylinders, der beim Rückgange der Rinne gegen den Druck der Luft herausgezogen wird, treibt die Rinne beim Hingange. Der bedeutsame Vorteil des einfachwirkenden Antriebes ist, daß die Rinne nebst ihren Verbindungen nur in einer Richtung beansprucht wird. Der *doppeltwirkende* Motor hat zwei einfachwirkende Kolben von verschiedenem Durchmesser; der große treibt die Rinne zurück, der kleine treibt sie vor, bis sie wieder vom großen Kolben aufgefangen und zurückgetrieben wird; dabei wird die Rinne auf Zug und Druck beansprucht. Bei stärker fallender Förderung hört praktisch der Unterschied zwischen einfach- und doppeltwirkendem Antriebe auf, indem man den Motor auf Einfachwirkung umschaltet oder die zum kleinen Kolben tretende Druckluft so stark drosselt, daß der kleine Kolben nur noch wenig wirkt.

Hinsichtlich des Luftverbrauches ist es gleichgültig, ob man mit einfachwirkendem Motor und mit Gegenzylinder oder mit Gegenmotor arbeitet, oder ob man einen doppeltwirkenden

Motor benutzt, der die Vereinigung des einfachwirkenden Motors mit dem Gegenmotor darstellt. Von Undichtheiten abgesehen hat der Gegenzylinder keinen Luftverbrauch; der Hauptmotor hat dafür aber einen entsprechend höheren Verbrauch, weil er einen größeren Kolbenquerschnitt braucht, um beim Rückgang neben der zur Bewegung der Rutsche erforderlichen Kraft noch die ständige Kraft des Gegenzylinders zu überwinden.

Die Abb. 524 zeigt die Ausführung eines *einfachwirkenden* Rutschenmotors. Der Kolben K ist über die Kolbenstange mit der hinteren Brücke p_2 verbunden, die ihrerseits wieder durch zwei Umführungsstangen q mit der vorderen Angriffsbrücke p_1 in Verbindung steht. Durch diese Um-

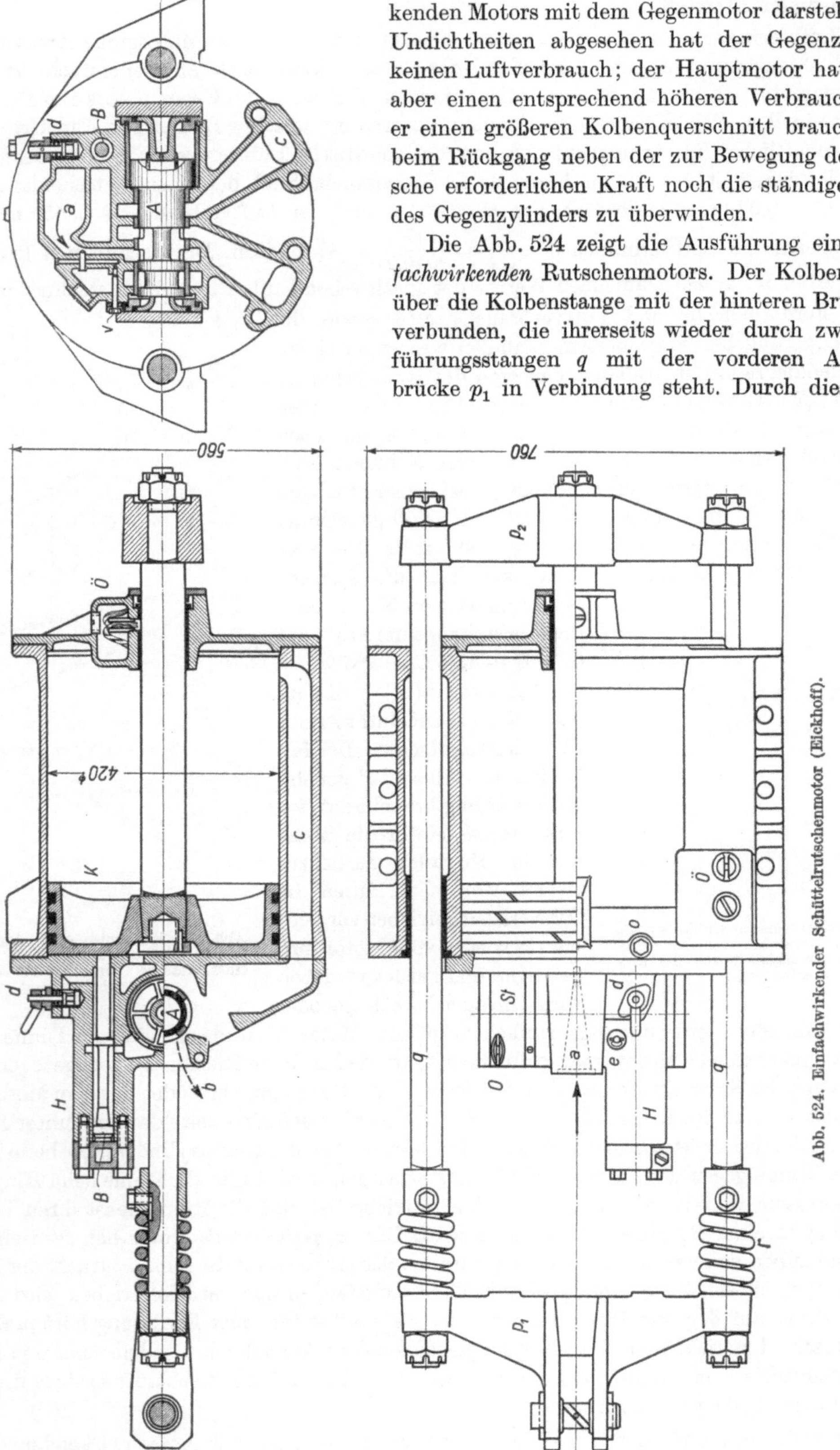

Abb. 524. Einfachwirkender Schüttelrutschenmotor (Eickhoff).

führungsstangen wird auf der Druckseite keine Stopfbüchse benötigt und dadurch die zur Pufferung erforderliche Hochverdichtung unbedingt gesichert; ferner werden alle eckenden Kräfte vom Kolben ferngehalten und damit ein einseitiger Verschleiß des Kolbens und Zylinders vermieden. Die Pufferfedern *r* auf den Umführungsstangen schützen bei einem Rutschenbruch vor harten Schlägen der Brücke gegen den Zylinderdeckel. Ein Sieb im Lufteinlaß *a* hält aus der Leitung mitgeführten Schmutz von der Steuerung und dem Zylinderinnern fern. Der vordere Zylinderdeckel ist als Steuergehäuse *St* ausgebildet. Die Steuerung ist eine entlastete Kolbenschiebersteuerung und besteht aus dem Hauptschieber *A* und dem als Vorsteuerung des Hauptschiebers dienenden Hilfsschieber *B* im Gehäuse *H*, der beim Hingang zwangsläufig vom Kolben *K*, beim Rückgang kraftschlüssig von der ihn dauernd beaufschlagenden Druckluft bewegt wird. Der Hauptschieber *A*, ein Stufenschieber, wird dadurch betätigt, daß seine kleinere Stufe dauernd unter Druckluft steht, während seine größere Stufe, vom Hilfsschieber gesteuert, wechselnd mit Druckluft beaufschlagt und entlastet wird. In den Endstellungen werden die Schieber durch Luftpuffer weich aufgefangen. *d* ist der Hubverstellhahn zur stufenlosen Hubregelung, *e* ein Anlaßhahn, mit dem der Motor aus jeder Kolbenstellung angefahren werden kann. Über den Kanal *c* wird die Gegenseite des Zylinders dauernd entlüftet. Die Ölschmierung erfolgt aus Ölbehältern, die bei Schichtbeginn zu füllen sind.

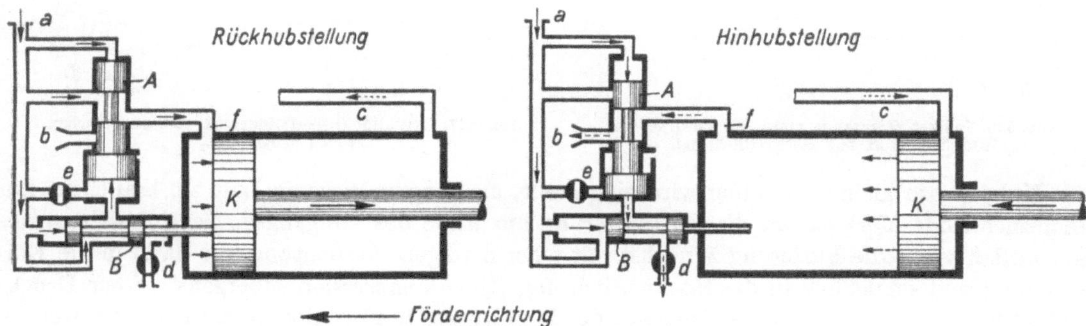

Abb. 525. Wirkungsweise der Steuerung des Motors nach Abb. 524.

Der Kolben hat einen Durchmesser von 420 mm und einen größten Hub von 400 mm. Bei söhliger und bis zu 10° einfallender Rutsche arbeitet der Motor mit einem Gegenmotor von 260 mm Kolbendurchmesser zusammen. Mit söhliger Rutsche von 530 cm² Füllquerschnitt und 60 bzw. 110 m Länge betragen die Kohlefördermengen 110 bzw. 75 t/h und der Luftverbrauch 670 bzw. 560 m³/h (einschließlich Gegenmotor). Mit dem Einfallen steigt die Fördermenge um rund 30% bei 5° und 90% bei 10°. Bei einem Einfallen über 16° wird ein Angriffshebel zwischen Motor und Rutsche angeordnet.

Die Wirkungsweise der Steuerung ist aus der schematischen Darstellung in Abb. 525 ersichtlich. In der Rückhubstellung (links) strömt die Frischluft vom Einlaß *a* über die Eindrehung des Hauptschiebers *A* in den Zylinder ein und treibt den Kolben *K* entgegen der Förderrichtung nach rechts. Der Hauptschieber steht dabei mit seiner großen Stufe über den Hilfsschieber *B* unter Frischluftdruck und wird gegen den dauernd auf der kleinen Stufenseite lastenden Druck so lange in der gezeichneten Einlaßstellung gehalten, bis der vom Kolben *K* bei der Rückbewegung freigegebene Hilfsschieber vom Frischluftdruck nach rechts gedrückt wird und damit zunächst die Luftzufuhr zur großen Stufe absperrt und sie im weiteren Verlauf des Hubes über den Hubverstellhahn *d* entweichen läßt. Nach Aufhören des Druckes auf die große Stufe wird der Hauptschieber von dem Druck auf die kleine Stufe in die in der Hinhubstellung (rechts) gezeichnete Lage umgesteuert. Nunmehr strömt die verbrauchte Luft aus dem Zylinder über die Eindrehung des Hauptschiebers zum Auspuff *b*, so daß der nun entlastete Kolben *K* von der Rutsche oder dem Gegenmotor in der Förderrichtung vorgezogen wird. Kurz vor dem Hubende drückt er den Hilfsschieber *B* nach links und steuert damit den Hauptschieber um. Während der Umsteuerung beginnt die Pufferung des Kolbens durch Luftverdichtungsdruck, der dann in den Frischluftdruck und schließlich nach Überschreiten der Zylindereinlaßöffnung *f* in den Hochverdichtungsdruck übergeht, der den Kolben zum Stillstand und zur Umkehr bringt. Die Größe des Hubes wird stufenlos verstellt, indem man das in der Hinhubstellung gezeichnete Abströmen der Druckluft von der großen Hauptschieberstufe ins Freie durch Drosseln am Hubverstellhahn d mehr oder weniger verzögert. Je stärker bei d gedrosselt wird, um so langsamer sinkt der Druck, um so später erfolgt die Umsteuerung auf Auspuff, und um so länger wird der Hub des Kolbens K. Die nicht wirkende rechte Kolbenseite ist dauernd über den Kanal c mit dem Auspuff b verbunden und entlastet. Mit dem Anlaßhahn e kann der Hauptschieber A unabhängig von der Stellung des Kolbens K in die Einströmstellung gebracht werden, wodurch das Anfahren der Rutsche aus jeder beliebigen Stellung erleichtert wird.

Abb. 526 zeigt das Indikatordiagramm eines einfachwirkenden Rutschenmotors mit Hochverdichtung. Der Diagrammverlauf ändert sich jeweils mit der eingestellten Hubgröße; je kleiner der Hub, um so kleinere Füllung wird eingestellt, um möglichst wenig Luft zu brauchen. Das kennzeichnende Merkmal ist die Luftpufferung am Ende des Hinganges. Nach Abschluß des Auspuffs beginnt die Pufferung zunächst mit einer mäßigen Verdichtung, die dann in die Einströmung und schließlich in die Hochverdichtung (Hochkompression) übergeht. Dieser Druckverlauf hat eine sehr starke, das Rutschen des Fördergutes begünstigende und trotzdem weiche, die Rutsche schonende Endverzögerung und Umkehrbeschleunigung zur Folge.

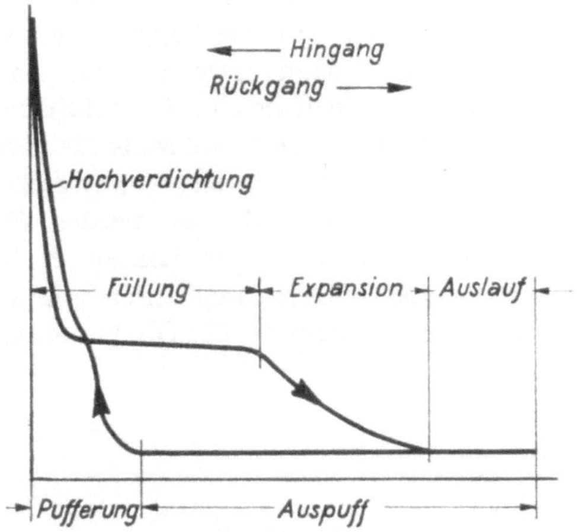

Abb. 526. Indikatordiagramm eines einfachwirkenden Rutschenmotors mit Hochverdichtung.

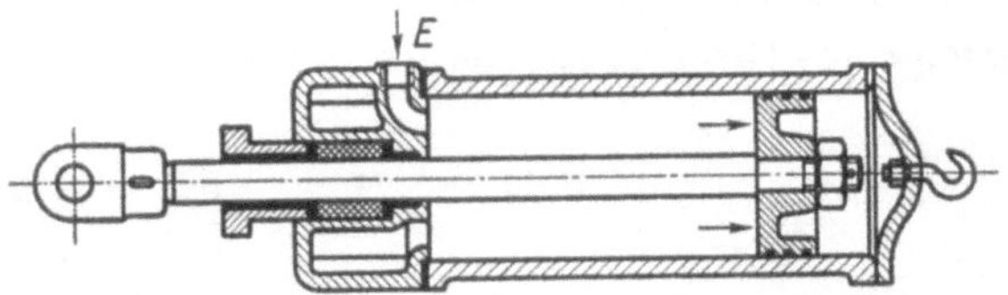

Abb. 527. Druckluft-Gegenzylinder für söhlige Rutschen (Frölich & Klüpfel).

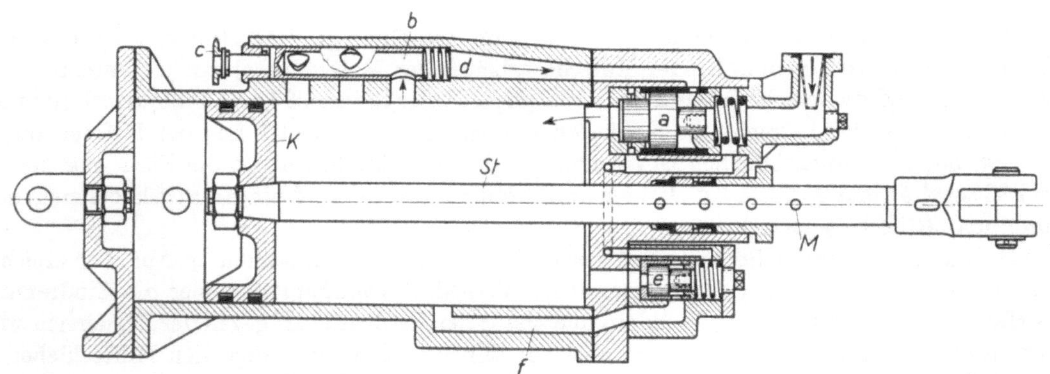

Abb. 528. Gegenmotor mit Hubverstellung (Bauart Klerner).

Gegenzylinder werden als Feder- oder als Luftzylinder ausgebildet. Federzylinder wirken mit veränderlicher Kraft. Die hochbeanspruchten Federn sind richtig zu bemessen, um einem vorzeitigen Bruch vorzubeugen. Der Luftgegenzylinder nach Abb. 527 (150 bis 200 mm Durchmesser) arbeitet dagegen mit ständig gleicher Kraft; die Druckluft pulsiert durch den Einlaß E zwischen Zylinder und Druckluftleitung.

Bei dem in Abb. 528 dargestellten *Gegenmotor* der Maschinenfabrik Glückauf, Gelsenkirchen, wird die Luftzufuhr mit dem freifliegenden Stufenkolben a gesteuert, der auf kleiner Fläche von der Frischluft und auf großer Fläche von dem Druck im Zylinder beaufschlagt wird. Wenn der Kolben K von der an der Kolbenstange St angreifenden Rutsche zurückgezogen wird, so erzeugt er nach dem Überlaufen der Auslaßöffnung in der Zylinderwand einen Kompressionsdruck auf der Steuerseite, der den Steuerkolben *a* aus der gezeichneten Stellung nach rechts drückt, wodurch der Frischluft der Einlaß in den Zylinder freigegeben wird. Überläuft der Kolben beim Arbeitshub die Auslaßöffnung in der Zylinderwand, so wird der Steuerkolben links entlastet und augenblicklich von der Frischluft in die Abschlußstellung gedrückt, worauf sich das Arbeitsspiel wiederholt. Der Hub kann durch Drehen des Hubverstellrohres *b* am Handgriff *c* in drei Stufen eingestellt werden, indem wahlweise eine der drei Auslaßbohrungen geöffnet und gleichzeitig die beiden andern geschlossen werden. Außer der Hauptsteuerung *a* ist noch ein Hilfssteuerkolben *e* vorhanden, der über den Kanal *f* zur besseren Entlüftung des Zylinders dient. Die Marken *M* auf der Kolbenstange werden für die Hubeinstellung bei der Verspannung des Gegenmotors mit der Rutsche gebraucht. Der Gegenmotor wird mit Zylinderdurchmessern von 200, 260 und 290 mm gebaut.

Der *doppeltwirkende* Rutschenmotor stellt die bauliche Vereinigung von Haupt- und Gegenmotor dar. Der Steuerkolben erhält für die Steuerung des zweiten Zylinders eine zusätzliche Steuerstufe. Abb. 529 zeigt das Schema eines doppeltwirkenden Rutschenmotors mit Stufen-

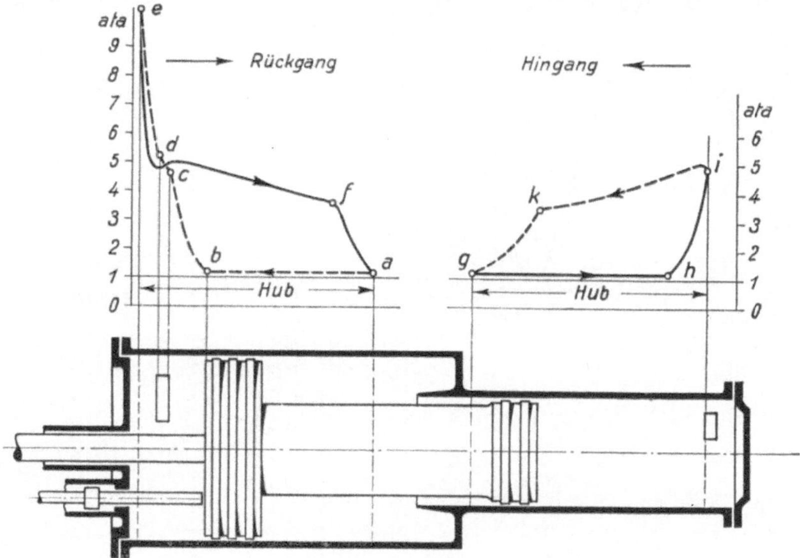

Abb. 529. Druckverlauf in einem doppeltwirkenden Rutschenmotor.

kolben und den Druckverlauf in den beiden Zylindern. Um den doppeltwirkenden Motor, dessen Zylinderquerschnitte unveränderlich sind, verschiedenem Einfallen und verschiedener Belastung der Rutsche anpassen zu können, wird in die Luftzufuhr zum kleinen Zylinder ein Drosselhahn eingebaut, mit dem die Gegenwirkung vermindert oder bei völligem Schließen ganz aufgehoben werden kann.

Die Bewegungsverhältnisse einer von einem doppeltwirkenden Rutschenmotor getriebenen, ungefähr 2° einfallenden Schüttelrutsche veranschaulicht Abb. 530*. Der Motor arbeitet mit größtem Hub und macht minutlich 62,5 Doppelhübe. s_R ist der Rutschenweg bzw. Kolbenhub. Die Kurve s_G gibt den Weg des Fördergutes an. v ist die Geschwindigkeit, b die Beschleunigung bzw. Verzögerung der Rutsche. Die hohe Verzögerung von 45 m/s² am Ende des Förderhubes läßt auf sehr hohe Pufferungsverdichtung schließen. Der zu diesen Bewegungsverhältnissen gehörige Druckverlauf in beiden Zylinderräumen ist in Abb. 531 wiedergegeben, in der außerdem der gleiche Geschwindigkeits- und Beschleunigungsverlauf wie in Abb. 530, jedoch in Abhängigkeit vom Rutschenhub dargestellt ist. Im Indikatordiagramm der Gegenseite ist gestrichelt das auf die große Kolbenfläche der Hauptseite umgewertete Druckdiagramm eingezeichnet, um die wirksamen Kräfte der Haupt- und Gegenseite leichter vergleichen zu können. Beim Hingange wird die Rinne durch die Schwerkraft und den kleinen Kolben des Motors beschleunigt, bis die

* Vom Verfasser durch kinematographisches Meßverfahren ermittelt. — Der Nutzvorschub des Fördergutes ist nicht 545 mm (wie eingezeichnet), sondern nur 505 mm. Der Gesamtvorlauf beträgt 545 mm.

Beschleunigung aufhört und in so starke Verzögerung übergeht, daß das Fördergut auf der Rinne zu rutschen beginnt. Dann kehrt die Rinne um.

Starke Rutschenmotoren haben infolge des großen Zylinderdurchmessers (bis 420 mm) eine so große Bauhöhe, daß sie sich nicht für zentrale Aufstellung unter der Rutsche eignen. Indem man zwei oder drei kleinere Zylinder in Zwillings- oder Drillingsbauart nebeneinanderlegt, wird die gleiche

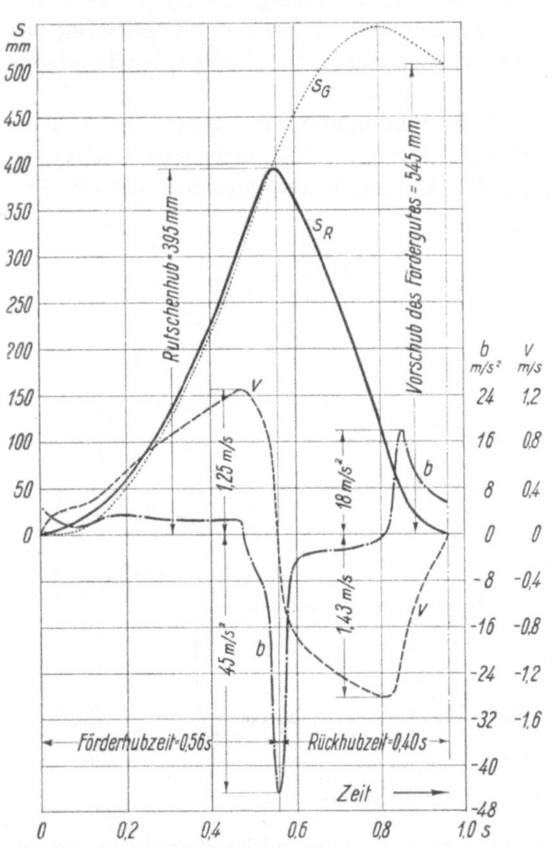

Abb. 530. Weg-, Geschwindigkeits- und Beschleunigungsverlauf einer von einem doppeltwirkenden Motor getriebenen Schüttelrutsche in Abhängigkeit von der Zeit.

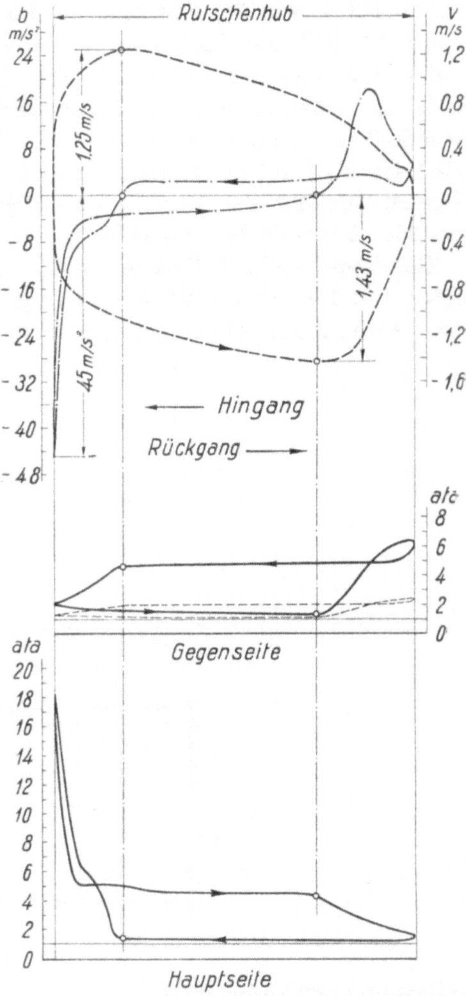

Abb. 531. Indikatordiagramme und Geschwindigkeits- und Beschleunigungsverhältnisse eines doppeltwirkenden Rutschenmotors.

Leistung bei geringerer Bauhöhe erreicht. Die ursprünglich gebaute Blockform mit zwei bzw. drei in einem Gehäuse unmittelbar nebeneinanderliegenden Zylindern ist von der in Abb. 532 dargestellten Bauart verdrängt worden, bei der die zwei parallel liegenden Zylinder Z_1 und Z_2 so großen Abstand haben, daß die Rutsche zwischen ihnen laufen kann. Diese Anordnung ergibt neben der geringen Bauhöhe die günstigste Verbindung mit der Rutsche, weil die Kolbenkräfte zentral an der Rutsche angreifen können. Die Rutsche wird nicht auf Biegung beansprucht, und die Zylinder, Kolben, Stopfbüchsen usw. verschleißen nicht einseitig. Zwillingsmotoren dieser Art werden von verschiedenen Firmen gebaut. Als ein Ausführungsbeispiel ist in den Abb. 532 und 533 der einfachwirkende Zwillingsmotor der Maschinenfabrik Halbach & Braun, Essen, veranschaulicht. Abb. 532 zeigt, wie beide Zylinder durch starkwandige, mit Rippen versteifte Kanäle verbunden sind und von *einer* am Zylinder Z_1 angebrachten Steuerung *St* gemeinsam gesteuert werden. Abb. 533 gibt einen Schnitt durch die Zylinder und die Steuerung dieses

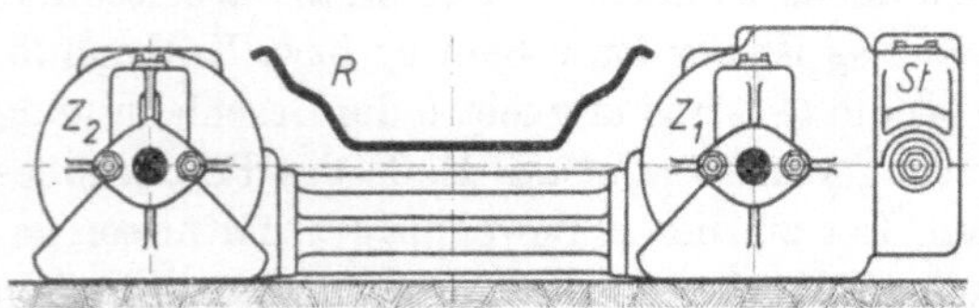

Abb. 532. Zylinderanordnung eines Zwillingsrutschenmotors (Halbach & Braun).

Motors wieder. Der Motor hat bei einer Bauhöhe von 385 mm zwei Kolben von 320 mm Durchmesser mit einer wirksamen Kolbenfläche von 1550 cm², was einem Einzylindermotor von 450 mm Durchmesser entsprechen würde. Eine kleinere Ausführung ist 320 mm hoch und hat Kolben von 250 mm Durchmesser. Gesteuert wird mit einem Kolbenschieber *Sch*, der aber nicht wie in Abb. 524 über einen Hilfsschieber *B* betätigt, sondern für den Arbeitshub unmittelbar mechanisch vom Kolben und für den Auslaß von Druckluft bewegt wird. Die Abb. 533 zeigt die Kolben K_1 und K_2 während des Arbeitshubes beim Zurückziehen der Rutsche. Der Steuerschieber *Sch* hat Einlaßstellung und läßt die von *a* kommende Druckluft zur linken Seite des Kolbens K_1 und durch den Kanal *b* gleichzeitig auch zur gleichen Seite des Kolbens K_2 strömen. Die Füllung wird beendet, wenn der Kolben K_1 eine der Bohrungen *c*, die von der Hubverstellung

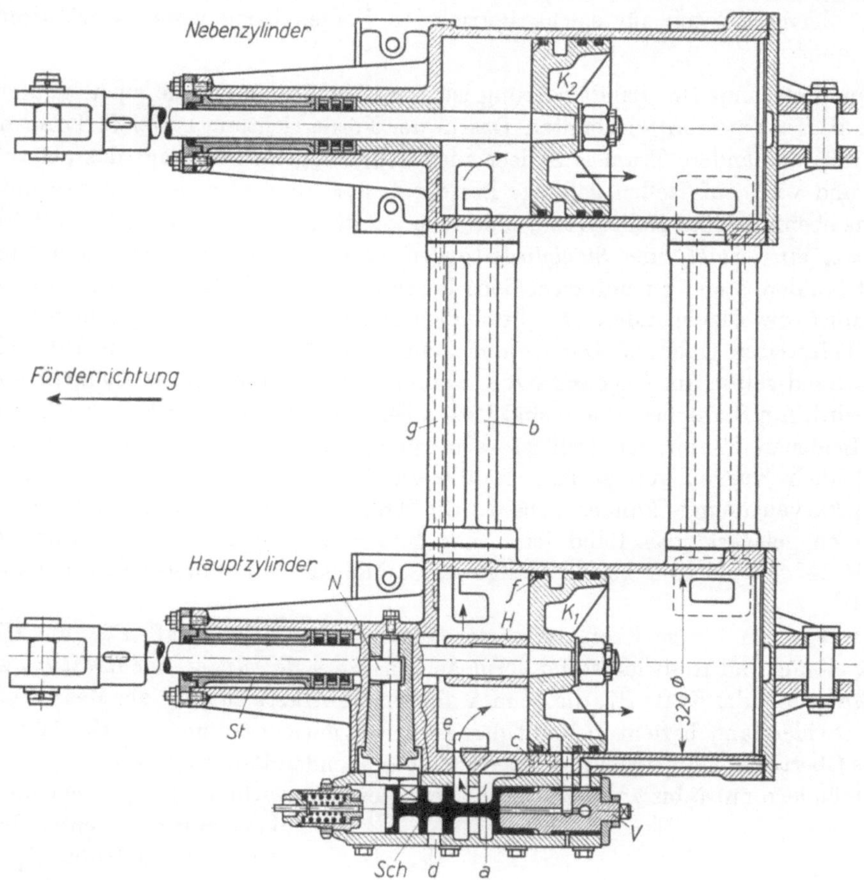

Abb. 533. Einfachwirkender Zwillingsrutschenmotor (Halbach & Braun).

V freigegeben ist, überläuft, wodurch Druckluft zum Steuerschieber *Sch* gelangt und diesen nach links drückt; dabei wird der Einlaß *a* geschlossen und der Auslaß *d* geöffnet. Die durch Schwerkraft, Gegenzylinder oder Gegenmotor getriebene Rutsche läuft in der Förderrichtung nach links und nimmt die durch Öffnen des Auspuffs entlasteten Kolben mit. Kurz bevor vom Kolben K_1 der Einlaß erreicht wird, stößt die Steuerhülse *H* auf der Kolbenstange des Kolbens K_1 gegen die Nockenwelle *N*, die dadurch gedreht wird und den Schieber *Sch* mechanisch-zwangsläufig in die gezeichnete Einlaßstellung zurückführt. Die vorderen Zylinderräume füllen sich mit Druckluft, die bei weiterem Vorlauf der Kolben nach Überlaufen der Einlaßkante *e* in den jetzt allseitig geschlossenen Zylinderräumen hoch verdichtet wird. Die Verdichtungskraft der Kolben verzögert die Rutsche und leitet die schon früher beschriebene Bewegungsumkehr ein, worauf das neue Arbeitsspiel beginnt. Damit der Motor aus dem Stillstand, wenn die Kolben von der Rutsche bis in die linke Endstellung gezogen sind, angelassen werden kann, sind auf der linken Kolbenseite kleine Bohrungen *f* vorgesehen, durch welche die Druckluft am vorderen

Kolbenring vorbei in den Kompressionsraum strömen kann. Der Hilfskanal g führt diese Anlaßluft auch zum Kolben K_2, so daß beide Kolben gleichmäßig anziehen können. Mit der Hubverstellung V können drei verschiedene Arbeitshübe eingestellt werden; außerdem ist es möglich, die Kolben bis in die rechte Endstellung hochzuziehen.

Die Schüttelrutschenförderung hat im letzten Jahrzehnt stark abgenommen, spielt aber immer noch eine bedeutende Rolle. Der Druckluftantrieb ist unbedingt vorherrschend. Elektrischer Antrieb ist weniger geeignet und wird nur in vereinzelten Fällen angewendet; es sind verwickelte und teure Getriebe in Verbindung mit Pufferfedern erforderlich, um die Drehbewegung des Elektromotors in die verschiedenartig beschleunigte und verzögerte Hin- und Herbewegung umzuwandeln, wie sie die Rutschenförderung benötigt. Der elektrische Antrieb kommt im allgemeinen nur für solche Betriebe in Frage, denen keine Druckluftenergie zur Verfügung steht.

256. Bandförderung. Die Bandförderung ist eine Fließförderung, die ein umlaufendes, endloses Band als Transportmittel benutzt. Das in der Förderrichtung laufende Trum nimmt das Fördergut mit, das andere Trum läuft leer zurück. Im allgemeinen trägt das obere Trum das Fördergut und wird auf Rollen geführt. Bei der Unterbandförderung wird das untere Trum beladen, das ebenfalls über Rollen läuft oder auch auf dem Liegenden gleitet. Als Förderbänder werden *Gummigurt-*, *Stahl-* oder *Stahlgliederbänder* gebraucht. Bei den Gummigurtbändern sind Flach- und Muldenbänder zu unterscheiden; letztere haben bei gleicher Breite den doppelten Füllquerschnitt wie Flachbänder. Das Stahlgliederband besteht aus trogförmigen, beiderseits an Ketten befestigten Gliedern. Die Ketten dienen zum Antrieb und nehmen die Kräfte auf, so daß das Band selbst, im Gegensatz zum Gummi- oder Stahlförderband, nicht auf Zug beansprucht wird. Am Stahlgliederband sind Rollen befestigt, die mit dem Band umlaufen und das Band auf Schienen führen; dadurch ist es möglich, mit dem Stahlgliederband Mulden und Sättel und auch Kurven von großem Radius zu durchfahren. Sonderausführungen werden speziell als kurvengängige Bänder gebaut. Die Tragrollen der Gurtbänder sind dagegen in festen Stützen gelagert; das Band kann nur gerade ausgerichtet laufen. Gurtbandförderer arbeiten bis 14° fallend und bis 18° steigend, Stahlgliederbandförderer in Sonderausführung bis etwa 40°.

Die zum Fördern nötige Kraft setzt sich zusammen aus der Kraft P_W zum Überwinden des durch Reibung und Rollwiderstand verursachten *Fahrwiderstandes*, der Kraft P_H zum *Heben* des Fördergutes und der Kraft P_B, die beim Anfahren zum *Beschleunigen* der Massen erforderlich ist. Der Fahrwiderstand bezieht sich auf das Fördergutgewicht G_F und das Gewicht G_B des gesamten, aus Obertrum, Untertrum und Tragrollen bestehenden Bandes. Der Fahrwiderstand kann bei Gummibändern mit 5 bis 7% der sich aus dem Gesamtgewicht $G_F + G_B$ ergebenden Normalkraft angenommen werden ($\mu = 0{,}05$ bis 0,07). Die Hubkraft gilt nur für das Fördergut. Für das Band selbst ist keine Hubkraft erforderlich, da sich Ober- und Untertrum das Gleichgewicht halten. Bei Gefälle wirkt die Hubkraft P_H treibend und wird negativ; bei söhliger Förderung wird sie null. Die nur bei der Anfahrt auftretende Beschleunigungskraft P_B ist für das Gesamtgewicht aller bewegten Teile zu rechnen, wobei das Gewicht der Rollen quadratisch auf das Band umzurechnen ist. Angenähert kann $G'_B = 0{,}9\,G_B$ gesetzt werden.

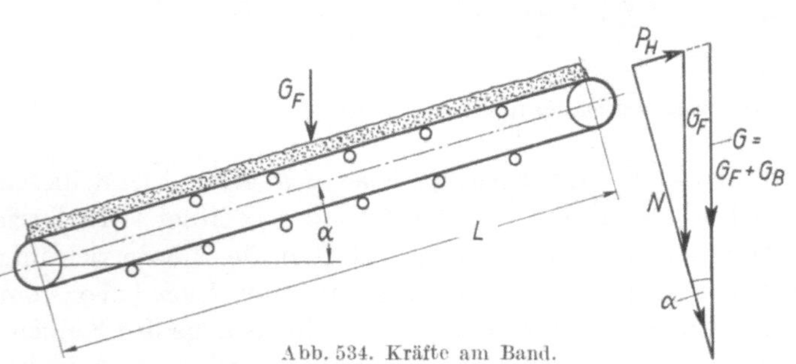

Abb. 534. Kräfte am Band.

Nach Abb. 534 wird:

$$P_W = \mu\, N = \mu G \cos\alpha = \mu\,(G_F + G_B)\cos\alpha \text{ kg};$$

$$P_H = G_F \sin\alpha \text{ kg} \quad \text{und} \quad P_B = (G_F + G'_B)\,\frac{b}{g}\,\text{kg}.$$

Am *laufenden* Band muß die Kraft wirken $P = P_W \pm P_H = \mu\,(G_F + G_B)\cos\alpha \pm G_F \sin\alpha$ kg. Bei gleichmäßiger Beladung sind sämtliche Gewichte der Bandlänge proportional; folglich wächst auch die Kraft proportional mit der Länge. Ist v die Bandgeschwindigkeit, so ergibt sich die Leistung am Band $N = \frac{P\,v}{75}$ PS oder $\frac{P\,v}{102}$ kW. Mit dem Wirkungsgrad η für Motor und Getriebe wird die Leistung $N_M = \frac{N}{\eta} = \frac{P\,v}{75\,\eta}$ PS oder $\frac{P\,v}{102\,\eta}$ kW gefunden, die der Antriebsmotor aufnehmen muß. Die Motorleistung N_M wird rd. 20 bis 25% größer als die Bandleistung N (entsprechend einem Wirkungsgrad von 80 bis 84%).

Aus dem Füllquerschnitt F in m², der Geschwindigkeit v in m/s und dem Schüttgewicht des Fördergutes γ in t/m³ errechnet sich die Fördermenge $Q = 3600\,\gamma\,F\,v$ t/h.

Am *anfahrenden* Band muß die Kraft sein

$$P' = P_W \pm P_H + P_B = \mu'\,(G_F + G_B)\cos\alpha \pm G_F \sin\alpha + (G_F + G_B')\,\frac{b}{g}\,\text{kg}.$$

Die Kraft zum Anfahren ist größer als am laufenden Band, und zwar nicht nur durch die zusätzliche Beschleunigungskraft, sondern auch infolge des größeren Fahrwiderstandes im Ruhezustand, der mit etwa 10% der Normalkraft ($\mu' \approx 0{,}1$) gerechnet werden kann; außerdem kommt es häufig vor, daß das stehende Band weiter beladen wird und dann bei der Anfahrt *überladen* ist. Um den Antriebsmotor vor Überlastung zu schützen oder um das Anfahren überhaupt zu ermöglichen, muß die Beschleunigung klein gehalten werden. Hierzu dienen Turbokuppelungen, wie z. B. die Voith-Kuppelung, die besonders in Verbindung mit Kurzschlußläufermotoren, aber auch mit Druckluftmotoren gebraucht werden. Die angegebenen Fahrwiderstandswerte enthalten eine reichliche Sicherheit, so daß bei Kurzschlußläufermotoren mit ihrem hohen Anzugsmoment eine um 20% geringere Leistung ausreicht.

Beispiel.

Ein Muldenbandförderer von 650 mm Breite und 200 m Länge steigt 7,5° an und soll mit der Geschwindigkeit $v = 1{,}2$ m/s laufen. Das Längeneinheitsgewicht (Obertrum + Untertrum + Rollen) beträgt 22,3 kg/m. Der Füllquerschnitt von 350 cm² = 0,035 m² soll nur zu 90% ausgenutzt werden. Es wird Kohle mit einem Schüttgewicht $\gamma = 0{,}8$ t/m³ gefördert. Die Anfahrbeschleunigung werde mit 0,4 m/s² gerechnet. Die Widerstände werden in Ruhe mit 10% und beim Lauf mit 6% angenommen. Der Wirkungsgrad für Motor und Getriebe sei 80%. — Das Beladungsgewicht errechnet sich zu $G_F = 0{,}9\,\gamma\,F\,L = 0{,}9 \cdot 0{,}8 \cdot 0{,}035 \cdot 200 = 5{,}04\,\text{t} = 5040$ kg und das Bandgewicht (einschl. Rollen) zu $G_B = 22{,}3 \cdot 200 = 4460$ kg. Beim Anfahren muß die Kraft am Bande sein

$$P' = \mu'\,(G_F + G_B)\cos\alpha + G_F \sin\alpha + (G_F + G_B')\cdot\frac{b}{g}$$
$$= 0{,}1 \cdot (5040 + 4460) \cdot 0{,}99 + 5040 \cdot 0{,}13 + (5040 + 0{,}9 \cdot 4460)\cdot\frac{0{,}4}{9{,}81} = 1965\,\text{kg}.$$

Beim laufenden Bande wird die Kraft

$$P = \mu\,(G_F + G_B)\cos\alpha + G_F \sin\alpha = 0{,}06 \cdot (5040 + 4460) \cdot 0{,}99 + 5040 \cdot 0{,}13 = 1220\,\text{kg}.$$

Als Leistung am laufenden Bande ergibt sich

$$N = \frac{P\,v}{75} = \frac{1220 \cdot 1{,}2}{75} = 19{,}6\,\text{PS} \quad \text{oder} \quad 14{,}4\,\text{kW}.$$

Die Motorleistung wird

$$N_M = \frac{N}{\eta} = \frac{19{,}6}{0{,}8} = 24{,}5\,\text{PS oder } 18\,\text{kW}.$$

Die Fördermenge beträgt $Q = 0{,}9 \cdot 3600\,\gamma\,F\,v = 0{,}9 \cdot 3600 \cdot 0{,}8 \cdot 0{,}035 \cdot 1{,}2 = 109$ t/h. Bei $L = 200$ m $= 0{,}2$ km Länge des Förderers erhält man eine Förderung von $109 \cdot 0{,}2 = 21{,}8 \approx 22$ tkm/h. Bei söhliger Förderung ($\alpha = 0$; $\cos\alpha = 1$; $\sin\alpha = 0$) wären die Kraft $P = \mu\,(G_F + G_B)\cos\alpha = 0{,}06 \cdot (5040 + 4460) \cdot 1 = 570$ kg und die Leistungen $N = \frac{570 \cdot 1{,}2}{75} = 9{,}1$ PS oder 6,7 kW und $N_M = 11{,}4$ PS oder 8,4 kW geworden. Wenn die Förderung 6,5° einfällt, wird die Kraft $P = 0{,}06 \cdot (5040 + 4460) \cdot 0{,}995 - 5040 \cdot 0{,}113 = 0$, d. h. bis 6,5° Einfallen ist Antrieb erforderlich, und bei mehr als 6,5° Einfallen muß der Förderer gebremst werden[1].

[1] Das Beispiel läßt erkennen, daß im Verhältnis zur Unsicherheit der Werte μ und γ der Funktionswert $\cos\alpha$ immer gleich 1 gesetzt werden könnte, ohne die Genauigkeit der Rechnung praktisch zu beeinträchtigen.

Der Antrieb der Gurtbänder[1] beruht auf der Reibung zwischen dem Band und der von ihm umschlungenen Antriebstrommel. Nach den Gesetzen der Bandreibung (vgl. auch Ziffer 142) bestehen zwischen der Kraft P_1 im gezogenen Trum, der Kraft P_2 im ablaufenden Trum und der auf das Band übertragbaren Kraft P die Beziehungen $P_1 = P_2 e^{\mu\hat{\alpha}}$ und $P = P_1 - P_2$, woraus sich ergibt $P_1 = P \cdot \frac{e^{\mu\hat{\alpha}}}{e^{\mu\hat{\alpha}} - 1}$ und $P_2 = \frac{P}{e^{\mu\alpha} - 1}$.

Bei Gummigurtbändern wird die Kraft von den Einlagen aufgenommen. Für Baumwolleinlagen sind die üblichen Zerreißfestigkeiten 60 bzw. 80 kg je cm Einlagenbreite. Mit 60 kg/cm und 11- bis 12facher Sicherheit ergeben sich die in der Zahlentafel 27 aufgeführten Zerreißlasten und zulässigen Zugkräfte; die Zerreißfestigkeit 80 kg/cm ergibt Werte, die um ein Drittel höher sind.

Zahlentafel 27. *Zulässige Kräfte an Gummibändern.*

Bandbreite mm	Anzahl der Einlagen	Zerreißlast kg	Zulässige Zugkraft kg
500	3	9000	820
	4	12000	1080
	5	15000	1350
650	4	15600	1400
	5	19500	1750
	6	23400	2100
800	4	19200	1650
	6	28800	2500
	8	38400	3300
1000	5	30000	2500
	7	42000	3500
	9	54000	4500

Die maximale Kraft P_1 darf die in Zahlentafel 27 angegebenen zulässigen Werte nicht überschreiten. Bei der durch die Länge und Beladung des Förderers gegebenen Antriebskraft P wird die Kraft P_1 um so kleiner gehalten werden können, je größer die Reibungszahl μ zwischen Band und Trommel ist und je größer der Umschlingungsbogen $\hat{\alpha}$ gewählt wird (vgl. Abb. 535).

Als Höchstwert kann mit $\hat{\alpha} = 4{,}5$ (Umschlingungswinkel $= 258°$) gerechnet werden. μ ändert sich stark mit der Feuchtigkeit zwischen Band und Trommel und schwankt für Gummibänder auf blanken Trommeln zwischen 0,2 und 0,3; auf Trommeln mit Reibungsbelag wird $\mu = 0{,}4$ und mehr erreicht.

Das Gummiförderband ist *dehnbar* und verlangt daher schon bei Stillstand eine *Vorspannung.* Die von der Vorspannkraft im gezogenen und im ablaufenden Trum bewirkte Gesamtverlängerung muß so groß wie die Summe der Verlängerungen an dem mit voller Beladung laufenden Band sein, damit sich die im Betriebe auftretende zusätzliche Verlängerung des gezogenen Trums mit der Verkürzung des ablaufenden Trums ausgleichen kann, und die für die Reibungskraftübertragung notwendige Kraft P_2 erhalten bleibt. Die Längenänderungen sind den Kräften verhältnisgleich; das söhlige Band muß deshalb im *Ruhezustand* mit der Kraft $P_v = P_1 + P_2$ vorgespannt werden; bei fallendem Band vom Eigengewicht G_E ist diese Kraft um $G_E \sin\alpha$ zu vergrößern, bei steigendem Band ist sie um den gleichen Betrag zu verringern. Zum Spannen des Bandes dienen Schraubenspannspindeln an der Umkehrrolle oder Spannrolle.

Beispiel.

Ein söhliges Band von 650 mm Breite und 350 m Länge brauche eine Antriebskraft von 1000 kg. Wie groß werden die Kräfte im gezogenen und im ablaufenden Trum? Welche Vorspannkraft muß das stillstehende Band erhalten? Es seien die Werte $\mu = 0{,}25$ und $\hat{\alpha} = 4{,}5$ angenommen.

$$P_1 = P \frac{e^{\mu\hat{\alpha}}}{e^{\mu\alpha} - 1} = 1000 \frac{2{,}718^{0{,}25 \cdot 4{,}5}}{2{,}718^{0{,}25\ 4{,}5} - 1} = 1480 \text{ kg}.$$

$$P_2 = \frac{P}{e^{\mu\hat{\alpha}} - 1} = \frac{1000}{2{,}718^{0{,}25 \cdot 0{,}45} - 1} = 480 \text{ kg} \quad \text{oder} \quad P_2 = P_1 - P = 480 \text{ kg}.$$

$P_v = P_1 + P_2 = 1960$ kg insgesamt oder 980 kg in jedem Trum.

Nach Zahlentafel 27 wird ein Band mit 5 Einlagen gebraucht. Mit $\mu = 0{,}4$ hätten sich ergeben: $P_1 =$ 1200 kg, $P_2 = 200$ kg und $P_v = 1400$ kg insgesamt oder 700 kg in jedem Trum.

[1] Vgl. H. Idelberger: Zur Theorie der Antriebe von Gurtförderern. Glückauf 1955, S. 766 u. 775.

Das endlose, auf Tragrollen geführte Band läuft an dem einen Ende der Bandstrecke durch die *Antriebsstation*, wo es durch Reibung mitgenommen wird, und am andern Ende über den *Spannkopf* (Umkehrstation), in dem es umkehrt und *gespannt* wird. Der Antrieb kann auch als *Mittelantrieb* angeordnet werden, wobei beide Enden Spannköpfe erhalten.

Abb. 535 zeigt einen *Eintrommelantrieb*, bei dem der Umschlingungswinkel α durch eine besondere Anlenkrolle (Druckrolle) vergrößert wird. Die Reibungszahl μ läßt sich durch einen besonderen Reibungsbelag auf der Trommel erhöhen. Der Eintrommelantrieb hat einen einfachen Aufbau. Die Antriebstrommel dient gleichzeitig als Abwurftrommel. Bei mäßigen Leistungen kann der Antriebsmotor in die Trommel eingebaut werden (Abb. 543). Neben dem einfachen Aufbau hat der Eintrommelantrieb den Vorteil, daß das Band immer nur mit seiner sauberen Unterseite auf der Trommel aufliegt, so daß die Verschmutzung der Trommel auch bei nassem und klebrigem Fördergut gering ist.

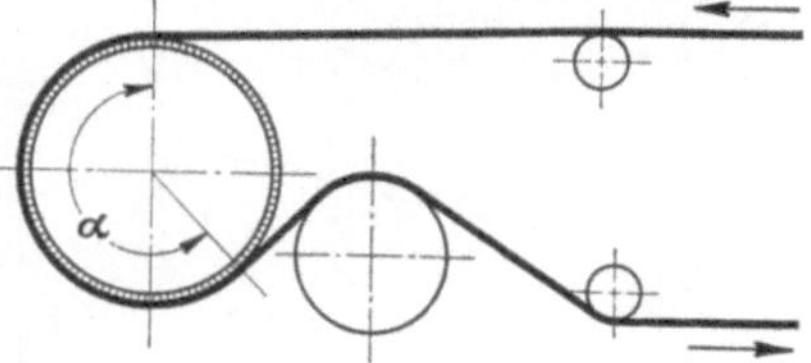

Abb. 535. Eintrommelantrieb.

Der Zweitrommelantrieb nach Abb. 536 arbeitet mit zwei Antriebstrommeln, T_1 und T_2, und erfordert deshalb noch eine besondere Abwurftrommel T_A. Jede Antriebstrommel hat einen fast so großen Umschlingungswinkel α wie beim Eintrommelantrieb, wodurch die Mitnahmefähigkeit vergrößert wird. Es kann in diesem Fall allerdings nicht mit einem reibungserhöhenden Trommelbelag gearbeitet werden, denn die Trommel T_2 wird von der schmutzigen Tragseite des Bandes berührt, so daß der Belag schnell verschmieren und unwirksam werden würde. Auch bei glatten Trommeln ist es zweckmäßig, das Band durch einen Abstreifer zu reinigen, weil die Trommel T_2 sonst anwächst und dann mit größerer Umfangsgeschwindigkeit als die Trommel T_1 läuft. Gegenüber dem Eintrommelantrieb kann bei gleicher Bandspannkraft mit einer um etwa 50% höheren Mitnahmefähigkeit gerechnet werden, d. h. das Band kann rd. 50% länger sein. Bei gleicher Bandlänge kann mit geringerer Bandvorspannkraft gefahren werden, was bei welligem Liegenden günstig ist, weil sich das Band nicht so leicht von den Tragrollen abhebt.

Die stündliche Fördermenge ist von der Geschwindigkeit und von dem der Bandbreite entsprechenden Füllquerschnitt abhängig. Für Gummimuldenbänder geht der Zusammenhang zwischen Fördermenge, Bandbreite und Bandgeschwindigkeit aus Abb. 537[1] hervor. Nach dem eingezeichneten Beispiel beträgt die Kohlefördermenge bei einer Geschwindigkeit von 1,5 m/s und 650 mm Bandbreite 120 t/h. Das 800 mm breite Band würde bei gleicher Geschwindigkeit eine Fördermenge von 180 t/h ergeben. Bei Bergeförderung kann mit der 1,5fachen, bei Kaliförderung mit der 2fachen Fördermenge gerechnet werden. Flachbänder haben etwa die halbe Fördermenge der Muldenbänder.

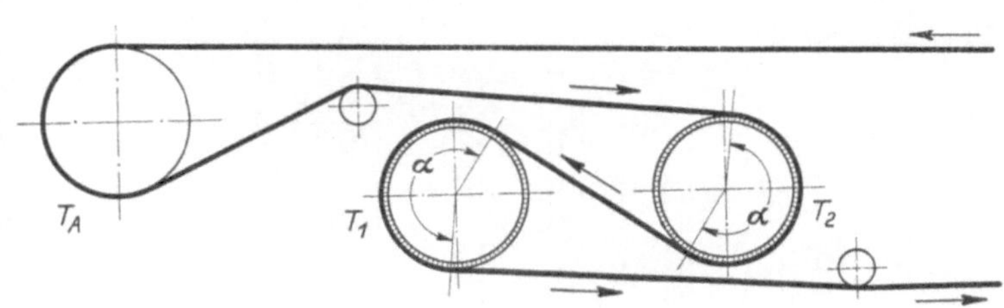

Abb. 536. Zweitrommelantrieb.

Die Berechnung der Antriebsleistung nach den einleitend gegebenen Formeln ist umständlich und doch niemals genau, weil die einzusetzenden Werte im allgemeinen in weiten Grenzen schwanken. Mit Hilfe der Abb. 538 wird die Berechnung einfacher und doch für die Praxis ausreichend genau.

Die *Bandleistung* wächst mit der Fördermenge, der Bandlänge und der Steigung. Bezeichnen N_1' die Leistung zur söhligen Fortbewegung des Fördergutes (einschließlich Reibungsleistung der Tragrollen), N_2' die Hubleistung bei steigender Förderung (bzw. N_2'' die Senkleistung bei fallender Förderung, die gleich $-0{,}7 \cdot N_2'$ gesetzt werden kann) in PS je 100 m Bandlänge

[1] Die Fördermengen sind mittlere Betriebswerte. Als Höchstmengen sind bei söhligen Bändern etwa 130% und bei stärkstem Einfallen 110% der Diagrammwerte erreichbar.

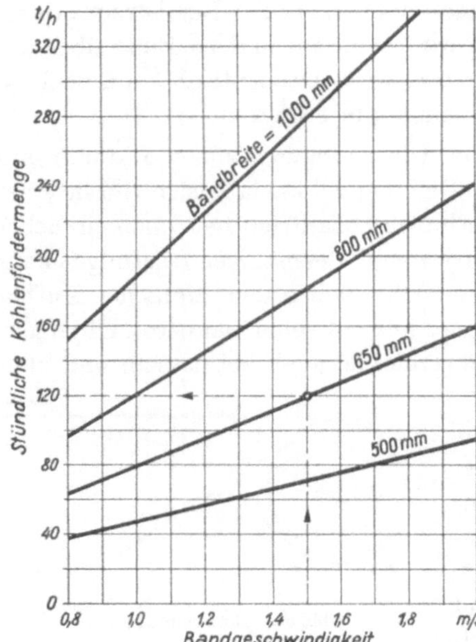

Abb. 537. Zusammenhang zwischen Fördermenge, Bandbreite und Bandgeschwindigkeit bei Gummimuldenbändern.

und L die Länge des Förderers in m, so ist bei steigender Förderung die Leistung am Bande:

$$N = \frac{L}{100}(N_1' + N_2') + N_3 \text{ PS}.$$

N_3 ist ein Zuschlag für den Verbrauch einer Bandschleife (3 PS) oder von etwaigen Abstreifern (je 0,5 PS). Bei fallender Förderung wird die Leistung:

$$N = \frac{L}{100}(N_1' - 0{,}7\,N_2') + N_3 \text{ PS*}.$$

Die Werte für N_1' und N_2' können dem Diagramm in Abb. 538[1] entnommen werden. Sind z. B. mit einem Band von 200 m Länge mit eingebauter Bandschleife 150 t/h bei 7° Steigung zu fördern, so findet man mit $N_1' + N_2' = 15$ PS/100 m und $N_3 = 3$ PS die Leistung am Bande

$$N = \frac{200}{100} \cdot 15 + 3 = 33 \text{ PS oder } 24{,}3 \text{ kW}.$$

Bei 2° Einfallen wird unter sonst gleichen Bedingungen mit $N_1' - 0{,}7\,N_2' = 6{,}5 - 0{,}7 \cdot 2{,}5 = 4{,}75$ PS/100 die Leistung $N = \frac{200}{100} \cdot 4{,}75 + 3 = 12{,}5$ PS oder 9,2 kW erforderlich.

Mit $\eta = 0{,}8$ für Antrieb und Umkehre wird die Antriebsleistung des Motors $N_M = \frac{N}{\eta} = \frac{33}{0{,}8} \approx 41$ PS oder 30 kW. Ohne Bandschleife wird $N = 30$ PS und $N_M = 37{,}5$ PS.

Bei Druckluftantrieb mit 4 atü Betriebsdruck kann der Luftverbrauch ohne vorhergehende Berechnung der Antriebsleistung aus der Abb. 539 in Abhängigkeit von der Fördermenge, von der Steigung und von der Länge L des Förderers ermittelt werden. Für das vorstehend betrachtete Beispiel des 200 m langen, 7° ansteigenden und 150 t/h bewältigenden Förderers findet sich nach dem eingezeichneten Linienzug ein Luftverbrauch von 1580 m³/h (ohne Bandschleife). Der auf die Förderung in Tonnenkilometern[2] bezogene Verbrauch

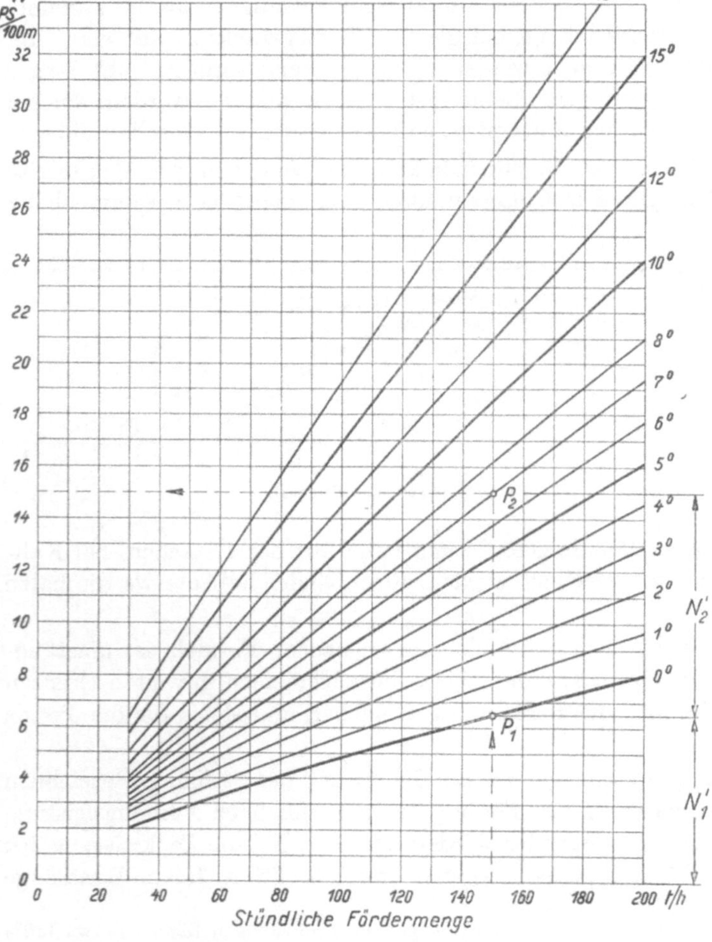

Abb. 538. Leistungsdiagramm der Bandförderung.

* Der Faktor 0,7 für N_2' berücksichtigt die für steigende Förderung eingerechnete Sicherheit von rd. 15%.

[1] Praktische Betriebswerte. Für Gummi-, Stahl- und Stahlgliederbänder gültig.

[2] Tonnenkilometer = Fördergewicht × Förderweg ist eine nur in

beträgt $\frac{1580}{150 \cdot 0{,}2} \approx 53$ m³/tkm. Dieser Wert m³/tkm wird gern für Vergleiche mit anderen Förderern benutzt, wobei aber beide Förderer mit der gleichen Steigung arbeiten müssen. Es geht z. B. nicht an, die 7° steigende Bandförderung hinsichtlich ihres Luftverbrauches je Tonnenkilometer mit einer 4° fallenden Rutschenförderung zu vergleichen.

Der Förderbandbetrieb verlangt eine langsam drehende Bewegung der Antriebstrommel, so daß Elektromotoren und Druckluftmotoren in gleicher Weise für den Antrieb geeignet sind. In beiden Fällen muß die hohe Drehzahl der Motorwelle durch ein Vorgelege auf die geringe Drehzahl der Bandtrommel herabgesetzt werden. Die Motoren sollen umsteuerbar sein. Als Druckluftantriebsmotoren kommen die in den Ziffern 237 und 238 behandelten Pfeilrad-, Geradzahn- und Schrägzahnmotoren in Frage. Auch hier gilt, daß für kleine Leistungen Gerad- und Schrägzahnmotoren, für große Leistungen (etwa über 25 PS) Pfeilradmotoren zu bevorzugen sind. Die Ausführung eines für den Antrieb von Förderbändern geeigneten Schrägzahnmotors mit angebautem Getriebe ist in der früheren Abb. 473 dargestellt.

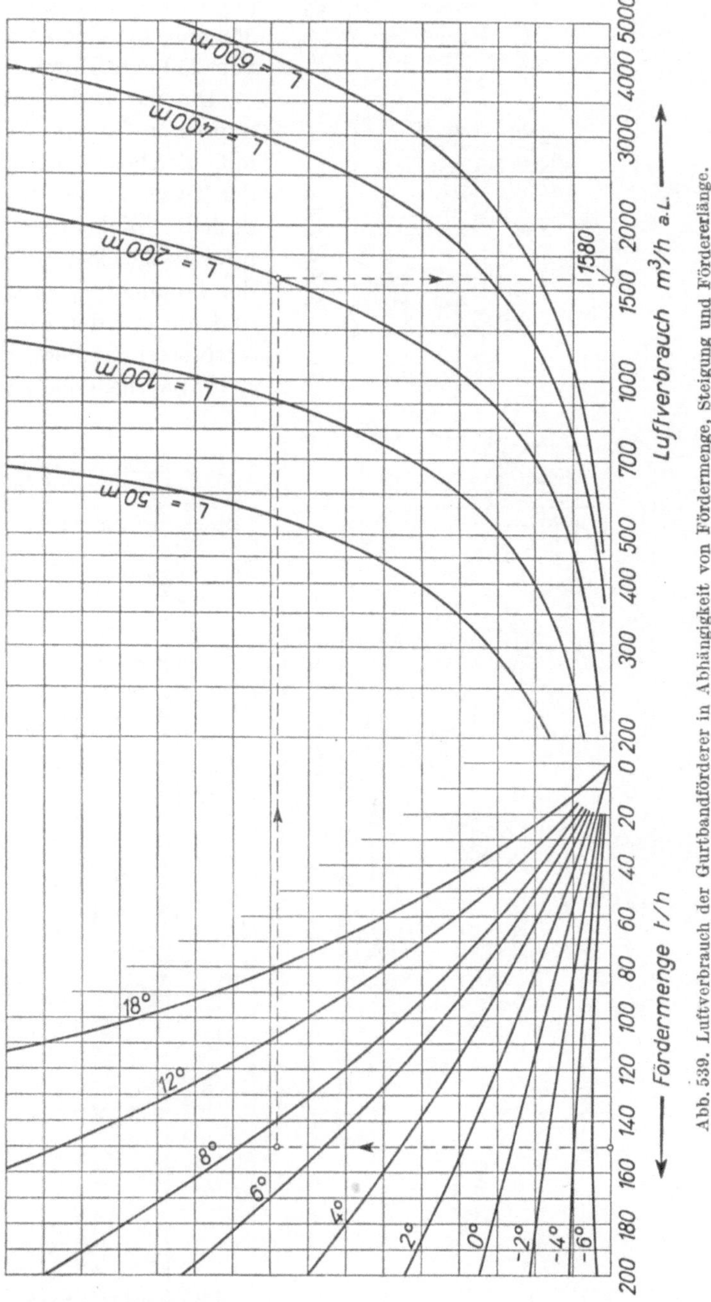

Abb. 539. Luftverbrauch der Gurtbandförderer in Abhängigkeit von Fördermenge, Steigung und Förderlänge.

Die Ausführung eines Zweitrommelantriebes für mittlere Leistungen zeigt Abb. 540. Die beiden Antriebstrommeln T_1 und T_2 von 300 mm Durchmesser sind ohne Reibungsbelag und werden durch ein seitlich angebautes, in Öl laufendes Stirnradgetriebe in entgegengesetzter Richtung gedreht. Als Antriebsmotor dient ein Druckluft-Pfeilradmotor bis 40 PS (oder ein Elektromotor bis 30 kW), der mit dem Getriebe durch die elastische, eine beträchtliche Achsverlagerung (bis 3 mm) zulassende Gummireifenkuppelung K (Periflex-Kuppelung) verbunden wird. Der Kraftfluß durch das Getriebe ist aus der fortlaufenden Bezifferung der Getrieberäder erkennbar. An Stelle des festen Anbaues der Abwurftrommel T_A wird der Antrieb auch mit Abwurftrommel in einem Schwenkarm von veränderlicher Länge ausgeführt,

der Förderung gebräuchliche Einheit und nicht mit der mechanischen Arbeit = Kraft × Weg oder Gewicht × Hubhöhe zu verwechseln.

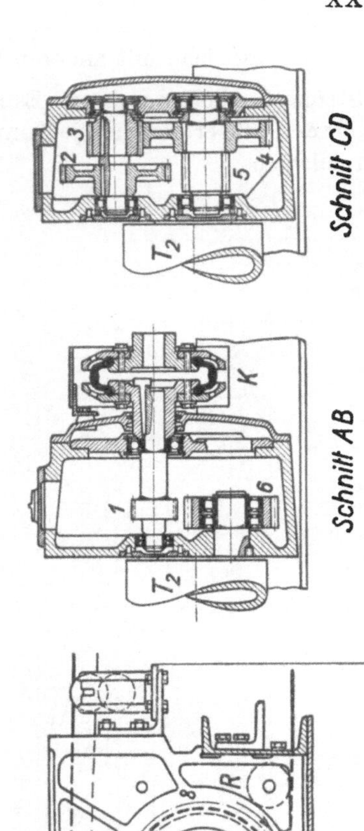

wodurch Abwurf und Antrieb in Entfernung und Höhe voneinander unabhängig werden. Bei ansteigender oder über 6° einfallender Förderung wird der Antrieb mit einer Bremse versehen, die ein Rücklaufen oder Weiterlaufen des Bandes verhindert. Für große Leistungen (bis 54 PS) wird die Antriebsstation mit Trommeln von 350 mm, für kleine Leistungen (bis 23 PS) mit Trommeln von 250 mm Durchmesser gebaut.

Die durch das außenliegende Stirnradgetriebe G gekuppelten Trommeln T_1 und T_2 laufen zwangsläufig mit gleicher Drehzahl. Eine Verschmutzung der von der Tragseite des Bandes berührten Trommel T_2 führt deshalb infolge der Vergrößerung des Trommeldurchmessers zu einer Differenz des Umfangsweges gegenüber der Trommel T_1, wodurch die Kraftverhältnisse gestört und die mit der Zweitrommelumschlingung angestrebte Verbesserung nicht voll erreicht wird. Dieser Nachteil wird bei neueren Ausführungen durch ein Ausgleich-

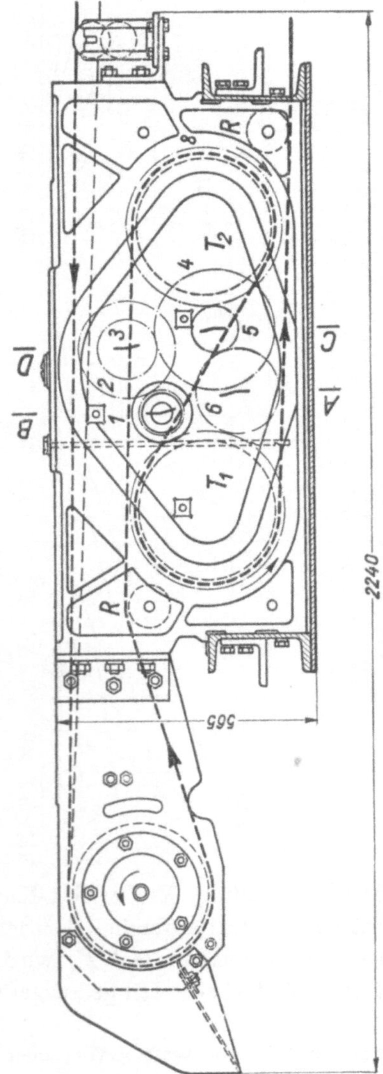

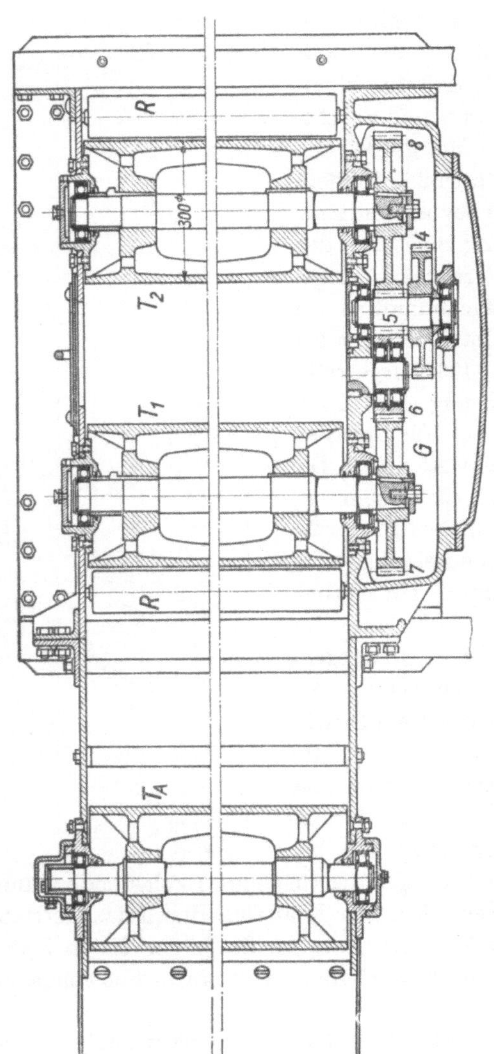

Abb. 540. Zweitrommelantrieb für 650 bis 800 mm Bandbreite und 40 PS Motorleistung (Eickhoff).

getriebe behoben, das die Kräfte gleichmäßig auf beide Trommeln verteilt, oder beide Trommeln werden mit Einzelantrieb ausgerüstet. Abb. 541 zeigt schematisch einen von der Demag gebauten Doppeltrommelantrieb mit Planetenausgleichgetriebe, bei dem der Antriebsmotor *M* in die Trommel I eingebaut ist (vgl. Abb. 543). Trommel I wird mit Innenverzahnung von den Umlaufrädern des Planetengetriebes *P* mitgenommen, während Trommel II vom Steg über eine Kette angetrieben wird. Abb. 542 zeigt das Schema für den Einzelantrieb der Trommeln in einer Ausführung von Eickhoff, bei der die zwischen die Motoren und Getriebe geschalteten Turbokuppelungen den Ausgleich übernehmen.

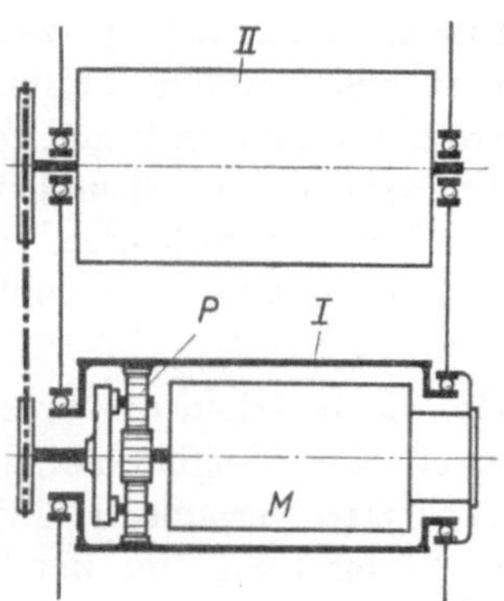

Abb. 541. Schema eines Zweitrommelantriebes mit Planetenausgleichgetriebe.

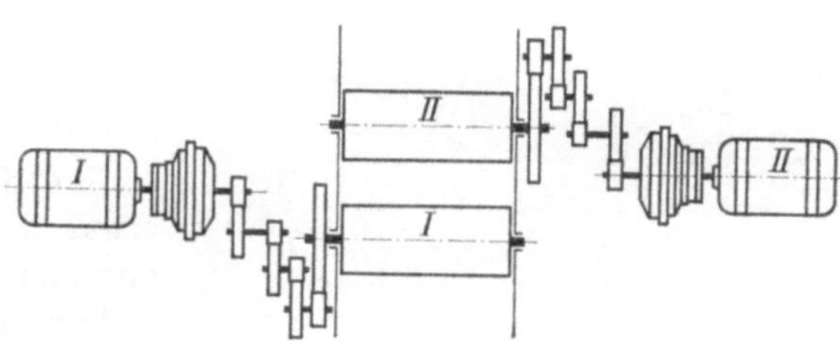

Abb. 542. Schema des Zweitrommelantriebes mit Einzelantrieb der Trommeln.

Kleinste Abmessungen des Antriebes erreicht man durch Einbau des Motors in die Antriebsrolle, wie es das Beispiel der Druckluftbandrolle in Abb. 543 zeigt (Leistungen von 8, 15, 25 und 40 PS bei 4 atü und 1,5 m/s Bandgeschwindigkeit für Bandbreiten von 500 bis 800 mm). Bei einer Motorleistung von 8 PS hat die Trommel nur 210 mm Außendurchmesser. Motor und Getriebe sind fest mit dem Außenrahmen verbunden. Die links auf Rollen, rechts auf Kugeln gelagerte Trommel wird über ein Innenzahnrad angetrieben.

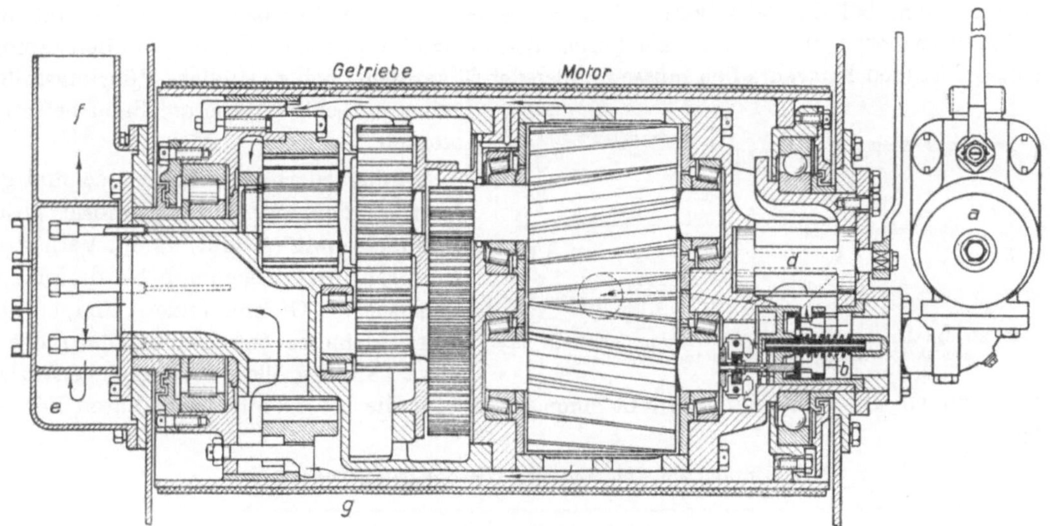

Abb. 543. Druckluftbandrolle mit eingebautem Schrägzahnmotor (Demag).

Motor, Getriebe und Rolle bilden eine bauliche Einheit, so daß auch durch unsachgemäße Aufstellung keine Fehler entstehen können. Die Druckluft nimmt in *a* das Öl für die Läuferschmierung mit und gelangt zunächst zu einem Drosselschieber *b*, der von dem Drehzahlregler *c* geschlossen wird, wenn die Drehzahl bei zu geringer Bandbelastung zu groß wird. Der Regler ist auf eine Bandgeschwindigkeit von 1,5 m/s eingestellt. Vom Drosselschieber gelangt die Luft zum Umsteuerschieber *d*, der sie je nach der gewünschten Drehrichtung zu der einen oder anderen Seite der Schrägzahnläufer führt. Die Luftumsteuerung ist bei voller Drehzahl möglich. Vom Motor gelangt die verbrauchte Luft über den Schalldämpfer *e* zum seitlich angeordneten Auspuff f. Zur Erhöhung der Reibung zwischen Band und Rolle ist die Rolle mit einem besonderen Reibungsbelag g versehen.

Die Anordnung der Tragrollen für ein Muldenband ist aus Abb. 544 zu ersehen. An Stelle der mit ihren Achsen gegeneinander geneigten drei Einzelrollen benutzt die Federtragrolle eine an den Enden gelagerte Schraubenfeder, die sich unter der Bandbelastung durchbiegt und dadurch das Band muldet.

Bei überlasteten oder nicht genügend gespannten Gummibändern kann Schlupf zwischen Bandtrommel und Band entstehen. Die Reibung zwischen Band und Trommel ergibt hohe Temperaturen, besonders dann, wenn das Band stehen bleibt, so daß das Band in Brand geraten kann. Diese Gefahr wird durch Sicherheitseinrichtungen, wie z. B. Nilos-Bandwächter, vermieden, die den Antrieb nach kurzer Schlupfdauer selbsttätig ausschalten.

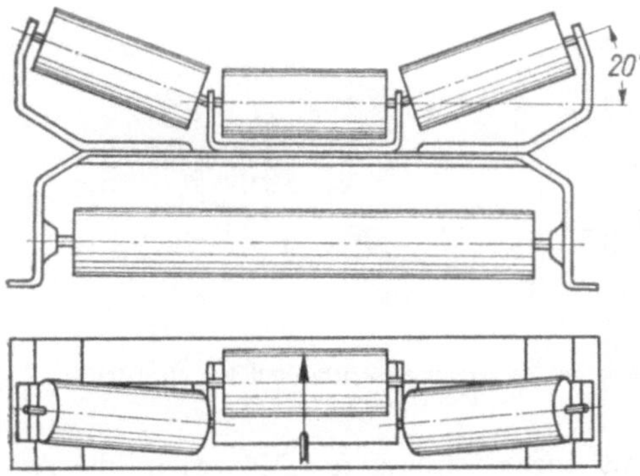

Abb. 544. Tragrollenanordnung.

Die *Stahlgliederbänder* bestehen aus einzelnen, etwas übereinandergreifenden Trogblechen, die mit angenieteten Laschenketten verbunden sind und in Längen von etwa 1,3 bis 1,9 m eine Bandmatte bilden. Die Bandmatten werden zum Gesamtband zusammengesetzt. Jede Matte hat ein eigenes Tragrollenpaar. Abb. 545 zeigt die Ausführung von Eickhoff, und zwar links mit zwei Ketten und rechts mit einer Mittelkette. Die normalen Laschenketten haben 22 t, in Sonderausführung 35 t Bruchlast. Das Stahlgliederband kann in sich senkrecht bis 4° geneigt werden; dann sind außer den eigentlichen Tragschienen noch oben liegende Zwangslaufschienen erforderlich, die ein Abheben des Bandes verhindern. Der kleinste Kurvenradius ist 100 m bei der Doppelkette und 40 m bei der Mittelkette. Neuerdings werden auch Rundstahlketten benutzt, die allseitig beweglicher und leichter als Laschenketten sind und kleinere Kurvenradien ermöglichen. Bei kleinen Kurvenradien müssen außer den Tragrollen noch zusätzliche Führungsrollen mit senkrechter Achse am Band befestigt werden.

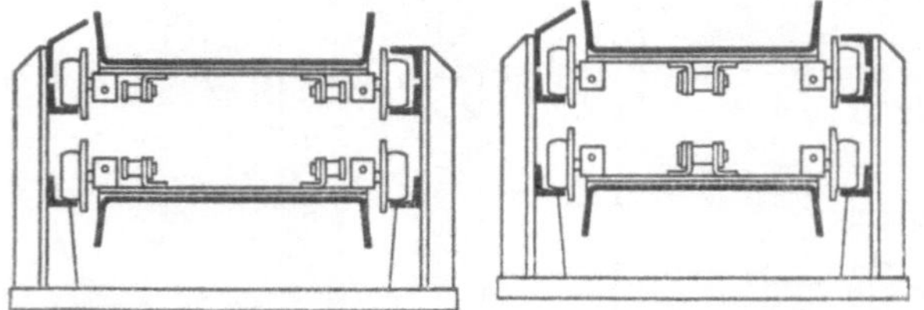
Abb. 545. Stahlgliederband mit zwei Laschenketten (links) und einer Laschenkette (rechts) mit angebauten Tragrollen.

Stahlgliederbänder können schmal gebaut werden, weil die Trogform große Füllquerschnitte ergibt, die im Verhältnis zur Breite rd. zweieinhalb bis dreimal so groß wie bei Gummibändern sind, so daß trotz kleinerer Geschwindigkeit (normal etwa 0,8 m/s) größere Fördermengen erzielt werden können. Die Zahlentafel 28 gibt einen Anhalt für die bei 0,8 m/s erreichbaren Fördermengen.

Zahlentafel 28. *Fördermengen von Stahlgliederbändern.*

Einfall-winkel °	Breite des Stahlgliederbandes in mm							
	400		540		640		800	
	Kohle t/h	Berge t/h	Kohle t/h	Berge t/h	Kohle t/h	Berge t/h	Kohle t/h	Berge t/h
0	110	160	155	220	190	270	250	360
±10	100	145	140	200	170	240	220	310
±20	90	130	125	180	150	210	190	270
±30	80	115	110	160	130	180	160	230

Die Förderung ist bis 40° möglich. Bei großem Winkel erhalten die Trogbleche Querstege, die das Abrutschen des Fördergutes verhindern sollen.

Das Eigengewicht des Stahlgliederbandes ist etwa fünf bis sechsmal so groß wie beim Gummiband. Während beim Gummiband für die Ermittlung der Bandkraft und der Bandleistung bei Kohleförderung mit $G_B \approx 0{,}7\,G_F$ und $G_F + G_B \approx 1{,}7\,G_F$ gerechnet werden kann, ist bei Stahlgliederbändern $G_B \approx 2 \cdot 0{,}7\,G_F \approx 1{,}4\,G_F$ und $G_F + G_B \approx 2{,}4\,G_F$ zu setzen. Da der Fahrwiderstand kleiner als beim Gummiband ist und mit 3,5 bis 5% statt mit 5 bis 7% angenommen werden kann, wird die Gewichtszunahme durch die Widerstandsabnahme gerade ausgeglichen.

$$\frac{\mu_{St}\,2{,}4\,G_F}{\mu_G\,1{,}7\,G_F} \approx \frac{0{,}035 \cdot 2{,}4}{0{,}05 \cdot 1{,}7} \approx \frac{0{,}05 \cdot 2{,}4}{0{,}07 \cdot 1{,}7} \approx 1 .$$

Bei söhliger Förderung stimmen daher die Bandzugkräfte und Bandleistungen des Gummi- und des Stahlgliederbandes überein. Die Unsicherheit aller Rechenfaktoren macht hier ebenfalls eine genaue Berechnung unmöglich; sie ist für die Praxis aber auch nicht erforderlich. Für eine praktisch ausreichende Überschlagsrechnung kann das für Gummibänder bestimmte Diagramm in Abb. 538 benutzt werden. Für 150 t/h bei 7° Steigung und $\eta = 0{,}8$ wird dann die Antriebsleistung eines 200 m langen Stahlgliederbandförderers $N_M = \frac{L}{100 \cdot \eta}(N_1' + N_2') = \frac{200}{100 \cdot 0{,}8} \cdot (6{,}5 + 8{,}5)$ ≈ 38 PS oder rd. 28 kW. Kurven erhöhen den Fahrwiderstand erheblich und machen größere Antriebsleistungen erforderlich. Bei sehr langen Bändern (über 500 m) erhält auch die Umkehrstation einen Antrieb, oder es wird zusätzlich noch ein Mittelantrieb angeordnet. Für steigende und fallende Förderung ist eine Bremse nötig, die von der Antriebsenergie des Motors betätigt und beim Abstellen des Motors selbsttätig eingeschaltet wird, um ein Ablaufen des Bandes zu verhüten. Zweckmäßig sind Bremsen, die in beiden Drehrichtungen wirken. Die einfachen Rücklaufrollensperren wirken nur in einem Drehsinn.

257. Schub- und Bremsförderer. Die *Schubförderer* unterscheiden sich von den Bandförderern dadurch, daß das Fördergut nicht zusammen mit seiner auf Rollen laufenden Tragfläche bewegt, sondern auf *feststehender* Tragfläche *gleitend verschoben* wird. Die mit dem Fördergut wandernden Schuborgane werden von endlosen Ketten (meistens Gliederketten) gezogen, die an der Antriebsstation von den Kettenrädern des Antriebes mitgenommen werden und dann im Leertrum zur Umkehrstation zurücklaufen. Bei fallender, den Reibungswinkel des Fördergutes (etwa 18 bis 24°) überschreitender Förderung muß das unter dem Einfluß der Schwerkraft frei rutschende Fördergut gehemmt werden; der Schubförderer wird dann zum *Bremsförderer*. Die Schubförderer, auch Kratzförderer genannt, benutzen als Schuborgan Querstege, die im allgemeinen an den Enden, seltener in der Mitte an den Zugketten befestigt sind (Stegkettenförderer). Die Bremsförderer haben überwiegend runde Scheiben, die Stauscheiben, mit exzentrischer Befestigung an der Kette. Nach der Kettenzahl werden Ein- und Zweikettenförderer[1] unterschieden. Die Förderrinnen der Stegkettenförderer haben rechteckigen, die der Stauscheibenförderer halbkreisförmigen Querschnitt. Bei ersteren laufen die Ketten mit den Stegen in dem symmetrischen Unterteil zurück; letztere haben für den Rücklauf ein seitlich angebrachtes Führungsrohr.

Der nutzbare Füllquerschnitt der Stegkettenförderer ist im Verhältnis zur Breite (420 bis 620 mm) groß, so daß bereits Fördergeschwindigkeiten von 0,5 bis 0,9 m/s für Fördermengen von 60 bis 250 t/h genügen. Die Einsatzgrenzen liegen etwa bei 20° steigender und 25 bis 30° fallender Förderung. Die sehr hoch beanspruchten Ketten haben 16 oder 18 mm Gliedstärke mit 20 bzw. 26 t Bruchlast. Die mit stoßfreier Überlappung zusammengesetzten Förderrinnen gestatten eine senkrechte und seitliche Abweichung von rd. 4°.

Die starke Gleitreibung des Fördergutes und der Ketten und Kratzer ergibt sehr große Kettenkräfte und erfordert demnach auch hohe Antriebsleistungen, die bei gleicher Fördermenge und gleichen Bedingungen mehrfach größer als bei Bandförderern sein müssen. Diesem Nachteil steht der Vorteil einer sehr kräftigen und robusten Bauweise gegenüber (Westfalia-Panzerförderer, Beien-Rekordförderer u. a.), die der rauhen Behandlung im Streb gewachsen ist und bei den fördertechnisch günstigeren Bandförderern bisher noch nicht erreicht werden konnte Die stabile Bauart ermöglicht es, den Förderer im ganzen Strang zu rücken, was besonders wichtig für den Hobelbetrieb ist, und ihn als Führung für den Kohlenhobel (vgl. Abb. 521)

[1] Auch Doppelkettenförderer genannt.

oder als Gleitbahn für die Schrämmaschine (vgl. Abb. 515) zu benutzen. Gerechtfertigt ist sein Einsatz auch noch in der Strecke als kurzer, verschiebbarer Zwischenförderer für die Übergabe der Kohle von dem mit dem Abbau vorrückenden Strebförderer auf das empfindlichere Streckenband. Für die Streckenförderung sind die Schubförderer wegen ihres großen Energieverbrauches ungeeignet.

Die an den Ketten auszuübende Kraft setzt sich zusammen aus der Kraft zur Überwindung des Reibungswiderstandes der Ketten samt Stegen und des Fördergutes und der Hubkraft für das Fördergut. Um die Kettenkräfte so klein wie möglich zu halten, wendet man bei langen Förderern zwei Antriebe an. Der *Hauptantrieb* liefert die Kräfte zum Transport des Fördergutes und zum Bewegen der Ketten und Stege auf der Förderseite, während der *Hilfsantrieb* nur die auf der Leerseite zurücklaufenden Ketten und Stege zieht. Die Berechnung der Kräfte erfolgt sinngemäß wie bei der Bandförderung (vgl. Abb. 534), jedoch gelten für Fördergut und Kette *verschiedene* Reibungszahlen. Um die Kraft des Hilfsantriebes zu berücksichtigen, soll das bewegte Gewicht des Förderers (Kette und Kratzer) nicht als Ganzes, sondern getrennt für die Förder- und Leerseite betrachtet werden. Für die Berechnung gelten folgende Bezeichnungen:

P' = Kettenzugkraft auf der Förderseite;
P'' = Kettenzugkraft auf der Leerseite;
G_F = Gewicht des Fördergutes;
G_K = Gewicht der Ketten und Kratzer auf der Förder- bzw. Leerseite;
μ_F = Reibungszahl für das Fördergut;
μ_K = Reibungszahl für die Ketten und Kratzer;
α = Steigungs- bzw. Einfallwinkel der Förderung.

Für den *laufenden* Förderer gilt dann:

$$P' = (\mu_F G_F + \mu_K G_K)\cos\alpha \pm G_F \sin\alpha \text{ kg} \quad \text{und} \quad P'' = \mu_K G_K \cos\alpha \text{ kg}.$$

Das Pluszeichen gilt für steigende, das Minuszeichen für fallende Förderung. Für Ketten und Kratzer wird keine Hubkraft benötigt, weil sich die Gewichte der Förder- und der Leerseite das Gleichgewicht halten.

Die Ketten werden von den Kräften P' und P'' gedehnt; um am laufenden Förderer auf der Leerseite Hängekette zu vermeiden, ist deshalb am stillstehenden Förderer eine Vorspannkraft $P_v = P' + P''$ erforderlich.

Das Verhältnis der Kettenzugkraft des Hauptantriebes zu der des Hilfsantriebes ist

$$\frac{P'}{P''} = \frac{(\mu_F G_F + \mu_K G_K)\cos\alpha \pm G_F \sin\alpha}{\mu_K G_K \cos\alpha} = 1 + \frac{G_F}{G_K}\frac{\mu_F \pm \operatorname{tg}\alpha}{\mu_K}.$$

Wenn bei *fallender* Förderung $\operatorname{tg}\alpha = \mu_F$, also α gleich dem Reibungswinkel wird, erhält man

$$\frac{P'}{P''} = 1 + \frac{G_F}{G_K}\frac{\mu_F - \mu_F}{\mu_K} = 1 + 0 = 1,$$

d. h. in diesem Falle wird $P' = P''$, und jeder Antrieb hat nur noch die Ketten- und Kratzerreibung zu überwinden. Bei weiter zunehmendem Einfallen wird P' negativ, und das Fördergut beginnt zu treiben. Die Gleichung $P' + P'' = 0$ kennzeichnet den Grenzfall, in dem keine äußeren Antriebskräfte mehr erforderlich sind und das treibende Fördergut gerade die gesamte Kettenreibung überwindet. Aus

$$P' + P'' = (\mu_F G_F + \mu_K G_K)\cos\alpha \pm G_F \sin\alpha + \mu_K G_K \cos\alpha = 0$$

ergibt sich durch Umformen

$$\operatorname{tg}\alpha = 2\mu_K\frac{G_K}{G_F} + \mu_F$$

und daraus der Grenzwert des Einfallwinkels α, bei dem der Förderer theoretisch ohne Antrieb läuft. Wird α größer als dieser Grenzwert, so muß der Förderer gebremst werden.

Alle Rechnungen mit den vorstehenden Formeln können nur Anhaltswerte liefern, denn die Reibungszahlen schwanken in sehr weiten Grenzen; für μ_F werden Werte von 0,35 bis 0,6 und für μ_K von 0,1 bis 0,35 angegeben. Für die Praxis lassen die Formeln immerhin den Einfluß der Beladung des Förderers erkennen.

Aus den Kräften P' und P'' in kg, der Fördergeschwindigkeit v in m/s ergeben sich die *Kettenleistungen* für den Hauptantrieb $N' = \frac{P' v}{75}$ PS und für den Hilfsantrieb $N'' = \frac{P'' v}{75}$ PS. Mit dem Wirkungsgrad η für Motor und Getriebe werden die *Motorleistungen* $N'_M = \frac{N'}{\eta}$ PS am Haupt- und $N''_M = \frac{P''}{\eta}$ PS am Hilfsantrieb.

Das folgende, mit mittleren Werten von μ_F und μ_K durchgeführte Zahlenbeispiel erläutert die Anwendung der Formeln und veranschaulicht die Größenordnungen, ohne Anspruch auf praktische Genauigkeit zu erheben. Mulden, Sättel und Knicke im Förderer können beispielsweise die erforderlichen Antriebsleistungen noch beträchtlich erhöhen.

Beispiel.

Ein Stegkettenförderer von $L = 240$ m Länge soll $Q = 120$ t/h bei einer Kettengeschwindigkeit $v = 0{,}72$ m/s fördern. Auf der Förder- und Leerseite beträgt das Gewicht aus Ketten und Kratzstegen je 4800 kg (20 kg/m). Die Fördergutreibungszahl wird mit $\mu_F = 0{,}45$ und die Kettenreibungszahl mit $\mu_K = 0{,}25$ angenommen. Der Wirkungsgrad für den Motor mit Getriebe sei $\eta = 0{,}8$. — Es sollen die Leistungen für 20° steigende, für söhlige ($\alpha = 0°$) und für 10° fallende Förderung berechnet werden; ferner ist der Einfallwinkel für gleiche Leistungen am Haupt- und Hilfsantrieb nebst den Antriebsleistungen zu berechnen und der Grenzwinkel zu bestimmen, bei dem der Selbstlauf des Förderers beginnt.

Das Fördergutgewicht ist

$$G_F = \frac{1000\,Q\,L}{3600\,v} = \frac{1000 \cdot 120 \cdot 240}{3600 \cdot 0{,}72} = 11\,100 \text{ kg.}$$

a) 20° steigende Förderung:

$$P' = (\mu_F G_F + \mu_K G_K) \cos\alpha + G_F \sin\alpha;$$
$$P' = (0{,}45 \cdot 11\,100 + 0{,}25 \cdot 4800) \cdot 0{,}94 + 11\,100 \cdot 0{,}342 = 9630 \text{ kg};$$
$$P'' = \mu_K G_K \cos\alpha = 0{,}25 \cdot 4800 \cdot 0{,}94 = 1130 \text{ kg};$$

Kettenleistung am Hauptantrieb $N' = \frac{P' v}{75} = \frac{9630 \cdot 0{,}72}{75} = 92{,}5$ PS;

Kettenleistung am Hilfsantrieb $N'' = \frac{P'' v}{75} = \frac{1130 \cdot 0{,}72}{75} = 10{,}8$ PS;

Gesamtkettenleistung $N = N' + N'' = 92{,}5 + 10{,}8 = 103{,}3$ PS;

Motorleistung am Hauptantrieb $N'_M = \frac{N'}{\eta} = \frac{92{,}5}{0{,}8} = 116$ PS;

Motorleistung am Hilfsantrieb $N''_M = \frac{N''}{\eta} = \frac{10{,}8}{0{,}8} = 13{,}5$ PS.

b) Söhlige Förderung ($\alpha = 0°$, $\sin\alpha = 0$, $\cos\alpha = 1$, $\operatorname{tg}\alpha = 0$):

$$P' = \mu_F G_F + \mu_K G_K = 0{,}45 \cdot 11\,100 + 0{,}25 \cdot 4800 = 6200 \text{ kg};$$
$$P'' = \mu_K G_K = 0{,}25 \cdot 4800 = 1200 \text{ kg};$$
$$\frac{P'}{P''} = 1 + \frac{G_F}{G_K} \frac{\mu_F + \operatorname{tg}\alpha}{\mu_K} = 1 + \frac{11\,100}{4800} \cdot \frac{0{,}45}{0{,}25} = 5{,}17 \quad \text{oder} \quad \frac{6200}{1200} = 5{,}17;$$
$$N' = \frac{P' v}{75} = \frac{6200 \cdot 0{,}72}{75} = 59{,}5 \text{ PS};$$
$$N'' = \frac{P'' v}{75} = \frac{1200 \cdot 0{,}72}{75} = 11{,}5 \text{ PS};$$
$$N = N' + N'' = 59{,}5 + 11{,}5 = 71 \text{ PS};$$

Motorleistung am Hauptantrieb $N'_M = \frac{N'}{\eta} = \frac{59{,}5}{0{,}8} = 74{,}4$ PS;

Motorleistung am Hilfsantrieb $N''_M = \frac{N''}{\eta} = \frac{11{,}5}{0{,}8} = 14{,}4$ PS.

c) 10° fallende Förderung:

$$P' = (\mu_F G_F + \mu_K G_K) \cos\alpha - G_F \sin\alpha;$$
$$P' = (0{,}45 \cdot 11\,100 + 0{,}25 \cdot 4800) \cdot 0{,}985 - 11\,100 \cdot 0{,}174 = 4180 \text{ kg};$$
$$P'' = \mu_K G_K \cos\alpha = 0{,}25 \cdot 4800 \cdot 0{,}985 = 1180 \text{ kg};$$
$$N' = \frac{4180 \cdot 0{,}72}{75} = 40{,}1 \text{ PS}; \quad N'' = \frac{1180 \cdot 0{,}72}{75} = 11{,}3 \text{ PS}; \quad N = 51{,}4 \text{ PS};$$

Motorleistung am Hauptantrieb $N'_M = \frac{40{,}1}{0{,}8} = 50{,}1$ PS;

Motorleistung am Hilfsantrieb $N''_M = \frac{11{,}3}{0{,}8} = 14{,}1$ PS.

d) Die Kettenkräfte P' und P'' werden gleich, wenn $\operatorname{tg}\alpha = \mu_F = 0{,}45$ wird. Der zugehörige Einfallwinkel ist $\alpha = 24°15'$.

$$P' = (0{,}45 \cdot 11100 + 0{,}25 \cdot 4800) \cdot 0{,}911 - 11100 \cdot 0{,}411 = 1090\ \text{kg};$$

$$P'' = 0{,}25 \cdot 4800 \cdot 0{,}911 = 1090\ \text{kg};$$

$$N' = N'' = \frac{1090 \cdot 0{,}72}{75} = 10{,}5\ \text{PS}; \quad N = 21\ \text{PS};$$

$$N'_M = N''_M = \frac{10{,}5}{0{,}8} = 13{,}1\ \text{PS}.$$

Bei dieser geringen Beanspruchung kann der Hauptmotor die Gesamtleistung $N_M = N'_M + N''_M = 26{,}2$ PS allein übernehmen.

e) Der Grenzwinkel für den Beginn des Selbstlaufes ergibt sich aus

$$\operatorname{tg}\alpha = 2\mu_K \frac{G_K}{G_F} + \mu_F = 2 \cdot 0{,}25 \cdot \frac{4800}{11100} + 0{,}45 = 0{,}667; \quad \text{Grenzwinkel } \alpha = 33°\,42'.$$

Bei diesem Einfallwinkel ist:

$$P' = -1000\ \text{kg}; \qquad P'' = +1000\ \text{kg}; \qquad P' + P'' = 0;$$

$$N' = -9{,}6\ \text{PS}; \qquad N'' = +9{,}6\ \text{PS}; \qquad N = N' + N'' = -9{,}6 + 9{,}6 = 0.$$

Die Ergebnisse treffen nur für die gemachten Annahmen zu. Die Genauigkeit der Zahlen in der Rechnung und auch der Werte in der folgenden Zahlentafel 29 soll nur dem Vergleich dienen und ist praktisch selbstverständlich sinnlos, weil die verwendeten Faktoren in der Wirklichkeit viel ungenauer sind.

Zahlentafel 29[1]. *Leistungen der Haupt- und Hilfsantriebe eines Stegkettenförderers für 120 t/h bei verschiedenen Förderwinkeln im Vergleich zu den Leistungen eines Muldenbandförderers für die gleiche Fördermenge.*

Steigungs- bzw. Einfalls- winkel	Stegkettenförderer $Q = 120$ t/h $v = 0{,}72$ m/s $\mu_F = 0{,}45$ $\mu_K = 0{,}25$ $\eta = 0{,}8$						Muldenbandförderer $Q = 120$ t/h $v = 1{,}44$ m/s $\mu = 0{,}06$ $\eta = 0{,}8$		Leistungs- verhältnis
α	N' PS	N'' PS	N PS	N'_M PS	N''_M PS	N_M PS	N PS	N_M PS	$N_{\text{Stegförderer}} / N_{\text{Bandförderer}}$
+20°	92,5	10,8	103,3	116,0	13,5	129,5	48,0	60,0	2,16
+10°	77,1	11,3	88,4	96,5	14,1	110,6	30,8	38,5	2,87
0°	59,5	11,5	71,0	74,4	14,4	88,8	12,5	15,6	5,68
−10°	40,1	11,3	51,4	50,1	14,1	64,2	− 6,2	—	—
−24°15′	10,5	10,5	21,0	13,1	13,1	26,2	—	—	—
−33°42′	− 9,6	9,6	0	—	—	0	—	—	—

In der Zahlentafel 29 sind die Leistungswerte eines Stegkettenförderers für die im vorstehenden Beispiel geltenden Werte zusammengestellt und zum Vergleich die Leistungswerte eines Muldenbandförderers für die gleiche Fördermenge 120 t/h bei der doppelten Geschwindigkeit $v = 1{,}44$ m/s angegeben. Mit zunehmender Steigung vergrößert sich die Hubleistung, während die Reibungsleistung etwas abnimmt, so daß das Verhältnis der Stegfördererleistung zur Bandfördererleistung mit wachsender Steigung der Förderung abnimmt.

258. Förderhäspel und Schlepperhäspel mit Druckluftantrieb[2]. Förderhäspel sind kleiner als Schachtfördermaschinen und heben kleinere Last mit geringerer Geschwindigkeit aus kleinerer Teufe. Sie sind mit Trommeln oder häufiger mit Treibscheiben ausgerüstet, die meist mit Unterseil fördern. Der antreibende Motor dreht die Trommelwelle durch ein oder zwei Zahnrädervorgelege; die Bremse muß aber auf die Trommelwelle wirken, weil die auf eine Vorgelegewelle wirkende Bremse im Falle eines Zahnbruches versagt. Die Bremse, die als Bandbremse oder als Doppelbackenbremse ausgeführt wird, wird durch das Bremsgewicht dauernd angezogen; um zu fahren, muß der Maschinist die Bremse durch einen Fußtritthebel lüften. Wenn mit dem Haspel niedergehende Lasten abgebremst werden, muß das Vorgelege ausrückbar sein, oder man bremst, indem man den Motor als Kompressor laufen läßt, wie es in Ziffer 239 erläutert wurde. Für Seilfahrt sind Teufenzeiger und Schelle vorgeschrieben[3]; häufig wird verlangt, daß beim Übertreiben der Teufenzeiger ein Fallgewicht auslöst, das die Bremse aufwirft, ferner, daß beim stillstehenden Haspel die Bremse mittels Handrades und Schraubengetriebes festgelegt werden kann. Bremsberechnung siehe Ziffer 161 und 169.

[1] Vgl. die Schlußbemerkung über die Genauigkeit im vorstehenden Beispiel.

[2] Häspel mit elektrischem Antrieb siehe Abschnitt XVIII. — [3] Vgl. Ziffer 162.

Bei der Bremsbergförderung, die in der Regel eintrümig ist, derart, daß das Gegengewicht unten läuft, hängt die Last, die der Haspel ziehen kann, vom Einfallen ab. Zieht der Haspel senkrecht G kg, so zieht er beim Einfallwinkel α, von der Reibung abgesehen, $G : \sin \alpha$ kg. Theoretisch würde er bei einem Einfallen von 75° $1{,}035 \cdot G$ kg ziehen, bei 60° $1{,}155 \cdot G$ kg, bei 45° $1{,}415 \cdot G$ kg, bei 30° $2 \cdot G$ kg, bei 15° $3{,}86 \cdot G$ kg. Praktisch wird die Zugkraft geringer, da die Reibung zu berücksichtigen ist. Als Anhalt dienen folgende Zahlen, die A. Beien, Herne,

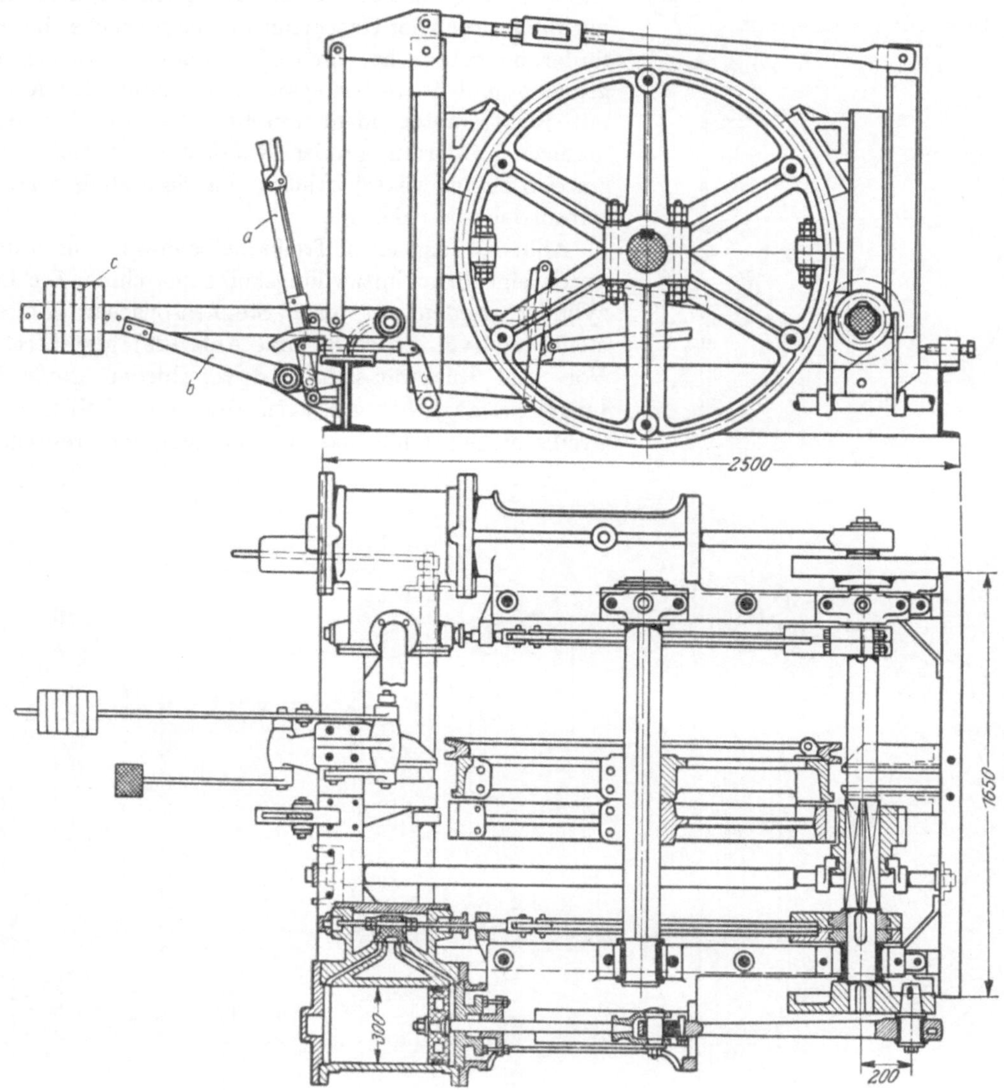

Abb. 546. Treibscheibenförderhaspel mit Zwillingsmotor (A. Beien, Herne).

angibt: Zieht der Haspel senkrecht 1000 kg, so zieht er bei 75° Einfallen 1020 kg, bei 60° 1130 kg, bei 45° 1370 kg, bei 30° 1920 kg, bei 15° 3660 kg[1].

Bei der Blindschacht- oder Stapelförderung, die eintrümig mit Gegengewicht, das Förderkorb und halbe Last ausgleicht, oder zweitrümig ausgeführt wird, tragen die Förderkörbe häufig nur einen Wagen. Der Haspel wird entweder über dem Stapel oder neben dem Stapel aufgestellt; im letzteren Falle sind oben im Stapel Seilscheiben einzubauen. Bei Aufstellung am Füllort wird die Haspelkammer gespart.

[1] Ein zeichnerisches Verfahren zur Auffindung der Bremskraft bzw. der Haspelzugkraft gibt Dipl.-Ing Weih an: Förderung auf schiefer Ebene. Bergbau 1927 Nr. 50 und 51. Vgl. ferner Glückauf 1927 Nr. 9.

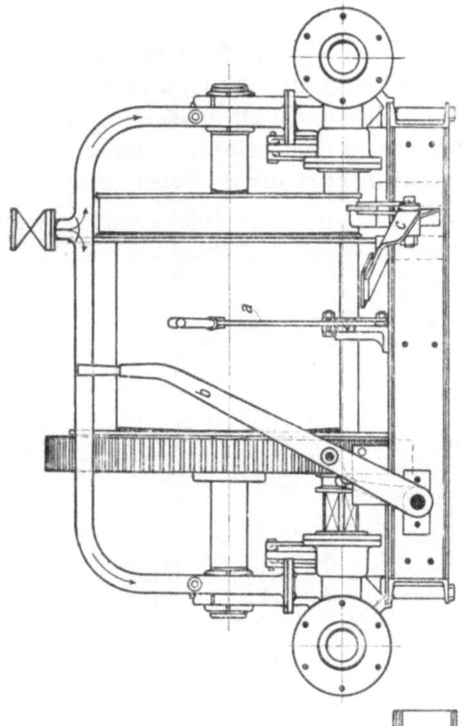

Die am Seile gemessene Haspelleistung wird in Seil-PS angegeben. Die effektive Motorleistung, d. h. die an der Motorwelle abgegebene Leistung muß größer sein, weil der Motor noch die Reibung in den Vorgelegen überwinden muß.

Druckluftantrieb soll möglichst nur bei kleinen Leistungen angewendet werden, bei größeren Leistungen nur dann, wenn der Haspel nur für gelegentliche Materialförderung gebraucht wird, oder wenn aus Sicherheitsgründen und Bewetterungsschwierigkeiten der Antrieb mit Elektromotor nicht durchführbar ist. Bei regelmäßiger Förderung großer Nutzlasten ist elektrischer Antrieb immer wirtschaftlicher und deshalb dem Druckluftantrieb vorzuziehen.

Abb. 546 zeigt einen Treibscheibenhaspel mit Antrieb durch eine Druckluftzwillingskolbenmaschine. Die Luftzylinder werden mit einer Stephensonschen Kulissensteuerung (vgl. Ziffer 85 und Abb. 129) gesteuert, die Vor- und Rückwärtslauf und verschieden große Füllungen ermöglicht. Auslegen des Steuerhebels *a* zur Treibscheibe hin läßt das Seil oben von der Treibscheibe

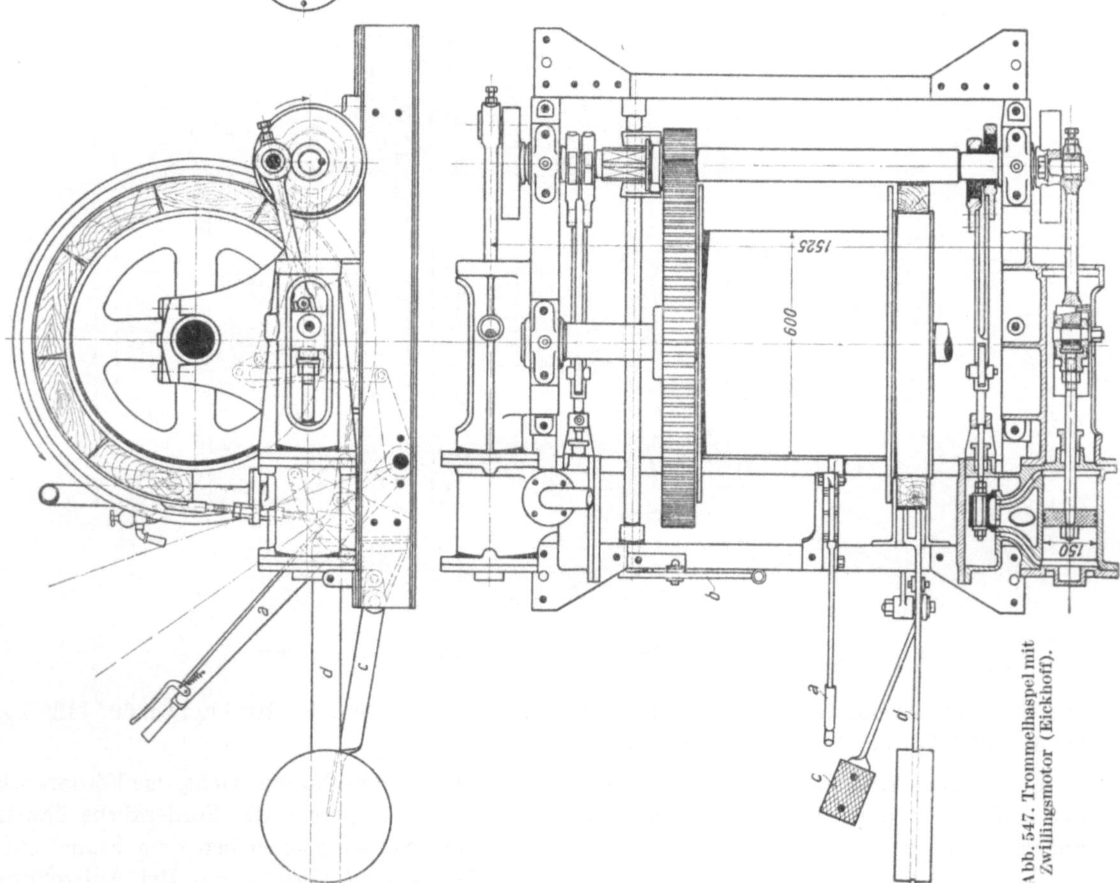

Abb. 547. Trommelhaspel mit Zwillingsmotor (Eickhoff).

ablaufen (Vorwärtslauf). Weil mit Vorgelege gearbeitet wird, und die Treibscheibe deshalb entgegengesetzten Umlaufsinn wie die Kurbelwelle hat, ist der die Kulisse hebende Winkelhebel umgekehrt wie in Abb. 129 angeordnet. Das die Kurbelwelle und die Treibscheibe verbindende Vorgelege hat ein Übersetzungsverhältnis 1 : 5 und kann durch Verschieben des Vorgelegeritzels auf dem Vierkant der Kurbelwelle ein- und ausgerückt werden. Treibscheibe und Bremskranz sind fest miteinander verbunden. Die mittels eines Spannschlosses nachstellbare, in beiden Drehrichtungen gleichmäßig wirkende Doppelbackenbremse wird vom Gewicht *c* dauernd angezogen und muß beim Fahren durch den Fußtritt *b* gelüftet werden. Die Dauerleistung der Zwillingsmaschine von 300 mm Kolbendurchmesser und 400 mm Hub beträgt 84 PS mit einer Kurbelwellendrehzahl $n_K = 120\,\text{min}^{-1}$ bei 4 atü Betriebsdruck. Der Luftverbrauch ist rd. 3000 m³/h. Die Treibscheibe von 1500 mm Durchmesser macht $n_T = n_K : 5 = 120 : 5 = 24\,\text{min}^{-1}$. Der Haspel zieht senkrecht am Seil eine Nutzlast von 2740 kg mit einer Geschwindigkeit von 1,89 m/s, so daß seine Seilleistung 69 PS beträgt.

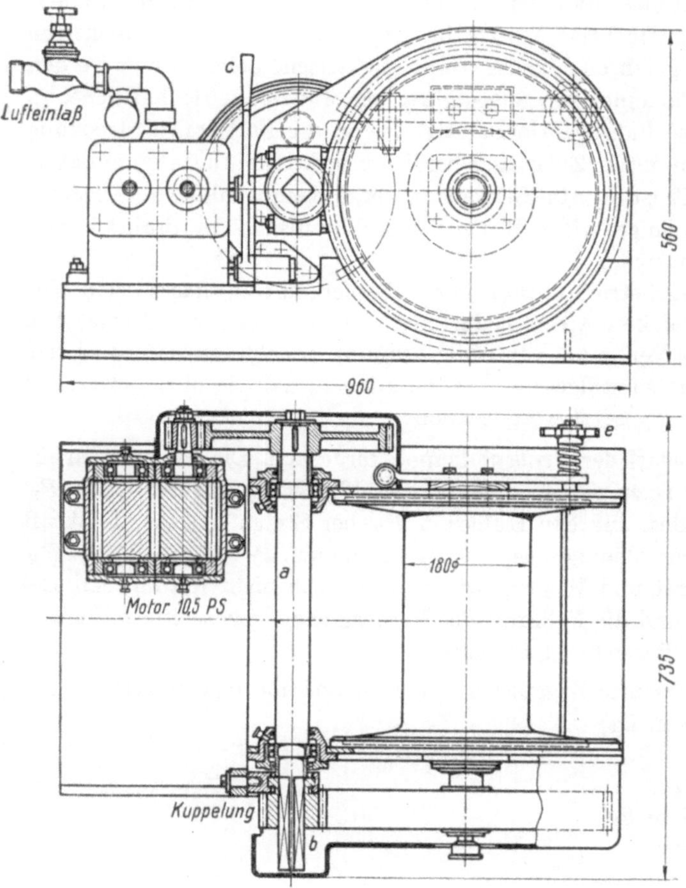

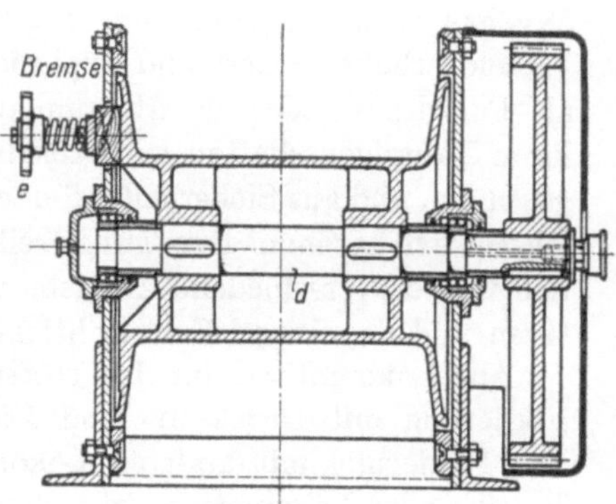

Abb. 548. Schlepperhaspel mit Geradzahnmotor von 10,5 PS (Düsterloh).

Abb. 547 zeigt einen Drucklufthaspel von Eickhoff der gleichfalls von einem Zwillingsmotor mit Stephensonsteuerung angetrieben wird, jedoch eine Seiltrommel und Bandbremse besitzt. Die Betätigung des ausrückbaren Vorgeleges durch den Hebel *b* ist deutlich erkennbar.

Bei kleinen Häspeln, wie sie als Schlepperhäspel oder Mitnehmerhäspel angewendet werden, ist der Zwillingsdruckluftmotor durch den eine viel geschlossenere Bauart gestattenden Zahnradmotor verdrängt worden. Für die meist kleinen Leistungen ist der Geradzahnmotor dem Pfeilradmotor vorzuziehen[1]. Der in Abb. 548 dargestellte Schlepperhaspel wird durch einen Geradzahnmotor von 10,5 PS und $n = 2200\,\text{min}^{-1}$ angetrieben. Die mittlere Zugkraft ist 700 kg bei einer mittleren Seilgeschwindigkeit von 0,9 bis 1 m/s. Die Drehzahl des Motors wird durch ein doppeltes Stirnradvorgelege auf die Trommeldrehzahl $n = 65\,\text{min}^{-1}$ herabgesetzt. Das Ritzel der Vorgelegewelle *a* ist auf dem Vierkant *b* verschiebbar und dient als Kuppelung, die vom Hebel *c* betätigt wird. Die Trommel ist auf der Welle *d* fest aufgekeilt. Die Bremse ist als Seitenbackenbremse ausgeführt; sie wird mit der Handschraube *e* über eine zwischengeschaltete Feder angezogen. Der Motor hat selbsttätige Luftschmierung.

[1] Ausführliche Behandlung der Motoren in Abschnitt XXIV.

XXVII. Grubenlokomotiven.

259. Überblick. Nach dem Einsatz wird zwischen Abbaulokomotiven, Zubringerlokomotiven und Hauptstreckenlokomotiven und nach der Art der Antriebsenergie zwischen Druckluftlokomotiven, Verbrennungslokomotiven und elektrischen Lokomotiven unterschieden. Die Fahrgeschwindigkeiten sind begrenzt für Abbaulokomotiven mit 1,5 m/s, für Zubringerlokomotiven mit 3 m/s und für Hauptstreckenlokomotiven mit 4 m/s. Die Druckluftlokomotiven führen ihre Antriebsenergie in Form hochgespannter Druckluft (160 bis 225 at) in Speicherflaschen mit. Für den Antrieb der Verbrennungslokomotiven stehen Dieselmotoren zur Verfügung; Benzolmotoren sind ungeeignet, weil ihre Abgase oft einen zu hohen Gehalt von giftigem Kohlenoxydgas aufweisen, und weil das leichtflüchtige Benzol im Gegensatz zum schwerflüchtigen Dieselöl erhöhte Brand- und Explosionsgefahren mit sich bringt. Elektrische Lokomotiven werden als Fahrdraht- oder als Akkumulatorlokomotiven ausgeführt. Die äußerst wirtschaftliche, in ihren Fahreigenschaften ausgezeichnete Fahrdrahtlokomotive ist an die Fahrdrahterstreckung gebunden und aus Sicherheitsgründen in ihrem Zulassungsbereich beschränkt. Die Akkumulatorlokomotive hat mehr Bewegungsfreiheit, ist aber im Betriebe teurer und empfindlicher. Gelegentlich werden verschiedene Antriebe vereinigt, wie z. B. bei den Akkumulator-Fahrdrahtlokomotiven und den Diesel-Fahrdrahtlokomotiven.

Alle Lokomotiven für den Untertagebetrieb müssen vom Oberbergamt zugelassen sein. Die Förderung mit Druckluft- und Diesellokomotiven bedarf der Genehmigung des Bergamtes. Die Förderung mit anderen Lokomotiven muß vom Oberbergamt genehmigt sein. Für den Betrieb aller Lokomotiven gilt, daß sie so stillgesetzt werden müssen, daß sie nicht von selbst anfahren oder durch Unbefugte in Gang gesetzt werden können.

260. Fahrwiderstand und Energiebedarf der Grubenlokomotivförderung. Die für die Wagenförderung aufzuwendende Zugkraft P setzt sich wie bei der Bandförderung aus der Kraft P_W zur Überwindung des Fahrwiderstandes, aus der Hubkraft P_H bei Steigung (bzw. Fallkraft $-P_H$ bei Gefälle) und aus der Anfahrbeschleunigungskraft P_B zusammen. $P = P_W \pm P_H + P_B$. Die Hubkraft P_H gilt hier für Nutzlast und Wagengewicht, da es sich nicht um ein endloses Band handelt, bei dem sich die Hub- und die Fallkraft des Fördermittels gegenseitig aufheben. In den Berechnungen sollen folgende Bezeichnungen gelten:

P = Bewegungskraft in kg für das gesamte Zuggewicht (einschl. Lokomotivgewicht);
P_Z = Zughakenkraft der Lokomotive in kg;
G = Gesamtgewicht des Zuges;
G_L = Gewicht der Lokomotive in kg;
G_W = Leergewicht sämtlicher Wagen in kg;
G_N = Gesamtnutzlast des Zuges in kg;
μ = Fahrwiderstandszahl;
μ' = Haftreibungszahl der Lokomotivräder auf den Schienen;
α = Steigungs- bzw. Gefällewinkel;
H/B = Steigung bzw. Gefälle = $\operatorname{tg}\alpha$ (Höhe: Basis);
b = Anfahrbeschleunigung in m/s²;
b/g = Beschleunigungsverhältnis = $b/9{,}81 \approx 0{,}1\, b$;
v = Fahrgeschwindigkeit in m/s;
η = mechanischer Gesamtwirkungsgrad des Lokomotivantriebes;
N = Radleistung der Lokomotive in PS oder kW;
N_Z = Zughakenleistung in PS oder kW;
N_M = Motorleistung in PS oder kW.

Nach den Gesetzen der Bewegung auf geneigter Ebene wird:

$$P_W = \mu G \cos\alpha; \quad P_H = \pm G \sin\alpha; \quad P_B = G\, b/g,$$

woraus folgt:

$$P = \mu G \cos\alpha \pm G \sin\alpha + G\, b/g = G\,(\mu \cos\alpha \pm \sin\alpha + b/g) \text{ kg}.$$

Die Lokomotivförderung arbeitet nur mit kleiner Steigung, so daß sich die Formel bedeutend vereinfachen läßt, denn bis zur Steigung $H/B = 1:10 = \operatorname{tg}\alpha$ ($\alpha = 5°43'$) kann mit Rechenschiebergenauigkeit $\sin\alpha = \operatorname{tg}\alpha = H/B$, $\cos\alpha = 1$ und $b/g = 0{,}1\,b$ gesetzt werden, womit man die Bewegungskraft erhält:

$$P = G\,(\mu \pm H/B + 0{,}1\,b)\ \text{kg}.$$

Der beim Fahren zu überwindende Widerstand beträgt etwa 15 kg/t, wenn die Wagen mit Gleitlagern ausgerüstet sind, und 10 kg/t, wenn sie Rollenlager haben. Mit andern Worten: Der Widerstand beträgt 1,5 bzw. 1% des Zuggewichtes oder $\mu = 0{,}015$ bis $0{,}01$. In Kurven nimmt die Widerstandszahl etwa um $0{,}15/R$ zu (R = Kurvenradius in m), was aber nicht viel ausmacht, da sich bei kleinem Kurvenradius nur wenige Wagen in der Kurve befinden. Bei Fahrt mit gleichbleibender Geschwindigkeit ist $b = 0$, so daß das letzte Glied in der Klammer fortfällt.

Die Lokomotive muß sich selbst und die Förderwagen bewegen. Die am Haken der Lokomotive gemessene Zugkraft P_Z ist für die Förderwagen verfügbar. Diese Hakenzugkraft hängt einerseits von der Leistung und Geschwindigkeit der Lokomotive ab und ist andererseits begrenzt durch die vom Lokomotivgewicht abhängige Haftreibungskraft zwischen den Lokomotivrädern und Schienen. Wenn beide Lokomotivachsen Treibachsen sind, was bei den Grubenlokomotiven immer der Fall ist, kann die Zugkraft am Haken 16 bis 22% des Lokomotivgewichtes betragen, was einer Haftreibungszahl $\mu' = 0{,}16$ bis $0{,}22$ entspricht. Ist das Gleis an einigen Stellen schlüpfrig, muß man dort Sand streuen; es ist nur trockener Sand brauchbar, und meist ist es nötig, den Sand erst zu trocknen, indem man ihn erhitzt.

Eine 8 t schwere Lokomotive ($G_L = 8000$ kg) kann eine maximale Zugkraft $P_{\max} = \mu'\,G_L = 0{,}22 \cdot 8000 = 1760$ kg aufbringen. Der Motor habe eine Leistung $N_M = 55$ PS, wovon bei $\eta = 0{,}8$ die Radleistung $N = \eta\,N_M = 44$ PS zur Verfügung steht. Ist das Zuggewicht $G_Z = 62$ t $= 62000$ kg und das Gesamtgewicht $G = G_L + G_Z = 70000$ kg, so verteilt sich die Leistung mit $N_L \approx 5$ PS auf die Lokomotive und $N_Z \approx 39$ PS auf die Wagen. Mit einer Fahrwiderstandszahl $\mu = 0{,}012$ ergibt sich die erforderliche Gesamtkraft P für Lokomotive + Wagen

1. auf söhliger Strecke (mit $H/B = 0$)

$$P_1 = G\,(\mu \pm H/B) = 70000 \cdot 0{,}012 = 840\ \text{kg} \quad \text{und}$$

2. auf einer 1 : 100 ansteigenden Strecke (mit $H/B = 0{,}01$)

$$P_2 = G\,(\mu + H/B) = 70000 \cdot (0{,}012 + 0{,}01) = 1540\ \text{kg}.$$

Dabei können die Geschwindigkeiten

$$v_1 = \frac{75\,N}{P_1} = \frac{75 \cdot 44}{840} = 3{,}93\ \text{m/s oder rd. } 14\ \text{km/h}$$

$$\text{bzw. } v_2 = \frac{75 \cdot 44}{1540} = 2{,}14\ \text{m/s oder rd. } 7{,}7\ \text{km/h}$$

erreicht werden.

Aus der Beziehung $P_{\max} = G\,(\mu \pm H/B + 0{,}1\,b_{\max})$ erhält man die höchste erreichbare Beschleunigung $b_{\max} = 10 \cdot \left(\frac{P_{\max}}{G} - \mu \mp H/B\right)\ \text{m/s}^2$. Für die vorstehenden Verhältnisse wird bei einem Gefälle 1 : 250 oder $H/B = -0{,}004$ die Höchstbeschleunigung

$$b_{\max} = 10 \cdot \left(\frac{1760}{70000} - 0{,}012 + 0{,}004\right) = 0{,}17\ \text{m/s}^2.$$

Die Geschwindigkeit kann bis $v = \frac{75 \cdot 44}{1760} = 1{,}88$ m/s ansteigen; darüber hinaus muß die Beschleunigung abnehmen, weil die Leistung nicht ausreicht, z. B. wird $b = 0{,}1\ \text{m/s}^2$ bei $v = 2{,}62$ m/s und $b = 0{,}077\ \text{m/s}^2$ bei $v = 3$ m/s.

Häufig haben die Querschläge nach dem Schacht Gefälle; bei einem Gefälle $H/B = 1:200$ braucht der zum Schacht fahrende Zug je Tonne Zuggewicht 5 kg weniger und der leer zurückfahrende Zug je Tonne Zuggewicht 5 kg mehr Zugkraft als bei söhliger Bahn, wodurch ein gewisser Leistungsausgleich erreicht wird.

Die Nutzförderung einer söhligen oder annähernd söhligen Förderbahn wird in Nutztkm ausgedrückt. 1 t Nutzlast 1 km weit gefördert ist 1 Nutztkm. Was ist unter Nutzlast zu verstehen? Wenn man die Bahn für sich betrachtet, so ist die Nutzlast gleich der Ladung der Förderwagen. Unter anderem Gesichtspunkt rechnet man nur die geförderten Kohlen, nicht die Berge oder nur die vom Tage kommenden als Nutzlast. Beim Vergleich von Grubenbahnen ist auf die Grundlage der Rechnung zu achten. Für den Energiebedarf der Bahn kommt es auf die Bruttotkm an. Nimmt man das Wagengewicht mit 50% der Nutzlast G_N an, so wird $G_W = 0{,}5\, G_N$. Aus der Beziehung

$$\mu' G_L = G\,(\mu + H/B) = (G_L + G_W + G_N)\cdot(\mu + H/B)$$

errechnet sich das erforderliche Lokomotivgewicht

$$G_L = (G_W + G_N)\,\frac{\mu + H/B}{\mu' - (\mu + H/B)}\,.$$

Wird eine größte Steigung $H/B = 1:50 = 0{,}02$, eine Fahrwiderstandszahl $\mu = 0{,}015$ und eine Haftreibungszahl $\mu' = 0{,}18$ angenommen, so wird mit diesen wenig günstigen Werten und mit $G_W = 0{,}5\, G_N$ ein ausreichend großes Lokomotivgewicht errechnet.

$$G_L = (0{,}5 G_N + G_N)\,\frac{0{,}015 + 0{,}02}{0{,}18 - (0{,}015 + 0{,}02)} = 0{,}36 G_N\,.$$

Fahren die Wagen beladen zum Schacht und leer ins Feld, sind nach den vorstehenden Gewichtsverhältnissen für 1 Nutztkm auf *söhliger* Bahn $(1 + 2\cdot 0{,}5 + 2\cdot 0{,}36) = 2{,}72$ Bruttotkm aufzuwenden. Die mechanische Arbeit für söhlige Hin- und Rückfahrt ist $A = (P_{voll} + P_{leer})\,s = \mu(G_L + G_W + G_N + G_L + G_W)\,s = \mu\,(2G_L + 2G_W + G_N)\,s$ mkg. Die Arbeit für 1 Nutztkm $\triangleq$ 2,72 Bruttotkm mit $G_N = 1$ t $= 1000$ kg, $s = 1$ km $= 1000$ m und $\mu = 0{,}015$ wird:

$$A = 0{,}015\,(2\cdot 360 + 2\cdot 500 + 1000)\cdot 1000 = 40\,800 \text{ mkg oder rd. } 0{,}15 \text{ PSh}.$$

Bei kleinerem Fahrwiderstand z. B. $\mu = 0{,}012$ ermäßigt sich dieser Wert auf 0,12 PSh, aber er kann sich auch auf rd. 0,19 PSh vergrößern, wenn die Lokomotive nur mit halber Kraft ausgenutzt wird, wenn man also nur die Hälfte der Wagen anhängt, die eigentlich gezogen werden könnten.

Hat man zum Schacht ein *Gefälle* $H/B = 1:200 = 0{,}005$, so wird die mechanische Arbeit für die Hinfahrt mit Nutzlast $A_1 = (\mu - H/B)\,(G_L + G_W + G_N)\,s = (0{,}015 - 0{,}005)\cdot 1860\cdot 1000 = 18\,600$ mkg und für die Leerfahrt zurück $A_2 = (\mu + H/B)\,(G_L + G_W)\,s = (0{,}015 + 0{,}005)\times{}$ $\times\, 860\cdot 1000 = 17\,200$ mkg, insgesamt also $A = A_1 + A_2 = 35\,800$ mkg oder rd. 0,13 PSh für 1 Nutztkm. In diesem Fall hat man für Vollfahrt und Leerfahrt fast gleiche Belastung und spart gegenüber söhliger Fahrt rd. 13% der Energie.

261. Druckluftlokomotiven. Die Druckluftlokomotiven werden als *Hauptstreckenlokomotiven* mit Leistungen von 30 bis 70 PS und in kleinerer Ausführung mit Leistungen von 10 bis 20 PS als *Zubringer-* und *Abbaulokomotiven* gebaut. Sie führen Hochdruckluft von 160 bis 225 at in Stahlflaschen mit, die auf dem Fahrgestell gelagert und untereinander verbunden sind. Der Gesamtinhalt der Flaschen beträgt bis zu 1,5 m³ bei den höchsten Drücken; bei Drücken bis 175 at geht man auch bis auf 2,5 m³ Speicherraum. Im allgemeinen wählt man drei Flaschen, deren Anordnung dem Fahrer eine gute Sicht auf die Fahrbahn ermöglicht, oder man nimmt auch nur eine Flasche, die einen einfachen Aufbau, große Betriebssicherheit und bequeme Überwachung gewährt. Die Speicherflaschen unterliegen den behördlichen Überwachungsbestimmungen für Druckluftbehälter und sind alle 4 Jahre innerlich zu prüfen und alle 8 Jahre einer Wasserdruckprobe mit dem $1^1/_2$fachen Betriebsdruck zu unterziehen.

Der hohe Luftdruck ist nötig, um möglichst viel Luft mitführen und dadurch einen genügenden Fahrbereich erzielen zu können; in dem Maße, wie Druckluft entnommen wird, sinkt der Druck in den Speicherflaschen. Der Betriebsdruck der Motoren liegt je nach Bauart und Wirkungsweise zwischen 12 und 40 ata, so daß die Luft vorher gedrosselt werden muß; dadurch geht zwar ein Teil der Spannungsenergie verloren[1], jedoch ist dieser Verlust tragbar in Anbetracht des großen Fahrbereiches, den der hohe Speicherdruck mit einer Füllung ermöglicht.

[1] Vgl. Ziffer 232.

Um das große Druckgefälle der Luft im Motor möglichst günstig und ohne Vereisungsgefahr auszunutzen, wird mehrstufige Entspannung mit Zwischenwärmung angewendet (vgl. Ziffer 229). Den grundsätzlichen Aufbau einer mit zweistufiger Entspannung arbeitenden Druckluftlokomotive veranschaulicht Abb. 549. Bei der Füllung tritt die Luft aus der Hochdruckleitung über das Füllventil *a* in die Speicherflaschen *b* ein, die durch die Kopfplatte *c* miteinander in Verbindung stehen. Beim Fahren strömt die Luft über das Hauptabsperrventil *d* zunächst zu dem selbsttätigen Druckminderventil *e*, das den Druck von 175 ata auf 16 ata herabsetzt. Infolge der Drosselabkühlung (Thomson-Joulesche Abkühlung, vgl. Ziffer 9) sinkt die Temperatur von + 25° C auf — 15° C, weshalb die Luft, ehe sie zur Maschine gelangt, zur Erhöhung ihrer Arbeitsfähigkeit im Vorwärmer *f* auf + 15° C erwärmt wird. Bei den niedrigen Temperaturen genügt zur Erwärmung die warme Grubenluft, die den Vorwärmer in einem Röhrensystem

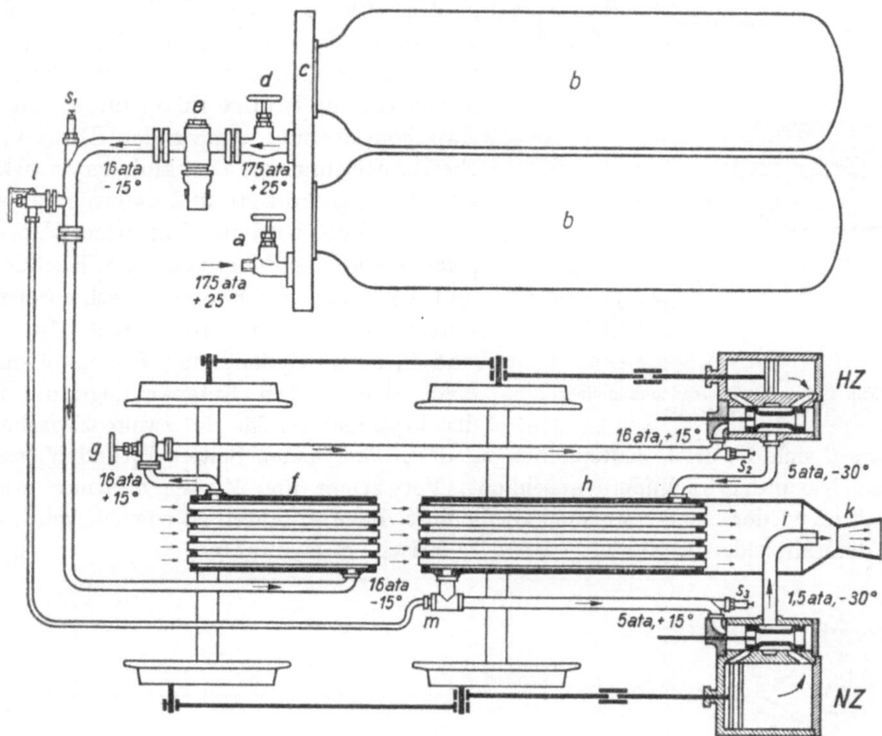

Abb. 549. Schema einer Druckluftlokomotive mit zweistufiger Entspannung.

durchströmt. Gleichzeitig dient der Vorwärmer auch als Arbeitsflasche zum Ausgleich der stoßweisen Belastung durch die Kolbenmaschine. Das Sicherheitsventil s_1 schützt den Vorwärmer beim Versagen des Druckminderventils vor übermäßig hohem Druck. Über das Fahrventil *g* gelangt die Luft in den durch das vorgeschaltete Sicherheitsventil s_2 geschützten Hochdruckzylinder *HZ*, in dem die erste Teilentspannung von 16 ata auf 5 ata erfolgt. Bevor die beim Entspannen auf — 30° C abgekühlte Luft zur weiteren Arbeitsabgabe in den Niederdruckzylinder geleitet wird, durchströmt sie den ebenfalls von Grubenluft gewärmten Zwischenwärmer *h*, so daß sie zu Beginn der zweiten Entspannungsstufe wieder eine Temperatur von + 15° C hat. Die im Niederdruckzylinder auf 1,5 ata entspannte Luft tritt durch den als Blasrohr ausgebildeten Auspuff *i* und die Ausblasdüse *k* ins Freie und saugt die Grubenluft durch den Vorwärmer und Zwischenwärmer.

Daß man bei der Druckluftlokomotive überhaupt die Luft ohne Vereisungsgefahr so weit expandieren lassen kann, hängt damit zusammen, daß hochgespannte Druckluft viel trockner ist als Druckluft von normalem Druck[1]. Trotzdem sammelt sich Wasser in den Hochdruck-

[1] Vgl. Ziffer 224.

flaschen und in der Arbeitsflasche. Dieses Wasser ist von Zeit zu Zeit abzulassen, damit es nicht in die Zylinder treten und Wasserschläge verursachen kann.

Infolge der Verbundwirkung wird es beim Anfahren meist nötig sein, dem Niederdruckzylinder unmittelbar über das Anfahrventil l und den Druckminderungsnippel m Frischluft zuzuführen, insbesondere in der Totpunktlage des Hochdruckkolbens, weil der Hochdruckzylinder im Stillstand noch keine Luft abgeben kann. Gegen zu hohen Druck bei der Frischluftzufuhr schützt das Sicherheitsventil s_3. Ist die Lokomotive in Bewegung, so ist das Anfahrventil zu schließen und die Steuerung auf kleine Füllung zurückzulegen, um die Luft möglichst wirtschaftlich auszunutzen.

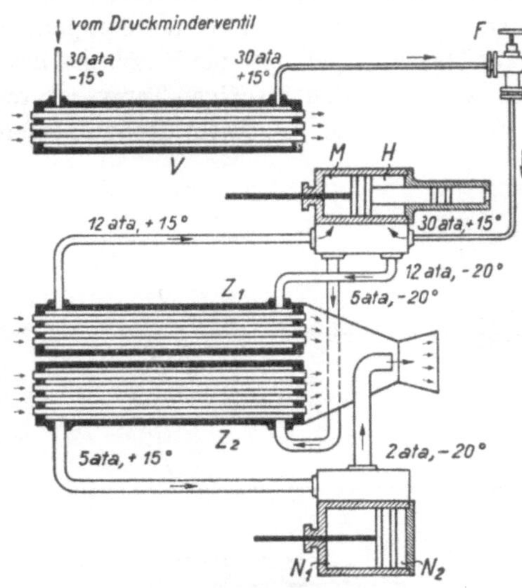

Abb. 550. Dreistufige Entspannung in einer Druckluftlokomotive.

Um die mit einer Füllung erreichbare Fahrstrecke durch noch bessere Ausnutzung der Luft weiter zu vergrößern, wird auch die in Abb. 550 dargestellte dreistufige Entspannung mit zweifacher Zwischenwärmung angewendet. Die von den Speicherflaschen und vom Druckminderventil kommende, auf 30 ata gedrosselte und dadurch auf $-15°$ C abgekühlte Luft wird im Vorwärmer V erwärmt und gelangt über das Fahrventil F zur Hochdruckstufe H und von dort durch den Zwischenwärmer Z_1 zur Mitteldruckstufe M. Hoch- und Mitteldruckstufe sind in einem Zylinder mit Stufenkolben vereinigt. Nach der zweiten Entspannungsstufe im Mitteldruckzylinder erfolgt die zweite Zwischenwärmung in Z_2, worauf sich die dritte Entspannungsstufe in den beiden Seiten N_1 und N_2 des doppeltwirkenden Niederdruckzylinders anschließt. Vorwärmer und Zwischenwärmer erhalten ihre Wärmezufuhr wieder aus der warmen Grubenluft. Beim Anfahren ist sowohl dem Niederdruckals auch dem Mitteldruckzylinder gedrosselte Frischluft zuzuführen.

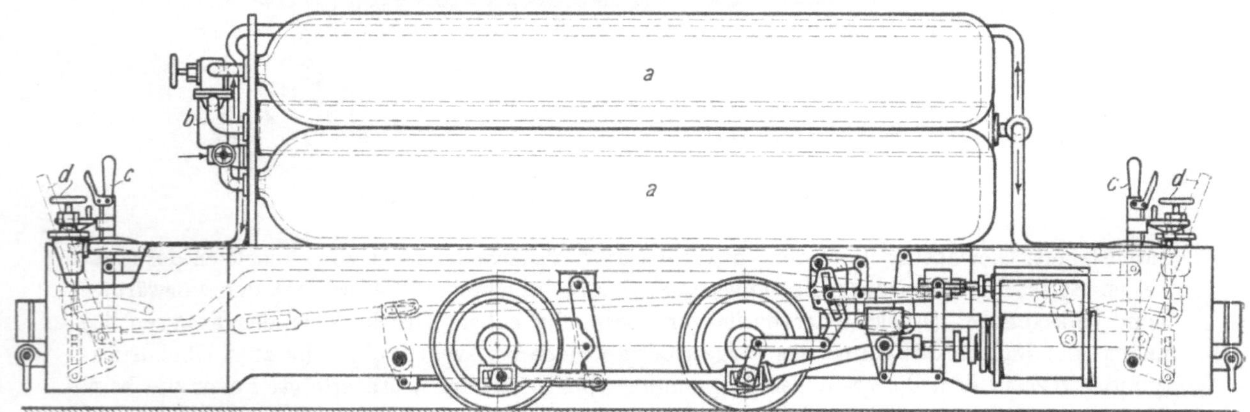

Abb. 551. Druckluftlokomotive mit zweistufiger Entspannung.

Der Vorteil, daß man mit der wirtschaftlicheren Ausnutzung der Luft bei dreistufiger Entspannung gegenüber der zweistufigen einen etwa 15 bis 20% größeren Fahrbereich erzielt, macht sich nur bei langen Fahrstrecken bemerkbar. Bei kurzen Strecken und reichlichem Verschiebedienst wird die Wirtschaftlichkeit durch die häufige Frischluftverwendung im Mitteldruck- und Niederdruckzylinder so herabgesetzt, daß hier Lokomotiven mit zweistufiger Entspannung auch wegen ihrer einfacheren Bauweise vorzuziehen sind. Es ist auch zu berücksichtigen, daß der bei der zweistufigen Lokomotive eingesparte Raum für den zweiten Zwischenwärmer dem Speicherraum zugute kommen kann.

Abb. 551 zeigt die konstruktive Ausführung einer Grubenlokomotive (A. Borsig, Berlin), die zwei (meist überdeckte) Führersitze hat. Die Flaschen sind mit *a* bezeichnet, *b* ist das Druckminderventil, *c* der Steuerhebel, *d* der Hebel der Handbremse. Auf beiden Seiten der Lokomotive sind Sandkästen angebracht, die durch einen Zug vom Führerstande her bedient werden. Die angewandte HEUSINGER-Steuerung ist in Ziffer 85 genauer dargestellt; sie zeichnet sich durch gleichbleibendes lineares Voreilen aus. Die Demag bevorzugt bei ihren Lokomotiven eine *Lenkersteuerung*, die weniger empfindlich ist.

Abb. 552 veranschaulicht die Wirkungsweise eines Druckminderventils. Auf die obere Seite des abgestuften Kolbens vom Durchmesser *D* wirkt der verminderte Druck, auf die untere die Feder *d*. Der Kolben steuert bei *b* den Übertritt der hochgepreßten Luft in den Niederdruckraum *c*. Je nachdem die Kraft der Feder *d* oder der die obere Kolbenseite belastende Druck der bei *b* gedrosselten Luft überwiegt, strömt bei *b* mehr oder weniger Luft über, und der hohe Druck der Druckluft wird auf niedrigen, ungefähr gleichbleibenden Druck herabgemindert, den man einstellt, indem man die Feder *d* mehr oder weniger spannt. Der Kolben nebst den dichtenden Ledermanschetten ist durch kältebeständiges Öl zu schmieren.

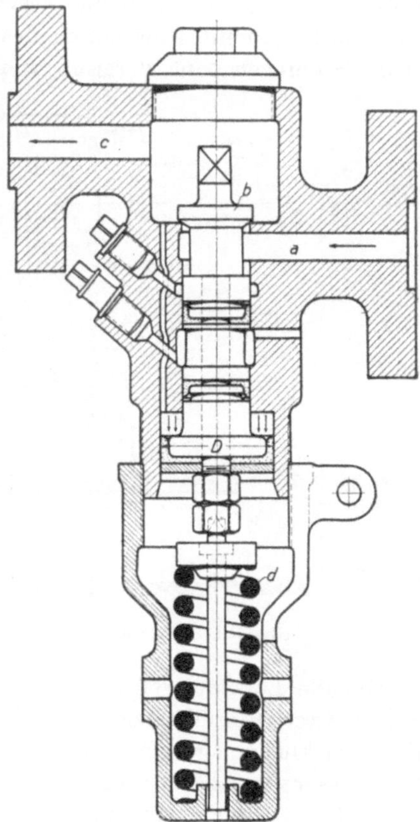

Abb. 552. Druckminderventil für Druckluftlokomotiven.

Die normalen Lokomotiven für die Hauptstrecken, die meist 600 mm Spurweite haben, üben am Haken gemessen 750 bis 1250 kg Zugkraft aus, haben etwa 3 bis 4 m/s Fahrgeschwindigkeit und Maschinenleistungen von 40 bis 70 PS. Beim Anfahren kann durch Frischluft im Niederdruckzylinder die Anzugkraft auf 1500 bis 2000 kg erhöht werden. Das Lokomotivgewicht beträgt etwa 8 bis 10 t. Der Fahrbereich ist 6 bis 8 km (ohne Verschiebedienst); häufig ist er kleiner, insbesondere wenn bei der Hinfahrt Berge gefördert werden. Der Querschnitt der Lokomotiven ist durch die Strecken begrenzt, so daß sie lang gebaut werden müssen (4 bis 5 m), um genügenden Druckluftvorratsraum zu erhalten. Der Luftverbrauch für 1 Bruttotkm beträgt etwa 0,8 bis 1 m^3 Luft von 1 ata, für 1 Nutztkm 2 m^3 und mehr.

Der Vorzug der unbedingten Schlagwettersicherheit macht die Druckluftlokomotive geeignet, die Förderung unmittelbar vom Abbau aus zu übernehmen, wenn sie den räumlichen Verhältnissen des Abbaues angepaßt wird. Die *Abbaulokomotiven* müssen für geringe Durchgangsprofile und das Befahren starker Kurven bemessen sein. Außerdem darf die Lokomotive für den Transport durch den Stapelschacht die Länge eines Förderwagens nicht überschreiten, oder sie muß sich dementsprechend teilen lassen. Bei Gewichten von 2,5 bis 3,5 t kann mit Leistungen von 8 bis 10 PS bei einer Geschwindigkeit von 1,5 m/s gerechnet werden. Das durch die Kleinheit bedingte geringe Speichervermögen (0,35 bis 0,6 m^3) zwingt zu sparsamster Luftausnutzung. Mehrstufige Entspannung bietet bei dem häufigen Anfahren keinen Vorteil mehr, und es ist besser, den durch Fortfall des Zwischenwärmers gesparten Raum zur Vergrößerung des Speicherraumes auszunutzen. Die Demag verwendet eine einstufig wirkende Zwillingskolbenmaschine. Die Abbaulokomotive der Bergbau G.m.b.H., Dortmund, hat einen mit 25 atü Arbeitsdruck betriebenen, schnellaufenden Vierzylinderblockmotor ($n = 620\ \text{min}^{-1}$) von 10 PS, der auf dem Führerstand untergebracht ist. Die Drehzahl wird durch ein doppeltes Schneckengetriebe herabgemindert. Das gesamte Druckgefälle wird einstufig im Gleichstromverfahren ausgenutzt. Die in den Zylindern verbleibende Luft wird bei der Verdichtung erwärmt. Die aus dem Arbeitsbehälter hinzutretende Frischluft mischt sich mit der warmen Kompressionsluft, so daß eine Vereisung des Zylinders auch ohne Zwischenwärmung verhindert wird. Eine Ventilsteuerung gestattet beim Anfahren große Füllung einzustellen, die sich bei gleichmäßiger Fahrt bis auf 30% Füllung verringern läßt.

Der Fahrbereich mit einer Füllung beträgt bei Abbaulokomotiven nur etwa 2,5 bis 3 km, so daß während einer Schicht mehrmals gefüllt werden muß. Das ist ein nicht unwesentlicher Nachteil, denn zur Vermeidung unnötiger Leerfahrten müssen Füllstellen in der Nähe des Abbaues eingerichtet werden, die sehr lange Zuleitungen für die Hochdruckluft erfordern.

Zubringerlokomotiven haben Leistungen von 14 bis 20 PS und Zugkräfte von 300 bis 400 kg bei einer Geschwindigkeit von 3 m/s. Da sie wie die Abbaulokomotiven bei kurzen Fahrstrecken häufig Anfahren und Verschiebedienst verrichten, verzichtet man auch bei ihnen auf mehrstufige Expansion der Luft und verwendet bei einem Arbeitsdruck von 25 bis 35 atü Zwillings- und Blockmotoren; Anwendung des Gleichstromverfahrens läßt auch bei diesen Leistungen kleine Füllungen ohne Vereisungsgefahr zu.

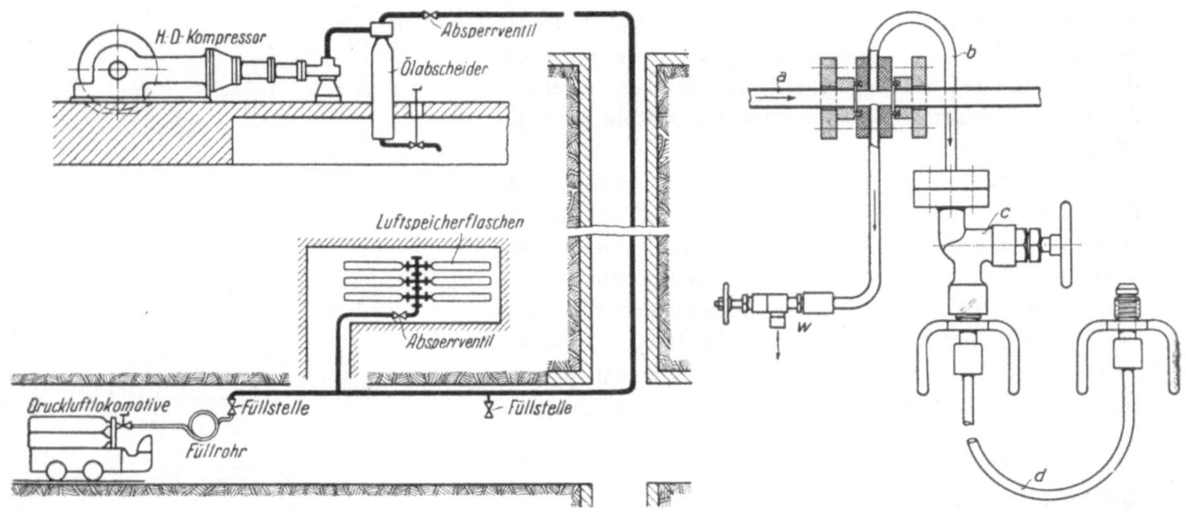

Abb. 553. Schema einer Hochdruckluftanlage.

Abb. 554. Fülleitung für Druckluftlokomotiven.

Um die Lokomotiven mit Druckluft aufzufüllen, werden am Schachte und vielfach auch in den Strecken Füllstellen angeordnet. Abb. 553 (Demag) zeigt schematisch den Aufbau einer Hochdruckluftanlage für Druckluftlokomotiven. Bei kurzer Ladezeit kann der Hochdruckkompressor nur einen Bruchteil der erforderlichen Lokomotivfüllung liefern. An den Füllstellen versieht man deshalb die Leitung mit mehreren Speicherflaschen (Abb. 425), die als Gefällespeicher wirken; ihr Gesamtvolumen soll mindestens gleich dem fünffachen Flaschenvolumen einer Lokomotive sein, um ausreichenden Fülldruck und damit den vollen Fahrbereich zu erzielen. Abb. 554 (Schwartzkopff) zeigt die Fülleinrichtung. Die Preßluft wird der Leitung a mittels der Leitung b entnommen, die bei w entwässerbar ist, und strömt über das Füllventil c durch das biegsame, stählerne oder kupferne Füllrohr d, die sogenannte Füllschlange, zum Füllventil an der Lokomotive. Vor dem Füllen sind an der Lokomotive das Fahrventil und das Hauptabsperrventil zu schließen, die Steuerung ist auf Mitte zu stellen, und die Bremse ist anzuziehen; dann ist erst das Füllventil an der Lokomotive zu öffnen, darauf das Füllventil in der Fülleitung. Nach beendeter Füllung, die etwa 2 bis 4 Minuten dauert, ist umgekehrt vorzugehen. Hat man nur am Schachte eine Füllstelle, muß man gegebenenfalls erlahmte Lokomotiven hereinholen.

262. Dieselgrubenlokomotiven. Die *Dieselgrubenlokomotiven* haben sich im Untertagebetrieb ausgezeichnet bewährt. Kleine Lokomotiven haben Leistungen von 8 bis 12 PS und wiegen etwa 2,5 bis 3,5 t. Mittlere Größen mit Leistungen von 20 bis 35 PS haben ein Gewicht von 5 bis 7 t, während große Maschinen mit Leistungen von 50 bis 80 PS und Dienstgewichten von 8 bis 12 t ausgeführt werden. Der Antrieb erfolgt ausschließlich durch kompressorlose

Diesel-Vorkammermaschinen[1], die bei kleinen Leistungen im Zweitakt, bei großen Leistungen im Viertakt arbeiten. Die Einspritzpumpe arbeitet mit einem Druck von 70 bis 100 at. Die Maschinen laufen mit hoher Drehzahl ($n = 700$ bis 1000 min^{-1}), so daß nur eine kurze Zeit für Zündung und Verbrennung zur Verfügung steht; um so wichtiger ist es, durch geeignete Bauart des Verbrennungsraumes eine gute Durchwirbelung von Luft und Brennstoff und eine sichere Zündung zu erzwingen und dadurch eine vollkommene Verbrennung zu erreichen. Kleine Motoren werden bis 12 PS einzylindrig liegend oder stehend, bis 40 PS zweizylindrig stehend gebaut. Für größere Leistungen verwendet man drei-, und vierzylindrige Motoren stehender Bauart. Die Motoren brauchen etwa 180 bis 200 g/PSh Dieselöl von rd. 10000 kcal/kg Heizwert. Für 1 Bruttotkm kann man bei voller Belastung mit einem Treibölverbrauch von 12 bis 15 g rechnen.

Kleine Motoren bis 20 PS werden mittels Handkurbel angelassen, die gegen Rückschlagen gesichert sein muß. Bei größeren Motoren hat man elektrische Anlaßmotoren, für die die Lichtbatterie den Strom liefert, oder man benutzt Druckluft von 6 bis 7 at zum Anlassen, die in Speicherflaschen mit einem Druck von etwa 35 at mitgeführt wird; entweder wirkt die Druckluft unmittelbar auf die Motorkolben, oder es wird ein besonderer Druckluftanlaßmotor benutzt, wodurch jegliche Anlaßsteuerung bei den einzelnen Zylindern vermieden wird. Neuerdings wird gern ein Schwungkraftanlasser benutzt, dessen Schwungmassen mit einer Handkurbel allmählich mit geringem Kraftaufwand auf hohe Drehzahl gebracht werden und dann vermöge ihrer kinetischen Energie den Motor anwerfen können. Der Schwungkraftanlasser ist einfach und stets betriebsbereit und im Gegensatz zu elektrischen Anlassern völlig schlagwettersicher.

Die Kühlung[2] kann für kleine Motorleistungen als Verdampfungskühlung gebaut werden. Größere Motoren besitzen dagegen durchweg Umlaufkühlung, die mit geringerem Wasservorrat auskommt, weil das Kühlwasser im Kreislauf verwendet und in einem besonderen Kühler rückgekühlt wird.

Die Lokomotivgeschwindigkeiten liegen zwischen 3,5 und 14 km/h, so daß die hohe Drehzahl des Motors durch ein Zahnrad- oder Ölgetriebe herabgesetzt werden muß. Das Getriebe muß auf Vor- und Rückwärtsfahrt und auf verschiedene Übersetzungen umschaltbar sein, weil die Drehzahlregelung des Motors selbst nur in engen Grenzen möglich ist; man verwendet bei kleinen Lokomotiven Getriebe mit zwei, bei größeren mit drei bis vier Gangschaltungen. Die verwendeten Zahnradgetriebe sind nicht unter Last schaltbar, weshalb zwischen Motor und Getriebe eine Kuppelung angeordnet wird. Zur Verbindung des Getriebes mit einer der beiden Radachsen sind entweder Ketten oder Zahnräder in Gebrauch. Die beiden Radachsen sind unter sich bei kleinen Maschinen durch Kuppelketten oder Kuppelstangen, bei großen nur durch Kuppelstangen verbunden; teilweise erfolgt der Achsantrieb auch mit Stangen von einer Blindwelle aus.

In Hinsicht auf die Grubensicherheit sind beim Diesellokomotivenbetrieb folgende Punkte von besonderer Bedeutung: 1. Vergiftung der Grubenwetter durch CO-Gehalt der Abgase bei unvollkommener Verbrennung; 2. Luftverschlechterung durch die Abgase (Sauerstoffverbrauch, CO_2-Anreicherung, üble Gerüche); 3. Explosionssicherheit des Brennstoffes und 4. Sicherheit gegen Schlagwetterzündung.

Aus den bergpolizeilichen Bestimmungen sind im folgenden einige der wichtigsten angeführt[3]. Der vierteljährlich nachzuprüfende CO-Gehalt der Abgase darf bei höchster Drehzahl, und zwar bei Leerlauf und Vollast, nicht mehr als 0,12% betragen. Hier zeigt sich die Diesellokomotive der früher viel gebrauchten Benzollokomotive weit überlegen; die Verbrennung im Dieselmotor arbeitet mit genügendem Luftüberschuß, so daß normal nur mit etwa 0,05% CO-Gehalt in den Abgasen zu rechnen ist, während an Benzolmotoren bei schlechter Arbeitsweise schon bis 9% CO-Gehalt beobachtet worden ist. Der Luftverschlechterung wird einmal durch reichliche Wetterführung entgegengewirkt, wodurch die Abgase stark verdünnt werden; die Wettermenge

[1] Vgl. Ziffer 132. — [2] Vgl. Ziffer 128.

[3] Vgl. hierzu Classen und Schensky: Die zechenseitige Überwachung der Grubendiesellokomotiven unter Berücksichtigung der neuen Bau- und Betriebsvorschriften, dargestellt auf Grund eines im praktischen Betriebe durchgeführten Dauerversuches. Bergbau 1940 Nr. 14 und 15.

muß in den zu durchfahrenden Strecken je Lokomotiv-PS wenigstens 6 m^3/min betragen. Außerdem müssen die Abgase nach dem Verlassen des Motors durch ein Wasser- oder Schaumbad geleitet werden, um ihnen den stechenden Geruch zu nehmen.

Obgleich Dieselöl bei normaler Temperatur kaum explosible Dämpfe bildet und einen hohen Zündpunkt hat, wodurch die Brandgefahr bei Zusammenstößen und Brennstoffverschüttungen auf ein Mindestmaß herabgesetzt wird, bestehen doch strenge Vorschriften für den Umgang mit Dieseltreibstoff. Der Treibstoff ist in besonderen Tankwagen unter Aufsicht auf kürzestem Wege zum Umfüllraum zu befördern. Das Tanken der Lokomotiven darf nur in Gegenwart einer verantwortlichen Aufsichtsperson im feuersicheren Umfüllraum geschehen. Damit kein Brennstoff verschüttet wird und keine Gase in den Umfüllraum gelangen, verwendet man zum Füllen Panzerschlauch-Doppelleitungen mit selbstschließenden Ventilen (Abb. 555). Beim Anschrauben der Leitung wird erst das Füllventil *a* der Lokomotive geöffnet, beim Abschrauben erst das Leitungsventil *e* geschlossen. Der eine Schlauch dient der Ölförderung, durch den andern

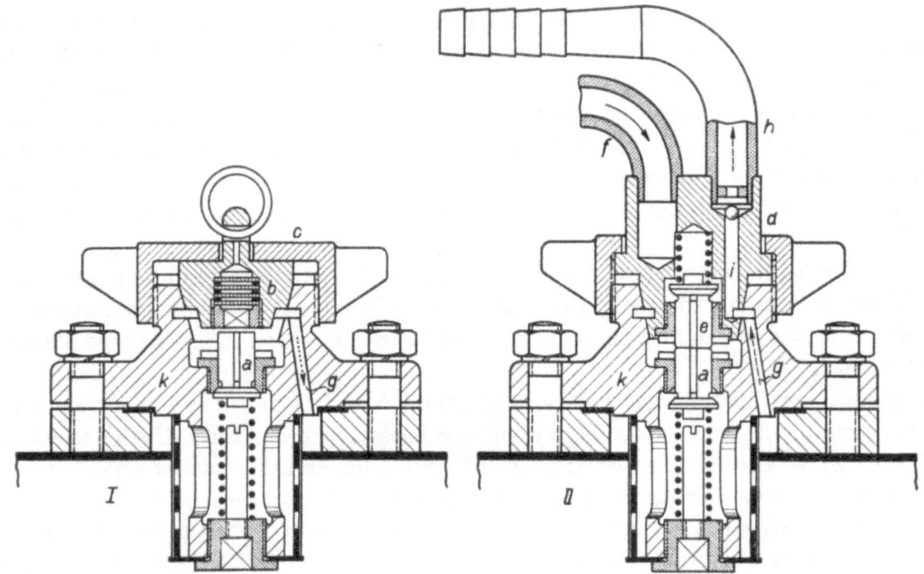

Abb. 555. Füllventil geschlossen (I) und mit angeschraubter Doppelleitung (II). (Ruhrthaler Maschinenfabrik.)

strömen Luft und etwaige Gase von der Lokomotive zum Tankwagen. Bei Überfüllung fließt der Treibstoff durch die Luftleitung zum Tank zurück. Während des Umfüllens muß der Motor abgestellt sein.

Die Treibstoffleitung vom Lokomotivtank zum Motor muß so eingebaut sein, daß sie gegen Beschädigungen geschützt ist. Sie soll von der ungekühlten Auspuffleitung mindestens 25 mm Abstand haben. Ein in der Leitung zwischen Behälter und Motor anzubringendes Ventil muß vom Führersitz aus absperrbar sein (*s* in Abb. 556).

Schlagwetterzündgefahr besteht bei Verbrennungsmotoren, 1. wenn bei schlechter Verbrennung oder hängenbleibenden Ventilen Flammen aus der Saugleitung oder aus dem Auspuff herausschlagen, 2. wenn Außenteile des Motors, z. B. die Auspuffleitung, über die Zündtemperatur der Schlagwetter erhitzt sind, und 3. bei einem Brand, der sich beispielsweise infolge eines Zusammenstoßes entwickeln kann. Die zur Vermeidung der Schlagwetterzündung vorgeschriebenen Sicherheitseinrichtungen für Dieselgrubenlokomotiven sind in Abb. 556 dargestellt. Nach den Gefahrenquellen sind zu unterscheiden: 1. Schutz gegen herausschlagende Flammen, 2. Schutz vor zu starker Erhitzung und 3. die Feuerlöscheinrichtung. Zu den Einlaßventilen gelangt die Ansaugeluft zunächst durch ein Ölbadluftfilter *a* und dann durch den Plattenschutz *b*, der aus 50 mm tiefen, in 0,8 mm Abstand angeordneten Stahlplatten besteht und die Aufgabe hat, das Durchschlagen von Flammen nach außen zu verhindern. Das Filter *a* kann noch als zusätzlicher Schutz betrachtet werden. In die den wassergekühlten Auspufftopf *c* verlassenden

Abgase wird zum Kühlen und Löschen der Flammen Wasser mit einer Spritzdüse *d* eingespritzt. Dadurch wird vor allem auch das Auspuffrohr *e* vor unzulässiger Erhitzung geschützt. Dann werden die Abgase noch zur weiteren Kühlung und gleichzeitigen Reinigung von Schmieröl- und Brennstoffresten sowie von Ruß durch das Wasserbad *f* geleitet, dessen Querschnitt Abb. 557 veranschaulicht. Nachdem die Abgase noch als letzte Flammensicherung den Auspuffplattenschutz *g* aus rostsicheren Stahlplatten durchströmt haben, werden sie vor dem Austritt ins Freie

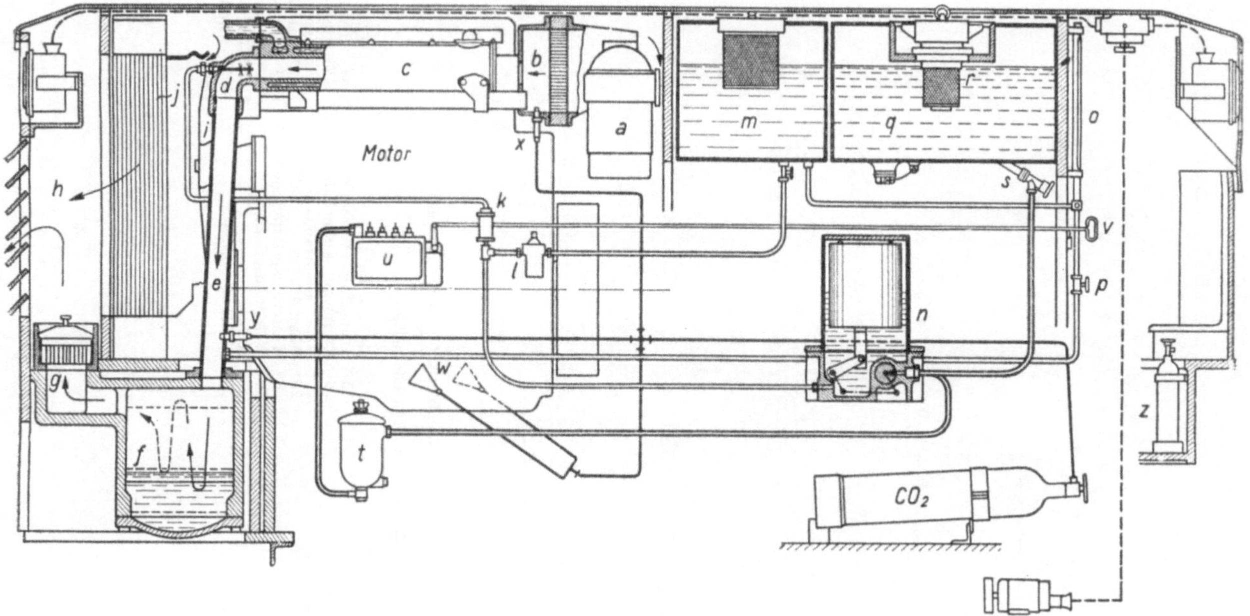

Abb. 556. Sicherheitseinrichtungen einer Dieselgrubenlokomotive (Klöckner-Humboldt-Deutz).

in der Mischkammer *h* noch reichlich mit der Kühlluft des Rückkühlerventilators *i* gemischt, so daß sie keine Belästigungen mehr verursachen. Der Motor wird durch Umlaufkühlung gekühlt; der Kühler *j* dient zur Rückkühlung des Kühlwassers. Das Einspritzkühlwasser für die Auspuffleitung *e* fließt vom Kühlwasserbehälter *m* durch ein Filter *l* und wird der Spritzdüse *d* von der Pumpe *k* zugedrückt. Von *m* aus kann auch das Wasserbad *f* nach Bedarf über den Hahn *p* nachgefüllt werden. Der Wasserstand in *m* wird am Wasserstandglas *o* beobachtet. Bei Wassermangel wird der Motor selbsttätig stillgesetzt, indem der bei sinkendem Wasserstand fallende Schwimmer im Wasserkontrollapparat *n* die vom Brennstofftank *q* zum Filter *t* und zur Brennstoffpumpe *u* führende Ölleitung durch einen Hahn absperrt. *r* ist das Sicherheitsfüllventil, *s* das Brennstoffabsperrventil, *v* die verschließbare Abstellvorrichtung der Ölpumpe.

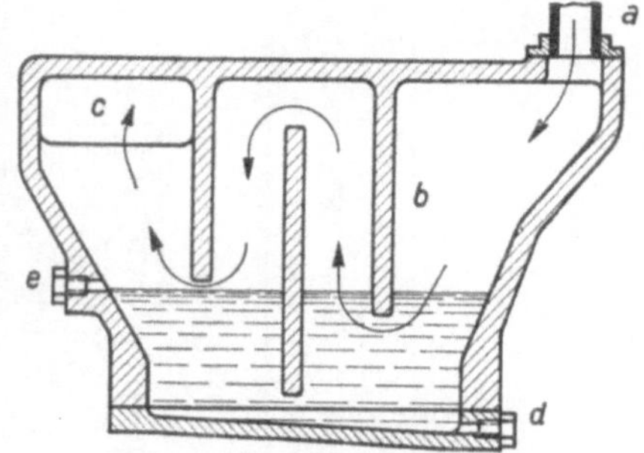

Abb. 557. Abgaswasserbad der Deutz-Dieselgrubenlokomotiven.

Zur unmittelbaren Brandbekämpfung hat die Lokomotive eine vom Führerstand zu betätigende Kohlensäurelöscheinrichtung, mit der das Innere des Lokomotivkastens mittels der Schneedüsen *w* zu beiden Seiten des Motors vergast werden kann. Außerdem wird der Saugleitung durch die Löschdüse *x* und der Auspuffleitung durch die Düse *y* Kohlensäure zugeführt. Die der Saugleitung zugeleitete Kohlensäure löscht nicht nur, sie setzt zugleich auch den Motor still, weil bei Sauerstoffmangel im Zylinder keine Zündung und Verbrennung mehr möglich ist. Außer der eingebauten Löschanlage ist ein Handfeuerlöschgerät *z* mitzuführen. Die elektrische Lichtmaschine, Lampen und Schalter haben den Sicherheitsvorschriften zu genügen.

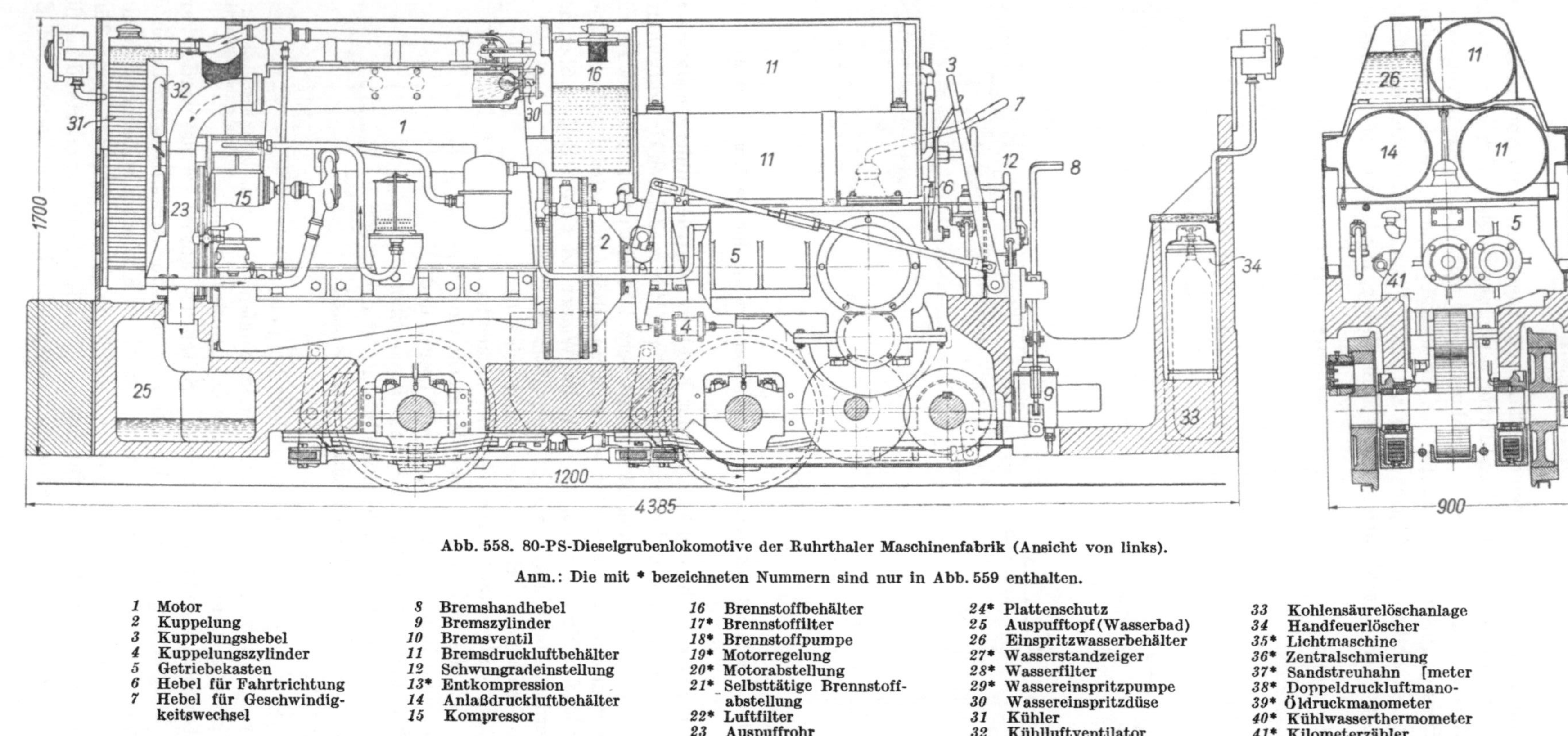

Abb. 558. 80-PS-Dieselgrubenlokomotive der Ruhrthaler Maschinenfabrik (Ansicht von links).

Anm.: Die mit * bezeichneten Nummern sind nur in Abb. 559 enthalten.

1 Motor
2 Kuppelung
3 Kuppelungshebel
4 Kuppelungszylinder
5 Getriebekasten
6 Hebel für Fahrtrichtung
7 Hebel für Geschwindigkeitswechsel
8 Bremshandhebel
9 Bremszylinder
10 Bremsventil
11 Bremsdruckluftbehälter
12 Schwungradeinstellung
13* Entkompression
14 Anlaßdruckluftbehälter
15 Kompressor
16 Brennstoffbehälter
17* Brennstoffilter
18* Brennstoffpumpe
19* Motorregelung
20* Motorabstellung
21* Selbsttätige Brennstoffabstellung
22* Luftfilter
23 Auspuffrohr
24* Plattenschutz
25 Auspufftopf (Wasserbad)
26 Einspritzwasserbehälter
27* Wasserstandzeiger
28* Wasserfilter
29* Wassereinspritzpumpe
30 Wassereinspritzdüse
31 Kühler
32 Kühlluftventilator
33 Kohlensäurelöschanlage
34 Handfeuerlöscher
35* Lichtmaschine
36* Zentralschmierung
37* Sandstreuhahn
38* Doppeldruckluftmanometer
39* Öldruckmanometer
40* Kühlwasserthermometer
41* Kilometerzähler

Die Abb. 558 und 559 zeigen in verschiedenen Ansichten eine Dieselgrubenlokomotive der Ruhrthaler Maschinenfabrik, Mülheim/Ruhr. Die für den Betrieb mit Großraumwagen bestimmte Lokomotive hat ein Gewicht von rd. 12 t. Die mit einem Zahnradwechselgetriebe in vier Stufen regelbaren Normalgeschwindigkeiten sind 4,7 — 9,1 — 12,1 — 16,1 km/h. Die Zugkräfte am Kuppelungshaken betragen bei diesen Geschwindigkeiten etwa 2500 — 1800 — 1300 — 1000 kg, womit bei söhliger Bahn im Mittel Zuggewichte von 200 — 145 — 105 — 80 t zu fördern sind.

Der stehende Vierzylinder-Viertaktmotor hat normal bei $n = 900\ \text{min}^{-1}$ eine Leistung von 80 PS, die bis 90 PS Höchstleistung gesteigert werden kann. Je zwei Zylinder sind in einem Block vereinigt. Die Ansaugeleitung und Auspuffleitung sind für alle Zylinder gemeinsam. Die vier Einspritzpumpen sind in einem Gehäuse zusammengebaut. Der Motor ist mit Umlaufkühlung ausgerüstet; das Kühlwasser wird durch eine Kreiselpumpe in ständigem Umlauf durch den Motor und Rückkühler gehalten. Die Kühlluft wird von einem Ventilator durch den Rückkühler gefördert, so daß auch bei Leerlauf des Motors und Stillstand der Lokomotive ausreichend Kühlluft zugeführt wird. Zur leichten Bedienung der Lokomotive werden die Getriebekuppelung, die Bremsen und die Sandstreuvorrichtung durch Druckluft betätigt, die in einem zweistufigen Kompressor erzeugt wird. Weitere Einzelheiten gehen aus den Erläuterungen zu Abb. 558 hervor.

Die Lokomotive ist nach den bergpolizeilichen Bestimmungen für Schlagwettergruben gebaut und mit den vorstehend erläuterten Sicherheitseinrichtungen versehen. Der Einlaß besitzt Plattenschutzsicherung. In die Auspuffgase wird erst Kühlwasser eingespritzt, ehe sie durch Auspuffrohr, Wasserbad und Auspuffplattenschutz ins Freie gelangen. Bei Mangel an Einspritzwasser wird die Brennstoffzufuhr selbsttätig abgestellt und der Motor stillgesetzt. Die vom Zahnkranz des Schwungrades angetriebene Lichtmaschine und die Lampen, Schalter und

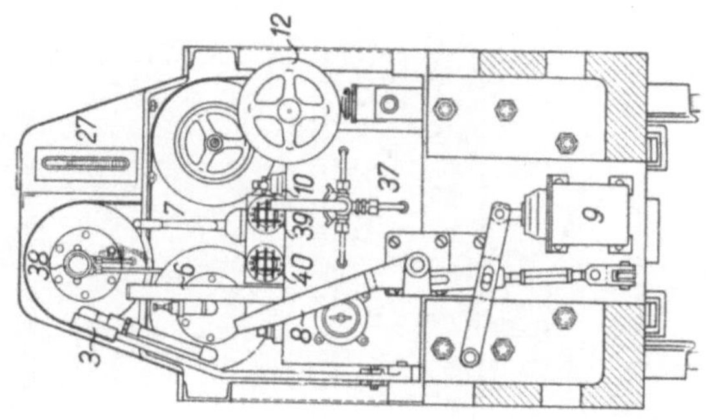

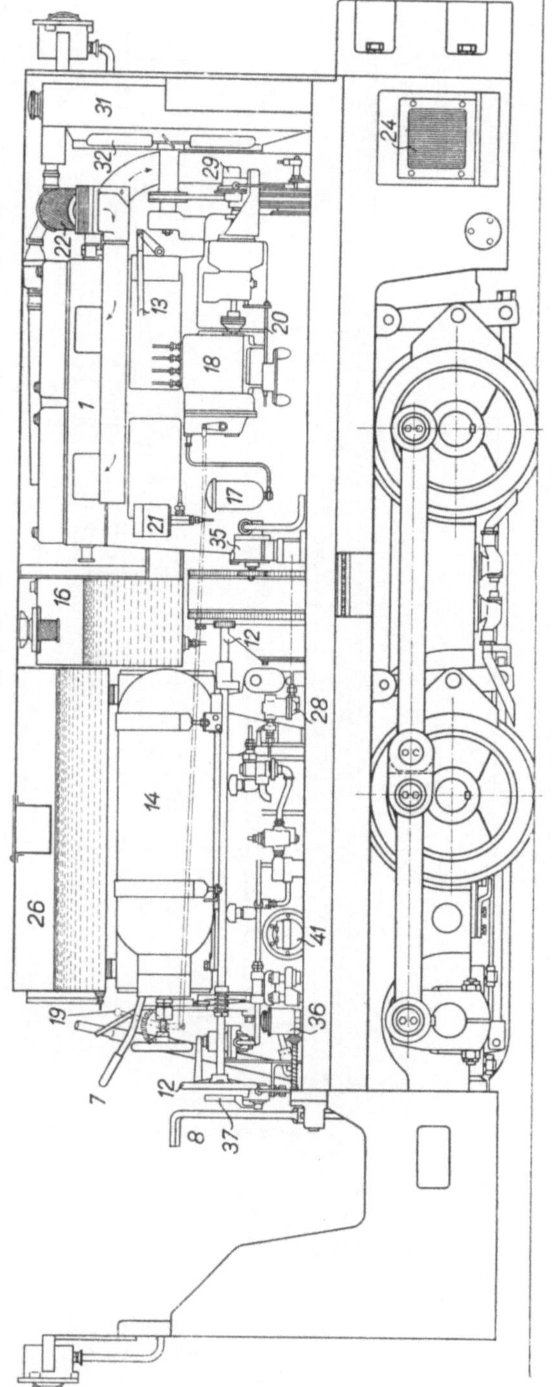

Abb. 559. 80-PS-Dieselgrubenlokomotive der Ruhrthaler Maschinenfabrik (Ansicht von rechts, Bezeichnungen wie in Abb. 558).

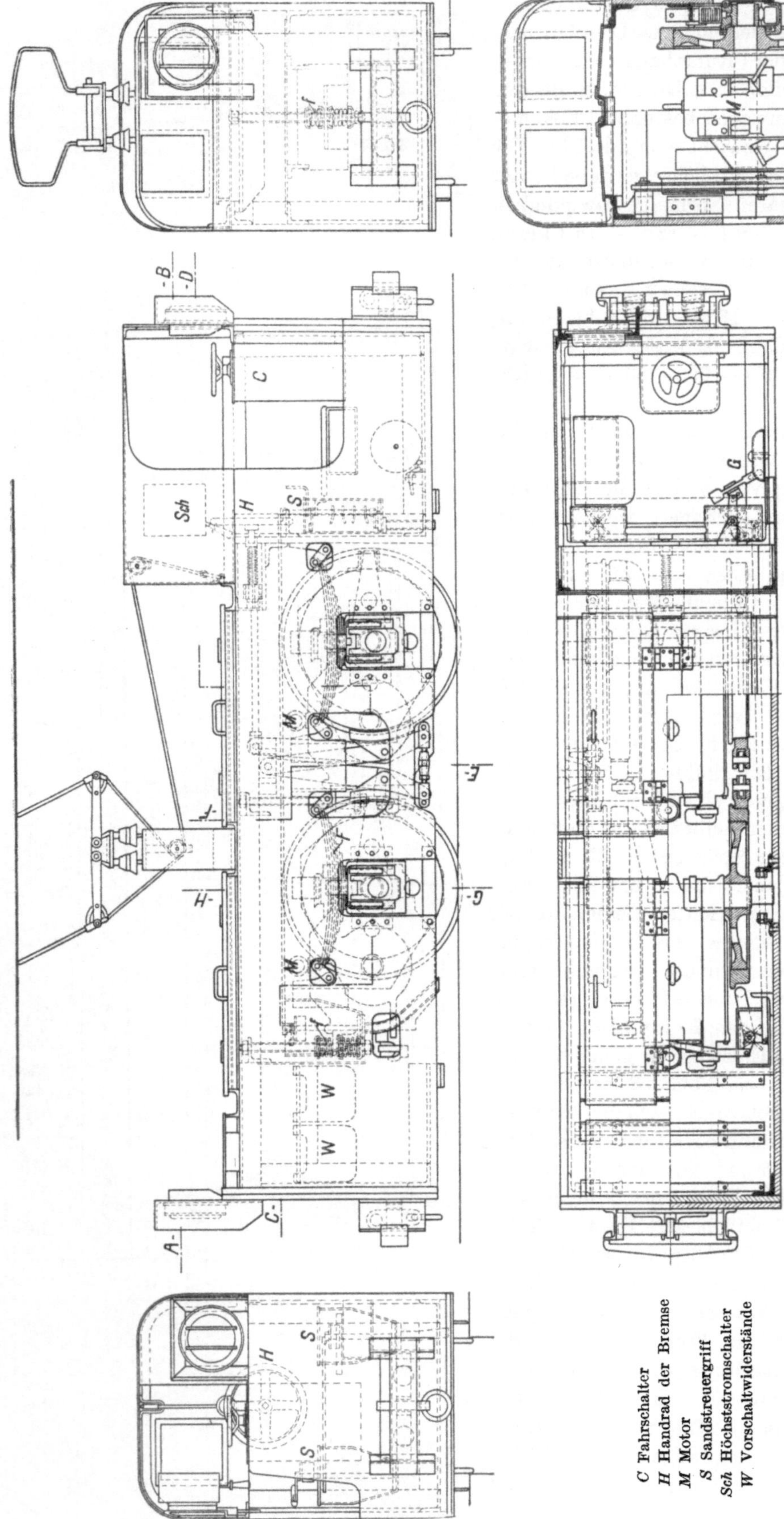

C Fahrschalter
H Handrad der Bremse
M Motor
S Sandstreuergriff
Sch Höchststromschalter
W Vorschaltwiderstände

Abb. 560. Fahrdrahtgrubenlokomotive der SSW.

Leitungen sind schlagwettersicher. Zur Brandbekämpfung sind eine feste Kohlensäureanlage und ein Handfeuerlöscher vorhanden. Die neuesten Diesellokomotiven der Ruhrthaler Maschinenfabrik sind durch Umgestalten der äußeren Form als Vollsicht-Lokomotiven gebaut, die eine freie Sicht auf die Strecke gestatten. Eine andere Bauart hat den Führerstand in der Mitte.

263. Elektrische Grubenlokomotiven. Man hat bei den elektrischen Grubenlokomotiven Fahrdraht- und Akkumulatorlokomotiven. Die *Fahrdrahtlokomotiven* (Abb. 560) überwiegen weitaus; sie können in Schlagwettergruben,da die Funken am Fahrdraht oder an der Schienenrückleitung die Schlagwetter zünden würden, nur im einziehenden Wetterstrome verwendet werden. Es werden nur Gleichstromgrubenlokomotiven verwendet, für die Strom von 250 V erzeugt wird, so daß die Lokomotiven unter Berücksichtigung des Spannungsabfalles in den Leitungen im Mittel Strom von 220 V empfangen. Zum Antriebe dienen zwei federnd aufgehängte Hauptstrommotoren, die ihre zugehörigen Triebradachsen durch ein einfaches Vorgelege treiben. Daß der Hauptstrommotor kräftig anzieht und bei kleiner Last schneller fährt als bei großer, macht ihn vorzüglich für den Bahnbetrieb geeignet. Die normalen Fahrdrahtlokomotiven wiegen etwa 8 bis 10 t und haben Motorleistungen von 30 bis 40 kW; im Mittel beträgt ihre Zugkraft 900 kg und ihre Geschwindigkeit 10 bis 12 km/h. Schwere Lokomotiven haben Leistungen bis 80 kW. Der kupferne Fahrdraht wird unter der Firste in mindestens 1,8 m Höhe über Schienenoberkante angebracht. Die zur Rückleitung des Stromes dienenden Schienen sind an den Stößen und quer gut leitend zu verbinden, um die Streuströme, die den Schießbetrieb gefährden und Anfressungen an den Rohrleitungen und Kabeln verursachen, möglichst herabzusetzen.

Die Abb. 560 zeigt die konstruktive Ausführung einer Fahrdrahtgrubenlokomotive der SSW. Im überdeckten Führerstande sind der Fahrschalter, das Handrad für die Bremse, der Griff für den Sandstreuer, der Höchststromschalter und ein Kurzschließer untergebracht, mit dem man den Fahrdraht mit dem Lokomotivgestell verbinden kann, um die Lokomotive spannungslos zu machen. Beim Anlassen wird der Fahrschalter von Stufe zu Stufe ruckweise mit Pausen geschaltet, so daß die Motordrehzahl bei jeder Stufe folgen kann; beim Abschalten wird der Fahrschalter dagegen schnell zurückgedreht. Beim Anfahren werden beide Motoren hintereinander geschaltet, so daß die Lokomotive mit halber Geschwindigkeit und großer Zugkraft fährt. Nach Erreichen der halben Geschwindigkeit werden die Motoren parallel geschaltet und stufenweise auf die volle Fahrgeschwindigkeit gebracht. Bremsen mit Gegenstrom ist nicht zulässig, weil die Motoren zu sehr belastet werden.

Akkumulatorlokomotiven sind in Schlagwettergruben unbedenklich verwendbar, da man sie vollkommen schlagwettersicher zu bauen vermag. Sie werden mit Leistungen von 40 bis 50 kW als Hauptstrecken- und mit Leistungen von 8 bis 16 kW als Abbaulokomotiven verwendet. Die elektrische Energie wird in Panzer-Akkumulatoren von großer mechanischer Widerstandsfähigkeit mitgeführt. Es wird mit Wechselbatterien gearbeitet, um die Lokomotive während der Ladezeit nicht aus dem Betriebe ziehen zu müssen. Die Motoren werden mit druckfestem (8 atü) Stahlgußgehäuse gebaut. Der Anfahrwiderstand und die Batterie besitzen Schlagwetter-Plattenschutz. Die Stecker und Steckdosen zwischen Batterie und Lokomotive werden so ausgeführt, daß sich beim Ziehen der Stecker keine Funken bilden können.

Unter *Fahrdraht-Akkumulatorlokomotiven* versteht man Akkumulatorlokomotiven, die mit einem Stromabnehmerbügel versehen sind und vom Fahrdraht Strom abnehmen können. Sie bieten die Vorteile der Fahrdrahtlokomotiven, haben aber durch den Akkumulator bedeutend größere Bewegungsfreiheit.

XXVIII. Lademaschinen.

264. Überblick. Ladeleistung. Energieverbrauch. Die Lademaschinen haben die Aufgabe, dem Menschen die schwere Ladearbeit abzunehmen und die Ladezeit zu verringern. Sie werden überwiegend im Gesteins- und Abbaustreckenvortrieb verwendet. Beim *vollmechanisierten Laden* gliedert sich der Ladevorgang in die Aufnahme des Ladegutes vom Boden und in die Übergabe des Gutes an ein Fördermittel. Die verschiedenen Bauarten lassen sich zunächst nach der

Arbeitsweise beim Aufnehmen des Ladegutes unterscheiden. Stoßschaufel- und Wurfschaufellader schieben sich schaufelartig von vorn unter das Gut; Zughacken- und Schrapplader fassen das Ladegut von oben und erinnern in ihrer Arbeitsweise an das Laden von Hand mit Kratze; Schwenkarmlader und Rechenlader gehören zu den Seitengriffladern, die das Haufwerk seitlich schiebend fassen. Weiter unterscheidet man nach der erforderlichen, durch die Art des Fördermittels bedingten Ladehöhe *Flachlader*, die z. B. auf ein Förderband oder auf eine Rutsche laden, und *Hochlader* für das Beladen von Förderwagen. Flachlader sind in Verbindung mit Zwischenladern, z. B. mit einem Ladewagen auch als Hochlader zu verwenden. Der Ladewagen kann auch allein benutzt und von Hand beschickt werden; dieses *teilmechanisierte Laden* erspart dann wenigstens die menschliche Hubarbeit zum Heben des Fördergutes über die Oberkante des Wagens.

Die *Ladeleistung* einer Lademaschine gibt an, welches Volumen Haufwerk stündlich geladen wird. Ist V das bei einem Ladespiel theoretisch aufnehmbare Ladevolumen in m^3, z. B. der Inhalt einer *vollständig gefüllten* Schaufel eines Wurfschaufelladers, und ist n die Anzahl der bei *ununterbrochenem* Betriebe möglichen Ladespiele in einer Stunde, so wird theoretisch die Ladeleistung $Q_{theor} = V\,n$ m^3/h. Praktisch wird die vollständige Füllung nicht erreicht, was man mit dem *Füllungsgrad* η_F berücksichtigt, der das Verhältnis der wirklichen Füllung zum maximalen Füllvolumen darstellt und von der Schichthöhe und Stückigkeit des Haufwerks und vom Geschick der Bedienung abhängt und etwa 60 bis 75% beträgt. Die in einer Stunde wirklich erreichbare Anzahl der Ladespiele ist im allgemeinen weniger von der Bauart der Lademaschine als zunächst davon abhängig, wie das Fördermittel das Ladegut übernehmen kann. Die Fließförderung ist hier günstiger als die Wagenförderung, weil der Wagenwechsel mehr oder weniger Zeit beansprucht, in der das Laden unterbrochen werden muß. Lademaschinen, die ein Kratz- oder Gurtband als Zwischenförderer haben, nutzen diesen als Speicher aus, um die Wagenwechselpause zu überbrücken. Beträchtliche Zeitverluste ergeben sich ferner durch die lademäßig bedingten Nebenarbeiten und die nie ausbleibenden Betriebsstörungen. Das Verhältnis der tatsächlich für den Ladevorgang nutzbaren Zeit zur Gesamtzeit ist der *Zeitausnutzungsgrad* η_z, der häufig nur 40 bis 60% beträgt. Eine Lademaschine mit dem theoretischen Ladevolumen $V = 0{,}2\ m^3$ je Ladespiel und der Zeit $t = 12$ s für ein Ladespiel macht theoretisch $n = 3600 : t = 3600 : 12 = 300$ Ladespiele je Stunde und hat eine theoretische Ladeleistung $Q_{theor} = V\,n = 0{,}2 \cdot 300 = 60\ m^3/h$. Mit einem Füllungsgrad $\eta_F = 70\%$ und einem Zeitausnutzungsgrad $\eta_z = 50\%$ wird die *wirkliche Ladeleistung*[1] $Q = \eta_F\,\eta_z\,V\,n = 0{,}7 \cdot 0{,}5 \times$ $\times\ 0{,}2 \cdot 300 = 21\ m^3/h$ oder 35% des theoretischen Wertes ($\eta_F\,\eta_z = 0{,}7 \cdot 0{,}5 = 0{,}35$ oder 35%).

Als Antriebsenergie wird Druckluft oder Elektrizität verwendet. Der *stündliche Luftverbrauch* ist bei den einzelnen Lademaschinen sehr verschieden und bewegt sich zwischen 400 und 1500 m^3/h (Luft von 1 ata). Für den energiewirtschaftlichen Vergleich von Lademaschinen verschiedener Ladeleistung ist wie bei den Druckluftmotoren der *spezifische Luftverbrauch* maßgebend, worunter hier das für die Einheit des Ladegutvolumens verbrauchte Luftvolumen zu verstehen ist, er ist also das Verhältnis des tatsächlichen stündlichen Luftverbrauches zur wirklichen Ladeleistung:

$$q = \frac{Q_{Luft}}{Q}\ \text{m}^3\ \text{Luft/m}^3\ \text{Ladegut} \left[\frac{\text{m}^3/\text{h Luft}}{\text{m}^3/\text{h Ladegut}} = \frac{\text{m}^3\ \text{Luft}}{\text{m}^3\ \text{Ladegut}}\right].$$

Die Bestimmung des tatsächlichen Luftverbrauches in einer Stunde stößt auf Schwierigkeiten, weil es sich um keinen stetigen Verbrauch handelt. Entweder muß man den Verbrauch von einem Mengenschreiber aufzeichnen lassen, oder man mißt den Verbrauch während einer kurzen, aber stetigen Betriebsdauer z. B. Q'_{Luft} in m^3/s und rechnet diesen Wert mit dem Zeitausnutzungsgrad auf eine Stunde um. Wenn für das vorstehende Beispiel mit einer Ladeleistung $Q = 21\ m^3/h$ und mit einem Zeitausnutzungsgrad $\eta_z = 50\%$ ein Luftverbrauch $Q'_{Luft} = 0{,}35\ m^3/s$ gemessen wird, ergibt sich im Durchschnitt ein Luftverbrauch von

$$Q_{Luft} = 3600 \cdot \eta_z\,Q'_{Luft} = 3600 \cdot 0{,}5 \cdot 0{,}35 = 630\ \text{m}^3/\text{h}$$

und ein spezifischer Luftverbrauch von

$$q = \frac{630}{21} = 30\ \text{m}^3\ \text{Luft/m}^3\ \text{Ladegut}\,.$$

[1] Die „Ladeleistung" ist keine Leistung im Sinne der Mechanik.

Mit dem Luftvolumen von 30 m³ kann in üblichen Druckluftmotoren[1] eine Arbeit von ²/₃ PSh oder 180000 mkg verrichtet werden. Bei einem Schüttgewicht von 1600 kg/m³ und 1,5 m Hubhöhe des Laders beträgt die reine Hubarbeit 1600 · 1,5 = 2400 mkg; für das Heben werden also nur 1¹/₃% der für den gesamten Ladevorgang benötigten Luft verbraucht, d. h. daß die zugeführte Energie fast vollständig für Massenbeschleunigung, für das Heben der Eigengewichte des Laders und zur Überwindung von Reibungswiderständen, besonders beim Einfahren des Laders in das Haufwerk, aufgebraucht wird.

265. Stoßschaufellader und Wurfschaufellader. Die *Stoßschaufellader* sind durch eine flache, seitlich schwenkbare Stoßschaufel gekennzeichnet, die auf dem Liegenden gleitend von vorn unter das Haufwerk gestoßen wird und dann das Ladegut nach Art der Schüttelrutsche leicht steigend rückwärts bewegt. Der Antrieb muß also den Vorstoßhub mit großer Kraft erzeugen und dann die Schüttelbewegung mit ihren charakteristischen, von der Schüttelrutsche bekannten Beschleunigungen und Verzögerungen hervorrufen[2]. Ein Vorläufer dieser Lademaschinenart ist der Eickhoff-Entenschnabel, der vor eine normale Schüttelrutsche gesetzt und von dieser

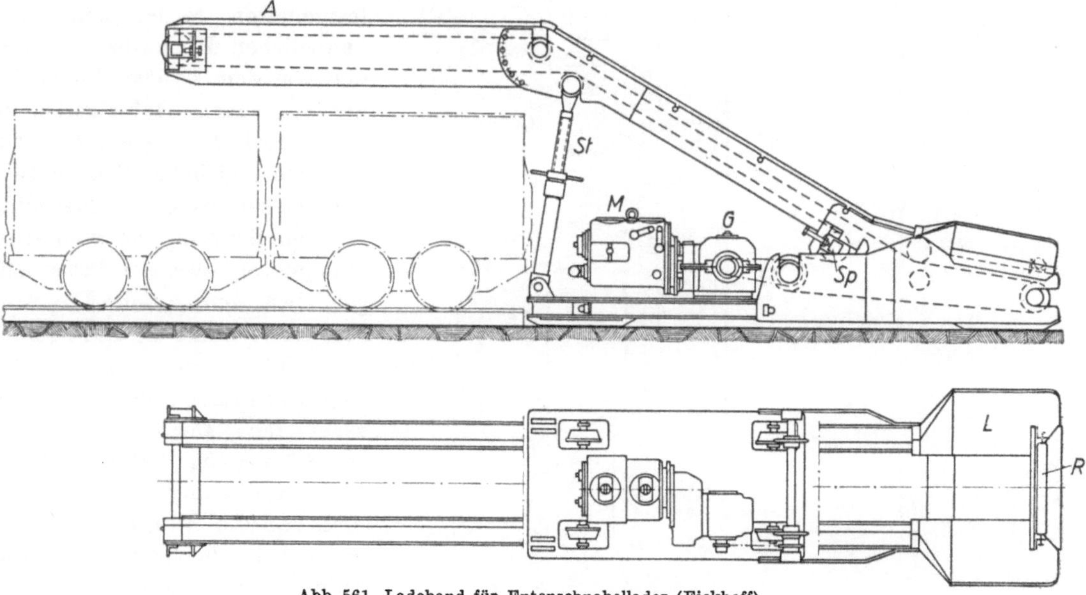

Abb. 561. Ladeband für Entenschnabellader (Eickhoff).

angetrieben wird. Aus diesem nur in Verbindung mit einer Rutschenförderung anwendbaren Ladegerät entwickelte sich eine selbständige Lademaschine mit eigenem Antrieb, bei der eine kurze Rutsche (rd. 6 m), die von einem Zwillingsrutschenmotor angetrieben wird, die Übergabe des Ladegutes an einen beliebigen Förderer übernimmt. Von dieser Rutsche, dem Führungsstoß, wird ein Vorschubstoß geführt, der an seinem vorderen Ende die Stoßschaufel trägt und bis zu 3 m vorgeschoben werden kann und somit ein Haufwerk bis zu einer Erstreckung von 3 m Tiefe aufzunehmen vermag, ehe die Gesamtlademaschine vorrücken muß. Die Verbindung zwischen Führungs- und Vorschubstoß erzeugt ein steuerbares Klemmbackengetriebe, das je nach Lage des Steuerhebels entweder den Vorschubstoß samt Schaufel vorwärts schiebt oder zurückzieht oder ihn durch dauerndes Kuppeln die Rutschenbewegung mitmachen läßt.

Der Entenschnabellader ist ein Flachlader, denn die Rutsche kann nur wenig geneigt aufwärts fördern und bei ihrer geringen Länge keine Höhe gewinnen. In Verbindung mit dem in Abb. 561 dargestellten Ladeband kann er aber auch als Hochlader arbeiten und Förderwagen beladen. Die Rutsche liegt mit ihrem Ende auf der Rolle R und übergibt das Fördergut in der Lademulde L an das Band, von dem es gehoben und über den Ausleger A in den Förderwagen abgeworfen wird. M ist der Druckluftmotor für den Antrieb, G das Getriebe,

[1] 45 m³/PSh spez. Luftverbrauch bei 4 atü Betriebsdruck. — [2] Vgl. Ziffer 255.

von dem ein Kettentrieb zur Bandantriebstrommel geht. *Sp* ist die Bandspannvorrichtung und *St* die Auslegerstütze mit Schraubenspindel zur Höheneinstellung.

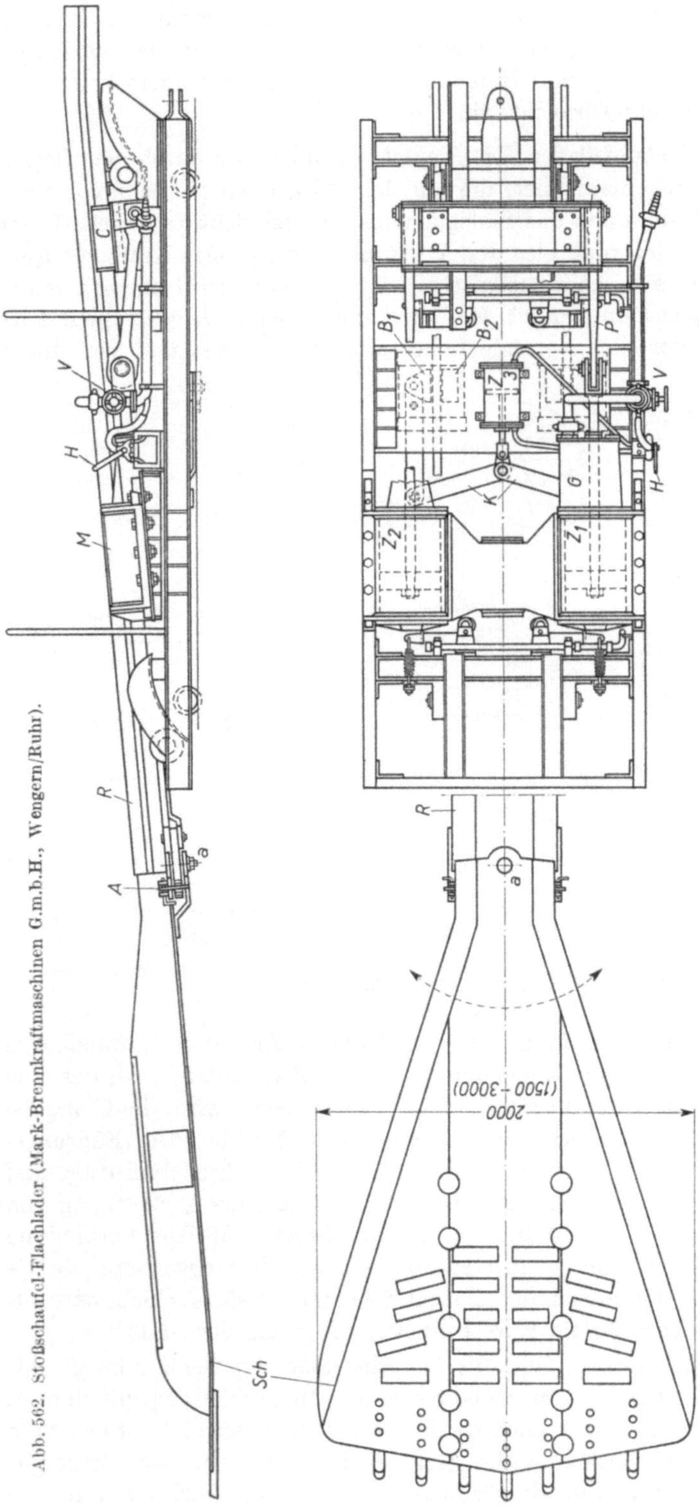

Der Stoßschaufel-Flachlader nach Abb. 562 arbeitet ebenfalls nach dem Schüttelrutschenprinzip. Für das Fahren und die Schüttelbewegung wird nur ein Zwillingsrutschenmotor M mit den Zylindern Z_1 und Z_2 und dem Steuergehäuse G benutzt, der mit dem Ventil V betätigt wird. Der Grundrahmen des Laders läuft auf Schienen, an denen er mit beweglichen (B_1) und festen (B_2) Klemmbacken festgehalten werden kann. Die beweglichen Klemmbacken werden von dem Druckzylinder Z_3, der von einem Hahn mit dem Handhebel H gesteuert wird, über die Kniehebel K angepreßt oder gelöst, wenn die Maschine mit dem Schwung der vom Rutschenmotor bewegten Massen angetrieben werden soll. Die Kolben der Zylinder Z_1 und Z_2 sind durch Pleuelstangen P mit der Angriffstraverse C der Rutsche R verbunden. Der Rutschenstoß von 4,5 m Länge hat Laufrollen, deren Rollbahnen so gekrümmt sind, daß die Rutsche beim Zurückziehen hochgeworfen und dadurch die Bergaufförderung unterstützt wird, was besonders bei feuchtem Ladegut wichtig ist. Die Zylinder des Rutschenmotors haben 315 mm Durchmesser und 400 mm Hub. Sie können die Stoßschaufel bei 4 atü Betriebsdruck mit einer Nutzkraft von rd. 5 t unter das Haufwerk schieben. Die Hubzahl des Motors beträgt 60 bis 70 min^{-1}, die Leistung 40 bis 48 PS und der Luftverbrauch 2000 m^3/h und mehr (bei Dauerleistung). Die Schaufel *Sch* kann auf dem Gestänge geführt werden, wenn Gefahr besteht, daß sie sich in das Liegende eingräbt; sie läßt sich um den Drehpunkt a bis zu 10° seitlich schwenken und wird mit der Arretiervorrichtung A festgelegt. Die Ladebreite beträgt maximal 4 m bei der größten Stoßschaufel-

Abb. 562. Stoßschaufel-Flachlader (Mark-Brennkraftmaschinen G.m.b.H., Wengern/Ruhr).

breite von 3 m. Die reine oder theoretische Ladeleistung im Dauerbetrieb beträgt 60 m³/h und mehr.

Abb. 563 zeigt, wie der in Abb. 562 dargestellte Stoßschaufel-Flachlader *St* durch Verbinden mit einem Hochladewagen *H* zum Hochlader ergänzt wird. Während der Hochlader nach Abb. 561 als Ladeband gebaut war, ist dieser Hochlader mit einer Stegkette ausgerüstet. Zum Antrieb dient ein 10-PS-Schrägzahnmotor.

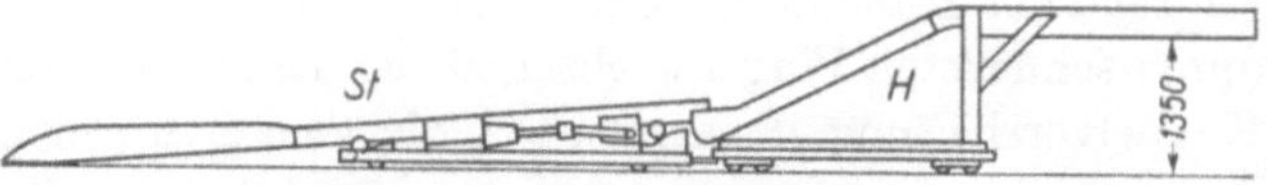

Abb. 563. Stoßschaufellader mit Ladewagen (Mark-Brennkraftmaschinen G. m. b. H., Wengern/Ruhr).

Um eine größere Vorschubkraft für das Eindringen der Stoßschaufel in das Haufwerk zu erreichen, bedient sich der Stoßschaufellader der Firma Bergtechnik in Lünen einer Doppeltrommelseilwinde, mit der die Maschine zum Beladen der Stoßschaufel mit einer Kraft von 10 t vorgezogen, während des Förderns aber wieder zurückgezogen wird.

Der *Wurfschaufellader* muß wie der Stoßschaufellader mit der Schaufel von vorn in das Haufwerk eingefahren werden, um zunächst das Ladegut aufzunehmen; das Heben und Übergeben des Gutes an den Förderer geschieht aber in einem Arbeitshub, wie es Abb. 564 veranschaulicht, und nicht in vielen kleinen Schüttelhüben wie beim Stoßschaufellader. Der Salzgitter-Wurfschaufellader in Abb. 564 ist fahrbar und trägt in seinem Fahrgestell den Fahrmotor *F*,

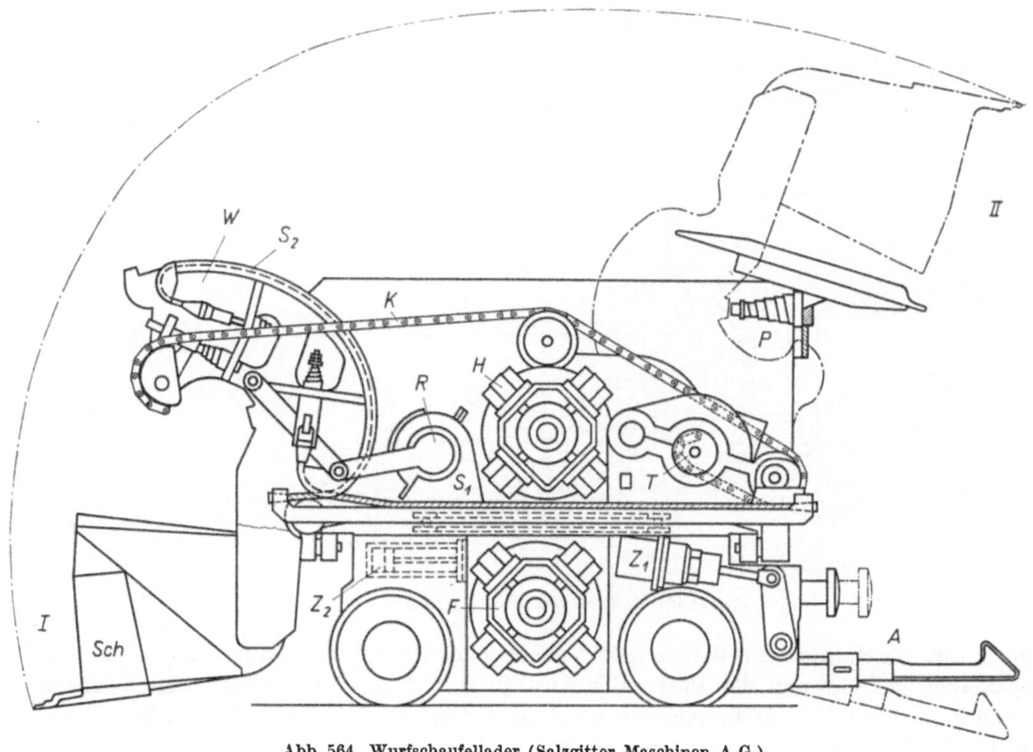

Abb. 564. Wurfschaufellader (Salzgitter Maschinen A.G.).

der als Sternmotor mit 4 Zylindern ausgebildet ist und je nach der Größe des Laders eine Leistung von 8 bis 18 PS hat. Das seitlich um 30° schwenkbare Oberteil trägt den gesamten Hubmechanismus, der von dem Hubmotor *H* betätigt wird. Hubmotor und Fahrmotor sind gleich. Die Wurfschaufel *Sch* hat bei *I* die Stellung zum Einfahren in das Haufwerk und bei *II* die Abwurfstellung. Die Schaufel ist beiderseits an den Wangen *W* befestigt, deren Kurvenbahn sich auf dem Oberteil abwälzt und die Schaufelbewegung bestimmt. Die Wangen werden durch je 2 gespannte Seile S_1 und S_2 geführt, die bei der Bewegung in den Seilrillen der Kurvenbahn auf- bzw. abgewickelt werden. Gehoben wird die Schaufel von der Laschenkette *K*, die von der vom Hubmotor angetriebenen Kettentrommel T aufgewickelt wird. In der Endstellung II wird die Schaufelbewegung durch Aufprall auf die Pufferfedern P plötzlich abgebremst und das Ladegut abgeworfen. Um seitlich zu schaufeln, wird das auf einer Drehplatte gelagerte Oberteil von zwei Schwenkzylindern Z_2 (in der Abbildung ist nur ein Zylinder zu sehen), deren Kolben mit durchgehender Kolbenstange verbunden sind, bis zu 30° nach links oder rechts geschwenkt. Damit die Abwurfrichtung immer gleich bleibt, holt eine Rückdrehvorrichtung R die Schaufel während der Hubbewegung selbsttätig in die Mittellage zurück. Zur Erhöhung der Ladeleistung durch schnellsten Wagenwechsel ist der Lader mit einer automatisch gekoppelten Abstoß- und Kuppelvorrichtung A ausgerüstet, die vom Zylinder Z_1 betätigt wird. In der Abb. 564 ist die

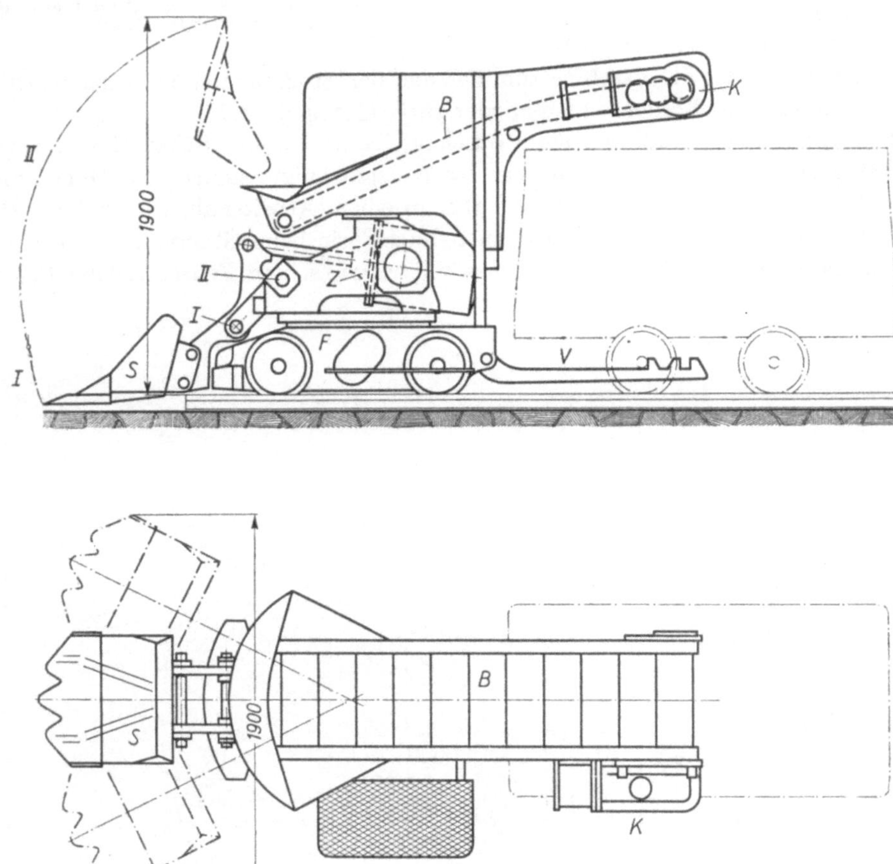

Abb. 565. Bandschnellader (Eisenhütte Westfalia-Lünen).

Stellung bei angekuppeltem Wagen mit Vollstrichen dargestellt. Beim Entkuppeln wird der Kuppelhaken gesenkt und der Puffer der Abstoßvorrichtung vorgedrückt (Strichpunktlinien). Der Lader wird mit Schaufelinhalten von 0,1 bis 0,4 m³ gebaut. Die theoretische Ladeleistung kann mit 20 bis 60 m³/h angenommen werden.

Nach dem gleichen Prinzip mit Kurvenwälzbahn, Zugkette und Seilführung arbeitet auch der Atlas-Diesel-Schnellader.

Aus dem Bestreben, mit geringer Ladergröße hohe Ladeleistungen zu erzielen, entwickelte die Westfalia-Lünen einen Schnellader, der mit zwei Schaufeln arbeitet, wodurch der Ladevorgang in zwei Stufen gegliedert wird. Eine Ladeschaufel nimmt das Ladegut auf und gibt es nach kurzer Hubschwenkung an eine Wurfschaufel ab, die das Gut in den Förderer wirft und in die Aufnahmestellung zurückgekehrt ist, wenn die Ladeschaufel die nächste Ladung angehoben hat. Mit nur 0,1 m³ Schaufelinhalt kann eine reine Ladeleistung von 16 bis 18 m³/h erreicht werden. Der neue, in Abb. 565 dargestellte *Bandschnellader* erreicht dagegen bereits die doppelte

Ladeleistung. Das Fahrgestell des Bandschnelladers ist mit einem Fahrmotor F von 12 PS ausgerüstet. Das Oberteil trägt das nach den Seiten um 30° schwenkbare Schaufelhubwerk und ein fest eingebautes Ladekratzband B von 600 mm lichter Breite mit dem 8-PS-Kratzband-motor K nebst Getriebe am Abwurfausleger. Der Bandschnellader zeichnet sich durch geringe Ladespielzeit aus, die dadurch erreicht wird, daß die Schaufel S nur auf geringe Höhe (1900 mm Spitzenhubweg) gebracht und auch in der Horizontalrichtung nur ein kurzer Weg von rd. 1 m zurückgelegt wird. Die Schaufel ist also mehr eine Hub- und Kippschaufel als eine Wurfschaufel. Die Schaufel wird von dem Kolben des Zylinders Z angetrieben und dreht sich zunächst um den Drehpunkt I, wobei die Kolbenstange an einem langen Hebelarm angreift. Der Schaufelweg I ist klein, die Reißkraft an der Schaufelspitze groß (etwa 2 t). Die weitere Drehung geschieht um den Drehpunkt II mit kurzem Hebelarm, kleiner Kraft und großer Geschwindigkeit. Nach einer Gesamtdrehung von nur 110° wird die Schaufel vom Zylinder Z durch Drosselgegendruck abgebremst und kippt das Ladegut in den Aufnahmetrichter des Ladebandes, der so breit gehalten ist, daß er das Ladegut bei jeder Seitenschwenkstellung der Schaufel aufnehmen kann; ein Rückschwenken der Schaufel wie beim Salzgitterlader erübrigt sich deshalb. Im Gegensatz zu Wurfschaufelladern mit großem Drehwinkel kann die Schaufel des Bandschnellladers oben offen sein, wodurch das Einschieben in das Haufwerk erleichtert wird. Der Schaufelinhalt schwankt je nach der Beschaffenheit des Ladegutes zwischen 0,08 und 0,12 m³, die Zeit für ein Ladespiel zwischen 12 und 15 s.

266. Zughackenlader und Schrapplader. Zughackenlader und Schrapplader unterscheiden sich zwar in der Form und im Antrieb des Ladeelements, aber beiden ist gemeinsam, daß das Ladeelement, also die Zughacke oder der Schrappkasten, zunächst über das Haufwerk gehoben, dann von oben in das Haufwerk gesenkt und schließlich mit dem Ladegut an den Lader herangezogen werden muß. Für die Hubarbeit ist ein Zwischenförderer erforderlich.

Aus Abb. 566, die einen schweren *Zughackenlader* der Eisenhütte Westfalia-Lünen zeigt, sind die verschiedenen Bewegungen und die zugehörigen Antriebe ersichtlich. Mit Ausnahme des Kratzbandes B, das durch einen Elektromotor K von 7 kW (oder einen Druckluftmotor von 12 PS) angetrieben wird, werden alle Bewegungen von Öldruckantrieben betätigt, für die das Drucköl von der Ölpumpe P mit einem Höchstdruck von 50 atü geliefert wird. Die Pumpe ist mit dem Antriebsmotor von 23 kW (oder bei Druckluft 32 PS) zu einem geschlossenen Aggregat vereinigt. Das Drucköl wird über ein vom Führerstand aus durch Fußtritt betätigtes Drosselventil zum Steuerblock St geleitet und von hier durch Verstellen leichtbeweglicher[1] Steuerhebel, die sinngemäß wie die gewünschten Bewegungen gestellt werden, den verschiedenen Antriebszylindern oder Motoren zugeführt. Kräfte und Geschwindigkeiten können mit dem Drosselventil beliebig geändert werden.

Bei normaler Fahrt ($v = 0{,}18$ m/s) werden die Räder von dem Zahnrad-Öldruckmotor F von 7 PS getrieben. Die Vorfahrt während des Ladens übernimmt die gleichfalls vom Fahrmotor F angetriebene Spilltrommel T, die den Lader an einem am Gestänge angeschlagenen Seil mit einer Kraft von 10 t an der Schaufel S gegen das Haufwerk zieht.

Die Zughacke H wird an einem Lenkerparallelogramm geführt, das an der Wiege W befestigt ist; dadurch behält die Hacke immer die gleiche Richtung zur Wiege und dringt in der günstigsten Richtung in das Haufwerk ein. Der doppeltwirkende Öldruckzylinder Z_1 wirkt als Zugzylinder mit einem Hackenarbeitshub von 2 m, wenn das Haufwerk auf die Ladeschaufel S gezogen wird (z. B. von Hackenstellung I bis Hackenstellung II) und als Schubzylinder, um die gehobene Hacke wieder über das Haufwerk vorzuschieben (von Stellung III bis IV). Der gleichfalls doppeltwirkende Öldruckzylinder Z_2 senkt die Wiege W und mit ihr die Hacke mit Kraft (1,7 t) in das Haufwerk (von Stellung IV bis I) oder er hebt die Hacke von Stellung II bis III, ehe sie von Z_1 wieder vorgeschoben wird. Beide Bewegungen können auch teilweise überlagert werden. Die Wiege mit der Zughacke ist um das Hauptdrehgelenk G schwenkbar. Die Schwenkkraft liefert der horizontal gelagerte, doppeltwirkende Schwenkzylinder Z_3.

[1] Es wird mit indirekten Steuerungen gearbeitet, so daß nur die Hilfsschieber zu verstellen sind (vgl. Ziffer 78 u. 156).

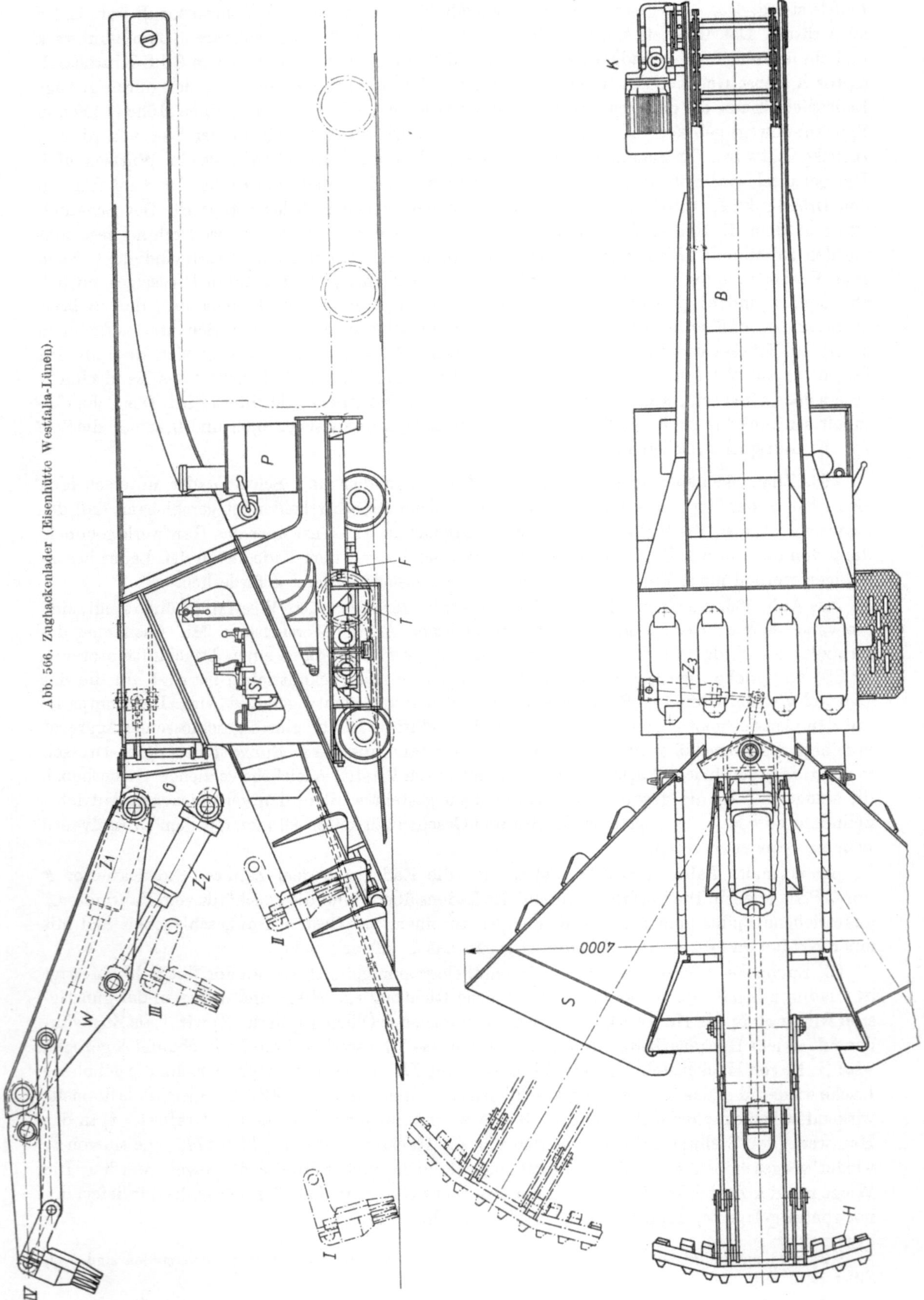

Abb. 566. Zughackenlader (Eisenhütte Westfalia-Lünen).

Die Zughacke hat in ausgestreckter Stellung eine Reißkraft von etwa 2,7 t; in eingezogener Stellung wächst sie durch das Zusammenwirken der Zylinder Z_1 und Z_2 bis auf einen Höchstwert von rd. 3,8 t.

In der Schaufel S wird das Ladegut von einem Kratzband übernommen und über die am Ende des Auslegers angeordnete Kettensternantriebstrommel in den Förderwagen abgeworfen. Der Antriebsmotor mit seinem Getriebe ist am Ende des Auslegers seitlich angeflanscht. Der Ausleger ist so lang und hoch, daß noch Wagen von 2500 l Inhalt beladen werden können. Die Ladeleistung soll 60 m^3/h und mehr betragen.

Der *Schrapplader* verwendet grundsätzlich das Schrappförderverfahren; die Aufnahme des Haufwerks durch den von oben aufgesetzten Schrapperkasten und die Abgabe des Ladegutes an eine Ladeschurre stimmen überein, jedoch wird der Förderweg sehr klein. Das Schrappgefäß, ein vorn und unten offener, kastenartiger Rahmen ist so gestaltet, daß er zunächst entgegen der Laderichtung gleitend über das Haufwerk heraufgezogen werden kann und sich bei dem folgenden Ladezug in das Haufwerk eingräbt und eine seinem Inhalt entsprechende Lademenge zur Ladeschurre schrappt. Der Inhalt der Schrappladergefäße liegt etwa zwischen 0,3 und 0,8 m^3.

Das Schrappgefäß wird mit zwei Seilen bewegt, die von einem Trommelhaspel gezogen werden. Das Lastzugseil, welches das gefüllte Gefäß zur Ladeschurre zieht, wird unmittelbar von der Haspeltrommel aufgewickelt, wogegen das Leerzugseil für die entgegengesetzte Rückfahrt erst über eine hinter dem Haufwerk angeschlagene Umlenkrolle geführt werden muß. Der Zughaspel ist der wesentlichste Bestandteil des Schrappladers. Er muß das Lastzugseil aufwickeln und das Leerzugseil ablaufen lassen und dann umgekehrt das Leerseil ziehen und das Lastseil wieder ablaufen lassen. Beim Lastzug soll die Zugkraft groß und die Geschwindigkeit klein sein, wogegen beim Leerzug eine geringere Kraft ausreicht, die Geschwindigkeit dafür aber größer sein soll, um die Ladespielzeit zu verkürzen. Wie diese Aufgabe gelöst werden kann, sei an Hand der Abb. 567 erläutert, die einen *Schrapperhaspel* mit Planetengetriebe zeigt. Der nicht dargestellte Antriebsmotor, entweder ein Druckluft- oder ein Elektromotor, läuft ständig mit gleichbleibender Drehrichtung durch. Von der Motorwelle M wird die Hauptwelle W des Haspels über Ritzel und Hohlzahnrad ebenfalls ständig mit unveränderter Drehrichtung angetrieben. Die Seiltrommeln T_1 für das Lastzugseil und T_2 für das Leerzugseil sind auf der Hauptwelle W lose gelagert. Jede Trommel kann für sich über ein Planetengetriebe mit der Hauptwelle gekuppelt werden, wobei die Übersetzungsverhältnisse, wie aus der Zeichnung ersichtlich, so gewählt sind, daß die Leerseiltrommel T_2 mit höherer Drehzahl und Umfangsgeschwindigkeit läuft als die Lastseiltrommel T_1. Die Planetengetriebe bestehen aus den auf der Hauptwelle W aufgekeilten Zentralrädern Z_1 bzw. Z_2, den Planeten- oder Umlaufrädern P_1 bzw. P_2, deren Wellen in den Trommeln T_1 bzw. T_2 befestigt sind, so daß die Trommeln den Steg der Umlaufräder bilden, und aus den Hohlrädern H_1 bzw. H_2. Die Hohlräder tragen außen einen Bremskranz mit der Kuppelungsbandbremse K_1 bzw. K_2 und können durch Anziehen der Bremse festgelegt werden. Die Trommeln haben ebenfalls Bremskränze und werden von den durch Fußhebel zu bedienenden Bandbremsen B_1 bzw. B_2 gebremst.

Um mit der Trommel T_1 das gefüllte Schrappgefäß heranzuziehen, wird mit dem linken Handhebel die Kuppelungsbremse K_1 angezogen und dadurch das Hohlrad H_1 festgelegt. Die vom Zentralrad Z_1 getriebenen Planetenräder P_1 müssen nun auf der Innenverzahnung von H_1 abrollen und nehmen die Trommel T_1 mit, wobei es besonders vorteilhaft ist, daß die Planetenkuppelung sehr weich einsetzt. Das vom Schrappgefäß mitgenommene Leerseil zieht dabei die Gegentrommel T_2, von der es abrollt, im entgegengesetzten Drehsinn mit. Die Kuppelungsbremse K_2 ist dabei gelöst und läßt das Hohlrad H_2 frei laufen. Die Bremse B_1 muß ebenfalls gelöst sein, wogegen die Bremse B_2 den Seilablauf so stark zu hemmen hat, daß sich im Leerzugseil keine Klanken bilden können. Für den Leerzug ergibt sich sinngemäß die gleiche Bedienung der rechten Haspelseite, um T_2 als Antriebstrommel mit der Hauptwelle zu kuppeln.

Reicht die Austragshöhe der Ladeschurre für die Übergabe des Ladegutes an den Förderer nicht aus, z. B. bei Wagenförderung, so kann der Schrapplader wie der Bandschnellader in

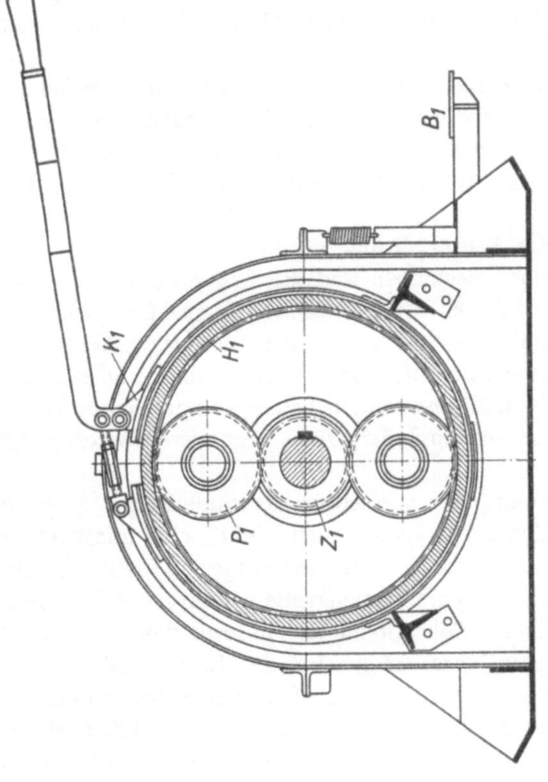

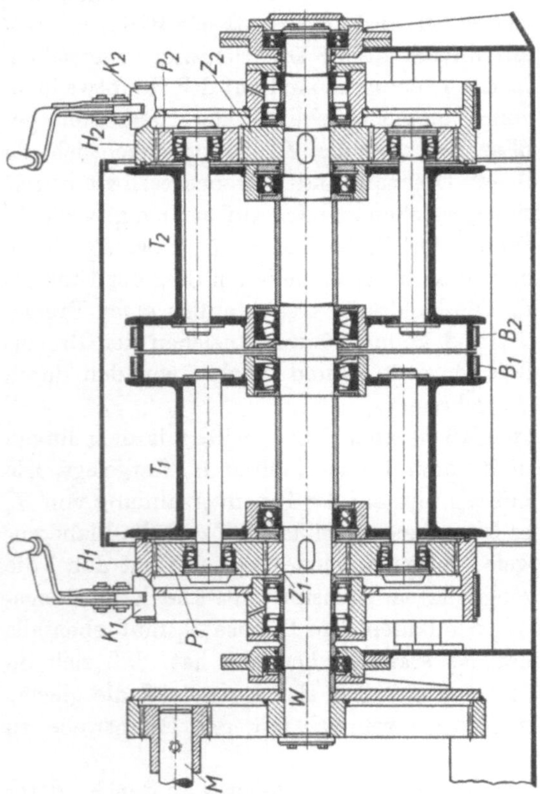

Abb. 567. Schrapperhaspel mit Planetengetriebe (Demag).

Abb. 565 mit einem Zwischenförderband ausgerüstet werden oder wie der Stoßschaufelflachlader in Abb. 562 und 563 mit einem Ladewagen zusammenarbeiten.

Die reinen Ladeleistungen der Schrapplader liegen etwa zwischen 20 und 40 m^3/h und sind von der Beschaffenheit des Ladegutes, ausreichende Schichthöhe des Haufwerks vorausgesetzt, nur wenig abhängig.

267. Seitengrifflader und Rechenlader. Die *Seitengrifflader* haben zwei symmetrisch angeordnete Greiferelemente, mit denen sie das Ladegut seitlich fassen und zur Mitte des Laders schieben, wo es von einem Ketten- oder Bandförderer übernommen und auf die notwendige Ladehöhe gebracht wird. Am bekanntesten ist der *Joy-Schwenkarmlader*, der mit zwei gegenläufig bewegten Schwenkarmen arbeitet. Die *Kettenkratzlader* benutzen als Greifer zwei kurze Ladearme mit endlosen Mitnehmerketten. Die gegenläufigen Ketten sind mit Kratzarmen zum Greifen des Haufwerks bestückt.

Ähnlich arbeitet der *Rechenlader* der Demag, der ebenfalls das Haufwerk seitlich heranholt. Der Rechenlader hat als Greifmittel einen seitlich von einem Ladeband angeordneten Querrechen, der am Ende rechtwinklig zum Band umbiegt. Der Rechen wird durch parallele Kurbeln kreisförmig so bewegt, daß er immer parallel zu sich selbst erst vorwärts in das Haufwerk hinein, dann nach der Bandseite, dann rückwärts und schließlich wieder seitlich verschoben wird. Dabei greift er mit seinen Zähnen, die kürzer als der Durchmesser des Bewegungskreises sind, so in das Haufwerk, daß das Ladegut von Zahnlücke zu Zahnlücke verschoben und endlich von dem abgewinkelten Teil des Rechens dem Ladeband zugeführt wird. Der Rechenlader zeichnet sich durch seine stetig fließende Ladeweise, stoßfreies Arbeiten und hohe Ladeleistung (60 m^3/h und mehr) aus.

Seitengrifflader und Rechenlader haben fast durchweg Raupenfahrwerk.

XXIX. Blasversatzmaschinen.

268. Allgemeines über Blasförderung. Beim Blasversatzverfahren ist die Aufgabe gestellt, das Versatzgut mittels Druckluft durch eine Leitung von mehreren hundert Meter Länge zu *fördern* und beim Austritt aus der Blasleitung mit so großer *Geschwindigkeit abzuschleudern*, daß eine ausreichende Wurfweite und ein genügend fester Versatz erzielt werden. Wie schon in den Abschnitten 256 und 260 erläutert wurde, setzt sich die Kraft zum Fördern aus der Kraft P_W zur Überwindung des Förderwiderstandes, aus der Hubkraft P_H und aus der Beschleunigungskraft P_B zusammen. Um die Betrachtung der bei der Blasförderung sehr verwickelten Verhältnisse zu vereinfachen, sei zunächst eine söhlig verlaufende Blasleitung betrachtet, für die sich die Förderkraft $P = P_W + P_B$ ergibt. Diese Kraft wird aus dem *Staudruck* gewonnen, den die strömende Luft auf das Blasgut ausübt.

Der Staudruck[1] errechnet sich aus der Beziehung $w = \sqrt{2g\frac{h}{\gamma_L}}$, woraus sich durch Umformen ergibt $h = \gamma_L \frac{w^2}{2g}$ mm WS oder kg/m², wenn γ_L das spezifische Gewicht der Luft in kg/m³, w ihre Geschwindigkeit in m/s und $g = 9{,}81 \approx 10$ m/s² die Fallbeschleunigung sind. Es ist also nicht unmittelbar der Druck der Luft, der die treibende Kraft liefert, sondern die beim Stauen der Luft auftretende Verzögerung. Die erforderliche Luftgeschwindigkeit wird allerdings erst aus der Druckentspannung gewonnen, und der absolute Druck spielt insofern noch eine Rolle, als er das spezifische Gewicht γ_L beeinflußt. Hat der vom Luftstrom getriebene Körper bereits eine Eigengeschwindigkeit v, so bleibt nur der Geschwindigkeitsüberschuß, also die Differenz $w - v$ wirksam. Bei einer beaufschlagten Fläche F (in m²) wird die vom Luftstrom auf den Körper ausgeübte Kraft theoretisch $P_{th} = h\,F = \gamma_L \frac{(w-v)^2}{2g} F$ kg. Die wirkliche Kraft wird von der Form des Körpers und der Reynoldschen Zahl beeinflußt, was durch einen Beiwert c berücksichtigt wird, der bei turbulenter Strömung für einen Körper bestimmter Form bei unveränderter Lage im Luftstrom ziemlich konstant bleibt, allerdings für die sehr unregelmäßigen Formen und ständig wechselnden Lagen der Bergestücke in dem weiten Bereich von $c \approx 0{,}5$ bis $c \approx 1{,}5$ schwanken kann und deshalb genaue Berechnungen unmöglich macht. Im folgenden sollen aber wenigstens die verschiedenen Einflußgrößen der Blasförderung betrachtet werden, wobei als Durchschnittswert $c = 1$ gesetzt und damit die wirkliche Kraft $P = c\,P_{th} = \gamma_L \frac{(w-v)^2}{2g} F$ kg angenommen wird.

Die treibende Kraft P ist dem spezifischen Gewicht γ_L der Luft und dem Quadrat der Geschwindigkeitsdifferenz proportional. Es ist also wirkungsvoller, die Geschwindigkeit auf Kosten des spezifischen Gewichtes durch Entspannen der Druckluft möglichst hoch zu treiben, als mit großem spezifischen Gewicht, also hohem Druck zu arbeiten. Selbstverständlich darf der zur Überwindung des Blasleitungswiderstandes erforderliche Überdruck nicht unterschritten werden, weshalb lange Blasleitungen höheren Überdruck brauchen als kurze.

Die Widerstandszahl der Bewegung des Versatzgutes im Blasrohr kann mit $\mu = 0{,}6$ bis $0{,}7$ angenommen werden. Innenhärtung der Blasrohre oder Schmelzbasalteinlage vermindern den Widerstand.

Für ein Bergestück, das mit der Längsachse im Luftstrom liegt, sollen F der Querschnitt in m², L die Länge in m, G das Gewicht in kg und γ_B das spezifische Gewicht in kg/m³ sein, dann ergibt sich aus der Fördergleichung

$$P = G\mu + G\frac{b}{g} = G\left(\mu + \frac{b}{g}\right) = \gamma_B F L \left(\mu + \frac{b}{g}\right) = \gamma_L \frac{(w-v)^2}{2g} F$$

und $$b = \frac{(w-v)^2}{2}\,\frac{\gamma_L}{\gamma_B L} - \mu g \text{ m/s}^2 .$$

[1] Vgl. Ziffer 277 und 290.

Strömen z. B. durch eine Blasleitung von 175 mm Durchmesser $Q = 5000$ m³/h Luft von 1 ata mit einem Leitungsdruck von 2,1 atü, der Geschwindigkeit $w \approx 18$ m/s und $\gamma_L \approx 1{,}2 \cdot 3{,}1 = 3{,}7$ kg/m³, und hat ein Bergestück vom spezifischen Gewicht $\gamma_B = 2400$ kg/m³ die Länge $L = 30$ mm $= 0{,}03$ m, so ergibt sich mit $\mu = 0{,}6$ und $g \approx 10$ m/s² bei der Anfangsgeschwindigkeit $v = 0$ eine Anfangsbeschleunigung $b = \frac{(18-0)^2}{2} \cdot \frac{3{,}7}{2400 \cdot 0{,}03} - 0{,}6 \cdot 10 = 2{,}3$ m/s². Ein kürzeres Bergestück kommt auf größere, ein längeres auf kleinere Beschleunigung; das Gemisch wird auf eine mittlere Beschleunigung kommen, die um so höher liegt, je kürzer die Bergestücke sind. Diese Anfangsbeschleunigung nimmt mit zunehmender Bergegeschwindigkeit ab; sie wird $b = 0$, wenn die Geschwindigkeitsdifferenz den Wert $w - v = \sqrt{2 \mu g L \frac{\gamma_B}{\gamma_L}}$ angenommen hat. Für das vorstehende Beispiel ergibt sich $w - v = \sqrt{2 \cdot 0{,}6 \cdot 10 \cdot 0{,}03 \cdot \frac{2400}{3{,}7}} \approx 15$ m/s. Die Bergegeschwindigkeit ist dann $v = w - 15 = 18 - 15 = 3$ m/s geworden. Mit zunehmendem Druckabfall in der Leitung wachsen das Luftvolumen und die Luftgeschwindigkeit, so daß das Fördergut weiter beschleunigt werden kann. Wird der Ausblasedruck mit 1,2 ata angenommen, so erhält man mit $w = 52$ m/s und $\gamma_L = 1{,}44$ kg/m³ die Geschwindigkeitsdifferenz $w - v = \sqrt{2 \cdot 0{,}6 \cdot 10 \cdot 0{,}03 \cdot \frac{2400}{1{,}44}} \approx 25$ m/s und die Ausblasegeschwindigkeit der Berge $v = w - 25 = 52 - 25 = 27$ m/s.

Das Beispiel sollte lediglich die Zusammenhänge der einzelnen Größen veranschaulichen und den Einfluß der Form der Bergestücke sowie die Änderungen der Luft- und Bergegeschwindigkeiten erkennen lassen. Die zuletzt errechneten Höchstgeschwindigkeiten werden praktisch nicht erreicht, weil die Größe des gesamten Bergequerschnitts im Rohr mit zunehmender Geschwindigkeit immer kleiner und der Luftstrom dadurch zu einem immer geringer werdenden Anteil an der Förderung beteiligt wird. Praktisch werden nur Austrittsgeschwindigkeiten der Berge von 15 bis 20 m/s erreicht. Werden 60 m³/h Berge mit diesen Geschwindigkeiten durch eine Blasleitung von 175 mm Durchmesser gefördert, so ist der Rohrquerschnitt nur zu 4,6 bzw. 3,5% von Bergen ausgefüllt.

Die genannten Füllwerte werden nur bei gleichmäßiger Bergeaufgabe erreicht. Werden mehr Berge zugeführt, so sind unangenehme Verstopfungen der Blasleitung die Folge. Zu geringe Bergezufuhr ist unwirtschaftlich, weil der Luftverbrauch infolge zu kleinen Widerstandes erheblich steigt. Beim Stillsetzen der Blasanlage ist erst die Bergezufuhr zu unterbrechen, die Leitung leer zu blasen und dann erst die Luft abzustellen. Wenn die Bergezufuhr und die Blasluft gleichzeitig abgestellt werden, verläßt die mit höherer Geschwindigkeit strömende Luft eher die Leitung als die Berge, die sich stauen und die Leitung zusetzen.

Unter *Blasmenge* oder Blasleistung versteht man das stündlich verblasene Versatzvolumen. Kleine Versatzmaschinen kommen auf 20 bis 30, mittlere auf 40 bis 60 und große auf 80 bis 100 m³/h und mehr im Dauerbetriebe. Die Blasluftmenge wird in m³/h gerechnet. Die Antriebsenergie der Blasmaschinen kann Druckluft oder Elektrizität sein; der Verbrauch kann getrennt gerechnet werden, gehört aber wirtschaftlich zum Gesamtverbrauch. Der spezifische oder anteilige Luftverbrauch gibt die je m³ Blasgut verbrauchte Luft an; die Betriebsangaben liegen in den weiten Grenzen von 70 bis 160 m³ Luft je m³ Berge. Die kleinsten Werte sind nur bei der höchstmöglichen Blasmenge und gut geeignetem Versatzgut zu erreichen, doch geht man aus Furcht vor Verstopfung der Blasleitung nicht gern an die äußerste Grenze, was auch wirtschaftlich bis zu einem gewissen Grade gerechtfertigt ist, denn der Verlust durch Betriebsstörungen kann größer werden als die Kosten für den Mehrluftverbrauch. Die Zuleitungen für die Blasluft müssen für den hohen Verbrauch ausreichend bemessen werden; sie sollen mindestens den halben Querschnitt wie die Blasleitungen haben. Der Druckverlust in den Blasleitungen kann bei Leerlauf mit 0,2 at je 100 m gerechnet werden, wobei ein Krümmer von 90° der Länge von 30 m gleichgesetzt werden kann. Der Betriebsdruck beim Blasen wird 1,5 at größer gewählt; er soll bei Zellenradmaschinen 2,5 atü und bei Kammermaschinen 3,5 atü nicht überschreiten, so daß sich höchste Blasleitungslängen von 500 bzw. 1000 m ergeben.

269. Zellenradblasversatzmaschine. Die Blasversatzmaschine hat das Versatzgut gleichmäßig in regelbarer Menge bei geringstem Luftverlust in die unter Druck stehende Blasleitung einzuschleusen. Eine der Hauptschwierigkeiten bei der Lösung dieser Aufgabe ist das Dichthalten der hoch auf Verschleiß beanspruchten Maschine.

Die in Abb. 568 dargestellte Blasversatzmaschine benutzt für die Zuteilung ein konisches Zellenrad *a*, das auf seiner Welle *b* verschweißt ist. Das Versatzgut wird im Fülltrichter *c* aufgegeben und von dem sich drehenden Zellenrad zum Blastrog oder Druckraum *d* geführt, wo es von der durchströmenden Luft in das Einlaufrohr *q* der Blasleitung geblasen wird. Das Zellenrad läuft in einer besonderen Schleißbüchse *e*. Der Druckraum *d* ist auch mit einer auswechselbaren Verschleißwanne *f* ausgestattet. Für das Zellenrad wurde die konische Form gewählt, die es ermöglicht, den Verschleiß durch Hineinziehen in die Büchse *e* auszugleichen. Hierzu befindet sich links an der Maschine die Nachstellvorrichtung *g*, die mittels Handkurbel *h* bedient wird und das Zellenrad mit Schneckentrieb und Schraubenspindel nach links ziehen kann. Die Stirnseiten des Zellenrades haben Stopfbüchsendichtungen, deren Packungen *s* mit den Druckschrauben *t* nachgezogen werden. Das Zellenrad wird von dem Elektromotor *i* über die Periflexkuppelung *j*, ein Zahnradgetriebe *k* und die Abscherkuppelung *l* angetrieben. Der Scherbolzen *m* dient als Sicherung gegen Überlastung, z. B. beim Festklemmen von Eisenstücken, die mit dem Versatzgut in das Zellenrad gelangt sind.

Die Blasluft wird vom Netz über das Schnellschlußventil *n* zunächst zu einer Stauscheibe *o* geführt, die den Leitungsdruck auf den erforderlichen Blasdruck reduzieren soll und bei Leerlauf die Luftmenge begrenzt[1]. Die Stauöffnung muß der Länge und Be-

[1] Vgl. Ziffer 18.

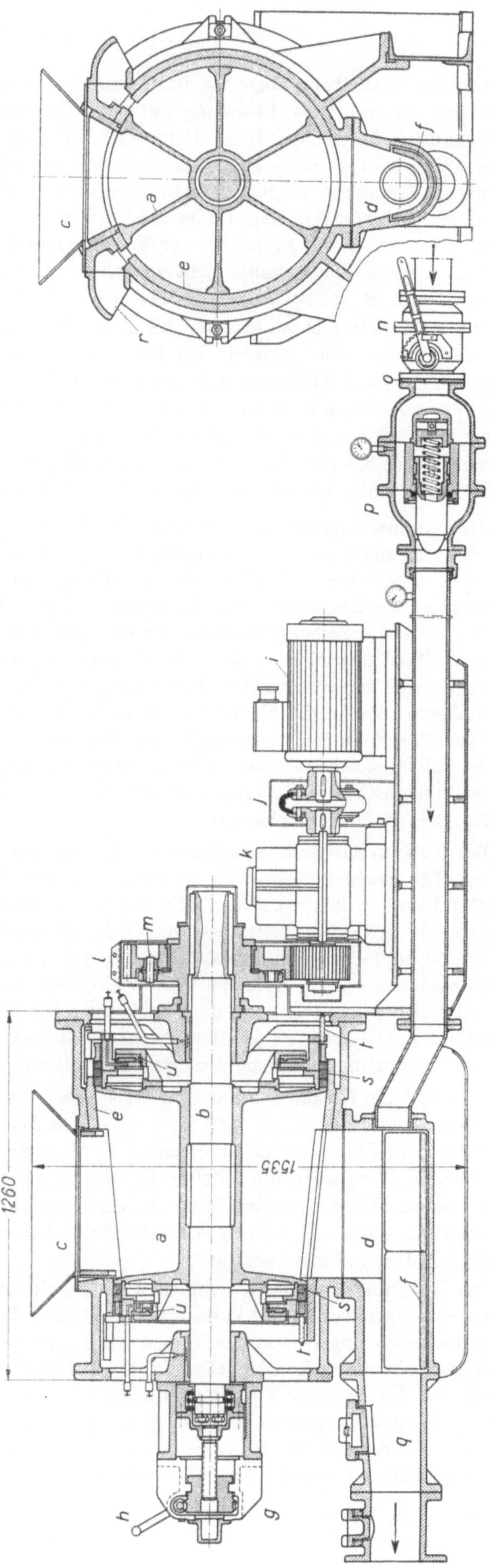

Abb. 568. Zellenradblasversatzmaschine von Brieden, Bochum.

lastung der Blasleitung angepaßt sein, muß aber immer für die Höchstbelastung bemessen sein und wird bei geringerer Belastung Luft im Überschuß durchlassen, wodurch die Anlage unwirtschaftlicher arbeitet. Diese Luftverschwendung wird durch den Blasdruckregler p vermieden, der als federbelastetes Ventil arbeitet, das den Zustrom zur Blasleitung drosselt, wenn zu wenig Versatzgut eingeschleust worden und dadurch der Widerstand in der Blasleitung gesunken ist. Bei steigendem Widerstand öffnet es sich wieder, bis der Gleichgewichtszustand erreicht ist, der durch Einstellen der Federspannung festgelegt ist. Mit einem Handhebel, der in dem dargestellten Schnitt nicht zu sehen ist, kann der Regler von Hand ganz geöffnet werden, um z. B. bei Stillsetzen die Leitung leerblasen zu können.

Die Zellenradmaschine in Abb. 568 liefert Blasmengen von 80 bis 100 m^3/h, unter günstigsten Bedingungen bis 120 m^3/h. Bei 4 atü Betriebsdruck ist der Luftverbrauch mit Blasdruckregler im Leerlauf 3800 m^3/h und bei voller Belastung 7200 m^3/h. Der Blasdruck soll 2,5 atü nicht übersteigen, weil sonst die Undichtheitsverluste am Zellenrad zu groß werden; dieser Druck reicht für eine größte Länge der Blasleitung von 500 m bei 175 mm Durchmesser. Der Antriebsmotor hat eine Leistung von 35 PS. Kleinere Bauarten haben Blasmengen von 30 und 70 m^3/h mit Antriebsleistungen von 10 bzw. 20 PS.

270. Kammerblasversatzmaschinen. Die Kammerblasversatzmaschinen unterscheiden sich von den Zellenradmaschinen dadurch, daß das Versatzgut in eine Kammer eingefüllt wird, die erst nach luftdichtem Abschluß der Einfüllöffnung unter Druck gesetzt wird und dann die Versatzberge gleichmäßig an die Blasleitung abgibt. Wesentlich hierbei ist, daß der Verschluß nicht wie bei der Zellenradmaschine durch umlaufende und dadurch dem Verschleiß stark ausgesetzte Maschinenteile, sondern durch einen eigens hierfür ausgebildeten Schwenkschieber betätigt wird, der eine bessere Abdichtung sichert; infolgedessen kann die Kammermaschine mit höherem Blasdruck (bis 3,5 atü) arbeiten, der für Blasleitungen von größerer Länge (max. 800 bis 1000 m) ausreicht. Die Kammermaschine kann aus diesem Grunde für große und langlebige Abbaubetriebe ortsfest in Verbindung mit großen Bergebunkern aufgestellt werden. Die Speichermöglichkeit des Bunkers macht den Blasbetrieb von gelegentlichen Förderstörungen in der Bergezufuhr unabhängig.

Die *Torkret-Blasversatzmaschinen* der Bamag werden als Ein- und Mehrkammermaschinen gebaut. Die *Einkammermaschine* wird nur mit *einer* Versatzgutkammer ausgeführt, die bis zu 10 m^3 Inhalt hat, in etwa 5 bis 6 Minuten leergeblasen und nach Abschluß der Luftzufuhr und Unterbrechung des Blasbetriebes wieder gefüllt wird. Die Pause zum Füllen dauert $1^1/_2$ bis 2 Minuten, so daß bei Vollbetrieb 70 bis 90 m^3/h Berge verblasen werden können. Während der Füllpause lassen sich die Rohre im Versatzfeld gefahrlos ausbauen. Der spezifische Luftverbrauch beträgt bei mittleren Längen der Blasleitung 100 m^3 Luft je m^3 Versatzgut. Der Kammerverschluß und das zum Regeln der Blasmenge dienende Taschenrad entsprechen der in Abb. 569 bei der Dreikammermaschine gezeigten Ausführung.

Während die Einkammermaschine Blaspausen für das Füllen der Kammer benötigt, ist die *Dreikammermaschine* in Abb. 569 für *pausenlosen* Blasbetrieb bestimmt. Die obere Kammer K_1 kann mit dem Schwenkschieberverschluß V_1 dicht gegen den Einfüllstutzen abgesperrt werden. Der Verschluß V_2 kann die mittlere Kammer K_2 von der Kammer K_1 trennen, während die untere, dauernd unter Blasluftdruck stehende Kammer K_3 sich mit dem Verschluß V_3 von der Kammer K_2 absperren läßt. Alle Schwenkschieberverschlüsse werden durch automatisch gesteuerte Luftzylinder Z betätigt.

Die Zuteilungskammer K_1 von 0,12 m^3 Inhalt wird bei geöffnetem Schieber V_1 und geschlossenem Schieber V_2 mit Versatzgut gefüllt. Bei den dann folgenden, in der Abb. 569 gezeigten Schieberstellungen wird das Versatzgut an die zunächst noch nicht unter Druck stehende Abdichtungskammer K_2 übergeben. Nach Abschluß von V_2 wird die obere Kammer K_1 neu gefüllt und die Kammer K_2 mit dem selbsttätig gesteuerten Umlaufventil U unter Blasdruck gesetzt. Nach vollzogenem Druckausgleich mit Kammer K_3 kann der Verschluß V_3 geöffnet und das Blasgut aus der Kammer K_2 in die Kammer K_3 übergeleitet werden. Nachdem V_3 wieder geschlossen und die Druckluft aus K_2 abgelassen worden ist, wiederholt sich das Füllspiel der oberen Kammern. Während der Füllvorgänge wird das Blasgut ununterbrochen der Blasleitung B von dem Taschenrad T gleichmäßig zugeteilt. Das Taschenrad T erhält seinen Antrieb über ein Zahnradgetriebe von dem auf dem Getriebegehäuse G stehenden Druckluftmotor M. Die Blasmenge ist von der Drehzahl des Taschenrades abhängig, die durch Regeln der Motordrehzahl eingestellt wird. Der Motor treibt außer dem Taschenrad eine Nockensteuerwelle im Steuergehäuse St, von der die Schwenkschieberzylinder Z und das Druckluftumlaufventil U für das Füllen und Entleeren der Kammer K_2 in dem erforderlichen Rhythmus gesteuert werden. Die Steuerwelle hängt in gleicher Weise von der Regelung der Motordrehzahl ab wie das Taschenrad, so daß sich die Spielzahl der Füllvorgänge selbsttätig der Blasmenge anpaßt.

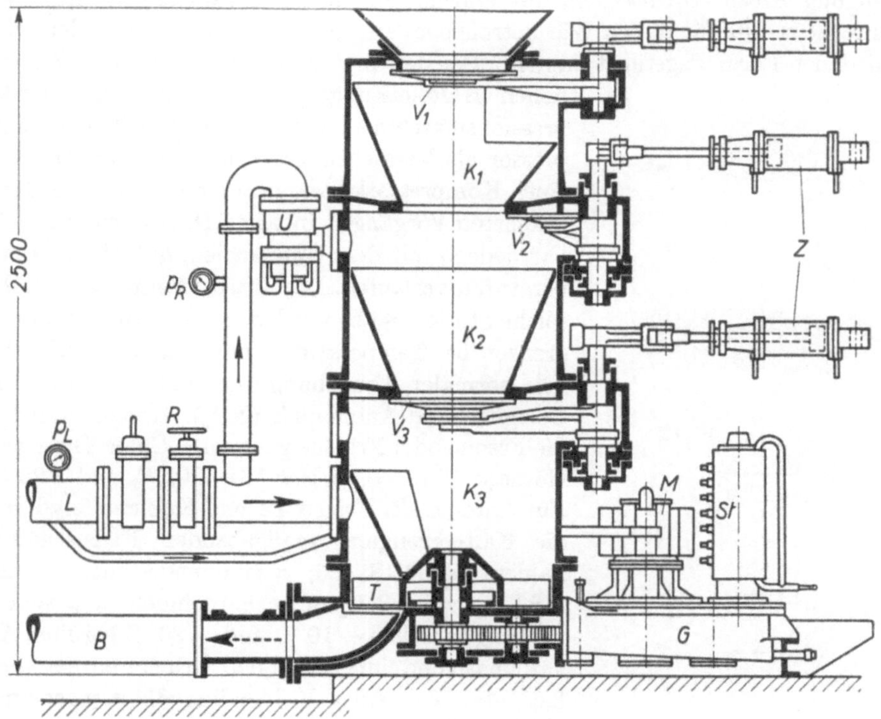

Abb. 569. Torkret-Dreikammer-Blasversatzmaschine der BAMAG.

Die Druckluftzuleitung L liefert Luft vom Druck $p_L = 4$ atü. Mit der Regeldrossel R wird die Blasluft auf den erforderlichen Blasdruck p_R heruntergeregelt; je nach der Art des Versatzgutes und der Länge der Leitung sind Blasdrücke zwischen 1,5 und 3,5 atü nötig. Für den Antriebsmotor M (Leistung 7 PS) und die Schwenkschieberzylinder Z wird die Betriebsluft mit dem vollen Druck von 4 atü vor der Drosselstelle aus der Druckluftleitung entnommen. In der Minute werden 8 bis 10 Füllungen von 0,12 m³ aufgegeben, was bei Dauerbetrieb einer Blasmenge von 56 bis 72 m³/h entspricht, die durch eine Blasleitung von 150 mm Durchmesser bis zu 800 m Länge verblasen werden. Im Mittel kann mit einem spezifischen Luftverbrauch von 100 m³ Luft/m³ Blasgut gerechnet werden. Mit einer größeren Maschine ist eine Blasmenge von 100 m³/h erreichbar, die eine Blasleitung von 175 mm Durchmesser erfordert.

XXX. Kältemaschinen.

271. Die Vorgänge bei der Kälteerzeugung. Um einen Stoff zu kühlen, d. h. seine Temperatur zu senken, muß ihm Wärme entzogen werden. Solche Kühlvorgänge sind schon bei der Kondensation des Wasserdampfes in Dampfkraftanlagen, bei der Kühlwasserrückkühlung und bei der Druckluftkühlung in Zwischen- und Nachkühlern betrachtet worden, wobei Wärme von einem Stoff mit hoher Temperatur letzten Endes auf die Umgebungsluft zu übertragen war. Solange die Temperatur des zu kühlenden Stoffes höher als die gewöhnliche Umgebungstemperatur bleibt, also ein natürliches Temperaturgefälle besteht, ist der Wärmeübergang ohne besonderen Aufwand möglich. Anders liegen die Verhältnisse, wenn die durch Kühlen zu erzielende Temperatur unterhalb der üblichen Umgebungstemperatur, oft sogar weit unter dem Gefrierpunkt des Wassers liegt. Bei dieser als „Kälteerzeugung" bezeichneten Kühlung auf tiefe Temperaturen muß die abzuführende Wärme auf Luft oder Kühlwasser übertragen werden, deren Temperatur höher als die des zu kühlenden Stoffes ist und meist über 10° C liegt. Während bei einer Wärmeübertragung mit Temperaturgefälle *Arbeit gewonnen* werden kann (Dampfkraftanlage, Verbrennungskraftmaschine), ist nach dem 2. Wärmehauptsatz[1] im umgekehrten Fall der Kälteerzeugung *Arbeit aufzuwenden*, um Wärme von niedrigem auf ein höheres Temperaturniveau zu fördern. Die für diesen Wärmetransport erforderliche Energie kann dem Kälteprozeß in verschiedener Form zugeführt werden. Bei den hier wegen ihrer größten Verbreitung bei hohen Kälteleistungen nur behandelten Kaltdampfkompressionsmaschinen wird diese Arbeit von einem Kompressor als Verdichtungsarbeit verrichtet. Die Vorgänge in einer Kompressorkälteanlage sind dann zum Teil den umgekehrten Vorgängen in einer Dampfkraftanlage vergleichbar, jedoch mit dem Unterschied, daß sie bei tieferen Temperaturen verlaufen. Der Wasserdampf muß deshalb durch solche Stoffe ersetzt werden, die innerhalb tragbarer Druckgrenzen bei Temperaturen um und unter 0° C flüssig und bei normaler Umgebungstemperatur dampfförmig sind. Geeignet sind Ammoniak (NH_3), Kohlendioxyd (CO_2) und die Freone oder Frigene genannten Chlor-Fluor-Derivate des Methans (F 11 $= CCl_3F$, F 12 $= CCl_2F_2$ und F 22 $= CHClF_2$). Für Ammoniak, Frigen 12 und Kohlendioxyd sind die für die Kälteerzeugung maßgebenden Eigenschaften in der Zahlentafel 30 (S. 480) zusammengestellt. Aus der Zahlentafel ist zum Beispiel zu entnehmen, daß sich ein Kühlvorgang zwischen $-10°$ C und $+20°$ C bei einer Ammoniakkältemaschine innerhalb der Druckgrenzen von 2,93 bis 8,65 ata, bei einer Kohlendioxydkältemaschine dagegen von 27,1 bis 58,1 ata abspielt.

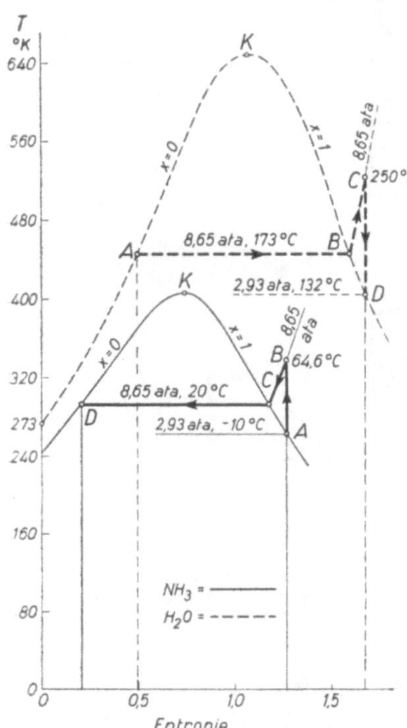

Abb. 570. Vergleich der *Ts*-Diagramme für Ammoniak und Wasserdampf.

Die beste Darstellung der Kühlvorgänge vermittelt das Temperatur-Entropie- oder *Ts*-Diagramm, welches für Wasser bei der Wasserdampferzeugung in Ziffer 14 schon ausführlich behandelt wurde, weshalb hier zur Erläuterung in Abb. 570 das *Ts*-Diagramm für Ammoniak mit dem *Ts*-Diagramm für Wasserdampf verglichen werden soll, woraus sich auch deutlich der Unterschied zwischen dem bei hohen Temperaturen verlaufenden Wasserdampfprozeß und dem sich bei niedrigen Temperaturen abspielenden Ammoniakprozeß erkennen läßt. Das für Ammoniak eingezeichnete Beispiel bewegt sich in den Temperaturgrenzen $-10°$ C bis $+20°$ C und im Druckbereich von 2,93 bis 8,65 ata. Für den Wasserdampf wurden zum Vergleich die gleichen Druckgrenzen gewählt. Nach Ziffer 14 trennt die linke Grenzkurve $x = 0$ (x ist der Dampfgehalt) die Flüssigkeit vom Naßdampf und die rechte Grenzkurve $x = 1$ den trockenen Sattdampf vom überhitzten Dampf. Zwischen den Grenzkurven liegt das Gebiet des Naßdampfes mit verschieden hohem Dampfgehalt, der von der linken zur rechten Grenzkurve gleichmäßig zunimmt. Die Fläche unterhalb der Linie eines Wärmevorganges stellt die zu- oder abzuführende Wärme dar.

In Punkt A auf der linken Grenzkurve hat das *Wasser* bei 8,65 ata seine Siedetemperatur 173° C und einen Wärmeinhalt von $i_A = 174{,}6$ kcal/kg (Flüssigkeitswärme nach der Wasserdampftabelle). Durch Zufuhr einer Verdampfungswärme von 487,0 kcal/kg wird es vollständig

[1] Vgl. Ziffer 6.

verdampft (Druck und Temperatur gleichbleibend), so daß der Wasserdampf in Punkt B auf der rechten Grenzkurve $x = 1$ einen Wärmeinhalt von $i_B = 174{,}6 + 487{,}0 = 661{,}6$ kcal/kg hat. Die Fläche unter der Linie AB stellt die zugeführte Verdampfungswärme dar: $Q = T_m(s_2 - s_1)$. Von B bis C werde bei konstantem Druck so weit überhitzt, daß C gerade senkrecht über dem Schnittpunkt D der unteren Drucklinie von 2,93 ata mit der rechten Grenzkurve $x = 1$ liegt; die Überhitzungswärme ist die Fläche unter der Linie BC und beträgt 42,2 kcal/kg. In Punkt C ist der Wärmeinhalt auf $i_C = 661{,}6 + 42{,}2 = 703{,}8$ kcal/kg und die Temperatur auf 250° C gestiegen. Der trockene Sattdampf von 2,93 ata in Punkt D hat nach der Dampftabelle eine Temperatur von 132° C, einen Wärmeinhalt $i_D = 650{,}1$ kcal/kg und denselben Entropiewert wie der auf 250° C überhitzte Dampf von 8,65 ata in Punkt C.

Im Ts-Diagramm verlaufen adiabatische Zustandsänderungen senkrecht[1] ($s =$ konst.); somit stellt die Linie von C bis D eine adiabatische Expansion von 8,65 bis 2,93 ata dar, wobei der Dampf nur bis zur Grenzkurve ausgenutzt wird, und eine Arbeit $i_C - i_D = 703{,}8 - 650{,}1 = 53{,}7$ kcal/kg gewonnen werden kann.

Betrachtet man die Vorgänge in D beginnend in umgekehrter Reihenfolge, so kann der trockene Sattdampf von 2,93 ata, 132° C mit dem Wärmeinhalt $i_D = 650{,}1$ kcal/kg durch adiabatische Verdichtung auf 8,65 ata (Senkrechte von D bis C) in überhitzten Dampf von 250° C umgewandelt werden. Für die Verdichtung sind 53,7 kcal kg aufzuwenden, die vom Dampf aufgenommen werden, so daß der Dampf in C wieder den Wärmeinhalt $i_C = 703{,}8$ kcal/kg hat. Um diesen überhitzten Dampf bei 8,65 ata in trockenen Sattdampf zu verwandeln (Punkt B), sind ihm innerhalb des Temperaturbereiches von 250 bis 173° C durch Kühlung 42,2 kcal/kg zu entziehen. Wird durch weiteren Wärmeentzug bei 173° C noch die Verdampfungswärme 487,0 kcal/kg abgeführt, so endet der rückläufige Vorgang in dem ursprünglichen Ausgangspunkt A mit Wasser von 173° C und dem Wärmeinhalt $i_A = 174{,}6$ kcal/kg. Insgesamt werden $i_C - i_A = 703{,}8 - 174{,}6 = 529{,}2$ kcal/kg abgeführt, worin die Verdichtungsarbeit mit 53,7 kcal/kg enthalten ist. Nutzbar sind also $529{,}2 - 53{,}7 = 475{,}5$ kcal/kg von dem Temperaturniveau 132° C auf das 41° höhere Temperaturniveau 173° C gefördert worden, wofür ein Aufwand von 53,7 kcal/kg benötigt wurde. Dieses Wasserdampfbeispiel soll nur die Umkehrung der Vorgänge gegenüber der Dampfkraftanlage zeigen; praktisch ist es für die Kälteerzeugung nicht brauchbar, weil sich der gesamte Prozeß zwischen 132° C und 250° C, also weit über der Umgebungstemperatur abspielt.

Der in Abb. 570 zum Vergleich gegenübergestellte Prozeß mit *Ammoniak* verläuft in den gleichen Druckgrenzen gleichartig, jedoch in dem für die Kälteerzeugung geeigneten Temperaturbereich zwischen − 10° C und + 64,6° C. Im Anfangspunkt A auf der rechten Grenzkurve ($x = 1$) liegt ein trockener Ammoniaksattdampf von 2,93 ata und − 10° C mit einem Wärmeinhalt $i_A = -11{,}1 + 308{,}7 = 297{,}6$ kcal/kg vor (vgl. Zahlentafel 30). Bei adiabatischer Verdichtung von 2,93 auf 8,65 ata (Senkrechte von A bis zum Punkte B auf der Drucklinie 8,65 ata) wird er überhitzt, und seine Temperatur steigt aut 64,6° C. Der Wärmeinhalt des trockenen Ammoniaksattdampfes von 8,65 ata und 20° C in Punkt C wird nach der Zahlentafel 30: $i_C = 22{,}9 + 284{,}2 = 307{,}1$ kcal/kg. In B ist die Temperatur $\Delta t = 64{,}6 - 20 = 44{,}6°$ höher, so daß sich der Wärmeinhalt ergibt: $i_B = i_C + c_p\,\Delta t = 307{,}1 + 0{,}52 \cdot 44{,}6 = 330{,}3$ kcal/kg*. Für die Verdichtung von 2,93 auf 8,65 ata werden demnach $i_B - i_A = 330{,}3 - 297{,}6 = 32{,}7$ kcal/kg gebraucht, die in den Dampf übergehen. Um bis zum Ende des Prozesses in Punkt D den überhitzten Ammoniakdampf von 8,65 ata, 64,6° C vollständig in flüssiges Ammoniak von 8,65 ata, 20° C mit dem Wärmeinhalt $i_D = 22{,}9$ kcal/kg umzuwandeln, sind insgesamt $i_B - i_D = 330{,}3 - 22{,}9 = 307{,}4$ kcal/kg durch Kühlung abzuführen. In dieser Gesamtwärmeabfuhr ist auch die bei der Verdichtung zugeführte Wärme von 32,7 kcal/kg enthalten, so daß mit einem Aufwand von 32,7 kcal/kg am Kompressor die Wärme $307{,}4 - 32{,}7 = 274{,}7$ kcal/kg nutzbar vom Temperaturniveau − 10° C auf das Temperaturniveau + 20° C gehoben wird. Die Endtemperatur des Prozesses liegt mit + 20° C so hoch, daß die abzuführende Wärme von normalem Kühlwasser aufgenommen werden kann. Im Gegensatz zu Wasser erfüllt somit Ammoniak die für die Kälteerzeugung gestellte

[1] Vgl. Ziffer 12. — * Spezifische Wärme des Ammoniaks: $c_p = 0{,}52$ kcal/kg · grd.

Forderung, in mäßigen Druckgrenzen oberhalb der normalen Umgebungstemperatur und unterhalb der gewünschten Kühltemperatur flüssig und dampfförmig aufzutreten. Wie aus Zahlentafel 30 zu ersehen, gilt das auch bei ähnlichen Drücken für Frigen 12 (CCl_2F_2), wogegen Kohlendioxyd erheblich höhere Drücke verlangt (27,1 ata bis — 10° C und 58,1 ata bei + 20° C).

Grundsätzlich wird bei der Kälteerzeugung in Kaltdampfkompressionsanlagen so verfahren, daß die Wärme, die dem zu kühlenden Stoff entzogen werden muß, bei tiefer Temperatur als Verdampfungswärme für das flüssige Kältemittel (z. B. NH_3) verbraucht wird. Das Kältemittel muß im Kreislauf verwendet, also aus dem Kaltdampfzustand wieder in den kaltflüssigen Anfangszustand zurückgeführt werden. Der Kaltdampf wird zunächst verdichtet und kann dann bei hohem Druck und höherer Temperatur verflüssigt werden, indem seine Kondensationswärme auf ein Kühlmittel von normaler Umgebungstemperatur, wie Wasser oder Luft, übertragen wird. Wird anschließend der Druck dieses noch warmen, aber flüssigen Kältemittels z. B. durch Drosseln herabgesetzt, so verdampft eine Teilmenge (vgl. Abb. 573) und entzieht ihre Verdampfungswärme der Flüssigkeit, wodurch der restliche Anteil des flüssigen Kältemittels wieder auf die niedrige Anfangstemperatur zurückgekühlt wird und der Kreislauf neu beginnen kann. Der Verdichtungsdruck wird von der Außentemperatur bestimmt und beträgt z. B. bei + 20° C für Ammoniak 8,65 ata und 5,8 ata für Frigen 12. Der Drosselenddruck (Ansaugedruck des Kompressors) hängt von der verlangten Kühltemperatur ab und ist um so niedriger, je tiefer gekühlt werden soll.

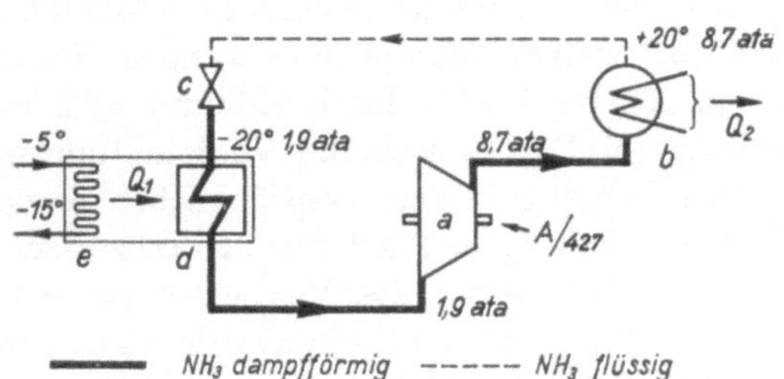

Abb. 571. Schematische Darstellung einer Ammoniakkältemaschinenanlage.

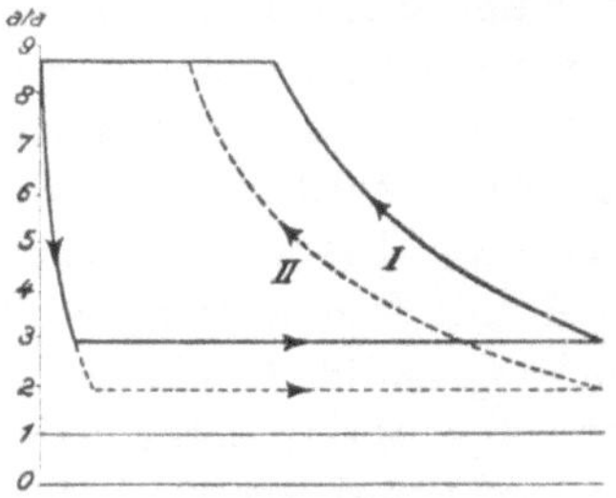

Abb. 572. Diagramme eines Ammoniakkompressors.

Mit fallender Kühltemperatur vergrößert sich demnach die Kompressorarbeit, d. h. der Energieaufwand wird um so größer, je tiefer das Temperaturniveau ist, von dem die Wärme auf das Niveau der Umgebungstemperatur zu fördern ist.

Abb. 571 möge das Verfahren am Beispiel einer Ammoniakkältemaschine erläutern. Im Kompressor *a* wird Ammoniakdampf von 1,9 ata, — 20° C auf 8,7 ata verdichtet, wofür dem Kompressor die auf den Wärmewert umgerechnete Arbeit $A/427$ kcal* zuzuführen ist. Die verdichteten Ammoniakdämpfe gelangen darauf in einen Kondensator *b*, in dem sie verflüssigt werden, wenn aus ihnen durch Kühlwasser von normaler Temperatur so viel Wärme Q_2 abgeführt wird, daß sie sich auf die dem Druck 8,7 ata entsprechende Sättigungstemperatur von + 20° C** abkühlen. In dem Regelventil *c* wird der Druck des Ammoniaks gedrosselt, und zwar um so stärker, je tiefere Temperaturen erzeugt werden sollen, z. B. auf 1,9 ata für eine Temperatur von — 20° C. Bei diesem Druck und dieser Temperatur verdampft das Ammoniak im Verdampfer *d* und entzieht der Umgebung die Wärme Q_1, die es als Verdampfungswärme benötigt. In dem dargestellten Beispiel wird diese Wärme einer die Rohrschlange *e* durchströmenden Salzsole von niedrigem Gefrierpunkt entzogen, deren Temperatur dadurch gesenkt wird, und die nun ihrerseits als Kälteträger wirkt und wieder andere Stoffe kühlen kann, worauf sie mit erhöhter Temperatur zur Kühlschlange zurückgeführt und von neuem gekühlt wird. Das verdampfte Ammoniak wird wieder vom Kompressor angesaugt und verdichtet, worauf sich der ganze Vorgang wiederholt.

Zwischen der zu entziehenden Wärme Q_1, der Wärmeabfuhr Q_2 im Kondensator und dem Wärmewert der Kompressorarbeit $A/427$ besteht die Beziehung: $Q_2 = Q_1 + A/427$. Mit dem Kondensatorkühlwasser ist also die dem Kälteträger zu entziehende Wärme *und* die der Arbeit des Kompressors entsprechende Wärme abzuführen.

* Vgl. Ziffer 6. — ** Vgl. Zahlentafel 30.

Abb. 572 zeigt Druck-Volumen-Diagramme eines einstufigen Ammoniakkompressors; *I* ist das Diagramm des zwischen $-10°$ C und $+20°$ C (2,93 ata auf 8,65 ata) arbeitenden, *II* das Diagramm des zwischen $-20°$ C und $+20°$ C (1,92 ata auf 8,65 ata) arbeitenden Kompressors. Bei gleichem Gewichte hat Ammoniak die weitaus größte, Kohlensäure die kleinste Kälteleistung[1]. Die Kohlensäurekältemaschine, die zwar mit dem größten Druck arbeitet, hat wegen des geringen spezifischen Volumens der Kohlensäure die kleinsten Abmessungen; die Ammoniakkältemaschine erfordert etwa fünfmal, die Frigen 12-Kältemaschine etwa achtmal größeres Hubvolumen als die Kohlensäuremaschine.

Abb. 573 zeigt den Verlauf des gesamten Kältemaschinenprozesses mit einem Ammoniakkompressor für die gleichen Verhältnisse der in Abb. 572 dargestellten *PV*-Diagramme. Im Punkt *a* auf der linken Grenzlinie ($x = 0$) haben wir flüssiges Ammoniak von 8,65 ata, $+20°$ C mit einem Wärmeinhalt $i_a = 22{,}9$ kcal/kg. Von *a* bis *b* wird der Druck auf 2,93 ata gedrosselt. Beim Drosseln bleibt der Wärmeinhalt unverändert: $i_b = i_a = 22{,}9$ kcal/kg; es findet jedoch eine Teilverdampfung statt (Punkt *b* liegt zwischen den Grenzkurven), so daß trotz gleichen Wärmeinhalts die Temperatur auf $-10°$ C sinkt, entsprechend der Dampftemperatur bei 2,93 ata nach Zahlentafel 30. Im Punkt *c* auf der rechten Grenzkurve ist der Wärmeinhalt des Ammoniakdampfes $i_c = 308{,}7 + (-11{,}1) = 297{,}6$ kcal/kg (Verdampfungswärme + Flüssigkeitswärme) bei 2,93 ata und $-10°$ C. Dem zu kühlenden Stoff kann bei der vollständigen Verdampfung des noch flüssigen Ammoniakanteiles von *b* bis *c* die Wärme $q_1 = i_c - i_b = 297{,}6 - 22{,}9 = 274{,}7$ kcal/kg Ammoniak entzogen werden. Bei der adiabatischen Verdichtung[2] von 2,93 auf 8,65 ata (Senkrechte von *c* bis *d*) steigt die Temperatur von $T_c = 273 - 10 = 263°$ K auf

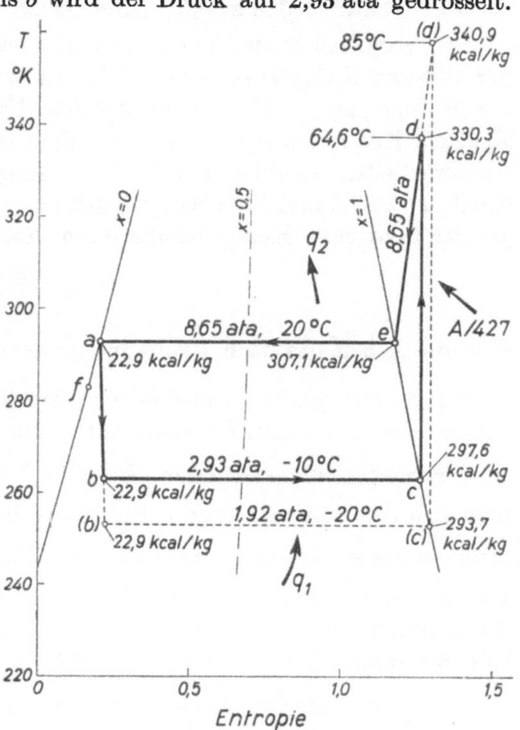

Abb. 573. *Ts*-Diagramm des Ammoniakkältemaschinenprozesses.

$$T_d = T_c\left(\frac{P_d}{P_c}\right)^{\frac{k-1}{k}} = 263\cdot\left(\frac{8{,}65}{2{,}93}\right)^{\frac{1{,}3-1}{1{,}3}} = 337{,}6°\,\mathrm{K}$$

oder

$$t_d = 64{,}6°\,\mathrm{C}.$$

Der Wärmeinhalt des Sattdampfes ($x = 1$) von 8,65 ata, $+20°$ C ist $i_e = 284{,}2 + 22{,}9 = 307{,}1$ kcal/kg, so daß der Wärmeinhalt des auf 64,6° C überhitzten Dampfes in Punkt *d* wird: $i_d = i_e + c_p\,\Delta t = 307{,}1 + 0{,}52\,(64{,}6 - 20) = 330{,}3$ kcal/kg. Die mit der Kompressorarbeit von *c* bis *d* zugeführte Wärme beträgt: $A/427 = i_d - i_c = 330{,}3 - 297{,}6 = 32{,}7$ kcal/kg. Um den überhitzten Dampf von 8,65 ata, 64,6° C mit $i_d = 330{,}3$ kcal/kg wieder in flüssiges Ammoniak von 8,65 ata, 20° C mit $i_a = 22{,}9$ kcal/kg (Anfangspunkt *a* des Kreislaufes) umzuwandeln, müssen durch Kühlung mit Kühlwasser von Umgebungstemperatur abgeführt werden: $q_2 = i_d - i_a = 330{,}3 - 22{,}9 = 307{,}4$ kcal/kg. Diese Wärme ist die Summe aus der dem zu kühlenden Stoff entzogenen Wärme q_1 und der mit der Kompressorarbeit zugeführten Wärme $A/427$. Es ist $q_2 = q_1 + A/427 = 274{,}7 + 32{,}7 = 307{,}4$ kcal/kg. Theoretisch sind also mit der Ammoniakkältemaschine 274,7 kcal mit einem Aufwand von 32,7 kcal vom Temperaturniveau $-10°$ C auf das Temperaturniveau $+20°$ C zu heben.

Das gestrichelt gezeichnete Diagramm gibt die Vorgänge im Bereich zwischen $+20°$ C und $-20°$ C wieder. Es wird bis 1,92 ata gedrosselt und beim gleichen Wärmeinhalt 22,9 kcal/kg infolge stärkerer Teilverdampfung die Temperatur $-20°$ C erreicht. Es werden $22{,}9 - (-22{,}1) = 45$ kcal/kg frei, womit bei der Verdampfungswärme 315,8 kcal/kg für 1,92 ata die Flüssig-

[1] Vgl. Ziffer 272. — [2] Adiabatenexponent für Ammoniak: $k = 1{,}3$.

keitsmenge $G_x = 45 : 315{,}8 = 0{,}1425$ kg verdampft wird ($x = 0{,}1425$). Zum restlosen Verdampfen kann noch die Wärme $q_1 = 315{,}8(1 - x) = 315{,}8(1 - 0{,}1425) = 270{,}8$ kcal/kg aus dem zu kühlenden Stoff auf das Ammoniak übertragen werden, womit der Wärmeinhalt an der rechten Grenzkurve für 1,92 ata, $-20°$ C auf $22{,}9 + 270{,}8 = 293{,}7$ kcal/kg steigt (nach der Zahlentafel 30 ergibt sich der gleiche Wert aus $315{,}8 + (-22{,}1) = 293{,}7$ kcal/kg). Bei der Verdichtung von 1,92 ata auf den Anfangsdruck 8,65 ata steigt die Temperatur von 253° K auf $253 \cdot \left(\frac{8{,}65}{1{,}92}\right)^{\frac{1{,}3-1}{1{,}3}} = 358°$ K oder 85° C, woraus sich ein Endwärmeinhalt $i_e + c_p\,\Delta t = 307{,}1 + + 0{,}52(85 - 20) = 340{,}9$ kcal/kg ergibt. Der Kompressor muß demnach in diesem Falle theoretisch $A/427 = 340{,}9 - 293{,}7 = 47{,}2$ kcal/kg zuführen, um 270,8 kcal/kg von $-20°$ C auf $+20°$ C zu heben. Die mit Kühlwasser bei $+20°$ C abzuführende Wärme beträgt $q_2 = q_1 + A/427 = 270{,}8 + 47{,}2 = 318$ kcal/kg (oder $340{,}9 - 22{,}9 = 318$ kcal/kg).

Der Vergleich beider Vorgänge zeigt, daß zum Entziehen einer gleichen Wärmemenge bei der unteren Kühlgrenze $-20°$ C der Aufwand am Kompressor 47% größer sein muß als bei der Kühlgrenze $-10°$ C. Zum gleichen Ergebnis führt das PV-Diagramm in Abb. 572. Bei gleichem Hubvolumen verhalten sich die Diagrammflächen II und I und somit auch die Kompressorarbeiten wie 0,96 : 1. Für II ist das spezifische Volumen $v = 0{,}63$ m³/kg und der Dampfgehalt $x = 86\%$ und für I entsprechend $v = 0{,}42$ m³/kg und $x = 88\%$. Die auf gleiches *Dampfgewicht* bezogenen Kompressorarbeiten verhalten sich wie

$$\frac{A_{II}}{A_I} = \frac{0{,}96}{1} \cdot \frac{0{,}63 \cdot 0{,}88}{0{,}42 \cdot 0{,}86} = \frac{1{,}47}{1},$$

d. h. die Arbeit des nach Diagramm II arbeitenden Kompressors ist 47% größer.

272. Leistungsziffer, Kälteleistung, Antriebsleistung und Wirkungsgrad der Kältemaschinenanlage. Als *Leistungsziffer* bezeichnet man das Verhältnis der nutzbar entzogenen Wärme Q_1 zu der hierfür aufgewendeten, $A/427$ kcal betragenden Kompressorarbeit: $\varepsilon = \frac{Q_1}{A/427}$. Denkt man sich die Kältemaschine verlustlos, z. B. nach dem CARNOT-Prozeß[1] arbeitend, so wird die denkbar beste, also *ideale Leistungsziffer* $\varepsilon_{ideal} = \frac{Q_1}{A/427} = \frac{Q_1}{Q_2 - Q_1} = \frac{T_1}{T_2 - T_1}$; hierin ist T_1 die Verdampfungstemperatur und T_2 die Kondensationstemperatur (= Umgebungstemperatur) des Kältemittels. Für die in Abb. 573 betrachteten Temperaturverhältnisse ergeben sich beispielsweise mit $T_2 = +20 + 273 = 293°$ K und $T_1 = -10 + 273 = 263°$ K bzw. $-20 + 273 = 253°$ K die idealen Leistungsziffern $\varepsilon_{ideal} = \frac{263}{293 - 263} = 8{,}77$ bzw. $\frac{253}{293 - 253} = 6{,}33$. Mit dem Aufwand von 1 kcal sind also im ersten Falle 8,77 kcal vom Niveau $t_1 = -10°$ C auf das Niveau $t_2 = +20°$ C, im zweiten Falle dagegen nur 6,33 kcal von $t_1 = -20°$ C auf $t_2 = +20°$ C zu heben. Weil die Leistungsziffer bei gegebener Umgebungstemperatur t_2 um so günstiger wird, je höher die Verdampfungstemperatur t_1 liegt, soll nie tiefer gekühlt werden, als unbedingt notwendig ist. Der Kreisprozeß nach Abb. 573 verläuft ungünstiger als der CARNOT-Prozeß, da er einen nicht umkehrbaren Drosselvorgang (a bis b) enthält. Mit den für Abb. 573 gefundenen Rechnungswerten werden die theoretischen Leistungsziffern $\varepsilon_{theor} = \frac{274{,}7}{32{,}7} = 8{,}4$ für $t_1 = -10°$ C und $t_2 = +20°$ C bzw. $\varepsilon_{theor} = \frac{270{,}8}{47{,}2} = 5{,}74$ für $t_1 = -20°$ C und $t_2 = +20°$ C. Praktisch entstehen noch Verluste durch Wärmestrahlung und mechanische Reibung im Kompressor, so daß die *wirkliche Leistungsziffer* nur etwa $\varepsilon = 0{,}75\,\varepsilon_{ideal}$ angenommen werden kann. Wie schon betont, ist die Leistungsziffer hauptsächlich von der zu überwindenden Temperaturdifferenz abhängig und kann deshalb in weiten Grenzen schwanken; außerdem wird ε noch von den Eigenschaften des Kältemittels beeinflußt. Die praktischen Werte für ε liegen zwischen 4,5 und 8.

Kälteleistung Q_1 nennt man den stündlichen Wärmeentzug (kcal/h) und *spezifische Kälteleistung* k die mit einem Aufwand von 1 PSh entziehbare Wärme (kcal/PSh). 1 PSh hat

[1] Vgl. Ziffer 16. Für den CARNOT-Prozeß der Kältemaschinen gelten die Abb. 22 und 23 mit entgegengesetzten Pfeilrichtungen.

632 kcal, so daß zwischen der spezifischen Kälteleistung und der Leistungsziffer die Beziehungen $k = 632\,\varepsilon$ und $\varepsilon = \frac{k}{632}$ bestehen. k ist ε proportional und demnach ebenso wie ε von den Temperaturverhältnissen abhängig. Die praktischen Werte von k bewegen sich etwa zwischen 3000 und 5000 kcal/PSh.

Die Kälteleistung ist strenggenommen keine Leistung, weil die Temperaturniveauänderungen in ihr nicht zum Ausdruck kommen (vgl. Pumpenleistung = Fördermenge × Niveaudifferenz). Für wirtschaftliche Vergleiche von Kälteanlagen, die in abweichenden Temperaturbereichen arbeiten, ist die Kälteleistung nicht geeignet.

Die erforderliche *Antriebsleistung* ist

$$N = \frac{Q_1}{k} \quad \text{oder auch} \quad N = \frac{Q_1}{632\,\varepsilon}\,\text{PS}.$$

Der *Wirkungsgrad* von Kompressor-Kälteanlagen kann durch das Verhältnis der wirklichen Leistungsziffer zur theoretischen Leistungsziffer ausgedrückt werden. Zum Vergleich von Kälteanlagen verschiedener Verfahren ist es aber zweckmäßiger, die wirkliche Leistungsziffer ε ins Verhältnis zur *idealen Leistungsziffer* ε_{ideal} des CARNOT-Prozesses zu setzen, welche den denkbar günstigsten Wert hat: $\eta_c = \frac{\varepsilon}{\varepsilon_{ideal}}$. Mit $\varepsilon = \frac{k}{632}$, $k = \frac{Q_1}{N}$ und $\varepsilon_{ideal} = \frac{T_1}{T_2 - T_1}$ wird $\eta_c = \frac{Q_1}{632\,N} \cdot \frac{T_2 - T_1}{T_1}$. Dieser Wirkungsgrad ist allgemein für wirtschaftliche Vergleiche geeignet, da er neben der Kälteleistung Q_1 und der Antriebsleistung N auch die Temperaturen berücksichtigt, zwischen denen sich der Kälteprozeß abspielt.

Beispiele.

1. Es werden stündlich 2500 kg Wasser von + 12° C in Eis von — 4° C umgewandelt. Als Kältemittel in der Kältemaschine arbeitet Ammoniak mit einer Verdampfungstemperatur $t_1 = -10°$ C und einer Kondensationstemperatur $t_2 = +20°$ C. Das Kondensatorkühlwasser erwärmt sich um 8°. Der Kompressor hat 58 PS Antriebsleistung. Welche Kälteleistung ergibt sich? Wie groß sind die spezifische Kälteleistung und die Leistungsziffer? Wie groß ist der Wirkungsgrad? Wieviel Ammoniak muß stündlich umlaufen? Wieviel Wärme ist mit dem Kondensatorkühlwasser abzuführen? Wieviel Kühlwasser wird gebraucht?

Aus 1 kg Wasser sind 12 kcal Flüssigkeitswärme, 80 kcal Schmelzwärme und $0{,}5 \cdot 4 = 2$ kcal Eiswärme (spez. Wärme von Eis = 0,5 kcal/kg), insgesamt also 94 kcal/h zu entziehen. Für 2500 kg Wasser wird die Kälteleistung $Q_1 = 94 \cdot 2500 = 235\,000$ kcal/h gebraucht. Spez. Kälteleistung $k = \frac{Q_1}{N} = \frac{235000}{58} = 4050$ kcal/PSh. Leistungsziffer $\varepsilon = \frac{k}{632} = 6{,}4$. Ideale Leistungsziffer $\varepsilon_{ideal} = \frac{T_1}{T_2 - T_1} = \frac{263}{293 - 263} = 8{,}77$. Wirkungsgrad $\eta_c = \frac{\varepsilon}{\varepsilon_{ideal}} = \frac{6{,}4}{8{,}77} = 0{,}73 = 73\%$ oder $\eta_c = \frac{Q_1}{623\,N}\,\frac{T_2 - T_1}{T_1} = \frac{235000}{632 \cdot 58} \cdot \frac{293 - 263}{263} = 0{,}73 = 73\%$. Nach Abb. 573 wird mit 1 kg Ammoniak die Wärme $q_1 = i_c - i_b = 274{,}7$ kcal entzogen; die umlaufende Ammoniakmenge wird $G = \frac{Q_1}{q_1} = \frac{235000}{274{,}7} = 855$ kg/h. Im Kondensator sind abzuführen $Q_2 = Q_1 + A/427 = Q_1 + 632 \times N$ $= 235\,000 + 632 \cdot 58 = 271\,700$ kcal/h. Kühlwasserverbrauch $G_W = \frac{Q_2}{c\,\Delta t_W} = \frac{271700}{1 \cdot 8} = 33\,960$ kg/h ≈ 34 m³/h.

2. Eine Kühlanlage soll eine Nutzkälteleistung $Q = 150\,000$ kcal/h haben. Der Ammoniakkompressor hat 85% mechanischen Wirkungsgrad. Der Wärmestrahlungsverlust betrage 5% der Kompressorkälteleistung. Das Ammoniak soll bei — 20° C verdampft und bei + 20° C kondensiert werden. Die Kompressorantriebsleistung ist zu berechnen. — Kälteleistung des Kompressors $Q_1 = \frac{Q}{1 - 0{,}05} = \frac{150000}{0{,}95} = 158\,000$ kcal/h. Nach Ziffer 271 sind im Temperaturbereich von — 20° C bis + 20° C bei Ammoniak $A/427 = 47{,}2$ kcal für einen Wärmeentzug von $q_1 = 270{,}8$ kcal aufzuwenden. Die erforderliche Kompressornutzleistung (indizierte Leistung) ist $N_i = \frac{A/427}{632}\,\frac{Q_1}{q_1} = \frac{47{,}2}{623} \cdot \frac{158000}{270{,}8} = 43{,}6$ PS. Kompressorantriebsleistung $N_e = \frac{N_i}{\eta_m} = \frac{43{,}6}{0{,}85} = 51{,}3$ PS.

273. Kältemittel und Kälte übertragende Flüssigkeiten. Als *Kältemittel* wird vielfach, besonders in Großanlagen, Ammoniak (NH_3) verwendet, ferner Schwefeldioxyd (SO_2), Kohlendioxyd (CO_2), Methylchlorid (CH_3Cl). Kältemaschinen im Untertagebetrieb verlangen Kältemittel, die nicht brennbar, nicht explosibel und ungiftig sind. Hierfür sind an Stelle der vorgenannten Kältemittel die Freone oder auch Frigene genannten Kältemittel geeignet, das sind Fluor-Chlor-Derivate des Methans wie Freon 11* [F 11 oder Monofluortrichlormethan (CCl_3F)] und Freon 12

* Speziell für Kreiselverdichter.

[F 12 oder Difluordichlormethan (CCl_2F_2)]. Für NH_3, CCl_2F_2 und CO_2 sind die für die Kälteerzeugung maßgebenden physikalischen Eigenschaften, wie Druck, Temperatur, Volumen, Flüssigkeits- und Verdampfungswärme in Zahlentafel 30 zusammengestellt.

Zahlentafel 30. *Physikalische Eigenschaften von Ammoniak, Freon 12 und Kohlendioxyd.*

Dampf-temperatur °C	Dampfdruck in ata			Dampfvolumen in m^3/kg			Verdampfungswärme in kcal/kg			Flüssigkeitswärme in kcal/kg		
	NH_3	CCl_2F_2	CO_2	NH_3	CCl_2F_2	CO_2	NH_3	CCl_2F_2	CO_2	NH_3	CCl_2F_2	CO_2
—30	1,21	1,02	15,0	0,97	0,161	0,0270	322,3	39,95	72,5	—33,0	—6,45	—15,4
—20	1,92	1,52	20,3	0,63	0,111	0,0194	315,8	39,00	67,5	—22,1	—4,35	—11,0
—10	2,93	2,23	27,1	0,42	0,078	0,0142	308,7	38,00	62,5	—11,1	—2,20	— 5,9
0	4,32	3,18	35,4	0,29	0,057	0,0104	301,0	36,95	56,0	0	0	0
+10	6,19	4,35	45,7	0,21	0,042	0,0075	292,8	35,85	47,5	+11,3	+2,25	+ 6,5
+20	8,65	5,80	58,1	0,15	0,032	0,0053	284,2	34,60	37,0	+22,9	+4,55	+14,0
+30	11,85	7,55	73,1	0,11	0,024	0,0030	275,2	33,15	15,1	+35,0	+6,90	+25,9

Als Kälte *übertragende* Flüssigkeiten dienen wässerige Lösungen von Kochsalz (NaCl), Kalziumchlorid ($CaCl_2$) und Magnesiumchlorid ($MgCl_2$). Je stärker die Lösung, um so tiefer liegt ihr Gefrierpunkt; doch darf die Lösung nie gesättigt sein, weil sonst Salzkristalle ausgeschieden werden. Bis — 15° C etwa sind Kochsalzlösungen anwendbar, für tiefere Temperaturen verwendet man Magnesiumchlorid- und Kalziumchloridlösungen. Liegen die Kühltemperaturen über 0° C, wie z. B. bei der Wetterkühlung, so kann zur Kälteübertragung auch reines Wasser benutzt werden.

274. Verwendung der Kältemaschinen. Wetterkühlung. Die Kältemaschinen werden hauptsächlich zur Eiserzeugung, zur Kühlung von Luft und beim Schachtgefrierverfahren verwendet. Bei der *Eiserzeugung* liegen die Verdampferschlangen in einem Gefäße, das Sole (Salzwasser) enthält, die durch ein Rührwerk umgewälzt wird. In die Sole werden die Eiszellen eingehängt, die aus dünnem Eisenblech bestehen, nach unten verjüngt sind und mit Süßwasser gefüllt werden. Bei unmittelbarer *Luftkühlung* ordnet man die Verdampferschlangen in einer Kammer an, durch die man die zu kühlende, meist im Kreislauf verwendete Luft mittels eines Ventilators hindurchbläst. Oder die Luft wird mittels Sole gekühlt, welche die aufgenommene Wärme wieder im Verdampfer der Kälteanlage abgibt. Hierbei unterscheidet man trockene Luftkühler, bei denen die Luft die von kalter Sole durchflossenen Rohre bestreicht, und nasse Kühler, bei denen die Luft durch niederrieselnde kalte Sole strömt, die der Luft die Feuchtigkeit begierig entreißt.

Abb. 574 zeigt als Beispiel eine dem Schachtgefrierverfahren dienende Kälteanlage, bei der als Kälte erzeugende Flüssigkeit Ammoniak, als Kälte übertragende Flüssigkeit eine Magnesiumchloridlösung angewendet wird. *a* ist der Kompressor, der den aus dem Verdampfer abgesaugten Ammoniakdampf über den Ölabscheider *b* in den mittels Pumpe *d* berieselten Kondensator *c* drückt, aus dem das verflüssigte Ammoniak durch das den Druckabfall auf den Verdampferdruck erzeugende Drosselventil *e* in die Verdampferschlangen *f* tritt. Diese liegen in einem mit einem Rührwerk ausgerüsteten Kessel, der von der im Kreislauf wirkenden Magnesiumchloridlösung durchströmt wird. Die Magnesiumchloridlösung tritt, nachdem sie an die Verdampferschlangen Wärme abgegeben, kälter aus, als sie eingetreten ist, und strömt mit kleinem Wärmeinhalt zu den Gefrierrohren, in denen sie kühlend wirkt, indem sie wieder Wärme aufnimmt. Zum Umwälzen der Lösung dient die Pumpe *g*.

In großen Teufen gelingt es häufig nicht mehr, die Wettertemperatur allein durch vergrößerte Wettermenge auf ein erträgliches Maß zu senken, so daß die Wetter mit Hilfe von Kältemaschinen gekühlt werden müssen[1]. Das Kühlen der Gesamtwettermenge einer Schachtanlage ist unwirtschaftlich und unzureichend, weil die kalten Wetter auf dem langen Weg und insbesondere

[1] Vgl. MIDDENDORF: Wetterkühlung im Grubenbetrieb. Bergfreiheit 1951, S. 11—15; ferner: HÖPPNER. Glückauf 1951, S. 75.

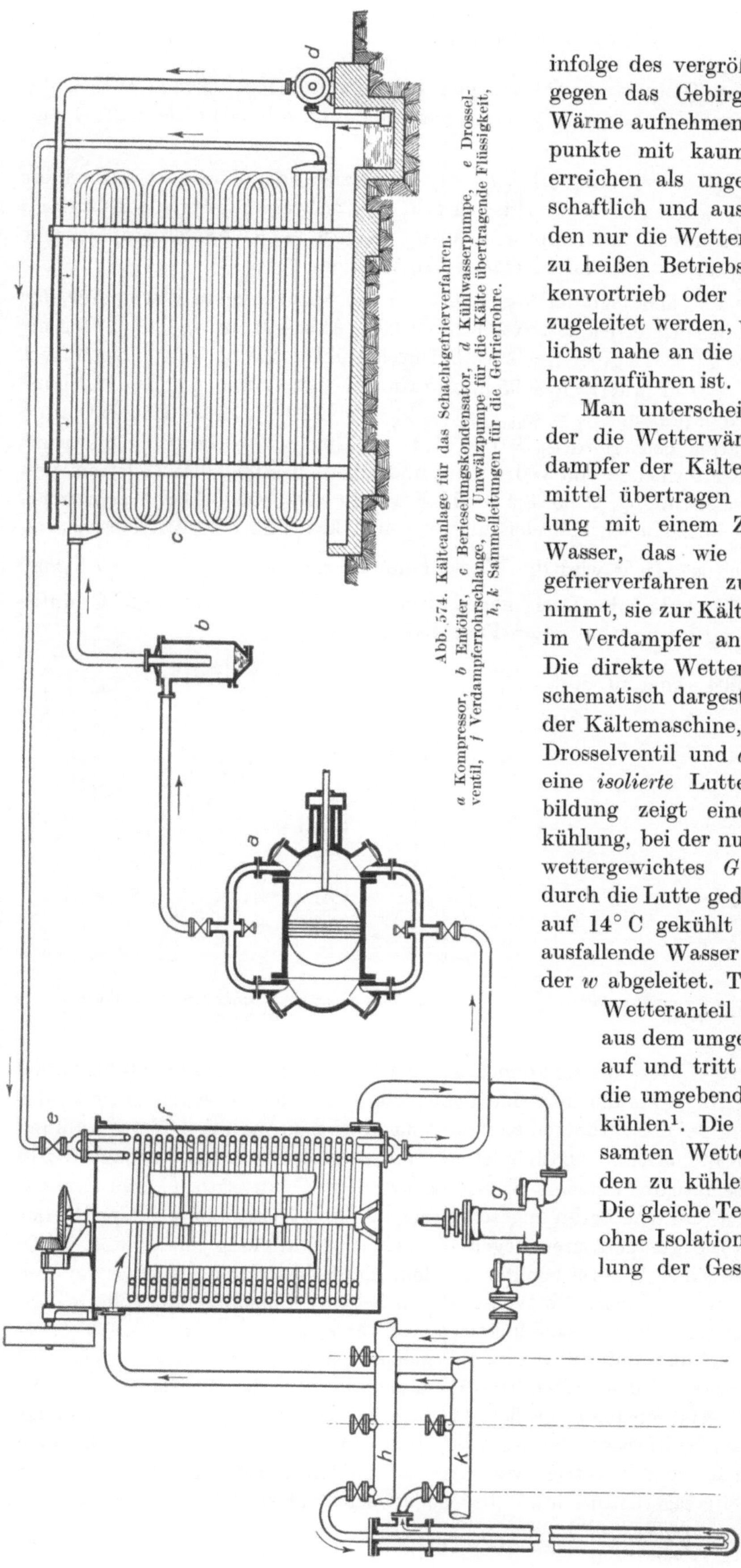

Abb. 574. Kälteanlage für das Schachtgefrierverfahren.
a Kompressor, *b* Entöler, *c* Berieselungskondensator, *d* Kühlwasserpumpe, *e* Drosselventil, *f* Verdampferrohrschlange, *g* Umwälzpumpe für die Kälte übertragende Flüssigkeit, *h*, *k* Sammelleitungen für die Gefrierrohre.

infolge des vergrößerten Temperaturgefälles gegen das Gebirge sehr schnell und viel Wärme aufnehmen und die heißen Betriebspunkte mit kaum niedrigerer Temperatur erreichen als ungekühlte Wetter. Um wirtschaftlich und ausreichend zu kühlen, werden nur die Wettermengen gekühlt, die dem zu heißen Betriebspunkt z. B. einem Streckenvortrieb oder einem Streb unmittelbar zugeleitet werden, wobei die Kühlstelle möglichst nahe an die zu kühlende Betriebsstelle heranzuführen ist.

Man unterscheidet *direkte* Kühlung, bei der die Wetterwärme unmittelbar im Verdampfer der Kältemaschine auf das Kältemittel übertragen wird, und *indirekte* Kühlung mit einem Zwischenträger, wie z. B. Wasser, das wie die Sole beim Schachtgefrierverfahren zunächst die Wärme aufnimmt, sie zur Kältemaschine leitet und dort im Verdampfer an das Kältemittel abgibt. Die direkte Wetterkühlung ist in Abb. 575 schematisch dargestellt. *a* ist der Kompressor der Kältemaschine, *b* der Kondensator, *c* das Drosselventil und *d* der Verdampfer, der in eine *isolierte* Lutte eingebaut ist. Die Abbildung zeigt eine sogenannte Teilstromkühlung, bei der nur ein Drittel des Gesamtwettergewichtes G von einem Ventilator durch die Lutte gedrückt und bei *d* von 28° C auf 14° C gekühlt wird. Das beim Kühlen ausfallende Wasser wird im Wasserabscheider *w* abgeleitet. Trotz Isolation nimmt der Wetteranteil $^1/_3\,G$ in der Lutte Wärme aus dem umgebenden Wetteranteil $^2/_3\,G$ auf und tritt mit 18° C aus, wobei sich die umgebenden Wetter auf 26° C abkühlen[1]. Die Mischtemperatur der gesamten Wettermenge vor Eintritt in den zu kühlenden Streb wird 23,3° C. Die gleiche Temperatur ergibt sich auch ohne Isolation der Lutte oder bei Kühlung der Gesamtwettermenge, jedoch liegt diese Temperatur dann dicht hinter dem Verdampfer *d*, wodurch die kältere Wetter-

[1] Von der hier geringen Wärmeaufnahme des Wetteranteils $^2/_3\,G$ aus dem Gebirge wurde der Einfachheit halber abgesehen.

menge infolge des größeren Temperaturgefälles gegen das Gebirge mehr Wärme auf dem der Luttenlänge entsprechenden Weg aus dem Gebirge aufnimmt und mit mehr als 23,3° C zum Streb geführt wird.

Die bei der Wettertemperatursenkung $\Delta t = t_1 - t_2$ zu entziehende Wärme ist angenähert $q_1 = c_p\,\gamma\,\Delta t + 0{,}6\,(w_1 - w_2)$ kcal/m³ Wetter. Hierin ist: $c_p = 0{,}24$ kcal/kg · grd; $\gamma \approx 1{,}2$ kg/m³; $0{,}6 \approx$ Kondensationswärme des Wasserdampfes in kcal/g; w_1 bzw. w_2 = Wasserdampfgewicht in g vor bzw. nach der Kühlung für 1 m³ *zugeführte* Wettermenge.

Bei Annahme eines Feuchtigkeitsgrades[1] $\varphi_1 = 70\%$ sei die abzuführende Wärme für das in Abb. 575 dargestellte Beispiel errechnet. Nach Ziffer 224, Abb. 440, ist $f_{1\max} = 27{,}2$ g/m³ und $w_1 = \varphi_1 f_{1\max} = 0{,}7 \cdot 27{,}2 = 19$ g bei $t_1 = 28°$ C. Durch Kühlen auf $t_2 = 14°$ C verringert sich das Volumen von $V_1 = 1$ m³ auf $V_2 = 0{,}95$ m³, worin mit $\varphi_2 = 1$ und $f_{2\max} = 12{,}1$ g/m³ bei 14° C noch die Wasserdampfmenge $w_2 = \varphi_{2\max} f_{2\max} V_2 = 1 \cdot 12{,}1 \cdot 0{,}95 = 11{,}5$ g enthalten ist. Die abzuführende Wärme beträgt rd. $q_1 = 0{,}24 \cdot 1{,}2 \cdot 14 + 0{,}6 \cdot (19 - 11{,}5) = 8{,}5$ kcal/m³ Wetter. Für eine Gesamtwettermenge von 180 m³/min und einen zu kühlenden Teilstrom von 60 m³/min wird eine Kälteleistung $Q_1 = 60 \cdot 8{,}5 = 510$ kcal/min oder 30600 kcal/h gebraucht, wofür bei Annahme einer spezifischen Kälteleistung $k = 4000$ kcal/PSh eine Antriebsleistung $N = \frac{Q_1}{k} \approx 8$ PS erforderlich ist. In w wird die Wasserdampfmenge $\Delta w = w_1 - w_2 = 7{,}5$ g/m³ Wetter, insgesamt $60 \cdot 7{,}5 = 450$ g/min flüssig abgeschieden. Die Mischluft von 23,3° C hinter der Lutte enthält $f = 16{,}8$ g/m³ und hat einen Feuchtigkeitsgrad

$$\varphi = \frac{f}{f_{\max}} = \frac{16{,}8}{20{,}9} = 0{,}804 \quad \text{oder rd. } 80\,\%.$$

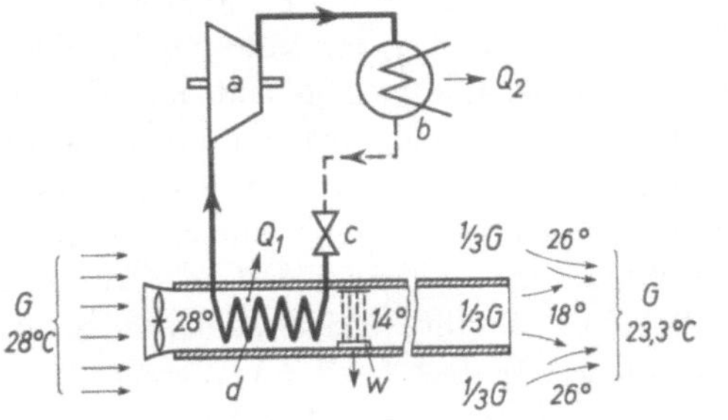

Abb. 575. Schematische Darstellung der direkten Wetterkühlung (Teilstromkühlung).

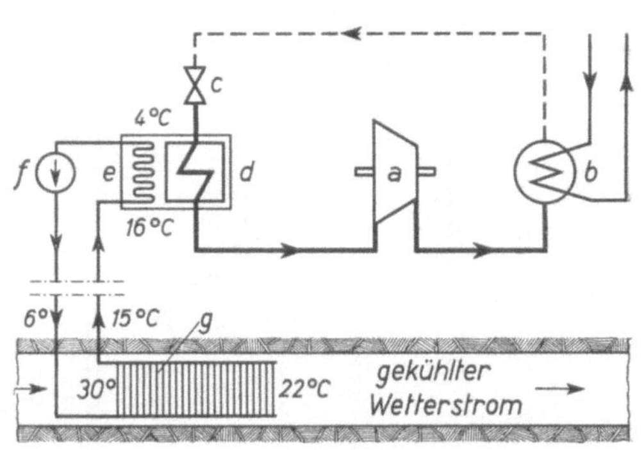

Abb. 576. Schematische Darstellung der indirekten Wetterkühlung.

Kühlanlagen für direkte Wetterkühlung können bis zu Kälteleistungen von 60000 bis 80000 kcal/h noch fahrbar ausgeführt werden und sind dem fortschreitenden Streckenvortrieb oder Abbau leicht nachzuführen. Bei noch größeren Kälteleistungen wird die indirekte Wetterkühlung vorzuziehen sein, bei der Kältemaschine und Kühler getrennt aufgestellt werden, wie es Abb. 576 veranschaulicht. Die Kältemaschine mit dem Kompressor a, dem Kondensator b, dem Drosselventil c, dem Verdampfer d und dem daran angeschlossenen Kälteträgersystem e entspricht der Darstellung in Abb. 571. Die Temperaturen liegen bei der Wetterkühlung immer über 0° C; als Kälteträger kann also reines Wasser benutzt werden. Eine Umwälzpumpe f besorgt den Kreislauf und drückt das auf 4° C gekühlte Wasser durch beliebig anzuordnende isolierte Leitungen zu dem als Rippenrohrkühler ausgebildeten Wetterkühler g, den es mit etwa 6° C erreicht, mit 15° C verläßt und dann mit 16° C zum Wärmeaustauscher zurückkommt. Dort wird die mitgeführte Wetterwärme auf das Kältemittel übertragen, worauf der Kreislauf wieder beginnt. Das indirekte Kühlverfahren bietet größere Freiheit bei der Aufstellung der Kühlanlage und ist deshalb bei großen Kälteleistungen vorzuziehen; die Kältemaschine kann z. B. auch übertage aufgestellt werden, wo der Antrieb völlig frei zu wählen und das Kühlwasser leicht zu beschaffen ist. Die Kälteträgerleitung muß aber isoliert sein und wird infolge ihrer großen Länge teuer.

[1] Vgl. Ziffer 224.

275. Antrieb und Regelung der Kältemaschinen. Im Übertagebetrieb kann der Kältemaschinenkompressor von Dampf- und Dieselmaschinen oder Elektromotoren angetrieben werden. Oft sind örtliche Verhältnisse für die Wahl des Antriebes ausschlaggebend. In der Drehzahl veränderliche Antriebe sind für die Regelung am vorteilhaftesten. Im Untertagebetrieb tritt neben den Drehstrommotor auch der Druckluftmotor, jedoch sind die Energiekosten beim Druckluftmotor bedeutend höher als bei elektrischem Antrieb. Indem man die kalte Auspuffluft des Druckluftantriebsmotors den gekühlten Wettern beimischt oder mit ihr das kondensierte Kältemittel noch *unterkühlt* (Punkt f im Ts-Diagramm Abb. 573), kann die Wirtschaftlichkeit etwas verbessert werden. Im allgemeinen sollte Druckluft nur dort eingesetzt werden, wo elektrischer Antrieb aus Sicherheitsgründen nicht zulässig ist.

Die Kältemaschine regeln heißt, die von ihr erzeugte Kälteleistung der geforderten Kälteleistung angleichen. Die beste Regelung für Kaltdampfkolbenkompressoren ist die *Drehzahlregelung*. Die Antriebsleistung des Kompressors und die Umlaufmenge des Kältemittels ändern sich proportional mit der Drehzahl. Die Druck- und Temperaturverhältnisse bleiben dabei konstant, so daß auch die Kälteleistung im gleichen Verhältnis geändert wird und mit der Drehzahl den jeweiligen Anforderungen bei unveränderter Leistungszahl angepaßt werden kann.

Bei unveränderlicher Drehzahl des Antriebes, z. B. eines Drehstromantriebes, läßt sich die Kälteleistung vermindern, indem die Umlaufmenge des Kältemittels durch Drosseln verringert wird. Diese *Drosselregelung* ist aber unwirtschaftlich, weil das Kältemittel bei geringerem Druck und deshalb bei tieferer Temperatur als notwendig verdampft werden muß, wodurch die Leistungszahl herabgesetzt wird. Die Kälteleistung wird zwar vermindert, aber die Antriebsleistung ändert sich kaum. Wirtschaftlicher ist die *Aussetzregelung*, die wie die Drehzahlregelung mit gleichbleibenden Druck- und Temperaturverhältnissen arbeitet. Die Aussetzregelung hat keine konstante Kühltemperatur; sie arbeitet zwischen einer unteren und einer oberen Temperaturgrenze. Beim Erreichen dieser Grenzen wird der Kompressor selbsttätig ein- bzw. ausgeschaltet[1]. Die Schalthäufigkeit ist von den zulässigen Temperaturgrenzen abhängig.

XXXI. Ventilatoren.

276. Allgemeines. Die Ventilatoren[2] sind Kreiselradmaschinen, die große Luftmengen auf geringen Druck pressen und in der Regel nur Strömungswiderstände zu überwinden haben. Man hat Schleuder- und Schraubenventilatoren. Die frühere, eine Kreiselpumpe darstellende Abb. 366 kennzeichnet auch den Aufbau eines *Schleuderventilators*. Während aber bei den Kreiselpumpen, die meist statischen Druck zu überwinden haben, fast ausschließlich rückwärts gekrümmte Schaufeln angewendet werden, sind bei den Ventilatoren, die nur Strömungswiderstände überwinden, auch vorwärts gekrümmte Schaufeln zweckmäßig und werden bevorzugt, wenn die Drehzahl niedrig zu halten ist. Die Förderwirkung beruht wie bei den Kreiselpumpen auf der Fliehkraft, die die Luft bei der Drehung des Laufrades in den von den Laufradschaufeln gebildeten Kanälen beschleunigt und nach außen schleudert, wo ihre Geschwindigkeit größtenteils in den sich erweiternden Querschnitten des Spiralgehäuses wieder verzögert wird. Der Druck der Luft wird also teils direkt durch Fliehkraft, teils indirekt durch Umsetzen kinetischer Energie in potentielle Energie gesteigert. Der Wirkungsgrad hängt von den Strömungsverhältnissen ab und ist um so höher, je besser der Luftstrom vor, in und hinter den Kanälen des Laufrades geführt wird. Diese Führung wird schlecht, wenn zur Förderung sehr großer Luftmengen bei kleiner Drucksteigerung sehr breite und kurze Schaufelkanäle gewählt werden müssen, weshalb man in diesem Falle die zweiflutige Ausführung wählt, wie sie in der späteren Abb. 585

[1] Vgl. hierzu auch Ziffer 209.

[2] Die erste grundlegende Darstellung der Ventilatortheorie und der noch heute gebräuchlichen Grundbegriffe, wie Depression, Fördervolumen (Wettermenge), äquivalente Grubenweite, Temperament usw. gibt schon Daniel Murgue in seinem Werk: Über Grubenventilatoren. Deutsche Bearbeitung von Oberbergrat Julius Ritter von Hauer, Leipzig: Verlag A. Felix, 1884.

gezeigt ist und ihre Parallele in der zweiflutigen Niederdruckpumpe in Abb. 372 hat. Diese Anordnung vermeidet gleichzeitig den Axialschub[1].

Die *Schrauben-* oder *Flügelradventilatoren* bedienen sich zur Förderung und Drucksteigerung eines Flügelrades, dessen Flügel schräg zur Drehrichtung stehen und die Führungskanäle für die Luft bilden. Es ist zu unterscheiden zwischen *Überdruckventilatoren* und *Gleichdruckventilatoren.* Erstere erzeugen im Laufrad Geschwindigkeit *und* Druck, so daß der Druck schon beim Austritt aus dem Laufrad *über* den Druck am Eintritt erhöht worden ist. Bei den Gleichdruckventilatoren (auch SCHICHT-Ventilatoren genannt) wird im Laufrad nur die Geschwindigkeit der Luft erhöht; eine Drucksteigerung findet im Laufrad also nicht statt, so daß *gleicher* Druck am Eintritt und Austritt des Laufrades herrscht. Die Drucksteigerung erfolgt nur hinter dem Laufrad durch Herabsetzen der Geschwindigkeit. Abb. 577[2] läßt die grundsätzlichen Unterschiede der beiden Ventilatorarten erkennen. Der Überdruckventilator braucht Profilflügel (vgl. Flügelschnitt in Abb. 577), um die für die Druckerhöhung notwendigen veränderlichen Kanalquerschnitte zu erzielen. Für das Herabsetzen der verhältnismäßig geringen Luftgeschwindigkeit genügt schon ein kurzer Stutzen mit Querschnittserweiterung. Im Gegensatz hierzu haben die Gleichdruckventilatoren leicht gekrümmte Flügel von gleichmäßiger Stärke. Infolge der höheren Luftdurchflußgeschwindigkeit kann der Gleichdruckventilator bei gleichen Abmessungen und gleicher Drehzahl mehr Wetter liefern als der Überdruckventilator; bei gleicher Wettermenge kann die Drehzahl niedriger sein. Beim Gleichdruckverfahren ist größter Wert auf die Luftführung hinter dem Laufrad zu legen, da hier die gesamte Drucksteigerung erfolgt. Die Wirbelverluste beim Umsetzen der kinetischen Energie in potentielle Energie müssen so klein wie möglich gehalten werden, was durch die sehr lange trichterförmige Erweiterung (Diffusor) mit einem zylindrischen Kern erreicht wird. Diese lange Führung mit nur allmählich zunehmender Querschnittsvergrößerung verhindert ein Ablösen des Luftstromes von den Wandflächen, was Wirbelbildungen und damit Energieverluste zur Folge haben würde.

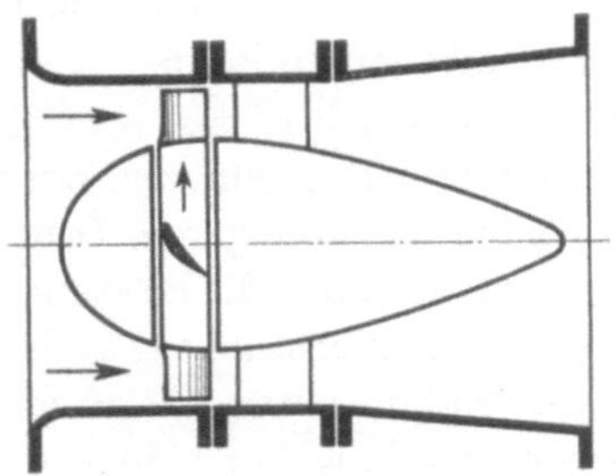

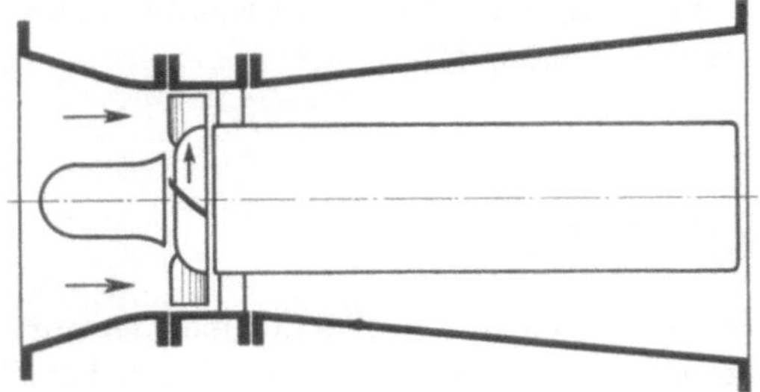

Abb. 577. Vergleich zwischen Überdruckventilator (oben) und Gleichdruckventilator (unten).

Der Schraubenventilator erzeugt bei gleicher Umfangsgeschwindigkeit einen geringeren Druck als der Schleuderventilator; dafür paßt er sich aber infolge seines günstigeren Wirkungsgradverlaufes veränderten Grubenweiten[3] bzw. Luttenlängen besser an und bietet der hindurchströmenden Luft einen geringen Widerstand, so daß er mit kleinen Abmessungen große Wettermengen bewältigt. Während beim Schleuderventilator die axial an der Nabe eintretende Luft einen Richtungswechsel erfährt und radial austritt, erfolgt der Ein- und Austritt beim Schraubenventilator axial in gleicher Richtung.

Gemäß der Austrittsrichtung der Wetter aus dem Laufrad bezeichnet man die Schleuderventilatoren auch als *Radialventilatoren* und die Schraubenventilatoren als *Axialventilatoren.* Die Axialventilatoren geben mehr Freiheit in der Aufstellung des Ventilators und in der Ausbildung des Wetterkanals.

Ein Ventilator *bläst* und erzeugt *Überdruck,* wenn der Hauptwiderstand *hinter* ihm liegt; er *saugt* und erzeugt *Unterdruck* (Depression), wenn der Hauptwiderstand *vor* ihm liegt. In beiden Fällen wirkt der Ventilator selbst in gleicher Weise, indem er den Druck der ihm zuströmenden Luft steigert.

[1] Vgl. Ziffer 192.

[2] Nach TH. HEIM: Strömungstechnische und praktische Unterschiede der Radial- und Axial-Gebläse in Dampfkraftwerken. KKK-Mitteilungen 1950, S. 7. — [3] Vgl. Ziffer 278.

Die Verwendung der Ventilatoren ist sehr vielseitig: sie werden zur Lüftung von Gebäuden, zum Umwälzen der Luft in Kühlhäusern, bei Unterwind- und Saugzugfeuerungen und bei den zum Abscheiden von Staub dienenden Windsichtern, in Gaswerken usw. benutzt. Im Bergbau werden die Ventilatoren für die Haupt- und Sonderbewetterung verwendet; Hauptgrubenventilatoren sind bis zu Wettermengen von 15000 m³/min mit Depressionen bis etwa 400 mm WS in Gebrauch.

Der Verschleiß der Ventilatoren, besonders der Schleuderventilatoren ist gering. Die hohe Lebensdauer ist der Einführung neuer Bauarten mit verbesserten Eigenschaften und günstigeren Wirkungsgraden lange Zeit hinderlich gewesen. So beträgt z. B. nach W. Hoffmann[1] das Durchschnittsalter der Hauptgrubenventilatoren im Ruhrgebiet 33 Jahre; ein Drittel aller Ventilatoren ist sogar über 40 Jahre alt. Dieses hohe Alter erklärt auch den niedrigen Durchschnittswirkungsgrad von 50%, der mit neuzeitlichen Ventilatoren auf 70% und mehr gebracht werden könnte. Der zu hohe Energieverbrauch wirkt sich wirtschaftlich besonders ungünstig aus, weil die Grubenventilatoren Dauerläufer sind. Wenn z. B. der Antrieb eines Ventilators vom heutigen Durchschnittswirkungsgrad 1200 kW erfordert, so könnte er durch einen neuzeitlichen Ventilator mit etwa 860 kW Antriebsleistung ersetzt werden, wodurch jährlich rd. 3000000 kWh gespart würden; dabei ist die Möglichkeit der wirtschaftlicheren Regelung noch nicht einmal berücksichtigt worden.

277. Größe des erzeugten Druckes. Nutzleistung des Ventilators. Mechanischer Wirkungsgrad. Antriebsleistung. Der vom Ventilator erzeugte Druck oder richtiger die durch den Ventilator verursachte Drucksteigerung ist der Unterschied der Drücke hinter und vor dem Ventilator. Bei einem blasenden Luttenventilator gilt als Druck *vor* dem Ventilator der Druck im Ansaugeraum, als Druck *hinter* dem Ventilator der hinter dem Ventilator in der Lutte gemessene statische Druck, vermehrt um den der Ausblasgeschwindigkeit entsprechenden dynamischen[2] Druck. Bei einem saugenden Hauptgrubenventilator, der mittels Diffusors ins Freie bläst, gilt als Druck *vor* dem Ventilator der im Saugrohr gemessene statische Druck, vermehrt um den der Wettergeschwindigkeit entsprechenden dynamischen Druck, als Druck *hinter* dem Ventilator der Druck der Atmosphäre. Nun mißt man im Saugrohre nicht unmittelbar den statischen Druck, sondern den statischen Unterdruck; den statischen Druck um den dynamischen vermehren, bedeutet den statischen Unterdruck um ebensoviel vermindern. Ist z. B. der gemessene statische Unterdruck 200 mm WS und beträgt der gemessene dynamische Druck 10 mm WS, so ist der vom saugenden Ventilator erzeugte Druck nicht etwa 210, sondern nur 190 mm WS. Anstatt den maßgebenden Gesamtdruck aus dem statischen und dynamischen zu errechnen, kann man ihn auch unmittelbar messen, indem man das Meßrohr dem Wetterstrom entgegenrichtet.

Wie bei den Kreiselpumpen[3] ändert sich auch bei den Ventilatoren der erzeugte Druck mit dem Quadrate der Geschwindigkeit; außerdem ist er in dem in Ziffer 190 dargelegten Zusammenhange von der Fördermenge abhängig. Theoretisch erzeugt ein *Schleudergebläse* mit radial endenden Schaufeln bei v m/s Umfangsgeschwindigkeit und bei einer Luftwichte von γ kg/m³ einen Druck $h = \frac{v^2}{g}$ m Fördersäule $= \frac{v^2 \gamma}{g}$ mm WS; bei vorwärts gekrümmten Schaufeln ist h größer, bei rückwärts gekrümmten Schaufeln kleiner. Der tatsächlich erzeugte Druck ist nur etwa zwei Drittel des theoretischen. Große, gute Schleuderventilatoren erzeugen bei normaler Leistung und normaler Dichte der Luft, je nachdem die Schaufeln radial enden oder vorwärts gekrümmt sind, etwa $h = 0{,}08\,v^2$ bis $h = 0{,}1\,v^2$, im Mittel $h = 0{,}09\,v^2$ mm WS

[1] Glückauf 1953, S. 894.

[2] Aus der Beziehung $w = \sqrt{2g\frac{h}{\gamma}}$ errechnet sich der dynamische Druck (oder Staudruck) zu $h = \frac{w^2}{2g}\gamma$ kg/m² oder mm WS; vgl. auch Ziffer 290.

[3] Die Luft im Ventilator verhält sich, da sich ihr Volumen wegen der geringfügigen Druckänderung ebenfalls geringfügig ändert, etwa ebenso wie das Wasser in der Kreiselpumpe. Bei den stärker verdichtenden Kreiselgebläsen und Turbokompressoren ist das anders; es sei daran erinnert, daß sich der Druck beim Turbokompressor nicht mit dem Quadrat, sondern etwa mit der vierten Potenz der Drehzahl ändert.

Druck. Bei Schraubenventilatoren schwankt der erzeugte Druck in weiteren Grenzen und ist erheblich kleiner; als erster Anhalt diene $h = 0{,}014\, v^2$ bis $0{,}018\, v^2$, im Mittel $h = 0{,}016\, v^2$ mm WS bei Überdruckventilatoren und etwa $h = 0{,}03\, v^2$ mm WS bei Gleichdruckventilatoren. Ein Hauptgrubenventilator braucht bei 400 mm WS Depression als Schleuderventilator $v \approx 65$ m/s und als Gleichdruckschraubenventilator $v \approx 115$ m/s. Luttenventilatoren nach dem Überdruckprinzip erreichen mit $v = 50$ bis 80 m/s Depressionen von rd. 40 bis 100 mm WS. Die erreichbaren Höchstwerte sind durch Festigkeitsrücksichten bedingt; gegebenenfalls muß mit einem zweistufigen Ventilator gearbeitet werden.

Erzeugt ein Ventilator h mm WS Gesamtdruck und fördert er Q_W m³/s, so ist, da 1 mm WS = 1 kg/m², seine

$$\textit{Nutzleistung} = Q_W\, h \,\text{mkg/s} = \frac{Q_W\, h}{75}\,\text{PS} = \frac{Q_W\, h}{102}\,\text{kW}.$$

Seine

$$\textit{Antriebsleistung} \text{ ist} = \frac{Q_W\, h}{\eta\, 75}\,\text{PS} = \frac{Q_W\, h}{\eta\, 102}\,\text{kW}.$$

Der Wirkungsgrad η ist bei guten Schleuderventilatoren 70 bis 80%. Bei Schraubenventilatoren schwankt der Wirkungsgrad der verschiedenen Ausführungen sehr stark. Im Mittel kann bei Überdruckschraubenventilatoren, die überwiegend als Lutten- und Streckenventilatoren verwendet werden, mit den aus Abb. 578 zu entnehmenden Wirkungsgraden gerechnet werden, die für das Schraubenrad allein ohne Antriebsmotor gelten. Die Werte der Abbildung entsprechen den heute noch überwiegend gebrauchten Ventilatoren älterer Bauart. Neue Bauarten mit strömungstechnisch bestens ausgebildeten Laufradschaufeln und Leitvorrichtungen (z. B. nach Abb. 594) erreichen Wirkungsgrade, die bei mittleren Durchmessern 40 bis 50% und bei großen Durchmessern 20 bis 30% höher liegen als die in Abb. 578 angegebenen Werte, z. B. kann $\eta_{Vent.}$ den Wert $60 + 0{,}2 \times \times 60 = 72\%$ bei einem Schraubenrad von 1200 mm Durchmesser erreichen. Aus dem Ventilatorschraubenwirkungsgrad $\eta_{Vent.}$ und dem Wirkungsgrad des Antriebsmotors η_{Motor} errechnet sich der Gesamtwirkungsgrad $\eta = \eta_{Vent.}\, \eta_{Motor}$.

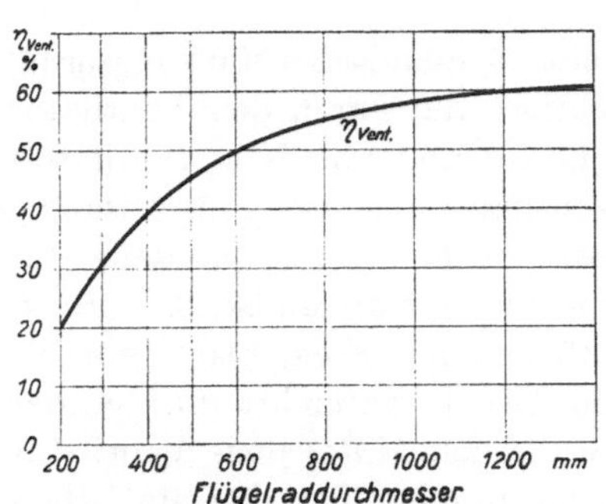

Abb. 578. Schraubenwirkungsgrad der Überdruckventilatoren.

Die geförderte Luftmenge wird bei Ventilatoren in der Regel in m³/min angegeben, so daß sie für die Berechnung der Antriebsleistung auf die Sekunde umzurechnen ist. Bei $\eta = 0{,}72$ braucht ein Ventilator, der minutlich 10000 m³ fördert und 200 mm WS Unterdruck erzeugt, für seinen Antrieb $N = \frac{10000 \cdot 200}{60 \cdot 0{,}72 \cdot 75} = 618$ PS. Liefert ein von einem Elektromotor mit $\eta_{Motor} = 75\%$ angetriebener Schraubenluttenventilator von 500 mm Durchmesser ($\eta_{Vent.} = 45\%$ nach Abb. 578) 120 m³/min bei 55 mm WS Unterdruck, so erfordert der Antriebsmotor

$$N = \frac{120 \cdot 55}{60 \cdot 0{,}75 \cdot 0{,}45 \cdot 102} = 3{,}2\,\text{kW}.$$

278. Der isothermische Wirkungsgrad und Liefergrad der mit Druckluft betriebenen Ventilatoren. Vergleich mit Strahldüsen. Unter dem isothermischen Wirkungsgrad eines mit Druckluft betriebenen Ventilators versteht man das Verhältnis der Ventilatornutzleistung N zu der theoretisch mit der verbrauchten Druckluft erreichbaren Leistung N_{is}, die sich bei vollkommener isothermischer Entspannung auf den atmosphärischen Normaldruck von 1,033 ata in einem verlustlosen Motor ergeben würde: $\eta_{is} = \frac{N}{N_{is}}$. Dieser Wirkungsgrad kann auch gebildet werden, wenn die für die Wetterleistung gebrauchte Druckluft gar nicht in einer Maschine, sondern z. B. in einer Strahldüse arbeitet, die in den viel gebrauchten *Wetterdüsen* angewendet werden. Gerade deshalb hat der isothermische Wirkungsgrad bei Ventilatoren besonderes Interesse, weil er den wirtschaftlichen Vergleich mit den Wetterdüsen ermöglicht. Die Berechnung vereinfacht sich, wenn gemäß den Ausführungen in Ziffer 230 der isothermische Wirkungsgrad durch das Verhältnis des isothermischen zum wirklichen spezifischen Luftverbrauch ausgedrückt wird, wobei der isothermische spezifische Luftverbrauch q_{is} nach Ziffer 230 zu berechnen oder der Abb. 457 zu entnehmen ist. Der wirkliche spezifische Luftverbrauch q ist das Verhältnis der verbrauchten Luftmenge Q_L zur Ventilator- bzw. Wetterdüsennutzleistung N. Der isothermische Wirkungsgrad wird dann

$$\eta_{is} = \frac{q_{is}}{q} = \frac{q_{is}}{Q_L/N} = q_{is}\frac{N}{Q_L}\,.$$

Fördert z. B. ein Luttenventilator $Q_W = 200\ \mathrm{m^3/min}$ und erzeugt er $h = 98$ mm WS Gesamtdruck und verbraucht er ferner bei 4 atü = 5 ata Betriebsdruck $Q_L = 260\ \mathrm{m^3/h}$ Luft von 1 ata für den Antrieb, so ist seine Nutzleistung

$$N = \frac{Q_W\,h}{60 \cdot 75} = \frac{200 \cdot 98}{60 \cdot 75} = 4{,}36\ \mathrm{PS}.$$

Nach Ziffer 230 ist $q_{is} = 17{,}11\ \mathrm{m^3/PSh}$. Der isothermische Wirkungsgrad wird also

$$\eta_{is} = q_{is}\frac{N}{Q_L} = 17{,}11 \cdot \frac{4{,}36}{260} = 0{,}287 = 28{,}7\%.$$

N_{is} errechnet man nach Ziffer 206 mit $A_{is} = 15770\ \mathrm{mkg/m^3}$ von 1 ata aus Zahlentafel 24 (S. 307) nach der Formel

$$N_{is} = Q_L\frac{A_{is}}{270000} = 260 \cdot \frac{15770}{270000} = 15{,}2\ \mathrm{PS}\,,$$

woraus sich ebenfalls der isothermische Wirkungsgrad $\eta_{is} = \frac{N}{N_{is}} = \frac{4{,}36}{15{,}2} = 0{,}287 = 28{,}7\,\%$ ergibt.

Unter *Lieferungsgrad* eines mit Druckluft betriebenen Ventilators oder einer Wetterdüse versteht man das Verhältnis der gelieferten Wettermenge zu der in der *gleichen Zeit* verbrauchten Luftmenge. Mit Q_W in $\mathrm{m^3/min}$ und Q_L in $\mathrm{m^3/h}$ wird der Lieferungsgrad $\varepsilon = \frac{60\,Q_W}{Q_L}$; für das vorstehende Beispiel ist $\varepsilon = \frac{60 \cdot 200}{260} = 46\ \mathrm{m^3}$ Wetter je $\mathrm{m^3}$ Antriebsluft. Der Lieferungsgrad wird als Gütemaß eines Ventilators gebraucht, kann aber völlig irreführen, weil er nichts über den erzeugten Druck aussagt. Zum Vergleich verschiedener Ventilatoren kann der Lieferungsgrad nur gebraucht werden, wenn die Ventilatoren mit einer Lutte gleicher Länge und gleichen Durchmessers oder mit gleicher Depression arbeiten. Der isothermische Wirkungsgrad hingegen ist immer eindeutig und deshalb als Gütemaß dem Lieferungsgrad vorzuziehen.

Wetterdüsen, die nach dem Prinzip der Strahldüsen arbeiten, haben viel kleineren isothermischen Wirkungsgrad als Ventilatoren. Wenn eine Wetterdüse bei 4 atü Betriebsdruck $Q_L = 40\ \mathrm{m^3/h}$ Betriebsluft braucht und $Q_W = 45\ \mathrm{m^3/min}$ Wetter mit einer Depression $h = 10$ mm WS liefert, so ist ihre Nutzleistung $N = \frac{45 \cdot 10}{60 \cdot 75} = 0{,}1$ PS, woraus sich ein isothermischer Wirkungsgrad $\eta_{is} = 17{,}11 \cdot \frac{0{,}1}{40} = 0{,}0428 \approx 4{,}3\%$ errechnet. Der Lieferungsgrad wird $\varepsilon = \frac{60 \cdot 45}{40} = 67{,}5\ \mathrm{m^3}$ Wetter je $\mathrm{m^3}$ Luft. Hier zeigt sich deutlich die Unmöglichkeit des Gütevergleichs mit Hilfe des Lieferungsgrades bei verschiedenen Betriebsbedingungen, denn der Lieferungsgrad der Düse ist fast 50% größer als der des vorher berechneten Ventilators, der aber nach dem Verhältnis der isothermischen Wirkungsgrade eindeutig um rd. 570% besser als die Düse ist und, auf gleichen Luftverbrauch bezogen, eine rd. 6,7fache Nutzleistung erzielt. Der Vorteil der Düsen ist, daß sie zuverlässig sind und keiner Wartung und Schmierung bedürfen. Für kleine Wettermengen und kurze Lutten sind Düsen am Platz, die aber strömungstechnisch richtig gebaut sein müssen, was für die behelfsmäßig in der Zechenwerkstatt hergestellten „Wetterdüsen" fast nie zutrifft. Für größere Wettermengen und lange Lutten sollen nur Ventilatoren verwendet werden; auch ein schlecht konstruierter Ventilator ist hier immer noch wirtschaftlicher als eine Wetterdüse.

279. Äquivalente Grubenweite. Gleichwertige Öffnung. Temperament. Diese Begriffe, die ursprünglich geschaffen sind, um die Bewetterungsmöglichkeit einer Grube zu kennzeichnen, sind für jede Lüftungsanlage, für jeden Wetterweg brauchbar. Unter *äquivalenter Weite* oder *gleichwertiger Öffnung* einer Grube oder eines sonstigen Wetterweges versteht man eine $A\ \mathrm{m^2}$ große Öffnung in dünner Wand, die bei gleicher Depression ebensoviel Wetter durchläßt wie die

Grube. Wiegt die Luft $\gamma = 1{,}2$ kg/m³, so wird ihre Strömgeschwindigkeit bei h mm WS Depression $w = \sqrt{\frac{2gh}{\gamma}}$* $= 4{,}045\sqrt{h}$ m/s. Nimmt man die Einschnürungszahl $\alpha = 0{,}65$** an, so ist die durch die Öffnung A strömende Wettermenge $Q = \alpha A w = 0{,}65 \cdot A \cdot 4{,}045\sqrt{h} = 2{,}63\,A\sqrt{h}$ m³/s. Hieraus ergibt sich $A = \frac{0{,}38\,Q}{\sqrt{h}}$ m². Die äquivalente Grubenweite A, deren Größe bei einer bestehenden Grube, sofern kein natürlicher Wetterzug besteht, durch *eine* Messung von Q und h bestimmbar ist, verdeutlicht sehr anschaulich den Widerstand, den die Grube dem Durchgange der Luft entgegensetzt, und man kann, indem man einen Ventilator durch verschieden große Öffnungen ausblasen läßt, unmittelbar durch den Versuch feststellen, wie er sich verhält, wenn sich die gleichwertige Öffnung der Grube ändert. Für die Rechnung ist der andere Begriff, das *Temperament,* bequemer. Unter Temperament (Durchlaßvermögen) versteht man das bei einer bestimmten Grube oder Lüftungsanlage oder bei einem bestimmten Wetterwege unveränderliche Verhältnis $T = \frac{Q}{\sqrt{h}}$. Macht man $h = 1$, so ergibt sich, daß das Temperament einer Grube die sekundliche Wettermenge bedeutet, die bei 1 mm WS Depression durch die Grube zieht. Für die 10fache Wettermenge wären $10^2 = 100$ mm WS Depression erforderlich.

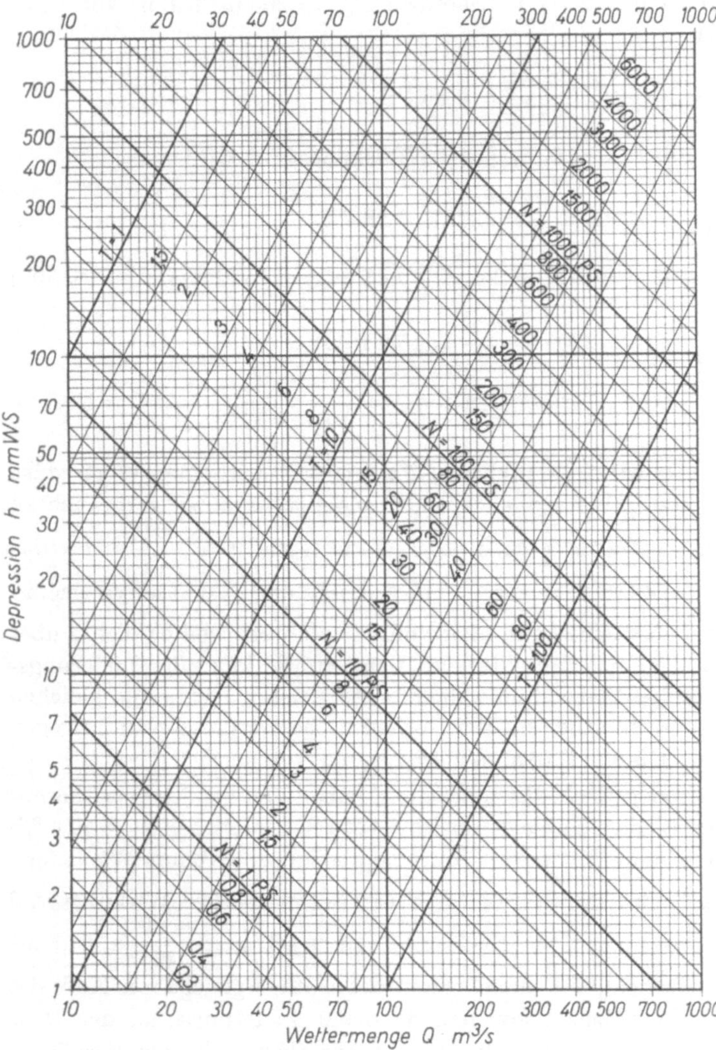

Abb. 579. Zusammenhang zwischen Wettermenge, Depression, Temperament und Nutzleistung.

Das Temperament T einer Grube und ihre äquivalente Weite A sind einander proportional: $A = 0{,}38\,T$. Eine Grube, die für eine Wettermenge von 7200 m³/min oder 120 m³/s 100 mm WS Depression braucht, hat ein Temperament $T = \frac{120}{\sqrt{100}} = 12$ und eine Grubenweite $A = 0{,}38 \cdot 12 = 4{,}56$ m². Dieses Temperament $T = 12$ kann für $Q = 120$ m³/s und $h = 100$ mm WS auch aus Abb. 579 entnommen werden; gleichzeitig liest man die zugehörige Nutzleistung $N = 160$ PS ab. Bedeutsam ist, wie sich T und A mit der Länge l einer Lutte oder Strecke ändern. Je länger die Strecke, um so kleiner werden T und A, und zwar ändern sie sich, da h proportional l zunimmt, umgekehrt proportional $\sqrt{l}$. Sind $h = 9$ mm WS erforderlich, um durch eine 100 m lange Lutte 3 m³/s zu treiben, so ist ihr Temperament $= 3 : \sqrt{9} = 1$. Verlängert man die Lutte auf 400 m und auf 900 m, so fällt ihr Temperament auf 0,5 bzw. 0,333, und im selben Verhältnis ändert sich ihre äquivalente Weite.

* Vgl. Ziffer 277 und 290. — ** Nach MURGUE (vgl. Fußnote auf S. 483).

Für Lutten kann man, vgl. Ziffer 21, den erforderlichen Wert von h etwa aus $h = \frac{l\,w^2}{d_{mm}}$ mm WS rechnen, so daß für eine 1000 m lange Lutte von 500 mm Durchmesser, d. h. von 0,196 m² Querschnitt, die 54 m³/min oder 0,9 m³/s Wetter führt ($w = 0{,}9 : 0{,}196 = 4{,}59$ m/s), $h = \frac{1000 \cdot 4{,}59^2}{500} \approx 42$ mm WS wird. Daraus ergibt sich

$$T = 0{,}9 : \sqrt{42} \approx 0{,}14.$$

Die Rechnung gilt nur für *dichte* Lutten, so daß in Wirklichkeit erhebliche Abweichungen von der Rechnung vorkommen können.

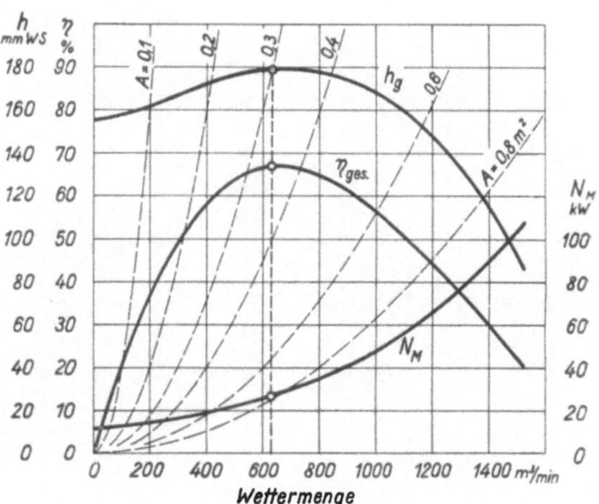

Abb. 580. Kennlinien eines Schleuderventilators bei *gleichbleibender Drehzahl* (Qh-Diagramm).

280. Die Kennlinien der Ventilatoren. Für Ventilatoren, die mit gleichbleibender Drehzahl und unveränderten Strömungsverhältnissen laufen und nur durch Drosselung geregelt werden können (vgl. Ziffer 281), zeichnet man ebenso wie bei den Kreiselpumpen gemäß Abb. 580 die Kennlinien so, daß sie darstellen, wie sich bei *ungeänderter Drehzahl* der erzeugte Druck, der Wirkungsgrad und die Antriebsleistung mit der Fördermenge ändern. Zweckmäßig trägt man auch noch Linien gleicher Grubenweite (A) ein; im Luttenventilatordiagramm ist an ihrer Stelle eine Linie der theoretischen Luttenlänge noch anschaulicher (vgl. Abb. 591, 593 und 595). An Stelle der Fördermenge Q wählt man auch die gleichwertige Öffnung A als Abszisse, über der man Fördermenge, Druck, Wirkungsgrad und Antriebsleistung aufträgt (Abb. 581). Auf dem Versuchstande werden die Kennlinien ermittelt, indem man eine Drossel im Wetterweg allmählich öffnet und die zu jeder Stellung gehörigen Werte von Druck, Fördermenge und Antriebsleistung mißt.

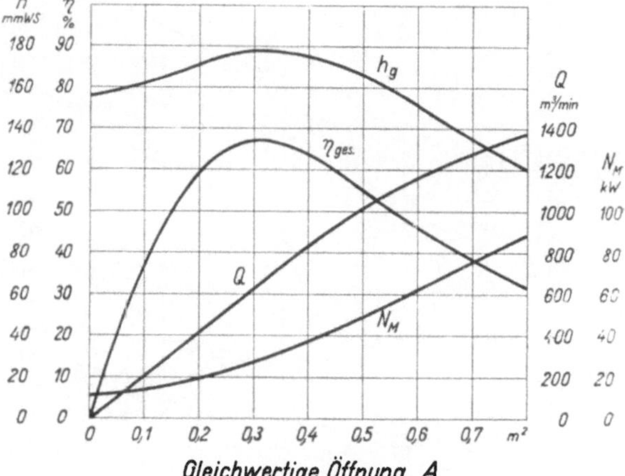

Abb. 581. Kennlinien wie in Abb. 580 über der gleichwertigen Öffnung.

Das Kennliniendiagramm eines Ventilators, der bei gleichbleibender Drehzahl durch Änderung seiner Strömungsverhältnisse geregelt wird, indem man die Stellung der Laufschaufeln oder die Stellung der Leitschaufeln verändert (vgl. Ziffer 281), muß den Einfluß dieser Verstellungen auf die Zusammenhänge zwischen Druck, Menge und Wirkungsgrad erkennen lassen. Hierfür eignet sich die Darstellung in Abb. 582, die das Qh-Diagramm eines Gleichdruckschraubenventilators mit Leitschaufelverstellung wiedergibt und zu dem in Abb. 587 gezeigten Ventilator gehört. Das Diagramm enthält h-Linien für die verschiedenen Leitschaufelstellungen, die durch den Verstellwinkel gekennzeichnet sind, und Kurven gleichen Wirkungsgrades. Für $Q_W = 10\,000$ m³/min und die Schaufelstellung $-30°$ wird z. B. abgelesen $h = 153$ mm WS und $\eta = 80\%$. Für $Q_W = 12\,500$ m³/min und eine äquivalente Grubenweite $A = 6$ m² wird eine Schaufeleinstellung auf rd. $+7°$ gebraucht, wofür eine Depression $h \approx 175$ mm WS* abgelesen wird; der Wirkungsgrad beträgt hier rd. 78%.

Bei Hauptgrubenschleuderventilatoren mit Drehzahlregelung, die man je nach der gewünschten Wetterleistung schneller oder langsamer laufen läßt, sollen die Kennlinien zeigen, wie sich

* Die Rechnung nach Ziffer 278 ergibt aus $A = \frac{0{,}38\,Q}{\sqrt{h}}$ die Depression $h = \left(\frac{0{,}38\,Q}{A}\right)^2 = \left(\frac{0{,}38 \cdot 12\,500}{6 \cdot 60}\right)^2 = 174$ mm WS.

bei *ungeänderter Grubenweite* der erzeugte Druck, die Drehzahl, der Wirkungsgrad und die Antriebsleistung mit der Wettermenge ändern. Hierfür ist die Darstellung des Kennliniendiagramms nach Abb. 583 zweckmäßig. Die Abb. 583 zeigt die Kennlinien eines Hauptgrubenschleuderventilators älterer Bauart mit Dampfmaschinenantrieb (vgl. Abb. 584), dessen Fördermenge sich proportional mit der Drehzahl der Dampfmaschine verändern läßt. Für einen Bereich der Wettermenge von 6500 bis 10000 m³/min liegt der Gesamtwirkungsgrad etwa zwischen 60 und 65%, ändert sich also wenig. Die Drehzahl wird von rd. 160 min^{-1} auf 240 min^{-1} erhöht. Die Drucksteigerung nimmt dabei zu von 140 auf 330 mm WS, wächst also quadratisch mit der Drehzahl. Die indizierte Antriebsleistung steigt von 310 PS auf 1160 PS und nimmt in diesem engen Bereich fast mit der dritten Potenz des Drehzahlverhältnisses zu.

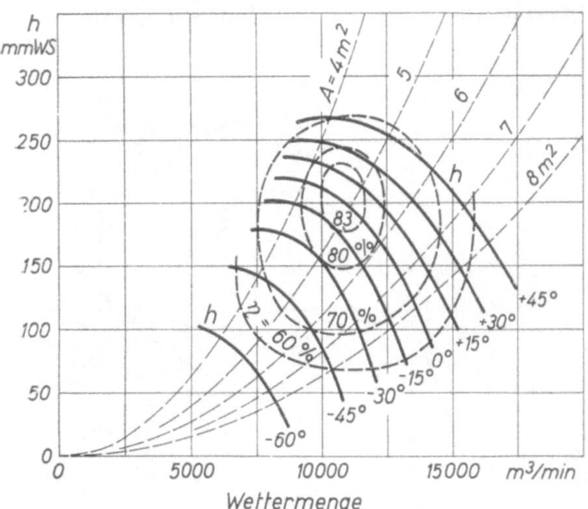

Abb. 582. Kennlinien eines Gleichdruckschraubenventilators mit Leitschaufelverstellung und unveränderter Drehzahl.

281. Bauarten, Antrieb und Regelung der Ventilatoren.

Die Frage des Antriebes und der Regelung ist eng mit der Bauart des Ventilators verknüpft. Schleuderradventilatoren mit guter Luftführung in genügend langen und schmalen Schaufelkanälen sind wenig von den Strömungsverhältnissen vor und hinter dem Laufrad abhängig und lassen sich gut und wirtschaftlich durch Ändern der Drehzahl regeln (vgl. Abb. 583). Als Antrieb für Hauptgrubenschleuderventilatoren war daher die leicht in der Drehzahl und Leistung regelbare *Dampfmaschine* beliebt. Arbeitet die Dampfmaschine als Gegendruckmaschine, deren stetig strömender Abdampf in einer Abdampf- oder Zweidruckturbine verwertet wird[1], so ist der Dampfmaschinenantrieb auch wirtschaftlich günstig. Bemerkenswert ist schließlich, daß für die Hauptgrubenventilatoren auch Dampfturbinenantrieb mit Räderübersetzung mehrfach angewendet worden ist.

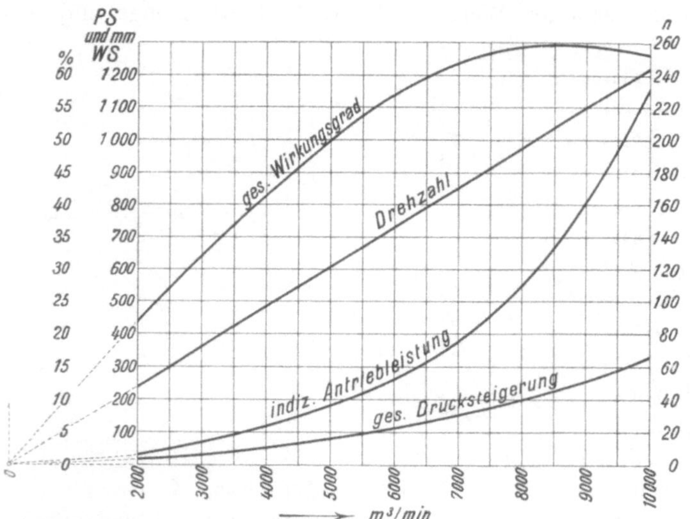

Abb. 583. Kennlinien eines Hauptgrubenschleuderventilators bei veränderlicher Drehzahl.

Den Aufbau und Antrieb eines als Hauptgrubenventilator eingesetzten Schleuderventilators zeigt Abb. 584. Zwischen der antreibenden Dampfmaschine und dem schneller laufenden Ventilatorrad wird eine Seiltriebübersetzung *a*, *b* benutzt. Das Schleuderrad wirft die Wetter in das Spiralgehäuse *c* aus, dessen Querschnittserweiterung im Diffusor oder Schlot *d* so weit fortgesetzt ist, daß die Wetter beim Austritt den atmosphärischen Druck erreicht haben.

Elektrischer Antrieb für Schleuderventilatoren ist gegeben, wenn der Wetterschacht nicht über Dampf verfügt. Der elektrische Ventilatorantrieb stellt zwar eine günstige Belastung des Netzes dar, weil die Leistung stets gleichmäßig ist, aber die Drehzahlregelung ist bei Dreh-

[1] Vgl. Ziffer 98.

stromantrieb nur durch teure Regelsätze oder Regelgetriebe erreichbar. Am einfachsten ist dann die Drosselregelung, bei der Ventilator und Antrieb für die zu erwartende Höchstleistung auszulegen sind. Bei geringerer Fördermenge wird der Wetterstrom gedrosselt, jedoch darf man die Drosselung nicht zu weit treiben, um noch einigermaßen wirtschaftlich zu arbeiten. Die Verlustleistung verhält sich zur Nutzleistung wie der abgedrosselte Druck zur tatsächlich ausgenutzten Depression. Bei Zechen, die in der Entwicklung begriffen sind und mit dauernd veränderter Grubenweite zu rechnen haben, kann man den Ventilator zunächst mit einem

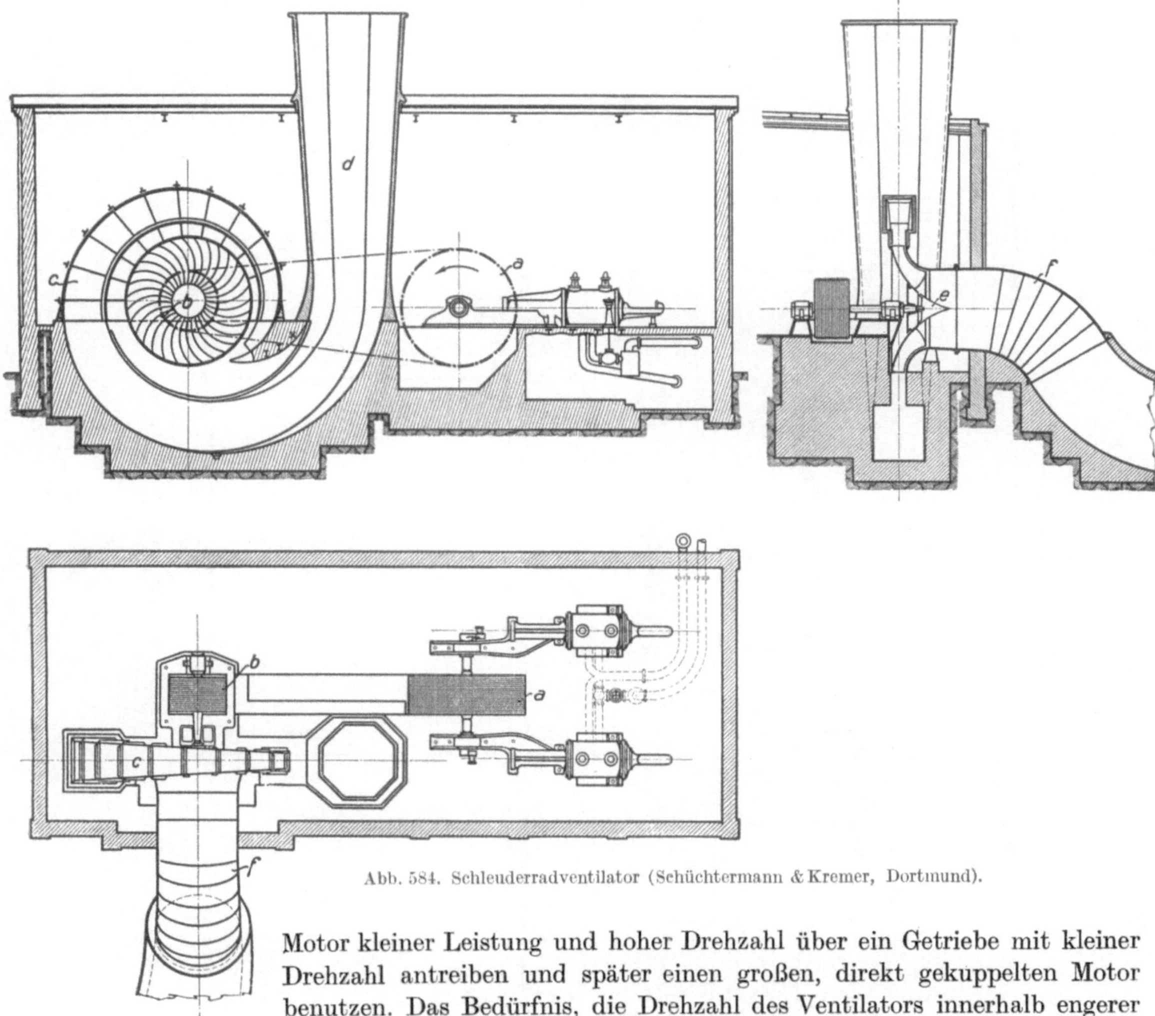

Abb. 584. Schleuderradventilator (Schüchtermann & Kremer, Dortmund).

Motor kleiner Leistung und hoher Drehzahl über ein Getriebe mit kleiner Drehzahl antreiben und später einen großen, direkt gekuppelten Motor benutzen. Das Bedürfnis, die Drehzahl des Ventilators innerhalb engerer Grenzen zu regeln, bleibt aber bestehen.

Abb. 585 zeigt die Bauart eines Saugzugventilators für eine Rauchgasmenge von 66 m³/s und eine Gesamtpressung von 200 mm WS. Die Rauchgase haben eine Temperatur von 200° C. Der Ventilator wird elektrisch mit der unveränderlichen Drehzahl 720 min^{-1} angetrieben. Das Laufrad *a* hat im Verhältnis zur Fördermenge einen geringen Durchmesser und ist deshalb zweiflutig, d. h. mit zweiseitigem Einlauf ausgeführt. Die Regelung des mit konstanter Drehzahl laufenden Ventilators geschieht mit Leitschaufelverstellung[1]. Die von den Eintrittsstutzen *b* kommenden Rauchgase werden von den Leitschaufeln *c* in einstellbarer Richtung zum Laufrad geführt. Die Leitschaufeln sind durch Kurbeln mit den beiden Regelringen *d* verbunden, die unter sich über die Welle *e* mit den Kurbeln *f* gekuppelt sind, so daß alle Leitschaufeln beider Laufradseiten im gleichen Winkel verstellt werden.

[1] Vgl. auch Abb. 588.

Das Verhalten des Saugzugventilators ist aus dem Kennliniendiagramm in Abb. 586 zu ersehen. Die gestrichelte Linie h_K ist die Widerstandslinie des Kessels; ihr Schnittpunkt mit der Drucklinie h_g gibt den Betriebspunkt an, in dem der Ventilator arbeitet. Hier liefert er 66 m³/s mit $h_g = 200$ mm WS. Die Nutzleistung ist 129,5 kW, die Antriebsleistung $N = 156$ kW, woraus sich ein Wirkungsgrad $\eta = 83\%$ errechnet. Unterhalb der Fördermenge von 66 m³/s wird die

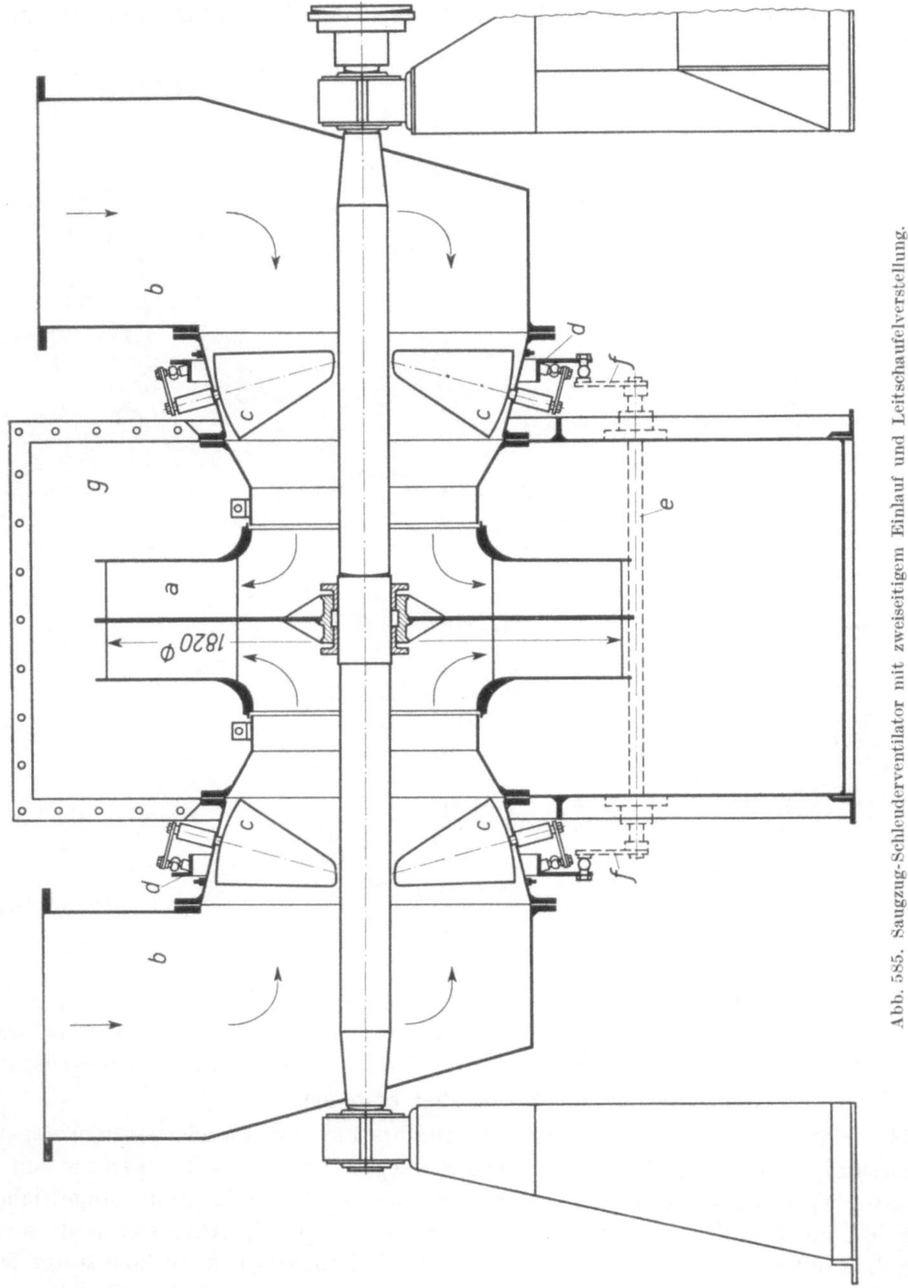

Abb. 585. Saugzug-Schleuderventilator mit zweiseitigem Einlauf und Leitschaufelverstellung.

Leitschaufelregelung benutzt. Drucklinien für verschiedene Leitschaufelstellungen wie in Abb. 582 sind nicht eingezeichnet. Es ist nur der Vergleich der Antriebsleistungen N ohne und N' mit Leitschaufelregelung dargestellt. Die Differenz $\varDelta N = N - N'$ gibt also die Leistungsersparnis in Abhängigkeit von der Fördermenge an. Bei einer Liefermenge von 50 m³/s würden ohne Leitschaufelregelung $N = 138$ kW Antriebsleistung gebraucht. Mit Regelung ist die Leistung nur $N' = 100$ kW. Die Ersparnis beträgt $\varDelta N = 138 - 100 = 38$ kW oder rd. 28%.

Den Aufbau eines als Hauptgrubenventilator ausgeführten Gleichdruckschraubenventilators von Kühnle, Kopp & Kausch zeigt die Abb. 587. Das Flügelrad F trägt einfache, nicht profilierte Blechschaufeln und wird von dem Elektromotor M über das Kegelradgetriebe G mit unveränderlicher Drehzahl angetrieben. Geregelt wird mit einem Leitschaufelkranz L vor dem Eintritt der Wetter in das Laufrad F. Die Leitschaufeln werden von einem Verstellring, der außen um das Leitradgehäuse gelegt ist und mit der Regelspindel R gedreht wird, gemeinsam verstellt. Einzelheiten der Leitschaufelregelung sind aus Abb. 588 ersichtlich. Hinter dem Laufrad F, in dem die Luft nur beschleunigt worden ist, folgt der langgestreckte Diffusor D mit dem Diffusorkern K, der bei dieser Ausführung vom Motor aus begehbar ist, um an das Getriebe G herankommen zu können. Die Wirkungsweise und das Kennliniendiagramm (Abb. 582) waren schon in Ziffer 276 bzw. 280 beschrieben worden. Das Laufrad mit seinen einfachen, nur leicht gekrümmten Flügeln ist in Abb. 589 gezeigt.

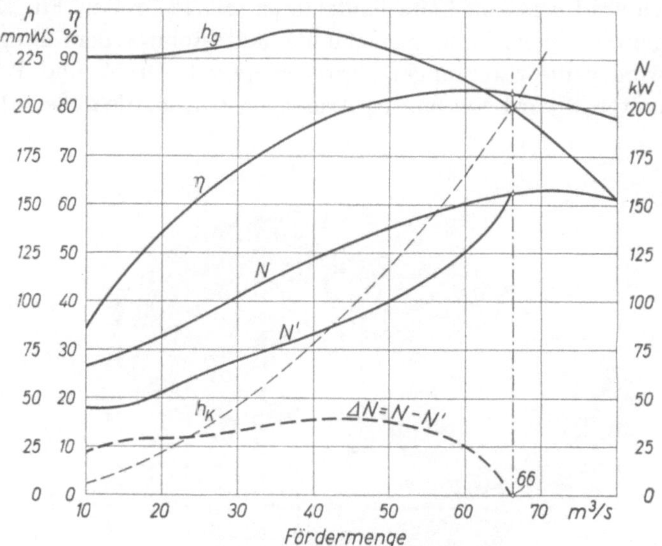

Abb. 586. Kennlinien des in Abb. 585 dargestellten Ventilators.

Für die *Sonderbewetterung* werden in erster Linie Überdruckschraubenventilatoren gebraucht. Es ist zu unterscheiden zwischen *Luttenventilatoren*, die kleine Leistung haben, mit Schraubendurchmessern von 200 bis 600 mm ausgeführt und in die Lutte eingebaut werden, und den *Streckenventilatoren* oder Streckenlüftern von großer Fördermenge und höherer Depression.

Luttenventilatoren werden von kleinen Drehstrommotoren mit etwa 2900 min^{-1} oder von Druckluftturbinen angetrieben. Druckluftturbinen ermöglichen höhere Drehzahlen (bis 5000 min^{-1}). Der Turbinenantrieb wird völlig aus der Lutte herausgelegt, indem man den Turbinenschaufelkranz am Umfang des Ventilatorschraubenrades anbringt. Druckluftturbinen haben zwar hohen Luftverbrauch[1], sind aber durchaus zuverlässig im Betriebe. Es werden nur einkränzige Gleichdruckturbinen benutzt, die von einer oder mehreren Düsen beaufschlagt werden. Bei Verwendung *einer* Düse ist nur Drosselregelung möglich; zwei Düsen lassen zweistufige (bei verschiedenen Durchmessern auch dreistufige) Düsenregelung mit Zwischenabstufung durch Drosselung zu.

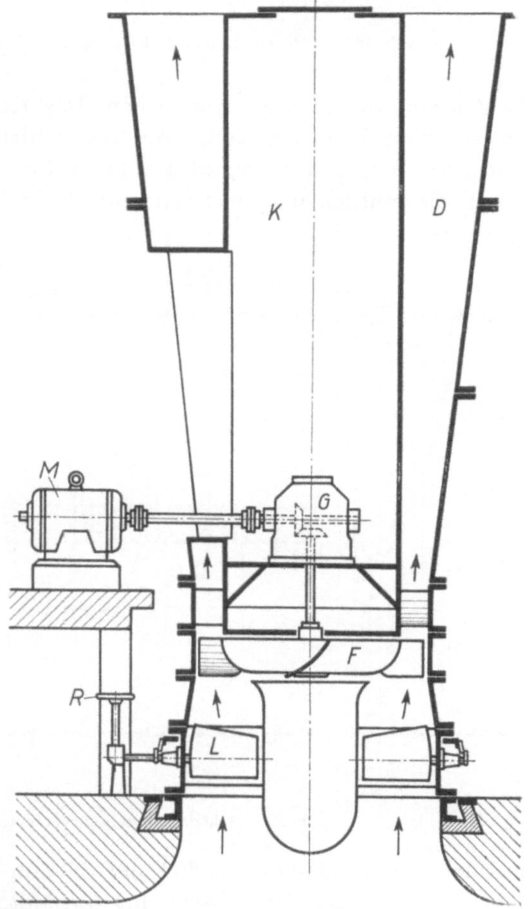

Abb. 587. Gleichdruckschraubenventilator (SCHICHT-Ventilator) als Hauptgrubenventilator (Kühnle, Kopp & Kausch).

[1] Es kann mit η_{is} = 35 bis 40% für die Turbine gerechnet werden.

Die Ausführung eines Luttenventilators mit elektrischem Antrieb zeigt Abb. 590. Vor dem Laufrad a ist ein Leitschaufelkreuz mit 12 breiten Flügeln angeordnet, die die Luft über den ganzen Querschnitt gleichmäßig und stoßfrei dem Flügelschraubenrad a zuleiten. Dadurch werden die Strömungsverluste verringert, Druck und Wirkungsgrad verbessert. Der Elektromotor M wird von breiten Armen c getragen, die außen abgedreht sind, so daß sie eine einfache

Abb. 588. Leitschaufelregelung (Kühnle, Kopp & Kausch).

Abb. 589. Flügelrad eines Gleichdruckventilators.

Zentrierung des Motors ermöglichen. Das Kennliniendiagramm dieses Ventilators in Abb. 591 enthält zum Vergleich Linien des Gesamtdruckes h_g und des Ventilatorwirkungsgrades (Wirkungsgrad des Schraubenrades ohne Motor) $\eta_{Vent.}$ für die Wirkungsweise mit und ohne Leitkreuz, die deutlich den günstigen Einfluß der Leitvorrichtung erkennen lassen. Die Linien L_{th} der

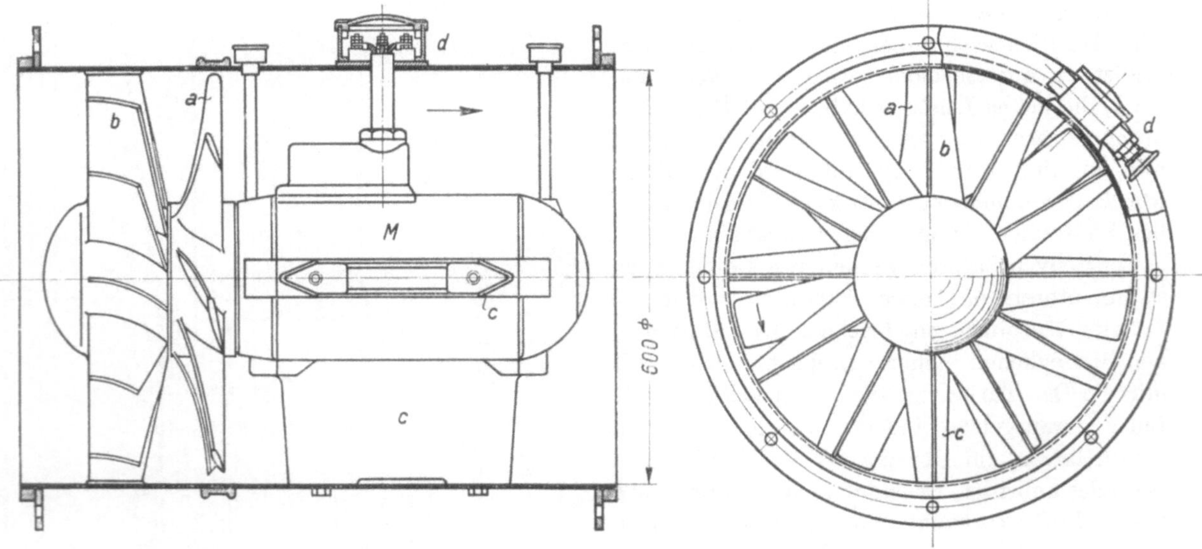

Abb. 590. Elektrisch angetriebener Luttenventilator mit Leitkreuz (Nüsse & Gräfer).

möglichen Luttenlängen bei 600 und 700 mm Durchmesser beziehen sich nur auf den Ventilator mit Leitkreuz. Die Antriebsleistung des Motors ist im ganzen Bereich fast gleichbleibend und beträgt im Mittel 6,5 kW; bei einem Wirkungsgrad des schlagwettergeschützten Motors von 75% werden rd. 4,9 kW an das Schraubenrad abgegeben.

Abb. 592 zeigt einen für besonders hohe Drücke, d. h. für sehr lange Lutten gebauten Ventilator (auch Axialgebläse genannt) mit Druckluftturbinenantrieb. Die hohe Drucksteigerung wird durch zweistufige Wirkung und Leitkreuze vor jeder Stufe erreicht. Vor dem sonst allein gebräuchlichen Schraubenrad a mit dem Turbinenschaufelkranz am Umfang befindet sich auf der gleichen Welle noch ein Schraubenrad b von gleicher Form, jedoch ohne Schaufelkranz. Die Luft strömt durch das Leitkreuz d zum Schraubenrad b, in dem sie die erste Drucksteigerung erfährt. Durch das Leitkreuz c wird sie dem Schraubenrad a zugeleitet, welches den Druck der ersten Stufe verdoppelt. Bei einem Schraubenraddurchmesser von 600 mm ist der Ventilator für Lutten von 600 und 700 mm Durchmesser verwendbar. Der Luftverbrauch der Turbine beträgt bei 4 atü Betriebsdruck 740 m³/h (1 ata). Die Druckluft wird dem Düsengehäuse e zugeführt, beaufschlagt die Turbinenschaufeln f durch vier zu einer Gruppe angeordnete Düsen und tritt nach der Arbeitsverrichtung aus dem Auslaßgehäuse g in den Wetterstrom in der Lutte über. Die Turbine hat nur Drosselregelung.

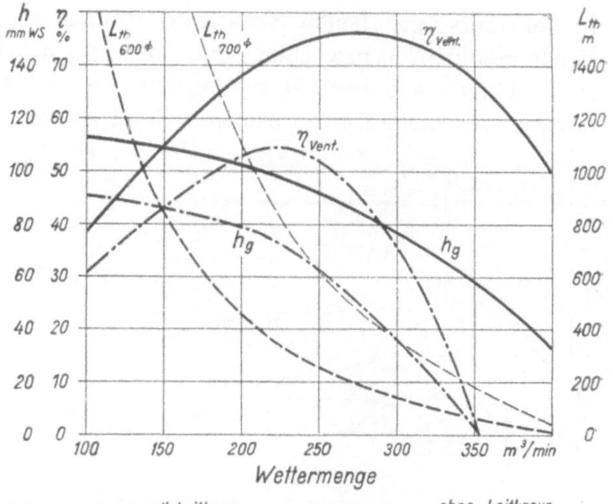

Abb. 591. Kennlinien des Ventilators in Abb. 590.

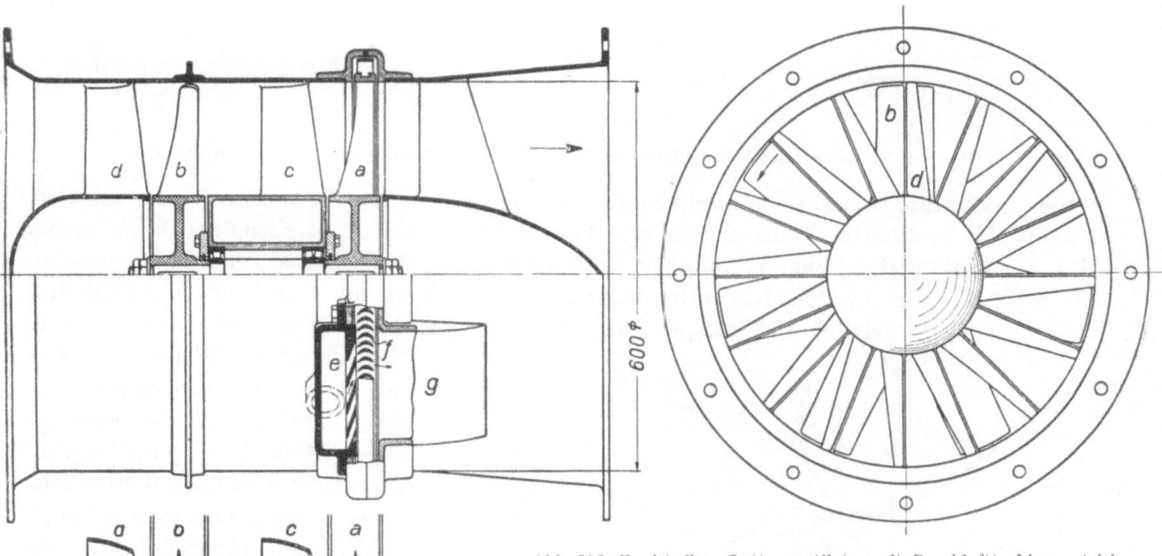

Abb. 592. Zweistufiger Luttenventilator mit Druckluftturbinenantrieb (Nüsse & Gräfer).

Aus den Kennlinien in Abb. 593 sind die durch zweistufige Wirkung erreichbaren hohen Drücke zu ersehen.

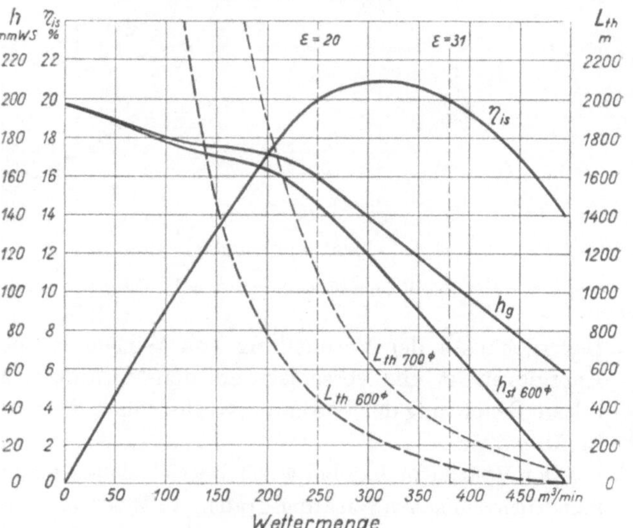

Abb. 593. Kennlinien des zweistufigen Ventilators in Abb. 592.

In dem hervorgehobenen Bereich des isothermischen Wirkungsgrades von 20 bis 21% sind die Fördermengen 250 bzw. 380 m³/min, die Gesamtdrücke 160 bzw. 106 mm WS, die theoretischen Luttenlängen 440 bzw. 90 m bei 600 mm und 1100 bzw. 280 m bei 700 mm Luttendurchmesser. Der Liefergrad errechnet sich zu $\varepsilon = 20$ bzw. 31.

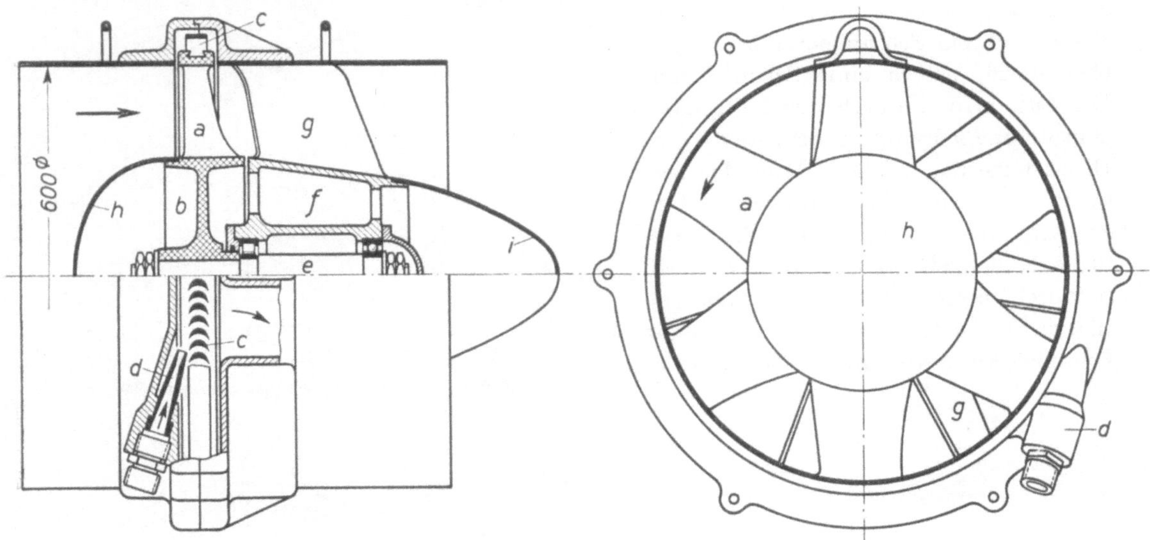

Abb. 594. Einstufiger Hochleistungsluttenventilator mit Druckluftturbinenantrieb (Nüsse & Gräfer).

Die Ausführung eines strömungstechnisch stark verbesserten Luttenventilators zeigt die Abb. 594. Die profilierten Laufradflügel *a* und die Nabe *b* bestehen aus einem Stück und tragen außen am Umfang den Schaufelkranz der Druckluftturbine, deren kurze Schaufeln *c* von einer Düse *d* beaufschlagt werden. Die verbrauchte Luft, die sich bei der Expansion abgekühlt hat, wird in die Lutte geleitet und vermehrt und kühlt die Wetter. Die Schraubenradnabe *b* ist fliegend auf der Welle *e* befestigt, die etwa im Schwerpunkt von einem kräftigen Rollenlager getragen wird. Das rechts liegende Kugellager wird deshalb radial nur wenig belastet und nimmt hauptsächlich den Axialschub auf. Das Lagergehäuse *f* wird von sieben Armen *g* getragen, die als Leitvorrichtung dienen, um die aus dem Laufrad *a* austretenden Wetter möglichst stoß- und wirbelfrei in den sich erweiternden Luttenquerschnitt überzuführen. Die Haube *h* der Laufradnabe soll die Wetter ohne Wirbel in das Laufrad einführen, wie auch die sich verjüngende Abschlußhaube *i* des Lagergehäuses der Vermeidung von Wirbeln dienen soll, denn jede Wirbelbildung bedeutet Energieverlust und verschlechtert den Wirkungsgrad. Welche Verbesserung durch diese sorgfältige Beachtung der Strömungsverhältnisse erreicht worden ist, zeigt das Kennliniendiagramm in Abb. 595.

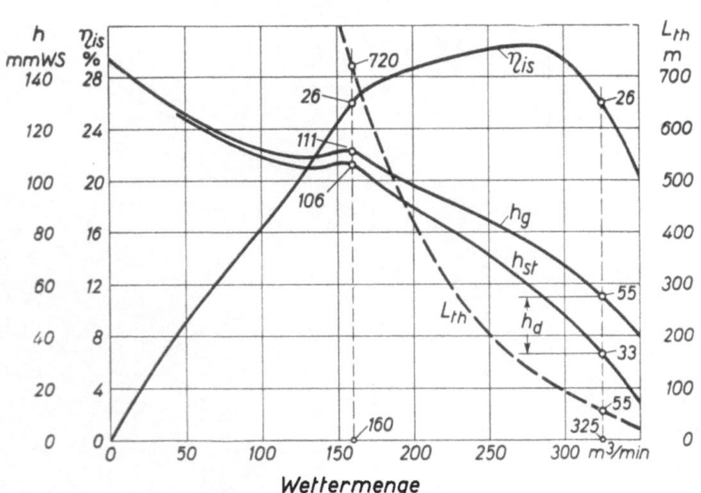

Abb. 595. Kennlinien des Ventilators in Abb. 594.

Der Ventilator hat bei 4 atü Betriebsdruck einen Luftverbrauch $Q_L = 260$ m³/h. Den höchsten isothermischen Wirkungsgrad $\eta_{is} = 30{,}4\%$ erreicht er bei einer Wettermenge $Q_W = 280$ m³/min mit einer Depression $h_g \approx 74$ mm WS. Der Verlauf der Wirkungsgradkurve im Hauptarbeitsgebiet ist flach und daher günstig. In dem in Abb. 595 eingezeichneten Bereich von $Q_W = 160$ bis 325 m³/min sind die kleinsten isothermischen Wirkungsgrade $\eta_{is} = 26\%$; der Mittelwert ist 29%. Außer der Linie h_g für den Gesamtdruck ist die Linie des statischen Druckes h_{st} ein-

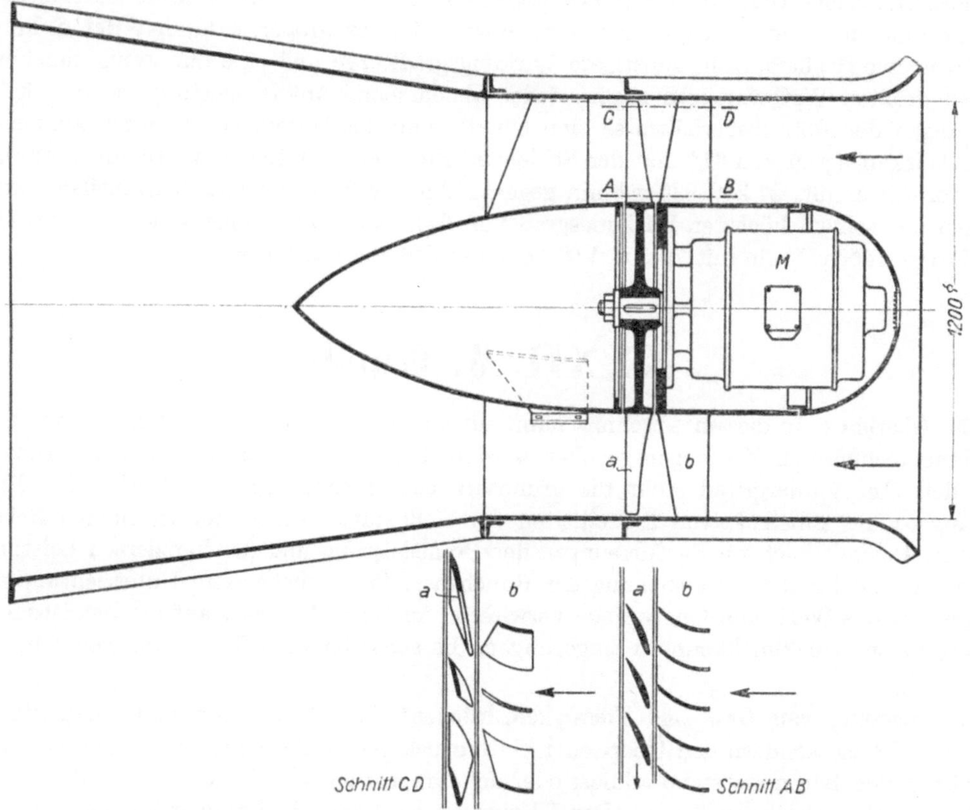

Abb. 596. Schraubenventilator als Streckenlüfter mit elektrischem Antrieb (Nüsse & Gräfer).

getragen, die um den dynamischen Druck $h_d = \frac{w^2}{2g}\gamma$ tiefer liegt. Mit den Werten h_{st} wurde die theoretische Luttenlänge aus der Beziehung $L_{th} = \frac{h_{st}\,d}{w^2}$ errechnet (vgl. Ziffer 21 und 279) und ebenfalls in Abhängigkeit von der Wettermenge aufgetragen.

Einen als *Streckenlüfter* gebauten Schraubenventilator von 1200 mm Flügelraddurchmesser zeigt Abb. 596. Der Antriebsmotor M von 33 kW, der auf seiner Welle das Flügelrad a trägt, ist völlig von einem stromlinienförmigen Gehäuse eingeschlossen. Dem Flügelrad ist wieder zur Verbesserung der Strömungsverhältnisse ein Leitkreuz b vorgeschaltet. Die an der Nabe und am Umfang verschiedenen Schaufelkrümmungen des Flügelrades und des Leitkreuzes sind aus den Schnitten AB und CD ersichtlich.

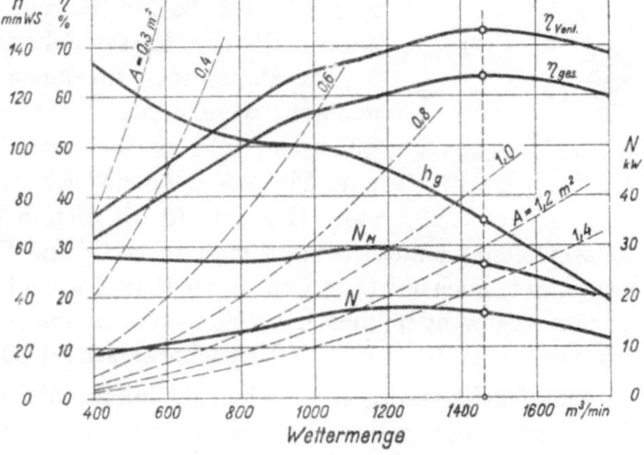

597. Kennlinien des Schraubenventilators in Abb. 596.

Im Kennliniendiagramm dieses Schraubenventilators in Abb. 597 sind der Gesamtdruck h_g, die Ventilatornutzleistung N, die Motorantriebsleistung N_M, der Gesamtwirkungsgrad η_{ges} und der mit dem Motorwirkungsgrad von 87,5% errechnete Ventilatorwirkungsgrad $\eta_{Vent.}$ über der Wettermenge aufgezeichnet. Dem Gebrauch des Ventilators als Streckenlüfter entsprechend sind nicht die Luttenlängen, sondern Linien gleicher Grubenweiten A eingetragen. Ein Vergleich mit Abb. 580 läßt den Unterschied zwischen dem Betriebsverhalten des Schraubenventilators und dem des Schleuderventilators klar erkennen. Während beim Schleuderventilator mit gleichbleibender Drehzahl die Wirkungsgradkurve steiler verläuft und die Antriebsleistung mit zunehmender Wettermenge bzw. Grubenweite immer größer wird, hat der Schraubenventilator eine flachere, d. h. günstigere Wirkungsgradkurve und eine nur wenig zunehmende, bei den größten Wettermengen sogar wieder abnehmende Antriebsleistung, so daß keinerlei Änderungen der Betriebsverhältnisse eine Überlastung des Motors herbeiführen können. Den besten Wirkungsgrad von 67% hat der Schleuderlüfter bei einer Grubenweite von etwa 0,3 m^2; dabei fördert er mit 27 kW 630 m^3/min gegen 178 mm WS. Der Schraubenventilator arbeitet dagegen mit seinem höchsten Wirkungsgrad von 64% bei einer Grubenweite von etwa 1,1 m^2 und fördert 1460 m^3/min mit 70 mm WS bei einer Antriebsleistung von 26 kW.

XXXII. Meßkunde.

282. Überblick. In diesem Abschnitt kann nur eine kurz gefaßte Darstellung der wichtigsten maschinentechnischen Messungen gegeben werden. Elektrotechnische Messungen werden nicht behandelt. Im Vordergrund steht die grundsätzliche Behandlung der Druck- und Mengenmessungen; die konstruktiven Einzelheiten der Meßgeräte werden nur in einigen Beispielen gestreift. Das gilt auch für die Messungen der Bremsleistung und der indizierten Leistung der Maschinen und für die Untersuchung der Rauchgase. Für eingehendere Unterrichtung sei besonders auf das Werk von GRAMBERG[1] verwiesen. Ausführlicher wird auf die betriebsmäßigen Messungen an Drucklufthämmern eingegangen, die sonst im Schrifttum erst wenig behandelt sind.

283. Messung von Gas- und Flüssigkeitsdrücken[2]. Im allgemeinen mißt man nicht den absoluten Druck, sondern den Über- oder Unterdruck gegen die Atmosphäre; indem man zum Überdruck den Barometerstand addiert oder den Unterdruck vom Barometerstand subtrahiert, erhält man den absoluten Druck. Der Überdruck wird mittels Manometers, der Unterdruck mittels Vakuummeters gemessen; Manovakuummeter spielen zwischen Überdruck und Unterdruck. Um Strömungsgeschwindigkeiten zu bestimmen, wird der Druckunterschied oder der Differenzdruck zwischen zwei Punkten der Leitung gemessen. Die Differenzdruckmesser stimmen grundsätzlich mit dem Manometer überein, sind aber, wenn die Drücke, deren Differenz zu messen ist, erheblich über oder unter der Atmosphäre liegen, so eingerichtet, daß diese Drücke zugleich auf beiden Seiten des Messers auftreten und verschwinden, andernfalls der Messer Schaden erleidet.

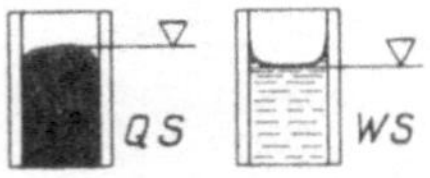

Abb. 598. Ablesung von Quecksilber- und Wassersäulen.

Die Manometer, zu denen im weiteren Sinne auch die Vakuummeter gehören, werden als Feder- und als Flüssigkeitsmanometer ausgeführt; außerdem gibt es Instrumente mit Tauchglocken. Federmanometer, die eine Platten- oder eine Röhrenfeder haben, braucht man von den kleinsten Drücken (0 bis 20 mm WS Meßbereich) bis zu den größten. Mit Flüssigkeitsmanometern mißt man meist kleine Drücke; doch sind, indem man Quecksilber verwendet, auch mittlere Drücke meßbar. Tauchglockeninstrumente werden nur für sehr kleine Drücke angewendet; man kann sie so bauen, daß sie sehr kleine Drücke mit großer Übersetzung anzeigen, z. B. bei 1 mm WS Druckunterschied 50 mm ausschlagen.

Flüssigkeitsmanometer bestehen aus kommunizierenden Röhren, deren eine den zu messenden Druck empfängt, während die andere mit der Atmosphäre verbunden ist. In Abb. 598 ist die richtige Ablesung einer Quecksilbersäule (links) und einer Wassersäule (rechts) veranschaulicht. Man baut die Flüssigkeitsmanometer als U-Rohr mit gleichen oder ungleichen Schenkelquerschnitten oder legt auch den engen Schenkel schräg. Wie man aber auch das Flüssigkeitsmano-

[1] GRAMBERG, A.: Technische Messungen bei Maschinenuntersuchungen und zur Betriebskontrolle, 7. Auflage. Berlin/Göttingen/Heidelberg: Springer 1953. — [2] Indikatoren siehe Ziffer 298.

meter gestalten mag, bei demselben Druck stellt sich derselbe senkrechte Abstand der beiden Flüssigkeitsspiegel ein. Nur der Unterschied besteht, daß bei verschieden großem Querschnitt der Schenkel die Flüssigkeit im engen Schenkel weiter aus der Nullage ausschlägt als im weiten. Macht man den einen Schenkel sehr weit im Verhältnis zum anderen, so braucht man nur den Flüssigkeitsausschlag im engen Schenkel zu messen. Daß man den engen Schenkel schräg legt, hat den Zweck, bei kleinen Drücken den Ausschlag zu vergrößern. Ist der Schenkel um $\alpha°$ gegen die Waagerechte geneigt, so muß man den abgelesenen Ausschlag mit $\sin\alpha$ multiplizieren, um den maßgebenden senkrechten Ausschlag zu erhalten. Wiegt die Meßflüssigkeit γ kg/l und haben die Flüssigkeitsspiegel h mm senkrechten Abstand, so ist der gemessene Druck $= \gamma h$ mm WS.

Differenzdruckmesser dienen dazu, den Druckabfall und dadurch die Geschwindigkeit strömender Gase oder Flüssigkeiten zu bestimmen. Bei einem Dampfkessel z. B. kann man aus dem vom Zugmesser angezeigten Unterdruck gegen die Atmosphäre, der sogenannten „Zugstärke“, nicht auf die Rauchgasmenge schließen, wohl aber aus dem Zugunterschiede über dem Rost und vor dem Rauchschieber (vgl. Abb. 66). Ebenso ist bei einem Grubenventilator die angezeigte Depression kein Maß der Wettermenge, vielmehr braucht man einen besonderen Mengenmesser, der meist als Differenzdruckmesser ausgeführt ist. Man mißt mit dem Differenzdruckmesser entweder nach Ziffer 290 den Unterschied zwischen Gesamtdruck und statischem Druck, oder gemäß Ziffer 291 den Unterschied der Drücke vor und hinter einer Düse oder einer Blende oder überhaupt zwischen zwei Punkten der Leitung. Sehr gebräuchlich sind U-Rohre, deren einem Schenkel man den größeren, dem andern den kleineren Druck zuführt. Bei schnell wechselnden Drücken bereitet die gleichzeitige Ablesung beider Wassersäulen im U-Rohr Schwierigkeiten; dann ist die in Abb. 599 dargestellte Wassersäule mit Einsäulenablesung vorteilhafter. Gegenüber Wassersäulen mit Zweisäulenablesung ergibt sich zwar durch die Verschiebung des Nullpunktes um Δh ein Fehler, der jedoch bei genügend großem Durchmesser D gegenüber d unberücksichtigt bleiben kann. Das Durchmesserverhältnis $D : d = 10 : 1$ ergibt einen bei Druckluftmessungen in den meisten Fällen schon zu vernachlässigenden Fehler der Luftmenge von nur $-0{,}5\%$. Dieser Fehler kann durch einen Ablesemaßstab mit prozentual reduzierter Teilung auch ganz aufgehoben werden.

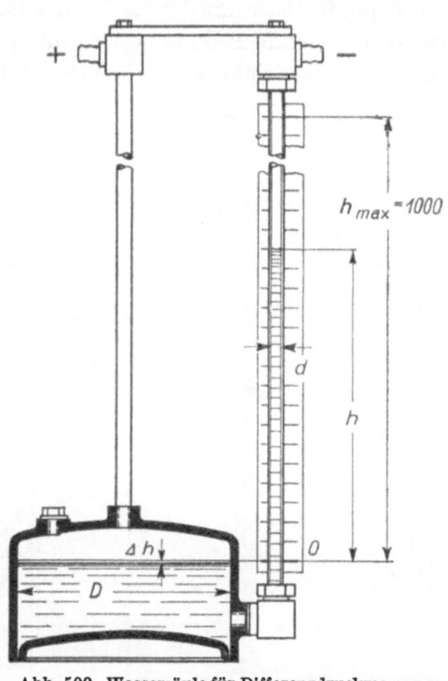

Abb. 599. Wassersäule für Differenzdruckmessungen mit Einsäulenablesung.

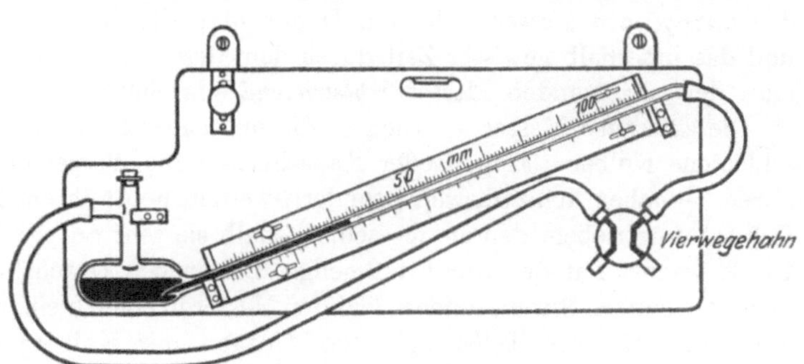

Abb. 600. Differenzdruckmesser.

Abb. 600 zeigt einen Differenzdruckmesser mit einem sehr weiten und einem engen, *geneigten* Schenkel, der mit seiner im Verhältnis zur Neigung vergrößerten Teilung eine empfindliche und genaue Ablesung auch bei kleinen Druckdifferenzen gewährt.

Als schreibende Differenzdruckmesser verwendet man Tauchglockeninstrumente gemäß Abb. 601, deren Glocke von unten den größeren, von oben den kleineren Druck empfängt. Die Zuleitungen werden, wie es Abb. 601 zeigt, gemeinsam geöffnet und geschlossen. Weichen die Drücke, deren Unterschied zu messen ist, erheblich vom atmosphärischen Druck ab, so muß die

Schreibtrommel gemäß der rechten Abb. 601 eingeschlossen sein, sonst genügt der in der linken Abbildung dargestellte Flüssigkeitsabschluß. h ist der tatsächliche Druckunterschied, gemessen in mm Flüssigkeitssäule; den Hub der Tauchglocke macht man in der Regel weit größer als h, indem man ihre Abmessungen, insbesondere die Blechdicke, entsprechend wählt. Macht man den Schwimmer der Tauchglocke zylindrisch, so muß das Papier der Trommel, weil der Differenzdruck quadratisch mit der Luft- oder Gasmenge zunimmt (vgl. die Ziffern 290 und 293), quadratisch zunehmende Teilung haben, infolgedes die aufgezeichneten Diagramme nicht planimetrierbar sind. Um gleichmäßige Teilung und planimetrierbare Diagramme zu erhalten, benutzt man parabolisch begrenzte Schwimmer oder Parabelführungen. Parabelgetriebe haben auch die *Ringwaagen*, bei denen das U-Rohr durch einen halb mit Quecksilber gefüllten Ring ersetzt ist, der sich durch Schwerpunktverlagerung dreht.

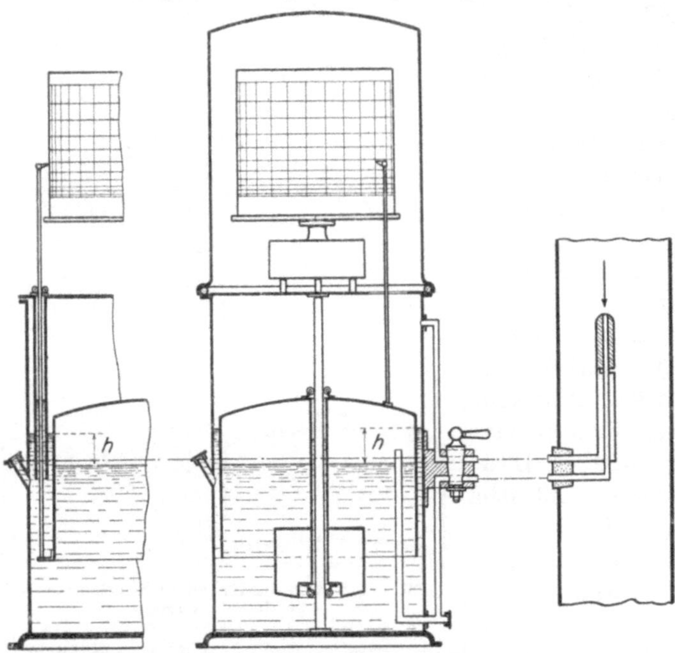

Abb. 601. Differenzdruckmesser mit Tauchglocke und zylindrischem Schwimmer (DE BRUYN).

284. Allgemeines über die Messung strömender Flüssigkeits- und Gasmengen[1]. Man hat *zählende* und *anzeigende* Messer. Die in ungeheurer Zahl für die Zwecke der Wasser- und Gasversorgung angewendeten Wassermesser und Gasuhren z. B. *zählen* die durchströmenden Kubikmeter fortlaufend, so daß sich das in einem gewissen Zeitraum durch den Zähler geströmte Volumen aus dem Unterschiede der Zählwerkstellungen ergibt, auch die jeweilige Stromstärke, d. h. wieviel m^3 in der Zeiteinheit durch den Messer strömen, mit Hilfe einer Uhr bestimmbar ist. Unmittelbar kann man aber die Stromstärke nur bei den *anzeigenden* Messern ablesen. Damit man die Schwankungen der Stromstärke verfolgen und das innerhalb gewisser Zeit durch den Messer geströmte Volumen bestimmen kann, muß man den anzeigenden Messer *registrierend* einrichten.

Die *zählenden* Messer — seien es die offen messenden Kippwassermesser oder seien es geschlossene Kolben-, Flügel- oder Kapselmesser für Wasser oder Druckluft, oder seien es Gasuhren — haben kein Uhrwerk, sondern werden nebst ihrem Zählwerk vom Flüssigkeits- oder Gasstrom getrieben, den sie messen, weshalb sie sehr anspruchslos in der Wartung sind[2]. Ihre Größe wächst mit der Durchflußmenge. Bei großen Durchflußmengen mißt man zweckmäßig nicht den ganzen Strom, sondern legt den Messer in einen kleinen, vom Hauptstrom abgezweigten, ihm proportionalen Teilstrom[3]. Bei Anlagen mit Kolbenpumpen und Kolbenkompressoren können die Pumpen und Kompressoren selbst zur Messung der von ihnen geförderten Mengen dienen, da die Fördermengen und die Drehzahlen einander proportional sind; bei Turbopumpen und -kompressoren besteht dieser einfache Zusammenhang nicht.

Als *anzeigende* Wassermesser werden Meßwehre und Behälter mit Ausflußmündungen verwendet, bei denen die Wassermenge aus der Überfall- oder Standhöhe des Wassers bestimmt wird. Bei Wasser, Luft und Dampf sind Staugeräte brauchbar, bei denen, um die Stärke eines Luft- oder Wasserstroms zu bestimmen, dessen dynamischer Druck gemessen wird. Genauer

[1] Wegen Wettermessungen mittels Anemometers vgl. HEISE/HERBST/FRITZSCHE, 1. Band.

[2] Die zählenden Messer für Wasser und Luft entsprechen den elektrischen Motorzählern.

[3] Die technisch sehr wichtige *Partial-* oder *Teilstrommessung* (vgl. die späteren Abb. 607 und 626) wird in der Elektrotechnik in genau derselben Weise angewendet.

sind Messungen mittels Blende, Düse oder Venturirohres, die einen Druckabfall in der Leitung erzeugen, aus dessen Größe die Stärke des Wasser-, Luft- oder Dampfstroms bestimmbar ist. Ebenfalls für Wasser, Luft und Dampf sind Schwimmermesser brauchbar, deren Schwimmer durch den zu messenden Strom um so höher gehoben wird, je stärker die Strömung ist. Meßwehr, Ausflußbehälter und Schwimmermesser werden um so größer, je größere Mengen zu messen sind, während die Staugeräte ganz unabhängig von der zu messenden Stromstärke sind. Wird mittels Blende, Düse oder Venturirohres gemessen, so sind diese nach der Rohrleitung zu bemessen, während der eigentliche Messer für den Druckabfall unabhängig von der Größe der Rohrleitung ist. Um die angezeigte Stromstärke auch zu *registrieren,* brauchen die anzeigenden Messer ein Uhrwerk, das ein Papierband bewegt, auf das die Stromstärke in Abhängigkeit von der Zeit geschrieben wird[1].

Es ist schwieriger, Gas oder Dampf zu messen als Wasser. Denn bei Wasser ändert sich das Volumen mit der Temperatur nur in vernachlässigbarem Maße, während bei den Gasen und Dämpfen Schwankungen des Druckes und der Temperatur entsprechend starke Schwankungen des spezifischen Volumens oder Gewichts zur Folge haben. 1 m³ Gas, das eine Gasuhr im Sommer mißt, ist dem Gewicht nach weniger Gas als 1 m³, das sie im Winter mißt. Ein Kapselmesser für Druckluft zeigt dasselbe, ob 1 m³ Druckluft von 4 atü oder von 6 atü hindurchgeht. Wird Dampf oder Gas mittels Staugeräts oder mittels Blende, Düse oder Venturirohres oder mittels Schwimmers gemessen, so ist die angezeigte Menge nur richtig, wenn das spezifische Gewicht des Dampfes oder Gases den normalen Wert hat, für den das Meßgerät geeicht ist. Ist es größer, so wird die Anzeige zu klein; ist es geringer, wird die Anzeige zu groß. Man hilft sich bei schreibenden Dampf- oder Luftmessern, indem man gleichzeitig den Druck aufschreiben läßt, um die Fehler berücksichtigen zu können, oder man bringt am Messer besondere Vorkehrungen an, die die Druckschwankungen selbsttätig berücksichtigen. Es gibt auch Messer besonderer Art für Dampf und Luft, deren Anzeige unabhängig von den Schwankungen des Dampf- oder Luftzustandes ist (vgl. die Ziffern 294 und 295).

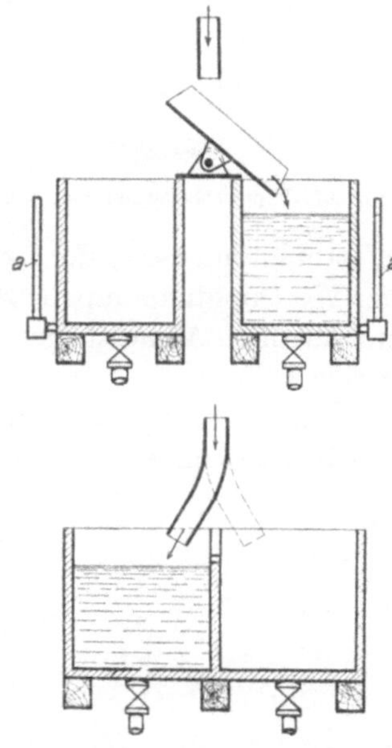

Abb. 602. Wassermessung mit Meßgefäßen.

Die *Genauigkeit* der Messer ist sehr verschieden. Wo es darauf ankommt, wird man sich erst überzeugen müssen, wie die Genauigkeit des Messers zu bewerten ist. Für Abnahme- und Leistungsversuche werden die der dauernden Überwachung des Betriebes dienenden Messer in der Regel nicht ausreichen, sondern man wird in diesem Fall besondere Meßeinrichtungen und -verfahren anwenden. In den Regeln für Abnahmeversuche an Dampfkesseln, Dampfmaschinen, Dampfturbinen, Kompressoren und Ventilatoren ist festgelegt, wie die Messung der strömenden Dampf- und Luftmengen vorzunehmen ist. Anstatt des Dampfes wird häufig sein Kondensat gemessen; Abb. 602 veranschaulicht, wie man das Kondensat mittels eiserner oder mittels hölzerner, mit Zinkblech ausgeschlagener Gefäße mißt, in die man das Kondensat umschichtig leitet. Die von Kolbenkompressoren angesaugte Luftmenge ist aus den Diagrammen ermittelbar. Um in Wetterkanälen die mittlere Geschwindigkeit zu bestimmen, ist die Messung netzweise vorzunehmen, oder man durchfährt den Querschnitt mit dem Anemometer langsam in flachen Schlangenlinien.

285. Kippwassermesser. Kippwassermesser sind *offene* Wassermesser; um Kesselspeisewasser zu messen, muß man sie in die Saugleitung der Speisepumpe einschalten. Bei dem in Abb. 603 dargestellten Kippwassermesser ist das Kippgefäß gerade nach rechts umgeschlagen, und das Wasser fließt in die linke Hälfte A des Kippgefäßes, bis dieses nach links umschlägt, worauf

[1] Mittels besonderer Einrichtungen sind die anzeigenden und registrierenden Messer auch *zählend* ausführbar.

seine rechte Hälfte B gefüllt wird. Die Kippungen werden durch ein Zählwerk gezählt und sollen ein Maß des durch den Messer geströmten Wassers sein; das stimmt aber nicht genau, weil bei starkem Wasserzufluß während des Kippens mehr Wasser ins Kippgefäß strömt als bei schwachem.

286. Zählende Wassermesser für geschlossene Leitungen. Außer für die Zwecke der Wasserversorgung werden geschlossene Wassermesser vielfach als Kesselspeisewassermesser angewendet, wobei sie die Temperatur des vorgewärmten Speisewassers vertragen müssen. Meist werden sie in die Druckleitung eingesetzt, jedoch vor dem Rauchgasvorwärmer. Wo für mehrere Kessel ein gemeinsamer Rauchgasvorwärmer vorhanden ist, aber das in die einzelnen Kessel gespeiste Wasser gemessen werden soll, muß der Messer hinter die Rauchgasvorwärmer geschaltet werden und erleidet dann Temperaturen bis 150° C, für die Sonderausführungen erforderlich sind.

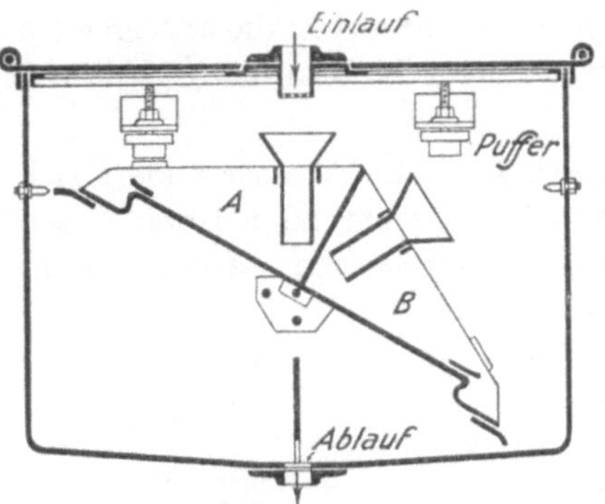

Abb. 603. Kippwassermesser von J. C. ECKARDT.

Bei den *Kolbenwassermessern* wird das Volumen des durch den Messer hindurchtretenden Wassers durch hin- und hergehende Kolben gemessen, die vom Wasser bewegt werden und deren Bewegungen gezählt werden. Der SCHMIDsche Kolbenwassermesser, Abb. 604[1], hat Kurbelgetriebe und zwei sich gegenseitig steuernde Kolben; beim Worthingtonmesser, der kein Kurbelgetriebe hat, steuern sich die Kolben gegenseitig wie bei der Worthingtonpumpe (vgl. Ziffer 183). Da Kolbenwassermesser nur langsam laufen dürfen, werden ihre Abmessungen verhältnismäßig groß, während ihr Verschleiß bei reinem Wasser gering ist.

Ähnlich wie bei den Kolbenwassermessern wird bei den *Kapselwassermessern*, die umgekehrt wie Kapselpumpen wirken, das Volumen des hindurchtretenden Wassers gemessen, indem die Umdrehungen des Meßkörpers gezählt werden. Dieser macht bei großen Messern bis zu 400, bei kleinen Messern bis zu 700 Umdrehungen in der Minute, so daß Kapselwassermesser viel kleiner ausfallen als Kolbenwassermesser, dafür aber mehr Druck verbrauchen. Reines, kein Stein absetzendes Wasser ist Bedingung für ungestörten Betrieb. Abb. 605 zeigt den Scheibenwassermesser von Siemens & Halske. Die Meßscheibe a, deren Achse durch die Führungsrolle c zu einer Kegelbewegung um die Mitte der Kugel b gezwungen wird, führt eine taumelnde Bewegung aus, wobei sie den unteren und den oberen Boden der Meßkammer in je einer Linie berührt. Bei einem Umlauf der Meßscheibe tritt eine Wassermenge durch den Messer, die gleich dem Inhalt der Meßkammer ist; die Umläufe der Meßscheibe werden durch den Mitnehmer d auf das Zählwerk übertragen. Ist kaltes Wasser zu messen, bestehen Meßscheibe nebst Mittelkugel aus Hartgummi, bei Heißwassermessern besteht die Scheibe aus Bronze, die Kugel aus Graphitkohle.

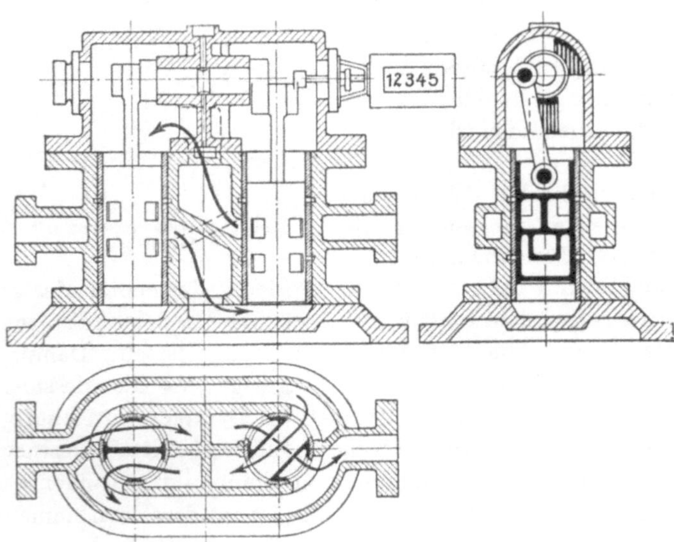

Abb. 604. SCHMIDscher Kolbenwassermesser.

Für Wasserversorgungszwecke finden *Flügelradmesser* ausgedehnte Anwendung. Abb. 606 zeigt den Einstrahlmesser von Dreyer, Rosenkranz & Droop, Hannover. Das Flügelrad b wird

[1] Nach GRAMBERG.

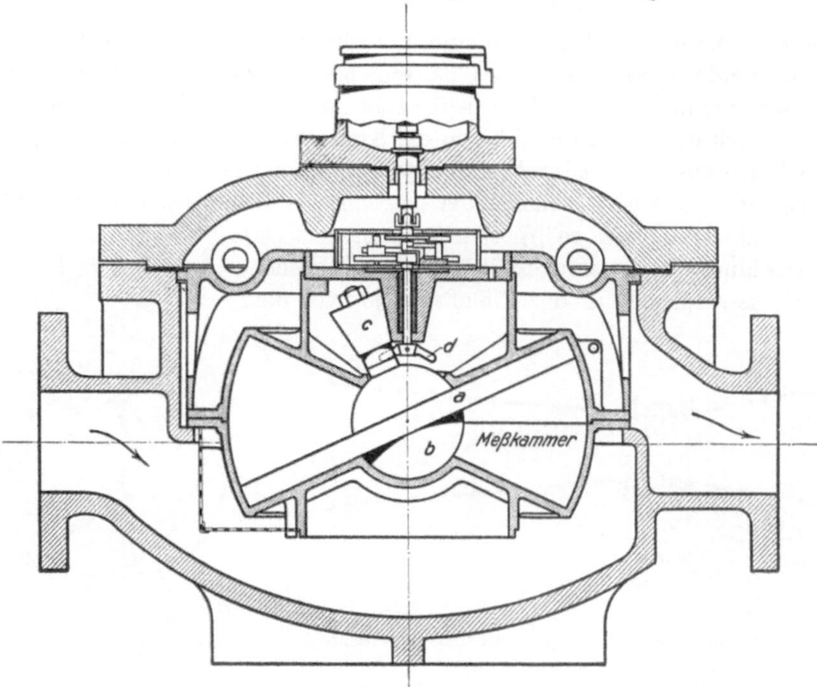

Abb. 605. Scheibenwassermesser von Siemens & Halske AG.

durch das den Messer durchströmende Wasser gedreht; die Drehungen werden auf das Zählwerk übertragen.

Weil die Kapsel- und die Flügelradwassermesser für große Durchflußmengen sehr groß ausfallen, wendet man bei großen Leitungen häufig die *Partial-* oder *Teilstrommessung*[1] an, die durch Abb. 607 (Siemens & Halske) veranschaulicht wird. Mit Hilfe eines Venturirohres[2] wird in der Hauptleitung ein kräftiger, doch größtenteils wiedergewinnbarer Druckabfall geschaffen, der einen dem Hauptstrom proportionalen Teilstrom durch die Nebenleitung *a* treibt. Dieser kleine Teilstrom wird durch den Scheibenwassermesser *b*, der durch ein vorgeschaltetes Sieb geschützt ist, gemessen; doch zeigt der Messer nicht den Teilstrom, sondern den gesamten Strom an. Ein praktisch wichtiger Vorteil der Teilstrommessung ist, daß man den Wassermesser, ohne den Betrieb zu unterbrechen, zum Prüfen herausnehmen kann, indem man die Nebenleitung durch die vorgesehenen Ventile von der Hauptleitung absperrt.

[1] Vgl. Ziffer 284. — [2] Vgl. Ziffer 291.

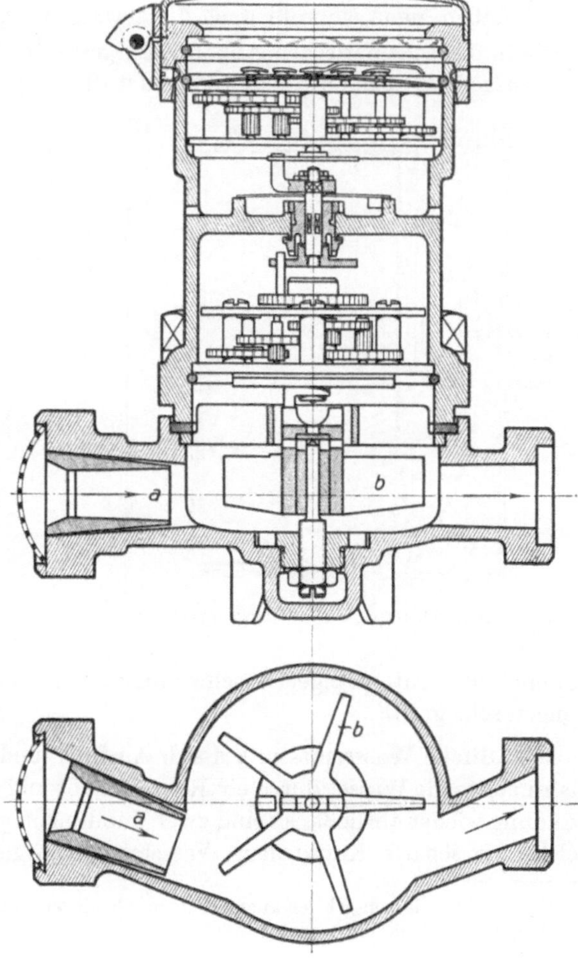

Abb. 606. Einstrahlwassermesser von Dreyer, Rosenkranz & Droop, Hannover.

287. Gasuhren. Die nassen[1] Gasuhren sind einfache, sehr sinnreiche Meßgeräte; sie messen das Volumen des hindurchtretenden Gases, das eine Meßtrommel dreht, deren Umläufe gezählt werden. Abb. 608[2] veranschaulicht die Gasuhr schematisch. Das Gas, das durch das Rohr *a* einströmt, tritt durch die inneren Schlitze in die Kammern der Meßtrommel, aus der es durch die äußeren Schlitze austritt. Dadurch, daß die Meßtrommel bis über die Mitte in Wasser eintaucht, sind Einlaß und Auslaß voneinander getrennt, da niemals der innere und der äußere Schlitz einer Kammer zugleich geöffnet sind. Damit das Gas durch das Wasser hindurchgeht, muß es die Meßtrommel drehen, infolgedes der Wasserspiegel auf der Einlaßseite je nach dem bei der Drehung der Trommel zu überwindenden Reibungswiderstande einige Millimeter tiefer steht als auf der Auslaßseite. Damit die Gasuhr genau zeigt, muß sie richtig mit Wasser aufgefüllt sein. Unter dieser Voraussetzung gehört sie zu den genauesten technischen Messern, die wir haben, denn sie mißt auch die geringste durchfließende Menge.

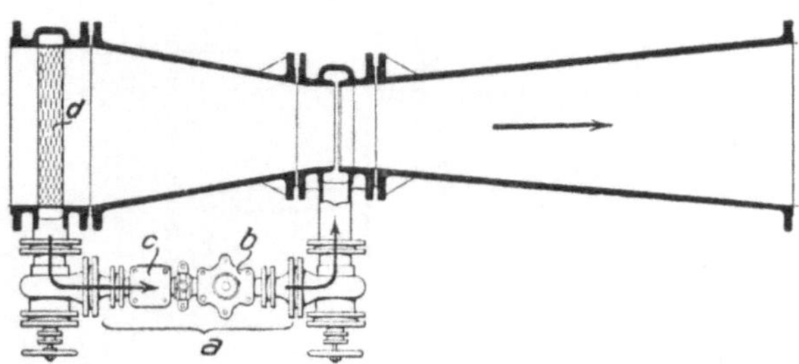

Abb. 607. Wassermessung nach dem Partial- oder Teilstromverfahren.

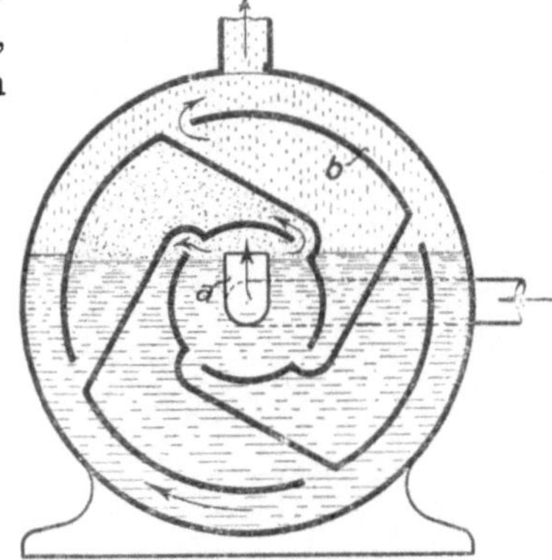

Abb. 608. Schema der nassen Gasuhr.

Die in der schematischen Abb. 608 dargestellte Form der Meßtrommel wird in Wirklichkeit nicht ausgeführt; sondern man verwendet die in Abb. 609 dargestellte CROSSLEY-Trommel, bei der sich die Schlitze in den Seitenwänden befinden, so daß das Gas nicht radial, sondern axial durch die Trommel geht. Da sich die Meßtrommel nur mit mäßiger Geschwindigkeit drehen darf, werden Gasuhren für größere Gasmengen sehr groß.

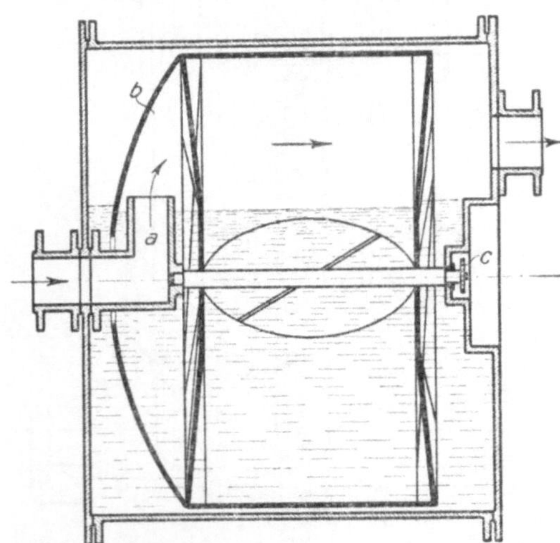

Abb. 609. Gasmesser mit CROSSLEY-Trommel.

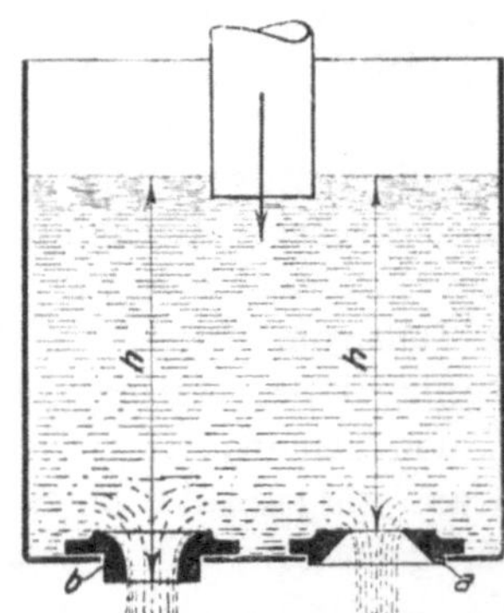

Abb. 610. Offener Behälter mit scharfkantiger und abgerundeter Ausflußöffnung.

288. Offene Wassermessung durch Ausflußmündungen. Abb. 610 zeigt einen Behälter, dem das zu messende Wasser durch ein Rohr zufließt und aus dem es durch eine der Messung dienende Mündung wieder abfließt. Es sind zwei Mündungen gezeichnet: *a* ist eine *scharfkantige* Mündung, welche die scharfe Kante dem Wasserstrom entgegenkehrt; *b* ist eine *abgerundete* Mündung

[1] Außer den nassen gibt es auch trockene Gasuhren, die aus zwei sich gegenseitig steuernden Blasebälgen bestehen. — [2] Nach GRAMBERG.

oder eine *Düse*. Die Mündungen seien klein im Verhältnis zum Behälterquerschnitt. Wenn die Meßeinrichtung im Gleichgewicht ist, d. h. wenn ebensoviel Wasser zufließt wie abfließt, so hat der Wasserstand im Behälter eine gleichbleibende Höhe h; fließt dann mehr Wasser zu, so steigt h allmählich, bis wieder ebensoviel Wasser abfließt wie zufließt, nimmt der Wasserzufluß ab, senkt sich h allmählich. Je größer der Behälter im Verhältnis zur zufließenden Wassermenge ist, um so länger dauert es, bis h den der Durchflußmenge entsprechenden Wert erreicht.

Steht die Flüssigkeit h Meter über der Ausflußmündung, so fließt sie, gleich ob sie leicht oder schwer ist, theoretisch mit der Geschwindigkeit des freien Falles $v = \sqrt{2gh}$ m/s aus[1]; hat die Mündung F m² Querschnitt, so ist die theoretische Ausflußmenge $Q = F\sqrt{2gh}$ m³/s. Die wirkliche Ausflußmenge ist infolge von Reibungsverlusten kleiner, nämlich $Q = \alpha F\sqrt{2gh}$ m³/s, worin α die „*Ausflußzahl*" ist. α ist für normale Düsen etwa 0,96. Für scharfkantige Mündungen ist α erheblich kleiner, nämlich nur 0,6 bis 0,62, weil der aus der scharfkantigen Mündung ausströmende Strahl eine *Einschnürung* (Kontraktion) erleidet. Die angegebenen Formeln gelten für die Flüssigkeiten unabhängig von ihrem spezifischen Gewicht. — Fließt Wasser aus einer Höhe von 0,8 m durch eine scharfkantige Mündung von 100 mm Durchmesser, d. h. von 0,00785 m² Querschnitt, so ist die Ausflußmenge

$$Q = 0{,}61 \cdot 0{,}00785\sqrt{2 \cdot 9{,}81 \cdot 0{,}8} = 0{,}0189 \text{ m}^3/\text{s}.$$

Löst man die Gleichung $Q = \alpha F\sqrt{2gh}$ nach h auf, so ergibt sich, daß h proportional Q^2 ist, also in schnell zunehmendem Maße ansteigt, wenn Q größer wird. Dadurch wird praktisch der Meßbereich eingeengt. Denn wenn z. B. h bei kleiner Durchflußmenge 0,1 m ist, so wird h bei der 5fachen Durchflußmenge = 2,5 m. Man hilft sich, indem man statt einer mehrere Mündungen anordnet, die man nach Bedarf öffnet. In der früheren Abb. 370 ist ein Behälter mit einer Ausflußdüse enthalten, die von außen absperrbar und auswechselbar ist. h wird mittels Wasserstandglases gemessen; steigt das Wasser im Behälter zu hoch, so fällt es durch ein Überlaufrohr in den darunter liegenden Trog.

289. Offene Wassermessung durch Wehre. Um größere Wassermengen, z. B. das von einer Wasserhaltung zu Tage oder das von der Kühlwasserpumpe einer Kondensationsanlage zum Kühlturm gepumpte Wasser offen zu messen, sind *Überfallwehre* wegen ihrer Einfachheit und Zuverlässigkeit vorzüglich geeignet. In der früheren Abb. 370 ist ein aus Eisenblech gefertigtes, rechteckiges Wehr mit seitlicher Einschnürung dargestellt, bei dem die Wehrbreite B nur etwa halb so groß ist wie die Breite des durch den Wehrtrog dargestellten Zuflußgrabens. In der Abb. 611 ist ein Wehr *ohne* seitliche Einschnürung dargestellt, bei dem Wehr und Trog dieselbe Breite b haben. Es ist ein gemauertes Wehr; zur Beruhigung des Wassers sind Siebe B eingebaut. Die Stauhöhe h wird mit einem Wasserstandglas A gemessen, das in einer Entfernung l angeschlossen ist, in der sich der Wasserspiegel noch nicht abgesenkt hat. Die Verhältnisse der Wehrabmessungen, die für genaue Messungen einzuhalten sind, sind in der Abbildung vermerkt.

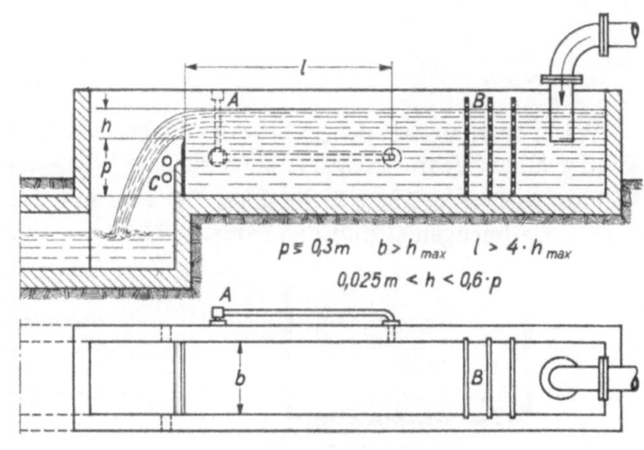

Abb. 611. Gemauertes Meßwehr.

Ist b die Wehrbreite in m und h die Stauhöhe über der scharfen Wehrkante in m, dann ist die überfließende Wassermenge

$$Q = \alpha \frac{2}{3} b\sqrt{2gh^3} \text{ m}^3/\text{s} = \alpha\, 2{,}953\, b\sqrt{h^3} \text{ m}^3/\text{s},$$

[1] Gesetz von TORRICELLI.

worin α eine Zahl ist, welche die Verminderung der überfließenden Wassermenge durch die Kontraktion des Wasserstrahls berücksichtigt. Für eingeschnürte, ausreichend tiefe Wehre ist α etwa 0,62, für nicht eingeschnürte etwa 0,68[1]. Für Überschlagsrechnungen genügt bei nicht eingeschnürten Wehren die Formel

$$Q \approx 2\,b\,\sqrt{h^3}\ \text{m}^3/\text{s} \approx 120\,b\,\sqrt{h^3}\ \text{m}^3/\text{min}\ (b \text{ und } h \text{ in m}).$$

Genauere Werte (ohne α) liefert die Formel von REHBOCK:

$$Q = \left(1{,}782 + 0{,}24\frac{h + 0{,}0011}{p}\right) b\,\sqrt{(h + 0{,}0011)^3}\ \text{m}^3/\text{s}.$$

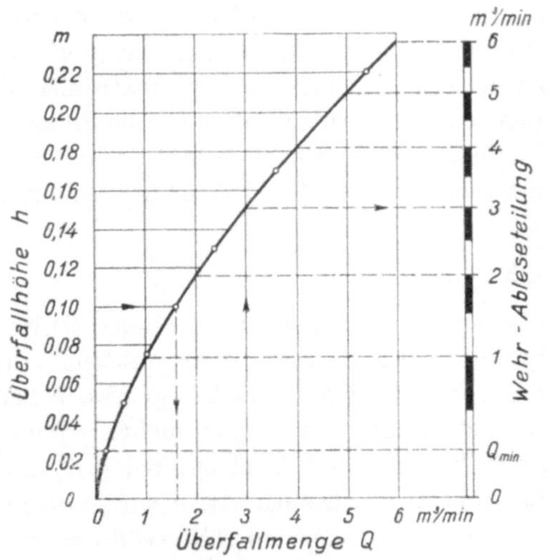

Abb. 612. Wehreichkurve und Ableseteilung.

h, b und p sind in m einzusetzen; p ist der Abstand der Wehrkante vom Boden (Abb. 611).

Löst man vorstehende Gleichungen für Q nach h auf, so ergibt sich, daß h annähernd proportional $Q^{2/3}$ ist; d. h. die Stauhöhe h wächst langsamer als die überfließende Wassermenge Q. Es ist zweckmäßig, das Wasserstandglas, an dem man die Stauhöhe h abliest, nicht in mm zu teilen, sondern auf Grund der Rechnung oder der Eichung so, daß man unmittelbar die überfließende Wassermenge Q ablesen kann, wie es Abb. 612 veranschaulicht.

Zahlentafel 31 gibt einen Anhalt für die Meßbereiche des nicht eingeschnürten Überfallwehrs mit rechteckigem Querschnitt bei verschiedenen Breiten. Die Werte entsprechen der vorstehenden Überschlagsformel $Q \approx 120 \cdot b \cdot \sqrt{h^3}$ m³/min. Die größte Überfallhöhe ist $h_{max} = 0{,}8b$ gewählt.

Zahlentafel 31. *Meßbereiche des nicht eingeschnürten Überfallwehrs.*

Wehrbreite . . . . b =	100	150	200	250	300	400	500	mm
Kleinste Überfallhöhe . . . . h_{min} =	25	25	25	25	25	25	25	mm
Größte Überfallhöhe . . . . h_{max} =	80	120	160	200	240	320	400	mm
Kleinste Wassermenge . . . . Q_{min} =	0,05	0,07	0,10	0,12	0,14	0,20	0,24	m³/min
Größte Wassermenge . . . . Q_{max} =	0,27	0,75	1,55	2,70	4,25	8,70	15,20	m³/min

Wählt man anstatt des rechteckigen Überfalls ein Dreieckwehr nach Abb. 613, so kann man mit derselben Wehreinrichtung auch kleinste Wassermengen messen. Die Durchflußmenge dieses Wehres wird $Q = 2{,}36\,\alpha\,h^2\sqrt{h}$ m³/s. Der sich mit der Überfallhöhe h ändernde Beiwert α und die Überfallmengen Q sind der Zahlentafel 32 zu entnehmen.

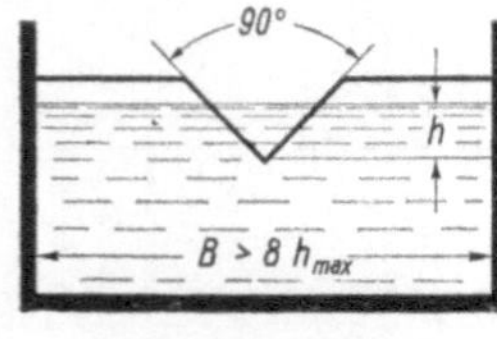

Abb. 613. Dreieckwehr.

Zahlentafel 32.
Beiwerte und Überfallmengen des Dreieckwehrs.

h =	0,05	0,10	0,15	0,20	0,25	m
α =	0,597	0,590	0,586	0,584	0,582	—
Q =	0,05	0,26	0,72	1,48	2,58	m³/min

290. Messung strömender Luftmengen durch Staugeräte (Pitotrohre). Wenn man gemäß Abb. 614 Fig. *I* ein mit Wasser gefülltes *U*-Rohr so in einen offenen Luftstrom hält, daß der Luftstrom in die Mündung des Schenkels a hineinbläst, über die Mündung des Schenkels b aber hinwegbläst, so empfängt Schenkel b atmosphärischen Druck, Schenkel a außerdem den *dynamischen* oder *Staudruck* der in seine Mündung hineinblasenden Luft, so daß der Wasserspiegel

[1] Nach der Formel des *Schweizerischen Ingenieur- und Architekten-Vereins* ist für nicht eingeschnürte Wehre $\alpha = 0{,}615\left(1 + \frac{1}{1000\,h + 1{,}6}\right)\left[1 + 0{,}5 \cdot \left(\frac{h}{p + h}\right)^2\right]$.

im Schenkel b um h mm höher steht als im Schenkel a. Strömt die Luft mit w m/s und wiegt sie γ kg/m³, so ist der dynamische oder Staudruck $h = \gamma \frac{w^2}{2g}$ mm WS. Aus dem gemessenen, h mm WS betragenden Staudruck rechnet sich umgekehrt die Strömungsgeschwindigkeit[1] $w = \sqrt{\frac{2gh}{\gamma}}$ m/s. Ist z. B. $\gamma = 1{,}2$ kg/m³ und $w = 10$ m/s, so ist $h = \frac{1{,}2 \cdot 10^2}{2g} \approx 6$ mm WS. Oder für $\gamma = 1{,}3$ kg/m³ und $h = 20$ mm WS wird $w = \sqrt{\frac{2g \cdot 20}{1{,}3}} = 17{,}4$ m/s.

Genau wie in offener Luft würde das betrachtete U-Rohr auch in einer geschlossenen Leitung den Staudruck der sie durchströmenden Luft anzeigen, wenn man wieder die Mündung des Schenkels a dem Strom entgegenrichtet und den Schenkel b quer zum Luftstrom münden läßt. Schenkel b empfängt jetzt den *statischen* Druck p_{st} der strömenden Luft, d. h. den von ihr auf die Rohrwandung ausgeübten Druck, während Schenkel a außerdem den *dynamischen* Druck p_d empfängt, den das U-Rohr anzeigt. Die Summe von statischem und dynamischem Druck nennt man den *Gesamtdruck* p_g. Es ist $p_g = p_{st} + p_d$. Der dynamische Druck wird als Differenz des Gesamtdrucks und des statischen Drucks gemessen, d. h. $p_d = p_g - p_{st}$.

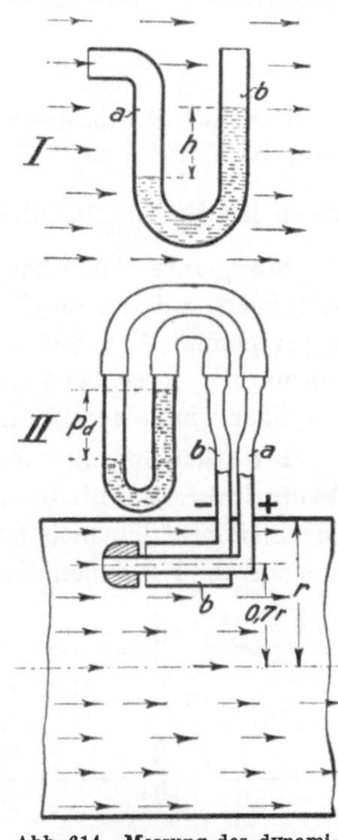

Abb. 614. Messung des dynamischen oder Staudruckes.

Weil man das U-Rohr in der geschlossenen Leitung nicht beobachten kann, muß man, um den dynamischen Druck p_d zu messen, die Drücke p_g und p_{st} nach außen übertragen. Das geschieht durch ein aus zwei Rohren bestehendes *Staugerät*, wie es in Fig. *II* der Abb. 614 dargestellt ist[2]. Das eine, mit + bezeichnete Rohr, dessen Mündung dem Luftstrome entgegengesetzt gerichtet ist, empfängt den größeren Druck p_g, das andere, mit — bezeichnete Rohr, das quer zur Strömung mündet, empfängt den kleineren Druck p_{st}. Der Differenzdruck p_d wird entweder, wie es in Abb. 614 angedeutet ist, durch ein U-Rohr oder zwecks genauerer Ablesung durch ein Differenzdruckmanometer mit schrägem Schenkel gemäß Abb. 600 oder durch einen die Stromstärke aufzeichnenden Messer mit Tauchglocke nach Abb. 601 gemessen.

Bei der Verwendung der Staugeräte ist zu berücksichtigen, daß die Geschwindigkeit nicht gleichmäßig über den Rohrquerschnitt verteilt, sondern in der Rohrmitte größer als in der Nähe der Wandung ist. Aus dem in der Rohrmitte gemessenen Staudruck errechnet sich eine Geschwindigkeit, die etwa 10 bis 15 % größer als die mittlere ist, die man unmittelbar erhält, wenn man den Staudruck wie in Abb. 614 etwa im Abstande 0,7 r von der Rohrmitte mißt[3].

Kennt man das spezifische Gewicht γ des strömenden Gases, so ist die Formel $w = \sqrt{2g\frac{h}{\gamma}}$ m/s unmittelbar anwendbar; sonst ist erst γ zu bestimmen. Das ist besonders einfach, wenn man die Konstante R des strömenden Gases kennt, weil (gemäß Ziffer 4) $\gamma = \frac{P}{RT}$ ist, so daß nur

[1] Für alle Gase gilt bei *geringem* Druckabfall $w = \sqrt{2gh}$ und $h = \frac{w^2}{2g}$, worin h der in m Gassäule angegebene Staudruck ist. Setzt man 1 m Gassäule vom spezifischen Gewicht γ kg/m³ = γ mm WS und 1 mm WS = $\frac{1}{\gamma}$ m Gassäule und bezeichnet man den in mm WS gemessenen dynamischen Druck mit h, so entstehen die oben angegebenen Formeln.

[2] Das dargestellte Staugerät hat die von PRANDTL angegebene Form; der Kopf ist halbkugelförmig, wodurch das Gerät gegen geringe Schiefstellung unempfindlich ist. Bei guten Staugeräten stimmt der angezeigte Druck mit dem errechneten überein, so daß keine Berichtigung erforderlich ist.

[3] Wo man mißt, soll die Strömung möglichst ungestört sein; man darf also nicht in der Nähe von Krümmungen und Einbauten messen. Um die mittlere Geschwindigkeit genauer zu bestimmen, messe man die Geschwindigkeit über einem oder über zwei sich kreuzenden Durchmessern, und zwar in der Rohrmitte sowie zu beiden Seiten der Rohrmitte in den von der Mitte gemessenen Abständen $\varrho_1 = 0{,}27\,d$, $\varrho_2 = 0{,}35\,d$, $\varrho_3 = 0{,}42\,d$ und $\varrho_4 = 0{,}47\,d$. Das arithmetische Mittel der 9 Messungen ist die mittlere Geschwindigkeit, weil die einzelnen Messungen auf den Schwerlinien gleichgroßer Ringflächen vorgenommen sind.

der absolute Gasdruck P kg/m² (mm WS) und die absolute Gastemperatur $T°$ K zu ermitteln sind. Den Wert für γ eingesetzt, erhält man $w = \sqrt{\frac{2\,g\,h\,R\,T}{P}}$ m/s. Für trockene Luft im besonderen mit $R = 29{,}27$ mkg/kg · grd wird $w = 24\sqrt{\frac{h\,T}{P}}$ m/s. Für feuchte Luft findet man R_f aus Abb. 4 für 1,033 ata. Bei höheren Drücken wird R_f kleiner, z. B. wird $R_f = 29{,}31$ mkg/kg · grd für Druckluft von 6 ata, 20° C und $\varphi = 70\,\%$ (Berechnung s. Ziffer 4). Praktisch kann mit Rechenschiebergenauigkeit bei *Druckluft* immer $R = R_f = 29{,}3$ mkg/kg · grd gesetzt werden.

Für die durch eine Leitung von F m² Querschnitt fließende Menge $Q = F w$ ergeben sich also folgende Formeln, in denen h der in mm WS gemessene dynamische Druck ist:

$$Q = F\sqrt{\frac{2\,g\,h}{\gamma}}\ \text{m}^3/\text{s} = F\sqrt{\frac{2\,g\,h\,R\,T}{P}}\ \text{m}^3/\text{s}.$$

Für trockene Luft im besonderen und allgemein für Druckluft wird

$$Q = F\,24\sqrt{\frac{h\,T}{P}}\ \text{m}^3/\text{s}.$$

Strömt z. B. durch eine 500-mm-Leitung ($F = 0{,}196$ m²) Luft von 1 ata Druck ($P = 10000$ kg/m²) und 20° C ($T = 293°$ K), und ist der gemessene dynamische Druck $h = 26$ mm WS (kg/m²), dann ist die Durchflußmenge $Q = 0{,}196 \cdot 24\sqrt{\frac{26 \cdot 293}{10000}} = 4{,}1$ m³/s.

Staugeräte eignen sich wegen ihrer bequemen Einbaubarkeit insbesondere für große Rohrleitungen. Mit der möglichen Verstopfung des Staugeräts muß man rechnen. Wirkt das Staugerät gemäß Abb. 601 mit einem unmittelbar die strömende Luftmenge anzeigenden Messer zusammen, so ist bei schwankendem γ zu berücksichtigen, daß der Messer zu wenig zeigt, wenn γ größer wird als normal, und zu viel, wenn γ kleiner wird.

291. Gemeinsames über Messungen in geschlossenen Leitungen mittels Blende, Düse oder Venturirohres[1]. Abb. 615 veranschaulicht die Messung eines Wasser-, Luft- oder Dampfstromes in einer geschlossenen Leitung mittels *Blende*, Abb. 616 die Messung mittels *Düse*; Abb. 617 sowie Abb. 619 zeigen die Messung mittels *Venturirohres*, bei dem sich an den Einlauf ein konisch

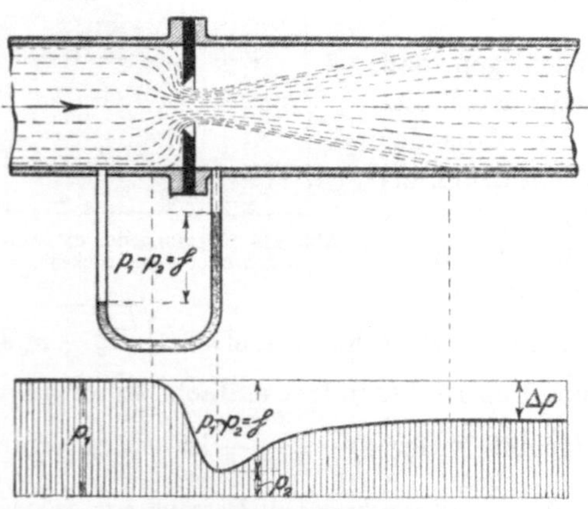

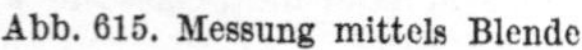
Abb. 615. Messung mittels Blende.

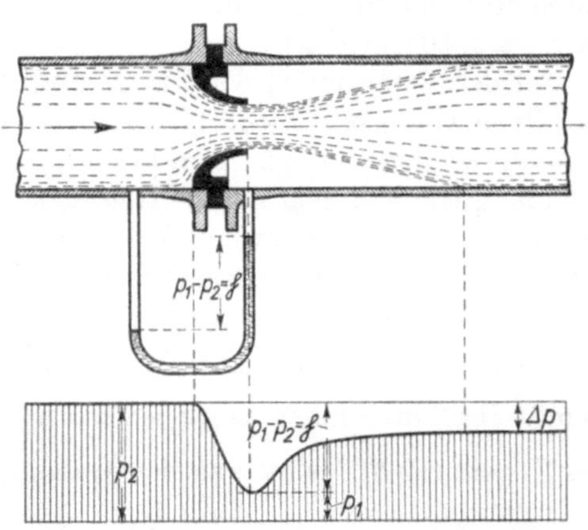

Abb. 616. Messung mittels Düse.

erweiterter Auslauf anschließt. Die Leitung habe den Querschnitt F'; die an der engsten Stelle der Blende, der Düse oder des Venturirohres gemessene Stauöffnung habe den Querschnitt F. Das Verhältnis $F : F'$ heißt Öffnungsverhältnis und wird mit m bezeichnet. Der zu messende Wasser- oder Gasstrom ist von der Geschwindigkeit w' im Querschnitt F' auf die Geschwindigkeit w im Querschnitt F zu beschleunigen; um w zu bestimmen, ist das die Geschwindigkeitssteigerung erzeugende Druckgefälle zu messen, und zwar als Differenz der statischen Drücke in den Querschnitten F' und F.

[1] Vgl. hierzu die *Regeln für Durchflußmessungen* des Vereines deutscher Ingenieure, denen auch die genauen Durchflußbeiwerte und Abmessungen der Meßleitungen zu entnehmen sind.

Meßtechnisch entspricht die *Blende*[1] der in Ziffer 288 besprochenen scharfkantigen Mündung. Auch bei der Blende wird der abströmende Strahl eingeschnürt, so daß für die Blende bei *kleinem* Öffnungsverhältnis $F:F'$ die der „Ausflußzahl“ entsprechende „Durchflußzahl“ $\alpha \approx 0{,}61$ zu setzen ist. Die *Düse*, die der abgerundeten Ausflußöffnung entspricht, verursacht keine Einschnürung, sondern nur Reibung, und bei *kleinem* Öffnungsverhältnis ist ihre Durchflußzahl $\alpha \approx 0{,}99$. Beim *Venturirohr*, das mit konischem oder in der Bauart von Bopp & Reuther, Abb. 617, mit gekrümmtem Einlauf ausgeführt wird, wird der abströmende Strahl ebenfalls nicht eingeschnürt, so daß für das Venturirohr bei *kleinem* Öffnungsverhältnis die Durchflußzahl $\alpha \approx 0{,}96$ wird[2]. Dank dem konischen Auslauf vermag das Venturirohr den durch die Verengung verursachten Druckabfall durch Umsetzung von Geschwindigkeit in Druck in weit höherem Maße wiederzugewinnen als Blende und Düse, vgl. die Abb. 615 bis 617, so daß man beim Venturirohr stärkere Verengung anwenden oder innerhalb größeren Meßbereiches messen kann, als bei der Blende oder Düse.

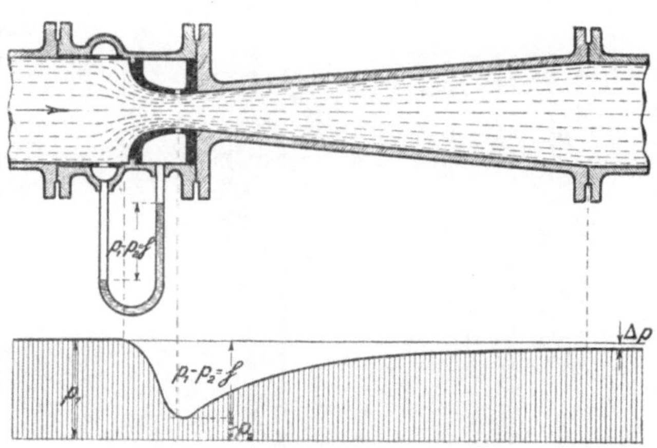
Abb. 617. Messung mittels Venturirohres.

Unter Einführung der Durchflußzahl α erhält man für die in der Stauöffnung F durch das Druckgefälle h erzeugte Geschwindigkeit die allgemeine Formel $w = \alpha\sqrt{2gh}$ m/s, worin h, wie noch einmal hervorgehoben sei, in Metern Flüssigkeits- oder Gassäule anzugeben ist. Da h aber nicht in Metern Flüssigkeits- oder Gassäule, sondern bei Wasser- und Dampfmessungen in Millimetern QS, bei Gasmessungen in Millimetern WS oder QS gemessen wird, so muß man umrechnen. Liest man ferner bei der Messung von Wasser oder Dampf am U-Rohr ein Druckgefälle von h mm QS ab, so ist das wirkliche Druckgefälle kleiner, weil auf dem niedrigeren Quecksilberspiegel außer dem Druck p_1 auch noch der Druck einer h mm hohen Wassersäule oder Kondensatsäule lastet (Abb. 618). 1 mm abgelesene Quecksilbersäule bedeutet in diesem besonderen Falle nicht 13,55 mm WS, sondern nur 12,55 mm WS[*]. In den folgenden Ziffern sind an Stelle der allgemeinen Formel getrennte Formeln für die Messung von Flüssigkeiten und von Gasen gegeben, die der Art der Messung angepaßt sind.

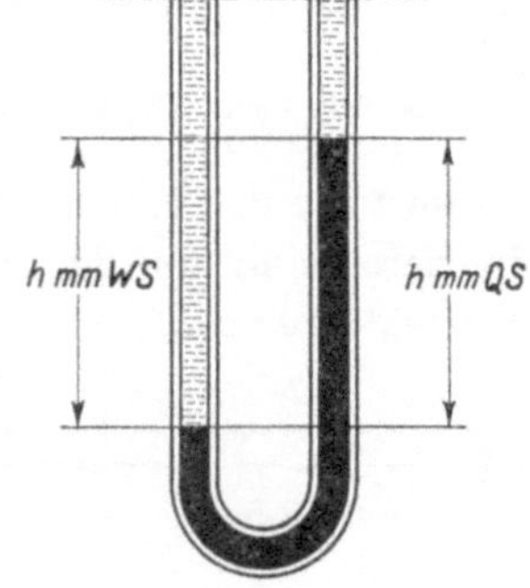

Abb. 618. Quecksilbersäule unter Wasser.

292. Wassermessung mittels Blende, Düse oder Venturirohres. Das Druckgefälle wird durch Quecksilber gemessen. Aus der allgemeinen, in Ziffer 291 entwickelten Form für w wird, wenn das *abgelesene* Druckgefälle $= h$ mm QS[**] ist, $w = 0{,}496\,\alpha\sqrt{h_{QS}}$ m/s. Daraus ergibt sich die Durchflußmenge $Q = 0{,}496\,\alpha F\sqrt{h_{QS}}$ m³/s, worin F der in m² gemessene Querschnitt der Stauöffnung ist. Für eine Blende mit dem

[1] Um an bestehenden Leitungen Versuche zu machen, kommt oft die Blende in Frage, weil sie am schmalsten baut; in ihrer einfachsten Form ist sie ein ausgeschnittenes Blech, das man bequem zwischen die Rohrflansche schieben kann.

Zwecks genauerer Messung wende man die in den Regeln für Durchflußmessungen festgelegte Blendenform an, bei der beide zu messenden Drücke p_1 und p_2 an der Blende selbst entnommen werden, und zwar aus Ringkammern, die am ganzen Umfange mit dem Wasser- oder Luftstrome in Verbindung stehen, so daß man in sich *ausgeglichene* Drücke entnimmt.

[2] Das lange Venturirohr hat mehr Reibung als die kürzere Düse.

[*] Das spezifische Gewicht von Quecksilber ist $= 13{,}55$ kg/dm³ gesetzt, weil nicht bei 0° C, sondern meist bei etwa 20° C gemessen wird.

[**] In den angegebenen Formeln ist berücksichtigt, daß bei Wassermessung gemäß vorstehender Ziffer 1 mm abgelesene Quecksilbersäule nur 12,55 mm WS bedeutet.

Öffnungsverhältnis $m = 0{,}4$ und $\alpha = 0{,}665$ (vgl. Abb. 622) wird zum Beispiel

$$w = 0{,}33 \sqrt{h_{QS}}\ \mathrm{m/s} \quad \text{und} \quad Q = 0{,}33\, F \sqrt{h_{QS}}\ \mathrm{m^3/s}.$$

Für Wassermessung, auch für die Messung von Kesselspeisewasser, werden in großem Umfange Venturimesser verwendet. In Abb. 619 zeigt Fig. *I* eine ältere Anordnung, bei der die beiden Schenkel des mit Quecksilber gefüllten *U*-Rohres nebeneinander liegen, während bei der neueren Anordnung, Fig. *II*, der eine Schenkel den andern konzentrisch umschließt. Auf dem mit der Einschnürung *B* des Venturirohres verbundenen Schenkel schwimmt ein eiserner Schwimmer, dessen Bewegung auf den Zeiger des Messers übertragen wird. Damit der Zeigerausschlag der Stärke des gemessenen Wasserstroms trotz des quadratisch zunehmenden Druckgefälles proportional ist, ist der mit dem Venturirohre bei *A* verbundene Schenkel parabolisch geformt. Venturimesser werden entweder nur anzeigend oder außerdem registrierend, schließlich mittels besonderer Einrichtungen auch zählend ausgeführt. Wegen Benutzung der Venturimesser zur Dampfmessung vgl. Ziffer 294.

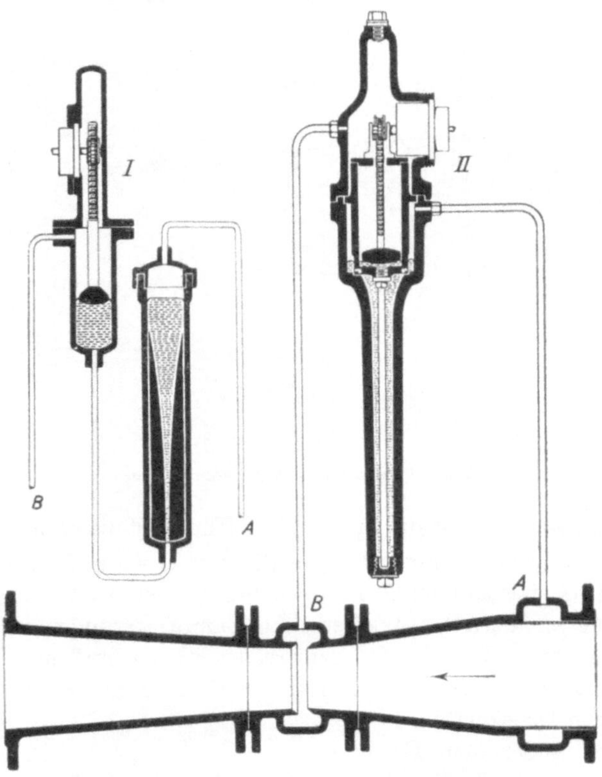

Abb. 619. Venturi-Wassermesser von Siemens & Halske AG.

293. Gas- und Luftmessung mittels Blende, Düse oder Venturirohres. Die folgenden Formeln gelten für *kleine* Druckgefälle, wie sie bei Messungen üblich sind. Das Druckgefälle wird in Millimetern WS oder in Millimetern QS gemessen. In den Formeln bedeutet aber h nur Millimeter WS, so daß bei der Auswertung von Messungen mittels Quecksilbersäule die abgelesenen Werte mit 13,55 zu multiplizieren sind, um den in Millimetern WS einzusetzenden Wert von h zu erhalten. Es gelten grundsätzlich die für die Staugerätmessung in Ziffer 290 angegebenen Formeln; nur ist die Durchflußzahl α beizufügen, und für die absolute Temperatur ist der Wert T_1 *vor* der Stauöffnung, für den absoluten Druck der Wert P_2 *hinter* der Stauöffnung einzusetzen (Abb. 620). Ist ferner R die Gaskonstante, und hat die Staumündung F m² Querschnitt, so ist die Mündungsgeschwindigkeit

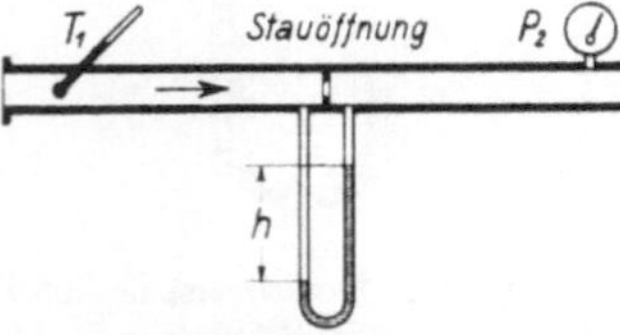

Abb. 620. Meßstrecke für Gas- und Luftmessungen.

$$w = \alpha \sqrt{\frac{2\, g\, h\, R\, T_1}{P_2}}\ \mathrm{m/s}.$$

Hierbei wird angenommen, daß das spezifische Gewicht an der Austrittskante der Stauöffnung mit dem spezifischen Gewicht beim Druck P_2 und bei der Temperatur T_1 übereinstimmt, was in Wirklichkeit aber nicht der Fall ist, denn infolge des Druckabfalls tritt eine geringe adiabatische Expansion ein. Die dadurch entstehende Abweichung wird durch einen Expansionsfaktor ε berücksichtigt, der vom Verhältnis des Wirkdruckes zum absoluten Druck, damit also auch von der Durchflußmenge und dem Öffnungsverhältnis und schließlich von dem Adiabatenexponenten (vgl. Ziffer 9) abhängt. Nach Einsetzen der Expansionszahl ε wird:

$$\text{Durchflußmenge } Q = \alpha\, \varepsilon\, F \sqrt{\frac{2\, g\, h\, R\, T_1}{P_2}}\ \mathrm{m^3/s} \quad \text{(bezogen auf den Zustand } P_2,\ T_1\text{)};$$

$$\text{Durchflußgewicht } G = \alpha\, \varepsilon\, F \sqrt{\frac{2\, g\, h\, P_2}{R\, T_1}}\ \mathrm{kg/s}.$$

Bei einem Druckverhältnis $h/P \leqq 0{,}01$ (z. B. mittlerer Wirkdruck $h = 500$ mm WS oder kg/m² und absoluter Druck 5 ata oder $P = 50000$ kg/m² bei Druckluft oder $h = 500$ mm QS $= 6800$ kg/m² und 67 atü $= 68$ ata oder $P = 680000$ kg/m² bei Dampf) und einem Öffnungsverhältnis $m < 0{,}6$ liegt ε im Bereich zwischen 0,990 und 0,997 und kann im allgemeinen gleich 1 gesetzt werden[1].

In den folgenden Formeln ist unter Annahme der vorstehenden Bedingungen mit $\varepsilon = 1$ gerechnet; ferner ist der Einfachheit halber die Temperatur vor der Stauöffnung nur mit T statt T_1 und der Druck hinter der Stauöffnung nur mit P statt P_2 bezeichnet.

Für *Druckluft* (trocken oder feucht; $R = 29{,}3$ mkg/kg · grd) wird:

$$\text{Durchflußgeschwindigkeit } w = \alpha\, 24 \sqrt{\frac{h\,T}{P}} \text{ m/s;}$$

$$\text{Durchflußgewicht } G = \alpha\, F\, 0{,}82 \sqrt{\frac{h\,P}{T}} \text{ kg/s;}$$

$$\text{Durchflußmenge } Q_{Dr.\,L.} = \alpha\, F\, 24 \sqrt{\frac{h\,T}{P}} \text{ m}^3\text{/s } \textit{Druckluft} \text{ vom Zustand } P,\ T.$$

F ist in m², h in mm WS, P in kg/m² und T in ° K einzusetzen.

Aus der Druckluftmenge $Q_{Dr.\,L.}$ ergibt sich die auf $p' = 1$ ata bezogene Luftmenge Q von der Temperatur T an der Meßstelle, wenn man nach dem Gesetz von MARIOTTE (vgl. Ziffer 3) umrechnet, wozu statt P in kg/m² der Wert $10000\,p$ eingesetzt werde (p in ata!).

$$Q = \frac{p}{p'}\, Q_{Dr.\,L.} = \frac{p}{p'}\, \alpha\, F\, 24 \sqrt{\frac{h\,T}{10\,000\,p}} = 0{,}24\, \alpha\, F \sqrt{p\,h\,T} \text{ m}^3\text{/s;}$$

$$Q = 864\, \alpha\, F \sqrt{p\,h\,T} \text{ m}^3\text{/h Luft von 1 ata, } T\,°\text{K.}$$

p, h und T sind veränderlich; $864\,\alpha\,F$ kann für eine bestimmte Düse oder Blende als Konstante eingesetzt werden: $C = 864\,\alpha\,F$, so daß sich für die Durchflußmenge ergibt: $Q = C\sqrt{p\,h\,T}$ m³/h. Für eine Meßleitung von 150 mm Durchmesser mit einer Blende von 100 mm Durchmesser mit $F = 0{,}1^2\,\frac{\pi}{4} = 0{,}00785$ m² Blendenquerschnitt und $\alpha = 0{,}679$ (aus Abb. 622 für $m = (100/150)^2 = 0{,}444$ und 150 mm Rohrdurchmesser entnommen) wird z. B. $C = 4{,}6$ und $Q = 4{,}6 \cdot \sqrt{p\,h\,T}$ m³/h Luft von 1 ata, $T°$ K. Bei $p = 5$ ata, $t = 17°$ C ($T = 290°$ K) reicht diese Blende innerhalb der Wirkdruckgrenzen $h_{\min} = 100$ mm WS und $h_{\max} = 500$ mm WS für Luftmengen von $Q_{\min} = 4{,}6 \cdot \sqrt{5 \cdot 100 \cdot 290} = 1750$ m³/h bis $Q_{\max} = 4{,}6 \cdot \sqrt{5 \cdot 500 \cdot 290} = 3920$ m³/h Luft von 1 ata, 17° C.

Ändern sich die Temperaturen wenig, so kann oft auch die mittlere Temperatur als Konstante gerechnet werden; Schwankungen von $\pm 3°$ um die mittlere Temperatur ergeben als Höchstfehler $\mp 0{,}5\%$ der Durchflußmenge.

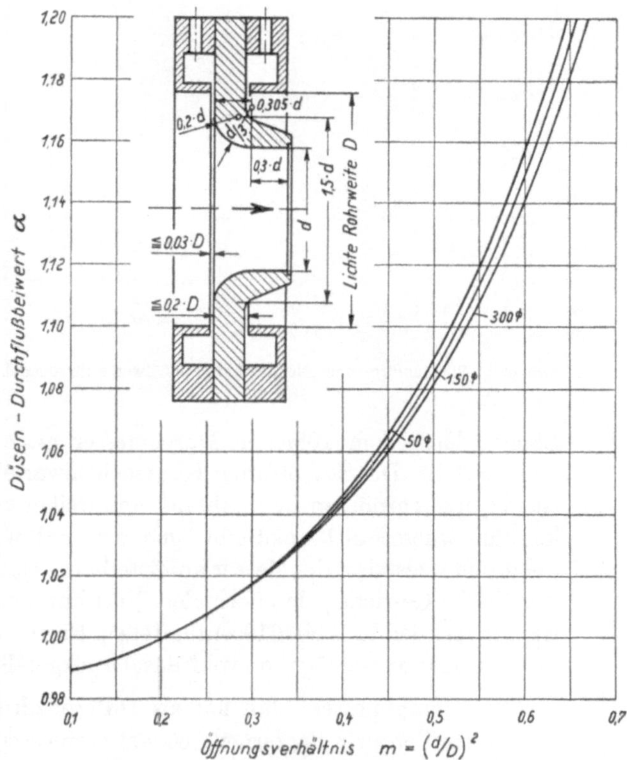

Abb. 621. Düsenform und Düsendurchflußbeiwerte für betriebsrauhe Rohre.

[1] Für genauere Rechnungen und $h/P > 0{,}01$ und $m > 0{,}6$ halte man sich an die VDI-Durchflußmeßregeln DIN 1952.

Um die Luftmenge in Nm³/s vom Zustand $p_N = 1{,}033$ ata (760 mm QS) und $T_N = 273°$ K (0° C) zu erhalten, muß nach der allgemeinen Zustandsgleichung der Gase (vgl. Ziffer 4) wie folgt umgerechnet werden:

$$Q_N = \frac{p}{p_N}\frac{T_N}{T} Q_{Dr.\,L.} = \frac{p}{1{,}033}\frac{273}{T} Q_{Dr.\,L.}\,\mathrm{Nm^3/s}.$$

Die Durchflußbeiwerte α für Düsen und Blenden in betriebsrauhen Rohren können den Abb. 621 und 622 in Abhängigkeit vom Öffnungsverhältnis und Rohrdurchmesser mit einer für Betriebsmessungen hinreichenden Genauigkeit entnommen werden.

Der Wirkdruck h wächst quadratisch mit der Durchflußmenge Q, nimmt also schnell hohe Werte an, so daß man nur einen beschränkten Meßbereich hat. Das Diagramm in Abb. 623[1] läßt erkennen, welche stündlichen Luftmengen, bezogen auf 1 ata, 20° C, bei verschiedenen Druckluftspannungen je cm² Düsen- bzw. Blendenquerschnitt innerhalb des üblichen Wirkdruckbereiches von 100 bis 2000 mm WS gemessen werden können, z. B. reicht eine Düse von 1 cm² Querschnitt bei 4 atü für Luftmengen von 33 bis 147 m³/h. Sind bei 5 atü $Q = 1000$ m³/h Luft von 1 ata mit höchstens 1000 mm WS Wirkdruck mit einer Blende zu messen, so findet man für 5 atü, 1000 mm WS und 1 cm² Blendenquerschnitt die größte Durchflußmenge $Q = 76$ m³/h; für 1000 m³/h braucht man dann mindestens 1000 : 76 = 13,2 cm² Blendenquerschnitt oder 41 mm Blendendurchmesser. Umgekehrt kann das Diagramm auch dazu dienen, *überschläglich* aus bekanntem Querschnitt und gemessenem Wirkdruck die stündliche Durchflußmenge zu ermitteln. Genaue Messungen erfordern jedoch die Kenntnis des jeweiligen Durchflußbeiwertes α.

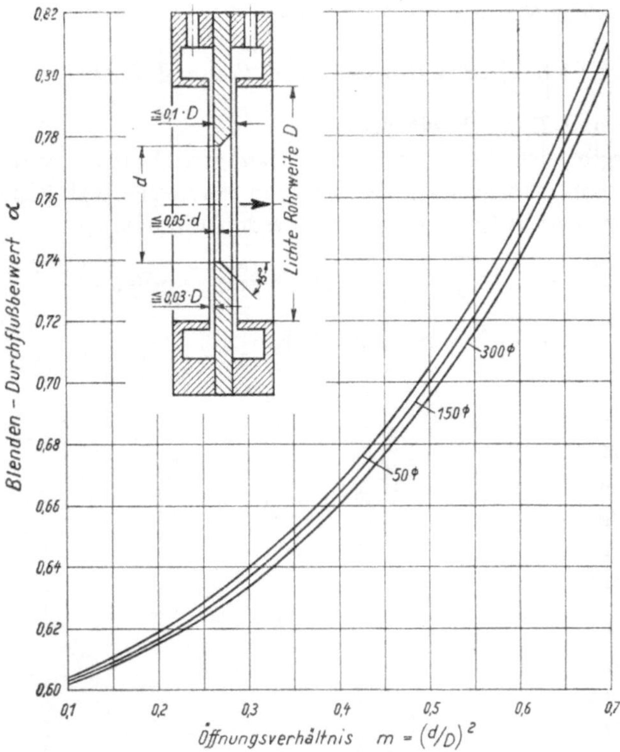

Abb. 622. Blendenform und Blendendurchflußbeiwerte für betriebsrauhe Rohre.

Blende, Düse und Venturirohr werden in großem Umfange für die Messung strömender Luft- und Gasmengen angewendet. Vor und hinter der Stauöffnung sei die Rohrleitung auf eine Länge gleich dem 10fachen Durchmesser glatt und gerade, damit die Strömung möglichst ungestört ist. Die Stauöffnung verursacht zwar einen gewissen Drosselverlust, aber die Messung ist wegen des größeren Druckabfalls, und weil es nicht so sehr auf die Verteilung der Geschwindigkeit im Querschnitt ankommt, genauer und weniger empfindlich als die Staugerätmessung. Zeigt und registriert der Messer unmittelbar die strömende Menge, so zeigt er nur richtig, wenn das spezifische Gewicht γ den normalen Wert hat, andernfalls die Anzeige entsprechend umzuwerten ist. Mittels der in Abb. 619 enthaltenen Einrichtung erreicht man, daß der Messer der Menge proportional ausschlägt, obwohl das Druckgefälle mit dem Quadrat der Menge zunimmt.

294. Dampfmesser. Man hat als Differenzdruckmesser wirkende Dampfmesser mit Blende, Düse oder Venturirohr, ferner Schwimmermesser und Messer, bei denen ein ganz geringer Teilstrom abgezapft oder abgezweigt, verflüssigt und als Wasser gemessen wird. Man unterscheidet anzeigende Dampfmesser und Dampfmesser, die außerdem registrieren oder zählen oder alle

[1] Dem Diagramm liegen mittlere Durchflußbeiwerte α zugrunde. Die Düsendurchflußmengen gelten angenähert auch für Venturirohre.

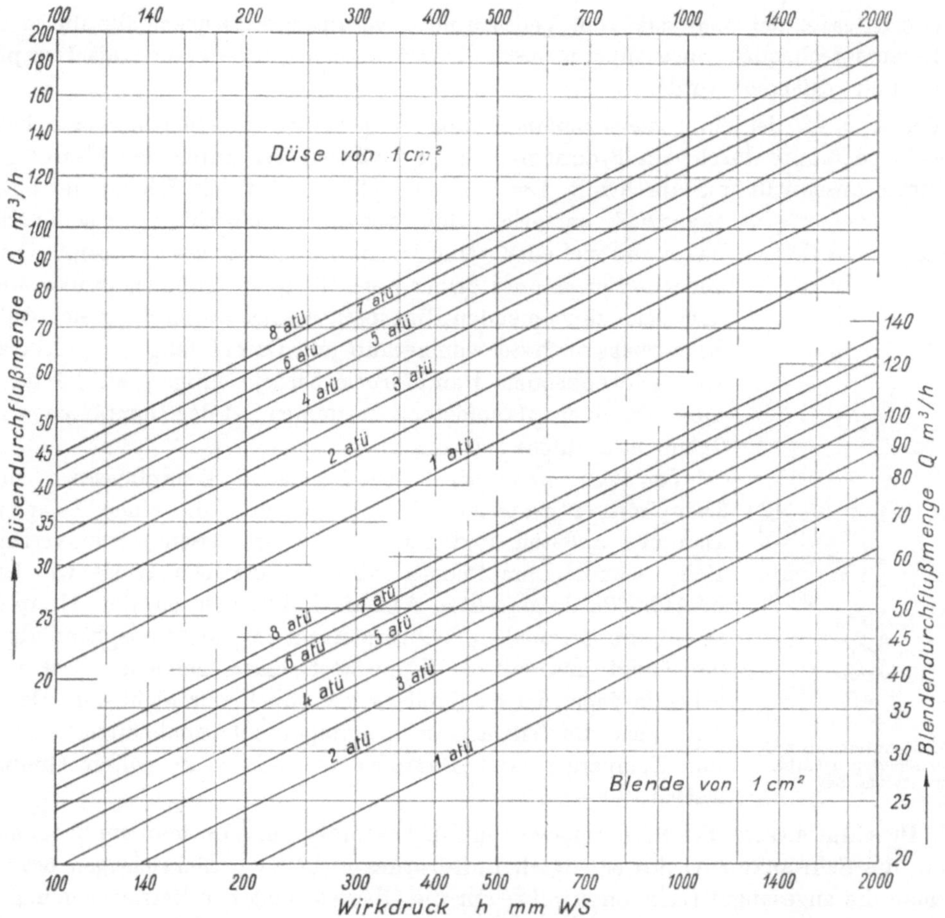

Abb. 623. Diagramm zur Bestimmung der Düsen- bzw. Blendenquerschnitte für Druckluftmessungen im Wirkdruckbereich 100 bis 2000 mm WS.

drei Tätigkeiten vereinen. Die durch den Messer strömende Dampfmenge wird nicht in m³/h, sondern in kg/h gemessen. Während man bei den nur anzeigenden Messern, die z. B. in Kesselhäusern die jeweilige Dampfentnahme anzeigen, auf Proportionalität zwischen Zeigerausschlag und Dampfmenge verzichten kann, werden alle registrierenden Dampfmesser mit der Dampfmenge proportionalem Ausschlage ausgeführt.

Den als *Differenzdruckmesser* wirkenden, auch *Mündungsdampfmesser* genannten Messern, die grundsätzlich mit den in den Abb. 615 bis 617 dargestellten Meßanordnungen übereinstimmen, ist gemeinsam, daß das Wirkdruckgefälle nur mit Quecksilber, nicht mit Wasser gemessen werden kann, weil der im *U*-Rohr stehende Dampf kondensiert[1].

Es gibt sehr verschiedene Formen von Dampfmessern, doch kann hier nur auf einige eingegangen werden. Abb. 624 zeigt den *Venturidampfmesser* von

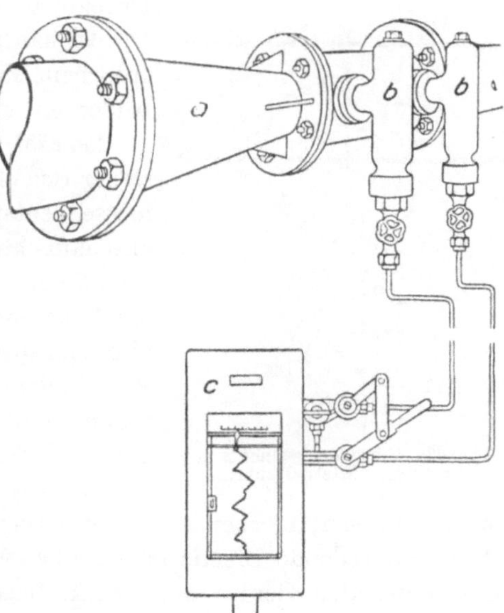

Abb. 624. Registrierender Venturi-Dampfmesser von Siemens & Halske, AG.

[1] Das wirkliche Druckgefälle ist in diesem Falle kleiner als das abgelesene, weil 1 mm QS hier nur 12,55 mm WS bedeutet, vgl. Ziffer 291.

Siemens & Halske, bei dem das vom Venturirohr a verursachte Druckgefälle durch ein der Abb. 619 entsprechendes Quecksilberdifferentialmanometer c gemessen und als Dampfmenge angezeigt und registriert wird[1].

In der Abb. 625 ist ein *Schwimmerdampfmesser* dargestellt. Sein Schwimmer b hebt und senkt sich, gedämpft durch den Bremskolben c, je nachdem der durch den Messer gehende Dampfstrom anschwillt und abschwillt. Der vom Dampfstrom auf den Schwimmer ausgeübte Staudruck entspricht dem Schwimmergewicht, ist also unabhängig davon, ob viel oder wenig Dampf durch den Messer strömt. Der hochgehende Schwimmer öffnet dem Dampfstrom einen proportional mit dem *Hub* zunehmenden Ringspalt, so daß wegen des gleichbleibenden Staudrucks auch Schwimmerhub und Dampfmenge proportional sind. Um schwankenden Dampfdruck berücksichtigen zu können, wird dieser durch ein Manometer e zusammen mit der Dampfmenge auf der Trommel d aufgeschrieben.

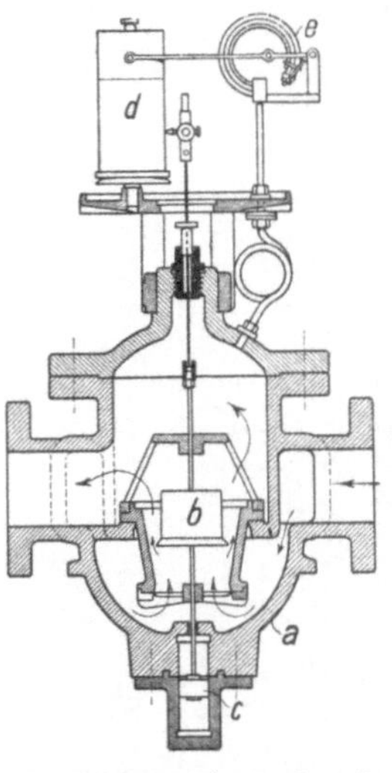

Abb. 625. Schwimmerdampfmesser der Elberfelder Farbenfabriken vorm. Bayer.

Von den im vorigen beschriebenen Dampfmessern sind die Dampfmesser grundsätzlich unterschieden, die einen Teilstrom des Dampfes ableiten und ihn, ehe er gemessen wird, verflüssigen. Beim Askania-Dampfmesser wird in derselben Weise wie bei dem in Abb. 628 dargestellten Askania-Luftmesser ein dem Hauptdampfstrom proportionaler Teildampfstrom in die Atmosphäre abgezapft, verflüssigt und mittels Kippwassermessers gemessen. Der verlorengehende Teilstrom darf selbstverständlich nur klein sein. Der Messer zeigt das durchströmende Dampfgewicht unabhängig von Druck und Temperatur des Dampfes an und ist in weiten Grenzen belastbar.

295. Druckluftmesser. Die Fördermenge von Luftkompressoren mißt man am bequemsten — weil man die Schwankungen des erzeugten Luftdruckes nicht zu berücksichtigen braucht —, indem man die angesaugte Luftmenge mißt. Für die Überwachung des Betriebes genügt es bei Kolbenkompressoren, die Drehzahlen zu verfolgen, während bei Turbokompressoren die angesaugte Luftmenge mittels Staugeräts, Blende oder Düse gemessen werden muß. Bei den Druckluftantrieben muß man die gepreßte Luft messen, deren Druck häufig nicht unerheblich schwankt. Die in Ziffer 293 besprochene Messung mittels Blende oder Düse wird viel angewendet. Außerdem gibt es eine Reihe besonderer Druckluftmesser.

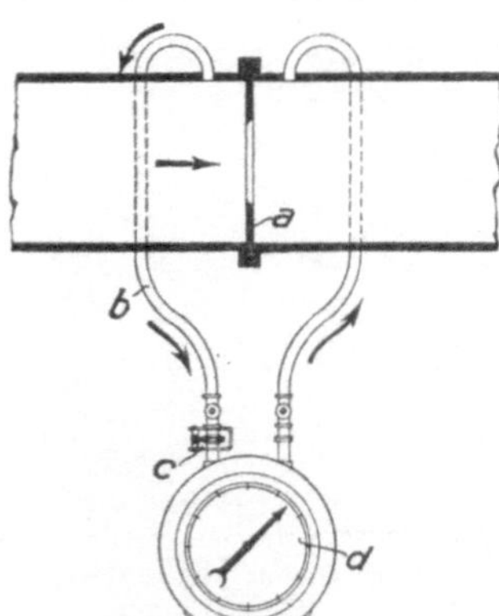

Abb. 626. Teilstrommessung von Druckluft mittels Gasuhr.

Als *zählende* Druckluftmesser werden Kolbenmesser angewendet, ferner Scheibenmesser, die dem in Abb. 605 dargestellten Wassermesser entsprechen und Flügelmesser, die der in Abb. 606 veranschaulichten Anordnung ähneln[2]. Diese die durchströmenden Kubikmeter oder Liter Druckluft zählenden Messer fallen, weil die Druckluft in den Leitungen viel schneller strömt als Wasser, also viel größere Volumen zu messen sind, recht groß aus; selbstverständlich kann man auch bei ihnen die in der früheren Abb. 607 veranschaulichte Teilstrommessung anwenden. Abb. 626 zeigt, daß man bei Teilstrommessung auch die sehr genau messenden Gasuhren anwenden kann, die allerdings den Druck der Preßluft aushalten müssen; hierbei ist in die Zweigleitung eine verhältnismäßig kleine, den Hauptwiderstand darstellende Blende (c) einzubauen. Da die das Volumen der durchströmenden Druckluft messenden Geräte die Druckluftmenge in der Regel als Luftmenge von 1 ata angeben, so zeigen sie nur bei normalem Druck richtig; bei anderem Druck ist auf diesen umzurechnen.

[1] Der Dampfmesser wird auch mit elektrischer Fernanzeige und -zählung gebaut.

[2] Derartige Messer liefert die Firma Preßluftindustrie Max L. Froning, Dortmund-Körne. Auch der Scheibenmesser von Siemens & Halske wird als Druckluftmesser ausgeführt.

Ein nur *anzeigender* Druckluftmesser ist der in Abb. 627 dargestellte *Demag*-Luftmesser, der für kleinere Luftmengen, insbesondere für die Prüfung von Preßluftwerkzeugen bestimmt ist. Er ist ein Schwimmermesser (vgl. Ziffer 294), dessen Schwimmer *a*, von außen beobachtbar, in einem langen konischen Rohr spielt. Die Anzeige gilt für 6 ata; bei anderm Druck ist die Anzeige mit einem Berichtigungsfaktor zu multiplizieren, der einer jedem Messer beigegebenen Schaulinie zu entnehmen ist.

Abb. 628 zeigt den Druckluftmesser der Askaniawerke, Berlin, der in der dargestellten Anordnung die Druckluftmengen *anzeigt*, *registriert* und *zählt*. Der Askaniamesser mißt einen dem Hauptstrom proportionalen Teilstrom, der bei vollbelastetem Messer nur 2 l/min atmosphärische Luft beträgt. Dieser Teilstrom wird aber nicht in den Hauptstrom zurückgeführt, sondern in die Atmosphäre abgezapft und in *entspanntem* Zustande gemessen. Dadurch ist die Messung unabhängig vom schwankenden Drucke der Preßluft. Dieser Vorteil wird durch eine besondere, als *Strömungsteiler* bezeichnete Einrichtung erreicht. In die Hauptleitung ist die große Blende *a*

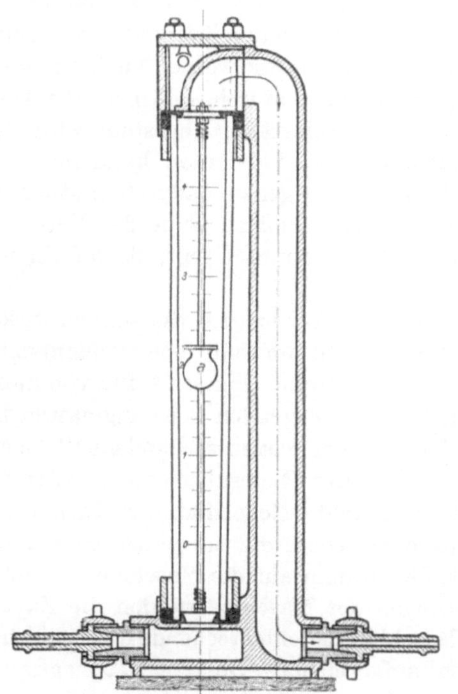

Abb. 627. Anzeigender Druckluftmesser der Demag.

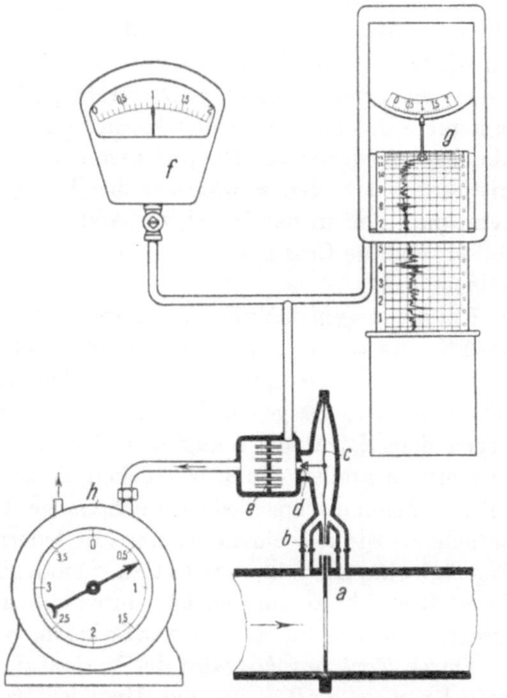

Abb. 628. Druckluftmesser der Askania-Werke, Berlin.

eingesetzt, in die Abzapfleitung die sehr kleine Blende *b*. Damit der durch *b* fließende Teilstrom dem durch *a* fließenden Hauptstrom proportional ist, muß hinter *b* derselbe Druck sein wie hinter *a*. Das bewirkt die beide Drücke empfangende, schwankender Belastung sofort folgende Membran *c*, die das Nadelventil *d* und damit die Stärke des abgezapften Stromes einstellt. Durch den beschriebenen Strömungsteiler ist die für den Messer wichtigste Aufgabe gelöst; denn der abgezapfte, dem Hauptstrom proportionale, auf atmosphärischen Druck entspannte Teilstrom ist genau durch eine Gasuhr (*h*) meßbar.

Damit der Messer die Stärke des Luftstroms auch unmittelbar anzeigt und registriert, ist hinter dem Nadelventil die Kapillarröhren enthaltende Patrone *e* eingebaut, die der abgezapfte Teilstrom durchströmen muß. Der erforderliche Überdruck, der bis 1000 mm WS steigt und wegen der angewendeten Kapillarröhren der Druckluftmenge porportional ist, wird vom Manometer *f* angezeigt und vom Manometer *g* registriert, jedoch nicht in mm WS, sondern in Teilen einer von 0 bis 2 reichenden Skala. Während die kleine Blende *b* immer dieselbe ist, ist die große Blende *a* je nach der durchgehenden Luftmenge zu bemessen. Dieselbe Anzeige des Messers hat also, je nachdem wie groß die in die Hauptleitung eingesetzte Blende ist, sehr verschiedene Bedeutung. Gehen durch die Gasuhr 1,5 l/min oder schlagen die Manometer *f* und *g* auf 1,5 aus, so ist, wenn die kleinste, die Zahl 1000 tragende Blende eingesetzt ist, die gemessene Druckluftmenge $1{,}5 \cdot 1000 = 1500$ l/min Luft von 1 ata, während dieselbe Anzeige bei einer großen, für eine 300-mm-Leitung passende Blende, die die Zahl 200000 trägt, $1{,}5 \cdot 200000 = 300000$ l/min = 300 m³/min Luft von 1 ata bedeutet. Die aus den Anzeigen der Manometer f und g bestimmte Stärke des Druckluftstroms muß mit der aus dem Gange der Gasuhr bestimmbaren übereinstimmen. Wegen der Kleinheit des abgezapften Luftstroms ist unbedingte Dichtheit der Verbindungen notwendig.

296. Bestimmung der minutlichen Umlaufzahl. Um n, d. h. die minutliche Umlaufzahl zu bestimmen, zählt man die Umdrehungen innerhalb eines mit der gewöhnlichen oder mit der Stoppuhr zu bestimmenden Zeitraumes. Bei mäßigen Drehzahlen genügt es, einen auf der Welle vorstehenden Keil gegen die Hand schlagen zu lassen. Auch für höhere Drehzahlen sind Zähler verwendbar, die aus einer kleinen, in einer Dreikantspitze endenden Schneckenwelle und einem 100zähnigen Schneckenrade bestehen; indem man die Dreikantspitze in den Körner der Welle preßt, deren Drehzahl zu messen ist, kuppelt man die Welle mit dem Zähler. Liest man an der Uhr den Zeitpunkt ab, wann man den Zähler in die Welle einsetzt, und den Zeitpunkt, wann man ihn wieder herausnimmt, so ist n bestimmbar. Stoppuhr und Zählwerk werden auch zu einem bequemen, genauen Instrument vereinigt, bei dem die Stoppuhr dadurch, daß man die Dreikantspitze des Zählers in den Körner der Welle hineindrückt, selbsttätig angestellt wird. Bei Abnahmeversuchen an Dampfmaschinen, Gasmaschinen, Kompressoren usw. kann man den mittleren Wert, den n während des Versuches gehabt hat, sehr genau dadurch bestimmen, wenn man den in der Regel vorhandenen Hubzähler zu Beginn und zu Ende des Versuches abliest, und die Gesamtzahl der Umdrehungen durch die Zahl der Minuten teilt, die der Versuch gedauert hat.

Um den *augenblicklichen* Wert von n zu bestimmen, hat man *Tachometer*, die ähnlich wirken wie Fliehkraftregler mit Federbelastung. Die Tachometerwelle, die am Ende eine Dreikantspitze oder einen Gummistopfen hat, wird in den Körner der Maschinenwelle eingesetzt und von dieser mitgenommen; die gegen die Kraft der Tachometerfeder ausschlagenden Schwungmassen bewegen einen Zeiger, der n angibt. Indem man die mit den Schwungmassen verbundene Welle mit verschieden großer, durch Verrücken eines Knopfes einstellbarer Räderübersetzung antreiben läßt, erhält man verschiedene Meßbereiche. Innerhalb enger Meßbereiche sind auch Tachometer brauchbar, die aus einem Kamm mit federnden Zungen bestehen, die auf verschieden große Eigenschwingungszahlen abgestimmt sind. Es genügt, den Kamm auf die Maschine zu setzen, deren Drehzahl zu messen ist; durch die Erschütterungen der Maschine werden die Zungen erregt, so daß sie in Resonanz schwingen, wenn die Maschine die entsprechende Drehzahl hat.

Durch *Tachographen* wird der Verlauf der Drehzahl aufgezeichnet. Derartige Tachographen braucht man z. B., um die Ungleichförmigkeit des Ganges einer Dampfmaschine oder Gasmaschine usw. zu bestimmen. Für den Bergbau sind die in Ziffer 167 besprochenen Tachographen für Fördermaschinen von besonderer Wichtigkeit, die für jeden Förderzug den Verlauf der Fördergeschwindigkeit aufzeichnen.

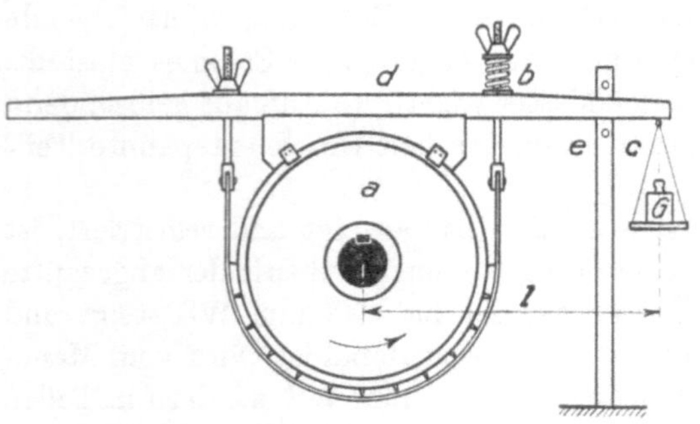

Abb. 629. Pronyscher Bremszaum.

297. Messung des Drehmoments und der Leistung einer Antriebsmaschine mittels Bremse. Abb. 629 stellt den sogenannten Pronyschen Zaum dar; a ist eine auf der Welle der Antriebsmaschine sitzende Scheibe; um diese ist eine doppelte Bremse gelegt, die mittels der Mutter b stärker oder schwächer anspannbar ist. Scheibe a sucht die Bremse links herum mitzunehmen; im entgegengesetzten Sinne wirkt die am Hebelarm l m angreifende Kraft P kg, die gleich der Summe aus der Gewichtsbelastung G auf der Schale c, deren Eigengewicht und dem entsprechend umgerechneten Bremshebelgewicht ist. Damit die Bremse nicht heiß wird und ihr Reibungszustand möglichst ungeändert bleibt, werden die Bremsbacken oder die Höhlung der Bremstrommel mit Wasser berieselt. Der Bremszaum ist im Gleichgewicht, wenn der Bremshebel zwischen den Anschlagstiften e spielt. Dann ist das von der Antriebsmaschine ausgeübte Drehmoment $M_d = Pl$ kgm, und bei n Umdrehungen in der Minute ist die abgebremste Leistung

$$N = \frac{P l 2 \pi n}{60} \text{ mkg/s} = \frac{P l n}{716} \text{ PS}$$
$$= \frac{P l n}{973} \text{ kW}.$$

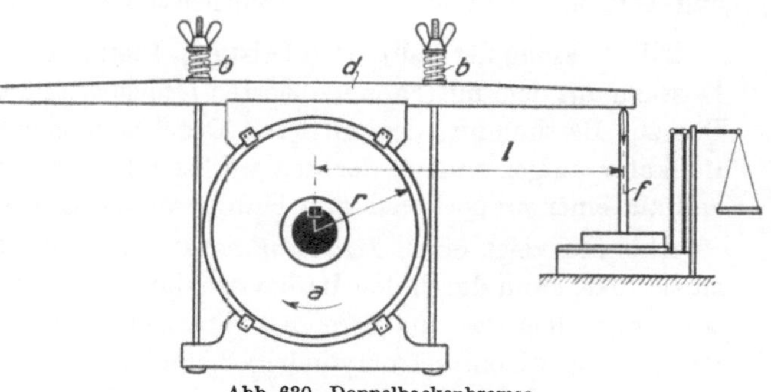

Abb. 630. Doppelbackenbremse.

Abb. 630 zeigt eine bequemere Bremsanordnung, bei der die Kraft P mittels einer Dezimalwaage gemessen wird. Indem man die Hebellänge l gleich einem Bruchteil oder Vielfachen von 716 bzw. 973 macht, erhält man für den Gebrauch sehr einfache Formeln; z. B. wird für $l = 358$ mm Länge die Leistung $N = 0{,}0005 \cdot Pn$ PS oder für $l = 1946$ mm $N = 0{,}002 \cdot Pn$ kW

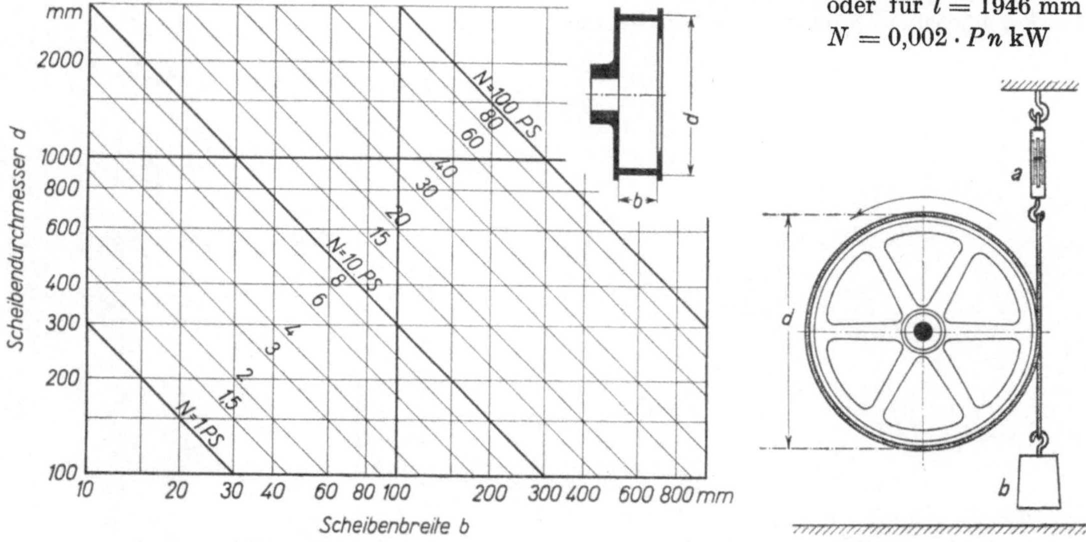

Abb. 631. Erforderliche Bremsscheibenabmessungen.

Abb. 632. Seilbremse.

Die Bremsarbeit wird in Wärme umgesetzt, die abgeleitet werden muß, damit die Bremse nicht zu heiß wird. Je größer die Bremsleistung ist, um so größer ist die in der Zeiteinheit abzuführende Wärmemenge, und um so größer muß die ableitende Fläche sein. Für einfache, wassergekühlte Bremsscheiben können ausreichende Abmessungen der Abb. 631 entnommen werden, z. B. Bremskranzbreite $b = 80$ mm und Bremsscheibendurchmesser $d = 300$ mm für eine maximale Bremsleistung $N = 8$ PS.

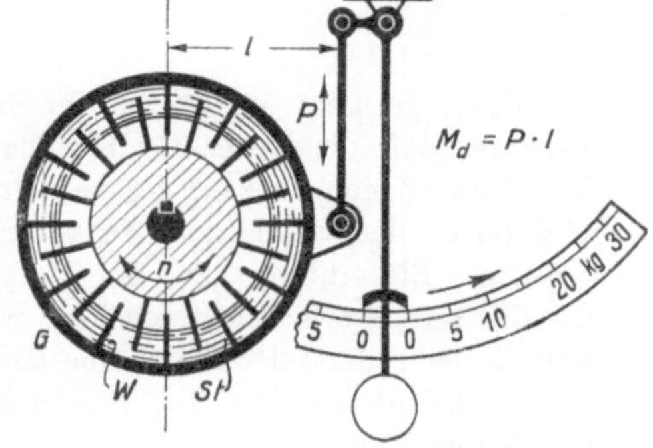

Abb. 633. Schema einer Wasserwirbelbremse.

Bei der in Abb. 632 dargestellten Anordnung ist eine Seilbremse verwendet, bei der ein gefettetes Tau um die Bremsscheibe geschlungen ist. P ist hier gleich dem Gewicht b, vermindert um die von der Federwaage a angezeigte Kraft. Der Hebelarm ist bei dieser Bremse gleich der halben Summe aus Bremsscheibendurchmesser und Seildicke.

Abb. 633 zeigt das Schema einer Wasserwirbelbremse, die für höchste Drehzahlen und beiderseitige Drehrichtung geeignet ist. Die Reibung wird durch Schlagstifte St in dem Wasserring W erzeugt, so daß das Gehäuse mit der am Hebelarm l wirkenden Kraft P gedreht wird. Die Bremswirkung ist um so stärker, je größer die Wasserfüllung ist.

Außer den genannten Bremsarten werden häufig auch Wirbelstrombremsen, Bremsdynamos und Torsionsdynamometer zur Bremsleistungsmessung benutzt.

298. Messung der indizierten Leistung. Indikator. Planimeter. Die Berechnung der indizierten Leistung aus dem mittleren indizierten Druck p_i und der Drehzahl n war in Ziffer 71 behandelt. Das zur Bestimmung des mittleren Druckes dienende Druck-Hub-Diagramm wird mit einem Indikator aufgenommen, der den wechselnden Druck mit einem federbelasteten Kolben mißt und auf einer proportional zum Hub bewegten Schreibtrommel verzeichnet.

Abb. 634 zeigt einen *Indikator* nebst Zubehör. Der Indikatorzylinder, der 20 mm Durchmesser hat, kann durch den Indikatorhahn, einen Dreiwegehahn, entweder mit der Atmosphäre oder mit dem zu indizierenden Kraftmaschinen-, Pumpen- oder Kompressorzylinder verbunden werden. Die Indikatorfeder F, die man, wie es gezeichnet ist, meist außerhalb des Indikatorzylinders C anordnet, damit sie kalt bleibt, wählt man nach den auftretenden höchsten Drücken. Der höchste Druck, für den eine Feder geeignet ist, ist auf ihr verzeichnet, ebenso der Federmaßstab. 8 kg 6 mm z. B. bedeutet, daß die Feder für 8 kg/cm² höchsten Überdruck verwendbar ist, und daß im Diagramm 6 mm Höhe 1 kg/cm² Druck darstellen. Die Bewegung des Indikatorkolbens wird durch das Schreibzeug in vergrößertem Maßstabe auf das auf die Indikatortrommel gespannte Blatt übertragen. Die Indikatortrommel wird vom Kreuzkopf angetrieben, so daß sich das Indikatorblatt entsprechend wie der Kolben bewegt. In der Regel ist es nötig, in den Antrieb der Indikatortrommel eine Hubverminderung einzuschalten. Sehr gebräuchlich ist die in Abb. 634 dargestellte Hubminderrolle, deren große Scheibe A vom Kreuzkopfe aus durch eine Schnur bewegt wird, während die mit A gekuppelte kleine Scheibe B die Indikatortrommel treibt. Ist der Maschinenhub klein, so muß die Rolle B groß sein, ist der Maschinenhub groß, so muß die Rolle B klein sein. Im Bilde sind eine große und eine kleine austauschbare Rolle B dargestellt. Bei großen Kolbenhüben und schnellem Maschinengange wird anstatt der Hubminderrolle zweckmäßig eine Hebelübersetzung eingeschaltet. — Beim 20-mm-Kolben reicht

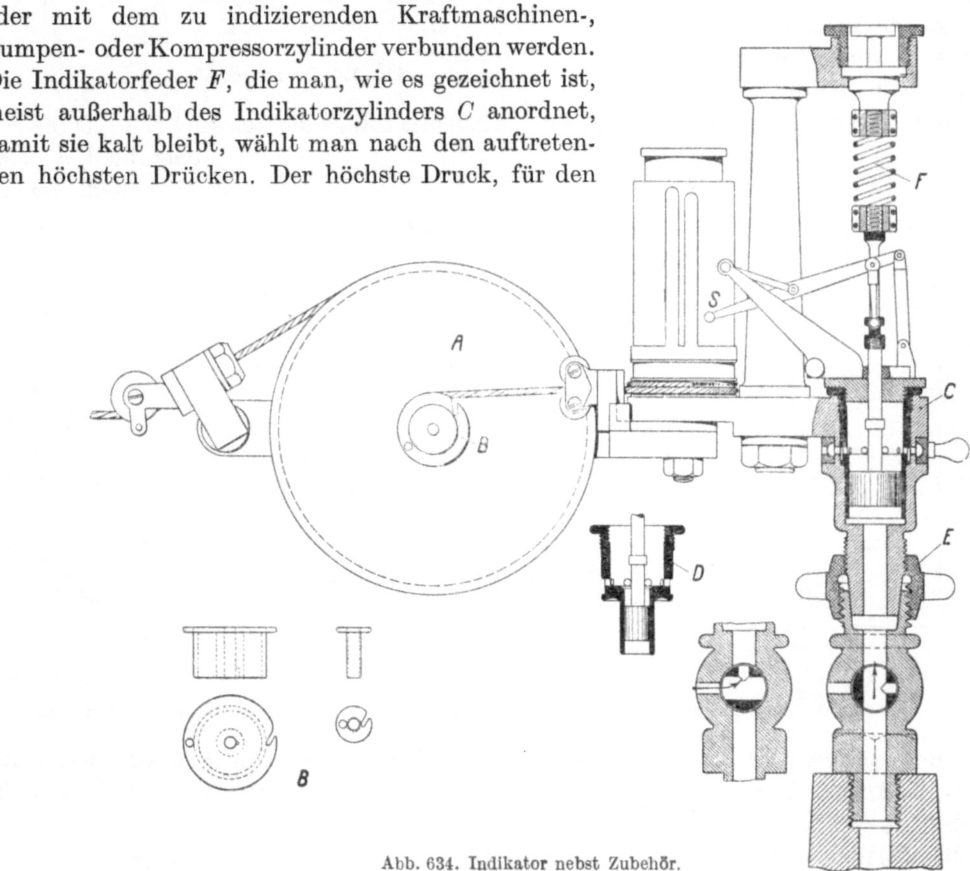

Abb. 634. Indikator nebst Zubehör.

die stärkste Feder meist nur bis 15 at. Man kann aber mit derselben Feder viermal höhere Drücke indizieren, indem man in den 20-mm-Zylinder einen kleinen Zylinder D von 10 mm Durchmesser einsetzt, oder 10mal höhere Drücke, wenn man einen Zylinder von 6,32 mm Durchmesser einsetzt.

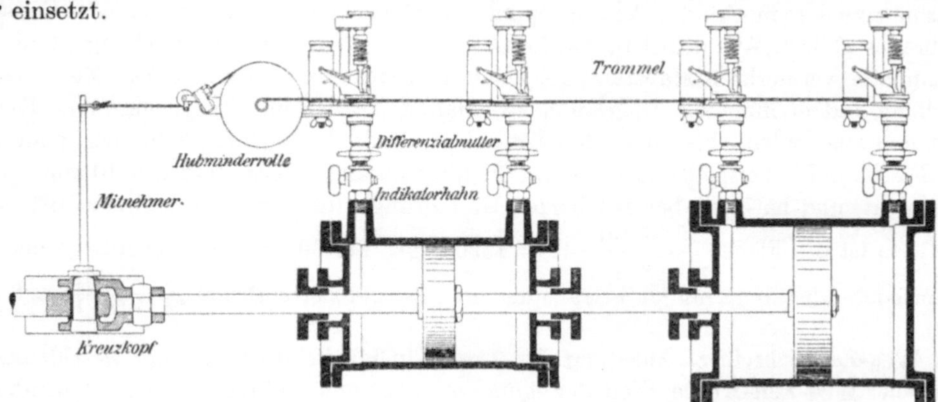

Abb. 635. Gemeinsamer Antrieb von vier hintereinander angeordneten Indikatoren.

Um die indizierte Leistung einer Kolbenmaschine festzustellen, müssen ihre sämtlichen Zylinderseiten zugleich indiziert werden. Abb. 635 zeigt, wie man mit einer Hubminderrolle die Trommeln von vier hintereinanderliegenden Indikatoren antreibt. Die Drehzahl wird nach einem der in Ziffer 296 genannten Verfahren ermittelt.

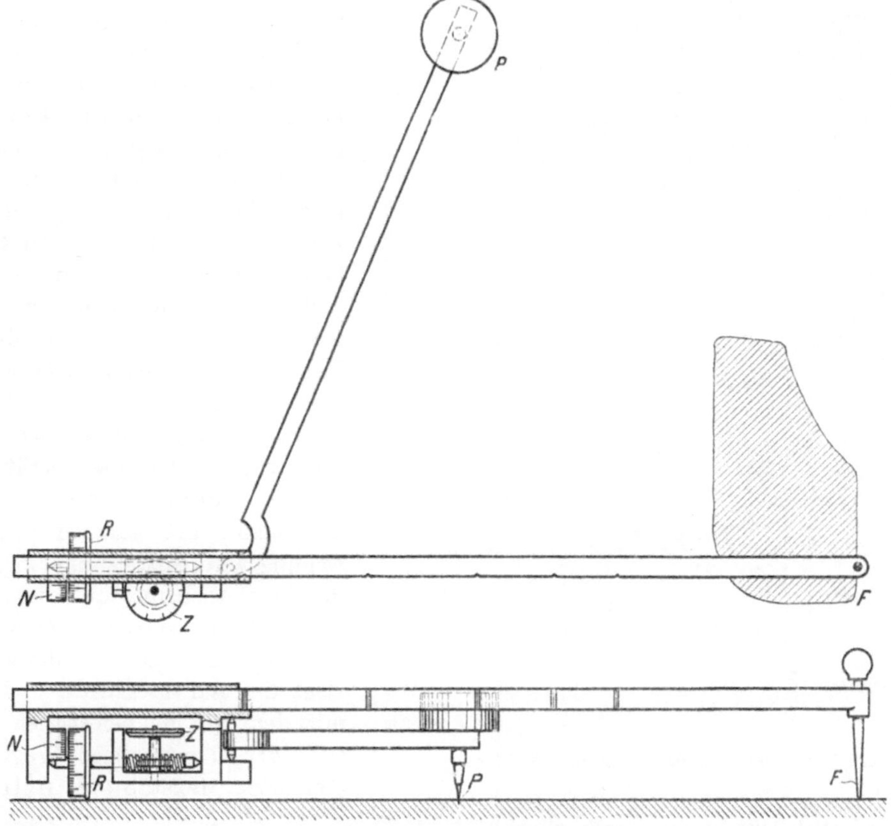

Abb. 636. Polarplanimeter.

Den mittleren indizierten Druck erhält man durch Division der mittleren Diagrammhöhe durch den Federmaßstab. Die mittlere Diagrammhöhe ist durch Division der Diagrammfläche durch die Diagrammlänge (oder nach Abb. 103) zu berechnen. Zum Messen der Fläche bedient man sich des in Abb. 636 dargestellten Polarplanimeters, das folgendermaßen gehandhabt wird:

Man legt den Pol P fest und setzt den Fahrstift F an irgendeinem Punkte der Diagrammlinie kräftig ein, so daß dieser Anfangspunkt genau markiert wird. Nachdem man am Nonius N die Anfangsstellung des Meßrades R abgelesen hat, umfährt man das Diagramm mit dem Fahrstift, bis man zu dem markierten Ausgangspunkte zurückgekehrt ist, worauf man die Endstellung des Meßrades abliest. Aus dem Unterschiede zwischen Anfangs- und Endstellung ist nach dem am Planimeter vermerkten Maßstabe die Diagrammfläche zu berechnen. Die Meßgenauigkeit wird erhöht, indem man das Diagramm zweimal, und zwar in entgegengesetzter Richtung, umfährt und aus beiden Ablesungen den Mittelwert bildet. Das Zählrad Z braucht man nur bei großen Flächen. Ist beispielsweise der am Planimeter eingestellte Maßstab 10 mm² für eine Noniuseinheit, und hat man bei den beiden Umfahrungen die Unterschiedswerte 193 und 191 ermittelt, so ist die Fläche $\frac{193 + 191}{2} \cdot 10 = 1920\ \text{mm}^2$. Bei 80 mm Diagrammlänge und einem Indikatorfedermaßstab 12 mm/at beträgt der mittlere indizierte Druck $p_i = \frac{1920}{80 \cdot 12} = 2$ at.

299. Weg-Zeit-Schreiber. Ableitung der Geschwindigkeitskurve und der Beschleunigungskurve aus der Weg-Zeit-Kurve. Sind Bewegungsvorgänge mit veränderlichen Geschwindigkeiten zu untersuchen, wie sie z. B. bei Schüttelrutschen auftreten, so läßt man die von dem bewegten Maschinenteil ausgeführten Wege auf einem sich gleichförmig bewegenden Papierstreifen senkrecht zur Papierlaufrichtung aufzeichnen und erhält dadurch die Wegkurve über der Zeit, wobei der Zeitmaßstab durch die Papiergeschwindigkeit bestimmt ist. Einen für Rutschenuntersuchungen entwikkelten, aber auch zur Aufzeichnung anderer Bewegungen geeigneten Weg-Zeit-Schreiber des Maschinenlaboratoriums der Bergschule Bochum zeigt Abb. 637. Der endlose Papierstreifen läuft über zwei Trommeln; an der rechten Trommel kann er gespannt werden, die linke nimmt ihn durch Reibung mit konstanter Geschwindigkeit mit. Der Antrieb erfolgt durch ein in der Drehzahl regelbares Federuhrwerk, so daß das Gerät überall, auch im Untertagebetrieb benutzt werden kann. Die aufzuzeichnende Bewegung wird mittels einer Schnur auf die Antriebscheibe und die mit einer Rückholfeder versehene Gewindespindel übertragen. Die Wandermutter bewegt sich auf und nieder und schreibt mit dem an ihr befestigten Schreibstift den übertragenen Weg im verkleinerten Maßstab auf. Antriebscheiben verschiedener Durchmesser ermöglichen die Wahl des jeweils passenden Übersetzungsverhältnisses. Der Zeitmaßstab ergibt sich in dem dargestellten Beispiel einer Rutschen-Weg-Zeit-Kurve aus der Rutschenhubzahl; es können aber auch Zeitmarken aufgeschrieben werden.

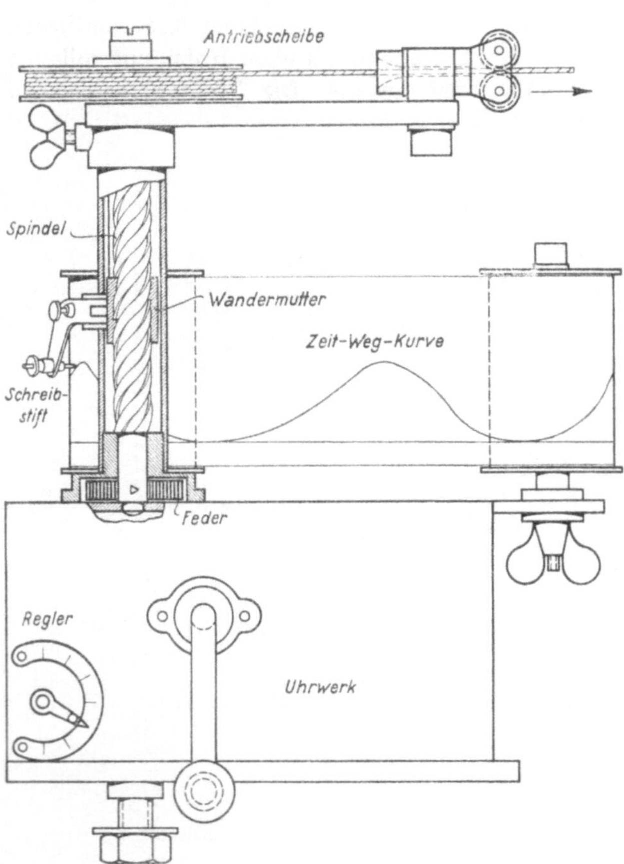

Abb. 637. Weg-Zeit-Schreiber (Bergschule Bochum).

Aus der Weg-Zeit-Kurve erhält man bekanntlich die Geschwindigkeit in einem Punkte als Produkt aus dem Weg- und Zeitmaßstab und der Tangensfunktion des in diesem Punkt von der Kurventangente mit der Zeitachse gebildeten Winkels. Durch punktweises Auftragen der errechneten Geschwindigkeitswerte findet man die Geschwindigkeitskurve über der Zeit und aus dieser wiederum in gleicher Weise die Beschleunigungskurve. Die umständlichen Winkelmessungen und Rechnungen werden nach dem in Abb. 638 veranschaulichten zeichnerischen Verfahren von WEIH vermieden; vor anderen hat dieses Verfahren den Vorteil, unmittelbar einen zur Teilung des Wegmaßstabes passenden Geschwindigkeitsmaßstab zu liefern. In dem Beispiel in Abb. 638 ist im Abstand $d = 0{,}2$ s des Zeitmaßstabes die Hilfslinie AB parallel zur Zeitachse gezogen. Die Geschwindigkeit in einem Punkte C findet man, indem man von C auf AB das Lot fällt, vom Fußpunkt des Lotes mit einer Geraden unter 45° zur Zeitachse geht und von dem so gefundenen Punkt eine Parallele zur Kurventangente in C zieht, die das Lot von C in D schneidet. D ist dann ein Punkt der Geschwindigkeitskurve, für die weitere Punkte in gleicher Weise gefunden werden. Für den zweiten Beispielpunkt E im absteigenden Teil der Wegkurve findet man den im negativen Gebiet liegenden Punkt F der v-Linie. Die Reihenfolge und Richtungen der Hilfslinien sind durch die eingezeichneten Pfeile gekennzeichnet. Den zu der gefundenen Geschwindigkeitskurve gehörigen Maßstab findet man durch Division des Wegmaßstabes durch den Zeitabstand d. In Abb. 638 ist $d = 0{,}2$ s, folglich gehören zu den Wegteilungen 0,1 — 0,2 — 0,3 — 0,4 m die Geschwindigkeitsteilungen 0,5 — 1,0 — 1,5 — 2,0 m/s. Der Abstand d ist so zu wählen, daß sich die Geschwindigkeitskurve passend in das Diagramm einfügt. Nach demselben Verfahren wird aus der Geschwindigkeitskurve die Beschleunigungskurve über der Zeit nebst Beschleunigungsmaßstab abgeleitet.

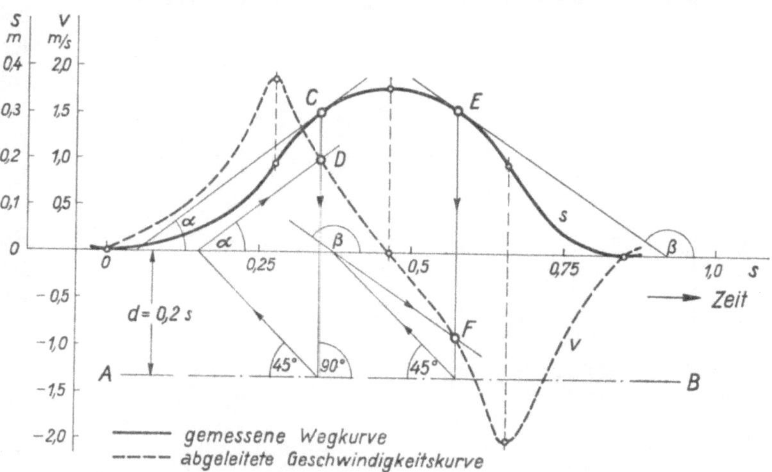

Abb. 638. Ableitung der Geschwindigkeitskurve aus der Wegkurve (nach WEIH).

300. Prüfung von Drucklufthämmern[1]. Es ist zu unterscheiden zwischen Typenprüfungen einzelner Hammerbauarten, bei denen alle in den Ziffern 244 und 247 erläuterten Kennwerte bestimmt werden, und Reihenprüfungen. Die Ausführung von Typenprüfungen setzt umfangreiche und empfindliche Prüfeinrichtungen voraus, die für den Zechenbetrieb ungeeignet sind. Die für den Betrieb wichtigen Reihenprüfungen zahlreicher Hämmer müssen sich notgedrungen mit einem stark eingeschränkten Meßumfang und einfachen Meßverfahren begnügen, und sie können das auch, da es sich mehr oder weniger um Vergleichsprüfungen gleicher oder gleichartiger Hämmer handelt. Hierbei kann aus der Übereinstimmung besonders charakteristischer Kennwerte auch auf die genügende Übereinstimmung anderer Werte geschlossen werden. Solche Reihenprüfungen sind die *Betriebsprüfungen*, die der Überwachung der im Betriebe eingesetzten Hämmer dienen, und die *Abnahmeprüfungen* neuer Hämmer. Auf die völlig betriebsgleiche Arbeitsweise des Hammers darf bei diesen Prüfungen verzichtet werden, weil die Abweichungen hiervon gleichartige Hämmer in gleicher Weise beeinflussen. Wesentlich ist nur, daß allen Prüfungen ein einheitliches Prüfverfahren zugrunde liegt und ein einheitliches Prüfgerät verwendet wird.

Ein *Einheitsprüfgerät* muß folgende Anforderungen erfüllen: Es muß schnell und einfach zu bedienen sein; seine Anzeigen müssen im Dauerbetrieb unveränderlich bleiben und von äußeren Einflüssen unabhängig sein; subjektive Bedienungsfehler müssen ausgeschaltet sein (z. B. beim Einspannen des Hammers) und dürfen die Meßergebnisse nicht beeinflussen. Sämtliche Einheits-

[1] Vgl. C. HOFFMANN: Über das Prüfen von Abbau- und Bohrhämmern. Z. kompr. flüss. Gase XXXIII. Jg. (1937/38) S. 125 und 141; Prüfergebnisse von Drucklufthämmern. Der Bergbau 1936, S. 53 und 67.

geräte müssen so übereinstimmen, daß gleiche Hämmer auf allen Geräten gleiche Ergebnisse innerhalb enger Toleranzgrenzen liefern. Diesen Forderungen an das Prüfgerät muß sich die Einheitlichkeit des Verfahrens anschließen, die im wesentlichen im gleichen Betriebsdruck der Luft, in der gleichen Anpreßkraft und in der gleichartigen Bewertung der Meßergebnisse festliegt.

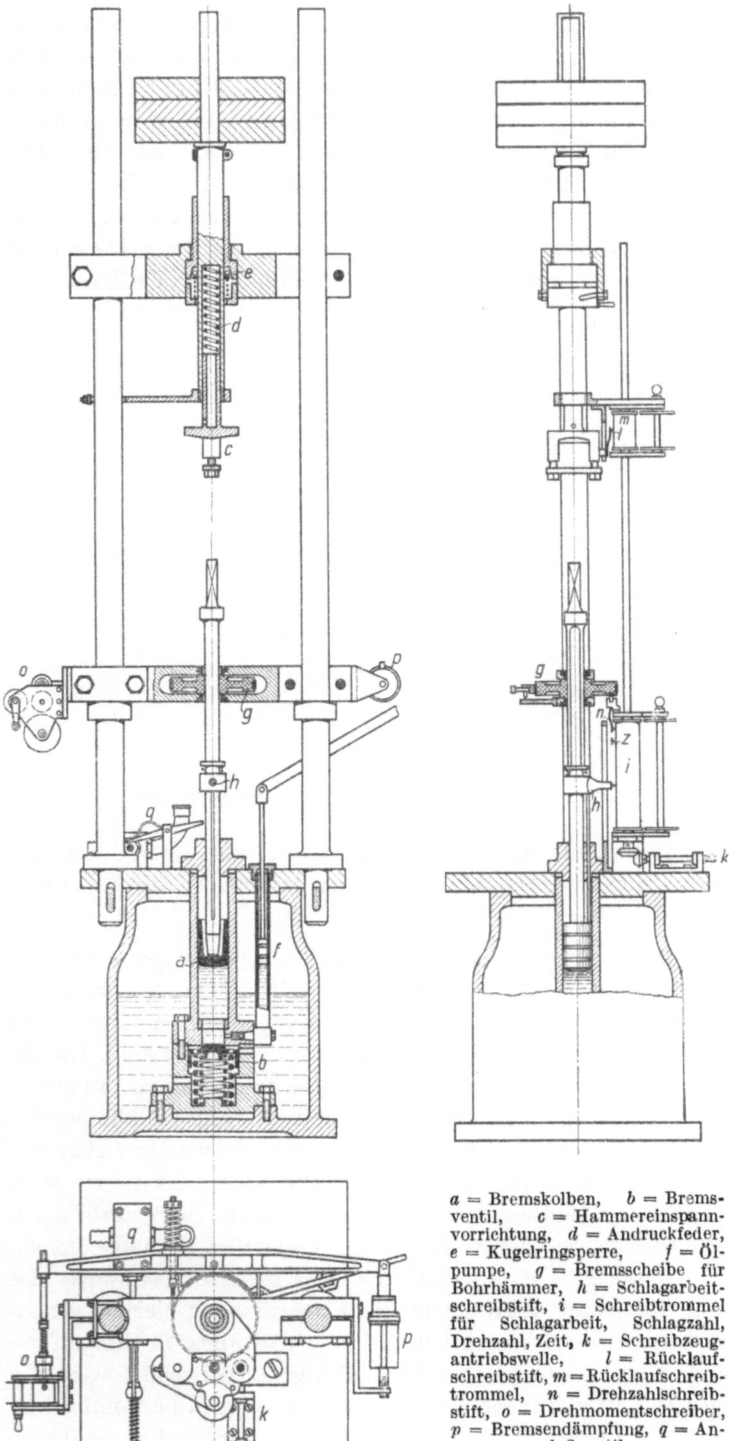

Die Prüfung eines Drucklufthammers stößt auf mancherlei Schwierigkeiten, die bei der Untersuchung anderer Kolbenmaschinen unbekannt sind. Sie sind in der eigenartigen Wirkungsweise des Drucklufthammers begründet. Der Hub des Hammerkolbens ist nicht fest begrenzt, die Steuerung arbeitet nur kraftschlüssig, die Kolbenenergie wird nicht starr, sondern durch Stoß auf das Spitzeisen übertragen, der Zylinder wird von der Druckluft rückwärts und von der Anpreßkraft wieder vorwärts bewegt. Die gesamte Arbeitsweise wird deshalb stark von äußeren Verhältnissen wie Höhe des Betriebsdruckes, Größe der Anpreßkraft und Festigkeit der Kohle beeinflußt.

Es sind verschiedenste Geräte für Drucklufthammerprüfungen entwickelt und benutzt worden, wie z. B. Stauch-, Kalottenschlag-, Bremslineal-, Ölbrems-, Feder- und Luftpuffergeräte sowie Weg-Zeit-Schreiber und Indiziergeräte. Das Ölbremsgerät der Hammer-Prüfstelle der Westfälischen Berggewerkschaftskasse[1] in Abb. 639 hat sich für Typenprüfungen gut bewährt, ist aber nicht für Reihenprüfungen gebaut. Auf den Zechen wird seit einigen Jahren fast ausschließlich das

a = Bremskolben, b = Bremsventil, c = Hammereinspannvorrichtung, d = Andruckfeder, e = Kugelringsperre, f = Ölpumpe, g = Bremsscheibe für Bohrhämmer, h = Schlagarbeitschreibstift, i = Schreibtrommel für Schlagarbeit, Schlagzahl, Drehzahl, Zeit, k = Schreibzeugantriebswelle, l = Rücklaufschreibstift, m = Rücklaufschreibtrommel, n = Drehzahlschreibstift, o = Drehmomentschreiber, p = Bremsendämpfung, q = Anlaßventil.

Abb. 639. Prüfgerät für Bohr- und Abbauhämmer (Westfälische Berggewerkschaftskasse).

[1] Vgl. C. Hoffmann: Über die Hammer-Prüfstelle des Maschinenlaboratoriums der Bergschule Bochum. Der Bergbau 1932 Nr. 10.

von der Maschinenfabrik Hauhinco gebaute Betriebsprüfgerät für Abbauhämmer[1] mit Zusatzeinrichtungen für Bohrhammer- und Drehbohrmaschinenprüfungen verwendet, weil es die bereits genannten, an ein Einheitsgerät zu stellenden Forderungen am besten erfüllt. Dieses Gerät arbeitet als Luftpuffergerät mit Kompression.

Den Gesamtaufbau eines Prüfstandes für Drucklufthämmer zeigt Abb. 640. Rechts ist die Luftmeßanlage mit dem Druckregler R, dem Doppelstoßwindkessel W_1, W_2, der Meßleitung mit der Blende und der zur Differenz- oder Wirkdruckmessung dienenden Wassersäule WS und dem Präzisionsmanometer M. Auf dem links stehenden Schlagprüfgerät arbeitet der Hammer gegen einen Pufferzylinder P, wobei er von der Anpreß- und Einspannvorrichtung A mit einstellbarer Federkraft angedrückt wird. Mit dem Hahn H wird der Hammer angelassen. Ein Schreibzeug *Sch* verzeichnet die Ausschläge des Meßkolbens im Pufferzylinder, den Hammerrücklaufweg und Sekundenmarken, die von dem elektrischen Zeitkontaktgeber Z unter dem rechten Windkessel gesteuert werden.

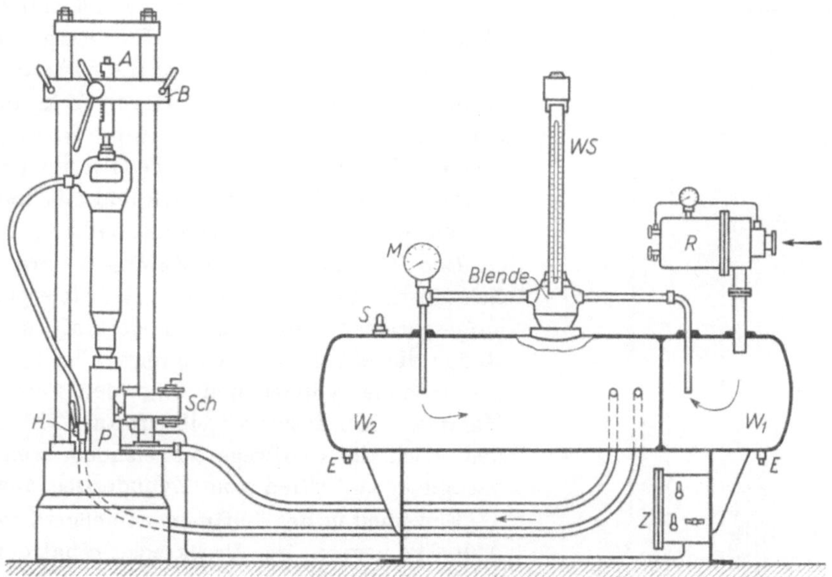

Abb. 640. Prüfstand für Drucklufthämmer.

Aus den Aufzeichnungen und Ablesungen ergeben sich also vier Meßwerte: 1. Meßkolbenweg als Vergleichsmaß für die Kolbenschlagarbeit, 2. Schlagzahl, 3. Hammerrücklaufweg und 4. Luftverbrauch. Erfahrungsgemäß genügen diese vier Werte für die Betriebs- und Abnahmeprüfungen, die in erster Linie feststellen sollen, wie groß die Abweichungen eines Hammers vom Typendurchschnitt sind. Der Betriebsdruck ist mit 4 atü, die Anpreßkraft mit 25 kg einheitlich festgelegt worden.

Das eigentliche Schlagprüfgerät ist in Abb. 641 dargestellt. Das Hauptmeßelement ist der Pufferzylinder. Der Hammer schlägt auf den aus dem Zylinder herausragenden Stößel a, der die Abmessungen des zum Hammer passenden Spitzeiseneinsteckendes haben muß und deshalb auswechselbar ist. Der Stößel überträgt die Schlagenergie auf den Meßkolben b, der in dem Kompressionspufferraum c des Zylinders abgebremst wird. Der Kompressionsraum steht in der obersten Kolbenstellung mit dem Luftmeßkessel in Verbindung, wodurch der Anfangsdruck im Zylinder gleichbleibend auf 4 atü gehalten wird. Nach Überschneiden der Lufteintrittsöffnung setzt die Verdichtung ein und bremst den Kolben je nach der Schlagenergie auf größerem oder kleinerem Wege ab. Der Meßkolbenweg wird mit dem Schreibstift d auf dem vom Schreibzeug e vorbeigezogenen Wachspapier aufgezeichnet und ist ein Vergleichsmaß für die Kolbenschlagarbeit des Hammers. Der nach dem Schlag mit großer Wucht wieder aufwärts fliegende

[1] Vgl. C. Hoffmann: Das Hauhinco-Betriebsprüfgerät für Abbauhämmer und seine Anwendung. Schlägel & Eisen 1954, S. 1 und 27.

Meßkolben wird mit dem Stößel von einer Ringfeder so stark bremsend aufgefangen, daß er vor dem neuen Schlag in der Anfangsstellung wieder völlig stillsteht, und daß durch Nachschwingen keine Fehler entstehen können.

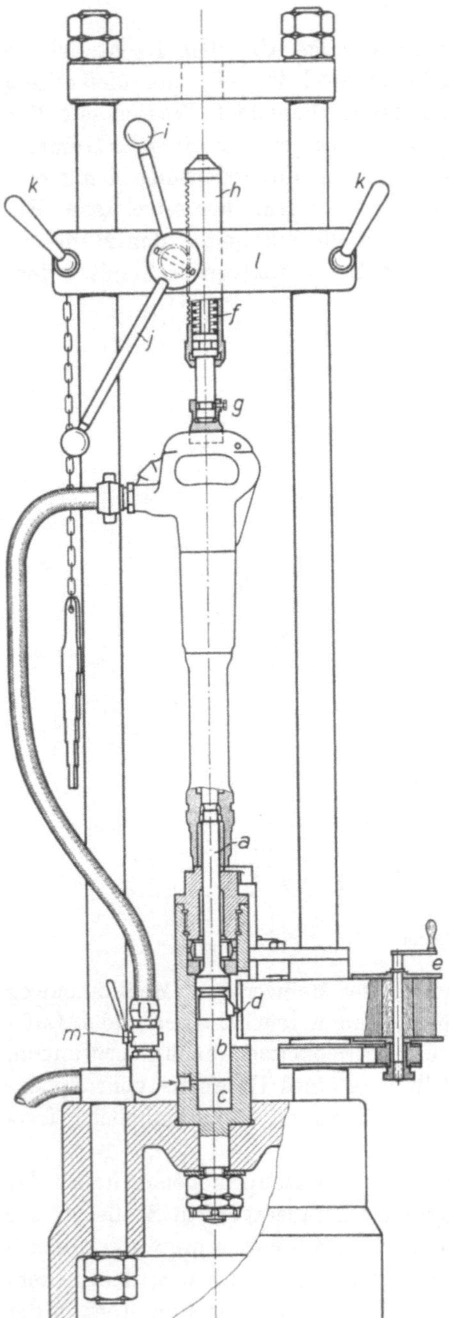

Abb. 641. Betriebsprüfgerät für Abbauhämmer (Hauhinco).

Die stehende Anordnung ist besonders günstig für das fehlerfreie Einspannen des Hammers, der auf dem Einsteckende des Stößels zentrisch geführt wird, so daß sich eine besondere Befestigung des Griffes in der Halteklaue *g* der Anpreßvorrichtung erübrigt. Die Anpreßkraft wird durch Vorspannen der Feder *f* erzeugt, indem die Federbüchse *h* durch den Schwenkhebel *j* mit einem Zahntrieb heruntergedrückt und dann durch Drehen des Hebels *i* arretiert wird. Die Größe der Anpreßkraft läßt sich leicht mit einer zwischengeschalteten Stufenlehre in Abständen von 5 zu 5 kg einstellen (Anpreßkraft = Federkraft + Hammergewicht — Kolbengewicht — Kappengewicht). Eine zweite Stufenlehre ergibt die Normal-Anpreßkraft von 25 kg für verschiedene Hammergewichte. Die Anpreßvorrichtung wird von der Brücke *l* getragen, die sich je nach der Hammerlänge in der Höhe einstellen und mit den Knebeln *k* an den Stützsäulen festklemmen läßt.

Der Rücklaufweg des Hammers wird von einem Schreibstift auf dem laufenden Registrierpapierstreifen aufgeschrieben; das unter Federkraft stehende Gestänge dieses Schreibstiftes greift mit einer Nase unter den Hammerzylinder und folgt den Bewegungen des Hammers. Ein Zusatzschreibstift am Griff kann außerdem noch die Griffwege aufzeichnen, wenn diese bei nachgiebigen Griffen vom Zylinderweg abweichen.

Einzelheiten des Luftmengenmeßgerätes gehen aus Abb. 642 hervor. Der Druckregler *a* hat den Betriebsdruck des Hammers und damit gleichzeitig auch den Druck am Meßkolben im Pufferzylinder konstant zu halten, unabhängig von Druckschwankungen im Netz. Er ist als Membranregler gebaut und hat deshalb nur kleine bewegte Massen und große Verstellkraft, so daß er sehr schnell arbeitet und schon auf kleine Druckschwankungen anspricht. Die Wirkungsweise ist aus Abb. 643 ersichtlich.

Der Druck muß sehr genau nach dem Feinmeßmanometer *e* auf dem Stoßwindkessel *f* eingestellt werden und beträgt normalerweise 4 atü. In Sonderfällen kann auch mit 5 oder 6 atü gearbeitet werden, jedoch ist dann unbedingt zu beachten, daß für diese höheren Pufferdrücke andere Eichkurven für die Auswertung des Meßkolbenweges benutzt werden müssen.

Der Luftverbrauch wird in der Meßleitung *c* mittels Blende und Wassersäule[1] *d* gemessen. Weil der Luftstrom beim Hammerbetrieb pulsiert, sind vor und hinter die Blendenmeßleitung die Stoßwindkessel *b* und *f* als Ausgleicher geschaltet. Sie sind in einem Kessel mit Zwischenwand angeordnet und in der Größe so abgestimmt, daß in dem für

[1] Vgl. Abb. 599.

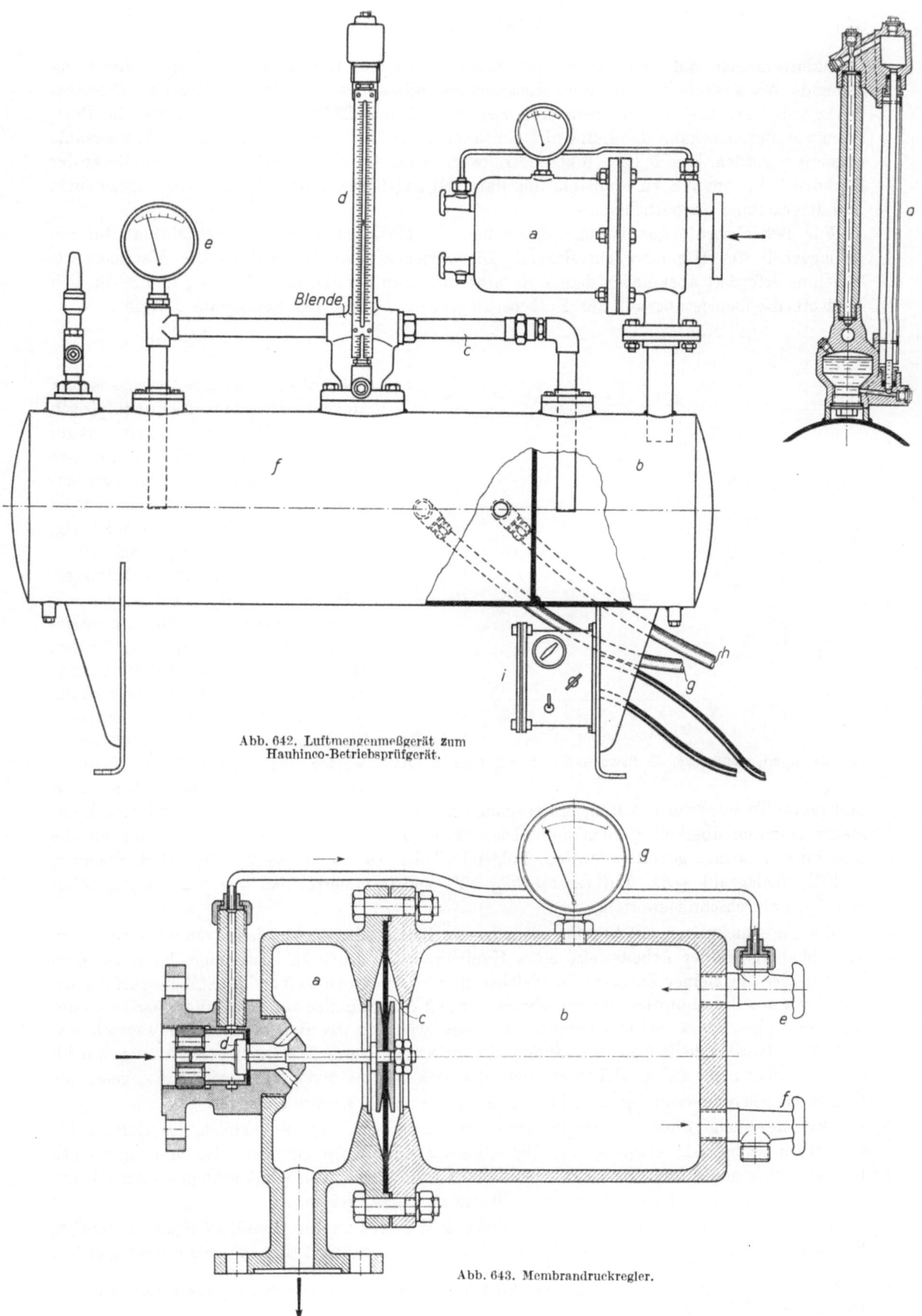

Abb. 642. Luftmengenmeßgerät zum Hauhinco-Betriebsprüfgerät.

Abb. 643. Membrandruckregler.

Drucklufthämmer üblichen Bereich der Schlagzahlen und Luftverbrauchsmengen eine ruhig stehende Wassersäule für die Wirkdruckmessung erhalten wird. Für den normalen Betriebsdruck von 4 atü und Lufttemperaturen zwischen 17 und 23° C, wie sie fast immer im Prüfraum vorkommen, kann der Luftverbrauch unmittelbar in m^3/h von 1 ata an der Wassersäule abgelesen werden. Für 5 bzw. 6 atü Betriebsdruck ist auf einer zweiten Teilung zunächst der Wirkdruck in mm WS zu ermitteln und dann der zugehörige Luftverbrauch den beigegebenen Eichdiagrammen zu entnehmen.

Für Betriebsprüfungen ist im allgemeinen der Meßkolbenweg als Vergleichsmaß für die Schlagarbeit des Hammers ausreichend. Die wirtschaftliche Beurteilung des Hammers als Maschine erfordert aber neben dem Luftverbrauch auch die Maschinenleistung in PS, die sich als Kolbenschlagleistung aus der Kolbenschlagarbeit A_K und der Schlagzahl z ergibt:

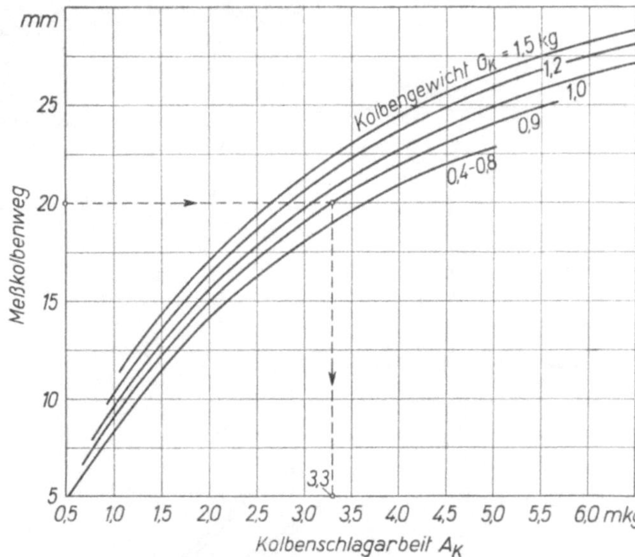

Abb. 644. Schlageichdiagramm des Bauhinco-Betriebsprüfgerätes für 4 atü Pufferdruck.

$$N_K = \frac{A_K z}{60 \cdot 75} \text{ PS}.$$

Die Kolbenschlagarbeit wird aus dem Meßkolbenweg mittels eines empirisch gewonnenen Schlageichdiagramms gefunden, das vereinfacht in Abb. 644 dargestellt ist. Die Kolbenschlagarbeit ist außer vom Meßkolbenweg auch vom Kolbengewicht abhängig, weshalb das Eichdiagramm Eichkurven für verschiedene Hammerkolbengewichte G_K enthält[1].

Als Toleranzen für *Abnahmeprüfungen* werden empfohlen für den Meßkolbenweg $\pm 5\%$, für die Schlagzahl $\pm 5\%$, für den Luftverbrauch $\pm 10\%$ und für den Rücklaufweg eine Zunahme von 1 mm des Garantiewertes. Für die laufende *Betriebsüberwachung* muß man sich auch an bestimmte Toleranzwerte halten, um erkennen zu können, wann ein aus dem Betriebe gekommener Hammer überholt werden muß. Diese Toleranzen müssen in weiteren Grenzen als die Abnahmetoleranzen gehalten werden. Folgende Toleranzen sind zweckmäßig: Meßkolbenweg $\pm$ 10%, Schlagzahl $\pm$ 5%, Luftverbrauch $\pm$ 20% und Hammerrücklaufweg + 2 mm gegenüber den Typendurchschnittswerten.

Bei Untersuchungen mit beliebig verändertem Betriebsdruck, wie sie gebraucht werden, um die Abhängigkeit der Arbeitsweise eines Hammers vom Druck zu bestimmen, kann vor dem Hauptregler ein kleiner Zusatzregler gleicher Bauart den gleichbleibenden Einheitspufferdruck von 4 atü aus der Hauptleitung entnehmen, so daß der Hammer auf der Prüfgerätseite immer unter den gleichen Einheitsbedingungen arbeitet, während der Betriebsdruck im Bereich von etwa 2 bis 6 atü in beliebiger Abstufung geändert werden kann. Die Luftmessereichung in m^3/h ist dann nicht mehr gültig. Bei einem Betriebsdruck von p atü statt 4 atü sind die abgelesenen Laufverbrauchswerte mit $\sqrt{p+1} : \sqrt{4+1} = \sqrt{p+1} : 2{,}235$ zu multiplizieren.

Der zusätzliche Pufferdruckregler erweitert andererseits den Meßbereich des Gerätes für sehr stark schlagende Hämmer wie Betonbrecher und Aufreißhämmer, die man mit 4 atü Betriebsdruck gegen den gesondert eingestellten Pufferdruck von 6 atü schlagen lassen kann, ohne den zulässigen Meßkolbenweg von 30 mm zu überschreiten.

Die normale Luftmeßleitung reicht mit 500 mm WS bei 4 atü für einen Durchfluß bis 70 m^3/h. Für höheren Verbrauch kann der Meßbereich durch Parallelschalten einer Leitung gleichen

[1] Vgl. C. Hoffmann: Über Leistung von Druckluftschlagwerkzeugen und Eichung von Leistungsprüfern. Der Bergbau 1931 Nr. 14.

Widerstandes mit gleichem oder doppeltem Querschnitt auf 140 bzw. 210 m^3/h erweitert werden, so daß das Luftmeßgerät auch für Bohrhämmer, Drehbohrmaschinen und Luttenventilatoren gebraucht werden kann. Die Ablesungen an der Wassersäulenteilung in m^3/h sind dann zu verdoppeln oder zu verdreifachen.

Für Bohrhammerprüfungen wird das Betriebsprüfgerät mit einem Zusatzgerät versehen, dessen Hauptteil eine regelbare Bremse mit Dämpfung ist, mit der ein nach einer Skala einstellbares Bremsdrehmoment auf den Bohrhammerstößel ausgeübt werden kann. Diese Bremse entspricht mit Ausnahme der Anzeigevorrichtung der in Abb. 639 dargestellten Ausführung. Die Stahlbandbremse kann mit Schraube und zwischengeschalteter Feder angezogen werden. Der Bremshebel drückt mit dem einen Ende gegen eine geeichte Meßfeder, während das andere Ende mit dem Kolben eines Dämpfungszylinders mit Rücklaufsperre verbunden ist, wodurch überhaupt erst das Messen des pulsierenden Bohrerdrehmomentes ermöglicht wird. Die Bremsscheibe trägt Nocken, die bei der Drehung Drehzahlmarken auf den Registrierstreifen übertragen. Die sehr hohen Schlagzahlen der Bohrhämmer (bis 3000 min^{-1}) machen einen Pufferdruck von 7 atü erforderlich, um den Meßkolben rechtzeitig vor dem neuen Kolbenschlag in die Ruhelage zurückzuführen.

Das mit der Bohrhammerbremse ausgerüstete Betriebsprüfgerät eignet sich auch für die Untersuchung kleiner *Dreh*bohrmaschinen bis zu Leistungen von etwa 2,5 PS. Die Bohrmaschine wird mit einem besonderen Bohrerpaßstück auf die Bremsscheibe gesteckt und auf der Gegenseite mit einer passenden Kappe von der Anpreßvorrichtung zentrisch gehalten. Der Luftpufferzylinder wird nicht betätigt. Weil die Drehbohrmaschine entgegengesetzten Drehsinn wie der Bohrhammer hat, muß die Bremsbrücke umgekehrt aufgelegt werden.

301. Rauchgasprüfungen[1]. Bei den *chemischen* Rauchgasprüfern wird ein Rauchgasvolumen von 100 cm^3 abgesperrt und analysiert. Erst wird das Rauchgas mit Kalilauge in Berührung gebracht, die gierig Kohlendioxyd absorbiert, dann zwecks Absorption des Sauerstoffs mit Pyrogallussäure oder mit in Wasser eintauchenden Phosphorstangen schließlich mit Kupferchlorürlösung, die — allerdings nur träg — Kohlenoxyd aufnimmt. Geht z. B. bei den einander folgenden Analysen das Rauchgasvolumen von 100 cm^3 erst auf 89, dann auf 82, schließlich auf 81 cm^3 zurück, dann enthält das Rauchgas 11% CO_2, 7% O_2 und 1% CO, während der Rest als Stickstoff betrachtet wird. Da CO nur unsicher bestimmbar ist, begnügt man sich meist, nur CO_2 und O_2 zu bestimmen.

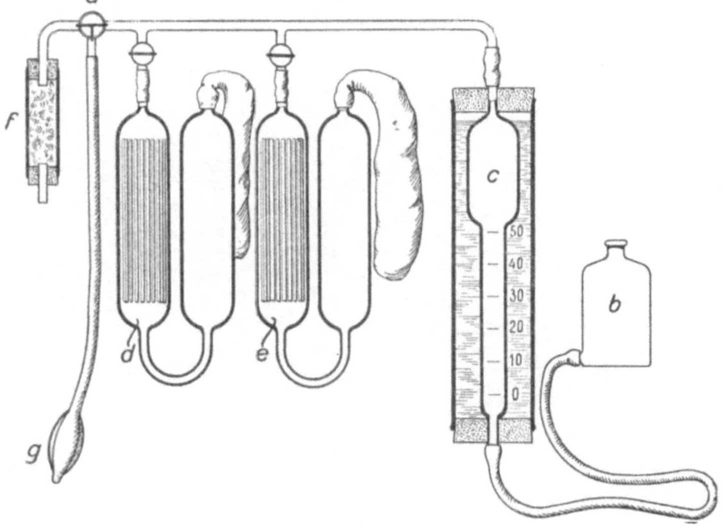

Abb. 645. Rauchgasprüfer nach ORSAT.

Von den *Handgeräten* ist das ORSAT-Gerät am verbreitetsten. Der Orsat wird mit 2 oder 3 Absorptionsgefäßen ausgeführt, in die zur Vergrößerung der Absorptionsoberfläche Glasröhren eingesetzt sind. Abb. 645 veranschaulicht den Orsat schematisch. *a* ist ein Dreiwegehahn, durch den man das Meßgefäß *c* mit der Atmosphäre oder mit der Rauchgasleitung *f* verbindet. *d* und *e* sind durch Hähne absperrbare Absorptionsgefäße, die mit einem durch eine Gummiblase abgeschlossenen Nebengefäß kommunizieren; *d* absorbiere CO_2, *e* absorbiere O_2. Mit dem Meßgefäß *c* ist die mit Wasser gefüllte Niveaufläche *b* durch einen Schlauch verbunden; indem man sie hebt, drängt man das im Meßgefäß befindliche Gas durch das überströmende Wasser heraus;

[1] Über Zweck und Bedeutung der Rauchgasprüfung vgl. Ziffer 31, 32 und 40.

senkt man sie, so saugt man durch das zurückfließende Wasser Gas in den Meßbehälter hinein, *g* schließlich ist ein Gummiball mit Rückschlagventil, durch den man die Rauchgasleitung *f* von Luft freipumpt. Über die *Handhabung* ist folgendes zu sagen: Die Entnahmeleitung *f* sei von Luft freigepumpt, in den Absorptionsgefäßen seien die Reagenzien mittels der Niveauflasche bis zur Marke emporgesaugt, aus dem Meßgefäß *c* sei die Luft herausgedrängt; dann saugt man — um der Sicherheit willen wiederholt — Rauchgas in das Meßgefäß, das bis zur Marke 0 zu füllen ist, wobei das Wasser im Meßgefäß und in der Niveauflasche gleich hoch stehen muß. Die abgesperrten 100 cm^3 treibt man mittels der Niveauflasche erst durch das die Kalilauge enthaltende Gefäß *d*, dann durch das Gefäß *e* hin und her, wobei erst CO_2, dann O_2 absorbiert wird. Der jedesmalige Volumenverlust in cm^3 und damit der CO_2- bzw. O_2-Gehalt in Prozenten ist am Meßgefäß ablesbar, wobei die Reagenzien wieder bis zur Marke emporgesaugt und die Wasserspiegel im Meßgefäß und in der Niveauflasche gleich hoch sein müssen. Die eingezeichneten Absperrhähne sind, wie es jeweils notwendig ist, zu öffnen und zu schließen. Wie oft eine Füllung benutzbar ist, hängt von ihrem Absorptionsvermögen ab, das man nur zu etwa $^1/_4$ ausnutzen soll.

Zur *laufenden* Überwachung der Feuerungsbetriebe dienen *schreibende* Rauchgasprüfer, die selbsttätig in 5 bis 10 Minuten Abstand eine Rauchgasprobe entnehmen und auf ihren CO_2-Gehalt analysieren.

Außer den rein chemisch wirkenden hat man auch auf physikalischer oder chemisch-physikalischer Grundlage beruhende, selbststätig arbeitende Rauchgasprüfer.

Namen- und Sachverzeichnis.

III 18/97 721/74/54

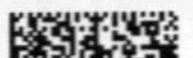